2017
北京市公园年鉴

BEIJING SHI GONGYUAN NIANJIAN

北京市公园管理中心 编纂

中国林业出版社
China Forestry Publishing House

图书在版编目（CIP）数据

北京市公园年鉴. 2017 / 北京市公园管理中心编纂. -- 北京：中国林业出版社, 2018.11
ISBN 978-7-5038-9812-9

Ⅰ.①北… Ⅱ.①北… Ⅲ.①公园－北京－2017－年鉴 Ⅳ.①K928.73-54

中国版本图书馆CIP数据核字(2018)第244961号

出　版：中国林业出版社（100009 北京市西城区德内大街刘海胡同7号）
网　址：http://lycb.forestry.gov.cn
E-mail：cfybook@163.com　　　电　话：010-83143580
发　行：中国林业出版社
印　刷：北京中科印刷有限公司
版　次：2018年12月第1版
印　次：2018年12月第1次
开　本：889mm×1194mm 1/16
印　张：38.5
彩　插：52
字　数：800千字
定　价：230.00元

《北京市公园年鉴2017》编纂委员会

主　　任：张　勇

副 主 任：王忠海　李炜民　张亚红　赖和慧　李爱兵
　　　　　阚　跃

委　　员：（按姓氏笔画排序）
　　　　　王明力　牛建忠　付德印　丛一蓬　吕文军
　　　　　刘国栋　刘耀忠　米山坡　李文海　李延明
　　　　　李林杰　李国定　李晓光　李　高　杨　华
　　　　　宋利培　张　青　陈志强　赵世伟　祖　谦
　　　　　祝　玮　贺　然　程　炜　鲁　勇　缪祥流

主　　编：王忠海

副 主 编：杨　华　邹　颖

编纂统筹：李　妍

编辑人员：王　冉

▲ 1月3日,北京市公园管理中心副主任张亚红带队到中国园林博物馆就藏品管理系统进行检查

▲ 1月28日,北京市公园管理中心主任张勇到紫竹院公园检查节前安全服务工作

▲ 2月1日，北京市公园管理中心总工程师李炜民带队检查北海公园节前安全服务工作

▲ 2月8日，北京市公园管理中心纪委书记程海军调研紫竹院公园宣传活动

▲ 3月8日，北京市副市长林克庆到颐和园检查工作

▶ 3月9日，北京市公园管理中心总工程师李炜民到玉渊潭公园调研湿地建设

◀ 3月16日，北京市公园管理中心主任张勇到玉渊潭公园调研湿地建设

▶ 3月28日，北京市公园管理中心主任张勇在布拉格动物园大鲵馆前与布拉格动物园园长共同种植捷克国树椴树

◀ 4月9日，北京市公园管理中心副主任王忠海调研玉渊潭公园东方既白书画展开展情况

▶ 5月1日，北京市政府副秘书长徐志军检查北京动物园节日安全服务工作

领导调研

▶ 5月22日，北京市公园管理中心主任张勇参加颐和园承办的科普游园会

◀ 7月12日，北京市委常委、宣传部长李伟到香山公园就"西山文化带"进行调研

▶ 7月26日，北京市公园管理中心纪委书记程海军带队检查景山公园防汛工作

◀ 7月28日，北京市公园管理中心主任张勇到市政府热线接听市民来电

◀ 8月16日，北京市公园管理中心副巡视员李爱兵到北京市园林学校调研安全工作

▶ 8月18日，北京市公园管理中心主任张勇检查颐和园园墙修缮情况

◀ 8月19日，北京市公园管理中心纪委书记程海军到香山公园检查房屋防汛工作

领导调研

◀ 8月31日,北京市旅游发展委员会副主任安金明到颐和园调研文创产品及智慧景区建设工作

▶ 9月18日,北京市消防局局长亓延军到天坛公园检查消防安全工作

▲ 9月23日,北京市委常委、政法委书记张延昆检查中山公园国庆花卉环境布置工作

◀ 9月28日，北京市副市长林克庆到香山公园检查工作

▲ 9月28日，北京市政府副秘书长赵根武到玉渊潭公园检查工作

▶ 9月29日，北京市副市长林克庆检查北海公园碧海楼皇家邮驿开放情况

领导调研

◀ 10月1日,香山公园北门香山礼物店正式对外营业,北京市公园管理中心主任张勇调研第一天营业情况

▶ 10月14日,北京市公园管理中心副主任王忠海到香山公园调研文创工作开展情况

▲ 10月30日,北京市公园管理中心主任张勇调研香山公园文创工作开展情况

▲ 10月30日,北京市公园管理中心副主任张亚红到香山公园检查指导

▶ 11月5日,红叶观赏季期间,北京市公园管理中心副巡视员李爱兵到香山公园指导红叶观赏季工作

◀ 11月12日,北京市公园管理中心纪委书记程海军到香山公园香山寺检查工作

领导调研

▶ 12月9日,北京市公园管理中心主任张勇带队检查颐和园文创工作

◀ 12月20日,北京市公园管理中心主任张勇带队到玉渊潭公园调研文创工作

▶ 12月20日,北京市公园管理中心主任张勇带队检查天坛文创工作

◀ 12月21日,北京市公园管理中心副巡视员李爱兵调研天坛公园会所整治情况

▶ 12月21日,北京市公园管理中心主任张勇到香山公园慰问职工

▶ 3月1日,陶然亭公园举行新职工座谈会

▲ 3月11日,陶然亭公园召开处级领导班子和领导干部考核工作会

▲ 3月30日,在北京市市长王安顺和捷克布拉格市长科尔娜·乔娃见证下,北京动物园在布拉格市政厅与布拉格动物园签署合作协议

▲ 4月19日,北京市公园管理中心主任张勇为京津冀古树名木保护研究中心揭牌

▲ 5月10日,北京动物园召开纪检工作会

▲ 5月18日,颐和园召开深化"为官不为""为官乱为"问题专项治理工作征求意见会

▲ 6月8日,玉渊潭公园召开杨柳飞絮专家论证会

▶ 8月12日，北京市园林科学研究院召开杨柳飞絮专家论证会

◀ 10月12日，香山公园召开落实巡视整改工作部署动员会

▶ 10月29日，红叶观赏季期间，香山公园电子票销售兑换秩序井然，缓解门区售票压力

管理工作

▶ 11月10日,北京动物园召开落实巡视整改专项工作会

◀ 11月16日,陶然亭公园集中学习计生工作规章制度

▲ 12月14日,北京市园林科学研究院召开出租房屋管理专题会

▲ 12月28日,北京动物园与平谷区园林绿化局签订《平原林木养护技术服务工作协议书》

▲ 1月1日，颐和园开展文明游园活动

▲ 2月8日，香山公园登高祈福会期间向游客赠送福字福袋

◀ 3月21日，颐和园接待德国总统约阿希姆·高克参观游览

▶ 4月11日，北京动物园接待北海道日中友好协会来访

服务接待

▶ 4月22日,北京市公园管理中心主任张勇参加国际竹藤组织在紫竹院公园举办的交流植竹活动

◀ 4月29日,日本外相岸田文雄到天坛公园参观游览

▶ 4月29日,乌克兰外长克利姆金到北海公园参观游览

◀ 5月1日,"五一文明游园我最美"志愿服务在天坛公园开展

▼ 5月18日,香山公园与周恩来邓颖超纪念馆座谈交流

▶ 6月1日,俄罗斯邮政局相关人士到北海公园参观

◀ 6月5日,美国财政部部长雅各布到颐和园参观

服务接待

▶ 6月29日,韩国总理黄教安参观天坛公园祈年殿

◀ 6月30日,北京动物园接待塞舌尔国务秘书

▶ 8月28日,北海公园接待德国海军检察长克劳泽

 ▲9月6日，北京植物园开展主题志愿服务
 ▲10月2日，中山公园快速疏导游客

▲10月30日，法国外长艾罗参观天坛公园回音壁

◀11月11日，北京市副市长程红参加香山公园举行的纪念孙中山诞辰150周年晋谒仪式

服务接待

▶ 1月23日,中国园林博物馆举办曹氏风筝展

◀ 1月31日,中国园林博物馆举办迎春送福活动

▶ 2月3日,香山公园举办新春登高祈福活动

▲ 3月18日，中山公园举办纪念孙中山先生诞辰150周年暨孙志江国画精品展

▲ 5月17日，永乐宫元代壁画临摹作品展在中国园林博物馆展出

▲ 5月26日，香山公园举办纪念孙中山先生诞辰150周年——"爱·怀念"展览

◀ 6月1日，中国园林博物馆举办小手画世界活动

展览展陈

◀ 7月2日，中国园林博物馆举办"青铜化玉　汲古融今"特展

▶ 8月30日，布拉格动物园图片展在北京动物园开幕，北京市副市长林克庆出席开幕式

▲ 9月20日，北京市第五届太极拳、剑比赛在天坛公园举办

◀ 9月28日，游客参与北海碧海楼皇家邮驿活动

▼ 10月12日，上海豫园馆藏海派书画名家精品展在中国园林博物馆展出

◀ 10月15日，中国园林博物馆举办徐悲鸿纪念馆藏齐白石精品画展

展览展陈

◀ 4月8日，修缮后的颐和园文昌院展厅

▶ 5月5日，北海公园仿膳饭庄腾退搬迁，漪澜堂重装亮相

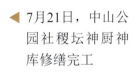

◀ 7月21日，中山公园社稷坛神厨神库修缮完工

▶ 7月27日，景山公园修缮寿皇殿建筑群完成脚手架搭设

▲ 10月11日，北海公园西天梵境大慈真如宝殿修缮完工

▲ 11月5日，颐和园乐寿堂修缮完工

▲ 11月14日，北海公园静心斋内檐装饰工程完工

▲ 12月2日，玉渊潭公园万柳堂前院景区建设工程完工

▲ 4月12日，中山公园春花暨郁金香展览花卉景观效果

▲ 6月14日，玉渊潭公园提升东湖湿地景观效果

▲ 9月21日，北京动物园景观环境提升效果

▲ 9月26日，北京植物园增彩延绿项目景观效果

▲ 4月1日，北京园林科学研究院召开北京市杨柳飞絮技术培训会

◀ 5月18日，北京市园林科学研究院自育月季品种亮相，并接受北京电视台现场采访

▶ 6月12日，北京市园林科学研究院自育植物苔草规模化繁殖

◀ 7月19日,北京市园林科学研究院采集市属公园水样进行外观比较

▶ 8月10日,北京市园林科学研究院自育白蜡大苗

◀ 9月21日,北京市园林科学研究院建设城市绿地生态系统定位监测站

▶ 9月30日,北京市园林科学研究院北郎中基地规模化繁殖"丽红"小苗

◀ 1月19日，北京市初中开放性实践活动在北京动物园举办

▶ 1月31日，亲子插花活动在中国园林博物馆举办

◀ 3月10日，花草茶养生讲座在中国园林博物馆举办

▲ 4月16日,香山公园在枫林村举办"自然科普达人游"互动体验科普活动

▲ 4月2日,紫竹院公园开展"环境保护从我做起"科普宣传活动

▲ 5月27日,中山公园开展科普宣传活动

▶ 6月1日,中国园林博物馆举办园林探索之旅

◀ 6月12日,北京市副市长隋振江到玉渊潭公园参加节能宣传周活动

科普活动

◀ 7月23日,北海公园在阅古楼举办"我和北海有个约会"亲子夏令营活动

▲ 8月6日,景山公园举办"爱的花环"科普活动

▲ 8月20日,中山公园进行植物微景观的制作活动

▲ 9月17日,北京市十一中学学生参加天坛公园"全国科普日主题活动"——科学放归红隼

▼ 9月24日，全国科普日海淀主场活动"创新放飞梦想 科技引领未来"在玉渊潭公园科普广场举办

▲ 11月15日，中国园林博物馆在人民村小学开展园艺创想课堂

▲ 12月16日，景山公园举办秋忆欢——秋叶画创作科普活动

◀ 11月18日，中山公园联合王府井社区举办"花卉的繁殖与养护"科普活动

科普活动

▶ 4月22日,北京市公园管理中心主任张勇为第七期青年干部培训班学员授课

◀ 5月14日,北京市园林学校举行校园开放日,邀请市民体验插花课程

◀ 5月28日,颐和园讲解员获得全国科普讲解大赛二等奖

▶ 7月5日,香山公园举办"职业化塑造与职业素养提升"专题讲座

▶ 8月,颐和园召开半年工作会暨优秀技能人才表彰会

◀ 9月7日,北京市公园管理中心在北海公园举办第二届"十杰青年"事迹宣讲会

▶ 9月10日,北京市园林学校召开教师节庆祝表彰大会

人才教育

◀ 10月19日,北京市公园管理中心举办第二届十杰青年事迹宣讲会

▲ 10月25日,北京市公园管理中心工会主办、北京动物园工会承办"比技能 强素质 当先锋"售票劳动竞赛评出优胜者

▶ 11月3日,北京市第四届职业技能大赛花卉园艺师决赛在玉渊潭公园举行

▲ 11月7日,"学习先进典型 争做时代先锋"专题道德讲堂在中国园林博物馆举办

◀ 12月5日,北京市公园管理中心党校举办处级领导干部培训班

▶ 12月21日,北海公园参加北京市公园管理中心劳动技能竞赛

人才教育

▲ 1月18日,天坛公园开展防暴演练

▲ 2月1日,天坛公园召开安全标准化首次会

▲ 3月11日,紫竹院公园开展安保队伍实战技能演练

▶ 4月18日,中国园林博物馆进行消防安全演练

▶ 5月19日，香山公园开展防暴演习

◀ 6月22日，北海公园进行水上疏散演练

▶ 8月20日，颐和园召开安全文化建设培训动员会

◀ 9月8日，北海公园召开安全生产工作例会

安全保障

◀ 10月19日，玉渊潭公园进行安全标准化考试

▶ 11月9日，北京市园林学校开展消防演习

▲ 11月23日，中山公园开展安全生产标准化二级评审工作首次会

◀ 1月4日,香山公园党委书记马文香讲授党课

▲ 3月14日,中国园林博物馆召开处级领导民主测评会

▶ 4月4日,紫竹院公园开展学雷锋宣传活动

党团工作

◀ 4月20日,北海公园参加北京市公园管理中心举办的篮球比赛

▶ 5月24日,景山公园举办志愿者文艺汇演

◀ 6月27日,北京市公园管理中心举办庆祝建党95周年文艺汇演

▲ 8月24日,中国园林博物馆开展多肉植物兴趣团课

▲ 9月19日,北京市公园管理中心合唱团参与国家大剧院演出

▲ 10月28日，中国园林博物馆马欣蕶参加北京市公园管理中心"两学一做"学习教育优秀共产党员宣讲报告会

▲ 11月3日，北海公园举办"传承长征精神　务实担当　做合格党员"道德讲堂

◀ 1月17日，在紫竹院公园召开第二届北京市属公园冰雪游园新闻发布会

▶ 2月1日，颐和园完成冰雪冬奥游园主题媒体采访工作

◀ 3月22日，玉渊潭公园举行樱花节新闻发布会

对外宣传

◀ 6月2日，香山公园开展非紧急救助服务宣传活动

▶ 7月15日，香山公园召开暑期夏令营新闻发布会

▲ 8月27日，中国园林博物馆举办"最美一米风景——文明有我 共创理想家园"宣传活动

◀ 9月10日,香山公园召开"放飞希望"香山奇妙科普之旅新闻发布会

▶ 10月4日,世界动物日新闻发布会在北京动物园举办

◀ 11月29日,颐和园召开皇家买卖街官方淘宝网店开业发布会

▶ 12月30日,冰雪嘉年华新闻发布会在陶然亭公园召开

对外宣传

编辑说明

一、《北京市公园年鉴》（以下简称《年鉴》）是一部记载北京市属公园建设发展情况的重要文献，力争全面、准确反映北京市属公园上一年度的工作成果和各方面的新观念、新事物、新经验。

二、《年鉴》以马克思列宁主义、毛泽东思想、邓小平理论、"三个代表"重要思想和科学发展观为指导，全面贯彻党的十八大和十八届三中、四中、五中、六中全会精神以及习近平总书记系列重要讲话精神，科学反映北京市属公园建设发展的客观情况，为领导科学决策提供可以参考和借鉴的依据，为公园管理提供有价值的资料，为同行了解北京市属公园提供最直接的权威性信息资料。

三、《年鉴》由北京市公园管理中心发起，由公园年鉴编纂委员会主持编纂，北京市公园管理中心所属15家单位参编。

四、《年鉴》根据北京市属公园特点，采用分类编纂方式，设栏目、类目、条目三个层次。2017年版年鉴设特载、专文、大事记、服务管理等板块。

五、《年鉴》以条目和文章两种体裁为主，行文采用记述和国家标准规范语言，直陈其事，力求文字简洁、通畅。

六、《年鉴》编写的文章和条目，均由各单位负责撰稿或提供，并经各级领导审核同意。

七、《年鉴》从2007年开始，逐年编纂。本卷《年鉴》记载2016年1月1日至12月31日的情况，部分内容依据实际情况时限略有前后延伸，条目中凡记入2016年的事项，一般直书月、日，不再书写年份。

八、由于编辑水平有限，以及获取资料的局限性，书中难免有疏漏或欠妥之处，敬请各级领导、专家、读者批评指正。

《北京市公园年鉴》编辑部
2017年12月30日

目 录

专 载

北京市公园管理中心 2016 年工作报告 …………… 1
林克庆在北京市公园管理中心 2016 年工作会议上的
讲话 ……………………………………………… 14
北京市公园管理中心 2016 年党风廉政建设工作报告
…………………………………………………… 18
郑西平在北京市公园管理中心 2016 年党风廉政大会
上的讲话 ………………………………………… 28
郑西平在北京市公园管理中心庆祝中国共产党成立
95 周年大会上的讲话 …………………………… 33
北京市公园管理中心"十三五"时期事业发展规划
纲要 ……………………………………………… 40

2016 年大事记

2016 年大事记 …………………………………… 65

概 况

北京市公园管理中心 …………………………… 82
中国园林博物馆北京筹备办公室 ……………… 83
颐和园 …………………………………………… 84
天坛公园 ………………………………………… 85
北海公园 ………………………………………… 85
中山公园 ………………………………………… 87
香山公园 ………………………………………… 87
景山公园 ………………………………………… 88
北京植物园 ……………………………………… 88
北京动物园 ……………………………………… 88
陶然亭公园 ……………………………………… 89
紫竹院公园 ……………………………………… 89
玉渊潭公园 ……………………………………… 90
北京市园林科学研究院 ………………………… 91
北京市园林学校 ………………………………… 91
中共北京市公园管理中心委员会党校 ………… 92
北京市公园管理中心后勤服务中心 …………… 93

园博馆建设与运行

管 理 …………………………………………… 94

市公园管理中心调研成果汇报及成果转化研讨会在
园博馆召开 ……………………………………… 94
园博馆完成纸质类藏品的文物普查工作 ……… 94
园博馆正式加入北京市博物馆学会会员单位 … 94
园林名家余树勋家属再次向园博馆无偿捐赠一批
藏品 ……………………………………………… 94
园博馆完成藏品库区节前检查及封库工作 …… 95
园博馆全方位保障藏品安全 …………………… 95
园博馆完成 1~2 月份藏品入藏工作 …………… 95
北京皇家园林文化创意产业有限公司丰台分公司被
授予"2015 年度新发展绿色通道成员单位"称号
…………………………………………………… 95
园博馆召开 2016 年度细化财政预算专题会议 … 95
园博馆召开拟收购英国藏家藏品相关事宜专家论

证会 …………………………………… 95
园博馆启动藏品信息整理工作，并召开专家研讨会
…………………………………… 96
园博馆完成"北京市第一次全国可移动文物普查成果展"相关材料的报送工作 …………… 96
园博馆完成木质类藏品保存条件的提升工作 …… 96
园博馆与长辛店镇社区卫生服务中心签订应急救援协议 ……………………………… 96
园博馆开展清代古典园林史及藏品保管培训讲座 … 96
园博馆有序开展藏品征集工作 ………………… 96
园博馆完成暂存颐和园小学校一批复仿制品运输回馆工作 ……………………………… 96
中国妇女儿童博物馆文物部一行四人到园博馆进行座谈 ………………………………… 96
园博馆组织召开馆藏藏品信息整理专家会 …… 97
市公园管理中心领导到园博馆检查节前安全工作 …………………………………… 97
园博馆完成了地下藏品库区、库房及藏品的虫害消杀防治工作 ………………………… 97
园博馆成功购藏《益格鲁——中国花园》园林景观系列铜版画 ………………………… 97
园博馆接收多件捐赠藏品 ……………………… 97
园博馆开展藏品征集工作 ……………………… 97
园博馆全面清查固定资产 ……………………… 98
园博馆与人民大学合作的藏品信息整理工作进行阶段性成果汇报，并召开专家指导会 …… 98
中国藏学研究中心西藏文化博物馆赴园博馆交流学习 …………………………………… 98
园博馆召开藏品数字化管理项目验收会 ……… 98
园博馆组织专家召开止园复原模型监制研讨会 … 98
园博馆完成北京动物园标本归还工作 ………… 98
中国大百科全书（第三版）部分园林词条编写工作推进会在北京市公园管理中心召开 …… 99
园博馆召开馆藏底片类藏品数字化工作优选会 …………………………………… 99
园博馆参加中国大百科全书（第三版）风景园林卷第四次编委会会议 ……………… 99
园博馆提前完成市人力社保局关于事业单位养老保险并轨入库工作 ……………… 99
藏品保管部完成"上海豫园外展"120件套外销瓷藏品出库点交工作 ……………… 99
中心综合处处长朱英姿带队到园博馆进行"国庆花卉环境布置暨公园绿地养护"的专项检查评比工作 …………………………… 99
国庆节前园博馆"两个专项"治理初见成效 …… 100
国庆期间园博馆服务接待情况 ……………… 100
园博馆组织召开《明代吴亮止园复原研究》书稿专家研讨会 ……………………… 100
园博馆组织召开南京随园复原研究专家论证会 … 100
园博馆召开藏品及展陈空间环境研究项目专家会 … …………………………………… 101
园博馆完成"心怀中国梦 同寄园林情——园博馆系列捐赠品展"藏品的布展准备工作 ……… 101
市公园管理中心审计处处长王明力带队到园博馆就"小金库"问题进行专项检查 ………… 101
北京市文物普查检查组到园博馆进行专项验收检查 …………………………………… 101
园博馆召开底片藏品数字化验收会 ………… 101
市公园管理中心领导到园博馆宣布干部任免决定 … …………………………………… 101
园博馆与人民大学合作的藏品信息整理工作在人民大学进行工作验收 …………… 101
园博馆完成外销瓷上海豫园外展回馆点交及入库工作 ……………………………… 102
园博馆完成节前多部门联合检查和封库工作 … 102

服务接待 …………………………………… 102

北京市园林绿化局科技处、北京市园林绿化国际合作项目管理办公室到园博馆进行参观 ……… 102
日本本兵库县立大学平田富士男、沈悦博士到园博馆进行参观交流 ……………… 102
中国科学院昆明植物研究所一行8人到园博馆进行

目录

专题调研 …………………………… 102
美国奥本大学教授参观园博馆并进行交流 … 103
西黄寺博物馆到园博馆进行参观交流 …… 103
韩国园林代表团到园博馆进行访问 ……… 103
杨晓阳到园博馆进行参观指导 …………… 103
中国文物交流中心及南阳市博物馆一行到园博馆进行访问 ……………………………… 103
由清华大学建筑学院主办的"2016 棕地再生与生态修复"国际会议一行人员到园博馆参观交流 …… 103
韩国国立文化财研究所一行3人到园博馆进行交流访问 ………………………………… 103
故宫文物专家梁金生到园博馆进行参观指导 … 104
园博馆邀请中国博物馆协会文物保护专业委员会主任,原故宫文物管理处处长梁金生研究员作专题讲座 ……………………………………… 104

展陈展览 …………………………… 104

"中国屋檐下——河南博物院古代建筑明器展"闭幕 ……………………………………… 104
"风起中华,爱翔九天"曹氏风筝展在园博馆开展 … 104
园博馆"瓷上园林——从外销瓷看中国园林的欧洲影响"开启全国巡展第四站 …………… 105
园博馆完成第十三届(2015年度)全国博物馆十大陈列展览精品推介活动的申报工作 ……… 105
北京市公园管理中心主任张勇到园博馆检查指导展陈开放工作 …………………………… 105
"轮行刻转——颐和园藏清宫文物展""园林香境——中国香文化掠览"两项展览在园博馆开幕 …… 105
文化部对外文化交流中心一行6人到园博馆就"中国—黑山传统村落建筑展"相关事宜进行考察座谈 ……………………………………… 106
园博馆"壶中天地——中国古代锡器文化展" … 106
园博馆"年吉祥 画福祉——年画中的快乐新年展"闭幕 ……………………………………… 106
园博馆召开国家级非物质文化遗产"布上青花——南通蓝印花布展"方案研讨会 …………… 106

"高山流水——傅以新山水画展"在园博馆开展 …… 106
园博馆郁金香展览 …………………… 107
园博馆"古道茗香——普洱茶马文化风情展"开幕 …… 107
园博馆"高山流水——傅以新山水画展"闭幕 … 107
"永乐宫元代壁画临摹作品展"于园博馆开展 … 107
"国家级非物质文化遗产 布上青花——南通蓝印花布艺术展"于园博馆隆重开展 ………… 108
园博馆"永乐宫元代壁画临摹作品展"闭幕 … 108
"青铜化玉 汲古融今"特展在园博馆开幕 … 109
园博馆"国家级非物质文化遗产布上青花——南通蓝印花布艺术展"闭幕 ………………… 109
俄国罗曼诺夫王朝彼得大帝夏宫国家博物馆到园博馆就"彼得夏宫——罗曼诺夫沙皇王朝的珍宝展"展览进行实地考察并举行会谈 ………… 109
园博馆"凝固的时光——古陶文明博物馆精品砖展"开幕 ……………………………………… 109
园博馆召开"彼得夏宫——罗曼诺夫沙皇王朝的珍宝展"国内巡展项目推进会 ………………… 109
"费玉樑藏外销瓷展"前期考察工作结束 …… 110
园博馆完成"2017年展陈制作合格供应商"优选工作 ……………………………………… 110
"文化原乡 精神家园"中国——黑山古村落与乡土建筑展闭幕 ……………………………… 110
园博馆"青铜化玉 汲古融今特展"闭幕 …… 110
"皇家·私家——杜璞先生百幅园林作品展"开展 … 110
园博馆"园林遗珠 时代印记——四大名园门票联展"开幕 ……………………………………… 110
园博馆"瓷上园林——从外销瓷看中国园林的欧洲影响展"在上海豫园开幕 ………………… 111
"翰墨雅韵——上海豫园馆藏海派书画名家精品展"在园博馆开展 …………………………… 111
园博馆"和谐自然 妙墨丹青——徐悲鸿纪念馆藏齐白石精品画展"开展 ……………………… 111
园博馆《知己有恩傲丹青——徐悲鸿纪念馆藏齐白石精品画展》研讨会 ……………………… 112

园博馆全体党员、青年职工赴中国军事博物馆参观 …… 112

2016 全国大学生风景园林规划设计竞赛获奖作品展在园博馆开幕 …… 112

第三届中国园林摄影展在园博馆开幕 …… 112

特色活动 …… 113

园博馆举办"园林雅集辞旧岁 赏心乐事迎新年"文化活动 …… 113

2016 年迎春书画交流会在园博馆举办 …… 113

2015 年市公园管理中心科普工作交流评比会在园博馆举办 …… 113

园博馆荣获"第十届北京阳光少年活动"优秀组织奖 …… 113

园博馆举办多项非遗民俗文化活动喜迎猴年 …… 114

园博馆青少年寒假科普教育活动结束 …… 114

园博馆结合学雷锋日开展"青春闪耀园博馆 雷锋精神世代传"主题学雷锋志愿服务活动 …… 114

园博馆开展"温情三月天 欢乐庆三八"系列活动 …… 115

园博馆举办妇女节雅集文化活动 …… 115

园博馆启动园林科普教育课程"进校园"活动 …… 115

园博馆举办社会志愿者面试交流会 …… 115

园博馆举办世界水日主题科普活动 …… 116

园博馆接待北京市青少年服务中心 25 组特殊青少年家庭到馆开展公益园林体验活动 …… 116

清明节园博馆举办丰富活动邀请市民体验园林文化生活 …… 116

园博馆参加北京市 2016 年"博物馆之春"活动 …… 116

园博馆陆续接待 15 所中小学生体验生态科普校外教育 …… 116

园博馆开展"光影园博——镜头中的园林风采"摄影征集活动 …… 116

园博馆开展 2016 年生物多样性保护科普宣传月活动 …… 117

园博馆举办"世界读书日"系列文化活动 …… 117

园博馆以生物多样性保护为主题开展"园林探花大发现"科普亲子活动 …… 117

园博馆参加全国科普讲解大赛北京地区选拔赛并成功入选全国范围决赛北京代表队 …… 117

园博馆正式启动青少年自然教育实践基地 …… 117

园博馆开展科普亲子活动 …… 117

园博馆召开专题座谈会庆祝开馆三周年 …… 117

园博馆为庆祝开馆三周年举办系列主题活动 …… 118

中国园林博物为庆祝开馆三周年举办园林大讲堂专题讲座并推出两项新型临展 …… 118

园博馆与首都经济贸易大学旅游管理学院交流座谈 …… 119

园博馆举办 2016 年首场文化公益讲座 …… 119

园博馆参加 2016 年北京市公园管理中心科普游园会主场活动 …… 119

园博馆举办第二届"京西御稻插秧活动" …… 119

园博馆积极参与北京市公园管理中心"园林科普津冀行"活动 …… 120

"六一"儿童节期间,园博馆积极开展青少年校外教育活动 …… 120

园博馆开展多项传统文化活动 …… 120

园博馆面向社会开展《圆明园历史文化收藏与流散文物考》主题园林文化公益讲座 …… 121

园博馆开展以"父亲节"为主题的自然科普教育活动 …… 121

园博馆进一步提升科普教育水平 …… 121

"清香溢远——第二届中国园林书画展"在园博馆开展 …… 121

"2016 友善用脑公益夏令营"首站在园博馆启动并举行开营仪式 …… 122

园博馆开展《二十四孝流变史》主题公益文化讲座 …… 122

园博馆"园林小讲师"等暑期系列活动陆续开展 …… 122

法国博物馆领导到中国园林博物馆参观 …… 122

园博馆为纪念独立开馆三周年举办系列主题活动 …… 122

目 录

规划建设 ……………………………… 123

中国城市规划学会风景环境规划设计学术委员会 2015 年在京主任委员工作会在园博馆召开 … 123
园博馆完成 4A 景区申报第一阶段工作 ………… 123
园博馆完成室内展区"秋水"改造项目的公开招标工作 ………………………………………… 123
园博馆就市科委课题"中国古典皇家园林艺术特征可视化系统研发"研究内容组织召开专家研讨会 ………………………………………… 124
2015 年园博馆部分工程项目荣获优秀工程奖 … 124
园博馆完成展厅门改造工程 …………………… 124
园博馆完成植物墙维修改造工程 ……………… 124
园博馆召开票务工作移交会并进行相关交接工作 ………………………………………… 124
园博馆组织召开馆级课题立项评审会 ………… 124
园博馆召开风景园林学名词第二次审定会 …… 125
园博馆完成室外垃圾桶更换工作 ……………… 125
园博馆组织召开 2017 年临展项目立项工作推进会 ………………………………………… 125
园博馆召开 2016 年科研课题中期检查汇报会 …… 125
园博馆召开专题会研究 2016～2020 年市公园管理中心"十三五"事业发展规划纲要 ……… 125
园博馆完成藏品库弱电设备上墙工作 ………… 125
中国当代园林史编写工作研讨会在园博馆召开 ………………………………………… 125
园博馆完成增设外部交通标识工作 …………… 125
园博馆完成藏品库区柜架牌示安装工作 ……… 126
园博馆完成 2017 年信息化项目申报工作 ……… 126
园博馆承担的北京市科技计划课题"中国古典皇家园林艺术特征可视化系统研发"验收结题 …… 126
园博馆召开"中国传统园林中的非物质文化遗产研究"专家咨询会 ……………………… 126
园博馆与中国人民大学清史所合作项目结项会在中国人民大学历史学院召开 ……………… 126
园博馆引入歌华有线电视线路 ………………… 127
园博馆召开专家咨询会 ………………………… 127
园博馆召开课题专家会 ………………………… 127
园博馆召开"园林数字图书馆数据更新服务项目"验收会 ………………………………… 127

安全保障 ……………………………… 127

市公园管理中心检查组到园博馆检查节前准备工作 ………………………………………… 127
园博馆购置"推车式高压细水雾灭火装置"一套 …… 127
三部门联合对藏品库区进行安全检查 ………… 128
园博馆大力推进安全文化建设相关工作 ……… 128

对外宣传 ……………………………… 128

园博馆开展植树节"增彩延绿"系列主题宣传活动 … 128
园博馆接待北京电视台专题采访 ……………… 128
园博馆协办并参加中国首届亭文化暨园理学研讨会 ………………………………………… 128
园博馆园艺中心主任陈进勇参与的项目获中国风景园林学会科技进步三等奖 ……………… 128
园博馆与肖蒙城堡签署战略合作协议 ………… 129
园博馆参加 2016 年中国植物园学术年会 ……… 129
园博馆参加北京博物馆学会展览推介交流委员会 2016 年年会 …………………………… 129
中国汽车博物馆到园博馆进行座谈交流 ……… 129

人员培训 ……………………………… 129

园博馆组织青年专业技术人员赴北京市园林科学研究所进行业务交流和学习 …………… 129
园博馆完成 2016 年第一季度讲解员业务考核工作 ………………………………………… 130
园博馆召开 2017 年度政工师申报工作会 ……… 130

党群工作 ……………………………… 130

市公园管理中心团委到园博馆进行慰问 ……… 130
园博馆召开2015年度"三严三实"专题民主生活会 ……… 130
园博馆党委召开2016年内宣工作部署会 ……… 130
园博馆完成共青团基本数据采集统计工作 ……… 131
园博馆完成2016年度工会会费收缴及"女工特疾保险"的办理工作 ……… 131
园博馆召开2015年度民主生活会 ……… 131
园博馆与东城区园林绿化局团委联合开展"缅怀革命先烈 燃放青春梦想""五四"主题团日活动 ……… 131
园博馆团委与颐和园导游服务中心团支部共同开展"交换岗位技能,放飞园林梦想"主题团日活动 ……… 131
市公园管理中心领导到园博馆检查指导"两学一做"学习教育工作 ……… 131
园博馆团委组织全体团员深入学习习近平同志在建党95周年大会上的重要讲话 ……… 132
园博馆召开《智慧化建设总体规划(2016~2020年)》专家评审论证会 ……… 132
园博馆团委举办"提升党性修养 凝聚青年力量 争做合格团员"专题教育活动 ……… 132
园博馆三项措施,做好市委第一巡视组巡视反馈意见的自查整改工作 ……… 132
园博馆党委组织学习贯彻落实十八届六中全会精神 ……… 132
园博馆举办"北京市公园管理中心第二届'十杰青年'事迹宣讲会暨园博馆'学习先进典型争做时代先锋'"专题道德讲堂 ……… 132
园博馆团委与中国航天科技集团团支部开展学习交流活动 ……… 133
市公园管理中心党委副书记杨月出席园博馆处级干部学习十八届六中全会分组讨论会 ……… 133
市公园管理中心党委书记郑西平带队到园博馆就党风廉政建设责任制工作进行专项检查 ……… 133
园博馆筹备办党委组织召开党员民主评议会 ……… 133

服务管理

综述 ……………………………………………… 134

服务 ……………………………………………… 135

中心圆满完成元旦节日工作 ……………………… 135
颐和园参加故宫讲解培训项目启动仪式 ……… 136
中山公园11处景点O2O微服务器安装 ……… 136
景山公园完成年票集中发售工作 ……………… 136
香山公园索道开车运营 ………………………… 136
中心完成春节期间服务接待工作 ……………… 136
玉渊潭公园完成春节服务保障工作 …………… 137
陶然亭举办"北京厂甸庙会"活动 ……………… 137
北京市发改委检查中山公园价格管理 ………… 137
天坛公园"开展微笑服务、评选十佳标兵"活动 ……… 137
中山公园两会接待游客8.99万人次 …………… 138
玉渊潭公园两会服务接待工作 ………………… 138
中山公园救助老年游客获赠锦旗 ……………… 138
市公园管理中心圆满完成全国"两会"代表接待服务保障工作 ……………………………………… 138
北海公园游船正式开航 ………………………… 138
北京植物园桃花节、玉渊潭公园樱花文化活动首周运营平稳 ……………………………………… 138
陶然亭公园完成海棠春花文化节服务接待工作 ……… 138
颐和园完成京津冀公园年票发售工作 ………… 139
北海公园完成两会期间安全服务保障工作 …… 139
市公园管理中心完成清明假日游园服务保障工作 ……… 139
香山公园第十四届山花观赏季首周运营平稳 … 139
天坛公园积极开展文物展网上预约工作 ……… 139
市公园管理中心完成"五一"假日游园服务保障工作 ……… 140
北京动物园招募成立"银发志愿队" …………… 140
北京动物园"五一"假日游客量统计工作取得新突破 ……………………………………………… 140
香山公园完成北京国际越野跑挑战赛服务保障工作 ……………………………………………… 141
景山公园第20届牡丹文化艺术节闭幕 ……… 141

目录

陶然亭公园安装饮料自动售货机 …………… 141
市公园管理中心完成端午假期游园服务保障工作 …
　……………………………………………… 141
中心对接北京市平原地区新增林木资源养护技术帮
　扶工作 ……………………………………… 142
北海公园新建摆渡船下水试运营 …………… 142
中山公园改造碰碰车、怡乐城竣工 ………… 142
市管公园多措并举迎接暑期游览高峰 ……… 142
天坛公园完成首批晚游活动团队服务接待工作 …
　……………………………………………… 142
中山公园妥善应对暑期旅游高峰瞬时大客流 … 142
天坛公园积极开展网上预约服务 …………… 143
中山公园更新标识牌示5块 ………………… 143
陶然亭公园试用迷你执法记录仪 …………… 143
天坛公园"阅兵"期间服务游人情况 ………… 143
中心各单位完成"中秋"假日游园服务保障工作 …
　……………………………………………… 143
北京动物园开展培训会并首次发放随身手卡 … 144
市管公园提高国庆节期间服务质量 ………… 144
香山公园参加市政府红叶观赏季综合保障协调工
　作会 ………………………………………… 144
第28届香山红叶季圆满结束 ………………… 145
中心组织召开红叶季视频会议 ……………… 145
香山红叶观赏季迎来首次高峰 ……………… 145
陶然亭公园完成全年游船接待任务 ………… 146
天坛更新维护基础设施 ……………………… 146
北京动物园更新增设服务设施 ……………… 146
颐和园持续维护基础设施 …………………… 147

领导调研　147

郑西平到玉渊潭公园调研 …………………… 147
王忠海带队检查紫竹院公园冰上活动 ……… 148
程海军到陶然亭公园调研 …………………… 148
财政部党校、区委宣传部到香山公园参观调研 …
　……………………………………………… 148
国家文物局、市文物局来园调研 …………… 148
北京市发改委价格处到颐和园检查票价政策执行
　情况 ………………………………………… 148
王忠海到香山公园指导2015年度"三严三实"专题
　民主生活会 ………………………………… 148
李炜民与中央美院建筑学院院长吕品晶等在景山
　公园探讨文化合作事项 …………………… 148
王忠海参加紫竹院公园2015年民主生活会 … 149
北京市发展和改革委员会收费检查处到香山公园
　检查工作 …………………………………… 149
市旅游委到玉渊潭公园检查节前安全工作 … 149
张勇到北京动物园指导2015年度"三严三实"专题
　民主生活会 ………………………………… 149
市旅游委安全检查组到香山公园检查工作 … 149
北京市旅游委到北海公园查看相关规定 …… 149
张勇到紫竹院公园检查工作 ………………… 150
西城区安监局到北海公园进行检测 ………… 150
张勇到玉渊潭公园调研工作 ………………… 150
王忠海检查陶然亭公园节日准备工作 ……… 150
程海军带队检查玉渊潭公园节前安全工作 … 150
张勇到陶然亭公园进行春节前期工作检查 … 150
张勇检查天坛公园春节前安全工作 ………… 150
中心总工程师李炜民带队到北海公园开展节前检查 …
　……………………………………………… 150
张勇检查中山公园春节假日工作 …………… 151
北京市副市长林克庆带队检查陶然亭公园春节庙会
　工作 ………………………………………… 151
西城区区长王少峰进行庙会前检查 ………… 151
中心主任张勇到北海公园进行调研 ………… 151
中心主任张勇与北海公园、军委有关部门领导开展
　座谈交流 …………………………………… 151
王忠海到香山公园检查安全保障工作 ……… 152
张勇到园博馆检查指导陈展开放工作 ……… 152
杨月到颐和园检查工作 ……………………… 152
中心党委书记郑西平到北海公园参加处级领导班子
　任免会 ……………………………………… 152
副市长林克庆到颐和园视察文物展览工作 … 152
中心领导到玉渊潭公园宣布人事任免决定 … 152
东城区委书记张家明与天坛公园领导座谈 … 153
市总工会到陶然亭公园调研 ………………… 153

王忠海带队到香山公园检查文物保护工作 …… 153
张勇到玉渊潭公园调研 …………………… 153
杨月到香山公园检查调研工作 …………… 153
王忠海到园林学校调研 …………………… 153
王忠海到北京植物园检查指导 …………… 153
王忠海到香山公园检查指导工作 ………… 154
王忠海到玉渊潭公园调研第 28 届樱花文化活动服务
　保障工作 ………………………………… 154
文物专家张如兰等一行 16 人到天坛公园指导文物
　展览工作 ………………………………… 154
中国科学院昆明植物研究所副所长王雨华一行 8 人
　到园博馆专题调研 ……………………… 154
陈竺视察北京植物园 ……………………… 154
赵根武到玉渊潭公园调研 ………………… 155
国务院参事刘秀晨到玉渊潭公园调研 …… 155
市公园管理中心到景山公园宣布干部任免决定……
　…………………………………………… 155
中心领导宣布紫竹院公园领导任免职决定 …… 155
丰台区副区长钟百利带队到玉渊潭公园调研 … 155
北京市城市规划学会理事长赵知敬到玉渊潭公园
　调研 ……………………………………… 155
国家信访局领导到陶然亭公园开展党员先锋模范专
　题教育活动 ……………………………… 156
李炜民到景山公园调研 …………………… 156
杨月到玉渊潭公园宣布人事任免决定 …… 156
广州市林业和园林局党委书记、局长杨国权带队到
　玉渊潭公园调研 ………………………… 156
王忠海检查指导植物园"桃花节"工作 …… 156
中心党委副书记杨月到北海公园宣布任职决定……
　…………………………………………… 157
王忠海到北京植物园检查指导"桃花节"期间服务管
　理工作 …………………………………… 157
北京市中等职业学校课堂教学现状调研组到园林学
　校调研 …………………………………… 157
张勇到紫竹院公园调研指导工作 ………… 157
王忠海到景山公园检查牡丹节工作 ……… 157
张勇到香山公园检查工作 ………………… 157
贾庆林到香山公园参观游览 ……………… 157

路甬祥视察北京植物园 …………………… 158
李炜民到北海公园进行节前综合检查 …… 158
张勇到颐和园检查"五一"节日准备工作 … 158
刘英到颐和园慰问劳模代表 ……………… 158
王忠海带队到香山公园检查节前工作 …… 158
李炜民带队到景山公园检查"五一"节前准备工作…
　…………………………………………… 158
国务院原副总理曾培炎视察北京植物园 … 159
中央政治局委员、中央政法委书记孟建柱视察北京
　植物园 …………………………………… 159
副市长、市公安局长王小洪一行到北京动物园检查
　节日工作 ………………………………… 159
共青团北京市委副书记杨海滨到玉渊潭公园调研学
　生主题大队日活动 ……………………… 159
张勇到北海公园调研漪澜堂景区相关工作 … 159
张勇带队到景山公园调研 ………………… 159
苏士澍到颐和园考察交流 ………………… 160
市人大代表到中心开展调研 ……………… 160
陶然亭公园完成世界月季洲际大会外国专家团接待
　任务 ……………………………………… 160
全国政协原副主席、中华诗词学会名誉会长杨汝岱
　视察北京植物园 ………………………… 160
王忠海到玉渊潭公园调研"两学一做"学习教育工作
　开展情况 ………………………………… 160
全国政协常委、文史和学习委员会副主任龙新民视
　察北京植物园 …………………………… 161
张勇带队检查噪音治理工作 ……………… 161
张勇到玉渊潭公园调研 …………………… 161
中央军委副主席范长龙一行人参观玉渊潭东湖湿
　地园 ……………………………………… 161
张勇到香山公园检查工作 ………………… 161
李炜民到玉渊潭公园调研东湖湿地建设 … 161
香山公园工会主席苗连军到红叶古树队进行调研
　指导 ……………………………………… 161
张勇到北海公园调研防汛相关工作 ……… 161
王鹏训到香山公园调研 …………………… 162
赵卫东到香山公园检查指导工作 ………… 162
中心到香山公园调研古树名木保护信息系统运行

目录

情况 …………………………………… 162
香山公园工会主席苗连军到服务二队分会进行班组建设调研工作 …………………………… 162
李伟到香山公园进行调研 ………………… 162
李爱兵分别到北植、香山、颐和园开展安全应急工作专项调研 ……………………………… 163
李爱兵到陶然亭公园调研 ………………… 163
王鹏训到紫竹院公园进行沟通交流 ……… 163
彭兴业到紫竹院公园调研 ………………… 163
市政府信息和政务公开办公室到中心调研 … 163
张勇调研"两学一做"学习教育开展情况 … 163
王忠海到紫竹院公园调研 ………………… 164
王忠海到紫竹院公园检查指导防汛工作 … 164
市公园管理中心纪委书记程海军带队到景山公园检查防汛工作 ……………………… 164
程海军检查中山公园防汛 ………………… 164
市政府办公厅绩效处到陶然亭公园检查相关工作 ……………………………………… 164
李爱兵到玉渊潭公园调研 ………………… 164
李炜民调研园科院、植物园圃地"增彩延绿"苗木繁育工作 …………………………… 165
军委总参服务保障局领导到玉渊潭公园开展座谈交流 ……………………………………… 165
孙新军到颐和园考察夜景照明工程进展情况 … 165
张勇到香山公园检查香山寺修复工程 …… 165
市科委文化科技发展处到颐和园调研重点科技项目 ………………………………… 165
李炜民到天坛公园调研 …………………… 165
李炜民到陶然亭公园调研 ………………… 166
国际古迹遗址理事会考察颐和园 ………… 166
董玉环到香山碧云寺调研 ………………… 166
张勇到颐和园调研墙修缮、景观保护和文创工作 ……………………………………… 166
北京市政府特约监察员到颐和园调研北京市管理公园文物保护工作 ………………… 166
安金明到颐和园调研文创产品及智慧景区工作 ……………………………………… 167
张勇带队专题调研北海公园、景山公园噪音治理工作 ………………………………… 167
王忠海到园林学校开展绩效及财务工作专项调研 …………………………………… 167
刘淇到香山公园检查工作 ………………… 167
中心纪检监察处检查中山公园会所整改 … 167
市园林绿化局、市政市容委领导及照明专家到颐和园调研验收夜景照明一期工程 … 168
王鹏训到香山公园调研 …………………… 168
张勇到玉渊潭公园检查工作 ……………… 168
北京市副市长林克庆带队到中心检查指导国庆游园筹备工作 ……………………… 168
张勇到颐和园检查国庆节日准备工作 …… 168
北京市政府副秘书长赵根武视察北京植物园 … 169
市政府副秘书长赵根武带队到玉渊潭公园检查国庆节前公共安全工作 ………………… 169
中心领导到玉渊潭公园宣布人事任命 …… 169
王忠海到玉渊潭公园检查节前安全工作 … 169
张勇检查中山公园国庆综合保障 ………… 169
北京世界园艺博览会事务协调局到颐和园调研智能化运营接待方案 ………………… 169
厦门市市政园林局一行4人到中心调研座谈 … 170
张亚红到香山公园调研 …………………… 170
张勇检查指导香山红叶观赏季安全保障工作 … 170
中心综合处与市林业工作总站对通州区马驹桥镇、西集镇的平原造林地块开展实地调研指导 … 170
张勇到玉渊潭公园调研 …………………… 170
张亚红到动物园调研指导工作 …………… 170
张勇到陶然亭公园调研指导工作 ………… 170
张勇到紫竹院公园调研指导工作 ………… 171
张勇到香山公园检查指导工作 …………… 171
市政府副秘书长赵根武到香山红叶观赏季总指挥部检查指导工作 …………………… 171
服务管理处与综合管理处到圆明园进行厕所管理建设专项考察调研 …………………… 171
张亚红到公园调研指导服务管理工作 …… 172
中心联合市林业工作总站组织开展平原林木养护技术服务工作专家调研 ……………… 172
中心主任张勇、副主任张亚红专项调研公园服务管

9

理工作 …………………………………… 172
全国政协、民革中央等部门到香山碧云寺实地调研
 …………………………………………… 172
中心领导到玉渊潭公园调研 ………………… 172
中心服务管理处到陶然亭公园检查工作 …… 173
王鹏训到紫竹院公园检查 …………………… 173
王忠海到香山公园检查调研工作 …………… 173
祖谦到紫竹院公园检查 ……………………… 173
市政协委员到陶然亭公园视察无障碍环境建设情况
 …………………………………………… 173
张亚红带队到北京动物园检查文创工作 …… 174
李爱兵到香山公园检查指导工作 …………… 174
张亚红到紫竹院公园检查工作 ……………… 174
王忠海到紫竹院公园检查情况 ……………… 174
李炜民带队到香山公园检查工作 …………… 174
张亚红检查公园出租房屋管理 ……………… 174
王忠海到玉渊潭公园检查房屋出租管理情况 … 175
中心领导检查玉渊潭公园房屋出租管理情况 … 175
张勇到香山公园检查出租房屋管理工作 …… 175
李炜民到玉渊潭公园调研 …………………… 175
张勇带队检查天坛公园无障碍设施建设和文创工作
进展情况 ………………………………… 175
中心副主任张亚红检查天坛无障碍设施 …… 175
张勇检查公园会所专项整治工作 …………… 176
市公园管理中心纪委书记程海军带队到景山公园检
查工作 …………………………………… 176
张勇带队到玉渊潭公园专项检查党风廉政建设"两个
责任"落实情况 …………………………… 176
张勇带队开展会所专项整治工作检查 ……… 176
张勇到颐和园指导文创工作 ………………… 176
李爱兵检查指导颐和园花研所、北京动物园饲养基
地安全工作 ……………………………… 177
张勇带队到天坛公园开展专题调研 ………… 177
北京市文物局执法队到香山公园检查 ……… 177
市发改委、市环境保护局检查颐和园清洁生产工作
 …………………………………………… 177

接待服务 …………………………………… 177

北京动物园接待中央美术学院师生参观交流 … 177
颐和园与美国宝尔博物馆签署展览合作意向书
 …………………………………………… 177
安哥拉国防部长劳伦索到颐和园参观游览 … 178
北京动物园向捷克布拉格动物园提供野马谱系
 …………………………………………… 178
北京动物园接待西城区人大常委会主任参与"一日志
愿服务体验"项目 ………………………… 178
芬兰萨翁林纳市市长詹尼·莱恩到颐和园参观游览
 …………………………………………… 178
市委党校进修班到香山双清别墅参观游览 … 178
德国总统约阿希姆·高克到颐和园参观游览 … 178
北海公园接待国际滑雪联合会高山项目委员会主席
 …………………………………………… 179
河北省省委党校到香山双清别墅参观学习 … 179
北京植物园接待乌鲁木齐植物园考察交流 … 179
中心赴香港参加国际花卉展览并获最佳设计金奖
 …………………………………………… 179
北京动物园代表团与捷克布拉格动物园签署合作备
忘录 ……………………………………… 179
中央办公厅老干部局组织老干部到颐和园参观游览
 …………………………………………… 179
瑞典议长乌尔班·阿林到颐和园参观游览 … 180
日本北海道日中友好协会到访北京动物园 … 180
北京市永定河森林公园领导到天坛公园学习交流
 …………………………………………… 180
北京史研究会到香山公园举行学术座谈会 … 180
万鄂湘到中山公园参观游览 ………………… 180
北京电影节评委会参观天坛 ………………… 180
北京植物园举办"对话春天——血液病儿童温室体验
活动" ……………………………………… 180
紫竹院公园植竹活动 ………………………… 180
全国政协副主席林文漪到景山公园观赏牡丹 … 181
上海豫园、苏州拙政园到天坛公园学习交流 … 181
陈卫京到香山公园参观游览 ………………… 181
"手绘京城——外国漫画家画北京"活动 …… 181
北海公园接待乌克兰外长 …………………… 181
布拉格动物园园长带团参访北京动物园 …… 181

目录

俄罗斯国家杜马主席纳雷什金到颐和园参观游览 …………………………………………… 182

中东欧国家最高法院院长代表团到颐和园参观游览 …………………………………………… 182

北海公园接待原中央政治局常委吴官正 …… 182

北海公园接待幼教机构教师代表团 ………… 182

台湾艺术家代表团到北海公园进行交流座谈 … 182

北海公园接待中国四大名园管理经验交流团 … 182

匈牙利国会常务副主席玛特劳伊到颐和园参观游览 …………………………………………… 183

北海公园接待国家大剧院职工代表 ………… 183

北海公园接待世界洲际月季大会代表 ……… 183

北京植物园接待2016世界月季洲际大会外宾团 …………………………………………… 183

北海公园完成"2016外国摄影师拍北京"活动接待工作 ………………………………………… 183

香山公园完成海淀区政协委员及人大代表接待任务 …………………………………………… 183

北海公园接待俄罗斯邮政总部大区负责人 … 183

北海公园接待中心青年干部培训班 ………… 183

北海公园接待北京坛庙文化研究员来园交流 … 183

天津市市容和园林管理委员会到天坛公园学习交流 …………………………………………… 183

天津市市容园林委到北京动物园学习交流 … 184

国务院副总理汪洋接待美国财政部部长雅各布·卢到颐和园参观游览 ……………………… 184

北海公园接待拉萨市副市长一行 …………… 184

北京动物园回复人大代表建议 ……………… 184

"第二届中美气候智慧型/低碳城市峰会"中外嘉宾参观天坛 ………………………………… 184

乌拉圭外长尼恩到颐和园参观游览 ………… 184

国务院总理李克强陪同德国总理默克尔在颐和园散步外交 …………………………………… 184

上海市公园管理事务中心来园交流座谈 …… 185

北京动物园接待上海公园事务管理中心交流公园服务管理工作 ……………………………… 185

土耳其外交部次长斯尼尔奥卢到颐和园参观游览 …………………………………………… 185

日本东京都恩赐上野动物园到北京动物园参观交流 …………………………………………… 185

中共中央直属机关园林管理办公室到香山公园开展主题党日活动 …………………………… 185

香山公园完成民革北京市委接待服务工作 …… 185

香山公园联合三山五园研究院共同举办研讨会 …………………………………………… 186

塞舌尔国务秘书等一行参观访问北京动物园 … 186

中国农业大学学生参观北京动物园重点实验室 …………………………………………… 186

北京植物园接待西城区残联 ………………… 186

"中华大家园"全国关爱各族少年儿童夏令营到颐和园参观游览 …………………………… 186

美国国家安全顾问苏珊·赖斯家人到颐和园参观游览 ………………………………………… 186

北京植物园接待韩国蔚山市考察团 ………… 187

北海公园接待荷花精神讨论会受邀嘉宾 …… 187

北海公园完成国际合唱节接待任务 ………… 187

北京动物园完成京疆小记者团接待工作 …… 187

香山公园完成马来西亚参观团接待服务工作 … 187

北京动物园接待"爱在阳光下——2016年儿童夏令营"参观 ………………………………… 187

老挝外交部长沙伦赛到颐和园参观游览 …… 187

中央宣传部对口支援单位优秀教师考察团到颐和园参观游览 ………………………………… 188

北京动物园接待藏族儿童游园活动 ………… 188

香山双清别墅迎来暑期中小学生游览高峰 … 188

北海公园接待全国人大会议中心团委一行 … 188

何光晔到颐和园参观游览 …………………… 188

景山公园完成西藏地区儿童参观接待工作 … 188

北海公园接待盲人学校师生来园参观 ……… 188

北海公园接待德国海军监察长 ……………… 188

北京动物园与布拉格动物园签署合作协议 … 188

中山公园接待无锡市锡惠公园人员 ………… 189

北海公园完成德国戴姆勒股份公司晚游接待工作 …………………………………………… 189

美国驻华使馆科技官员访问北京动物园 …… 189

格林纳达总督拉格雷纳德到颐和园参观游览 … 189

11

英国诺丁汉市副市长参观北京动物园 …… 189
北京植物园接待中国工程院院士 …… 189
海外侨胞北京文化行暨国庆联谊活动在颐和园举办
………………………………………………… 189
西城区委书记、区长带队检查北京动物园国庆游园
工作 ………………………………………… 189
白俄罗斯国防部第一副部长兼总参谋长别科涅夫少
将到颐和园参观游览 ……………………… 190
立陶宛国务委员马丘利斯到颐和园参观游览 …… 190
北京植物园接待克里米亚共和国尼基塔植物园考
察团 ………………………………………… 190
尼泊尔国防部长坎德到颐和园参观游览 ………… 190
波兰副总理雅罗斯瓦夫·戈文到颐和园参观游览…
………………………………………………… 190
6个非洲国家的生态研究国际培训班人员到植物园参
观考察 ……………………………………… 190
巴布亚新几内亚国防军司令托罗波准将到颐和园参
观游览 ……………………………………… 190
北海公园接待国家广电总局退休职工 …………… 190
香山公园完成台湾中小学校长参观接待工作 …… 191
北海公园接待韩国邮政代表团一行 ……………… 191
北京动物园接待世界雉类协会专家来访 ………… 191
新疆林业系统第十批赴京挂职干部到北京植物园参
观交流 ……………………………………… 191
北海公园配合国务院相关部门开展活动 ………… 191
北京植物园承办中国植物园学术年会 …………… 191
北京动物园重点实验室接待世界雉类协会专家组成
员参访 ……………………………………… 191
陈海帆到香山公园参观游览 ……………………… 192
慕田峪长城旅游景区来园考察交流 ……………… 192
北海公园完成论坛嘉宾参观游览任务 …………… 192
纪念孙中山先生诞辰150周年晋谒活动在香山碧云
寺举行 ……………………………………… 192
内蒙古赤峰市红山区园林管理处到北京动物园参观
学习 ………………………………………… 192
拉萨市布达拉宫广场旺拉到紫竹院公园学习考察…
………………………………………………… 192
黄山市程迎峰来园考察交流 ……………………… 192

颐和园完成年度内外事接待任务 ………………… 192

管理 …………………………………………… 193

陶然亭公园实施内部控制制度 …………………… 193
中心召开领导班子专题民主生活会(扩大会) … 193
中心召开网上购票系统建设专题工作会议 ……… 193
中心领导班子召开"三严三实"专题民主生活会……
………………………………………………… 193
中心召开2015年调研成果汇报及成果转化研讨会
………………………………………………… 194
中心召开"三严三实"专题民主生活会 ………… 194
中心在北京植物园召开2016年工作会 …………… 194
北京市园林学校召开2015年顶岗实习总结座谈会
………………………………………………… 194
中心组织召开第一季度安全形势分析会 ………… 195
中心开展2016年重点项目方案审核工作 ………… 195
王忠海到玉渊潭公园指导处级领导"三严三实"专题
民主生活会 ………………………………… 195
中心机关召开"三严三实"专题民主生活会 …… 195
李炜民参加北京植物园处级领导班子"三严三实"专
题民主生活会 ……………………………… 195
程海军到中山公园指导处级领导"三严三实"专题民
主生活会 …………………………………… 195
园林博物馆召开2015年度"三严三实"专题民主
生活会 ……………………………………… 196
香山公园持续做好网络电子票营销工作 ………… 196
中心召开局级班子考核测评会 …………………… 196
中心传达贯彻市委书记郭金龙指示精神 ………… 196
中心做好全国"两会"服务保障工作 …………… 196
中心召开文创产品规划研讨会 …………………… 197
紫竹院公园工会召开工会工作研讨会 …………… 197
王忠海对提高办公室工作提出要求 ……………… 197
中心领导到颐和园宣布干部任免决定 …………… 197
中心召开综合建设及科技工作会 ………………… 197
中心领导到北京植物园宣布干部任免决定 ……… 197
中心领导到北海公园宣布干部任免决定 ………… 198
中心领导到玉渊潭公园宣布干部任免决定 ……… 198

目 录

天坛公园引入外部机构进行财务审计 ………… 198
中心召开组织、人事、劳资、老干部工作部署会 …
 ………………………………………………… 198
六家公园游船全部下水运营 ………………… 198
中心召开会议集中学习《国务院关于进一步加强文物
 保护工作的指导意见》…………………… 198
中心通报市政府所反馈年度绩效考评情况 …… 199
中山公园召开第六届职工代表大会第十七次会议暨
 2016年工作会议 ………………………… 199
中心完成市属11家公园及园博馆互查工作 … 199
海淀区政府组织召开玉渊潭公园第28届樱花文化活
 动工作协调会 …………………………… 199
陶然亭公园工会在职工之家召开工会委员会议 ……
 ………………………………………………… 199
中山公园质量/环境管理体系再认证审核 …… 199
北京动物园处级干部任免 …………………… 200
玉渊潭公园召开留春园景区春天雕塑修复方案专家
 论证会 …………………………………… 200
北海公园通过年度三标一体化管理体系内审工作 …
 ………………………………………………… 200
市公园管理中心举办组织、人事、劳资工作培训会 …
 ………………………………………………… 200
中心组织召开房屋租赁管理工作会 ………… 201
景山公园对部分商业经营网点装修调整 …… 201
颐和园建立水面巡逻机制 …………………… 201
中心学习贯彻市政府第四次廉政工作电视电话会议
 精神 ……………………………………… 201
天坛公园工会进行工会副主席选举工作 …… 201
陶然亭公园正式启动"安静工程" …………… 201
景山公园开设母婴室 ………………………… 202
北京动物园积极创新商业模式 ……………… 202
天坛公园治理噪音工作 ……………………… 202
中山公园食堂食品经营许可证更换 ………… 202
中心组织召开文物保护专题工作会 ………… 202
香山公园正式收回碧云寺市场大棚 ………… 202
市委宣传部组织召开"市属公园古建文物保护成果"
 新闻通气会 ……………………………… 203
中心召开党委书记例会 ……………………… 203

北京动物园启动假日游客量统计工作 ……… 203
玉渊潭公园召开"玉渊春秋"项目方案专家评审会 …
 ………………………………………………… 203
颐和园网络电子票销售态势良好 …………… 203
紫竹院公园工会召开分会主席会 …………… 204
中心综合处做好景观提升项目计价及相应调整工作
 ………………………………………………… 204
11家公园与市旅游委进行座谈 ……………… 204
香山公园索道通过北京市特检中心定期检测 … 204
王忠海与市人大代表就人大建议进行当面沟通 ……
 ………………………………………………… 204
景山公园实施采购项目内部招标制度 ……… 205
市公园管理中心召开语言文字规范工作会 … 205
玉渊潭公园完成营业执照三证合一变更 …… 205
紫竹院公园强化噪音治理工作 ……………… 205
中心组织召开第二届特约监督员聘任会议 … 205
景山公园召开"降噪"工作会 ………………… 205
中山公园清查市财政行政事业单位资产 …… 206
紫竹院公园国有资产清查及确权 …………… 206
北京动物园自6月1日起全面启动国税版票券 ……
 ………………………………………………… 206
市委第一巡视组听取北京市公园管理中心党委班子
 履行党委主体责任专项汇报 …………… 206
陶然亭公园开展票务专项检查 ……………… 206
玉渊潭公园召开古树复壮方案专家论证会 … 207
景山公园落实市人大建议及政协提案 ……… 207
香山公园扎实推进古树名木信息管理系统项目 ……
 ………………………………………………… 207
北海公园加强中、高考期间噪声治理工作 …… 207
颐和园成立纪检审计办公室 ………………… 207
景山公园制定实施《景山公园工程管理制度汇编(试
 行)》 ……………………………………… 208
陶然亭公园采取销售新模式 ………………… 208
郑西平主持召开4家转企单位退休职工代表座谈会
 ………………………………………………… 208
陶然亭公园噪声专项治理首日进展顺利 …… 208
天坛公园开展工会主席接待日活动 ………… 208
天坛公园创新社会化人员集中管理新模式 … 209

陶然亭公园推进自助导览系统建设 …………… 209
王忠海主持召开文创项目规划研讨会 ………… 209
市属公园互联网售票管理系统建设及互联网售票网
　站代运营项目启动会召开 …………………… 209
天坛公园内控体系建设工作情况 ……………… 209
张勇主持召开"三山五园"区域实地调研暨中期研
　讨会 …………………………………………… 210
张勇召开"一轴一线"区域实地调研暨中期研讨会…
　………………………………………………… 210
中心召开庆祝中国共产党成立95周年大会 …… 210
"三山五园"整体保护中的实践与探索专题研讨会在
　香山公园举办 ………………………………… 210
玉渊潭公园召开总结表彰大会庆祝中国共产党成立
　95周年 ………………………………………… 210
陶然亭公园完成陶然花园酒店交接工作 ……… 211
颐和园完成事业单位在职及退休职工养老保险并轨
　入库工作 ……………………………………… 211
紫竹院园长离任经济责任审计工作 …………… 211
中心在天坛公园召开噪音治理现场工作会 …… 211
园林科技服务通州城市副中心建设 …………… 211
王忠海组织召开北海公园安防综合管理平台建设工
　作专题会 ……………………………………… 212
北京动物园召开《动物园管理规范》专家审查会……
　………………………………………………… 212
景山公园召开商业经营网点、驻园单位管理专项会
　………………………………………………… 212
北京动物园启动暑期价格公示专项检查行动 … 212
景山公园开展文创工作游客调查问卷活动 …… 213
《智慧化建设总体规划（2016～2020年）》专家评审论
　证会召开 ……………………………………… 213
园科院获评"首都生态文明宣传教育基地" …… 213
中国园林博物馆召开临展项目立项工作推进会……
　………………………………………………… 213
北京动物园完成动物档案数字化项目二期工程建设
　………………………………………………… 213
中心党委召开一届六次全委（扩大）会议 ……… 213
香山公园与香山橡胶制品厂就改签协议进行商定
　………………………………………………… 213
颐和园修订《免票参观管理规定》……………… 214
香山公园完成《燃气调压器（箱）及设备委托管理合
　同》的签订 …………………………………… 214
紫竹院公园召开免票开放10周年专家座谈会 …
　………………………………………………… 214
中心召开杨柳飞絮治理工作专题会 …………… 214
中心召开文创工作部署会 ……………………… 214
市管公园着力加强精细化管理，积极提升综合管理
　效能 …………………………………………… 214
中心所属5家单位入选市级湿地名录 ………… 215
李炜民出席玉渊潭公园杨柳飞絮治理规划专家
　论证会 ………………………………………… 215
香山公园完成机关事业单位退休人员养老保险接轨
　工作 …………………………………………… 215
中心召开社团协会脱钩工作会 ………………… 215
市管公园配合做好天安门地区综合管理工作 … 215
景山公园、北海公园"降噪"工作效果显著 …… 215
王忠海召开香山寺建成开放专题工作会 ……… 216
中心全面完成本年度9项市人大代表建议、市政协
　委员提案办理工作 …………………………… 216
中心邀请故宫专家举办文创工作培训会 ……… 216
玉渊潭公园通过质量与环境管理体系外部审核 ……
　………………………………………………… 216
中心召开四家试点公园文创工作推进会 ……… 216
香山公园资产清查及产权登记工作通过市财政局
　审核 …………………………………………… 216
王忠海召开文创工作专题会 …………………… 217
大额重点项目资金绩效评价工作 ……………… 217
颐和园修订《颐和园管理处考勤工资奖金管理规定》
　………………………………………………… 217
北海公园联合景山公园全面实施降噪新举措 … 217
中心召开平原林木养护技术服务工作动员会 … 218
市属公园互联网售票系统软件功能需求专项调研会
　召开 …………………………………………… 218
中心组织召开文创工作现场会 ………………… 218
天坛赴苏州虎丘、上海豫园开展展览展示活动……
　………………………………………………… 218
中心开展节前高档餐饮和会所整治情况检查 … 218

目录

市管公园做好中秋游园服务保障工作 …… 219
颐和园启动智能人数统计项目建设 …… 219
市委第一巡视组专项巡视北京市公园管理中心党委情况反馈会召开 …… 219
市管公园加强精细化管理全面提升综合管理效能 …… 219
颐和园与盘山景区建立常态化交流机制 …… 219
中心召开文创工作座谈会 …… 220
中心召开国庆假日工作视频会 …… 220
中心开展国庆花卉环境布置检查评比 …… 220
中心召开市科委绿通项目研讨会 …… 220
市公园管理中心量化国庆假日工作标准提出"四无"工作目标 …… 220
中心领导到北京动物园宣布干部任免决定 …… 221
中心领导到北京植物园宣布干部任免决定 …… 221
中心领导到玉渊潭公园宣布干部任免决定 …… 221
中心领导到中山公园宣布干部任免决定 …… 221
中心党委召开党委书记专题会研究部署巡视整改工作 …… 221
市公园管理中心完成国庆假日游园服务保障工作 …… 221
北京市假日旅游工作领导小组办公室向中心发来感谢信 …… 222
颐和园、北京动物园荣登"十一"旅游"红榜" …… 222
市政府召开香山红叶观赏季综合保障协调工作会 …… 222
景山公园整改票务管理工作 …… 223
景山公园整改房屋出租管理工作 …… 223
香山公园完成 AAAA 级景区复核工作 …… 223
陶然亭公园首次开展夜间噪音治理工作 …… 223
玉渊潭公园顺利通过 AAAA 复核工作 …… 223
中心组织召开票务管理座谈会 …… 224
香山红叶观赏季综合保障领导小组召开香山红叶季视频会议 …… 224
陶然亭公园商店开通微信支付 …… 224
中山公园通过 AAAA 景区复核 …… 224
北京动物园完成 AAAA 景区复核工作 …… 224
天坛公园完成 AAAAA 级旅游景区复核工作 …… 224
颐和园完成 AAAAA 级旅游景区复核 …… 225
紫竹院公园完成"创建北京市健康示范单位"验收工作 …… 225
中心召开"小金库"专项检查工作会 …… 225
中心组织召开文创工作研讨会 …… 225
北京植物园举办科技沙龙活动 …… 225
中山公园检查票务及"小金库" …… 226
颐和园启动政务公开试点工作 …… 226
香山公园组织召开第 28 届红叶观赏季暨岗位技能劳动竞赛总结会 …… 226
中心参加市政协委员视察市无障碍环境建设活动 …… 226
中心召开市管公园互联网售票系统建设工作会 …… 226
中心组织召开文化活动、冰雪活动、年票发售工作专题会 …… 227
中心完成市教育督导室对中心职业教育法律法规执行情况督导检查工作 …… 227
市公园管理中心发挥首都对外交流窗口作用 …… 227
香山寺召开开放专题工作会 …… 227
中心组织召开房屋出租管理现场会 …… 227
中山公园开展十大服务能手评选 …… 228
中心主任张勇主持召开行政领导碰头会 …… 228
中心主任张勇带队到市管公园检查指导出租房屋管理工作 …… 228
中心组织召开香山寺开放方案专题汇报会 …… 228
中心传达落实市委常委、副市长林克庆分管工作务虚会精神 …… 228
中心主任张勇主持召开市属公园房屋土地使用管理专题会 …… 229
市残联在天坛公园组织召开无障碍设施现场会 …… 229
市管公园全面启动年票发售工作 …… 229
中心组织召开档案信息工作会 …… 229
中心组织召开文创工作现场交流会 …… 229
中心召开年度绩效管理评估述职考核汇报会 …… 230
市公园管理中心做好元旦节日服务保障工作 …… 230

中心副主任张亚红主持召开冰雪活动工作布置会…………………………………………………… 230
市管公园加强冰雪活动综合管理 ………… 230
中山公园固定资产报废 …………………… 231
颐和园建立内控体系并试运行 …………… 231
颐和园制定《公务接待及用餐管理规定》… 231
天坛公园固定资产管理 …………………… 231
景山公园完成建设工程档案管理工作 …… 231
北京动物园试行财务内控制度 …………… 232
北京植物园开展国有资产清查及事业单位产权登记工作 ……………………………………… 232
玉渊潭公园开展营业税改增值税工作 …… 232
玉渊潭公园服务管理规范手册正式出台 … 232
玉渊潭公园全面实施内部控制制度 ……… 232
玉渊潭公园完成事业单位资产清查及产权登记………………………………………………… 233
市园科院《内部控制制度》进入试运行阶段 … 233
中山公园完成"十三五"规划2016年度评估 … 233
玉渊潭公园西钓鱼台新村拆迁工作 ……… 233
北京植物园对可移动文物及藏品进行保护工作……………………………………………………… 233
玉渊潭公园东湖湿地园保护性开放工作 … 234
颐和园加强杨柳飞絮治理 ………………… 234
颐和园皇家买卖街官方淘宝店上线 ……… 234
中山公园西北山景区改造工程方案设计 … 235
天坛公园完成古建筑安全勘察和鉴定评估工作……………………………………………………… 235
玉渊潭公园完成春天雕塑修复工程 ……… 235

规划建设

综述 ………………………………………… 236

基础建设 …………………………………… 237

陶然江亭观赏鱼花卉市场撤市工作完成 … 237
市园林科学研究院召开城市绿地生态系统定位监测研究站项目可行性论证会 ………… 237
玉渊潭东湖湿地公园建设工作通过北京市园林绿化局审批 ……………………………………… 237
北京植物园启动"《红楼梦》植物专类园"建设工作 …………………………………………… 237
东城区建委到天坛公园调研坛墙修复工作 … 238
香山公园完成松林餐厅厨房改造工程 …… 238
天坛公园持续关注周边简易楼拆除施工进度 … 238
玉渊潭公园新建中堤桥落成 ……………… 238
陶然亭公园湖水综合治理 ………………… 238
北京动物园南区山体园林景观提升工程 … 238
香山公园完成松堂(来远斋)修缮工程 …… 239
颐和园召开文昌院升级改造可行性专家论证会……………………………………………………… 239
中山公园部分建筑新做防水竣工 ………… 239
北京动物园豳风堂茶社试营业 …………… 239
香山公园召开北门门区商铺改造工程专家论证会……………………………………………………… 239
景山公园启动玻璃温室工程建设项目 …… 239
中山公园部分房屋粉刷竣工 ……………… 240
北京动物园犀牛河马馆周边绿地改造提升项目…………………………………………………… 240
北京动物园犀牛运动场丰容景观提升工程 … 240
北京动物园象馆节能改造工程 …………… 240
香山公园完成地下基础设施勘查工程 …… 240
天坛公园全力推进恢复天坛风貌相关工作 … 241
玉渊潭公园完成中国少年英雄纪念碑修复工程…………………………………………………… 241
天坛公园祈谷坛门粉刷工程 ……………… 241
紫竹院公园全力配合地铁十六号线施工工作 … 241
中山公园路椅等基础设施油饰竣工 ……… 241
天坛公园启动文物库房整治项目 ………… 241
陶然亭公园完成国色迎晖景区木平台改造工程…………………………………………………… 242
北海公园加强工程建设等领域风险防控管理 … 242
北海公园启动画舫斋景观水体水质改善与生态修复工程 ……………………………………… 242
紫竹院公园协调配合做好老旧房屋改造工程 … 242
香山公园完成双清厕所改造工程 ………… 242

16

目录

北海公园做好仿膳饭庄搬迁工作 …… 242
香山公园有序推进香山寺修复工程 …… 243
天坛公园完成斋宫驳岸勾缝工程 …… 243
斋宫廊内墙面及外墙门洞粉刷工程 …… 243
陶然亭公园中央岛厕所提升改造工程 …… 243
香山公园完成碧云寺市场大棚回收工作 …… 243
香山公园完成香山寺钟楼"永安钟"吊装 …… 244
北海公园配合水体置换工程 …… 244
北海西天梵境建筑群修缮工程启动彩画施工 …… 244
中心系统单位参展2016年世界月季洲际大会 …… 244
颐和园推进夜景照明一期工程建设工作 …… 244
颐和园完成夜景照明工程（一期） …… 245
香山寺修复工程进展顺利 …… 245
香山公园完成喷灌系统更新维修改造工程（二期） …… 245
中山公园建筑结构检测鉴定 …… 245
景山公园配合西城区市政管委完成山门夜景照明工程 …… 245
景山公园有序推进寿皇殿建筑群修缮工程 …… 245
颐和园完成直击雷防护工程 …… 246
北京动物园完成部分园区测绘 …… 246
景山公园完成地下基础设施勘察项目 …… 246
颐和园完成练桥修缮工程 …… 246
景山公园完成东大墙线缆整修工程 …… 246
香山公园完成慈幼院铁工厂修缮工程 …… 246
北海公园完成文艺厅厕所装修改造工程 …… 247
北京动物园鹤岛基础设施改造项目 …… 247
中山公园东门售票处改造竣工 …… 247
紫竹院公园供电系统升级改造项目 …… 247
中山公园给水管线改造竣工 …… 247
北京动物园北宫门卫生间改造项目 …… 247
北京动物园组织召开狮虎山改造项目专家论证会 …… 248
天坛公园外坛高灯杆整修油饰工程 …… 248
北海公园漪澜堂古建筑群腾退交接工作顺利完成 …… 248
景山公园西门广场周边铺设排水沟 …… 248
天坛公园西天门北侧部分污水管道翻修 …… 248
紫竹院公园儿童运动场厕所完成改造工程 …… 249
陶然亭公园华夏名亭园沧浪亭、浸月亭及百坡亭景区景观提升改造工程 …… 249
陶然亭公园完成东北山高喷工程 …… 249
北海公园启动燃气管线改造及设备设施拆除工作 …… 249
玉渊潭公园完成东湖北岸闸房景观改造工程 …… 249
天坛公园北天门内改铺透水砖 …… 250
北京动物园低压电缆改造工程 …… 250
中山公园消防管线改造（二期）竣工 …… 250
颐和园完成石丈亭至苇场门主景区排水管线疏通工作 …… 250
景山公园维修辑芳亭南侧挡土墙体 …… 250
北京植物园卧佛寺厕所改造工程 …… 250
天坛公园喷灌主管线改造工程 …… 250
香山永安寺修复工程主体建筑完成竣工验收 …… 251
北京植物园红马路改造工程竣工通车 …… 251
北海公园完成北岸热力站维修工程 …… 251
北海公园完成地下露陈文物库房整修工程 …… 251
北京市植物园湖水净化工程 …… 251
天坛公园完成内隔墙整修 …… 251
香山寺修复工程进展顺利 …… 252
北京动物园朱鹮科研中心及周边景观环境改造项目 …… 252
中山公园配电室高压柜换装工程竣工 …… 252
北京动物园熊猫馆启动降温喷雾 …… 252
香山公园完成双清别墅景观调整和养护温室修缮改建工程 …… 252
中山公园电缆敷设工程竣工 …… 252
天坛公园东北外坛外环路局部翻修 …… 253
颐和园北宫门新电子售验票系统使用 …… 253
中心全力推进节能节水改造项目 …… 253
陶然亭公园持续推进东北山高喷工程 …… 253
景山公园西门外安装地桩 …… 253
中山公园中山堂暖气管线改造工程竣工 …… 253
颐和园持续推进景观照明提升工程 …… 254
市管公园夜景照明工程进展顺利 …… 254

玉渊潭公园推进东湖湿地节水节能改造 …… 254
玉渊潭公园完成东门沿线道路及地下管线改造工程
　　…… 254
园科院"城市绿地生态系统科学观测研究站建设项
　　目"顺利竣工 …… 254
玉渊潭公园完成万柳堂前院景区建设工程 …… 254
中山公园地下基础设施勘察竣工 …… 255
北京动物园大熊猫馆周边绿地及动物兽舍喷灌系统
　　改造工程完工 …… 255
香山公园职工食堂改造工程通过验收 …… 255
北海公园完成地下管网勘察工作 …… 255
景山公园对商业用房、驻园单位安装刷卡式水表 ……
　　…… 255
北海公园安装水质监测探头和设备 …… 256
北京植物园红马路改造工程完工 …… 256
中山公园中山堂周边地面修缮竣工 …… 256
中山公园天坛花卉基地温室改造竣工 …… 256
中心组织优秀工程评比 …… 256
中山公园神厨神库挑顶及油饰彩画修缮竣工 …… 256
静宜园香山永安寺修复工程通过验收 …… 256
中山公园地下管网规划设计 …… 256
景山公园完成科普园艺中心改造项目 …… 257
北京植物园宿根园景观提升工程 …… 257
北京植物园热带雨林景观缸建设工作 …… 257
陶然亭公园年度工程建设情况 …… 257

文物古建保护　　　　　　　　　　　257

天坛商标保护工作 …… 257
景山公园召开石质文物保护研讨会 …… 258
香山公园完成园内展陈设施及文物库房节前安全检
　　查工作 …… 258
香山公园加强露陈文物的保护管理工作 …… 258
紫竹院公园可移动文物保护检查工作情况 …… 258
景山公园完成文物建筑瓦件添配及外立面整修工程
　　…… 258
中山公园完成社稷祭坛文物保护方案（草案）编制
　　工作 …… 259

北京动物园邀请专家论证古家具修复方案 …… 259
颐和园完成重点文保区域加装护栏工作 …… 259
北海公园召开文物保护工作会议 …… 259
香山公园发现香山寺圆灵应现殿琉璃构件 …… 259
北海公园就漪澜堂开放工作召开专家论证会 …… 259
景山公园完成可移动文物普查工作 …… 259
颐和园完成佛香阁佛像保护工作 …… 260
景山公园对寿皇殿石匾芯进行保护性挪移 …… 260
景山公园寿皇殿建筑群修缮工程开工 …… 260
景山公园完成寿皇殿建筑群测绘项目 …… 260
中心古建安全检查工作会在北海公园召开 …… 261
香山公园召开文物古建普查和安全检测鉴定工作会
　　…… 261
北京市文物局文物监察执法队到天坛公园进行文物
　　安全检查 …… 261
颐和园完成佛香阁佛像的保护除尘工作 …… 261
北京动物园北宫门东侧毛石围墙修缮工程 …… 262
香山公园召开文物保护工作交流会 …… 262
北京动物园邀请古建专家实地考证古建文物 …… 262
北海公园与北京市仿膳饭庄顺利完成交接工作 ……
　　…… 262
颐和园完成花承阁太湖石保护罩更新 …… 262
景山公园开展多项可移动文物保护工作 …… 263
北海公园接收台北故宫博物院文物复制件 …… 263
天坛公园、中山公园进一步加强可移动文物及藏品
　　保护工作 …… 263
香山公园对东门外铜狮进行数据测量 …… 263
景山公园配合市文物局完成可移动文物普查数据核
　　查工作 …… 263
香山寺整体建筑修复工程进展顺利 …… 263
北京动物园召开四烈士墓遗址保护方案专家论证会
　　…… 263
香山公园对碧云寺普贤像进行修复 …… 264
颐和园开展乐寿堂广绣百鸟朝凤插屏保护工作 ……
　　…… 264
北海公园对琼华岛永安寺龙光紫照牌楼进行抢救性
　　加固 …… 264
中山公园三维数据采集讨论会召开 …… 264

北海公园配合文物部门对玉瓮进行科学技术检测 …… 264
中山公园石碑石刻库房升级改造 …… 265
北京市规划委员会到颐和园征询北宫门区域规划意见 …… 265
天坛公园开展库房环境整治及安全防汛工作 …… 265
"北京天坛回音建筑声学问题综合研究"课题组进行声学研究 …… 265
紫竹院公园推进双林寺塔塔基遗址保护工程 …… 265
中山公园强化可移动文物保护管理工作 …… 265
北海公园静心斋内檐装饰施工现场发现清代装修装饰遗迹 …… 266
中心打造"一轴一线"文化魅力走廊 …… 266
颐和园外檐匾额楹联仿制替换工作完成 …… 266
颐和园有序推进练桥修缮工程 …… 266
北海公园对五龙亭添加保护性设施 …… 266
天坛斋宫无梁殿明间陈设的珐琅展品维修工作 …… 266
北海公园完成全园古建安全勘察与鉴定评估工作 …… 266
市公园管理中心推进文物保护利用工作 …… 267
北海公园有序推进西天梵境建筑群修缮工程 …… 267
北海公园与故宫博物院完成复仿制件交接运输工作 …… 267
中山公园文物库硬件升级 …… 267
颐和园加强文物古建管理保护 …… 267
景山公园检查寿皇殿内可移动文物 …… 267
景山公园正式启动公园北区规划项目 …… 268
颐和园三项举措做好遗产地监测保护工作 …… 268
香山公园召开香山寺展陈方案专家论证会 …… 268
北海公园加大文物古建保护力度 …… 268
香山公园保护露陈文物、古建、古树 …… 268
中心推进文物保护工作 …… 268
颐和园加强古建修缮保护管理 …… 268
北海公园推进西天梵境修缮工程 …… 269
北海公园完成地下库房改善提升项目 …… 269
景山公园推进寿皇殿修缮工程 …… 269
北海公园完成西天梵境景区修缮工程 …… 269

北京植物园文物库房改造工程完工 …… 269
颐和园完成遗产保护常态化项目监测 …… 269
颐和园完成可移动文物普查 …… 269
颐和园完成世界文化遗产监测工作 …… 270
天坛公园完成历史遗留物的回收管理工作 …… 270
《清宫天坛档案》(嘉庆—宣统朝)档案整理工作 …… 270

环境美化 …… 270

北海公园制定"增彩延绿"项目 …… 270
紫竹院公园筠石苑竹林更新改造工程 …… 271
陶然亭公园植物景观提升改造工程 …… 271
陶然亭公园完成海棠春花文化节花卉环境布置 …… 271
植物园进行清明节后园容恢复工作 …… 271
颐和园完成绣漪桥绿地景观恢复工程 …… 271
颐和园完成景观树木防灾修剪工程 …… 272
玉渊潭公园拓展樱花季后赏花景观 …… 272
陶然亭公园布置主要游览区绿地围栏工程 …… 272
天坛公园获得世界月季洲际大会11项荣誉奖项 …… 272
陶然亭公园完成海棠春晓景点建设工程 …… 272
第35届"春迎月季花开天坛"月季展开展 …… 272
中山公园竹林改造 …… 273
天坛公园完成百花园双环亭景观提升工程 …… 273
玉渊潭公园完成水闸东侧绿地改造工程 …… 273
天坛公园推进百花园、双环亭景观提升工程项目 …… 273
北海公园做好增彩延绿工作 …… 273
玉渊潭公园完成远香园绿化改造一期工程 …… 273
玉渊潭公园新增水生植物 …… 274
天坛公园提升景观环境品质 …… 274
北京动物园布置夏令营主题花坛 …… 274
市管公园景观水体水质监测工作有序开展 …… 274
景山公园补种园内竹子 …… 274
市管公园推进水体环境治理工作 …… 274
陶然亭公园推进华夏名亭园沧浪亭、浸月亭及百坡

19

亭景区景观提升改造工程 …………… 275
中心推进城市绿地生态系统监测站植物群落建设
　………………………………………… 275
香山公园栽种地被植物 ………………… 275
市管公园构建节水型园林 ……………… 275
香山公园完成迎中秋、国庆节花卉布展工作 … 275
中心杨柳飞絮治理工作进展顺利 ……… 275
玉渊潭公园完成樱花园西北部景区提升工程 … 275
香山公园完成迎国庆东门立体花坛布展 ……… 276
北京植物园第二十四届市花展 ………… 276
市管公园国庆花卉环境布置工作全部完成 …… 276
唐山国际精品菊花展景观布置 ………… 276
天坛公园百花园、双环亭景区景观提升工程完工
　………………………………………… 276
景山公园"十一"前更换草坪 ………… 277
北海公园制订公园绿化环境管理方案 … 277
颐和园完成文昌院及东堤绿地喷灌工程 … 277
中山公园牡丹芍药补植调整 …………… 277
景山公园引进菏泽牡丹品种 …………… 277
园科院完成城市绿地生态系统监测站植物群落建设
　………………………………………… 277
中心推进水环境治理提升生态水环境品质 …… 277
中山公园栽植郁金香 …………………… 277
中心推进6个节水节能改造项目 ……… 278
玉渊潭公园栽植球根花卉 ……………… 278
香山公园完成地被清理及景观撤展工作 ……… 278
市管公园深化河湖治理 ………………… 278
玉渊潭公园樱花引种种植工作 ………… 278
颐和园新增认养树木7棵 ……………… 278
天坛公园垃圾楼设施维修保养工作 …… 279
病虫害的防控工作 ……………………… 279

安全保障

综述 ……………………………………… 280
北京植物园举办实验室安全讲座 ……… 280
北京植物园与标准化第三方工作人员进行协商
　………………………………………… 280
紫竹院公园接待"安全生产标准化"评审单位 … 280
市旅游委对天坛公园进行节前安全检查 ……… 281
天坛完成突发事件处置流程及联系电话上墙工作
　………………………………………… 281
市旅游安全委员会到景山公园进行安全综合检查
　………………………………………… 281
中山公园开展微型消防站培训 ………… 281
北海公园启动应急机制 ………………… 281
北京市文物局执法大队来景山公园检查安全工作
　………………………………………… 281
天坛召开安全生产标准化建设动员部署会 …… 282
玉渊潭公园对顺义北务育苗基地进行节前安全检查
　………………………………………… 282
颐和园完成《安保服务作业指导书》撰写工作 … 282
天坛公园召开安全生产标准化建设工作会议 … 282
中心国家安全小组被授予荣誉称号 …… 282
中心所属各公园冰场停止对外开放，拆除冰上临建
　设施 …………………………………… 282
景山公园组织全园性应对极端天气和大人流疏散
　演习 …………………………………… 283
陶然亭公园开展消防应急演练劳动竞赛 …… 283
景山公园组织安保人员进行应急突发事件演练 …… 283
景山公园在门区摆放春节禁放烟花牌示 …… 283
陶然亭公园进行反恐防暴工作培训 …… 283
紫竹院公园园长书记带队夜查，确保除夕夜防火
　安全 …………………………………… 283
费宝岐检查中山公园除夕安全工作 …… 283
玉渊潭公园邀请具有资质的机构进行樱花活动安全
　风险评估 ……………………………… 284
景山公园对安全生产标准化不合格项目进行检查
　………………………………………… 284
玉渊潭公园开展安全生产标准化二级达标工作
　………………………………………… 284
王忠海到香山公园检查安全保障工作 … 284
天坛公园完成春节期间安保工作 ……… 284
北京动物园启动"安全生产二级达标" … 285
景山公园组织开展"两会"安全保卫和服务接待专项

目 录

培训 …………………………………… 285
安全应急处召开行政执法工作会 …… 286
陶然亭公园开展消防安全知识培训讲座 …… 286
陶然亭公园召开安全生产标准化建设工作启动大会
　………………………………………… 286
颐和园完成安保服务项目招标工作 …… 286
天坛公园避雷设施年度检测完毕 …… 286
中心到景山公园检查安全生产标准化建设进度……
　………………………………………… 286
香山公园开展"公园是我安全的家"主题防火宣传
　活动 …………………………………… 287
中心召开翻船抢险现场会 …………… 287
中山公园完成安全生产标准化管理二级标准自评阶
　段工作 ………………………………… 287
中心在天坛公园拍摄安全歌曲MV视频 …… 287
景山公园邀请安全生产标准化专家指导公园自评
　工作 …………………………………… 287
天坛公园做好消防器材年度检修换粉工作 …… 287
海淀分局到玉渊潭公园检查安保工作 …… 288
香山公园、北京植物园加强无碑坟安全管理 … 288
中山公园开展水面救生演习 ………… 288
景山公园关帝庙加装监控器保障陈列物品安全……
　………………………………………… 288
北京动物园最大承载量核定发布 …… 288
市船舶检验所对颐和园游船进行年度检验 …… 288
紫竹院公园开展安全生产标准化自评工作 …… 289
紫竹院公园开展大型活动风险预测评估工作 … 289
天坛公园机械设备通过质监局年检 …… 289
北京市园林学校禁毒教育信息 ……… 289
中山公园联合行政执法 ……………… 289
陶然亭公园聘请专家进行安全检查 …… 289
紫竹院公园开展水上安全应急演练 …… 289
市属公园全面开展委托执法 ………… 290
公园安全主题歌曲《伤不起》创作完成 …… 290
陶然亭公园开展消防安全演练活动 …… 290
市属公园开展防灾减灾日宣传工作 …… 290
天坛公园完成库房结构安全性鉴定工作 …… 290
北海公园发布公园瞬时最大承载量 …… 290

紫竹院公园开展噪声治理宣传活动 …… 290
陶然亭公园开展水上安全应急演练 …… 291
北京动物园安全文化首次进校园 …… 291
景山公园组织"安康杯"安全生产知识答题 …… 291
市属公园统一开展安全生产月主题宣传日活动……
　………………………………………… 291
中山公园安全游园满意度调查 ……… 291
中山公园启动蕙芳园安防监控报警系统工程 … 291
香山公园组织开展消防技能培训 …… 292
什刹海街道安监办到景山公园寿皇殿古建筑群施工
　现场进行安全检查 …………………… 292
陶然亭公园开展游客安全满意度调查问卷志愿活动
　………………………………………… 292
中心"安全生产月"活动结束 ……… 292
玉渊潭公园开展海淀区旅游行业景区水上演练……
　………………………………………… 292
颐和园举行多科目水上交通安全应急演练 …… 292
中心完成第四次游客安全游园满意度调查 …… 293
景山公园对避雷装置进行安全检测 …… 293
玉渊潭公园配合北京市公安交通管理局开展防汛
　演练 …………………………………… 293
北京植物园对植物研究所专项安全检查 …… 293
紫竹院公园对联营单位进行安全验收 …… 293
市公园管理中心与市水务局会商研究治理野泳问题
　………………………………………… 294
北京植物园对绿化垃圾处理场进行防火和电控检查
　………………………………………… 294
中心各单位做好暴雨天气各项防汛应急准备 … 294
景山公园与北戴河园林局细水雾消防装置交流信息
　………………………………………… 294
中心开展汛期检查 …………………… 295
中心召开防汛工作专题部署会 ……… 295
颐和园"平安颐和"随手拍工作全面启动 …… 295
中心领导班子成员深入各单位检查指导防汛工作……
　………………………………………… 295
国家文物局、北京市文物局调研天坛公园祭器库库
　房改造项目 …………………………… 295
中心各单位妥善应对大风雷雨天气 …… 295

21

北京动物园保卫科长荣登北京榜样周榜 ……… 296
颐和园加大野泳治理工作力度 …………… 296
北京动物园实时人流预警形成长效机制 … 296
景山公园"褐色袖标"安全志愿者上岗 …… 296
景山公园在3个门区设置监控摄像头提示牌 … 296
颐和园组织召开门区游览秩序治理联席会议 … 296
陶然亭公园组织开展避雷设施年检工作 … 297
景山公园与北海公园召开降噪联席会议 … 297
市安全生产监督管理局到天坛公园检查安全工作
 …………………………………………… 297
市安监局检查景山公园寿皇殿建筑群修缮工程安全
 工作 ……………………………………… 297
陶然亭公园召开安全生产例会 …………… 297
紫竹院公园开展"文明游园,一米阳光"宣传活动…
 …………………………………………… 298
紫竹院公园迎接海事局验收夜航情况 …… 298
中心召开第五次安全文化建设培训会议 … 298
北京市植物园进行电瓶车安全知识技能竞赛 … 298
紫竹院公园加强公园电力改造施工现场安全检查
 …………………………………………… 298
陶然亭技术人员考取设备证书 …………… 299
天安门地区迎G20峰会消防演习在中山公园举办
 …………………………………………… 299
市反恐防暴督查组到北京动物园检查安全工作……
 …………………………………………… 299
北京市旅游委专家组检查天坛公园安全工作 … 299
玉渊潭公园召开晨练团体座谈会 ………… 299
第三方安全检查组国庆节前对各公园进行安全检查
 …………………………………………… 299
颐和园创建微型消防站 …………………… 299
颐和园完成高喷设施紧急抢修工作 ……… 300
市旅游委专家检查景山公园"十一"前安全情况……
 …………………………………………… 300
颐和园智能人数统计项目正式启动 ……… 300
玉渊潭公园迎接北京市旅游委安全生产检查组
 …………………………………………… 300
紫竹院公园联合消防培训中心进行消防安全培训
 …………………………………………… 300

北京市消防局到天坛公园检查消防安全工作 … 300
市旅游委到陶然亭公园进行安全检查 …… 301
紫竹院公园接受市旅游委专家组检查 …… 301
市管公园加强安全游览管控显成效 ……… 301
景山公园对新入园保安进行降噪岗前培训 …… 301
园林学校组织全体安保人员开展反恐防暴培训演练
 …………………………………………… 302
北京市旅游委专家组到北京植物园进行安全工作
 检查 ……………………………………… 302
颐和园保卫部制作并发放各类安全警示标识 … 302
中心完成"国庆黄金周"期间安检工作 …… 302
香山公园多项安全保障措施迎接红叶观赏季 … 302
颐和园被推荐为北京市安全标准化二级达标企业…
 …………………………………………… 302
市治安总队到香山公园进行节前安全检查 … 303
市文物局执法队检查景山公园寿皇殿建筑群施工
 区域 ……………………………………… 303
市属公园行政执法人员在卧佛山庄参加执法培训…
 …………………………………………… 303
陶然亭公园召开安全生产例会 …………… 303
北海公园推进安防平台项目建设 ………… 303
北京市园林学校举办消防宣传日活动 …… 303
紫竹院公园召开安全生产评审会议 ……… 304
中心各单位全面开展消防宣传咨询日活动 … 304
天坛公园与东城消防支队联合开展消防日宣传活动
 …………………………………………… 304
香山公园协同香山街道开展冬季消防安全检查……
 …………………………………………… 304
玉渊潭公园组织消防安全培训 …………… 304
陶然亭公园申请报废老旧电瓶车 ………… 305
天坛对特种设备进行冬季安全检查 ……… 305
紫竹院公园安全保卫科聘请有资质消防公司保养全
 园消火栓 ………………………………… 305
陶然亭公园落实公园消防设施冬季维护保养工作…
 …………………………………………… 305
市管公园全力做好今冬明春安全管理工作 …… 305
北京植物园冬防期间检查顺义基地安全工作 … 305
香山公园安装防火预警旗帜信息 ………… 305

目 录

紫竹院公园为各门区配备防暴器材 …………… 306
玉渊潭公园组织消防培训演练 ………………… 306
中心开展委托执法工作 ………………………… 306
天坛公园长假游园活动实时人流预警形成长效机制
 ……………………………………………………… 306
北海公园在重大节假日期间实行入园安检 …… 306
北海公园于节假日实时人流预警形成长效机制
 ……………………………………………………… 307
北海公园全面启动安全生产标准化建设 ……… 307
中山公园最大承载量核定发布 ………………… 307
中山公园安全生产标准化二级达标 …………… 307
中山公园褐色袖标志愿活动 …………………… 307
天坛公园重点时段加大安检力度 ……………… 308
北京植物园学习故宫门票预约管理机制 ……… 308
陶然亭公园重新核定公园承载力 ……………… 308
紫竹院公园配合行政执法情况 ………………… 308
玉渊潭公园完成景区承载量测算 ……………… 308
颐和园建设夜间犬防安全护卫体系 …………… 308
颐和园协调公安部门多次开展联合执法行动 … 309

文化活动

综述 ……………………………………………… 310

展览展陈 …………………………………… 310

景山公园举办"行走·发现"摄影作品展 ……… 310
"香山静宜园历史文化展"走进南植社区 ……… 310
中山公园筹备纪念孙中山先生诞辰150周年展览 …
 ……………………………………………………… 311
香山公园"笃爱有缘共死生——孙中山与宋庆龄图片
 展"筹备有序进行 ……………………………… 311
中山公园举办百猴迎春画展 …………………… 311
"年吉祥画福祉——年画中的快乐新年"展览在园博
 馆临三展厅开幕 ………………………………… 311
北海公园举办书画名家展 ……………………… 311
景山公园举办"十大你不得不知的中国文化事实"
 展览 ……………………………………………… 311

中山公园举办迎春精品花卉展 ………………… 312
中山公园举办名人名兰展 ……………………… 312
园林博物馆完成展览精品推介活动申报 ……… 312
"传奇·见证——颐和园南迁文物展"闭幕 …… 312
颐和园举办两朝帝师翁同龢及翁氏家族文物特展 …
 ……………………………………………………… 312
中山公园孙中山箴言书法作品展开幕 ………… 312
北京动物园举办"走进动物园的人类"设计作品展 …
 ……………………………………………………… 313
香山公园召开"纪念孙中山先生诞辰150周年——
 爱·怀念"主题展览专家论证会 ……………… 313
颐和园举办"轮行刻转——颐和园藏清宫钟表展" …
 ……………………………………………………… 313
北海公园举办"福瑞北海——王林、李玉江禅意水墨
 精品展" ………………………………………… 313
颐和园中国香文化掠览展在园博馆开幕 ……… 313
颐和园举办皇家沉香文化展 …………………… 314
园博馆"一个博物馆人的逐梦旅程展"闭幕 …… 314
景山公园召开护国忠义庙展陈设计方案专家评审会
 ……………………………………………………… 314
北京动物园举办自然视界网生态摄影展 ……… 314
北京植物园"桃花记忆——桃花民族文化艺术展"
 开展 ……………………………………………… 314
北京植物园举办高山杜鹃花展 ………………… 314
中山公园举办第五届梅兰观赏文化节 ………… 315
李可染画院精品巡回展在玉渊潭公园玉和集樱展厅
 开幕 ……………………………………………… 315
故宫博物院藏牡丹题材文物特展开幕 ………… 315
"悠远无尽"楼阁山水画展开幕 ………………… 315
北海公园举行园藏书画展 ……………………… 315
颐和园举办上海豫园馆藏海派书画名家精品展 …
 ……………………………………………………… 315
国际野生生物摄影年赛获奖作品巡展在北京动物园
 举办 ……………………………………………… 316
北海公园举办全国摄影大展第三届影展开幕式 …
 ……………………………………………………… 316
颐和园举行中国历史名园摄影作品巡展活动启动
 仪式 ……………………………………………… 316

23

"皇室遗珍——颐和园清宫铜器展"在海淀博物馆开幕 …… 316
北海公园协办邢少臣师生作品展 …… 317
天坛公园举办两朝帝师翁同龢及翁氏家族文物特展 …… 317
曹雪芹西山故里名家书画邀请展在北京植物园曹雪芹文化中心开幕 …… 317
北京植物园举办第八届北京月季文化节 …… 317
中国园林博物馆两项临展正式对外开放 …… 317
颐和园举办"风华清漪——颐和园藏文物精品展" …… 317
紫竹院公园"禅艺人生——佛文化生活展"结束 …… 318
北京动物园举办生物多样性保护与利用摄影作品展 …… 318
香山公园承办"纪念孙中山先生诞辰150周年——爱·怀念"主题展 …… 318
北海公园举办"徐悲鸿杯少年儿童艺术大赛"作品展 …… 318
中山公园完成唐花坞夏季精品花卉更换 …… 319
"长河·紫竹院——历史文化展"开展 …… 319
北京动物园举办珍稀野生动植物摄影展 …… 319
陶然亭公园举办《高君宇、石评梅生平事迹》展览 …… 319
香山公园举办"中国梦正圆"专题展览 …… 319
"海上翰墨——上海豫园馆藏海派书画名家精品展"闭幕 …… 320
颐和园举办"莲红坠雨"荷花文化展 …… 320
颐和园举办"美人如花隔云端——中国明清女性生活展" …… 320
北京动物园举办"北京动物园保护教育10周年回顾展" …… 320
北海公园做好静心斋展览展陈项目开放准备工作 …… 321
"江山如画"李可染弟子作品邀请展在中山公园蕙芳园举办 …… 321
"荷幽清韵——徐金泊画展"在北海公园阐福寺举办 …… 321
颐和园举办"寻光觅影 聚焦颐和"摄影展 …… 321
黑山古村落与乡土建筑展在园博馆开幕 …… 321
颐和园举办首届旅游文创产品展 …… 321
中山公园举办工笔重彩花鸟画展 …… 322
北海公园举办北海建园850周年纪念展 …… 322
景山公园举办"夏日光影"摄影展 …… 322
北京动物园举办"布拉格动物园图片展" …… 322
香山公园完成建园60周年老照片展布展工作 …… 323
景山公园举办"从前的记忆"——景山老照片展 …… 323
"云南怒江生物多样性摄影展暨《怒江高黎贡山自然观察手册》首发式" …… 323
香山公园完成致远斋展览展陈二期提升项目 …… 323
中山公园举办俄罗斯油画展 …… 323
北海公园进行"菊香晚艳"故宫博物院菊花展布置工作 …… 324
景山公园举办中秋御园盆景展 …… 324
《花语植觉——原创艺术画展》在北京植物园开幕 …… 324
颐和园举办"太后园居：颐和园珍藏慈禧文物特展" …… 324
"东城区非物质文化遗产展"在天坛公园举办 …… 324
北京植物园举办第二届苦苣苔植物展 …… 324
中山公园举办第12届金鱼文化展暨中国渔业协会金鱼分会第一届品鉴会 …… 325
中山公园举办画堂秋作品展 …… 325
北海公园举办"海纳百川——北海园藏书画展" …… 325
颐和园举办"来自草原丝绸之路的文明——鄂尔多斯青铜器特展" …… 325
颐和园举办"盛世菁华——乾隆文物精品展" …… 325
北海公园协同举办北京市第十九届根石艺术优秀作品展 …… 326
颐和园举办"广州民俗风情展" …… 326
北京植物园举办"重温光辉岁月 再展红色经典"之游走长征路活动 …… 326
"北京市文学艺术界联合会书画创展基地"揭牌仪式

目 录

在颐和园举行 …… 327
北海公园做好第12届中国（荆门）菊花展览会参展工作 …… 327
中心离退休干部书画展在玉渊潭公园开展 …… 327
中山公园菊韵盈香菊花精品展 …… 327
中山公园举办国庆花卉精品展 …… 327
西城区展览路街道夕阳红摄影展在北京动物园科普馆举办 …… 327
陶然亭公园设计安装"纪念红军长征胜利80周年"主题展板 …… 327
中心"弘扬伟大长征精神 走好今天的长征路"公园主题展在玉渊潭公园少年英雄纪念碑广场举办 …… 328
北海公园举办庆祝建党95周年书画艺术展 …… 328
景山公园关帝庙展览陈竣工验收 …… 328
紫竹院公园丰富行宫文化展内容 …… 328
景山公园举办《"美丽中国·山地之旅"中国·贵州黔西南州摄影作品展》 …… 329
玉渊潭公园举办多项摄影展 …… 329

文化研究 …… 329

颐和园印制《颐和园》杂志第12期 …… 329
颐和园出版发行《传奇见证——颐和园南迁文物》…… 330
《中国古建筑测绘大系·园林建筑北海》出版发行 …… 330
《中国园林博物馆学刊》正式创刊 …… 330
《清宫颐和园档案·陈设收藏卷》编撰工作取得阶段性成果 …… 330
景山公园录入数据库资料 …… 330
中国园林博物馆召开风景园林学名词第二次审定会 …… 330
景山公园完成冬奥会相关材料报送工作 …… 330
《景观》杂志北海特刊出版 …… 331
陶然亭公园完成《中华书画家》投稿工作 …… 331
《北京志·园林绿化志》编委会召开志书复审评议会 …… 331

中山公园收集清代社稷祭坛五色土电子档案 …… 331
景山公园完成课题论文初稿撰写 …… 331
陶然亭公园完成《陶然文化》书籍供稿工作 …… 331
景山公园完成数据库信息化管理体系建立 …… 332
北海公园《韩墨北海书画集》出版发行 …… 332
颐和园参加第12届清代宫廷史研讨会 …… 332
景山公园召开景山五方佛专家研讨会 …… 332
颐和园完成《皇家园林古建筑防火对策探究与应用》课题研究 …… 332
景山公园完成《景山历史文献资料数据库》课题结题验收工作 …… 332
颐和园完成《清宫颐和园档案陈设收藏卷》编辑工作 …… 333
颐和园完成《颐和园（清漪园）管理机构沿革研究》课题研究 …… 333
北京植物园出版建园60周年纪念画册 …… 333
玉渊潭公园万柳堂文化研究 …… 333
玉渊潭公园完成首部玉渊潭诗选编纂工作 …… 333
天坛公园参与《风景园林学名词·风景园林艺术名词》编写工作 …… 334
《天坛公园志》（续）编纂工作 …… 334

特色活动 …… 334

颐和园举办第二届冰上健身活动 …… 334
北京植物园举办冰上乐园活动 …… 334
颐和园开展"新年伊始贺新春 情满颐和送祝福"主题实践活动 …… 335
紫竹院公园举办冬季冰上健身活动 …… 335
紫竹院公园举办"禅艺人生"佛文化艺术生活展 …… 335
中国园林博物馆举办迎春书画交流会 …… 335
香山公园筹备冬季登高祈福会 …… 335
北京菊花协会年会在北海公园召开 …… 335
"西城区全民健身冰雪季"在北海公园开幕 …… 336
香山公园举行"西方三圣"佛像安奉仪式 …… 336
北京植物园第12届兰花展开幕 …… 336
颐和园举办第五届"傲骨幽香"梅花、蜡梅迎春

文化展 …… 336
北京动物园举办猴生肖文化展 …… 337
香山公园举办第 11 届登高祈福会 …… 337
景山公园举办"春·纳福"春节文化活动 …… 337
天坛公园举办《神乐之旅》新春音乐会 …… 337
北京植物园举办金婚老人游花海活动 …… 338
陶然亭公园第六届冰雪嘉年华活动结束 …… 338
玉渊潭公园举办第七届冰雪季文化活动 …… 338
孙中山逝世 91 周年纪念仪式在中山公园中山堂举办 …… 338
香山公园开展纪念孙中山先生逝世 91 周年纪念活动 …… 338
景山公园筹办春季花卉暨第 20 届牡丹文化艺术节 …… 338
中山公园举办"郁金香的前世今生"主题花展 …… 339
中山公园举办"郁金香花艺与景德镇陶瓷"主题花展 …… 339
中山公园举办孙志江国画精品展 …… 339
北京植物园举办首期科技沙龙活动 …… 339
玉渊潭公园举办第 28 届樱花文化活动 …… 339
北京植物园第 28 届北京桃花节暨第 13 届世界名花展正式开幕 …… 340
香山公园开展纪念中共中央进驻香山 67 周年宣传活动 …… 340
陶然亭公园举办世界水日宣传活动 …… 340
北京动物园启动年度首次"一日志愿服务体验活动" …… 340
香山公园完成第 11 届北京公园季群众登山活动 …… 340
中山公园"古坛清韵"第五届梅兰观赏文化节开幕 …… 341
第 11 届北京公园季暨第 28 届玉渊潭樱花节正式启动 …… 341
中山公园春花暨郁金香花展开幕 …… 341
香山公园开展"清明踏青赏花·防火安全记心间·文明游园我最美"主题宣传活动 …… 341
陶然亭公园承办寒食节清明文化活动 …… 342
陶然亭公园承办《清明·陶然诗会》活动 …… 342

中心在北京植物园开展植树活动 …… 342
香山公园完成"四月的足迹——海淀爱国主义教育基地寻踪"活动启动仪式 …… 342
香山公园举办第 14 届香山山花观赏季 …… 342
北京动物园参加北京市"第 34 届爱鸟周活动" …… 343
景山公园牡丹文化艺术节拉开帷幕 …… 343
天坛公园开展"治理噪音、文明游园"行动 …… 343
北京植物园举办傣家泼水节活动 …… 343
北海公园静心斋景区正式开放 …… 344
国际竹藤组织植竹活动在紫竹院举办 …… 344
克洛纳德德中文化教育促进会新闻发布会在陶然亭公园召开 …… 344
北海公园举办建园 850 周年系列主题活动启动仪式 …… 344
北海公园皇家邮驿摄影展开幕 …… 345
北京植物园举办世园会花卉园艺技术集成与展示应用示范活动 …… 345
北海公园举办第一次建园 850 周年名家系列讲座 …… 345
北海公园老照片、老物件征集活动结束 …… 345
陶然亭公园第二届海棠春花文化节闭幕 …… 345
《首都经济报道——为爱传递》大型系列城市公益活动在玉渊潭公园举办 …… 346
中心工会大讲堂"赏春之秀美·品花之文化"专题讲座在北京植物园举行 …… 346
北海御苑建园 850 周年回顾展开展 …… 346
天坛公园开展晚间游览项目 …… 346
园林学校举办校园开放日 …… 347
中国园林博物馆举办系列活动庆祝开馆三周年 …… 347
北海公园举办第二次建园 850 周年名家系列讲座 …… 347
北京植物园第八届北京月季文化节开幕 …… 347
中心参展世界月季大会 …… 348
中国旅游日旅游咨询活动在玉渊潭公园举办 …… 348
北海公园举办邢少臣师生笔会 …… 348
陶然亭公园开展"全民营养周"进公园活动 …… 348

目 录

"休闲延庆·多彩端午"主题旅游文化宣传活动在北海公园举办 …… 349
北京动物园举办海峡两岸第二届生物多样性保护摄影作品展 …… 349
市公园管理中心"121"健步活动在北京植物园正式启动 …… 349
纪念孙中山诞辰150周年《爱·怀念》主题展在香山公园正式开展 …… 349
景山公园举办公园之友文化汇演活动 …… 349
首届"徐悲鸿杯"少年儿童艺术大赛在北海公园开幕 …… 349
中心"园林科普津冀行"活动在天津动物园举办 …… 350
"行走母亲河"亲子公益赛在玉渊潭公园举行 … 350
"中山杏梅"落户宋庆龄故居 …… 350
北海御苑建园850周年老照片、老物件征集活动结束 …… 350
景山公园筹备"巨型昆虫·科普展"暑期文化活动 …… 350
北京动物园联合中国邮政集团举办《猴年马月·心想事成》生肖集邮主题活动 …… 351
北海公园举办第三次建园850周年名家系列讲座 …… 351
第11届陶然端午系列文化节活动开幕 …… 351
全国节能宣传周暨北京市节能宣传周启动仪式在玉渊潭公园举办 …… 351
北海公园筹备第20届荷花文化节 …… 351
紫竹院公园筹备第23届竹荷文化展 …… 352
《中国古典文学名著——〈红楼梦〉（二）》特种邮票发行活动在北京植物园曹雪芹纪念馆举办 … 352
世界遗产监测管理培训班开班仪式在颐和园举行 … 352
市人大常委会两个党支部到陶然亭公园开展主题党日活动 …… 352
"颂祖国 心向党 赞名园"中心纪念中国共产党成立95周年职工文艺汇演在中国儿童中心剧院举办… 352
"一带一路·北海遇见北海"系列文化活动在北海阐福寺开幕 …… 353
颐和园"红莲坠雨"荷花文化展开幕 …… 353
"北京市全民健身科学指导大讲堂"活动在陶然亭公园中央岛佳境广场举办 …… 353
"夜宿动物园"夏令营首期活动顺利完成 …… 353
陶然亭公园举办暑期动漫嘉年华活动 …… 353
景山公园举办昆虫科普文化展暑期活动 …… 354
北海公园举办第20届荷花文化节 …… 354
中国园林博物馆"园林小讲师"暑期系列活动陆续开展 …… 354
荷花精神讨论会在北海公园举办 …… 354
陶然亭公园举办肢残人无障碍活动 …… 355
中心召开国庆花坛方案布置会 …… 355
香山公园开展"最美一米风景"文明游园活动 … 355
北海公园第20届荷花文化节闭幕 …… 355
颐和园筹备首届文创产品展示活动 …… 355
"无障碍·乐畅行"无障碍环境体验活动在颐和园举办 …… 355
香山公园开展"碧云禅香文化之禅意插花"活动…… 356
第11届北京公园季民族舞蹈大赛在八一剧场举办 …… 356
中心"关爱职工子女、培养技能人才"暑期主题实践活动在紫竹院公园举办 …… 356
香山公园启动山林养生系列体验活动 …… 356
北海公园举办纪念建园850周年画展 …… 356
北海公园、景山公园开展"文明游园 降低音量"活动首周成果显著 …… 356
园科院举办首期"创新沙龙"，聚焦科研工作主攻方向 …… 356
陶然亭公园举办第11届北京公园季"地书"大赛活动 …… 356
中山公园第11届太极柔力球赛举办 …… 357
北海公园举办北海建园850周年邮资机宣传戳启动活动 …… 357
园博馆举办"科普大篷车"系列主题活动 …… 357
香山公园持续开展皇家山林养生瑜伽 …… 357
市管公园及园博馆全面开展暑期"最美一米风景"文

27

明游园主题宣传活动 …………………… 357
景山公园开展第19届全国推广普通话宣传周活动
　………………………………………… 358
香山公园举行毛泽东逝世40周年纪念活动 … 358
第八届北京菊花文化节在顺义北京国际鲜花港和延
　庆世界葡萄博览园同时开幕 …………… 358
玉渊潭公园第八届农情绿意秋实展活动开幕 … 358
北海公园"第六届让我们荡起双桨文化周"开幕……
　………………………………………… 359
颐和园举办第15届"颐和秋韵"桂花文化展 … 359
中心合唱团参加市直机关艺术节展演 ……… 359
天坛公园举办第五届北京市"天坛杯"社区武术太极
　拳（剑）比赛 …………………………… 359
《梦里仙葩 尘世芳华：〈红楼梦〉植物大观》图书首发
　仪式在北京植物园举行 ………………… 359
"礼乐天坛——北京天坛公园礼乐文化展"在上海豫
　园开幕 …………………………………… 360
北海公园参加"菊香晚艳"故宫博物院菊花展 … 360
"文明旅游·'袋'动中国"大型媒体公益行动在北海
　公园启动 ………………………………… 360
玉渊潭公园举办第11届北京公园季健身操比赛 …
　………………………………………… 360
陶然亭公园配合西城区举行烈士公祭活动 … 360
陶然亭公园设立"无噪音日"推进降噪工作 … 360
第七届曹雪芹文化艺术节在北京植物园开幕 … 361
香山公园举办重阳音乐会 …………………… 361
香山公园举办第28届红叶观赏季活动 ……… 361
文化公益系列讲座在中国园林博物馆闭幕 … 361
景山公园开展"敬老月"活动 ……………… 362
景山公园举办公园节空竹表演赛 …………… 362
全国青少年"绿色长征"公益健走总冲关赛在玉渊潭
　公园举办 ………………………………… 362
"三山五园杯"国际友人环昆明湖长走活动在颐和园
　举办 …………………………………… 362
中国植物园学术年会在北京植物园开幕 …… 362
北海公园举办北京市第37届菊花展 ………… 363
天坛公园举办第35届"古坛京韵菊花香"菊展
　………………………………………… 363
纪念孙中山先生诞辰150周年系列活动在香山公园、
　中山公园分别举办 ……………………… 363
北京动物园完成市教委"利用社会资源·丰富中小学
　校外实践活动"项目年度组织实施工作 … 364
北海公园举办北海御苑建园850周年专家论坛会…
　………………………………………… 364
颐和园研发特色旅游文创产品 ……………… 364
玉渊潭公园文创工作全面展开 ……………… 364

人才管理　教育培训

综述 …………………………………………… 365

教育培训 …………………………………… 365

陶然亭公园组织海棠冬季修剪培训 ………… 365
颐和园受邀参加"旅游行业从业人员素质提升工
　程——故宫讲解培训项目"启动仪式 …… 366
北海公园开展喷灌技术培训 ………………… 366
香山公园组织开展消防知识培训 …………… 366
中山公园插花技能培训 ……………………… 366
北海公园开展绿化技能专业培训 …………… 366
颐和园举办高阶导游讲解员培训班 ………… 366
颐和园举办系列文化讲座培训 ……………… 366
景山公园举办"拜师学艺，岗位成才"结业活动 …
　………………………………………… 367
紫竹院公园开展园林技师讲堂系列活动 …… 367
北海公园做好平原造林养护技术服务工作 … 367
北海公园开展园林绿化技能培训 …………… 367
园林学校加强新专业建设 …………………… 367
北京植物园举办内控规范知识竞赛活动 …… 367
中心机关邀请法律顾问开展法律培训，进一步提高
　依法办事能力 …………………………… 368
北京植物园养护队组织开展植物冬态识别培训……
　………………………………………… 368
香山公园举办导游讲解及服务培训 ………… 368
北京植物园开展摄影基础知识培训 ………… 368
中心第二期公园安全管理师培训班 ………… 368

目录

天坛公园启动"知园 爱园"职工大讲堂系列活动 …………………………………………… 368
陶然亭公园开展海棠盆景造型技能比赛 ……… 368
北海公园对园容保洁工作人员进行培训 ……… 369
北海公园开展导游讲解技能培训 ……………… 369
颐和园举办系列公文讲座培训 ………………… 369
园林学校组织召开2013级顶岗实习动员会 …… 369
中心党校举办第九期青年干部培训班 ………… 369
北京植物园与中国林业科学研究院共建学位研究生实践教学基地 …………………………… 369
景山公园举办摄影基础知识讲座 ……………… 370
景山公园举办牡丹知识讲座 …………………… 370
园林学校迎接北京市中等职业学校课堂教学现状调研组调研听课 …………………………… 370
景山公园接待市公园管理中心第九期青年干部培训班学员 ……………………………………… 370
颐和园举办匠人拜师仪式 ……………………… 370
景山公园邀请北京农学院开展植物保护培训 … 370
景山公园举办"拜师学艺，岗位成才"主题拜师仪式 ………………………………………… 371
中心工会大讲堂"赏春之秀美 品花之文化"专题讲座在北京植物园举行 …………………… 371
中心系统三名选手成功晋级全国科普讲解大赛 …………………………………………………… 371
北京动物园举办"品牌学习季"活动 ………… 371
陶然亭公园参加北京市第四届职业技能大赛 … 371
颐和园举办招投标代理规范及相关法律培训 … 371
中心党委副书记杨月到第九期青年干部培训班授课 ……………………………………………… 372
北海建园850周年名家系列讲座第二讲在国家图书馆举办 ………………………………… 372
园林学校发挥行业教育平台作用 ……………… 372
中心主任张勇到第九期青年干部培训班授课 … 372
园林学校宠物养护与经营专业学生走进企业学习 …………………………………………… 372
园林学校首次支教河北留守儿童 ……………… 373
北海建园850周年名家系列讲座第三讲在国家图书馆举办 ………………………………… 373
景山公园举办票务、讲解、园务劳动技能竞赛活动 ……………………………………………… 373
颐和园举办世界遗产监测管理培训班 ………… 373
颐和园完成北京市"职工技协杯"职业技能竞赛公园讲解比赛 …………………………… 374
景山公园做好北京市第四届职业技能大赛赛前准备工作 ……………………………………… 374
园林学校与联想集团培训部联合举办教学培训 …………………………………………………… 374
景山公园开展"职工技协杯"职业技能讲解员竞赛初赛 …………………………………… 374
玉渊潭公园机关事业单位养老保险制度改革完成养老保险并轨 ……………………………… 374
景山公园绿化技师王庆起传授碧桃嫁接技巧 … 375
北京植物园工会举办"我爱北植 再创辉煌"庆祝建园60周年组合盆栽展示评比活动 …… 375
北京动物园开展"最美园艺师"劳动竞赛 …… 375
景山公园举办了厨师技能创新竞赛 …………… 375
颐和园不断深化"拜师学艺"传承工匠精神 … 375
景山公园晋级北京市第四届职业技能大赛复赛 …………………………………………………… 375
紫竹院公园开展学艺活动 ……………………… 375
北京动物园举办新职工保护教育营日活动 …… 376
紫竹院公园开展导游讲解培训 ………………… 376
天坛公园职工参加北京市第四届职业技能大赛花卉园艺师比赛 ……………………………… 376
北京动物园高研班赴湖北神农架考察 ………… 376
园博馆与北京林业大学园林学院、北京农学院园林学院开展本科新生入学教育 …………… 376
北京市"职工技协杯"职工技能竞赛公园讲解员决赛在北京市园林学校举行 ………………… 376
陶然亭公园组织保洁公司开展消防培训演练工作 …………………………………………… 377
香山公园召开内控体系运行培训会 …………… 377
"京津冀古树研发保育"高级研修班在北京举办 …………………………………………………… 377
"自然趣玩"科普研修班在北京动物园举办 … 377
园林学校举办北京市中等职业学校农林专业类技能

比赛 …… 377
中心工会在北京动物园举办"比技能 强素质 当先锋"
　售票岗位练兵决赛 …… 377
园科院等四家单位7名选手在北京市第四届职业技
　能大赛花卉园艺师决赛中获得前十名 …… 378
京津冀古树保护研究中心举办古树保护技术观摩
　培训 …… 378
首都职工素质建设工程"技术工人职业培训"项目在
　园科院举办 …… 378
北京动物园开展技工升考资格选拔考试 …… 378
中心开展京津冀古树名木复壮技术第二期观摩培训
　…… 378
中心党委举办党支部书记培训班 …… 378
园科院举办"昆明市城市园林绿化管理业务培训班"
　…… 379
颐和园举办合同签订履行管理与合同签订法律风险
　管控专题培训 …… 379
园林学校开展防范校园欺凌主题教育活动 …… 379
中心党委举办处级领导干部培训班 …… 379
园林学校进行新任教师培训 …… 379
陶然亭公园组织水仙雕刻技术培训 …… 380
颐和园与延庆园林绿化局开展冬季林木养护培训
　…… 380
中心直属单位在北京科普讲解大赛中取得优异成绩
　…… 380
园林学校为行业开展培训鉴定 …… 380
园林学校承接多项行业技能竞赛培训 …… 380
玉渊潭公园开展第四届青年岗位能手技能竞赛
　…… 380

人才管理 …… 381

景山公园做好青年人才储备工作 …… 381
陶然亭公园完成公开招聘工作 …… 381
北海公园完成干部核增薪级工作 …… 381
紫竹院公园优秀技能人才情况 …… 381
北京动物园公开招聘工作 …… 381
中心在全国科普讲解大赛中取得优异成绩 …… 382

北京动物园首次对重点岗位开展职业病危害因素
　检测 …… 382
中山公园公开招聘 …… 382
市公园管理中心召开优秀技能人才表彰大会 …… 382
付连起、关富生获市级优秀技能人才称号 …… 383
陶然亭公园举办文化讲解比赛 …… 383
天坛公园奖励优秀技能人才 …… 383
北海公园对优秀技能人才进行表彰 …… 383
中心团委举办第二届"十杰青年"评选终审会 …… 383
颐和园完成招聘工作 …… 384
颐和园制订《优秀技术(技能)人才奖励激励暂行办
　法》 …… 384
北京植物园召开优秀技能人才表彰宣讲会 …… 384
陶然亭公园召开优秀技能人才表彰会议 …… 384
中山公园进行年度技工升考工作 …… 384
张媛媛获香山公园首席讲解员称号 …… 384
陶然亭公园完成技术工人升考工作 …… 384
北海公园园长祝玮当选西城区人民代表大会代表
　…… 385
景山公园选派技术骨干赴日本考察学习 …… 385
景山公园完成优秀技能人才评选表彰工作 …… 385
香山公园完成年度技术等级升考工作 …… 385
中山公园事业单位人员年度考核 …… 385
中山公园审计专干选拔 …… 385
中山公园参加北京市第六届职工技能大赛 …… 385

党群工作

党的建设 …… 386

中心组织开展党风廉政建设责任制专项检查 …… 386
中心召开"三严三实"专题民主生活会 …… 386
王忠海参加玉渊潭公园处级领导"三严三实"专题民
　主生活会 …… 386
中心召开党风廉政建设工作会议 …… 387
程海军指导中山公园"三严三实"民主生活会 …… 387
香山公园召开党风廉政建设工作大会 …… 387
天坛公园召开党风廉政建设会议 …… 387

目 录

天坛公园党委召开处级领导干部述职述廉会议 …………………………………………… 387
天坛公园召开党风廉政建设会议 ………… 388
陶然亭公园召开党风廉政建设工作会 …… 388
香山公园召开党建大会 …………………… 388
中心领导到天坛公园宣布干部任免决定 … 388
陶然亭公园党委召开党建工作会议 ……… 388
香山公园首次召开党风廉政监督员聘任大会 … 388
李国定任职颐和园党委书记 ……………… 389
北京动物园团委举办"缅怀先烈"主题教育活动 …………………………………………… 389
中心纪委书记程海军到颐和园宣布干部任职 … 389
杨月到香山公园进行授课 ………………… 389
中心开展"两学一做"学习教育，推进全面从严治党向基层延伸 …………………… 389
中心深入开展专项治理工作 ……………… 390
陶然亭公园党委召开"两学一做"专题工作会 … 390
天坛公园党委理论中心组开展"两学一做"集中学习 ………………………………… 390
玉渊潭公园完成两个专项治理工作问题自查 … 390
王忠海指导紫竹院公园"两学一做"学习教育工作 …………………………………… 390
天坛公园开展"两学一做"专题党课教育 … 391
王忠海到香山公园检查指导"两学一做"学习教育进展情况 …………………………… 391
陶然亭公园党委组织全体党员开展"两学一做"党课学习 ………………………………… 391
天坛公园开展"两学一做——学党章"专题党课教育 …………………………………… 391
张勇到园博馆检查指导"两学一做"学习教育 … 391
程海军到景山公园检查指导"两学一做"学习教育 …………………………………… 392
程海军到中山公园检查指导"两学一做"学习教育 …………………………………… 392
中心各级党组织积极开展"共产党员献爱心"捐款活动 …………………………………… 392
景山公园完成科级干部档案审核整理工作 … 392
景山公园开展"忆党史、感党恩、铸党魂"纪念建党95周年系列活动 ……………………… 392
香山公园举办纪念建党95周年大会暨"颂歌献给亲爱的党"文艺汇演 …………………… 393
市委第四巡回指导组督查指导中心党委"两学一做"学习教育 …………………………… 393
玉渊潭公园联合中心党校举办党员积极分子培训班 ……………………………………… 393
天坛公园处级理论中心组开展专题学习研讨 … 393
中心学习讨论习近平总书记在庆祝中国共产党成立95周年大会上的重要讲话精神 … 393
中心党委召开"两学一做"学习教育专题调研会 … 394
景山公园召开党风廉政工作研讨会 ……… 394
天坛公园进行"扎实推进学习教育、有效推动工作开展"专题研讨 ……………………… 394
王忠海到香山公园检查指导"两学一做"学习教育 …………………………………… 394
天坛公园开展"红色记忆"主题党日活动 … 394
中心召开党委书记例会 …………………… 394
中心举办"两学一做"学习教育党务骨干培训班 …………………………………………… 394
景山公园成立党员突击队 ………………… 395
景山公园开展"共产党员冲在前"系列实践活动 … 395
中心党委召开"两学一做"学习教育协调指导组工作推进会 ……………………………… 395
香山公园党委与黄山风景区党工委政治处交流党建工作 ………………………………… 395
中心党委召开"两学一做"学习教育推进会 … 396
景山公园组织开展学习《中国共产党问责条例》活动 …………………………………… 396
中心召开巡视整改工作动员大会 ………… 396
香山公园召开落实巡视整改工作部署动员会 … 396
陶然亭公园参观"纪念红军长征胜利80周年主题展览" …………………………………… 396
市委第四巡回指导组对中心党委"两学一做"学习教育进行第二次巡回督导 …………… 396
天坛公园处级理论中心组开展专题学习 … 396

天坛公园党委理论中心组召开专题学习讨论会……… 397

《香山公园落实党风廉政建设责任制报告制度》出台 ……… 397

景山公园完成全园职工养老金申报入库工作 ……… 397

香山公园召开落实巡视整改工作专题会 ……… 397

陶然亭公园开展中心优秀共产党员、第二届"十杰青年"道德讲堂宣讲活动 ……… 397

天坛公园完成北京市东城区第十六届人民代表大会代表换届选举投票工作 ……… 398

北海公园纪委落实市委巡视反馈意见 ……… 398

市党风廉政建设责任制检查组专项检查中心落实党风廉政建设责任制工作 ……… 398

中心领导检查北京动物园会所整改情况 ……… 398

中心系统全面开展党风廉政建设责任制专项检查 ……… 398

张亚红到香山公园检查党风廉政工作 ……… 399

景山公园完成司勤人员安置工作 ……… 399

颐和园开展"三重一大"和党务公开专项检查 ……… 399

中心纪委实行"一人一书"组织局处科级干部签订个性化从严治党"军令状" ……… 399

中心纪委面向基层深入宣讲中央纪委六次全会和市纪委五次全会精神 ……… 400

中山公园处级理论中心组学习 ……… 400

群团工作 …………………………… 400

陶然亭公园工会开展职工健步走活动 ……… 400

香山公园开展"青春永恒薪火不灭"2015年度退团仪式 ……… 400

中心领导慰问张沪云和刘英 ……… 401

陶然亭公园召开第八届职工代表大会第三次会议 ……… 401

中心团委召开2015年度十佳志愿服务项目评选汇报会 ……… 401

玉渊潭公园团总支围绕"中国梦"开展导游讲解技能竞赛 ……… 401

玉渊潭公园加强青年人才培养 ……… 401

"全国青年文明号"天坛神乐署雅乐中心开展宫廷音乐培训 ……… 402

天坛公园开展"微笑暖心我最美,温暖衣冬在行动"系列志愿服务活动 ……… 402

中国园林博物馆与北京林业大学联合志愿服务队正式成立 ……… 402

北京动物园完成"激情跨越,共筑辉煌"联欢会 ……… 402

紫竹院公园举办"羊随新风辞旧岁,猴节正气报新春"团拜会 ……… 402

陶然亭公园为青年文明号发牌 ……… 402

天坛公园慰问先进工作者代表 ……… 402

天坛公园慰问退休全国先进工作者 ……… 402

北京植物园启动第28届桃花节"绿色守护"志愿服务项目 ……… 403

颐和园举办"纸币的收藏与鉴赏"知识讲座 ……… 403

颐和园开展"金猴迎春送祝福,文明游园我最美"主题实践活动 ……… 403

中山公园开展"金猴迎春送祝福,文明游园我最美"志愿服务活动 ……… 403

香山公园开展"寒冬送暖"主题志愿服务活动 ……… 403

园博馆开展"弘扬社会主义核心价值观"主题志愿服务活动 ……… 403

颐和园团委开展"传承雷锋精神,凝聚青春正能量"主题志愿服务活动 ……… 404

天坛公园开展"传承雷锋精神,凝聚青春正能量"系列志愿服务活动 ……… 404

北京动物园启动"爱岗敬业学雷锋,同心圆梦树新风"主题志愿服务活动 ……… 404

园博馆团委开展"传承雷锋精神,弘扬园林文化"主题志愿服务活动 ……… 404

天坛公园开展"志愿服务我先行,文明服务我最美"志愿服务活动 ……… 405

紫竹院公园开展"学雷锋,争做岗位能手"授旗仪式 ……… 405

中心完成元旦、春节走访慰问离退休干部工作 ……… 405

北海公园召开2015年度职工自学奖励表彰会 ……… 405

目录

陶然亭公园开展小志愿者讲解活动 …………… 405
园林学校开展家风展示活动 …………………… 405
中心模特队在陶然亭公园职工之家正式组建成立 …
　……………………………………………… 406
中心离退休干部"低碳环保 让生活更美好"主题实践
　活动拉开帷幕 ……………………………… 406
中心职工艺术团队员选拔活动 ………………… 406
北京植物园团委开展摄影知识培训 …………… 406
园博馆举办摄影知识培训 ……………………… 406
园博馆举办社会志愿者面试交流会 …………… 407
陶然亭公园团委与北钞公司团委联合开展"弘扬雷锋
　精神"志愿服务 …………………………… 407
颐和园完成第十四批大学生志愿者中文讲解考核 …
　……………………………………………… 407
团市委到陶然亭公园开展清明节祭扫活动 …… 407
颐和园举办第36届职工环湖长跑比赛 ………… 407
北海公园举办春季环湖徒步走活动 …………… 407
香山公园开展"百人登山"比赛活动 ………… 407
陶然亭公园开展"春风送暖"社会捐助活动 … 407
中心在北京植物园举办"赏春之秀美 品花之文化"专
　题讲座 ……………………………………… 408
天坛公园领导慰问先进劳模 …………………… 408
香山公园"红领巾"小导游双清别墅志愿服务劳动节
　……………………………………………… 408
玉渊潭公园开展主题教育实践活动 …………… 408
玉渊潭公园创办爱心跳蚤市场 ………………… 408
陶然亭公园开展"相约陶然，与爱同行"冰雪冬奥公
　益志愿活动 ………………………………… 408
香山公园开展泥塑"中华龙"主题计生活动 … 409
陶然亭公园举办"低碳环保　让生活更美好"工艺制
　品讲座 ……………………………………… 409
天坛公园发挥爱国主义教育基地宣传阵地作用 ……
　……………………………………………… 409
北海公园"清史小屋"书屋正式成立并召开首次座
　谈会 ………………………………………… 409
景山公园在牡丹展期间开展区域化团建交流 … 409
景山公园高岚获得中心"十杰青年"称号 …… 409
北京动物园开展"敢为的青春有信念"五四主题教育
　活动 ………………………………………… 410
香山公园组织青年骨干开展创新理念培训 …… 410
北京植物园开展"最美风光"和"最美职工"摄影比赛
　……………………………………………… 410
北京动物园开展"六一"儿童节志愿服务 …… 410
陶然亭公园开展"浓情端午·与爱同行"主题活动 …
　……………………………………………… 410
北海公园试行"工会主席接待日" …………… 410
北海公园举办"太液泛舟"划船比赛 ………… 410
北京植物园在卧佛山庄举行第三届挑战赛 …… 411
中心纪念中国共产党建党95周年职工文艺演出活动
　……………………………………………… 411
陶然亭公园开展"争做环保小卫士，一米风景同保
　护"主题宣传活动 ………………………… 411
天坛公园工会举办职工大讲堂活动 …………… 411
天坛公园篮球队在天坛街道"三对三"篮球友谊赛中
　获第一名 …………………………………… 411
陶然亭公园做好退休干部信息库的采集录入工作 …
　……………………………………………… 411
中心开展"信仰的坚守 精神的传承"纪念建党95周
　年主题教育活动 …………………………… 412
颐和园团委召开"青春跟党走 岗位建新功"达标创优
　表彰会 ……………………………………… 412
紫竹院公园开展"学党史·感党恩·跟党走"青年大
　讲堂 ………………………………………… 412
天坛公园举办"讲前辈经验 传天坛文化 助青年成长"
　思想交流座谈会 …………………………… 412
紫竹院公园"创先争优促发展　青春励志建新功"青
　年素质拓展 ………………………………… 412
香山公园第二届青年趣味体育竞技嘉年华落幕 ……
　……………………………………………… 413
紫竹院公园开展"花之语"中国传统插花青年技能
　竞赛 ………………………………………… 413
中心团委面向基层团组织负责人和部分团干部开展
　共青团工作培训 …………………………… 413
颐和园开展"喜迎天下小游客 欢欢喜喜乐童年"主题
　志愿服务活动 ……………………………… 413
天坛神乐署雅乐中心完成建党95周年职工文艺演出

任务	413
颐和园开展"同庆建军节 服务子弟兵"志愿服务活动	414
陶然亭公园举办社会主义核心价值观文化讲解比赛	414
陶然亭公园开展小小跳蚤市场活动	414
陶然亭公园女工荣获优秀征文奖	414
中山公园开展"和谐中山,快乐暑假"活动	414
陶然亭公园开展儿童摄影大赛活动	415
中心老干部处召开老干部工作阶段会暨下半年工作布置会	415
天坛公园手机摄影比赛圆满闭幕	415
中心老干部处完成退休干部数据库上报工作	415
中心团委举办文创专题青年大讲堂	415
颐和园园艺队突击完成全园杨柳树调查工作	415
香山公园首次面向新入职青年开展专题培训	415
陶然亭公园举办售票岗位技能竞赛	416
天坛公园工会举办职工汉字听写大会	416
中心召开团员青年为文创工作献计献策座谈交流会	416
北海公园举办"坚持梦想 继续前进"道德讲堂	416
颐和园团委完成团市委"英雄父母首都行"参观接待任务	416
紫竹院公园与多所院校联合开展"寻鸟体验"科普志愿活动	416
中山公园服务讲解班完成"青春之梦"联合参观讲解接待任务	417
北京动物园饲养队团支部开展"情系牧羊地,手牵儿童村"主题团日活动	417
北海公园接待河北省平乡县孟杰盲人学校23名盲童师生来园参观	417
紫竹院公园开展"盛世华诞庆国庆最美风景话文明"志愿服务活动	417
中心工会组织开展售票岗位练兵活动	417
中心举办"低碳环保 让生活更美好"主题实践展示活动	418
北京市公园管理中心工会大讲堂在园林学校举办	418
中心举办"颂党恩·话发展·纪念建党95周年"书画作品展	418
陶然亭公园完成离休人员增资补发工作	418
北京动物园开展"让青春在园林事业中熠熠闪光"宣讲会	418
北京植物园举办"弘扬青春正能量"专场活动	419
园林学校举办"爱岗敬业、无悔青春、感恩母校、传递梦想"宣讲会	419
园林学校团委举办"纪念中国工农红军长征胜利80周年文艺汇演"	419
香山公园开展"香山蓝"志愿服务保障活动	419
香山公园开展"我是双清小导游"活动	419
颐和园导游服务中心开展英文讲解比赛	419
颐和园导游服务中心举办专题文化讲座	420
中心工会大讲堂在天坛公园举办	420
景山公园"感受青春的力量"十杰青年事迹宣讲会召开	420
中心工会大讲堂在陶然亭公园举办	420
中心工会大讲堂在动物园举办	420
中心"十佳志愿服务项目"汇报评审会召开	420
颐和园"学十杰 聚力量 展风采"青年大讲堂举办	421
中山公园举办"青春榜样"专场活动	421
玉渊潭公园"不忘初心 继续前进 学习十杰 岗位建功"道德讲堂举办	421
园博馆"学习先进典型争做时代先锋"专题道德讲堂举办	421
园科院"激扬青春·筑梦前行"专场活动举办	421
香山公园组织开展"缅怀伟人 激发能量"纪念孙中山先生诞辰150周年主题纪念活动	422
颐和园面试第十五批导游讲解大学生志愿者	422
果丽霞荣获"全国先进老干部工作者"荣誉称号	422
年度老干部工作先进集体综合评定工作结束	422
颐和园举办"自控力提升"心理教育兴趣团课	422
颐和园团委举办系列主题活动	422

目录

科研科普

综述 …………………………………… 424

科研科技

中心技术委员会召开2015年科技成果评审会 ……
………………………………………… 424
颐和园三项措施推进生态监测工作 ……… 424
北京动物园召开"利用社会资源丰富中小学校外实践活动"项目专家评审会 …………… 425
消减PM2.5绿地种植设计技术应用于通州区道路景观设计 …………………………… 425
中心组织召开第一期科技论坛 …………… 425
园科院为北京行政副中心绿化建设提供土壤改良建议 …………………………… 425
京津冀联合开展低耗型绿地模式研究 …… 426
园林科研院赴山东安丘进行生物防治技术推广示范
………………………………………… 426
北京植物园'品虹''品霞'两个桃花品种在第二届中国国际园林植物品种权交易与新品种新技术拍卖会上成功拍卖 ………………… 426
京津冀古树名木保护研究中心成立 ……… 426
景山公园开展杨柳飞絮防治工作 ………… 427
北海公园开展杨柳飞絮治理工作 ………… 427
中心杨柳树修剪及飞絮控制技术培训会在北京市园林科学研究院举办 …………………… 427
中山公园推进社稷祭坛土源调研工作 …… 427
中心充分发挥园林科技优势服务城市副中心生态环境建设 …………………………… 427
北海公园配合市文物局、首都博物馆对团城元代渎山大玉海进行科学技术检测 ………… 428
市园林绿化局、市公园管理中心联合开展本市平原林木养护技术服务工作 …………… 428
园科院、植物园中标"北京园林绿化增彩延绿科技创新工程——品种研发及栽培技术推广项目"……
………………………………………… 428
香山公园、北京植物园雨水收集技术项目成果显著
………………………………………… 428
中国园林博物馆启动馆藏底片类藏品数字化优选工作 …………………………… 428
中心领导到园科院、植物园圃地检查增彩延绿苗木繁育情况 …………………………… 429
北京植物园筹备国际海棠登录中心建设工作 … 429
北京植物园大力推进市花卉园艺工程技术研究中心常态化运行 ……………………… 429
中心全力推进"增彩延绿"项目 …………… 429
北海公园召开杨柳飞絮规划专家论证会 … 429
景山公园开展昆虫多样性调查工作 ……… 429
市公园管理中心以科技助力2019年世园会建设 …
………………………………………… 430
园科院、北京植物园科研成果获中国风景园林学会科技进步奖 ……………………… 430
中心科技处组织召开市科委绿色通道项目研讨会 …
………………………………………… 430
园科院被评为北京市高水平公益科研院所 … 430
中心组织召开第二次科技论坛 …………… 430
北京动物园举办科研沙龙 ………………… 431
香山公园编写的《一种花毛茛无纺布袋苗栽培方法》获得发明专利授权 ……………… 431
北京动物园举办教师培训观摩活动 ……… 431
京津冀古树保护研究中心开展第二期"京津冀古树名木复壮技术观摩培训"…………… 431
中心举办冬季系列科技讲座 ……………… 432
北京动物园举办科技大会暨圈养野生动物技术北京市重点实验室工作研讨会 …………… 432
北京动物园开展"开放性科学实践活动"…… 432
国内首个北京地区黄栌景观林的养护标准出台 ……
………………………………………… 433
香山公园完成科研工作 …………………… 433
颐和园研发员工证件管理系统 …………… 433
颐和园研发手机微信安全巡检系统 ……… 433
颐和园初步掌握青铜器、玻璃器修复技术 … 434
颐和园提升公众信息化建设 ……………… 434
颐和园提升内部信息化建设 ……………… 434

香山公园古树名木信息管理系统试运行情况良好 …… 434
北京动物园完成"利用社会资源,丰富中小学社会实践活动"项目 …… 435
玉渊潭公园进行水体治理 …… 435

科普活动 …… 435

中山公园举办水仙雕刻活动 …… 435
北京植物园顺利完成实践活动第一学期课程 … 435
颐和园举办"妙手梅香"科普互动活动 …… 435
园博馆青少年寒假科普教育活动结束 …… 436
北京植物园推出"自然享乐"科普系列探索活动 …… 436
北海公园利用优势资源开展多项科普活动 …… 436
北京植物园联合环保部宣教中心开展生物多样性保护宣传活动 …… 436
中国园林博物馆被纳入环首都游学路线 …… 436
香山公园开展"自然科普达人——做一日小园丁"科普活动 …… 436
中心"生物多样性保护科普宣传月"系列活动在天坛公园拉开帷幕 …… 436
颐和园举办"关爱身边会飞的精灵"鸟类保护知识科普展 …… 437
中山公园举办爱鸟周活动 …… 437
北京市五十中分校到天坛公园开展文化教学活动 …… 437
中山公园物种多样性保护科普宣传 …… 437
北海公园举办菊花非遗进社区活动启动仪式 …… 437
精忠街小学二年级学生入队仪式活动 …… 438
颐和园举办北京市公园管理中心科普游园会 …… 438
北海公园开展碑刻文化科普宣传活动 …… 438
中心组织召开2015年度科普工作交流会 …… 439
园林学校参加市公园管理中心"园林科普津冀行"尝试服务京津冀一体化建设 …… 439
天坛公园开展"体验生态之美、共享快乐童年"六一科普活动 …… 439
中国园林博物馆开展区域及行业馆校交流和青少年校外教育活动 …… 439
天坛公园开展鸟类系列科普活动 …… 439
中山公园科普小屋开展月季花制作亲子活动 … 440
中心"园林科普津冀行"第二站活动走进石家庄 …… 440
中国园林博物馆推出主题自然科普教育活动 … 440
北海公园举办主题科普互动活动 …… 440
天津盘山旅游区来天坛公园进行友好景区共建工作 …… 441
颐和园举办"古典文化与科技创新之旅"夏令营 …… 441
北海公园举办第二次"菊花非遗进社区"活动 … 441
香山公园暑期开展"香山奇妙夜博物之旅"活动 …… 441
天坛公园启动暑期系列科普活动 …… 441
中心科普夏令营在北京动物园科普馆正式启动 …… 441
中心举办京津冀科普游园会等"4+1"系列科普活动 …… 442
"气象防灾减灾宣传志愿者中国行"在玉渊潭公园举行 …… 443
景山公园暑期昆虫科普文化展拉开帷幕 …… 443
北海公园举办亲子夏令营活动 …… 443
中心工会借助市总工会平台推广教育活动 …… 443
北海公园开展暑期夏令营活动 …… 443
北海公园启动文明旅游主题宣传活动 …… 443
颐和园举办"慧心巧手——颐和园里过七夕"科普体验 …… 444
中山公园举办观鸟科普活动 …… 444
中国园林博物馆首届夜宿活动结束 …… 444
景山公园昆虫科普文化展 …… 444
"植物微景观的制作"活动在中山公园举办 …… 444
"魅力科技"家庭亲子科普活动周在北京植物园举办 …… 445
园博馆植物探索之旅夏令营顺利开展 …… 445
园博馆举办"最美一米风景——文明有我 共创理想家园"宣传活动 …… 445
香山公园举办"放飞希望"香山猛禽放归教师节公益

活动 …… 445
中山公园举办大丽花科普活动 …… 445
中山公园举办全国科普日活动 …… 445
全国科普日主题活动在天坛公园举办 …… 445
园博馆开展"畅游园博馆·放飞园林梦"主题科普日系列活动 …… 446
园林学校开展全国科普日宣传活动 …… 446
香山公园开展"红叶探秘"科学探索实验室系列课程 …… 446
北海公园举办书法文化科普活动 …… 446
中心召开第二次科技论坛 …… 446
中山公园举办彩叶植物科普宣传 …… 447
颐和园组织"皇家园林文化体验活动之倾心国粹"科普活动 …… 447
中山公园举办菊花栽培科普活动 …… 447
中山公园开展科普进社区活动 …… 447
中心冬季科技培训第二期专题科普讲座在动物园举办 …… 447
中心举办专题科普讲座会 …… 447
北海公园举办第三次"菊花非遗进社区"活动 …… 448
中山公园举办郁金香科普活动 …… 448
中山公园举办种子趣事科普活动 …… 448
颐和园编写《园林科技简讯2016年第二期——科普游园会专刊》 …… 448
中山公园多举措做好科普宣传工作 …… 448
陶然亭公园科研、科普工作获奖情况 …… 448
陶然亭公园科普工作完成情况 …… 448
玉渊潭公园开展系列科普活动 …… 449

学习交流 …… 450

市园林科学研究院与河北农业大学园林与旅游学院合作签约 …… 450
景山公园与故宫博物院就深化战略合作进行研讨 …… 450
张勇与军委机关有关部门领导开展座谈交流 …… 450
中心联合市园林绿化局召开增彩延绿项目工作交流会 …… 451
北京植物园赴扬州参加首届国家重点花文化基地建设研讨会 …… 451
北海公园邀请市外办副主任张海舟一行指导景区牌示外语翻译工作 …… 451
全国政协组织台湾艺术家代表团到颐和园、北海公园交流座谈 …… 451
中国四大名园管理经验与对外交流研讨会在颐和园召开 …… 451
香山公园加强京津两地联系交流 …… 452
北京高校社团文化交流活动在玉渊潭公园举办 …… 452
天津市市容和园林管理委员会到中心学习交流 …… 452
中国索道协会学员到香山公园参观交流 …… 452
北京世界园艺博览会事务协调局就世园会工作座谈交流 …… 453
中心团委组织召开首届"十杰青年"座谈交流会 …… 453
市公园管理中心到世园局交流北京世园会园区建设及运维管理工作 …… 453
中心文创领导小组组织各单位到恭王府学习文创工作经验 …… 453
深圳市教委考察团到香山公园进行现场考察 …… 453
"棕地再生与生态修复"国际会议专家到园博馆参观交流 …… 453
中国公园协会公园文化与园林艺术专业委员会研讨会在园博馆召开 …… 454
张勇率团到黄山风景区考察 …… 454
中国汽车博物馆到中国园林博物馆进行座谈交流 …… 454
中心赴延庆区考察调研平原林木养护工作 …… 454
香山公园深化京湘两地"双红"品牌交流和联动工作 …… 454
中心持续加强京皖两地公园景区沟通合作 …… 455

动植物保护 …… 455

北京动物园繁殖三种金丝猴 …… 455

北京动物园年度鸳鸯繁殖工作结束 …… 455
香山公园完成黄栌跳甲虫口密度调查工作 …… 455
陶然亭公园开展牡丹品种调查及移栽复壮工作 …… 455
陶然亭公园开展杨柳树飞絮治理工作 …… 456
北京植物园"植物活化石"鸽子树（珙桐）盛放 …… 456
景山公园释放肿腿蜂 …… 456
第34届"爱鸟周"活动在中山公园科普小屋南广场举办 …… 456
紫竹院公园推进"增彩延绿"项目 …… 456
北京动物园河马产下第12胎幼仔 …… 456
香山公园组织召开古树名木保护信息管理系统项目验收会 …… 457
北京动物园繁殖长颈鹿 …… 457
景山公园释放周氏啮小蜂 …… 457
北京植物园"血皮槭保护合作项目"登上《华盛顿邮报》 …… 457
北京动物园繁殖二趾树懒 …… 457
北京动物园首次完成大熊猫亲子鉴定 …… 457
景山公园释放蒲螨 …… 457
香山公园启动危险生物入侵应急预案治理美国白蛾危害 …… 457
景山公园召开古树专家论证会 …… 458
景山公园启动平原林木养护技术项目 …… 458
中山公园古树复壮保护 …… 458
北京植物园树木认养情况 …… 458
北京动物园鸳鸯野化放归 …… 458
北京动物园加强野生动物健康体检 …… 458
北京动物园邀请动物医院专家为黑猩猩做产前检查 …… 459
动物饲养工作 …… 459
动物繁殖 …… 459
动物福利 …… 460
陶然亭公园进行古树大树保护复壮工作 …… 460
陶然亭公园开展树木认养工作 …… 460
紫竹院公园古树大树保护 …… 460
玉渊潭公园做好樱花养护和认养工作 …… 460

玉渊潭公园樱花基地苗木更新养护 …… 461
玉渊潭公园古树复壮工作 …… 461
中山公园传统花卉引种 …… 461
天坛公园进行古树保护 …… 461

宣传教育

综述 …… 462

宣 传 …… 462

《颐和园石座艺术》专辑电子年历上线官方网络平台 …… 462
紫竹院公园开展"冰雪文化进公园"活动 …… 463
北海公园《探秘皇家禁苑》系列节目在央视《国宝档案》节目播出 …… 463
中心组织召开第二届"市属公园冰雪游园会"新闻发布会 …… 463
玉渊潭公园召开各种活动新闻发布会 …… 463
中心召开第二届北京市属公园冰雪游园会新闻宣传工作总结会 …… 464
紫竹院公园分别召开大型新闻发布会 …… 464
《探秘皇家禁苑之景山》系列节目于《国宝档案》中播出 …… 464
北海公园开展冰雪文化及冬奥文化知识相关宣传活动 …… 465
北京植物园召开第12届兰花展筹备会 …… 465
陶然亭公园召开冬奥公益活动新闻发布会 …… 465
中心服务京津冀协同发展新闻发布会召开 …… 465
香山公园开展"文明游园我最美"宣传活动 …… 465
景山公园完成BTV新闻频道春节采访接待任务 …… 466
北京电视台到香山公园拍摄蜡梅 …… 466
园博馆开展"增彩延绿"系列主题宣传活动 …… 466
陶然亭公园宣传游船起航工作 …… 466
中山公园宣传"国泰"郁金香命名两周年 …… 466
北京植物园召开第28届北京桃花节新闻发布会 …… 466

目 录

香山公园录制"解读香山文化"专题节目 ……… 466
天坛公园邀请媒体开展春季花讯宣传报道 …… 467
北海公园开通官方微信公众号 ………………… 467
首都文明办与中心联合在玉渊潭公园开展文明赏花
　引导活动 …………………………………… 467
《首都经济报道》节目组到景山公园拍摄清明花卉
　情况 ………………………………………… 467
香山公园举办"关爱鼻部健康　呼吸绿色香山"计生
　宣传活动 …………………………………… 467
北京植物园召开郁金香盛放新闻发布会 ……… 467
北京交通广播一路畅通《我爱北京》栏目到香山公园
　采访 ………………………………………… 468
北京电视台来天坛直播赏花游园 ……………… 468
北京动物园妥善应对处理梅花鹿鹿角流血的新闻
　报道 ………………………………………… 468
陶然亭公园邀请媒体宣传石碑研究工作情况 … 468
市属公园全面深化文物古建保护利用新闻发布会
　召开 ………………………………………… 468
颐和园举办"海上翰墨——上海豫园馆藏海派书画名
　家精品展"新闻发布会 ……………………… 469
北京动物园新生非洲小象首次与游客见面 …… 469
首都经济报道大型系列城市公益活动举办 …… 469
香山公园召开双清别墅红色展览策划会 ……… 469
北京电视台《解放》栏目组到香山公园拍摄 … 469
景山公园开展芍药新闻宣传 …………………… 469
中心召开市属公园生态文明——春花系列盘点新闻
　发布会 ……………………………………… 470
北京动物园参加全国科技活动周暨北京科技周主场
　活动 ………………………………………… 470
市花月季绽放历史名园新闻发布会在天坛举办 ……
　……………………………………………… 470
北京动物园接待"外国摄影师拍北京"活动团队 ……
　……………………………………………… 470
北京动物园完成"中国青年国际形象宣传片"采访
　拍摄 ………………………………………… 471
北京动物园官方微信公众平台正式上线 ……… 471
陶然亭公园召开端午文化活动新闻发布会 …… 471
香山公园开展"国际档案日——档案与民生"主题宣

　传活动 ……………………………………… 471
香山公园强化双清别墅红色阵地作用 ………… 471
北海公园召开荷花节专题新闻发布会 ………… 472
《都市之声》采访报道天坛公园优秀共产党员 … 472
景山公园配合完成"一米风景线"活动拍摄工作……
　……………………………………………… 472
"北京动物园保护教育"微信订阅号正式推出 … 472
陶然亭公园开展食品安全宣传活动 …………… 472
景山公园召开暑期昆虫科普展新闻发布会 …… 472
中心召开生态节水主题新闻发布会 …………… 473
中心召开国庆假期新闻宣传工作部署会 ……… 473
景山公园接待《首都经济报道》节目组拍摄国庆特别
　节目 ………………………………………… 473
景山公园邀请《北京晚报》记者来园采访国庆人物
　特辑 ………………………………………… 473
颐和园组织媒体集中采访"颐和秋韵"文化活动……
　……………………………………………… 473
香山公园服务大局应对红叶季新闻宣传 ……… 474
香山公园参加市旅游委举办的红色旅游推介活动…
　……………………………………………… 474
北海公园配合有关部门拍摄电视纪录片 ……… 474
中心系统自媒体推出"市属公园每周秋讯" …… 474
中心举办2017年公园年票发售新闻发布会 … 475
景山公园做好雾霾后记者采访接待工作 ……… 475
北海公园召开文创堂开业新闻发布会 ………… 475
天坛公园举办"新年礼物"新闻发布会 ………… 475
中心举办"文创产品·新年礼物"新闻发布会 ……
　……………………………………………… 475
陶然亭公园召开第七届陶然亭冰雪嘉年华新闻
　发布会 ……………………………………… 476
陶然亭公园自媒体平台工作 …………………… 476
中山公园自媒体发布 …………………………… 476
北海公园对园内特色花卉进行宣传报道 ……… 476
北海公园官方自媒体进行生态文明建设相关宣传…
　……………………………………………… 476
紫竹院公园微博公众号情况 …………………… 476
玉渊潭公园全方位开展多媒体融合式新闻宣传……
　……………………………………………… 477

39

精神文明建设 ······ 477

香山公园召开 2015 年精神文明建设工作总结会 ······ 477
陶然亭公园开展冰雪冬奥公益志愿活动 ······ 477
北京动物园开展"新春纳福 文明游园"志愿服务活动 ······ 478
景山公园开展"金猴迎春送祝福，文明游园我最美"主题系列活动 ······ 478
香山公园组织开展"寒冬送暖"主题志愿服务活动 ······ 478
"新春送祝福，文明逛公园"主题宣传活动 ······ 478
陶然亭公园团委组织开展庙会志愿服务 ······ 478
北京植物园开展"金猴迎春送祝福"主题宣传活动 ······ 479
紫竹院公园开展学雷锋志愿服务活动 ······ 479
天坛公园开展学雷锋志愿服务活动 ······ 479
天坛公园召开"天坛之星"表彰大会 ······ 479
景山公园开展"爱满公园"学雷锋志愿服务 ······ 480
中山公园开展学雷锋志愿活动 ······ 480
香山公园学雷锋日慰问公园"小雷锋" ······ 480
中心系统集中开展"爱满公园"学雷锋志愿服务 ······ 480
香山公园召开年度志愿服务工作总结表彰会 ······ 480
陶然亭公园开展降噪宣传志愿活动 ······ 481
景山公园组织开展"传承雷锋精神，服务保障两会"系列志愿活动 ······ 481
景山公园开展"文明游园我承诺"主题宣传系列活动 ······ 481
天坛公园开展宣传实践活动 ······ 481
天坛公园举行"低碳环保 让生活更美好"主题实践活动启动仪式 ······ 482
"为中国加分"文明旅游公益行动"绿色旅游"主题活动在天坛举行 ······ 482
景山公园启动道德讲堂活动 ······ 482
玉渊潭公园举办道德讲堂活动 ······ 482
园林学校完成重要行业志愿服务任务 ······ 483
陶然亭公园开展"做文明游客为中国加分"主题活动 ······ 483
景山公园开展"传递文明正能量"主题文明游园系列活动 ······ 483
香山公园开展"情满香山奉献五一"主题志愿服务活动 ······ 483
香山公园发挥爱国主义教育基地宣传阵地作用 ······ 484
陶然亭公园张贴"北京榜样大型主题活动"宣传海报 ······ 484
行走母亲河 5 公里亲子公益赛在玉渊潭公园举行 ······ 484
首都百名最美少年事迹展活动在玉渊潭公园举办 ······ 484
首都少先队员"六一"集体入队仪式在玉渊潭公园举行 ······ 484
陶然亭公园开展"寄情端午，志愿陶然"学雷锋志愿活动 ······ 485
景山公园开展"寻找最美文明游客"主题文明游园系列活动 ······ 485
天坛公园开展"礼乐传文化，端午文明游"宣传实践活动 ······ 485
陶然亭公园开展道德讲堂宣传活动 ······ 486
北京动物园参加中心纪念建党 95 周年演出 ······ 486
中心四项举措为"七一"建党 95 周年献礼 ······ 486
中心工会、团委联合举办"铸造卓越团队 点亮精彩人生"青年职工素质拓展训练 ······ 486
香山公园开展"红领巾"小导游暑期志愿服务实践活动 ······ 486
香山公园开展暑期文明游园宣传活动 ······ 487
景山公园开展"最美一米风景，文明达人先行"主题文明游园活动 ······ 487
紫竹院公园开展文明游园活动情况 ······ 487
陶然亭公园开展保护文物宣传志愿活动 ······ 487
景山公园开展"纸上最美一米风景"活动 ······ 487
中心召开"一米风景我最美，文明游园我最亮"主题宣传推进会 ······ 488
景山公园与熊儿寨村召开城乡共建阶段工作会 ······ 488

目 录

北京动物园开展"文明游园我最美"主题宣传引导
　活动 …………………………………………… 488
景山公园开展"一米风景我最美，降噪游园我先行"
　主题宣传活动 ………………………………… 489
陶然亭公园开展"拒绝野钓野泳，安全文明游园"系
　列宣传活动 …………………………………… 489
天坛公园开展"天坛景美百岁青，文明花开四时春"
　宣传实践活动 ………………………………… 489
北京植物园开展"最美一米风景——自然享乐 文明
　游园"主题宣传活动 …………………………… 489
陶然亭公园开展"保护水源，文明游船"志愿活动…
　………………………………………………… 490
景山公园开展"静赏公园 乐享中秋"主题文明游园
　活动 …………………………………………… 490
陶然亭公园开展"欢度'十一'小长假，共同营造最美
　一米风景"主题宣传活动 ……………………… 490
景山公园开展"传递最美文明一米风景线"主题文明
　游园活动 ……………………………………… 490
景山公园开展"文明游园我最美"志愿服务活动……
　………………………………………………… 491
天坛公园开展"传文明礼仪之风，筑中华伟业之梦"
　宣传实践活动 ………………………………… 491
北京动物园开展"公园好故事 身边好职工"宣传评选
　活动 …………………………………………… 491
天坛公园举办纪念建党95周年和长征胜利80周年
　宣传教育活动 ………………………………… 491
园林学校举办道德讲堂活动 …………………… 491
北京植物园举办中心第二届十杰青年宣讲会 … 492
北京动物园举办纪念红军长征胜利80周年主题活动
　………………………………………………… 492
颐和园举办"唱响正气歌"廉政道德讲堂 ……… 492
颐和园举办"弘扬长征精神，做合格党员"道德讲堂
　………………………………………………… 492
景山公园开展"感受青春的力量"主题道德讲堂活动
　………………………………………………… 493
紫竹院公园开展道德大讲堂活动 ……………… 493
玉渊潭公园举办中心纪念红军长征胜利80周年大会
　主题展开幕式 ………………………………… 493

玉渊潭公园开展纪念建党95周年和长征胜利80周
　年宣传教育活动 ……………………………… 493
中心党校开展红军长征胜利80周年主题教育活动
　………………………………………………… 493
陶然亭公园开展系列学雷锋活动 ……………… 494
中山公园开展身边好职工评选活动 …………… 494
景山公园建立好人好事好景微信群 …………… 494
北京植物园开展"公园学雷锋 爱满植物园"宣传实践
　活动 …………………………………………… 494
北京植物园开展"最美一米风景之——弘扬长征精神
　重走抗战之路"主题道德讲堂和宣传实践活动 …
　………………………………………………… 494
中山公园纪念长征胜利80周年主题教育活动 ……
　………………………………………………… 495
中山公园社会主义核心价值观主题公园建设 … 495
北海公园开展"公园好故事，身边好职工"宣传评选
　活动 …………………………………………… 495

课题研究

课题 …………………………………………… 496

颐和园完成《对依法管园的实践探索——以安全秩序
　管理为例》课题研究 …………………………… 496
颐和园完成《可移动文物保管对策研究》课题研究…
　………………………………………………… 496
颐和园完成《颐和园创新举办晚间文化活动的对策研
　究》课题研究 …………………………………… 496
颐和园完成《颐和园在"三山五园"整体保护中的实践
　与探索》课题研究 ……………………………… 497
应用植物化感作用防治黄栌枯萎病的研究课题正式
　启动 …………………………………………… 497
颐和园稳步推进《新常态下依法管园的实践探索》课
　题研究 ………………………………………… 497
《天坛古树》由中国农业出版社出版发行 ……… 497
中国园林博物馆召开"中国古典皇家园林艺术特征可
　视化系统研发"进展汇报会 …………………… 497
天坛公园和黑龙江大学课题组对回音壁、圜丘进行

声学测试 …… 497
北海公园多举措实践"四个服务"课题研究成果转化 …… 498
中山公园社稷祭坛坛土土样勘测 …… 498
北京社稷坛整体保护策略申请立项 …… 498
园博馆"中国古典皇家园林艺术特征可视化系统研发"课题结题验收 …… 498
香山公园"红叶探秘"科学探索实验室顺利通过中期检查 …… 498
《静心斋建筑艺术数据化研究及应用》课题验收 …… 499
天坛公园加强非物质文化遗产"中和韶乐"研究传承工作 …… 499
北京动物园课题"中国特有种麋鹿MHC基因变异及对魏氏梭菌感染疾病的预判研究"通过结题验收 …… 499
北京动物园课题"鸳鸯繁殖、巢址选择及栖息地忠实性研究"通过结题验收 …… 499
《皇家园林古建筑防火对策探究与应用》课题通过验收 …… 500
明清社稷坛研究与保护调研课题完成 …… 500
中山公园年度必选调研课题完成 …… 500
《北京天坛建筑基址规模研究》通过专家结题验收 …… 500
紫竹院公园四季动植物欣赏图鉴课题通过验收 …… 500
北京动物园课题"北京动物园'百木园'建设及科普功能探讨"通过结题验收 …… 501
中心两项课题通过市科委立项评审 …… 501
中山公园柏长足大蚜生态防治技术课题验收 …… 501
北京植物园完成三篇课题 …… 501
玉渊潭公园人工湿地生态效益研究课题 …… 501
玉渊潭公园樱属观赏植物引种研究课题 …… 502
玉渊潭公园水体生态自净的应用研究课题 …… 502
《天坛公园古建筑瓦件遗存调研》进行课题研究 …… 502

调查研究成果 …… 503

公园管理中心新闻宣传对策研究成果转化 …… 503
香山公园在"三山五园"整体保护中的实践与探索研究提纲 …… 505

统计资料

2016年北京市公园管理中心事业单位职工基本情况 …… 506
事业单位基本概况 …… 507
公园绿化基本情况 …… 508
公园游人情况 …… 510
公园节日情况 …… 511
公园文化活动情况 …… 512
公园文娱活动情况 …… 519
2016年北京市公园管理中心科技成果获奖项目 …… 520
2016年北京市公园管理中心科技成果获奖项目 …… 521

附 录

文件选编 …… 523

北京市公园管理中心关于加强公园文物保护工作的通知 …… 523
北京市公园管理中心关于2015年优秀工程评比结果的通知 …… 524
北京市公园管理中心关于印发《北京市公园管理中心成立十周年工作方案》的通知 …… 526
北京市公园管理中心关于杨柳飞絮治理情况阶段工作的报告 …… 529
北京市公园管理中心关于印发《北京市公园管理中心自有资金管理办法》的通知 …… 532
中共北京市公园管理中心委员会北京市公园管理中心关于表彰优秀技能人才的决定 …… 535
北京市公园管理中心关于进一步巩固市管公园噪音治理成果持续优化公园环境的指导意见 …… 537
北京市公园管理中心关于印发《北京市公园管理中心

目 录

借调人员管理办法（试行）》的通知…………… 539

北京市公园管理中心关于印发《杨柳飞絮治理整体实施方案》的通知 …………………………… 541

北京市公园管理中心关于印发《北京市公园管理中心国内公务接待管理办法》的通知 …………… 545

北京市公园管理中心关于印发《北京市公园管理中心会议费管理办法（试行）》的通知 ………… 548

北京市公园管理中心关于印发《北京市公园管理中心关于可移动文物及藏品出园（馆）外展的管理规定（试行）》的通知 ……………………………… 552

荣誉记载 ……………………………………… 555

荣誉记载（2016 年）……………………………… 555

北京市公园管理中心 2016 年度先进单位、突出贡献单位、先进集体、先进个人名单 …………… 558

名 录 ………………………………………… 562

北京市公园管理中心领导名录（2016 年）……… 562

北京市公园管理中心机关处室领导名录（2016 年） ………………………………………………… 563

北京市公园管理中心直属单位领导名录（2016 年） ………………………………………………… 564

索 引 ………………………………………… 562

专　载

北京市公园管理中心 2016 年工作报告

张　勇

（2016 年 1 月 19 日）

2015 年工作回顾

2015 年是收官"十二五"、谋划"十三五"之年，也是中心着力固本强基、开拓创新的重要一年。

在市委、市政府的坚强领导下，中心全面贯彻党的十八大和十八届三中、四中、五中全会精神，深入贯彻落实习近平总书记系列重要讲话特别是视察北京讲话精神，紧紧围绕建设国际一流和谐宜居之都和推进首都世界名园典范建设目标，固本强基、精雕细琢，勇于开拓、改革创新，服务大局、惠及民生，主动适应新常态，奋力开创新局面，实现了重点领域有突破、全面工作有提升。全年完成重点任务 87 项。其中，市政府重点任务 18 项，为历年最高，并独立承担了北京市重要民生实事项目第 26 项。全年服务游客 9533 万人次，全年总收入 24.07 亿元，接待国家重要外事及中央单位、驻京部队等参观 170 批次，在服务首都发展新常态、新定位、新目标中迈出坚实步伐。

一、服务大局，事关首都发展重大任务圆满完成。一是抗战胜利 70 周年纪念活动服务保障工作圆满顺利。借鉴历次重大任务服务保障经验，成立"9·3"阅兵专项指挥部，全面科学统筹。11 家公园的 32 处主题花坛、15 项红色主题展览和 8 处抗战纪念遗迹，烘托出浓郁的纪念氛围；6 家公园直接参与阅兵保障工作，完成空中梯队备降水域保障、警力驻园场地提供、疏散通道管理、制高转播点和安全控制点设置等任务。中山公园作为阅兵活动核心区域，闭园达 11 天半。市纪念活动领导小组授予中心先进集体称号，王安顺市长在总结表彰会上指出"市属 11 家公园的立体花坛为庆典的北京增添了亮丽色彩"。二是服务京津冀协同发展取得实质性进展。确定"合理疏解功能、保护核心资源、输出优势资源"三条京、津、冀协同发展工作路径并付诸行动。在非首都功能疏解中,陶然亭公园主动联合属地,平稳、顺利完成"陶然江亭观赏鱼花卉市场"撤市;动物园作为房屋产权人,主动促成"动批"天皓城服装批发市场转型摘牌,成为"动批"业态调整工作的率先示范。园科院发挥园林科研引领作用,加强科技创新,联合津、冀园林科研机构组建"京、津、冀园林科技创新战略联盟"。各历史名园密切三地园林文化交流,香山公园与西柏坡纪念馆联合办展,打造京、津、冀"红色经典"旅游纪念地平台;颐和园、天坛、植物园、园博馆与津、冀文博单位及风景区建立常态化交流机制、推介机制,联动发售京、津、冀公园年票,为广大市民三地旅游搭建平台。三是民生实事项目全面落实。中心自筹资金、集合优势,对所属历史名园未开放古建、会所转型院落、红色旅游等进行资源整合,新开放院落10处6000平方米,免费推出10项历史文化主题展览,扩大公园开放面积,丰富游客文化生活,接待游客100余万人次。市人大代表对中心为市民游客办实事、坚持公共资源回归大众的做法充分肯定;《人民日报》《参考消息》《北京新闻》等多家主流媒体报道200余篇次,网络阅读量达10万人次,社会反响良好;广大游客更对中心服务民生的举措表示欢迎,纷纷留言称赞。同时,实施公园门票惠民新举措,园中园门票优惠政策与公园大门同步,最大限度提升游园幸福指数。四是会所整治成果惠及民生。8处公园会所、6处餐饮类场所全部完成整治,面向游客提供特色文化展览、教育基地、大众餐饮等服务。其中颐和园益寿堂、动物园畅观楼、北海公园上林苑成功转型举办文化展览,免费开放。五是冰雪体育进公园效果良好。充分展示利用公园冰雪文化资源,6家公园共同举办冰雪游园会,创历年之最。开展"助力北京申冬奥"签名活动,公园设立冬奥知识文化宣传栏,累计百万人次参与,广受好评。六是"十三五"规划描绘中心发展蓝图。全面完成规划编制工作,及时对接市相关部门,中心"十三五"时期重点工作纳入全市发展轨道,首都历史名园保护成为全市园林绿化"十三五"时期四大重点工作之一。

二、激发活力,重点领域改革创新迈出坚实步伐。 一是历史名园可移动文物保护机制实现创新。引入博物馆文物管理机制,推动文物科学保藏与合理展示,完成部分文物三维扫描,中心系统55000余件(套)可移动文物实现专业规范管理和有效展示利用。二是规模活动管控得到强化。国庆、春节等长假游园活动实时人流预警,形成长效机制。在历时32天的香山红叶观赏季中,总结发挥大型活动统筹调度经验,在市领导直接指挥下,与相关部门共同推进红叶季综合保障工作,做好安全防范、远端疏导、环境维护、秩序管控和舆论宣传,实现削峰平谷、疏导车流、平稳人流。三是公园降噪和游园环境净化持续推进。巩固文明游园降噪成果,北海公园、景山公园联合开展常态化噪声治理,调研、登记、约谈晨练团体,强化巡视,有效降低公园噪声。陶然亭公园入园车辆治理成果显著,社会反响良好。四是调查研究成效显著。坚持问题导向,开展重大问题调研,破解难题,指导实践。全年下达45项调研课题,形成《调研报告汇编》,对中心面临困难、未来发展定位及改革路径深入思考研究,在全系统形成了想问题、搞调研、出成果的良好局面。五是管理机制创新实现突破。健全完善内控体系和审计制度,强化综合督查和绩效评价。改进技能人才激励机制,首次出台优秀技能人才奖励激励办法，有效提升高技能人才的发展空间，调动技能人才的积极性和创造力。改进绩效奖金发放办法，首次结合绩效考核结果，适度分级分配2015年绩效工资，强化奖惩机制，体现优绩优酬。

三、科学统筹，历史名园保护取得新进展。一是标志性历史人文景观逐步恢复。香山永安寺、景山寿皇殿建筑群、北海西天梵境建筑群等10大古建修缮工程有序展开，修缮面积达3万余平方米。景山寿皇殿建筑群修缮工程是2015年全国计划投资金额最大的古建修缮项目，是北京中轴线上近200年来较大规模的古建修缮；香山永安寺作为静宜园28景核心景观，其复建工程历时三年完成主体部分，香山公园历史人文景观150多年来首次全面恢复。二是园林景观精品化水平不断提升。实施20项、40万平方米景观提升改造任务，优化重点景区环境质量；开放颐和园南湖岛、北海公园静心斋等一批全国著名景点。三是古都风貌保护和历史名园规划取得进展。着力恢复历史文化遗产完整性，北海仿膳占用的漪澜堂古建筑群收回取得重大进展，并与景山公园寿皇殿回收区域分别进行保护利用规划；开展玉渊潭东湖湿地公园规划，促进古都湿地风貌和生态环境保护。四是公园基础工作进一步完善。实施市属公园节能节水改造工程，完成12项、10万平方米改造任务，实现生态水资源循环利用；完成基础建设项目23个，并加强古树复壮、水体治理、环境布置等工作。植物园月季园荣列"世界杰出月季园"。

四、服务群众，公园服务水平持续提升。一是以群众诉求推动工作改进。公园管理中心把非紧急救助服务纳入中心"为官不为、为官乱为"专项治理工作，专项制定措施、专题听取汇报，中心领导到市非紧急救助服务中心接听市民热线、解答市民问询，听取市民建议；走进"政风行风热线"直播间与网民互动交流。全年受理非紧急救助服务事项199万件，同比增长6.85%。二是硬件服务设施更加优化。合理配置和优化调整园容设施，颐和园、动物园设立母婴室，香山公园推进索道改造前期调研，天坛公园印制牌示、栏杆等服务设施图册。三是服务软实力有效提升。推出特色导览服务，香山双清别墅军装讲解、致远斋古装讲解受到游客欢迎；陶然亭首次组建公园导游讲解服务队伍，弘扬陶然亭名亭文化。持续提升规范化、标准化微笑服务水平，组织"开展微笑服务、评选十佳标兵"活动，北海公园成为"国家级服务业旅游标准化试点"。

五、文化建园，打造先进园林文化引领高地。一是文化活动品牌效益日益凸显。持续打造"一园一品"工程，全年举办文化活动和展览展陈100余项，公园文化季、香山红叶季、北植桃花展、玉渊潭樱花展、景山牡丹展、中山郁金香展等传统品牌活动持续开展，陶然亭首次推出海棠春花"一园一品"主题展示。园博馆创新合作办展模式，与30余家文博单位合作举办专题展览22个，并在打造"有生命的博物馆"中推出新举措。同时深入挖掘历史名园文化资源，颐和园晚间活动项目顺利推进，夜景照明取得实质进展。二是国际文化交融逐渐深化。打造跨国文化项目，颐和园引进"法国香波堡历史文化图文展"，天坛举办中和韶乐赴法文化交流一周年纪念活动，园博馆推出"美国景观之路——奥姆斯特德设计理念展"，"颐和园珍宝展"赴马来西亚展出。第十二届环境丰容国际研讨会在北京召开，这在亚洲尚属首次，动物园代表中国动物园行业向各国展示了圈养野生动物环境丰容、生物多样性保护和生态文明建设水平。三是国内文化交流合作强化。推进文化战略合作，与故宫博物院建立战略合作关系，并在动物园明清家具修复、景山寿皇殿文化策展等方面实现合作。创新推出和引进颐和园清宫文物展、天坛祭天文物展、园博馆瓷上园林文物展、西藏罗布林卡文物精品展等16个文物展和陶然亭"慈悲庵革命史迹展"等6个红色展览。四是深度推进历史园林文化研究利用。推进史志、年鉴、档案等文化基础工作，实施史志、年鉴上网工程；加大文化出版物和特色纪念品等文创产品研发力度，保护和利用历史名园无形资产。

六、坚守底线，公园安全应急水平稳步提升。一是启动安全游览舒适度建设工程。从关注游客数量转为更加关注游览质量，完成11家公园最大承载量核定发布，启动人流量测算调研，开展市属公园互联网售票管理系统项目前期准备工作，着手研究"核定、统计、公布、疏导"四位一体游客量管控机制，其中天坛公园电子票务已实现门票数据统计、实时数据获取及游客出入量实时监测等功能；园博馆施行实名制入馆参观机制。二是安全文化建设走向深入。以"雷池行动"为突破口，创建安全文化北京公园模式，强化防范，查找安全隐患点409处；启动"褐色袖标行动"，千名公园安全志愿者上岗服务；创新安全文化宣传形式，创作14部平安公园"微电影"和24套"图说公园安全生产"系列卡通漫画。中心荣获"全国安全文化建设标杆单位"。动物园保卫科长李金生荣获"北京市十佳安全宣传员"称号。三是安全管控和应急能力不断增强。强化交通消防、反恐防暴、文明执法等安全管理工作，在节日长假和重大活动期间，11家公园的43个主要门区实行游客入园安检；强化风险评估，加强预案演练，全年开展安全演练300余次；深化安全培训，中心41名公园安全管理师培训上岗，职工安全培训覆盖率达100%。全年未发生安全责任事故。

七、发挥优势，园林科教公益服务平台不断拓展。一是整合中心园林植物研究成果，为首都绿化景观增彩延绿。有15种增彩延绿良种纳入北京增彩延绿科技创新工程，承担33万株规模化繁殖任务。启动植物园、园科院两个良种中试基地建设，向全市公园绿地输出新优植物30余种、20万余株。完成市属公园5个"增彩延绿"示范区建设。二是科研及成果转化加速推进。全年开展课题研究101项，其中承担省、部级课题研究14项。获国家专利授权和市园林绿化科技进步奖各5项，获中国风景园林学会科技进步一等奖3项，创出奖项数量新高。"抑花一号"杨柳飞絮抑制剂推广数量较往年翻一番；向津、冀推广市花月季15万余株（盆），同比增长50%。三是公众教育功能日益强化。持续完善"馆地屋"科普格局建设，全年开展科普活动200余项。颐和园的舒乃光荣获"全国科普讲解大赛"一等奖和全国"十佳科普使者"称号；植物园科技人员王康荣获"第五届梁希科普奖"。天坛等5家单位被评为"北京市科普教育基地"，至此中心系统13家单位荣获命名。园博馆举办公众教育活动近30余主题、253场次；园林学校完成国家教育改革发展示范校建设省级验收工作，首批"3+2"学生顺利毕业升学，全年获得全国农业职业教育教学成果奖6项。

八、宣传引导，为公园事业发展营造良好舆论环境。统筹策划宣传工作，组织中心系统整体新闻发布133场次，报道近2万篇次。一是专题宣传紧跟形势。开展了纪念抗战胜利、重要民生实事、国庆游园疏解、冰雪体育进公园等系列主题宣传。二是亮点新闻特色突出。以生态文明建设为主线，打造了海绵公园、"一园一品"赏花、科技成果推广和科普宣传教育等亮点新闻。三是新闻应对及时妥善。加强舆情预判和新闻预警，发布预告12次，及时处理和妥善应对会所整治、控烟新政、不文明游园等负面炒作和追访23次。四是多媒体融合促进。政务微博矩阵式整体宣传，花信和秋汛、实时人流疏解、游园服务资讯实现与传统媒体同步推进，全年发博13435条，微博粉丝达165万人。

九、固本强基，综合管理效能显著提升。加强制度建设，制定和完善中心级各项规章制度10余项，提高依法管理水平。优化工作机制，提升决策的法制化、科学化、民主化水平，实行年度重要决策会议议题计划制度，全年32项主任办公会议题均按照上会时间提前安排，实现了精简会议，提高了对全局工作推动的把握能力。推进预算编制改革，在资金总额框架内逐项研究预算编制，强化业务处室在资金使用上的主导权和资金监管责任，实现了资金投向与重点工作需要相统一，增强了中心发展的内在活力。

十、凝心聚力，领导班子思想政治建设和干部队伍建设不断加强。坚持"加强从严治党，强化主体责任，落实风险防控，常抓纠风肃纪"的工作主线。一是领导班子思想政治建设进一步加强。组织开展党的十八届三中、四中、五中全会和习近平总书记系列重要讲话精神学习，开展三严三实、四个全面、京津冀协同发展专题学习研讨。注重发挥党校的教育主阵地作用，举办处级干部轮训班、中青年干部培训班等。二是干部选拔、交流、管理、监督更加强化。制定并实施干部交流工作暂行规定和加强中青年干部培养的措施。全年总计提拔和交流使用处级干部41名，占处级干部总数的36.6%，对39人核查个人有关事项报告，增强个人有关事项报告的严肃性。完成后备干部集中调整工作，处级后备干部队伍完善壮大。三是"三严三实"专题教育扎实有序。突出抓好集中学习、专题党课、专题研讨、查摆整改和民主生活会等重要环节。深入推进"不严不实"问题的查摆剖析和整改落实，对群众路线整改落实情况进行自查和抽查。结合纪念抗战70周年举办系列主题党团日活动，积极推进学习型和服务型党组织建设。教育培训发展对象和新党员，全年发展党员40名，各级党组织的创造力、凝聚力、战斗力进一步增强。

十一、正风肃纪，党风廉政建设和反腐败工作深入开展。一是层层传导压力，推进"两个责任"落实。组织局、处两级干部签订党风廉政建设责任书；建立中心"两个责任"落实情况会商机制、直属单位责任制落实情况报告制度、中心党风廉政建设责任制绩效考评细则、中心党风廉政建设约谈制度等。检查直属单位及机关党风廉政建设责任制落实情况。二是开展廉政教育，将纪律和规矩挺在前面。实施处级干部任前廉政法规考试制度，有17名干部参加考试。开展正风肃纪专项治理，防止问题反弹。多种形式组织党员干部深入学习贯彻《中国共产党廉洁自律准则》和《中国共产党纪律处分条例》。三是突出风险重点，增强监督实效。深入开展廉政风险排查，查找廉政风险点36条，制定防控措施52项。开展"为官不为""为官乱为"问题专项治理工作，制定9项整改措施。加强会所整改情况监督检查,推动整改、规范与转型。对北京动物园工程建设领域、北京市园林学校专项资金使用领域开展专项巡查,拓宽发现问题渠道,强化震慑作用。四是规范纪律审查,严肃查处违纪违规行为。全年收到信访件64件,中心纪委初核10件,并依纪处理。对违法违纪党员原陶然亭公园园长肖绍祥给予开除党籍、开除公职处分。给予中心办公室原副调研员王新路开除公职处分。约谈直属单位和机关部门主要领导55人次。五是积极开展中心系统纪检监察体制改革创新。从职能定位、管理机制、工作机制、干部配备等方面采取了改革创新措施,收到了一定效果。

十二、优化结构,人事人才工作水平有效提升。实行机构编制实名制管理。加强三类岗位的调控与管理,从严控制并逐渐减少工勤技能岗位比例。完成中心专业技术岗位比例调整工作,为中心高级专业人员队伍的发展壮大奠定基础。严格按照中心公开招聘工作人员暂行办法,进一步加强公开招聘管理,由市人事局考试中心统一组织笔试,录取226人。政策性安置接收军转干部4名。举办园林绿化、讲解服务等主体工作培训和练兵。

十三、持续创建,精神文明建设工作稳步推进。持续加强陶然亭、中山和北海公园3家全市社会主义核心价值观主题公园建设、管理和宣传,接待参观学习单位35批,吸引游客1000万人;积极发挥党的十八大代表紫竹院公园朱利君同志的先进典型作用,组织开展"公园好故事,身边好职工"评选教育活动;加强爱岗敬业教育,全系统举办"道德讲堂"近百场次;开展纪念抗战胜利70周年主题教育活动,市属公园20处爱国主义教育基地充分发挥了宣传阵地作用;重要节假日和游园高峰期,组织开展"文明游园"教育引导活动120余次,形成职工和游客共同参与精神文明创建良好局面。植物园荣获第四批"全国文明单位"称号。

十四、以人为本,工会、共青团、离退休干部、计划生育等工作亮点突出。工会深入开展走访慰问、送温暖活动,切实维护职工权益,做好民生服务;组织开展劳动技能竞赛、工会大讲堂活动,组建职工业余艺术团,提升职工队伍综合素质;中心职工保险代办处荣获"全国职工互助保障先进单位和北京市职工互助保障优秀代办处",颐和园韩笑同志荣获"全国劳动模范"称号。共青团加强青年思想教育,引领青年勤奋扎实工作,开展青年职工素质拓展训练、青年大讲堂等活动。切实落实老干部各项待遇,组织开展"为党的事业增添正能量,传播时代主旋律"活动。人口和计划生育工作重制度落实、重宣传服务,取得新成效。

2015年各项任务的顺利完成和"十二五"时期的圆满收官,得益于市委、市政府的坚强领导,得益于相关部门和地方政府的有力支持,更得益于全体干部和员工的辛勤努力!体现了中心上下昂扬的精神面貌、务实的工作作风、扎实的工作态度、良好的工作机制。在这里,我代表中心党委,向市委、市政府和各部门致以衷心感谢!向全体干部、员工致以崇高敬意!

总结一年来的工作,主要有以下几点体会:

一是必须坚持"讲求政治,服务大局"的工作导向。始终保持高度的政治责任感和强烈的政治担当,坚持在思想上和行动上与党中央、国务院和市委、市政府同频共振。在承担中央和首都重大任务、做好"四个服务"方面，体现出强烈的政治意识、大局意识和责任意识。在对接全市重点任务方面，第一时间详细分解任务，制订工作方案，明确责任部门，加强督查督办，确保工作圆满出色。

二是必须坚持"深化改革，勇于创新"的工作精神。始终把改革创新作为动力与源泉。在展示文化资源价值方面，立体化挖掘公园文化内涵，多角度展现文化优势，提高中心系统文化影响力。在提升内部管理效能中，实行技术人才奖励激励，专技人员结构比例调整，激发人员队伍发展活力。在园林科技成果转化进程中，优化整合中心多年来的园林科研成果，全面推出市属公园"增彩延绿"示范项目，为实现首都四季常绿、色彩丰富做出贡献。在京、津、冀区域建设中，充分发挥资源优势，在园林科技、文化交流、旅游发展等方面取得实效。

三是必须坚持"敢于担当，直面问题"的工作勇气。始终坚持问题导向，以"啃硬骨头"的精神直面短板。历史名园的传承保护与合理利用始终是中心发展的关键性问题，今年下大力气从顶层设计的高度，全面规范可移动文物保护利用，并在文物展陈综合利用上迈上新台阶。同时，着眼于解决发展中存在的突出矛盾和问题，全面启动中心系统大规模、全覆盖的调查研究工作，为进一步突破瓶颈，解决问题，指导实践，实现改革发展奠定了基础。此外，调整完善内部审计机制，全面提升风险管控能力。

四是必须坚持"健全制度，固本强基"的工作方法。始终坚持完善制度、筑牢基础，以制度建设推进科学化精细管理。在文物保护利用、房屋使用管理、商业企业转型、内部审计以及外事出访工作等重要领域，均出台了严谨制度规定，细化规范了流程管理，体现出工作精雕细琢、依法依规管理的战略思想。

五是必须坚持"重在落实，务求实效"的工作作风。牢固树立"一盘棋"思想，举中心之力办大事，着眼大局，谋划长远，统筹资源，集合优势，促进全中心系统整体合力的有效发挥。强化执行力，重点工作、重点推动，把绩效管理和督查督办作为重要抓手，强化前期研究分析和事中严督实查，形成了工作立项、任务分解、全程督办、责任追究的工作流程。

六是必须坚持"多办实事，服务民生"的工作目标。始终坚持"以人为本，服务民生"的原则，围绕首都"四个服务"职能，加大民生建设保障力度。不仅全面提升公园软硬件服务水平，丰富文化服务内容，更集合优势推出扩大公园开放面积、会所面向公众开放、门票大力度惠民等一系列重大举措，并把提升游园舒适度纳入服务民生工作，全面增强游客游园幸福指数。

在总结成绩、提炼经验的同时，我们也要看到，按照党的十八届五中全会的新思维、"十三五"规划建议的新启示、京津冀协同发展战略的新要求和公园景区领域发展的新态势，我们的工作还存在以下差距：一是站在优化首都核心功能的高度，中心的功能定位还不尽完善，自身优势尚未充分发挥。二是站在推进京、津、冀协同发展的高度，我们提供的服务还需要拓展。三是站在文化传承与弘扬的高度，历史名园保护利用需要更加科学有效。四是站在推动事业发展的高度，人员队伍需要进一步优化，人员结构需要进一步调整，整体活力需要进一步增强。五是站在适应首都发展新常态的高度，思想认识和观念意识需要进一步更新和转变，改革创新的力度还需进一步增强。

当前，正是北京加快发展的时期，机遇与挑战并存，中心面临着前所未有的发展机遇：一是首都"四个服务"和建设国际一流和谐宜居之都的定位，是中心发展的基础和最根本的保障。二是京、津、冀协同发展纲要的实施，为中心发展提供了广阔的空间。三是游客日益增长的文化需求，每年近1亿人次游客多元化和个性化的需求对公园提出了新要求、新期待。四是深化改革特别是生态文明体制改革，为中心提供了强大的发展动力。

同时我们也面对着严峻挑战：一是如何主动适应新形势、新要求、新常态，挖掘潜能、整合资源、集中合力、突破创新，实现新飞跃。二是如何破解收入与支出的矛盾，打破单一门票经济桎梏，挖掘新的经济增长点，平衡公益服务供给与公众日益增长需求之间的关系。三是如何实现游客量的合理管控，有效应对游客量大幅增长所带来的公园承载压力，真正提质、增效、减量。四是如何铸就专业高效的公园管理团队，以适应当前发展需要，有力推动北京园林事业健康、科学、可持续发展。

2016年的工作任务

2016年是建党95周年，是全面落实"十三五"规划的开局之年，是深入贯彻落实党的十八届五中全会，巩固和深化"三严三实"教育活动成果的一年，也是北京落实京、津、冀协同发展规划、推进非首都功能疏解的关键之年。这一年，中心成立10周年，既迎来了大有可为的重要机遇期，也进入到改革创新的深水区，做好全年工作意义重大。

刚刚闭幕的党的十八届五中全会在"四个全面"战略布局下，进一步深化了发展的意义，强化了"创新、协调、绿色、开放、共享"五大发展理念。市委十一届八次全会也提出了"有序疏解非首都功能，更好地坚持和强化首都核心功能，不断提升四个服务水平"的工作方向，这对中心发展提出了更高要求。同时，2015年市属公园全部列入北京首批25家历史名园之列，历史名园保护工作提到了新的高度，迎来了新的机遇和挑战。中心要立足本职，努力在北京"四个服务"中找准结合点，寻找突破口，拓展新功能。

一、指导思想

全面贯彻党的十八大、十八届三中、四中、五中全会和市委十一届八次、九次全会精神，以马克思列宁主义、毛泽东思想、邓小平理论、"三个代表"重要思想、科学发展观为指导，深入贯彻习近平总书记系列重要讲话精神，紧紧围绕建设国际一流和谐宜居之都目标，围绕首都核心功能发挥和协同发展战略，坚持稳中求进的总基调，转变观念，守正出新，集中优势，形成合力，逐步建立把握和引领新常态的工作机制，着力加快中心系统改革创新进程，着力提高历史名园保护水平，着力建设园林文化引领高地，着力提升公益服务供给能力和质量，着力完善安全防范体系，着力增强内部综合管理效能，把历史名园打造成为北京古都金名片，促进中心在创新、协调、绿色、开放、共享发展中迈出新步伐，在服务首都核心功能、提升"四个服务"水平中做出新贡献。

二、工作目标

今年是中心"深化改革和提质增效"之年，中心将全面提升发展质量，增强对"社会效益、生态效益、经济效益"的统筹协调能力，创出综合效益，重点领域改革创新迈出新步伐。全年实现自创收入9.23亿元。

重点实现四个领域工作突破：

（1）历史名园保护工作实现立体推进。形成"可移动文物科学保藏利用、不可移动文物科学勘察维护"的专业化文保管理机制。

（2）文化建设实现突破创新。文化活动突破传统模式，推出新型活动品牌；文化创意产品研发突出顶层设计，整合资源、集合优势，文化产业平台打造取得实质性进展。

（3）安全游览管控工作全面推进。游览舒适度建设迈出实质性步伐。游客流量管控依据的测算核定更加严谨科学，按照"试点先行"的原则推进实施。

（4）人员结构更加优化，人员队伍建设向精简、高效迈进。合理调控岗位设置，加强培训，强化爱岗敬业教育。

三、主要任务

（1）持续推进改革创新。坚持问题导向，直面公园、行业、单位面临的重大问题和现实困难，结合中心系统调查研究成果，着力在工作机制调整、创新发展实践等方面实现突破。一是管理机制创新。开展岗位设置调研，围绕优化人员结构、增强内部发展活力进行对策研究；实施高技能人才奖励政策，研究建立长效机制；建立健全专业技术岗位人才管理使用机制；继续探索推广专业技术职称聘期制；建立重大项目投资管理机制，全面强化建设全过程监控，确保项目建设必要、合规。二是文化建设创新。打破传统文化活动定式，突破时空、季节、形式限制，创新社会合作模式，以颐和园、天坛、北海为试点，部分景点延长开放时间，拓宽开放空间，晚间文化活动取得实质性进展。推动中心文化产业建设，文化创意经营坚持顶层设计，发挥体制优势，统筹整合资源，汇集各方智慧，借助社会力量，制定中心文创产品规划，建立特色文创工作体系，形成良性循环销售网络，逐步破解商业企业生存发展难题。三是历史名园保护机制创新。启动古建筑等不可移动文物勘察工作，全面实施历史建筑安全评估，为实现古建文物分级分类保护夯实基础；持续提升可移动文物规范管理和科学保藏水平，全面完成全国可移动文物普查工作，着力优化天坛、北海、中山公园、植物园文物保藏环境；着手编制历史名园古建文物保护规划，建立一套科学系统的历史名园保护重大项目协调推进机制；积极推进安全游览舒适度建设，完善人流承载量测算，以颐和园、动物园、天坛、香山为试点，逐步健全和推广"核定、统计、公布、疏导"四位一体的游客流量管控体系。四是服务京、津、冀协同发展举措创新。打造服务京、津、冀协同发展重点项目，充分利用中心系统北京市重点实验室平台，促进古树保护、园林科技等工作水平在京、津、冀一体化发展中迈向新高。

（2）提升历史名园保护质量。一是稳步推进历史名园保护工程，服务首都核心功能。全面完成香山永安寺复建项目，再现静宜园清乾隆鼎盛时期历史文化景观和独特历史原貌；完成北海明代皇家寺庙西天梵境建筑群修缮工程和玉渊潭中堤桥建设项目；稳步推进景山寿皇殿古建筑群、天坛长廊、双环亭等修缮工程。二是以世界文化遗产为龙头，推动历史名园原真性、完整性保护和景观提升。启动颐和园景观照明提升改造工程，继续做好天坛外坛的坛墙坛域界定和被占坛域古迹遗址区勘察勘探，促进遗迹恢复及周边土地收回；北海仿膳所占漪澜堂古建院落实现收回，年内面向公众开放；玉渊潭东湖湿地申领"市级湿地公园"牌示，全面实现保护性开放。三是推进园林景观提升和基础设施建设。全面启动基础设施改造工程，编制专项规划，制定管理办法，建立电子数据库，实现公园建设动态管理；完成中山堂周边地面改造等基础建设项目，有序开展天坛百花园景观提升工程；加大古树科学化、精细化保护力度，传承公园历史文化景观。四是推出绿色发展惠民工程。推进生态、环保、循环、低碳实践，有效运用科技手段，以开展公园节水节能系统改造为推手，整合颐和园、香山、动物园、紫竹院相关资源，建设节水型园林，立体打造公园生态水资源循环利用工程，率先把公园建设成资源节约、环境友好的示范，建设成宣传绿色发展成果的窗口。持续推进会所转型惠民工程，加快转型进度，提高古建院落面向大众的公益服务水平。

（3）推动公园文化创新发展。一是坚持文化建园，树立文化引领新形象。围绕中心成立10周年、北海建园850周年、植物园建园60周年，挖掘展示和弘扬历史名园的优秀文化，持续举办百项文化活动，创新推出北海静心斋、景山护国忠义庙、动物园生肖文化、陶然亭石刻文化展等一批优秀文化展览。发展文物专题、园林主题展览，持续打造历史名园特色文物展览，扩大园博馆专业展馆办展优势，全年举办园林特色展览21项。广泛开展迎冬奥冰雪活动进公园，弘扬北京冰雪文化，营造浓郁的迎冬奥冰雪文化氛围。二是持续提升公园服务水平。充分利用互联网和信息手段优质服务公众，全面完成公园自助导览系统建设工程，加大基础服务设施更新维护力度。深入开展"微笑服务，评选十佳标兵"活动，探索创新推出便民利民措施。

三是强化公园管理的社会联动。结合北京市志愿服务制度建设的推进，拓展"公园之友"范畴，逐步推进公众服务机制常态化；修订《特约监督员管理办法》，建立健全工作机制，充分发挥社会监督作用，促进工作水平提高。畅通游客诉求表达渠道，持续提升非紧急救助服务工作水平。充分发挥行业协会、学会的作用，服务中心发展大局。

（4）继续深化平安公园创建。深入推进安全文化建设，全面开展安全生产标准化建设，完成各公园二级达标。继续以"雷池行动"为抓手，建立查找、消除隐患的安全管理新机制，逐步建立和完善应急处置预案体系；加强安保队伍建设，继续实施百名"公园安全管理师"培训计划。提高安全隐患防控能力，加强大型活动安全管理，坚持风险评估和第三方检查，做到依法依规，从严监管。深化推进"褐色袖标行动"，举办第四届安全技能竞赛。建立"公园是我安全的家"微信平台。

（5）提高园林科教管理水平。一是持续提高科研水平，加速成果转化。加快推进中心科技创新平台体系建设，召开重点实验室建设研讨培训会1~2次，完善相关运行管理制度；持续推进"增彩延绿"项目，加强植物引、选、育研究，推出新优良种；加强科技成果推广和新技术应用，探索成果转化路径，举办或参加1~2次成果推介会，把技术成果推向技术市场；加强科研项目管理，完成科技项目管理系统建设；加强与首都科研院所和高校的交流合作；完成中心专家库更新，形成行业专家智囊团。二是加强科普建设，不断提升公众教育水平。依托"馆、地、屋"科普格局，优化展教功能，在持续开展传统科普活动基础上不断推陈出新，邀请津、冀行业单位共同举办"三地"科普游园会，启动园林系列科普图书创作工作，完成动物园水禽湖及科普移动互联网示范区建设，全年举办各类科普活动100余项。园林学校持续推进国家重点示范校建设，打造"互联网+智慧校园"信息化建设工程。

（6）切实加强党建工作。一是抓好党的十八届三中、四中、五中全会和习近平总书记系列重要讲话精神的学习。持续开展党性、党风、党纪教育，重点抓好理论中心组学习，突出方向性，找准切入点，加强统筹指导和管理考核工作。抓好处级以上干部和中青年干部的教育培训，举办处级干部学习研讨班、第九期中青年干部培训班、党支部书记、入党积极分子、预备党员培训班等各类学习培训。二是进一步加强领导班子和干部队伍建设。强化领导班子和班子成员日常考核，完善处级领导班子和领导干部综合考核评价体系，巩固群众路线教育实践活动和"三严三实"专题教育成果，提高民主生活会的质量。统筹中心干部资源，科学合理配备领导班子，规范科级干部选拔任用程序。重视做好试用期处级干部考察和日常教育工作。强化干部日常监督管理，认真做好领导干部个人有关事项报告和抽查核实工作，逐步建立抓小、抓早、抓预防的措施。三是开展纪念建党95周年系列活动。深化学习型、服务型党组织建设，召开学习型、服务型党组织建设交流研讨会。筹备推进中心党组织换届改选工作。"七一"前开展对优秀共产党员、先进基层党组织等的表彰奖励。加强先进党组织和优秀党员宣传，继续开展共产党员献爱心活动。注重发挥党员主体作用，重视党员发展和新党员教育培训，推进中心系统党建工作述职考核试点工作。

（7）切实抓好党风廉政建设和反腐败工作。一是严明党的纪律和规矩。全面落实从严治党要求，突出对政治、组织、廉洁、群众、工作和生活纪律落实情况的监督检查。深入学习贯彻《中国共产党廉洁自律准则》《中国共产党纪律处分条例》，引导党员干部牢记各项廉洁自律要求和党的纪律底线。二是严格落实"两个责任"。进一步强化各级领导干部"一岗双责"意识，将"两个责任"的落实延伸到二级单位，延伸到基层。坚持工作领导、分工负责、工作报告和检查考核制度。强化责任追究，加大监督执纪问责的力度。三是持之以恒改进作风。继续抓住重要节点，开展正风肃纪专项治理；加强对厉行节约、公车管理使用、公务接待、职务消费等制度规定执行情况的监督检查，防止问题反弹。四是严格纪律审查工作。认真执行纪检监察机关反映问题线索"五类"处置标准，规范信访办理流程。进一步加大曝光、问责和惩处力度，形成震慑。充分运用廉政谈话、函询、约谈等手段，抓早抓小，对违纪苗头早提醒、早处理。突出问题导向，针对一个单位、一项工作、一个领域继续开展专项巡查。五是深入推进纪检体制改革。强化组织建设，优选配强纪检干部，制定中心系统纪检监察干部管理暂行办法，组织举办纪检干部培训班，切实加强纪检队伍自身建设。

（8）不断提升精神文明建设水平，发挥好工会、共青团作用。抓好社会主义核心价值观主题景观的管理使用和宣传教育，统筹爱国主义教育基地等社会宣传载体，强化市属公园的社会宣传阵地作用。加强培养、宣传先进典型，开展先进典型现场宣讲和微电影征集评选活动。加强首都学雷锋志愿服务站、岗建设，通过优质项目示范、主题实践活动、管理考核评审等，持续推进精神文明创建工作。进一步加强对工会、共青团的领导和指导，增强工团组织联系群众、服务群众的能力。重视群团组织的组织建设，支持群团组织独立开展工作，增强群团组织的吸引力和凝聚力。重视和做好离退休干部的管理和服务工作。

（9）持续做好人事人才工作。增强机构编制法制意识，严格执行编制管理纪律，集中将法人证书年度报告书报市编办进行审核及网上公示，稳步推进"中国园林博物馆"命名工作。加强三类岗位人员的调控与管理，合理控制并逐渐加大管理和专业技术岗位招聘比例。坚持和不断完善《北京市公园管理中心公开招聘工作人员暂行办法》。结合中心年度绩效考核评价机制严格工资总额管理工作，严格管控工资总额。继续加强有关工资政策的宣传工作。认真举办园林绿化、公园讲解等主体工种技能培训。落实《优秀技能人才奖励与激励办法》，对优秀技能人才进行表彰奖励。

四、工作要求

（1）要统一思想认识。要牢固树立全中心一盘棋思想，切实把思想和行动统一到党中央、国务院和市委、市政府的安排部署上来。要充分认识做好"十三五"开局之年工作的重要性，进一步明确中心"深化改革和提质增效"之年的各项任务，找准定位、抓好对接、各司其职、严格落实。要始终坚持一切从实际出发，提升思想认识，处理好继承与发展、全局和局部、眼前与长远、数量和质量、改革发展稳定以及三个效益的关系，不断研究新情况、解决新问题、迎接新挑战。中心各级党组织要围绕中心、服务大局、推动发展，注重发挥好工团组织的桥梁和生力军作用，齐抓共管、群策群力、扎实工作。

（2）要强化科学管理。中心系统要全面实施内控制度，全面加强内部审计工作，进一步完善国有资产购置、使用及处置制度，切实抓好制度执行，注重维护制度的严肃性、权威性。深化调查研究，强化专题调研，注重调研成果转化。加强督查督办，狠抓责任落实、措施落地，提升管理效能。制定科学合理的考评体系，发挥绩效工资的分配作用，不断完善激励机制，激发基层活力。

（3）要发挥资源优势。要增强忧患意识和发展意识，紧抓机遇，直面挑战。要脚踏实地、真抓实干，拿出披荆斩棘的胆气、勇往直前的毅力和雷厉风行的作风。要充分发挥中心资源、体制、人才、平台等优势，紧紧围绕历史名园保护、文化建设创新、收入渠道拓展、人员活力增强、制度机制创新等热点难点问题，主动担当、积极作为，力争推出一批力度大、措施实、接地气的硬招实招，把该办、该管的事办好、管到位。

（4）要强化舆论引导。要树立人人是发展力量，人人是发展环境的观念，对内积极调动职工的能动性和创造性，形成合力；对外自觉融入属地，主动协调，积极服务，扩大行业间的交流和联系，最大限度地争取社会各个方面的认知和支持。抓住中心成立10周年的有利契机，深入总结经验，查找不足，通过编制大事记、制作宣传片、组织职工风采展示等活动，凝心聚力，促进发展，振奋精神。要高度重视新闻宣传工作，宣传中心在发挥首都核心功能、保障重大任务中的作用，宣传市属公园的独特优势和功能定位，宣传历史名园优秀文化、生态文明等综合价值。加强宣传转型策划、舆情预判应对和新媒体、自媒体的融合发展，形成多角度策划、多路径报道、多纬度宣传的格局。要自觉接受社会各界的监督，举一反三，促进提高工作水平。

（5）要严格纪律约束。要坚持高标准、严要求，令行禁止，切实维护中心权威。巩固"三严三实"专题教育成果，紧盯"四风"新形式、新动向。正确处理想干事、能干事、干成事、不出事的关系，切实解决干部不作为、乱作为和不会为、不善为问题。坚持廉洁从政，坚持厉行节约，开展正风肃纪专项治理，严控"三公经费"。加强对干部选拔任用、会所治理、在社团兼任职务等专项治理。激发党员干部提振精气神、树立好作风、增强执行力。宣传先进典型，树立正风正气，团结和带领职工以饱满的精神状态，求真务实的工作作风，做好全年的各项工作。

新的一年，中心系统面临新的机遇和新的挑战。让我们以更加饱满的精神状态，求真务实的工作作风，勇于担当的工作勇气，扎实严谨的工作态度，团结协作、开拓进取，全面开启新航程，为实现中心的深化改革和提质增效发展，为让我们的历史名园跨越时空传承永续而努力奋斗！

名词解释

雷池行动：全体员工所有岗位查找、消除安全隐患的管控过程。切实提高排查安全隐患的能力，有效遏制各类安全事故。

褐色袖标行动：在风险级别划分标准中，褐色风险警示信号代表存在一定的风险，需要加强管控。褐色袖标行动是指公园职工佩戴印有"公园安全志愿者"字样的褐色袖标、臂章，在本职岗位上成为安全游园的宣传员，发现隐患的巡查员，报告险情的信息员。

二级达标：安全生产标准化是指通过建立安全生产责任制，制定安全管理制度和操作规程，排查治理隐患和监控重大危险源，建立预防机制，规范生产行为，使生产环节符合有关安全生产法律法规和标准规范的要求，人、机、物、环境处于良好的生产状态。二级达标是指安全质量标准化考核得分不少于800分。

"四种形态"：2015年9月24~26日王岐山在福建调研时强调，全面从严治党，严明政治纪律和政治规矩、组织纪律，要运用好监督执纪的"四种形态"，即批评和自我批评要经常开展，让咬耳扯袖、红脸出汗成为常态；党纪轻处分和组织处理要成为大多数；对严重违纪的重处分、作出重大职务调整应当是少数；而严重违纪涉嫌违法立案审查的只能是极少数。

林克庆在北京市公园管理中心
2016年工作会议上的讲话

（2016年1月19日）
（根据录音整理，未经本人审阅）

非常高兴参加公园管理中心年会，这次年会与往年不同，中心系统"十二五"工作画上圆满句号，站在"十三五"规划开端，安排部署未来五年发展目标和主要工作任务。刚才张勇同志代表中心班子作了很好的总结和部署，我都完全赞成。还有一个多月，公园管理中心成立即将满10年。中心成立，是市委、市政府重大决策，是促进我们北京园林事业发展、传承弘扬历史文化的重大举措。在这近10年中，在市委、市政府的正确领导下，在公园管理中心班子的具体领导和指挥下，经过近万名新老职工共同努力，我们圆满完成了市委、市政府交给的维护城市生态、服务市民需求、展示古都风貌、弘扬历史文化等各方面工作，为全市经济社会发展做出了重大贡献。利用年会总结回顾过去10年工作，也很有意义。借此机会，我代表市委、市政府，向对公园事业发展做出贡献的同志们表示衷心感谢！对获得年度荣誉的单位、集体和个人表示热烈祝贺！

下面，我结合公园管理中心情况和我的分管工作和大家谈一谈，就如何协调市级各部门，进一步支持公园管理中心的工作，支持公园事业的发展，讲三点意见。

一、充分肯定公园管理中心在加强"四个服务"工作方面取得的突出成绩

一是讲政治顾大局，体现出高度的政治担当。特别是在服务中央方面，我们在过去的一年齐心协力完成好抗战胜利70周年纪念活动服务保障工作，广大干部职工严密组织、主动对接、密切配合、严谨落实，保证了任务的圆满完成，也展示了我们服务保障中央重大政治活动的能力和水平。在服务首都大局方面，特别在落实京津冀协同发展、在疏解非首都功能上，大家思路清晰，认识很高，天皓城服装批发市场摘牌在"动批"搬迁中起了带头作用，另外陶然亭观赏鱼花卉市场停业撤市，也是在疏解非首都功能。疏解工作是有利益损失和牺牲的，书记和市长都是知道的，有的还是在有合约的情况下，非常不容易，这都是中心和全市工作同频共振的生动体现。在服务国际交流交往方面，中心出色完成了中央和市里各项重要外事接待任务，比较突出的，比如天坛公园接待德国总理默克尔、印度总理莫迪等，展示了古都风貌、大国风范、历史文化，同时也展示了我们的服务保障能力，要形成常态、进一步总结提高。在工作作风转变方面，会所整治转型为全市做了贡献，结合自身文化特色，建立起服务大众的长效机制，起到了示范带头作用，中央领导也给予了高度肯定。例如，北海邮政所就是很好的尝试，从收入来讲，可能不如以前的餐饮，但从政治效益、社会效益、经济效益综合来看，转型是必须的，也充分体现了公园的政治意识、大局意识和责任意识。

二是勇于创新突破，激发出很好的发展活力。去年市属公园在夜景照明建设和夜游活动方面进行了有益尝试，对于提高园林场馆的利用效率、提升服务水平、形成具有北京特色的深度旅游项目具有重要意义。去年市属公园新开放的10处服务场所、正在修缮的10大景观古建都是传承和创新。在园林科研方面，中心参与了全市"增彩延绿"创新工程的展现，15种良种由公园管理中心系统培育并推广应用到全市，完成了5个示范区建设；还有"抑花一号"的研发，首先在市属公园系统内率先做到抑制杨柳飞絮，推广应用量同比去年翻了一番，对全市抑制杨柳絮做出了贡献，这是市属园林绿化的骨干队伍应该做的、带头做的、能够辐射带动全市的园林绿化工作。在科普教育方面，公众教育平台搭建更宽广，科普惠民作用得到了发挥。此外，还有一个创新是积极探索安全游览舒适度建设工程，积极探索"四位一体"的游客量管控，明确提出了注重游客的数量向质量转变，特别提出为游客提供更高的舒适度。故宫提出限流之后，我们如何确保安全是一个新的重大课题，大家在研究、探索和破题方面所做的工作值得肯定。另外，去年我们的游客量已达9500多万人次，在北京旅游转型的大背景下，11家公园也要顺应形势，不盲目追求数量。

三是作风过硬敢打敢拼，展现出优秀的团队素质。我们的各项工作中央、市领导高度关注，广大的市民游客也有殷切希望，同志们以"三严三实"专题教育为契机，勇于拼搏、甘于奉献，展现了良好工作作风，也保证了各项服务工作和急、难、险、重任务的顺利完成，干部队伍的精神状态和工作作风值得肯定。

四是办实事服务民生，彰显良好宗旨意识和公益服务能力。去年中心承办的市政府为民办实事项目完成得好，工程办得实，办得精彩，各种红色展览、历史文化展览的充分挖掘、成功举办，丰富了市民游客的精神文化生活，起到了革命教育、文化传承的作用，使人民群众切实得到了实惠。公园软硬件服务水平也得到了不断的提高，服务内容也得到了不断丰富，展现出良好的服务意识。

二、结合首都发展的新形势新要求，公园管理中心要明确新定位，找准新方向

党的十八大、十八届三中、四中、五中全会和刚刚闭幕的中央经济工作会议、中央城市工作会议、中央农村工作会议以及市委十一届八次全会、九次全会，都对生态文明建设高度重视，提出了明确要求，五中全会提出了"创新、协调、绿色、开放、共享"五大发展理念；中央城市工作会议提出了要留住城市特有的地域环境、文化特色、建筑风格等基因，强化尊重自然、传承历史、绿色低碳等理念，将环境容量和城市的综合承载能力作为确定城市定位和规模的基本依据；中央的农村工作会议提出：农、林、水是生态系统的主体，要把山、水、林、田、湖作为生命共同体统筹谋划。当前北京的发展进入了新的历史阶段，人口经济资源环境的问题日益突出，我们必须认真学习贯彻中央精神，深刻把握首都发展规律和阶段性特点，围绕当前疏解非首都功能、优化提升核心功能的中心工作，围绕提供更好的生态环境产品、更优质的社会公益服务，牢固树立和贯彻落实好"五大发展理念"，把握好规划、保护、建设、管理、服务五大环节，全面提高公园管理工作的全局性、系统性，推动全市的公园事业实现更高质量、更有效率、更可持续的发展，为建设国际一流的和谐宜居之都做出应有的贡献。我认为"五大发展理念"在公园工作中都是可以体现的，公园管理的体制机制保障、园林景观科技、对外推介等领域可以进一步挖掘创新点。最近由于电影《老炮儿》，颐和园的"野湖"更多人关注了；我和农业局的同志讲，到北京电视台的养生堂去宣传，通过新的媒体媒介向大众通俗地推介产品，后来实践的效果很好。我们11家大公园有着丰富的历史文化，完全可以通过创新推介的方式去发掘。游客的数量不会再增加，但是游客的质量可以提升，我很赞成你们提出的"进一步服务游客多元化、个性化需求"。我现在负责管理医院，北京的医院和公园一样，也有特殊性，也需要创新。北京的医院与外地的地市级医院也在改革，北京的医院除了服务2000万人群以外，还有50%是服务全国，像协和、同仁医院70%是外地人，因此要创新，保证基本的服务，满足多元需求。市属公园服务要研究多层次需求，思考哪些是基本需求，如何保证；哪些是多元、高端、个性化需求，怎么适度满足。在协调方面，市属公园在全市、全国是园林绿化或历史文化的"国家队"，今年，公园管理中心成立10周年、北海建园850周年、中山公园开放100年、植物园建园60周年，这都是我们的文化和底蕴，要通过高端文化产品、园林产品为全市园林绿化、历史文化弘扬服务，扶持支持全市公园建设。目前，市属的

医院也到郊区托管，不是挂名、不是"嫁接"，是真去、真托管，就是借助市区的友谊、同仁等三甲医院，带去先进的管理理念和制度，中心也要在支持全市公园建设上发挥促进和带动作用。在绿色方面，市属11家公园是北京生态精品，要发展就要节水、节能、节电、治理垃圾和污水，适应绿色发展。要将"开放""共享"等贯穿公园管理中心的未来五年发展，贯穿11大公园发展全过程、各环节。还有一层意思，各行各业都在疏解非首都功能，我想，做加法的是我们公园管理中心，市属公园做得好，对建设国际一流和谐宜居之都会起到很好的示范作用，所以公园的工作不是疏解问题而是优化提升工作，是拓展延伸的概念。

历史名园是北京古都风貌的重要组成部分，更是中国优秀传统文化及现代文明的重要载体，对提升城市景观形象起着重要作用，体现着人民生活的幸福指数。集合历史名园、园林博物馆和园林科研院校的公园管理中心，优势十分突出，公益性质显著，服务功能也非常明确，我们有很强的底气、很好的底牌，在新的历史时期必定大有作为。中心全体同志要在总结10年有益实践经验基础上，站在提升首都核心功能、促进区域协同发展的高度，从进一步做好"四个服务"和园林科技文化示范引领的角度出发，认清自我，认识和把握好新形势、新发展、新要求，谋划好我们"十三五"时期和今后的新思路、新举措。

三、站在"十三五"的新起点，公园管理中心要围绕首都功能力争实现新的突破

一是进一步保护好、弘扬好中华优秀的传统文化，传承好、延续好北京历史文脉、文化遗产。要紧紧围绕优化首都核心区功能，结合全市的历史文化名城整体保护的顺利推

进，加强历史名园的科学规范保护和有效利用。今年全市将加快文保区的腾退疏解和有机更新，推动中轴线的申遗，我们要充分借助这一机遇，促进天坛、颐和园等历史名园完整性、原真性的保护，提升中轴线上北海、中山、景山等公园的管理保护水平，推进各历史名园的保护性工程建设和历史人文景观的恢复，促进历史名园保护工作的立体升级，推动动物园、植物园向具有国际一流水平的国家级的专类园方向迈进。对外要树立形象，对内凝聚人心，不断提高公园的保护和管理水平。

二是要继续推进园林科技、文化经营等领域改革，加快结构性调整和产业升级，释放园林发展的新动能。要充分发挥中心园林科技的优势作用，大力推动园林科研成果的转化和产业化，更好地发挥对全市乃至河北、天津地区的园林绿化的支撑和带动作用。要充分发挥中心园林资源的优势，改变传统门票的经营模式，促进经济发展新常态下中心系统的机制改革，挖掘内涵、塑造品牌、弘扬文化、展示文明，大力推动特色园林文化与相关产业的深度融合发展，提升产业的质量与效率。

三是要结合疏解非首都功能、治理"大城市病"，加强生态环境建设，为大众增加绿色福祉。作为首都历史名城的重要组成部分，中心管理的历史名园、园林博物馆和科研院校是尊重自然、顺应自然、保护自然、改善城市生态环境的生力军，必须在城市园林生态环境保护发展、生态产品打造推广等方面要更好地发挥作用。要积极探索游客量的科学管控手段，有效提升游览质量、游览舒适度和园林安全保障，采取综合手段形成游客量有机疏解、错峰游览的良好机制，使我们的历史园林在科学合理的承载范围内接待游客，实现健康、有序、可持续的发展。

在新的一年和未来还要高度关注以下工作：

一是安全，我们是"国家队"，是全市的窗口，一年接待9500万人次游客，安全排在第一位，特别是当前形势，世界不太平，安全形势、反恐形势严峻，安全怎么讲都不为过，大家怎么重视都不为过，我们每天开门迎客，要下决心加大人力、财力、科技各方面投入，安全工作必须如履薄冰，不能有任何闪失。二是服务中央、服务全市大局，特别是重大外事活动，一定要精细，在精细的前提下力求精彩，一定要完成好各项任务，确保优质安全无闪失。三是党风廉政建设和队伍建设，公园与市民绿色福祉息息相关，公园管理存在风险点，一举一动社会各界高度关注，群众都在监督，确保工作公开透明、主动接受监督是我们应有之义。

公园管理中心为全市经济发展做出了重大贡献，在新的一年，市政府一定全力支持，加大公园投入力度。同时，继续关心中心和二级班子建设，支持大家工作，我们有责任为发展进一步创造更好的环境。

以上是与公园管理中心班子以及在座干部统一思想，提高认识，为2016年工作开好头、起好步，实现"十三五"工作的良好开局。我相信市属公园在中心的带领下，在下一步的工作中一定能取得更大的成绩，为建设国际一流和谐宜居之都做出更大贡献。

北京市公园管理中心
2016年党风廉政建设工作报告

北京市公园管理中心纪委书记　程海军

(2016年2月2日)

这次会议的主要任务是：深入学习贯彻习近平总书记在中央纪委六次全会、中央政治局"三严三实"民主生活会上等系列重要讲话精神，贯彻落实中央纪委六次全会和北京市纪委五次全会工作部署，总结2015年中心党风廉政建设和反腐败工作，部署2016年任务。西平书记将对今年的工作提出要求，我们要认真学习领会，坚决贯彻落实。

一、2015年工作回顾

2015年，市公园管理中心纪委在市纪委、中心党委的正确领导下，认真贯彻习近平总书记系列讲话精神，积极推进纪律检查体制改革，创新方式方法，聚焦主责主业，围绕落实"三转"和"两个责任"，坚持把纪律和规矩挺在前面，增强监督实效，规范纪律审查工作，坚决惩治违规违纪和腐败行为，有效推动了中心系统党风廉政建设和反腐败工作的深入开展。

(一) 层层传导压力，推进"两个责任"落实

中心纪委深入贯彻落实中纪委、市委、市纪委各项工作部署，认真学习《市委关于落实党风廉政建设责任制党委主体责任和纪委监督责任的意见》，按照市党风廉政建设责任制检查反馈意见，进一步提高思想认识，抓好机制落实，强化责任追究，做到层层传导压力，层层落实责任。

1. 深入学习，筑牢责任意识

中心纪委先后6次组织中心领导班子成员、纪委委员、处级干部集中学习市委关于落实两个责任的意见及相关文件精神。中心各级党政"一把手"牢固树立第一责任人意识，进一步明确了抓好党风廉政建设党委是主体，负全责。各级纪委全面履行监督责任，努力做到不缺位、不越位，当好监督的主将。统一制作34块"两个责任"展板，悬挂于中心及二级单位党委书记、纪委书记办公室和会议室。提示中心及二级单位党委、纪委时对照检查，认真履行职责，切实把"两个责任"记在心上，扛在肩上，落实到行动上。

2. 签字背书，明确责任内容

改进《党风廉政建设责任书》签订内容和形式。中心主要领导与班子成员之间、中心领导班子成员与主管的机关处室、联系的基层单位之间、直属各单位、机关各处室正职与本单位、本部门副职之间层层签订责任书，明确责任内容，逐级监督，层层把关。

3. 健全机制，突出追责问责

一是建立了中心"两个责任"落实情况会商机制。每个季度末，中心党委、纪委分别

组织机关相关部门召开会议，分析研究中心系统"两个责任"落实情况，及时发现问题，纠正不足，布置下一阶段工作任务。

二是建立了中心直属单位党风廉政建设责任制落实情况检查报告制度。中心党委、纪委分别召开8次直属单位党委书记、纪委书记工作例会，听取各单位党委、纪委履行党风廉政建设责任制情况汇报。年中及年底，中心二级单位党委和纪委分别就落实"两个责任"情况向中心党委、纪委进行了书面报告，推进了"两个责任"向基层延伸，形成上下贯通、层层负责的"责任链条"和一级抓一级、层层抓落实的工作格局。

三是制定了中心党风廉政建设责任制绩效考评细则。制订2015年党风廉政建设责任制检查工作方案，将党委主体责任和纪委监督责任18项内容细化成40个条目的考核标准。由中心领导班子成员带队，成立5个专项检查组，对直属15个二级单位及机关党总支2015年党风廉政建设责任制落实情况进行了检查考核。对检查考核结果进行量化打分，在全中心进行了通报，向各单位反馈检查中发现的问题和建议，并将检查考核分数纳入到对基层单位的绩效考核当中。中心党委、纪委对检查中问题较多、打分排名靠后的4个单位主要负责人实施约谈，保证和督促了各单位真正将党风廉政建设各项工作任务落实到位。

四是制定了《北京市公园管理中心党风廉政建设约谈制度》。明确了约谈种类、约谈内容和约谈程序，指导督促工作，及时提醒警示潜在问题。2015年，中心纪委分别约谈直属单位和部门党政主要领导、纪委书记55人次，指出其在党风廉政建设方面存在的问题，重申要求，明确整改目标，强化责任落实。

（二）围绕廉政风险，增强监督实效

2015年，中心纪委紧紧围绕中心系统行业特点和实际，针对重点人员、重大事项和重要节点开展监督检查，增强监督实效。

1. 围绕重点人员进行监督，强化责任担当

一是强化同级监督。中心纪检监察处处长列席中心党委常委会、涉及"三重一大"事项行政办公会、专题会25次，重点监督了中心处级干部选任、各类先进评比、绩效考核问责、二级单位经费申请、公园会所和高档餐饮专项整治、可移动文物保护、中心为群众办实事项目等工作是否符合各项规章制度，是否按程序执行，提出具体意见、建议约30条。

二是加强对拟提拔干部的教育提醒和监督。制定下发中心《关于处级干部任前廉政法规考试的规定（试行）》，分别对中心拟提拔任用的17名干部进行任前廉政考试，在任职前先要学习党纪党规，明确责任担当，做到关口前移，思想防范。严格审核把关，对8名拟提拔任用的副处级干部出具了廉政意见。

三是面向广大党员干部开展纪律教育。坚持抓早抓小，坚持把纪律和规矩挺在前面。通过各级领导干部讲党课、编发学习解读、专题研讨等形式，组织党员干部深入学习《中国共产党廉洁自律准则》和《中国共产党纪律处分条例》。下发《北京市正风肃纪教育片选集》及反腐倡廉警示教育片，组织广大党员干部认真学习，警钟长鸣。将纪律教育纳入各级理论学习中心组学习计划当中，教育引导各级党员干部自觉学习党纪党规，自觉遵守规章制度。

2. 围绕重要事项进行监督，解决突出问题

一是深入开展廉政风险排查工作。中心直属各单位、机关各部门历时3个月，认真分析，再次识别和梳理了中心在各项工作、各个环节中可能存在的廉政风险、工作漏洞和薄弱环节。有针对性地将制度机制、工程建设、选人用人、资金资产管理、票务管理及房屋出租等领域作为排查的重点，查找出廉政风险点36条。按照"一项权力一个运行流程、一个风险一套防控措施"的思路，制定防控措施52条，进一步减少自由裁量，规范权力运行，着力构建全系统廉政风险早发现、严防控的工作机制。

二是在全中心组织开展"为官不为"、"为官乱为"问题专项治理工作。将专项治理与深入开展"三严三实"专题教育结合起来；与疏解非首都功能，明确中心职能定位结合起来；与深入贯彻落实"两个责任"结合起来，坚持问题导向，突出整治重点。中心从"顶层设计研究不够、对基层困难解决不够、服务游客力度不够"等方面查找自身存在的问题，制定9项整改措施。各直属单位也结合实际，确定了77项整改内容，分别建立了整改台账，通过落实整改推动了中心决策科学、服务规范和工作透明度的进一步提升。

三是继续加强对公园内私人会所和高档餐饮场所整改情况的监督检查。实施督导检查机制和信息通报机制，强化监督，形成常态，在春节、五一、中秋、国庆等重要时间节点对各单位进行了督查。参加了市纪委、市文物局组成的联合检查，对市属公园内挂账单位进行了实地检查。2015年，中心及直属各单位态度坚决，目标明确，统筹规划，多措并举，推动了14家会所和高档餐饮场所整改、规范与转型，实现了公园内古建筑和出租房屋最大限度地满足市民和游客的需求，转型整改情况得到市纪委领导的认可。

四是加强对因公出国（境）工作的监督。与机关业务处室进行会商，进一步梳理全年出国（境）任务，进一步细化因公出国（境）工作流程，严格按照制度规定进行审批、把关，严格做好人员审核、行程安排、经费管理和出行前教育等工作，防止违纪违规问题的发生。

五是加强对工程建设的监督。中心纪委从转变思想观念、抓住重点环节、严惩腐败行为等方面对廉洁工程、阳光工程建设提出要求。进一步厘清和明确纪检监察部门在工程建设监督检查中的职责和定位，不是大包大揽，而是聚焦主业，明确纪律、加强监督、严肃执纪。

3. 围绕重大节点进行监督，深化作风建设

一是在春节、五一、中秋、国庆前夕，分别提出廉政要求，杜绝"节日腐败"行为的发生。

二是抓住各公园举办各类春季活动这一节点，加大纠风工作力度，取消植物园桃花节、玉渊潭樱花节活动赠票，严禁各公园在活动中印制、发放各类赠票，让游客百姓人人都有平等的机会走进公园、参与活动。

（三）规范纪律审查，强化震慑作用

中心纪委坚持抓早抓小，努力把问题解决在萌芽状态，按照"拟立案类、初步核实类、谈话函询类、暂存类、了结类"五种方式认真处置每一件信访件，做到对每一件信访件处理都有事实依据，证据确凿、定性准确、处理恰当、程序合法。

1. 认真做好纪检信访案件查办工作

2015年中心纪委共收到信访件64件（含重复信访件15件），其中市纪委转来41件。

主要反映领导干部插手工程建设、房屋出租、商业经营、违规招投标、违规选任干部、出差违规、违反财务制度、为官不为、为官乱为、生活作风等问题。中心纪委直查初核10件，对查实的1件违规问题进行了通报处理；对3人在社团兼职取酬问题进行了纠正，清退兼职所得15580元；对调查中发现的问题给予整改建议11条。函询6件，要求被反映人向中心党委、纪委如实做出情况说明。信访约谈6件，及时进行提醒，要求相关人员及党委、纪委针对信访举报认真对照检查，采取有效措施，防止违规违纪问题发生。转相关处室、单位阅处12件，并对处理结果进行督办。对6件反映问题不具体、线索不清晰的暂存。其余9件反映问题轻微，或经过调查核实问题不属实的做了结处理。设立了中心信访案件谈话室，规范信访案件调查工作。

2. 严肃查处违法违规党员领导干部

给予违法违纪党员陶然亭公园原园长肖绍祥开除党籍、开除公职处分。认真执行市纪委对中心办公室原副调研员王新路开除党籍的处分决定。给予王新路开除公职处分。对香山公园个别领导干部违反财经纪律外出学习考察问题进行了调查处理，并在全中心范围内进行通报，发挥反面典型警示教育作用，引以为戒，防止类似现象再次发生。

3. 健全工作机制，提升办案效率和质量

不断总结案件查办工作中遇到的实际问题，结合中心纪检工作和纪检干部队伍实际，进一步建立健全相关工作机制，提升办案效率，确保办案质量。

一是建立案件会商机制。坚持综合分析与重点研究的原则，定期会商案件查办情况。每月20日前对当月收到的问题线索进行汇总，由纪委书记召集纪检监察处负责人共同研究，集体讨论重点查办的问题线索。及时将案件查办情况向中心纪委委员通报，集体研究相关处理意见。

二是建立交叉、垂直审理机制。即中心纪委所办案件由纪检监察处工作人员交叉审理，重要问题线索的调查报告请市纪委有关部门人员审理；中心二级单位纪检部门所办案件报中心纪委审理，从而形成有效监督和审核。

三是建立联合办案机制。整合中心系统纪检资源和力量，定期轮流选调基层纪检干部到中心纪检监察处，参与重点案件查办工作，既充实了办案力量，提升了办案效率，又锻炼了纪检干部队伍。

（四）推动改革创新，提升队伍素质

1. 全面开展中心系统纪检监察体制改革调研和实践

开展了关于推进中心系统纪检监察体制改革的调查研究工作。自2015年3月以来，先后通过召开座谈会、走访学习、调查问卷、查阅资料等方式对中心纪检监察工作、纪检干部队伍现状、存在的问题等方面进行了深入调研和分析，形成了中心系统纪检监察管理机制、工作机制改革创新的基本思路，提出了推进工作落实的具体措施。加强纪检干部配备，强化上级纪委对下级纪委的领导。2015年中心纪检监察处会同组织人事处对5名拟任基层单位纪委书记人选和1名中心纪检监察处正处级调研员人选进行了提名和考察工作。

2. 创新开展专项巡查

作为有效监督的一次探索和创新，2015年，中心率先选取工程建设领域和专项资金使用领域对北京动物园和园林学校开展了为期三周的专项巡查工作。中心党委、纪委高度重视，确定了"查问题、堵漏洞、警戒人、转作风、促工作"的目标，抽调中心基层单位政治素质坚强、业务经验丰富的纪委书记、副园长以及业务部门人员与中心纪检监察处人员共同组成专项巡查组，精心制订专项巡查工作方案，精细梳理巡查内容，制定中心"六严格六严禁"专项巡查工作纪律，针对专项巡查发现的问题，向被巡查单位反馈，并在全中心进行了通报。督促被巡查单位及时进行整改，警示其他单位举一反三，自查自纠。

3. 进一步加强纪检干部培训

一是中心纪委书记以《学习践行"三严三实"做一名合格的纪检监察干部》为题，为中心系统纪检干部讲党课。要求中心系统纪检监察干部要结合深入开展"三严三实"教育实践活动，坚守忠诚、干净、担当，进一步转职能、转方式、转作风，切实担负起监督执纪问责的使命和职责。

二是组织中心系统专兼职纪检干部40人开展为期两天的纪检干部业务培训班。邀请市纪委第二纪检监察室主任李正斌、案件审理室主任张丽红围绕推进"三转"加强党员干部作风建设及廉洁自律工作、问题线索的审查及定性处理等问题进行了培训，进一步提高纪检干部业务能力与水平。

三是组织纪检干部专题学习十八届五中全会精神及《中国共产党廉洁自律准则》《中国共产党纪律处分条例》，切实将《准则》和《条例》贯彻落实到监督执纪问责全过程。

一年来，在市纪委和中心党委的坚强领导下，中心党风廉政建设取得了一定的工作成绩，但也要清醒地看到工作中还存在一些不容忽视的问题：一是个别党员干部对全面从严治党的紧迫性认识不深，对党的纪律和规矩理解不透，甚至在个别领域、个别岗位还存在不收手、不收敛的问题；二是中心直属各单位落实"两个责任"的力度不够，措施不具体；三是对于违规违纪问题处理及责任追究力度不够；四是中心系统纪检管理机制、工作机制等方面改革创新的力度还需进一步加大；五是基层单位纪检干部特别是专职纪委书记配备不足，力量薄弱等。对此，我们必须高度重视，采取有力措施，认真加以解决。

回顾一年来的工作，我们有以下体会：

一是推进党风廉政建设和反腐败工作，必须认清形势，主动转变，适应新常态，建设新生态。党的十八大以来，党中央把全面从严治党纳入"四个全面"战略布局，把党风廉政建设和反腐败斗争作为全面从严治党的重要内容，高压惩贪治腐、横下心来纠治"四风"、全面巡视发现问题强化震慑、高效透明严肃执纪均已成为新常态。面对党风廉政建设新形势、新任务、新要求，一年来中心系统广大党员领导干部进一步树立党性意识、规矩意识和风险意识，通过深入开展"三严三实"专题教育活动、"为官不为、为官乱为"专项治理及各项正风肃纪工作，求真务实，直面问题，积极担当，立行立改，中心上下各级领导干部作风得到明显转变。通过廉政风险再梳理、再排查及对身边警示案例的剖析，全面开展自查自纠，进一步健全工作制度，规范工作流程，坚决纠正惯性思维和侥幸心理，将从严治党的要求落实到具体工作中。党风廉政建设和反腐败斗争永远在路上，中心系统广大党员领导干部要始终保持清醒的政治头脑和政治鉴别力，始终保持坚强政治定力，始终保持反腐高压态势不放松，从自身做起，从每一项决策、每一个环节做起，自觉向党中央看齐，主动适应反腐新常态，主动转变工作方式方法，切实建设中心系统风清气正政治新生态。

二是推进党风廉政建设和反腐败工作，必须落实责任、层层传导，强化从严治党向基层延伸。自党的十八大以来，中央反复强调各级党委是管党治党的主体，党委能否落实好主体责任直接关系到党风廉政建设的成效。在党风廉政建设和反腐败工作方面，党委既是领导者，又是执行者，还是推动者，是纪检部门监督执纪问责的坚强后盾。纪委监督执纪问责职责是党章赋予的责任与使命。党风廉政建设责任制"一岗双责"是对每一名党员干部特别是领导干部提出的具体责任要求。去年底的党风廉政建设责任制检查，我们深刻体会到，一个单位党委重视党风廉政建设工作，班子成员率先垂范，部门各负其责，齐抓共管，这个单位制度就能落实，正风正气就能树立。推进党风廉政建设不仅仅是纪委的职责，而是要充分发挥党委的领导核心作用和基层党支部的战斗堡垒作用，充分调动各部门，各级领导干部，甚至是每一个人，人人守好自己的"责任田"，人人扛起自身肩负的责任，层层传导、层层落实，才能真正将从严治党各项要求，将党风廉政建设各项任务落实到位。

三是推进党风廉政建设和反腐败工作，必须围绕中心，大胆突破，深化纪检监察体制改革创新。党的十八届五中全会提出："必须把创新摆在国家发展全局的核心位置，让创新贯穿党和国家一切工作。"当前，党风廉政建设和反腐败斗争面临前所未有的深刻调整和重大变革，全面从严治党越向纵深推进，越要发扬改革创新精神。纪检监察工作必须来一次思想大解放，实现思想观念、体制机制、方式方法的与时俱进。2015年，中心纪委深入落实中央、北京市推进纪律检查体制改革创新精神，聚焦主责主业，围绕中心实际，积极探索实践，以专项巡查方式将中央巡视工作精神延伸到基层，取得了良好效果。由中心领导带队，以监督检查的方式，传导压力，以上率下，积极构建上下贯通、层层负责的"责任链条"。严明党的纪律和规矩，对违规违纪问题进行通报曝光，充分运用约谈和函询形式，坚持抓早抓小等等。中心党委、纪委以求真务实的态度、改革创新的精神深入调研、系统分析，提出了推进改革的思路和措施。这一调研成果在今年以至今后几年中，将有效推动中心系统纪律检查体制改革创新，转职能、转方式、转作风，进一步推动中心党风廉政建设和反腐败工作的深入开展。

二、2016年的主要工作

2016年是深入贯彻党的十八届五中全会精神，全面推进"十三五"规划实施的开局之年，是中心落实京、津、冀协同发展，巩固10年工作成果，推动事业改革突破的关键之年，各项工作政治性强，任务重，标准高。中心各级纪检部门要加强监督检查，确保中央和市委及中心党委各项工作部署落到实处。2016年的工作总体要求是：全面贯彻党的十八大和十八届历次中央全会精神，深入学习贯彻习近平总书记系列重要讲话精神，落实中央纪委六次全会和市纪委五次全会工作部署，保持政治定力，坚持从严治党、依规治党，忠诚履行党章赋予的职责，聚焦监督执纪问责，深化标本兼治，把纪律挺在前面，创新体制机制，推进"两个责任"向基层延伸，持之以恒落实中央八项规定精神和市委实施意见及中心党委具体措施，加强中心廉政文化建设，加大纪律审查力度，打造忠诚、干净、担当的纪检干部队伍，不断取得党风廉政建设和反腐败工作的新成效。

（一）严明党的纪律，狠抓制度执行

加强对政治纪律执行情况的监督检查。政治纪律在党的纪律中永远排在第一位，是党的纪律最重要、最根本、最关键的纪律。要从讲政治的高度坚决贯彻纪律要求，严肃警戒违反纪律的行为，加强对政治纪律执行情况的监督检查，坚决纠正"上有政策、下有对策"以及有令不行、有禁不止的行为，确保中央和北京市的各项决策部署落到实处，切实维护党的团结统一。加强对中心及直属各单位两委换届改选工作的监督，严明政治纪律、严守政治规矩，严格把好党员领导干部"党风廉政意见回复"关。

认真学习贯彻党章和《中国共产党廉洁自律准则》《中国共产党纪律处分条例》。党章是全党必须遵循的根本行为规范。廉洁自律准则和党纪处分条例与党章一脉相承，是对党章的具体化。中心各级党组织要把学习贯彻党章和两项法规作为一项政治任务纳入理论学习中心组、党课、党校培训、中心新任处级干部廉政法规考试和民主生活会、组织生活会对照检查当中，坚持纪在法前、纪严于法，把纪律建设摆在更加突出位置，使中心系统每一名党员干部都受到教育，自觉追求理想信念高线，坚守党的纪律底线。

健全完善党风廉政建设制度，狠抓制度执行。坚持用制度管权、管事、管人，不断健全完善党风廉政建设制度，认真落实中央即将修订的《中国共产党党内监督条例（试行）》等新出台的各项法规制度，编发系列廉政制度汇编及纪律规定解读文件。各级纪委要狠抓对制度执行情况的监督检查，教育引导党员干部守纪律、讲规矩、知敬畏、存戒惧，在全中心逐渐形成崇尚制度、遵守制度、捍卫制度的良好风尚。

（二）创新体制机制，强化监督执纪问责

强化组织建设，优选配强纪检干部。整合中心现有编制职数，用足用好各项政策。在中心直属二级单位配备专职纪委书记，有条件的单位探索设置纪检部门，配齐配强纪检干部，基层党支部必须设立1名纪检委员。探索推进对中心直属单位派驻纪检组工作。坚持德才兼备、以德为先的原则，把那些敢于负责、善于监督的干部选拔到纪委书记岗位上来。选拔具有法律、财务、审计等相关专业知识的干部担任专职纪检干部。

建立中心系统纪检干部管理暂行办法。科学界定中心系统纪检监察工作职责范围，聚焦监督执纪问责"主业"，把不该纪检监察部门牵头或参与的协调工作交还给主要责任部门，对超出职能范围事项进行清理。编制中心二级单位纪委书记岗位说明书，明确二级单位纪委书记、纪委副书记选任的流程，对二级单位纪委书记实行交流任职制，严明纪检干部需要严格遵守的工作纪律、工作作风，建立中心系统纪检干部考核机制。

大力推进专项巡查工作。聚焦全面从严治党，围绕加强党的领导这个根本，以"六项纪律"为尺子，深化"四个着力"，重点发现党的领导弱化、主体责任缺失、管党治党不力等问题。突出问题导向，将专项巡查与信访举报、审计工作、责任制检查、廉政风险防控重点项目等结合起来，紧盯重点人、重点事、重点问题开展巡查。用好巡查成果，增强发现问题的能力，强化震慑作用，抓好对专项巡查整改情况的监督检查。积极与中心审计部门联系沟通，实现中心党委提出的审计、专项巡查全覆盖。

进一步推进廉政风险防控管理工作。围绕查找到的廉政风险点，各单位要进一步修改、完善行之有效、针对性强的防控措施，重点加强对防控措施落实情况的监督检查，加强对各单位重点廉政风险防控项目的监督检查，对高风险岗位采取重点防控，用暴露出的廉政风险问题倒逼权力结构的科学化配置和工作流程的进一步规范，最大限度地防控腐败现象的滋生。

（三）严格责任落实，突出责任追究

落实全面从严治党主体责任。中心各级党组织要认真落实全面从严治党的政治责任，进一步强化主体责任的履职意识、担当意识，深化对主体责任内涵的认识，纠正认识误区，在责任担当、方法措施上坚决贯彻落实中央和市委各项决策部署，把责任落实到中心改革发展事业的全过程、各方面。中心各级纪检部门要认真履行监督责任，监督检查中心各级党组织和广大党员领导干部贯彻党的路线方针政策、加强党的建设、遵守纪律规矩、发挥战斗堡垒和先锋模范作用的情况。

坚持抓好各项机制落实。深化党风廉政建设责任制"签字背书"制度，制定个性化责任清单，实行"一人一书"制，真正将从严治党责任与岗位相对应、与职责相对应。坚持定期分析会商机制、责任落实情况报告制度和日常、专项检查考核制度，将从严治党的责任延伸到二级单位，延伸到基层，层层传导，层层落实。

进一步加大责任追究力度。动员千遍，不如问责一次。要把问责作为推动全面从严治党的重要抓手，做到问责一个，警醒一片。对执行党的路线方针政策不力、严重违反政治纪律和政治规矩，管党治党主体责任缺失、监督责任缺位、严重损害党的事业和党的形象，"四风"和违法违纪问题频发，选人用人失察、拉票贿选、任用干部连续出现问题，专项巡查整改不落实的，严肃追究责任。既要追究主体责任、监督责任，又要追究领导责任、党组织的责任。加强问责常态机制建设，综合运用批评教育、诫勉谈话、组织处理、纪律处分等方式开展问责，健全追责情况定期报告、典型问题公开曝光机制，加强对中心直属各单位责任追究工作的督导。

（四）持续改进作风，坚持不懈贯彻落实中央八项规定精神和市委实施意见

持之以恒形成常态。深入贯彻落实"三严三实"要求，继续开展"为官不为、为官乱为"问题专项治理，坚持不懈贯彻落实中央八项规定精神和市委实施意见及中心党委十二条具体措施，在坚持中深化，在深化中坚持，各单位结合自身实际不断建立健全改进作风常态化制度。

抓住关键正风肃纪。继续紧盯重要节点，开展正风肃纪专项治理，一个问题一个问题解决，持续释放执纪必严的强烈信号。加强对厉行节约、公车管理、公务接待、因公出国（境）等制度规定执行情况的监督检查。加强对公园内私人会所和高档餐饮场所整改情况的监督检查。加强对票务管理、文化活动组织等关系民生、服务大众项目的监督检查。及时发现"四风"新动向、新表现，对规避组织监督，不收手、不知止的一律从严查处，找本人谈话，令其在民主生活会上作出深刻检查。进一步畅通监督渠道，切实发动群众和舆论力量，创新监督方式，形成监督合力。

加强廉政文化建设。将新纪律、新要求、新风尚与公园历史、公园文化、公园景观有

机结合起来，坚持打造市属公园廉政文化品牌。挖掘家规家风、园规队约中的精华，开展"身边好党员、身边好风尚"廉政征文、宣讲活动，树立、宣传身边的正风、正气、正能量。

（五）加大纪律审查力度，坚决惩治腐败行为

综合运用好监督执纪的"四种形态"。坚持把"四种形态"作为检验纪律审查工作的标准，切实把纪律挺在前面，从纪律的角度思考问题、按纪律的标准衡量问题、用纪律的方式处理问题。扩大谈话、函询覆盖面，进一步健全和规范中心及二级单位廉政约谈制度，使红脸出汗成为常态；坚持抓早抓小，及时发现、指出和纠正违纪行为，使党纪轻处分经常化，坚决把增量遏制住。继续突出"十八大后不收手不收敛的、问题线索反映集中、现在重要岗位且可能还要提拔使用的领导干部"这个惩治重点，形成持续震慑，巩固"不敢腐"的氛围。

做好对反映问题线索的处置和定期分析。中心二级单位对收到的反映正科级以上干部及重点部门副科级干部的问题线索，按照"初步核实类、拟立案类、谈话函询类、暂存类、了结类"五种处置方式和标准提出处置意见，由纪委主要领导签字后，在向同级党委（总支、支部）报告的同时，必须向中心纪委报告；对科级干部违规违纪行为的处理意见必须报中心纪委审核；对群众关注度高、有重大影响的案件，以及中心纪委交办、关注的案件在向同级党委（总支、支部）报告的同时，必须以书面形式向中心纪委报告。认真执行纪检监察机关接受信访举报和反映问题线索处置情况统计制度，每月汇总向中心纪委备案。中心及直属各单位纪检部门要定期汇总分析收到的问题线索，通过定性定量分析，及时总结信访反映问题的重点和特点，发现违规违纪的倾向性、苗头性问题，为早教育、早处置、早预防提供参考和依据。

加大典型案件通报和剖析力度。深刻总结剖析肖绍祥、王新路违法违纪犯罪事实，制作中心系统反面典型警示教育材料，在中心系统深入开展警示教育。组织各单位、各部门、广大党员干部举一反三，全面查找在思想上、制度上、监督上存在的薄弱环节，采取有效措施，规范权力运行，遏制腐败增量，减少腐败存量。

（六）强化纪检队伍建设，提升纪检干部综合素质和履职能力

进一步加大培训力度。拓宽学习培训渠道，加大培训投入，提高培训质量。定期组织工作研讨交流，举办纪检干部培训班，组织和推荐纪检干部分期参加中纪委、市纪委各项业务培训，将中心系统纪检干部的思想和行动统一到监督执纪问责上来，不断提高纪检干部的专业水平和综合素质。

进一步深化"严、细、深、实"的工作作风。巩固和深化群众路线教育实践活动、"三严三实"专题教育成果，使"严、细、深、实"的作风在纪检干部中蔚然成风。中心系统纪检干部要时刻与中央和市委及中心党委保持高度一致，增强政治鉴别力和政治敏锐性，加强政治理论学习，不断提高思想政治素质和党性修养。

进一步强化自我监督。纪检干部要自觉接受监督，强化责任担当，坚持原则，大胆管理。坚持执纪者更要守纪，严明工作纪律。严格执行重大事项报告、回避和保密制度，对得过且过、作风漂浮、不敢担当、不愿负责的及时进行批评教育、组织调整、纪律处

分。严格遵守审查纪律，对违规私存案件线索、以案谋私、跑风漏气的，一律以违反政治纪律论处。用铁的纪律、更高的标准建设一支忠诚、干净、担当的纪检干部队伍。

同志们，全面从严治党任重道远，使命光荣，责任重大。我们一定要按照市委和市纪委的工作部署，在中心党委的正确领导下，始终保持坚强的政治定力，坚定信心，真抓实干，敢于担当，锐意进取，以中心系统党风廉政建设新成效为深化改革铺路，为中心各项工作顺利开展保驾护航。

郑西平在北京市公园管理中心 2016年党风廉政大会上的讲话

北京市公园管理中心党委书记　郑西平

（2016年2月2日）

今天大会的主要任务是贯彻落实中央纪委十八届六次全会精神和北京市纪委十一届五次全会部署。刚才，海军同志传达了市纪委十一届五次全会的工作安排和任务要求，全面回顾了中心过去一年在加强党风廉政建设、强化监督执纪问责、推动作风转变以及查办腐败案件等方面取得的成绩，全面布置了今年党风廉政建设的各项工作任务。我完全同意。三个单位的典型发言，很有针对性，他们的做法和经验有一定的借鉴意义。今天的大会，中心党委班子成员、全系统处以上干部、2015年新任处级干部还有各单位重点部门的负责人，如此大的规模，充分显示了中心党委对党风廉政建设和反腐败工作重要性的认识。今天的大会，主题严肃，内涵深刻，是让我们触及思想、触及灵魂的大会。下面，我就今年中心系统加强党风廉政建设和反腐败工作讲三点意见。

一、保持足够自信，准确把握党风廉政建设的新形势、新要求，把思想统一到习近平总书记系列重要讲话上来

党的十八大召开三年来，中央以旗帜鲜明的政治立场、坚强无畏的政治勇气和坚韧不拔的政治定力，采取有力措施，着力解决管党治党失之于宽、失之于松、失之于软的问题，使不敢腐的震慑作用充分发挥，不能腐、不想腐的效应初步显现，反腐败压倒性态势正在形成。习近平总书记要求全党，要对中央反腐败斗争的决心、对反腐败斗争取得的成绩、对反腐败斗争带来的正能量、对反腐败斗争的光明前景保持足够自信。2015年，中心系统坚决贯彻落实中央精神和市委、市纪委的部署要求，坚持问题导向，进一步转变工作理念，创新工作方式，采取了扎实有效的措施，监督执纪效果取得了较大突破，得到了市纪委和中心广大党员干部的认可。面对这些成效，我们既要按中央要求保持坚定信心，更要看清差距保持清醒头脑。党风廉政建设和反腐败斗争永远在路上。中心系统党风廉政建设水平与全面从严治党的目标还有差距，与市委、市纪委提出的首善标准还有差距，与公园事业发展建设的需要还有差距，与广大职工群众的期待还有差距。我们任重而道远。

习近平总书记在中纪委十八届六次全会上强调，中央坚定不移反对腐败的决心没有变，坚决遏制腐败现象蔓延势头的目标没有变。王岐山书记指出，党风廉政建设和反腐败斗争要力度不减、节奏不变、尺度不松。结合中心的实际，我们就是要按照中央要求，下定决心，保持信心，下气力抓好中心党风廉政建设和反腐败工作。力度不减就是要盯准问题不放，不断把中心系统党风廉政建设和反腐败工作引向深入。当前，我们的一些工作领域还有薄弱环节和监管漏洞，特别是在工程建设、资金管理使用、房屋出租、票务管理和商业经营等方面；我们有些同志的思想认识还停留在嘴上说"转变"，行为"走老路"的层面，在管理观念、管理方式和工作方法上还在延续老办法、老套路；有些党员干部不严不实的作风问题还比较突出。中心各级党员干部要转变思想，提高认识，摆脱旧思维、旧做法。今年，我们要深入分析原因，找准症结所在，对症下药，切实解决。节奏不变就是要保持政治定力，落实党风廉政建设和反腐败工作任务不打折扣。习总书记指出做好今年工作重点要把握五点，一是尊崇党章，严格执行准则和条例；二是坚持坚持再坚持，把作风建设抓到底；三是实践不敢腐，坚决遏制腐败现象滋生蔓延势头；四是推动全面从严治党向基层延伸；五是标本兼治，净化政治生态。王岐山书记在中纪委报告中明确了今年党风廉政建设和反腐败工作的七个方面重点任务。在刚刚闭幕的市纪委十一届五次全会上，郭金龙书记强调全市各级党组织和党员干部要认真学习贯彻习近平总书记重要讲话精神，坚持以首善标准落实全面从严治党要求，强化党内监督，以高度的政治责任感，坚定不移地推进党风廉政建设和反腐败斗争。市纪委书记李书磊部署了全市党风廉政建设七个方面的主要工作。这些就是中央和市委、市纪委下达的新要求、新任务。我们要克服"满足"心态，摒弃"事儿干了不少，可以喘口气"的想法，结合公园建设、管理、发展的实际，结合中心党风廉政建设的现状，结合党员干部队伍建设存在的问题，把新要求和新任务具体化，让中央精神和市委、市纪委部署不打折扣地在基层落实。尺度不松就是要把握从严标准，确保党风廉政建设和反腐败工作取得实效。习近平总书记指出，全面从严治党，核心是加强党的领导，基础在全面，关键在严，要害在治。这个论断既是思想方法也是实践途径，是我们工作的方法论。加强纪律建设是全面从严治党的治本之策，必须坚持纪在法前，对违纪行为，坚决按从严标准认识、从严标准思考和从严标准把握，着力让中心2016年党风廉政建设和反腐败工作见实效。

二、坚持标本兼治，增强思想行动自觉，切实担负起全面从严治党的主体责任

中纪委十八届六次全会指出，全面从严治党不只是惩治极少数腐败分子，而是要靠全党、管全党、治全党。中心各级党组织要紧紧抓住落实主体责任这个"牛鼻子"，发挥好领导核心作用和战斗堡垒作用。主体责任是领导之责、教育之责、管理之责，中心领导班子和直属各单位的党委、总支、支部，既是主体责任的领导者，也是推动者和执行者，要在思想自觉、行动自觉上下功夫，着力从五个方面把主体责任落在实处。

一是务必要把压力下沉，传导到底到边。从中心的情况来看，我们在去年年底的党风责任制检查中发现，压力传导不够、存在"盲区"是各单位普遍存在的突出问题。对当前党风廉政建设的形势、任务和上级要求，无动于衷者有之，依然故我者有之，嘴动腿不动者有之，怕麻烦规避程序者有之，无知无畏任性而为者有之……这些现象，处级干部有，科级干部也有。2016年，中心纪委把党风廉政建设责任书内容进行了个性化，"一人一书",责任明确,直属各单位也要把责任进一步细化到岗到人,压力传导到底到边,不留死角。决不允许出现"上面九级风浪,下面纹丝不动"的情况,决不允许出现"已经问题成串,还视而不见、麻木不仁"的现象,各级党员领导干部都要按照党风廉政责任制范围,切实负起管党治党责任,谁的责任区内还有上述情况,就要进行责任追究,决不姑息。

二是务必要抓好思想教育,养成纪律自觉。思想是行动的先导。各单位党委、纪委要把思想教育摆在突出位置。《党章》是党内根本大法,是全党必须遵循的总规矩,是党员行动的根本指南。今年,中央将在全党开展"学党章党规、学系列讲话,做合格党员"学习教育。目的就是要进一步强化党章、党规、党纪意识,明确基本标准,明确行为规范,加强理论武装。要让全体党员都牢记,自己是在党旗下宣过誓的共产党员,用入党誓词约束自己,对照党章,端正言行,在任何情况下都要做到政治信仰不变、政治立场不移、政治方向不偏。《中国共产党纪律处分条例》和《中国共产党廉洁自律准则》从1月1日起已经全面实施。中心各级党组织用多种方式,组织了不同层面的学习。但是对这两部法规不能只停留在"学习过""知道了"的层面上。《廉政准则》和《纪律处分条例》是中央给全体党员划定的党性修养高标准和行为规范的底线,是我们要不断追求的目标,要不断远离的红线。党员干部要学而信、学而用、学而行,坚持自省、自警、自重。纪律挺在前,习惯成自然,不管什么岗位、级别都要把纪律挺在前面,把党性要求内化于心、外化于行,变成对纪律约束的自觉遵从、行为习惯、行动自觉。

三是务必要持续改进作风,净化政治生态。作风是思想的外在表现。近几年,在中央和市委、市纪委领导下,我们坚持不懈抓了作风转变,特别是经过了党的群众路线教育实践活动和"三严三实"专题教育,现在我们的干部喝酒少了,回家早了,有时间学习了,心也渐渐静下来了,这都是作风转变的好现象。但是我们还得巩固,还得按习总书记说的"坚持坚持再坚持",一刻也不能放松。同时,我们也意识到,中心系统的作风建设还存在一些深层次问题:比如有些干部头脑中对作风转变的自觉性、主动性还不够牢靠、用严实标准改进作风的恒心毅力还不够坚定、张勇同志总结的"六不"现象在有些领域、有些干部身上还比较突出。今年,干部不作为、慢作为、乱作为和不善为的问题仍然是我们监督检查的重点,要驰而不息地抓作风转变。春节就要到了,节庆假日怎么过,也是对党员干部作风的重要检验。中心党委专门发过"两节"的纪律要求,要紧盯年节假期,净化节日风气,确保节俭文明,廉洁过节。我们要共同营造中心奋发有为、干净干事的工作氛围和政治生态。

四是务必要强化党内监督,扎紧制度"笼子"。中央一再强调,要把权力关进制度的笼子。反思中心近几年出现的违纪违法问题,其中一个很重要的因素就是我们的制度建设有"空白点",不健全;老化,不适用;碎片化,不系统;写在纸上挂在墙上,不落实。小智治事,中智治人,大智立法。制度建设是治本之策,必须抓紧抓好。中心制度建设,首要的是必须按中央要求强化党内监督。今年,中央将修订党内监督条例,我们也要贯彻落实市委的实施办法。完善和落实好民主集中制和"三重一大"制度,要进一步完善细化议事规则和决策程序、重大事项集体决策的制度，加强对权力运行的规定和制约，把该立的立起来、该严的严起来、该细的细起来，做到每一项权力都有制度约束，每一项职责都有规范流程。中心机关各处室也要加强政策研究，特别是在廉政高风险领域、在自由裁量权大的工作中，要加强指导监督。各单位要根据公园实际，把制度细化。每个园子不一样，没有可比性。各公园要制定出实施细则。要严格制度执行，强化刚性约束，形成"于法周延、于事简便"的制度体系，规范权力运行，防止权力任性，进一步形成"不能腐"的制度环境。

五是务必要突出关键少数，坚持以上率下。习近平总书记要求，党员领导干部要在政治方向、重大决策部署、分管工作和严格要求自己方面，树立"看齐意识"，做到"四个自觉"。郭金龙书记在2016年1月14日市委专题集中学习时强调，领导干部经常主动向中央看齐，要增强政治意识、大局意识、核心意识、看齐意识和首善意识，实践"四个带头"，做"三严三实"的表率。在座的各位，是公园事业建设发展的核心力量，是中心党的建设和党风廉政建设中的"关键少数"。"看齐"二字，内涵深奥，内容严肃。我们要加深认识和领悟，做到坚决的看齐、充满自信的看齐，把中央精神和"三严三实"要求变为自觉行动。坚定理想信念要有自觉行动。心中有信仰，行为就有力量。党员领导干部要做对党忠诚、知行合一、言行一致、表里如一的表率，要有过硬的政治定力、思想定力和道德定力，做政治上的明白人。敢作为、善作为要有自觉行动。当前，对干部干事创业的要求是"必须用正确的方法做正确的事"。这既有对我们担当意识、责任意识和大局意识的高要求，也有对我们权力观、利益观和政绩观的高要求，更有对每名党员干部，特别是各单位党政主要领导的领导方式、思维方法和工作路径选择的高要求。在中心2016年工作会上，我们明确了今年工作要在四个领域有突破，部署了九个方面的主要任务。大家要自觉加强学习，要对照文件政策要求，主动学主动改，依法依规干事，提高科学决策、依法办事的能力和水平，凝心聚力，把各项任务落实好、完成好。模范遵规守纪要有自觉行动。中心局、处两级党员领导干部要认清理想信念滑坡的严重危害、认清违反纪律规矩的严重危害、认清放松自我修养的严重危害，坚持党性原则，带头遵规守纪，加强自我约束，在廉洁从政、用权、修身、齐家上做表率。

三、用好"四种形态"，强化监督执纪问责，坚决遏制腐败现象滋生蔓延势头

"惩前毖后，治病救人"是党的一贯方针。中央一再强调，要充分运用好监督执纪的"四种形态"，让党的纪律和规矩立起来，严起来。

一要忠诚履行职责，坚持挺纪在前，充分用好批评和自我批评的武器。纪委是党内监督的专门机关，要忠诚履行党章赋予的职责，敢抓敢管、敢于担当、敢于较真、敢于批评。对在监督检查、信访处置中发现的问题，要以党的事业为重，以中心发展建设的大局为重，实事求是，讲求方法，铁面执纪。要把咬耳扯袖作为工作常态，抓早抓小，动辄则咎，多谈话多提醒，早推心置腹早当头棒喝，把纪律规矩挺在法律前面，一触碰纪律底线，马上"拉警报""踩刹车"，防止出现"破窗效应"。党员干部要充分认识"严管就是厚爱"，正确对待批评、约谈和提醒，正确看待党内监督，自觉接受纪委监督，敢于正视问题，勇于自我批评，对照道德修养高标准和纪律规矩严要求，自重、自省、自警、自励，增强严格按制度、按议事程序办事的意识，坚决纠正和克服侥幸心理。"不改必自毙，平安才是福"，要养成在约束中干事、在监督下工作的习惯，自觉规范言行，坚决改正纠偏。

二要完善监督手段，突出刚性约束，把党规党纪的权威性、严肃性树起来。2015年，中心党委、纪委在从严治党、严格监督执纪方面，采取了一些新举措、新办法，有很好的成效，得到了党员干部、职工群众的一致认可。实践证明，专项巡查、责任制检查等方法是提高党风廉政建设实效的有效手段，一定要固化下来。中心党委、纪委处理违纪违法行为的决心和态度坚决。今年，北京市委要将巡视全覆盖。中心也要坚持开展专项巡查，做到审计和专项巡查全覆盖。科、队管理岗位各有各的职责和权力，也要进一步强化监督。在巩固既有监督成效的基础上，中心及各直属单位纪检部门在决不放过"极极少数"的同时，要更多地运用批评教育、诫勉谈话、组织调整和处理、轻处分、重处分等方式处置各种违纪行为，手握纪律规矩的"戒尺"，把各种监督手段用好用活。坚持纪律面前人人平等，不姑息、不迁就、不手软。突出纪律的刚性约束，用严格执纪树立党规党纪的权威性、严肃性，决不搞法不责众、情有可原、下不为例，做到执行纪律无例外、查处违纪无禁区。

三要强化追责问责，持续保持高压态势，坚决把违规违纪的存量减下来。习近平总书记在十八届中央纪委六次全会上强调，坚持有责必问、问责必严。王岐山书记指出，动员千遍，不如问责一次。今年，中央要制定实施党内问责条例。问责是推动责任落实的"杀手锏"，是深化党风廉政建设的有效抓手，是全面从严治党的有力武器。光喊不问责，再好的制度也会形同虚设，成为"纸老虎""稻草人"。2016年，我们要严格问责，落实"一案双查"，紧盯"不落实的事"、严查"不落实的人"。通过问责的常态化、制度化，倒逼党风廉政建设责任落在实处，坚决把违规违纪的存量减下来，把腐败现象蔓延的势头遏制住，真正形成中心系统不敢腐、不能腐、不想腐的良好政治环境。

同志们，2016年是中心成立10周年，我们在10年建设发展基础上，提出今年要"提质增效、改革创新"。党风廉政建设和反腐败工作是中心健康发展的重要保证，是各级党组织管党治党的政治责任，是每名党员干部的艰巨任务。我们必须坚定创新发展的信念，增强共同干事创业的信心，上下同心、团结一致，以首善标准把中心各项事业建设好、发展好！中心的政治环境必将风清气正，中心的发展前景必将前途无量！

专 载

郑西平在北京市公园管理中心庆祝中国共产党成立95周年大会上的讲话

北京市公园管理中心党委书记 郑西平

(2016年6月29日)

今天,我们在这里隆重举行北京市公园管理中心庆祝中国共产党成立95周年大会。首先,我代表中心党委,向中心3500多名党员致以节日的问候!向受到表彰的33个先进基层党组织、30个党员先锋岗、60名优秀共产党员和31名优秀党务工作者表示热烈的祝贺和诚挚的敬意!

刚才,杨月同志宣读了中心党委的表彰决定,这些受到表彰的先进集体和先进个人是中心各级党组织和广大党员中的先进代表,是我们学习的榜样。我们要大力宣传他们的经验和做法,宣传他们在平凡的岗位上取得的不平凡业绩。通过树立典型、表彰先进,激励斗志、弘扬正气,进一步促进各级党组织和广大党员与时俱进、改革创新、勤奋工作、无私奉献,为中心各项事业的发展努力奋斗。

近年来,中心党员队伍在不断壮大。中心现有在职职工6575名,离退休职工5142人。包括中心党委,全系统共有党委12个、党总支3个、直属党支部1个;党支部159个,有党员3535名,在职党员2334名,在职党员占在职职工的比例达到35.5%。这个比例是相当高的。今年是中国共产党成立95周年,既是"十三五"开局之年,也是中心成立10周年,中心迎来重要的发展机遇期,也迎来前所未有的压力和挑战。做好中心的事,关键在中心的各级党组织和广大党员干部。借这个机会,我讲三个方面的意见。一是回顾工作,总结经验。二是认清形势,查摆问题。三是"两学一做",强化党建。

第一个方面:近年来,中心党委坚持党要管党、从严治党,全面落实党委主体责任

一是坚决同中央、市委、市政府保持高度一致,圆满完成了服务首都重大任务。中心党委坚决贯彻落实中央、市委、市政府的各项决策及工作部署,自觉维护党的团结统一,确保政令畅通,确保从思想上、政治上、行动上与党中央及市委、市政府保持高度一致,出色地完成了十余次服务首都的重大任务。

二是切实落实党风廉政建设责任制。中心党委始终把加强党风廉政建设作为工作的重中之重,纳入重要议事日程,定期召开会议,研究部署工作任务,切实解决了一批历史遗留和当前工作中遇到的问题。

三是严明党的各项纪律。中心党委坚持把维护党的政治纪律放在首位,坚持"四个服从",在政治上、思想上、行动上同以习近平同志为总书记的党中央保持高度一致,尤其是在涉及重大政治原则、政治立场、政治观点等问题上，做到了头脑清醒、旗帜鲜明、立场坚定。坚决贯彻中央、市委政策部署，结合实际抓落实，始终牢固树立了政治意识、大局意识、核心意识、看齐意识、首善意识。中心党委坚持把维护党章权威、严明党的各项纪律作为党风廉政建设的重要任务。组织党员领导干部认真学习《中国共产党廉洁自律准则》和《中国共产党纪律处分条例》，通过党委理论中心组专题学习讨论、听报告、专题辅导等形式，提高党风廉政教育的针对性和实效性。近年来，根据市委统一安排，严肃认真地开展了党的群众路线教育实践活动和"三严三实"专题教育，进一步完善了请示报告、绩效管理、厉行节约等规章制度，进一步健全完善了工作机制，扎实推进了各项专项治理，进一步严明了党的政治纪律、组织纪律、廉洁纪律、工作纪律、群众纪律和生活纪律。

四是持续深入改进作风。全系统深入学习了习近平总书记关于作风建设的重要论述，进一步深化了对抓作风建设的认识，理清了抓作风建设的思路，坚定了抓好作风建设的信念。深入落实中央八项规定、市委十五条意见，以踏石留印、抓铁有痕的态度和钉钉子的精神改进作风。在反对形式主义方面：着力转变文风、会风，进一步提升公文质量，精简了文件简报。加强会前准备，简化会议程序，严格会议经费管理。在反对官僚主义方面：完善调研工作制度，进一步理顺处室工作职责，制定信息公开办法、细化公园服务规范、严格工程招投标规定，进一步完善领导干部基层联系点制度。在反对享乐主义方面：积极开展严禁用公款购买贺年卡、月饼等专项治理，全面开展了北京市公园年票赠票专项治理，取消了赠票。深刻吸取教训，制定了《北京市公园管理中心因公出国（境）管理规定（试行）》。在抵制奢靡之风方面：完善了中心公务接待制度，反对浪费、厉行节约，规范公园内餐饮服务管理等，坚决做到"不吃请、不请吃"。扎实开展了"为官不为""侵害群众利益不正之风和腐败问题"等专项治理。在元旦、春节等节假日前都专门下发文件，提出廉洁、勤俭过节的要求，杜绝节日腐败。

五是围绕中心事业发展需要选拔任用和管理干部。"政治路线确定以后，干部就是决定性因素"。中心党委认真学习贯彻习近平总书记在全国组织工作会议上的重要讲话，切实贯彻新修订的《党政领导干部选拔任用工作条例》，坚持领导干部选拔任用的原则，坚持树立正确的用人导向，坚持党委常委会集体讨论决定干部任免事项。特别是在直属单位党政"一把手"的选拔任用中，既注重干部的业务专业能力，又坚持干部的综合素质和政治表现，综合考虑勤政、廉政、近年工作业绩，努力让那些群众公认、敢挑重担、勇于奉献、业绩突出的干部走上了重要领导岗位。2013年到2016年6月，中心党委选拔任用处级干部46人次（正处级干部18人，副处级干部28人），交流使用59人次（正处级干部24人，副处级干部35人），共计选拔使用处级干部105人次。坚持每年对领导班子和领导干部进行述德、述职、述廉测评，从严要求、从严管理、从严教育、从严监督。

六是不断推进廉政风险防控管理工作，规范权力运行。党的十八大报告强调："健全权力运行制约和监督体系，让人民监督权力，让权力在阳光下运行。"中心注重加强源头治理，把权力关进制度的笼子里。首先是抓班子，编制中心局、处级领导班子集体职权目录、权力运行流程图，认真落实"一把手"不直接分管人事、财务、工程建设的工作要求，明确职责权限，规范权力运行。其次是抓重点，健全制度。中心党委制订了《北京市公园管理中心"三重一大"事项集体决策实施办法》，明确了"三重一大"事项决策必须坚持的原则和主要内容、决策程序、决策的执行及监督检查和责任追究。制定下发了《北京市公园管理中心贯彻落实〈建立健全惩治和预防腐败体系2013—2017年工作规划〉的实施细则》。再次是抓实效，找准防控风险项目。结合自身系统的实际，重点查找了在工程招投标、票务管理、商业合作经营、房屋出租、公车管理使用、公款出国（境）、公务接待和选人用人等方面的廉政风险点，着力建立健全相关制度，制订具体防控措施，着力将风险防控管理与业务工作有机结合起来。

七是广泛开展党风廉政宣传教育。深入开展了十八大精神、党的十八届三中、四中、五中全会和习近平总书记系列讲话精神学习活动，开展了学习贯彻五大发展理念培训。持续开展了党性、党风、党纪教育。不断完善了局、处两级理论中心组学习制度，将党风廉政建设理论作为党委中心组学习的重要内容，把反腐倡廉教育列入干部教育培训规划，纳入党校教学计划当中，在各级领导干部培训、支部书记培训、青年干部培训中设立廉洁从政教育专题。以爱岗敬业、凝心聚力为主题，加强职工思想教育。在"我的梦·中国梦"公园职工宣讲教育活动中，建立了"中心级、单位级、科队支部级"三级宣讲体系，开展了巡回宣讲。组织中心副处级以上领导干部开展廉政知识测试答题。开展处级干部任前廉政考试和廉政谈话。印发了《讲廉政故事 树公园新风》的宣传材料，开展了"北京市公园管理中心廉政故事"巡回宣讲。注重发挥反面典型警示教育作用，切实加强了党员的日常教育、管理和监督。

八是领导和支持纪检部门查办案件。中心党委高度重视信访举报工作，大力支持纪委依规依纪开展工作，旗帜鲜明地提出发现一件查处一件，要求做到每封信件处理要证据确凿、定性准确、处理恰当、程序合法。自2013年以来，中心纪委共收到信访件189件，均按照有关规定进行了处理。同时依规依纪对中心系统违纪违法的两名处级干部给予了开除党籍和开除公职处理。

第二个方面：我们要清醒地认识和准确地把握中心党的建设工作面临的形势任务和存在的问题

如何清醒地认识当前的形势，在首都发展大局中抓住机遇，这既是对大家的考验，也是对大家领导能力和水平的检验。当前，我们正赶上北京加快发展的时期，机遇与挑战并存。

（1）以新发展理念来指导中心的发展。当前党和国家的战略布局，就是"四个全面"和五大发展理念。四个全面就是：全面建成小康社会是目标，全面深化改革是途径，全面推进依法治国是保障，全面从严治党是根本。

今年是全面建成小康社会决胜阶段的开局之年。党的十八届五中全会提出了"创新、协调、绿色、开放、共享"的五大发展理念，这五大发展理念，对中心事业的发展也很有指导意义。创新发展，是引领经济社会发展的第一动力。协调发展，是经济社会持续健康发展的内在要求。绿色发展，是实现中华民族永续发展的必要条件，是我们发展的本质要求。开放发展，是世界共同繁荣发展的必然选择，也是我们中心发展的必由之路、必然选择，我们既要脚踏实地，精细管理，又要跳出中心发展中心，跳出公园发展公园。

今年是中心"深化改革和提质增效"之年，中心提出重点实现四个领域工作突破：一是历史名园保护工作实现立体推进。形成"可移动文物科学保藏利用，不可移动文物科学勘察维护"的专业化文保管理机制。二是文化建设实现突破创新。文化活动突破传统模式，推出新型活动品牌；文化创意产品研发突出顶层设计，整合资源、集合优势，文化产业平台打造取得实质进展。三是安全游览管控工作全面推进。游览舒适度建设迈出实质性步伐。游客流量管控依据的测算核定更加严谨科学，按照"试点先行"的原则推进实施。四是人员结构更加优化，人员队伍建设向精简、高效迈进。合理调控岗位设置，加强培训，强化爱岗敬业教育。这是落实新发展理念的具体措施，需要我们统一思想、采取积极措施抓落实，力争抓出成效。

（2）用中心"十三五"规划的美好愿景来统一思想、提振精神、凝聚力量。今年是"十三五"开局之年，中心制定了"十三五"发展规划。

中心"十三五"规划总体目标是：紧承国家"创新、协调、绿色、开放、共享"发展理念，围绕北京"四个服务"职能，创新园林绿化事业发展新模式，打造国际一流历史名园，传承古都历史名城文化，服务首都生态文明和谐宜居建设。先行先试，引领首都行业发展，辐射津冀，服务全国，走向世界。

具体六个目标：

一是建立北京历史名园核心保护体系。充分发挥中心世界文化遗产和国家级文物保护单位的聚集效应和品牌效应，大力推进两个世界文化遗产和历史名园保护建设，培育一批具备世界文化遗产、国家级文物保护单位申报条件的公园。

二是融入京、津、冀一体化发展格局，把中心工作放到首都发展大格局中去思考、去推动，形成"合理疏解功能、保护核心资源、优势资源输出"三条工作路径，推动京、津、冀三地协同发展，坚持公益属性，科学"瘦身健体"，疏解非公益服务功能。

三是奠定首都生态文化格局基础。以首都历史名园丰富的生态文化内涵引领、带动全市生态文明建设，推动绿色发展，建设美丽北京，实现共建共享，发挥引领示范作用，打造以历史名园为基础，以各历史名园为重要节点，通过生态廊道相互连接形成系统的首都生态文化格局，成为首都生态文明建设的重要支撑。

四是建立首都园林科教文化资源服务平台。充分发挥各市属公园作为首都历史名园的文化作用，发挥中国园林博物馆、北京市园林科研院、北京植物园、北京动物园和北京市园林学校的科研、教育骨干作用，建立融园林文化、教育、科研、科普为一体的资源整合服务平台。

五是探索国家重点公园管理示范体系建设。采用分级保护与分类保护相结合的方法，遵循"保护优先、适度利用、重点突出、协调发展"原则，加强对国家重点公园的保护与管理；研究国家重点公园保护、管理与控制模式，构建先进管理体系。

六是构建中心可持续发展管理体系。遵照国家关于事业单位体制改革相关政策和要求，打造"以历史名园为核心，融科、教、文为一体共同发展的园林绿化事业发展新模式"。以市属公园为先行，从优化内部管理机制入手，推进中心系统管理能力和管理体系科学化，以事业单位改革为契机，努力推进政策体制改革，促进公园公益服务供给更加充盈，推动历史名园保护管理更具可持续性。

（3）要以全面从严治党新常态、新要求来审视中心党的工作。在十八届中央政治局常委与中外记者见面会上，习近平总书记就掷地有声地提出："打铁还需自身硬，我们的责任就是同全党同志一道，坚持党要管党、从严治党，切实解决自身存在的突出问题，切实改进工作作风，密切联系群众，使我们党始终成为中国特色社会主义事业的坚强领导核心。"全面从严治党，是新一届中央领导集体治国理政最鲜明的特征，也是一个最大的亮点，充分彰显了我们党自我净化、自我完善、自我革新、自我提高的无畏勇气和坚强决心。我们要清醒地认识全面从严治党的新常态：一是思想教育要常抓常严；二是党内政治生活要常抓常严；三是干部管理要常抓常严；四是改进作风要常抓常严；五是严明纪律要常抓常严；六是落实党建责任要常抓常严。

面对新常态和新要求，我们要经常问自己，面对新形势、新要求，我们适应了吗？我们尽力尽责了吗？我们的能力能适应当前发展的形势吗？认真剖析这些年来中心党的建设方面存在的系列问题，至少有五个方面的问题需要我们认真面对，积极采取措施解决。

第一，党员先锋模范作用发挥的问题。个别党员不喜欢、不认真学习，本领恐慌问题不容回避。个别党员党性意识淡漠，部分党员理想信念模糊，个别党员精神不振的问题。

第二，党建责任落实的问题。各级党组织对党委主体责任、纪委监督责任的认识还不全面、不深刻，系统推进的力度需要进一步加强。

第三，班子、干部、人才队伍建设的问题。中心各级班子整体合力需要进一步发挥，中心各级干部配备和教育管理要进一步加强；人才队伍结构不合理，行业带头人缺乏，需要弘扬"工匠精神"。

第四，权力运行的制约和监督体系还存在薄弱环节。如何把权力关在制度的笼子里，需要加大工作力度。责任追究的力度不够。动员千遍，不如问责一次。

第五，持续改进作风的长效机制需要进一步完善。作风建设永远在路上，推进作风建设长效化的宣传教育机制、制度规范体系、检查监督机制、考核奖惩机制建设需要系统地推进。

第三个方面：扎实推进"两学一做"学习教育，不断推进中心党的工作上新水平

今天，我们在这里举行纪念建党95周年大会，其目的就是要回顾我们取得的成绩，分析我们面临的形势和存在的问题，特别是抓住"两学一做"学习教育的重要契机，进一步动员各级党组织和广大共产党员，牢记党的宗旨，牢记党的思想路线、组织路线，继承和发扬党的优良传统和作风，充分发挥共产党员的先锋模范作用，发挥党组织的战斗堡垒作用，不断推进中心党的建设上新水平。

（1）要充分认识"两学一做"的背景和重大意义。党的十八大以来，以习近平同志为总书记的党中央高度重视党的建设，把全面从严治党纳入"四个全面"战略布局，制定和落实中央八项规定，开展党的群众路线教育实践活动和"三严三实"专题教育，举措有力，成效显著，使管党治党真正从宽、松、软走向严、紧、硬。思想建党是马克思主义政党建设的基本原则，是我们党的优良传统和政治优势，也是党的十八大以来管党治党的鲜明特征。今年，党中央又决定在全体党员中开展"两学一做"学习教育。这是落实党章关于加强党员教育管理要求、面向全体党员深化党内教育的重要实践，是继党的群众路线教育实践活动、"三严三实"专题教育之后，推动党内教育从"关键少数"向全体党员拓展、从集中性教育活动向经常性教育延伸的重大举措。党员是党的肌体的细胞，只有细胞健康，才能保证肌体充满活力。邓小平同志曾指出，我们这个党要恢复优良传统和作风，有一个党员要合格的问题，这个问题不只是提到新党员面前，也提到一部分老党员面前了。如果几千万党员都合格，那将是一支多么伟大的力量！这是在改革开放之初讲的，现在依然是需要我们解决好的重要课题。

这次学习教育就是深入贯彻"党要管党、从严治党"的根本方针，把抓"关键少数"与抓全体党员结合起来，推动全面从严治党向基层延伸，把全面从严治党要求落实到每个支部、落实到每名党员，进一步解决党员队伍在思想、组织、作风、纪律等方面存在的问题，保持发展党的先进性和纯洁性，提高党的凝聚力和战斗力。我们一定要从政治和全局的高度，充分认识开展"两学一做"学习教育的重大意义。

（2）"两学一做"学习教育，基础在学，关键在做。广大党员要坚持学做结合、以学促做，"学"得深入，"做"得扎实。基础在学，就是要坚持"学习、学习、再学习"。学好党章党规、学好习近平总书记系列重要讲话，是这次学习教育的重要任务。学习要有目的，也要讲方法。要带着信念、带着感情、带着使命、带着问题学，真学、真懂、真信、真用，把合格的标尺立起来，把做人做事的底线划出来，把党员的先锋形象树起来。

关键在做，就是要做一名合格的共产党员。这次学习教育，明确提出共产党员要做到"四讲四有"。讲政治、有信念，就要保持共产党人的信仰，不忘初心，对党忠诚，挺起理想信念的主心骨。讲规矩、有纪律，就要增强组织观念，服从组织决定，严守政治纪律和政治规矩。讲道德、有品行，就要传承党的优良作风，践行社会主义核心价值观，情趣健康，道德高尚。讲奉献、有作为，就要牢记宗旨，干事创业，时时处处体现先进性。

（3）领导带头以上率下。"坚持领导带头，以上率下，层层立标杆、作示范"，是党的十八大以来党风廉政建设的一个鲜明特点，是党内教育取得成效的重要经验。这次"两学一做"学习教育在全体党员中开展，但领导干部这个"关键少数"的作用依然十分关键。

组织开展"两学一做"学习教育，是各级党组织及其负责人的主体责任，群众看党员、党员看干部，领导干部以身作则、率先垂范，大家就会跟着学、照着做。无论什么职级、什么岗位上的党员领导干部，都要带头参加学习讨论，带头谈体会、讲党课、作报告，带头参加组织生活会和民主评议，带头立足岗位做贡献。

（4）要带着问题学针对问题改。确保"两学一做"学习教育取得实际成效，关键是要按照习近平总书记要求的，"突出问题导向，学要带着问题学，做要针对问题改"，要把解决问题贯穿学习教育全过程。

带着问题学,才能学得深入;针对问题改,才能改得到位。对于"两学一做"要重点解决的具体问题,中心印发的学习教育方案用"五个着力"作了归纳。对于每个党员、干部来说,还需要结合各自实际再对照、再细化。带着自身存在的具体问题去学党章党规、系列讲话,就能不断解开思想扣子、纠正认识偏差。

(5)突出经常性教育的特点。这是"两学一做"学习教育的一个基本定位。强调经常性教育,就要求党支部履行好党章规定的职责任务,担负起从严教育管理党员的主体责任。要尊重党员主体地位,了解党员学习需求,把个人自学和集中学习结合起来。要切实贯彻落实好"三会一课"、组织生活会、民主评议党员等制度。要以组织生活为基本形式,在规范开展学习、提高学习效率上下功夫。要充分运用好批评和自我批评的利器,提高组织生活的质量和水平,解决好随意化、平淡化的问题。

(6)要有效地调动干部职工的积极性。中心现有在职的职工6000多人,我们如何把他们带好责任重大,在干部管理、人才培养、职工教育方面我们必须下大力气,充分调动中心全体职工的智慧和力量,发展中心的事业。对各级党员干部来说,要从严管理、从严教育、从严监督。对于专业技术人才来说,需要提高水平,激发活力。对于工勤岗位人员来说,要强化爱岗敬业,提高服务水平。

当前,干部队伍存在很多复杂情况,一个突出问题是干部思想困惑增多,积极性不高,存在一定程度上的"为官不为"。对这个问题,我们要高度重视,认真研究。要加强对干部的教育培训,针对干部的知识空白、能力弱项,开展精准的培训,增强兴奋点、消除困惑点,提高适应新形势、新任务的信心和能力。要把严格管理干部和热情关心干部结合起来。要保护那些作风正派、敢作敢为、锐意进取的干部,最大限度地调动党员干部的积极性、主动性和创造性。

(7)要认真履行主体责任。中心各级党组织要把抓好学习教育作为一项重要的政治任务。特别是各单位书记,要把责任意识树起来,把主体责任扛起来,从具体工作抓起,用具体工作来检验。要加强指导督导,把重点放在基层一线,放到党支部,注意及时发现苗头性问题。鼓励各基层创造性地开展学习教育。要坚持围绕中心、服务大局,把学习教育同做好中心当前工作结合起来,同落实好本单位本部门各项任务结合起来,做到两手抓、两促进,避免两张皮。"学"得怎么样、"做"得是否合格,最终体现在推动中心工作、促进中心事业发展上来。

同志们,我们的党已经走过95年的历程,发展成为带领全中国人民建设现代化国家的执政大党,成为在世界政治舞台上举足轻重的政治力量。作为其中的一员我们感到无比光荣。我们要增强自豪感、使命感,团结带领党员职工进一步树立政治意识、核心意识、大局意识、看齐意识、首善意识,真抓实干,锐意进取,为中心事业发展贡献积极的力量,为完成市委、市政府赋予我们的光荣任务而努力奋斗,为党旗增光添彩!

北京市公园管理中心"十三五"时期事业发展规划纲要

一、规划背景

(一)中心"十二五"期间工作回顾

"十二五"时期是中心成立以来快速发展的五年。在北京市委、市政府的坚强领导下,中心系统各单位坚持以"科学发展观"为指导,站在建设世界城市高度,紧紧围绕"人文北京、科技北京、绿色北京"战略和北京"四个服务"(为中央党、政、军领导机关的工作服务、为国家的国际交往服务、为科技和教育发展服务、为改善人民群众生活服务)职能,按照"服务首都生态文明建设、传承北京历史名城文化、打造世界一流名园"总体目标,通过"构建四个基本构架,融入首都十大发展格局,推进六大体系建设,实施五个方面19项重点工程"措施,解放思想、紧抓机遇、积极进取,着力打造全国公园行业典范,有力推动了中心系统的整体科学发展,较好地完成了"十二五"规划确定的目标任务。经过"十二五"期间的发展建设,中心系统综合服务能力显著提高,综合管理水平和管理效率大幅提升,可持续发展能力明显增强,以历史名园为核心的首都世界名园体系建设初见成效,行业引领作用进一步凸显,国际知名度和社会影响力大幅提升。

1. 基本情况

(1)强化职能,中心地位和作用进一步凸显。中心作为首都重要的公共服务部门,结合首都公园事业发展新需求,搭建多元化公益性综合服务平台,认真贯彻市委、市政府决策部署,切实履行工作职责,主动服务首都经济社会发展大局,模范推进首都公园事业全面发展。"十二五"期间,高标准完成国家重要外事任务接待和中央单位、驻京部队服务,累计接待部长级以上外事任务1439批次,服务党的十八大代表和全国"两会"代表共1345人次。高水平完成市政府为群众办实事折子工程6项。"十二五"期间,圆满完成"五一"、"十一"、全国"两会"、党的"十八大"和"中国人民抗日战争暨世界反法西斯战争胜利70周年纪念活动"等一系列重大活动和重要节日景观布置,营造了隆重热烈、欢乐祥和的环境氛围。"十二五"期间,市属公园累计接待游客47583万人次,游客满意度持续保持在95%以上,综合服务接待能力不断增强。"十二五"期间,成功组织庆祝建国65周年国庆游园活动,开展30多项"红色之旅、赏秋之旅、文化之旅"文化活动,接待游客357.5万人。高标准完成亚太经合组织会议期间APEC高官会代表团和APEC领导人配偶集体活动的服务保障、文化展示和景观布置任务,完成接待任务17批次,服务游客195.8万人次。中心在重大接待任务中的优质服务、优良效率成了公园外事接待的新标准、新常态,有力推动了首都公园事业发展,为首都重大活动做出了重要贡献。

(2)集中力量,中国园林博物馆建设与运营开创新纪录。举全中心之力,攻坚克难,历时21个月,圆满完成中国园林博物馆筹建任务，完美亮相2013年第九届中国（北京）国际园林博览会，实现了"经典园林、首都气派、中国特色、世界水平"的建馆目标。园博会期间开放运营，召开园博馆论坛，举办"北京公园文化周"主题系列展示活动和临时性展览近百项，服务游客162万人次，接待任务600余批次，受到社会各界的普遍赞誉。探索独立运行规律和经营模式，管理人员和保障资金落实到位，逐步完善常态化、专业化管理模式和运行机制，实现了从筹建到会期管理再到独立运营的平稳过渡，创造了当年建成、当年开馆、当年平稳运营的非凡速度与成就。

（3）统筹推进，历史名园保护建设实现新突破。探索历史名园保护新模式，创新机制，建立历史名园保护协调管理平台，完善历史名园专项保护制度，推进公园总体规划和文物保护规划修编，发挥历史名园整体资源效应。坚持区域发展与历史名园保护相协调原则，多渠道争取政策，借助中轴线申遗，推进景山寿皇殿、天坛外坛等公园核心区内驻园单位和居民搬迁。完成北海静心斋及团城、天坛北神厨、北宰牲亭、陶然亭慈悲庵等重点文物修缮工程，加快推进颐和园须弥灵境、北海万佛楼大佛殿、香山昭庙等少数民族建筑群修复，复建香山永安寺、静宜园28景等重要历史文物遗迹，稳步推进天坛牺牲所建筑遗址复原、紫竹院行宫和双林寺塔遗址保护、玉渊潭万柳堂历史遗迹考证等建设项目。开展植物园樱桃沟景区生态修复、天坛西北外坛景观提升、动物园白熊展区环境改造等公园景观提升工程，实施天坛透水铺装、玉渊潭地下线缆、陶然亭公园地源热泵等基础设施建设，全面加强古树复壮、园林植保无公害防治、水体治理、绿化改造、环境布展等工作，历史名园原真性和完整性得到大力保护，生态环境质量得到持续提升。开展颐和园、天坛世界文化遗产监测，保护关口前移，将遗产保护工作水平提升到新的高度。逐步完成公园可移动文物清点登记，可移动文物保护、修复力度得到进一步加强。

（4）科学管理，综合服务管理水平持续提升。以标准化体系建设和绩效管理为抓手，建立全面覆盖、信息共享、精细管理、高效服务的综合服务管理体系，推进"智慧公园""智慧颐和园""天坛·智惠创新管理模式"建设，利用科技手段支撑公园管理智能化服务，切实提高公园规范化、标准化服务和精细化、科学化管理水平。深入开展"门区微笑、志愿服务、亲和安保行动"，建设公园志愿服务示范体系，成立北京市公园志愿服务总队，大力发挥非紧急救助服务平台作用，延伸9项公共免费服务措施，建立景区无线网络覆盖，完善电子票务系统，升级高清监控设备，建设综合信息共享服务平台，完善优化游览服务设施，实行园容卫生社会化管理，健全网格化管理模式，实现管理向精细化提升，高效践行"以游客为中心、以服务为宗旨"的工作理念，公园经营管理水平持续提升。公园高档餐饮和私人会所专项整治取得积极进展。

（5）深挖内涵，公园文化建设成效显著。着力发挥文化引擎作用，不断挖掘历史名园文化资源，努力打造公园特色文化品牌，以"一园一品"文化活动、北京公园节等为依托，不断丰富文化建设内涵，完成天坛春节文化周、香山红叶节和陶然厂甸庙会等传统特色文化活动，举办市属公园"十项历史文化主题展览"，公园文化活动品牌效益凸显。不断拓展文化外延，举办天坛神乐署赴法国演出、"三山五园"文化全球巡展、园博馆引进意大利"威尼斯之辉"文物大展等国内国际文化交流活动,扩大了北京公园文化影响力。不断创新文化载体,成立了北京市公园绿地协会历史名园分会、颐和园学会、北京坛庙文化研究会等,构建公园管理交流平台,加大公园文化体系研究力度,以天坛神乐署雅乐中心创新工作模式为试点,构建文化服务综合管理体系。不断培育文化创意品牌,依托历史文化资源优势,策划世界名园文化节、中国祭祀文化中心、园博馆园林文化大讲堂、陶然亭暑期恐龙展等一批内涵丰富、创意新颖、特色鲜明的文化创意品牌。聚集公园文化资源优势,实施非物质文化遗产保护工程,加快北京市中和韶乐非物质文化遗产、听鹂馆寿膳制作技艺等非物质文化遗产项目申报,提升文化品牌知名度。创新工作方式,实行公园开放办活动,加强微博、微信等自媒体建设,引进各界优势资源,逐步实行专业化组织策划,社会化投融资和市场化管理运营,公园文化建设逐步进入良性轨道,公园传承首都历史名园文化功能的阵地作用进一步凸显。

(6)创新模式,平安和谐公园建设稳步推进。不断探索科技创安新思路,推进公园智能化管理,建立智能安全保障应急指挥调度系统,以"平安香山"为试点建设游客紧急救助系统,率先实现安全管理系统平台集约化、一体化。以安全标准化和安全文化建设为抓手,围绕"五个一"工程、"四点一线"安全风险评估,坚持五防并举、构筑三道防线,开展第三方安全检查,积极构建"北京公园模式"安全文化建设体系。落实《北京市属公园安全管理规范》,开展安全文化建设绩效评估和"雷池行动"计划,大力推行管理、科技、服务创安,构建智能安防体系。以"公园是我安全的家"为主题开展系列安全游园宣教,建立健全"打非治野"专项整治长效机制。启动紧急救助服务点建设,建立网格化管理机制,探索新型安保模式,推进安保队伍专业化进程。坚持专群结合,齐抓共管,全国"两会""国庆"游园、APEC会议等重点时段实施游客入园安检措施,营造了祥和、有序的游园环境。坚持"安全第一、预防为主"方针,引入第三方安全检查,严格落实安全工作责任制。公园执法平稳开局,强化执法队伍培训,填补了市属公园执法空白,有效净化了公园游览环境,维护公园安全稳定,营造和谐安定的发展环境。

(7)技术引领,科教支撑能力显著增强。发挥中心科研教育优势,科技创新取得突破,编制和参与编写12项国家行业和地方标准,完成了一大批国家和省部级课题、重点科技项目,多项课题获省部级科技进步奖。园林科研所顺利完成"所改院",建立了首家国家认证园林绿化检测中心,构建"三室一中心"(园科院绿化植物育种、园林绿地生态功能评价与调控技术、动物园圈养野生动物技术3个市级重点实验室和北京植物园北京市花卉园艺工程技术研究中心),依托技术创新服务平台,为首都园林绿化行业服务。建立科技项目成果库,不断加大城市园林生态、园林绿化、植物引选育等重大基础性课题研究。着力加强科技研发转化与推广,推进古树(大树)衰亡原因诊断与保健技术、生物防治、杨柳飞絮治理、增彩延绿等示范项目的应用和推广。强化公园科普阵地作用,坚持"四化五性"基本思路,提升"4+1"(即科普游园会、宣传月、夏令营、科普日及百项科普项目)科普品牌影响力,构建"馆、地、屋"科普格局,开设"公园第二课堂""科普进社区"等活动,发挥公园科普教育平台作用,增强服务首都生态文明的辐射影响力。园林学校全面推进国家级示范校建设,深化教学改革和办学模式,逐步形成学历教育、继续教育、技能培训三种办学途径互补并进的新局面。中心党校全面发挥好党员、干部培训基地作用,更好地为中心培养各个层面干部。

(8)绿色发展,生态文明建设水平全面提升。中心工作坚持以生态文明建设为主导,公园绿化、景观改造提升、水体治理、无公害防治、生物多样性保护等工作稳步推进,公园生态环境得到明显改善。积极推广绿色垃圾处理、中水利用等垃圾资源化技术,大力开展增彩延绿、绿色能源应用、植被乡土化、雨洪利用、节能照明等工程,持续实施地面透水铺装、公园精准化灌溉等措施,推动资源节约型、环境友好型园林发展,注重建设节能减排型公园,公园可持续发展水平不断提高,生态文明建设水平整体提升。

2. 基本经验

(1)始终坚持规划先行,一流标准,科学定位发展。站在北京建设世界城市高度,瞄准北京世界名园和服务首都生态文明的建设目标,中心以规划为先导,确立了"服务首都生态文明建设,传承北京历史名城文化,打造世界一流名园"发展目标,下先手棋,打主动仗,用规划和标准引领、规范工作,高起点、高标准、高水平推进各项事业,与时俱进,树立敢为人先、争创一流的思想,创造性推进公园发展建设,不断赢得发展先机,当好公园行业排头兵,公园综合质量和服务水平发生了质的飞跃。

(2)始终坚持科学发展、精品战略,提高发展质量。把握首都建设世界城市和生态文明目标取向,按照"传承历史名城文化、建设北京世界名园"发展目标,坚持科学发展,实施精品战略。在中心规划、建设、管理各方面,牢固树立精品意识,坚持资源节约,绿色发展,创新引领。加快实现从外延发展向内涵提升、从注重建设向建管并重、从数量规模向质量效益的转变,使中心事业实现了跨越式发展和历史性突破。

(3)始终坚持创新机制,狠抓机遇,破解发展难题。公园的公益特性与现实功能、投入差距形成反差,只有不断调和,兼顾历史名园自身职责与社会功能,不断创新思想观念、机制体制和方式方法,不断在改革、创新中寻找机遇,增强改革、创新、发展意识,强化合作共赢,协同发展,才能破解发展难题,完成历史赋予的使命,谋取更大的发展空间。

(4)始终坚持以人为本,服务游客,共享发展成果。坚持"以游客为中心,以服务为宗旨"的原则,树立管理就是服务的思想,不断提高服务意识,完善服务内容,丰富服务手段,转变服务方式,全面融入首都经济和民生发展及城市建设大局,把游人、职工满意度作为衡量工作成绩的标准,作为改进工作的出发点和落脚点。拓宽中心发展空间,管理好公园,服务好游客,造福于社会,不断提高行业管理和服务水平。

(5)始终坚持公益惠民,公共服务,创新管理理念。公园是改善城市生态环境和提高人民生活质量的基础性公益事业,首都公园是北京做好"四个服务"的窗口,市属公园坚持公益事业属性,不断丰富内涵,拓宽外延,积极拓展渠道创新载体,搭建公园行业"五优"创新示范平台,逐步建立、健全平台,推动公益事业管理模式,主动把中心各项工作融入"人文北京、科技北京、绿色北京"建设，围绕为社会提供最优最好公益性公共服务这一主线，努力在"三个面向""四个服务"中找准结合点，寻找突破口，拓展新功能，坚持"以游人为中心，以服务为宗旨"的原则，以提供人性化服务为核心推进建设管理。

（6）始终坚持大局意识，合力攻坚，创造非凡业绩。中心"十二五"各项规划任务的顺利实施，园博馆筹建等系列重大工作的圆满完成，得益于中心党委举全中心之力，集中资源、人才与技术优势，全中心"一盘棋"系统联动，统筹整合系统资源和力量，团结一心、协同共进，形成了攻坚克难的强大合力，造就了首都公园速度，营造了中心事业又好又快发展的良好局面。

（7）始终坚持真抓实干，务实作风，服务发展大局。思想建设是根本建设，始终把握正确的政治方向，坚持党要管党，从严治党，以改革创新精神推进党的思想、组织、作风、制度建设和反腐倡廉建设；坚持解放思想、实事求是思想路线，树立敢为人先、争创一流的思想和目标；坚持转变作风，大兴敢拼搏、肯较真精神，积极作为，与时俱进，扎扎实实抓落实，中心各项事业在首都服务发展大局中取得了实实在在的进展。

3. 存在问题

（1）行业引领作用虽然明显，但社会影响力还不大，有待进一步提高。公园作为首都核心对外服务窗口，在服务游人、服务行业、服务政府中发挥了重要的示范带头作用，在助推"人文北京、科技北京、绿色北京"建设中显示出不可替代的国内与国际影响力，行业引领作用凸显，但社会对中心的整体认知度还不够高，中心影响力还不够大。如何准确定位，认清行业发展趋势，把握发展机遇；如何立足公园实际，明确发展目标；如何处理好继承和发展的关系；如何处理好保护与利用的关系；如何集中优势，打造中心品牌，还需要进一步转变观念、解放思想、改革创新，创造性地开展工作。

（2）基础管理扎实有力，但创新管理理念不强，有待进一步推进。中心系统注重平台建设，统筹资源调配，管理机构健全，管理制度科学，管理模式不断优化，组织文化日益完善，管理硬件设施基本齐备，坚持"以游人为中心，以服务为宗旨"的工作理念，综合服务功能不断增强，但在管理机制创新、管理理念创新等方面还有较大提升空间，制度化、规范化和精细化管理与目标还存在差距，事业单位管理模式、人才队伍建设、工资分配制度、人才激励机制等基础工作还有待加大创新力度，制度、工作机制仍需不断健全完善。

（3）服务接待能力增强，但资源承载能力不足，有待进一步优化。中心始终坚持"以人为本"的服务理念，坚持"优美环境、优良秩序、优质服务、优秀文化"理念，让游客满意在公园，整体服务优质高效，游人数量持续增长，但服务供给与公众日益增长的文化需求之间仍然存在差距，公园整体服务管理水平的提升滞后于市民游客快速增长的多元需求，导致公园游览和服务空间不足，基础设施建设、周边环境整治驱动力不足，公园安全、文物保护、文化创意、服务管理等工作还有很大提升空间。尤其是节假日人流剧增，公园安全、服务、维护等方面压力不断加大。这对公园游览容量、秩序维护、服务设施建设等提出了更高标准，如何合理管控游客量，进一步升级改造硬件设施，如何进一步完善服务功能，进一步优化资源承载能力，是解决游客需求与公园服务供给能力之间矛盾的重要课题。

（4）经营收入稳步增长，但收支矛盾日益凸显，有待进一步缓解。中心 11 家公园游人量自 2008 年以来每年以 8%～10% 递增，经济收入稳步增长，但日益扩大的刚性支出需求和相对僵化收入机制的矛盾日益突出。中心作为财政补贴性单位，收入渠道单一，增长乏力，创收和经济压力日趋紧迫，公益属性及健康持续发展受到影响。需要打破单一门票经济桎梏，把资源优势转化为文化优势和经济收入，争取政策支持，理顺资金保障渠道，挖掘新的经济增长点，拓宽收入渠道，平衡好公益服务需求与供给之间的关系。

（5）文化事业蓬勃发展，但文化创意能力不强，有待进一步突破。中心以"一园一品"为核心，大力开展公园文化活动，不断挖掘公园历史文化内涵，初步形成了在全国具有核心竞争力和影响力的公园文化品牌，但目前公园文化弘扬和展示形式较为传统、单一，文化与现代科技的结合不够，文化创意能力不强，公园文化产业发展能力有待进一步增强。突出顶层设计，打造文化创意产业平台，通过运用现代科技，转变思维方式，强化自主创新，对传统文化进行创意包装，打造特色文化产品，在纪念品研发、文化活动、数字名园建设、文化衍生产物等方面加大文化创意力度，引领中心整体文化事业再上新台阶。

（6）中心人力资源丰富，但行业领军人才匮乏，有待进一步加强。中心系统人力资源丰富，一贯重视人才引进、培养与使用，不断深化干部人事制度改革，人才队伍结构逐步优化，整体素质大幅提升，为中心事业发展提供了坚强保障，但当前中心人才建设发展还面临一些现实问题和实际困难。干部队伍年龄结构老化，青年干部储备不足，年轻干部凤毛麟角；人才队伍结构不合理，管理难度大，改革包袱重，运行成本高；行业带头人不够，高技术、高技能人才使用激励机制不足；用人机制有待创新，干部的积极性和创新性不足，有待进一步加强。

（二）"十三五"期间面临的形势需求

"十三五"时期，是我国全面建成小康社会最后冲刺的五年，是全面深化改革取得决定性成果的五年，也是实现经济发展方式转变取得实质性进展的五年，这五年对未来发展将具有决定性作用。随着国家战略布局调整和首都发展方式的转变，以及广大群众对于改善民生、提高生活品质、建成小康社会的殷切期盼，给北京公园事业带来了前所未有的巨大挑战和发展机遇。中心作为首都的重要公共服务部门，"十三五"期间要认真贯彻习近平总书记系列讲话精神，站在服务首都核心功能的高度，抢抓机遇，统筹规划，锐意进取，建立新常态下良好工作机制，大力开拓中心事业发展新局面，在首都发展大局中承担重要任务，发挥更大作用，进一步发挥行业引领示范作用。"十三五"期间，中心发展主要面临以下形势需求：

（1）国家生态文明战略给中心发展增加了新动力。中心系统作为首都生态文明、绿色文明建设的主战场，在首都生态文明和美丽北京建设中担负的任务更艰巨，使命更光荣，新时期中心工作必将跨上新台阶。历史名园是园林绿化的高端形态，是社会文化的重要载体，历史名园建设的高产出、高价值、多效益特性日益凸显，是名副其实的"绿色引力"，是生态服务业的主阵地。北京历史名园已经成为一种稀缺资源，必将释放巨大的建设和管理需求，推动历史名园快速向前发展。

（2）京、津、冀区域协同发展为中心发展迎来了新契机。首都的和谐宜居城市定位和京、津、冀协同发展，必将对协同区未来生态文明建设、公园景区建设管理提出更高、更细、更新的要求。从更大空间、更大尺度思考中心工作，既是全系统自身发展的需要，也是广大市民和游客的迫切需求。

（3）首都"四个中心"新定位给中心服务提出了新要求。习近平总书记视察北京时明确了北京作为全国政治中心、文化中心、国际交往中心、科技创新中心的战略定位和建设国际一流和谐宜居之都的新目标，开启了首都科学发展新篇章。公园功能服务于北京"四个中心"定位和"和谐宜居"建设，公园就是市民、游人的"理想家园"，加快公园发展建设与首都定位一脉相承、息息相关，这对中心发展提出了更高要求和标准。

（4）首都历史文化名城传承和保护的升级给中心发展提供了新舞台。"十三五"期间首都发展全面提速，对历史文化的传承和保护也上升为国家重点任务，构建首都世界名园体系、北京中轴线申遗、公园历史文化遗产保护等工作持续发力，预示着北京公园跨越式发展时代的来临。未来一段时期，北京历史名园整体保护系统初步建成，公园文物建筑修复规模空前，基础设施体系建设整体完善，文物保护全面升级，文化建设全面繁荣，公共服务水平稳步提高，为北京历史名园保护与发展提供了新的展示舞台。

（5）推进事业单位深化改革为中心发展创造了新机遇。改革创新成为驱动社会发展的主力和时代潮流，推动事业单位改革进入实质性措施落地阶段。中心系统要找准新的发展定位，主动增加服务供给，扩大服务范围，激发自身活力，提升资源效益的市场化和社会化探索，引领新一轮的公园发展。

（6）全面推进依法治国为中心发展提供了新保障。公园建设管理在全面依法治国新形势下，必将进入法制化、规范化、精细化管理阶段，依法规划、依法建设、依法保护、依法管理，将进一步规范公园保护与管理，为公园发展建设提供强有力保障，依法治园将进一步常态化。

（7）文化大发展大繁荣为中心发展拓宽了新空间。游客日益增长的文化需求，每年近1亿人次游客的多元化和个性化需求对公园提出了新要求、新期待。公园是优秀传统文化的重要载体和展示传播窗口，以颐和园、天坛等为代表的皇家园林，是北京历史名园的核心，是中国优秀传统文化的精髓，这为繁荣历史名园文化、培育独具魅力的首都公园文化产业提供了不竭源泉和广阔的发展空间。

二、发展思路

"十三五"时期总体发展思路是：秉承国家"创新、协调、绿色、开放、共享"发展理念，围绕北京"四个服务"职能，创新公园事业发展新模式，保护好首都珍贵历史名园，传承好古都历史名城文化，服务好北京"四个中心"定位和国际一流和谐宜居之都建设。先行先试，引领首都行业发展，辐射津冀，服务全国，走向世界。抓住"一条服务主线"，搭建"两个展示平台"，确立"三步走"发展目标，服务首都"四个中心"定位，坚持"五大发展战略"，推进"六大体系建设"，实施"十六项重点工程"。

（一）指导思想

深入贯彻落实党的十八大以来党中央、国务院和北京市委、市政府一系列重大决策部署，以习近平总书记系列讲话特别是考察北京工作时的重要讲话精神为统领，深入落实科学发展观，牢固树立"创新、协调、绿色、开放、共享"发展理念，准确把握新时期首都城市发展战略定位，紧紧围绕北京"四个中心"定位和建设国际一流和谐宜居之都目标，以事业单位体制改革为突破口，全面深化改革，破解市属公园发展难题，创新"以历史名园为核心，教、科、文相互融合，共同发展的公园事业发展新模式"，努力把市属公园打造成北京历史名园体系的核心，打造成服务首都功能的核心资源。先行先试，探索国家重点公园管理示范体系建设，融入京、津、冀协同发展，重点推动公园文化创意产业，输出园林科教优势资源，引领首都行业发展，全力打造全国公园行业典范，努力建设具有世界影响力的国际一流历史名园。

(二) 工作原则

(1) 坚持科学发展，引领行业示范。在中心"十二五"规划"打造全国公园行业典范，争创世界一流名园"目标基础上，按照中央、市委、市政府提出的事业单位体制改革、首都"四个中心"定位、生态文明建设、京津冀协同发展等工作部署和要求，认真开展中心系统软硬件建设总结和提高工作，争先创优，建精品，创典范，形成标准，构建先进管理体系，先行先试，输出以市属公园为核心的历史名园、园林科教优势资源，发挥示范引领作用。

(2) 坚持创新发展，谋求改革突破。继续解放思想，改革开拓，突破思维定势，打破运行惯性，调整传统路径依赖，逐步理顺体制机制，抓住机遇，加快发展，逐步消除发展过程中障碍和束缚，把创新摆在中心发展全局的核心位置，不断推进理论创新、制度创新、科技创新、文化创新等各方面创新，以创新贯穿中心一切工作，以创新为驱动力，在现阶段成果基础上谋求新突破，实现中心整体事业的跨越式发展。

(3) 坚持协调发展，拓宽发展视野。准确把握首都"四个中心"战略定位发展趋势，顺势而上，主动作为，树立超前意识，追求一流标准，着力构建新的发展模式，使"十三五"规划既保持一定的前瞻性又立足发展实际，既赋予一定创新性又着眼于整体基础稳步提升。要把推动京、津、冀协同发展、疏解非首都核心功能、提升城市发展管理水平、建设国际一流和谐宜居之都作为发展机遇，坚持优势互补、合作共赢，高起点、高标准、高水平推进中心各项事业蓬勃发展。

(4) 坚持规划协同，推进"多规合一"。把握好服从发展与调控发展之间的关系，做到中心事业发展规划与公园总体规划、文物保护规划等其他各专项规划之间的有机衔接、协调统一，创新思维，积极探索，在文物保护、游人服务、安全建设、文化传承、管理利用等多方面充分发挥各类杠杆调节作用，多规合一，使公园进入一种动态均衡发展模式。

(5) 坚持服务共享，强化行业职能。以服务为宗旨，以游客为中心，服务民生，服务首都"四个中心"新定位，服务建设国际一流和谐宜居之都新目标，强化中心系统整体发展，构建优美环境、优良秩序、优质服务、优秀文化、优化管理的"五优"示范体系，寓管理于服务之中，探索社会公益性公共服务实现的最佳途径，提升管理输出，全面提升中心系统在公园行业的地位和作用，提升对首都乃至全国公园行业的辐射带动作用。

(6) 坚持与时俱进，优化建管理念。坚

持"以人为本"基本原则，把全面协调可持续发展作为规划工作出发点，把统筹兼顾作为规划工作基本方法，紧密围绕新阶段要求，适度前瞻，秉承生态文明、美丽中国建设理念，坚持创新发展，坚持绿色发展，不断健全工作机制，整合服务资源，优化发展环境；坚持协调发展，坚持共享发展，不断优化历史名园保护与发展并重的建设管理理念，坚持和谐宜居之都的共建共享，走质量提升、内涵发展之路，充分保证文化价值的最大传承，充分发挥历史名园的价值功能，持续完善基础设施，促进首都历史名园全面、均衡发展。

（7）坚持问题导向，谋划重大项目。坚持目标导向、问题导向和改革导向，紧扣制约公园发展难题，紧盯广大人民群众关心的热点难点问题，紧抓关系中心中长期发展的重大战略性问题，加强中心发展战略调研，提出解决路径和战略举措。研究事业单位分类改革、公园定位、生态安全等一批带动性强的重大事项，科学规划文物保护、文化发展、平安公园、民生改善等一批作用显著的重大项目，补短板、增后劲；促均衡、上水平，通过系列重大项目建设全面实现"十三五"规划发展目标。

（三）发展目标

1. 总体目标

总体目标是：秉承国家"创新、协调、绿色、开放、共享"发展理念，围绕北京"四个服务"职能，创新公园事业发展新模式，保护好首都珍贵历史名园，传承好古都历史名城文化，服务好北京"四个中心"定位和国际一流和谐宜居之都建设。先行先试，引领首都行业发展，辐射津冀，服务全国，走向世界。

"十三五"期间，通过创新事业单位分类改革，打造以历史名园为核心，教、科、文相互融合，共同发展的公园事业发展新模式。依托中心优势资源，科学建立符合市属公园实际的历史名园保护管理模式，科学编制历史名园保护规划，把市属公园打造成为北京历史名园体系的核心，使中心成为人文北京的窗口、科技北京的先行、绿色北京的精品。

"十三五"期间，立足北京"四个服务"职能，紧密围绕新时期首都"四个中心"功能定位，搭建多元化公益性综合服务平台，服务首都核心功能，模范推进首都公园事业全面发展。先行先试，引领首都行业发展，积极争取政策支持，逐步理顺资金保障渠道，让市属公园的公益服务属性更加凸显，公益服务供给更加丰盈，把市属公园打造成为服务首都功能的核心资源。

2. 具体目标

（1）建立北京历史名园核心保护体系。充分发挥中心世界文化遗产和国家级文物保护单位的聚集效应和品牌效应，大力推进两个世界文化遗产和历史名园保护建设，培育一批具备世界文化遗产、国家级文物保护单位申报条件的公园。实施市属公园核心发展战略，对市属公园历史文物保护工作开展顶层设计，科学编制保护规划，建立符合市属公园实际的历史名园保护管理模式，逐步推进、理顺历史名园保护投入机制，把市属公园打造成北京历史名园体系的核心，打造成为服务首都功能的核心资源，让历史名园的秀丽瑰宝跨越时空传承永续。引领行业示范，不断扩大国际知名度和影响力，带动北京其他历史名园和公园，向国际一流管理水平的历史名园行列迈进，保护自然生态和自然文化遗产原真性、完整性，成为北京历史文化名城的"金名片"。

（2）融入京、津、冀一体化发展格局，把中心工作放到首都发展大格局中去思考、去推动。形成"合理疏解功能、保护核心资源、优势资源输出"三条工作路径，推动京、津、冀三地协同发展，坚持公益属性，科学"瘦身健体"，疏解非公益服务功能，逐步将中心党校迁出北海公园，园林学校分部迁出天坛公园。

（3）奠定首都生态文化格局基础。以首都历史名园丰富的生态文化内涵引领、带动全市生态文明建设，推动绿色发展，建设美丽北京，实现共建共享，发挥引领示范作用，打造以历史名园为基础，以各历史名园为重要节点，通过生态廊道相互连接形成系统的首都生态文化格局，成为首都生态文明建设的重要支撑。

（4）建立首都园林科教文化资源服务平台。充分发挥各市属公园作为首都历史名园的文化作用，发挥中国园林博物馆、北京市园林科研院、北京植物园、北京动物园和北京市园林学校的科研、教育骨干作用，建立融园林文化、教育、科研、科普为一体的资源整合服务平台，强化信息共享、科研平台共享、优势资源共享，形成"政、产、学、研、用"紧密结合的协同创新体系，实现"四个支撑"发展目标，提升对首都园林绿化行业、绿色北京建设的支撑作用，充分发挥行业先锋和平台作用，全面促进中心科教文化事业发展，提升中心系统整体影响力。

（5）探索国家重点公园管理示范体系建设。采用分级保护与分类保护相结合方法，遵循"保护优先、适度利用、重点突出、协调发展"原则，加强对国家重点公园的保护与管理；研究国家重点公园保护、管理与控制模式，构建先进管理体系；探索国家重点公园管理示范体系建设，实现"原真性保护，合理性利用，持续性发展"目标，发挥国家重点公园引领示范作用，开创中心发展新局面。

（6）构建中心可持续发展管理体系。立足首都"四个服务"职能，遵循北京"四个中心"定位，科学调整中心战略目标和规划定位，遵照国家关于事业单位体制改革相关政策和要求，打造以历史名园为核心，融教、科、文为一体共同发展的公园事业发展新模式。以市属公园为先行，从优化内部管理机制入手，推进中心系统管理能力和管理体系科学化，以事业单位改革为契机，努力推进政策体制改革，促进公园公益服务供给更加充盈，推动历史名园保护管理更具可持续性。

三、发展战略

未来五年发展战略是：抓住"一条服务主线"，搭建"两个展示平台"，确立"三步走"发展目标，服务首都"四个中心"定位，实施"五大发展战略"，推进"六大体系建设"。

（一）抓住"一条服务主线"

中心作为首都重要的公益性服务机构，未来发展核心将坚持科学发展，立足以市属公园为核心的历史名园，充分发挥教、科、文优势，以更好地服务广大游人和市民为工作主线，打造具有国际影响力的全国公园行业典范。

（二）搭建"两个展示平台"

面对新形势、新任务，主动适应新常态、新要求，深挖潜能、整合资源、集中力量、突破创新，找准定位，实现"健全制度，固本强基，创新公园事业发展新模式；管理输出，引领示范，打造公园行业典范新目标"，搭建历史名园保护展示和服务管理示范展示两个平台。整体提升市属公园品质和形象，树立公园行业标杆引领作用，整体提升中心影响力。

1. 搭建历史名园保护展示平台

（1）完善历史文物保护与展示建设。逐步完善历史名园保护与管理利用机制，保护关口前移，加强遗产和文物监测，变被动为主动，坚持"保护为主、抢救第一、合理利用、加强管理"方针，真实再现历史名园历史原貌，保护古都历史格局的原真性和完整性。充分挖掘历史名园文化内涵，在古都风貌保护、文化创意产业、文化服务体系建设和国际文化交流等方面发挥文化引领作用，打造特色文化品牌。

（2）完善基础设施建设。建立与历史名园发展相配套的基础设施、服务设施、安保设施等多元化建设格局，进行统一规划和改造，推进历史名园服务综合体系建设，实现动态管理，加大历史名园基础设施更新、改造和修缮、管理力度，消除公园地下管网设施老化等安全隐患，提高历史名园文物保护和为游人公众服务水平，实现历史名园全面、协调、可持续发展。

（3）完善园林景观提升建设。突出历史名园景观特色，遵照公园总体规划和文物保护规划，延续公园历史景区景观意境，创新公园建设，通过增彩延绿等打造公园经典景观；创新绿化管理，通过精心养护保证园林精品景观可持续性；创新生态管理，通过节水节能等构建资源节约环境友好型园林，切实保护古都风貌。

（4）完善可移动文物保护建设。建立可移动文物保护管理机制，制定相应保护标准，完成可移动文物普查建档、鉴定定级、文物保护和文物修复等基础性工作，加强文物信息采集，搭建文物数字化平台，研究文物保护、管理、陈展的有效方法，以文物为媒介，开展文物巡展、互展和学术交流，扩大中心影响力。

（5）完善可持续发展建设。建设历史名园资源集约化管理示范平台，积极推广垃圾减量化和资源化、绿色能源应用技术，大力开展乡土植物应用、园林植物新品种推广、中水利用、雨水回收、透水铺装、节能改造等节约型建设，推动资源节约型、环境友好型园林建设，整体提升公园可持续发展能力，提升中心系统生态文明建设水平。

2. 搭建服务管理示范展示平台

（1）构建首都和京、津、冀区域生态文明建设示范。发挥首都历史名园区域生态优势，在景观改造提升、生态治理、水体保护、绿色廊道建设、无公害防治、生物多样性保护、"增彩延绿"和杨柳飞絮控制、良种繁育等方面建立生态文明示范区，构建生态文明建设体制、机制，借助"京、津、冀园林科技创新战略联盟"，加快技术成果转化和示范应用，推动绿色发展、循环发展、低碳发展，建设美丽北京，服务京、津、冀生态一体化，实现共建共享，带动全市生态文明建设，加快推动京、津、冀协同发展。

（2）构建文化品牌示范。坚持"文化建园"方针，着力培育公园文化品牌，提升公园文化内涵，大力挖掘世界文化遗产、皇家园林、历史名园文化资源，利用京、津、冀地缘相接、文化一脉等有利条件，搭建京、津、冀公园景区文化展示和传播平台，整合资源、综合推广，创新文化活动，加快公园文化创意产业发展，加强非物质文化遗产保护，健全公园文化研究机构，注重文化载体建设，带动全国公园行业文化建设、发展和交流。

（3）构建公共服务示范。坚持以游客为中心，以服务为宗旨的原则，围绕"三个面向"，履行"四个服务"职能，发挥公园服务主体作用，搭建中心公共服务公益示范平台，以信息化建设为手段，丰富服务内容，创新服务方式，提高服务效率，健全科学有效的长效服务机制，不断强化服务功能，拓展服务外延，主动为中央和驻京单位提供针对性服务，为京、津、冀地区经济社会发展提供全方位服务，为市民和游客提供个性化服务。

（4）构建管理模式示范。加强公园行业政策法规研究。吸收、运用国内外最新管理成果，建立公园可持续改进管理体系。着力推进公园管理理念、方法和制度创新，不断健全中心管理机构，优化管理制度，推广网格化管理等管理模式，增强综合服务功能，深化公共服务建设，提高公共服务能力和水平，积极构建公园行业创新发展示范平台。

（5）构建科教创新示范。充分发挥中国园林博物馆、北京市园林科研院和北京市园林学校在同行业建设中的作用和能力，主动输出优势园林科教资源，推动京、津、冀三地协同发展，大力推进共建共管、社会合作，开展技术、管理、学术交流活动，构建融园林科研、教育、文化为一体的资源服务平台，建立京、津、冀园林科技创新战略联盟，构建"政、产、学、研、用"紧密结合的协同创新体系，加速成果转化，开展科技攻关，建立人才培养新机制，推进团队建设，不断扩大京津冀、国内、国际行业交流，努力在行业建设理论和实践上取得突破，发挥引领示范作用。

（三）确立"三步走"发展目标

确立"打造首都历史名园典范、全国公园行业典范、具有国际影响力的世界一流历史名园典范"三步走发展战略，是实现中心发展目标的必然途径。

中心发展第一步战略目标是 2016～2017 年，将市属公园打造成为首都历史名园典范，补全管理中短板，苦练内功，外提影响，构建公园可持续发展管理体系，管理制度和管理模式科学有效，配套服务设施明显提升，综合服务能力显著增强，行业引领作用更加凸显。

中心发展第二步战略目标是 2018～2019 年，全面巩固历史名园建设成果，强化公园文化创意、生态建设和科技创新，形成完整管理体系，创立北京市属公园行业管理品牌，创新示范，引领行业发展，全方位满足社会发展需求，成为全国公园行业典范。

中心发展第三步战略目标是 2019～2020 年，围绕北京城市定位和功能，充分发挥中心系统文化、科教和管理等资源优势，加强同国内外同行业间的交流合作，以国际化视野，面向社会输出品牌，提升中心在国际上的影响力和知名度，建设成为具有国际影响力的一流历史名园典范。

（四）服务首都"四个中心"定位

习近平总书记提出，要明确城市战略定位，坚持和强化首都"全国政治中心、文化中心、国际交往中心、科技创新中心"核心功能。中心作为公益事业单位，是首都"四个服务"的重要窗口，"十三五"期间主动融入"人文北京、科技北京、绿色北京"建设，努力在"三个面向"、"四个服务"中找准结合点，寻找突破口，拓展新功能，更好地为首都"四个中心"定位服务。

（五）实施"五大发展战略"

（1）实施管理战略。树立"管理就是服务"思想，建立可持续改进的管理体系，运用国内外先进管理方法，健全中心管理机构，优化管理制度和管理模式，创新管理机制和管理理念，提高管理水平，促进管理制度化，促进管理全覆盖。正确认识传承和发展的关系，统筹兼顾生态、社会、经济三种效益关系，进一步明晰中心发展定位、发展方式、实施路径、落实保障等问题，优化中心发展方式，努力提高内涵式发展的能力和水平，积极构建公园行业发展创新管理平台。

（2）实施服务战略。坚持以游客为中心，以服务为宗旨的原则，坚持中心公益事业属性，搭建"五优"创新示范平台，不断提高服务意识，完善服务内容，丰富服务手段，转变服务方式，把市民和游人满意度作为衡量工作好坏的标准，作为改进工作的出发点和落脚点，全面提高"四个服务"能力。

（3）实施文化战略。坚持"文化建园"方针，深挖中心系统历史文化内涵。发挥中心系统作为优秀传统文化重要载体和展示传播窗口的功能，建设标志性文化设施，大力发展文化创意产业，举办国际性文化活动，不断创新文化活动内容和形式。坚持文化建园工程，丰富景观内涵；坚持文化展示工程，提升公园价值；坚持文化育人工程，提高整体管理能力。

（4）实施安全战略。牢固树立"安全是主线，也是底线"理念，始终把安全稳定工作放在首位。站在新起点，面临新机遇，要实现中心又快又好发展，必须与时俱进，以"管理创安、科技创安、服务创安"为主线，推进安全文化建设，创新安全理念，探索科技创安新常态机制，建立有效的安全保障体系，推进公园行业安全典范建设。

（5）实施人才战略。坚持人才资源是第一资源，按照行业特点，尊重知识，尊重人才，尊重劳动，鼓励创新，依靠人才发展中心各项事业。建立不拘一格选配发展所需人才的用人机制，积极搭建人才培养平台，营造良好的优秀人才培养环境。

（六）推进"六大体系建设"

开展遗产保护、文化传承、平安公园、园林科教、智慧园林、专业人才"六大体系"建设，推动中心各项事业全面发展。

四、基本任务

按照实现遗产保护、文化传承、平安公园、园林科教、智慧园林、专业人才"六大体系"建设需求，从全局角度统筹安排"十三五"时期中心发展建设重点任务，具体如下：

（一）遗产保护体系

依据《北京城市总体规划（2004—2020）》《北京历史文化名城保护条例》和《北京市公园条例》等相关文件，坚持以保护为主的发展原则，全面推进中心系统发展建设，以世界文化遗产为龙头，有效保护历史名园，日益完善基础设施，明显提升公园景区质量和景观水平，显著增强可持续发展能力，建立完善的公园建设管理体系。

1. 科学规划，有效保护历史名园

一是推进世界文化遗产申报，凸显中心发展地位。市属11家公园中，颐和园和天坛已通过世界文化遗产申报，"十三五"期间将全力推动申遗承诺实现，恢复颐和园、天坛完整性和原真性，景山公园、中山公园、北海公园作为北京皇城不可分割的部分，"十三五"期间按照北京市中轴线申遗整体工作安排，大力推进景山公园、中山公园、北海公园世界文化遗产申报工作。

二是保护传承历史名园，彰显首都文化底蕴。中心所属11家公园均为北京首批历史名园，历史名园是北京古都风貌重要组成部分，拥有无可替代的历史、艺术和科学文化价值，不仅是北京作为历史文化名城的重要载体，也是北京古都风貌的直接体现。"十三五"期间按照历史原貌逐步推进一批重点文物建筑的修缮和复建，真实再现其历史风貌，传承北京皇城历史格局的完整性和真实性，保护北京历史文化名城格局。

三是加强文物建筑维护，实现文物周期性修缮。按照《公园总体规划》和《文物保护规划》要求，稳妥有序安排文物建筑修缮计划，加强文物建筑保护监测和日常巡查，实现常态化周期性保护管理。按照法律法规规定，建立历史名园日常维护和定期修缮相结合的资金保障制度。坚持科学严谨设计、方案论证和精细施工，严格工程修缮管理，重点加强古建文物修缮管理水平，不断提高文物修缮质量。

四是制定文物保护规划，缓解环境承载压力。制定颐和园、天坛两大世界文化遗产的专项保护措施，制定与历史文化名城保护规划相衔接的历史名园保护规划。制订实施方案，在游客高峰期，采取分时分区管理、价格调控、预约限流等措施，缓解历史名园的接待压力。

2. 统筹推进，持续提升公园硬件设施水平

一是完善基础设施建设，提高公园服务设施水平。公园各类基础设施尤其是地下管网建设年代久远，老化严重，"十三五"期间将通过公园综合管沟建设消除地下基础设施安全隐患，提高为游人服务设施水平，保证公园可持续发展。

二是实施公园周边区域环境整治，提高公园承载力。"十三五"期间加快推进公园总体规划实施，创造条件收回公园周边规划用地，通过环境整治尽快予以开放扩容以缓解公园游人压力。同时，加强公园周边区域环境综合治理，实现公园内外同步协调发展。

3. 节约创新，实现历史名园可持续发展

加大公园养护与景观提升改造力度，保护、营建精品园林景观。保护公园生物多样性和生态环境，科学合理种植、调整乔灌木和地被植物，争取最大生态效用。在保证公园景观风格统一前提下，突出"一园一品"特色植物，加大公园代表性景观植物培植力度。在古树保护、花卉养育、草坪管理、花卉展览等各领域推广使用新产品、新技术。提升公园园林管理科技水平，探索大数据时代园林管护模式，落实"海绵"公园建设，引领生态文明建设，延续公园园林景观意境。

（二）文化传承体系

挖掘和弘扬历史名园优秀文化，优化文化传承模式，大力发展文化创意产业，突出园馆院校文化特色，提高中心整体服务能力和服务水平，打造独具魅力的首都文化服务品牌，打造文化产业与旅游产业相结合的复合型产业链，推动中心整体文化事业繁荣发展，更好地服务北京"文化中心"定位。

1. 打造品牌，提升中心系统文化活动内涵

市属公园多年来一直坚持"文化建园"方针。文化是公园的软实力，是北京历史名城的文化内涵和重要载体，提高、整合公园文化资源，打造整体文化活动体系，兼顾共性，突出个性，合理布局，树立核心品牌，提升公园文化活动内涵。一是要发挥市属公园丰富的世界文化遗产、皇家园林和历史名园文化资源优势，搭建京、津、冀公园景区文化展示和传播平台，促进京、津、冀公园景区一体化文化交流、融合和发展。二是要依托中心系统资源优势，紧密对接2022年冬奥会筹备工作，突出主题文化，丰富、完善、巩固具有公园文化特色的百项系列文化活动，

打造公园文化活动品牌，提升文化活动和展览展陈水平。三是充分利用园博馆研究、宣传教育和展示功能，发挥园博馆平台作用。

2. 创新体制，打造特色商业文化

探索中心文创发展新模式，创新管理体制，适应旅游市场发展需求，形成科学合理的商业营销体系，理顺营销机制；加大商业企业运营研究，建立商业营销专业化团队；大力加强文化创意产业，制定旅游文化商品产品规划，加大旅游纪念品研发力度，提高旅游商品文化内涵，满足旅游者多样化、个性化需求；加强与社会优势资源合作，通过资源互换、加盟合作、利益共享等模式，引入专业技术、新颖创意和优势资源，优化公园经营结构，加快建立符合市场需求的便捷、高效多渠道销售网络，实现公园商业企业良性运营，形成特色商业文化。

3. 完善制度，加强可移动文物保护与利用

按照第一次全国可移动文物普查工作要求，开展市属公园可移动文物普查建档和鉴定定级等基础性工作；完善文物库房、展厅展览等文物保护措施；对破损文物开展抢救性修复；争取政府资金，设立可移动文物保护专项经费；完善文物保护管理机制和标准；加强可移动文物的合理利用，引入市场机制，服务大众，开展公园文物展览、海外巡展、互展和学术交流活动，提高公园文化内涵，扩大北京历史名园影响力；鼓励公园文物学术研究与应用，着力培养、造就一支高素质文物管理与修复的专业队伍。

4. 以人为本，加强文化服务设施建设

公园文化服务硬件设施也是公园软实力的重要体现，是公园服务能力和水平的重要载体。加大公园文化服务设施建设维护力度，建设一批具备国内、国际先进水平的文化服务设施，将历史名园打造成首都文化的亮点。

5. 多措并举，提高为游客服务水平

全面落实《市属公园服务管理规范》，建立一套科学、明晰的公园文化服务管理和实施准则；加强公园文化服务队伍建设，吸引各类优秀人才从事公园文化服务领域，培育一支精通园林文化、具有现代管理理念和视野、善于创新的公园文化服务队伍，为市民和游人提供高水平文化服务。进一步完善非紧急救助服务，畅通游客需求表达渠道，促进公园服务不断创新。

（三）平安公园体系

平安公园既包含安全服务市民和游人，同时也包含加强公园自身安全管理，提高公园应急处置能力。安全是各项工作的标准和底线。站在新起点，面临新机遇，安全工作也要与时俱进，创新安全理念，加强安全文化建设，完善发展思路，管理创安、科技创安、服务创安，推进公园职工安全技能素质建设，探索新常态机制，建立有效的平安公园体系，实现"公园是我安全的家"发展目标。

1. 推进预案建设，适应安全管理新常态

坚持"安全第一，预防为主，综合治理"方针，把应急管理作为安全工作重中之重。按照市属公园特点，加强事前隐患排查治理，构建以日常应急管理管控机制、应急事件发生前预警机制、发生应急事件时的响应机制、协调机制和媒体应对机制、善后处理机制为主要内容的应急预案体系，采取及时有效的处置办法，将机制固化于制度之中，提升公园应急管理水平和管控风险能力，预防和应对公园突发事件，防范恐怖暴力和个人极端行为，增加市民和游客的安全满意度，保障

市民、游客、职工人身安全和公园文物古建安全，维护首都安全稳定。

2. 推进科技建设，满足安全管理新要求

以"智慧公园"建设为载体，以安全管理创新为主线，深化科技创安工作，建设数字高清视频监控系统，整合视频监控报警信息资源，建立"核定、安检、发布、疏导"四位一体的科学游客流量管理系统，提高游客游览舒适度。充分发挥监控、广播、安检和互联网作用，推广新技术、新设备，实现各公园应急指挥系统信息即时共享，各部门统一协作应对，保证无论何时何地的通讯畅通，提高预知、预警和协同高效处置能力，使中心的科技创安工作走在全国公园系统前列。

3. 推进文化建设，打造平安和谐公园

注重安全文化引导教育，完善安全文化制度，强化安全文化执行，加强安全文化宣传，让安全文化内化于心、固化于制、外化于形，内延外伸，培育广大职工对安全的自觉、自愿、自需、自求意识，逐步转变安全理念，建立"人人自觉管安全、管好安全为人人"的安全氛围。创建安全文化"北京公园模式"，打造"公园是我安全的家"平安公园理念，积极开展安全生产标准化建设。加强安保队伍建设，落实百名"公园安全管理师"培训计划。

4. 推进法治建设，提升安全管理水平

以新修订的《安全生产法》和《北京市公园条例》为标准，完善公园安全管理规定和法律法规，建立公园安全保障法律体系。加强执法人员专业培训，严格遵守行政执法处罚程序，做到文明执法、公正执法，总结和推广执法经验，提高执法保障能力和应急处置水平，切实提高排除安全隐患的能力，有效遏制各类安全事故，创建北京公园安全生产标准化典型。优化执法力量配备，做到执法范围覆盖公园每一个角落，保障执法装备齐全、有效，准确采集违法证据，全面提升执法能力。充分发挥公园窗口作用，大力宣传安全理念、安全法律法规及重大安全举措，在中心系统营造遵守安全法律法规和安全管理规范的和谐氛围，牢固树立安全意识。

（四）园林科教体系

充分发挥中心系统资源和人才优势，依托中国园林博物馆、北京市园林科研院、北京植物园、北京动物园和北京市园林学校的科研、科普和教育龙头作用，以科研攻关、科技创新、成果转化为核心，推进科普品牌化、常态化，全面深化教育模式改革，调整优化科技人员结构，探索一套适应首都发展需求的科技教育体系，力争在遗产与历史名园保护、古树保护、珍稀动植物保护、种质资源保存、新品种培育、无公害防治、杨柳飞絮防治等园林生态与文化研究方面取得新突破，科研成果推广应用取得新成果，园林科普水平提高形成新亮点，园林职业教育取得新进展，实现园林科教"四个支撑"发展目标，全面促进中心科技教育发展，发挥行业引领作用。

1. 强化科研攻关，对接社会发展需求

结合京、津、冀区域协同发展和首都宜居城市建设需求，强化应用性科研项目研究，开展节约型、生态型和环境友好型绿化建设与养护技术研究，服务首都园林绿化行业战略发展；依托中心科技成果，紧密结合公园发展需求，实施低碳绿化养护管理、绿化废弃物循环利用等技术集成推广示范，强化新技术推广应用，打造科技兴园典范；围绕历史名园保护，拓展科技创新平台，打造中国园林历史研究中心、中国传统园林艺术及技术研究中心、中国园林古建筑研究中心等园林历史文化研究平台，促进科研条件、科技水平提升。

2. 引领行业发展，推动园林科教资源输出

依托中心园林科教资源、人才储备和行业优势，本着"优势互补、相互促进、紧密合作、互利共赢"原则，借助"京、津、冀园林科技创新战略联盟"，推动三地辐射带动，在园林生态功能评价与优化技术、园林绿化废弃物循环利用、园林有害生物生态治理等领域加快技术输出，积极推进科研成果转化落地。主动开展合作研究，实现优势互补、良性互动、共赢发展，有效改善区域生态环境质量。开展互助帮扶，提升区域整体研发和创新能力，积极助力京、津、冀协同发展。

3. 创新科普形式，提升公共服务水平

充分发挥中国园林博物馆、动植物专类园、北京市园林科研院和北京市园林学校的科普教育优势，突出世界文化遗产单位、历史名园的科普教育特色，整合中心资源，拓展中心"4+1"科普活动品牌影响力，实施"两个一"（一园一品牌、一园一特色）科普品牌创建工程，打造特色科普品牌。依托中心科普资源优势，开展科普基地申报工作，实现科普教育基地在中心系统各单位全覆盖，构建"馆、地、屋"科普新格局，建立特色鲜明、运行规范的行业科普典范基地。建设中心科技资源数字化平台，增强科普的及时性、互动性和广泛性。拓宽科普渠道，强化新媒体、自媒体应用，提升中心科普工作影响力。健全中心系统科普组织机构，培养和引进专业人才队伍，构建一个长效、稳定的科普工作组织体系，提高中心科普工作能力和水平。

4. 提升综合实力，引领园林职业教育新发展

发挥北京市园林科研院和北京市园林学校科研与教育资源优势，对接京、津、冀协同发展新格局，坚持以就业为导向，优化专业设置，深入开展现代职业教育改革，应用信息化教学方法，提高教学质量。加强师资队伍建设，建设一支师德高尚、业务精湛、结构合理，以"双师型"为主体的专、兼职教师队伍；深化校企合作，加强校内外实训基地建设，开展"现代学徒制"研究与实践，推进首都园林职业教育集团建设，发挥教育平台作用，面向行业开展多层次、高质量的职业教育与技能培训。

（五）专业人才体系

坚持党管人才原则，运用科学系统理论，切实加强人才资源能力建设，不断完善干部和职工管理机制，优化管理、专技、工勤三支队伍结构，努力培养和造就一支结构优化、素质一流、富于创新的干部人才队伍，为中心发展战略提供坚强的组织、人才保障和广泛的智力支持。

1. 强化管理，统筹抓好"三支队伍"建设

统筹做好管理、专技、工勤三支队伍建设，强化管理、优化结构、提升素质、激发活力，充分发挥中心人力资源优势，为中心跨越式发展提供坚强的人才保障。

2. 改革创新，切实加强思想引领

思想建设是根本，中心系统将始终把握正确的政治方向，立足首都"四个服务"职能，切实加强职工思想教育，树立敢为人先、争创一流的思想，引导职工解放思想，改革创新，不断探索新机制和新方法。

3. 加强教育，着力强化素质提升

弘扬马克思主义学风，坚持理论联系实际，树立知行合一、学用相长的学习观，整

合中心优势资源,构建立体化学习服务体系,建立学习型、服务型组织建设长效机制。全面落实大规模培训、大幅度提高素质的战略任务,全面加强理论教育、业务培训和党性教育,促进职工队伍思想道德素质和科学文化技能双提高。

4. 统筹保障,实施高端人才行动计划

结合新时期首都城市发展定位,实施高端人才培养和引进计划,建立一支适应首都发展建设的人才队伍。尝试"人才"使用双轨制,留住、用好现有人才。统筹中心系统人力资源,建立文化创意、文物管理、古建修缮、园林研究、植物保护、文化策划和财会审计等人才专家库,不断完善专家库管理机制,充分发挥专家库智库作用,推进中心整体工作上水平。

5. 健全机制,深化人事制度改革

不断深化人事制度改革,积极探索管理体制创新,转换用人机制,扩大和落实用人单位自主权。继续推行公开招聘制度,合理调控管理、专技和工勤岗位比例,严把"进口关",提高新进人员素质。探索特设岗位,不断完善中心岗位管理。建立健全符合中心系统特点的收入分配方法、考核机制和聘后管理工作,不断完善人才队伍激励机制,充分调动职工勇于创新、勇于争先的工作积极性。

(六)智慧园林体系

充分挖掘和利用中心现有资源,以"智慧园林建设"为引擎,应用物联网、云计算、大数据等科技创新成果,建设面向公众服务、业务管理及决策支持的"园林智慧化"体系,推动中心系统信息化相关政策、标准以及机制的研究与探索,借助信息化技术手段,打造创新、科学、先进的管理和服务运营体系,为园林智慧化可持续发展奠定基础,引领公园行业智慧体系建设。

1. 统一规划,升级改造基础化网络

一是完善光纤通信网络资源布设。立足长远,统一规划,在各公园重点门区、园中园、游船码头、索道等售检票区域布设充足光纤链路资源,以提供给各类应用系统使用。

二是拓宽无线通信网络共建渠道。充分借助互联网提速降费契机,与电信运营商合作,共建园内"热点",游客可通过手机等移动终端接入互联网,实现公园景区无线网络全覆盖。

2. 科技引领,提高精细化管理水平

一是完善科技安防类业务系统建设。通过搭建视频图像监控、人流统计报警、智能广播、LED屏幕内容显示、应急指挥调度五大系统综合科技安防平台,全面提升安全防控水平,实现做到事前可追踪、可防控,事中可调度、可指挥,事后可处理、可追溯等功能,切实保证游园安全。

二是建立保护与监测基础数据信息管理平台。通过搭建古建修缮系统、绿地养护系统、网络化管理系统平台,对公园景区内各类文物建筑、景观资源进行信息化数据处理,对古树养护、植被灌溉、湖水水质等进行数据监测统计,实现量化跟踪,便于管理。

三是丰富售检票经营管理模式。对园区内经营的各类票种以条码、二维码、无线射频卡等多种票面相结合形式,以电子闸机或手持验票机方式刷卡(码)入园,搭建包括公园门票管理系统、游船游艺类管理系统等综合票务管理平台,实现售检票联网化。

四是筹建园林科研科普管理信息平台。筹划园林科研科普类业务系统的开发建设与推广使用,通过建立健全中心级科研科普课题申报、管理系统平台,提升课题管理效率,完善中心科研成果库的现代化管理，便于科技成果的统筹、数据分析和成果转化。

五是加强公园行政办公类业务系统开发使用。加强内部行政办公类业务系统（含移动端）的开发与使用，将日常的公文流转、财务统计报表、组织人事招聘选拔聘用以及工、青、妇等日常工作信息以业务系统的形式予以展现，提高公园信息化水平。

3. 创新渠道，提升对外公共服务水平

一是提升门户网站及网络媒体宣传力度。通过互联网网站、官方微博、微信公众号等方式与公众进行沟通交流，提升公园网络媒体宣传力度，并为今后在官网上提供在线服务提供良好的支撑平台。

二是推广电子商务平台及品牌营销。积极推行网上电子商务平台，以多种购票和支付形式为游客提供网上便捷购票途径，弥补门区因售票窗口不足所产生的大量人流聚集情况。逐步推出公园组合旅游产品、特色商品网上预定和交易，形成以中心为服务平台，以中心系统各单位为主要服务载体，汇集中心系统各单位周边餐饮服务的综合旅游产品营销平台。

三是完善各类导览讲解服务软件。提供给游客基于讲解服务的 APP 或微信公众平台，通过网站预先下载或园区 WIFI 网络在线使用两种方式，为游客提供多样化导游讲解服务。

四是延伸游客综合服务中心服务体验功能。在景区设立游客综合服务中心，为来园参观游览游客提供便捷的 OTO（线上到线下）体验服务。服务中心设立以电子触摸屏幕为载体的旅游相关信息查询、景区导览软件下载、经典游园线路规划打印、电子门票兑换实体纪念门票等一众体验服务，切实将网上所提供的虚拟便捷服务转化延伸为可视可感知的实体服务。

五、重点项目

全面融入京、津、冀协同发展，找准定位，整合资源，系统谋划，统筹设计，谋求突破，从基础夯实建设、历史名园保护、管理服务升级、安全保障全面、职能健全完善、国际影响力提升六个方面实施 16 项重点工程，共计 657 项工程，投资 87.96896 亿元。

（一）基础设施持续发展建设工程（共 38 项，投资 3.4271 亿元）

各市属公园均为首都历史名园，园内地下管线随着公园景区建设同期陆续建成，因缺少统一规划，布局不均衡，已不能适应公园发展需求，且各类管网大部分建成于 20 世纪六七十年代，管网老化严重，给公园正常运行和安全生产带来隐患。"十三五"期间计划对市属公园内 41 万延米水管线、20 万延米电力管线、14 万延米热力管线和 2.6 万延米燃气管线进行统一规划，统筹建设综合管沟，整体改造、更新各类管线配套设施，推进基础设施综合体系建设，综合高效利用地下空间资源，提高公园综合承载能力，提升历史名园硬件设施水平，为公园发展打下良好硬件基础。

（二）历史名园保护修复工程（共 49 项，投资 15.66139 亿元）

加强对历史名园主要古建筑、标志性建筑的保护和修缮，启动香山昭庙和静宜园二十八景二期、颐和园文昌院文物库房二期和须弥灵境、北海万佛楼大佛殿和天坛南坛墙修复、广利门及泰元门等文物建筑的保护和修复工程，真实再现历史风貌，保护建筑群的完整性和真实性，传承历史建筑信息。全力推进以颐和园听鹂馆、北海西天梵境建筑群、景山寿皇殿等修缮工程为龙头的重大古建筑修缮项目，坚持"保护为主、抢救第一、合理利用、加强管理"方针，使公园的古建筑文物得到妥善保护与利用，推动北京城市文化事业和古都风貌保护事业发展。

（三）生态景观治理提升工程（共64项，投资13.1746亿元）

重点围绕首都绿色生态文明建设，开展"增彩延绿""杨柳飞絮防治"等园林绿化景观调整、古树名木复壮、特色园林景观保护、重点景区景观改造提升、水体生态环境整治、重点特色花卉展览、节假日和重大活动环境布置等工程，重点开展颐和园万寿山周边绿化提升、天坛外坛景观恢复、香山静宜园二十八景周边景观改造提升、陶然亭北湖岸整体景观提升改造、玉渊潭南线河岸线绿化改造提升、紫竹院双紫渠两岸生态景观环境改造等项目，努力打造精细化管理和标准化养护的精品园林，创建绿化与服务的新契合。

（四）公园景区游客量管控工程（共16项，投资13.6910亿元）

按照公园总体规划和文物保护规划要求，通过历史名园内部及周边环境整治，挖掘景区资源，扩容景区空间。一是对现有服务区和景区进行合理规划，逐步开放一批新的景区，开发一批新的旅游路线，打造一批新的游览项目，丰富游览内容。以颐和园、天坛公园、北海公园为试点，挖掘夜间旅游资源，打造第二旅游空间。二是提高游园舒适度，实施游客流量管理，探索分时分区管理、价格调控、门票网络预售、实名预约等限流措施，促进历史名园游客量逐步合理化，缓解历史名园接待压力。三是针对历史名园被占用等遗留问题，制订腾退清理计划和方案，逐步推进规划范围内驻园单位搬迁工作，明确四至边界，恢复历史名园格局风貌和历史原真性。推动落实天坛住户搬迁，恢复天坛坛域完整性。四是加大北京历史名园公园周边环境改造和配套服务设施建设力度，整治公园门区环境，完善停车场等基础配套服务设施。

（五）可移动文物保护与利用工程（共25项，投资6.2925亿元）

大力加强可移动文物保护力度，启动颐和园文昌院二期文物库房和天坛公园文物库房建设，以中国园林博物馆和颐和园文昌院为依托，建立一流的公园馆藏文物陈列展示场所，打造国际文物文化交流中心，以此带动各公园文物管理水平与国际水平接轨。推出颐和园须弥灵境建筑群内原状陈设、北海小西天历史原状陈展、景山寿皇殿、关帝庙展览展陈等，做好古建景区的历史原状陈展工作，发挥公园历史文物价值，组织北京园林精品文物海内外巡展活动。

（六）窗口服务形象提升工程（共65项，投资4.0731亿元）

从软、硬件两方面入手，普遍提升市属公园硬件服务设施水平，建设具有国际先进水平的公园文化服务硬件设施示范项目，使之成为以首都为核心世界城市群的亮点和标志之一，成为展示首都公园时代建设成果的标志，树立良好的全国公园行业服务典范窗口形象。重点推动紫竹院综合服务区、玉渊潭冰雪文化活动项目等建设工程。

（七）历史名园文化活动展示推广工程（共42项，投资4.0016亿元）

提高、整合公园文化资源发掘与利用能力，突出公园是北京历史名城文化内涵和重要载体，在古都风貌保护、文化创意产业、公共文化服务体系建设等方面发挥文化引领作用，打造特色文化品牌，设计推出具有公园文化特色的系列文化活动，搭建公园景区文化展示和传播平台，形成北京市属公园整体文化活动构想，兼顾共性，突出个性，合理布局，树立核心品牌，丰富、完善和提高市属公园百项系列文化活动工程，重点打造春节文化活动、名优植物展、生物科普活动、名人文化展、皇家园林历史文化展、休闲健身竞赛活动和志愿者公益活动等各类文化精品活动，挖掘公园历史文化内涵，丰富文化活动内容，提高服务水平。

（八）历史名园文化交流交往工程（共14项，投资0.1150亿元）

以2022年冬奥会筹备为契机，发挥历史名园在首都建设和谐宜居城市中的作用，挖掘和弘扬历史名园优秀文化，优化文化服务模式，打造北京公园核心文化服务品牌。充分发挥中心技术、文化、管理等资源优势，加强国际国内合作与交流，面向社会输出品牌，积极实施走出去战略，扩大影响力，提升文化知名度和影响力。通过缔结友好园林、搭建学术交流平台等形式，与国外同行业开展展览、人员、技术和管理交流等，扩大历史名园在国际上的影响力和知名度，加速和提高公园与国际接轨的速度和质量，增强国际友人对中国园林文化了解，增进国际间合作和友谊。重点开展颐和园馆藏文物海外巡展、静宜园系列文化展、筹办国际动物丰容大会等交往活动。

发挥中心文化资源优势，加强京、津、冀地区公园景区合作交流，推进京、津、冀公园景区一体化文化交流，实现三地文化活动联动：一是利用京、津、冀地缘相接、文化一脉、历史渊源深厚等有利条件，搭建三地公园景区文化展示和传播平台，建设公园文化展示和传播中心。二是利用京、津、冀公园优势构建高端学术研究平台，整合社会学术力量，打造高端学术论坛，促进国际文化学术交流。重点开展京、津、冀公园、景区联合主办文化活动，京、津、冀名家书画联展等。三是组织京、津、冀地区知名文化景区推介，开展京、津、冀公园景区管理技术和经验交流，加大京、津、冀公园与景区年卡推广力度等。

（九）科技创安人文安保工程（共44项，投资1.5974亿元）

着力提高历史名园服务管理水平，为游人提供可靠的安全保障，加快推进首都世界名园典范建设。一是建立市属公园安全检查系统。在门区划定安检区，安装安检大棚，设置安检专用X光机、安检门等，专业安检员配备手持安检仪上岗。二是建设市属公园智慧消防系统。包括安装火灾自动报警系统数据传输装置、电气火灾探测器、消防水系统、独立式烟感探测报警器以及电气火灾监控设备，实现全线互联、统一联网报警监控和集中管理，加强公园历史文物建筑保护力度。三是实施技防、物防系统整体提升改造工程，包括视频监控系统从模拟系统向高清数字系统改造、公园游人人数统计发布系统建设、技防设施提升以及古建筑消防细水雾灭火系统、公园消防供水系统、应急处置基础设施配备等安全基础设施改造。

（十）北京园林科教基地建设工程（共96项，投资19.736843亿元）

建设北京园林科教五大基地，提升科教对首都事业发展和公园行业发展的支撑力。积极争取相关部门资金支持，重点建设北京园林科研院科研实验基地、中国园林博物馆园林文化展示中心、国家植物园植物科普教育中心、国家动物园动物展示中心、北京园林学校园林文化教育中心,形成园馆院校五位一体的园林科教服务体系,打造全国公园行业科技、科教交流与合作平台。

(十一)国家重点公园示范建设工程(共33项,投资0.9040亿元)

建立国家重点公园示范体系,以颐和园、香山公园、北京植物园和紫竹院公园为试点,构建示范管理体系,建立国家重点公园管理标准。一是特色空间格局保护利用方面,从特色山水格局、主体景观结构、景观意境等方面进行保护利用规划。二是景观资源保护利用方面,对园内文物古建、古树名木、园林植物、园林水体等方面提出保护原则与措施。三是协调控制方面,对园内及周边建控地带建筑风格、功能与景观以及周边环境等规划协调控制,发布公园环境容量和承载力,保证公园可持续发展。重点分析国家重点公园周边区域发展对国家重点公园的影响及其相互作用,研究国家重点公园管理办法,研究公园保护范围划定及周边用地控制,编制国家重点公园保护与控制规划,发挥国家重点公园在生态建设中的引领示范作用,提高公园规划建设和保护管理水平,推动首都生态文明建设。

(十二)资源集约管理示范工程(共39项,投资3.010826亿元)

公园管理与建设本着减量化、资源化和无害化原则,引领生态文明建设,建设历史名园资源集约管理示范平台。强化资源的再生利用,开展节能减排建设,促进循环经济发展,积极推广绿色垃圾处理、中水利用等垃圾资源化技术,大力开展绿色能源应用、植被乡土化、阳光夜景照明、雨水回收利用、透水铺装等节能、环保、绿色、低碳系列工程,落实"海绵公园"建设,推动资源集约型、环境友好型园林建设,通过增彩延绿等技术手段,整体提升公园生态文明建设水平,丰富公益服务内涵。

(十三)数字化智慧园林建设工程(共108项,投资2.0010亿元)

全面启动全数字、互动式、高智能智慧型数字园林建设工程。面向游客,着重提升公共服务水平,不断加强门户网站及网络媒体宣传力度,积极推行网上电子商务平台及综合旅游产品品牌营销,完善公园各类导览讲解服务软件,增强游客综合服务中心服务体验功能,切实将网上所提供的虚拟便捷服务转化延伸为可视可感知性的实体服务。面向管理者,着重提高精细化管理水平,推广网络化管理,建设科技安防业务系统、售验票经营管理模式、保护监测信息基础数据管理平台和园林科研科普管理平台,加强行政办公类业务系统开发,提高公园内部行政管理信息化水平。

(十四)人才队伍建设工程(共22项,投资0.1801亿元)

建立和完善符合历史名园发展需要的引进、培养和使用人才的良好机制。统筹建设好管理、专技、工勤三支队伍,优化结构、提升素质、激发活力,充分发挥中心人力资源优势,为中心跨越式发展提供坚强的人才保障。加强思想引领和素质提升,培养和造就一支规模适中、结构合理、素质一流、富于创新的人才队伍。结合新时期首都城市发展战略定位,抓住"建设国际一流历史名园传承古都历史名城文化"目标,设立创新平台,积极尝试人才使用双轨制,留住、用好现有人才,着力加强适应世界名园建设的高端人才引进工作。统筹中心和首都人力资源，建立人才专家库。深化人事制度改革，积极稳健推进事业单位分类改革，进一步完善聘用制度，建立以合同管理为基础的用人机制。继续推行公开招聘制度，严把"入口关"，提高新进人员素质。探索、建立、健全符合中心系统特点的收入分配方法和考核机制，不断完善中心人才队伍激励机制，充分调动职工勇于创新、勇于争先的工作积极性。

（十五）志愿服务示范体系建设工程（共1项，投资0.0025亿元）

在各市属公园和中国园林博物馆探索志愿服务新模式，优化志愿服务体系，建立长效管理机制，推进志愿服务项目化、品牌化建设。继续开展公园之友志愿服务项目，推行游客自治管理与志愿服务相结合的创新机制；继续优化学生志愿者和社会义务监督员等志愿服务模式。制定和完善志愿者培训、考核、岗位安全、后勤保障等各项管理制度和岗位服务规范，加大培训考核力度，做好志愿者管理与保障工作，着力打造具有中心系统特色的志愿服务示范体系。

（十六）协会、学会发展带动建设工程（共1项，投资0.1亿元）

充分发挥行业协会桥梁纽带作用和各类学会的研究推广作用，搭建行业交流、合作平台，拓展国内外行业联系和沟通，开展培训、讲座、考察和合作交流，组织技术协作公关、课题研究、成果推广、项目评估等活动，开展国内外行业有关信息、资料的调查、征集、整理和分析，组织国内外技术、管理、信息交流，为行业发展、政府决策提供依据和参考，推动行业技术、管理、服务有序发展。

六、实施保障

（一）完善规划体系

依据《北京市公园管理中心"十三五"事业发展规划编制工作方案》，中心"十三五"规划采取"统一组织、部门协作、专家咨询、公众参与、综合衔接、融入汇总"的工作方式，编制形成以规划纲要为龙头、专项规划为支撑、所属各单位规划为基础的"两级"（中心整体规划和所属单位规划）、"三类"（规划纲要、重点专项规划和一般专项规划）规划体系。在编制《中心"十三五"事业发展规划纲要》的基础上，编制遗产保护、文化传承、平安公园、园林科教、智慧园林、专业人才6个重点专项规划和15家单位事业发展规划，作为本规划纲要的重要组成部分，是本规划纲要在特定领域的细化和延伸，集中反映了中心在这些领域的发展目标。市公园管理中心各部门、各单位要依据本规划纲要的发展目标、战略任务，结合自身实际，突出区域特色，明确指导思想和工作原则，细化本规划提出的发展目标和主要任务，形成落实本规划的重要支撑和抓手。同时要做好与其他规划的协调衔接，加强约束性指标和重大任务的衔接协调，确保落到实处。

（二）加强党的领导

中心党委总揽全局、协调各方，举全中心之力，集中资源、人才与技术优势，"一盘棋"系统联动，攻坚克难，造就首都公园发展速度。"十三五"各项规划任务目标的落实，要依靠党的领导，切实提高全中心系统的创造力、凝聚力和战斗力，有效开展党风廉政建设和反腐败工作，筑牢反腐倡廉防线，纠正"四风"，加强对重大工程、重大项目、重点环节的监督检查，认真履行"一岗双责"，切实抓好责任分解、考核、追究三个关键环节，为中心发展建设提供坚强的组织保障。

（三）坚持高位推动

建立"十三五"期间事业发展目标责任制，将中心各项建设任务纳入目标责任制，逐级签订责任书，实行党政一把手亲自抓、负总责，有关部门层层抓、明责任，切实做到责任到位、措施到位和投入到位，形成齐抓共管的强大合力。

（四）健全工作机制

成立规划纲要实施领导小组，统筹推进规划纲要各项工作，协调解决重大问题，监督检查重大事项进展。各部门、相关单位要建立各司其职、多方联动的工作机制，明确任务分工，制订规划纲要各项任务的分步实施方案，切实抓好工作落实。

（五）统筹进度安排

按照"十三五"时期北京发展战略要求和市公园管理中心发展需要，合理把握规划实施的阶段重点和建设节奏，按照本规划确定的总体安排部署，加强年度计划制订与实施，统筹协调，逐年落实规划提出的发展目标和重点任务，对约束性指标设置年度目标。各部门、各单位要结合自身职责，明确责任主体，做好年度任务部署，认真细化分解，切实保障规划目标有计划、按步骤落实。

（六）实施重大项目

围绕基础夯实建设、历史名园保护、管理服务升级、安全保障全面、职能健全完善、国际影响力提升六个方面，合理安排规划纲要中具有系统性、全局性、战略性和可操作性的重大项目，集中力量，重点突破，切实解决中心发展建设过程中的阶段性突出问题和难点问题。健全重大项目实施机制，做好项目前期论证审批、中期实施过程和后期绩效考评全过程管理，对规划实施情况进行监测、评估、考核，加强督促检查，有效支撑规划落实。

（七）明确资金保障

根据本规划纲要确定的重点任务和重大项目，统筹做好年度财政预算。争取国家和北京市的资金支持，发挥区级财政资金的杠杆作用，积极引导社会投资参与规划项目建设。完善内部财务管理规定，明确资金管理关键环节的工作程序和标准，强化资金使用过程中的监控和评价机制，提高资金集约化利用效率。

（八）加强实施监督

进一步加强规划实施的监督，建立健全重大事项报告制度，完善信息沟通和反馈机制，加强落实督办，定期报告规划目标和主要任务进展情况，促进规划实施。

（九）强化考核评价

严格目标考核，中心各部门、各单位要按照职责分工，将规划纲要确定的重点任务纳入本部门年度计划和折子工程，明确责任人和进度要求，切实抓好落实。依据中心考核评价体系深入落实目标责任制度，不断完善考核程序和内容，以及对各部门、各单位进行规划目标完成、任务落实情况等方面的定期检查和终期考核。实行目标考核问责制度，加大对考核结果的公开力度，切实保障规划顺利实施。

（十）规划实施调整

本规划纲要由北京市公园管理中心组织实施。规划实施期间由于特殊原因确需调整时，按有关程序报批。

本规划纲要经批准后，由中心各部门、各单位具体组织实施。要按照统筹协调、分工负责原则，加强规划实施管理，举全中心之力，共同努力实现"十三五"期间发展蓝图。

名词解释与概念

1. 国家重点公园 指具有较好的自然和人文条件，园林历史悠久，动植物资源丰富，自然地质独特，具有重要影响和较高价值，且在全国有典型性、示范性或代表性的公园，是城市的重要标志。迄今全国共有63个国家重点公园，其中北京有10个，分别是颐和园、天坛公园、北海公园、动物园、植物园、中山公园、景山公园、香山公园、紫竹院公园和陶然亭公园。

2. 京津冀协同发展 2014年，习近平总书记视察北京时，明确京、津、冀三地作为一个整体协同发展，以疏解非首都核心功能、解决北京"大城市病"为基本出发点，调整优化城市布局和空间结构，构建现代化交通网络系统，扩大环境容量生态空间，推进产业升级转移，推动公共服务共建共享，加快市场一体化进程，打造现代化新型首都圈，努力形成京、津、冀目标同向、措施一体、优势互补、互利共赢的协同发展新格局。

3. 北京"四个服务"职能 是指为中央党、政、军领导机关的工作服务，为日益扩大的国际交往服务，为国家教育、科技和文化的发展服务，为改善人民群众的工作和生活服务。这是中央对首都工作的基本要求，也是做好首都工作的根本职责所在。

4. 北京"四个中心"定位 习近平总书记提出，要明确城市定位，坚持和强化北京作为全国政治中心、文化中心、国际交往中心、科技创新中心的核心功能，深入实施人文北京、科技北京、绿色北京战略，努力把北京建设成为国际一流和谐宜居之都的目标，为新时期首都工作指明了方向。

5. 北京历史名园 是指在北京市域范围内，具有突出的历史文化价值，并能体现传统造园技艺的园林。它曾在一定历史时期内或北京某一区域内，对城市变迁或文化艺术发展产生过影响。历史名园还包括在北京市域范围内，依托文物古迹建设的园林。2015年首批入选的25处公园包括11家市属公园，以及故宫御花园、恭王府花园等14家历史文化底蕴深厚的公园。

6. 公益性综合服务平台 指以中心管辖的园馆院校为一体的非营利性城市公园集群，它们承载着城市生态改善、环境保护、文化传播、旅游休闲、防灾避险等多种功能，融入了北京旅游、教育、文化、文物、园林绿化等各个行业，集中展示和反映了各个行业发展建设的成就。

2016 年大事记

1月

1月6日，中心召开领导班子专题民主生活会（扩大会），迅速传达贯彻中央对吕锡文的处分决定和市委工作要求。

1月12日，中心组织召开年度科普工作总结交流评比会。中心所属各单位的主管园长、主管科长、科普干部40余人参加了会议。

1月13日，中心召开调研成果汇报及成果转化研讨会。

1月14日，中心技术委员会召开2015年科技成果评审会。会议由中心技术委员会主任张树林主持。以无记名投票的方式评选出获奖课题一等奖4项，二等奖11项，三等奖6项。

1月19日，北京市公园管理中心在北京植物园召开2016年工作会。

1月20日，中心召开领导班子会议专题学习讨论，围绕谈学习习近平总书记讲话体会、遵守廉洁自律规定、个人情况事项说明三方面进行研讨。市委第四巡回指导组组长、市直机关工委纪工委书记金涛，市委第四巡回指导组组员、市直机关工委组织部钱轶强参加中心党委的学习讨论。

1月25日，中心开展2016年重点项目方案审核工作。综合处会同安全应急处、服务处、科技处、计财处等相关处室审核中心所属各单位2016年重点综合建设项目实施方案，听取相关负责人汇报，就方案内容从安全、服务、资金使用等方面提出修改意见。

2月

2月2日，北京市公园管理中心国家安全小组被北京市国家安全局授予"2015年度国家安全人民防线建设工作先进集体"荣誉称号，并对北京市公园管理中心、颐和园、北海公园、陶然亭公园、中山公园、景山公园6个单位国家安全小组的相关负责同志授予"年度国家安全人民防线建设工作先进个人"荣誉称号。

2月3日，中心党委副书记杨月主持召开中心机关"三严三实"专题民主生活会。中心机关党总支委员、处室和部门负责人参加会议。

2月4日，北京市副市长林克庆带队检查陶然亭公园春节庙会工作。市政府副秘书长王晓明、赵根武等领导和市公园管理中心党委书记郑西平、主任张勇及市农委、市水务局、市园林绿化局、市质监局、市安全监管局、市公安局等单位负责人随同检查。

2月4日，中心党委副书记、主任张勇主持召开2016年党风廉政建设工作会议。

2月23日，中心召开局级班子考核测评会。会上，张勇主任作了《干部选拔任用情况工作报告》，与会同志对中心领导班子、领导班子成员及干部选拔任用情况、新提拔干部情况做了测评。市委组织部经干处有关同志参会并对测评工作进行监督指导。中心领导班子成员、直属各单位负责人、中心机关处级干部及党员群众代表共75人参加测评。

2月26日，市公园管理中心迅速传达贯彻市委书记郭金龙关于中共天津市委、市政府通报批评文件的指示精神。

2月26日，中心主任张勇主持召开管理工作专题会议。会上传达贯彻了中央给予天津市委、市政府通报批评文件精神和市领导工作指示，通报了中心党委书记郑西平和主任张勇关于管理工作的批示要求。中心副主任王忠海、总工程师李炜民出席，中心各处室负责人及所属各单位行政一把手参会。

3月

3月2日，中心纪委实行"一人一书"制，组织局、处、科级干部签订个性化从严治党"军令状"。与中心系统6名局级干部、110名处级干部、556名科级干部全部签订党风廉政建设责任书。特别是对3名非共产党员处级干部，专门制定了《廉洁从业责任书》，明确提出"一岗双责"要求，推进从严治党各项要求向基层延伸。

3月7日，中心党委书记郑西平、主任张勇、副书记杨月到颐和园，宣布中心党委关于颐和园党委书记调整的决定。组织人事处负责人随同。

3月7日，中心办公室召开工作会议，通报部门负责同志工作调整情况，总结阶段工作并提出新的目标。

3月7日，中心党委书记郑西平、主任张勇、副书记杨月到植物园，宣布中心党委关于植物园党委书记调整的决定，副书记杨月主持会议。

3月8日，中心党委书记郑西平、副书记杨月到北海公园，宣布中心党委关于北海公园园长调整的决定。中心组织人事处负责人随同。

3月8日，中心党委书记郑西平、副书记杨月到玉渊潭宣布中心党委关于玉渊潭公园园长调整的决定。玉渊潭领导班子表示坚决拥护中心党委的决定，新任玉渊潭园长毕颐和同志进行了表态。中心组织人事处负责人随同。

3月8～17日，中心完成第二期公园安全管理师培训班。中心副主任王忠海两次赴培训班进行动员和指导。来自各公园34名学员经过10天的封闭学习，全部通过考核，取得结业证书。

3月14日，中心通报了2015年度市政府反馈年度绩效考评情况。中心主任张勇、中心副主任王忠海、总工程师李炜民，机关各处室、部门负责人，各单位行政主要领导参会。

3月17日，中心召开年度财务工作会议。王忠海副主任主持会议，中心所属各单位主管财务领导、财务科长及计财处全体人员参加。

3月18日，中心工会干部培训班圆满结束，就北京《实施〈工会法〉办法》和群团工作会议精神进行培训。

3月24日，北京市公园管理中心赴香港参加国际花卉展览并获最佳设计金奖。

3月28日，中心主任张勇率动物园园长一行赴捷克布拉格动物园。3月30日，在北京市市长王安顺和布拉格市市长科尔娜乔娃见证下，两市动物园园长在布拉格市政厅正式签署了合作备忘录。此次合作备忘录的签署为推动捷克、东欧乃至欧洲各国动物园与北京动物园深入合作具有里程碑意义。

3月30日，中心组织召开房屋租赁管理工作会议。宣讲市财政局《北京市市级行政事业单位国有资产出租、出借、对外投资担保管理办法》。各单位主管房屋租赁的领导、相关部门负责人、经办人及财务人员70人参加。

3月31日，中心召开安全生产标准化专题会。各单位详细介绍了标准化工作开展情况，提出具体整改措施。中心安全应急处及直属各单位保卫部门负责人及阳光启安公司相关专家14人参会。

4月

4月5日至6月30日，市公园管理中心第九期青年干部培训班开班。中心党委副书记、党校校长杨月出席。各单位28名大专以上学历、45岁左右的优秀科级干部及组织人事处相关人员参加。

4月7日，中心联合市园林绿化局召开增彩延绿项目工作交流会。市园林绿化局副巡视员廉国钊、科技处处长王小平等到北京植物园实地调研新优植物品种的应用情况，就2016年增彩延绿项目进行了工作交流。中心总工程师李炜民介绍了2015年度中心增彩延绿工作进展情况，园科院、植物园相关人员对两个良种中试基地增彩延绿项目完成情况以及2016年度工作计划进行汇报。科技处、植物园、园科院负责人及相关人员参加。

4月19日，京、津、冀古树名木保护研究合作框架协议签约暨京、津、冀古树名木保护研究中心揭牌仪式在北京举行。中心主任张勇、河北省住房和城乡建设厅副厅长李贤明、中心总工程师李炜民、天津市市容和园林管理委员会科技处处长张立、河北省风景园林与自然遗产管理中心主任朱卫荣、天津市园林绿化研究所所长姜世平及园科院院长李延明、书记张贺军等领导出席。中心总工程师李炜民主持仪式，朱卫荣主任、姜世平所长、李延明院长代表三地古树名木保护研究部门共同签署了《京津冀古树名木保护研究合作框架协议》。

4月21日，中心主任张勇到紫竹院公园调研指导工作，听取22日国际竹藤组织来园植竹活动筹备情况汇报，查看活动路线及现场。中心副主任王忠海及办公室负责人随同。国际竹藤组织植竹活动于22日"地球日"在紫竹院举办，北京市副市长林克庆、国际竹藤组织总干事费翰思、国家森林防火指挥部专职副总指挥杜永胜、中心主任张勇、副主任王忠海等领导出席。来自国际竹藤组织36个成员国及潜在成员国的大使、参赞70余人参加。

4月23日至5月下旬，中心在天坛公园举办以"保护生物多样性、共享美好家园"为主题的2016年"生物多样性保护科普宣传月"系列活动。该活动由市公园管理中心、市园林绿化局主办，天坛公园、市野生动物救护中心及中心所属各单位承办。中心总工程师李炜民出席并宣布活动正式启动。市科委、市野生动物救护中心、中国疾控中心、天坛街道西园子社区的相关负责人，陶然亭公园、中山公园等单位科普工作人员及黑芝麻胡同小学的师生共计60余人参加。

4月25日，根据市委领导的指示精神，按照郑西平书记和张勇主任的要求，中心党委副书记杨月统筹部署，与市委宣传部新闻处紧密配合，及时在北海公园召开专题新闻发布会。中心主任助理王鹏训接受媒体现场采访，中心宣传处处长陈志强主持会议并全面通报，中心综合处、北海公园负责人重点回答媒体提问，还有7家相关公园一并参加新闻通气会，以新闻稿件的形式进行新闻发布。

4月29日，中心召开人大建议、政协提案办理工作培训会。传达中央、北京市对人大建议、政协提案办理工作的指示精神，落实中心104次办公会的相关要求，通报中心建议提案工作安排、办理进度及完成情况。中心机关办公室负责人，有关处室、各公园主管领导和具体办理人员共计40余人参会。

4月29日，中心召开党委书记例会，部署中心"两学一做"学习教育工作。党委书记郑西平、中心党委副书记、主任张勇提出下一步学习要求。中心所属各单位党委（总支、支部）书记、机关政工处室负责人参会。

5月

5月10日，中心主任张勇就文物保护修缮工作实地查看景山寿皇殿古建修缮现场和北海漪澜堂景区，听取文物保护性修缮及有效展示利用工作汇报。

5月10日，中心召开以"市属公园各色春花扮靓'美丽北京'，为游客市民提供优质生态产品"为主题的市属公园生态文明——春花系列盘点新闻发布会。首次发布了市属11家公园赏花面积近千公顷、品种数量达3000余种的新内容，全面系统展示市属公园生态文明建设的新动态和新趋势。

5月12日，"魅力名园、风采中国"2016中国历史名园摄影作品巡展活动启动仪式在颐和园举行。活动由中国公园协会、市公园管理中心、市旅游行业协会共同主办，颐和园承办。中心主任张勇、副主任王忠海、中国公园协会秘书长李存东、北京摄影家协会主席叶用才、历史名园代表苏州留园主任罗渊、北京旅游行业协会秘书长徐薇及颐和园、天坛、北海、八达岭、承德避暑山庄等20余个单位的负责人参加仪式。《北京日报》《北京晚报》等媒体现场报道。

5月19日，以"旅游促进发展·旅游促进扶贫·旅游促进和平"为主题中国旅游日旅游咨询活动在玉渊潭公园举办。活动由市旅游委、市公园管理中心联合主办，市旅游咨询服务中心、海淀区旅游委、玉渊潭公园共同承办，北京市旅游委副主任安金明和中心服务处负责人出席。17个北京援建城市旅游部门、16家旅游资源景区和旅行社参加咨询日活动。

5月20日，市人大代表驻京部队代表团马莉莉代表来中心调研座谈。

5月22日~29日，市公园管理中心启动了以"保护传承发展 共享生态园林"为主题的科普游园会。中心主任张勇、市科委副主任伍建民、中心总工程师李炜民、首都绿化委员会办公室副主任廉国钊等出席，市园林绿化局科技处、海淀区科学技术协会、市科委科宣处、中心科技处、办公室、宣传处和中心所属各单位相关负责人、新闻媒体等60余人参加。

5月23日,中心副主任王忠海带队到广化寺进行座谈交流。中心办公室、服务处、景山公园相关负责人参加座谈。

5月24日,市公园管理中心召开杨柳飞絮治理专题工作会议。中心总工程师李炜民传达了张勇主任对杨柳飞絮治理工作的指示精神。各单位绿化工作主管领导及相关科室负责人参加。

5月26日,市公园管理中心召开语言文字规范工作会议。会议由中心主任助理、服务管理处处长王鹏训主持,邀请北京第二外国语学院教授戴宗显及市外办国际语言环境建设处人员授课,办公室、宣传处、服务处相关负责人提出具体要求。中心处室、各单位相关负责人及工作人员100余人参加。

5月26~28日,来自全国54个代表队共计160名选手参加的全国科普大赛决赛阶段比赛。中心所属中国园林博物馆王汝碧、颐和园黄璐琪、天坛公园姚倩分别获大赛一等奖、二等奖、三等奖,其中王汝碧被授予"全国十佳科普使者"称号;中关村科技展示中心、汽车博物馆、北京安贞医院选手分别获得二等奖、三等奖和优秀奖。

5月28~29日,市公园管理中心在天津动物园举办"园林科普津冀行"活动。活动由中心主办,天津市市容和园林管理委员会协办,北京动物园、北京植物园、中国园林博物馆、园林学校、天津动物园、天津水上公园共同承办。中心总工程师李炜民、天津市市容和园林管理委员会科技教育处处长张力出席,中心科技处、宣传处、北京动物园、天津动物园、北京植物园、园博馆、园林学校相关负责人及科普人员参加。《法制晚报》等媒体记者进行现场报道。

5月31日,中心组织召开第二届特约监督员聘任会议。中心主任张勇、副主任王忠海出席会议。张勇向10位监督员发放聘书。中心服务处、办公室、宣传处、纪检监察处、特约监督员及各单位主管领导共计30余人参加会议。

6月

6月2日,中心主任张勇到第九期青年干部培训班授课。中心组织人事处负责人、第九期青年干部培训班学员32人参加。

6月2日,天津市市容和园林管理委员会副主任魏侠一行8人在中心总工程师李炜民的陪同下先后到天坛公园、北京动物园、北京植物园和中国园林博物馆进行学习交流。中心科技处、天坛公园、北京动物园、北京植物园和中国园林博物馆相关领导参加交流。

6月2日,市委第一巡视组专项巡视北京市公园管理中心工作动员会召开。市委第一巡视组副组长邵长生宣读巡视公告,市委第一巡视组组长谷胜利讲话。中心党委书记郑西平代表中心领导班子表态发言。中心党委副书记、主任张勇主持巡视工作动员会。市委第一巡视组成员、中心局级领导班子成员、中心近三年退休局级领导干部、中心系统"两代表一委员"代表、中心所属单位党政主要负责同志和中心机关副处级以上干部70多人参加巡视工作动员会。

6月7日,中心在园林学校举办第四届"安康杯"安全技能竞赛。中心主任张勇出席并宣布开幕,副主任王忠海致开幕词。中心所属各单位15支代表队共500余名安保人员参加。中心所属12家单位的24人分获一、二、三等奖。市消防局、市治安总队、中心安全工作领导小组及中心所属各单位领导到场观赛。

6月13日，中心党委书记郑西平主持召开四家转企单位退休职工代表座谈会。

6月17日，中心党委书记郑西平主持召开四家转企单位原事业退休职工待遇有关事项协调会，北京园林绿化集团9名同志参会。

6月16日，市公园管理中心完成2016年"国际档案日"暨北京市第八届"档案馆日"活动。

6月18~19日，市公园管理中心"园林科普津冀行"第二站活动走进石家庄。本次活动共接待游客近5000余人，发放动植物科普宣传册、科普书籍、科普宣传品1万余份。北京市及当地媒体进行现场报道。

6月20日，中心召开互联网售票管理系统建设及互联网售票网站代运营项目启动会。会议由中心服务处负责人主持，副主任王忠海宣布项目正式启动。中心所属各单位分管领导、项目组成员及承建单位、监理单位、审计单位人员共80余人参会。

6月21日，中心主任张勇主持召开"三山五园"区域实地调研暨中期研讨会。中心副主任王忠海及服务处、办公室、综合处、研究室负责人一同调研。颐和园、香山、植物园、园博馆行政领导、调研工作主管领导及职工代表、工作人员30余人参加。

6月23日，中心主任张勇召开"一轴一线"区域实地调研暨中期研讨会，听取深化及新启动课题情况汇报，专题研讨中心核心发展思想及发展战略。中心副主任王忠海及服务处、办公室、综合处、研究室负责人随同调研。天坛、北海、中山、景山公园行政领导、调研工作主管领导、职工代表、工作人员共计40人参加会议。

6月27日，北京世界园艺博览会事务协调局副局长王春城一行4人到中心就世园会相关工作座谈交流。中心总工程师李炜民主持座谈。北京世界园艺博览会事务协调局园林部主任单宏臣及中心综合管理处、办公室相关人员参加座谈。

6月29日，市公园管理中心召开庆祝中国共产党成立95周年大会。

6月30日，中心第九期青年干部培训班结束。中心党委副书记、党校校长杨月出席，向学员颁发结业证书并讲话。

7月

7月1日，市公园管理中心在天坛公园召开噪音治理现场工作会。中心主任张勇、副主任王忠海、副巡视员李爱兵带领中心服务处、办公室、安全应急处、宣传处、综合处及市管11家公园负责人，实地查看公园门区、东豁口、七星石、长廊和东北外坛治理情况，听取天坛公园噪声治理工作情况汇报，就市管公园推进降噪工作进行深入研讨。

7月1日，由国家文物局、国际文化财产保护与修复研究、市公园管理中心组织的世界遗产管理与监测国际培训班在中国园林博物馆举行闭幕式。国家文物局副局长刘曙光、该机构保护与项目部主管加米尼、中心总工程师李炜民、中国文化遗产研究院副院长詹长法、世界文化遗产研究中心副主任赵云及颐和园、园博馆相关负责人出席。培训期间，邀请吕舟、郑军、侯卫东、陆琼等专家到颐和园等世界文化遗产地授课，对遗产监测工作提出建议。培训班学员及教职人员近30人参加。

7月4日，举行"颂祖国 心向党 赞名园"市公园管理中心庆祝中国共产党建党95周年文艺汇演。

7月7日，市公园管理中心机关举办北京市"党在百姓心中"宣讲团专场宣讲会。由市委讲师团团长助理杨秀卿带队，市直机关工委宣传部副部长童亮参加。党的十八大代表紫竹院朱利君、市先进工作者天坛王玲现场谈感悟。宣讲大会由中心团委负责人主持，中心系统各单位党员干部职工近150人参加。

7月7日，市公园管理中心与市水务局就联合治理昆玉河颐和园段野泳、野钓工作进行商讨，达成初步工作意向。中心副巡视员李爱兵、市水务局副巡视员任杰及中心办公室、安全应急处、颐和园、市水务局河湖管理处相关负责人参加。

7月12日，市委常委、宣传部长李伟带队到香山公园进行"西山文化带"调研。市委宣传部副部长余俊生，秘书长、办公室主任张爱军，市文物局党组书记、局长舒小峰，海淀区区长于军、海淀区委常委、宣传部长陈明杰，市公园管理中心党委书记郑西平、主任张勇、总工程师李炜民及市文物局、香山公园有关部门负责人随同调研。

截至7月14日，中心系统共捐款132056.8元，其中党员捐款111134.3元，积极分子捐款10501元，群众捐款10421.5元，上述捐款已全部上交到市慈善基金会。

7月14日，市公园管理中心到世界园艺博览会事务协调局交流2019年北京世园会园区建设及运维管理工作。北京世园局常务副局长周剑平、中心主任张勇、中心总工程师李炜民和中心办公室、综合处负责人与世园局办公室、综合计划部、总体规划部、园艺部负责人参加交流座谈。

7月17日，市公园管理中心党委书记郑西平主持召开四家转企单位原事业退休职工待遇有关事项协调会。北京园林绿化集团9名同志参会。

7月21日，市公园管理中心2014年赴马来西亚文化交流项目"颐和园珍宝展"被北京市外办评为优秀出访成果。

7月21日至8月底，市公园管理中心科普夏令营在北京动物园科普馆举办，接收营员近2000人。

7月27日，市公园管理中心召开优秀技能人才表彰大会，对中心成立10年期间61名优秀技能人才进行表彰。大会由李炜民总工程师主持，中心领导班子全体成员出席。张勇主任宣读表彰决定并讲话，郑西平书记代表中心党委向优秀技能人才表示感谢和敬意，中心机关处室负责人、各单位党政一把手、劳资部门主管领导和优秀技能人才代表120余人参加。

7月29日，市公园管理中心工会以"持京卡来园博馆玩转诗意园林"为主题，结合园博馆暑期系列活动，借助市总工会12351职工服务网和手机APP（手机应用程序）平台，向全市持京卡的广大会员推出暑期科普讲座、亲子活动、图书阅览等活动。

7月29日，市公园管理中心召开庆祝中国共产党成立95周年大会。

7月29日，市公园管理中心党委召开一届六次全委（扩大）会议，审议并通过《北京市公园管理中心"十三五"时期事业发展规划纲要（2016~2020年）（审议稿）》和《中共北京市公园管理中心第一届委员会第六次全体会议决议（草案）》。

8月

8月3日，《北京志·园林绿化志》编委

会召开志书复审评议会。市园林绿化局局长邓乃平主持会议，回顾前期工作和取得成果。

8月9日，市公园管理中心召开2016年国庆花坛方案布置会。邀请园林专家张树林、耿刘同、张济和对各公园国庆花卉环境布置方案及参加湖北荆门、河北唐山、广东小榄的行业花展方案进行点评，各公园主管领导、主要技术人员参加会议。

8月11日，市公园管理中心召开市管公园自创收入工作会，通报中心上半年自创收入情况，各市管公园财务部门负责人汇报本单位收入情况。全中心自创收入45309.24万元，支出进度完成68.84%。

8月15日，市公园管理中心所属6家单位入选市级湿地名录。北京市人民政府办公厅公布第一批市级湿地名录，全市共35个湿地进入名录，颐和园、北海公园、陶然亭公园、紫竹院公园、玉渊潭公园湿地入选。

8月17日，市公园管理中心推进城市绿地生态系统监测站植物群落建设，完成80%落叶乔木、常绿乔木种植及30%灌木栽植。

8月18日，市公园管理中心团委举办第二届"十杰青年"评选终审会。邀请北京团市委机关工作部部长郑雄、中心党委副书记杨月及市民政局、文化局等单位团委书记、中心机关各处室负责人及直属单位共青团工作主管领导组成评审团。来自颐和园的舒乃光等10名青年职工最终获得中心第二届"十杰青年"称号。中心党委副书记杨月对此项活动给予肯定。"十杰青年"候选人所在单位党支部书记、各单位团组织负责人、团员青年代表150人参加。

8月30日至10月31日，"布拉格动物园图片展"在北京动物园开展。8月30日，北京市副市长林克庆和布拉格市市长科尔娜乔娃出席开幕活动。市公园管理中心主任张勇主持开幕式，林克庆副市长、科尔娜乔娃市长分别致辞。捷克驻华使馆副馆长尤乐娜、布拉格市市政委员沃尔夫、布拉格动物园园长博贝克等布拉格市代表团成员、北京市外办副主任向萍、中心副主任王忠海、北京动物园园长吴兆峥以及相关媒体参加开幕式。

8月31日，北京市旅游发展委员会副主任安金明一行5人到颐和园专题调研文创产品及智慧景区工作。

9月

9月1日，天安门地区迎G20峰会消防演习在中山公园举办。

9月5日，市公园管理中心职工合唱团获北京市直机关第四届文化艺术节"唱响中国梦"合唱比赛三等奖，并受邀参加9月19日在国家大剧院举办的市直机关第四届文化艺术节优秀合唱展演活动。

9月7日，天坛公园代表中心参加北京市旅游委"2016年北京国际商务及会奖旅游展览会"开幕式演出。

9月8~9日，园博馆与北京林业大学园林学院、北京农学院园林学院开展2016级本科新生入学教育。

9月10日，"太后园居——颐和园珍藏慈禧文物特展"在常州博物馆开幕。展览由颐和园管理处、常州博物馆、北京华协文化发展有限公司主办，中心副巡视员李爱兵及常州市政协、常州市人大教科文卫工委、颐和园、常州博物馆等相关负责人出席。李爱兵副巡视员致辞，颐和园相关负责人接受媒体采访，与会领导、嘉宾参观文物特展。

9月10日至11月20日，第八届北京菊

花文化节在顺义北京国际鲜花港和延庆世界葡萄博览园举行。

9月12日,园林学校教师乔程被北京市委教工委、市教委、市教育工会授予"2016北京市师德先锋"荣誉称号。

9月12日,市旅游委到北京植物园开展安全检查。

9月12日,著名生态学家张新时院士到园博馆参观。

9月13日,"2016年北京市'职工技协杯'职工技能竞赛公园讲解员决赛"在北京市园林学校举行。中心主任张勇、党委副书记杨月、副主任王忠海及市政法卫生文化工会相关领导指导观摩。来自市公园管理中心及区属公园共15家单位的27名讲解员进入决赛。

9月13~19日,天坛公园管理处联合苏州虎丘山风景名胜区举办"玉振金声礼乐雅韵"清宫廷音乐文化展示活动。

9月14日,颐和园完成联合国志愿组织成员参观接待任务,团市委机关党委书记郭新保陪同。

9月14日,园科院举办园林绿化企业施工质检员继续教育第十七期培训班及园林绿化企业施工安全员第十九期培训班。

9月17日,北京市消防局局长亓延军到天坛公园检查消防安全工作。

9月17日,颐和园与常熟市文化广电新闻出版局主办、常熟博物馆承办的"风华清漪——颐和园藏文物精品展"闭幕。展览历时60天,接待游客1.3万人次。

9月19日,颐和园通过市交通委运输管理局海淀管理处水运游船安全检查。

9月19日,《中国当代园林史》编写工作研讨会在中国园林博物馆召开,清华大学、华中科技大学学者及中国当代园林史编写组专家参加。

9月20日,天坛公园举办第五届北京市"天坛杯"社区武术太极拳(剑)比赛。活动由市体育局、市公园管理中心主办,天坛公园管理处、北京武术院、市武术运动管理中心、市武术运动协会承办。市公园管理中心副主任王忠海致开幕词。

9月20日,"京津冀古树研发保育"高级研修班在北京市园林科学研究院举办。此高研班由北京市人力资源和社会保障局批准,市公园管理中心主办,北京市园林科学研究院承办。

9月21日,《梦里仙葩尘世芳华:〈红楼梦〉植物大观》图书首发仪式在北京植物园举行。图书首发仪式由北京植物园主办,北京曹雪芹文化发展基金会、中国林业出版社协办。

9月22日,"礼乐天坛——2016北京天坛公园礼乐文化展"在上海豫园开幕。

9月22~23日,中心主任张勇、副主任王忠海带领中心相关处室及部分历史名园负责同志赴天津市盘山风景名胜区及独乐寺景区考察,与天津市蓟州区区委常委、副区长左坚及景区负责人开展深入研讨。

9月23日,北京动物园中标2016~2017年"北京市初中开放性科学实践活动资源单位和活动项目资格入围"项目,其中"蜥蜴别墅""认识水禽和水禽的家"活动项目被评定为A级,"动物的居住环境评价"活动项目被评定为B级。

9月23日,北京市二环路隔离带绿化改造工程选用园科院新优园林植物中试基地万株"光谱"月季。

9月23日,园博馆与上海豫园人员完成

"瓷上园林——从外销瓷看中国园林的欧洲影响"上海豫园外展120件(套)外销瓷藏品出库点交工作。

9月23日,北京动物园被市科委、市科协评为北京市科普教育基地。

9月23日,市委第一巡视组专项巡视北京市公园管理中心党委情况反馈会召开。

9月23日,园科院举办"京津冀古树研发保育"高级研修班。中心总工程师李炜民解读古树文化及保护工作思路。

9月23日,园科院完成城市绿地生态系统科学观测研究站建设。

9月24日,全国科普日海淀主场活动在玉渊潭公园举办,海淀区科学技术协会、北京植物园有关人员参加。

9月24日,园林学校承办"2016年中国技能比赛——第二届中直机关服务技能竞赛(绿化工)"决赛赛务工作。

9月26日,颐和园编撰的《传奇·见证——颐和园南迁文物》出版发行,展示了抗日战争时期2000余件颐和园文物参与故宫国宝南迁的历史。

9月26日,北海公园编撰的《翰墨北海书画集》出版发行,展示了梁启超、聂荣臻、李苦禅、启功等名人的137幅作品及简介。

9月26日,北京市发改委物价检查所检查香山公园票券种类、票价以及联票优惠幅度情况。

9月26~27日,市公园管理中心开展2016年国庆花卉环境布置检查评比。组织行业专家、公园绿化工作负责人,逐一对市管公园和园博馆的国庆22组立体花坛、17处地栽花境及容器花钵花卉进行评比、点评。

9月27日,园科院、北京植物园科研成果获中国风景园林学会科技进步奖。

9月27日,故宫博物院2016年"菊香晚艳"菊花展开幕,故宫博物院院长单霁翔、中心副主任王忠海、开封市人民政府副市长孙晓红等领导出席,北京电视台、《北京日报》《北京晚报》等媒体进行现场报道。

9月28日,"文明旅游·'袋'动中国"大型媒体公益行动在北海公园启动。活动由首都文明办、市旅游委、北京电视台联合发起,北京、江苏、湖北等9个省市电视台共同主办。

9月28日,北京市副市长林克庆带队到中心检查指导国庆游园筹备工作,并就全市景观环境、服务保障、公共秩序、水务安全、应急值守等提出要求。

9月28日,颐和园"盛世菁华——乾隆文物精品展"在沈阳故宫博物院举办,展览持续到12月中旬。

9月29日,园林学校承办北京市第四届职业技能大赛花卉园艺师竞赛复赛。

9月29日,海外侨胞北京文化行暨国庆联谊活动在颐和园举办。

9月29日,市公园管理中心领导到玉渊潭公园宣布干部任免决定。中心党委书记郑西平、副书记杨月宣布中心党委关于玉渊潭公园党委书记调整的决定。新任玉渊潭公园党委书记曹振和进行表态。中心组织人事处相关负责人及公园领导班子成员参加。

9月29日,市公园管理中心领导到中山公园宣布干部任免决定。中心党委书记郑西平、副书记杨月到中山公园宣布中心党委关于中山公园党委书记调整的决定,副书记杨月主持会议。新任中山公园党委书记郭立萍同志进行了表态。中心组织人事处、纪检监察处负责人及公园副科级以上干部40人参加。

9月29日，市公园管理中心领导到北京动物园宣布干部任免决定。中心党委书记郑西平、主任张勇到北京动物园宣布中心党委关于北京动物园园长调整的决定。新任北京动物园园长李晓光进行表态。组织人事处负责人及公园科级以上干部参加。

9月30日，陶然亭公园配合西城区举行烈士公祭活动。西城区委书记卢映川，区长王少峰带领西城区委、区政府、区人大、区政协领导和相关部门负责人一行400余人到高石墓缅怀先烈，开展公祭活动。

9月30日，陶然亭公园设立"无噪音日"推进降噪工作。成立由西城民政局、陶然亭公园、陶然亭街道负责人为组长的"无噪音日"工作领导小组，联合西城区民政局、陶然亭街道办、派出所、城管、公安等部门，分两阶段实施"无噪音日"，内外联动共同开展无噪音治理。

10月

10月5日，市长王安顺从中山公园南门入园，视察天安门地区国庆67周年安全服务保障情况。

10月6日，副市长林克庆到紫竹院、颐和园等市管公园检查安全服务保障工作。

10月7日，玉渊潭公园第八届农情绿意秋实展结束，活动历时28天，共接待游人17.7万人次，刊发相关新闻121篇（条）。

10月9日，颐和园、北京动物园荣登国家旅游局发布的"十一"旅游"红榜"（摘自人民网）。

10月10日，中国园林博物馆首个巡展项目"瓷上园林——从外销瓷看中国园林的欧洲影响展"在上海豫园开幕。

10月10日，北京市假日旅游工作领导小组办公室向中心发来感谢信。对国庆黄金周期间中心积极参加市假日办组织的北京市假日旅游集中值班工作，强化市属公园安全监管，大力整治等工作表示感谢。

10月10日，第19届北京国际音乐节开幕式酒会在中山公园茶社举办，公园积极做好安全保卫、车辆协调等服务保障工作。

10月10日，香山公园在致远斋举办"清音雅乐 皇家风范——香山静宜园皇家重阳音乐会"。

10月10日，北京市第19届根石艺术优秀作品展及第五届"北京开封菊花文化节"结束，累计接待游客约36.8万人次。

10月11日，北京世界园艺博览会事务协调局到颐和园调研智能化运营接待方案。中心副巡视员李爱兵进行接待。

10月11日，中国园林博物馆与肖蒙城堡签署战略合作协议。双方将在遗产保护、文化研究、开放管理、展览展示等领域开展形式多样的交流活动。中国驻法国大使馆公参李少平，中心党委副书记杨月，天坛、北海、香山、颐和园等公园负责人出席签字仪式。

10月12日，市政府召开香山红叶观赏季综合保障协调工作会。按照副市长林克庆指示要求，由副秘书长赵根武主持会议。中心主任张勇、香山公园负责人先后汇报红叶季园内安全服务保障工作准备情况，海淀区政府和各相关单位汇报园外服务保障工作准备情况。

10月13日，陶然亭公园平原林木养护技术服务工作正式启动。12日，公园前往结对单位怀柔区园林绿化局进行技术服务。

10月14日，园林学校举办北京市中等

职业学校农林专业类技术技能比赛。比赛由市教委、市教育科学研究院、市职业技术教育学会主办，市职业技术教育学会园林专业委员会执行，园林学校承办。

10月14日，来自埃塞俄比亚、肯尼亚、利比亚、苏丹、坦桑尼亚、赞比亚的生态研究国际培训班到北京植物园参观考察。

10月14日，厦门市市政园林局一行4人到中心调研座谈。中心副主任王忠海出席，中心服务管理处负责人介绍了中心开展百项文化活动、为民办实事的具体情况，解答了关于展览展陈、服务民生、机构设置、组织架构、社会化用工的相关问题。

10月14日，香山公园"香山皇家礼物旗舰店"试运行。

10月16～19日，颐和园、天坛、北海、香山、中山公园等历史名园应沈阳故宫博物院邀请，参加沈阳第十二届清代宫廷史研讨会。

10月16日，北京市政府赵根武副秘书长到市公园管理中心指挥部指导工作。

10月17～30日，"和谐自然 妙墨丹青——徐悲鸿纪念馆藏齐白石精品画展"在园博馆开幕。展览由园博馆、徐悲鸿纪念馆、北京画院美术馆主办，北京皇家园林书画研究会、北京正和诚国际文化传播有限公司协办。

10月18日，"重温光辉岁月 再展红色经典"之游走长征路——800米长征画卷展暨红色旅游资源推介活动在北京植物园举办。活动由市旅游委主办，北京植物园承办。

10月20～21日，中国公园协会公园文化与园林艺术专业委员会研讨会在园博馆召开。会议由中国公园协会主办，公园文化与园林艺术专委会、公园管理专委会、园博馆共同承办。北京、上海、广州等20余名代表参加。

10月21日，市委第四巡回指导组对中心党委"两学一做"学习教育进行第二次巡回督导。市委第四巡回指导组组长、市直机关工委委员、纪工委书记金涛，市直机关纪工委副书记杨俊峰对中心党委"两学一做"学习教育进行第二次巡回督导。中心党委书记郑西平汇报了中心党委"两学一做"学习教育推进情况。

10月21日，烟台动物园一行3人到北京动物园就貘科动物及其兽舍建设情况进行交流学习。

10月21日，市科委会同市财政局，组织专家对市属公益院所2015年改革与发展情况进行综合评价，园林科学研究院首次被评为一档，即高水平科研院所。

10月22日，2016年全国青少年"绿色长征"公益健走总冲关赛暨第七届"母亲河奖"表彰大会在玉渊潭公园举办。活动由团中央、全国绿化委员会、全国人大环资委、全国政协人资环委等单位主办，团市委、首都文明办、市公园管理中心、玉渊潭管理处等单位承办。

10月22日，"三山五园杯"2016国际友人环昆明湖长走活动在颐和园举办。活动由市对外友好协会主办、海淀区对外友协及颐和园管理处共同承办。

10月23～25日，北京植物园承办中国植物园联盟植物信息管理培训班，邀请中国科学院植物研究所、阿诺德树木园、西双版纳植物园专家。

10月24日，园林学校在北京市中等职业学校英语技能大赛中夺冠，王丽萍、史佳卿两位教师获得优秀指导教师奖。

10月24~28日,市公园管理中心园林绿化和讲解服务业务骨干培训班在园林学校开班,中心系统12家单位78名业务骨干参加。

10月24~25日,北海公园配合国务院办公厅事务管理局做好国办工作人员秋季健康长走活动,共200余人参加。

18~21日,市公园管理中心主任张勇带队赴安徽省黄山风景区开展考察交流,与黄山市委常委、黄山风景区党工委书记、管委会副主任黄林沐,黄山风景区管委会副主任宋生钰就各自基本情况和管理工作进行座谈。

10月25日,市公园管理中心工会在北京动物园举办"比技能 强素质 当先锋"售票岗位练兵决赛。赛事由中心工会、首都素质工程办公室主办,动物园承办。

10月25日,"北京市文学艺术界联合会书画创展基地"揭牌仪式在颐和园举行。此活动由市文联、颐和园管理处联合主办,旨在弘扬中国传统文化,展示宣传中国历史名园魅力。

10月26~27日,中国植物园学术年会在北京植物园举行。会议由中国植物学会植物园分会、中国植物园联盟等单位联合主办,北京植物园承办。中国科学院院士许智宏、洪德元,中国工程院院士肖培根,中心总工程师李炜民及住建部住房城乡建设部城市建设司、国家林业局野生动植物保护与自然保护区管理司相关负责同志出席,中国科学院、高校及全国各省市植物园、树木园代表360余人参加。

10月26日,市公园管理中心召开香港花展方案竞赛评选专家会。最终评选出一等奖3名、二等奖8名、纪念奖5名。中心综合处、服务处、科技处相关人员参加。

10月28日,市公园管理中心园林绿化和讲解服务业务骨干培训班结业,中心系统13个单位的78名业务骨干参加。

10月29日,市公园管理中心领导到北京植物园宣布干部任免决定。中心党委书记郑西平、主任张勇到北京植物园,宣布中心党委关于北京植物园园长、党委副书记调整的决定。

10月29日,北京市第三十七届菊花(市花)展在北海公园开幕。展览由北海公园管理处、北京菊花协会主办,主题为"菊香悠然——传承经典"。

10月29日,颐和园文创商品专卖店在淘宝网率先上线运营。同时,公园打造"线上+实体+物流"的配套经营模式,配合网络淘宝店,同步筹建线下颐和园文创产品旗舰店,并在松堂规划展区,建设东宫门商品存储仓库,打造立体经营模式。

10月30日,市政府副秘书长赵根武到香山红叶观赏季总指挥部检查指导工作。

10月30日,北京植物园《桃园秀色——漫步北京植物园》画册出版。

10月30日,园科院举办园林绿化企业法人第一期培训班,本市38家园林企业共计75名学员报名参加培训。

10月30日至11月中旬,中山公园唐花坞举办"菊韵盈香"菊花精品展,展出百余种千余盆品种菊。

11月

11月1~4日,市公园管理中心联合市林业工作总站组织开展平原林木养护技术服务工作专家调研。

11月5日,市政府副秘书长赵根武到香

山红叶观赏季总指挥部检查指导工作。

11月6日,北海公园配合中共中央办公厅完成宣传短片的取景、拍摄工作。

11月7日,颐和园参加中国世界文化遗产地监测预警体系建设二期评估。

11月8日,北海公园"太液祥光"品种菊荣获世界花卉大观园第七届菊花擂台赛一等奖。

11月9日,园林学校草坪优化管理新技术成果获北京市职业院校技术技能创新创业成果一等奖。

11月9日,中山公园与房山区园林绿化局对接植保养护、修剪等服务,签订平原林木养护技术服务协议。

11月10日,园林学校职业技能鉴定所通过北京市职业技能鉴定管理中心"行风诚信建设与业务工作双百分考核"评估,获得优秀等次。

11月12日,香山公园举办孙中山先生诞辰150周年纪念活动。

11月13~18日,北京植物园专业技术人员赴南非考察引种。

11月14日,首都职工素质建设工程"技术工人职业培训"项目——花卉园艺技能培训班在园科院举办。培训班由北京市总工会、北京市教育委员会等联合主办,园科院承办。市园林绿化局工会、中心综合处、园科院相关负责人及中心各单位百余名职工参加。

11月15日,园林学校教师郭涛获得北京市第二届中等职业学校班主任基本功大赛优秀奖。

11月15日,香山公园"一种花毛茛无纺布袋苗栽培方法"专利获得国家级发明专利授权。

11月15日,中国园林博物馆应邀参加2016年中国自然科学博物馆协会年会。

11月15日,天坛公园杨辉、北京植物园安晖被评为2016年享受北京市政府技师特殊津贴人员。

11月15日,玉渊潭公园配合市水务局完成永引渠滨水景观改造一期工程。

11月16日,颐和园启动政务公开试点工作。

11月16日,市公园管理中心直属北京市园林科学研究院、北京植物园、北京动物园被北京市外事办公室核准纳入教学科研人员因公临时出国主体责任单位名录。

11月17日,市政协委员调研北京市无障碍环境建设工作。实地调研陶然亭公园和中国盲人图书馆的无障碍环境建设工作,并召开座谈会。市政协社法委副主任郭宝东、吴文彦和政协委员对市管公园无障碍环境建设工作给予充分肯定。市规划国土委、市残联、中国盲文图书馆、中心服务处、综合处、陶然亭公园相关负责人及市无障碍监督员、残疾人代表参与调研。

11月18日,园科院退休干部丁梦然被中国风景园林学会植保专业委员会授予终身贡献奖。

11月21日,北京动物园接收市野生动物救护中心黑熊1对。

11月22日,颐和园联合常州博物馆举办的珍藏慈禧文物特展闭幕,完成105件(套)园藏文物点交工作。

11月25日,中国园林博物馆古陶文明博物馆精品砖展闭幕,累计接待游客35182人次,并完成撤展工作。

11月25日,市文物普查检查组验收园博馆文物普查工作完成情况。

11月25日,市公园管理中心举办冬季

系列科技讲座。中心总工程师李炜民出席并进行授课。

11月27日，颐和园鄂尔多斯青铜器特展闭幕，累计接待游客3.8万人。

11月28日，北京动物园熊猫礼品旗舰店开业首日销售额4000元，较2015年同期增长14.3%，新增文创产品占总销售额的18%，北京晚报等多家媒体现场报道。

11月28日，市公园管理中心完成市教育督导室对中心职业教育法律法规执行情况督导检查工作。由市政府教育督导室副主任刘莉率领的市教育督导检查组一行9人在颐和园对中心"十二五"期间职业教育法律法规执行情况进行督导检查。中心总工程师李炜民、组织人事处、颐和园相关负责人及有关部门负责同志参加。

11月29日，北海公园独本菊、多头菊被第十二届中国（荆门）菊花展览会组委会授予7个金奖、8个银奖及4个铜奖。

11月30日，园科院举办"2016年昆明市城市园林绿化管理业务培训班"。培训班为期6天，邀请中心总工程师李炜民及北京市园林绿化局、北京北林地锦园林规划设计院、北京市花木有限公司等专家进行授课。昆明市园林绿化部门、昆明市园林绿化局所属基层单位60名学员参加。

11月30日，北海公园"文创堂北海梵谷文化礼品旗舰店"开业。

11月30日，民革中央联络部向中心致感谢信，感谢北海公园在第七届"中山·黄埔·两岸情"论坛期间，对港、澳、台及海外嘉宾的热情接待。

11月30日，北京动物园朱鹮科研中心改造项目竣工。

12月

12月1日，市党风廉政建设责任制检查组专项检查市公园管理中心落实党风廉政建设责任制工作。市纪委党风政风监督室主任赵玉岐及市党风廉政建设责任制检查组人员听取中心党委书记郑西平关于领导班子、个人落实党风廉政建设主体责任情况及创新性工作开展情况汇报。

12月2日，"北京城市副中心热岛改善关键技术研究与示范""北京城市园林植物智能水肥一体化技术研发"两项课题为市科委储备项目，启动任务书签订工作。

12月5日，北海公园接收台北故宫博物院珍藏的清代《采桑图》、康熙十九年版《皇城宫殿衙署图》等四件文物复制件。

12月5~9日，市公园管理中心处级领导干部培训班开班。中心党委书记郑西平做开班动员并提出要求。中心领导班子成员、中心副处级以上领导干部110余人参加。

12月7日，市公园管理中心完成发展党员第三期培训及考核2016年党员发展工作。

12月13日，北京植物园通过国家4A级旅游景区质量等级复核。

12月13日，黄山市人大常委会主任程迎峰，黄山市委常委、黄山风景区党工委书记黄林沐，中国旅游景区协会秘书长汪长发及黄山风景区管委会相关负责同志一行8人赴中心及其直属颐和园、天坛公园、香山公园、北京动物园进行考察交流。

12月15日，北海公园举办御苑建园850周年专家论坛。市公园管理中心总工程师李炜民、中国工程院院士孟兆祯、天津大学建筑学院教授王其亨、园林专家耿刘同、北京史学会会长李建平出席。中心服务处、故宫博物院图片资料部、中国国家图书馆古籍馆及中心13家单位30余名领导、专家参加。

12月15日至1月15日，11家市管公园和双秀公园29处售票点正式面向市民和游客发售公园年票。发售首日，各发售点共计发售年票35596张。

12月16日，市公园管理中心收到军委机关事务管理总局感谢信，感谢中心对管理总局建设工作的关心帮助和大力支持。

12月16日，市公园管理中心举办2017年公园年票发售新闻发布会。

12月16日，颐和园受邀参加北京麋鹿生态实验中心在东方梅地亚中心剧场举办的"绿色梦想"科普剧汇演。

12月16～25日，中国园林博物馆联合中国风景园林学会举办2016年全国大学生风景园林规划设计竞赛获奖作品展。

12月19日，北京动物园联合国家濒危物种进出口管理办公室举办部门间执法工作协调联席会议。国家林业局、最高人民检察院等相关单位负责人参加。

12月19日，动物园、天坛、陶然亭三名职工在中国职工保险互助会北京办事处举办的"我心中的互助保障"征文评比中分别获一、二、三等奖。

12月20日，市委办公厅、公安局、市住建委和市文物局相关人员一行8人调研天坛南门外拆迁工作，实地到神乐署、天坛南门进行现场勘察。

12月20日，紫竹院公园通过北京市健康示范单位考核。

12月20日，中国园林博物馆园林数字图书馆数据更新服务项目通过验收。

12月21日，紫竹院公园通过国家AAAA级旅游景区质量等级复核。12月22日，北海公园、陶然亭公园通过国家AAAA级旅游景区质量等级复核。12月28日，玉渊潭公园通过国家AAAA级旅游景区质量等级复核。

12月22日，北海公园召开文化礼品旗舰店开业新闻发布会，北京电视台、北京人民广播电台、《北京日报》等媒体记者现场报道。

12月23日，北京动物园召开年度科技大会。中心总工程师李炜民出席并为北京市圈养野生动物技术重点实验室揭牌。中国动物园协会、中国野生动物保护协会、中心科技处相关负责人及津、冀两地大学、动物园、植物园等相关专家、科技人员参加，《北京晚报》等媒体现场报道。

12月25日，全国大学生风景园林规划设计竞赛获奖作品展在园博馆闭幕。

12月27日，颐和园与唐山市丰润区园林局一行10余人就冬季树木修剪方法进行交流学习。

12月27日，颐和园、北京植物园文创产品被市旅游委评为第13届"北京礼物"旅游商品大赛景区主题类优秀奖。

12月28日，园科院园林科技培训中心举办第18期市园林绿化施工质检员再教育培训班。

12月28日，中国园林博物馆联合苏州市留园管理处等单位举办的四大名园门票联展闭幕。

12月28日，北海公园静心斋景区修缮工程竣工，面向游人开放。

12月28日，中国园林博物馆"从外销瓷看中国园林的欧洲影响展"在上海豫园闭幕，外展文物安全回馆并完成点交。

12月29日，市公园管理中心直属单位在北京科普讲解大赛中取得优异成绩。最终园博馆讲解员杜怡获一等奖、北海讲解员赵杰获三等奖、植物园讲解员李林曈获优秀奖。

12月30日,市发改委、市环境保护局检查颐和园清洁生产工作。中心副主任张亚红、北京节能技术监测中心高级工程师李文明等专家参加。

12月30日,市公园管理中心积极开展委托执法工作,联合市园林绿化局制定《关于委托市属公园执法管理的暂行规定》。年内共执行现场处罚367起,同比2015年提升272%。

12月30日,北京动物园与平谷区园林绿化局签署平原林木养护技术服务工作协议,选派优秀技术人员就冬季修剪为平谷区开展理论及实操培训。

12月30日,北京植物园联合北京农学院建立研究生培养实践基地。

概 况

【北京市公园管理中心】 年内,服务游客9696万人次,同比增加1.37%,共接待国家重要外事及中央单位、驻京部队参观312批次。其中重要外事任务178批次,包括中德两国总理颐和园"散步外交",乌克兰外长游览北海等;接待汪洋副总理与美国财政部长游览颐和园,为中美高层领导人战略对话做好服务保障。此外,接待纪念孙中山诞辰150周年香山碧云寺晋谒仪式等国内重要活动134批次。全年完成市政府重点任务6项,中心自立重点任务70项。纳入市政府绩效管理的中心绩效任务23项,较上年增长64%。围绕打造"一轴一线"文化魅力走廊和恢复天坛整体风貌开展工作。服务京、津、冀协同发展取得新成果。发挥中心古树资源优势、技术优势及人才优势,三地联合成立"京津冀古树名木研究中心",着手建立古树名木基因库;与津、冀联合开展科研攻关;科普游园会作为中心品牌活动首次走出北京,在天津、石家庄开展"园林科普津冀行活动",活动项目达20项。与市园林绿化局联合启动首都平原林木养护技术服务工作,市属11家公园分别与通州等11个区建立帮扶关系,进行一对一技术服务,实现优势资源辐射周边。植物园两个桃花品种被燕郊园林有限公司拍得河北独家繁殖权,实现优势资源输出利用。颐和园、天坛、北海公园与天津盘山风景名胜区建立旅游合作关系。香山与周恩来邓颖超纪念馆、西柏坡纪念馆缔结红色友好基地,区域旅游合作逐步常态化。陶然亭公园全面完成江亭观赏鱼花卉市场撤市工作,主动为疏解非首都功能做出贡献。增彩延绿成果得到示范应用,加强两个良种中试基地建设,新建圃地360亩,承担17种北京市增彩延绿良种繁育任务;5处、15万平方米的市属公园增彩延绿示范区全部建设完成,形成层次多变、色彩丰富的北京公园立体景观效果;输出新优植物品种100余万株到石家庄等地,自育彩叶树种'丽红'元宝枫,在通州城市副中心种植,并应用于明城墙遗址公园、复兴门桥等北京城区绿化美化。杨柳飞絮治理工作稳步推进,制订出台《杨柳飞絮总体解决实施方案》,"抑花一号"在东城区、西城区石景山区、顺义区及市属公园、奥林匹克森林公园等重点治理区域治理规模已达20万株,并积极为中南海等中央机关、驻京部队、清华大学、北京大学等高校开展科技服务工作。"北京地区扬尘抑制技术研发及示范应用"为园科院主持的国家科技支撑课题,基于其研究成果,园科院制定了《消减PM2.5型道路绿带种植设计技术导则》,并应用于通州区台湖大街和京台路两侧道路绿地景观设计;完成市属11家公园全部古建筑安全勘察和鉴定评估工作,包括18.7万平方米古建和4.11万延长米古围墙,根据保护现状划分三类安全等级,其中保护状态较好的一类建筑占古建总数的92%。以颐和园、天坛、香山、动物园4家公园为试点开展文化创意产品研发,实现产品一体化运营规划,新增文创商店13个,面积由原来的780平方米增加到1538平方米,新研发各类文创商品304种,销售收入约359万元,同比增长122%。以3家公园为试点,打破时间、空间限制,首次推出晚间文化活动。颐和园夜景照明首次点亮后湖、西堤,形成"日赏景,夜观灯"效果;天坛提供晚间团队定制游;北海推出荷花湖夜航活动,受到市民和游客的欢迎。注重自媒体宣传,中心政务微博累计粉丝数166万,发博数近万条,微信公众号发文1500余篇,中心9月首次开通"今日头条"客户端并发文宣传,推荐量已达20万次。多措并举,强化效果,精神文明建设取得新成效。树立宣传和践行社会主义核心价值观主题公园建设,开展纪念建党95周年和长征胜利80周年宣传教育活动,学习教育覆盖率达100%;持续发挥党的十八大代表紫竹院公园朱利君的先进典型作用;结合公园职业道德、游客社会公德,开展道德讲堂60次,植物园郭翎、动物园李金生当选"北京榜样";重要节假日和游园高峰期,组织开展"文明游园我最美"主题志愿服务,吸引组织"公园之友"等团体参与活动200余次,巩固陶然亭、中山、北海公园社会主义核心价值观主题公园建设成果。开展老干部主题实践活动,举办"五月鲜花"职工演唱会和青年职工风采展示系列活动;果丽霞荣获"全国老干部先进工作者"称号。

(中心办公室)

【中国园林博物馆北京筹备办公室】 园博馆筹备办下设党政办公室、计划财务部、人力资源部、基建工程部、宣传教育部、展陈开放部、藏品保管部、园林艺术研究中心、安全保卫部、信息资料中心和物业管理部等11个机构。截至年底,园博馆筹备办编制内人员共54人,其中管理人员25人,专业技术人员23人,包括初级职称16人,中级职称2人,高级职称5人;工勤技能人员6人,其中高级工2人,初级工4人,在岗社会化人员共465人。园博馆先后荣获了全国科普讲解大赛一等奖、北京市科普讲解大赛一等奖、北京市"职工技协杯"公园讲解比赛二等奖及2016~2017年科普基地优秀活动展评一等奖等多项荣誉,全年工作得到了中心的肯定,并被评为中心级先进单位和中心级先进基层党委。年内共接待游客43.6万人次,同比增长7.5%,团体预约和公益讲解共1257场次,服务观众16844人次。在展览展陈方面,园博馆成功举办涵盖园林文物、非物质文化遗产、书画、艺术品等七大主题展览22项,其中最具代表的有:普洱茶马文化风情展、"青铜化玉 汲古融今"特展、颐和园西洋钟表展、中国古代锡器文化展、和谐自然 妙墨丹青——徐悲鸿纪念馆藏齐白石精品画展及在各部门齐心协力、分工合作下共同完成的"心怀中国梦 同寄园林情——中国园林博物馆系列捐赠品展",相关展览共邀请知名媒体跟踪报道160余条。全年共举办40余项353场次主题文化活动,吸引3万余名游客参与。

(肖心楠)

【颐和园】 截至2016年年底,在岗干部、职工1200人(另外,企业在岗干部职工138人),全园共有14个职能部室和18个专业队(均为正科级)。全年总游客量达1700.65万人次,比2015年同期增加97.66万人次,增长6.09%,其中购票游人1202.85万人次,同比增加88万人次,增长7.89%。全年自创收入3.88亿元,同比增收678.33万元,增长1.78%。年内,公园完成了国家5A级景区复核、安全生产标准化验收两项工作,全年游客满意度达98%。荣获第十五届"首都旅游紫禁杯",被国家旅游局评为"北京市旅游服务最佳景区",再次被国家旅游局和国家质量监督局评为第二届全国旅游标准化标杆单位。北宫门门区运行电子票务系统,先拦住后验票,解决狭窄入口大客流、打非治违等问题,同时具备与北京市公园管理中心票务平台无缝对接和支持验卡票、扫描二维码、识读身份证等功能。首次摸清园藏文物家底,为37952件园藏文物分类核查、逐一建档;颐和园文物修复中心开展家具残件测绘工作,建立古建巡查网格化管理,制定工程巡查制度和零修工作流程;同时开展"传承古建修缮技术,传承匠人精神"主题拜师活动,以"师傅带徒弟"的传统形式传授古建修缮保护技能。全面启动"平安颐和"随手拍工作,建立微信群作为安全风险排查反馈工作联络平台,开发数据录入、存储系统,调动职工最大程度参与到文物古建安全治理工作之中。在古建维修和景观提升方面,公园完成练桥修缮工程、文昌院展厅改造工程(二期),稳步展开涵虚牌楼修缮工程,顺利开启颐和园文物库馆(二期)工程、须弥灵境建筑群遗址保护与修复工程、夕佳楼西侧驳岸抢险工程,排云殿、德辉殿景区爬山廊等9处区域实行封闭管理。同时公园完成绣漪桥绿地景观恢复工程、景观树木防灾修剪工程、文昌院及东堤绿地喷灌工程;实施"增彩延绿"工程,做好传统观赏植物的繁殖与栽培。全年美化绿化3500余平方米,栽植苗木304株,引种特色苗木520株,移栽、嫁接景观苗木330株。在西堤等区域铺设广播线缆,改造升级各种牌示631块、栏杆179延米,垃圾转运箱26处,铜栏杆10处,无障碍设施14处,门区配发新轮椅20辆。公园承办国际世界遗产培训班,参加第二届法中名堡与名园文化交流论坛,配合北京市公园管理中心完成法国肖蒙国际花园节中国园——"和园"建造;与天津盘山、广州越秀公园和黄山风景区等签订战略合作框架协议;举办中国历史名园摄影展;召开中国四大名园管理经验交流研讨会;与人民大学、北京林业大学、北京联合大学等高等院校开展协作;为延庆区园林绿化局提供平原造林技术服务。推出"风华清漪——颐和园藏文物精品展""太后园居——颐和园珍藏慈禧文物特展""盛世菁华——乾隆文物精品展"等6项园藏文物外展。同时在园内引入"两朝帝师翁同龢及翁氏家族文物特展""海上翰墨——上海豫园馆藏海派书画名家精品展""美人如花隔云端——中国明清女性生活展""来自草原丝绸之路的文明——鄂尔多斯青铜器特展"4项文化活动。出版发行《清宫颐和园档案》,编制颐和园杂志。完成《颐和园在"三山五园"整体保护中的实践与探索》《可移动文物保管对策研究》《颐和园创新举办晚间文化活动的对策研究》《对依法管园的实践探索——以安全秩序管理为例》4项调研课题的撰写和《颐和园网络虚拟旅游服务平台建设及应用》《颐和园(清漪园)管理机构沿革研究》《皇家园林古建筑防火对策探究与应用》3项科技课题结题工作。

(范志鹏)

【天坛公园】 公园内设14个科室，下设14个队级建制。截至2016年年底，在册职工862人，其中管理人员132人，专业技术人员271人，技术工人459人。2016年服务中外游客1631万人次，同比下降6.9%。抓住非首都功能疏解机遇，持续做好天坛周边被占坛域的规划，完成天坛外坛墙坛界界定及被占坛域古迹遗址区勘察勘探项目任务书，编印《天坛文物保护规划》。开展馆际之间交流合作，和常熟博物馆等单位联合举办精品文物特展，与天津盘山、安徽黄山风景名胜区签订区域合作框架协议，加强两地业务合作交流。正式出版发行《天坛古树》书籍，建立数字档案，对第一历史档案馆移交的1100件数字档案进行逐件整理。提升百花园、双环亭景观效果，种植芍药1388平方米、牡丹1300平方米，改造道路等4万平方米。举办春迎月季花开天坛月季展和古坛京韵菊花展。参加月季洲际大会和唐山世界园艺博览会，共选送85盆精品月季，荣获5项金奖、4项银奖、4项铜奖。北京市第36届菊花展览会展台布置二等奖、原桩盆景"胜似春光"一等奖、原桩盆景"双清秋色"二等奖、造型"花篮"三等奖、造型"塔（九层）"三等奖。

(张 群)

【北海公园】 北海公园管理处下设13个科室（不含机关支部）、7个队级建制（不含商店和御膳）。截至2016年年底，公园总从业人员559人。在职职工524人。在岗职工518人，其中固定工380人、合同工138人；干部230人。离退休人员503人。公园实有树木1.8万余株，草坪12.88万平方米。年内，公园接待购票游客394万人次，年度总收入18442.37万元，自创总收入8184.43万元。年内，接待了国际滑雪联合会高山项目委员会主席一行10人；两会期间接待人大代表62人次、政协委员5人次；接待乌克兰外长克里姆金一行8人来园参观游览；接待了来自法国、奥地利、阿根廷、芬兰、德国、西班牙、意大利7个国家的多位优秀漫画家来园；接待台湾艺术家代表团一行8人来园进行交流座谈；接待了中国四大名园管理经验交流团来园；完成"2016外国摄影师拍北京"的活动接待工作；接待了2016年世界洲际月季大会150名代表来园参观游览；接待俄罗斯邮政总部MAK2AT大区负责人阿图尔·伊戈尔希金及分区负责人一行共20余人；接待北京坛庙文化研究院来园进行交流；接待拉萨市副市长兼公安局局长赵涛一行15人来园参观游览；完成全国人大会议中心团委27人游览接待任务；完成中华文化交流与合作促进会服务接待任务；接待德国海军监察长代表团；完成德国戴姆勒股份公司120余人团体晚游活动服务接待工作；接待韩国邮政代表团一行55人来园参观游览；接待中共中央办公厅陪同法国客人来园；配合民革中央委员会完成第七届"中山·黄埔·两岸情"论坛台、港、澳及海外嘉宾70人参观游览任务。公园完成画舫斋水体水质改善工程；完成北岸热力站维修工程；完成园内文艺厅厕所及其余12处厕所的装修改造工程；地下文物库房整修工程；完成地下管网勘察工作；推进园内燃气管道一期断气工程等基础规划建设工作。同时，公园于年内完成渎山大玉海科学技术检测；西天梵境大慈真如宝殿、天王殿等建筑群修缮工程；小西天景区周边环境整治工程；园内古建安全普查工程；静心斋内檐装饰及展览展陈；完成仿膳饭庄迁出及饭庄临时建筑整治与拆除，同时对原有电气线路进行改造，聘请建筑研究院对漪澜堂景区内的房屋进行了安全鉴定等园内古建保护工作。公园首次参加中国嘉德国际拍卖有限公司2016年春季拍卖，成功竞拍到清晚期《三希堂法帖》一套（三十二册），出版《中国古建筑测绘大系·园林建筑·北海》《景观》杂志北海特刊、《韩墨北海书画集》3本特色书刊、图册。截至2016年12月底，公园已推出文创产品90余种750件，"文创堂北海梵谷文化礼品旗舰店"顺利开业。年内举办了"2016年西城区全民健身冰雪季""劳动者最美——首都劳模聚焦北海公园——北海皇家邮驿"摄影展、北海公园第20届荷花展、"北海遇见北海"系列文化活动、北京市第37届菊花（市花）展、北京市第十九届根石艺术优秀作品展等展览；同时也参加了"菊香晚艳"故宫博物院菊花展、2016年"文明旅游·'袋'动中国"大型媒体公益行动、第十二届中国（荆门）菊花展览会、"中国好风光"全国摄影大展第三届影展等特色主题活动与展览。公园还开展了纪念北海御苑建园850周年"盛世园林、文化北海"系列主题活动，含北海公园园藏书画展、建园850周年名家系列讲座、老照片老物件征集活动、北海御苑建园850周年回顾展、北海建园850周年邮资机宣传戳活动、"福瑞北海"书画名家迎春展、首届徐悲鸿杯少年儿童艺术大赛作品展、邢少臣师生作品展、荷韵清幽——徐金泊画展、"苍烟如照——北海建园850周年纪念画展""海纳百川——北海园藏书画展"、北海御苑建园850周年专家论坛会等活动。公园开展冰雪文化及冬奥文化知识相关宣传活动；举办健康知识科普咨询活动；进行低碳环保科普宣传；开展菊花养护技艺进社区活动；举办2016年菊花非遗进社区活动启动仪式。公园"太液禅光"品种菊在世界花卉大观园第七届菊花擂台赛中被评为一等奖；截至12月，公园共召开相关新闻发布会8场，现场组织记者采访10次，电视报道168次，报刊报道572次，电台报道138次，总计878条（次）宣传报道；做好自媒体与常规媒体相结合工作，策划发布相关宣传咨询10余次。公园获得世界月季洲际大会精品月季盆栽（盆景）展银奖、铜奖；获得世界月季洲际大会最佳贡献奖。公园被北京市人民政府首都绿化委员会评为首都绿化美化先进单位；公园职工刘展、马凌、王洪涛在北京市公园管理中心优秀技能人才评选中被授予省、部级荣誉优秀技能人才称号；公园职工高红铸、王维、潘洋洋、张斌在北京市公园管理中心优秀技能人才评选中被授予局级优秀技能人才称号；公园被北京市人民政府收录进市级湿地名录；北海公园选送的两盆精品碗莲在扬州第三十届全国荷花展览碗莲栽培技术评比中分别被评为一等奖、三等奖；公园职工刘宁在北京市公园管理中心第二届"十杰青年"评选活动中被北京市公园管理中心授予"十杰青年"称号；公园职工赵杰在北京市公园管理中心第二届"十杰青年"评选活动中被北京市公园管理中心授予"公园优秀青年"称号。公园职工刘娜在北京市公园管理中心"比技能、强素质、当先锋"售票技能比赛中取得第二名的好成绩；公园职工赵杰、魏佳在"创新引领 共享发展"主题科普讲解大赛中被北京市科学技术委员会授予北京市科普讲解大赛个人项目三等奖。

（汪汐）

【中山公园】 中山公园内设10个职能科室，5个业务队及来今雨轩饭庄1个企业。截至年底，有在编职工348人，其中事业编制人员316人，企业编制人员32人。事业单位管理岗位73人，专技岗位49人，工勤岗位194人。园内实有树木6211株(古树612株)，草坪类(冷季型草)5.62万平方米，地被类植物1.34万平方米。年接待游客341万人次。年内，撰写完成《在推动中轴线申遗和打造"一轴一线"文化魅力走廊中的实践与思考》《明清社稷祭坛保护与研究》调研报告；举办2016年春花暨郁金香花展、"百猴迎春·曹俊义画展"等文化展览和公益活动15项；完成神厨神库挑顶及油饰彩画修缮、社稷坛中山堂周边地面修缮工程。改造更新南坛门等4座卫生间上下水和洁具设施；增设蕙芳园展室安防监控报警系统。开展各类培训8次，水面救生、防汛、消防演练4次；编纂完成园林篇、服务篇资料31万字；升级改造馆藏文物和石碑石刻二处库房。三维扫描馆藏陶瓶并建档；处理完成中心级以上诉求单15件，按期办结率100%；非紧急救助站办理咨询类事项17954件，便民服务类事项152792件，游客满意率均在95%以上；公园官网更新信息56篇，编发《新闻宣传工作简讯》3期，召开新闻发布会6次，电视台、电台播出报道96次，在报纸期刊、网络媒体上刊登稿件244件；开展生物多样性保护宣传科普专项活动5项，专题讲座和园艺体验类科普活动27次。代表中心参加广东中山小榄菊展，获得景区金牌大奖。

（刘　婕）

【香山公园】 香山公园管理处内设13个科室、9个队级建置。截至年底，有从业人员497人，在职职工490人，其中干部188人(含专业技术职称干部80人)，离退休人员11人，返聘人员15人，年内，共实现园林收入6393万元，接待购票游客226.4万人次。完成香山永安寺修复工程主体建筑竣工验收、双清厕所改造工程、松堂(来远斋)修缮工程、喷灌系统更新维修改造工程(二期)等；收回碧云寺市场大棚、与香山橡胶制品厂就改签协议进行商定；完成机关事业单位退休人员养老保险接轨；举办第11届新春登高祈福会、第14届香山山花观赏季、暑期红色绿色夏令营、第28届香山红叶观赏季等活动；开展山林养生系列体验活动、纪念毛泽东逝世40周年纪念活动、"清音雅乐皇家风范——香山静宜园皇家重阳音乐会""香山奇妙夜博物之旅"活动、"红叶探秘"科学探索实验室系列课程活动及纪念孙中山先生诞辰150周年纪念等活动；举办"纪念孙中山先生诞辰150周年——爱·怀念"主题展、"中国梦正圆——十八大以来党中央治国理政新思想新实践"专题展览及"香山印记——纪念香山公园建园60周年老照片展"；编写《一种花毛茛无纺布袋苗栽培方法》获得国家发明专利授权；起草北京市地方标准《黄栌景观林养护技术规程》(DB11/T1358-2016)；实施古树复壮工程和红叶保育工程，种植黄栌4000余株。全年共召开新闻发布会15次，各类媒体宣传报道1856篇次。协助北京电视台、北京交通广播、北京文艺广播等各主流媒体来园拍摄；接受北京电视台、《北京晚报》《北京日报》等多家主流媒体采访。获得市公园管理中心2016年度先进单位、2016年度海淀区交通安全先进单位、北京爱国主义教育基地红色旅游景区等称号。

（王　奕）

【景山公园】 景山公园管理处隶属于北京市公园管理中心，2003年从北海景山公园管理处分出，成立景山公园管理处，负责维护景山公园，合理利用、展示公园的文化价值，具有组织接待参观游览等项管理职能。景山公园位于北京城中轴线上，占地23万平方米。园内古建筑面积约7500平方米，绿化覆盖面积约13万平方米。园内名木古树近900棵，牡丹500余种2万余株，芍药200余种2万余墩。公园管理处下设13个科级部门。公园全年接待游客约670万人次，同比增幅近22%。在文物保护方面，配合市文物局完成可移动文物普查工作，启动寿皇殿建筑群修缮等工程；举办了第二十届牡丹文化艺术节、暑期昆虫科普展览等特色活动。开放科普园艺中心，配合公园暑期活动开展系列科普、文化展览展示，完成关帝庙展览展陈一期布展工作，同时，还结合牡丹文化艺术节等活动推出景山牡丹文化展、"从前的记忆"——景山老照片展、十大你不得不知的中国文化事实等文化展览。

（刘翌星）

【北京植物园】 截至2016年年底，北京植物园有职能科室15个，队级建制13个。从业人员470人，其中干部218人；工人252人。离退休人员308人（其中干部57人，工人251人）。年接待游客293.66万人次。年内，北京植物园积极推进曹雪芹西山故里景区项目；提升园容景观，月季园申报"世界杰出月季园"；顺利完成"一二·九"运动纪念地参观游览的服务接待工作；增彩延绿良种中试基地建设有序推进；启动"十三五"事业发展规划编制工作；完成"中国植物园联盟——公众科普计划"，在全国30家以上植物园和相关单位举办展览；成功申请市教委"初中开放性科学实践活动——叶子的秘密"课程项目。植物园成功举办第二十八届北京桃花节、第八届北京月季文化节、第十一届北京兰花展、首届苦苣苔植物展、第七届北京菊花文化节、仙人掌及多浆植物展，开展了"一二·九"运动纪念地"铭记抗战历史 传承爱国情怀"主题展、纪念曹雪芹诞辰300周年特展等专题展览和活动。

（古 爽）

【北京动物园】 2016年度，北京动物园设置管理层（机关）设14个科，作业层（基层）设11个队，以及浩博园物业管理公司、北京蕴泽开发公司等园有企业。截至年底，全园从业人员721人，其中干部226人。2016年是北京动物园的"管理细化年"，圆满完成捷克布拉格动物园互访、签署合作协议和举办布拉格动物园图片展等重要外事任务；完成"生肖文化展"和象馆地源热泵，持续推进朱鹮科研中心及周边景观环境改造等重点项目和各项常态工作。荣登国家旅游局十一假日旅游"红榜"，为近800余万游客提供安全游览和优质服务。全年接待游客825.78万人次，其中购票游客636.62万人次。全园饲养、展览动物452种6060只。其中，哺乳纲139种925只；鸟纲183种3078只；爬行纲88种345只，两栖纲11种125只；昆虫纲29种1547只，其他节肢动物2种40只。被列入濒危野生动植物种国际贸易公约附录Ⅰ的野生动物49种236只；附录Ⅱ的野生动物108种602只；附录Ⅲ的野生动物7种25只。被列入国家重点保护野生动物保护Ⅰ级的野生动物42种230只；保护Ⅱ级的野生动物54种491只。全年引进动物40种259只，救护动物27种56只；输出动物32种163只，繁殖动物71种712只，存活动物64种690只，死亡动物146种1293只，注销动物34种115只。2016年繁殖只数成活率为96.91%。发病率为5.97%，治愈率为81.80%，病死率为18.20%，动物健康率为95.87%。

（王羽佳）

【陶然亭公园】 陶然亭公园截至2016年年底，全园有从业人员512人，在岗职工510人，干部168人，专业技术人员83人。年内，公园完成华夏名亭园沧浪亭、浸月亭及百坡亭提升改造工程；完成海棠春晓景点改造工程；完成东北山高喷工程。全年新植乔灌木353株，栽植草花5.23万株，更新草坪、补植苔草6230平方米，安装绿地围栏2700延米，提升了绿地及宿根花卉的景观效果。完成海棠春花文化节、"五一""十一"节庆期间的花卉布置工作。全年开展主题科普活动共12项，举办月季文化节。在服务管理方面，完成陶然江亭观赏鱼花卉市场撤市任务。落实"双实"工程，完成为职工办实事10项；完成为游客办实事9项。全年共受理非紧急救助服务事项5万余件，游客满意率达97%。依托名亭联谊会，形成《文稿汇编》及《消息集》两部成果资料。在游客服务中心开辟文创商品专柜，主题创意产品12种。在文化活动和科教宣传方面，举办北京厂甸庙会，共计接待游人35万人次。依托三系列六项品牌文化活动，举办清明诗会、端午民俗地书比赛等系列活动。举办暑期动漫嘉年华、冬季冰雪季等活动。深入挖掘"一园一品"文化，举办第二届海棠春花文化节。全年召开新闻发布会8场次，各类报道300余篇（次），发布官方微博、微信220条，累计阅读量达33万次。建立健全《新闻应对与媒体接待方案》及通讯员队伍。在安全保障方面，开展噪音治理，正式成立降噪办；推进安全生产标准化建设，二级安全生产标准化申报工作；启动"褐色袖标行动"；组织各类培训、演练36次，面向游客开展"公园是我安全的家"等主题宣传活动。发挥监控、广播、安检作用，重新核定游客承载量，最大游客承载量调整为16.5万人次、瞬时承载量为5.5万人次。走访离退休人员189人次，完成9位离休干部急救呼叫器升级更换等工作。在基础工作方面，建立年中、年末绩效考评新机制。首次对年度绩效奖励实行分档发放。自1月1日起在全园试运行《内控制度汇编》和《内控手册》。全面推行审计工作。启动大额项目审计工作，开展食堂账目、饭卡管理、门区票款等专项审计。强化干部管理，年内对4名科级干部进行经济责任和离任审计。

（袁　峥）

【紫竹院公园】 紫竹院公园截止到2016年年底，全园职工人数382人，其中工人226人，干部156人。全年累计接待入园游客934万人次，同比增加26.2万余人次，增幅为2.89%。公园在树立大局意识，谋划公园发展方面加强公园竹文化品牌传播，与国际竹藤组织、国家林业局合作圆满完成4.22植竹活动，北京市副市长林克庆及70余名外国使节参加了此次活动；加强会所整改力度，落实中纪委和市委、市政府对公园高档餐饮转型的要求，问月楼、友贤山馆均持续对公众开展书画展、瓷器展和茶艺表演等活动；积极推进水环境治理，在南北小湖尝试微型湿地景观建设；完成中心折子任务2项，第二十三届竹荷文化展历时30天，举办惠民文化活动4项，接待游客83万人次；荷花渡改造工程更新栽植精品荷花、睡莲10余种3万余株，提升了水体景观。公园推进安全文化建设，落实"一岗双责，党政同责"的安全责任制，以"雷池行动"为抓手，坚持"五防"并举和"识别危险源，一线职工是关键"的安全观；全面开展安全生产标准化达标工作，评审得分864分，实现二级达标。创建免票公园典范方面，公园总结免票公园管理模式，组织免票开放10周年专家座谈会和景观规划座谈会，研究发展定位，为今后发展指明方向。完成《营造申冬奥群众参与冰雪体育浓郁氛围示范研究成果转化》《关于福荫紫竹院在三山五园中的地位及作用研究》《紫竹院宣传思想调研》等论文，理清了公园历史沿革，展现了历史名园的独特文化内涵。全年为游客免费提供开水，直接服务游客6万余人次；免费提供厕所用纸17650余卷，洗手液1514升；全年全园受理非紧急救助6.2万件次，中心转办诉求单50次，办结率100%。顺利完成AAAA级景区复评及三个体系转版再认证，成功承办公园节舞蹈大赛，开展冬季冰上健身活动、竹荷文化展、行宫系列文化展等各类活动及展览20余次。全年公园相关新闻报道351次，发布各类媒体信息398次。公园完成双林寺塔塔基遗址保护工程、儿童运动场厕所改造、供电系统升级改造等8项重点工程，全年累计日常维修维护300余次（处），积极配合地铁16号线施工，协助完成北门综合服务楼和紫竹书院项目竣工验收。落实中心增彩延绿项目，更新竹林面积6000平方米，增植品种竹8000余株。积极开展杨柳飞絮治理工作，对524株杨柳树完成药物注射，公园杨柳飞絮得到有效防控。利用"互联网+"模式，推出游乐场网上售票服务，并更新7项游艺项目，增加经营收入。自主研发文创产品3类6种，整合以往研发引进的产品共计12类34种。组织各类专项培训480人次，有32人晋升了技工等级，立足职工需求，加强职工培训，强化爱岗敬业教育，培育精益求精的"工匠精神"。

（黄苗苗）

【玉渊潭公园】 公园占地面积132.38公顷，其中水域面积59.72公顷，陆地面积72.66公顷。截止到2016年年底，全园共有职工432人，其中合同制职工141人；干部175人，其中专业技术性干部103人。全年共接待游人884.04万人次。现有樱花2300余株，乔木18236株，灌木80765株，竹类97972株，草坪205381平方米，绿化覆盖率达到90%以上。年内，公园举办了第七届冰雪文化活动、第二十八届樱花文化节。樱花节期间相继举办水岸樱花景观科普展、茶文化展、第十三届"春到玉渊潭"摄影比赛、春鼓祈福活动、"火树瓷花"德化白瓷雕塑艺术精品展等活动，并首次推出樱花"专家导赏"服务；举办第八届农情绿意秋实展。年内，公园东湖湿地园成功获北京市园林绿化局审批，全力做好保护性开放工作，先后完成接待36次，科普讲解7次，累计受众1100余人次。公园中堤桥建设工程完工，正式实现面向游客开放。正式出台《玉渊潭公园服务管理规范手册》，包含各类规章制度共计62项。全面开展文创工作，公园樱花商店更名"樱苑"，以全新面貌接待游人。持续推进确园转型工作，完成《实现确园转型面向游客服务的实践与思考》课题调研报告。完成首部《玉渊潭公园诗选》编纂并正式出版，为今后历史文化研究提供文献资料。公园在"玉和集樱"展厅举办《东方既白——李可染画院精品巡回展——北京·玉渊潭·2016》，共展出当代中国美术界老中青三代杰出代表近期创作的精品作品50余幅；举办北京市公园管理中心离退休干部"颂党恩·话发展·纪念中国共产党建党95周年"书画展，共展览离退休干部书画作品52幅。在"玉和光影"摄影展廊举办公园第十三届"春到玉渊潭"摄影比赛获奖作品展、黄柏山风光摄影作品展、"大美桓仁"摄影展、首届"光影乐晚年——北京老人拍身边老人"摄影作品展等多项摄影展，共展出优秀摄影作品400余幅。公园完成远香园绿地景观提升改造一期工程、公园樱花园西北部景区提升工程、东湖水闸周边绿地改造工程。公园顺利通过国家AAAA级旅游景区质量等级复核、2015～2016年度质量与环境管理体系外部审核。被北京市海淀区交通安全委员会评为2016年度海淀区交通安全先进单位；玉渊潭东湖湿地园获得第四届服务民生创新管理优秀奖。

（王智源）

【北京市园林科学研究院】 北京市园林科学研究院截至2016年年底，共有在职职工139人，其中专业技术人员103人，教授级高级工程师11人，高级工程师34人，工程师25人。园科院首次被评为北京市高水平科研院所。年内，新开课题25项，包括国家自然科学基金项目2项、北京市科技计划课题4项、北京市自然科学基金项目1项、北京市公园管理中心科技项目8项、北京市重点实验室开放课题10项。获得中国风景园林学会科技进步奖2项，分别获得一等奖和二等奖。参与完成的"农林绿地再生水利用技术研究与推广应用"获2016年北京市农业技术推广一等奖；参编的行业标准——《种植屋面建筑构造》荣获2015年度全国优秀工程勘察设计行业奖标准设计类一等奖。获得国家专利授权4项，其中发明专利2项："一种植物滞留细颗粒物质量的检测方法""一种一串红种子的清选方法"；实用新型专利2项："一种淋失液计量装置"和"一种植物淹水试验设施"。园科院CMA实验室再次顺利通过复评审。耐根穿刺检测室完成检测样品73个，新接收样品118个。土肥检测室接收到400余家/次单位委托送检的土壤样品数量2300余个、水质样品30个；圆满完成中心主责的市政府工作报告第82项"公园景观水体治理及监测任务"，在监测的基础上，2016年还增加了水质预警建议服务内容。积极参与北京市及中心重点工作"增彩延绿"项目，完成北郎中中试基地种植调整，播种繁殖白桦小苗8万株；嫁接繁殖'丽红'小苗3万株；完成虫王庙基地一期建设，种植血皮槭、白蜡、君迁子（雄株）、栾树等各类苗木近3万株。全年推广市花月季15万株；出圃种苗约390万株，其中自育品种种苗65.5万株。为11家市属公园提供生防产品与技术服务，生产肿腿蜂150万头、花绒寄甲成虫10万头，产品推广到山东、吉林、广西等省市。

（李鸿毅）

【北京市园林学校】 北京市园林学校占地面积7.49万平方米，校舍建筑面积2.28万平方米。全年教育经费投入4114.92万元，其中，国家拨款4114.92万元。固定资产总值11200.19万元，其中，教学、科研仪器设备总值1883.40万元。图书馆建筑面积1271.7平方米，藏书11.4万册，其中，纸质图书4.4万册、电子图书7万册。拥有计算机538

台，多媒体教室座位1640个。学校信息化经费投入363.57万元，网络信息点941个，校园网出口总带宽100Mbps，上网课程5门，数字资源量1.2TB。设有房山区良乡镇和东城区天坛路两个校区，开设园林技术、宠物养护与经营和景区服务与管理等8个专业，15个教学班。有教职工100人，其中，专任教师66人、教辅人员7人。聘请校外教师10人。毕业生136人，就业率达97.66%，职业资格证书取证率达95.08%。在校学生有440人。年内，学校坚持"树正气，提效率，出成绩"的工作方针，在就业市场的境况不佳的情况下，2015届毕业生一次就业率仍保持90%。学校通过组织丰富多彩的校园活动，形成"树立美育理念，培养美育行为，提升美育效益"的特色美育系统。组织美育理念主题班会、纪念抗日战争胜利70周年参会等各类活动；开展《音乐欣赏》《礼仪》等十多门第二课堂；组织学生艺术节、运动会、篮球赛等课余活动；组织学生花钵盆花栽植竞赛。10月，学校组织各专业校级技能比赛，共有园林修剪、艺术插花、种子质量识别、小动物手术、导游讲解五项内容。有360余名学生参加，经校赛选拔21名学生参加北京市中等职业学校农林技术技能比赛。在市赛中分别获得一等奖3名、二等奖5名、三等奖6名，充分发挥了学校作为北京职业教育园林专业委员会主任单位的示范引领作用。学校完成各类培训510人，鉴定13个批次、638人。学校与北京市中直机关联合举办"绿化工培训班"，积极服务中央在京单位。为全市事业单位、企业单位开展绿化工、插花员、展览讲解员的初、中、高、技师等各类培训493人。学校落实日常教学检查，保障教学质量提升，首批"3+2"学生顺利毕业升学。全年完成16个班级，16268课时的教学任务；学生成绩优秀率达16.3%，及格率达88.6%；全体任课教师评价优秀率达90%，良好率10%。北京市教委扶持的首批"3+2"中高职衔接实验班今年进行转段考试，园林学校33名学生全部合格顺利升入北京农职院。

（赵乐乐）

【中共北京市公园管理中心委员会党校】 市公园管理中心党校截至2016年年底，共有在职职工10人，其中干部8人、工人2人。年内，党校以"为中心发展服务、为中心各级党组织和党员服务、为学员服务、为党校教职员工服务"为宗旨，完成好教学培训任务及其他各项工作。举办主体培训班4期，培训学员318人次。其中，举办处级领导干部培训班1期，中心副处级以上领导干部约110人参加；举办青年干部培训班1期，为期3个月，共28人参加；举办"两学一做"学习教育党务骨干培训班1期，中心各单位党支部书记、组织部门、宣传部门负责人约90余人参加；举办党支部书记培训班1期，中心各单位党支部书记约90人参加。协助中心工会举办两期中心工会干部培训班，协助玉渊潭公园党委举办入党积极分子培训班，在场地提供、计划制订、教学保障、后勤服务等方面积极做好服务。发挥党校四个服务作用，面向中心基层单位继续开展菜单式免费授课服务，结合"两学一做"学习教育，对课程内容进行补充和调整，围绕十八大党章、十八届五中全会精神、从严治党、"两学一做"学习教育等内容，到基层单位为科队长、党员、积极分子等进行授课服务10次约740人次。推荐教师参加北京市党校系统科研课题申报，《首都历史名园文化保护工作研究——以市属公园为例》获2016年度北京市党校系统科研协作课题优秀等级。

（陈凌燕）

【北京市公园管理中心后勤服务中心】 北京市公园管理中心后勤服务中心是隶属于北京市公园管理中心的副处级事业单位。主要负责机关后勤服务工作，保障机关正常办公和职工的正常生活；承担中心机关授权管理的行政事务性工作；负责对市公园管理中心车辆的安全管理工作，对驾驶员的培训教育，确保机关车辆的正常运行；负责机关的资产管理工作，对固定财产进行清理、登记、建卡，完善固定财产移交手续；担负中心机关茶用房管理工作；保障机关安全保卫和社会治安综合治理工作；负责中心的办公用品购买和发放工作，完善各项审批手续。截至2016年底，共有职工24人。

（胡庆琳）

园博馆建设与运行

管 理

【市公园管理中心调研成果汇报及成果转化研讨会在园博馆召开】 1月13日，会议由中心副主任高大伟主持，对五项议题进行讨论。首先，中心办公室主任齐志坚汇报2015年研究室年度调研工作情况，市公园管理中心党委书记郑西平、主任张勇分别对中心系统发展战略性调研的成果进行了说明。其次，会议听取了中心8家下属单位2015年调研课题成果情况汇报。接着，中心党委副书记杨月，副主任王忠海、高大伟，总工程师李炜民，纪检书记程海军等领导结合各自分管工作分别介绍了2015年取得的调研成果及下一步成果转化思路。各单位、各处室结合自身工作就下一步推动调研成果转化展开研讨。最后，张勇主任作总结发言。中心全体领导、机关各处室领导、各单位党委一把手参加会议。

【园博馆完成纸质类藏品的文物普查工作】 自2015年11月起，园博馆陆续开展了馆藏纸质类藏品的文物普查工作。普查完成包括古籍、字画、照片、书籍、手稿等各类藏品5000余件套，陆续对此批纸质类藏品进行清点、分类、整理，并按照文物普查标准依次完成标注藏品号、测量称重、检查完残、藏品拍照等信息采集工作，此次普查共采集纸质类藏品文物信息70000余条，并完成登记建册工作。

【园博馆正式加入北京市博物馆学会会员单位】 1月20日，2016年北京市博物馆学会第五届六次理事会扩大会在首都博物馆召开，此次会议由北京市博物馆学会承办，首都博物馆协办。北京市博物馆学会理事长张大祯、北京市博物馆学会常务理事长崔学谙、北京市文物局副局长于平、首都博物馆馆长郭小凌等参加此次会议。会上北京市博物馆学会委员董纪平审议了《关于吸收新会员的报告》，宣布园博馆成为北京市博物馆学会的新会员单位。园博馆筹备办主任、市公园管理中心总工程师李炜民发言。

【园林名家余树勋家属再次向园博馆无偿捐赠一批藏品】 1月27日，园林名家余树勋的家属在园博馆藏品保管部的陪同下到藏品库区进行参观。自2014年起，园博馆陆续接收余树勋家属捐赠藏品3000余件套，其中包括手稿、书籍、简报等不同类型与园林有关的珍贵藏品。园博馆对这批藏品进行建账建册，分类保管。余树勋家属再次无偿捐赠了一批珍贵藏品。此批藏品皆为余树勋生前与多位园林名家的往来书信，具有较高的文化价值与历史价值，是研究我国园林文化的宝贵史料。

【园博馆完成藏品库区节前检查及封库工作】 2月3日，园博馆多部门联合对地下藏品库区进行了综合检查及隐患排查工作，仔细检查了地下藏品库区，库区所有通道、角落以及所有藏品库房、设备间、摄影室的安防、消防设备，水、电、气、空调等相关设备。对发现的问题及时进行了沟通和记录，对于不影响封库期间藏品安全的问题将于节后统一处理解决。

【园博馆全方位保障藏品安全】 2月24日，自园博馆地下藏品库房正式启用至今，馆领导班子对藏品的管理、保护及安全始终予以高度重视，馆内严格执行藏品管理各项制度，全面做好藏品库房及藏品安全工作：①藏品库采用专人专库方式，藏品保管均具有固定封条编码，各库按责任人管理。②藏品部定期检查藏品库房封条完整情况，排查库房周边的安全隐患。③各库房责任人定期检测藏品库房内温湿度情况和空调排风系统运转情况，加强库区管理力度。④定期检查库房有无老鼠、蟑螂等动物侵害并进行库房消毒工作，防止藏品沾染尘埃、害虫、霉菌等有害物质。⑤多部门联合定期检查库区的藏品安全保护情况，加强安全用电的管理。⑥严格实施藏品出入库和提用制度，库区设有专用点交库房，全方位确保藏品安全。⑦为加强库房管理员藏品保管知识及藏品操作规范，园博馆定期邀请博物馆藏品保管专家进行知识讲座及技术培训。

【园博馆完成1~2月份藏品入藏工作】 3月1日，园博馆完成1~2月份藏品入藏工作。其中包括书籍、资料、字画、手稿、信件、图纸等其他涉及园林城市规划建设管理资料、园林名家通信情况、园林植物名录、私家园林风格文化、园林文化延伸、园林艺术延伸等涉及园林不同领域的藏品100余件套。其中曹氏风筝"学足三余"、朱钧珍著《南浔近代园林》、孙筱祥题字——园博馆、余树勋与多位园林名家往来书信等重要藏品更具有一定的艺术价值与科学价值。

【北京皇家园林文化创意产业有限公司丰台分公司被授予"2015年度新发展绿色通道成员单位"称号】 3月10日，园博馆应丰台工商分局邀请出席了关于"新消费呼唤你我责任共治理推动健康发展"的绿色通道建设推进大会，会议上北京皇家园林文化创意产业有限公司丰台分公司被授予"2015年度新发展绿色通道成员单位"并颁发标志牌。

【园博馆召开2016年度细化财政预算专题会议】 3月22日，园博馆计划财务部部长祖谦组织召开专题会议，就各部门2016年度细化预算、第一季度支出进度情况予以说明，并对内勤人员进行专项培训。会上，计划财务部以详细数据分析讲解了各部门目前支出进度，重申了审计、内控制度，预算管理制度的内容和重要性，并重新明确两位副部长的职责分工。党委书记阚跃及各部门负责人、内勤人员约30人参会。

【园博馆召开拟收购英国藏家藏品相关事宜专家论证会】 3月23日，本次会议讨论收购《益格鲁——中国花园》系列铜版画与《中国建筑、家具、服饰、机械和生活用具的设计》两件藏品的必要性。会议邀请故宫博物院图书馆馆长翁连溪、原故宫博物院古建部主任周苏琴、清华大学建筑学院教授贾珺、原颐和园总工程师耿刘同、北京林业大学园林学院副教授薛晓飞五位专家参加。五位专家一致认为园博馆收购这两件藏品具有高度的必要性和紧迫性,并提出建议。

【园博馆启动藏品信息整理工作,并召开专家研讨会】 3月30日,会议邀请原故宫博物馆古建部主任周苏琴、人民大学历史学院副院长吕学明、人民大学考古文博系主任王晓琨、北京林业大学园林学院薛晓飞副教授参加。会议先由园博馆藏品保管部对藏品信息整理工作的基本情况和工作思路进行简要介绍。专家在听取了相关介绍后,对工作方案的具体内容和进一步落实情况给出了指导性建议。

【园博馆完成"北京市第一次全国可移动文物普查成果展"相关材料的报送工作】 3月31日,园博馆根据北京市文物局下发关于提供"北京市第一次全国可移动文物普查成果展"相关材料的通知,结合北京市可移动文物普查工作方案的总体安排与园博馆馆藏文物现状,按照2016年北京市可移动文物普查工作推进会要求与"5·18"国际博物馆日系列宣传活动。园博馆积极配合,认真总结文普工作,提炼出工作亮点、工作经验和工作成果。历时两周,园博馆完成普查成果展的图文整理编报工作,并于3月28日报送至北京市文物局。

【园博馆完成木质类藏品保存条件的提升工作】 3月31日,为提升馆藏木质类藏品保存条件,园博馆藏品保管部为库内木制类藏品铺设防尘布,防止藏品因长时间裸露于空气中,受到尘土污染和空气腐蚀的情况发生。藏品保管部参考多家博物馆木质类藏品库房与专家指导建议后,借鉴了首都博物馆工作经验,选用具有柔软、防潮、透气、无毒无刺激性气味、不助燃等优点的无纺布作为木质类藏品库房的防尘布使用,从而达到防尘、防水溅、防污染的藏品保管需求。

【园博馆与长辛店镇社区卫生服务中心签订应急救援协议】 4月7日,为完善本馆应急救援体系,近日,园博馆按照国家级博物馆标准与长辛店镇社区卫生服务中心就应急救援工作签订了相关协议,此协议长期有效,不仅规定了双方的责任和任务,还对紧急救援的范围、时间以及应急工作对接人等内容进行了明确。

【园博馆开展清代古典园林史及藏品保管培训讲座】 4月13日,本场培训邀请原故宫博物院古建部主任周苏琴围绕"清代古典园林史及藏品保管培训"内容,结合图片、资料将中国古典园林的发展史、特点、类型进行了全面讲解,并对清代古典园林史重点解读。

【园博馆有序开展藏品征集工作】 4月15日,本次园博馆收藏的藏品为中国风景名胜区协会副秘书长厉色先生捐赠的书籍、档案资料、奖章奖状、胸牌等四类近百余件藏品。目前,园博馆相关部门已根据藏品器型、质地、年代等藏品信息纳入本馆馆藏系列中。

【园博馆完成暂存颐和园小学校一批复仿制品运输回馆工作】 4月15日,此批复仿制展品质地均为石质,其中以原比例复制的寄畅园石碑较为珍贵,目前相关部门已对此批复仿制品进行妥善保管。

【中国妇女儿童博物馆文物部一行四人到园博馆进行座谈】 4月19日,会后,一行四人就藏品保管中涉及的藏品征集、账目管理、库房建设等相关事宜在园博馆藏品部人员的带领下进行观摩藏品库房,对文物储存设备及辅助设施等保证藏品安全的硬件条件进行深入探讨。

园博馆建设与运行

【园博馆组织召开馆藏藏品信息整理专家会】 4月22日，会议邀请原故宫博物馆古建部主任周苏琴、人民大学考古文博系主任王晓琨、北京林业大学园林学院张晋石副教授召开专家座谈会。园博馆藏品信息整理工作是委托人民大学对园博馆藏品进行背景资料、流传信息等相关信息的收集整理工作。会议当天，由人民大学王晓琨主任及学生代表对园博馆馆藏封泥、瓦当、瓷器类藏品自整理以来形成的藏品形状内容描述、著录及有关资料的收集、藏品价值描述等多种藏品信息整理子项基本情况和进展进行汇报。专家在听取各方汇报后比较认同现阶段整理工作思路，并对今后的工作提出建议。

【市公园管理中心领导到园博馆检查节前安全工作】 4月25日，园博馆召开专题座谈会，园博馆筹备办党委书记、市公园管理中心主任助理阚跃从安全保障、服务接待、节日活动三个方面汇报了"五一"假期园博馆准备情况。听取汇报后，园博馆筹备办主任、市公园管理中心总工程师李炜民陪同王忠海副主任检查了馆内施工区域、室外展园及中控室。王忠海主任并根据园博馆实际提出要求。市公园管理中心及园博馆筹备办相关领导陪同检查。

【园博馆完成了地下藏品库区、库房及藏品的虫害消杀防治工作】 4月26日，进行了虫害消杀工作，消杀体积1万余立方米，对园博馆地下藏品库区、库房以及藏品的有害病菌、有害生物进行了有效的预防控制，避免藏品受到危害，达到了藏品保护的目的。

【园博馆成功购藏《盎格鲁——中国花园》园林景观系列铜版画】 5月11日，当园博馆获得了有关《盎格鲁——中国花园》(Les Jardins Anglo-Chinois)园林景观系列铜版画征集线索后，立即对此套铜版画的藏品资料、全球收藏状况、同类藏品价格及英国专家初步意见等进行调查研究，并先后邀请国内多位文物专家召开专题会，研究藏品收藏价值及真伪。此套园林景观系列铜版画是由18世纪法国著名地图制图师、建筑师和铜版画家乔治·易斯·拉·鲁兹雕版印制而成；全套21期493张图版内完整收集了中英风格或其他风格的中西方经典名苑，被称为18世纪欧洲园林历史上最庞大、最重要的铜版画作品，具有极高的园林艺术价值和文献价值。其中第14~17期被称为"中国皇帝的园林系列"，以中国画师绘制的园林景观作为原图进行雕版印刷，准确反映了中西方文化交流成果，是研究东西方园林建筑的宝贵史料。国外流传极为稀少，国内机构未见收藏记录，具有较高的研究、展示、出版和收藏价值。确定此套铜版画属于园博馆的藏品征集范围后，园博馆立即与广州市文物总店进行联系，启动历时3个月的藏品征集工作流程，并于5月9日正式完成收购。

【园博馆接收多件捐赠藏品】 5月16日，园博馆举行捐赠仪式，接收多件藏品捐赠。其中包括中国工程院院士孟兆祯为园博馆亲笔题写的书法作品，著名画家傅以新捐赠的作品《千峰如簇》《玉峰夕照》和《节录明计成〈园冶〉》，著名工笔画家袁叔庆捐赠的作品《九月秋凉图》，以及园博馆职工代表王淼捐赠的北京动物园金属入门券等珍贵藏品139件（套）。园博馆相关部门已陆续对这批捐赠藏品进行点交、拍照、测量、记录等相关工作，过程严谨有序，确保藏品安全。

【园博馆开展藏品征集工作】 5月16日，园博馆赴中国嘉德国际拍卖公司参加拍卖，成功竞拍到一套重要拍品《西湖游览志》。此套拍品是全面研究宋、元、明时期杭州地区山川、古迹、风俗的宝贵史料，与中国古代园林文化的发展密切相关。《西湖游览志》传本极为稀少，在全国古籍善本书目中未见著录，具有很高的收藏、展示、研究价值。本次参拍工作严格按照相关财经制度开展，严格按照专家估价进行竞拍，在财务与纪检部门的共同监督下顺利完成。

【园博馆全面清查固定资产】 6月2日，为切实配合北京市财政局关于开展2016年国有资产清查及事业单位产权登记相关工作，园博馆对2014~2015年购置的通用设备、专用设备、图书档案、家具用具等固定资产进行全面清查。

【园博馆与人民大学合作的藏品信息整理工作进行阶段性成果汇报，并召开专家指导会】
6月15日，会议邀请颐和园副园长秦雷、首都博物馆研究员武俊玲、原颐和园总工程师耿刘同、原故宫博物馆古建部主任周苏琴、人民大学考古文博系主任王晓琨、北京林业大学园林学院副教授薛晓飞共同参加。会议首先由人民大学王晓琨主任及学生代表对这一阶段完成的藏品形状内容描述、著录及有关资料的收集、藏品价值描述等多种藏品信息整理子项基本情况、馆藏藏品分析报告、编写《藏品精品集》等工作进展进行汇报。随后，园博馆藏品保管部结合人大整理的藏品分析报告部分内容及藏品信息整理工作做进一步说明。最后，与会专家在听取了相关介绍后，对工作方案的具体内容和进一步落实情况给出了指导性建议。

【中国藏学研究中心西藏文化博物馆赴园博馆交流学习】 6月22日，中国藏学研究中心西藏文化博物馆由藏品保管部主任德吉带队，一行3人就藏品保管中涉及的藏品征集、账目管理、库房建设等相关事宜赴园博馆进行参观学习。参观了馆内展览，并深入藏品库区，观摩藏品库房，对文物储存设备及辅助设施等保证藏品安全的硬件条件进行深入探讨，对园博馆库房建设和藏品保管工作给予充分肯定。

【园博馆召开藏品数字化管理项目验收会】
6月22日，会议邀请故宫博物院副研究员周耀卿、首都博物馆数字首博管理部主任刘绍南、人民画报社中国专题图库总编辑吴亮共同参加。会议由北京晶丽达影像技术有限公司对本次藏品数字化管理项目进行工作汇报和成果展示。专家认为本次藏品数字化管理项目所取得的成果满足各项验收标准，基本达到了项目预期效果。

【园博馆组织专家召开止园复原模型监制研讨会】 6月27日，自2014年立项至今，止园复原模型的整体山行水系和主要建筑均已制作完成，复原项目工作总体进程已完成50%。为了能按时保质的完成止园复原模型制作和复原研究工作，园博馆邀请公园管理中心主任助理、服务处王鹏训处长，原园林绿化局总工张济和、原颐和园总工刘同、林业大学园林历史与理论教研室主任刘晓明、园林学院薛晓飞教授和北京大学考古文博学院方拥教授共同召开了止园复原模型监制研讨会，对止园复原项目的工作情况和计划给予指导。各位专家、领导对止园复原研究项目的工作进展给予肯定和赞扬，同时也在复原图纸绘制、止园模型制作以及研究书稿编著等方面提出了宝贵的指导意见。

【园博馆完成北京动物园标本归还工作】 7月15日，此批标本曾作为"园博馆象鸟蛋展览"辅助标本使用，用于增强展览整体科普与观赏效果，标本包括东非冠鹤、绿尾虹雉、大红鹳、黑天鹅、白枕鹤、大凤冠雉6件鸟类标本。6件鸟类标本体形完整、原状返还。

【中国大百科全书（第三版）部分园林词条编写工作推进会在北京市公园管理中心召开】 7月20日，会上，参与词条编写的人员就承担的条目和内容进行了汇报和讨论，市公园管理中心总工程师李炜民提出建议。中心科技处、园博馆、北京市园林科研院等单位相关编写人员参加会议。

【园博馆召开馆藏底片类藏品数字化工作优选会】 7月25日，园博馆计划开展藏品数字化工作，对约1500件馆藏底片类藏品进行图像采集，以满足出版、展示和学术研究的需要。会议由园博馆相关部门介绍本次底片藏品数字化工作内容和技术标准，3家专业技术公司分别进行此次底片藏品数字化工作方案的汇报与报价。评审委员会综合评审3家公司的资质、技术力量、拍摄方案和报价，选出最终制作单位在进行当中。

【园博馆参加中国大百科全书（第三版）风景园林卷第四次编委会会议】 8月6日，中国大百科全书（第三版）风景园林卷第四次编委会在北京林业大学召开。会议由编委会主任施奠东主持，吴良镛和孟兆祯两位院士及编委等相关人员出席。会议就编写进度、词条选择和组织、撰写要求等进行了汇报、讨论和明确，园博馆提交的"园博馆"作为样条进行了交流。编委会还委托市公园管理中心总工程师、园博馆馆长李炜民负责北京近代园林、北京现代园林、北京古树名木、北京市绿地系统规划、北京市风景名胜区体系规划等词条的组织和撰写。园博馆配合朱钧珍完成近代园林相关词条的撰写。

【园博馆提前完成市人力社保局关于事业单位养老保险并轨入库工作】 9月20日，为落实好本市机关事业单位养老金并轨入库到位的工作要求，园博馆人力资源部认真梳理在职人员社保信息，经反复核实，纠正更改信息1000余条，并一次性通过市人力社保局信息审核。

【藏品保管部完成"上海豫园外展"120件套外销瓷藏品出库点交工作】 9月22日，藏品保管部完成《瓷上园林——从外销瓷看中国园林的欧洲影响》上海豫园外展外销瓷出库点交工作。工作前期严格按照提用流程操作，依照馆内提用相关规定与藏品部试运行的园博馆藏品库区管理系统PC端相结合的方式开展"上海豫园外展"120件（套）外销瓷的提用与出库点交准备工作。本次120件（套）外销瓷出库点交工作流程规范严谨，手续齐备，多部门协调配合，保证了藏品的安全。

【中心综合处处长朱英姿带队到园博馆进行"国庆花卉环境布置暨公园绿地养护"的专项检查评比工作】 9月27日，检查评比小组主要参观检查了秘密花园、菊花小筑、吉祥如意花坛、塔影别苑和半亩轩榭景观，重点检查了吉祥如意花坛，花坛整体高5米，占地面积70平方米是园博馆国庆环境布置的最大亮点和难点，绣球造型的立体花坛利用转轴及电机技术可以进行球体旋转，借景馆门口原有的铜狮子，形成中国传统吉祥图案"狮子滚绣球"。2016年是园博馆首次参加中心花卉环境布置评比活动，为了本次评比工作，园博馆多次对馆内环境布置、乔木、灌木、草坪和园林设施等进行了自查自纠工作，保证了评选工作的顺利进行，主体花坛及馆内环境受到领导和检查组的好评。

【国庆节前园博馆"两个专项"治理初见成效】
9月28日，按照北京市公园管理中心印发《关于深化"为官不为""为官乱为"问题专项治理及开展"整治和查处侵害群众利益不正之风和腐败问题"专项工作的方案》要求，园博馆党委在各部室、4家社会化用工单位及党员领导干部中，大力深化"为官不为""为官乱为"问题专项治理，深入开展"整治和查处侵害群众利益不正之风和腐败问题"专项工作，消除干部工作作风中"只要不出事，宁愿不做事""不求过得硬、只求过得去"的懈怠心态，切实解决"不想为""不会为""不敢为""慢作为"等突出问题，进一步推进园博馆高效惠民、规范透明的重点工作，进一步转变工作作风，维护群众切身利益，加强作风建设，防止干部"为官不为"。经过几个月的整改落实工作，园博馆"两个专项"治理工作已初步取得成效。一是园博馆通过优化生物多样性，秋水景观提升、增彩延绿苗木品种，珍稀植物引种、更换立体生态墙、开拓秘密花园等多种形式，增强游客的观赏性。室内绿艺布置制作《秋实》《流光溢彩》等花艺作品7处、室外摆放花卉植物14.5万余株，同时为烘托国庆节日氛围制作高5米绣球造型吉祥如意花坛。二是为提升服务便民化、规范化、智能化，全面展示游览品质，园博馆结合整改措施在五环路、六环路、莲石路、杜家坎等地增加专用外部交通标识，共计12块，馆内制作提示牌223块，更换提示牌461块，增设公用电话、急救担架、救生圈等设施，增加了镜子、洗手液、干手设备等器具，有效提升了游客参观满意度。三是建立了园博馆党建"E学平台"，开设纪检学习教育专栏，实现了理论中心组、部门、物业公司三级廉政学习教育信息的互联直通，有效拓宽了宣传渠道。四是为巩固前一阶段中心"两学一做"200题的学习成果，馆纪检部门开展了"廉政"学习教育测试答题活动，特别是党员领导干部积极带头，认真参与，参与率达到了100%，测试成绩均在90分以上，确保了学习效果，进一步强化政治意识，着力推进了年度各项工作。

【国庆期间园博馆服务接待情况】 园博馆累计接待游人27074人次。每日开展四场公益讲解，共计接待观众490人，提供公益讲解28场，提供团体、任务讲解7场，共计服务观众333次；为观众提供咨询导览4105次，发放宣传资料3075份，提供饮用水、手机充电等各项便民服务11510次，全馆共收到9份观众好评。因国庆节后三天持续降雨，馆内采取两项措施应对降雨天气游客出游。一是为游客准备了93把雨伞，100件一次性雨衣。二是启动雨天应急工具，在各入馆口铺设防滑地垫，放置伞套机；利用吸水机及时清理馆内积水，并在地面湿滑处放置指示牌。细致、耐心、周到的服务得到了广大观众的一致好评。

【园博馆组织召开《明代吴亮止园复原研究》书稿专家研讨会】 10月18日，会议邀请了园博馆顾问耿刘同、北京市园林绿化局总工张济和、故宫博物院原古建部主任周苏琴和北京林业大学园林学院薛晓飞教授四位专家参与研讨会。专家们在认真听取了《明代吴亮止园复原研究》书稿大纲的汇报后，对书稿的整体内容给予肯定，并对书稿进一步的调整和补充给予详细建议，提升了书稿深度，完善了书稿结构，为《明代吴亮止园复原研究》书稿的撰写打下坚实基础。

【园博馆组织召开南京随园复原研究专家论证会】 10月18日，会议邀请园博馆顾问耿刘同、园林绿化局总工张济和、故宫博物院原古建部主任周苏琴和清华大学建筑学院贾珺教授四位专家出席。专家们在认真听取了有关南京随园复原研究方案的汇报后，一致认为随园复原研究具有可行性和必要性，赞同立项，并对随园研究的主题方向和研究的深度、广度方面提出建议。

【园博馆召开藏品及展陈空间环境研究项目专家会】 11月8日，会议邀请中科院植物所北京植物园、北京林业大学、北京植物园相关专家参加，听取了项目试验研究进展及花卉植物在馆内公共空间应用展示方案后，专家对开展该项目的意义、研究内容及展示方案充分肯定，并提出建议。园博馆筹备办公室副主任程炜及相关部门人员参加。

【园博馆完成"心怀中国梦 同寄园林情——园博馆系列捐赠品展"藏品的布展准备工作】11月14日，根据园博馆藏品展览需求，从万余件（套）馆藏藏品中初步筛查，选出单位或个人所捐千余件（套）藏品，最终确定欧阳中石、廖静文、余树勋以及布达拉宫管理处、西宁市园林局、无锡市公园景区管理中心等20多类400余件（套）馆藏藏品以备展览使用。

【市公园管理中心审计处处长王明力带队到园博馆就"小金库"问题进行专项检查】 11月17日，园博馆筹备办党委书记、市公园管理中心主任助理阚跃，园博馆筹备办党委副书记、纪委书记薛津玲陪同，园博馆相关工作人员就具体财务问题进行汇报，检查组对园博馆的财务部、展陈部和皇家园林公司的现金进行实地盘点。经过检查，明确园博馆各部门库存现金账物相符，无私设"小金库"问题，全部手续均符合财务、审计法律法规和内控制度。

【北京市文物普查检查组到园博馆进行专项验收检查】 11月24日，检查组由北京市文物局博物馆处处长哈骏、中国文物信息咨询中心信息部副主任华连建、丰台区文委副主任胡丽、丰台区文委文物科科长韩淑敏组成。验收期间，普查办工作组对文物普查数据和藏品进行了抽查，对藏品名称、年代、数量、尺寸、完残情况、藏品来源、藏品照片等普查指标项进行核对，并实地检查了"园博馆库区藏品管理系统"。此次检查，检查组表示园博馆正式通过验收，哈骏处长对园博馆在文物保管规范、文物储存设备设施、移动端管理系统在藏品管理中的应用等方面做出的努力给予充分肯定。园博馆筹备办相关人员全程陪同。

【园博馆召开底片藏品数字化验收会】 12月6日，会议邀请中国地质博物馆科技外事处处长杨良锋、首都博物馆数字首博管理部主任刘绍南参加。会议由北斗科工（北京）科技有限公司对本次底片数字化进行工作汇报和成果展示。与会专家在听取相关汇报、查阅相关成果后一致认为本次底片数字化工作成果符合技术标准，较好地实现了预期效果。

【市公园管理中心领导到园博馆宣布干部任免决定】 12月7日，中心党委副书记杨月到园博馆，宣布中心关白旭任职的决定，中心组织人事处刘国栋主持会议。园博馆领导班子表示坚决拥护中心的决定，新任基建工程部部长关白旭进行了表态。党委副书记杨月提出期望。园博馆筹备办主任、中心总工程师李炜民出席，全体处级班子成员参加会议。

【园博馆与人民大学合作的藏品信息整理工作在人民大学进行工作验收】 12月14日，会议邀请原颐和园总工耿刘同、原故宫博物院古建部主任周苏琴、北京林业大学园林学院副教授薛晓飞共同参会。专家组一致认为该工作达到了合同规定的预期目标，同意验收合格。

【园博馆完成外销瓷上海豫园外展回馆点交及入库工作】 12月27日，展品点交前做好部门间的沟通协调和安全提示工作，点交中严格执行藏品回馆流程和手续，认真清点，仔细校验完残，通过"藏品库区管理系统"移动端对藏品回馆点交相关数据进行实时录入和上传，点交完成后，藏品分批安全入库。现所有外展外销瓷120件（套）藏品已全部入库完毕，并确认全部完好无损。

【园博馆完成节前多部门联合检查和封库工作】 12月29日，为确保元旦节日期间藏品库区安全，园博馆多部门联合，组织相关物业公司一同对藏品库区和库房环境以及相关设备设施进行了安全检查和隐患排查，同时完成了节前封库工作，保证节日期间藏品库区安全。

服务接待

【北京市园林绿化局科技处、北京市园林绿化国际合作项目管理办公室到园博馆进行参观】 1月20日，来宾先后参观了室内固定展厅及室外展园，园博馆筹备办主任、市公园管理中心总工程师李炜民全程陪同，并重点介绍了遂鼎铭文中造林绿化的内容、大地园林化以及城市绿地系统数字沙盘展项等。中心科技处、市园林科学研究院、北京植物园、陶然亭公园、紫竹院公园相关单位领导陪同参观。

【日本本兵库县立大学平田富士男、沈悦博士到园博馆进行参观交流】 3月29日，来宾先后参观了室内展厅和室内外展园，就园林历史溯源及现代园林设计、公园管理等进行了交流。园博馆筹备办主任、市公园管理中心主任李炜民随行介绍了园博馆建馆理念、过程及运营方式。双方就进一步交流合作进行了探讨。

【中国科学院昆明植物研究所一行8人到园博馆进行专题调研】 3月30日，中国科学院昆明植物研究所等单位一行8人到园博馆就中国生物多样性博物馆项目前期工作进行专题调研与交流，由中国科学院昆明植物研究所副所长、中国生物多样性博物馆项目建议书编写组组长王雨华带队，成员包括中国科学院昆明分院、中国科学院昆明植物研究所、中国科学院昆明动物研究所、中国科学院西双版纳热带植物园等单位相关工作人员。交流会上，市公园管理中心总工程师、园博馆筹备办主任李炜民介绍了园博馆筹备建设和运营等相关情况，并对中国生物多样性博物馆项目策划、展陈大纲编制等方面提出了相应的建议。双方就博物馆建设中的展览陈列、藏品征集、运营管理等问题进行了深入交流。中国科学院昆明植物研究所还向园博馆捐赠了2010年曾在上海世博会期间在英国馆公开展示过的植物种子。此外调研团队还重点参观考察了园博馆展陈体系中的室内外展园和常设展厅。市公园管理中心综合处、园博馆等部门负责人参加了此次交流活动。

园博馆建设与运行

【美国奥本大学教授参观园博馆并进行交流】 6月1日,美国奥本大学风景园林系John G. Williams教授参观了园博馆6个固定展厅和3个室内展园,对园博馆的展览规模和水平表示赞赏,认为风景园林专业的学生和学者都应该到此学习。北京林业大学园林学院院长李雄、园博馆副主任黄亦工等陪同参观,并就中美风景园林和博物馆发展等问题进行了交流。

【西黄寺博物馆到园博馆进行参观交流】 6月17日,西黄寺博物馆管理处由主任张士豪带队,成员包括安保、后勤等部门人员。来宾先后参观了临时展厅和室内展园,参观结束后均给予了高度评价。随后园博馆筹备办副主任黄亦工、展陈开放部部长谷媛分别介绍了园博馆建馆理念、过程、展陈结构及展厅服务管理的社会化运行方式。双方就下一步交流合作进行了探讨。

【韩国园林代表团到园博馆进行访问】 7月17日,韩国文化遗产厅、韩国国立文化遗产研究所、韩国传统造景学会、瑞林景观研究所等单位组成的韩国园林代表团一行38人对园博馆进行交流访问,园博馆筹备办公室副主任黄亦工及园林艺术研究中心等部门进行了接待。韩国方面向园博馆提供了韩国历史名园的文字介绍、图片和影像资料,就世界名园博览厅如何丰富完善韩国园林进行了有建设性的交流,并就今后合作办展和学术交流交换了意见。韩国联合通讯社对园博馆的建设历程、展览规模和国际交流合作等方面进行了专题采访。

【杨晓阳到园博馆进行参观指导】 7月17日,中国国家画院院长、中国美术家协会副主席杨晓阳到园博馆进行参观指导,园博馆筹备办副主任黄亦工、北京皇家园林书画研究会会长刘伯郎、古陶文明博物馆馆长董瑞全程陪同。杨晓阳院长先后参观了"凝固的时光——古陶文明博物馆精品砖展"和"清香溢远——第二届中国园林书画展"并表达了今后与园博馆合作的意愿。最后,杨院长为园博馆留下了"中国园林书画展"的墨宝。

【中国文物交流中心及南阳市博物馆一行到园博馆进行访问】 7月30日,中国文物交流中心处长孙鹏及南阳市博物馆馆长刘绍明一行到园博馆进行访问,重点调研展陈和园林环境建设工作。园博馆筹备办党委书记阚跃、展陈开放部部长谷媛及展陈开放部、基建工程部有关人员陪同参观。考察组一行先后参观了中国古代园林厅及室内外展园,了解园博馆在建馆理念、展览举办、馆际间合作交流等方面的突出特点。

【由清华大学建筑学院主办的"2016棕地再生与生态修复"国际会议一行人员到园博馆参观交流】 9月12日,市公园管理中心总工程师、园博馆筹备办主任李炜民向来宾介绍了园博馆古代园林厅、近现代园林厅、公共区域的重点藏品和室外展区的北方园林景观。参观结束后,李炜民主任与国际风景师联合会主席凯瑟琳女士就信息交流、网站建设等方面进行了会谈。园博馆筹备办党委副书记、办公室主任薛津玲、园林艺术研究中心主任陈进勇陪同参观。

【韩国国立文化财研究所一行3人到园博馆进行交流访问】 11月12日,双方就韩国园林的历史、韩国传统园林的保护以及中国园林对韩国园林的影响等进行了座谈,并就合作举办韩国园林展以及开展中韩园林文化交流研讨交换了意见。韩国国立文化财研究所代表李元浩博士向园博馆赠送了该研究所编写的《韩国名胜》一书以及存有韩国22座园林

1200张图片的《韩国传统园林》资料盘。园博馆筹备办主任、市公园管理中心总工程师李炜民认为该资料对研究韩国园林和展览收藏均很有价值，并表示将在即将举办的园博馆系列捐赠品展览中展出，同时向韩国一行赠送了园博馆最近出版的图书资料。会谈结束后，韩国国立文化财研究所一行参观了园博馆中正在举办的中国四大名园门票展、上海豫园馆藏海派书画名家精品展等展览。

【故宫文物专家梁金生到园博馆进行参观指导】 12月8日，故宫文物专家梁金生老师赴园博馆就藏品保管中涉及的藏品征集、账目管理、库房建设等相关事宜进行观摩指导。园博馆相关部门人员陪同参观馆内展览，并深入藏品库区，观摩藏品库房。随后，梁金生老师与园博馆筹备办副主任程炜就园博馆库房建设和藏品保管工作进行深入探讨，并且给予充分肯定。

【园博馆邀请中国博物馆协会文物保护专业委员会主任，原故宫文物管理处处长梁金生研究员作专题讲座】 12月21日，园博馆筹备办副主任程炜出席，园博馆各部门职工及公园管理中心服务处代表、颐和园、天坛、北海公园等相关园林单位均派代表参加。梁金生研究员以"文物管理与文物保护"为主题，结合故宫文物保护工作现状与经验教训深入浅出地为与会人员讲解了"文物管理工作"以及"文物保护工作"两方面内容，重点阐述文物管理工作的法规和制度、文物管理与安全保卫、文物管理与展览利用、文物管理与文化研究、文物管理与信息化、文物管理与文物征集等内容。通过此次讲座，进一步加深了园博馆全体职工对文物管理及文物保护工作的认识与理解，为今后如何进一步加强文物保护工作指明了方向。

展陈展览

【"中国屋檐下——河南博物院古代建筑明器展"闭幕】 展览1月15日闭幕，此次展览是由园博馆与河南博物院主办，焦作市博物馆协办。展览从河南博物院珍藏的历代建筑明器中遴选出100余件（套）珍贵文物，其中一级文物16件（套），展品从商代至清代，时间跨度长达2000余年，门类齐全，有中国古代的庄园、豪宅、高楼、四合院、仓楼、戏楼、水榭、寺庙、厨房、水井、猪圈及配套的人物、家禽以及多种歌舞、杂技与生活场景，不仅直观地展示中国古代建筑技术的辉煌成就，而且反映了当时人民的生产、生活和风土人情。此次展览为期两个月，共接待游客10597人次，提供咨询3852人次，服务3294人次，收到建议8条，好人好事12件，受到表扬838次，发放宣传册630份。

【"风起中华，爱翔九天"曹氏风筝展在园博馆开展】 展览1月23日开展，展览由园博馆主办，园博馆筹备办党委书记、市公园管理中心主任助理阚跃出席开幕式并致辞，北京曹雪芹纪念馆荣誉馆长李明新介绍展览情况，曹氏风筝第二代传承人孔令民致辞，并向园博馆捐赠风筝。文化部非遗司保护处处长李煜明，国家新闻出版署办公厅主任王保庆，北京博物馆学会展览推介交流专委会副主任徐俊锋等领导出席开幕式。本次展出的90余件曹氏风筝，均为国家级非物质文化遗产传承人孔令民、孔炳彰父子亲手扎糊的珍贵作品，其中不乏参加过国家各种大型活动的艺术精品。

【园博馆"瓷上园林——从外销瓷看中国园林的欧洲影响"开启全国巡展第四站】 2月15日开展，此次外展在成都杜甫草堂博物馆正式举行，为期两个月。展览由园博馆与成都杜甫草堂博物馆主办，是园博馆外销瓷系列展览继长春伪满皇宫博物馆、贵州省博物馆、普洱市博物馆的全国巡展第四站，展览精选了园博馆外销瓷文物120件（套），系统而全面的展示中国明清外销瓷的输出及17世纪中叶至19世纪欧洲的仿制瓷器。杜甫草堂博物馆馆长贾兰，书记刘洪，园博馆副主任黄亦工出席开幕式并致辞。

【园博馆完成第十三届（2015年度）全国博物馆十大陈列展览精品推介活动的申报工作】 2月18日，全国博物馆十大陈列展览精品推介活动是国家文物局于1997年启动的"陈列展览精品工程"，并在全国开展博物馆十大陈列展览精品评选活动，此次评选，是由中国博物馆协会、中国文物报社组织开展的，为深入贯彻党的十八届五中全会精神，旨在促进博物馆推出陈列展览精品，丰富人民精神文化生活。园博馆申报展览为《藏地瑰宝——西藏园林文物展》，申报书内容涉及单位基本情况、展览基本情况、内容设计、形式设计、展览制作、宣传服务、展览工作人员7大项20小项。附件材料内容涉及展览大纲、展览设计、展陈设施、展览宣传、辅助材料五大项27小项。申报工作有效地梳理了展览从筹备到完成的各个工作环节，留下了系统的档案资料，也为相关工作的程序化、规范化提供了借鉴和指导作用。

【北京市公园管理中心主任张勇到园博馆检查指导展陈开放工作】 2月25日，张勇主任首先了解了园博馆正在开放的临时展览运行情况、展厅特色和下一阶段临展计划。随后，实地察看了第一临时展览"风起中华 爱翔九天——国家级非物质文化遗产曹氏风筝技艺展"、第三临时展览"年吉祥 画福祉——年画中的快乐新年"展等。检查结束后，张勇主任对展览总体环境及运行情况表示了充分的肯定。市公园管理中心总工程师、园博馆筹备办主任李炜民，园博馆筹备办党委书记、市公园管理中心主任助理阚跃，园博馆筹备办副主任黄亦工，展陈开放部部长谷媛等相关领导陪同检查。

【"轮行刻转——颐和园藏清宫文物展""园林香境——中国香文化掠览"两项展览在园博馆开幕】 3月8日，参加展览开幕的有北京市公园管理中心主任助理、服务处处长王鹏训，北京市公园管理中心主任助理、园博馆筹备办党委书记阚跃，国防大学教授、少将、全国马克思主义理论研究与建设工程专家、园林香境展展品提供者黄宏，中央党史研究室原副主任张启华，文化部中国艺术研究院原常务副院长王能宪先生，园博馆筹备办副主任黄亦工，颐和园副园长秦雷等。"轮行刻转——颐和园藏清宫文物展"此次共展出颐和园藏珍贵重钟表39件，既有典型的西洋风格钟表，也有中西合璧式钟表，是清宫旧藏钟表难得的一次集中展示。"园林香境——中国香文化掠览"展通过"香之脉""香之源""香之器""香之道""香之蕴"五部分展示园林中的

"香"元素及其园林营造意境,展览通过大量香器实物丰富展现,类别有"博山炉""香薰""香盒""香插""香囊"等形式香器均有涉猎。展览开幕式期间,北京电视台、《信报》等多家主流媒体对展览进行跟踪报道。

【文化部对外文化交流中心一行6人到园博馆就"中国—黑山传统村落建筑展"相关事宜进行考察座谈】 3月9日,此次展览是为庆祝中华人民共和国与黑山(前南斯拉夫)共和国建交10周年举办,展览主要包括黑山、中国两部分,概览各自传统村落建筑之美,展现东西方传承千年的生活智慧与哲学。

【园博馆"壶中天地——中国古代锡器文化展"】 3月20日,"壶中天地—中国古代锡器文化展"在园博馆第四临时展厅正式开展。展览通过溯源、器用、意向、记忆四部分向观众展现中国古代锡器的历史、用途、文化及制作工艺,展示古代锡器的独特魅力和内涵。展览当天共接待游客561人次,进行咨询服务170次。此次展览延续了在馆内外各显著地点张贴展览海报的做法,受到了游客的一致好评并逐渐发挥了宣传作用。据统计,展览当日有近一半观众通过海报引导来观展,通过此项举措,逐步提升了游客的观展体验和展览的影响力。

【园博馆"年吉祥 画福祉——年画中的快乐新年展"闭幕】 3月28日,本次展览由园博馆主办,北京收藏家协会、北京百年世界老电话博物馆共同协办。展览共分"年画中的过大年""年画中的孙行者""年画中的民与俗"及"年画中的园之趣"四个部分,共展出传统年画150余副。展览于1月30日开幕,历时2个月,受到社会各界的广泛好评。根据统计,展览期间共接待游客12835人次,提供咨询6076人次,便民服务3231人次。展览结束后,园博馆将数张珍贵绝版园林题材的年画作为园博馆的永久馆藏,共计10套19件,其中包括民国时期、新中国成立后出版的北京颐和园万寿山、北海公园、西湖全景、古塔古桥、花鸟飞禽及虎、豹、狮、象等内容。

【园博馆召开国家级非物质文化遗产"布上青花——南通蓝印花布展"方案研讨会】 3月30日,会议邀请北京博物馆学会秘书长崔学谙、北京民俗博物馆馆长李彩萍参加。会议首先由园博馆筹备办党委副书记薛津玲介绍了园博馆展览的基本情况,并代表园博馆对南通蓝印花布博物馆馆长吴元新一行来馆表示欢迎,随后吴元新馆长简单介绍了南通蓝印花布博物馆的基本情况,最后由展陈部和策展方汇报了展览的基本情况和设计方案的进展,专家听取了相关情况介绍后,对展览大纲和设计方案给出了指导性建议。会议最后分析了下一阶段工作的重点和关键时间节点,对具体工作做了详细安排,确保展览按期完美亮相。

【"高山流水——傅以新山水画展"在园博馆开展】 4月10日,此次展览由中央文史馆书画院与园博馆共同主办,北京皇家园林书画研究会协办。展览精选傅以新先生以园林胜地、名山大川、野坡荒谷、森林雪原、瀚海长云、日月奇观为主题的60余幅书画作品,展览持续到5月12日。开展当天,园博馆邀请全国政协常委兼副秘书长、民革中央副主席何丕洁,中国工程院院士孟兆祯先生、北京林业大学教授杨赉丽,国务院古籍整理小组原办公室主任许逸民先生,国务院参事室参事、原北京市园林局副局长刘秀晨先生,市公园管理中心主任张勇先生,市公园管理中心副主任王忠海,市公园管理中心纪委书记程海军等出席开幕活动。开幕活动中,园博馆筹备办党委书记、市公园管理中心主任助理阚跃，北京皇家园林书画研究会会长刘伯郎，中央文史馆馆员、中央文史馆书画院院长马振声，全国政协常委兼副秘书长、民革中央副主席何丕洁，中国美术家协会副主席何家英，中央文史馆馆员、清华大学美术学院教授李燕，国务院参事室参事、原市园林局副局长刘秀晨分别致辞。随后，傅以新向园博馆捐赠画作《千峰如簇》《玉峰夕照》以及巨幅书法"草书节录中国古代最伟大的园林著作计成的《园冶》"。同日，"高山流水——傅以新山水画展"研讨会笔墨与近代中国画艺术漫谈在园博馆第五会议室举行，全国政协委员、徐悲鸿纪念馆馆长徐庆平，中央文史馆馆员、中央文史馆书画院院长马振声等领导出席研讨会并发言。研讨会主要探讨了傅以新先生的人文情怀与绘画、园林之间的关系。

【园博馆郁金香展览】 4月14日，被国家主席习近平夫人彭丽媛命名为"国泰"的郁金香，在园博馆正式与观众见面，展览为期一周。本次展出除了国泰郁金香以外还有红色的阿波罗，重瓣多彩的混合料，粉色的亨特斯维尔和白色的王室女孩等14个品种的郁金香，组成了郁金香的盛宴。

【园博馆"古道茗香——普洱茶马文化风情展"开幕】 4月16日，展览由普洱市文化体育局主办，普洱市博物馆协办。开幕当天，北京市公园管理中心副主任王忠海、普洱市文化体育局副调研员高岗、普洱市博物馆党支部书记汤新华、颐和园园长刘耀忠、天坛公园园长李高、北海公园园长祝玮、天坛公园副园长余晖等领导出席开幕式。园博馆筹备办党委书记阚跃、普洱市文化体育局党组书记王国斌致开幕词。北京市公园管理中心主任助理、服务处处长王鹏训宣布展览开幕。展览通过"茶之源""马之情""道之始"三部分，以500余件历经茶马古道风雨飘摇的文物展品为载体，向观众展示独特的普洱茶历史和神秘的茶马古道文化，希望观众能通过这些历史遗物，感受各民族文化交流融合与发展的历程，见证中国乃至世界人民千百年来因茶而缔结的特殊情感。

【园博馆"高山流水——傅以新山水画展"闭幕】 5月12日，此次展览展期为一个月，甄选傅以新先生园林胜地、名山大川、野坡荒谷、森林雪原、瀚海长云、日月奇观等山水书画作品60余幅，展示自然山水园林在画中的永恒魅力。展览共接待游客19694人次，提供咨询2391人次，服务3175人次，好人好事13件，受到表扬1121次，发放宣传册284份。展览经《北京晨报》《北京日报》《中国花卉报》《中国艺术报》等多家媒体进行宣传报道十余次，受到社会各界一致好评。

【"永乐宫元代壁画临摹作品展"于园博馆开展】 5月17日，由北京市公园管理中心，山西省运城市外侨事务和文物旅游局主办，园博馆，永乐宫文物保管所承办，北京山西企业商会，华光璀璨文化传播（北京）有限公司协办的"永乐宫元代壁画临摹作品展"于园博馆三号临展厅开幕。出席展览开幕的有：中国美术家协会壁画艺术专业委员会主任李化吉，中国建设文化艺术协会主席王大恒，中国美协艺委会管理办公室主任贺璇，园博馆党委书记阚跃，运城市外事侨务和文物旅游局总工程师李百勤等嘉宾和领导。开幕式由园博馆展陈开放部部长谷嫒主持，永乐宫文物保管所所长李会民、中央民族大学艺术研究所教授傅以新、中国美术家协会壁画专业委员会主任李化吉、园博馆副馆长黄亦工分别致辞。随后，园博馆党委书记阚跃、运城市外事侨务和文物旅游局总工程师李百勤、北京山西企业商会常务副会长孙哲共同为展览揭幕。山西永乐宫以精美绝伦的壁画艺术、富丽堂皇的皇家园林建筑、博大精深的寺观园林文化誉满天下。永乐宫壁画是除敦煌以外的我国另一处举世公认的艺术瑰宝，素有"东方画廊"之美誉。此次展出作品由《朝元图》《钟吕问道图》以及《八仙过海图》等，共计37幅，是现存唯一一套可以展出的1:1原摹本等大壁画作品，其珍贵程度不言而喻。这批临摹作品技艺精湛，重现了中国寺观园林壁画的博大精深和源远流长，为观众带来一场视觉艺术和寺观园林文化的独特享受。

【"国家级非物质文化遗产 布上青花——南通蓝印花布艺术展"于园博馆隆重开展】 5月17日，展览由中国民间文艺家协会、中国非物质文化遗产保护协会、江苏省文联、园博馆、北京博物馆学会主办，南通大学、江苏省民间文艺家协会、南通市文联、南通蓝印花布博物馆承办，由中国染织艺术研究中心协办，清华大学美术学院、江苏省南通市委宣传部作为支持单位。展览通过"钟毓南通 蓝印花开""根植乡土 花繁叶盛""蓝草育蓝 艺传千载""留住遗产 守住文化"四部分及蓝印花布经典图样花版制作互动环节，详尽展示了国家级非物质文化遗产蓝印花布的起源、发展历程与染料的种类、蓝印花布制作工艺、纹样、用途等，为观众开启一扇全新的非物质文化遗产大门，使观众领略到中国独具匠心的民族艺术，展览将持续至6月18日。开展当天，园博馆邀请中国文联书记处书记陈建文、原文化部副部长、国家文物局局长励小捷，原中央工艺美术学院院长常沙娜，中国民间文艺家协会书记、驻会副主席罗杨，文化部非遗司司长马盛德，南通大学党委书记成长春，江苏省文联巡视员徐昕，南通市人大常委会副书记、副主任陈斌，南通市人民政府副市长朱晋，南通市文化广电新闻出版局局长陈亮，南通市文联党组书记、主席王法，南通市社科联党组书记徐爱民以及来自美术、艺术、传媒、收藏等领域的专家学者出席开幕活动。南通大学党委书记成长春、江苏省文联巡视员徐昕、南通大学非物质文化遗产研究院院长、南通蓝印花布博物馆馆长吴元新、园博馆馆长李炜民、中国民间文艺家协会书记、驻会副主席罗杨分别致辞。随后，吴元新先生为园博馆捐赠本人10幅蓝印花作品，园博馆副馆长黄亦工、党委副书记薛津玲接受捐赠，并由李炜民馆长为吴元新颁发收藏证书。陈建文书记，励小捷局长，马盛德司长，常沙娜院长，国家非物质文化遗产保护工作专家委员会副主任委员乌丙安，南通市人大常委会副书记陈斌，南通市人民政府副市长朱晋，北京博物馆学会副理事长兼秘书长崔学谙，李炜民馆长共同为展览剪彩。同日，"国家级非物质文化遗产布上青花——南通蓝印花布艺术展""源于生活归于生活——民艺复兴的南通模式"研讨会在园博馆多功能厅举行，陈建文书记，励小捷局长，常沙娜院长等领导出席并发言。

【园博馆"永乐宫元代壁画临摹作品展"闭幕】 6月22日，展览闭幕展览共接待游客12375人次，提供咨询3324人次，服务1650人次，好人好事13件，受到表扬330次，发放宣传册1196份。展览经BTV北京新闻、BTV5首都经济报、《中国艺术报》《新京报》《中国文化报》《运城日报》《黄河日报》等多家媒体进行宣传报道十余次，受到社会各界一致好评。

园博馆建设与运行

【"青铜化玉 汲古融今"特展在园博馆开幕】7月2日开幕,展览由园博馆、北京市颐和园管理处、玉韵春秋玉雕工作室联合主办。主要展出了颐和园藏古代青铜器、仿古玉器,以及当代玉雕大师马洪伟的仿古玉雕力作等近百件展品(其中一级文物1件,二级文物10件,马洪伟玉雕作品80余件),通过"青铜化玉""古意新琢"两部分,以青铜、玉器交错的视觉展现,为观众还原和具象仿古玉雕的历史脉络,揭示古代仪礼文化的物质载体共生共荣的历史文化。本次展览展出至8月28日。开幕当天,颐和园园长刘耀忠,中国国家博物馆艺术品鉴定中心主任、研究员岳峰,故宫博物院古器物部副主任、研究员丁孟,中国珠宝玉石首饰行业协会副会长史洪岳,园博馆筹备办党委书记阚跃,中国玉石雕刻大师、苏州非物质遗产(玉雕)传承人马洪伟,为开幕式致辞。北京市公园管理中心主任张勇、副主任王忠海,颐和园园长刘耀忠,玉雕大师马洪伟,苏州市吴中区镇党委委员吴建卫共同为展览揭幕。

【园博馆"国家级非物质文化遗产布上青花——南通蓝印花布艺术展"闭幕】展览7月2日闭幕,展出期间共接待游客17702人次,提供咨询3165人次,服务1557人次,好人好事18件,受到表扬412次,发放宣传册1668份。展览经CCTV新闻频道、BTV北京新闻、BTV5首都经济报、《中国艺术报》《新京报》《中国文化报》《南通日报》等多家媒体进行宣传报道十余次,受到社会各界一致好评。

【俄国罗曼诺夫王朝彼得大帝夏宫国家博物馆到园博馆就"彼得夏宫——罗曼诺夫沙皇王朝的珍宝展"展览进行实地考察并举行会谈】7月6日,来宾首先对展览的举办场地进行了实地考察,在详细问询展厅内展览设施(如展柜、恒温恒湿机)及安保措施后,对展厅的展出条件及展览安全环境表示非常满意。随后双方就展览正式合同的签署、展品的展出形式等方面进行了深入交流。园博馆筹备办副主任黄亦工、园博馆筹备办园林艺术研究中心主任陈进勇、展览策展外方代表意大利MOMO公司代表芭芭拉女士,国内策展公司设计团队以及展陈部相关人员参与会谈。

【园博馆"凝固的时光——古陶文明博物馆精品砖展"开幕】7月16日,本次展览由园博馆与古陶文明博物馆共同主办,参与展出的105件(套)古砖和题拓中,画面内容涉及自然、生态、神话、风俗等题材,年代跨度从汉代至宋金,带领观众从不同的角度探究中国古砖的历史文化之美。北京市文物局、西安美术学院、中国艺术与考古研究所、南京大学历史学院、首都师范大学历史学院、河北大学等23家单位的领导及专家出席开幕式并召开研讨会。西安美术学院教授周晓陆、首都师范大学历史学院后晓荣、古陶文明博物馆理事王保平、南京大学历史学院高子期在研讨会上发言,从古砖文化与艺术、古砖与古阙、神话中的西王母、二十四孝文化流变史等角度分析了中国古砖的历史内涵。陕西收藏家协会顾问路增远先生主持会议。本次展览持续到10月16日。

【园博馆召开"彼得夏宫——罗曼诺夫沙皇王朝的珍宝展"国内巡展项目推进会】7月27日,会议由园博馆筹备办副主任黄亦工主持,出席会议的有天津博物馆党委副书记姜南、贵州省博物馆副馆长朱良津、展览策展方意大利MOMO公司项目负责人、国内运输公司代表等。会议就展览引进及实施过程中存在的合同签署、材料申报、运输保险、展品出入关等事项进行了充分讨论并达成了共识。园博馆作为此次国内巡展的首站，将在最短时间内完成项目专家论证，积极联系北京市文物局、国家文物局完成展览入境的最后审批工作。展陈开放部部长谷媛、园林艺术研究中心主任陈进勇及相关人员参加会议。

【"费玉樑藏外销瓷展"前期考察工作结束】 8月2~4日，园博馆工作人员赴江苏宜兴对2017年"费玉樑藏外销瓷展"进行前期考察。此次展览计划于2017年由园博馆与荷兰国家武术协会主席、欧洲中国古董收藏家协会会长费玉樑共同举办，将展出费玉樑收藏的百余件外销瓷文物精品。此次考察主要对费玉樑的上千件藏品进行初步筛选、拍照及建档，共甄选出精品瓷器130余件，为展览前期筹备及申报下一年度展览计划奠定了基础。

【园博馆完成"2017年展陈制作合格供应商"优选工作】 8月19日，为吸引更多有实力的展览制作企业入园博馆，进一步优质、高效地完成园博馆2017年展陈设计制作工作。园博馆召开"园博馆2017年展陈制作合格供应商"优选工作会，共有6家公司参与竞争，6家公司均入围"北京市市级行政事业单位2016年度展览定点服务政府采购项目"目录。最终选出北京金宏展国际展览有限公司、北京尚慕园国际会展有限公司、北京建达展艺装饰有限公司、北京博华天工文化发展有限公司、北京众邦展览有限公司，5家公司入围。按照优选结果及时通知入围单位，启动并加快2017年展览申报工作。

【"文化原乡 精神家园"中国——黑山古村落与乡土建筑展闭幕】 8月22日，展览从8月15~21日，以图片为主，内容包括中国和黑山两部分，各60幅展板，概览各自古村落与乡土建筑之美，展现东西方传承千年的生活智慧与哲学。期间共接待参观游客2231人次，接受咨询432人次，便民服务151人次，受到表扬28人次，好人好事3件，游客建议1件，共发放宣传手册130份。《劳动早报》《信报》《人民政协报》《中国文化报》等多家媒体进行宣传报道。

【园博馆"青铜化玉 汲古融今特展"闭幕】 展览8月29日闭幕，开展共接待游客参观24350人次，咨询4897人次，服务1542人次，受到表扬301次，好人好事19次，观众留言106条，发放宣传册1668份。北京卫视、首都经济报等多家媒体进行了宣传报道。

【"皇家·私家——杜璞先生百幅园林作品展"开展】 9月10日，展览通过杜璞先生百幅园林山水画作，从不同角度展现世界丰富多彩的艺术杰作和表现形式。展览从画作的角度出发，描绘了中国园林优美的风光，解读了中国园林浓厚的历史文化，通过充满意趣的艺术画作为观众呈现多彩园林的艺术魅力，展览持续到9月24日。

【园博馆"园林遗珠 时代印记——四大名园门票联展"开幕】 9月28日，展览由园博馆与苏州市留园管理处（苏州园林档案馆）、北京收藏家协会主办，北京市颐和园管理处、承德市避暑山庄博物馆、承德市收藏家协会、苏州市拙政园管理处协办。展览分四个部分，以特色门票作为展示主体，时间线索贯穿整个展览，通过50余张展板，四大名园不同历史时期的800余张门票，30余件园林档案、书籍进行展示，并以留园冠云峰、拙政园垂花门场景、视频影像等展陈方式立体展现了北京颐和园、承德避暑山庄、苏州留园、拙政园在各个时期的历史背景和门票发展历程。为了配合本次门票展的主题，特别印制了象征四大名园的入园联票以及参观本次展览的入场券。展期2个月，展览持续到11月27日。开幕当天，园博馆筹备办党委书记、市公园管理中心主任助理阚跃，颐和园副园长丛一蓬，苏州市园林和绿化管理局副局长曹光树，苏州市园林和绿化管理局遗产处处长陈荣伟，以及北京收藏家协会、苏州市留园管理处（苏州园林档案馆）、苏州市拙政园管理处、承德市收藏家协会、承德市避暑山庄博物馆、承德市文物局有关领导参加，并邀请四大名园的领导和代表共同为本次展览揭幕。苏州园林档案馆、承德市收藏家协会、北京市颐和园管理处分别向园博馆捐赠了《入园票藏——苏州园林门票图录》图书100册，门票展对联"四大名园天下秀，门票华珠时代留"和民国时期"北京市公署社会局观光科"监制的游览联票一张。

【园博馆"瓷上园林——从外销瓷看中国园林的欧洲影响展"在上海豫园开幕】 10月9日，"瓷上园林——从外销瓷看中国园林的欧洲影响"是园博馆成立以来举办的首个巡展项目，此次展览是"瓷上园林"系列巡展的第五站，展览精选园博馆馆藏的120件（套）外销瓷珍品，系统而全面地展示了明清时期外销瓷的输出，及17世纪中叶至19世纪初欧洲仿制的瓷器。开展当天，园博馆筹备办主任、市公园管理中心总工程师李炜民参加开幕式。

【"翰墨雅韵——上海豫园馆藏海派书画名家精品展"在园博馆开展】 10月12日至12月1日，展览由园博馆与上海豫园管理处共同主办，展出的作品涵盖了任伯年、钱慧安、吴昌硕、吴湖帆、冯超然、陆俨少、谢稚柳、程十发等海派书画各个时期代表人物的作品，共计60余件（套）共接待观众17178人次。开展当天，园博馆邀请上海市黄浦区文化局局长许艳卿、上海豫园管理处主任臧岭、上海豫园管理处办公室副主任王灏波、北京市公园管理中心工会主席牛建国、北京市颐和园副园长秦雷、中央民族大学艺术研究所教授傅以新、原中央美术学院附中校长、花鸟画家张为之、中央文史馆书画院艺术处处长白振奇、中央文史馆书画院理论部主任耿安辉、北京皇家园林书画研究会会长刘伯郎等出席开幕式活动。开幕活动中，上海豫园管理处主任臧岭、园博馆筹备办副主任黄亦工、中央民族大学艺术研究所教授傅以新先后致辞，随后，上海市黄浦区文化局局长许燕卿、上海豫园管理处主任臧岭、北京市公园管理中心主任助理、服务处处长王鹏训、颐和园园长刘耀忠共同为展览揭幕。

【园博馆"和谐自然 妙墨丹青——徐悲鸿纪念馆藏齐白石精品画展"开展】 10月15日，展览由园博馆、徐悲鸿纪念馆、北京画院美术馆主办，北京皇家园林书画研究会、北京正和诚国际文化传播有限公司协办。展览展出了46件（49幅）齐白石先生巅峰时期的代表作品，次批珍品为首次在北京亮相，多为齐白石先生的上乘之作，不仅有很高的艺术价值，同时具有重要的文献价值，见证着徐悲鸿、齐白石两位艺坛巨匠深厚的友谊。其中有齐白石92岁所作的《菊花图》，也有他与张大千同绘的《荷虾》等代表作。此次画展持续展出至10月30日。开幕当天，园博馆邀请北京市公园管理中心主任张勇，北京市文物局副局长于平，园博馆筹备办主任、北京市公园管理中心总工程师李炜民，徐悲鸿纪念馆馆长徐庆平，中国国家博物馆副馆长谢小铨，徐悲鸿纪念馆书记高小龙，北京画院副院长、北京画院美术馆馆长、齐白石纪念馆馆长吴洪亮，中央文史馆馆员、中央文史馆书画院院长马振声，中央文史馆馆员、清华大学美术学院教授李燕，中央文史馆馆员、中国美术家协会理事李小可，中央民族大学艺术研究所教授傅以新，蒋兆和子女蒋代平、蒋代明，新凤霞之子吴欢，许麟庐之子许化迟，齐白石之孙女齐慧娟，天津美协副主席、中国艺术研究院研究员孟庆占以及北京皇家园林书画研究会会长刘伯郎等出席。开幕式上于平副局长、徐庆平馆长、吴洪亮院长以及李炜民主任先后为开幕式致辞。徐悲鸿之子徐庆平馆长向园博馆捐赠了他为展览图录和研讨会写下的"知己有恩傲丹青"书法墨宝，李炜民馆长接受捐赠。此后，张勇主任、于平副局长、徐庆平馆长、李炜民馆长、吴洪亮馆长共同为展览揭幕。

【园博馆《知己有恩傲丹青——徐悲鸿纪念馆藏齐白石精品画展》研讨会】 10月15日，徐悲鸿纪念馆馆长徐庆平，中国国家博物馆副馆长谢小铨，北京画院副院长、北京画院美术馆馆长、齐白石纪念馆馆长吴洪亮，中央文史馆馆员、清华大学美术学院教授李燕，中央文史馆馆员、中国美术家协会理事李小可，齐白石之孙女齐慧娟，北京画院院长助理、理论研究部主任吕晓作为主要嘉宾出席了研讨会并发言，园博馆副馆长黄亦工主持研讨会。徐庆平馆长总结发言。

【园博馆全体党员、青年职工赴中国军事博物馆参观】 10月17日，园博馆党委组织全体党员、青年职工赴中国军事博物馆参观"英雄史诗不朽丰碑——纪念中国工农红军长征胜利80周年主题展览"。展览以长征历程为主线，以重要战役、重大历史事件和重要人物为主体，着力展示中国共产党领导下的工农红军艰苦卓绝的光辉历程，深刻诠释长征精神的深远指导意义和巨大时代价值。

【2016全国大学生风景园林规划设计竞赛获奖作品展在园博馆开幕】 12月10日，本次展览由园博馆和中国风景园林学会联合举办，集中展出了获得全国风景园林规划设计竞赛三等奖以上的优秀规划设计作品100个。这些作品较好地反映了中国高校风景园林专业教育成果和在校大学生的规划设计水平。希望此次展览能让更多的人了解风景园林行业，加入风景园林行业，为实现中国梦做出自己的贡献。展览持续至12月25日。

【第三届中国园林摄影展在园博馆开幕】 12月30日，展览由园博馆、大众摄影杂志社、浙江摄影出版社联合举办，秉承中国园林"虽有人作，宛自天开"的理念，面向全国摄影爱好者，通过镜头展现中国园林山水自然、人文宜居的文化意境。展览征稿历时半年，在全国范围内共收到投稿作品3万余幅，精选作品120幅，展览作品从不同视角表现了中国园林之美，展示中国园林风采，传播中国园林艺术，增进中国园林摄影交流。此次展览为期两个月。

特色活动

【园博馆举办"园林雅集辞旧岁 赏心乐事迎新年"文化活动】 1月6日,元旦三天,园博馆携手北京民俗学会面向广大观众免费举办新年民乐演奏会、"茶、香、琴、花"主题园林雅集及科普展等系列活动总计17场次,共600余人参与。①举办民乐演奏会,为观众呈现箜篌、二胡、笛子等传统乐器演奏的《庆典序曲》《春节序曲》《珊瑚颂》等观众喜闻乐见的节日曲目。②在室内展园苏州畅园内,邀请观众参与"茶、香、琴、花"主题园林雅集,学习传统宋代点茶文化,欣赏中式插花雅趣,赏析名琴之雅,感受焚香、行香、敬香的文化内涵。③结合园林雅集活动,开展科普知识宣传,于一层大厅摆放知识展板10架,使人们了解古人柔淡、静穆的雅趣生活。活动期间,保障每日四场讲解,共12场次,服务观众200人次。活动得到北京新闻、《北京日报》《新京报》《北京晚报》等7家媒体予以现场报道,发布图文微博、微信10余条。

【2016年迎春书画交流会在园博馆举办】 1月9日,活动由中国公园协会、公园文化与园林艺术专业委员会主办,园博馆协办。园博馆筹备办主任、市公园管理中心总工程师、专委会主任李炜民主持。中国公园协会会长陈蓁蓁、北京市园林绿化局副局长强健、市公园管理中心副书记杨月、园博馆筹备办党委书记、市公园管理中心主任助理阚跃、玉渊潭公园园长祝玮、内蒙古住建厅城建处处长韩志刚、通辽市园林局袁叔庆、颐和园原总工耿刘同、华中农业大学包满珠教授等参加了此次活动。活动中,与会专家围绕"2016年应如何在中国公园协会的范畴内组织开展全方位、各领域、各层次的文化艺术活动"进行讨论。与会专家现场即兴创作30余幅油墨画和诗句,并赠与园博馆。

【2015年市公园管理中心科普工作交流评比会在园博馆举办】 1月12日,市公园管理中心下属11家公园及北京市园林科学研究院、北京市园林学校、园博馆的科普工作者代表参与本次交流评比活动。市公园管理中心总工程师、园博馆筹备办主任李炜民,中心科技处处长李铁成出席会议。会议首先由中国科协科学技术传播中心传播规划处处长王松光进行科普工作培训。随后,各单位代表分别围绕科普创新、科普设施建设、科普活动设计等主题展开汇报。汇报结束后,李铁成处长对各单位2015年举办的科普工作表示肯定。最后,市公园管理中心总工程师李炜民发言。

【园博馆荣获"第十届北京阳光少年活动"优秀组织奖】 1月22日,园博馆参加北京校外教育协会2015年工作总结表彰会,荣获"第十届北京阳光少年活动优秀组织奖""北京校外教育协会会员单位"。会上,园博馆就"北京阳光少年活动"开展情况做典型发言。

【园博馆举办多项非遗民俗文化活动喜迎猴年】 2月15日,活动以"新春共赏园博馆 非遗同乐耀猴年"为主题,举办非遗民俗文化活动,正月初一至初六共计6天。活动期间,全馆开辟4处活动专区,分为名家技艺展示表演、观众互动体验和科普展览三大类,共涉及12项非物质文化遗产手工技艺。一是位于一层春山展区设置每日一主题精选技艺名家集中展示书法、鬃人、风筝、皮影、剪纸、面人六大文化项目。二是在二层活动体验专区开展青少年"指尖上的假期"非遗技艺手工制作活动,体验毛猴、内画、中国结、蛋雕等技艺项目。三是苏州畅园内特邀北京皇家园林书画研究会书法家现场挥毫书福,观众通过园林文化知识答题赢福字活动。四是位于园林文化厅戏台连演6日非遗项目皮影戏《药会图》,借助传统民间故事科普园林珍贵药植、展示园林建筑。五是结合"年吉祥 画福祉——年画中的快乐新年"展览,在展厅内开设"武强"木板年画拓印体验活动。六是持续为市民提供园林探索之旅品牌公益参观线路。春节期间开展各项活动总计74场次,共3468人参与,观众满意度为100%。邀请BTV新闻、BTV财经、电台新闻台、新华社、《北京日报》《北京晚报》等21家媒体对春节期间展览及活动进行报道,微博、微信网站自媒体发布图文专题40篇(条)。

【园博馆青少年寒假科普教育活动结束】 2月25日,活动以"技术控与文艺范儿"为主题推出涉及历史文化艺术类、生物化学科技类共4项不同学科专业的科普活动。活动在"园林探索之旅"活动品牌特色基础上,一是将园林文化与展陈特色相结合开展"园林中的孝义"国学故事课程,通过挖掘馆藏画像砖、古建筑模型等展品内含,开展国学传统德育。二是将园林历史与传统书画艺术相结合,开设"山水园林立体画卷"绘画艺术课程,通过中国山水绘画艺术发展脉络,引导认知山水园林魅力。三是将园林科技与生活艺术相结合,开展"植物探秘之旅"课程,从生物化学视角认知常见园林植物,配合记录手绘植物日记、拓印植物图腾T恤等活动,掌握植物结构和分类原理。四是将园艺技术与现代盆景相结合,利用苔藓及蕨类植物动手体验"生态球""空中花园"和"鱼菜共生"3种微型景观制作课程,了解植物生长环境与养护,提升生态环境保护意识。寒假期间,总计开展各项活动课程27场次,共1050名青少年参与。

【园博馆结合学雷锋日开展"青春闪耀园博馆 雷锋精神世代传"主题学雷锋志愿服务活动】 3月5日,为大力弘扬助人为乐的雷锋精神,积极培育和践行社会主义核心价值观,园博馆以"青春闪耀园博馆 雷锋精神世代传"为主题,共组织20名志愿者开展学雷锋志愿服务系列活动,用实际行动向雷锋同志学习,营造园博馆志愿服务的优良风尚。①依托馆内总服务台并充分发挥市级学雷锋志愿服务岗服务职能,主动热情地为广大观众提供咨询导览、义务讲解及非紧急救助等优质志愿服务。②积极延伸服务范围,在馆内春山序厅新增志愿咨询服务台及学雷锋志愿服务流动岗,通过志愿服务宣传及园林知识问答等多种形式,在宣传雷锋精神的同时为观众提供咨询导览、指路答疑及秩序疏导等便民服务。③以馆内特色展品及室内展园为重点设立学雷锋志愿讲解服务岗,充分发挥大学生志愿者服务队园林专业技能优势,为观众提供志愿讲解服务。④以"流动园博馆进校园"为活动形式,组织优秀志愿者以"学雷锋 献爱心"为主题走进长辛店中心小学，针对贫困学生开展压花制作体验活动，通过知识讲座、动手体验相结合的方式为学生进行园林知识科普。据统计，本次志愿服务活动共完成咨询导览284次，服务587人；提供公益讲解32场，服务457人；发放宣传资料123份，并提供饮用水、小药箱、手机充电等各项便民服务152次。

【园博馆开展"温情三月天 欢乐庆三八"系列活动】 3月8日，活动共分为四部分：一是开展以"关爱女性 呵护美丽"为主题的讲座，邀请长辛店医院中医科主任王桐从女性角度讲授现代女性较为关注的美容、减重、去湿驱寒等保健知识。二是组织参观北京植物园温室大棚，参观学习热带植物的种类及特点。三是参观学习"轮行刻转——颐和园藏清宫钟表展"，通过欣赏种类丰富、造型多样的钟表，了解皇家园林内的钟表文化。四是参观"园林香境——中国香文化掠览"，开展品香体验活动。五是为勤劳美丽的女职工送去一份温暖贴心的专属礼物，表达节日祝福。园博馆及各物业公司共40余名女职工参加活动。

【园博馆举办妇女节雅集文化活动】 3月8日，活动以"香飘园博馆 花语女人节"为主题，举办两场雅集活动，邀请北京农学院园林学院副教授、中国插花花艺协会常务理事、APEC首席传统插花大师侯芳梅为现场观众展示传统插花技艺，并讲述花卉花艺的修剪及养护知识。同日，著名香文化学者、中国管理科学研究院香文化研究所所长潘奕辰为女性观众带来"香与养生"主题讲座，介绍香颐养身心、祛秽疗疾、养神养生之效，并带领女性观众共同制作香丸，学习品香之法，感受园林中的香境文化。活动共吸引百余名女性观众的参与，得到一致好评。

【园博馆启动园林科普教育课程"进校园"活动】 3月9日，为充分发挥园博馆"第二课堂"教育职能，积极推进"流动园博馆进校园"园林科普教育课程的实施，园博馆以"献爱心·进校园"为主题，走进丰台区长辛店中心小学，面向42名贫困学生开展了压花制作体验活动。本次活动在前期策划、活动筹备中充分采纳校方师生需求并发挥园博馆园林科普教育优势，在课程师资上还首次招募北京林业大学园林学院志愿者参与其中，通过科普讲座及动手体验相结合的授课方式，为参与学生开展了一场集知识性、趣味性于一体的园林科普课堂，得到了学校师生的一致好评。本次园博馆"进校园"教育课程的顺利开展，促进了园博馆与周边学校开展校外教育合作的同时，还为园博馆开展此类活动积累了有益的经验。本次"进校园"活动为园博馆首次开展，宣传教育部将以此类活动作为2016年博物馆教育的重点项目持续开展。

【园博馆举办社会志愿者面试交流会】 3月19日，自3月初园博馆启动科普志愿者招募工作以来，共吸引80余位热心观众报名，参与者中有退休教师、自由职业者、园林从业者、中小学教师、全职妈妈等不同群体。交流会通过心理游戏、动手实践、语言表达、思想交流等面试环节，考察了志愿者在科普观察和团队协作等方面的综合能力。最终录取的社会志愿者将投身自然科普教育岗位，继北京林业大学园林学院高校志愿者团队之后进一步丰富园博馆志愿服务力量，弘扬博大精深的传统文化，展示灿烂悠久的园林文化。

【园博馆举办世界水日主题科普活动】 3月22日是世界水日,园博馆以"生命之源与园林之美"为主题面向中小学生举办社会大课堂主题科普教育活动。邀请博物专业学者现场就"北京城的水系""与皇家园林密不可分的水系""水资源保护"等内容进行科普,为学生讲述了园林中的水系文化。来自北京市房山区窦店中心小学的34名学生通过绘画制作北京水系图谱,进一步了解北京地区的水系文化,分享生活中的节水方法。

【园博馆接待北京市青少年服务中心25组特殊青少年家庭到馆开展公益园林体验活动】 3月26日,共计25组脑瘫青少年儿童家庭到馆参与活动,园博馆调整设计适宜特殊青少年家庭的参观路线,并组织所有家庭参与体验苔藓植物微景观主题亲子活动。让特殊青少年通过触摸、观察、互动交流等代入方式激发对园林环境的感知,促进身心的健康发展。

【清明节园博馆举办丰富活动邀请市民体验园林文化生活】 4月5日,活动包括"坐石临流——曲水流觞文化空间体验""明前品翠·传统文化雅集"和"记忆·技艺 清明习俗文化非遗体验"三项。①主题延续品牌策划,围绕清明节气挖掘园林雅集、曲水流觞和纸鸢非遗技艺等主题,着重展现中华传统习俗及园林文化生活。②内容立足学术成果,借助数字圆明园3D恢复技术和非遗技艺传承人授课精准传达活动知识内涵。③形式多样,注重参与,静态展示结合微信互动增加趣味,激发观众求知欲,体验式活动安排精细保障观众体验质量。④满足观众需求,节日期间活动共举办24场次,有7000余观众参与其中,收集有效游客满意度调查370份,九成观众对活动主题兴趣浓厚,通过参与活动对园林文化有更进一步了解。⑤充分利用自媒体优势与网民互动,深挖活动动态及科普知识,提前一周启动宣传,总计微博、微信发布近40篇(条)。

【园博馆参加北京市2016年"博物馆之春"活动】 4月8日,本次活动在西周燕都遗址博物馆举办,以"叩响京津冀,共筑成长梦"为主题,旨在发挥京、津、冀丰富的博物馆教育资源,倡导学生走进博物馆参观学习。在本次"博物馆之春"活动中,园博馆以特色鲜明的园林科普教育资源被纳入到了环首都游学路线中,以此为契机,园博馆将持续发挥校外教育职能,为学生开展类型丰富的公众教育活动。启动仪式后,园博馆科普讲师到房山区窦店中心校第二小学,以《匠心营造——凸凹中的启示》为主题进行了一堂生动的中国传统建筑知识讲座。在讲座中,学生们在讲师的带领下不仅学习了丰富的古建知识,还通过拼装斗拱模型体验到了榫卯结构带给人们的乐趣和启示。

【园博馆陆续接待15所中小学生体验生态科普校外教育】 4月15日,园博馆接待包括丰台长辛店中心小学、北京交通大学附属小学、景山学校远洋分校等4个区县的15所中小学校,共计300余人。到馆的青少年学生先后在园博馆体验"世界水日""植物生态墙""制作爱鸟箱"等生态科普课程。课程以锻炼探索精神和团队合作实践能力为手段,通过简单木工、园艺等实操制作,参与体验园林科普和环境保护工作,激发学生保护园林生态的意识,增强对园林工作的了解与热爱。

【园博馆开展"光影园博——镜头中的园林风采"摄影征集活动】 4月18日,活动引导广大干部职工在劳动中发现美、捕捉美、创造美,聚焦工作场景,捕捉感人细节,记录劳动瞬间。活动自开展以来，全馆职工踊跃投稿，共征集照片 50 余张，经过层层挑选，评选出具有代表性的 7 张照片为优秀作品，刊登于劳动午报，彰显出园博馆职工热爱园林、热爱工作、热爱自然之情。此次活动丰富了广大干部职工的精神文化生活，充分展现了园博馆自身特色和深厚的文化底蕴，激发了职工爱馆爱园之情。

【园博馆开展 2016 年生物多样性保护科普宣传月活动】 4 月 22 日，根据北京市公园管理中心科技处统一要求，园博馆正式启动并开展 2016 年生物多样性保护科普宣传月活动。在活动中，以"生物多样性"为主题，通过生物多样性重要意义、保护措施及"有生命的园博馆"等方面制作宣传展板并组织公益讲解员为观众讲解科普生物多样性保护知识。期间，园博馆还将举办"园博馆探花大发现""我的小鸟朋友""京西御稻插秧"及"螺旋花园"等多项主题活动，持续加大生物多样性科普宣传力度，以达到科普活动的举办效果。

【园博馆举办"世界读书日"系列文化活动】 4 月 24 日，园博馆举办世界读书日诗词朗诵汇及图书漂流活动。开展以"书香园林，诗赋中华"为主题的诗词朗诵汇，邀请 40 余位青少年儿童为观众带来一场以唐诗、宋词、诗歌、散文为主的"国学传统"诗词盛宴，吸引 200 余名观众参与。此外，23~24 日两天，园博馆持续举办以"书香园林 图书漂流"为主题的图书交换活动，进一步发挥园博馆公众教育职能，倡导人人爱阅读的良好习惯，现场共吸引 50 余组家庭参与。

【园博馆以生物多样性保护为主题开展"园林探花大发现"科普亲子活动】 4 月 24 日，本项活动通过实景园林春花观察、园林植物科普讲座及自然笔记绘画创作等多种形式，使参与活动的观众们不仅感受到园博馆的优美春景，还体会到物种多样性之美及亲近自然的愉悦。本次活动共吸引来自丰台实验学校二年级共计 24 组亲子家庭的参与。

【园博馆参加全国科普讲解大赛北京地区选拔赛并成功入选全国范围决赛北京代表队】 4 月 26 日，园博馆选派 2015 年北京科普讲解比赛一等奖获得者参加全国科普讲解大赛北京地区选拔赛。本次选拔赛共 17 名选手参赛。经过激烈角逐，本馆选手成功突围，成功晋级并成为全国科普讲解大赛北京代表队选手，为园博馆及中心赢得了荣誉。

【园博馆正式启动青少年自然教育实践基地】 5 月 6 日，活动以年龄分组分别面向青少年和成人家长群体设置不同体验主题，包括趣味黏土种子播种、花卉植物移栽、装钉种植箱和组装大型花池等花园建造工序，并在其中穿插植物与自然知识讲堂。活动旨在拉近园林与现代人的生活，通过园艺实践增进对园林感性认识和科普认知，培养观众对园林和生态的情感。

【园博馆开展科普亲子活动】 5 月 8 日，活动以"野性城市——都市里的鸟类邻居"为主题，共吸引 15 组亲子家庭到馆参与。本项活动由城市鸟类讲座、人工鸟箱 DIY 及室外鸟巢悬挂等三个环节组成，使参与活动的大小观众不仅学习到了城市鸟类的科普知识，还亲身体验制作、悬挂人工鸟箱的乐趣。

【园博馆召开专题座谈会庆祝开馆三周年】 5 月 16 日，在活动开幕式上，中国工程院院士孟兆祯，丰台区副区长钟百利，市园林绿化局副巡视员廉国钊，市文物局博物馆处处长哈俊，市公园管理中心主任助理、服务处处长王鹏训，园博馆筹备办主任、市公园管理中心总工程师李炜民等领导出席并致辞。

在新书发布会环节,北京市建筑设计研究院主任徐聪义、园博馆筹备办副主任黄亦工介绍了《园博馆学刊》和《园博馆展览陈列》等新出版的以园博馆建设和运营为主题的专著。随后,园博馆与内蒙古农业大学、燕京理工学院正式达成合作意向,成为两家院校的"教学实训基地",并签订战略合作框架协议。在藏品捐赠环节,园博馆领导分别接受了我国著名画家傅以新、著名工笔画家袁叔庆、中国儿童艺术剧院专业舞台美术工作者王世伟及园博馆职工王淼分别捐赠的画作《千峰如簇》、画作《九月秋凉图》、画册《往事如画王世伟作品集》及北京动物园金属入门券等珍贵藏品139件(套)。参与此次庆祝活动的14名嘉宾代表以园博馆开馆三周年的变化为主题展开热烈地讨论。此次庆祝活动持续至本月18日,届时还有精品展览和园林文化大讲堂等重要活动内容。

【园博馆为庆祝开馆三周年举办系列主题活动】 5月16~18日,园博馆在第40个国际博物馆日当天与北京市学习科学学会在馆内联合举办了"春色如许——园博馆三周年馆庆暨北京市青少年素质教育成果展演"活动。本次活动包含青少年素质教育展演及战略合作签约授牌两项环节。在展演环节中,来自全市20余所学校的学生分别开展了琴棋书画、手工制作、国学吟咏、戏剧表演及园林讲解等数十种形式的才艺展示活动。徐敏生、袁家方两位专家分别以《摄影作品赏析》和《京味儿文化》为主题开展了专题讲座。在签约授牌环节,园博馆筹备办党委书记阚跃与北京市学习科学学会副理事长李荐签署战略合作协议,北京市公园管理中心主任张勇与合作双方领导一同为北京市学习科学学会在园博馆建立的"校长学习基地""首都市民学习品牌——友善用脑实践基地"揭牌。此外,16~17日,园博馆还分别与内蒙古农业大学和燕京理工学院艺术学院完成了"教学实验基地"签约揭牌仪式。

【中国园林博物为庆祝开馆三周年举办园林大讲堂专题讲座并推出两项新型临展】 5月17日,园林文化大讲堂邀请苏州大学艺术学院教授曹林娣以"中国园林的诗性品题"为题进行讲座。讲座中,曹林娣教授凭借风景园林教学、实践的丰富经验,引经据典、深入浅出地为观众剖析古典园林诗意的语言文化符号,列举北方皇家园林、南方私家园林以及寺观园林内的实例,讲述匾额作为园林文化载体的精巧构思和风景意境;通过楹联的起源和无穷意趣,解读中国园林中切情切景的楹联文化。新推出的两项临展为"永乐宫元代壁画临摹作品展"和"国家级非物质文化遗产布上青花——南通蓝印花布艺术展"。"永乐宫元代壁画临摹作品展"的展出作品由《朝元图》等组成,共计37幅,是现存唯一一套可以展出的1∶1原摹本等大壁画作品,其珍贵程度非常之高。"国家级非物质文化遗产 布上青花——南通蓝印花布艺术展"详尽展示了国家级非物质文化遗产蓝印花布的起源、发展历程与染料的种类、制作工艺、纹样、用途等,为观众开启一扇全新的非物质文化遗产大门,使观众领略到中国独具匠心的民族艺术。活动当天,园博馆邀请中国文联书记处书记陈建文,原文化部副部长、国家文物局局长励小捷,原中央工艺美术学院院长常沙娜,中国美术家协会壁画艺术专业委员会主任李化吉,北京博物馆学会副理事长崔学谙,中国民间文艺家协会书记、驻会副主席罗杨,中国建设文化艺术协会主席王大恒,中国美协艺委会管理办公室主任贺璇,文化部非遗司司长马盛德，南通大学党委书记成长春，运城外事侨务和文物旅游局总工程师李百勤，江苏省文联巡视员徐昕，南通市人大常委会副书记、副主任陈斌，南通市人民政府副市长朱晋，南通市文化广电新闻出版局局长陈亮，南通市文联党组书记、主席王法，南通市社科联党组书记徐爱民，园博馆筹备办主任、市公园管理中心总工程师李炜民，园博馆筹备办党委书记阚跃等领导出席。

【园博馆与首都经济贸易大学旅游管理学院交流座谈】 5月20日，首都经济贸易大学由旅游管理学院蔡教授带队，成员由该校旅游管理学院20余学生组成。交流会上，园博馆筹备办党委副书记薛津玲介绍了园博馆展陈和宣教基本运营情况，宣传教育部介绍了现有宣传推广渠道、微信公众号等自媒体运营模式以及高校学生志愿者工作开展情况；展陈开放部介绍了园博馆现有展览立项申报、形式设计等现有展陈策划模式，并从解读历史文化着手，就如何策划和推广精品临时展览作了阐述。双方就展览策划的新媒体营销推广方式、宣教及展览活动的经典案例剖析等进行了深入交流，并对下一步建立馆校长期合作机制进行了交流。园博馆相关部门人员参加了此次交流活动。

【园博馆举办2016年首场文化公益讲座】 5月21日，为弘扬传统园林文化，普及园林文化内涵，园博馆邀请北京市香山公园副院长、北京史研究会理事长袁长平以《天人合璧之奇葩——品读香山永安寺造园艺术》为题举行首讲。讲座为观众介绍了香山永安寺的发展历史，并详细解读了香山寺的相地选址、园林布局、特色景观、山林意境、植物配置、楹联匾额等方面的园林艺术。

【园博馆参加2016年北京市公园管理中心科普游园会主场活动】 5月21~22日，2016年北京市公园管理中心科普游园会主场活动在颐和园西门内如期举办。本次科普游园会以"保护传承发展 共享生态园林"为主题，集中展示了园林生态、文化遗产、建筑绿化等数十项的科技成果项目。在启动仪式上，由园博馆培养的园林小讲师以《植物立体画卷》为题，通过讲解和实验的方式向出席本次活动的领导、嘉宾及游客们展示了园博馆内植物生态墙的现代造园科技，获得在场人员的一致好评。在中心优秀科普项目展览中，园博馆围绕"御稻插秧秋收"及"园林小讲师"两项活动进行展示活动，并通过亭式建筑模型、生态墙微缩模型及《园博馆展览陈列》《园博馆学刊》等近十种图书，展现园博馆近年来在科学研究、展览展示及科普活动方面取得的成绩。在展位活动中，园博馆以"走近斗栱——感悟匠心营造"为主题，通过"古建筑知识知多少"图卡、榫卯结构"触"体验及斗栱模型拼拼看等展示体验手段，向广大游客科普中国古建筑中以斗栱为代表的榫卯结构的知识，在寓教于乐中令观众感悟了中国古代建筑的博大精深和古代先民的匠心营造。据统计，在活动开展的两天中，共服务游客6800余人，发放宣传资料8700余份，达到了预期宣传和园林科普的效果。

【园博馆举办第二届"京西御稻插秧活动"】 5月22日，活动包括理论知识课堂与亲子互动实践两个环节。一是结合生物多样性保护日主题，以水稻为例向观众普及自然知识，通过绘制植物日记的形式使青少年观众了解水稻的植物构造。二是深挖园林历史文脉，就"中国园林与农耕文化""皇家园林与京西御稻"等专题制作科普展板。三是组织观摩并亲身体验插秧活动，投身园林生态环境营建的乐趣当中，感悟中国传统农耕文化在园林景观建设中的重要作用。在中国传统园林文化普及教育，推动生态可持续发展保护方面起到积极作用。活动通过园博馆自媒体招募近30组亲子观众家庭参与，并有《北京晚报》、北京电视台、市教委宣教中心等媒体平台现场采集播报。

【园博馆积极参与北京市公园管理中心"园林科普津冀行"活动】 5月28日，北京市公园管理中心"园林科普津冀行"在天津动物园拉开帷幕。中心总工程师李炜民、天津市市容和园林管理委员会科技教育处处长张力参加启动仪式。5月28～29日，园博馆与中心所属北京动物园、北京植物园和北京市园林学校三家单位的专业科普人员在天津动物园、天津水上公园开展了现场科普宣传互动活动。在活动中，园博馆围绕园林历史文化、古建结构知识、现代造园科技等内容，开展了以"一棵古树的自白"园林科普主题讲解及"走近斗拱——感悟匠心营造"传统园林古建拼装、"植物立体画卷"生态立体种植模型、"600岁集水工程"北海团城模型及古典园林"三山五园"拼图等多项知识性强、参与度高的现场参观体验活动。在为期两天的活动中，园博馆展台共接待游客5000余人次，发放宣传折页、科普书籍、科普宣传品4550份。本次活动的举办在为北京市公园管理中心落实园林科普工作京、津、冀一体化的目标迈出坚实步伐的同时，也扩大了中心在科普工作方面的辐射力和影响力。

【"六一"儿童节期间，园博馆积极开展青少年校外教育活动】 6月2日，一是邀请丰台一小长辛店分校师生及家长代表走进园博馆自然课堂，体验秘密花园自然教学课程。课程以"螺旋花园微景观营建"为主题，采取讲座与实践相结合的方式，使参与者了解植物配置、花园设计、生态系统等园林知识与技能。二是将园博馆品牌科普课程送课进校园。为北京林业大学附属小学40位学生开设"苔藓植物迷你景观制作"开放型教学实践课程。三是与丰台区长辛店中心小学就校外教育课程共建座谈交流，并参与学校青少年素质教育成果展演活动。本次系列馆校活动意在区域与行业领域加强教育合作，发挥园博馆特色教育资源优势，结合中小学校外教育及素质教育工作，进一步扩大园博馆园林科普教育的影响力。

【园博馆开展多项传统文化活动】 6月12日，端午假期，园博馆面向广大观众举办"非遗传承话端午 古乐雅集赏园林"主题活动，结合文化遗产日以雅乐古曲展演和节俗非遗体验的方式，邀请市民共同感受古人园居生活，学习传统园林文化和非遗技艺魅力。一是挖掘传统园林文化与听觉艺术的关系，设置"山居雅集——听园"古乐雅集活动，展示园林文化中"山水有清音"和"园中听乐"的双重艺术表现。表演曲目围绕端午主题演奏，包括多种传统管弦器乐和传统宫廷乐舞等形式，使现场观众体验古人传统园居生活的精典雅致。二是结合文化遗产日开展"时光中的端午"主题活动。特邀8位非遗技艺传承人现场为观众带来端午非遗民俗知识讲座和技艺教学体验。包括五彩丝线绺、五色虎、草编、蜡果、堆绫、毛猴、水晶花等，特别是结合正在展出的"布上青花——南通蓝印花布"展览开设专场"蓝染技艺体验"活动。三是结合端午节俗和非遗文化，制作知识展板20架，配合以百余件"端午"主题艺术品为观众综合科普了有关文化知识。据统计，节日期间各类互动及专题讲座活动共计27场次,吸引3200余人现场参与。北京电视台、市教委中心、《北京日报》《北京晚报》《北京青年报》、北广交通台、《中国文化报》等近20家媒体进行报道。

【园博馆面向社会开展《圆明园历史文化收藏与流散文物考》主题园林文化公益讲座】 6月18日,本次讲座邀请颐和园学会专家、圆明园文史顾问杨来运先生主讲。杨来运先生向观众介绍了圆明园的历史文化收藏、珍贵文物流散经过和范围,以及圆明园文物回归意义,并向观众展示了大量流散在海外的圆明园文物实物照片。同时,借圆明园流散文物考据研究工作,向观众阐明园林文物的保护对中国园林历史文化内涵和价值的挖掘的重要意义。

【园博馆开展以"父亲节"为主题的自然科普教育活动】 6月19日,活动以"营建生态水池"为理念,邀请通过"微园林"微信公众号报名,有10组亲子家庭进行参与。活动是今年园博馆"青少年自然教育实践基地"的系列教学计划之一,旨在使青少年观众在玩中学到知识,感受园林营建的乐趣。在活动的理论授课环节,使青少年了解地球"淡水资源危机"的生存现状,增强环境生态保护意识。在动手实践里,青少年跟随科普老师认知、搭配并种植多种北方常见水生植物,使其深刻体会合理的植物种植、园艺规划对自然生态大环境的重要保护作用。当日北京电视台新闻频道、《北京日报》等10余家媒体到场报到。

【园博馆进一步提升科普教育水平】 6月20日,①策划开展多项中小学科普课程。以馆内基本陈列、实景园林为基础,与物理、生物、化学等自然科学科目教学大纲相结合,自主开发《植物生态墙》和《秋叶为什么这样红》等7项课程。依托市教委选课平台开展北京市中小学生社会大课堂活动、初中开放性科学实践活动、送课进校园活动近百场次,半年累计直接参与学生达7000余人次。②与市教委宣传中心建立联系,邀请市教委常态拍摄园博馆公教活动于市各公交、地铁线路等移动电视媒体播放,形成新渠道进一步宣传园博馆科教品牌。③园博馆首次申报成功市科委项目,进一步完善园博馆教育课程体系。历经项目申报和多次专家评审,园博馆《建设创意植物科学探索实验室》项目正式通过审批。项目将结合园博馆自然教育需求成立植物观察、植物培育、生理生化等实验功能的实验室,使自然科学教育活动更具系统性、创作性、趣味性。

【"清香溢远——第二届中国园林书画展"在园博馆开展】 7月9日,此次展览由园博馆、北京皇家园林书画研究会共同主办,李可染画院、天津美协花鸟画专业委员会、北京熙社画会共同协办。展览汇集了80余位书画家的近90件作品,以北京、天津近现代和当代花鸟画家力作为主,既是对优秀传统文化的传承,也是践行"京津冀一体化"发展的重要举措。展览持续到7月31日。开展当天,园博馆邀请全国政协常委、中华文化交流与合作促进会理事长孙安民,全国政协常委兼副秘书长、民革中央副主席何丕洁,中华文化交流与合作促进会秘书长高崎,北京市公园管理中心副主任王忠海,园博馆筹备办主任、市公园管理中心总工程师李炜民、北京皇家园林书画研究会会长刘伯郎以及著名画家王同仁、傅以新、郭石夫、王培东、邢少臣、孟庆占等出席开幕活动。开幕活动由园博馆筹备办展陈开放部部长谷媛主持,孙安民理事长，何丕洁副主席，王忠海副主任，郭石夫会长，李炜民总工共同为展览揭幕。郭石夫会长、天津美术学院教授贾宝珉，李炜民主任分别致辞。天津美术家协会副主席孟庆占为园博馆捐赠画作《春华秋实》，园博馆筹备办副主任黄亦工、园博馆筹备筹备办党委副书记薛津玲接收画作，并颁发收藏证书。

【"2016友善用脑公益夏令营"首站在园博馆启动并举行开营仪式】 7月17日，活动由北京市社会建设工作办公室、北京市社会科学界联合会主办，北京市学习科学学会承办。园博馆参与协办。园博馆党委书记阚跃出席开幕仪式并致辞。来自东城、海淀、丰台、通州、延庆等区的14所小学近60名困难家庭子女和打工子弟在园博馆参观"有生命的"特色动植物景观，参与园林探索之旅活动，体验秘密花园自然观察教育活动，深度感受独特的园林魅力。

【园博馆开展《二十四孝流变史》主题公益文化讲座】 7月23日，讲座邀请首都师范大学历史学院后晓荣教授主讲，以历代官方色彩的有关孝文化经典文本和墓葬出土孝子图像两条主线为基础，讲述孝经、孝子传与"二十四孝"之间的关系，并详细介绍了"二十四孝"形成的基本轨迹及深远影响。此外，后教授带领观众走进展厅，结合新开幕展览"凝固的时光——古陶文明博物馆精品砖"展内行孝故事区域的二十四孝画像砖藏品实物，为观众进一步解读古砖文物所展现的二十四孝文化的演变过程。

【园博馆"园林小讲师"等暑期系列活动陆续开展】 园博馆暑期活动已于7月中旬启动至8月底结束。其中"园林小讲师"培训活动作为园博馆主创品牌教育活动率先启动，并与园博馆青少年志愿社会实践工作结合开展，7月已有20余名青少年顺利通过初级考核，走上志愿讲解服务岗位。随后，园博馆还陆续推出"中级园林小讲师"培训、"园林夜宿""自然夏令营""公益小讲堂""科普大篷车"五项活动，旨在通过体验、互动、知识讲座等多种形式，让青少年和广大观众感悟精彩园林文化，体验实践自然科学。

【法国博物馆领导到中国园林博物馆参观】 11月3日，法国巴黎市博物馆联盟会长戴尔芬·列维，赛努奇博物馆馆长易凯，赛努奇博物馆总经理办公室专员、国际关系负责人赛琳·马尔尚三人到园博馆进行参观，园博馆筹备办党委书记、市公园管理中心主任助理阚跃，园博馆筹备办副主任黄亦工、展陈开放部部长谷媛介绍了园博馆总体布局、常设展厅、临时展览、室内外展园等。参观结束后，来宾与馆领导进行交流座谈。

【园博馆为纪念独立开馆三周年举办系列主题活动】 11月18日，借独立开馆三周年契机，园博馆先后举办了三场主题系列活动，并在18日独立开馆三周年当天，邀请国家住房与城乡建设部城市建设司园林处处长王香春，中国风景园林学会副理事长、国务院参事刘秀晨，中国风景名胜区协会副会长曹南燕，北京林业大学副校长李雄，清华大学建筑学院教授、博士生导师郭黛姮，市公园管理中心总工程师、园博馆筹备办主任李炜民，市公园管理中心主任助理、园博馆筹备办党委书记阚跃等200余位社会各界文化人士和为园博馆捐赠藏品的个人与园林单位代表共同见证了园博馆的发展历程。①《园博馆第四届"和谐之美"——中韩插花艺术交流展》开幕，展览为园博馆与韩中文化经济友好韩国插花协会、北京、河北、天津、陕西、福建等省市插花协会共同举办，展示了中韩插花艺术大师设计制作30余组充满中韩特色的插花作品，并在当天举办了中韩插花艺术交流研讨会。②《心怀中国梦 同寄园林情——园博馆系列捐赠品展》开幕，展览为园博馆与北京林业大学共同举办，精选了园博馆自筹建初始接受捐赠藏品其中的500余件套作品，让市民通过藏品捐赠了解园林的发展历程，并借此契机向支援园博馆建设的社会各界致以诚挚的谢意。③邀请北京市政协文史委员会副主任、市文物鉴定委员会主任、原北京市文物局局长孔繁峙以《三个文化带文化特色及古都遗产保护》进行园林文化大讲堂主讲，结合"长城文化带""大运河文化带""西山文化带"现状，通过精美图片和资料，为观众深度解读其中的文化特色。

规划建设

【**中国城市规划学会风景环境规划设计学术委员会2015年在京主任委员工作会在园博馆召开**】 1月25日，中国城市规划学会副理事长兼秘书长石楠、副秘书长曲长虹等学会领导出席本次会议。会议由风景学委会主任委员、园博馆筹备办主任、市公园管理中心总工程师李炜民主持。名誉主任委员、北京大学世界遗产研究中心主任谢凝高先生，副主任委员、中国城市规划设计研究院风景园林院院长贾建中，中国城市建设研究院副院长王磐岩，中国城市建设研究院风景园林院院长李金路，北京大学世界遗产研究中心副主任陈耀华，秘书长张同升等参加会议。会议对风景学委会2015年全年工作做总结汇报，并对2016年计划开展工作进行部署。听取汇报后，李炜民主任发言。最后，石楠秘书长对风景学委会2015年工作予以高度奖赏，对未来学会工作提出要求。中国城市规划学会风景环境规划设计学术委员会及园博馆筹备办相关工作人员共20余人参加会议。

【**园博馆完成4A景区申报第一阶段工作**】 3月9日，为提高园博馆影响力和服务质量，进一步推进4A工作进程，园博馆现已完成4A景区申报第一阶段工作。①组织4A工作组成员前往香山公园、玉渊潭公园、国家博物馆及首都博物馆开展实地调研工作，分别从改善硬件设施、强化管理水平等多角度进行重点分析。②根据旅游委下发的《服务质量与环境质量评分细则》和各部门职责，细化4A申报工作分工，从而加快4A申报工作进程。③组织各部门对照现存不达标项目，完成初步整改。④与市旅游委、丰台区旅游委、市4A评定中心建立联系，对申报4A级景区的时间、流程、标准及具体问题进行沟通。

【**园博馆完成室内展区"秋水"改造项目的公开招标工作**】 3月23日，"秋水"位于园博馆中央大厅东侧，是中央大厅主要观赏区域之一，根据园博馆整体展陈要求，针对"秋水"中存在的布局、山石品种、水体净化、植物更新等问题进行景观提升。在现有效果的基础上，增加植物种类，加强园林景观的层次感，加宽桥面，适当加深水池深度，并新布置山石，将现有秋水展区改造成同时拥有秋、冬两种季节的风景，体现"水自秋来，冬凝为雪"的园林情趣，突出"冬石"的景观效果。

【园博馆就市科委课题"中国古典皇家园林艺术特征可视化系统研发"研究内容组织召开专家研讨会】 3月24日，会议邀请原颐和园总工程师耿刘同、原北京博物馆协会秘书长崔学谙、北京市公园绿地协会副会长景长顺参加。课题组首先汇报了课题的基本情况和目前课题的进展，对课题的工作思路以及下一阶段的研究工作内容进行了介绍，课题承担单位北京工业大学以及伟景行科技股份有限公司分别介绍了目前各自的相关工作进展情况。专家在听取了相关情况介绍后，对课题下一步研究工作的开展给出了指导性建议。园博馆副馆长程炜分析了下一阶段研究工作的重点和难点，对接下来工作的开展提出了指导性意见。园博馆相关研究人员与课题组成员参加本次会议。

【2015年园博馆部分工程项目荣获优秀工程奖】 4月13日，2015年园博馆"儿童生态互动体验园"及"室内外展园环境提升"工程项目荣获优秀工程奖。

【园博馆完成展厅门改造工程】 4月25日，主要针对馆内11处展厅门进行升级，升级内容将原有钢制展厅门改为铝蜂窝展厅门，同时升级铝合金轨道及电动开闭机构，彻底解决以往展厅门沉重、开闭不便、经常脱轨的弊病。改造中，还将原有密码门禁升级为指纹、卡、密门禁，具备生物识别功能，可实现开门时间、人员后台记录功能，方便使用部门日常操作使用。

【园博馆完成植物墙维修改造工程】 4月27日，为期20天，园博馆将植物墙图案更换为丝绸之路，选用鸭脚木、绿萝、发财树等十余种植物，运用不同的色彩、质感，展现丝绸之路沿途驼铃悠悠、黄沙漫漫的壮美大漠风光，使人感受到千年前商贸之路、文化之路、友谊之路的魅力。通过本次植物墙维修改造工程，使得植物墙得到加固，保障馆方使用和游览人群安全。

【园博馆召开票务工作移交会并进行相关交接工作】 5月4日，展陈开放部与安全保卫部对相关内容进行接洽，园博馆筹备办副主任黄亦工对相关工作进行了部署：①要继续做好游客服务工作，做到对馆、对游客负责。②保证数据安全，制定相关流程及制度，不能出现信息外流。③加快纸质票务的推进，确保工作标准化。展陈开放部部长谷媛、安全保卫部部长陶涛出席会议。展陈开放部、安全保卫部、基建工程部、东光物业等相关人员参加。会后展陈开放部与安全保卫部对相关工作进行交接，内容包括票务中心、检票口、门区人员移交、验票轧机、身份证读取器、计算机等设备移交，以及相关文件资料的移交。

【园博馆组织召开馆级课题立项评审会】 5月6日，会议邀请北京园林学会理事长张树林、中国公园协会会长陈蓁蓁、市园林绿化局顾问张济和、原颐和园总工耿刘同、清华大学建筑学院教授朱均珍作为评审专家。会上，申报2016年馆级课题的11个课题的负责人首先对课题主要内容进行了介绍，与会专家听取了各课题组的汇报后，对各项课题提出了指导性意见和建议，最后评审专家组对各个课题进行了打分。本次课题立项是园博馆成立以来首次举办馆级课题立项，将园博馆内青年提供良好的学术研究和交流平台，此次评审会也较好地展现了园博馆的学术科研力量与研究方向。

【园博馆召开风景园林学名词第二次审定会】 7月10日，会议由风景园林学名词审定委员会秘书处、北京林业大学教授刘晓明主持，名词委副主任及特邀委员共十余人参加了此次会议。园博馆和天坛公园代表园林艺术名词组汇报了承担的500余个名词条目，对交叉重复的名词提出了具体处理意见。市公园管理中心总工程师、园博馆筹备办主任李炜民出席会议，对13个组收录的风景园林学名词提出了收录原则和具体意见。

【园博馆完成室外垃圾桶更换工作】 7月25日，为给游客提供更加优质的服务，进一步提升园博馆整体形象，园博馆对室外15只垃圾桶进行了更换。新垃圾桶为不锈钢塑木材质，桶底伴有排水孔，能够较好地避免由于长期风吹日晒导致的表面脱漆、木条断裂、桶底锈蚀等现象。

【园博馆组织召开2017年临展项目立项工作推进会】 7月28日，会议首先由园博馆相关部门工作人员对于2017年临展项目的实施可行性、内容及展览形式进行介绍，筹备展览包括园林类、建筑类、文化文物类、非遗类、书画类以及引进的国外展览共六大类，20余项。听取汇报后，原国家博物馆研究员相瑞花、原首都博物馆副研究员孙五一等专家给予指导并提出了建议。最后，园博馆筹备办副主任黄亦工总结发言。园博馆筹备办相关工作人员参加会议。

【园博馆召开2016年科研课题中期检查汇报会】 8月12日，会上，各课题负责人对其承担的课题研究进展情况进行了汇报，围绕课题的研究目标、年度计划和研究技术路线、课题进展情况、存在的问题与难点、下一阶段研究工作计划等进行汇报。园博馆课题技术委员会听取了课题进展情况，并围绕课题焦点问题进行了讨论，提出了有针对性的意见和建议，为下半年课题的顺利开展奠定基础。园博馆筹备办副主任黄亦工，肯定了各课题组所取得的研究进展，并提出了意见。

【园博馆召开专题会研究2016~2020年市公园管理中心"十三五"事业发展规划纲要】 8月15日，园博馆筹备办党委书记、市公园管理中心主任助理阚跃从中心"十三五"规划编制原则与过程和中心"十三五"规划的背景、发展思路、发展战略、基本任务、重点项目和实施保障等方面，全面解读了下一个五年中心发展思路。指出了中心各单位近几年所取得的成绩与不足，并结合园博馆未来五年工作计划对全馆干部职工提出要求。园博馆筹备办全体人员参加会议。

【园博馆完成藏品库弱电设备上墙工作】 8月31日，用时4天，对各藏品库房内的弱电设备，如温湿度记录仪、无线路由器等进行了安装上墙，避免弱电设备堆放杂乱及使用不便等情况，进一步规范了库房设备的使用，提升了库房保管条件。

【中国当代园林史编写工作研讨会在园博馆召开】 9月15日，会议邀请中国当代园林史编写组专家、清华大学朱钧珍教授，原中国风景园林学会常务副理事长甘伟林，华中科技大学赵纪军教授参加。园博馆筹备办副主任程炜及园林艺术研究中心相关人员出席此次会议。

【园博馆完成增设外部交通标识工作】 9月26日，为进一步给游客提供更加便利的交通服务，园博馆经过与市交管局、丰台区政府、丰台区城管多次沟通，经过勘测、设计、校对、制作等多个环节,完成馆周边 6 千米范围内的外部交通标识增设工作,涉及五环路、六环路、莲石路、杜家坎等地,共计 12 块。

【园博馆完成藏品库区柜架牌示安装工作】
9 月 28 日,将原有的纸质标识更换为亚克力牌示,并将藏品柜架名称进行统一命名,达到藏品柜架牌示规格、名称统一,进一步提升了库区环境的整齐性和美观性,解决了纸质标识容易损坏、脱落的现象。并选用强磁石作为牌示连接柜体的固定件,保持了柜体的完整性,未影响藏品保管环境。

【园博馆完成 2017 年信息化项目申报工作】
按照新的要求,园博馆针对 2017 年园博馆需上政务云的项目与负责北京市政务云工作的人员进行深入沟通。在全面了解政务云使用条件和使用办法基础上,进行相关项目申报实施运维等方案编制工作,于 9 月底在北京市电子政务项目申报平台完成了申报工作。

【园博馆承担的北京市科技计划课题"中国古典皇家园林艺术特征可视化系统研发"验收结题】 9 月 30 日,该课题历时两年,由园博馆、北京工业大学、伟景行科技股份有限公司三家单位共同承担,围绕传统园林的保护和展示等内容,将三维激光扫描等测绘和数字化新技术应用于古典皇家园林实体的原真性数字信息采集中,成功实现了古典皇家园林的数字化保存,为园林展示和古建修缮等提供有效的数据支持,探究了古典皇家园林造景要素如建筑、叠石、理水等在三维背景下的解读方式,直观展示造景要素各构件特征与应用的形式,在此基础上研究开发出古典皇家园林三维可视化展示系统,为古典皇家园林的虚拟展示、科普教育以及相关专项研究提供技术支持。课题完成预定的十余项考核指标,初步建立了古典皇家园林数据库,申请了 2 项国家专利、发表了 4 篇学术论文,以课题三维扫描技术成果为基础开发了 2 类皇家园林主题文化创意类产品,并开发了皇家园林科普互动游戏 1 项。该课题相应的研究成果已经应用在园博馆的展览展示中。

【园博馆召开"中国传统园林中的非物质文化遗产研究"专家咨询会】 10 月 9 日,就"中国传统园林中的非物质文化遗产研究"课题,邀请中国社会科学院教授刘魁立、中国非物质文化遗产保护协会副会长周小璞、中国艺术研究院手工艺研究所所长邱春林参加会议。会上介绍了中国园林申遗的必要性和意义,汇报了研究工作的进展情况以及存在的问题。三位专家在听取了相关汇报后首先对中国园林申遗表示充分肯定和支持,并就申报项目名称、申报类别、申报主体、传承谱系等提出了各自的意见,对课题研究工作的进一步开展有重要的指导意义。园博馆筹备办相关人员参加会议。

【园博馆与中国人民大学清史所合作项目结项会在中国人民大学历史学院召开】 10 月 25 日,园博馆与中国人民大学清史所合作项目"园林研究电子文献的收集采编及录入"结项会在中国人民大学历史学院召开。该项目围绕园博馆园林数字图书馆的建设需求,利用中国人民大学清史所在园林文献收集和整理等方面的优势,遴选自 1911 年以来清代皇家园林学术重点研究文献进行数据转化,以更好地丰富和完善园林数字图书馆专业数据资源。项目开展过程中,共完成了 1000 余篇皇家园林学术文献的转化和录入工作,共计 1000 万字。此部分电子化研究文献将陆续补充到园博馆的园林数字图书馆中,为今后园林数字图书馆的建设和发展奠定了良好基础,下一阶段可据此开展关于清代皇家园林的研究和分析。项目结项会由中国人民大学历史学院副院长朱浒主持,园博馆副馆长黄亦工出席会议,并就今后园博馆和中国人民大学在文献研究和园林研究等方面的合作内容和方向提出了重要的指导意见。园博馆园林艺术研究中心和中国人民大学清史所相关人员参加会议。

【园博馆引入歌华有线电视线路】 11月15日,园博馆与歌华有线电视有限公司经过多轮的磋商和几次实地勘探,反复修改工程施工方案。最终确定通过与歌华有线丰台区市政管线大网的线路连接,直接将歌华有线电视信号引入园博馆。市政大网与馆内小网的管道铺设预留管线基础施工工作已经完毕,线缆铺设及无线网络建设工作即将陆续展开。

【园博馆召开专家咨询会】 11月22日,会议就"中国传统园林中的非物质文化遗产研究"课题,邀请北京林业大学刘燕教授,中国插花花艺协会常务理事、国家级非物质文化遗产"传统插花"代表性传承人郑青参加。会上汇报了中国园林申报非物质文化遗产的相关研究情况,专家以传统插花成功申报国家级非物质文化遗产项目给予了相关建议,并对中国园林申遗表示充分的肯定,同时也提出建议。园博馆筹备办相关人员参加会议。

【园博馆召开课题专家会】 11月22日,会议邀请中国农业大学、中国风景园林学会、北方工业大学专家参加会议。园博馆课题组汇报了"中国近现代园林建设成果数据库的建设与应用"及"中国传统园林中的非物质文化遗产研究"两项课题的研究进展情况,专家们对两项课题的研究意义和研究价值予以充分肯定,同时也提出建议。园博馆课题组相关人员参加会议。

【园博馆召开"园林数字图书馆数据更新服务项目"验收会】 12月20日,会议邀请北京林业大学、北方工业大学、中国科学院植物研究所和颐和园管理处的相关专家参加,专家组认真听取了北京诚讯伟业信息技术有限公司的汇报,审阅了工作验收材料,经过讨论,专家组一致同意通过项目的验收,并建议进一步加强园林数字图书馆的特色资源建设,突出其专业性;加强园林数字图书馆服务网站的推广使用。园林艺术研究中心及相关人员参与了此次会议。

安全保障

【市公园管理中心检查组到园博馆检查节前准备工作】 2月1日,园博馆筹备办党委书记、市公园管理中心主任助理阚跃汇报园博馆2016年春节准备情况。市公园管理中心综合服务处处长李文海、组织人事处副处长徐刚、办公室副主任刘东斌,重点询问了园博馆春节期间服务及安全准备工作,实地察看了配电室、锅炉房等重点区域。

【园博馆购置"推车式高压细水雾灭火装置"一套】 3月23日,此套设备配备到室外山地展示区染霞山房。进一步丰富了该景区消防技术手段,提高了自救能力。已完成设备调试，并对馆内消防管理人员、区域值班人员、保安员、微型消防站成员及保安队负责人进行了操作技能培训。

【三部门联合对藏品库区进行安全检查】 4月28日，为落实节前工作部署会相关部署，确保五一节日期间藏品库区安全，安全保卫部、基建工程部、藏品保管部三方在会后第一时间对藏品库区进行了安全检查和隐患排查工作，仔细查看了库房区、混合区、库区通道、设备间等重点部位，检查了设备和用电安全。

【园博馆大力推进安全文化建设相关工作】 5月24日，为加大对安全生产宣传力度，丰富宣传内容，定制"安全文化宣传报刊架"10套。利用安全宣传栏张贴《杜绝员工不安全行为》等宣教挂图；在对应的岗位风险点张贴安全警言警语共五套60条；购买安全管理图书手册200本，发放到馆属各部门及各社会化合作物业公司。根据安全文化开展需求，制订了下一阶段的安全培训方案；计划面向来馆施工单位，免费借阅简单易懂的安全类图书手册，提高临时施工单位的安全意识。

对外宣传

【园博馆开展植树节"增彩延绿"系列主题宣传活动】 3月14日，活动以"增彩延绿"为主题，以展示市属公园行业风采为依托，向广大市民宣传绿色环保理念。一是在馆内室外展区染霞山房种植元宝枫、栾树、金枝国槐、杏树、白蜡等60余棵新进树苗。二是设置"增彩延绿"科普宣传展板，编辑制作8块共3000字科普知识展板，内容涵盖市园管中心"增彩延绿"项目基本情况及科技成果。三是增设志愿服务岗，以植树节为契机，向观众普及植树节来历，宣传爱林、护林知识，倡导低碳环保、绿色出行等生态环保理念；四是开展公益讲解服务，结合馆内常设展览宣传首都公园城市绿肺功能，为观众展示园林绿化成果，倡导生态环境建设及共建美丽宜居北京。本次活动共提供咨询服务283次，服务421人；公益讲解服务12次，服务152人；发放宣传资料410份。

【园博馆接待北京电视台专题采访】 3月22日，园博馆展陈开放部部长出镜受访，对展出的颐和园藏39件珍贵钟表中的西洋风格、中西合璧式以及晚清时期的钟表作重点介绍，并结合皇家园林陈设作了细致解读。钟表展展出至5月8日。

【园博馆协办并参加中国首届亭文化暨园理学研讨会】 5月15日，园博馆作为协办单位参加了在安徽省滁州市召开的"中国首届亭文化暨园理学研讨会"，此次会议由中国建筑业协会古建筑与园林施工分会、清华大学建筑学院景观系主办，安徽省风景园林学会承办，园博馆和天津市公园绿地行业协会协办。会上园博馆代表做了题为"史海亭踪"的主题报告。

【园博馆园艺中心主任陈进勇参与的项目获中国风景园林学会科技进步三等奖】 10月13日，园博馆园艺中心主任陈进勇参与的项目

"生态景观地被的可持续性应用研究"和"利用园林废弃物开发有机覆盖材料的研究与示范"分获中国风景园林学会科技进步三等奖。

【园博馆与肖蒙城堡签署战略合作协议】 10月13日，园博馆与法国肖蒙城堡签署战略合作协议。园博馆筹备办党委书记、市公园管理中心主任助理阚跃与卢瓦尔河畔肖蒙城堡和国际园林艺术节负责人Chantal Colleu-Dumont女士在协议书上签字。作为本次战略合作成果，2017年肖蒙城堡将在园博馆建法国花园、举办图片展，与此同时，园博馆将在肖蒙城堡举办文物展。中国驻法国大使馆公参李少平、北京市公园管理中心党委副书记杨玥、天坛公园党委书记夏君波、北海公园园长祝玮、香山公园园长钱进潮、颐和园副园长杨宝利、北京园明畅和文化发展有限公司总经理朱俪颖等领导出席签字仪式。

【园博馆参加2016年中国植物园学术年会】 10月26日，市公园管理中心总工程师、园博馆筹备办主任李炜民参加2016年中国植物园学术年会开幕式，并代表市公园管理中心致辞，介绍了中心所属11家公园及园博馆的总体情况，论述了植物园的重要性，并着重强调了对野生植物资源的保护。会上，园博馆相关部门负责人作了题为"传统园林植物景观的继承和创新"报告，从传统园林植物景观的诗情画意、传统园林植物的选择、古典园林的植物配置、现代园林植物景观设计的思考等方面进行了阐述。

【园博馆参加北京博物馆学会展览推介交流委员会2016年年会】 10月31日，会议在河北省博物院召开，由北京博物馆学会、天津市文物博物馆学会、河北省博物馆学会联合举办。会议以"让文物活起来"为主题，围绕京、津、冀三地文化领域协同发展的思路，探讨如何推动博物馆之间的展览交流活动，促进馆之间的业务交流与合作，更有效地利用博物馆场地、设施及展览资源、社教活动来促进京、津、冀三地乃至全国范围的展览推介与交流。会上，园博馆推介了馆藏瓷上园林交流项目，与各馆就展览策划举办活动进行了充分的交流，并就一些展览项目达成初步意向。

【中国汽车博物馆到园博馆进行座谈交流】 11月14日，中国汽车博物馆馆长杨蕊带队到馆调研，园博馆筹备办主任、市公园管理中心总工程师李炜民，园博馆筹备办党委副书记薛津玲、展陈开放部部长谷嫒陪同。座谈中，李炜民主任介绍了园博馆的资源整合优势及未来发展目标，对属地文化机构间的互联互通寄予希望。

人员培训

【园博馆组织青年专业技术人员赴北京市园林科学研究所进行业务交流和学习】 3月18日，此次交流活动旨在提高青年科技人员从事科研相关工作的业务素质，增长见识，开阔眼界。在活动中，园科院科技新星李俊博士就科研课题和项目的选题申报、实施开展、结题验收等环节进行了详细讲解，园博馆科技人员就自身在工作中遇到的问题，与园科院科技骨干进行了互动交流和讨论。讨论交流结束后，科技人员参观了园科院重点实验室，以及中国第一个大树试验站和覆土实验区，了解了课题研究方法和思路。

【园博馆完成2016年第一季度讲解员业务考核工作】 3月28日，为持续提升讲解员的讲解水平，夯实业务能力，园博馆按照年度讲解员培训考核计划安排，组织全体讲解员开展了第一季度讲解服务考核工作。本次考核围绕公益讲解路线开展并采取现场抽签方式决定讲解考核内容，由展陈开放部部长谷媛、园林艺术研究中心主任陈进勇及相关工作人员担任评委，从讲解内容、仪表礼仪、语言表达及讲解技巧等方面对全体讲解员进行了综合考核和点评，考核通过率达到91%。

【园博馆召开2017年度政工师申报工作会】 12月12日，人力资源部按照北京市政工职评办的工作要求，组织参评人员进行申报工作会，会议对照《政工师职评工作手册》中任职资格条件、评定程序、资格申报表等材料进行了详细的解释与说明，申报会为参评人员准确理解和把握相关参评政策规定指明了方向。

党群工作

【市公园管理中心团委到园博馆进行慰问】 2月3日，中心团委书记原蕾实地走访了园博馆四家物业公司，为一线工作人员送上节日的祝福和慰问品，详细询问了一线工作人员节日期间工作安排、岗位轮换等情况，并对园博馆一线青年职工一年来的辛苦付出表示感谢。在座谈交流中，市公园管理中心团委与园博馆党委、团委分别就园博馆团委基本情况、团委资金使用和推优入党等情况进行了深入交流探讨。园博馆筹备办党委书记、市公园管理中心主任助理阚跃讲话。园博馆筹备办党委副书记薛津玲陪同慰问走访了四家物业公司。

【园博馆召开2015年度"三严三实"专题民主生活会】 2月5日，按照中心"三严三实"教育实践活动总体要求和部署，园博馆党委组织召开专题民主生活会。会议由党委书记阚跃主持，会上进行了宣读班子对照检查材料、班子成员对照检查发言和与会同志对班子成员逐一开展批评等方面工作。中心办公室主任齐志坚代表中心党委对此次民主生活会进行点评。园博馆筹备办主任、市公园管理中心总工程师李炜民提出要求。园博馆筹备办党委书记、市公园管理中心主任助理阚跃总结发言。

【园博馆党委召开2016年内宣工作部署会】 2月18日，会上，园博馆筹备办党委书记、市公园管理中心主任助理阚跃首先传达了1月19日林克庆副市长在中心召开的2016年工作会上的讲话精神和中心宣传处关于广泛宣传和学习贯彻中心2016年工作会精神的相关工作报告。园博馆内宣工作负责人对2015

年园博馆内宣工作的总体情况进行了总结。

【园博馆完成共青团基本数据采集统计工作】 2月18日,按照中心团委统一部署,采取多项措施保证团统计工作的顺利进行。一是召开团委会,布置任务,提出要求,安排专人负责录入信息的核对工作,确保准确、高效、无误。二是仔细摸底、认真排查,摸清符合年龄段要求人员的详细信息,确保统计上报数据真实、准确、完整。三是深入挖掘物业公司青年团员基本信息,针对物业公司青年团员流动性较强等特点,采取专人负责档案更新等措施,保证信息采集准确有效。据统计,园博馆团委共有团支部3个,兼职团干部5人,第一团支部团员8人,第二团支部团员7人,第三团支部团员80人。

【园博馆完成2016年度工会会费收缴及"女工特疾保险"的办理工作】 2月25日,经统计,园博馆正式在编人员共计55人,其中男性28人,女性27人,此次共收缴会费6939元,并为27名女职工办理保险,共计金额1080元。

【园博馆召开2015年度民主生活会】 2月29日,会议首先由园博馆筹备办党委书记、市公园管理中心主任助理阚跃通报2015年度民主生活会情况。随后,园博馆筹备办党委副书记薛津玲汇报馆领导班子整改方案。听取汇报后,阚跃书记就抓好整改工作提出要求。园博馆领导班子成员、中层领导干部、各部门职工代表、物业公司代表、廉政监督员共40余人参加会议。

【园博馆与东城区园林绿化局团委联合开展"缅怀革命先烈 燃放青春梦想""五四"主题团日活动】 5月4日,东城区园林绿化局团委、各公园团支部和园博馆团委、团支部共计90余名共青团员参加。活动中,双方分别就本单位团委、团支部基本情况及团员活动的开展工作进行深入交流,并在讲解员的带领下先后参观了园博馆各展园,观看了《中国园林 我们的理想家园》4D电影,双方表示,要按照"资源共享、优势互补"的思路,加强团建工作协作,提高共青团建设水平。参观结束后,在园博馆多功能厅举办了"多肉植物栽培与养护"主题讲座。下午全体团员赴中国人民抗日战争纪念馆参观。

【园博馆团委与颐和园导游服务中心团支部共同开展"交换岗位技能,放飞园林梦想"主题团日活动】 5月23日,一是开展座谈交流活动,园博馆团委与颐和园导游服务中心团支部分别就成立时间、团员规模、活动开展等基本情况进行介绍,并选派优秀讲解员进行现场展示。二是开展岗位练兵竞赛,通过猜景点、化淡妆、讲解词记忆、绕口令等多种形式,考验一线服务人员的综合素质。三是开展青年团员素质拓展活动,通过趾压板、撕名牌等环节增加团队凝聚力和向心力,为青年职工提供自我展示的平台。下午集体赴青龙湖公园开展参观学习。园博馆团委书记、团支部书记、全体团员及颐和园导游服务中心团支部书记及全体团员共30余人参加活动。

【市公园管理中心领导到园博馆检查指导"两学一做"学习教育工作】 6月16日,会上,陈志强处长传达中心"两学一做"学习教育相关要求,并简单说明园博馆党组织建设相关情况。随后,园博馆筹备办党委副书记薛津玲从制订方案、加强领导、创新工作和下一步工作思路四个方面汇报了"两学一做"阶段性工作进展。园博馆筹备办党委书记、市公园管理中心主任助理阚跃就"两学一做"存在问题进行了汇报,并依次说明了在组织建设、制度流程、发挥主体责任、对支部工作指导和监督,以及社会化流动党员管理等方面存在的问题,并明确了整改方向和措施。最后,张勇主任和馆领导班子就对中心党委意见和建议,以及园博馆工作中存在的实际困难进行了深入交流和探讨。园博馆领导班子、各党支部联系人和相关部门人员参会。

【园博馆团委组织全体团员深入学习习近平同志在建党95周年大会上的重要讲话】 7月11日,会上,全体团员逐字逐句通读原文,深刻理解讲话的精髓要义。青年团员们踊跃发言,结合园博馆工作实际、"两学一做"学习教育和个人工作经历,逐一畅谈学习习近平总书记系列重要讲话精神的心得体会,并为个人发展与成长制定了长远目标。最后,团委书记潘翔提出要求。

【园博馆召开《智慧化建设总体规划(2016~2020年)》专家评审论证会】 7月17日,会议由园博馆筹备办党委书记、市公园管理中心主任助理阚跃主持,邀请故宫博物院院长单霁翔、住建部城乡规划管理中心副处长杨柳忠、中国测绘科学研究院研究员陈向东、中国公园协会教授级高工高萍、市公园管理中心信息中心主任王晓军出席并组成专家评审组。与会专家在听取园博馆规划小组关于智慧化建设总体规划方案,经过认真讨论,同意实施该方案。专家组组长故宫博物院院长单霁翔提出建议。会议结束后,单霁翔院长到馆内临展四厅"凝固的时光——古陶文明博物馆精品砖展"和临三展厅"清香溢远——第二届中国园林书画展"先后进行参观,对展览策划水平给予了很高的评价。

【园博馆团委举办"提升党性修养 凝聚青年力量 争做合格团员"专题教育活动】 按照教育活动计划,馆团委于9月12~13日组织馆内青年团员20余人赴北京顺鑫国际青年营开展"两学一做"主题教育及素质拓展培训。全体团员首先重温了入团誓词,并对半年来开展的"两学一做"教育活动话感想,谈体会。

【园博馆三项措施,做好市委第一巡视组巡视反馈意见的自查整改工作】 10月11日,馆党委召开专题会议,传达了市委巡视领导小组办公室《关于对市公园管理中心党委巡视情况的反馈意见》,并进行了对照分析和研究讨论。中心党委常委、园博馆党委书记阚跃在会上提出要求。经馆党委研究决定成立了园博馆巡视整改工作领导小组,并提出要严格按照巡视整改工作的六项原则开展工作,全力做好整改自查、相关材料撰写及整改落实等工作。将整改落实工作纳入园博馆绩效考核内容,对措施落实不力的实行"一票否决"末位淘汰。强化考核结果运用,将考核结果作为对领导干部业绩评定、奖励惩处、评优评先的重要依据,确保立行立改,按时、保质、保量完成整改工作。

【园博馆党委组织学习贯彻落实十八届六中全会精神】 11月3日,园博馆党委组织各支部党员代表召开学习交流座谈会,全体与会党员依次发言,并在会后撰写学习心得。组织各部门职工结合各自实际工作,采取培训班、读书会等多种形式开展学习,并利用馆内OA学习微平台,组织好物业公司党员干部进行学习,保证学习教育百分之百覆盖。将全会精神制作学习展板,并张贴在馆内醒目重点区域,组织好对广大群众和游客的宣传解读学习。计划近期组织全体党员、积极分子观看爱国影片《建党伟业》,进一步加强党员干部的红色爱国主义教育。

【园博馆举办"北京市公园管理中心第二届'十杰青年'事迹宣讲会暨园博馆'学习先进

典型争做时代先锋'"专题道德讲堂】 11月7日，本次道德讲堂活动围绕"唱道德歌曲、看事迹短片、颂中华经典、谈心灵感悟、'我把鲜花献给党'花艺制作活动"五个环节，大力宣讲中心系统"十杰青年"及"两学一做"学习教育优秀共产党员的事迹，为园博馆全体党员、干部、职工传播道德正能量。园博馆筹备办党委书记阚跃对此次道德讲堂给予高度评价，并提出要求。中心团委书记李静参加了此次道德讲堂。

【园博馆团委与中国航天科技集团团支部开展学习交流活动】 11月25日，首先两家单位分别就团务工作情况和开展的特色活动进行交流学习，选取优秀事例相互借鉴。随后在园博馆公众教育中心开展插花花艺制作培训。最后在园博馆团委的陪同下一同参观了园博馆特色展厅和三座室内展园。

【市公园管理中心党委副书记杨月出席园博馆处级干部学习十八届六中全会分组讨论会】 12月7日，会上，园博馆处级干部分别结合中心培训情况开展学习讨论。中心党委副书记杨月在肯定园博馆近期工作，特别是公车改革工作的同时，结合学习贯彻党的十八届六中全会精神提出要求。

【市公园管理中心党委书记郑西平带队到园博馆就党风廉政建设责任制工作进行专项检查】 12月13日，会议首先由园博馆筹备办党委书记、市公园管理中心主任助理阚跃从党委履行党风廉政建设主体责任、党委书记履行"第一责任人"和纪检部门履行党风廉政监督情况汇报了2016年园博馆总体党风廉政工作情况。听取汇报后，检查组分组对园博馆处级、科级干部代表进行单独谈话和集中座谈，并对照考核指标检查相关材料。最后，郑西平书记发言并进行了提醒和询问。市公园管理中心纪检监察处处长李书民、计划财务处副调研员周薇、天坛公园党委副书记董亚力和中心组织人事处相关人员参加检查。

【园博馆筹备办党委组织召开党员民主评议会】 12月26日，会议首先由园博馆筹备办党委副书记薛津玲以十八届六中全会从严治党为题为全体党员、积极分子等上主题党课，深刻分析了各个时期党的方针路线，并在会上领读了《中国共产党章程》相关内容。随后，由馆党委牵头组织全体党员在会上进行批评与自我批评，由全体参会人员对党员进行民主评议，并填写《党员民主评议表》。薛津玲副书记提出要求。园博馆筹备办全体党员、积极分子、团委委员和廉政监督员参加。

（园博馆建设与运行由肖心楠供稿）

服务管理

【综述】 年内，市公园管理中心持续提升公园服务水平，全年完成市政府重点任务6项，中心自立重点任务70项。纳入市政府绩效管理的中心绩效任务23项，较上年增长64%。全年服务游客9696万人次，同比增加1.37%，圆满完成"十三五"开局之年各项任务。一是圆满完成重要政治任务服务保障工作。全年共接待国家重要外事及中央单位、驻京部队参观312批次。其中重要外事任务178批次，包括中德两国总理颐和园"散步外交"、乌克兰外长游览北海等；接待汪洋副总理与美国财政部长游览颐和园，为中美高层领导人战略对话做好服务保障。此外，接待纪念孙中山诞辰150周年香山碧云寺晋谒仪式等国内重要活动134批次。二是软、硬件服务水平不断提升。基础设施建设水平稳步提高，按照"生态型绿地"建设理念，完成6个节水节能改造项目，改造总面积5万余平方米，铺设管线7000余延长米，实现降低耗能30%；完成市属11家公园全部地下管网勘察工作，启动市属公园地下管网基础设施专项规划编制工作；提升改造9处厕所，更新老旧设施，优化厕内环境。文化活动进一步丰富，全年举办各类展览展陈和文化活动207项，围绕中心成立10周年、北海建园850周年、植物园建园60周年等开展系列文化活动；香山红叶观赏季安全服务游览秩序良好，实现经济效益与社会效益双丰收。冰雪活动品牌效应明显，6家公园发挥优势，营造浓郁的迎冬奥氛围。畅通诉求表达渠道，按期办结市政府热线、市政风行风热线转办件825件；坚持以问题为导向，认真梳理市民和游客关心的热点、难点问题，加强诉求分析与反馈，促进服务水平不断提升。三是景区噪音治理取得新成果。天坛率先实现中心噪音治理成果的运用和转化，因地制宜、分区管理，这是公园从管理到治理的一次有益尝试，提高游客游览幸福指数。中心另外7家公园也借鉴经验，有效净化了游览环境。中心已出台《巩固噪音治理指导意见》，促进噪音治理工作常态化。四是服务京、津、冀协同发展取得新成果。发挥中心古树资源优势、技术优势及人才优势，三地联合成立"京津冀古树名木研究中心"，着手建立古树名木基因库；与津、冀联合开展科研攻关；科普游园会作为中心品牌活动首次走出北京，在天津、石家庄开展"园林科普津冀行活动"，活动项目达20项；与市园林绿化局联合启动首都平原林木养护技术服务工作，市属11家公园分别与通州等11个区建立帮扶关系，进行一对一技术服务，实现优势资源辐射周边；植物园两个桃花品种被燕郊园林有限公司拍得河北独家繁殖权，实现优势资源输出利用。颐和园、天坛、北海公园与天津盘山风景名胜区建立旅游合作关系；香山公园与周恩来邓颖超纪念馆、西柏坡纪念馆缔结红色友好基地，区域旅游合作逐步常态化。陶然亭全面完成江亭观赏鱼花卉市场撤市工作，主动为疏解非首都功能做出贡献。五是固本强基，建章立制，基础管理水平显著提高。全面实施中心内控管理制度，设立专门的内部审计机构，确保独立行使审计职能；开展预算执行和财务收支审计、经济责任审计、大额重点项目全过程审计、中心经费支出全绩效评价，以及内部控制评价等工作，强化了审计工作的监督和制约作用。绩效考评体系进一步优化。体现考评标准个性化、差异化，分别制定市属公园和4家园林科教单位绩效考评标准，促进考核体系更加科学合理、严谨客观；继续实行绩效考核和绩效工资挂钩制度，体现优绩优酬，提高职工积极性。规章制度进一步健全。修订房屋土地使用管理规定、建设工程管理办法，出台自有资金管理办法、国内公务接待、借调人员管理办法等10余项制度，确保工作有法可依、有章可循，提升综合管理效能。进一步加强机构编制管理。调控三类岗位人员比例，逐步减少工勤技能岗位人数，合理设定招聘岗位，严把入口关，调整队伍比例。

（综合处）

服　务

【中心圆满完成元旦节日工作】　1月1～3日，市属公园接待总游人73.92万人次，同比减少10.52%；购票游人29.63万人次，同比减少11.53%。其中，接待本市游客51.07万人次，同比减少10.26%；外埠游客20.74万人次，同比减少11.52%；外宾2.11万人次，同比减少6.22%。中国园林博物馆接待游客0.416万人次，同比增加24.29%。发挥北京园林金名片作用，推出丰富新年文化活动。市管公园及园博馆精心筹办，举办公园文化活动20场次，展览展示80项。颐和园南迁文物展开展，中山公园举办冬季兰花展和迎新年花卉精品展，景山公园"2015中国健身名山登山赛摄影回顾展"、动物园"消失的家园主题图片展"吸引市民和游客参观；天坛公园神乐之旅演出、园博馆的新年演奏会和园林雅集活动增加了游客参与体验感。同时，颐和园、北海、紫竹院、陶然亭、玉渊潭、北京植物园6家公园举办迎奥运冰雪体育进公园活动，延续北京冬季冰雪活动传统，推出多项冰雪活动项目，受到市民和游客的欢迎。紧抓安全预防，始终将安全放在首位。20个现场指挥部划片分区，实行网格化管理，增加临时性安全牌示82块，出动安保力量8500人次。强化冰上活动安全监管，重点排查文物古建、游艺设施、驻园单位、施工工地等重点区域安全隐患。同时，陶然亭公园与街道、城管、公安等部门协同合作，确保陶然江亭观赏鱼花卉市场撤市工作安全平稳；强化宗旨意识，打造公园服务品牌。公园充实售验票、秩序维护、商业服务等重点岗位，增设售票口65个、厕所19个，做好雾霾天气服务保障，加强降噪管理，满足游人需求。中心统一开展公园志愿者服务，组织志愿者677人次；受理非紧急救助服务事项62038件，为游客免费提供义务讲解、轮椅等便民服务，未发生服务投诉事件。

（孙海洋）

【颐和园参加故宫讲解培训项目启动仪式】 1月13日，"旅游行业从业人员素质提升工程——故宫讲解培训项目"启动仪式在故宫博物院建福宫举行。故宫博物院、国家旅游局、市旅游委、世界文化遗产地、部分旅行社负责人及优秀导游员代表出席仪式，颐和园党委副书记付德印代表颐和园参加。故宫讲解培训项目是新形势下搞好北京市导游员队伍建设、提升旅游行业从业人员素质的重要举措，旨在培养打造一支与首都旅游业发展需要相匹配，能够担当四种角色、发挥四大作用的导游员队伍。此项目是北京市旅游委和故宫博物院的首次合作，下一步将逐步覆盖到北京市其他6处世界文化遗产地单位。国家旅游局将以此为试点，逐渐向全国推广。

（刘晓薇）

【中山公园11处景点O2O微服务器安装】 1月15日，北京易游华城科技有限公司在中山公园进行保卫和平坊、南坛门石狮、孙中山像、习礼亭等11处景点微服务器安装工作，O2O智慧旅游信息服务管理系统在公园正式建成并运行。

（刘倩竹）

【景山公园完成年票集中发售工作】 2015年12月15日至1月15日，景山公园完成年票集中发售工作。年票集中发售期间，每天由专人统计年票发售情况，每周在公园管理处公示栏公示年票收入及同比情况，随时掌握年票收入变化。售票员每天按时交款，款多时随时交款，确保票款安全。年票票款收入1000余万元，与2015年基本持平。集中发售结束后，公园继续合理安排人力，做好年票后续长期发售，满足游客购票需求。

（刘水镜）

【香山公园索道开车运营】 2月6日，香山公园索道开车运营。停车检修期间，索道站对线路、机械设备、电气设备、液压设备及部分托压索轮进行了维护保养、更换、清洁及加油，对全线路螺丝进行了检查、紧固，全部更换167把吊椅抱索器，邀请国家索检中心专家对索道钢丝绳进行无损探伤，最大限度地保障索道设备良好运行。

（陈伟华）

【中心完成春节期间服务接待工作】 2月7~13日春节长假7天，中心所属11家公园共接待游人224.78万人次，同比增长10.63%，创近年春节假日游人数新高；园博馆共接待游人7100人次。其中购票游客133.20万人次，增长14.71%。按来源分，本地游人126.56万人次、外埠游人93.24万人次、外宾4.98万人次，分别增长7.77%、14.71%、11.60%。2月9日（初二）至12日（初五）四天为游园高峰期，9日、10日单日游园总人数超35万人次，11、12日单日游园总人数约40万人次。北海等7家公园游人量有不同程度增长，其中中山公园增幅较大，同比增长58.29%，北海公园游客量增幅为34.12%，景山、动物园、陶然亭、玉渊潭等公园增幅约10%；颐和园、天坛、北植、香山及园博馆游客接待量有所下降。2月8～12日（初一至初五），陶然亭公园厂甸庙会民俗区活动共接待游客35.04万人，同比增长26.77%。11家公园总收入为1369.53万元，同比增加12.91%。中心所属各单位全面加强应急值守工作，中心领导24小时带班；各公园有效落实各项保障措施，共设置游园分指挥部40个、安全疏导警示牌示210个、增设临时售票窗口63个、商业摊点99处。园博馆实行实名制入馆参观，8～12日，12家市属公园42个门区启动入园安检，抽检入园游客63.19万人次，累计检查包裹24.35万余件，暂存打火机、管制刀具及其他易燃易爆品共14.16万余个。

（孙海洋）

【玉渊潭公园完成春节服务保障工作】 2月7～13日，玉渊潭公园共接待游客11.8万人次，为游客提供便民服务事项272件；共受理游客非紧急救助服务事项238件，无游客投诉。节日期间，西门悬挂国旗，门区悬挂祝福牌示及彩旗，雪场周边、道路布置80面宣传灯杆旗，通过电子显示屏等宣传形式营造节日气氛。

（缪英）

【陶然亭举办"北京厂甸庙会"活动】 庙会活动于2月12日结束，累计接待游客35.79万人次，同比增加25.7%，其中购票人数30.73万人，同比增加41.54%；收入712113元，同比减少72.5%。2016年庙会以"弘扬非遗精髓，传承京味文化"为主题，与时俱进，焕发新的生命力，妆点百姓生活，成为中国传统文化传承发展的重要文化内容，按照不同的主题区域进行设计布置，充分利用"孙悟空"漫画形象的知名度，结合庙会三大传统元素糖葫芦、空竹、风车进行艺术设计，制作、安装主视觉道旗和灯杆装饰物等。

（陶然亭公园）

【北京市发改委检查中山公园价格管理】 2月16日，北京市发展和改革委员会收费检查处工作人员全面检查中山公园价格管理执行情况。重点检查公园门票、园中园票价及票价优惠减免政策公示、优惠减免政策落实、商店商品价签标识等。检查过程中，检查人员充分肯定公园价格管理工作，并表示此次检查结果符合相关规定，无违规现象。

（刘倩竹）

【天坛公园"开展微笑服务、评选十佳标兵"活动】 2月23日，天坛公园在神乐署凝禧殿召开2017年度服务管理工作部署会暨2016年度"双十佳"表彰会，北京市公园管理中心主任助理、服务管理处处长王鹏训，服务管理处调研员魏红参加。会议由公园党委副书记董亚力主持。公园副园长王颖布置了"天坛公园2017年服务管理重点工作要点"和"天坛公园2017年度非紧急救助服务工作要点"，同时对天坛公园获得中心2016年度"百名服务能手"和"非紧急救助服务事项十佳代表人物"进行表彰，他们是张惟、秦悦、王斐、王旭、董曼丽、张姜、闫利、赵俊、徐继伟、刘欣。随后，魏红处长就非紧急救助服务工作中关口前移、队伍建设、提升素质和非紧急救助服务诉求的办理、监督、舆情预报等相关内容进行讲解。王鹏训助理总结发言。

（刘欣）

【中山公园两会接待游客8.99万人次】 3月5~16日,两会期间,中山公园接待购票游客4.12万人次,同比下降5%;游客总数8.99万人次,同比下降3%;门票收入11.68万元,同比下降16%。

(刘倩竹)

【玉渊潭公园两会服务接待工作】 两会期间,玉渊潭公园做好"两会"安全服务保障工作,共接待人大代表17人次,政协委员1人次。

(王智源)

【中山公园救助老年游客获赠锦旗】 3月7日,公园东门售票班职工,发现一位身体虚弱游客在门区徘徊。东门晚班职工和值班保安将游客搀扶至保安室休息并询问情况。得知其家属电话后,告知家属相关情况并将老人接走。3月8日,该游客女儿来到公园东门,为职工送上锦旗并高度赞誉。

(白 帆 李欣丽)

【市公园管理中心圆满完成全国"两会"代表接待服务保障工作】 3月16日,各市属公园优化服务接待方案,分别开展27项春季花卉、历史文化展览,有效提升园容生态景观环境,为代表、委员提供了热情、周到、人性化的服务,并展示了北京皇家园林的悠久历史、优秀文化、优美环境,展现了首都生态文明建设成果。同时,强化做好安全维稳工作。各公园每天部署1791名安保人员进行全天候巡视;双休日在43个主要门区配置212名专业安检人员,严把入门关,将隐患消除在大墙外。共抽检入园游客205249人次,开包检查43296个,暂存打火机4532个,各种刀具17把,各类易燃品90个及其他物品50个,确保安全游览秩序。据不完全统计,"两会"期间市属11家公园及园博馆,共接待全国"两会"代表、委员、记者及工作人员169人次,其中人大代表119人次、政协委员15人次、记者及工作人员35人次。

(孙海洋)

【北海公园游船正式开航】 3月17日,北海公园游船正式开航。开放的码头有南岸、东岸、西岸、北岸、仿膳、五龙亭、琳光殿和荷花船码头,游船类型包含荷花船、电瓶船、脚踏船、游艇摆渡、画舫等。

(汪 汐)

【北京植物园桃花节、玉渊潭公园樱花文化活动首周运营平稳】 3月29日,植物园首周接待游人12.30万人次,同比增加28.13%。"自然享乐"等科普活动及"桃花记忆——桃花民族文化艺术展"深受游客好评。中央电视台、《北京晚报》等主流媒体播报"桃花节"新闻50余篇次。玉渊潭首周接待游人41.23万人次,同比减少6.6%。开幕首周着力在各门区、樱花园、中堤桥等多处重要节点增派工作人员进行现场秩序维护、疏导,确保园内游览秩序井然。主动邀请记者来园就早樱景观、专家导赏等活动内容进行报道。

(植物园、玉渊潭公园)

【陶然亭公园完成海棠春花文化节服务接待工作】 3月31日至4月25日,陶然亭公园第二届海棠春花文化节持续26天,共接待游人72.91万人,售票18.73万张,实现门票收入172.85万元。活动同比减少5天,实现门票收入同比增加11万元,同比增加了7.34%。

(薛 凯)

服务管理

【颐和园完成京津冀公园年票发售工作】 颐和园管理处为做好京、津、冀协同旅游发展工作,协助中国老龄产业协会老年旅游产业促进委员会进行京、津、冀年票销售。2015年12月至2016年3月,共销售京、津、冀年票60元的1925张,金额115500元;津冀年票100元的183张,金额18300元;津冀年票130元的300张,金额23790,共计销售年票2408张,金额157590元。

(马元晨)

【北海公园完成两会期间安全服务保障工作】 3月,北海公园完成"两会"服务接待工作。"两会"期间,北海公园共接待人大代表62人次、政协委员5人次、记者9人次。共出动安保力量4550人次,安排安检人员100人次,抽检箱包8130个,抽检游人10550人,未发生突发事件。

(汪 汐)

【市公园管理中心完成清明假日游园服务保障工作】 4月2~4日,市属公园及园博馆共接待游人170.19万人次,同比略有下降;园博馆共接待游人1.16万人次。合理调配工作人员应对游人高峰,共增加厕所39处、售票窗口74个、商业网点5个,减少了游客排队等候时间,满足了游园需求。设置42条单行线、400个临时疏导牌示。安排安保力量10474人次,其中职工6269人次、公安1129人次、保安3076人次,有效分流、疏散密集人群。三天共办理非紧急救助服务事项132695件,无一起投诉事件。加强环境布置,在公园主要干道及景观节点布置彩旗等装饰物1000余个,花卉82.07万株,切实营造假日游园氛围。市属公园及园博馆推出以清明文化、清明赏花、清明踏青三大类25项游园活动及91项展览展示。中心系统政务微博群从实时在园人数播报、主题活动、服务资讯、扩容疏解、文明游园等角度发布微博,累计发布338条,阅读量超70万次。各大主流媒体刊发中心及各单位新闻稿件146篇(次),其中电视24条、电台23条、报刊99条。

(孙海洋)

【香山公园第十四届山花观赏季首周运营平稳】 4月18日,首周接待游客8.2万人次,较往年同期降低18.8%。"梦幻花海""浪漫满屋"两大主题景区及翠微亭景区园艺小品深受游客喜爱。推出"关爱鼻部健康,呼吸绿色香山"计生宣传及"自然科普达人做一日小园丁"亲子科普两项活动,吸引游客积极参与。邀请北京电视台来园报道,利用官方微博、网站等自媒体发布文明赏花宣传简讯50条,积极宣传山花观赏季。

(香山公园)

【天坛公园积极开展文物展网上预约工作】 4月19日,北神厨、北宰牲亭、斋宫景区采取游客凭本人有效证件在现场免费换票,以及网上预约的方式参观,预约游客可通过在门区及景点入口通过扫描二维码的方式参观北神厨、北宰牲亭、斋宫等景点。景区每周一闭馆,其他时间正常开放,预约时段分每日上午、下午,同一证件,每个景点、每场仅限预约一次,每次最多预约两人。北神厨、北宰牲亭景区每日发票5000张,上、下午各2500张;斋宫景区每日发票3000张,上、下午各1500张。截至年底,北神厨、北宰牲亭、斋宫共接待游客65.29万人,其中北神厨42.52万人、斋宫22.77万人。

（刘 欣）

【市公园管理中心完成"五一"假日游园服务保障工作】 4月30日至5月2日"五一"小长假期间，11家市属公园及园博馆接待游客177.33万人次，较上年同期减少1.25%，4月30日、5月1日均有小幅上升。市属11家公园及园博馆总体运行良好，安全服务管理措施到位，设置现场游园分指挥部49个，各园实行网格化管理，设置安全疏导牌示1470块；为应对人流高峰，在门区、景区设置单行线50条，安排疏导人员和安保力量4606名，增加巡视频次，疏导主要景点及狭窄路段瞬时大人流，保障节日期间游园秩序良好。实行入园安检，各公园在43个主要门区安排328名安检员对入园游客实行安全检查，共抽检入园游客353710人次，检查箱包87740个，暂存打火机46692个，管制刀具55把，条幅1个。强化应急值守，落实安保方案和应急预案，重点检查游船、索道、电瓶车等运营服务设施，5月2日市区普降中雨，颐和园、北海、玉渊潭、紫竹院、陶然亭五家公园游船和香山索道停止运营，确保游客安全。扩容服务措施落实到位，全体员工停休，充实售验票、导游讲解等一线岗位，增设售票窗口60个、厕所10个，开放商业网点175个。节日期间安排志愿者1200余人次，受理非紧急救助服务事项16.08万余件。加强景观环境维护。在园内主干道等地段设置花坛、花带81个，用花量111.89万余株，增加清洁频次，延长保洁时间，加大对主要游览区、湖面水面、沿线道路等清洁力度，做到全天候保洁不断线。市属公园及园博馆推出品画作、赏牡丹、观春花、看展览四大系列31项游园主题活动，展览展示101项。其中，颐和园"上海豫园馆藏海派书画名家精品展"、北海公园"园藏书画展"、中山公园"何镜涵、孙佩杰师生画展"及园博馆"傅以新山水画展"深受游客欢迎。景山公园"牡丹文化艺术节"、北京植物园"走进世园花卉"花展，为游客节日踏青赏花提供了更丰富的选择。园博馆"颐和园藏清宫钟表展""普洱茶马文化风情展"以及"高氏锡壶收藏展"，受到游客好评。北海公园"御苑建园850周年回顾展"及天坛公园音乐展示等活动，让游客感受到皇家园林文化魅力。香山、动物园、紫竹院、玉渊潭等公园开展的主题宣传活动，切实发挥出公园宣传主阵地作用。

（孙海洋）

【北京动物园招募成立"银发志愿队"】 4月，北京动物园离退休干部党支部成立"银发志愿队"，截止到2016年年底，共招募公园离退休干部60余人。设置传帮带教育组和志愿服务组。传帮带教育组主要参与中心老干部处和公园党委的专题座谈、经验交流、事迹讲述等文化教育活动；志愿服务组将从事义务咨询、文明引导、捡拾垃圾、安全巡园等志愿服务。活动时间为每月分批次开展。

（张佳宁）

【北京动物园"五一"假日游客量统计工作取得新突破】 5月6日，联合零点市场调查有限公司启动统计工作。此次调查项目采用科学计数、实时监测模式，以公园各进出口及重点游览场馆为重点，确定游客流量监测区域；以人流量监测方法为手段，科学监测游客流量走势变化；以出入园人流量规律为基础，提出公园管理建议。零点公司每天安排

86名专业监测人员及10名现场督导人员，对7个门区、18个游客出入通道，每半小时进行一次游客量数据采集，并将正门购票区域等待游客量数据、水量消耗数据及经营网点收入数据等也纳入数据统计范畴，收集一手资料。通过不间断监测及研究节假日期间游客游览规律，为公园节假日管理与服务提供严谨、准确的数据参考和依据，为场馆建设和公共服务设施投入、综合管理与安全服务提供数据参考和决策依据，为公园游览路线的合理设置、服务管理和制定公共服务行动策略提供数据支撑。经零点公司实时监测统计，"五一"期间公园共接待游客27.65万人次。

（动物园）

【香山公园完成北京国际越野跑挑战赛服务保障工作】 2016年北京国际越野跑挑战赛，简称TNF100，是一项国际顶级越野挑战赛，共有4000余名运动员报名参加。自5月7日下午开始，共有100千米和50千米两个组别经过香山赛段。香山公园按照海淀区协调保障委员会的要求，在香山北门、眼镜湖、北大墙沿线、香炉峰、豫泰门等重要节点安排工作人员进行值守，随时通报运动员通过情况。从5月7日晚9点第一名运动员入园至5月8日早8点最后一名运动员离开景区赛段，共有2000余名运动员经过香山赛段。公园副园长宗波作为香山段保障救援指挥，全程监督指挥，公园共计25人全程在岗值守，完成了2016年北京国际越野跑挑战赛服务保障工作。

（齐悦汝）

【景山公园第20届牡丹文化艺术节闭幕】 5月18日，活动历时35天，接待游客142万人次，同比增加18.3%，艺术节汇集国内外牡丹品种544个2万余株。期间，举办的"王雪涛师生书画展""瓢虫的秘密"等文化科普类活动深受广大游客欢迎。北京电视台、北京交通广播、《人民日报》《北京日报》《北京晚报》等媒体现场报道80余条。

（景山公园）

【陶然亭公园安装饮料自动售货机】 5月31日，陶然亭公园为加强公园商业管理，实现了园内必要商业经营品种与公园开放时间的同步，提升经营服务水平，在公园东门、南门和北门分别安装了一台饮料自动售货机。

（刘　斌）

【市公园管理中心完成端午假期游园服务保障工作】 6月9~11日三天小长假期间，市管11家公园及园博馆共接待游人121.2万人次，同比减少2.7%；其中购票游人55.05万人次，同比减少3.84%。从游客来源分析，本市游客80.94万人次，同比减少1.27%；外埠游客38.54万人次，同比减少3.84%。6月11日为端午游园高峰，共接待游客43.36万人次。为有效分流、疏散密集人群，在重点景区及客流密集区域设置单行线45条，增设临时性安全疏导牌示300处，安排安保人员9503人次，三天共办理非紧急救助服务事项118149件，无服务投诉。为弘扬民族传统文化，面向游客推出10余项主题鲜明的游园活动共30场次，展览展示83项。面向社会推出端午民俗、文化展览、公园消夏三类25项宣传活动，从端午民俗主题游、扩容服务措施、端午消夏纳凉等角度进行新闻发布，侧重端午民俗及文化遗产主题宣传。

据不完全统计，《北京日报》、北京电视台等主流媒体刊发中心及各单位新闻稿件300余篇（次）；中心政务微博群累计发布139条，阅读量30万次；各市管公园及园博馆微信公众号发布微信25篇。

（孙海洋）

【中心对接北京市平原地区新增林木资源养护技术帮扶工作】 6月12日，中心综合管理处到市林业工作总站对接北京市平原地区新增林木资源养护技术帮扶工作，对帮扶工作的组织形式、人员构成、帮扶方式、工作步骤、时间安排等工作进行深入探讨，初步达了组建专家团队、研究制定平原造林新增林木养护流程和养护标准、组建技术服务队赴区县一对一扶持以及面向区县林业养护人员开展技术培训等工作意向。双方商定于近期以市公园管理中心、市园林绿化局名义共同签发"北京市平原地区新增林木资源养护技术帮扶工作意见"，针对各区县情况形成切实可行的技术帮扶方案。

（综合处）

【北海公园新建摆渡船下水试运营】 6月16日，北海公园新摆渡船"引凤"号下水试运营。新"引凤"号自2015年11月28日开始建造，总工期近200天，历经船底建造、上部建筑构造安装、船只动力机械安装、船体油漆彩画等多道工序，现已进入水上调试阶段。

（汪 汐）

【中山公园改造碰碰车、怡乐城竣工】 6月21日，投资10.53万元，改造碰碰车、怡乐城外观环境，由顶棚和地面带电运营模式改为轻钢龙骨石膏板吊顶无电网式运行方式。更换原有8辆碰碰车，并增加1辆。加装牌示，由北京好景绿能科技发展有限公司进行施工。

（李梦郁）

【市管公园多措并举迎接暑期游览高峰】 7月11日，多形态打造公园游览平台，推出十佳赏荷水域景观，开展公园博览、文化推广、休闲养生、文化展览等多种活动近50项；打造奇趣生动的园林文化课堂，针对不同年龄段学生设计推出动、植物园夜游、花园探秘、古法技艺传承等科普夏令营活动24项58期。延续"红色游"宣传，整合提升20处爱国主义教育基地，深化三大红色游线路、红色讲堂内容及形式。强化暑期游客服务安全保障，增开售票窗口，增强重要景区秩序维护疏导，提供防暑降温药品等非紧急救助服务。

（孙海洋）

【天坛公园完成首批晚游活动团队服务接待工作】 7月22日晚19时，接待新世界国际旅行社一行23人，活动内容为旻园餐厅品尝斋宫菜及中轴线深度游览，并提供导游讲解和电瓶车接送服务，游览时间约两个半小时。此次活动正式开启天坛公园创新举办晚间文化活动的序幕，充分检验前期准备工作，熟悉活动流程、加强部门之间沟通与协调，为后续晚间游活动的开展和完善接待、安保工作细节提供实践支持。副园长王颖出席，相关科、队共计30余人参加。

（天坛公园）

【中山公园妥善应对暑期旅游高峰瞬时大客流】 7月25日，近期因故宫限流措施影响，中山公园东门区出现不同程度瞬时游客量激增情况，为做好安全秩序维护，采取了以下措施：园领导靠前指挥，门区增加售票窗口及售检票、安保人员维护门区秩序，引导游客顺序购票排队入园；积极协调公园派出所，增开临时手持安检通道，提高游客入园安检速度；增加临时疏导护栏15米、安全疏导牌示5个，引导游客顺序游览；细化大客流服务接待方案，完善安全服务设施，做好瞬时大客流常态化管理。

（中山公园）

【天坛公园积极开展网上预约服务】 7月29日，北神厨、北宰牲亭天坛文物展于2015年11月对外开放，展出近200件文物，采取身份证扫描方式换票、免费参观的形式对外开放，至2016年6月底共接待游客23.45万人次。从4月19日开始，天坛公园在现有实名制换票基础上，增加北神厨、北宰牲亭、斋宫网络预约功能，至6月30日总计预约10877人次，参观人数6206人。其中，北宰牲亭游客预约参观比例达到60.73%，年龄主要集中在16~36岁。此次开展的网上预约服务，为拓宽服务形式、强化秩序管理提供了有益尝试，减少了现场换票排队等候时间，避免节假日景区门口出现拥堵现象，为文物展览和景区游人管控提供了准确数据支持，方便游客有计划性、有针对性、有目的性地选择景点，提高了游客的满意度。

（天坛公园）

【中山公园更新标识牌示5块】 7月31日，投资2万元，完成唐花坞、蕙芳园及门区票价及减免规定等5块牌示更新，统一更换与公园整体风格相符合的形制，由北京好景东方国际文化传播有限公司设计制作。

（李梦郎）

【陶然亭公园试用迷你执法记录仪】 8月23日，陶然亭公园为了提高服务质量，加强对服务工作的监督和管理，公园服务一队创新工作方法，购置迷你执法记录仪，在北门班组率先试用，要求验票岗职工佩戴记录仪上岗。通过试用执法记录仪对职工服务工作过程进行全方位监督，同时也保护了职工的合法权益。

（薛 凯）

【天坛公园"阅兵"期间服务游人情况】 9月3~5日，天坛公园共接待入园游客10.07万人次。处理非紧急救助服务事项1106件，其中现场咨询733件，电话咨询373个；为游客提供便民服务措施共计6064件（次），义务咨询、指路3837次，义务讲解243人次，寻人寻物7次，帮扶老幼1191次，轮椅服务14人次、针线包服务3人次、小药箱服务3人次、发放免费宣传材料107份、为游客提供饮用水659人次。

（刘 欣）

【中心各单位完成"中秋"假日游园服务保障工作】 9月15~17日小长假期间，11家市属公园及中国园林博物馆总接待游人117.1万人次，同比2015年日均接待游客增加21.38%。其中本市游客75.5万人次，同比日均增加13.38%；外埠游客38.93万人次，同比日均增加39.34%；外宾2.66万人次。市管11家公园及园博馆推出"品乐、赏秋、登高、临水"系列文化活动30场次，展览展示83项，广受游客欢迎。颐和园"颐和秋韵"桂花节、中山公园"春华秋实"迎中秋花卉展、景山万春亭赏月及盆景展、北京植物园"花语植觉——原创艺术画展"、北京动物园"云南怒江生物多样性摄影展"、玉渊潭公园第八届农情绿意秋实展、中国园林博物馆"福满华夏，国粹飘香"第三届中秋音乐会等文化活动和天坛"关爱野生动物"等科普活动内涵丰富、互动性强，广受游客好评。颐和园大戏楼每天安排四场演出，表演舞蹈、编钟、戏曲、变脸等节目；北海、陶然亭等公园延长游船运营时间，供市民游客泛舟赏月；园博馆推出民俗体验活动，邀请非遗传承人讲述中秋民俗；北京植物园调整水杉林喷雾景观开放时间，方便更多游客游赏。节日期间，中心系统各单位加强值守，各级领导靠前指挥，全体职工加班加点，较好地完成了假日保障工作。各市管公园设立游园指挥部39个，出动安保力量9503人次；设置单行线50条，安全疏导牌示1427个，有效维护游园秩序。节日接待扩容工作到位，增设售票口49个、临时卫生间7个；增加商业网点4个，丰富节日商品供应，满足游客的多元需求。11家市管公园和园博馆节日环境布置优美，设置花坛、花带等103处，总用花量80.6万盆，营造出浓郁的节日气氛。《北京日报》、北京电视台等媒体报道61余篇（次），中央电视台新闻频道现场直播了北海公园多时段中秋游园赏月实况。中心政务微博和所属各单位微博、微信积极播报实时在园人数、主题活动、服务资讯、扩容疏解、文明游园等情况，为市民、游客适时游览提供了丰富信息服务。

（孙海洋）

【北京动物园开展培训会并首次发放随身手卡】 9月22～25日，北京动物园服务管理科开展为期4天5批次的"迎十一、强服务"公园票务、服务专项培训会，通过深入一线、服务基层的培训开展形式，备战"十一"游客高峰，并首次发放公园自行设计、制作《票务优惠、免票政策——随身手卡》，方便做好服务接待工作。

（张帆）

【市管公园提高国庆节期间服务质量】 10月11日，国庆节期间，市管公园共接待游客328万人次，同比减少13.15%。游客高峰期出现在2～5日，单日保持在50万～60万人次。多举措提高游客舒适度，颐和园、天坛、香山、动物园4家公园首次实行实时游人计数统计，引导游客"错峰避热"；举办各类文化活动67场次，展览展示239项，菊花花海、桂花秋韵等特色景观及园林科普活动深受游客喜爱；做好地段扩容、游客分流和疏导工作，实施43个门区入园安检，抽检105万人次，抽检率为33%，有效降低园内风险；处理非紧急救助服务事项31.2万件，积极联系媒体进行正面舆论引导，基本实现"安全无事故、服务无投诉、环境无死角、宣传无负面"的工作目标。

（市公园管理中心）

【香山公园参加市政府红叶观赏季综合保障协调工作会】 10月12日，北京市政府召开2016年香山红叶观赏季综合保障协调工作会，市公园管理中心主任张勇，主任助理、服务管理处处长王鹏训，办公室主任杨华及香山公园党委书记马文香参加会议。会上，张勇、马文香分别汇报了红叶季园内安全服务保障工作准备情况，海淀区政府和各相关单位汇报了园外服务保障工作准备情况。市政府副秘书长赵根武对市公园管理中心和香山公园的工作表示肯定，并提出工作要求。

市交通委、市旅游委、市园林绿化局、市城管执法局、市公园管理中心、市公安局治安管理总队、市公安局公安交通管理局、市消防局、海淀区政府主管领导参加会议。

（齐悦汝）

【第28届香山红叶季圆满结束】 10月14日至11月13日，本届红叶季累计接待中外游客123.4万人次，同比2015年增加9.2万人；其中最高峰接待量9.1万人次，同比2015年增加0.02万人。主要措施：①加强综合统筹。成立工作领导小组，修订《香山红叶季综合保障执行方案》，建立三级指挥系统，启动集中值班制度。双休日高峰游览期，市相关部门和海淀区负责同志在公园管理中心设立的总指挥部集中办公，市公园管理中心局级干部在香山现场指挥，城管、交管等部门设立指挥所现场办公，定时统计数据、进行情况汇总、适时综合会商、协调指挥。副市长林克庆和副秘书长赵根武高度重视香山红叶季运行情况，多次询问具体工作，到指挥部及现场指导工作，及时协调香山周边区域电力，保障红叶季正常运行。②加强园区保障。公园日均投入近800人加强秩序管理，设立6个责任区实行网格化管理，采取全园单向大循环、年季月票分时段入园等措施做好分流、安检工作。建立客流统计系统，实时监控、提供入园、出园、在园实时数据；治理周边环境。公安、城管执法部门与海淀区属单位联防联动，提前部署、现场调度，通过提早入户宣传、严控门前三包秩序，启用旅游执法APP、严查旅游市场秩序、严打大气污染类违法行为等多种手段严查环境秩序类、旅游市场类、大气污染类三大问题，核录导游、旅游大巴483次，治安拘留18人，规范门前三包单位3600余次，维护香山环境秩序。交管部门调度车辆、增配运力，开通摆渡车、加开地铁区间车及专线车，重点路段实行单行，缓解交通压力。③宣传调控效果明显。园林绿化、交管部门统筹全市赏秋活动，整合京郊周边红叶资源，通过新闻媒体、网站、微博、微信、高速公路告示牌等媒介，持续推荐秋季分流赏红叶公园景区14处，实时通报交通情况、公园客流量，起到良好远端调控成效。

（香山公园 中心办公室）

【中心组织召开红叶季视频会议】 10月22日，市公园管理中心主任张勇通过视频会议向香山公园了解红叶观赏季情况，公园全体处级领导参加视频会议。张勇询问了门区安检、红叶变色率、游园舒适度等，对全体干部职工表示慰问并对公园的各项工作表示肯定，同时提出工作要求。

（齐悦汝）

【香山红叶观赏季迎来首次高峰】 10月29~30日，香山公园进入赏红叶最佳时段，红叶变色率达60%，共接待游客16.34万人次，同比增加10.48%。园内运行情况。全天瞬时在园游客高峰出现在14时，达4.66万人次。为做好应对，提前召开红叶观赏季区长会，启动园内单向大循环应急预案，安排300余名值守人员疏导客流，同时发挥园外"山下客服"远端疏导作用，分流游客从不同门区入园；每日对索道进行早检，实时监控索道运行状态。30日下午启动大风天气应急保障预案，于15：30停运索道，确保游客安全。加强远端疏导，通过微博等自媒体发布游览资讯，引导游客绿色出行、错峰出行。

受理各类非紧急救助事项34次，清运垃圾24吨，保证卫生间干净整洁、园林景观优美。两天无安全服务事故、突发应急事件。园外运行情况。各部门加大管控力度，市交通委运输局共出车2335车次，新开摆渡车13车次、商务班车96车次；市交管局出动警力23人，协警34人；海淀区共投入各种保障力量380余人次、武警80人、城管68人；清运垃圾40吨，周边秩序良好，无突发事件。部门联动保障。各部门积极参加集中值班，主动协调配合，妥善安排保障力量。周末两天中心领导分别在香山和中心总指挥部现场指挥，副秘书长赵根武在中心总指挥部集中值班点指导工作，对值班值守、沟通机制、香山公园整体运行、秩序管控等工作进行检查指导并提出要求。

（香山公园中心办公室）

【陶然亭公园完成全年游船接待任务】 年内，陶然亭公园完成全年游船接待任务。其中，清明节接待游人1.8万余人次，收入51.59万元；"五一"节接待游人1.3万余人次，收入36.63万元；"六一"儿童节接待游人0.8万余人次，收入21.15万元；端午节接待游人1.4万余人次，收入37.78万元；暑期动漫嘉年华期间接待游人4.5万余人次，收入123.90万元；中秋节接待游人1.3万余人，收入35.87万元；"十一"国庆节接待游人1.4万余人次，收入42.98万元。全年共接待游人21.5万余人次，收入829.83万元。

（陈 澄）

【天坛更新维护基础设施】 年内，天坛公园重新油饰丹陛桥西下坡至西门道路两侧、丹陛桥两侧、百花园、双环亭景区等地区的实木路椅103把。更新东北外坛地区老旧路椅80把，在百花园、双环亭景区新安装路椅30把。在北二门西侧新铺装地安装6把实木路椅。将祈年殿、回音壁、圜丘、斋宫、北神厨、神乐署等景点安装保洁工具箱7个，将周边地区的玻璃钢果皮箱更换为铝制果皮箱，将主要景区和游览线周边老旧果皮箱进行更换，共计160个。更新、制作、维修导览图、鸟瞰图、指路牌、警示牌、景点介绍牌、购票提示牌、开闭园时间告知牌、门票优惠减免规定、禁烟提示牌、老年及年月票专用通道提示牌、禁止婚纱摄影提示牌、网上预约提示牌、神乐署展室游客提示牌等合计384块；增设二维码指路牌47块；维护门区轮椅及儿童车出入口电磁门5次、加固调整园内栏杆32处、维修26次、回收栏杆6处，更新围栏合计48米（东门车道入口广场）；铺设祈年殿东西配殿、祈年殿西下坡、神乐署凝禧殿、神乐署署门两侧、北神厨、北宰牲亭防滑提示线共510延米；重新规划设置便民挂衣杆30处；在每个假日前期配发游客疏导牌示共280块，并在假日结束后及时回收，为公园减少重复支出；增设停车场分道疏导链墩14处，共计80余米。设计制作公园各验票处闸机疏导链60处，长度90米；设计制作门区安保遮阳伞5处。

（李腾飞 李 哲）

【北京动物园更新增设服务设施】 年内，北京动物园统计各类服务设施1202个。调整、维护公园路椅84处，更换景观型围挡13处。增设婴儿换尿布台1处。现有各类牌示5686面，同比增加1187面，增幅26.38%。主要增加的牌示种类为服务提示和科普提示。通过对比从市场上选取的5家牌示公司报价，确定2016年牌示制作定价及牌示合格供应商。利用社会力量，发挥公园志愿者的作用，对不规范牌示进行自查自纠，杜绝牌示、标识错误及媒体负面报道；通过组织导览牌示游客调查，进一步了解游客需求，更好地为游客游园服务。在服务类牌示和说明牌示管理方面，强调人性化。

（张　帆）

【颐和园持续维护基础设施】　年内，颐和园管理处对1915块导览牌示、警示牌示、说明牌示、标识牌示进行普查。入冬昆明湖上冻后，为了防止游人上冰活动，发生安全事故，温馨提示游人，布置冰面、码头临时牌示100块。布置淡季、旺季门区票价牌示80块；布置西堤景观照明工程和绣漪桥绿化工程施工通告和安全牌示共计114块，布置"五一""十一"临时牌示182块。年内共计布置476块。此外年内新增金属牌示39处共计77块。为了提高游客游览安全系数，落实颐和园景区栏杆封闭管理工作。封闭千峰彩翠城关栏杆2处8.4延米，封闭永寿斋后墙夹道4处13.15延米。封闭排云殿、德辉殿栏杆6处60.58延米。封闭善现寺东西两侧水道共7延米、封闭清可轩5处区域35.7延米、封闭绮望轩5处区域6.38延米。新增佛香阁北小门内下山道栏杆1处27延米。安装佛香阁、德和园怡乐殿门前铜栏杆28.9延米；维修园内铜栏杆17处。更新听鹂馆主店前草坪栏杆35米。颐和园原有无障碍坡道由于使用时间较长，部分设施出现破损，存在安全隐患，更换东宫门外南、北小门、仁寿门及两侧小门、德和园东夹道坡道，新建宫门正门及南、北两侧侧门、苏州街牌楼东侧坡道共计269平方米。维修长廊沿线无障碍坡道9处。维修主景区铜栏杆8处。为确保颐和园信息化服务水平，提高游客服务体验，北京市颐和园管理处与北京新奥特蓝星科技有限公司续签颐和园大屏售后服务协议，对全园8块电子显示屏进行维保共计23次。

（卢　亮）

领导调研

【郑西平到玉渊潭公园调研】　1月4日，市公园管理中心党委书记郑西平听取班子建设、干部教育管理、职工思想动态等党建工作情况汇报，提出：一是加大关心职工力度，多与职工谈心交心，掌握思想动态，及时了解职工想什么、急什么、盼什么，多渠道、多途径为职工办好事、办实事。二是加强政策宣传解读，要面向一线职工做好宣教工作，正确看待少数职工思想情绪的波动，用诚心、耐心和把握政策的能力，妥善解决历史遗留问题。三是重视先进典型的挖掘，树立真实、可信、可学的正面典型，要关心爱护他们，努力形成正能量的群体效应；同时要抓住反面典型予以曝光，抑恶扬善。四是领导班子要精诚团结、率先垂范，强化大局意识、廉洁意识和服务意识，严守规矩纪律，转变思想观念，看淡权力，用好权力，抓好公园建设，带好职工队伍，为广大游客、职工提供更好的服务，全面开创玉渊潭公园工作新局面。

（玉渊潭公园）

【王忠海带队检查紫竹院公园冰上活动】1月7日，市公园管理中心副主任王忠海实地查看大湖冰场、冰滑梯、冰车区，强调：要全面保障公园冰上活动安全无事故，提高干部职工安全意识，全园一盘棋共同做好冬季各项安全工作。安全应急处要求公园注重园内用电、游乐设备使用、反恐防爆等方面的常规安全工作，确保万无一失。

（安全应急处 紫竹院）

【程海军到陶然亭公园调研】1月8日，实地查看冰雪活动现场后，市公园管理中心纪委书记程海军提出：要加大经营合作项目的监督检查力度，严禁以包代管，做到同管理、同标准、同要求和同教育；要深入做好安全工作，全面落实安全责任制，加强游商治理；要强化服务意识，从细节入手、从点滴抓起，提高服务质量；要加大监督检查力度，采取明察暗访形式，确保公园各项规章制度执行到位。

（陶然亭）

【财政部党校、区委宣传部到香山公园参观调研】1月8日，财政部党校、区委宣传部一行30余人到香山公园参观调研并签订合作备忘录。公园副园长袁长平介绍了香山公园基本概况，陪同参观了致远斋、双清别墅，并在双清别墅签订了合作备忘录。

（齐悦汝）

【国家文物局、市文物局来园调研】1月12日，国家文物局遗产处叶思茂、北京市文物局文保处调研员毕建宇来园就"兑现我国对外庄严承诺·加快落实天坛世遗保护"国务院参事提案中涉及天坛坛域被占用地情况进行调研。首先，了解天坛三南外坛所有外单位占地情况。随后，在园长李高、副园长于辉的陪同下，实地查看582电台占地情况；天坛坛域内历史遗存物及南坛墙现状；了解西南外坛57栋简易楼及天坛医院、药检所、口腔医院拆迁进度。天坛公园办公室、文研室、规划室、工程设备科、管理科相关负责人参加。

（张 群）

【北京市发改委价格处到颐和园检查票价政策执行情况】1月14日，检查组实地查看门区、园中园、冰场票价政策执行情况，对商业经营规范、明码标价等情况进行检查，认为公园执行票价政策总体情况良好，希望进一步加强此项工作，持续提高政府部门票价政策执行力度。

（颐和园）

【王忠海到香山公园指导2015年度"三严三实"专题民主生活会】1月15日，公园党委书记代表班子汇报对照检查材料，班子成员逐一进行个人对照检查，并互相提出批评意见。市公园管理中心党委常委、副主任王忠海提出要求。宣传处负责人参加。

（香山公园）

【李炜民与中央美院建筑学院院长吕品晶等在景山公园探讨文化合作事项】1月18日，中心总工程师李炜民指出：景山公园与中央美院建筑学院围绕寿皇殿历史文化挖掘、古建修缮与展陈等内容开展公众教育与宣传项目合作意义重大；中心系统历史名园文化底蕴深厚，希望通过此项目促进广泛深入合作，实现以点带面、优势互补、合作共赢；科普工作要"走出去，请进来"，通过进社区、进城乡、进学校工作，扩大影响力。吕院长表示，中央美院学科构成与园林文化有紧密联系，希望与市公园管理中心开展深层次、多领域、多视角的合作。

（景山公园）

【王忠海参加紫竹院公园2015年民主生活会】1月18日，公园管理中心副主任王忠海参加紫竹院公园2015年民主生活会提出五个"强化"。一是强化落实意识，解决突出问题；二是强化统筹结合，抓好当前工作；三是强化班子建设，营造团结氛围；四是强化机制建设，夯实发展基础；五是强化法规意识，信法、守法、用法。

（宋宇 边娜）

【北京市发展和改革委员会收费检查处到香山公园检查工作】1月19日，北京市发展和改革委员会收费检查处就2015年10月15日国家发展改革委检查组发现问题的整改情况及公园在售商品的物价执行情况进行检查。公园就整改后票务执行情况进行汇报。一行前往公园门区及园中园碧云寺查看票务公示和执行情况，对园内在售商品价格公示情况进行查看。经检查，收费检查处对公园物价公示和执行情况表示认可，特别是公园关于青少年优惠政策的公示工作做得很细致。

（王晓明）

【市旅游委到玉渊潭公园检查节前安全工作】1月22日，市旅游发展委员会到玉渊潭公园检查节前安全工作。实地查看公园第七届冰雪季活动现场、公园监控室，详细了解公园大型活动方案、预案等情况，对公园安全管理总体情况给予肯定。

（王智源）

【张勇到北京动物园指导2015年度"三严三实"专题民主生活会】1月22日，会上，公园领导班子成员认真剖析主要原因，严肃开展批评与自我批评，明确今后努力方向和改进措施，相互提出意见和建议51条。市公园管理中心主任张勇提出要求。中心办公室主任参会。

（动物园）

【市旅游委安全检查组到香山公园检查工作】1月25日，北京市旅游委组织开展春节前安全大检查活动。听取公园2016年冬季防火期工作方案，并到致远斋、松林餐厅等处现场检查文物管理、电器使用及各项应急救援预案执行情况。市旅游委专家组认为公园安全工作落实到位，特别是在网格化分区巡逻、紧急救助体系建设等方面表现突出，是北京市开放性景区中安全工作做得最好的公园之一，同时提出建议。

（马林）

【北京市旅游委到北海公园查看相关规定】1月25日，市旅游委到北海公园查看各类安全管理规定，并进行现场检查、记录，对节假日期间客流量控制和反恐防暴工作提出要求。

（汪汐）

【张勇到紫竹院公园检查工作】 1月26日上午，公园管理中心主任张勇到紫竹院公园检查工作。先后到公园的冰场、行宫文化展、西院紫竹书苑环境整治项目进行现场查看，详细了解极端天气公园一线职工工作生活情况、冰场安全运营情况，参观行宫"禅艺人生"佛文化艺术生活展。重点对西院紫竹书苑环境治理情况进行了检查，强调公园加快相关手续办理，完善审批流程，加强节前施工工地安全管理。

（边 娜）

【西城区安监局到北海公园进行检测】 1月26日，西城区安全生产监督管理局到北海公园检测荷花湖冰场冰层厚度并查看安全责任制度、测冰记录以及人员培训记录等文件。

（汪 汐）

【张勇到玉渊潭公园调研工作】 1月26日，中心主任张勇到玉渊潭公园调研工作。实地查看冰雪活动现场、公园东北部景区，对冰雪活动各项安全工作、湿地公园建设情况予以肯定，并提出要求。中心副主任王忠海、中心宣传处处长陈志强陪同调研。

（王智源）

【王忠海检查陶然亭公园节日准备工作】 1月28日，北京市公园管理中心副主任王忠海带队检查陶然亭公园节日准备工作，检查组听取了陶然亭公园厂甸庙会民俗区基本情况和活动筹备情况，王忠海副主任对公园做的大量准备工作给予了充分肯定，并提出建议。中心安全应急处处长史建平、服务管理处副处长贺然陪同检查。

（王京京）

【程海军带队检查玉渊潭公园节前安全工作】 2月1日，中心纪委书记程海军带队检查玉渊潭公园节前安全工作。现场观摩消防、防爆安全演练，并实地检查公园西门票房、西门商店、护园队队部、公园游客服务中心及玉渊潭公园白瓷研发中心，听取公园春节保障工作汇报，对公园节日期间各项工作予以肯定，并提出要求。中心工会主席牛建国，中心组织人事处副处长刘国栋，中心团委书记原蕾陪同检查。

（王智源）

【张勇到陶然亭公园进行春节前期工作检查】 2月1日，北京市管理中心主任张勇带队到陶然亭公园进行春节前期工作检查。检查组听取了公园节前筹备情况和节日保障方案的汇报，对节日筹备、冰雪活动、监控室和陶然江亭观赏鱼花卉市场等重点区域进行实地检查，并提出要求。中心办公室主任齐志坚、安全应急处处长史建平、服务管理处副处长贺然陪同检查。

（王京京）

【张勇检查天坛公园春节前安全工作】 2月1日，中心张勇主任带队检查天坛公园节前安全工作。听取公园春节假日工作安排情况汇报。实地查看东门门区、南门门区、祈年殿景区、总配电室等。张勇主任提出要求。中心办公室主任齐志坚、安全应急处处长史建平、服务管理处副处长贺然陪同检查、公园领导班子成员参加。

（张 群）

【中心总工程师李炜民带队到北海公园开展节前检查】 2月1日，中心总工程师李炜民带队到北海公园开展节前综合检查。李炜民总工实地察看了仿膳、琼华岛队部及全国青年文明号班组琼华岛队殿堂班等处节日准备工作落实情况,并慰问一线职工。随后听取了北海公园节日服务保障工作汇报,对各项工作给予肯定,并提出要求。

(陈 茜)

【张勇检查中山公园春节假日工作】 2月1日,市公园管理中心主任张勇带队检查中山公园春节假日综合保障工作。听取假日安全、服务、文化活动等工作汇报,实地察看公园热力站、南门、东门以及蕙芳园,走访慰问一线干部职工。

(赵 冉)

【北京市副市长林克庆带队检查陶然亭公园春节庙会工作】 2月3日,北京市副市长林克庆带队检查陶然亭公园春节庙会工作。林克庆副市长在市政府副秘书长王晓明、赵根武等领导的陪同下检查第七届北京厂甸庙会(陶然亭公园民俗活动区)活动筹备情况,对园内文化活动场地、商品展销摊位设置、安保措施、环境布置等情况进行了实地考察,听取了公园春节庙会准备工作汇报,对各项筹备工作表示满意。林克庆副市长代表市政府对辛勤工作的园林工作者们表示慰问,并做指示。北京市公园管理中心党委书记郑西平、主任张勇及市农委、北京市水务局、北京市园林绿化局、北京市质监局、北京市安全监管局、北京市公安局等领导陪同检查。

(王京京)

【西城区区长王少峰进行庙会前检查】 2月6日上午,西城区区长王少峰带领相关部门到陶然亭公园进行厂甸庙会民俗区检查,针对检查提出了要求:一是区属各部门加强协作,保证完成庙会前各项准备工作。二是要针对大人流做好充足准备工作,做好疏导工作,防止以外事故发生。三是主办单位强化主体责任意识,要进一步对庙会各项工作进行检查和落实,做到责任到人。四是公园要积极配合各部门开展工作。西城区副区长郝怀刚以及公园党委书记牛建忠陪同。

(王京京)

【中心主任张勇到北海公园进行调研】 2月18日,中心主任张勇到北海公园进行调研工作。张勇主任首先走访了阐福寺"福瑞北海"书画展现场,随后实地考察九龙壁歪闪情况,并指出:要深度挖掘公园文化特色资源,把创意元素融入旅游产品与线路开发、旅游节日活动策划等各个领域,推动文化旅游资源向多元化的旅游产品转化;要依托北海建园850周年纪念活动,通过举办书画展览等活动,多角度、多层面地宣传公园皇家历史文化;拓宽宣传渠道,加大宣传力度,提升公园知名度;加大文物安全保护力度,积极实施重点文物古建修缮、检测保护工作,有力地推进公园文保工作向纵深开展。

(陈 茜)

【中心主任张勇与北海公园、军委有关部门领导开展座谈交流】 2月18日,中心主任张勇、北海公园领导班子与军委机关有关部门领导开展座谈交流。军委机关领导首先回顾了近些年在文化交流、基础建设、服务保障等方面取得的重要进展与成效,对中心及公园多年来的服务工作给予高度评价。张勇主任就中心2016年的工作安排及主要活动做了简要介绍。北海公园也就 2016 年北海建园 850 周年纪念活动的规划及筹备情况作了简要介绍，同时双方就联合开展国防宣传教育活动、节日联谊、文化展览、慰问交流等具体活动达成初步意向，并确定以三年为一个周期，按顺序每年与军委政治工作部、装备发展部和国防动员部对接并合作开展双拥共建活动。

（陈 茜）

【王忠海到香山公园检查安全保障工作】 2月24日，市公园管理中心副主任王忠海到香山公园检查安全保障工作。公园重点就露陈文物、建筑文物安全管理相关工作进行汇报。王忠海提出要求。

（齐悦汝）

【张勇到园博馆检查指导展陈开放工作】 2月25日，市公园管理中心张勇主任到园博馆了解临展运行情况、展厅特色和下一阶段临展计划；实地查看"风起中华 爱翔九天""年吉祥 画福祉"等临展。张勇主任对园博馆独立运行以来展览水平的不断提高表示肯定，提出在展示更多园林文化的同时，要更好地发挥博物馆的窗口作用，并建议园博馆永久收藏园林主题年画。中心总工程师、园博馆筹备办主任李炜民等相关领导陪同。

（园博馆）

【杨月到颐和园检查工作】 3月1日，市公园管理中心党委副书记杨月到颐和园检查工作，听取职工之家建设情况汇报，实地查看公园新建职工之家，并指出：要进一步管理好、利用好职工之家，充分发挥服务职工的特点；要发挥工会的桥梁纽带作用，活跃职工业余生活，凝聚职工队伍，努力满足职工日益增长的精神文化需求。中心工会常务副主席牛建国陪同检查。

（颐和园）

【中心党委书记郑西平到北海公园参加处级领导班子任免会】 3月8日，中心党委书记郑西平到北海公园参加处级领导班子任免会。任命祝玮为北海公园园长、党委副书记。中心领导对公园原领导班子的工作给予了充分肯定，并对今后工作提出了要求。

（陈 茜）

【副市长林克庆到颐和园视察文物展览工作】 3月8日，北京市副市长林克庆到颐和园视察文物展览工作。林克庆一行听取文展活动相关情况汇报，询问原状文物陈列保护情况，沿途查看仁寿殿、德和园、乐寿堂、文昌院等处，参观"两朝帝师翁同龢及翁氏家族文物特展"和"园藏精品文物展"，认为公园展览内容丰富、形式新颖，极大程度丰富了市民、游客的文化生活。北京市公园管理中心主任张勇，颐和园园长刘耀忠、党委书记毕颐和陪同。

（潘 安）

【中心领导到玉渊潭公园宣布人事任免决定】 3月8日，中心党委书记郑西平、党委副书记杨月、组织人事处处长苏爱军到玉渊潭公园宣布毕颐和任玉渊潭公园园长。公园党委书记赵康、新任园长毕颐和分别作表态发言。郑西平书记对新班子和科队干部提出要求。

（秦 雯）

服务管理

【东城区委书记张家明与天坛公园领导座谈】 3月9日,张家明书记听取住园户基本情况及西门整体环境提升方案的汇报,指出:以天坛医院搬迁和口腔医院合并为契机,逐步将天坛西门整治融入到区域整体规划当中;积极与属地街道联动,持续做好天坛西门周边游商治理工作;抓住中轴线申遗有利时机,争取文物部门、区政府的政策和资金支持;关注天坛周边简易楼拆迁情况,统筹兼顾,逐步恢复天坛风貌及其完整性。东城区委常委、区委办公室主任毛炯、东城区副区长张立新及天坛公园领导班子成员参加座谈。

(天 坛)

【市总工会到陶然亭公园调研】 3月9日,市总工会职工疗养中心主任王志全、副主任于海华实地参观了公园职工之家,了解每间活动室的功能和职工接待情况,参观"三八"妇女节女工织布作品展,体验快乐烘焙公开课。王志全主任对职工之家建设、管理、利用等工作表示肯定。中心党委副书记、工会主席杨月,中心工会常务副主席牛建国陪同。

(陶然亭)

【王忠海带队到香山公园检查文物保护工作】 3月15日,市公园管理中心副主任王忠海、主任助理、服务管理处处长王鹏训,宣传处处长陈志强,安全应急处处长史建平,服务管理处副处长贺然,安全应急处副处长米山坡到香山公园检查文物保护工作。一行听取了公园关于文物保护工作汇报,并查看了公园网格化巡检记录、文物巡检记录、公园综合检查记录等。王忠海对香山公园文物保护工作表示肯定,并提出建议。

(齐悦汝 王 宇)

【张勇到玉渊潭公园调研】 3月16日,市公园管理中心主任张勇实地查看樱花节环境布置、东北部景区建设及新建中堤桥首日开放情况,指出:加强樱花节期间安全服务保障工作,扎实做好大人流应对预案和疏导措施,确保安全;进一步推进湿地景观提升工作,合理调整植物配置,提升现有景观质量;中堤桥作为园内重要交通节点,需加强上、下桥区域人流管控,种植较大规模植物,添加后期桥体照明设备,实现与景观有机的融合,从视觉效果完善中堤桥景观质量水平。

(玉渊潭)

【杨月到香山公园检查调研工作】 3月16日,市公园管理中心党委副书记杨月到香山公园检查调研工作,听取公园党委书记马文香、园长钱进朝就公园近期党建工作的汇报,并到园内实地检查工作,提出要求。

(齐悦汝)

【王忠海到园林学校调研】 3月17日,市公园管理中心副主任王忠海听取园林学校工作情况汇报,指出:要进一步加强财务管理,准确把握政策界限,切实加强业务学习,提高财务工作整体水平;要高度重视内控管理制度建设,加强基础工作,规范工作流程,确保项目资金支付进度;要通过国家级示范校建设,全面提高整体管理水平,积极发挥为行业、为社会服务的平台作用。

(园林学校)

【王忠海到北京植物园检查指导】 3月21日,市公园管理中心副主任王忠海听取北京植物园领导近期工作汇报,实地检查"桃花节"筹备情况,指出:班子要统一思想,形成合力，加强职工队伍和专业队伍建设，提高服务水平；进一步加强安全管理，完善安全保障机制，明确安全责任，做好阶段性不安全因素的预判及林下可燃物的清理工作；加强公园环境卫生管理，提高全园职工的环保意识，提倡职工举办形式多样的公园环保日活动，并做好水面、水沟、水道的生态环境治理和管理工作；加强驻园单位的管理、沟通、协调力度，建立管理制度，明确相关责任。中心服务处、安全应急处负责人随同。

（服务处、植物园）

【王忠海到香山公园检查指导工作】 3月23日，市公园管理中心副主任王忠海到香山公园检查指导工作。王忠海听取了公园近期工作汇报，并实地检查了第14届山花观赏季筹备情况，指出：一是结合当今社会形势，班子要提高政治敏锐性，妥善应对敏感性问题；二是结合公园建设、发展形势，加强职工思想教育，加强队伍建设，提高服务水平；三是加强公园环境卫生管理，总结红叶观赏季大客流卫生管理经验，精益求精做好山花观赏季卫生管理工作；四是香山公园正处于大建设期间，施工地点多，要加强对驻园单位、社会化职工的教育、沟通和管理；五是进一步加强安全管理，提高职工安全意识，结合网格化巡检，做好山林防火工作。

（齐悦汝）

【王忠海到玉渊潭公园调研第28届樱花文化活动服务保障工作】 3月25日，中心副主任王忠海到玉渊潭公园调研第28届樱花文化活动服务保障工作。实地察看了樱花园、中堤桥等人流密集区域游园秩序、安全管理等情况，指出：细化完善各项安保措施和应急预案，提高处突能力，保证活动平稳、有序；超前预判，放眼于周末及清明小长假游人赏花高峰期，完善各项措施，做好大人流应对；进一步发展樱花特色和赏樱景观，推进樱花文化品牌生命力，扩大樱花节影响力，提升公园知名度。公园领导陪同检查。

（王智源）

【文物专家张如兰等一行16人到天坛公园指导文物展览工作】 3月30日，先后到北神厨、北宰牲亭、祈年殿及神乐署景区了解历史功用及建筑特点，查看文物展品，建议：要做好文物定名及历史年代鉴定；要调整文物展览方式，做好文物印章及款识的展示。

（天坛公园）

【中国科学院昆明植物研究所副所长王雨华一行8人到园博馆专题调研】 3月31日，市公园管理中心总工程师李炜民介绍了园博馆筹备建设和运营等相关情况，并对中国生物多样性博物馆项目策划、展陈大纲编制等方面提出了相应的建议。调研团队高度评价了园博馆的建设成果，双方就博物馆建设中的展览陈列、藏品征集、运营管理等问题进行了深入交流。调研团队重点考察了园博馆展陈体系中的室内外展园和常设展厅，并向园博馆捐赠了上海世博会期间在英国馆公开展示过的植物种子。中心综合处、园博馆等部门负责人及中国科学院昆明分院、昆明植物研究所、昆明动物研究所、西双版纳热带植物园等单位工作人员参加此次调研。

（园博馆）

【陈竺视察北京植物园】 4月2日，全国人大常委会副委员长陈竺到植物园视察工作。参观了曹雪芹纪念馆、卧佛寺、樱桃沟、热带植物展览温室，观赏了园内各种春花。了解了国家植物园南北园合作的进展情况。指出：植物园在国家生态文明建设和可持续发展中具有非常重要的意义，应该不断完善，进一步搞好。对曹雪芹纪念馆布展形式表示赞赏，陈竺强调：《红楼梦》在世界上影响很大，是中国文化的品牌，曹雪芹纪念馆要做好做大，形成品牌，扩大影响。对植物园游览环境和园容景观赞不绝口，对自育的"品红""品霞"桃花品种给予充分肯定，称赞植物园科研工作做得很出色。

（古　爽）

【赵根武到玉渊潭公园调研】　4月5日，北京市政府副秘书长赵根武到玉渊潭公园调研。听取了公园关于樱花文化活动及清明小长假期间整体服务和游人接待情况，以及樱花科研、繁育及养护等工作的汇报，实地察看了全园活动现场及水务局幼儿园，对樱花文化活动期间秩序维护、游客服务、文化展示等相关工作予以肯定，并提出建议。公园的党委书记赵康、副园长高捷陪同调研。

（王智源）

【国务院参事刘秀晨到玉渊潭公园调研】　4月7日，原全国政协委员、北京市园林局副局长，现任国务院参事刘秀晨到玉渊潭公园调研。就他原设计的柳桥映月景点处拱桥台阶改坡道进行现场论证，同意公园将拱桥的台阶改为坡道，以减少文化活动期间大人流穿行安全隐患，并就相关技术问题进行探讨。同时还对园内樱花景观升级提出建议。公园园长毕颐和、副园长鲁勇陪同。

（王智源）

【市公园管理中心到景山公园宣布干部任免决定】　4月7日，市公园管理中心党委书记郑西平、主任张勇、副书记杨月及中心组织人事处调研员刘国栋到景山公园宣布中心党委关于景山公园园长调整及副园长任命的决定，副书记杨月主持会议。会上宣布孙召良任景山公园园长、宋恺任景山公园副园长，公园领导班子表示坚决拥护市公园管理中心党委的决定。郑西平、张勇、杨月对景山公园近几年来在服务保障重大任务、历史名园完整性、原真性挖掘利用、公园降噪、精细化管理、精神文明建设等方面所做的工作给予肯定，并提出要求。

（张　兴）

【中心领导宣布紫竹院公园领导任免职决定】　4月7日，公园管理中心领导宣布紫竹院公园主要领导任免职决定。中心党委书记郑西平、主任张勇、副书记杨月、组织人事处调研员刘国栋到公园召开副科级以上干部会。宣布张青任紫竹院公园园长（试用期一年）。免去曹振起紫竹院公园园长职务，并办理退休手续。

（姜　翰）

【丰台区副区长钟百利带队到玉渊潭公园调研】　4月7日，丰台区副区长钟百利带领丰台区园林绿化局局长张小龙一行7人到玉渊潭公园调研，实地走访查看了公园第28届樱花节文化活动举办情况，双方就特色文化活动举办、一园一品打造等内容进行了深入交流、探讨。

（王智源）

【北京市城市规划学会理事长赵知敬到玉渊潭

【公园调研】 4月12日，原首都规划建设委员会办公室主任、北京市城市规划学会理事长赵知敬到玉渊潭公园调研。对公园规划建设发展提出建议：要多角度、深层次、不断地对公园进行规划研究，挖掘公园内涵和价值，指导公园整体建设和长远发展；公园水域辽阔，要充分发挥水资源优势，增加亲水景观设施，丰富水上活动内容，满足市民亲水需求；要进一步挖掘公园人文精神内涵，以市民需求为导向，提升服务设施、经营项目、文化展览等服务水平，打造深受广大市民、游客喜爱的城市公园。公园园长毕颐和、党委书记赵康陪同调研。

（王智源）

【国家信访局领导到陶然亭公园开展党员先锋模范专题教育活动】 4月12日，在中心党委副书记杨月的陪同下，国家信访局副局长张恩玺、陈久松带领来访接待司党总支干部一行50人到"高石墓"景区学习，参观"红色梦——慈悲庵革命史迹展"。国家信访局领导对公园景观环境、服务接待、游览秩序等工作表示肯定，指出公园深入挖掘红色文化，着力构建红色革命和党员模范教育基地，具有优质的教育资源和丰富经验。中心办公室及公园负责人陪同。

（陶然亭）

【李炜民到景山公园调研】 4月12日，市公园管理中心总工程师李炜民听取寿皇殿建筑群修缮工程进展情况的汇报，指出：严格按程序要求，组织召开设计交底会，保证工程如期开工；加强对施工单位监管，要求监理单位严把工程质量与进度。要求审计部门监督全过程资金使用情况；建立健全安全预案及监督检查制度，确保施工安全；要加强与国家文物局和市文物局的沟通，切实保障修缮资金的申请与落实。中心办公室、综合处负责人一同调研。

（景山公园）

【杨月到玉渊潭公园宣布人事任免决定】 4月13日，中心党委副书记杨月到玉渊潭公园宣布鲁勇任公园党委副书记、工会主席，原蕾任公园副园长。要求新任处级干部要加强对任职岗位的业务学习，深入了解分管工作内容，增强公园管理的实际经验，尽快进入角色。对处级班子提出要求。中心组织人事处人员陪同。

（秦 雯）

【广州市林业和园林局党委书记、局长杨国权带队到玉渊潭公园调研】 4月13日，广州市林业和园林局党委书记、局长杨国权，总工程师粟娟，广州市林业和园林科学研究所院长阮琳等一行到玉渊潭公园调研。公园副园长鲁勇、高级工程师许晓波就公园樱花的栽植历史、规模、品种、花期、樱花节举办情况等进行了详细介绍。一行人实地走访樱花园景区，到公园湿地景区进行考察，双方就园林景观配置、南北园林设计差异等问题进行了深入探讨。

（王智源）

【王忠海检查指导植物园"桃花节"工作】 4月15日，王忠海副主任带队到植物园检查指导"桃花节"工作，听取了园长赵世伟的工作汇报，实地检查了植物园内人流较为集中赏花区域的安全应急和服务管理工作，王忠海主任提出工作要求。办公室、服务管理处负责同志陪同检查。

（中心服务处）

【中心党委副书记杨月到北海公园宣布任职决定】 4月18日，中心党委副书记杨月来园宣布中心党委关于於哲生的任职决定，任命於哲生为北海公园副园长。会上，杨月书记对园领导班子提出要求。

（陈　茜）

【王忠海到北京植物园检查指导"桃花节"期间服务管理工作】 4月18日，市公园管理中心副主任王忠海听取桃花节各项工作汇报，实地检查了植物园人流较为集中赏花区域的安全应急和服务管理工作，并提出要求。办公室、服务处负责人随同。

（服务处、植物园）

【北京市中等职业学校课堂教学现状调研组到园林学校调研】 4月18日，调研组由市教委领导、各中职学校领导和市级骨干教师组成。调研以随堂听课为主，课程选择覆盖学校四个重点专业，兼顾专业课和公共基础课。5位专家共计听课24节，其中专业课18节，基础课6节，分布在11个班级。调研组对教师进行课堂教学综合考察，随机抽取10名学生填写评教表。调研组认为学校教学体现了课改成果，肯定了专业建设与行业企业的深度融合。

（园林学校）

【张勇到紫竹院公园调研指导工作】 4月18日，市公园管理中心主任张勇听取国际竹藤组织来园开展植竹活动各项服务保障工作汇报，实地察看了植竹活动路线及现场，并指出：要积极沟通，配合国际竹藤组织做好植竹活动相关工作；细化公园人员接待、景观布置、秩序维护等工作方案，明确工作职责、分工，工作落实到人，确保当天活动安全有序进行；积极与属地派出所等部门联系，做好相关备案等工作。中心副主任王忠海、办公室负责人随同。

（紫竹院）

【王忠海到景山公园检查牡丹节工作】 4月19日，市公园管理中心副主任王忠海到景山公园检查牡丹节工作。提出：一是应根据空间考虑大人流疏散方案；二是关帝庙书画展为公园牡丹节积极造势，进一步扩大牡丹品牌影响力，要做好安防工作，确保展览顺利进行。市公园管理中心办公室主任杨华、公园园长孙召良、书记吕文军、副园长温蕊、宋恺、副书记李怀力陪同检查。

（连英杰）

【张勇到香山公园检查工作】 4月21日，市公园管理中心主任张勇带队到香山公园检查工作，对公园管理处、致远斋、双清别墅及沿线的环境布置及服务工作表示肯定，并提出要求。市公园管理中心副主任王忠海、办公室主任杨华、办公室副主任邹颖及服务管理处副处长贺然随行，香山公园园长钱进朝、党委书记马文香陪同。

（齐悦汝）

【贾庆林到香山公园参观游览】 4月22日，原中央政治局常委、原全国政协主席贾庆林一行13人到香山公园参观游览。一行首先参观了双清别墅，实地了解毛泽东等老一辈无产阶级革命家当年工作和生活的场所，观看了"毛泽东在双清活动陈列"展览。随后到致远斋参观,并听取了香山公园静宜园二十八景复建工作及致远斋展览展陈的讲解。最后步行至香山慈幼院旧址,了解旧址保护现状和创建历史沿革。公园党委书记马文香全程陪同讲解,贾庆林对公园游览环境及服务接待工作表示肯定。北京市政协副主席闫仲秋、海淀区委书记崔述强、市公园管理中心党委书记郑西平、公园园长钱进朝、党委书记马文香陪同。

(齐悦汝)

【路甬祥视察北京植物园】 4月23日,原全国人大常委会副委员长路甬祥到植物园视察工作。查看了郁金香展、牡丹园及热带温室,指出:①北京植物园管理细致,游人满意度好,植物景观优美,发挥着重要的科普教育功能。②北京植物园应加强与中科院植物研究所合作,努力在北京建设高水平有特色的温带植物园。③北京植物园应努力争取借"一路一带"战略的东风,建设"一路一带"植物园,为保护植物资源,建设生态文明做贡献。

(古 爽)

【李炜民到北海公园进行节前综合检查】 4月25日,中心总工程师李炜民带队到北海公园进行"五一"节前综合检查,听取公园"五一"期间服务、绿化、安全方案、预案,随后现场走访了阐福寺园藏书画展及快雪堂景区,并提出要求。

(汪 汐)

【张勇到颐和园检查"五一"节日准备工作】 4月25日,北京市公园管理中心主任张勇带队到颐和园检查"五一"节日准备工作并慰问一线职工。检查组一行听取公园节日准备工作情况汇报,重点检查德和园"海上翰林"书画展准备情况。张勇沿途现场询问了参观画展的客流量、人群分布等情况。张勇作指示。北京市公园管理中心办公室主任杨华、安全应急处处长史建平、颐和园园长刘耀忠、党委书记李国定、副园长周子牛等领导陪同。

(潘 安)

【刘英到颐和园慰问劳模代表】 4月25日,北京公园绿地协会会长刘英、秘书长孟庆红到颐和园慰问全国劳模韩笑。颐和园园长刘耀忠、党委书记李国定感谢协会的慰问,表示公园会更加关心劳模、培养劳模、树立典型,以韩笑为引领,带好队伍,打造颐和园韩笑式的优秀劳模集体,同时加速人才培养,打造优秀讲解队伍品牌,更加积极支持和参与北京公园绿地协会、北京市公园管理中心的建设发展工作。

(潘 安)

【王忠海带队到香山公园检查节前工作】 4月25日,市公园管理中心副主任王忠海带队到香山公园检查"五一"节前工作情况。首先听取了公园园长钱进朝就"五一"节前准备工作的汇报,随后到公园监控室、索道站、碧云寺及沿线进行实地检查。王忠海对公园安全保障、服务接待、环境景观布置、卫生保洁、工作表示肯定。市公园管理中心综合管理处处长李文海、服务管理处副处长贺然、公园园长钱进朝、党委书记马文香陪同。

(齐悦汝)

【李炜民带队到景山公园检查"五一"节前准备工作】 4月25日,市公园管理中心总工程师李炜民带队到景山公园检查"五一"节前准备工作。检查组听取了公园筹备工作汇报，肯定公园安全、服务、廉洁等方面工作，并作指示。

（连英杰）

【国务院原副总理曾培炎视察北京植物园】4月30日，植物园接待国务院原副总理曾培炎视察。参观了植物园花展，听取了有关人员汇报。曾培炎表示：植物园近几年发展变化很大，变得越来越美了，这么美的植物园是北京人民的福利。植物园公益属性很强，北京市重视植物园的建设和管理是十分正确的。

（古 爽）

【中央政治局委员、中央政法委书记孟建柱视察北京植物园】5月1日，中央政治局委员、中央政法委书记孟建柱到植物园考察参观。察看园区的秩序，慰问坚守岗位的干部职工，重点检查了曹雪芹纪念馆的安全防火工作，对值班人员认真负责、措施到位表示满意。指出：公园是为广大游客提供公益的地方，安全是首要目标，任何工作没有了安全都一无是处。植物园的管理、园容日益提升，是首都市民的福音。要继续加大科研工作，特别是对有养生保健植物的研究和应用，可以引进有关的人才。要重视植物园的规划，努力实现规划的目标。

（古 爽）

【副市长、市公安局长王小洪一行到北京动物园检查节日工作】5月1日，副市长、市公安局长王小洪一行到北京动物园检查节日工作，西城区区委书记卢映川、区委常委孙硕陪同。王小洪一行到动物园派出所通过视频监控了解动物园五一安保工作情况，并听取西城公安分局、动物园派出所相关汇报。

（郜 伟）

【共青团北京市委副书记杨海滨到玉渊潭公园调研学生主题大队日活动】5月6日，共青团北京市委副书记杨海滨到玉渊潭公园现场指导调研学生主题大队日活动。东城区分司厅小学870名小学生在公园红领巾广场开展纪念红军长征胜利80周年主题大队日活动。杨海滨副书记出席并参观了活动现场、湿地教育课程，认为活动体现了红色主题、冬奥知识和自然教育，是对孩子们一次生动全面的德育教育，北京青年报报社副社长李晓兵、中心宣传处处长陈志强、公园党委书记赵康、党委副书记鲁勇、副园长高捷、副园长原蕾陪同调研。

（秦雯、范友梅）

【张勇到北海公园调研漪澜堂景区相关工作】5月10日，中心主任张勇到北海公园调研漪澜堂景区开放及展览筹备相关工作。张勇主任实地走访了漪澜堂景区并听取景区开放筹备进度的相关汇报，对公园工作给予肯定，同时指出：积极做好与仿膳饭庄的交接工作，同时做好景区周边环境品质提升；坚持"保护为主、抢救第一、合理利用、加强管理"原则，聘请有资质的专业机构对景区建筑房屋进行检测，做好回收后古建筑的修缮、保护工作；查漏补缺完善各项工作方案，精心做好主题展览筹备工作；丰富展览内涵，把北海作为清代皇家御苑的深层历史文化内涵展现出来。

（陈 茜）

【张勇带队到景山公园调研】5月10日，市公园管理中心主任张勇到景山公园调研工作。检查组实地检查了寿皇殿古建修缮现场，了解修缮进度，参观在关帝庙举办的王雪涛、徐健师生画展，了解关帝文化展准备情况，检查景山母婴室，询问使用情况，与园领导进行座谈，了解景山各项工作的进展情况。提出：寿皇殿古建修缮是北京市古建修缮的重点项目，要严格管理，切实推进，重点把握安全、质量和资金；严格施工现场管理，加大露陈文物保护力度；在古建修缮同时，积极推进展陈工作，制订寿皇殿开放人员配置方案，为寿皇殿开放做准备；寿皇殿水、电、气、热项目不在古建修缮项目资金中，可放在中心整体基础设施项目中考虑，公园提交方案；景山关帝庙主殿适宜原状恢复，展示历史的原真性，形成完整方案及资金预算，进行论证；母婴室软硬件考虑周到，使用程序良好，要提高使用率。

（连英杰）

【苏士澍到颐和园考察交流】 5月13日，全国政协常委苏士澍一行到颐和园考察交流，中国台湾民主自治同盟副主席杨健、北京皇家园林书画研究会会长刘博朗、颐和园党委书记李国定、副园长秦雷全程陪同。来宾一行由东宫门入园，途径仁寿殿、排云殿、长廊，先后参观仁寿殿文物原状展陈及殿内楹联、贴落等书法作品，德和园海派书画名家作品展，并乘船游览昆明湖。活动过程中，苏士澍肯定了颐和园深厚的历史文化和宏伟景观环境，并强调：颐和园文化底蕴丰厚，藏品丰富，各类文物遗产要分类造册，科学保护。颐和园作为全国重点文保单位，可以借助全国政协平台力量，加大历史名园文化推广，有序做好历史文化遗产的传承与可持续发展工作。

（潘 安）

【市人大代表到中心开展调研】 5月20日，市人大代表驻京部队代表团马莉莉代表来中心就市管公园开闭园时间、园区管理等情况进行调研，与服务处、办公室负责人从公园分布、所属类型、功能定位、历史文化价值、行业主管划分等多个方面展开座谈。

（办公室）

【陶然亭公园完成世界月季洲际大会外国专家团接待任务】 5月22日，作为世界月季洲际大会分会场，陶然亭公园完成集中参观与零散访团接待任务，上午完成五批次专家团集中游览，下午完成一批次零散访团游览，全天共接待128人次。公园向外国友人介绍了公园历史、月季品种、养护经验等，重点参观了公园月季主题景区胜春山房，沿途游览了华夏名亭园。

（王京京）

【全国政协原副主席、中华诗词学会名誉会长杨汝岱视察北京植物园】 5月23日，植物园接待全国政协原副主席、中华诗词学会名誉会长杨汝岱一行参观。实地参观了月季园、卧佛寺和樱桃沟栈道喷雾。

（古 爽）

【王忠海到玉渊潭公园调研"两学一做"学习教育工作开展情况】 5月25日，中心副主任王忠海到玉渊潭公园调研"两学一做"学习教育工作开展情况。深入到基层支部了解党员队伍建设、教育培训情况；听取公园党委推进"两学一做"工作的总体汇报；对公园党委结合实际抓学习教育给予了肯定。对下一步工作提出指导性意见。中心组织人事处相关人员陪同调研 。

（秦 雯）

服务管理

【全国政协常委、文史和学习委员会副主任龙新民视察北京植物园】 5月27日，植物园接待全国政协常委、文史和学习委员会副主任龙新民一行25人参观考察。实地参观了纪念曹雪芹诞辰300周年特展，对植物园重视文化保护及传承给予肯定，对纪念馆展陈形式及内容给予高度评价。

（古 爽）

【张勇带队检查噪音治理工作】 6月1日，中心主任张勇带队到天坛公园检查噪音治理工作。听取公园噪音治理工作进展汇报，实地察看公园四大门区和外坛墙拆迁情况，慰问值守在一线岗位的干部职工，并对公园治理工作给予充分肯定，并提出工作要求。中心副主任王忠海、中心主任助理、服务管理处处长王鹏训、办公室主任杨华、安全应急处处长史建平、宣传处处长陈志强、中心研究室负责人刘明星参加调研。

（张 群）

【张勇到玉渊潭公园调研】 6月8日，中心主任张勇到玉渊潭公园调研。实地察看发改委活动现场布置情况，走访公园东北部景区，并就活动相关事宜及湿地开放相关工作提出要求。中心办公室副主任邹颖、中心综合处副处长朱英姿陪同调研。

（王智源）

【中央军委副主席范长龙一行人参观玉渊潭东湖湿地园】 6月10日，中央军委副主席范长龙一行7人参观玉渊潭东湖湿地园。实地参观了湿地景区和科普展室，并在参观过程中听取了湿地工作人员关于湿地建设和开放筹备工作情况的讲解。范长龙副主席对湿地景观和开放筹备工作给予了充分肯定，并提出建议。

（王智源）

【张勇到香山公园检查工作】 6月14日，市公园管理中心主任张勇、办公室主任杨华到香山公园检查工作。一行首先前往香山寺施工现场察看，询问香山寺施工情况，随后听取了香山寺后续工作计划。张勇提出工作要求。公园园长钱进朝、党委书记马文香陪同。

（齐悦汝）

【李炜民到玉渊潭公园调研东湖湿地建设】 6月16日，中心总工程师李炜民到玉渊潭公园调研东湖湿地建设。实地察看了公园东湖湿地建设情况，详细听取湿地保护性开放方案及前期准备情况的汇报，对湿地建设及前期工作予以肯定，并提出建议。中心科技处副处长宋利培、中心综合处处长李文海、副处长朱英姿陪同调研。

（王智源）

【香山公园工会主席苗连军到红叶古树队进行调研指导】 6月16日，苗连军听取了分会主席的汇报，并征询了队领导、职工代表及业务骨干在如何加强小家建设，提升职工综合素质的意见建议后强调：职工小家建设是基层分会凝聚和温暖职工的有力抓手，要以精神、物质、文化建家为手段，提升职工的精神面貌和工作热情，注重打造一支阳光、和谐、创新型的专业技术队伍。

（芦新元）

【张勇到北海公园调研防汛相关工作】 6月28日，中心主任张勇到北海公园调研汛期防汛相关工作。张勇主任听取了公园关于防汛工作的准备情况及水面抢险、救护、消防等方面的方案、预案，并指出：汛期要时刻保持高度警惕，加强应急值守；要查漏补缺完善各项方案、预案，切实推进落实，积极做好近期水面救护及消防演练相关筹备工作；要加强防范应对，关注天气预警，及早排查隐患，提前采取措施，提防地质灾害，并加强对易积水点的抢险布控；做好雨中巡查，发现险情及时处置，及时清理雨水篦子，避免发生严重积水问题。

（陈茜）

【王鹏训到香山公园调研】 6月28日，市公园管理中心主任助理、服务管理处处长王鹏训、副处长贺然一行4人到香山公园就公园文创、文物修复及致远斋展陈二期提升工作进行调研，公园园长钱进朝、副园长袁长平参会。一行听取了公园文创工作现状、文创管理办法、东门铜狮修复进展情况及致远斋展陈二期提升方案，王鹏训对公园的工作给予肯定，并提出要求。

（王奕）

【赵卫东到香山公园检查指导工作】 6月28日，市委宣传部副部长赵卫东一行13人到香山公园开展座谈，并到致远斋、双清别墅、香山寺现场检查指导工作。一行了解了香山公园关于全国爱国主义教育示范基地的建设情况，慰问了双清别墅预备役讲解员，讲解员特别介绍了"中国梦正圆"专题展览。海淀区委常委、宣传部部长陈名杰，市公园管理中心宣传处处长陈志强，香山公园园长钱进朝，党委书记马文香陪同。

（齐悦汝）

【中心到香山公园调研古树名木保护信息系统运行情况】 6月29日，调研组由市公园管理中心科技处、综合处、信息中心、园科院相关负责人组成，听取古树名木保护信息系统汇报，观看系统演示。中心调研组认为该系统能够满足公园古树养护需求，有效提高古树档案管理工作效率。要求香山公园认真总结，持续改进，在推进智慧公园建设中起到示范作用。

（香山）

【香山公园工会主席苗连军到服务二队分会进行班组建设调研工作】 7月6日，因房屋改造，服务二队分会对现有班组和人员进行了调整，苗连军就班组设施提升、强化职工技能等方面进行实地调研，并提出要求。

（芦新元）

【李伟到香山公园进行调研】 7月12日，市委常委、宣传部长李伟，副部长余俊生，秘书长、办公室主任张爱军，市文物局党组书记、局长舒小峰等一行16人来到香山公园围绕"西山文化带"进行调研。一行首先到双清别墅参观"毛泽东在双清活动陈列展"，观看了"中国梦正圆"专题展，随后到香山寺修复工程现场，实地察看了接引佛殿、天王殿、圆灵应现殿及后苑，登上青霞寄逸楼俯瞰香山南山全景，在洪光寺听取了公园就会所转型开辟青少年拓展基地的情况汇报，沿途查看了绚秋林、雨香馆、玉乳泉等二十八景复建景点，在致远斋观看了获得2015年市政府优秀民生工程的致远斋文化展，询问了展览展陈及运营情况，最后一行到昭庙实地查看了修缮情况。市公园管理中心主任张勇、党委书记郑西平、总工程师李炜民、办公室主任杨华、综合管理处处长李文海、公园园长钱进朝等陪同。

（齐悦汝）

【李爱兵分别到北植、香山、颐和园开展安全应急工作专项调研】 7月12日，市公园管理中心副巡视员李爱兵听取工作汇报，实地察看公园重点安防部位，了解安全管理现状，要求各公园要高度重视极端灾害性天气的威胁，排查治理安全隐患，做好主汛期一切应急准备；加大旅游旺季园内秩序维护力度，打击扰序行为，确保良好的游园秩序；克服麻痹大意思想，把古建防火作为重点常抓不懈，制订切实有效的整改措施，确保安全万无一失。安全应急处负责人随同。

（安全应急处）

【李爱兵到陶然亭公园调研】 7月15日，北京市公园管理中心副巡视员李爱兵到陶然亭公园调研指导工作，听取了公园领导班子就特色文化活动、安全工作开展、职工队伍建设及近期重点工作的介绍，实地察看暑期活动筹备现场、游船码头等重点区域。对公园景观环境、游览秩序及施工现场给予充分肯定。强调，要抓好暑期活动的重点和节点，严格落实各项安全预案，妥善处理突发事件，提高安全防范意识。中心保卫处负责人陪同调研。

（王京京）

【王鹏训到紫竹院公园进行沟通交流】 7月18日，公园管理中心主任助理、服务管理处处长王鹏训到紫竹院公园就行宫文化展运营情况进行沟通交流。公园园长张青、副园长李美玲及相关负责人介绍了行宫文化展自2014年6月16日开展以来的运营情况。服务管理处副处长贺然陪同交流。

（边 娜）

【彭兴业到紫竹院公园调研】 7月18日，海淀区政协主席彭兴业一行8人到公园调研参观行宫文化展。在观看长河历史文化展过程中高度赞扬了公园在长河历史文化的传承与保护中发挥的作用，肯定了公园在长河历史文化挖掘中做出的成绩，同时要求加强长河沿岸的文化交流。政协委员表示将继续关注紫竹院双林寺塔塔基遗址保护及塔身复建工作，共同为文化建设与发展做出贡献。海淀区区委常委、纪委书记芦育珠、海淀区区委、常委宣传部部长陈名杰、公园园长张青、党委书记甘长青、副园长李美玲陪同参观。

（边 娜）

【市政府信息和政务公开办公室到中心调研】 7月21日，市公园管理中心办公室汇报了中心政务公开工作情况和下一步工作打算，调研组就当前政务公开和网站内容建设的新精神、新要求进行解读，双方围绕年度绩效考评细则要求进行座谈。王忠海副主任提出工作要求。中心办公室、宣传处、信息中心相关同志参加了调研。

（办公室）

【张勇调研"两学一做"学习教育开展情况】 7月22日，中心主任张勇带领中心第二督导组成员，到天坛公园调研"两学一做"学习教育开展情况。党委书记夏君波围绕抓好"组织引领、理论武装、问题导向、知行合一"四个方面，结合PPT演示，就公园党委开展学习教育的做法和成果进行了系统汇报，与会人员观看了党建工作宣传片，并现场检查了档案材料。第二督导组组长、中心纪检监察处处长李书民从加强学习考核、深入查找问题、发挥支部作用三个方面，提出了改进建议。作为联系点单位，中心主任张勇对天坛各方面工作给予充分肯定，并提出要求。中心纪检监察处调研员郭立萍、园领导班子成员陪同调研。

（张 轩）

【王忠海到紫竹院公园调研】 7月22日，市公园管理中心副主任王忠海到紫竹院公园调研检查工作，实地检查了紫竹院公园第二十三届竹荷文化展现场，行宫文化展览及经营情况，紫竹院公园其他商业经营情况，并与紫竹院街道领导进行了会谈。紫竹院公园园长张青、书记甘长青进行了工作汇报。王忠海副主任对公园各项工作表示肯定，并提出建议。服务管理处副处长贺然陪同检查。

（紫竹院公园）

【王忠海到紫竹院公园检查指导防汛工作】 7月26日，公园管理中心副主任王忠海到紫竹院检查指导防汛工作。实地察看了公园重点部位安全落实情况，并强调指出：要从思想上高度重视防汛工作，全园职工共同参与重视安全，形成良好的工作格局；要抓住当前防汛工作重点，安排人员、物资、资金充足到位，领导靠前指挥，排查认真仔细，细化防汛预案，确保公园的安全稳定。中心计财处处长王明力、中心办公室副主任邹颖陪同检查。

（边 娜）

【市公园管理中心纪委书记程海军带队到景山公园检查防汛工作】 7月26日，市公园管理中心纪委书记程海军带队到景山公园检查防汛工作。检查组实地检查了公园西门排水设施、山体防汛措施、雨后山体整体情况和寿皇殿古建修缮工地现场，随后到会议室听取防汛工作汇报，对公园的整体防汛工作表示肯定，并提出要求。综合管理处副处长朱英姿、景山公园园领导陪同。

（连英杰）

【程海军检查中山公园防汛】 7月27日，市公园管理中心纪委书记程海军带队到中山公园检查指导防汛工作。听取公园防汛工作汇报，实地查看后河游船码头、宰牲亭、水榭、南门门区、南坛门商店等处防汛措施以及古树支撑加固情况。中心纪检监察处、综合管理处以及园领导陪同。

（赵 冉）

【市政府办公厅绩效处到陶然亭公园检查相关工作】 7月28日，市政府办公厅绩效处处长都玉涛一行到陶然亭公园，检查陶然江亭观赏鱼花卉市场撤市及东北山高喷工程进展情况。在听取了公园详细汇报后，实地察看了东北山高喷工程施工进度，听取了公园关于工程概况、前期准备及工程量等相关情况的介绍。到陶然江亭观赏鱼花卉市场，详细了解市场清退时间、过程、现状和2016年的转型规划进展等情况。西城区政府办公室绩效科、西城区园林局及陶然亭街道办事处相关领导陪同。

（王京京）

【李爱兵到玉渊潭公园调研】 7月28日，中心副巡视员李爱兵到玉渊潭公园调研防汛抢险及"两学一做"工作情况。听取了公园防汛工作及"两学一做"开展情况汇报，实地查看树木倒伏及低洼地势排水措施，走访基层联系点票务队党支部，了解支部建设及党员队伍情况。就防汛工作和"两学一做"工作提出。中心组织人事处、安全应急处相关领导，公园领导陪同调研。

（秦雯、王智源）

【李炜民调研园科院、植物园圃地"增彩延绿"苗木繁育工作】 7月28日，中心总工程师李炜民到植物园顺义高丽营、西水泉圃地和园科院正在建设的虫王庙圃地实地调研，详细了解两个良种中试基地的良种繁育、圃地管理等相关情况，对两家单位的中试基地建设及"增彩延绿"苗木繁育工作给予充分肯定，并提出要求。科技处、园科院、植物园相关负责人及技术人员参加调研。

（科技处、植物园、园科院）

【军委总参服务保障局领导到玉渊潭公园开展座谈交流】 7月30日，军委总参服务保障局钓鱼台服务处王主任一行受军委领导委托到玉渊潭公园与公园领导座谈交流，转达军委首长对公园的慰问，肯定公园东湖湿地及整体景区服务，并对中心和公园长期以来为军队工作的支持和提供的景观环境予以感谢。

（王智源）

【孙新军到颐和园考察夜景照明工程进展情况】 8月1日，北京市城市管理委员会主任孙新军、副主任韩利、张春贵，城市照明处处长梁红柳以及北京市公园管理中心主任张勇、副主任王忠海、副巡视员李爱兵、总工程师李炜民等到颐和园实地考察夜景照明工程进展情况。孙新军在听取汇报并了解工程整体情况后，通过参观施工现场照明设施管线铺装和灯具安装方式，实际感观已完成灯具安装区域的夜间灯光照明效果后，给予颐和园在夜景照明工程实施上的宝贵意见和建议。孙新军主任对工程的实施进展情况以及对文物建筑采取的保护措施表示肯定，并提出建议。颐和园园长刘耀忠等陪同。

（张斌）

【张勇到香山公园检查香山寺修复工程】 8月3日，市公园管理中心主任张勇、副主任王忠海、总工程师李炜民、副巡视员李爱兵、办公室主任杨华、计财处处长王明力、服务管理处副处长贺然到香山公园检查香山寺修复工程，一行听取了公园领导就主体建筑工程的四方（公园、施工、监理、设计）初步验收情况、香山寺展陈运营方案及公园"十三五"规划、优秀技能人才培养等方面工作的汇报，并到香山寺检查工程收尾情况。张勇对香山寺主体建筑工程完成情况给予肯定，并提出建议。

（齐悦汝）

【市科委文化科技发展处到颐和园调研重点科技项目】 8月4日，市科委文化科技发展处处长李国光带领处室及北京生产力促进中心人员听取《基于三维场景的物质文化遗产保护与安全服务管理系统研发与应用》等2016年颐和园、园博馆申报项目汇报，分别从课题的立项依据、内容结构和推广示范等方面提出建议。李炜民总工程师就整合中心科技优势、服务首都科技文化融合发展提出意见。中心科技处、颐和园、天坛、园博馆负责人和相关人员参加会议。

（科技处）

【李炜民到天坛公园调研】 8月4日，市公园管理中心总工程师李炜民听取公园岗位设置及工资执行情况的汇报，了解公园目前岗位现状、三类岗位人员比例现状、岗位设置中存在的问题、建议和解决思路、工资总额及工资分配和工资宣传情况。对各项工作给予肯定，指出：天坛公园的技能人才在系统中有很好的示范作用，今后要进一步做好管理岗位、专技岗位的研究，在政策允许的范围下，完善干部队伍建设。天坛作为世界文化遗产单位，要站在局部和整体两个层面上看问题，把握未来发展趋势，从文化传承、建设管理与研究的角度考虑未来人才需求，为长远发展打好基础。

(天坛公园)

【李炜民到陶然亭公园调研】 8月5日，北京市公园管理中心总工李炜民到陶然亭公园调研指导工作，听取公园北湖岸整体景观改造工程项目前期设计思路及2017年拟建工程项目的工作汇报，并指导工作。中心综合处处长李文海、副处长朱英姿及相关工作人员陪同。

(王京京)

【国际古迹遗址理事会考察颐和园】 8月8日，在国家文物局局长刘玉珠、副局长宋新潮、中国文物古迹遗址保护会理事长童明康等领导的陪同下，国际古迹遗址理事会主席古斯塔夫·阿罗兹、副主席马里奥·桑塔纳及国际文化遗产记录科学委员会主席安德烈亚斯·乔戈普洛斯一行3人实地考察了颐和园仁寿殿、乐寿堂、长廊、排云殿等主要建筑景观的保护、管理、监测等工作，就进一步推进文化遗产保护合作等事项与国家文物局进行沟通交流。

(颐和园)

【董玉环到香山碧云寺调研】 8月17日上午，民革中央办公厅主任董玉环带队到香山碧云寺，围绕"纪念孙中山先生诞辰150周年活动"进行实地调研。市委办公厅副巡视员张剑、市公园管理中心党委副书记杨月、办公室主任杨华、公园园长钱进朝、党委书记马文香陪同。一行先后到碧云寺孙中山纪念堂、展室、接待室及周边环境进行踏勘，对设施、服务、接待、环境、讲解等方面进行调研，一行对公园的各项工作表示肯定。北京市政府、市台办、海淀区政府、香山街道等单位有关人员参加此次调研。

(齐悦汝)

【张勇到颐和园调研墙修缮、景观保护和文创工作】 8月18日，北京市公园管理中心主任张勇检查南如意门、北如意门、霁清轩等区域沿线园墙，实地察看前期强降雨后塌陷的苇场门配电室大墙区域，听取公园采取安全保障措施以及园墙相关修缮情况的汇报，并到颐和园文创商品展示活动现场调研，询问文创产品展览展示、颐和园文创系列商品等情况。张勇对颐和园文创产品展示活动的开展给予肯定并指导工作。北京市公园管理中心办公室主任杨华、颐和园园长刘耀忠、党委书记李国定、副园长丛一蓬、杨宝利陪同。

(潘 安)

【北京市政府特约监察员到颐和园调研北京市管理公园文物保护工作】 8月24日，北京市政府特约监察员到颐和园调研市管公园文物保护工作。会议由北京市纪委党风政风监督室主任赵玉歧主持，10位北京市政府特约监察员，北京市公园管理中心主任张勇、副主任王忠海、总工程师李炜民、纪委书记程海军、服务管理处处长王鹏训，颐和园园长刘耀忠、党委书记李国定等参会。会上，张勇概括介绍了北京市公园管理中心所管辖11家公园总体情况，对近几年中心在保护历史名园完整性、原真性等方面所做工作进行介绍。李炜民汇报中心文物保护情况，刘耀忠汇报公园文物保护工作情况。张勇结合文物保护工作，表达了当前形势下市管公园面临的资金、人才、规划编制审批、人流调控等方面的问题，介绍了北京市公园管理中心在噪音治理、文物安全性分类鉴定等工作。北京市公园管理中心对市政府特约监察员询问的中心权责收支、编制修订、文物定级、古建场所开放利用等相关问题一一进行了解答说明。会后，一行人参观考察了文昌院综合展厅、仁寿殿、德和园大戏台和谐趣园文物库房，实地了解颐和园文物古建等保护修缮工作。

（潘安）

【安金明到颐和园调研文创产品及智慧景区工作】 8月31日，北京市旅游发展委员会副主任安金明带队到颐和园专题调研文创产品及智慧景区工作。安金明一行5人首先实地考察了颐和园文创活动评选现场，随后进行座谈交流会。会上，安金明了解文创产品研发销售和北宫门电子票务系统建设等相关情况，在听取颐和园文创产品、景区智慧旅游工作的汇报后，对公园相关工作开展给予肯定。颐和园副园长杨宝利、周子牛陪同。

（潘安）

【张勇带队专题调研北海公园、景山公园噪音治理工作】 9月2日，市公园管理中心主任张勇实地检查两园降噪效果，听取专项汇报，对降噪工作措施及成效给予肯定，指出两家公园在保护世界文化遗产及文物的基础上，积极进行噪音治理，为游客、市民创造了更加舒适的游览环境，是提升服务的有益尝试，工作意义重大，体现出公园主动作为、勇于担当的工作精神，并提出要求。中心副主任王忠海、副巡视员李爱兵及办公室、服务处、宣传处、安全应急处、北海公园、景山公园负责人随同。

（北海公园、景山公园）

【王忠海到园林学校开展绩效及财务工作专项调研】 9月6日，听取工作汇报后，市公园管理中心副主任王忠海指出：要与中心各部门加强沟通，突出学校工作特色，推出个性化创新创优项目，广泛争取各方面对学校工作的理解和支持；要摸清家底，严格按上级要求，做好2016年预算执行工作，提前布置2017年部门预算准备工作。

（园林学校）

【刘淇到香山公园检查工作】 9月8日，原北京市委书记刘淇到香山公园实地检查香山寺修复工程，海淀区委书记崔述强、市公园管理中心主任张勇、党委书记郑西平、公园园长钱进朝、党委书记马文香等领导陪同。一行实地察看天王殿、圆灵应现殿、水月空明殿、青霞寄逸楼等，听取了工作人员就古建修缮、油饰彩画、园林艺术等方面的汇报。刘淇对香山寺修复工程给予肯定。

（齐悦汝）

【中心纪检监察处检查中山公园会所整改】 9月12日，中心纪检监察处处长李书民带队，检查中山公园会所整改情况。检查过程中，园领导向检查小组介绍会所整改情况，检查小组实地检查西南二号院，未发现违规问题。

（李 翱）

【市园林绿化局、市政市容委领导及照明专家到颐和园调研验收夜景照明一期工程】 9月12日，市园林绿化局副局长高大伟，市政市容委委员张春贵及中国建筑科学院物理研究所、中国照明学会、城市照明处、天津大学等专家实地察看谐趣园、霁清轩、西堤、十七孔桥、南湖岛等区域照明效果，对工程和阶段性成果予以肯定，并提出建议。

（颐和园）

【王鹏训到香山公园调研】 9月13日，市公园管理中心主任助理、服务管理处处长王鹏训，副处长贺然到香山公园调研，听取了公园关于香山寺开放前工作及资金情况、皇家礼物智能旗舰店设计方案及香山公园东宫门铜狮修补方案的情况汇报，并对香山寺、文创及文物工作表示肯定，提出建议。随后一行在园长钱进朝的陪同下实地检查了致远斋展览二期提升工作，对韵琴斋内举办的"香山印记——纪念香山公园建园60周年老照片展"及增设的"诫子书"拓片互动体验项目表示肯定。

（王 奕）

【张勇到玉渊潭公园检查工作】 9月27日，中心主任张勇到玉渊潭公园检查工作。实地察看公园东北部景区、大西门、玉和画舫，详细听取公园节前工作汇报，对公园节日期间各项工作予以肯定，中心副巡视员李爱兵、中心办公室主任杨华陪同检查。

（王智源）

【北京市副市长林克庆带队到中心检查指导国庆游园筹备工作】 9月28日，实地检查玉渊潭公园、北京植物园、香山公园国庆景观环境布置、游园安全保障、古建修缮、安全管理、游客量管控及统计分析等工作，听取中心节日筹备工作汇报，对市管公园景观环境布置、安全服务保障及职工工作效率、精神面貌等给予肯定。在香山永安寺青霞寄逸楼现场会上，林克庆副市长就全市相关工作提出要求：做好园林景观布置，确保养护到位，尽可能延长花期，保证景观质量；做好公园节日服务接待工作，加强大人流预判，做好索道、游船等游乐设施安全保障，及时疏导大人流，避免踩踏事件发生，加强极端事件的监控及应急处置能力；做好供水安全管理，防止老旧管网爆裂等情况，保证河湖供水补水；做好值班值守，严格执行24小时应急值守制度及请销假制度。市政府副秘书长赵根武，市水务局局长金树东，市南水北调办公室主任孙国升，市园林绿化局副局长戴明超，市质监局副局长陈言楷，市安全监管局副巡视员李振龙，中心党委书记郑西平、主任张勇、副主任王忠海、副巡视员李爱兵及中心相关处室、玉渊潭公园、北京植物园、香山公园等负责人陪同。

（本刊综合）

【张勇到颐和园检查国庆节日准备工作】 9月28日，北京市公园管理中心主任张勇到颐和园检查节前准备工作。颐和园围绕落实中心节日"四无"工作目标，汇报节日准备工作情况。实地察看了颐和园中控室，了解公园智能人数统计系统安装及调试情况后，张勇提出工作要求。颐和园园长刘耀忠等领导陪同。

（潘 安）

服务管理

【北京市政府副秘书长赵根武视察北京植物园】 9月28日，北京市政府副秘书长赵根武检查植物园花卉布置工作。实地察看东南门区"春华秋实"花坛、杨树区"菊海花田"展区、"绿茵垂虹"花境及盆景园造型菊展区，对植物园花卉布置工作给予肯定。中心主任张勇、市水务局局长金树东、市园林绿化局局长邓乃平、市安全监管局副巡视员李振龙、市公安局消防局防火部副部长刘玉波陪同。

（古爽）

【市政府副秘书长赵根武带队到玉渊潭公园检查国庆节前公共安全工作】 9月28日，市政府副秘书长赵根武带队到玉渊潭公园检查国庆节前公共安全工作。听取公园节前工作汇报，实地察看国庆环境布置、游园安全保障和水上设施等情况，对公园节日服务保障工作予以肯定，并代表市领导向公园全体职工致以节日问候，提出：充分做好节日期间大客流应对，细化完善应急预案，做好突发事件的应急响应，避免发生大人流踩踏；提升服务水平，完善责任制，加强落实各项检查，为广大游客营造整洁、美观的游园环境。市水务局、市园林绿化局、市南水北调办、市质监局、市安全监管局、市公安局消防局防火部，中心主任张勇、副主任王忠海、副巡视员李爱兵、办公室主任杨华、宣传处处长陈志强陪同调研。

（王智源）

【中心领导到玉渊潭公园宣布人事任命】 9月29日，中心党委书记郑西平、党委副书记杨月到玉渊潭公园宣布曹振和任玉渊潭公园党委书记。公园园长毕颐和、新任党委书记曹振和分别作表态发言。郑西平书记对公园近年来所取得的成绩给予了充分肯定，对新班子提出要求。中心组织人事处正处级调研员刘国栋、公园领导班子成员、各科队党政主要负责人参加会议。

（秦雯）

【王忠海到玉渊潭公园检查节前安全工作】 9月29日，中心副主任王忠海到玉渊潭公园检查节前安全工作。听取公园节日安全服务工作汇报，实地察看了公园东湖湿地和园内安全服务情况，并提出要求。中心综合处处长李文海陪同检查。

（王智源）

【张勇检查中山公园国庆综合保障】 10月2日，市公园管理中心主任张勇实地察看蕙芳园兰花展、画展，检查南门、东门门区服务安全和大客流疏导工作，听取公园景观环境、安全秩序、服务接待工作情况报告，肯定公园整体工作，对干部职工表示节日慰问。中心办公室、园领导以及相关部门负责人陪同。

（赵冉）

【北京世界园艺博览会事务协调局到颐和园调研智能化运营接待方案】 10月11日，市公园管理中心副巡视员李爱兵进行接待。世园局相关负责人介绍北京世界园艺博览会组织构架、筹建情况，了解颐和园票务线上销售、网络服务平台建设等工作，并到园内实地调研总监控室、北宫门门禁系统使用情况。颐和园相关负责人围绕景区安防体系、门区票务管理系统和景区智能化介绍经验做法。世园局常务副局长周剑平讲话。中心安全应急处负责人参加调研。

（颐和园）

【厦门市市政园林局一行4人到中心调研座谈】 10月14日，市公园管理中心副主任王忠海出席，中心服务管理处负责人介绍了中心开展百项文化活动、为民办实事的具体情况，解答了关于展览展陈、服务民生、机构设置、组织架构、社会化用工的相关问题。中心服务处、办公室、组织人事处、研究室负责人参加。

（办公室）

【张亚红到香山公园调研】 10月25日，市公园管理中心副主任张亚红、服务管理处副处长贺然到香山公园调研，公园园长钱进朝陪同调研。钱进朝就公园红叶季基本情况进行汇报。张亚红对公园工作表示肯定并提出工作要求。

（齐悦汝）

【张勇检查指导香山红叶观赏季安全保障工作】 10月25日，市公园管理中心主任张勇听取红叶观赏季期间公园服务、安保、红叶变色率及游园舒适度等情况汇报，询问索道运营及园区安全管控、客流疏导等情况，要求做好安全服务综合保障工作，充分发挥网格化巡视作用，确保游客安全；加强园区监控和大客流预判，确保实时启动疏导方案妥善应对，维护良好游园秩序；做好索道改造的前期调研工作，有序推进索道改造事宜。中心办公室及公园负责人随同。

（香山公园）

【中心综合处与市林业工作总站对通州区马驹桥镇、西集镇的平原造林地块开展实地调研指导】 10月26日，专家组听取通州区林业工作总站的介绍，了解了平原造林工程林木生长情况，养护现状和技术需求等，并进行现场察看，对林木的病虫害防治和土壤改良等方面工作提出有针对性的指导意见和建议。园林学校、园林科研院、北京植物园及中国林科院、北京林业大学相关专家参加调研。

（综合处）

【张勇到玉渊潭公园调研】 10月27日，中心主任张勇到玉渊潭公园调研。听取公园相关工作汇报，对公园近几年环境提升、景区改造及杨柳飞絮治理等工作予以肯定，并提出：东湖湿地园作为公园近几年的亮点，湿地保护要加大探索力度和管理力度，力争做好后续开放准备工作；万柳堂景区建设对公园整体景观提升作用显著，下一步公园南部景观建设可列为重点提升区域；进一步提升公园四个服务的服务能力和服务水平，持续加强入园车辆、噪音管理及园区秩序维护，解决好工程建设和开放游览之间的关系，提升全园服务水平，减少游人投诉。中心副主任张亚红，办公室主任杨华，公园领导班子全体陪同调研。

（王智源）

【张亚红到动物园调研指导工作】 10月27日，中心副主任张亚红到动物园调研指导工作。动物园党委书记张颐春、园长李晓光进行了工作汇报。张亚红副主任对下一步工作提出要求。服务管理处处长王鹏训、副处长贺然陪同调研。

（本刊主编）

【张勇到陶然亭公园调研指导工作】 10月28日，北京市公园管理中心主任张勇、副主任张亚红到陶然亭公园调研指导工作，听取公园领导班子分工、近期工作重点及整改工作推进情况，指出：陶然亭公园历史悠久、底蕴深厚、资源丰富、发展空间大，今后要明确公园定位，抓好基础工作，服务好市民群众，形成公园特色；整合优势资源，抓住发展机遇，做好与属地和社会相关部门的沟通协作，挖掘发展潜力，继续做好厂甸庙会、噪音治理等工作；抓好房屋出租管理，解决好公园的历史遗留问题，梳理好各方合作关系，确保不出问题；从大局出发，着力解决好土地交叉问题，不断提升公园的景观品质和发展建设水平。中心办公室主任杨华陪同调研。

(王京京)

【张勇到紫竹院公园调研指导工作】 10月28日，公园管理中心主任张勇一行3人到紫竹院公园调研指导工作。张勇对公园职工的精神面貌与会所、噪音治理、景观环境等管理工作给予了肯定，并提出：公园要加大干部交流与培训，做好后续人才力量储备；举办文化活动要结合公园特色注重选题内容，展示免票公园历史文化特色。中心副主任张亚红、办公室主任杨华陪同调研。

(边娜)

【张勇到香山公园检查指导工作】 10月29日，市公园管理中心主任张勇、办公室主任杨华到香山公园检查红叶季安全服务保障工作。听取了公园园长钱进朝、党委书记马文香就红叶季保障工作及公园关于安全、管理、建设、服务、文创等工作情况的汇报，并进入园区实地踏勘，先后到公园东门、北门、皇家礼物旗舰店、静翠湖、青未了、红叶林区、流憩亭、欢喜园、双清别墅等处检查，

对公园一线服务保障的干部、职工、公安民警等进行慰问。张勇对公园各项工作表示肯定，对公园职工的精神状态和爱园奉献精神给予肯定，同时提出要求。

(齐悦汝)

【市政府副秘书长赵根武到香山红叶观赏季总指挥部检查指导工作】 10月30日，赵根武详细询问门区安检、红叶变色率、游园人数及周边交通状况等各项工作情况，慰问指挥部各岗位值班人员，要求：做好客流高峰预判，及时启动应对大客流等处置工作，确保良好游园秩序；及时做好大风天气应对工作，密切关注缆车安全；提前细化落实各项安全预案，做好园区防暴反恐工作；加强部门联动，做好与公安、消防等部门的沟通协调，全力保障香山红叶季安全有序。秘书长一行实地察看动物园主干道、主要景区游客接待情况，强调做好服务、安全、保洁一体化等服务保障工作。

(安全应急处)

【服务管理处与综合管理处到圆明园进行厕所管理建设专项考察调研】 国庆节后，国家旅游局发布了"十一"假日旅游"红黑榜"，中心所属颐和园和动物园分别获得旅游服务最佳景区和旅游安全保障最佳景区，海淀区属的圆明园遗址公园获得了厕所革命最佳景区。为了进一步加强中心所属公园厕所的建管水平，10月11日服务管理处与综合管理处一行9人到圆明园进行了厕所建设管理方面的专项考察调研，听取了圆明园副主任马晓琳和相关工作人员的情况介绍并进行了交流，实地察看了南门卫生间、展览馆卫生间等五个卫生间。

(本刊主编)

【张亚红到公园调研指导服务管理工作】 11月1日，市公园管理中心副主任张亚红先后到香山、动物园听取近期工作汇报，强调：统一思想、提高认识，举全园之力做好巡视整改工作，将压力层层传导到末端，传导到每名职工；进一步加强厕所管理，寻找薄弱环节，提高服务管理水平；推动文创工作实现突破性进展，按大众创业、万众创新的精神推动该项工作，着重突出品牌影响力，拓宽销售空间和线上线下渠道，实现文创工作新突破。中心服务处及公园相关负责人随同。

（本刊综合）

【中心联合市林业工作总站组织开展平原林木养护技术服务工作专家调研】 11月1日、3日，分别对房山区石楼镇、大石窝镇以及顺义区南彩镇的平原造林地块进行实地调研指导，听取两区县林业工作总站和管护中心的相关工作介绍，了解林木生长情况、养护现状和技术需求等。专家组对柳树、刺槐、白蜡等主要平原造林树种的修剪方法、养护技术以及病虫害防治进行现场指导，就平原造林现行技术规范等技术指导性文件进行研讨，提出具体的意见和建议。中心综合处、科技处、颐和园、北海、中山、园林科研院相关人员参加。

（综合处）

【中心主任张勇、副主任张亚红专项调研公园服务管理工作】 11月2日，中心领导先后到天坛、陶然亭、紫竹院、玉渊潭听取领导班子分工、近期工作重点及年度任务完成等情况专题汇报，与公园领导班子进行座谈，指出：①强化服务。进一步明确公园定位，抓好基础工作，强化一线服务岗位管理，服务好市民、游客；做好北京市、中央单位和驻京部队服务接待，持续提升公园"四个服务"的能力和水平。②突出管理。持续开展园区文明游园和降低噪声等活动；抓好房屋出租管理，解决好公园历史遗留问题。玉渊潭公园要加大东湖湿地等新景区保护及管理力度，做好后续开放准备工作，提升公园景观品质和发展建设水平；陶然亭公园要积极与属地相关部门沟通，着力解决好土地交叉问题。③丰富活动。针对公园自身特点，不断整合优势资源，积极策划天坛晚间游览、陶然亭厂甸庙会和紫竹院、玉渊潭、陶然亭冰雪项目进公园等主题文化活动，展示园林历史文化特色。中心办公室相关负责人及4家公园领导班子成员参加。

（本刊综合）

【全国政协、民革中央等部门到香山碧云寺实地调研】 11月4日，全国政协秘书局巡视员赵东科、巡视员兼副局长洪光、民革中央办公厅副主任刘良翠一行到香山碧云寺，就纪念孙中山先生诞辰150周年活动进行实地调研、踏勘。一行先后到碧云寺孙中山纪念堂、展室、接待室及周边环境进行踏勘，对设施、服务、接待、环境、讲解等方面进行调研，对公园的服务保障工作表示肯定。公安部、市政府办公厅、市交管局、市公安局有关领导和市公园管理中心副主任张亚红、办公室副主任刘东斌、公园园长钱进朝等陪同。

（齐悦汝）

【中心领导到玉渊潭公园调研】 11月4日，中心副主任王忠海、张亚红到玉渊潭公园调研。实地察看了东湖湿地园及在"玉和集樱展室举办的中心离退休干部书画展,指出:认真落实服务管理规范,把握服务细节,充分提升公园整体精神面貌;文化活动应与市民文化生活相结合,面向大众广泛宣传园林美和公园文化,提升公园综合效益;充分做好明年建设预算,保证公园各项建设顺利进行。中心组织人事处副处长果丽霞陪同。

(王智源)

【中心服务管理处到陶然亭公园检查工作】11月7日,为落实巡视整改要求加强票务管理,提升公园厕所建设管理水平,进一步加强文创工作,北京市公园管理中心主任助理、服务管理处处长王鹏训、副处长贺然等一行4人,到陶然亭公园进行票务、文创、厕所等工作的专项检查。公园将工作的具体情况进行汇报。之后王鹏训处长、贺然副处长分别对公园工作给予肯定并对今后的工作方向提出要求和建议。最后检查组到公园游客服务中心文创产品柜台进行实地检查。

(刘 斌)

【王鹏训到紫竹院公园检查】11月7日,公园管理中心主任助理王鹏训带队一行4人到紫竹院公园检查。检查厕所管理、票务整改及文创工作开展情况,王鹏训助理提出建议。服务处副处长贺然及相关人员陪同检查。

(尹伊朦 连明明)

【王忠海到香山公园检查调研工作】11月10日,市公园管理中心副主任王忠海到香山公园检查调研工作,听取公园园长钱进朝就红叶季工作及全年经济创收工作的汇报,王忠海对公园各项工作表示肯定,并提出:一是扎实做好红叶观赏季各项工作,持之以恒,

善始善终,力争在提升安全、优化服务和提效增收方面都取得新成绩;二是盘点和梳理全年工作,总结经验,加强上下沟通,运用绩效管理机制对各项工作进行考核;三是精心做好2017年工作计划,编制预算,围绕工作重点配置人、财、物资源,建立健全财务工作责任制度,严格把控;四是切实加强财会审计队伍建设,配齐力量,强化培训,补齐短板;五是进一步强化开源增收意识,大力加强文创产品研发销售工作,深挖香山历史文化、开发特色资源,不断创新项目,努力实现淡季不淡。

(齐悦汝)

【祖谦到紫竹院公园检查】11月16日,公园管理中心计财处处长祖谦带队一行5人到紫竹院公园检查。主要对公园"小金库"专项治理工作进行检查,并对游乐场、食品商店进行实地检查。检查中未发现存在"小金库"现象,对公园票务管理等工作给予了肯定。中心服务处、计财处、审计处等相关部门人员陪同检查。

(连明明)

【市政协委员到陶然亭公园视察无障碍环境建设情况】11月17日,市政协社会和法治委员会副主任郭宝东、市残疾人联合会执行理事会理事长吴文彦、市残疾人联合会原党组书记马大军等市政协领导及部分市政协委员到陶然亭公园,实地视察了公园北门无障碍进出口、低位售票窗口、餐厅、商店和公共厕所无障碍建设管理情况,沿途听取了公园基本情况介绍,并对服务特殊人群和无障碍环境建设运行情况进行调查研究。市政协委员对公园无障碍环境建设和配套服务工作表

示肯定。市公园管理中心、中国盲文图书馆、市规划国土委、市残联及陶然亭公园相关领导陪同。

（王京京）

【张亚红带队到北京动物园检查文创工作】11月24日下午，中心副主任张亚红带队到北京动物园现场检查熊猫馆文创商店开业前准备情况。动物园园长李晓光介绍了产品研发、店面设计、商品布展等情况。张亚红副主任表示动物园近年来文创工作推进力度较大、措施得当、效果显著，并针对熊猫馆文创商店提出建议。服务管理处处长王鹏训、动物园党委书记张颐春、副园长冯小苹及管理科有关同志陪同检查。

（本刊主编）

【李爱兵到香山公园检查指导工作】12月1日下午，市公园管理中心副巡视员李爱兵、安全应急处处长史建平到香山公园检查指导安全工作。一行首先听取公园园长钱进朝对公园近期安全工作的汇报，同时结合冬季山林防火、建筑施工安全等方面提出工作要求。

（齐悦汝）

【张亚红到紫竹院公园检查工作】12月1日，公园管理中心副主任张亚红带队到紫竹院公园现场检查文创商店筹备情况。张亚红肯定了紫竹院公园在推进文创工作过程中所做的努力并提出要求。公园管理中心主任助理王鹏训、宣传处处长陈志强、服务管理处副处长贺然陪同检查。

（尹伊朦　边娜）

【王忠海到紫竹院公园检查情况】12月5日，公园管理中心副主任王忠海带队对公园租房屋管理和会所整治情况进行检查，并提出要求：统一思想，高度重视，公园要再次对出租房屋进行排查、梳理，了解掌握出租及使用情况，严禁存在高档餐饮、高端接待和私密聚会等活动，保持园内高档餐饮整改效果，严防死守，对驻园单位做到日检日查，随时上报，确保出租房屋合规使用。中心计财处处长祖谦、审计处处长王明力、办公室副主任邹颖陪同检查。

（姜翰）

【李炜民带队到香山公园检查工作】12月5日下午，市公园管理中心总工程师李炜民、纪检监察处处长李书民、综合管理处处长李文海一行到香山公园检查出租房屋管理情况。公园园长钱进朝汇报公园出租房屋管理情况，一行提出工作要求：一是公园要继续加大监管力度，对园内出租房屋情况进行全方位掌握；二是加强信息报送，每日检查，做好记录，建立信息报送和反馈机制；三是明确划分职责，做到责任到岗、到人，加强巡查，发现问题及时上报。随后一行到园内慈幼院铁工厂、兄弟楼等出租房屋进行实地检查。

（齐悦汝）

【张亚红检查公园出租房屋管理】12月5日，市公园管理中心副主任张亚红实地察看五色坛展厅、二号院、长青园3家具备餐饮条件的驻园单位，检查公园驻园单位餐厅设施、餐食酒水、餐具酒具、安全用电等清理落实情况，听取公园工作情况报告，查看有关工作记录，肯定公园整体工作。中心主任

服务管理

助理、服务管理处处长王鹏训、组织人事处人员陪同，园领导班子成员参加。

（赵　冉）

【王忠海到玉渊潭公园检查房屋出租管理情况】 12月5日，中心副主任王忠海带队到玉渊潭公园检查房屋出租管理情况。听取公园会所转型和房屋出租情况汇报，现场查看公园确园和其他出租房屋情况。中心办公室副主任邹颖、计财处处长祖谦、审计处处长王明力，公园领导班子全体陪同。

（王智源）

【中心领导检查玉渊潭公园房屋出租管理情况】 12月6日，中心主任张勇带队到玉渊潭公园检查房屋出租管理情况。实地察看了园内承租单位"别处空间"的房屋使用情况，未发现问题。中心副主任王忠海、张亚红，副巡视员李爱兵，总工程师李炜民，办公室主任杨华，公园领导班子全体陪同。

（王智源）

【张勇到香山公园检查出租房屋管理工作】 12月6日下午，市公园管理中心主任张勇、副主任王忠海、张亚红、总工程师李炜民、副巡视员李爱兵到香山公园检查出租房屋管理工作。张勇到碧云寺跨院实地检查，听取了公园园长钱进朝、党委书记马文香的汇报。张勇对公园加强管理和巡查采取的措施给予肯定，并提出建议。市公园管理中心办公室主任杨华陪同。

（齐悦汝）

【李炜民到玉渊潭公园调研】 12月7日，中心总工程师李炜民到玉渊潭公园调研。听取公园关于总参占地建房情况的汇报，实地察看了六建西部在建房屋区域，并提出要求。中心副处长朱英姿，综合处负责人，公园领导陪同。

（王智源）

【张勇带队检查天坛公园无障碍设施建设和文创工作进展情况】 12月8日，中心主任张勇带队到检查无障碍设施建设和文创工作进展情况。中心主任张勇、副主任张亚红、总工程师李炜民、办公室主任杨华和综合处长李文海一行来园检查公园无障碍设施使用管理情况，实地查看祈年殿东、南、西门及祈年殿大殿西侧残疾人坡道，张勇主任详细询问无障碍通道出入口开放时间、无障碍设施使用频次、人员管理配备和牌示引导等情况。随后，张勇主任一行到祈年殿祈年门西文创产品展示店进行检查、指导，询问试营业期间销售及文创产品运营进展情况。

（张　群）

【中心副主任张亚红检查天坛无障碍设施】 12月9日，张亚红副主任代表公园管理中心在天坛公园参加了北京市无障碍设施建设和改造工作联席会议办公室召集的现场会。在随后召开的落实现场会精神的科队长会上，张亚红副主任提出六点要求：一是要明确认识天坛的地位。作为世界文化遗产、全国文保单位，天坛公园各项工作都应该高标准，在全市全国甚至全世界领先。所以无障碍设施的建设与管理，也应该是世界水准的。二将做好无障碍设施的整体规划。根据游人的需求，梳理设施是否够用，是否符合文保要求。设施的分布要有规划图，已完成的应标在导游图上。三是加强研究。要学习故宫、颐和园等古建集中区域是如何设置无障碍设施的，还要向世界上著名文物景点进行学习。四是强化服务管理。要善于站在需求方的角度去体验，去考虑问题。必须设置指示牌示且要放在合适位置，要设立闭合的无障碍游线。要公布求助电话，让游人及时找到服务人员。五是加强应对特殊情况的演练。所有检查、维护、演练的安排与过程都要留痕，加强记载。六是采用智能化、现代化的措施。要经受住游人使用的检验，自己解决不了的及时上报中心。天坛公园党委书记夏军波、副书记董亚力、副园长王颖以及有关科队的领导参加了会议。

（本刊主编）

【张勇检查公园会所专项整治工作】 12月14日，市公园管理中心主任张勇带队实地察看长青园，听取公园关于落实会所专项整治工作汇报，肯定公园采取断气措施。中心领导李炜民、张亚红、李爱兵，办公室、综合管理处负责人及园主要领导陪同。

（赵 冉）

【市公园管理中心纪委书记程海军带队到景山公园检查工作】 12月14日，市公园管理中心纪委书记程海军带队，对景山公园2016年度落实党风廉政建设责任制情况进行检查。实地察看了茶园等5处出租场所，听取了公园落实"两个责任"的工作情况汇报，分别与班子成员进行了个别谈话，与部分科队长、党支部书记进行了延伸座谈，对照《考核评估指标体系》查阅了相关资料，并提出要求。中心办公室副主任邹颖、服务管理处副处长贺然、颐和园纪委书记杨静、中心团委负责人李静参加检查。

（李潇潇）

【张勇带队到玉渊潭公园专项检查党风廉政建设"两个责任"落实情况】 12月14日，中心主任张勇带队到玉渊潭公园专项检查党风廉政建设"两个责任"落实情况。检查组现场查看了公园内的房屋出租和会所治理情况，就近期工作形势和下一步治理重点与公园领导班子和承租方进行了沟通。公园党委书记曹振和围绕"两个责任"落实情况，进行了系统汇报。检查组对如何运用"四种形态"监督执纪，基层党员干部的思想状况、廉政意识等内容进行了现场提问，与公园领导班子和科级干部代表分别进行了谈话交流，查看了公园落实党风廉政建设44项细则的档案材料。中心张勇主任提出要求。中心办公室主任杨华、中心综合处副处长朱英姿、动物园纪委书记白永强、玉渊潭公园领导班子成员参与检查。

（秦 雯）

【张勇带队开展会所专项整治工作检查】 12月16日，中心主任张勇分别听取北海、中山、景山、陶然亭、紫竹院公园关于会所治理及出租房屋管理工作汇报，实地查看北海团城、中山长青园、景山景泰园、陶然亭常青轩及紫竹院问月楼等管理情况，并就专项治理提出要求。中心总工程师李炜民、副主任张亚红、副巡视员李爱兵及中心办公室、综合处、公园负责人参加。

（本刊综合）

【张勇到颐和园指导文创工作】 12月19日，北京市公园管理中心主任张勇带队到颐和园召开文创工作现场会。张勇对颐和园仁寿殿文创产品核心区旗舰店在售的5个系列、300余种文创产品售卖情况进行现场检查指导和观摩交流。详细了解文创旗舰店年销售额、畅销产品种类特色及公园文创工作进展等情况,对部分文创产品创新售卖形式和如何更进一步体现颐和园文化特色给予指导。颐和园园长刘耀忠陪同。

(林 楠)

【李爱兵检查指导颐和园花研所、北京动物园饲养基地安全工作】 12月20日,中心副巡视员李爱兵分别听取颐和园花研所、北京动物园饲养基地安全管理工作开展情况汇报,现场查看基础设施、锅炉运行状况以及安全措施落实情况,并提出要求。安全应急处及颐和园、北京动物园相关负责人随同。

(本刊综合)

【张勇带队到天坛公园开展专题调研】 12月21日,中心主任张勇听取关于天坛公园保护规划汇报,实地检查古建、文物保护工作,查看西门及周边拆迁情况,强调要进一步做好调研准备工作,完善各项汇报资料,做到资料精准、内容翔实、准备充分。中心总工程师李炜民及办公室、综合处、天坛公园负责人随同。

(天 坛)

【北京市文物局执法队到香山公园检查】 12月22日上午,北京市文物局执法队一行4人对公园内国家级文保单位碧云寺进行安全检查,公园就园内文物保护情况进行介绍,一行对公园的文物保护工作表示肯定。对罗汉堂、中山堂等重点区域进行安全检查后提出建议。

(王 宇)

【市发改委、市环境保护局检查颐和园清洁生产工作】 12月30日,听取清洁生产工作汇报,实地踏勘养云轩厕所、对鸥舫商亭及园外食堂,详细审核备查资料,就清洁生产审核报告编制工作提出整改意见。中心副主任张亚红、北京节能技术监测中心高级工程师李文明等专家参加。

(颐和园)

接待服务

【北京动物园接待中央美术学院师生参观交流】 1月18日,中央美术学院"勤学社"师生一行17人来北京动物园参观学习兽舍丰容物品、保护教育牌示、课堂教具等方面的设计制作。师生们参观金丝猴馆和熊山等场馆,听取讲解,并进行讲课交流。园领导介绍了动物园的基本情况,演示了动物园"一园两区"新区规划竞标公司的视频演示,并针对主修设计的同学们感兴趣的兽舍设计和保护教育牌示设计方面问题,在展区设计理念和方向、原则等方面进行介绍

(张 帆)

【颐和园与美国宝尔博物馆签署展览合作意向

书】1月19日,公园与博物馆商讨在宝尔博物馆举办"慈禧"主题交流展相关事宜。双方就展览时间、地点、展品内容、数量、展览方式及合作方式进行沟通,拟定于2017年11月至2018年11月在美国宝尔博物馆首展,随后在美国其他博物馆巡展,展期拟为1年。

(颐和园)

【安哥拉国防部长劳伦索到颐和园参观游览】 2月22日,安哥拉国防部长劳伦索一行12人到颐和园参观游览(三级勤务)。来宾从东宫门入园,先后参观仁寿殿、乐寿堂、长廊、排云殿、石舫等主要景点,最后来宾从北如意门出园。

(刘 宁)

【北京动物园向捷克布拉格动物园提供野马谱系】 2月,北京动物园经由北京市外事办公室与捷克布拉格动物园建立联系,向对方提供北京动物园野马谱系情况,并与布拉格动物园就地保护项目协调员Hana Geroldova商谈双方未来合作事宜。

(席 帆)

【北京动物园接待西城区人大常委会主任参与"一日志愿服务体验"项目】 3月5日,西城区人大常委会主任刘跃平、副主任俞强在西城团区委书记史峰的陪同下,来到首都学雷锋志愿服务示范站——北京动物园志愿者服务站参与"一日志愿服务体验"。公园党委书记张颐春、副园长冯小苹介绍了工作站的日常运行情况,志愿者协助完成了"志愿北京"平台注册、穿戴志愿服务服装、佩戴志愿服务体验胸牌,并进行岗前培训。随后开展了3个点位的志愿服务体验:在公园正门为游客发放公园导览图、《北京动物园》杂志,为参与互动的游客发放学雷锋志愿服务胸牌;到熊猫馆参与科普讲解,了解动物的基本情况;前往水禽湖,劝阻游客投喂,邀请游客参与满意度调查。

(张 帆)

【芬兰萨翁林纳市市长詹尼·莱恩到颐和园参观游览】 3月10日,芬兰萨翁林纳市市长詹尼·莱恩到颐和园参观游览,来宾一行在讲解员引领下,由东宫门入园,先后参观仁寿殿、德和园、乐寿堂、长廊、排云殿等主要游览景区,最后来宾从北如意门出园。

(刘 宁)

【市委党校进修班到香山双清别墅参观游览】 3月14日,西城区委常委、宣传部部长王都伟带领市委党校进修班一行30余人到香山双清别墅参观游览。在公园导游员的带领下,一行参观了勤政殿、致远斋、双清别墅,并在双清别墅举行了重温入党誓词的宣誓活动。公园党委书记马文香全程陪同。王都伟及进修班人员对公园提供的服务表示感谢。

(齐悦汝)

【德国总统约阿希姆·高克到颐和园参观游览】 3月21日,德国总统高克一行13人到颐和园参观游览(加强一级勤务)。来宾一行,参观了仁寿殿、知春亭,欣赏万寿山和昆明湖的风景。游览途中,总统先生感慨地说:"中国传统文化博大精深,体现在建筑和山水之间。"行至昆明湖畔,他赞叹道:"颐和园处处有景,无论在哪个位置都能让人眼前一亮。"随后,总统先生与夫人一同合影留念。在即将离开颐和园之前,总统先生在东宫门签名留念，并对颐和园的热情接待和讲解服务表示感谢。

（刘 宁）

【北海公园接待国际滑雪联合会高山项目委员会主席】 3月21日，北海公园圆满完成国际滑雪联合会高山项目委员会主席伯恩哈德·鲁西一行10人来园参观游览接待任务。

（陈 茜）

【河北省省委党校到香山双清别墅参观学习】
3月23日，河北省省委党校一行47人重走"进京赶考路"，到香山双清别墅参观学习，重温入党誓词，双清班班长吴昊向一行介绍了1949年党中央在香山的历史。

（张寅子）

【北京植物园接待乌鲁木齐植物园考察交流】
3月23日，双方就植物园规划建设、植物引种驯化以及植物科普文化活动等领域展开讨论，实地参观了桃花节布展情况和增彩延绿项目建设。

（古 爽）

【中心赴香港参加国际花卉展览并获最佳设计金奖】 3月24日，市公园管理中心代表北京市参展的作品"鱼戏花渊"立体花坛，生动突出了花展"金鱼草"的花卉主题，获得广泛好评。此花坛设计面向中心所属各单位征集方案，并融合了其中较优秀的设计元素进行深化，最终获得本届花展大赛的最佳设计（园林景点）金奖。

（综合处）

【北京动物园代表团与捷克布拉格动物园签署合作备忘录】 根据市政府、市外办工作要求，作为北京市和布拉格市缔结友好城市的重要组成部分，在习近平总书记访捷期间，北京市公园管理中心主任张勇率动物园园长一行前往捷克布拉格。3月28日参访布拉格动物园，布拉格园长一行陪同参观园区布局、大鲵馆、猩猩馆、四川馆等主要动物场馆，并在大鲵馆前共同种植象征两园友谊的捷克国树——椴树，随后代表团与布拉格动物园园长及副园长、两栖爬行馆馆长和就地保护协调员等主要管理人员会谈，洽谈动物保护与研究等方面深化合作意向，重点探讨动物交换、动物科研和人员交流等领域的合作。3月30日在布拉格市政厅动物园与布拉格动物园双方签署了合作备忘录。北京市市长王安顺和布拉格市市长科尔娜乔娃出席现场，随后参加两市友好城市会谈。

（徐 敏）

【中央办公厅老干部局组织老干部到颐和园参观游览】 3月29日，中央办公厅老干部局组织原中央顾问委员会秘书长、黑龙江省委第一书记李力安，宁夏回族自治区党委原书记黄璜，内蒙古自治区党委原书记储波，国家行政学院原党委书记、常务副院长陈福今等老干部一行40余人到颐和园参观游览。中央办公厅老干部局局长游广斌、副局长屈春利，北京市委办公厅副主任孙军民，北京市公园管理中心党委副书记杨月全程陪同。老干部一行由文昌院入园，在参观"园藏文物精品展"了解颐和园历史和精品文物介绍后，乘船游览昆明湖，听取颐和园山形水系及造园艺术的介绍。

（刘 宁）

【瑞典议长乌尔班·阿林到颐和园参观游览】

4月5日，瑞典议长乌尔班·阿林夫妇2人到颐和园参观游览（二级勤务）。来宾从东宫门入园，先后参观了仁寿殿、德和园、排云殿等主要景点。

（刘 宁）

【日本北海道日中友好协会到访北京动物园】

4月11日，日本北海道日中友协代表团一行22人到访动物园，参观大熊猫馆、观看大熊猫行为训练和金丝猴，随后在亚运熊猫馆前小广场双方举行了捐赠仪式，北海道日中友好协会向北京动物园熊猫馆捐赠日元五万元。副园长冯小苹代表公园向青木雅典团长授予捐款荣誉证书。

（彭 硕）

【北京市永定河森林公园领导到天坛公园学习交流】 4月12日，北京市永定河森林公园主任盖立新一行10人来园学习交流。实际考察中轴线景区及"天坛文物展"。考察结束后双方就组织框架、安保部署、活动开展、园容绿化、后勤服务等内容进行交流和座谈。

（张 群）

【北京史研究会到香山公园举行学术座谈会】

4月13日，北京史研究会会长李建平带队，与副会长谭烈飞及研究会成员一行14人到香山公园召开学术座谈会。首先参观了致远斋、香山寺、双清别墅等景区。通过座谈会达成如下共识：一是要做好香山寺展陈工作，以此体现出多民族国家的统一和民族宗教的融合，宣扬民族大团结精神；二是通过致远斋展览，加强思想情操教育，宁静致远，淡泊明志，陶冶当代市民的心灵；三是通过双清别墅，弘扬老一辈革命家艰苦朴素、艰苦奋斗的精神；四是通过双清别墅红色书屋，加强对文化的挖掘、利用。

（李国红）

【万鄂湘到中山公园参观游览】 4月13日，全国人大常委会副委员长，民革中央主席万鄂湘偕夫人一行3人到公园参观游览。实地参观后河、环坛西路、环坛南路、中山像、唐花坞景区。公园全程做好服务工作。

（赵 冉）

【北京电影节评委会参观天坛】 4月19日，北京电视台组织北京电影节评委会主席布莱特·拉特纳（美国），评委陈德森（香港）、弗洛里安·亨克尔·冯·多纳斯马（德国）、柯内流·波蓝波宇（罗马尼亚）、泷田洋二郎（日本）、丹尼斯·塔诺维奇（波黑）及相关工作人员共计50余人到天坛公园参观游览。

（张 群）

【北京植物园举办"对话春天——血液病儿童温室体验活动"】 4月19日，植物园联合新阳光儿童舒缓治疗专项基金会举办此次公益活动，由展览温室导游带领20名患血液病儿童及其家长们参观了郁金香展区和展览温室，讲解花卉文化及知识，并手工制作了树叶彩蛋。

（古 爽）

【紫竹院公园植竹活动】 4月22日"地球日"当天，北京市副市长林克庆、国际竹藤组织总干事费翰思博士、国家森林防火指挥部专职副总指挥杜永胜和市公园管理中心主任张勇、副主任王忠海以及36个国家的使节和外国友人共计70余人在紫竹院公园参加了植竹活动。

（边 娜）

【全国政协副主席林文漪到景山公园观赏牡丹】 4月22日，全国政协副主席林文漪一行10余人到景山公园观赏牡丹。公园绿化专业人员向林文漪介绍景山牡丹的种植历史、本次牡丹艺术节的特色和园中百年牡丹的品种特色等，林文漪对公园牡丹养护成果赞赏有加，要求保护好牡丹品牌特色，对牡丹景观表示肯定，并对公园的游园秩序、环境卫生、牡丹品种特色等表示赞赏。公园园长孙召良、书记吕文军陪同参观。

（连英杰）

【上海豫园、苏州拙政园到天坛公园学习交流】 4月25日，上海豫园、苏州拙政园等世界遗产地管理者10余人来园参观。神乐署雅乐中心精心准备中和韶乐专场展示的演出曲目和视频短片，高规格做好中和韶乐专场展示，展现天坛非物质文化遗产中和韶乐的文化精髓。精选祭祀、宫廷部分代表曲目，展现出几年来神乐署的发展，为天坛非遗传承带来的文化成果。

（霍燚）

【陈卫京到香山公园参观游览】 4月25日，苏州市园林和绿化管理局局长陈卫京一行5人到香山公园游览参观。一行先后参观了勤政殿、致远斋、双清别墅、香山寺、碧云寺及沿途景观，肯定香山人文文化建设及环境布置。拙政园管理处主任孙健锋、留园管理处主任罗渊及2名工作人员随行。一行对公园提供的服务表示感谢。

（李 博）

【"手绘京城——外国漫画家画北京"活动】 4月27日，来自法国、奥地利、阿根廷、芬兰、德国、西班牙、意大利7个国家的10名优秀漫画家来到天坛公园参观体验和写生创作。游客中心讲解人员首先介绍了天坛的历史和景区情况，之后画家们根据自身兴趣开始各自创作。本次"手绘京城——外国漫画家画北京"活动由北京市人民政府新闻办公室组织，千龙网全程进行网络播送。

（邢启新）

【北海公园接待乌克兰外长】 4月28日，北海公园接待乌克兰外长克里姆金一行8人到北海公园参观游览。

（陈 茜）

【布拉格动物园园长带团参访北京动物园】 5月2日，为加强中捷两国交流与合作，根据市政府、市外办工作部署，作为北京市和布拉格市缔结友好城市的重要组成部分，两市动物园3月下旬签订合作备忘录。根据约定，5月2日布拉格动物园园长、副园长一行3人参访北京动物园，市公园管理中心主任张勇、办公室主任杨华、北京动物园园长吴兆铮及相关管理、技术人员等会见代表团。在实地参观动物园畅观楼园史展、长臂猿馆、猩猩馆、重点实验室及大熊猫馆等场馆后，代表团对北京动物园的悠久历史、在文化历史挖掘与保护方面所作出的努力和动物福利、动物展示等方面所取得的成果给予高度评价。双方就动物交换、人员交流、科研合作与文化交流进行洽谈；初步达成了北京动物园引进大猩猩、科莫多龙等动物饲养、繁殖技术和人员交流，以及布拉格动物园学习金丝猴管理技术并引进金丝猴等方面的合作意向；

重点探讨普氏野马等动物种群野外保护、疾病防控和完善谱系建立等方面合作可能性，近期形成合作意向书；着眼于共享文化资源、共筑文化交流平台，探讨在北京动物园搭建以两市动物园交流为主线的主题展览，近期布拉格动物园园长将向布拉格市长汇报此合作意向成果，进一步确定展览模式与内容细节。会谈中，布拉格动物园园长再次表示其作为捷克动物园协会会长，将通过引荐欧洲动物专家、提供实践培训等方式，推动东欧和欧洲动物园与北京动物园的合作，表示将陪同布拉格市长回访北京，进一步落实相关合作细节。

（动物园）

【俄罗斯国家杜马主席纳雷什金到颐和园参观游览】 5月5日，俄罗斯国家杜马主席纳雷什金一行10人到颐和园参观游览（二级勤务）。来宾先后参观了仁寿殿、德和园、乐寿堂、长廊、排云殿、石舫等主要景点。

（刘 宁）

【中东欧国家最高法院院长代表团到颐和园参观游览】 5月8日，中东欧国家最高法院院长代表团一行11人到颐和园参观游览（二级勤务）。来宾先后参观了仁寿殿、乐寿堂、长廊、排云殿、石舫等主要景区。

（刘 宁）

【北海公园接待原中央政治局常委吴官正】 5月11日，北海公园完成原中央政治局常委、中央纪律检查委员会书记吴官正一行7人的参观接待任务。

（陈 茜）

【北海公园接待幼教机构教师代表团】 5月12日，北海公园接待来自北海幼儿园、蓝天幼儿园、第四幼儿园等幼教机构的教师代表来园进行参观游览，公园选派优秀导游员全程陪同。

（汪 汐）

【台湾艺术家代表团到北海公园进行交流座谈】 5月13日，全国政协组织台湾艺术家代表团到北海公园进行交流座谈。代表团在全国政协常委、中国书法家协会主席苏士澍、全国政协教科文卫体委员会办公室副巡视员徐红旗的陪同下，国际兰亭笔会总会会长、台湾中华书学会会长、台湾淡江大学中文系教授张炳煌及台湾中华书学会常务理事沈祯等一行8人组成的台湾艺术家代表团，参观了阅古楼法帖石刻博物馆，并在画舫斋进行座谈。

（陈 茜）

【北海公园接待中国四大名园管理经验交流团】 5月13日，中国四大名园管理经验交流团来园参观游览，首先参观了团城北海建园850周年历史回顾展，随后游览了琼华岛永安寺景区，公园选派优秀讲解员介绍了公园悠久的历史文化及文保工作成果。颐和园、八达岭、承德避暑山庄、苏州古典园林保护监管中心（亚太地区世界遗产培训与研究中心苏州中心）、苏州拙政园、苏州留园、中国园林博物馆、北京颐和园学会、北京奥林匹克公园、广州市林业和园林局、广州越秀公园、天津盘山风景名胜区、北京故宫博物院、天坛公园、凤凰岭公园、北京植物园、香山公园等20余个单位的负责人及工作人员来园进行参观。

（陈 茜）

服务管理

【匈牙利国会常务副主席玛特劳伊到颐和园参观游览】 5月15日,匈牙利国会常务副主席玛特劳伊一行3人到颐和园参观游览(三级勤务)。来宾先后参观了仁寿殿、乐寿堂、长廊、排云殿、石舫等主要景点。

(刘 宁)

【北海公园接待国家大剧院职工代表】 5月19日,北海公园接待国家大剧院110名职工代表参观游览。

(陈 茜)

【北海公园接待世界洲际月季大会代表】 5月23日,北海公园接待2016年世界洲际月季大会150名代表来园参观游览。

(陈 茜)

【北京植物园接待2016世界月季洲际大会外宾团】 5月23日,植物园接待2016年世界月季洲际大会外宾团150余人参观考察。实地参观了月季园、卧佛寺和樱桃沟栈道喷雾,并在纪念馆小院茶歇,外宾们对植物园月季园建设、园容景观和历史人文给予高度评价。

(古 爽)

【北海公园完成"2016外国摄影师拍北京"活动接待工作】 5月26日,北海公园宣传科工作人员配合市委宣传部新闻办公室陪同加拿大、印度尼西亚摄影师和市委宣传部相关工作人员参观拍摄了团城、永安寺、白塔、九龙壁、五龙亭、小西天等景区,圆满完成"2016外国摄影师拍北京"活动服务接待工作。

(汪 汐)

【香山公园完成海淀区政协委员及人大代表接待任务】 5月30日,海淀区部分政协委员和人大代表一行26人到香山公园参观游览,一行主要参观了在碧云寺含青斋举办的"纪念孙中山先生诞辰150周年——爱·怀念"主题展,一行对公园提供的讲解服务表示满意。

(齐悦汝)

【北海公园接待俄罗斯邮政总部大区负责人】 6月1日,北海公园接待俄罗斯邮政总部MAK2AT大区负责人阿图尔·伊戈尔希金及分区负责人一行共20余人来园参观游览。

(陈 茜)

【北海公园接待中心青年干部培训班】 6月1日,北海公园接待中心青年干部培训班一行20余人来园参观游览。

(汪 汐)

【北海公园接待北京坛庙文化研究员来园交流】 6月2日,日坛、地坛、太庙、孔庙和国子监博物馆、天坛、中山、景山8家北京坛庙文化研究会成员单位一行25人来园交流、学习,北海公园组织来园单位集中参观"北海御苑建园850周年回顾展"并开展座谈,各单位纷纷就文化、文创、文保、文展等工作内容互相交流、学习经验。

(汪 汐)

【天津市市容和园林管理委员会到天坛公园学习交流】 6月2日,天津市市容和园林管理委员会副主任魏侠一行8人来园学习交流,中心总工程师、北京园博馆馆长李炜民陪同。参观祈年殿、回音壁、圜丘后观看了神乐署雅乐中心的演出,并对天坛中和韶乐的传承、保护、利用和神乐署现阶段的研究工作给予了充分肯定,李炜民对演出给予了高度评价,并希望神乐署在丰富礼乐文化展示内容的同时,继续推动传统文化的传播与发展。天坛公园党政主要领导陪同参观。

(王 安)

【天津市市容园林委到北京动物园学习交流】 6月2日,天津市市容园林委副主任魏侠一行8人到动物园学习考察。现场考察畅观楼园史展、金丝猴馆、大熊猫馆、小熊猫展区、熊山、百木园,双方就网格化管理、文化创意、绿植保护等方面工作与经验进行深入交流。中心副主任王忠海、总工程师李炜民、中心科技处副处长宋利培,动物园园长吴兆铮、党委书记张颐春等陪同考察交流。

(郜 伟)

【国务院副总理汪洋接待美国财政部部长雅各布·卢到颐和园参观游览】 6月5日,国务院副总理汪洋接待美国财政部部长雅各布·卢到颐和园参观游览,中国财政部部长楼继伟、人民银行行长周小川、外交部礼宾司副司长范永陪同接待。汪洋副总理在石舫迎接美国财政部部长雅各布·卢,共同乘船游览昆明湖,最后体验听鹂馆独特的皇家宫廷膳食文化。

(刘 宁)

【北海公园接待拉萨市副市长一行】 6月6日,北海公园接待拉萨市(友好城市)副市长兼公安局局长赵涛一行15人来园参观游览,期间双方就节日安保工作进行了重点交流。

(陈 茜)

【北京动物园回复人大代表建议】 6月6日,市公园管理中心综合管理处处长李文海、北京动物园园长吴兆铮及相关部门人员就《关于将北京动物园迁出的建议》(北京市人大第0812号)进行登门交流回复。就第十四届人大代表朱丽俐的提案,主要从动物园发展过程及主要功能、现状及所面临的问题、世界知名城市动物园调研结果和动物园功能疏解前期研究四方面内容详细阐述市公园管理中心和动物园的意见与建议。人大代表朱丽俐表示,感谢市公园管理中心及动物园对于提案给予的高度重视和翔实的分析说明,对回复表示非常满意。

(彭 硕)

【"第二届中美气候智慧型/低碳城市峰会"中外嘉宾参观天坛】 6月8日,"峰会"中外嘉宾一行50余人参观天坛圜丘、回音壁、九龙柏、丹陛桥、祈年殿等景点,并在祈年殿前合影留念。副园长王颖相关部门负责人陪同参观。

(刘 欣)

【乌拉圭外长尼恩到颐和园参观游览】 6月9日,乌拉圭外长尼恩一行7人到颐和园参观游览(三级勤务)。来宾先后参观仁寿殿、乐寿堂、长廊、排云殿等主要景点。

(刘 宁)

【国务院总理李克强陪同德国总理默克尔在颐和园散步外交】 6月12日,国务院总理李克强陪同德国总理默克尔在颐和园散步。外交部部长王毅,公安部副部长、北京市副市长兼公安局局长王小洪,北京市公园管理中心主任张勇等陪同。在颐和园园长刘耀忠的引导下，来宾由东宫门入园，在欣赏仁寿殿殿内原状陈设后，李克强和默克尔沿着林荫小径一路散步到知春亭，眺望园内湖光山色。李克强向默克尔介绍到颐和园的标志性建筑——佛香阁，并介绍了象征中德友谊桥梁的十七孔桥，并合影留念。

（刘 宁）

【上海市公园管理事务中心来园交流座谈】
6月12日，上海市公园管理事务中心副主任朱虹霞一行5人就管理和服务相关情况进行座谈交流。会上，市公园管理中心主任助理、服务管理处处长王鹏训就市属公园的管理情况做出详细介绍，天坛公园园长李高、副园长王颖分别对天坛公园整体情况和精细化管理、治噪工作等情况进行介绍。党委书记夏君波，办公室、管理科相关人员参加会议。

（于 戈）

【北京动物园接待上海公园事务管理中心交流公园服务管理工作】　6月13日，上海公园事务管理中心副主任朱弘霞带队一行6人调研组，到北京动物园调研交流服务管理工作。动物园介绍近年来推广的网格化管理、社会化保洁及服务管理创新项目的发展历程、管理模式、工作成效及经验做法。调研组重点参观了西南门、熊山、狮虎山等处近年来新改建的特色卫生间，并与网格巡检人员、保洁公司主管、游客服务中心工作人员进行了现场交流。前往畅观楼参观园史展，听取讲解。市公园管理中心主任助理、服务管理处处长王鹏训、办公室主任杨华、服务管理处副处长贺然，动物园园长吴兆铮、党委书记张颐春、副园长冯小苹等陪同接待。

（张 帆）

【土耳其外交部次长斯尼尔利奥卢到颐和园参观游览】　6月14日，土耳其外交部次长斯尼尔利奥卢一行6人到颐和园参观游览（三级勤务）。来宾先后参观仁寿殿、乐寿堂、长廊、排云殿等主要景区。

（刘 宁）

【日本东京都恩赐上野动物园到北京动物园参观交流】　6月18日，受中国野生动物保护协会委托，北京动物园接待了日本东京都上野动物园副园长兼饲育展示课长渡部浩文、饲育展示课调整系长矢部知子和日本环境文化创造研究所博士苏云山一行，中国野生动物保护协会国际合作处朱斯雨陪同。日本客人参观了大熊猫馆、白熊馆、熊山、狮虎山、环廊、犀牛河马馆、象馆、鹰山、非洲动物区、长臂猿馆、猩猩馆、热带小猴馆、金丝猴馆、湿地展区，中国野生动物保护协会在动物园举办的"自然精灵"——珍稀野生动植物摄影作品暨打击野生动植物非法贸易查没图片巡回展。参观后，双方交流了相互情况。

（席 帆）

【中共中央直属机关园林管理办公室到香山公园开展主题党日活动】　6月24日，中共中央直属机关园林管理办公室一行30名党员，由副局长张斌带队到香山双清别墅开展主题党日活动。一行听取双清别墅展室讲解，回顾党中央在双清别墅工作奋斗的革命历史，缅怀老一辈无产阶级革命家。参观完毕后一行在公园管理处会议室开展座谈交流。

（齐悦汝）

【香山公园完成民革北京市委接待服务工作】

6月29日，中国国民党革命委员会北京委员会秘书长蒋耘晨及北京市政协10余名专家学者到香山碧云寺含青斋参观"纪念孙中山先生诞辰150周年——爱·怀念"主题展览，随后前往孙中山纪念堂进行拜谒。

（齐悦汝）

【香山公园联合三山五园研究院共同举办研讨会】 6月30日，由三山五园研究院主办、香山公园承办的"香山公园在三山五园中实践与探索研讨会"在公园见心斋举办，中国人民大学人文学院清史研究所教授何瑜，北京社会科学院研究院李宝臣，北京市地方志副主任、编审谭烈飞，北京市园林绿化局党组成员、副局长、教授级高级工程师高大伟等11位专家学者出席会议，会上各位专家学者就三山五园中的香山静宜园二十八景修复后的利用发展及展览展陈进行了深入的交流与探讨，并提出建议。

（李 博）

【塞舌尔国务秘书等一行参观访问北京动物园】 6月30日，塞舌尔共和国国务秘书莫里斯·鲁斯托·拉兰及夫人、驻华大使薇薇安·福克塔夫等一行8人参观访问北京动物园。北京动物园园长吴兆铮及公园相关管理人员、技术人员接待会见。园长吴兆铮在畅观楼迎接国务秘书一行，双方就动物交换、技术交流等进行交流。园长吴兆铮介绍北京动物园服务接待情况和动物业务等情况，并重点就2012年落户北京动物园的国礼象龟，四年来生长、繁殖以及健康情况予以侧重介绍。随后国务秘书一行在园长等人的陪同下参观了象龟馆及熊猫馆。国务秘书莫里斯·鲁斯托·拉兰亲自到运动场中给象龟喂食，并仔细观看了象龟馆的塞舌尔海椰子及图片陈设。国务秘书一行在熊猫馆观看了大熊猫行为训练项目和亚运熊猫馆。

（彭 硕）

【中国农业大学学生参观北京动物园重点实验室】 7月4日，中国农业大学动物医学院动物医学专业大一学生共97人来北京动物园圈养野生技术重点实验室参观学习。学生们参观了动物生态、遗传繁育两个研究方向的5个实验室，通过重点实验室工作人员的讲解，了解动物园的科研方向、承担课题、科研规模。中国农业大学自2015年开始将北京动物园圈养野生技术重点实验室列为主要参观学习部门，已接待参观学员4批次200余人。

（王忠鹏）

【北京植物园接待西城区残联】 7月14日，植物园接待西城区残联一行30余人参观曹雪芹纪念馆，提供全程讲解、陪护，以优质的服务赢得广泛好评。

（古 爽）

【"中华大家园"全国关爱各族少年儿童夏令营到颐和园参观游览】 7月23日，由中国关心下一代工作委员会、国家民委、联合国儿童基金会组织的2016年度"中华大家园"全国关爱各族少年儿童夏令营到颐和园参观游览。来自25个省（自治区、直辖市）各民族的贫困、留守、残疾和手拉手儿童共计700人参加此次活动。夏令营依次参观铜牛、仁寿殿、乐寿堂、长廊、石舫等主要景区。

（刘 宁）

【美国国家安全顾问苏珊·赖斯家人到颐和园

【参观游览】 7月25日,美国国家安全顾问苏珊·赖斯家人一行4人到颐和园参观游览(三级勤务)。来宾由东宫门入园,先后参观仁寿殿、玉澜堂、乐寿堂、长廊、石舫等主要景区。

(刘 宁)

【北京植物园接待韩国蔚山市考察团】 7月27日,植物园接待韩国蔚山市考察团一行7人参观交流。实地参观了卧佛寺及月季园、牡丹园等专类园,双方就文物保护、古建修缮和景观营造等方面进行了交流讨论。

(古 爽)

【北海公园接待荷花精神讨论会受邀嘉宾】 7月27日,北海公园承办中华文化促进会荷花精神讨论会。活动由中华文化促进会举办,中央数字电视书画频道、北海公园协办。与会人员参观小海荷花湖,随后于公园管理处大会议室召开荷花精神讨论会。会议内容包括:一是来宾借北海建园850周年契机,讨论并展望了北海荷花种植与栽培工作;二是澳门、杭州等荷花栽培专家介绍了各自荷花栽培情况;三是原全国政协常委、中华文化促进会名誉主席、著名作家、诗人、文艺评论家、书法家、摄影家高占祥向公园赠送《荷花四部曲》和《咏荷诗五百首》,公园向高占祥先生颁发赠予证书。

(陈 茜)

【北海公园完成国际合唱节接待任务】 7月29日,第十三届中国国际合唱节快闪活动在北海公园举办。活动邀请来自塔吉克斯坦、白俄罗斯、尼泊尔的合唱团,在九龙壁前载歌载舞,宣传和营造本次国际合唱节大众参与的热情气氛,增进各国之间的文化交流。

(陈 茜)

【北京动物园完成京疆小记者团接待工作】 7月29日,京疆小记者团一行18人参观访问动物园。小记者团首先来到熊猫馆,在亚运熊猫馆后台观看了饲养员展示的大熊猫行为训练项目,并就熊猫习性问题采访饲养员。随后,小记者团又来到科普馆,听取科普工作人员关于展厅的详细介绍。

(张 帆)

【香山公园完成马来西亚参观团接待服务工作】 7月31日,由马来西亚孙中山纪念馆及槟城槟华女子独立中学的师生一行20余人到香山碧云寺参观。一行参观了"纪念孙中山先生诞辰150周年——爱·怀念"主题展及罗汉堂等,并在孙中山纪念堂举行了拜谒仪式。

(纪 洁)

【北京动物园接待"爱在阳光下——2016年儿童夏令营"参观】 8月1日,由国家卫生计生委、中国性病艾滋病防治协会主办的"爱在阳光下——2016儿童夏令营"活动在北京举行。夏令营60名来自中非的小朋友来到动物园,参观了大熊猫馆。央视少儿频道对此次夏令营活动进行了跟踪拍摄。

(张 帆)

【老挝外交部长沙伦赛到颐和园参观游览】 8月3日,老挝外交部长沙伦赛一行14人到颐和园参观(三级勤务)。讲解员引领来宾先后参观仁寿殿、乐寿堂、长廊、排云殿等主要景点,并乘船游览昆明湖。

(刘 宁)

【中央宣传部对口支援单位优秀教师考察团到颐和园参观游览】 8月3日,北京市委宣传部接待中央宣传部对口支援单位江西赣州市寻乌县、内蒙古科右中旗优秀教师考察团一行44人到颐和园参观游览。来宾先后参观仁寿殿、知春亭、乐寿堂、长廊、石舫等主要景区,并乘船游览昆明湖。

(刘 宁)

【北京动物园接待藏族儿童游园活动】 8月8日,北京动物园接待来自青海化隆"热梦科巴艺术团"的33名藏族儿童及随行志愿者共50人在园开展夏日游园活动。公园安排随行讲解服务。活动分为欢迎仪式及熊猫馆参观两个环节。

(张 帆)

【香山双清别墅迎来暑期中小学生游览高峰】 8月15日,北京四十八中、清华附中上地分校、师达中学、北京一百五十六中学等学校的中学生到双清别墅参观学习,开展社会实践活动。听讲解、接受红色革命教育、完成"革命圣地美如画"主题暑期实践活动。共200名中学生参观游览。

(张寅子)

【北海公园接待全国人大会议中心团委一行】 8月17日,琼华岛队完成全国人大会议中心团委27人游览接待任务,参观团先后参观了团城、琼华岛及北岸景区,对公园服务表示赞赏。

(汪 汐)

【何光㫬到颐和园参观游览】 8月25日,全国政协常委、原国家旅游局局长何光㫬到颐和园参观游览。来宾一行在讲解员引领下依次参观文昌院、仁寿殿、德和园、长廊、排云殿、石舫等景区。

(刘 宁)

【景山公园完成西藏地区儿童参观接待工作】 8月下旬,求实杂志社多部门联合带领西藏地区儿童共56人到景山公园参观游览。公园导游员为小朋友们做了全园讲解,同时为小朋友讲解了绮望楼历史文化展。

(刘水镜)

【北海公园接待盲人学校师生来园参观】 8月27日,北海公园文化队"暖心"学雷锋志愿服务岗接待河北省平乡县孟杰盲人学校23名盲童师生来园参观。

(汪 汐)

【北海公园接待德国海军监察长】 8月28日,北海公园圆满完成德国海军监察长代表团服务接待任务。

(陈 茜)

【北京动物园与布拉格动物园签署合作协议】 8月30日,北京动物园与布拉格动物园在北京动物园签署动物交换、技术和人员交流合作协议。具体包括:①动物交换。布拉格动物园协助北京动物园向欧洲水族馆协会申请引进大猩猩和科莫多巨蜥;北京动物园协助布拉格动物园引进川金丝猴和大鲵。②技术支持。布拉格动物园为北京动物园提供大猩猩饲养管理技术支持;北京动物园为布拉格动物园提供大熊猫饲养管理技术支持;协助布拉格动物园在中国开展普氏野马野外放归项目。③人员交流。布拉格动物园和北京动物园双方互派4名专业饲养人员到对方动

服务管理

物园进行饲养管理培训。此次签署合作协议是双方3月30日在布拉格会议期间签署的谅解备忘录的后续工作,旨在明确双方合作的重要项目并明晰责任和义务。

（彭 硕）

【中山公园接待无锡市锡惠公园人员】 9月2日,江苏省无锡市锡惠公园一行5人来园参观游览。服务一队安排游客服务中心职工负责讲解,详细介绍公园概况、园林布局以及社稷文化等。

（白帆 李欣丽）

【北海公园完成德国戴姆勒股份公司晚游接待工作】 9月12日,北海公园完成德国戴姆勒股份公司120余人团体晚游活动服务接待工作。活动内容为赏月并参观游览五龙亭、阐福寺景区。此次服务接待为后续晚间活动的开展和完善接待、安保工作细节提供实践经验。

（汪 汐）

【美国驻华使馆科技官员访问北京动物园】 9月12日,美国驻华使馆环境科技卫生处新任二等秘书吴世罗一行3人约见北京动物园园长和熊猫专家,重点了解北京动物园作为中国最具代表性的城市动物园在大熊猫饲养和繁殖方面现状,实地观看大熊猫行为训练成果。

（彭 硕）

【格林纳达总督拉格雷纳德到颐和园参观游览】 9月19日,格林纳达总督拉格雷纳德一行5人来园参观游览（二级勤务）。来宾从东宫门入园,先后参观仁寿殿、乐寿堂、长廊、排云殿、石舫等主要景点,了解到颐和园中的造园艺术、古建文物、植物配置等园林文化。

（刘 宁）

【英国诺丁汉市副市长参观北京动物园】 9月19日,北京动物园重点实验室主任贾婷接待英国诺丁汉市副市长David Trimble及文化局局长Ron Inglis,古动物馆副馆长金海月、张平等陪同参观熊猫馆和金丝猴馆。

（王忠鹏）

【北京植物园接待中国工程院院士】 9月27日,植物园接待中国工程院院士李京文一行3人参观游览。参观展览温室、卧佛寺,沿线观赏了"春华秋实"和"绿茵垂虹"等花卉景观,院士们对植物园的景观人文、讲解服务给予高度评价,希望植物园事业发展蒸蒸日上,同时表示期待能够为植物园建设发展献言献策。

（古 爽）

【海外侨胞北京文化行暨国庆联谊活动在颐和园举办】 9月29日,活动由市侨办举办,颐和园提供服务接待,以"皇家苑景品古韵 桑梓情深议发展"为主题,旨在团结涵养海外侨务资源,增进海外侨胞对北京的了解,助力北京转型发展。市侨办主任刘春锋、副主任李长远、史立臣,中心主任张勇出席,海外侨胞及在京团组共200余人参加。

（颐和园）

【西城区委书记、区长带队检查北京动物园国庆游园工作】 10月1日,西城区区委书记卢映川、区长王少峰带队到北京动物园实地检查指导国庆游园保障工作,西城区公安分局、展览路街道办事处相关领导同行检查。卢映川、王少峰一行到北京动物园游园指挥部,通过实时监控视频了解公园各重要门区、场馆的游客量情况,并询问了国庆期间公园在游园安全服务保障方面所做的准备工作。北京动物园园长李晓光就公园采取的大客流疏导预案、门区售票窗口的扩容举措、突发事件应急处置办法及公园人员上岗情况进行了汇报。区委书记卢映川对北京动物园采取的国庆游园保障各项措施给予肯定,并提出工作建议。市公园管理中心党委书记郑西平,北京动物园党委书记张颐春、园长李晓光等相关人员陪同。

(郜 伟)

【白俄罗斯国防部第一副部长兼总参谋长别科涅夫少将到颐和园参观游览】 10月9日,白俄罗斯国防部第一副部长兼总参谋长别科涅夫少将一行8人到颐和园参观游览(三级勤务)。来宾先后参观仁寿殿、乐寿堂、长廊、排云殿等主要景区,并乘船游览昆明湖。

(刘 宁)

【立陶宛国务委员马丘利斯到颐和园参观游览】 10月10日,立陶宛国务委员马丘利斯一行8人到颐和园参观游览(二级勤务)。来宾先后参观仁寿殿、乐寿堂、长廊、排云殿等主要景点,并乘船游览昆明湖。

(刘 宁)

【北京植物园接待克里米亚共和国尼基塔植物园考察团】 10月11日,克里米亚共和国尼基塔植物园园长普鲁伽塔·尤里一行4人访问植物园。考察月季园、展览温室等区域,就月季、温室植物的引种及栽培、温室建设等内容进行交流,并就两园今后科研、科普与植物保育达成合作意向。

(古 爽)

【尼泊尔国防部长坎德到颐和园参观游览】 10月12日,尼泊尔国防部长坎德一行8人到颐和园参观游览(三级勤务)。来宾依次参观仁寿殿、乐寿堂、长廊、排云殿、石舫等主要景点。

(刘 宁)

【波兰副总理雅罗斯瓦夫·戈文到颐和园参观游览】 10月12日,波兰副总理雅罗斯瓦夫·戈文一行10人到颐和园参观游览(二级勤务)。来宾先后参观仁寿殿、乐寿堂、长廊、排云殿、石舫等主要景点。

(刘 宁)

【6个非洲国家的生态研究国际培训班人员到植物园参观考察】 10月13日,来自埃塞俄比亚、肯尼亚、利比亚、苏丹、坦桑尼亚、赞比亚6个非洲国家的生态研究国际培训班到北京植物园参观考察,其中包括坦桑尼亚国会议员、苏丹药用与芳香植物研究所所长等专家学者共17人。

(古 爽)

【巴布亚新几内亚国防军司令托罗波准将到颐和园参观游览】 10月15日,巴布亚新几内亚国防军司令托罗波准将一行5人到颐和园参观游览(三级勤务)。来宾先后参观仁寿殿、乐寿堂、长廊、排云殿等主要景区,并乘船游览昆明湖。

(刘 宁)

【北海公园接待国家广电总局退休职工】 10

月18日，北海公园接待国家广电总局退休职工20余人一行来园参观游览北岸景区。

（汪 汐）

【香山公园完成台湾中小学校长参观接待工作】 10月19日，"第二届京台基础教育校长峰会"台湾中小学校长一行80余人到香山碧云寺参观游览，一行先后参观了孙中山纪念堂、"纪念孙中山先生诞辰150周年——爱·怀念"主题展览。

（齐悦汝）

【北海公园接待韩国邮政代表团一行】 10月20日，北海公园圆满完成韩国邮政代表团一行55人北海皇家邮驿参观游览任务。

（陈 茜）

【北京动物园接待世界雉类协会专家来访】 10月21日上午，北京动物园园长李晓光、动物管理部主任张成林，办公室主任徐敏接待了世界雉类协会（WPA）副主席John corder、欧洲动物园和水族馆协会（EAZA）专家Simon bruslund等各国鸟类学专家团来访，并就雉类的饲养管理和科学研究进行了交流，之后一同参观北京动物园雉鸡苑。

（席 帆）

【新疆林业系统第十批赴京挂职干部到北京植物园参观交流】 10月23日，新疆林业系统第十批赴京挂职干部一行6人到植物园参观交流。参观园区并就游客服务、基础设施建设及维护进行交流。

（古 爽）

【北海公园配合国务院相关部门开展活动】 10月24~25日，北海公园配合国务院办公厅事务管理局做好国办工作人员秋季健康长走活动，共200余人参加。

（陈 茜）

【北京植物园承办中国植物园学术年会】 10月25~28日，会议以"植物园：创新 绿色 共享"为主题，由中国植物学会植物园分会、中国植物园联盟等单位联合主办，北京植物园等单位承办，中国科学院院士许智宏、洪德元，中国工程院院士肖培根，中心总工程师李炜民及住建部住房城乡建设部城市建设司、国家林业局野生动植物保护与自然保护区管理司相关负责同志出席，中国科学院、高校及全国各省市植物园、树木园代表400余人参加。开幕式现场宣布并颁发2016年度中国植物园终身成就奖、2016年度中国最佳植物园"封怀奖"等奖项。围绕"植物园建设与管理""活植物管理""园艺技术与民族植物学"五个专题展开讨论，期间举办专题报告会108个，集中讨论和分享近年来植物园事业在科学研究、科普教育、园林园艺方面取得的成绩与经验，收集论文45篇。

（古 爽）

【北京动物园重点实验室接待世界雉类协会专家组成员参访】 10月28日，世界雉类协会专家组成员Aloysius Lee，世界雉类协会专家组成员、巴基斯坦国际波斑鸨基金会理事长Mukhtar Ahmed在北京师范大学博士叶元兴的陪同下参访北京动物园，重点实验室科研主管刘学锋、王伟陪同参观了雉鸡苑和大熊猫馆，同时双方就北京动物园雉鸡类的饲养管理、福利提升、个体识别等方面进行了讨论，并对大熊猫的个体情况、繁育现状等方面进行了交流。

（王忠鹏）

【陈海帆到香山公园参观游览】 11月1日，澳门特别行政区行政法务司司长陈海帆一行10人到香山公园参观。一行首先参观了双清别墅及"毛泽东在双清活动陈列展"、观看"中国梦正圆"专题展览，随后到致远斋参观内部展览展陈，了解公园历史文化，沿途欣赏红叶景观。国务院港澳事务办公室及市公园管理中心相关工作人员、公园园长钱进朝陪同。

（齐悦汝）

【慕田峪长城旅游景区来园考察交流】 11月8日，慕田峪长城旅游景区一行8人到天坛公园考察交流工作。双方就服务管理、人员管理、车辆管理等方面进行深入交流，实地考察了公园主要景区环境、管理等工作，并到游客中心导游班围绕班组建设、学习培训等进行了了解。管理科相关人员陪同。

（李腾飞）

【北海公园完成论坛嘉宾参观游览任务】 11月9日，北海公园配合民革中央委员会完成第七届"中山·黄埔·两岸情"论坛台、港、澳及海外嘉宾70人参观游览任务。

（陈茜）

【纪念孙中山先生诞辰150周年晋谒活动在香山碧云寺举行】 11月11日，全国政协、中共中央统战部、国务院台办、民革中央、北京市政府相关人员、孙中山先生亲属代表、海外来宾、台湾人士等一行共150人到香山碧云寺孙中山纪念堂举行纪念孙中山先生诞辰150周年晋谒仪式，全国人大常委会副委员长、民革中央主席万鄂湘主持，民革中央常务副主席齐续春、中共中央统战部副部长林智敏等向孙中山先生像敬献花篮。北京市副市长程红、市公园管理中心副主任张亚红、办公室副主任刘东斌、服务管理处副处长贺然、公园园长钱进朝、党委书记马文香陪同。

（齐悦汝）

【内蒙古赤峰市红山区园林管理处到北京动物园参观学习】 11月15日，内蒙古赤峰市红山区园林管理处一行2人来北京动物园参观学习考察，参观北京动物园两栖爬行馆、猩猩馆，与饲养员就两栖爬行动物饲养经验进行交流学习。

（席帆）

【拉萨市布达拉宫广场旺拉到紫竹院公园学习考察】 12月7日，拉萨市布达拉宫广场副处长旺拉到紫竹院公园学习考察。对免票公园管理模式进行交流座谈，结合公园历史文化、管理特点和经验做法及市公园管理中心给予的多方面支持等情况与旺拉副处长进行了充分的沟通交流。

（尹伊朦）

【黄山市程迎峰来园考察交流】 12月13日，中心副主任王忠海、李爱兵，宣传处处长陈志强陪同黄山市人大常委会主任程迎峰等7人到天坛公园就景区管理、文化创意、古树名木进行考察交流，并参观祈年殿、回音壁、圜丘等景点。公园党委书记夏君波在颐和园与黄山风景区签订合作意向书。办公室负责人陪同。殿堂部、票务部、游客服务中心、护园队积极做好相关服务工作。

（马倩）

【颐和园完成年度内外事接待任务】 全年颐

和园内外事接待 227 次。其中，完成国务院副总理汪洋接待美国财政部长雅各布·卢参观游览，中办老干部局组织部分老干部参观，中宣部对口支援单位优秀教师考察团，2016年度"中华大家园"全国关爱各族少年儿童夏令营等内事任务 135 次。完成李克强总理陪同德国总理默克尔颐和园"漫步外交"，德国总统约阿希姆·高克，波兰副总理雅罗斯瓦夫·戈文，格林纳达总督拉格雷纳德等外事任务 92 次。其中一级任务 3 次，二级任务 7 次，三级任务 22 次。

（刘 宁）

管 理

【陶然亭公园实施内部控制制度】 1月1日，陶然亭公园全面实施内部控制制度。年内，开展科队长离任审计工作，对有收入的队进行票款检查，对食堂账目进行审计。完善《陶然亭公园内部审计工作制度》和《陶然亭公园内部审计岗位职责》。

（张桂英 白蓉华）

【中心召开领导班子专题民主生活会（扩大会）】 1月6日，中心召开领导班子专题民主生活会（扩大会），传达贯彻中央对吕锡文的处分决定和市委工作要求，并提出具体要求。

（孙海洋）

【中心召开网上购票系统建设专题工作会议】 1月7日，市公园管理中心召开会议研究市属公园互联网售票管理系统建设工作，中心主任助理王鹏训主持会议。信息化中心负责人王晓军介绍了方案。中心各处室负责人、各公园相关工作人员对网络售票系统项目建设进行研讨，充分发表意见，提出具体的意见和建议，会议对北京市属公园互联网售票管理系统建设方案表示认可。

（中心服务处）

【中心领导班子召开"三严三实"专题民主生活会】 1月8日，中心党委书记郑西平代表班子做了对照检查，查找出在用权律己、干事创业、遵守党的纪律、落实党风廉政建设责任方面存在的 12 个问题，从"抓好党建是最大政绩"思想树立不牢固、群众观念淡化、党性教育松懈、对"三严三实"认识不深入四个方面剖析了原因，围绕加强思想理论武装，坚持从严治党，推进发展攻坚克难三个方面制定了整改措施。中心党委书记郑西平、中心主任张勇领导带头发言，各位领导发言后逐一开展批评和自我批评。在民主生活会前，中心党委书记郑西平代表领导班子，再次就深刻汲取吕锡文严重违纪涉嫌犯罪教训，与中央、市委保持一致，切实做好中心工作进行了表态。市委组织部经济干部处、市委第四巡回指导组相关人员参加了会议，中心"三严三实"指导办公室成员列席。

（组织人事处）

【中心召开2015年调研成果汇报及成果转化研讨会】 1月13日，会议由高大伟副主任主持，办公室主任齐志坚汇报年度调查研究工作；郑西平书记、张勇主任分别就中心发展定位、中心改革路径两项战略调研课题成果进行说明；8家单位和处室汇报课题调研成果及转化思路；中心领导杨月、王忠海、高大伟、李炜民、程海军分别介绍分管领域调研情况；与会人员开展研讨交流。中心领导、各处室负责人、各单位党政主要领导、主管领导、工作人员共100余人参加会议。

（研究室）

【中心召开"三严三实"专题民主生活会】 1月15日至2月5日，市公园管理中心直属12个党委、3个党总支、1个党支部分别召开了"三严三实"专题民主生活会。对照习近平总书记关于"三严三实"的新思想、新观点、新要求，结合《党章》要求和《中国共产党廉洁自律准则》《中国共产党纪律处分条例》等规章制度，从修身做人、用权律己、干事创业，遵守党的政治纪律、政治规矩和组织纪律，落实党风廉政建设主体责任和监督责任等方面查摆了基层党组织及个人存在的问题及其思想根源，进行批评和自我批评。中心党委领导班子按照联系点参加了处级班子民主生活会。

（中心"三严三实"专题教育活动办公室）

【中心在北京植物园召开2016年工作会】 1月19日，会议由市公园管理中心党委书记郑西平主持，副市长林克庆、市政府副秘书长赵根武到会具体指导，中心党委常委、中心系统党的十八大代表、市党代会代表、全国劳动模范、北京劳动模范，机关和各单位副处以上干部、部门负责人以及部分先进集体和个人代表共145人参加会议。会上，中心主任张勇作2016年工作报告，中心党委副书记杨月宣读表彰决定，与会领导向先进单位、先进集体和先进个人代表颁发奖牌和证书。林克庆副市长结合分管工作和市属公园情况作重要讲话，充分肯定公园管理中心在加强四个服务工作方面取得的成绩，结合首都发展的新形势、新要求，要求公园管理中心要明确新定位，找准新方向，牢固树立和贯彻落实好五大发展理念，充分发挥市属公园"国家队"的示范带动作用，推动市属公园工作实现更高质量、更有效率、更可持续的发展；对做好下一步工作提出要求。之后，中心就学习贯彻市领导讲话精神和工作报告进行了分组讨论。中心党委书记郑西平、中心主任张勇分别发言。此次会议全面总结了中心2015年度工作，深入分析了当前面临的形势和挑战，确定了2016年度工作重点和奋斗方向，达到了总结经验、查找差距、明确思路、鼓舞士气的目的，为中心实现2016年既定目标奠定了坚实基础。

（办公室）

【北京市园林学校召开2015年顶岗实习总结座谈会】 1月20日，会上，实习单位负责人就专业学生实习整体安排、管理等方面与学校进行了交流，对学校专业课程内容设置提出意见和建议。学校将不断完善校企合作运行管理制度，满足学生工学结合和顶岗实习的需要，达到校企共育的效果。颐和园、日坛公园、美联众合宠物医院等11家实习单位代表、学校领导及一线教师参加会议。

（园林学校）

服务管理

【中心组织召开第一季度安全形势分析会】
1月21日，中心收看第一季度全市公共安全形势分析视频会议。市公园管理中心副主任王忠海结合会议内容指出：各单位要按照市领导要求，不折不扣地将安全工作措施有效落实；要牢固树立首都无小事的忧患意识、责任意识和首善意识，全面落实安全责任，将各项安全工作抓细、抓实；以春节、两会为重点，按照问题导向，修改完善方案、预案，开展针对性演练；要加强安全检查和隐患排查整改工作，强化节日活动及出租单位、园外苗圃基地等重点部位的安全检查，做好防火、电气设备管理、大人流管控、重点人监控等各项工作，防止事故发生；加强应急值守工作，要有效处置突发事件并及时报告；与市政府安全工作相对应，每季度安全工作要有回顾，总结经验，加强安全形势预判，形成常态化安全管理模式。各单位主管领导共20人参加会议。

（安全应急处）

【中心开展2016年重点项目方案审核工作】
1月25日，综合处会同安全应急处、服务处、科技处、计财处等相关处室审核中心所属各单位2016年重点综合建设项目实施方案，听取相关负责人汇报，就方案内容从安全、服务、资金使用等方面提出修改意见。要求各项目实施单位根据处室的意见和建议完善项目方案，在完成年度计划的同时，全面提升古建筑修缮、景观整治及全园花卉环境布置水平，充分挖掘公园特色文化内涵，使工程项目成为经得住历史考验的优质工程。各单位主要领导及相关项目负责人、中心处室有关同志参会。

（综合处）

【王忠海到玉渊潭公园指导处级领导"三严三实"专题民主生活会】 1月27日，公园党委书记代表班子围绕"三严三实"进行对照检查，随后班子成员逐一发言，剖析自身、查找原因，提出改进措施，并开展相互批评。市公园管理中心党委常委、副主任王忠海总结发言并提出要求。中心宣传处处长参加会议。

（玉渊潭）

【中心机关召开"三严三实"专题民主生活会】
2月3日，会上，机关党总支书记齐志坚代表总支作对照检查发言，与会支委以及处室、部门负责人联系思想、工作、生活和作风实际，认真对照"三严三实"要求，逐一开展批评与自我批评。市公园管理中心党委副书记杨月出席会议并提出要求。中心机关党总支委员、处室和部门负责人参加会议。

（机关党总支）

【李炜民参加北京植物园处级领导班子"三严三实"专题民主生活会】 2月4日，在听取处级领导干部批评与自我批评后，市公园管理中心总工李炜民表示主要领导带头查找问题深刻，对生活会给予充分肯定。

（植物园）

【程海军到中山公园指导处级领导"三严三实"专题民主生活会】 2月4日，公园党委书记代表班子汇报对照检查，班子成员逐一进行个人对照检查，并互相提出批评意见。市公园管理中心纪委书记程海军提出要求。

（中山）

【园林博物馆召开2015年度"三严三实"专题民主生活会】 2月5日，会上，党委书记代表全体班子作对照检查，深入查找存在的问题，深刻剖析原因并提出整改措施。班子成员逐一进行自我剖析，开展批评与自我批评，明确今后努力方向。市公园管理中心办公室主任齐志坚代表中心党委对民主生活会进行点评。园博馆领导班子表态。

（园博馆）

【香山公园持续做好网络电子票营销工作】 2月22日，为丰富售票种类，新增索道类及春节电子票；完善电子票服务设施，在公园北门、索道上下站增设POS机，在北门增设验票点；结合冬季登高祈福、纪念香山公园建园60周年、红叶观赏季等活动，制订全年电子票工作计划。

（香山）

【中心召开局级班子考核测评会】 2月23日，会上，市公园管理中心主任张勇作了《干部选拔任用情况工作报告》，与会同志对中心领导班子、成员及干部选拔任用情况、新提拔干部情况做了测评。市委组织部经干处有关同志参会并对测评工作进行监督指导。中心领导班子成员、直属各单位负责人、中心机关处级干部及党员群众代表共75人参加测评。

（组织人事处）

【中心传达贯彻市委书记郭金龙指示精神】 2月26日，市公园管理中心迅速传达贯彻市委书记郭金龙关于中共天津市委、市政府通报批评文件的指示精神，全面组织传达贯彻文件内容及郭书记指示精神，并将文件精神层层传达至基层一线职工，切实落实安全生产的领导和监管责任；抓好安全工作的落实，着力强化安全生产"红线"意识，安全工作要抓准、抓细、抓实、抓常态、抓追责，出现问题严肃处置，绝不姑息，切实形成人人监管、死看死守的工作态势；强化领导干部法制意识，牢固树立法制思维，形成依法治园的工作氛围，健全各类安全生产方案及预案，着力补齐短板、细分安全责任，确保落实到位、责任到人；持续开展安全检查，强化危险品安全监管力度。不断深入开展危险化学品和易燃易爆物品安全整治行动，重点加强文物古建、水电气热、施工工地、油料库房、化肥农药、索道游船等安全监管，消除一切安全隐患，真正从源头上堵塞漏洞；加快健全安全生产风险防控体系，进一步规范安全生产，提升抗风险能力；全面推进安全生产领域改革创新工作。针对各历史名园特点，有针对性地研讨改革创新道路，对各园区安防、技防、人防资源进行统计，合理调整优化资源布局，增加基层一线执法力量的投入，细化安全生产考评机制，与行政考核相挂钩，确保安全万无一失。

（办公室）

【中心做好全国"两会"服务保障工作】 2月26日，迅速传达落实市委、市政府关于"两会"工作部署。充分认清当前形势，将各项工作落实到位，责任到人，服务好首都安全稳定大局；强化公园门区安检及重要景区的安全巡视力度，排查水、电、气等基础设施安全隐患，重点做好反恐防暴工作，确保万无一失；教育职工提高安全防范意识，切实形成全员参与、严防死守的工作态势，确保安全零事故；提高服务接待水平，视代表来园为视察工作,抓好细节管理服务;加强重点监控,保证队伍稳定,妥善处置好各类人员反映的突出问题,做好维稳工作;加强24小时应急值守,坚持零报告制度,提高应对突发事件快速反应能力,做到联勤联动、妥善处置。

（办公室）

【中心召开文创产品规划研讨会】 3月2日,王忠海主持召开文创产品规划研讨会。会上,西安昭泰文化发展有限公司介绍《文创规划方案》进展情况,参会人员对方案进行研讨,市公园管理中心副主任王忠海提出要求。服务管理处、园博馆及皇家园林文化创意产业有限责任公司相关负责人参加。

（服务处）

【紫竹院公园工会召开工会工作研讨会】 3月4日,会上首先通报了工会经费2015年收支决算及2016年度收支预算情况,各分会主席依据会前征求到的职工意见和建议,针对职工培训、劳动竞赛计划、工会建家、文体活动方式内容以及职工关心和需要解决的热点、难点问题等进行了发言。最后,王丽辉副园长进行总结发言。

（芦新元）

【王忠海对提高办公室工作提出要求】 3月7日,市公园管理中心办公室召开工作会议,通报部门负责同志工作调整情况,总结阶段工作并提出新的目标。王忠海副主任对中心办公室工作予以肯定,带领办公室人员学习了习近平总书记关于办公室工作的指示精神,对做好办公室工作提出要求。

（办公室）

【中心领导到颐和园宣布干部任免决定】 3月7日,市公园管理中心党委书记郑西平、主任张勇、副书记杨月到颐和园,宣布中心党委关于颐和园党委书记调整的决定,副书记杨月主持会议。颐和园领导班子表示坚决拥护中心党委的决定,新任颐和园党委书记李国定进行表态。张勇主任和郑西平书记提出希望和要求。组织人事处负责人随同。

（颐和园）

【中心召开综合建设及科技工作会】 3月7日,综合管理处与科技处共同组织召开2016年市公园管理中心综合建设及科技工作会,中心总工程师李炜民主持会议,中心纪委书记程海军出席。会上综合管理处和科技处分别总结2015年综合建设及科技工作,并布置2016年重点工作,宣布2015年中心科技、优秀工程和花卉环境布置各奖项。程海军书记结合党风廉政建设对中心建设、科技工作提出要求。李炜民总工讲话。中心各处室及所属各单位主管领导,主管科长、科技项目获奖代表、科技课题负责人等90余人参加。

（综合处、科技处）

【中心领导到北京植物园宣布干部任免决定】 3月7日,市公园管理中心党委书记郑西平、主任张勇、副书记杨月到植物园,宣布中心党委关于植物园党委书记调整的决定,副书记杨月主持会议。北京植物园领导班子表示坚决拥护中心党委的决定,新任植物园党委书记齐志坚进行了表态。张勇主任和郑西平书记提出要求。

（植物园）

【中心领导到北海公园宣布干部任免决定】3月8日，市公园管理中心党委书记郑西平、副书记杨月到北海公园，宣布中心党委关于北海公园园长调整的决定，副书记杨月主持会议。北海公园领导班子表示坚决拥护中心党委的决定，新任北海公园园长祝玮进行了表态。郑西平书记提出要求。中心组织人事处负责人随同。

（北　海）

【中心领导到玉渊潭公园宣布干部任免决定】3月8日，市公园管理中心党委书记郑西平、副书记杨月到玉渊潭宣布中心党委关于玉渊潭园长调整的决定，副书记杨月主持会议。玉渊潭领导班子表示坚决拥护中心党委的决定，新任玉渊潭园长毕颐和进行了表态。郑西平书记提出要求。中心组织人事处负责人随同。

（玉渊潭）

【天坛公园引入外部机构进行财务审计】审计工作从3月9日至5月12日，现场审计共计9天，对天坛公园2015年财务报表、账簿。及财务规章制度进行了年度审计。根据年度财务工作计划，公园委托北京哲明会计师事务所有限责任公司对公园2015年财务、经费收支、预算执行、国有资产管理情况及2015年度有关法律法规财经纪律遵守情况等进行了审计。审计人员按照《事业单位会计准则》和《事业单位会计制度》的规定，对财务管理中有关会计制度、财务管理制度、内部控制制度等进行了分析研究，并对公园的收入情况、现金管理情况以及固定资产、存货等进行抽查盘点，公园相关科队接受审计检查。审计人员在肯定公园良好的内部控制程序、完善的会计系统的基础上，针对财务基础工作、内控建设、资产管理等方面提出了意见和建议。

（杨　桦）

【中心召开组织、人事、劳资、老干部工作部署会】3月11日，市公园管理中心组织人事处、老干部处负责人分别宣读了2016年工作要点，中心党委常委、总工程师李炜民对劳资工作提出了要求。中心党委书记郑西平总结发言。中心相关处室、中心所属各单位党组织主要负责同志、主管领导、部门领导和相关人员110余人参会。

（组织人事处）

【六家公园游船全部下水运营】3月11日，颐和园、北海、中山、陶然亭、玉渊潭、紫竹院公园先后完成1533艘小船及19艘大船检修、调试及下水试航工作，百余个浮动码头已布置就位；细化并完善安全应急预案，配备救生船、救生衣、救生圈、灭火器等设备，确保安全运营；开展机动舟驾驶员岗前培训，提高安全意识和服务质量；组织力量清理水面及周边沉积垃圾150余车（次），保证水体质量；积极联系海事管理部门，做好船只验收准备工作。

（孙海洋）

【中心召开会议集中学习《国务院关于进一步加强文物保护工作的指导意见》】3月14日，市公园管理中心服务处就《意见》的出台背景、总体思路、特点亮点及主要内容进行了详细说明解读。围绕如何更好地学习贯彻《意见》，促进全中心文保水平提高，张勇主任提出建议。中心副主任王忠海、总工程师

服务管理

李炜民、机关各处室、部门负责人，各单位行政主要领导参加学习。

（办公室）

【中心通报市政府所反馈年度绩效考评情况】 3月14日，会议通报了2015年度中心绩效考评情况，围绕考评提出的问题，研究制定了详尽整改措施，明确了下一步工作方向。市公园管理中心张勇主任提出要求。中心副主任王忠海、总工程师李炜民，机关各处室、部门负责人，各单位行政主要领导参会。

（办公室）

【中山公园召开第六届职工代表大会第十七次会议暨2016年工作会议】 3月14日，首先，职工代表审议并通过了园长李林杰作出的2016年工作报告。其次，园长与各科队签订2016年责任书。最后，党委书记刘凤华对此次会议进行总结讲话。全园职工代表、副科级以上干部、各班组长、骨干共80余人参加会议。

（芦新元）

【中心完成市属11家公园及园博馆互查工作】 3月16~17日，综合管理处完成市属11家公园及园博馆互查工作，检查分两组，听取单位年度建设计划，并实地检查。经查，各单位均能认真执行计划，准备充分，现陆续进入冬季痕迹消除及春季日常养护阶段，年度计划项目进入评审收尾阶段，工作有序开展。综合处人员及所属单位主管领导参加互查。

（综合处）

【海淀区政府组织召开玉渊潭公园第28届樱花文化活动工作协调会】 3月17日，海淀区政府组织召开公园第28届樱花文化活动园外综合服务保障工作协调会。会上，公园园长毕颐和对海淀区组织召开本次协调会给予了肯定和感谢，公园副园长高捷介绍了公园本届樱花文化活动工作方案，羊坊店街道办事处和甘家口街道办事处分别汇报了服务保障工作方案，海淀公安分局、海淀交通支队、海淀区城管监察局等部门介绍了园外保障准备情况，区政府办公室副主任唐京丰对各项准备工作予以肯定，并提出要求。会议由海淀区旅游委主任黄亦红主持，中心服务管理处、安全应急处、区综治办、区应急办、区发改委、区市容市政委、区卫计委、区质监局、区食药局、公安海淀分局、海淀交通支队、区城管监察局、工商海淀分局、海淀消防支队、羊坊店街道、甘家口街道、区环卫中心、公园领导班子及相关科室负责人参加会议。

（王智源）

【陶然亭公园工会在职工之家召开工会委员会议】 3月22日，会上工会主席王金立向各位委员通报了中心工会2015年工作总结及2016年工作计划，并传达了中心党委副书记、工会主席杨月在工会干部培训班上的讲话精神。就职工之家的使用向各位委员征求了意见。

（芦新元）

【中山公园质量/环境管理体系再认证审核】 3月24日，聘请兴原认证中心监督审核ISO质量/环境管理体系运行情况。从文件、记录、现场检查入手，审核领导层、管理经营科、研究室等8个部门。着重检查各级管理人员认识、理解、应用部门职责、认证工作，执行相关法律法规情况，公园运行控制管理情况，以及基层部门日常工作中理解执行体系各级文件、工作记录等内容。通过审核，未发现不合格事项。

（刘倩竹）

【北京动物园处级干部任免】 3月25日，市公园管理中心党委副书记杨月，组织人事处调研员（正处级）刘国栋，纪检监察处调研员（正处级）郭立萍，到动物园宣布公园处级干部调整工作。刘国栋宣布：白永强任动物园纪委书记；免去杜刚纪委书记职务，作为工会主席人选，按照《工会法》启动选举程序。北京动物园党委书记张颐春、园长吴兆铮代表处级班子进行表态。白永强就今后工作表态。北京动物园7名处级干部参加会议。29日，市公园管理中心党委书记郑西平、主任张勇、刘国栋来北京动物园宣布正处级干部任免职。组织人事处正处级调研员刘国栋宣读任免职通知。经研究决定，李晓光任北京动物园园长（试用期一年）。免去吴兆铮北京动物园园长职务，免去祖谦北京动物园副园长职务。公园党委书记张颐春代表公园党委发言，新任公园园长、党委副书记李晓光表态。公园5名处级领导及31名正科级干部（含主持工作人员）参加会议。

（王　毅）

【玉渊潭公园召开留春园景区春天雕塑修复方案专家论证会】 3月29日，玉渊潭公园召开留春园景区《春天》雕塑修复方案专家论证会。《春天》雕塑作者王克庆先生夫人、原人民美术出版社党委书记顾同奋教授，原全国城市雕塑建设指导委员会艺术委员会主任、中国雕塑学会名誉会长曹春生教授，原北京市城市雕塑管理办公室主任、中国美协雕塑艺委会委员金廉秀教授，中央美术学院雕塑艺术创作研究所所长、中国工艺美术学会雕塑专业委员会主任孙伟教授，北京市皇家园林书画研究会会长刘伯朗先生出席专家论证会。参会专家对《春天》雕塑的实物进行现场考察，听取了中央美术学院雕塑艺术创作研究所的修复方案，并对修复方案给予肯定。论证会上同时成立《春天》雕塑修复专家小组，对整个修复工作进行监督和认定，保证修复工作顺利完成。

（王智源）

【北海公园通过年度三标一体化管理体系内审工作】 3月29~30日，审核组对8个队、11个科室的年度目标完成情况进行了对照审核，重点对北海公园环境管理方案、危险源的识别、员工培训考核、工程施工方的评定、检查记录和检查落实等方面管理工作进行了核查。此次内审工作进一步完善了各部门管理体系，推进了公园的管理工作。

（汪　汐）

【市公园管理中心举办组织、人事、劳资工作培训会】 3月30日，会上就2016年组织、人事、劳资工作进行详细解读，对市公园管理中心所属16家单位提出的重点、难点问题进行了解答。中心党委副书记杨月出席会议，并提出要求。中心相关各处室、所属各单位党委、党总支主要领导、部门负责人和相关工作人员90余人参加。

（组织人事处）

【中心组织召开房屋租赁管理工作会】 3月30日，会上宣讲了市财政局《北京市市级行政事业单位国有资产出租、出借、对外投资担保管理办法》，通过学习使各单位深入理解相关政策法规；计财处、综合处分别布置2016年房屋出租管理工作，明确办理流程及注意事项。各单位主管房屋租赁的领导、相关部门负责人、经办人及财务人员70人参加。

（综合处）

【景山公园对部分商业经营网点装修调整】 3月底，景山公园对两商业经营网点位置进行了调整，并为其中一处商业经营网点重新搭建了商亭。新商亭外观为仿古风格，与公园整体景观协调一致，并安装了独立电表和水表，杜绝能源浪费。商户搬迁后坚持一货一签，规范服务。

（刘水镜）

【颐和园建立水面巡逻机制】 4月4日，颐和园正式建立水面巡逻机制，组织公园所有游船单位开展湖面巡逻工作，按照机制内容要求，在游船运营期间每天派出8条救援快艇，按时间表轮番开展巡逻，巡逻区域主要为颐和园大湖水域，每个巡逻班次为1小时，确保游船营业期间9：00~18：00湖面巡视不间断，且艇上配置足够人员、足额救生设施物资以及对讲设备，监视水面、天气情况，发现问题及时汇报。同时，在机制的执行过程中，公园还多次开展实战化演练，检验相关预案的实用性和巡逻队伍的协调反应能力。通过实践检验，该项工作机制分工明确、针对性强，具备良好的可操作性，在多次恶劣天气救援过程中发挥出巨大作用，有效降低水面运营的风险系数。

（高 悦）

【中心学习贯彻市政府第四次廉政工作电视电话会议精神】 4月6日，市公园管理中心召开工作会议，传达学习了市政府第四次廉政工作电视电话会议主要内容，做好会议精神与实际工作的紧密结合，抓好终端落实。中心主任张勇就学习贯彻王安顺市长讲话精神，牢固树立政治意识、大局意识、核心意识、看齐意识、首善意识，全面加强党风廉政建设，提出要求。中心副主任王忠海、总工程师李炜民出席，中心各处、室负责人及所属各单位行政主要领导参会。

（办公室）

【天坛公园工会进行工会副主席选举工作】 4月6日，天坛公园工会召开第九届委员会第三次会议。会议增设1名第九届委员会委员，并选举林冬生为天坛公园工会副主席。工会主席段连和主持会议，公园党委书记夏君波、副书记董亚力参加会议。夏君波对工会提出要求。

（芦新元）

【陶然亭公园正式启动"安静工程"】 4月7日，在公园东门广场开展噪音污染知识宣传，普及《声环境质量标准》和噪声污染危害，邀请专业律师现场为游客提供法律咨询服务；开展噪音源调研，对园内活动团体数量、活动时间、活动项目等进行登记，掌握活动团体规律并进行数据分析；采购噪音分贝检测仪7台，对园内活动团体产生的噪音分贝进行测量、统计；拟定《降噪倡议书》、广播词等，制作宣传单、条幅等宣传品。

（陶然亭）

【景山公园开设母婴室】 景山公园拓展服务领域，丰富服务项目，在园区设立母婴室，满足带婴儿游客需求。母婴室紧邻东南角卫生间，为独立房屋，建筑面积20平方米，内部使用面积15平方米，可同时供两位母亲使用，内部设施齐全：护眼LED灯、母乳专用沙发、婴儿椅、换洗架、水池、烘手器等，为确保安全，安装门禁系统，由专人管理门禁卡，并于4月13日开始正式对游客开放。

（景山公园）

【北京动物园积极创新商业模式】 4月18日，亚运熊猫馆超市和豳风堂茶社正式对公众开放。亚运熊猫馆超市首次采用电子收银及开放式经营模式，实现动物园商业发展新突破。动物园领导现场验收，对超市的销售管理、人员配备、服务安全、商品摆放及种类等方面提出要求。豳风堂茶社于3月26日正式营业，积极营造茶文化艺术气氛，开展时令茶文化活动，满足不同游客需求。

（动物园）

【天坛公园治理噪音工作】 4月18日起，天坛公园开展"治理噪音、文明游园"专项治理，成立了以公园园长、党委书记、派出所所长为组长的专项领导小组，制订了《2016年天坛公园"治理噪声、文明游园"活动方案》，以保护和弘扬天坛文化遗产为己任，以安全、舒适的游览环境为目标，按照"保护为主、分区降噪、疏堵结合、综合治理"的工作方针，经过前期宣传、集中治理、常态管理3个阶段治理，为广大市民和游客创造了一个安静、和谐、舒适、有序的游园环境。《法制晚报》《北京日报》《北京青年报》《新京报》《京华时报》《信报》等报社均对公园治理噪音行动给予充分报道和积极评价。北京电视台记者3次来园进行采访，并在《北京您早》《特别关注》等栏目播出。新浪、腾讯微博、微信等社交媒体反响积极。报刊、广播、电视等主流媒体报道10家20余篇（次）。同时，此项目被北京市公园绿地协会推荐入选北京市民生项目，并荣获"第四届服务民生创新管理品牌奖"。

（马　倩）

【中山公园食堂食品经营许可证更换】 4月20日，升级改造职工食堂内部，重新布局清洗区、台案区、灶台区；区分标注餐具、工具等标识化信息；完善管理制度并上墙。达到食药局换证条件，完成换证工作。

（袁晓贝）

【中心组织召开文物保护专题工作会】 4月26日，会议由服务管理处负责人主持。组织学习《国务院关于进一步加强文物工作的指导意见》，传达国家文物局、北京市相关工作指示精神和中心主任办公会关于文物保护的工作要求。颐和园、天坛公园和香山公园分别就古建保护及消防安全、可移动文物保护和强化网格管理等工作进行发言。服务管理处、综合管理处、安全应急处负责人结合处室职责提出具体工作要求。市公园管理中心副主任王忠海出席并提出要求。

（服务处）

【香山公园正式收回碧云寺市场大棚】 公园自2015年2月28日正式启动碧云寺市场大棚收回工作，经多次与香山街道办事处、承租方协商和洽谈，于4月28日正式签订交接协议，完成碧云寺市场大棚的收回工作。

（马杰琳）

服务管理

【市委宣传部组织召开"市属公园古建文物保护成果"新闻通气会】 4月29日,根据市委领导的指示精神,按照郑西平书记和张勇主任的要求,市公园管理中心党委副书记杨月统筹部署,与市委宣传部新闻处紧密配合,及时在北海公园召开专题新闻发布会:以仿膳腾退搬迁为切入点,突出公园文物古建依法管理、保护修缮、合理利用的宣传定位;中心有关处室和单位及时对近两年来的古建修缮项目和保护使用情况,特别是重点项目进行了集中发布。中心主任助理王鹏训接受媒体现场采访,中心宣传处处长陈志强主持会议并全面通报,中心综合处和北海公园负责人重点回答媒体提问,还有7家相关公园一并参加新闻通气会,以新闻稿件的形式进行新闻发布。通过及时应对、引导媒体、主动发布几个步骤,不断扩展宣传内容和报道途径,取得了很好的舆情态势。市委宣传部新闻处副处长金开安对中心统筹出的16个古建保护项目宣传素材给予高度肯定,针对媒体提问,就腾退等敏感问题提出报道建议。

(宣传处)

【中心召开党委书记例会】 4月29日,中心召开党委书记例会,部署中心"两学一做"学习教育工作。会议传达了中央和市委"两学一做"学习教育有关精神;全文学习了毛泽东同志《党委会的工作方法》;组织人事处部署了中心"两学一做"学习教育工作。市公园管理中心党委副书记、主任张勇同志传达了市政府办公厅《关于加强旅游市场综合监管的通知》精神,并重申了"五一"节日工作要求。党委书记郑西平提出要求。党委副书记杨月主持会议。中心所属各单位党委(总支、支部)书记、机关政工处室负责人参会。

(办公室、组织人事处)

【北京动物园启动假日游客量统计工作】 北京动物园启动与零点市场调查有限公司(以下简称零点公司)共同开展"五一"劳动节三天假日游客量监测、统计及分析工作。此次调查项目采用科学计数、实时监测的模式,以"进出口+重点游览场馆"为重点,明确游客流量监测区域;以人流量监测方法为手段,科学监测游客流量走势;以游客出入园人流波动规律为基础,提出公园管理建议。经零点公司实时监测统计,"五一"期间公园共接待游客27.65万人次。

(张 帆)

【玉渊潭公园召开"玉渊春秋"项目方案专家评审会】 5月4日,公园召开"玉渊春秋"项目方案专家评审会。邀请园林专家耿刘同、张济和,中央美院雕塑研究所所长孙伟、中国城市建设研究院原园林所副所长李铭、中国核电工程有限公司所长施红对项目进行评审,并邀请留春园景区原设计者檀馨一同参加。"玉渊春秋"项目位于玉渊潭公园东南部,即公园"玉和集樱"展室以东至留春园景区,总面积约2.7公顷,项目内容包括现状地形和小品的改造,梳理道路系统和植物景观提升等内容。檀馨和专家组对实地进行了踏查,听取了设计方案汇报。经过认真讨论,专家原则同意该方案,并提出建议。中心综合处副处长朱英姿参加会议。

(王智源)

【颐和园网络电子票销售态势良好】 5月9日,颐和园网络电子票销售态势良好,有效分流旺季门区购票压力。与市旅游委、携程网达成电子票务战略合作协议，在搜狗等四家搜索引擎网站进行营销。游客不仅可以通过旅游委、携程网主站在线完成网上支付，也可以使用手机软件应用移动支付票款，预定公园联票。2016年1~4月，公园销售电子票1.5万余张，同比增长245%。根据电子票销售增长情况，在6个门区设立电子票兑换窗口，有效缓解门区购票压力。

（颐和园）

【紫竹院公园工会召开分会主席会】 5月13日，紫竹院公园工会召开分会主席会。会上学习了市总工会关于工会财务工作常见问题的解答材料；对"中国梦·劳动创造幸福"主题教育活动、健步走121软件、固定资产清查等工作进行了传达和布置。副园长王丽辉要求各分会要高度重视，结合党委的"两学一做"主题教育，加强学习与宣传；广泛动员职工积极参与市总"八小时约定""背你感动"、中心健步走等相关活动；加强工会固定资产日常管理，配合近期固定资产清查工作，做好自查。

（芦新元）

【中心综合处做好景观提升项目计价及相应调整工作】 5月16日，中心综合处做好建设工作、景区景观提升项目计价及相应调整工作，根据财政部、国家税务总局《关于全面推开营业税改征增值税试点的通知》（财税〔2016〕36号）要求，建筑业自2016年5月1日起纳入营业税改征增值税试点范畴。市公园管理中心综合处邀请市建委造价处房屋修缮室人员，讲解市住建委《关于建筑业营业税改征增值税调整北京市建设工程计价依据的实施意见》条款内容；对先期反馈的问题进行答疑和交流。通过讲解和交流，便于各单位更加有效地管理并使用好项目资金。各单位工程、绿化、财务等部门负责人约80人参加。

（综合处）

【11家公园与市旅游委进行座谈】 5月17日，中心服务管理处组织11家公园与市旅游委进行座谈，会议由服务管理处负责人主持，围绕景区门票价格改革、景区标识管理、市旅游条例修改、电子行程单应用情况等进行座谈。各公园相关负责人分别就同级别景区门票价格对比、景区执法程序简化、导游人员管理及导游证件监管等方面提出建议和意见。各公园主管领导、科室负责人30余人参加。

（服务处）

【香山公园索道通过北京市特检中心定期检测】 5月19日，北京市特种设备检测中心对香山公园索道进行定期检测：一是检查了索道的运行记录和安全记录；二是对运行中索道的安全保护装置进行了验证检验；三是对驱动设备、迂回设备进行检测。检测结果一切正常，索道设备安全、可靠。

（陈伟华）

【王忠海与市人大代表就人大建议进行当面沟通】 5月23日，市公园管理副主任王忠海带队到广化寺与市人大代表、北京市佛教协会副会长、广化寺住持怡学法师就人大建议进行当面沟通，与怡学代表就"恢复景山五方佛"的建议进行座谈。怡学代表首先听取了北京市公园管理中心落实此项提案所做的工作。

王忠海副主任表态发言。王鹏训处长向怡学代表通报了对建议的回复意见，杨华主任、孙召良园长分别向怡学代表介绍了落实人大建议的相关流程和景山公园近几年来为恢复景山五方佛开展的基础工作。服务管理处副处长魏红、贺然陪同会见。

（景山公园）

【景山公园实施采购项目内部招标制度】 5月24日，景山公园实施采购项目内部招标制度。景山公园对预算资金在100万以下的项目采购实施内部招标管理，实行"明确范围、规范操作、园级定审、结果公示"，规范了项目采购管理工作，明确了内部评选机制，有效防控法律风险和廉政内险制定。

（邹雯）

【市公园管理中心召开语言文字规范工作会】 5月26日，会议由市公园管理中心主任助理、服务管理处处长王鹏训主持，邀请北京第二外国语学院戴宗显教授及市外办国际语言环境建设处人员就新形势下如何做好首都公共场所外语标识规范工作进行授课，办公室、宣传处、服务处相关负责人先后就中心语言文字环境净化工作、日常公文规范、信息文字规范、内外宣传工作中语言文字规范应用、公园等公共场所牌示规范工作提出具体要求。中心处室、各单位相关负责人及工作人员100余人参加。

（中心语言文字工作领导小组）

【玉渊潭公园完成营业执照三证合一变更】 5月30日，玉渊潭公园完成营业执照三证合一变更。自3月底开始，按照政府部门要求准备相关材料与旧版企业营业执照、组织机构代码证、税务登记证，进行营业执照三证合一的准备工作，截止到5月30日，完成工商局备案登记及审核通过程序，正式变更为包含组织机构代码与税务登记号码的新版营业执照。

（王智源）

【紫竹院公园强化噪音治理工作】 5月31日，制定噪音治理办法，摆放宣传展板10余处；积极与属地派出所配合，约谈群体负责人，并发放《噪音治理》告知书；加强公园噪音治理力度，维护良好游园秩序。

（紫竹院公园）

【中心组织召开第二届特约监督员聘任会议】 5月31日，市公园管理中心主任张勇、副主任王忠海出席会议。服务管理处介绍中心概况、工作重点和监督员工作办法；张勇主任向10位监督员发放聘书，监督员代表戴月琴、徐佳发言，颐和园代表各公园表态。张勇主任高度评价监督员给予市管公园工作的支持，向监督员介绍了中心近年来在做好"四个服务"、保护历史名园、传承中华文化等方面所做的工作。中心服务处、办公室、宣传处、纪检监察处、特约监督员及各单位主管领导共计30余人参加会议。

（服务处）

【景山公园召开"降噪"工作会】 5月31日，景山公园召开"降噪"工作会，对本年度噪音治理工作进行研讨。会上明确：一是对公园现有噪声治理工作进行巩固；二是根据公园现有情况，制订公园下一阶段噪声治理工作方案；三是在公园之友团队中先期展开"禁止大型音箱入园"工作的调研，对公园之友团队中使用大型音箱的团队进行逐个约谈;四是加强与北海公园在噪声治理工作的串联,将公园下一阶段工作与北海公园进行交流,持续打造区域静文化理念;五是加强噪声治理工作的交流学习,到天坛公园、万寿寺公园等本市噪声治理工作开展单位相互借鉴取长补短;六是在全园进行噪声治理工作动员,做好下一阶段在噪声治理工作中"打硬仗、打胜仗"的准备。

(张 悦)

【中山公园清查市财政行政事业单位资产】 5月,中山公园启动资产清查工作,制订固定资产清查计划。清查工作分三个阶段:第一阶段自5月6~13日核对固定资产一、二、三级账目;第二阶段自5月16~20日汇总整理核对账目中出现的问题;第三阶段自5月23~26日到各部门核实账物。全园配合市财政进行资产清查审计工作,完善国有资产购置、使用及处置制度,实施全过程动态监管,确保国有资产不流失。

(袁晓贝)

【紫竹院公园国有资产清查及确权】 5~8月,根据北京市《关于开展行政事业单位国有资产清查及事业单位产权登记工作的通知》精神,紫竹院公园计财科协同后勤队资产管理部门,对本单位2015年度资产情况进行清查及确权。此次资产清查工作历时3个月,分为前期准备阶段、单位自查阶段、事务所审计阶段和申报核实阶段,通过此次工作,进一步强化了公园资产管理的重要性,夯实资产管理信息系统数据,推动资产管理与预算管理、财务管理相结合。

(刘若瑾)

【北京动物园自6月1日起全面启动国税版票券】 根据5月4日国家税务局下发的最新政策要求,所有已批地方税务局营业税票券号段全部注销且不可再印新票,已印制的地税票券仅限6月30日前使用,7月1日起必须全面启用国家税务局批复的营业税有价票券。北京动物园在市属公园中首个完成国家税务局营业税改增值税票券更新及印制工作。6月1日,动物园全面启用国税版票券。

(张 帆)

【市委第一巡视组听取北京市公园管理中心党委班子履行党委主体责任专项汇报】 6月2日,市公园管理中心党委书记郑西平代表中心党委班子从加强对党风廉政建设工作的领导、严明党的各项纪律、持续深入改进作风、选好用好干部、规范权力运行、党风廉政宣传教育、领导和支持纪检部门查办案件、履行"第一责任人"的政治责任8个方面汇报了中心党委班子履行主体责任的主要工作。坚持问题导向,从对主体责任的认识还不全面、不深刻,系统推进的力度需要进一步加强,中心党委班子整体合力需要进一步发挥,中心处级干部配备和教育管理不到位,基层党建工作有弱化的现象,权力运行的制约和监督体系还存在薄弱环节,持续改进作风的长效机制需要进一步完善,责任追究的力度需要进一步加强7个方面汇报了中心党委班子在履行单位主体责任方面存在的问题。市委第一巡视组组长谷胜利提出整改要求。

(组织人事处)

【陶然亭公园开展票务专项检查】 6月2日,陶然亭公园为进一步强化公园票务制度落实,确保票款管理安全,由公园纪委、计财科、经管科工作人员组成检查组,对游船队票款管理进行了专项检查。检查组在现场查看了日报汇总、售票记录,核对未交票款与账面现金、交款单与库存现金是否相符。经检查认为:游船队售票过程规范,票务管理分工明确,东、西码头票款均能做到日清日结,票款账实相符,符合票务管理工作相关要求,未发现违规行为。同时,检查组向票务工作人员进行财务管理制度和财务知识的宣传,针对检查情况提出了及时交款减少留存周转金,降低安全隐患的工作建议。专项检查起到了良好的监督规范效果。

(闫 红)

【玉渊潭公园召开古树复壮方案专家论证会】 6月3日,玉渊潭公园召开古树复壮方案专家论证会。邀请有关专家听取复壮方案汇报并现场查看复壮区域。专家组原则上同意此方案并提出建议。

(王智源)

【景山公园落实市人大建议及政协提案】 6月3日,成立建议、提案回复落实小组,分解工作任务,积极收集资料,推进建议、提案的落地。积极推进景山五方佛恢复。联系国家图书馆、故宫博物院,查找景山供奉五方佛像样式记载,合理疏解山体游客,为佛像恢复创造先期条件;推进大三元酒家搬迁。联系西城区国土局、西城区不动产登记中心,查询产权登记、土地证等情况。前往第一历史档案馆,查找景山双围墙历史依据、原始记载,筹备相关专家研讨会;为中轴申遗做积极准备,开展景山北区地下基础勘查及综合管网改造项目。

(景山公园)

【香山公园扎实推进古树名木信息管理系统项目】 6月7日,签订项目招投标及施工建设合同;完成5865株古树芯片安装及300株古树二维码悬挂工作;完成软件开发、系统安装、人员培训及测试运行等工作。

(香山公园)

【北海公园加强中、高考期间噪声治理工作】
北海公园开展相关工作,加强中、高考期间公园环境噪声治理工作:中高考前期,公园提前与晨练团体进行沟通,劝阻其暂停晨练活动;公园制作中考期间停止活动的公告牌示,在公园门区各入口及五龙亭等景区张贴,在公园西门、北门LED屏滚动播放宣传通告,进行正确倡导;6月7～8日、24～26日全国中高考期间,公园保卫科、管理经营科、护园执法队联合北海公园派出所,在公园内进行噪声治理联合执法行动,对在园内晨练的团体活动进行劝阻,为公园周边的考点营造一个良好的考试环境。

(汪 汐)

【颐和园成立纪检审计办公室】 6月8日,颐和园纪委书记杨静在会议室宣布成立纪检审计办公室,编制2人。颐和园成立纪检审计办公室是贯彻落实"党委负主体责任,纪委负监督责任"和"转职能、转方式、转作风"工作精神,加强颐和园内部管理、强化监督执纪的要求,是整合内部监督资源,发挥整体合力作用的需要。纪检审计办公室的职责为:①认真贯彻落实中央纪委和市委关于党风廉政建设和反腐败工作的部署要求,落实园党委加强党风廉政建设和组织协调反腐败的工作任务。②维护党的章程和其他党内法规,加强对党的政治纪律、组织纪律、廉洁纪律、群众纪律、工作纪律和生活纪律执行情况的执纪检查。③加强对中央和市委重大决策部署落实情况的监督检查，加强对职能部门履行职责情况的监督检查。④严格审查和处置党员干部违反党纪政纪、涉嫌违法的行为，严肃党纪政纪处理，严格党风廉政建设责任制责任追究，对违反党风廉政建设责任制规定的、落实党风廉政建设责任不力的进行问责。⑤按北京市公园管理中心审计处要求开展对本级和所属单位预算执行、财政收支、财务收支等经济活动合规性进行审计。⑥按北京市公园管理中心审计处要求以客观、独立性为前提，运用系统、规范的方法，检查和评价本级和所属单位的经济活动、内部控制和风险管理的适当性和有效性，提出意见、建议，以促进组织完善治理、增加价值和实现目标。必要时内部审计可聘请第三方机构介入并出具审计报告。⑦配合组织部门，与相关业务部门共同对领导干部的离任经济责任进行审计。⑧完成颐和园党委和管理处交办的其他任务。

（吴靖亚）

【景山公园制定实施《景山公园工程管理制度汇编（试行）》】 6月8日，景山公园制定并实施《景山公园工程管理制度汇编（试行）》。《景山公园工程管理制度汇编（试行）》主要包括"一个小组，十个办法，一个细则"，即工程督察领导小组、施工安全检查办法、工程建设管理办法、工程质量管理办法、工程监理管理办法、施工安全管理办法、消防安全管理办法、车辆入园管理办法、治安安全管理办法、古树绿化管理办法、工程文物保护管理办法和在园施工管理细则。

（邹雯）

【陶然亭公园采取销售新模式】 6月9日至11日（端午节期间），陶然亭公园经营队联系农夫山泉厂家，由专业促销员销售公园自营商店的商品，实现品牌宣传、市场销售双赢。

（方媛）

【郑西平主持召开4家转企单位退休职工代表座谈会】 6月13日，郑西平主持召开4家转企单位退休职工代表座谈会。会上，6名退休职工代表发言，充分表达了在退休待遇等方面的诉求，市公园管理中心组织人事处、计财处负责人依据有关政策分别认真解答。中心党委书记郑西平作总结发言。

（办公室）

【陶然亭公园噪声专项治理首日进展顺利】 6月13～22日，全面实施园内噪声治理。组织管理处干部、护园队、保安、民警近50人，分别在门区外广场、检票口劝阻游人携带大功率音响设备入园行为；协调街道整治北门、东门外存车处代存大音响行为；成立专项治理小组，不间断巡视园内使用音响设备的团体，使用执法记录仪记录治理工作全过程，将园内团体产生的音量控制在70分贝以下。治理首日共拦截大型音响入园2次，劝阻园内涉及噪声团体4次，治理过程平稳，治理效果良好。13日《北京青年报》刊发《陶然亭公园今起禁止"大音响"入园》一文，对治理工作进行专题报道。

（陶然亭）

【天坛公园开展工会主席接待日活动】 6月14日，天坛公园工会主席段连和主席向全园12个分会的职工代表介绍了市总工会领导胡兴华就工会财务工作中的常见问题解答，帮助职工了解工会会费、经费的使用情况,并对3月主席接待日大家的意见、建议进行了反馈、解答,同时听取了职工新的想法,与职工进行了沟通,听取了有益的意见和建议。

(芦新元)

【天坛公园创新社会化人员集中管理新模式】 6月15日,进一步完善、细化社会化人员岗位管理规定,提高管理制度化水平;科学测算岗位配置,合理安排上岗人员,节省用工量15.4%,提高工作效率;建立队长主管、班长监督、骨干示范的三级管理模式,实现抓点、连线、到面全方位管理;集中管理南门验票岗社会化人员,促使其融入班组,提升归属感和责任感。

(天坛公园)

【陶然亭公园推进自助导览系统建设】 6月16日,完成慈悲庵革命史记展等四项展览展室及科普小屋展厅语音导览系统设计,安装感应器13台、功放喇叭80个,录制讲解词12段;5月1日自助导览系统试运行,完成系统测试调试工作,确保导览效果;开展"自动语音导览系统使用满意度调查"活动,采集游客反馈意见200余份,并汇总分析形成结论报告,为持续推进科技化、智慧化展览展陈建设提供依据。

(陶然亭)

【王忠海主持召开文创项目规划研讨会】 6月17日,中心服务处负责人及西安昭泰公司负责任人分别介绍中心文创工作方案和中心文创项目管理模式、文创项目规划等内容。市公园管理中心副主任王忠海指出,文创工作主体是各经营单位,中心负责方向引领和协调,提供相应的政策支持;文创项目规划初稿的完成,为开展文创工作提供了一个可参考的框架和思维方式。办公室、宣传处、计财处、组织人事处负责人及颐和园、天坛、北海、香山、动物园、园博馆等公园负责人约20人参加会议。

(服务处)

【市属公园互联网售票管理系统建设及互联网售票网站代运营项目启动会召开】 6月20日,市公园管理中心召开市属公园互联网售票管理系统建设及互联网售票网站代运营项目启动会。会议由中心主任助理、服务处处长王鹏训主持,副主任王忠海出席宣布本项目正式实施启动。会上,承建方汇报项目建设运营方案,信息中心王晓军主任宣布项目建设工作计划,计财处处长王明力表示对项目资金及运营资金提供政策支持并要求严格执行全流程审计及绩效评价,中心主任助理、服务处处长王鹏训要求经营管理部门主动做好工作积极投入,分兵把口加强合作。最后,王忠海副主任对相关工作提出要求。中心所属各单位分管领导及项目组成员,以及承建单位小付钱包技术有限公司、监理单位北咨信息工程咨询有限公司、审计单位兴中海会计师事务所等共计80余人参会。

(王 玥)

【天坛公园内控体系建设工作情况】 6月21日,《北京市天坛公园管理处内控制度汇编》和《北京市天坛公园管理处内部控制手册》已于2016年经公园党委扩大会和行政办公会正式审定并已下发,标志着天坛公园内部控制体系建设已顺利完成架构搭建工作。天坛公园内控体系建设工作从2015年5月开始至

2016年6月正式定稿，经过了部署准备、全面梳理与风险评估、内控体系建设与整改完善和总结运行4个阶段工作。

（杨　桦）

【张勇主持召开"三山五园"区域实地调研暨中期研讨会】　6月21日，听取深化及新启动课题情况汇报，并专题研讨中心核心发展思想及发展战略。市公园管理中心主任张勇表示：调研前期工作扎实有效、推进有序，发挥了调研发现问题、研究问题、解决问题的作用，为中心工作的顺利开展提供有力的支撑，并提出建议。中心副主任王忠海及有关处室负责人一同调研。颐和园、香山、植物园、园博馆行政领导、调研工作主管领导及职工代表、工作人员30余人参加。

（研究室）

【张勇召开"一轴一线"区域实地调研暨中期研讨会】　6月23日，听取深化及新启动课题情况汇报，专题研讨中心核心发展思想及发展战略。市公园管理中心主任张勇提出要求。中心副主任王忠海及中心服务处、办公室、综合处、研究室负责人随同调研。天坛、北海、中山、景山公园行政领导、调研工作主管领导、职工代表、工作人员共计40人参加会议。

（孙海洋）

【中心召开庆祝中国共产党成立95周年大会】　6月29日，市公园管理中心党委副书记杨月宣读了中心党委表彰决定，中心领导为中心部分先进集体和先进个人颁发了奖牌和证书。天坛公园党委书记夏君波、颐和园导游服务中心党支部书记王若苓、优秀共产党员代表北京动物园科普馆副馆长周娜分别代表先进基层党组织、优秀党支部、优秀共产党员进行发言。中心党委书记郑西平代表中心党委，就坚持党要管党、从严治党，落实党委主体责任作了工作报告。中心党委副书记、主任张勇主持大会。中心领导班子成员、直属各党委（总支、支部）、中心机关副处级以上领导150余人参加。

（组织人事处）

【"三山五园"整体保护中的实践与探索专题研讨会在香山公园举办】　6月30日，研讨会由"三山五园"研究院主办、香山公园承办，邀请市园林绿化局副局长高大伟、中国人民大学教授何瑜、北京社科院李宝臣、市地方志主任谭烈飞等11位专家学者就"三山五园"中的香山静宜园二十八景修复后的利用发展及展览展陈进行深入交流与探讨，并提出建议。

（香山公园）

【玉渊潭公园召开总结表彰大会庆祝中国共产党成立95周年】　6月30日，公园召开总结表彰大会，庆祝中国共产党成立95周年。通过重温誓词、总结成绩、表彰先进、典型交流等方式，进一步弘扬正气，激励党组织和广大共产党员、党务工作者奋发进取、岗位建功。公园园长毕颐围绕公园文化建设、历史名园保护、管理服务、安全应急、科技创新、湿地生态文明建设、新闻宣传、班子建设等方面对公园上半年工作进行系统总结，着重从湿地公园建设、文化品牌提升、夏季安全防汛等方面对下半年工作进行了部署。公园党委书记赵康围绕"信仰与看齐、党章与党规、履职与担当"3个方面，讲了主题党课,提出要求。会议由公园党委副书记鲁勇主持,公园领导班子全体、科以上干部、班组长及党员代表共计86人参加会议。

（王智源）

【陶然亭公园完成陶然花园酒店交接工作】6月,按照2014年签订的解决陶然花园酒店历史遗留问题框架协议,原实际经营单位与新接手公司协商未果形成对峙。陶然亭公园成立事态管控和合同谈判两个专项工作组,一方面,密切配合派出所深入矛盾双方,通过逐个约谈、会议联商、水电管控等多种措施联用,使双方由紧张对抗纳入法制解决的有序管理状态,实现了平稳交接。另一方面,以"尊重历史、尊重客观、依法守规"为原则,据理开展合同条款和问题处置谈判,经过数十轮磋商,达成一致意见,开启了花园酒店接管的新模式。

（刘 斌）

【颐和园完成事业单位在职及退休职工养老保险并轨入库工作】6月,颐和园管理处按照《国务院关于机关事业单位工作人员养老保险制度改革的决定》及《北京市机关事业单位工作人员养老保险制度改革实施办法》通知精神,成立专项工作小组,提前入手做好养老保险改革历史问题调查整理工作。8月,颐和园管理处完成全部在职及退休职工2000余人养老信息资料入库工作。9月,颐和园事业单位退休职工养老金实现统筹内由社保支付、统筹外由本单位支付,自此颐和园在职职工养老保险并轨第一阶段工作顺利完成。

（王冠炜）

【紫竹院园长离任经济责任审计工作】6~7月,紫竹院公园按照中心及公园党委要求,对原公园园长曹振起进行离任经济责任审计。计财科为此成立审计工作小组,配合中心委托的北京兴中海会计师事务所进行离任经济责任审计,认真做好部门组织协调和审计资料整理工作。经审计意见反馈和报告显示,原公园园长曹振起在任职期间,贯彻党和国家有关经济方针、政策,遵守相关法律法规和财经纪律,执行中心工作安排部署,较好地完成了公园各项工作任务,履行了园长职责,在本次审计范围内未发现其个人存在违反财经纪律和财务制度等问题。

（刘若瑾）

【中心在天坛公园召开噪音治理现场工作会】7月1日,市公园管理中心主任张勇、副主任王忠海、副巡视员李爱兵带领中心服务处、办公室、安全应急处、宣传处、综合处及市管11家公园负责人,实地查看公园门区和东豁口、七星石、长廊和东北外坛治理情况,听取天坛公园噪音治理工作情况汇报,就市管公园推进降噪工作进行深入研讨。张勇主任提出工作要求。

（办公室、天坛）

【园林科技服务通州城市副中心建设】7月4日,市公园管理中心结合科技资源优势和科技项目的开展,大力推进科技成果的落地与转化,服务通州城市副中心生态环境建设。技术支持与服务助力园林绿化建设。园科院积极参与《北京行政副中心园林绿化建设技术指南》撰写工作,同时积极为通燕高速绿化带、通州运河核心区市政综合配套服务中心等多项绿化工程土壤进行检测,为种植土的现状评价及后期改良提供数据支持，根据土壤分析测试结果，编写土壤改良建议；科研成果转化助力生态环境改善。基于国家科技支撑课题"北京地区扬尘抑制技术研发及示范应用"等项目研究成果，制定了《消减PM2.5型道路绿带种植设计技术导则》，推荐10余种植物，提出多种类、多层次的植物群落种植模式，为城市副中心道路绿地的设计营建提供专项技术支撑。该项技术已应用于通州区台湖大街和京台路两侧道路绿地景观设计，正在施工建设中；发挥绿化植物育种及应用方面的优势，输出增彩延绿良种苗木。积极推进园科院、植物园两个增彩延绿良种基地建设，园科院自育彩叶新品种'丽红'元宝枫大苗，在通州东六环西辅路的示范区建设中应用。杨柳飞絮治理技术服务通州校园。积极参与国家林业局、中国绿化基金会组织的"绿色公民行动，飞絮治理进校园活动"，在潞河中学开展飞絮治理公益活动，治理杨柳飞絮雌株百余株。

（科技处、园科院）

【王忠海组织召开北海公园安防综合管理平台建设工作专题会】 7月7日，听取北海公园项目情况汇报，市公园管理中心安全应急处、信息中心分别对建设项目提出相关建议。王忠海副主任提出要求。

（信息中心）

【北京动物园召开《动物园管理规范》专家审查会】 7月7~8日，聘请中国野生动物保护协会、中国动物园协会、中国科学院动物研究所、市公园管理中心、市公园绿地协会等10位专家组成标准审查组，推选中心总工程师李炜民为审查组组长，深圳野生动物园总工程师夏述忠为副组长。审查会听取动物园对《规范》编制情况及主要技术内容的汇报，对标准逐章逐条审查。审查组肯定了编制组工作成绩，论证了标准的可行性。住房和城乡建设部风景园林标准化技术委员会、标准定额司及各编制单位代表参加会议。

（动物园）

【景山公园召开商业经营网点、驻园单位管理专项会】 7月12日，景山公园召开商业经营网点、驻园单位管理专项会。公园园长孙召良、副园长温蕊、经营负责人和驻园人员等20余人参会。会议明确相关部门分工，温蕊提出要求。会上还向各经营网点下发了《经营服务处罚管理规定》《商业店容店貌管理规定》《物价管理规定》和《商业购进管理规定》等规章制定，要求商家认真学习相关规定并按要求进行自查，遵守公园管理规定。公园通过加强对商业经营网点和驻园单位的统一管理，强调规章制度的严肃性，进一步促进经营网点和驻园单位规范服务。

（刘水镜）

【北京动物园启动暑期价格公示专项检查行动】 《北京日报》刊登《北京市严查暑期旅游市场价格》新闻，明确指出"市价监局将对市公园管理中心所属8家公园及故宫博物院门票价格标准、明码标价及各项优惠政策落实情况的监督检查。"北京市公园管理中心服务管理处下发相关学习文件并进行工作部署，北京动物园对此高度重视，为认真落实上级工作指示精神，即时启动暑期价格公示及收费管理规范的专项检查行动。检查结果表明：一是各门区均落实相关要求，票价、票种、优惠范围公示全面、详细；二是各商业网点价格公示齐全，做到"一货一签"；三是停车场、宠物医院等点位，均严格按照北京市物价相关要求，执行统一定价、做好价格公示。发现的问题主要为个别价格公示牌示褪色，已安排更新工作。此次价格公示及收费管理规范的专项检查行动将贯穿整个暑期。

（北京动物园）

【景山公园开展文创工作游客调查问卷活动】 7月18日，景山公园开展文创工作游客调查问卷活动。共发放调查问卷200份，实际回收200份，调查问卷安排在公园游览主干线进行，时间安排在游览人群较为集中的10~11时进行，调查群体主要以来园参观游览的游客为主。调查结果显示：公园文创商品要以工艺品类为主，价格控制在50~100元，文创商品还要兼顾新颖独特、物美价廉等。本次调查工作对公园文创商品研发积累了数据基础。

（张 悦）

【《智慧化建设总体规划（2016~2020年）》专家评审论证会召开】 7月20日，中国园林博物馆召开《智慧化建设总体规划（2016~2020年）》专家评审论证会，邀请故宫博物院院长单霁翔及住建部城乡规划管理中心、中国测绘科学研究院、中国公园协会及市公园管理中心信息中心专家组成评审组，听取园博馆智慧化建设总体规划方案汇报。评审组讨论后同意实施该方案。专家组组长单霁翔提出建议。

（园博馆）

【园科院获评"首都生态文明宣传教育基地"】 7月20日，园科院参加了首都绿化委员会组织的生态文明宣传教育基地获评单位授牌仪式。本次入选的10家单位通过专家组评审，经首都绿化委员会第35次全体会议审议通过，成为首都地区第三批生态文明宣传教育基地。

（李鸿毅）

【中国园林博物馆召开临展项目立项工作推进会】 7月28日，邀请国家博物馆、首都博物馆专家，听取园林类、建筑类、非遗类等六大类近20余项临展项目汇报，形成专家建议。

（园博馆）

【北京动物园完成动物档案数字化项目二期工程建设】 7月29日，该项目为市财政拨款，于5月30日启动至7月29日完成，共处理案卷7033卷（件），扫描档案95571页，录入13659条，是在2013年一期档案数字化项目成果基础上的进一步完善，填补了动物档案数字化的空白，有助于推进行业现代化管理进程。

（动物园）

【中心党委召开一届六次全委（扩大）会议】 7月29日，会议审议并通过《北京市公园管理中心"十三五"时期事业发展规划纲要（2016—2020年）（审议稿）》和《中共北京市公园管理中心第一届委员会第六次全体会议决议（草案）》。中心党委委员、领导班子成员、各单位党政主要负责人和机关各处室、部门负责人共计46人参加会议。

（办公室）

【香山公园与香山橡胶制品厂就改签协议进行商定】 7月29日，香山公园与北京香山橡胶制品厂重新签订房屋及土地租赁合同事宜。公园与橡胶制品厂厂长、办公室主任及相关科室人员交流了协议存在的历史遗留问题。双方就房屋及土地租赁面积、租赁年限、租赁金额等合同签订的重点事项初步达成共识。

（马杰琳）

【颐和园修订《免票参观管理规定》】 7月29日，为进一步严格颐和园入园管理，健全免票入园制度，明确相关部门职责，规范入园审批单的使用，根据标准化管理要求，结合实际情况，对颐和园《免票参观管理规定》内容调整修改，新增两条管理要求：①颐和园入园审批单内人数须大写，内容填写完整，不可涂改。②各级政府及职能部门工作检查业务指导由业务对口部门负责接洽并陪同入园。其中，将各单位每月前五天将上月本单位所开颐和园门票审批单存根交经营部登记备案，修改为前三日登记备查。通过修订，形成严谨规范的《颐和园入园审批管理规定》。

（林 楠）

【香山公园完成《燃气调压器（箱）及设备委托管理合同》的签订】 8月1日，经多次洽谈、走访调研，香山公园完成与北京天星新瑞燃气环保设备公司关于《燃气调压器（箱）及设备委托管理合同》的签订工作，委托该公司对公园燃气调压箱等设备进行维护、保养、管理。

（马杰琳）

【紫竹院公园召开免票开放10周年专家座谈会】 8月2日，邀请中国公园协会会长秦蓁蓁、市公园管理中心副主任王忠海、市绿地协会会长刘英、专家耿刘同及服务处相关负责人，结合免票公园管理模式及未来发展定位进行探讨。王忠海副主任提出要求。

（紫竹院）

【中心召开杨柳飞絮治理工作专题会】 8月2日，市公园管理中心主任张勇、副巡视员李爱兵出席，总工程师李炜民主持。会上，综合处汇报中心杨柳飞絮治理阶段工作方案，与会单位负责人分别汇报"十三五"期间杨柳飞絮治理方案。李炜民总工对前一阶段各单位杨柳飞絮治理工作予以肯定，对下一阶段工作提出要求。张勇主任进一步提出要求。

（综合处）

【中心召开文创工作部署会】 8月10日，从工作目标、组织机构、各方责任、年度进度安排和工作要求5个方面，对市公园管理中心文创工作做了详细部署，皇家园林公司负责人介绍了初步工作设想，相关处室提出工作要求和建议。办公室、宣传处、计财处、组织人事处等处室负责人及各单位主管领导、相关人员共80余人参加。

（服务处）

【市管公园着力加强精细化管理，积极提升综合管理效能】 8月15日，北京动物园、香山等多家公园采取网格化管理模式，将园区分区划片，按照52项巡检要素，由管理部门实行各区域24小时巡检机制，确保园容整洁、秩序稳定。在实现智能灌溉的基础上，颐和园、天坛、北海、香山等公园将古建修缮、文物管理、植物养护、园林景观、水面监管等工作纳入市管公园智能综合管理平台，搭建各专项工作信息数据库和智能操作平台，建立天坛公园电子票务系统、颐和园手机导览APP，提高公园管理的规范化、精细化水平。颐和园、天坛、动物园、香山四家公园利用建立"核定、统计、公布、疏导"四位一体的游客流量管控体系，以实现公园的客流信息采集、查询、分析和统计，提前采取有效措施进行人流量控制、分流和向游客及时播报，为游客提供安全、舒适的游览环境。

（本刊综合）

【中心所属5家单位入选市级湿地名录】 8月15日，北京市人民政府办公厅公布第一批市级湿地名录，全市共有35个湿地进入名录，其中颐和园、北海公园、陶然亭公园、紫竹院公园、玉渊潭公园湿地入选。

（办公室）

【李炜民出席玉渊潭公园杨柳飞絮治理规划专家论证会】 8月18日，汇报杨柳飞絮治理规划方案，形成专家建议。市公园管理中心总工程师李炜民提出要求。中心综合处及相关工作人员参加。

（玉渊潭公园）

【香山公园完成机关事业单位退休人员养老保险接轨工作】 8月18日，香山公园完成机关事业单位退休人员养老保险接轨工作。此次接轨工作共涉及399名退休职工的个人基本信息、银行账号信息、工资情况等55项。自9月1日起，399名退休人员退休工资统筹支付部分的基本养老保险待遇由社会保险经办机构统一发放。

（王晓芳）

【中心召开社团协会脱钩工作会】 8月19日，传达《市行业协会商会与行政机关脱钩工作方案》文件精神，各单位结合自身具体工作畅谈工作思路；与会处室人员就脱钩工作提出相关意见。组织人事处、服务处、办公室、综合处负责人及各单位社团协会工作主管领导、社团协会负责人参加。

（组织人事处 服务处）

【市管公园配合做好天安门地区综合管理工作】 8月19日，中山公园、北海公园及景山公园增加临时手持安检通道及售票窗口，增派售检及安全疏导人员，应对暑期旅游高峰；做好筒子河水体保洁，确保天安门前金水桥喷泉水质清洁、无异味；加强与天安门地区各单位的协调联动，加大对非法揽客黑导游、游商的打击力度，维护天安门及外延区域秩序。

（孙海洋）

【景山公园、北海公园"降噪"工作效果显著】 8月22日至9月22日，景山公园与北海公园同时开展"降噪"治理工作，效果显著。"降噪"集中治理为期一个月，集中治理前统计在园活动团队共33支，其中公园之友团队21支、非公园之友团队12支。通过"降噪"工作的开展，治理前园内使用组合音箱、大型音箱设备20余团队，治理后公园内无大型音箱。音量控制方面，治理前园内活动团队音量130分贝，治理后音箱伴奏音量低于70分贝。活动团队数量方面，治理前在园活动大型团队4支，噪音治理后1支，演奏团队数量治理前有1支80人以上演奏团队，噪音治理后公园内无演奏团队。

（张　悦）

【王忠海召开香山寺建成开放专题工作会】
8月23日，会议由市公园管理中心副主任王忠海主持。香山公园园长钱进朝就香山寺运营管理方案（讨论稿）进行了详细的汇报，相关处室结合处室职责进行了发言。王忠海副主任提出要求。中心有关处室负责人及香山公园相关人员共计15人参加了会议。

（中心服务处）

【中心全面完成本年度9项市人大代表建议、市政协委员提案办理工作】 8月25日，市政府交由中心办理的市人大代表建议、政协委员提案主办4件、会办4件、临时接受会办1件，总量比2015年减少6件，其中涉及公园管理服务方面的2件，涉及公园文物保护、文化传承方面的4件，涉及公园建设管理、规划方面的3件，部分问题是代表、委员多年关注且媒体报道的热点，如恢复景山五方佛亭、推进"三山五园"历史文化景区发展、推进整治保护力度加快中轴申遗进展、北京城市公园免票等。7月下旬按要求完成提案答复意见公开宣传口径提交工作，8月中旬向市政协提供涉及公园管理、历史名园保护等方面的7项提案选题参考材料。

（办公室）

【中心邀请故宫专家举办文创工作培训会】
8月25日，市公园管理中心文创工作领导小组办公室和团委联合举办培训会，邀请故宫文化服务中心陈非在多功能厅就故宫文创工作经验进行授课，从当前文创工作形势、故宫文创产品研发、文创产品经营和文创品牌推广及影响4个方面进行了详细地介绍，重点介绍了文创产品研发的创意理念、三大要素、时机把握、明星产品开发等内容，还介绍了故宫文创产品的数量，累计研发8683种，常备产品5000种，近三年每年研发文创新品几百种，2015年更是超过了800种。宣传处、计财处等处室及市属11家公园、园博馆文创工作相关人员约80人参加了培训会。

（中心服务处）

【玉渊潭公园通过质量与环境管理体系外部审核】 8月26日，玉渊潭公园顺利通过2015~2016年度质量与环境管理体系外部审核。本次审核由方圆标志认证集团有限公司进行，审核专家依据ISO 9001：2008质量管理体系、ISO 14001：2004环境体系文件，通过问询交流、资料翻阅、查看现场等方式，审核了全园服务管理、基础设施、安全保卫、绿化建设、园容保洁等多个部门的工作内容和流程，经过梳理检查，未发生不符合项，公园管理体系符合认证标准并有效运行。

（缪 英）

【中心召开四家试点公园文创工作推进会】
8月29日，市公园管理中心召开四家试点公园文创工作推进会，会议由服务管理处处长王鹏训主持，天坛公园、香山公园、北海公园、皇家园林公司负责人和西安昭泰文化发展有限公司负责人参加了会议。会上相关单位交流了关于文创工作的现状、未来工作设想和工作需求。服务管理处及相关单位人员共计15人参加了会议。

（中心服务处）

【香山公园资产清查及产权登记工作通过市财政局审核】 香山公园资产清查及产权登记工作按照市财政局、市公园管理中心工作要求，历经一个月的准备工作，反复调整完善资料，

8月30～31日，市财政局对香山公园资产清查及产权登记工作进行现场审核，经过初审和复审，最后通过市财政局审核。

（安丽文）

【王忠海召开文创工作专题会】 8月31日，市公园管理中心召开文创工作(1+1+N)落地专题会，重点听取北京皇家园林文化创意产业有限责任公司的汇报。皇家园林文创公司就挖掘长河沿线旅游资源、利用游船组织团队客源、在紫竹院举办行宫文化展及紫竹禅院区域内搭建文创产品展销平台提出了设想建议。中心副主任王忠海主持会议，办公室、服务管理处、综合处和皇家园林文创公司负责人参加了会议。会议针对皇家园林文创公司的建议提出具体措施。

（中心服务处）

【大额重点项目资金绩效评价工作】 "天坛北神厨、北宰牲亭文物展"项目是2015年北京市政府第26项为民办实事项目之一，共使用资金821万元，其中600万元为中心拨款，其余为自筹资金。2015年11月5日该项目通过竣工验收。2015年11月6日天坛北神厨、北宰牲亭文物展如期向民众开放。2016年8月底，经天坛公园行政办公会通过，审计绩效办公室对"天坛北神厨、北宰牲亭文物展"项目开展绩效评价工作。根据对项目全过程梳理的成果，绩效评价小组编写了《天坛公园北神厨、北宰牲亭文物展项目绩效报告》，在报告中对项目概况、项目决策及资金使用管理情况、项目组织实施情况、项目进行情况、主要经验及做法进行了总结。9月28日，在公园管理处召开了"天坛北神厨、北宰牲亭文物展项目绩效评价专家评审会"，由第

三方审计机构组织财务、工程、建筑等方面的专家对该项目进行绩效情况评审。专家给予了绩效级别优秀的评价。第三方审计机构根据专家评审意见出具了《北京市天坛管理处项目支出绩效评价报告》。

（杨 桦）

【颐和园修订《颐和园管理处考勤工资奖金管理规定》】 8月，颐和园对现行《颐和园管理处考勤工资奖金管理规定》重新进行了修订，其中首次对"考勤表及相关附件须完整保存5年以上、考勤表须放置于固定位置公开展示、请假须严格手续，不能简化手续或没有手续，不能越权批假"三项内容进行规定；在婚假、产假、计划生育假及相关待遇方面，对生育奖励假、配偶陪产假、个人申请假期薪酬计发方式、绩效工资发放、考勤记录、相关待遇等问题进行了说明，从制度入手治理"慵、懒、散"现象。

（王冠炜）

【北海公园联合景山公园全面实施降噪新举措】 8月，北海公园联合景山公园全面实施降噪新举措：8月8～13日，北海公园保卫科、管理经营科、护园执法队联合北海公园派出所，对公园使用大型音响、乐器的活动团体在闸福寺景区内进行重点约谈，宣传公园降噪新举措，并发放《"降低音量，创文明环境"倡议书》，在约谈结束与活动团体负责人签订了《北海公园降噪公约》，约谈及电话告知团队数量共计86支。公园统一设计制作降噪通告及宣传牌示，在公园各门区、主要景点及活动团体主要活动密集点悬挂摆放宣传牌示共计35块，在西门、北门LED屏滚动播放降噪公告，公园广播实时播放降噪通

知。8月22日，公园在各门区正式执行新的降噪措施，成立主管园长为组长、主管科室负责人为副组长的降噪集中治理小组，抽调各科队职工26人及保安24人配备执法仪在门区进行为期一个月的集中治理工作，按照各门区入园活动团体数量将降噪小组划分5个区域，分别值守5个门区，每日6：30～20：30降噪执行小组进行不间断门区劝阻，合理安排人员配备，集中治理阶段主要以限制最大周长大于102厘米（A4纸大小）的音箱、演奏管弦乐器、打击乐器和乐器外接音箱入园，公园内由护园队保安进行不间断巡视，发现音响音量超过70分贝的活动团体将及时上前进行治理。

（汪　汐）

【中心召开平原林木养护技术服务工作动员会】　9月5日，组织学习《市园林绿化局、市公园管理中心关于加强平原林木养护技术服务工作的通知》，介绍帮扶工作的具体要求。综合处及各单位绿化科技工作负责人参加。

（综合处）

【市属公园互联网售票系统软件功能需求专项调研会召开】　9月6～9日，中心信息中心、计财处、服务处共同组织召开项目软件功能需求专项调研会，市管11家公园及园博馆财务、经管及票务等分管部门一同参会。调研会上，软件开发公司结合前期调研业务需求，按照门区验票、票务统计查询、经管对账、财务结算工作，分别演示了软件系统初期设计原型。经广泛征求基层单位需使用本信息系统的验票员、科队工作人员的意见建议后，形成软件需求最终方案。

（王　玥）

【中心组织召开文创工作现场会】　9月8日，中心文创领导小组办公室在颐和园召开文创工作现场会，会议由服务处副处长贺然主持，颐和园经营管理部部长梁军从工作理念、组织架构、管理体系、工作思路和文创产品展情况等方面对文创工作进行了全面介绍。与会人员实地观看了仁寿殿文化产品专卖店和八方亭文创产品展，现场交流学习了文创产品的文化要素、设计理念、品质细节等内容。中心服务处、宣传处等处室及各公园、园博馆相关人员共计70余人参加了会议。

（李　艳）

【天坛赴苏州虎丘、上海豫园开展展览展示活动】　9月11～26日，天坛公园应邀赴苏州、上海两地举行为期16天的"礼乐天坛"天坛礼乐文化展览展示活动，是神乐署雅乐中心首次在国内举办的展览展示活动。共设计制作天坛图片展板30张，用图100余张，新编演出曲目15首，编写讲解词主持词万余字，改造编钟、编磬大型乐器架，设计天坛神乐署中和韶乐互动体验展示方式和"玉振金声礼乐雅韵"专场演出两种，面向广大游客和同行景区管理者10000余人进行了34场展示，得到广大游客和社会各界肯定，两地各类媒体报道20余次，自媒体专访1篇。此次活动，开辟了天坛文化展览展示的新途径，对天坛礼乐文化推广和宣传起到很好的推动作用。

（霍　燚）

【中心开展节前高档餐饮和会所整治情况检查】　9月12日，中心组织开展节前高档餐饮和会所整治情况检查，对中山公园、北海公园、香山公园、北京植物园、北京动物园和紫竹院的"8+6"场所情况进行节前检查，未发现违规行为。要求各单位要严格管理出租房屋,加快推进适合公园服务市民、游客的创新性转型,杜绝高档餐饮和会所情况出现反弹。

(综合处)

【市管公园做好中秋游园服务保障工作】 9月12日,各单位积极开展文化活动。开展"中秋悦园"主题游园活动,推出中秋音乐会、"颐和秋韵"桂花文化展等古音邀月、秋香赏月、登高望月、平湖映月四大系列20项文化活动及赏秋最佳地点,开展"圆满中秋"夜航赏月活动。确保安全应急。以历史文物古建、山林草坪、配电设备等为排查重点,开展隐患整改工作;组织拥堵疏散、水上救生、消防灭火以及反恐怖袭击等应急演练。搞好服务保障。在景区设立义务讲解岗、志愿者科普讲解站等,注重与游客互动;增加售票窗口和临时厕所数量,增派安保做好易拥堵部位的游客疏导。美化景点布置。认真做好主题花坛摆放及花卉护理相关工作,保持景观优美。做好宣传引导。推出多条赏秋赏月线路,策划专题新闻报道,引导游人有序游园。

(孙海洋)

【颐和园启动智能人数统计项目建设】 9月18日,在7处门区、3处园中园安装客流量计数系统,主要门区安装LED显示屏,实时统计和显示入园、出园及园内客流量,准确反映公园客流量变化趋势,为游客安全疏导统计工作提供准确预警分析信息。项目于9月底完成,国庆节进行试运行。

(颐和园)

【市委第一巡视组专项巡视北京市公园管理中心党委情况反馈会召开】 9月19日,市委第一巡视组组长谷胜利代表巡视组从巡视工作概况、存在的重点问题、意见建议、整改要求四个方面进行反馈,提出要求。市公园管理中心党委书记郑西平代表班子做表态发言。中心党委副书记、主任张勇主持会议并提出要求。市委第一巡视组成员,中心局级领导班子成员、中心近三年退休局级领导干部、中心系统"两代表一委员"代表、中心所属单位党政主要负责同志、中心机关副处级以上干部70余人参加巡视反馈会。

(组织人事处)

【市管公园加强精细化管理全面提升综合管理效能】 9月20日,将园区分区划片,按照52项巡检要素,由管理部门实行各区域24小时巡检机制,确保园容整洁、秩序稳定。在实现智能灌溉的基础上,颐和园、天坛等公园将古建修缮、文物管理、植物养护、园林景观、水面监管等工作纳入市属公园智能综合管理平台,搭建各专项工作信息数据库和智能操作平台,提高公园管理的规范化、精细化水平。颐和网、天坛、动物园、香山公园将建立"核定、统计、公布、疏导"四位一体的游客流量管控体系,实现公园客流信息实时采集、查询、分析和统计,可提前采取有效措施进行人流量控制、分流。

(孙海洋)

【颐和园与盘山景区建立常态化交流机制】 9月22~23日,颐和园园长刘耀忠及相关工作人员应天津盘山景区管理局和天津蓟州区(原蓟县)文物保管所邀请,赴津交流学习景区建设与文物保护工作。通过实地考察和座谈交流，刘耀忠代表颐和园与盘山景区签订了区域旅游合作框架协议。

（齐　麟）

【中心召开文创工作座谈会】　9月23日，中心文创工作座谈会在陶然亭公园召开。北京市公园管理中心服务管理处、中心团委、陶然亭公园联合召开中心系统青年团员座谈会，以陶然亭公园为例，问计青年，研讨城市型公园文创工作。中心主任助理、服务管理处处长王鹏训、中心团委书记李静、陶然亭公园园长缪祥流，以及颐和园、天坛、北海等11家公园相关负责人共计40余人参加。座谈会上，陶然亭公园首先汇报了公园文创工作设想，提出面临的困难及需要大家帮助解决的问题。随后各位领导结合自身经验体会及陶然亭公园的特点提出了意见建议，为公园做好此项工作提供了较大帮助。会上，中心主任助理、服务管理处处长王鹏训对中心近期文创工作情况进行了通报并对此项工作提出具体要求。

（刘　斌）

【中心召开国庆假日工作视频会】　9月26日，中心召开国庆假日工作视频会，对国庆游览接待工作进行再部署再动员。会议由市公园管理中心党委书记郑西平主持，中心党委副书记、主任张勇传达学习郭金龙书记讲话精神及市领导关于国庆假日工作要求，中心副主任王忠海、副巡视员李爱兵、综合管理处负责人分别就节日服务管理、安全管控、环境布置等工作提出要求。张勇主任向全系统提出"安全无事故、服务无投诉、宣传无负面、环境无死角"的"四无"国庆工作目标。郑西平书记提出要求。

（办公室）

【中心开展国庆花卉环境布置检查评比】　9月26~27日，组织行业专家、公园绿化工作负责人，逐一对市管公园和园博馆的国庆22组立体花坛、17处地栽花境及容器花钵花卉进行评比、点评。专家希望今后各单位能够结合自有特色花卉及文化特点设计创作花坛，培养专业技术人员，加强自行设计施工能力，打造独具特色的节日赏花景点。

（综合处）

【中心召开市科委绿通项目研讨会】　9月28日，会上各课题负责人就课题研究的目的意义、研究思路、研究方案、实施步骤等进行汇报，市科委社发处调研员对汇报课题逐一点评，并从市科委绿通项目支持范围和课题类型等方面，与课题负责人进行交流，提出研究意见和建议。科技处、园科院、植物园、动物园相关领导及课题负责人参加。

（科技处）

【市公园管理中心量化国庆假日工作标准提出"四无"工作目标】　9月29日，以"安全无事故、服务无投诉、环境无死角、宣传无负面"为目标，着力抓好以下工作：抓好安全工作。加强对游人集中区域、主要景点、游船索道等重点都位的隐患整改；做好大人流实时疏导管控，设置应急疏散通道65条、单行线49条，部署安保力量2334名；提供优质服务。扩容节日服务，增设售票窗口74个、临时厕所17个；重点加强门区、殿堂、展室的服务讲解，坚持文明用语、微笑服务；优化节日游园环境。布置节日主题花坛、特色花境46处，花卉布置面积5万余平方米；做好景观环境维护，实施网格化管理，保持公园各处景观、基础设施干净整洁；营造良好舆论氛围。召开新闻发布会，宣传各公园节日活动及安全服务保障措施，引导游客错峰出行、文明游园。

（孙海洋）

【中心领导到北京动物园宣布干部任免决定】
9月29日，市公园管理中心党委书记郑西平、主任张勇到北京动物园，宣布中心党委关于北京动物园园长调整的决定。北京动物园领导班子表示坚决拥护中心党委的决定，新任北京动物园园长李晓光进行表态。中心主任张勇对动物园近年的发展和取得的成绩给予肯定，指出动物园新一届领导班子要高度重视市委巡视组提出的问题，结合国庆假日中心提出的"四无"工作目标，做好服务安全保障，完成国庆假日检验。郑西平书记提出要求。组织人事处负责人及公园科级以上干部参加。

（动物园）

【中心领导到北京植物园宣布干部任免决定】
9月29日，市公园管理中心党委书记郑西平、主任张勇到北京植物园，宣布中心党委关于北京植物园园长、党委副书记调整的决定。公园领导班子表示坚决拥护中心党委的决定，新任北京植物园园长吴兆铮进行表态。张勇主任提出要求。中心组织人事处相关负责人及公园科级以上干部40余人参加。

（植物园）

【中心领导到玉渊潭公园宣布干部任免决定】
9月29日，市公园管理中心党委书记郑西平、副书记杨月宣布中心党委关于玉渊潭公园党委书记调整的决定。公园领导班子表示坚决拥护中心党委的决定，新任玉渊潭公园党委书记曹振和进行表态。郑西平书记对公园近年来所取得的成绩给予充分肯定，对新班子提出要求。中心组织人事处相关负责人及公园领导班子成员参加。

（玉渊潭）

【中心领导到中山公园宣布干部任免决定】
9月29日，市公园管理中心党委书记郑西平、副书记杨月到中山公园宣布中心党委关于中山公园党委书记调整的决定，副书记杨月主持会议。中山公园领导班子表示坚决拥护中心党委的决定，新任中山公园党委书记郭立萍同志进行了表态。郑西平书记提出要求。中心组织人事处、纪检监察处负责人及公园副科以上干部40人参加。

（中山）

【中心党委召开党委书记专题会研究部署巡视整改工作】 9月30日，市公园管理中心巡视整改领导小组办公室通报了巡视工作情况、责任分工、进度安排。中心党委副书记、主任张勇要求各单位要高度重视，正确认识，认真整改，标本兼治，切实把巡视整改作为一项重大的政治任务抓紧抓好。中心党委副书记杨月提出要求。

（中心巡视整改领导小组办公室）

【市公园管理中心完成国庆假日游园服务保障工作】 10月1~7日节日7天，11家市管公园及园博馆接待游人328.41万人次，同比减少13.15%。其中，购票游人189.36万人次，同比减少11.2%。受假期连续阴雨天气影响，2016年国庆游园人数略低于往年，游园高峰期出现在10月2~5日，客流量走势与往年趋同，维持在50万~60万人。假日期间，游客最高峰出现在10月3日，当日共接待60.8万人次；接待游客最多的是颐和园，7天共接待55.46万人次；天坛公园（53.87万人次）、北京动物园（44.84万人次）。节日期间媒体共报道328篇（条），其中电视65条、电台58条、报刊205条。10月5日，市长王安顺从中山公园南门入园，视察天安门地区国庆67周年安全服务保障情况；10月6日，副市长林克庆到紫竹院、颐和园等市管公园检查安全服务保障工作；中心及相关委、办、局领导深入基层慰问一线职工，进一步督促指导假日工作。各市管公园及园博馆在43个主要门区安排专业安检员抽检入园游客105.22万人次，抽检率为33%，检查箱包294166个，暂存打火机132631个，各种刀具129把，其他易燃易爆物品17个；安排安保力量26269人次。做好人流管控。颐和园、天坛、香山、动物园四家市管公园率先在门区增设"公园客流量信息指示牌"，首次实时公布入园、在园、出园游客数量，市管公园延续公布游园舒适度"红绿灯"做法，让游客提前知晓游园情况。中心发布13个"冷"门区、18个"冷"景区及线路，缓解客流高峰。各公园按照中心要求做好瞬时游客量统计工作，做好售票处、出入口等易拥堵部位的游客疏导。各公园结合自身特点，开展形式多样的文化活动67场次，展览展示239项。推出国庆活动、文化展览、科普活动、花卉展览等30项主题活动。做好公园重点地段、游客集中区域和高峰时段游客分流和疏导工作，增设游览单行线49条、安全疏导牌示364个，安排秩序引导人员1757名，增设售票窗口74个，厕所17个，开展文明游园宣传引导活动。安排公园志愿者3174人次，积极为游客提供咨询答疑、扶老助残等公益服务。

（孙海洋）

【北京市假日旅游工作领导小组办公室向中心发来感谢信】 10月8日，对国庆黄金周期间市公园管理中心积极参加市假日办组织的北京市假日旅游集中值班工作，强化市属公园安全监管，大力整治旅游市场秩序，及时报送假日旅游工作信息，妥善处置市属公园突发事件，为广大市民和来京游客创造良好旅游环境等工作予以充分肯定，对参加联合值班的同志所表现出的良好的工作作风和精神风貌予以表扬。

（办公室）

【颐和园、北京动物园荣登"十一"旅游"红榜"】 10月9日，国家旅游局发布"十一"假日旅游"红黑榜"，集中表扬一批最佳景区、优秀旅行社、优秀导游、优秀旅游工作人员和文明游客，同时也对假日期间厕所革命滞后、环境脏乱、管理混乱、服务恶劣的旅游经营单位和从业人员以及不文明游客进行曝光。"红黑榜"由各地旅游主管部门根据本地假日旅游市场秩序情况提供信息汇总而成。其中，颐和园被评为北京市旅游服务最佳景区，北京动物园被评为北京市旅游安全保障最佳景区。本市故宫博物院、圆明园、八达岭也登"红榜"。

（办公室）

【市政府召开香山红叶观赏季综合保障协调工作会】 10月12日，按照林克庆副市长指示要求，由赵根武副秘书长主持会议。市公园管理中心主任张勇、香山公园负责人先后汇报红叶季园内安全服务保障工作准备情况，海淀区政府和各相关单位汇报园外服务保障工作准备情况。赵根武副秘书长对中心和香山公园的工作表示肯定，并提出要求。市交通委、市旅游委、市园林绿化局、市城管执法局、市公园管理中心、市公安局治安管理总队、市公安局公安交通管理局、市消防局、海淀区政府主管领导参加会议。

（香山公园）

【景山公园整改票务管理工作】 10月13日，根据市公园管理中心《关于落实巡视组整改措施加强公园票务管理的通知》要求，景山公园整改票务管理工作。成立由票务工作主管园长为组长，管理科、服务队为组员的票务管理工作自查小组，全面系统地梳理近年来公园票务管理工作。自查梳理重点主要围绕市巡视组提出的"公园票款流失现象普遍存在，公园门票管理存在漏洞，违规带人、放人进公园现象屡禁不止""公园游船中的回笼票、门票中的人情票、关系票等现象依旧存在"开展，并按照服务管理处"对照反馈意见，按照实事求是、严格准备的原则，找出本园存在的问题"的要求形成公园票务管理工作自查报告。

（张　悦）

【景山公园整改房屋出租管理工作】 10月13日，景山公园整改房屋出租管理工作。成立公园专项自查小组，根据市公园管理中心提出的"各单位依据《北京市市属公园房屋设施使用管理规定》从出租期限、评估价格、确定承租方的方式及出租用途等方面进行梳理，有问题的需说明原因并采取整改措施；对游览区内不开放的出租场所现状列表上报出租地点、出租起止时间、面积、用途等"工作指示要求，找出公园存在的问题，制订整改措施。

（张　悦）

【香山公园完成AAAA级景区复核工作】 10月18日，按照《2016年北京市A级旅游景区年度复核工作实施方案》，由市旅游委委派7名专家(检查组5人、暗访组2人)到香山公园就AAAA级景区进行复核工作检查。首先，检查组5名专家听取了公园近五年来复建修缮、基础设施建设、服务管理等方面工作汇报，针对《旅游设施与服务质量评分细则》中服务管理、信息化建设、安全保障、文化产品开发、资源与环境等资料文件进行查看，并对相关重点问题进行询问。其次，专家分为两组对公园南、北两条主要线路的监控设备、卫生间、园容卫生、服务设施、消防设施、餐饮服务和住宿等进行实地检查。经实地查看后，专家组对公园的资料准备表示肯定，特别是"三会一检查"和行业检查制度的执行记录情况得到专家的一致认可。针对检查情况专家组也提出了相应的意见。

（王晓明）

【陶然亭公园首次开展夜间噪音治理工作】 10月19日，针对夜间在园活动的卡拉OK团体进行管控及劝阻，3天共计劝阻夜间活动团体7家15次，将活动音量控制在70分贝以下。治理过程平稳，治理效果良好。

（陶然亭）

【玉渊潭公园顺利通过AAAA复核工作】 10月20日，北京市AAAA复核检查组到玉渊潭公园开展旅游景区质量等级复核工作。听取公园旅游景区质量等级复核工作汇报，实地检查东湖湿地园、留春园厕所、玉和集樱展室、游客服务中心、公园安全应急指挥中心等区域，详细审查复核台账资料，对公园进行审核评分。检查组对公园AAAA迎检相关工作予以肯定，指出玉渊潭公园资源独特，品牌突出，旅游元素齐全，管理科学规范，"三个效益"持续增长，有效带动了地区经济发展和就业，并就公园发展提出相关建议。12月，公园通过国家AAAA级旅游景区质量等级复核。

（缪　英）

【中心组织召开票务管理座谈会】10月21日，中心服务管理处组织召开票务管理座谈会，服务处相关负责人主持，就《中心关于加强公园票务管理指导意见》（征求意见稿）征求公园意见，并就规范门区、游船码头、票务管理等问题组织讨论。与会人员结合本单位实际情况，对执行过程中可能遇到的问题、难点进行交流。

（服务处）

【香山红叶观赏季综合保障领导小组召开香山红叶季视频会议】10月22日，带班领导、市公园管理中心主任张勇出席并通过视频连线香山公园，详细询问了门区安检、红叶变色率、游园舒适度等红叶观赏季各项情况，对全园干部职工表示慰问，并提出要求。香山红叶观赏季综合保障领导小组成员及中心办公室负责人参加。

（香山公园、中心办公室）

【陶然亭公园商店开通微信支付】10月26日，陶然亭公园经营队自营商店开通微信支付功能，为游客提供更加便捷的支付方式，优化公园自营商店服务。

（方　媛）

【中山公园通过AAAA景区复核】10月26日，大地风景旅游AAAA工作复核小组现场复核检查公园景点质量维护、景区旅游安全、餐饮服务设施、基础设施建设、环境卫生等内容；实地检查公园碰碰车、门票、购物、卫生间、垃圾箱、游步道、标识标牌、游客服务中心、信息化建设、园史展、监控室等情况，听取公园关于AAAA级景区复核工作情况的汇报。详细检查规章制度、培训考核记录、规划、投诉等文件资料。AAAA级景区复核检查组肯定公园现状及规划，并对公园信息化发展提出宝贵意见。

（李　翱）

【北京动物园完成AAAA景区复核工作】10月26日，北京动物园迎接AAAA级旅游景区质量等级复核检查工作。北京市旅游委相关负责人、业内专家组成复核组对动物园进行检查，园长李晓光、副园长冯小苹、服务管理科、保卫科、基建设备科等相关科室陪同检查并参与汇报交流。专家首先对园区13个点位进行现场查验，重点检查卫生间、新建场馆、游客服务中心、动物园邮局、监控室等点位，着重了解服务游客项目和设施的运行情况及综合管理情况。检查组对动物园近年来的工作给予了高度评价，并结合《旅游景区质量等级的划分与评定》最新标准提出建议。园长李晓光代表公园向复核组介绍了公园将逐步推行工作手段和计划。动物园通过AAAA级景区复核。

（张　帆）

【天坛公园完成AAAAA级旅游景区复核工作】10月28日，北京旅游学院教授冯冬明，北京海洋馆张军英，易游华成公司杨德政，大地公司王仕源、尚自强一行5人复核组专家在听取天坛公园就 2011 年以来公园建设、经营、管理、服务等情况汇报后，到公园停车场、门区、游客中心、卫生间以及祈年殿、神乐署、北神厨等景区现场评审，并在祈年殿景区进行游客满意度调查。随后专家组认真查阅了公园相关基础资料。专家组对天坛公园的各项工作表示满意，并提出了建议。

（李腾飞）

【颐和园完成 AAAAA 级旅游景区复核】 11 月 1 日，北京市 A 级旅游景区年度复核专家组到颐和园进行 AAAAA 级旅游景区复核。专家组听取颐和园自 2011 年以来公园旅游交通、游览服务、综合服务、特色文化、信息化、旅游安全、资源和环境保护、综合管理等方面 150 余个项目的汇报，并观看颐和园宣传视频资料，专家到公园进行现场评审，体验自助讲解器，实地调研游客中心、卫生间、展览展陈、商业网点以及监控中心，询问了公园培训、古建维护、水体保持、噪音治理等方面情况，认真查阅公园基础档案资料，对颐和园各项工作表示肯定。同时结合 AAAAA 新标准，专家组围绕规划、图形符号标准、服务大众旅游等方面提出建议。颐和园圆满完成 AAAAA 级旅游景区专家评审并顺利通过 AAAAA 级旅游景区复核。

（林 楠）

【紫竹院公园完成"创建北京市健康示范单位"验收工作】 11 月 2 日，海淀卫计委陪同北京市创建健康示范单位检查小组成员一行 7 人，到紫竹院公园实地检查创建情况。公园副园长勇伟，工会、管理科共同参加汇报，检查内容分 PPT 工作汇报及现场走访检查两个方面。现场检查公园环境卫生、职工食堂，并对公园职工关于创建健康示范单位的满意度进项问卷调查。经过专家组现场评审，公园创建工作细致、全面，在今后工作中还要继续加强职工健康方面的干预措施、制订相应计划，职工食堂增加低盐少油的菜品，为公园今后为职工办实事方面提出了很好的意见建议，紫竹院公园完成了创建健康示范单位工作。年底通过评审，紫竹院公园获得了"北京市健康示范单位"称号。

（鲁志远）

【中心召开"小金库"专项检查工作会】 11 月 8 日，布置"小金库"专项检查工作，要求各单位按要求迅速整改。市公园管理中心副主任王忠海出席并要求。中心计财处、服务处、审计处负责人及各单位主管领导、财务科长、审计科长等 60 余人参加。

（计财处）

【中心组织召开文创工作研讨会】 11 月 10 日、15 日，中心分别组织召开两次文创工作研讨会。会议由服务管理处处长王鹏训主持，张亚红副主任到会。各公园和园博馆就 2016 年工作进展情况和 2017 年工作设想进行了汇报。各单位就文创工作存在的难点问题，如何更好地开展文创工作进行了讨论，文创工作领导小组成员结合各自职责提出了建议。与会人员一起观看了国外公园、博物馆在文创工作方面推进的介绍。张亚红副主任提出要求。文创工作领导小组成员、各单位主管领导及相关科室工作人员 60 余人参加了会议。

（本刊主编）

【北京植物园举办科技沙龙活动】 11 月 11

日,植物园举办科技沙龙活动。邀请国家花卉工程技术研究中心主任做"国家科技计划管理改革与工程中心绩效评估"的报告,就国家科技计划管理改革、工程中心的机遇和改革、北京市工程中心绩效考评3个问题进行了介绍,详述了绩效考评指标、考评程序、考评报告写作注意事项,共20余名专业技术人员参加。

(古 爽)

【中山公园检查票务及"小金库"】 11月14日,管理经营科、计财科、审计部门、纪检部门组成检查小组突击检查3个门区售票处、娱乐项目售票处、唐花坞售票处及蕙芳园售票处8名售票员。经过检查,8名售票员基本做到账、款、票三清,未发现"小金库"情况。

(黄 惠)

【颐和园启动政务公开试点工作】 11月16日,作为市政府事业单位政务公开3家试点单位之一,围绕"体现服务""上网可查"的工作思路,在官方网站、微信自媒体等平台公开机构信息、领导介绍、机构设置、旅游交通、游览服务、综合服务信息,方便游客获取更多信息。已制定完成颐和园信息公开目录,明确任务责任部门,建立两级服务保障机制,确保试点工作落实到位。

(颐和园)

【香山公园组织召开第28届红叶观赏季暨岗位技能劳动竞赛总结会】 11月17日,香山公园组织全体中层以上干部、各部门职工代表召开第28届红叶观赏季暨岗位技能劳动竞赛总结会,公园园长钱进朝主持,会议内容包括:副园长宗波总结红叶季工作,工会主席苗连军为全年岗位技能劳动竞赛工作进行总结,进入中心劳动技能竞赛讲解比赛决赛的职工张媛媛进行讲解展示,干部职工代表进行典型发言,公园领导为在市公园管理中心技能竞赛中取得成绩的职工张媛媛、路萌颁发证书五项议程。共计60余人参加此次会议。

(齐悦汝)

【中心参加市政协委员视察市无障碍环境建设活动】 11月17日,市公园管理中心服务管理处处长王鹏训、副处长贺然代表中心参加了市政协委员视察市无障碍环境建设活动,现场考察了陶然亭公园和中国盲人图书馆的无障碍环境建设工作并召开座谈会。服务管理处处长王鹏训进行了工作汇报,首先介绍了市属公园的基本情况和公园加强无障碍环境建设的意义,分别从加强硬件建设,完善基础设施改造;加强软件建设,提升服务管理水平;丰富文化活动,打造社会公益平台等方面汇报了中心及市属公园近年来无障碍环境建设所做的工作。市政协委员和各部门负责同志对市属公园无障碍环境建设工作给予了充分肯定。服务管理处、综合管理处、陶然亭公园参与了筹备和接待相关工作。

(本刊主编)

【中心召开市管公园互联网售票系统建设工作会】 11月22日,市公园管理中心副主任王忠海、张亚红出席。会上,演示互联网售票系统网上购票、门区验票流程;汇报前期工作进展情况、建设工作中所遇到的难点以及解决方案;就资金归集账户、预付票款额度、第三方支付手续费问题进行研讨。中心办公室、计财处、服务处、信息中心负责人及票务系统代运营公司人员20余人参加。

（办公室）

【中心组织召开文化活动、冰雪活动、年票发售工作专题会】 11月23日，中心组织召开会议布置文化活动、年票发售工作，会议由服务管理处处长王鹏训主持，对2017年文化活动、冰雪活动和年票发售等重点工作进行了具体了部署，服务处调研员、中心非紧急救助部门负责人魏红对投诉处理工作提出了要求。中心副主任张亚红提出要求。各公园和园博馆主管领导及相关科室负责人共计30余人参加了会议。

（本刊主编）

【中心完成市教育督导室对中心职业教育法律法规执行情况督导检查工作】 11月28日，由市政府教育督导室副主任刘莉率领的市教育督导检查组一行9人在颐和园对中心"十二五"期间职业教育法律法规执行情况进行督导检查。现场听取中心及颐和园"十二五"期间职工教育培训工作情况整体汇报；与颐和园、天坛等7家单位就重点问题进行座谈交流；查阅职工职业教育培训相关档案材料，并对颐和园实训基地、培训设备设施进行考察。督导检查组对中心及基层各单位职工教育执行情况给予充分的肯定，中心总工程师李炜民、组织人事处、颐和园相关负责人及有关部门负责同志参加。

（组织人事处颐和园）

【市公园管理中心发挥首都对外交流窗口作用】 截至11月29日，11家市属公园完成重要外事接待任务158批次，1900余人，积极做好外事服务接待保障工作。其中，一级任务4批次（德国总统高克、德国总理默克尔参观游览颐和园，韩国总理黄教安参观游览天坛公园），二级任务13批次，三级任务47批次，其他重要外事接待任务94批次。加强沟通对接，加大与中央单位、驻京部队及公安、武警等安全部门的协调联系，有针对性地订制游览路线和备选预案，全面做好服务接待保障工作；展现园林特色，根据不同任务级别，认真收集、分析主宾团队国籍、文化背景等资料，制订个性化接待线路及讲解词，积极弘扬中国优秀传统文化，体现北京历史名园魅力，集中展示首都历史文化名城风采；严格保密机制，注重接待全过程把控，确保外事接待做到细致严谨、万无一失；注重人才队伍建设，组织召开外事接待业务培训，形成人才培训长效机制，持续提升市管公园对外交流窗口服务能力。

（办公室）

【香山寺召开开放专题工作会】 12月2日，市公园管理中心参加香山寺开放专题工作会召开。市公园管理中心副主任张亚红，总工程师李炜民，副巡视员李爱兵，主任助理、服务管理处处长王鹏训参加会议。香山公园就香山寺景区局部开放方案进行汇报，市公园管理中心各相关处室针对分管工作提出意见和建议。市公园管理中心办公室、绩效办、综合管理处、安全应急处、宣传处相关人员参会。

（齐悦汝）

【中心组织召开房屋出租管理现场会】 12月4日，市公园管理中心领导班子成员和各市管公园党政一把手、相关处室负责同志出席，会上郑西平书记通报了北植卧佛山庄7号院相关情况，会议组织与会人员逐一查看7号院每间房屋设施、设备。郑西平书记提出要求。张勇主任强调真抓严管。

（办公室）

【中山公园开展十大服务能手评选】 12月5日，组织开展十大服务能手评选活动，从《公园服务管理规范》涉及的售票、验票、殿堂服务、导游讲解、园容保洁、商品零售、餐饮服务、游船游艺、文化活动、非紧急救助服务10个岗位评选出服务能手。后勤队、园艺队、服务一队、服务二队、来今雨轩饭庄、管理经营科、研究室，推荐13人。经评选领导小组审核后，确定孙芸、王晓旭、刘霜霜等10人为中山公园十大服务能手。

（刘倩竹）

【中心主任张勇主持召开行政领导碰头会】 12月6日，中心主任张勇主持召开行政领导碰头会，再次强调出租房屋巡查监管工作。市公园管理中心副主任王忠海、总工程师李炜民、副主任张亚红、副巡视员李爱兵分别通报了对11家市管公园及园博馆出租房屋现场检查情况，会议逐一梳理各出租房屋的管理现状，肯定了各公园落实整改效果，并提出要求。中心办公室、研究室相关负责人员参加。

（研究室）

【中心主任张勇带队到市管公园检查指导出租房屋管理工作】 12月6日，中心主任张勇带队到市管公园检查指导出租房屋管理工作。分别听取植物园、香山、玉渊潭、动物园出租房屋管理及会所治理工作汇报，实地察看四家公园出租房屋使用、管理情况并提出要求。中心副主任王忠海、总工程师李炜民、副主任张亚红、副巡视员李爱兵及办公室、四家公园负责人参加。

（本刊综合）

【中心组织召开香山寺开放方案专题汇报会】 12月7日，中心在植物园卧佛山庄会议室组织召开了香山寺开放方案专题汇报会，会议由服务管理处处长王鹏训主持，香山公园园长钱进朝汇报了香山寺开放方案，内容包括展览展陈、服务设施、基础设施、环境绿化、安全保卫、运营管理等内容。服务管理处、计财处、综合管理处、安全应急处负责人对方案进行了充分讨论，并结合工作职责提出了具体建议。服务管理处处长王鹏训、副处长贺然，计划财务处处长祖谦，综合管理处处长李文海、副处长朱英姿，安全应急处副处长米山坡及香山公园负责同志参加了会议。

（本刊主编）

【中心传达落实市委常委、副市长林克庆分管工作务虚会精神】 12月8日，市公园管理中心主任张勇传达林克庆常委主持召开的2016年重点任务落实和2017年重点工作研究会精神，重点传达学习关于建设"四个中心"、聚焦重点工作、让群众有获得感、加强队伍建设管理等内容，围绕市领导指示要求，结合中心年度总结工作，深入研究2017年重点任务。中心副主任王忠海、总工程师李炜民、副巡视员李爱兵，主任助理王鹏训、阚跃，副总工程师吴兆铮、李延明、赵世伟和中心办公室、计财处、综合处、科技处负责人参会。

（办公室）

服务管理

【中心主任张勇主持召开市属公园房屋土地使用管理专题会】 12月8日,会议听取综合处负责人汇报《北京市市属公园房屋土地使用管理规定》修订意见,就房屋、土地管理职责、出租界定、审批流程、出租管理规定等工作内容深入研究。本着确保公园公益属性、有效保护传承好历史名园、依法依规严格经营管理、满足游客需求的原则,会议提出相关要求。中心副主任王忠海、总工程师李炜民、副巡视员李爱兵、主任助理王鹏训、阚跃,副总工程师吴兆铮、李延明、赵世伟和中心办公室、计财处、审计处、综合处、安全应急处、科技处、纪检监察处负责人参会。

(办公室)

【市残联在天坛公园组织召开无障碍设施现场会】 12月9日,市残联、市规划国土委、市旅游委、市公园管理中心、市文物局、市交通委、故宫博物院、地铁运营公司和轨道建设公司及天坛公园相关负责人参加。市残联副巡视员李树华通报蔡奇市长批示精神,与会单位分别就城市无障碍设施进行研讨。会后,中心副主任张亚红组织公园班子成员和相关科队负责人召开会议,并提出要求。

(服务处天坛公园)

【市管公园全面启动年票发售工作】 自12月15日起,11家市管公园和双秀公园29处售票点正式面向市民、游客发售公园年票。发售首日,各发售点共计发售年票35596张。各公园共抽调干部职工400余人进行发售工作,统一配备100余台年票发卡机,同时安排百余名安保人员做好现场秩序维护及购票游客疏导工作。各市管公园摆放年票宣传引导牌示340块、年票销售公告70块、各种票价牌310块、制作年票办理指南9000张;开辟换票窗口80余个和团体接待室6处。销售点为市民、游客准备热水、座椅及急救药品,并提供义务咨询,主动帮扶老年游客购买年票,做好非紧急救助服务工作。中心及各市管公园通过官方网站、官方微博、微信公众号等渠道,面向社会发布各公园年票发售点、乘车路线、年票购买等信息,积极引导市民、游客就近选择市管公园充值或新购年票。发售首日,中心服务处分别检查北海、中山、动物园、陶然亭等公园年票发售情况。从当天发售情况看,各销售点秩序井然、情况良好。年票发售将持续至1月15日。

(本刊综合)

【中心组织召开档案信息工作会】 12月19日,组织学习国家档案局关于进一步加强档案安全工作的意见,传达关于哈尔滨市公安局档案被盗案件通报,要求进一步强化档案安全管理,坚守安全"红线";组织开展档案室自查,并于29日前完成自查报告;按"谁主管、谁负责、谁实施、谁担责"的原则,完善档案安全管理规章制度,扎实推进档案安全各项风险治理;强化档案室精细化管理,配备和更新档案室安全管理设施,定期开展保养维护。

(办公室)

【中心组织召开文创工作现场交流会】 12月19~20日,中心主任张勇带队对颐和园、天坛公园、北海公园、动物园、香山和玉渊潭公园的文创工作进行实地检查指导,到中心进行了工作总结。服务管理处代表文创工作领导小组就2016年文创工作进行了汇报,相关公园进行了工作汇报,中心领导和各单位负责同志进行了发言,张勇主任对各单位的文创工作给予了肯定。中心副主任王忠海、张亚红,文创工作领导小组成员单位、各公园和园博馆负责同志共20余人参加了会议。

(本刊主编)

【中心召开年度绩效管理评估述职考核汇报会】 12月22日,会议由市公园管理中心主任张勇主持,中心14个单位行政领导和8个处室负责人分别围绕2016年履职情况、服务效果、工作创新及2017年工作计划等方面进行述职汇报,根据各单位全年工作完成情况进行领导考评和单位互评。中心党委书记郑西平提出要求。中心领导班子成员、各处室部门负责人、各单位行政主要领导及基层先进代表参加。

(办公室)

【市公园管理中心做好元旦节日服务保障工作】 12月27日,启动假日服务保障工作机制,成立假日游园领导小组,11家市管公园及园博馆设置游园分指挥部18个,严密部署、统筹协调,确保人员力量、应急准备全部到位;强化园区、馆区内安全防范,细致开展隐患排查,园博馆严格执行实名制入馆参观;启用40辆新型安保电动巡逻车,千余个监控探头实时观察园区、馆区动态,确保及时应对突发事件;设置售票窗口173个,厕所157个,游览单行线41条,安全疏导牌示1021个,安排秩序引导人员1447名、保安2036人,减少游客排队时间,预防客流聚集,强化游客高峰时段的疏导分流;在门区、景区悬挂元旦牌示、中国结,布置彩旗、彩带,营造喜庆浓郁的节日氛围;市管公园及园博馆启动节日期间应急值守,各级领导干部在岗、到位,通信设备小时24开启,强化信息上报机制,做到信息畅通、协调到位,确保元旦假期安全、平稳。

(办公室)

【中心副主任张亚红主持召开冰雪活动工作布置会】 12月28日,听取各公园冰雪活动筹备情况汇报,相关处室就各单位冰雪活动的票务管理、合作方式、服务管理等工作提出意见与建议。张亚红副主任提出要求。中心服务处、安全应急处、计财处、宣传处及相关市管公园主管领导、部门负责同志参加。

(服务处)

【市管公园加强冰雪活动综合管理】 年内,颐和园、北海、紫竹院、陶然亭、玉渊潭、北京植物园陆续推出新年冬季冰雪活动,吸引众多冰雪运动爱好者的关注和参与。1月14日,为确保服务质量和活动安全,中心领导作出批示,要求及时开展自查整改。各相关单位思想重视,行动迅速,严格抓好工作落实。一是加强运营安全,制定防拥挤、突发事件应急等处突预案,开展各类安全检查。二是强化运营服务,对冰上活动经营时间、价格实行公示;开展工作人员培训,提升服务质量。三是规范商业经营,专人管理,做到一物一签,明码标价。四是加大监督检查力度,对须知公告、收费公示、活动项目、设施设备进行监管,避免以包代管现象。颐和园作为北京城区最大冰场,制订《隐患排查表》和《检测情况统计表》,全面统计冰场安全运行情况;在游客密集时,公园安全检查组与联营单位安全员共同监控冰面情况。玉渊潭公园与负责部门、合作方签订责任书,引入专业检测单位对雪场设施设备进行检测,设立投诉站随时受理游客投诉建议。紫竹院公园每日进行两次测冰,对冰层厚度不达标区域不予开放,实时观察人流量,严格履行最大承载量标准;抽查外包方工作人员,检验培训落实情况。北海公园增加测冰次数和冰面巡视频次,做好冰场工作记录,确保规章制度执行到位。植物园领导2次带队对人造冰场、器具、收费公示、须知牌示等进行全面检查。陶然亭公园将冰场、雪场管理纳入公园检查内容,召开专题会,冰场、雪场的负责人同时参会,确保工作要求落实到终端。

(孙海洋)

【中山公园固定资产报废】 年内,按照固定资产处置办法,采用科队自查申报,固定资产管理部分核查,统一运送库房保管,联络有资质部门统一处置的方法,报废固定资产55笔,报废总金额34.68万元。

(袁晓贝)

【颐和园建立内控体系并试运行】 为加强和规范颐和园内部控制,进一步提高内部管理水平和风险防范能力,加强廉政风险防控机制建设,根据北京市公园管理中心相关要求,自2015年7月20日起,颐和园管理处启动"内部控制体系建设项目",与正略钧策企业管理咨询有限公司进行合作,通过资料研究、集中访谈、问卷调查、内部讨论的方式,准确地分析出颐和园的相关管理问题,分别制定了《颐和园内部控制管理手册》《颐和园内控流程表单汇编》《颐和园内控流程汇编》《颐和园内控制度汇编》《颐和园内部控制风险数据库》。年内,颐和园内控项目在初步建立体系的基础上,进入试运营阶段。此体系由颐和园财务部牵头,各部门相互沟通、通力配合下,对重要岗位的关键环节进行梳理,对原有75张《颐和园内控流程表单》进行调整,修订完成了56张,并投入使用。此外,还完善了新表单对应50余个流程的重新修订工作,在原有基础上初步拟定了《招投标管理流程》《政府采购实施流程》及《夜间景观照明流程》,使《颐和园内控流程汇编》更具有完整性。同时及时更新《颐和园内控制度汇编》中单位决策、财务管理、行政人事三大类10余项制度,确保制度的时效性。

(吴 桐)

【颐和园制定《公务接待及用餐管理规定》】 年内,为规范颐和园国内公务接待管理工作,进一步厉行勤俭节约,反对铺张浪费,加强党风廉政建设,根据上级有关规定和《北京市公园管理中心国内公务接待管理规定(试行)》等规定,制订《北京市颐和园管理处国内公务接待管理办法》。该办法共六章二十四条,明确了颐和园接待管理和接待范围、接待标准、经费预算管理与结算、监督检查和责任追究,规范了颐和园内公务接待及用餐管理。

(鞠小锋)

【天坛公园固定资产管理】 年内,资产管理部每月完成固定资产的入账、报废及资产动态库月报的上报工作。全年机关科室有调整及时进行资产调拨。为加强日常办公设备采购的管理,经园长办公会通过了《天坛公园资产购置申请表》。

(刘 川)

【景山公园完成建设工程档案管理工作】 年内,公园完成建设工程档案管理工作。完成

2004~2016年建设工程档案的资料汇编，将资金和各项流程进行梳理，完成全部档案整理，将档案移交公园档案室，以便今后查阅使用。

（邹 雯）

【北京动物园试行财务内控制度】 年内，北京动物园试行一系列财务内控制度。通过数据分析、调研访谈、内部讨论、专家咨询等方式，对北京动物园现行编制模式和管理程序、内部预算批复模式、预算执行方式、预算追加调整程序等进行研究，并充分借鉴同行业经验，进一步优化北京动物园财务运行机制。分析单位在预算编制、内部预算批复、预算执行、预算调整、预算绩效等方面管理需求。为提高内部管理水平和风险防范能力，加强廉政风险防控机制，与相关科队就具体制度组织讨论，形成了以财务管理为基础、以预算管理为抓手，集财务管理、人员管理、项目管理、采购管理、资产管理、三公经费管理为一体的内控制度体系。明确了预算管理职责，规范预算编制、细化内部预算批复、强化预算执行、规范预算追加与调整。

（赵冬怡）

【北京植物园开展国有资产清查及事业单位产权登记工作】 年内，召开了资产清查工作动员大会，制订《北京市植物园2016年国有资产清查及产权登记工作方案》，根据《行政事业单位资产清查核实管理办法》及北京市相关规定要求，对占有使用的国有资产进行全面清查，填报资产清查工作报表、形成资产清查报告、产权登记报告，配合市财政局委托社会中介机构完成专项审计工作。与资产管理部门相互配合，认真落实固定资产管理实施细则，规范资产管理，严格新增资产配置预算编制和执行管理，积极推进资产管理与预算管理的有机结合，认真做好事业单位资产报告管理工作，月度终了，及时登录北京市财政局资产管理信息系统，网上编制并按时上报资产报表，做到内容完整、数据真实准确。

（古 爽）

【玉渊潭公园开展营业税改增值税工作】 年内，玉渊潭公园开展营业税改增值税工作。自5月1日起，依据国家财政部门开始营业税改增值税工作，玉渊潭公园相应的各类自印票卷从往年的上报地税更改为上报国税；6月20日获得国税批准，经主管园长审批，与印刷厂签订合同进行印制；7月1日前全园各类带有地税票号的票券全部更改为国税，并重新下发至各公园门区。

（缪 英）

【玉渊潭公园服务管理规范手册正式出台】 年内，《玉渊潭公园服务管理规范手册》正式出台。为加快公园精细化管理进程，增强制度管园的工作理念，公园对原有制度汇编稿件进行精简补充，完成了《玉渊潭公园服务管理规范手册》。其中包含行政管理、公园管理、行业管理、劳资人事、财务管理、安全保卫、绿化美化等规章制度共计62项，为公园管理工作提供系统、可靠的制度依据。

（王智源）

【玉渊潭公园全面实施内部控制制度】 年内，玉渊潭公园全面实施内部控制制度。在2015年实施内部控制制度体系建设的基础上，公园继续委托北京大华融智管理咨询有限公司编制完成《北京市玉渊潭公园管理处内控制度汇编》及《北京市玉渊潭公园管理处内部控制手册》，并于12月下发至各科、队。聘请大华公司对公园班长以上人员开展内部控制体系实施培训。

（赵博音）

【玉渊潭公园完成事业单位资产清查及产权登记】 年内，根据财政局的要求，玉渊潭公园完成2015年的资产清查和产权登记及玉渊潭公园所办企业的产权登记工作，调整土地分类，每块土地以名义金额1元入无形资产。

（赵博音）

【市园科院《内部控制制度》进入试运行阶段】 年内，市园科院在2015年制定的《内部控制制度》初稿的基础上，分别听取了院内各个部门的意见，在广泛征求意见的基础上，进一步对制度进行了多次修订和完善工作，并开始进入试运行阶段。7月28日，园科院聘请了北京大华融智管理咨询有限公司的刘克雄总经理来院进行了培训动员，院领导以及全体中层干部参加了培训，对开展内控规范建设的起因以及如何开展工作有了更深刻的理解。

（辛圣洪）

【中山公园完成"十三五"规划2016年度评估】 年内，公园采取现状调研和资料分析的方法形成2016年"十三五"阶段评估报告。信息化建设、文化服务、人才建设、园林科技、基础建设、安全保障六个分项规划整理形成编制评估小结。经评估，本年度确定实施重点项目14项，其中开始实施项目13项，已完成2项，占本年拟定实施项目的14%。改变实施年份的1项，占拟定项目的7%。拟追加项目8项。

（刘　婕）

【玉渊潭公园西钓鱼台新村拆迁工作】 年内，玉渊潭公园落实北京市公园管理中心办公会要求，有序推进西钓鱼台新村拆迁工作。7月29日，公园联合拆迁公司及承租人召开关于西钓鱼台新村拆迁协调会。阐述了此次拆迁政策、拆迁方案和产权转让等相关事宜，并强调被拆迁人要合理合法与拆迁公司商谈拆迁具体补偿费，争取补偿权益，确保尽快完成拆迁工作。截至2016年年底，已为公园19户承租人全部完成《授权委托书》办理工作，待承租人与拆迁公司办理好拆迁相关事宜后与承租人办理房屋产权转让事宜。

（薛　莲）

【北京植物园对可移动文物及藏品进行保护工作】 年内，北京植物园按照"谁主管、谁负责"的原则，周密部署，认真开展文物检查和文物保护工作，把责任落实到具体人。对散落的石碑、构件等集中存放，加强保护。对有被盗隐患的地方加装防护措施。对全园实行拉网式普查。进一步明确重点部位、重点区域，形成安保巡视点及目标。加强对巡视点位及重点目标，特别是夜间的巡视，加强属地科队配合进行日常巡视。基建科加强对房屋古建、山石、构件等建筑物的检测。研究室定时进行文物库检查，重点对文物库温度、湿度、门窗是否完好，安防系统是否正常使用进行检查。对经书进行抽查，观察经书是否完好，有无发霉、虫蛀、氧化现象。

（古　爽）

【玉渊潭公园东湖湿地园保护性开放工作】年内，公园做好东湖湿地园保护性开放工作。1月15日，东湖湿地园成功获北京市园林绿化局审批，同意建立玉渊潭东湖湿地公园。自此，公园依据湿地规划、专家领导意见及景区实际情况，做好保护性开放相关工作：建立湿地管理机构，制订湿地公园开放方案，落实人员分工，明确岗位职责以及工作重点，并与机关业务部门进行工作对接，确保工作正常展开。落实基础设施，完成新建公共厕所和木屋管理用房的建设，已全部投入使用。完成湿地景区南线外围生态围栏建设，搭建2米高金属隔离栏480延米，并于金属栏杆内外两侧栽植北海道黄杨22800株，丹麦草、鸢尾、萱草等390平方米；为提升景观效果，景区内新植入樱花86株、雪松12株、移植落乔4株、早园竹180平方米，并于引水湖北岸区域移植柳树6株、新疆杨16株、柏树8株，栽植景观地锦2700株、250延长米。增强湿地科普宣教建设力度，湿地展室添置电视音像设备、宣传图片、白天鹅模型及水生植物标本，并与湿地整体园区增加宣传展板30块，加强对湿地园区科普宣传；增加活体景观效果，由园博园引进绿头鸭12只，现湿地园区共养护着国家保护动物绿头鸭16只，丰富东湖湿地观赏区水禽类品种。系统做好接待工作，落实"四个服务"，接待军委领导参观湿地园区3次，先后接待专家领导参观、调研指导工作36次，接待社会团体科普讲解7次，累计受众1100余人次。紧密与高校及相关科研机构开展交流合作，挖掘湿地文化研究，成为展示城市湿地公园生态系统的科教宣传基地。

（王智源）

【颐和园加强杨柳飞絮治理】 根据北京市公园管理中心的《杨柳飞絮治理整体实施方案》。年内，颐和园管理处加强杨柳飞絮治理工作。具体包括颐和园园区内、颐和园管理处、后勤区、家属院、荷花池等地。颐和园以"一树一策"的治理方式，制订相关规划措施：一是在技术控制上采取继续注射"抑花1号"抑制剂，喷水压絮，高位嫁接等措施；二是对柳树进行伐除处理；三是移植调整，补充更新；四是逐步采取专项修剪等方法进行治理。颐和园内杨柳飞絮逐渐减少。

（李　森）

【颐和园皇家买卖街官方淘宝店上线】 根据颐和园文创体系发展规划，创新文创销售运行模式，以扩大颐和园特色文创商品知名度为导向，采取科技手段推广颐和园的文化影响力，构建起"互联网+"商机，组建专业运营团队，经过前期市场调研，吸取部分国内景区线上运营的成功方案，选出了具有颐和园文化特色，同时贴近百姓生活的优秀文创产品，作为颐和园线上网店的销售产品。网店在淘宝网零售平台注册店名——颐和园皇家买卖街，并于10月28日完成网店装修、产品图片上传、库房装修、办公区搬迁、员工上岗前培训等工作。于10月29日进行试营业。11月29日，颐和园召开皇家买卖街官方淘宝店发布会暨颐和园文创产品展评选颁奖研讨会。颐和园党委书记李国定"鸣罗开市"宣布颐和园官方淘宝店正式运行。中国军事博物馆协会文创产品专业委员会副主任王平，民进中央经济委员会副主任、中国中小企业协会副会长、温州总商会副会长周德文，中国民营经济国际合作商会研究员、秘书长、副会长王燕国，深圳市家居文化用品协会监事长徐杰，北京联合大学艺术学院执行副院长李红梅，北京天坛工美文化发展有限公司总经理刘鹏，北京市科委文化科技处调研员黄洪良，北京市公园管理中心服务处李艳出席。年内共上线产品79个，店铺浏览量106879次，访客数16386人次，店铺收藏人数3373人，订单数556笔，销售商品件数2196件，累计销售额为2.9117万元。

（赵　霏）

【中山公园西北山景区改造工程方案设计】年内，启动西北山景区改造工程方案设计工作，华诚博远（北京）建筑规划设计有限公司承担方案设计。组织多次设计方案讨论会，园领导及研究室、基建科、园林科技科、园艺队等部门听取汇报并审议方案，提出修改意见，方案先后修改8次。邀请孙大章、马炳坚、姜振鹏、张树林、耿刘同、张济合6位古建、园林、规划方面的专家召开论证会，就景区内古树保护、仿古建筑改建、植物配置、基础设施等设计细节提出意见。12月底公园邀请公园管理中心相关处室领导参加西北山方案讨论会，并完成设计方案、施工图设计及预算编制工作。

（孟令旸）

【天坛公园完成古建筑安全勘察和鉴定评估工作】年内，对公园内文物建筑、山石驳岸等进行安全巡视检查，从房屋结构、周边环境景观、单位使用情况、建筑整体风貌等方面逐一进行检查，排除安全隐患，确保及时发现文物建筑出现的问题，制订相应保护措施，制订修缮方案。为此，天坛公园委托北京国文信文物保护有限公司对全园古建筑进行普查。普查部位包括建筑台明、大木结构、屋面、墙体、装修、油饰彩画等情况，普查仅限于常规外观检查，查找结构中是否存在严重的残损部位。根据检查结果，确定了祈年殿院院墙及下部砖台帮、圜丘坛、钟楼、凝禧殿等28处古建筑或重点部位，需要进一步进行全面、深入的结构安全鉴定，以确定是否存在安全隐患。

（郝影新）

【玉渊潭公园完成春天雕塑修复工程】年内，玉渊潭公园完成"春天"雕塑修复工程。主要施工内容包括：对雕塑原作进行三维扫描、对雕塑原作翻模复制、将作品铸成不锈钢材质。雕塑已修复完毕，待雕塑所在原址完成改造后落实安装。

（薛　莲）

规划建设

【综述】 按照中心战略发展规划要求，中心已连续两年深入开展区域内4家历史名园在整体保护中的定位研究。从恢复历史名园完整性和原真性入手，开展历史名园被占用区域腾退、周边环境整治和园内历史文物建筑保护性修缮。启动颐和园、香山、植物园部分门区环境整治前期研究。香山永安寺作为静宜园28景核心景观，其主体建筑复建工程历时四年全面完成；颐和园须弥灵境建筑群遗址保护与修复工程前期工作稳步推进。围绕打造"一轴一线"文化魅力走廊和恢复天坛整体风貌开展工作。中心在深入开展区域内4家历史名园定位研究的基础上，着力推进景观复原工程，景山寿皇殿建筑群修缮工程量已过半；北海公园西天梵境大慈真如宝殿修缮工程全面完成；结合会所整治，北海仿膳饭庄腾退搬迁，恢复漪澜堂历史原貌，文化展览亮点突出；中山社稷坛神厨、神库修缮工程全面完成；大力推动天坛外坛占用单位搬迁，逐步恢复天坛整体风貌。年内，历史名园古建文物保护实现突破。完成市属11家公园全部古建筑安全勘察和鉴定评估工作，包括18.7万平方米古建和4.11万延长米古围墙，根据保护现状划分三类安全等级，其中保护状态较好的一类建筑占古建总数的92%，并对需要修缮的古建制订修缮计划，实现文物古建分级分类保护。古建修缮工程稳步推进，除积极推进"三山五园""一轴一线"等区域重点古建修缮工程外，玉渊潭中堤桥建设、紫竹院荷花渡改造等工程全面完工，陶然亭华夏名亭园综合提升改造工程持续推进；玉渊潭东湖湿地申领"市级湿地公园"牌示，实现保护性开放。增彩延绿成果得到示范应用，加强两个良种中试基地建设，新建圃地360亩，承担17种北京市增彩延绿良种繁育任务；5处、15万平方米的市属公园增彩延绿示范区全部建设完成，形成层次多变、色彩丰富的北京公园立体景观效果；输出新优植物品种100余万株到石家庄等地，自育彩叶树种"丽红"元宝枫，在通州城市副中心种植，并应用于明城墙遗址公园、复兴门桥区等北京城区绿化美化。加强对市属9家涉水公园的水质综合治理，通过强化生物防治、开展水体清淤和水生动植物构建等方式丰富水体景观，优化城区水质环境，提升公园生态环境水平。制订《杨柳飞絮总体解决实施方案》，"抑花一号"在东城区、西城区、石景山区、顺义区及市属公园、奥林匹克森林公园等重点治理区域治理规模已达20万株，并积极为中南海等中央机关、驻京部队、清华大学、北京大学等高校开展科技服务工作。目前，已推广到全国百余个城市，应用30万株，引领北京及全国杨柳飞絮科学治理工作。

（综合处）

基础建设

【陶然江亭观赏鱼花卉市场撤市工作完成】 1月7日，陶然江亭观赏鱼花卉市场位于西城区龙爪槐胡同和龙泉胡同交汇处、陶然亭公园规划区域的西北角，占地9200平方米，建筑面积2400平方米，包含室内、外商户共140户，自2001年8月28日市场试营业，是北京市南二环内具有一定影响的花、鸟、鱼、虫市场。为进一步提升城市区域景观环境，陶然亭公园与属地街道办事处密切配合，自2013年年底启动撤市工作，按照"依法有序、安全平稳、公正合理"的原则，分室外、室内两个阶段实施撤市。2014年10月，平稳完成第一阶段室外市场撤市工作，共撤销摊位88户；2015年12月31日启动第二阶段室内市场闭市工作，与街道、城管、公安等部门密切配合，做好信息告知和思想准备，自1月1日起实施市场区域封闭管理。1月10日，整体工作历时两年，共完成室内外140户商户撤市，过程依法有序、安全平稳，为疏解非首都功能做出积极贡献。

（陶然亭）

【市园林科学研究院召开城市绿地生态系统定位监测研究站项目可行性论证会】 1月13日，与会专家实地查看建站现场，一致认为：该研究站的建设意义重大，将完善北京地区定位观测网络，有利于首都园林绿化的科学发展，并对观测项目选择、样点设置等工作提出意见和建议。

（园科院）

【玉渊潭东湖湿地公园建设工作通过北京市园林绿化局审批】 1月15日，审批部门认为，玉渊潭东湖湿地公园生态环境良好、景观多样，对营造人与自然和谐共融的模式具有重要意义，同意建立玉渊潭东湖湿地公园。下一步，将依据湿地规划、专家领导意见及景区实际情况，建立湿地管理机构、完善区域硬件设施，制订开放方案，积极与专家沟通，完善开放相关数据指标，稳步推进开放准备工作。

（玉渊潭公园）

【北京植物园启动"《红楼梦》植物专类园"建设工作】 2月16日，植物园启动"《红楼梦》植物专类园"建设工作。专类园建设已列入植物园2016年折子工程，以曹雪芹纪念馆为核心，占地5000平方米。《红楼梦》文本中涉及植物250余种，涵盖97个科，195个属，植物园将结合著作，收集、整理资料，为项目提供学术支持，以丰富的植物资源和历史文化进行专类园栽植展示，同时结合科普工作，制作"品红楼、识植物"系列说明牌示并撰写讲解词。方案初设已基本形成，完成选址地现状测绘，筛选出100余种可展示植物。园长赵世伟针对本项工作，强调：要不断挖掘内涵，弘扬文化并科学展示，建成世界一流的与《红楼梦》相关植物展示的专类园，各部门要通力合作，推动植物园事业发展。

（古爽）

【东城区建委到天坛公园调研坛墙修复工作】 2月17日，东城区建委主任高崇耀、书记刘景地听取公园周边简易楼拆迁范围内古建筑遗址等情况的介绍，实地查看天坛南侧外坛周边情况和占地内牺牲所历史遗存及南坛墙现状，并与公园就坛墙修复工作达成共识。

（天坛）

【香山公园完成松林餐厅厨房改造工程】 为消除安全隐患，满足园内松林餐厅使用需求，香山公园实施松林餐厅厨房改造工程。工程投资97.43万元。该工程施工单位为河北康城建设集团有限公司，于3月1日开始施工，5月15日竣工。工程主要内容：厨房结构格局调整，室内墙、地面、天花板维修改造、给排水管道更换，供配电系统改造，采暖系统更换等。

（梁洁）

【天坛公园持续关注周边简易楼拆除施工进度】 3月4日，加强与相关各委办局、东城区政府的沟通；注重现场实地调研，为57栋简易楼拆迁完成后恢复绿地及明清时期祭祀道路创造条件；明确规划依据，加大公园周边规划建设和管理力度；做好拆除施工过程中涉及遗址范围地段的监督和巡查工作，持续做好历史遗留物回收工作。

（天坛公园）

【玉渊潭公园新建中堤桥落成】 该工程由北京市发改委投资建设，工程于2014年11月30日开工，2016年3月10日竣工。该工程是中心2016年重点折子项目之一，由市发改委投资建设，总投资1747万元。工程内容包括新建长82.2米、宽8米钢筋混凝土拱券结构仿明清桥梁一座，及配套电气工程、庭院工程、绿化工程等。工程施工单位为北京城建五市政工程有限公司。新建成的中堤桥桥孔泄洪能力增强，同时中堤桥的落成将改善水上游船通行条件，并有效提高园区南北岸通行能力，极大缓解了重大活动期间游客通行压力。中堤桥作为连接南北岸的重要通道，将公园水域分隔为东、西两湖，形成玉渊潭公园中心位置的标志性园林景观。

（薛莲）

【陶然亭公园湖水综合治理】 3月21日至10月31日，陶然亭公园为了改善湖水水质，提高游览质量，继续进行湖水净化工程，主要采用管理、物理、生物三大措施对水质进行改善，通过强化生物防治、开展水体清淤和水生动植物构建等方式有效净化水质，确保无水华现象发生，通过治理达到四类或四类以上水质标准。分别于4月20日、5月17日、6月15日、7月18日、8月16日、9月22日完成六次水质检测，均符合Ⅳ类景观水标准。此工程中标施工单位为北京荣蒂盛环境科技有限公司，中标金额为89万元。

（郝刚云）

【北京动物园南区山体园林景观提升工程】 北京动物园南区山体园林景观提升工程于3月23日开始施工，9月30日竣工。该项目位于公园南区奥运熊猫馆西北处，处于园内重要历史风貌区内。工程面积约4600平方米，该项目运用自然式园林手法对山体进行绿化种植、山石点缀，达到局部以恢复植物景观及山形水系历史风貌为目标的景观提升目标。施工单位是北京四汇建筑工程有限责任公司。监理单位是北京华林源工程咨询有限公司。投资金额为927556.24元。

（张珊珊）

【香山公园完成松堂（来远斋）修缮工程】 该工程于3月24日开始施工，11月18日通过竣工验收，投资97.83万元，由北京房修一建筑工程有限公司负责。松堂（来远斋）院落占地3.52公顷，占地面积182.94平方米，建筑面积124.60平方米，建筑形式为石木结构，样式为歇山卷棚。工程主要内容为：松堂（来远斋）建筑上架大木结构修复，台明地基整修归安，添配石栏板，地面墁砖钻生等。

（梁　洁）

【颐和园召开文昌院升级改造可行性专家论证会】 3月24日，专家组由市公园管理中心主任助理、服务处处长王鹏训，原故宫博物馆宫廷部主任赵杨，天坛文物专家武裁军，园博馆保管部主任赵丹苹组成。专家组听取文昌院瓷器厅、铜器厅升级改造相关情况汇报，指出：介于展厅的现状和展陈技术的发展趋势，升级改造工程十分必要和迫切；要根据公园实际情况，结合当前展陈、安全、服务等先进技术，选择符合展厅情况和当下技术水平的工程方案。

（颐和园）

【中山公园部分建筑新做防水竣工】 3月25日至4月10日，自筹资金9.16万元，新做园内及天坛家属院部分建筑防水。工程内容：园内东小楼、食堂门厅、1号院和2号院、七间房、南坛门商店、行政办公室库房、护园队队部小院、老电影院、西南门门房、水榭展厅屋面、南门、西展厅；天坛东市场家属宿舍关福生家等11户屋面SBS卷材防水铲除与新做。工程由北京庆余佳业装饰工程有限公司施工，北京兴中海建工程造价咨询有限公司审计。

（袁晓贝）

【北京动物园豳风堂茶社试营业】 3月26日，豳风堂位于原清农事试验场东北部，于1907年年底至1908年年初建成。作为动物园2016年重点工作项目，茶社的经营开放是商业模式的创新，对推广传统文化、提升公园服务功能具有重要意义。试营业当天，茶社推出了适合广大游客的各类茶品，接待游客品茗。茶社于4月18日正式对外开放。

（动物园）

【香山公园召开北门门区商铺改造工程专家论证会】 3月28日，邀请专家召开论证会，与会专家认为：根据功能定位，完善改造区域市政配套设施；适当调整建筑立面及改造建筑周边绿化景观配置。

（香　山）

【景山公园启动玻璃温室工程建设项目】 3月28日，新温室以钢架结构为主，安装有钢化玻璃，具有透光效果、稳定性好、防雨抗风等功能，同时配备内外遮阴板、水帘及风机，使温湿度及光照控制更加精准。玻璃温室的建成将极大改善菊花、四季牡丹的培育环境，成为公园精品花卉展示区之一。工程于4月中旬完工。

（景　山）

【中山公园部分房屋粉刷竣工】 3月28日至4月28日，自筹资金19.05万元，粉刷园艺班和天坛东市场7巷甲1号房屋。工程内容：园艺班小院宿舍内部装修改造、宿舍外部古建装饰改造和天坛花圃职工宿舍天棚及内墙清理粉刷工程等。北京庆余佳业装饰工程有限公司施工。

（袁晓贝）

【北京动物园犀牛河马馆周边绿地改造提升项目】 3月，北京动物园犀牛河马馆周边绿地改造提升工程开工，项目位于动物园犀牛运动场南侧，改造面积约为3000平方米，9月30日竣工，并正式向游客开放。该项目主要包括用土方堆地形，树木移植、灌木移植，多年生草本花卉种植等，提升后绿化景观效果与犀牛运动场相呼应，尽显非洲风格。施工单位是北京市花木有限公司。监理单位是北京华林源工程咨询有限公司。投资金额为904404.98元。

（张珊珊）

【北京动物园犀牛运动场丰容景观提升工程】 3月，北京动物园犀牛运动场丰容景观提升工程改造开工，该项目位于河马犀牛馆以南，长河以北，东到象房广场，西到鹰山，改造面积约为1000平方米，于2016年9月30日竣工，并正式向游客开放。该项目主要包括山石广场、土方工程、铺装广场、种植工程、景墙工程、雕塑工程等部分内容。改造后犀牛运动场为游客提供沉浸式参观，整体以非洲风格为主，并配有雕塑以及非洲茅草屋。该项目由北京清润国际建筑研究有限公司负责设计，北京华林源工程咨询有限公司负责监理，施工单位是北京市林业建筑工程有限公司。投资金额是540662.61元。

（张珊珊）

【北京动物园象馆节能改造工程】 3月，北京动物园象馆节能改造工程开工，至10月底竣工投入试运行。该项目在象房原有建筑内部重新规划设计，通过增设2套独立的螺杆式高温地源热泵机组、6台循环水泵及50套风机盘管等设备设施，对动物园象馆周边的冷热源系统进行局部能源结构调整，减少原有燃气锅炉供暖系统的装机容量，大幅度减少天然气的消耗，达到环保、节能、减排的目标。新增地源热泵系统能够单独为整个象馆区域供暖，节省了锅炉房因延长供暖时间所产生的费用，并且地源热泵比锅炉采暖节能50%左右。施工单位是北京住总装饰有限责任公司。监理单位是北京方圆工程监理有限公司。投资金额4072951.57元。

（张珊珊）

【香山公园完成地下基础设施勘查工程】 为了实现公园的数字化、现代化的管理模式，以及便于公园基础资料的管理、保存和更新，给在园施工工程提供准确的资料，需要实施地下基础设施测量工作。该项工作由2011年开始实施，2016年度项目费用为35万元，于4月初开始施工，9月底完成了全部工作，由北京聚孚林科技发展有限公司负责。2016年度的主要内容为：整合2011~2015年测绘成果数据，为大数据管理和应用奠定基础，对园内地形图、新敷设的管线进行局部修测，同时配置完善地理信息系统硬件配套设施。

（梁 洁）

【天坛公园全力推进恢复天坛风貌相关工作】 4月1日，持续关注天坛周边57栋简易楼腾退拆迁情况，加大与东城区政府及市文物、绿化等部门的沟通力度，积极争取政策支持，推进19户住园户腾退和天坛西门区域环境整治工作；持续做好天坛外坛墙界定和简易楼腾退范围内历史遗留物回收工作，收回砖、瓦、石材等历史遗留物409件；以天坛总体规划和文物保护规划为依据，根据北京天坛医院、北京口腔医院等周边单位搬迁进展情况，对区域内遗址进行勘察，有效推动文物保护与文物建筑的复原研究；完成文物库房结构安全性鉴定和文物库房现状整体评估，测算文物库房储物柜使用体量，为改造工程提供基础数据和条件。

（天坛公园）

【玉渊潭公园完成中国少年英雄纪念碑修复工程】 4月5日至7月20日，玉渊潭公园完成中国少年英雄纪念碑修复工程。该工程主要对中国少年英雄纪念碑主碑铜像破损部分进行除锈、焊接、打磨及做旧处理，并安装围栏约95延米。围栏以少先队队徽为设计元素，高1.5米，采用镀锌钢管焊接，表面喷刷金色面漆，正面围栏共10组，中间共镶嵌13枚中国少年先锋队队徽，队徽下方为同比放大的三道杠；围栏采取可拆卸式拼接的施工工艺，确保大型活动的顺利进行。

（薛 莲）

【天坛公园祈谷坛门粉刷工程】 工程于4月6日开工，4月21日通过工程设备科、文研室、后勤服务队共同验收。工程投资3.7万元，对文物本体进行常态性养护，完善及提升祈谷坛门区景观环境，施工内容为铲除原有空鼓及开裂墙皮，整体打磨墙身，局部靠骨灰重抹，罩浆440平方米，剔补酥碱砖面58块。

（陈洪磊）

【紫竹院公园全力配合地铁十六号线施工工作】 4月7日，协同施工方在园内部分道路搭建4处围挡，约占地1500平方米；配合施工方在小东门位置重新架设临时桥梁1座；积极协助施工方接入公园电网、水管等工作，保障施工方正常用水用电；制作施工提示牌70余块，做好游客告知工作，保障施工顺利进行。

（紫竹院）

【中山公园路椅等基础设施油饰竣工】 4月10日至10月30日，自筹资金17.55万元，油饰粉刷路椅、灯杆和花架。工程内容：油饰路椅217座，油饰见新188个灯杆，油饰西马路宣传画廊、西坛门内紫藤架、西马路月季花架、习礼亭南侧山坡护栏等。由北京庆余佳业装饰工程有限公司施工。

（袁晓贝）

【天坛公园启动文物库房整治项目】 4月11日，整治项目由祭器库基础设施装修工程、库藏文物整理、安防消防系统升级改造和环境监测系统四部分组成。组织召开文物库房整体项目设计方案汇报会，协调极早期烟感报警、气体灭火系统、环境监测等工作。启动文物腾挪工作。开展库房结构安全性鉴定工作，主要对木结构、墙体维护结构、地基基础进行检测，为文物库保护修缮和安全使用提供依据和支撑。

（天坛公园）

【陶然亭公园完成国色迎晖景区木平台改造工程】 4月12日至5月11日，陶然亭公园完成国色迎晖景区木平台改造工程。国色迎晖景区位于公园东门内，由于此处是大部分东门入园游客必经之路，每天的游客量较大，且该处由于地表湿度处于较高位置，加剧了防腐木损坏的速度，造成景区多处铺装、坐凳防腐木已翘起、断裂，产生极大的安全隐患。公园对该处防腐木平台、木坐凳、木桥进行了翻新改造。重做平台下木龙骨，更新木平台660平方米，更新木坐凳150平方米。工程施工单位为河北雄威建筑工程有限公司北京海淀分公司，由北京兴中海建工程造价咨询有限公司完成审计工作，工程投资32万元。

（郝刚云）

【北海公园加强工程建设等领域风险防控管理】 4月12日，对26项工程建设管理项目进行备案，登记管理合同20个；延伸"阳光工程"合同双签制，签订项目承诺书；严格落实内控管理制度，面向科队干部、商业企业相关负责人等签订《财务工作承诺书》25份。

（北海公园）

【北海公园启动画舫斋景观水体水质改善与生态修复工程】 4月13日，针对院内豆渣石水池及部分浴蚕河河道，采取改良池底种植土、投放环境修复剂和水生动植物等措施，改善水体环境，构建完整水生态食物链。计划在画舫斋水域内回填种植土270立方米，使用环境修复剂260千克，种植沉水植物46800丛、浮水植物28盆，投放各类鱼、蚌、螺等水生动物约35千克。

（北海公园）

【紫竹院公园协调配合做好老旧房屋改造工程】 4月13日，完成宿舍楼墙体外立面防水和保温层铺设、楼梯间粉刷及宿舍楼院门坡道改造等工程；先后两次与街道、施工方召开楼门长及居民代表会，向居民介绍施工流程，听取居民意见建议；积极协调家属楼居民配合施工工作，克服停车难等问题，保障施工工作顺利开展。

（紫竹院公园）

【香山公园完成双清厕所改造工程】 为消除安全隐患，满足游客使用需求，提高公园服务质量，香山公园投资89.35万元对老松林厕所进行更新改造，该工程于4月19日开始施工，9月13日通过竣工验收，由北京隆建建筑装饰工程有限责任公司负责。工程主要内容为：对现有建筑室内格局进行调整改造，改造后建筑面积130.5平方米；涉及室内装修改造、给排水、配电等基础设施、室内洁具、设施安装及周边环境治理。

（梁　洁）

【北海公园做好仿膳饭庄搬迁工作】 4月20日，北海漪澜堂景区始建于清乾隆三十六年（1771年），是仿照镇江金山寺所建造。景区内包括漪澜堂、碧照楼、道宁斋、远帆阁等院落，为乾隆帝读书之所。1959年在周恩来总理的指示下，仿膳饭庄搬至漪澜堂景区对外营业。2015年北海公园加大文物古建保护力度，与仿膳饭庄及其上级主管部门就搬迁事宜多次友好协商沟通,最终签订《关于共同促进仿膳饭庄迁址工作的合作备忘录》,定于2016年4月30日前将仿膳饭庄迁至公园北岸,正式回收漪澜堂古建群。4月19日仿膳饭庄正式启动搬迁工作。仿膳搬迁后,公园将对古建现状进行鉴定和保护性修缮,本着保护皇家园林,挖掘北海深厚文化内涵的宗旨,在漪澜堂景区推出北海及漪澜堂历史文化展,面向游人开放,以更好发挥出文物古建文化展陈功能。

(北海公园)

【香山公园有序推进香山寺修复工程】 4月25日,完成山门殿、香山寺牌楼、圆灵应现殿、水月空明殿、青霞寄逸楼等建筑的通灰、使麻、压麻灰等工序施工;完成香山寺宇墙砌筑工程总量的80%,室外地面铺装工程总量的70%,消防管道安装工程总量的90%,6月中旬全部完工。

(香山公园)

【天坛公园完成斋宫驳岸勾缝工程】 为加强文物建筑的维护保养,对斋宫外河廊北侧、东侧及南侧墙体进行保护性施工。斋宫外河廊,工程为北、东、南侧墙面墙体灰缝严重脱落,对三面墙体进行剔缝、勾缝约2100平方米,剔补酥碱旧砖720块,摘砌4.55立方米,石台基局部归安,出水口整修等施工项目。于4月25日开工,6月28日全部竣工。委托河北省涿州市建筑安装工程公司进行施工。6月29日,经工程设备科、后勤服务队、文研室共同验收,达到文物修缮质量标准,工程质量合格。工程投资27.3万元。

(陈洪磊)

【斋宫廊内墙面及外墙门洞粉刷工程】 斋宫河廊内墙面及外墙门洞局部墙面出现空鼓及墙皮脱落现象,下碱个别处砖面酥碱严重。为了提升主要景区的景观环境与周边景观相协调,对斋宫廊内墙面及外门洞进行墙体养护。工程委托河北省涿州市建筑安装工程公司进行施工,于4月26日开工,7月25日竣工。粉刷面积3053.39平方米,墙面剔抹靠骨灰面积67.67平方米,摘砌0.5立方米,散水楼缝、灌浆、勾缝面积约350平方米。7月26日,于辉副园长、工程、文物科及后勤服务队对斋宫廊内墙面及外门洞进行竣工验收。工程质量达到文物修缮标准,质量合格。工程投资26.1万元。

(陈洪磊)

【陶然亭公园中央岛厕所提升改造工程】 4月27日至7月15日,陶然亭公园对位于中央岛中心位置的厕所进行提升改造。其面积由原来的130平方米,增至137.65平方米,对厕所内部重新合理布局,更换卫生器具,增加厕位数量,并增设婴儿台2个。更换地面砖111.17平方米、更换墙面砖397.85平方米,更换吊顶111.17平方米;将窗户更换为铝合金保温窗共15趟;更换厕所隔断板22间;对厕位下水管线改造;改造洗手池,增设低位洗手池。墙面粉刷224平方米,并更新供暖设施、通风设施、供电线路等设施。此工程由北京京业国际工程技术有限公司三分公司进行设计,中标施工单位为北京日盛达建筑企业集团有限公司,工程总投资79.97万元。

(郝刚云)

【香山公园完成碧云寺市场大棚回收工作】 4月28日,在各级领导的指导和相关部门的大力支持下，公园自2015年2月28日正式启动回收工作。在回收工作中，积极与香山街道办事处、承租方多次协商、洽谈，经过不懈努力，于2016年4月28日正式签订交接协议，成功回收碧云寺市场大棚，为北门门区环境整治工作打下坚实基础。

（香　山）

【香山公园完成香山寺钟楼"永安钟"吊装】
4月29日，香山公园完成香山寺钟楼"永安钟"吊装。该项目由北京东方润通文化发展有限公司负责，投资金额88.7万元。本次吊装采用吊车起运、钟楼外搭建钢架平台、敷设推送车轨道、安装手拉铁链等吊装工序，历经4个小时将自重1.2吨、钟体通高1.9米的"永安钟"成功吊装，并对钟体采取了缠绒毯保护措施，此项工作标志着香山寺展陈工作正式启动。

（李　博）

【北海公园配合水体置换工程】4月，北海公园配合市城市河湖管理处开展内城六海水体整体置换工程。为改善内城水体质量，保证水环境安全，市城市河湖管理处计划对内城六海水体进行整体置换。为配合此项工作，公园现行水位将从43.5米降至42.5米，随后再注水逐步恢复至正常水位，预计置换水体35.47万立方米。目前游船队已开展停航准备工作，确保妥善安置摆渡船及各类游船。园内工程于4月30日完工。

（汪　汐）

【北海西天梵境建筑群修缮工程启动彩画施工】5月5日，组织设计、监理、施工各方负责人、技术骨干召开彩画专题会，邀请彩画专家王仲杰考察施工现场彩画现状，判定天王殿彩画原状形制等级及年代；结合老照片搜集彩画纹案材料，考察园内阐福寺等同时期古建筑彩画图纹，并赴承德进一步搜集同时期建筑彩绘资料、纹案；汇总搜集到的彩绘材料，调整北海西天梵境建筑群修缮工程彩画设计方案，报市文物局审批；完成彩绘材料采购及施工人员入场部署工作，清理楠木殿木材表面，为下一步烫蜡做准备。

（北海公园）

【中心系统单位参展2016年世界月季洲际大会】5月9日，市公园管理中心系统单位参展2016年世界月季洲际大会。本次大会是一次"四会合一"的国际月季盛会，届时第14届世界古老月季大会、第七届中国月季展和第八届北京月季文化节将同期举行。中心所属颐和园、天坛公园、北海公园、中山公园、景山公园、北京植物园、陶然亭公园、园博馆将参加月季洲际大会1组室外月季造景及6组室内品种展摆。天坛公园、北京植物园、陶然亭公园作为2016年北京月季文化节分会场，于5月18日开始进行月季展示。

（王未彤）

【颐和园推进夜景照明一期工程建设工作】工程将于5月10日启动，施工范围包括西堤沿线、十七孔桥、南湖岛、八方亭、东堤沿线及后山区域，且拟利用本次开挖电缆管沟时机，在后山及东堤、西堤沿线加装安防、广播等设施。工程计划分区域施工，先期对西堤沿线进行综合电缆管沟施工，施工期间需对西堤沿线进行封闭管理，封闭时间为5月10～29日。公园已在可通往西堤的必经路段设置告示牌 6 块，以便向广大游客提前告知。

（颐和园）

【颐和园完成夜景照明工程（一期）】 按照北京市政府对颐和园基础照明的指示，为了更好地保障游客在颐和园晚间行走时道路通行安全，满足公益性照明功能需求，同时升级改造颐和园现有夜景照明设施设备，颐和园启动夜景照明工程，工程共分两期实施。其中夜景照明工程（一期）为颐和园自筹资金项目，于 5 月 12 日开工，9 月 6 日竣工。工程内容为对颐和园东堤、西堤沿线、南湖岛、十七孔桥、八方亭区域，后溪河沿线、霁清轩、谐趣园及苏州街区域，总长约 6800 延长米范围内进行电缆管线敷设、室外照明灯具和配电柜、箱的安装。工程完工后共敷设信号线、电源线钢管 10629 米；敷设西堤沿线、霁清轩、谐趣园和苏州街区域的建筑表面桥架 4095 米；安装各类灯具共计 5165 套；更换安装配电柜 21 台。工程总投资 1089.36 万元，施工单位为北京平年照明技术有限公司，设计单位为深圳市高力特实业有限公司，监理单位为建研凯勃建设工程咨询有限公司。夜景照明工程（二期）由北京市城市管理委员会投资，并负责组织实施。

（张　斌）

【香山寺修复工程进展顺利】 5 月 18 日，完成山门殿、天王殿、圆灵应现殿椽望油饰以及钟鼓楼、南北坛城上大色工作；完成爬山廊细灰钻生及水月空明殿、青霞寄逸楼二层沥粉贴金工作。

（香山公园）

【香山公园完成喷灌系统更新维修改造工程（二期）】 该工程于 5 月 23 日开始施工，8 月 31 日通过竣工验收，投资金额 94.71 万元，由北京运运通园林绿化有限公司负责。工程内容包括：对公园山下景区已损坏和老化的喷灌管线进行维修改造，部分地区重新铺设。完成公园管理处、北门、碧云寺绿地灌溉管线的铺设，共计安装 108 无缝钢管 1233 延米，安装 50 镀锌管 75 延米，安装 25 镀锌管 194 延米；新修阀门井 30 余处，安装取水阀 47 套等。

（周肖红　刘　莹）

【中山公园建筑结构检测鉴定】 5 月 30 日至 7 月 30 日，自筹资金 16.88 万元，检测鉴定园内职工教室、儿童怡乐城及五色土餐厅房屋结构。工程内容为房屋安全检测鉴定、工程检测。中国建筑科学研究院负责结构检测。

（薛晓晨　刘　欢）

【景山公园配合西城区市政管委完成山门夜景照明工程】 5 月 30 日至 6 月 18 日，景山公园配合西城区市政管委完成山门夜景照明工程。该项工程建设方为西城区市政管委，施工内容主要在公园 3 个门区加装照明设施 2304 套，配电箱 3 个。

（邹　雯）

【景山公园有序推进寿皇殿建筑群修缮工程】 5 月 31 日，设立文物库房，安装监控、防盗门及报警器；拆除东西山殿、东西配殿室内现代装潢；拆除东配殿屋面瓦件；拆除神厨、神库屋面挑顶；整修并新做神厨、神库、东西值守房的木构件；考察工程用石材、木材、琉璃瓦件及砖料，并将瓦件取样送检;严格资金管理,支付施工、监理费用首付款。

(景山公园)

【颐和园完成直击雷防护工程】 5月至11月,颐和园管理处在东宫门地区、文昌院、清外务部公所和霁清轩眺远斋四处安装直击雷设备,此四项工程均是北京市文物局拨款工程,共计款项为791.935万元。直击雷防护工程的设计单位是北京万云科技开发有限公司,施工单位是华云科雷技术发展有限公司,监理单位是北京华银工程管理有限公司,招标代理公司是中招国际招标有限公司。11月4日,该四项工程顺利通过验收,已正式投入使用。

(李珮瑄)

【北京动物园完成部分园区测绘】 5月,北京动物园对园区内变化较大的儿童动物园、象房广场等10处约20000平方米土地进行测绘。负责本次地形测绘的单位是北京市测绘设计研究院(国家甲级测绘资质),5月30日完成测绘,6月初出测绘成果,为一张CAD测绘图。

(张珊珊)

【景山公园完成地下基础设施勘察项目】 6月1~20日,景山公园完成地下基础设施勘察项目。该项目投资金额44.6823万元。勘察单位为浙江合信地理信息技术有限公司,项目对少年宫未归还地块、寿皇殿建筑群、永思殿建筑群、观德殿建筑群、关帝庙建筑群及北门停车场约5公顷范围进行勘测,勘测内容包括天然气、给水、排水、供电、通信、热力六类管线,为公园提供了基础建设数据。

(邹雯)

【颐和园完成练桥修缮工程】 练桥修缮工程于6月3日开工,11月25日竣工。练桥位于颐和园西堤,占地面积为183.5平方米,桥亭建筑面积67.5平方米,始建于乾隆年间,咸丰十年(1860年)桥亭被毁,光绪时重修。新中国成立后分别于1954年、1972年、1974年、1989年进行整修油饰。本次练桥修缮工程修缮内容主要包括:挑顶桥亭屋面,整修大木构架,内檐上架大木地仗保留修补,外檐上架大木地仗砍至麻面,新做压麻灰,其他部位满砍重做;重做油饰,内檐彩画局部补绘,外檐彩画全部重绘;整修桥体、驳岸等。工程总投资97.43万元。施工单位为北京房修一建筑工程有限公司,设计单位为北京兴中兴建筑设计事务所,监理单位为北京华林源工程咨询有限公司。

(张斌)

【景山公园完成东大墙线缆整修工程】 6月3~8日,景山公园完成东大墙线缆整修工程。该项目由北京广源力源线缆销售中心施工,投资金额2.46万元。主要施工内容包括拆除公园东大墙原有零散电线,搭设桥架将电线整合,安装桥架及拖臂240延米。

(李宇)

【香山公园完成慈幼院铁工厂修缮工程】 为消除安全隐患,恢复民国建筑,实施香山慈幼院铁工厂修缮工程。该工程于6月6日开始施工,12月16日通过竣工验收,由北京市园林古建工程有限公司负责。主要内容为台明、大木构件整修,木装修,墙体拆砌,木基层，屋面添配瓦件，油饰工程等。

（梁 洁）

【北海公园完成文艺厅厕所装修改造工程】
文艺厅厕所装修改造工程经过公开招投标，最终确定北京房修一建筑工程有限公司为施工单位，工程内容包括添配破损的屋面瓦件；更换室内墙砖、地砖、隔断板、卫生洁具、照明设施及排风设备等硬件设施；外檐及门窗油饰等。该工程于6月7日开工，7月29日竣工验收，已投入使用，经审计，共投资61.20万元。

（邢 靳）

【北京动物园鹤岛基础设施改造项目】 北京动物园鹤岛基础设施改造项目是朱鹮科研中心及周边景观环境改造工程的配套项目，在动物园西部鹤类动物饲养小岛实施，分四个阶段完成改造项目。截止到11月底，已完成安装工程：给水管道连接178.04米、排水管道连接200.66米、暖气管道连接418.64米、强电1197.03米、弱电光缆50米等。门窗工程：防盗门两樘、推拉门129.36平方米、门联窗113.04平方米等。外线工程：检查井共计15个、管线共计267.21米、电缆光缆共计150.3米、化粪池一座、二杨泵井一座等。装修工程：鸟舍内置挂网330平方米、小网笼占地面积共计260平方米等。施工单位是北京四汇建筑工程有限责任公司。监理单位是北京华林源工程咨询有限公司。开工时间是6月7日，竣工时间是11月29日。投资金额为523202.02元。

（张珊珊）

【中山公园东门售票处改造竣工】 6月10日至8月10日，自筹资金10.07万元，改造动漫售票处。工程内容：内装饰装修，部分改造给水、采暖、电气等。由北京庆余佳业装饰工程有限公司施工。

（薛晓晨 刘 欢）

【紫竹院公园供电系统升级改造项目】 公园对原有供电系统进行改造升级：在原有电缆井接头的位置设立落地式二级配电箱，废除原有的电缆井，严格送电分级控制，彻底解决因井下潮湿存在的安全隐患，为以后新增用电负荷提供安全接口。更换南区西部主电缆，使用标准五线制铜芯电缆替换现有铝芯四线缆，排除安全隐患。主要工作内容：安装二级控制箱27座；更新电缆1320米。工程于6月20日开工，11月竣工。

（张 辰）

【中山公园给水管线改造竣工】 6月20日至9月6日，上级拨款90.11万元，改造给水管线。工程内容：更换主管线448.8延米，更换支管线758.5延米。北京中财银贝瑞德工程公司施工。

（薛晓晨 刘 欢）

【北京动物园北宫门卫生间改造项目】 北京动物园北宫门卫生间升级改造项目于6月20日开工，9月27日竣工。改造后，卫生间外观与北宫门门区建筑风格统一。项目包括对原有厕所面积进行扩大，改造后面积达到220平方米。在功能上增加了两个无障碍卫生间和卫生间配套管理用房。男女卫生间增加天窗以改善通风采光条件；升级卫生、采暖、电气设施。同时，在设计厕所大厅时，把食草动物的科普展示融入到大厅的设计中，在卫生间大厅正面设置食草动物剪影的背景墙，向游人介绍食草动物的濒危程度和动物的脚印是什么形状等科普知识。施工单位是北京华夏建设发展有限公司。监理单位是北京中环工程建设监理有限责任公司。投资金额749179.19元。

（张珊珊）

【北京动物园组织召开狮虎山改造项目专家论证会】 6月20日，邀请中国动物协会、市城建设计院有限责任公司、国家电子工程建筑及环境性能质量监督检验中心等单位专家，就改造项目的建筑设计、结构加固、经济核算、动物饲养及景区管理等进行论证。与会专家一致认为狮虎山改造项目方案合理可行。

（动物园）

【天坛公园外坛高灯杆整修油饰工程】 本工程位于天坛公园北侧外坛路、北大门至北天门两侧及东豁口至东大门两侧，涉及整修的高杆灯100盏。公园外坛高杆路灯由于油漆脱落，路灯基座固定螺栓锈蚀严重，存在安全隐患。因此对路灯基座进行加固维修更换螺栓，灯杆进行油饰，检修电气线路、开关。委托河北省涿州市建筑安装工程公司进行施工。于6月21日开工，9月8日竣工。国庆节前经过重新油饰的100盏高杆路灯安装完成，9月28日对公园外坛高杆路灯油饰检修工程进行验收，质量合格，投入使用。工程投资8.6万元。

（陈洪磊）

【北海公园漪澜堂古建筑群腾退交接工作顺利完成】 6月22日，北海公园与仿膳饭庄签订《北海公园漪澜堂景区古建筑群腾退交接书》，正式收回漪澜堂古建筑群。仿膳饭庄搬迁工作自4月18日正式启动，5月18日全部完成。期间，双方多次就漪澜堂古建筑群游园管理、燃气消防安全、古建筑结构鉴定等工作进行沟通、协调，确保交接工作顺利完成。下阶段，公园将根据中心部署，治理漪澜堂景区环境，逐步开展漪澜堂、道宁斋文化布展工作。

（北海公园）

【景山公园西门广场周边铺设排水沟】 景山公园西门广场地势较低，进入雨季后，存在雨水倒灌安全隐患，6月25～26日，公园组织连夜施工，在西门广场周边铺设排水沟，提高西门广场排水能力，确保清除雨季安全隐患。

（李艳）

【天坛公园西天门北侧部分污水管道翻修】 根据2016年工作计划，西天门污水管道较细，排水不畅，管内阻塞大量污物无法进行清掏，为此将此段管线更换为DN400mm的排水管。本工程位于天坛公园西天门北侧，涉及铺装面积203平方米；铺设管线约55米；委托河北省涿州市建筑安装工程公司进行施工。6月27日开工，至2016年7月23日全部竣工，7月26日，于辉副园长，工程设备科及后勤服务队对新做排水管、污水井及地面揭墁进行了竣工验收，工程质量合格。解决污水排放，达到使用要求。工程投资8.2万元。

（陈洪磊）

规划建设

【紫竹院公园儿童运动场厕所完成改造工程】
紫竹院公园儿童运动场厕所建于2004年，建筑面积75平方米，男、女厕位共计18个，由于常年满负荷使用，尤其是2006年公园免票之后，因为游人量剧增，造成厕所设备、洁具损坏严重。为此，对儿童运动场厕所进行改造，修缮主要内容：更换灯具、开关、插座、线路、及设备；更换暖气片、阀门、龙头、感应设备，卫生洁具全部更换；内墙砖、地砖、吊顶、隔断板、洗漱台、塑钢门等拆除更新；局部处理屋面防水；将原有中水设备处理间改为厕位，增加厕所面积30平方米，增加厕位12个；增加污水管线190米，新做污水井6座。于6月28日开工，9月26日竣工。

（张　辰　林昊海）

【陶然亭公园华夏名亭园沧浪亭、浸月亭及百坡亭景区景观提升改造工程】 6月30日至10月7日，陶然亭公园进行了沧浪亭、浸月亭及百坡亭景区的景观提升改造，范围20976平方米。此次改造拆除原有路面1457平方米，清理地被植物5682平方米；铺装石材98平方米，透水砖600平方米，规整青石板、卵石90平方米，碎拼青石板道路560平方米，铺设木平台120平方米；新增山石215立方米，调整山石57立方米；栽植花灌木20株，乔木2株，地被植物180平方米，苔草7000平方米，冷季型草420平方米，新栽水生植物370平方米。对百坡亭、浸月亭进行挑顶修缮及油饰，对沧浪亭落架重修并油饰；同时翻建管理房及院墙。此项目由北京腾远建筑设计有限公司设计，中标施工单位为北京宜然园林工程有限公司，监理单位为北京华林源工程咨询有限公司，工程总投资388.53万元。

（郝刚云）

【陶然亭公园完成东北山高喷工程】 7月5日，陶然亭公园东北山高喷工程开工，10月12日竣工，工期100天，由北京市花木有限公司施工，北京华林源工程咨询有限公司监理，华诚博远（北京）建筑规划设计有限公司设计，总投资326.18万元。此工程对喷灌首部过滤系统设备进行改造，并对东北山山地约18000平方米进行高喷设施安装，铺设高喷管道，安装高喷喷枪。高喷设备可起到防火、降尘、清洗叶面、确保山上树木灌溉需求，使树木得以良好生长。

（马媛媛）

【北海公园启动燃气管线改造及设备设施拆除工作】 7月7日，拟对职工食堂、船坞、基层队的7处燃气设施进行内部改造，增加可燃气体报警探测器、报警主机、防爆排风机主机和紧急切断阀等设备；拟拆除天云阁、静心斋、碧海楼等8处燃气点。现已与专业燃气公司就方案设计开展洽谈，并启动现场勘验、全园燃气管网图绘制等工作。

（北海公园）

【玉渊潭公园完成东湖北岸闸房景观改造工程】 7月12日至11月10日，玉渊潭公园完成东湖北岸闸房景观改造工程。该工程施工内容包括：闸房主体结构不变，对闸房外墙、屋顶和门窗进行景观装饰改造，闸房改造面积70平方米，周边广场铺装210.73平方米，堆砌山石12.5吨，绿化改造及安装避雷设施等。

（薛　莲）

【天坛公园北天门内改铺透水砖】 北天门内东侧水泥方砖、西侧三处蓝机广场砖面层裂缝较多，破损严重，且与古建周边景观不协调。拆除水泥方砖、蓝机砖及灰土垫层，局部降土方，新做混凝土垫层，透水砖铺装面积538.18平方米。委托河北省涿州市建筑安装工程公司进行施工。于7月16日开工至8月19日全部竣工。8月30日，工程设备科、后勤服务队及施工单位对新做透水砖铺装路面进行了验收，工程质量合格。工程投资11.2万元。

（陈洪磊）

【北京动物园低压电缆改造工程】 7月19日，北京动物园低压电缆改造工程正式进场施工。该项目可以解决动物园北区特别是兽医院周边供电负荷不足，用电紧张的情况。工程包含新敷设低压电缆2根，电缆单根长度360米，敷设方式采用直埋，过路部分穿管保护。竣工时间9月30日。施工单位是北京培特电气工程有限公司。监理单位是北京中环工程建设监理有限责任公司。结算金额900798.57元。

（张珊珊）

【中山公园消防管线改造（二期）竣工】 7月20日至10月30日，上级拨款129.18万元，改造园内消防管线。工程内容包括：改造消防主管线929延米，支管线130延米，新建消防井14座。北京中财银贝瑞德工程公司施工。

（薛晓晨 刘 欢）

【颐和园完成石丈亭至苇场门主景区排水管线疏通工作】 颐和园石丈亭至苇厂门主景区排水管线全长约1040延长米，规格为直径500毫米的水泥管。因建设年代久远，排水口及渗水井由于长时间杂物积累及山体沙土被雨水冲刷，造成管内沉积大量淤泥，排水不畅，汛期大雨期间沿线排水井出现溢水现象。工程于7月22日开工，8月5日竣工，颐和园委托保定兴国市政建筑工程有限公司北京第七分公司对该段排水管线进行清淤疏通工作，同时采用管道内窥电视检测系统对管道内壁现状进行影像扫描和资料记载，此项目资金为颐和园自筹，投资43.48万元。

（张 斌）

【景山公园维修辑芳亭南侧挡土墙体】 进入雨季后，景山公园万春亭至辑芳亭间的山体挡土墙出现不同程度的裂缝，7月25日，公园发现该情况后立即开展维修工作，于7月27日对出现裂痕的墙体做临时支撑，9月26日，完成全部维修加固工作，修复墙体15延米。

（李 艳）

【北京植物园卧佛寺厕所改造工程】 工程于7月25日开工，9月30日竣工。以内部装修改造为主，内容包括：拆换地砖44.3平方米、墙砖128.91平方米、铝合金天棚44.45平方米、安装15个圆形LED筒灯等，为游客提供了更好的如厕条件。

（古 爽）

【天坛公园喷灌主管线改造工程】 此项目对天坛内西北外坛、东北外坛、西南外坛3个区域喷灌主管线按图纸要求进行改造施工，包括对DN110—DN160管线挖沟及更换，并根据图纸位置设置阀门井、取水阀或阀门，对涉及管沟位置铺装及草坪拆除恢复。工程于7月29日开工,9月26日竣工。工程投资92.6万元。

(陈洪磊)

【香山永安寺修复工程主体建筑完成竣工验收】 7月31日,市公园管理中心2016年重点任务——香山永安寺修复工程主体建筑完成竣工验收。工程历时两年,总占地面积5.5万平方米,建筑面积约3000平方米,该工程投资共计1.36亿元。共分3个标段,一标段由北京东兴建设有限公司施工,包括接引佛殿、天王殿、钟楼、鼓楼及香山寺牌楼等建筑;二标段由北京房修一建筑工程有限公司施工,包括圆灵应现殿及其南北配殿;三标段由北京市园林古建工程有限公司施工,包括眼界宽殿、薝卜香林阁、水月空明殿、青霞寄逸楼、爬山廊。该工程于2014年3月正式进场施工,共完成3个牌楼、12个单体殿座及廊子的基础加固,台明、柱顶石添配、大木架安装、墙体砌筑、屋面工程及建筑油饰;完成室内外地面铺装、假山石修整、归安、岩体加固以及避雷系统、消防系统安装、室外配电工程等项目。

(梁 洁)

【北京植物园红马路改造工程竣工通车】 工程自7月开工,10月竣工,改造道路总长度为2174米,9877平方米。工程内容包括拆除无机料垫层、混凝土砖面层、更换部分路缘石,铺设黑色沥青混凝土面层,内环路段铺设红色陶瓷面层等。项目解决原有路面破损严重问题,改善园区内部基础设施条件,实现人车分流,保障游客的安全游览,进而提升园区整体环境。

(古 爽)

【北海公园完成北岸热力站维修工程】 北海公园北岸热力站建于20世纪90年代,现有设备已使用20余年,内部零部件均出现不同程度的老化损坏,急需更换。工程拆除更换了换热器、循环泵、控制系统等采暖设备,同时更新了北岸热力管线980余米,增加管道自动清洗设备及出入水管道水质净化设备一套,并粉刷了热力站值班室。该工程于7月开工,9月竣工,经审计,共投资87.53万元。

(邢 靳)

【北海公园完成地下露陈文物库房整修工程】 为解决管理处地下露陈文物库防水老化、室内潮湿发霉等问题,工程对地下室防水进行整修,采用局部外防水和室内内防水相结合的方法,力求从根本上解决防水问题,另外为改善文物库室内环境,计划整修及粉刷室内墙面,地面铺贴地砖,门窗更换。建筑面积为165平方米。该工程于7月开工,8月底竣工,经审计,共投资87.6万元。

(邢 靳)

【北京市植物园湖水净化工程】 该项目列为中心经常性项目,批准投资为15万元。施工单位为北京蓝海实益环境科技有限公司。项目于8月1日开始施工,9月30日完成施工。工程对部分水体区域进行局部清淤,水面漂浮物的打捞清理,对6万平方米的水域投放控藻酶720千克,有效地抑制了水体中蓝绿藻的生长,改善了水环境,保证了湖水水质。

(古 爽)

【天坛公园完成内隔墙整修】 内隔墙两侧墙体及散水局部城砖酥碱严重,勾缝灰脱落。

按照2016年工程修缮计划，此次对内隔墙两侧墙体进行维修保养，其中墙体勾缝3029平方米、剔补酥碱严重城砖1642块，使用旧砖379块，修补城砖70平方米，散水局部整修1000平方米。委托河北省涿州市建筑安装工程公司进行施工。于8月2日开工，11月15日竣工。12月1日竣工验收，于辉副园长、工程设备科、文研室、后勤服务队及施工单位共同验收，达到文物工程验收标准，工程质量合格。工程投资47.6万元。

（陈洪磊）

【香山寺修复工程进展顺利】 8月2日，完成3个牌楼、12个单体殿座及96间廊子的台明石归安、大木立架安装、建筑墙体砌筑、屋面工程，及后苑假山石修整归安、宇墙砌筑、岩体加固、避雷安装工程、室内墙体砌筑等工作。于7月30日主体建筑已全部完工。

（绩效办香山公园）

【北京动物园朱鹮科研中心及周边景观环境改造项目】 2016年北京动物园"朱鹮科研中心及周边景观环境改造"是北京动物园2016年重点改造项目，此项目也是北京市公园管理中心拨款项目。项目于8月5日开工至11月28日竣工。完成工程总建筑面积326平方米，共21间鸟舍和一间大鸟舍。防水536平方米、散水73.3平方米、坡道75.2平方米、台阶一座、泥鳅池子两座等。拆除原所有基础设施、拆除小网笼302.16米、拆除门窗48樘等。栽植乔木5种共34株，灌木7种共1145株等。维修车行桥一座、胡岸维修共计385米、室外大栖架7个、室内大栖架23个、小栖架29个、湿地260平方米、小水池28.27平方米、透水砖铺装400平方米等。施工单位是北京宜然园林工程有限公司。监理单位是北京华林源工程咨询有限公司。投资金额213.53万元。

（张珊珊）

【中山公园配电室高压柜换装工程竣工】 8月10~11日，自筹资金12.13万元，更换西配电室内高压配电柜三台，优化配电柜内进线、计量、出线等电路重新设计。北京国电天昱电力工程有限公司施工。

（袁晓贝）

【北京动物园熊猫馆启动降温喷雾】 8月11日，北京动物园在熊猫馆亚运馆西侧运动场、奥运馆展厅以及室外运动场新装的三处降温喷雾装置开始启用。喷雾装置在暑期每日上午9:00~11:00，下午14:00~16:00定时喷雾，既起到了防暑降温的效果，也增加了景观效果。

（张珊珊）

【香山公园完成双清别墅景观调整和养护温室修缮改建工程】 为改善香山双清别墅景区外环境修缮及公园绿化养护温室，公园投资88万元实施改建工程，该工程于8月11日开始施工，10月26日通过竣工验收，由北京宜然园林工程有限公司负责。工程内容包括：对双清别墅景区周边铺装道路300平方米，重修毛石挡墙4.8立方米，清除杂木及植被保育2000平方米等，对花卉班养护温室进行更新改造。

（周肖红 刘莹）

【中山公园电缆敷设工程竣工】 8月15日至

规划建设

9月15日，自筹资金16.50万元，敷设配电室至园艺班电缆。工程内容：土建部分开挖沟槽及回填，电气部分敷设电力电缆，安装小型配电箱及电气设备等。北京庆余佳业装饰工程有限公司施工。

（袁晓贝）

【天坛公园东北外坛外环路局部翻修】 东北外坛外环路路面破损严重，为保障公园的正常游览秩序，按照2016年工程修建计划，对此路段塌陷区域进行翻修、破损处剔补及揭墁。本工程位于天坛公园绿化二队草一班班部北侧，西至公园殿堂部队部东侧。原有破损透水砖路面层拆除、级配砂石找平、铺设中砂、压路机碾压，路南70米处新做C20砼垫层、更换新480＊240＊80透水砖面层；新做路往西局部塌陷处揭墁，西侧路口拆除原有500＊250＊80透水砖面层，铺设旧透水砖面层；新透水砖铺装面积1405.99平方米；局部剔补透水砖面积：475.47平方米，西侧路口铺墁旧透水砖183.15平方米。委托河北省涿州市建筑安装工程公司进行施工。于8月17日开工，至11月8日全部竣工。工程投资39.9万元。

（陈洪磊）

【颐和园北宫门新电子售验票系统使用】 8月18日，颐和园副园长周子牛主持召开北宫门电子票务系统升级改造项目启动会，项目内容包括对北宫门原有闸机等设备进行升级改造并与公园管理中心电子票务系统对接，实现购买电子票，扫码入园等。项目立项方案经北京市经信委批准，项目资金为颐和园自筹208.2万元，为保证电子票务系统的顺利实施，9月1日，颐和园完成电子票核心网络设备的上架与调试工作。9月26日，新电子售验票系统进入运行使用。

（蒋金睿）

【中心全力推进节能节水改造项目】 8月18日，颐和园文昌院及东堤绿地喷灌工程、香山公园喷灌系统更新维修改造工程（二期）、动物园大熊猫馆周边绿地及动物兽舍喷灌系统改造、动物园长河北喷灌系统改造项目、紫竹院公园长河北岸新建喷灌首部设备工程、陶然亭公园高喷——东北山工程，已陆续开始进入施工阶段，按计划推进施工进度，确保工程质量。

（综合处办公室）

【陶然亭公园持续推进东北山高喷工程】 8月19日，改造喷灌过滤系统，发挥喷灌效能。安装东北山山地约1.8万平方米高喷设施，铺设管道，满足山体树木灌溉需求。现已完成工程设计、预算审定及招投标工作，并组织进场施工。

（综合处办公室）

【景山公园西门外安装地桩】 景山公园西门位于景山西街，游客量大，交通复杂，常因车辆停放等问题造成交通拥堵，严重影响园区周边秩序，存在严重安全隐患。9月5～22日，公园在西门广场入口处预埋地桩固定件，缓解门区车辆乱停放情况。

（李 艳）

【中山公园中山堂暖气管线改造工程竣工】 9月5～20日，自筹资金18.61万元，完成中山堂原有暖气管线盖板改钢筋混凝土加固。北京庆余佳业装饰工程有限公司施工。

（袁晓贝）

【颐和园持续推进景观照明提升工程】 9月8日,一期工程已完工,以东西堤沿线、南湖岛、十七孔桥、八方亭、后溪河沿线、霁清轩等区域为建设核心区,敷设电缆、控制信号线4.8万延米,安装各类灯具4599套,已通过工程验收。该工程首次打亮颐和园后湖、西堤沿线,形成"日赏景,夜观灯"效果,将颐和园区域景观特点在夜间予以呈现。工程充分考虑文物古建安全,设施采用"附着"式安装,使用抱箍件固定,并加装保护、缓冲隔离垫,不破坏古建本体;照明设施采用低压绿色节能灯具,最大程度减少对生态系统的干扰。

(颐和园)

【市管公园夜景照明工程进展顺利】 9月13日,已完成颐和园环昆明湖环境景观照明设施工程(一期),景山公园山体五亭及三个门区照明工程,北海公园主干路景观照明工程。充分考虑文物古建安全、园林生态保护,不破坏古建本体;照明设施采用低压绿色节能灯具,可控制光源照度,调节明暗程度,共安装照明设施5793套,形成历史名园光的构图,凸显山形水系脉络,打造"日赏景,夜观灯"效果。

(本刊综合)

【玉渊潭公园推进东湖湿地节水节能改造】 9月19日,完成喷灌泵房设备改造,解决原有老旧设备安全隐患,提升东湖湿地喷灌效能;更新补水设施,更换室外补水泵,安装鱼跃泉鸣景区至樱花东园四期补水专用自流管,利用地形高差形成自留补水,达到节能效果;提升水质净化效能,维修保养水治理设备,确保达到四级水质。

(玉渊潭公园)

【玉渊潭公园完成东门沿线道路及地下管线改造工程】 9月20日至11月20日,玉渊潭公园完成东门沿线道路及地下管线改造工程。该工程施工单位为北京宜然园林工程有限公司,施工内容包括公园东门沿线道路及广场进行改造,新铺透水砖道路及广场3300平方米,新建钢架结构候车廊50平方米,新铺设电缆360延米,绿地铺设草皮1100平方米等。

(薛 莲)

【园科院"城市绿地生态系统科学观测研究站建设项目"顺利竣工】 9月22日,园科院"城市绿地生态系统科学观测研究站建设项目"顺利竣工验收。该项目打造国内首家以城市绿地生态系统为研究对象的观测站点,填补了在这一领域的空白,将通过对绿地生态系统的定位观测、演替评价、机制响应等研究,为城市绿地可持续管理提供范本。项目规划用地3.4万平方米,建设有针阔混交林、围合型绿地、路测条带型绿地、针叶片林、疏林草地等一系列北方园林绿地典型植物群落绿地形态。共栽植乔灌木1373株、色带714平方米、花卉1657平方米、铺种草皮27960平方米。同时根据设计要求建设了9个科研观测点,景观墙及园路、次级道路、汀步等庭院工程。

(李鸿毅)

【玉渊潭公园完成万柳堂前院景区建设工程】 2015年11月2日至9月22日,玉渊潭公园完成万柳堂前院景区建设工程。该工程为市财政投资项目，总投资527万元，景区占地面积2240平方米，建筑采用仿宋式风格，主体结构采用落叶松大木为主材。建筑主轩、侧轩、山门、六角亭各1座、垂花门2座以及游廊。该工程施工内容包括：园林景观建筑260平方米、庭院铺装646平方米、土方工程3200立方米、绿化工程1060平方米及配套水电施工等。建成后的景区主要包括高山流水、曲水流觞、景观水池等。工程施工单位为北京乾建绿化工程有限公司。

（薛莲）

【中山公园地下基础设施勘察竣工】 9月22日至12月31日，总投资57.54万元，勘察地下基础设施。工程内容：完善现有基础测绘数据，开展普通房屋的三位测绘，完善中山公园三维信息系统。北京聚孚林科技发展有限公司施工。

（薛晓晨　刘欢）

【北京动物园大熊猫馆周边绿地及动物兽舍喷灌系统改造工程完工】 北京动物园大熊猫馆周边绿地及动物兽舍喷灌系统改造工程总体改造面积2000平方米，包括喷雾及喷灌工程，敷设喷灌管线2000余米。对大熊猫展区以及大熊猫馆周边竹林安装超滤水处理系统以及造雾机组。共安装喷雾机组4组、喷雾辐射面积总计达900平方米，在营造舒适气候提高动物福利的同时，增加了园区动态景观展示效果。工程于9月26日完工。施工单位是北京市泰升园林艺术工程有限公司。监理单位是北京华林源工程咨询有限公司。投资金额77.2万元。

（张珊珊）

【香山公园职工食堂改造工程通过验收】 10月11日，香山公园职工食堂改造工程通过验收。该工程于9月3日开始施工，9月27日完工。工程主要分为两部分：一是职工食堂装饰改造，由北京华尊装饰工程有限责任公司负责，投资48.52万元。二是职工食堂电气改造，由北京致达伟业建筑装饰工程有限公司负责，投资16.39万元。该工程的实施改善了职工食堂基础设施陈旧、电路老化等问题，消除了安全隐患，改善了后厨工作条件和前厅职工用餐环境，确保了食堂用电安全。

（梁洁）

【北海公园完成地下管网勘察工作】 经过科学的测量和整合，北海公园已将"十一五"以前公园的地下管线做成了电子图纸，形成了一套地下管网信息系统，为管线的日常维护提供了翔实的数据支持，随着公园配电系统改造工程和东岸、北岸、琼华岛上水管线改造工程的完成，对上述几项工程的管线进行补充测量，将其融入到现有地下管网信息系统中，形成完整、准确的全园地下管网信息系统，并将现有软件版系统升级为更为方便实用的网络版系统，投资50万元，已于9月底前完成。

（邢靳）

【景山公园对商业用房、驻园单位安装刷卡式水表】 为加强精细化管理，严禁跑冒滴漏情况的发生，景山公园于10月25～26日，对园内商业用房、驻园单位安装了刷卡式水表，本次更换安装水表共计10块。

（李艳）

【北海公园安装水质监测探头和设备】 11月1日，北海公园配合北京市水务局水文监测总站在南岸东南角安装水质监测探头和设备，此举有助于更好的监测太液池水质。

（汪汐）

【北京植物园红马路改造工程完工】 11月7日，改造洗刨原有破损路面后进行基础拉毛；铺设沥青混凝土约1万平方米；铺设红色陶瓷颗粒约3900平方米；更换花岗岩路牙约2000米；对破损基础进行修补。

（综合处办公室）

【中山公园中山堂周边地面修缮竣工】 该工程为跨年度工程，2015年5月10日开工，11月16日竣工。上级拨款759.06万元，修缮地面铺墁4920平方米，更换中山堂周边雨水管线380延米，更换路牙340延米。北京房修一建筑工程有限公司施工。

（薛晓晨 刘欢）

【中山公园天坛花卉基地温室改造竣工】 工程于11月18~24日，上级拨款88.29万元，改造天坛花卉基地温室。增加6台直热循环型空气能热泵热水机组，安装设备控制箱、泵房设备以及热循环暖气片，更换温室保温设备。由北京华运装饰工程有限责任公司施工。

（薛晓晨 刘欢）

【中心组织优秀工程评比】 11月22~24日，市公园管理中心组织优秀工程评比，邀请行业专家、相关处室人员及中心所属各单位基建、绿化工作主管领导和相关技术人员对10家市管公园及园林学校、园博馆共计28个项目进行评比。项目内容包括2016年内完工的古建修缮工程、景观提升工程和基础设施改造工程等。评审组逐一听取参评项目汇报，进行现场评比。评审专家表示，工程建设计划得到了落实，取得了较好效果。

（王未彤）

【中山公园神厨神库挑顶及油饰彩画修缮竣工】 该工程为跨年度工程，2015年11月25日开工，9月20日竣工。上级拨款451.37万元，修缮内容为神厨神库屋面挑顶800平方米、木基层、柱额修复，室内地面铺墁651.2平方米，台明规整，油饰彩画。工程由山西圆方古迹保护修复有限公司设计，北京城建亚泰建设集团有限公司施工，北京华林源咨询有限公司监理，兴中海建工程造价咨询有限公司审计。

（薛晓晨 刘欢）

【静宜园香山永安寺修复工程通过验收】 12月27日，香山公园邀请文物局质量监督站工作人员，组织香山寺3个标段施工单位、设计单位、监理单位等相关部门，共同对静宜园香山永安寺修复工程进行验收。通过查看现场、听取汇报、检查工程资料等，参加验收人员认为工程质量合格、资料齐全，同意通过验收。

（梁洁）

【中山公园地下管网规划设计】 12月，中山公园完成地下管网规划设计方案，方案分为给水系统规划方案，采暖系统规划方案，雨水系统规划方案，消防系统规划方案。该项目分为三期实施，期限为10年。近期实施内容包括：五色土南侧雨水管线的疏通；五色土南侧旧喷灌管线的拆除,新给水管线的敷设;五色土南侧消防管线的敷设;热力站改造。

(薛晓晨 刘 欢)

【景山公园完成科普园艺中心改造项目】 年内,景山公园完成科普园艺中心改造项目。科普园艺中心位于公园西北角,室内面积48平方米,室外面积近3000平方米。该区域以园艺知识科普、配套园艺产品零售和公益科普活动宣传体验为主。科普园艺中心室内整体装潢以木质感为主,配合牡丹元素装饰,屋顶为LED仿天光灯;室外科普园对原来的地形进行调整,配置了花池、花架,在原有植物的基础上,引进了福禄考、金光菊、观叶海棠、矾根等大量新优宿根植物,共引进约8000株、50余个品种,更换草坪700余平方米;科普园外围围栏种植爬藤月季约80延米,共5个品种、260株。

(黄 存)

【北京植物园宿根园景观提升工程】 年内,整理绿化用地4000平方米;碎石铺装1000平方米,路牙铺设80延米,透水砖铺装200平方米,坐凳3组;新植乔木140余株、宿根花卉1500平方米、草坪500平方米。

(古 爽)

【北京植物园热带雨林景观缸建设工作】 热带雨林景观缸位于植物园展览温室内,建设工作于7月17日正式开工,已完成土建器材设备安装及植物初步定植工作,共展出兰科、凤梨、杜鹃花科、天南星科、蕨类等植物共58种,6000余株。已进行试开放,期间吸引了大量游客关注,展示效果良好。植物园将继续对景观缸进行扩展工作,进行水陆两栖缸的筹划。

(古 爽)

【陶然亭公园年度工程建设情况】 年内,陶然亭公园根据工作和基层实际需要共完成下列小型建设工程:园路维修工程、绿地喷灌系统维护工程。公园对窑台山1300平方米山路进行了维修调整,对山路两侧山石进行了调整加固。同时对园内630平方米破损园路进行维修改造。工程施工单位为河北雄威建筑工程有限公司北京海淀分公司,工程于4月20日开工,6月30日竣工。年内,公园与北京都市创易园林喷泉喷灌技术有限公司签署协议,由该公司负责公园喷灌系统全年的维修维护,包括全部设备设施,并更换损坏的零部件。确保园内绿地喷灌系统的正常运行,充分发挥喷灌系统在绿化养护中的作用。

(郝刚云)

文物古建保护

【天坛商标保护工作】 1月6日,北京市天坛公园管理处收到国家工商行政管理总局商标局《关于提供第14类"天坛;TEMPLE OF HEAVEN"(申请注册号6095468)注册商标使用证据的通知》。天坛公园依据《中华人民共和国商标法实施条例》第六十六条、六十七条之规定，及所注册的第14类"天坛"商标核定使用商品的实际开发、销售情况，于3月2日，在法律规定的时效期内，将该注册商标的商品、说明书和具有法律效力的票据、文书等商标使用证据材料提交到国家工商行政管理总局商标局。7月21日，国家工商行政管理总局商标局作出了第6095468号第14类"天坛；TEMPLE OF HEAVEN"注册商标不予撤销的决定。

（程光昕）

【景山公园召开石质文物保护研讨会】 1月28日，景山公园组织古建专家、石质文物专家召开石质文物保护研讨会。专家组实地踏勘园内石质文物，查看了文物保存现状，建议：一是运用科学方法对现有文物进行保护；二是深挖文物独特性价值；三是推出适合普通民众接受的文物知识宣传。

（郭　倩）

【香山公园完成园内展陈设施及文物库房节前安全检查工作】 2月5日，香山公园到双清别墅、致远斋、碧云寺3处室内展室及北门1处露天展览处，就展品、展架等展览设施及文物库房安全保障情况进行节前重点检查，针对发现的问题及时处理并填报了《节日期间巡检记录表》，确保节日期间各项展陈设施及文物库房的安全。

（王　宇）

【香山公园加强露陈文物的保护管理工作】 香山公园采取以下措施，加强露陈文物的保护管理工作：一是结合网格化常规巡检，特别加强文物巡检的频次和密度，确保园区内露陈文物安全；二是加强松堂、和尚坟等区域的巡视工作，保障公园园外管辖区域露陈文物安全；三是依据《香山公园文物保护管理规定》，做好文物普查登记和各部门辖区内文物的自检自查工作；四是加强新闻和社会舆情的检测力度，做好预判及外宣工作；五是加强对职工和社会化人员的教育工作，提高全园职工文物保护意识；六是加强一线职工的教育引导，增强新闻突发事件敏感性，妥善应对游客询问。

（王　宇）

【紫竹院公园可移动文物保护检查工作情况】 2月22日，公园成立专项检查小组对现存可移动文物开展了全面检查工作，检查了公园儿童游乐场、紫竹院行宫及文物库房等，包括石马、清代慈禧穿衣镜等现存全部可移动文物。7月26日下午，为确保文物数量准确、保存完好，管理科再次开展针对文物的专项检查工作。登记在册可移动文物共计30组，43件；各类字画489幅；木制匾额13幅，其中新做5幅；复制图画、碑文4件。

（鲁志远）

【景山公园完成文物建筑瓦件添配及外立面整修工程】 3月4日至7月8日，景山公园完成文物建筑瓦件添配及外立面整修工程。公园对所有文物建筑群及外墙的缺失瓦件进行添配，并对残损瓦垄进行打点，清除屋面和墙帽的异物及植物，对绮望楼外立面整修及除尘，围栏结构加固并对其原有剥落的油漆彩画砍除重新油饰，粉刷公园大墙，确保文物建筑结构安全。

（李　宇）

规划建设

【中山公园完成社稷祭坛文物保护方案（草案）编制工作】 3月9日，草案由总则、历史沿革概述、价值分析评估、保护原则和工作重点、保护框架、整修更新展示六部分组成，综合分析、评估了社稷祭坛历史、社会文化价值及管理保护展示现状。初步明确了保护中心主题、原则、定位，拟定四项工作重点，进一步整合祭坛周边文物古建的保存和维护、历史格局信息的展示和延续、文化内涵的挖掘和弘扬等多重需求，力求打造一个"点、线、面"相结合较完整的保护圈。

（中山公园）

【北京动物园邀请专家论证古家具修复方案】 3月9日，北京动物园邀请园林专家耿刘同对荟芳轩内古家具修复方案进行了论证。专家组听取了修复单位北京紫香阁家具有限公司的汇报，通过审阅相关资料和审议，专家组一致认为原则同意修复方案。专家提出以下建议：根据文物修复的要求修复动物园古旧家具藏品；要按照原有的工艺做法和材料进行修复，修复后的藏品要具有可逆性；修复过程要有详细的修复记录。

（张珊珊）

【颐和园完成重点文保区域加装护栏工作】 为进一步提升颐和园文物管理水平，给游客提供安全的游览环境，颐和园对排云殿两侧游廊及德辉殿两侧游廊、佛香阁、千峰彩翠城关、清可轩遗址、善现寺、永寿斋后院墙至扇面殿后墙、绮望轩遗址、颐乐殿等重点文保区域加装护栏。颐和园在做好前期调研的基础上，遵照古建保护原则，于3月14日开始分区域进行护栏安装工作。经过2个月的施工，护栏安装工作已全面完成。通过此项工作，颐和园部分区域实行封闭管理，提高了游览安全系数，增强了颐和园文物保护力度。

（颐和园）

【北海公园召开文物保护工作会议】 3月15日，北海公园组织相关科队行政主要领导集中学习《国务院关于加强文物工作的指导意见》并传达中心关于学习《意见》的精神。会上，园长助理许卫明宣读《意见》内容及中心对于《意见》的解读，公园园长祝玮、书记吕新杰分别针对公园文物保护工作提出具体要求。

（张　晁）

【香山公园发现香山寺圆灵应现殿琉璃构件】 3月21日，香山公园在香山寺北侧挖出一琉璃构件。经公园文物部门初步考证，该琉璃构件为香山寺圆灵应现殿垂脊脊兽基座，长49.5厘米，宽25厘米，前高8厘米，后高13厘米，阴刻有"香山三佛殿用"款。公园按照出土文物管理规定测量拍照、登记入账、收藏入库。

（王　宇）

【北海公园就漪澜堂开放工作召开专家论证会】 3月22日，北海公园召开了漪澜堂景区开放项目专家论证会。经讨论，专家对此项目方案给予了充分肯定，一致认为此项目具有示范性和典型性。同时，专家建议进一步细化完善方案，充分展现漪澜堂建筑群的园林美、建筑美及环境美。

（陈　思）

【景山公园完成可移动文物普查工作】 3月31日，景山公园完成可移动文物普查工作。

本次可移动文物普查工作由市文物局组织开展，2014年启动，历时2年，景山公园配合市文物局梳理普查内容，完成《景山公园关于第一次全国可移动文物普查成果情况汇报》《景山公园文物背后的故事》等撰写，与配套可移动文物照片、资料上报北京市文物局普查办公室。

（郭　倩）

【颐和园完成佛香阁佛像保护工作】　4月3日，颐和园管理处聘请故宫博物院科技部金石钟表科专家霍海峻作为专家顾问对佛香阁佛像进行清洁除尘和金漆回贴工作。由于佛香阁长期开放参观，受温度、湿度、风化、灰尘和大量游客呼出的气体等因素的影响，佛香阁佛像表面金漆大量开裂、起翘和灰尘附着、侵入，难以清理，不利于佛像的科学保护。本次清洁工作在"最小干预"的保护原则下，制订了科学的保护方案，计划以物理方法，将对佛像表面的灰尘进行除尘去污，同时将开裂的金漆进行回贴，并对表面进行无损伤封护。通过上述保护修复技术手段从而达到保存佛像原貌的目标，同时减缓环境变化对佛像的冲击。为了对佛像在展陈环境中的自然变化进行科学、细致、有效的监测，为佛像保护提供准确科学的数据基础和依据，自5月30日起，颐和园与北方工业大学合作，对佛香阁佛像进行了三维扫描数据采集工作。7月4日，完成佛香阁千手观音站像三维扫描数据采集工作。

（王晓笛）

【景山公园对寿皇殿石匾芯进行保护性挪移】　4月7日，景山公园OA系统机房改造工程即将开工，为确保寿皇殿石匾芯安全，保障可移动文物与施工现场安全距离，公园将石匾芯临时挪移至公园管理处财务室外区域。寿皇殿石匾芯共3块，均为清代乾隆年制，原为寿皇殿牌楼题匾，20世纪50年代寿皇殿牌楼修缮过程中替换并保留至今，具有较高的历史和艺术价值。

（郭　倩）

【景山公园寿皇殿建筑群修缮工程开工】　4月11日，景山公园寿皇殿建筑群修缮工程开工。该工程计划投资8106.72万元，年内完成投资2927万元。该工程于2015年完成监理和施工招标，年内完成勘察费单一来源采购、结构安全鉴定费及工程费询价采购、结算审计询价采购。招标代理单位北京京园诚得信工程管理有限公司，设计单位北京华宇星园林古建设计所，施工单位北京市文物古建工程公司，监理单位北京方亭工程监理有限公司，结构安全鉴定单位北京市建设工程质量第二检测所，结算审计单位华诚博远工程咨询有限公司，市公园管理中心委派全过程审计单位北京兴中海建工程造价咨询有限公司。景山公园寿皇殿占地面积21531.65平方米，文物建筑面积3797.68平方米。景山寿皇殿建筑群修缮工程对景山寿皇殿建筑群外宫墙内的文物建（构）筑、院落环境进行详细勘察并对其进行全面修缮，排除建筑安全隐患，恢复建筑及环境的历史原貌。包括寿皇殿院内全部文物建（构）筑本体；寿皇殿院宫墙及宫门、角门、随墙门；寿皇殿院内院落铺装、环境恢复。

（邹　雯）

【景山公园完成寿皇殿建筑群测绘项目】　4月11日至9月30日，景山公园完成寿皇殿建筑群测绘项目。项目投资金额42万元。该项目利用手工测绘，对寿皇殿建筑群内全部古建筑进行测绘，对文物建筑室内外可见部分的空间几何信息进行典型采集和测量，推进了景山公园文化遗产记录档案的信息化转型，全面、准确地掌握寿皇殿建筑群建筑数据信息。

（邹 雯）

【中心古建安全检查工作会在北海公园召开】
4月12日，中心古建安全检查工作会在北海公园召开。会上布置了古建安全检查工作，各公园分别汇报了文物古建现状，中心总工程师李炜民参会并指出：各公园要加强古建筑的专业鉴定，做好古建筑安全隐患排查工作。随后，检查组一行实地调研了北海公园正在安装的九龙壁安全监测系统，参观了西天梵境建筑群修缮施工现场。

（汪 汐）

【香山公园召开文物古建普查和安全检测鉴定工作会】 4月13日，香山公园召开文物古建普查和安全检测鉴定工作会。公园园长钱进朝传达了4月12日市公园管理中心文物古建工作会会议精神，并对公园开展文物古建普查和安全检查坚定工作提出要求。

（梁 洁）

【北京市文物局文物监察执法队到天坛公园进行文物安全检查】 4月14日，北京市文物局文物监察执法队对天坛进行了文物安全工作检查，在充分肯定天坛公园所做的文物安全管理工作的同时，提出以下建议：①加大游客安检力度，防止发生意外事故；②汛期加大巡查力度，发生隐患及时上报；③在文物保护范围内进行建设工程应按程序报相关文物部门批准。7月29日，北京市文物局文物监察执法队再次对天坛公园进行了文物安全工作检查，在充分肯定天坛公园所做的文物保护管理工作的同时，提出以下建议：一是加强汛期安全巡查，及时发现古建隐患，采取必要措施，并报文物部门。二是及时清理易燃物，防止发生火灾。三是对修缮施工工地严格落实安全管理制度，制订应急预案。四是文物古建禁止开设会所，古建使用性质改变，应报文物部门备案。

（段 超）

【颐和园完成佛香阁佛像的保护除尘工作】
4月21日，颐和园园长刘耀忠、党委书记李国定等领导对保护工作进行了验收。此项保护工作颐和园聘请故宫博物院科技部金石钟表科专家霍海峻作为专家顾问以及有着丰富文物清洁经验的专业文物清洗公司对佛香阁佛像进行除尘去污、金漆回贴和缓蚀封护。在"最小干预"的保护原则下，颐和园制订了科学的保护方案，以物理的方法，用软毛刷进行除尘，对起翘漆皮进行回贴，最后用paraloid B-72进行表面封护。通过上述保护技术手段对佛像表面的灰尘和污渍进行了清理，对表面起翘的漆皮完成了回贴，在保存历史信息的基础上，最大限度地还原了佛像的原貌。佛像表面封护在佛像表面形成了透明的保护层，不仅降低了日常清洁的难度，还使佛像在一段时间内减少受外界环境的破坏。颐和园领导对此项文物保护项目的意义、效果给予了充分肯定。

（颐和园）

【北京动物园北宫门东侧毛石围墙修缮工程】 5月6日,开展北京动物园北宫门东侧毛石围墙修缮工程。该项目位于北宫门东侧,斑马圈北侧。工程内容为砌筑毛石大墙72米,自斑马圈毛石大墙连接处向东呈阶梯状延伸,逐步由3.5米降低至1.7米后,与现有非洲区参观木栈道护栏衔接,形成一道独特的景观。该项目于2016年6月底竣工验收,施工单位北京宜然园林工程有限公司。

(张珊珊)

【香山公园召开文物保护工作交流会】 5月12日,香山公园召开文物保护工作交流会。会议传达了市公园管理中心《关于学习贯彻新时期文物工作系列指示精神的通知》精神,公园园长钱进朝提出要求。

(王 宇)

【北京动物园邀请古建专家实地考证古建文物】 5月17日,北京动物园邀请原市文物局研究所所长古建专家候兆年考证古建文物。首先,实地考察园区中部的古建筑——北宫门。经考察,候兆年确定北宫门及其墙体为民国时期建筑,建议进行结构安全检测并妥善维护。其次,实地考证动物园内四烈士墓遗址。经考证,候兆年初步认定四烈士墓遗址内发掘的塔基座、石碑、开条砖等建筑构件均属于民国时期,具有重要历史文化价值,建议对遗址及遗存构件进行妥善保护,着力保护这一珍贵的历史文化遗存。动物园技术人员对古建专家的考证结果进行记录,并现场研讨保护及施工方案。5月20日,北京动物园邀请北京市文物研究所文物考古队协助北京动物园进行四烈士墓遗址实地勘察,测量了夯土层的面积和深度,形成《彭、杨、黄、张四烈士墓遗址调查报告》。

(张珊珊)

【北海公园与北京市仿膳饭庄顺利完成交接工作】 为了保护漪澜堂文物古建群的安全,在北海公园和仿膳饭庄友好协商的基础上,仿膳饭庄整体从漪澜堂景区搬迁至北海北岸,整体搬迁工作于5月18日结束。北海公园聘请北京市建筑工程研究院有限责任公司工程咨询中心对漪澜堂古建筑群进行了房屋安全鉴定。6月22日,北海公园与北京市仿膳饭庄顺利完成漪澜堂古建筑群退还交接手续,北海公园园长祝玮与北京仿膳饭庄有限责任公司总经理郑江现场签订了《北海公园漪澜堂景区古建筑群退还交接书》。漪澜堂古建筑群的顺利交接对恢复琼岛景区完整性以及北海申遗工作起到了促进作用。

(汪 汐)

【颐和园完成花承阁太湖石保护罩更新】 5月31日,颐和园管理处自筹资金9.7万元,组织对花承阁太湖石保护罩进行改造升级,以现有保护罩的钢结构为基础,加装顶部和活门。顶部采用出檐斜坡面,在屋顶下设置20厘米通风口,既便于遇水顺着屋面流下地面,免于遇水侵蚀太湖石,又保证了保护罩内部的空气流通。此外还增设了可开启式小门,便于保护罩内侧清洁,在未破坏景观环境的同时,有效地保护了露天石质文物。保护罩采用聚碳酸酯板材料,具有透明度高、质轻、抗冲击、隔热、难燃等特点,是一种节能环保型塑料板材。既不阻碍景观环境及游览效果,又可对露天石质文物隔离外界环境的侵蚀、酸雨、风化起到良好作用,有效地解决了露天文物陈设的侵蚀问题。6月7

日，颐和园完成花承阁太湖石保护罩改造升级。花承阁位于万寿山后，遗址内现存太湖石及石座，为乾隆时期移放于院内，是万寿山后现存唯一的山石景点，具有极高的艺术价值和审美价值。

（王晓笛）

【景山公园开展多项可移动文物保护工作】 5月，景山公园开展多项可移动文物保护工作。一是在寿皇殿建筑群修缮工程开工前，将施工区域内的铜炉、铜鹿、铜鹤、石狮、石质须弥座等可移动文物搭建硬质围挡，确保文物安全；二是盘查文物库房可移动文物，对文物整体状况进行考量评估，同时加强对园内露陈文物日常检查工作；三是完善可移动文物档案信息内容，细化可移动文物登记信息。

（郭　倩）

【北海公园接收台北故宫博物院文物复制件】 6月6日，北海公园正式接收台北故宫博物院珍藏的清代《采桑图》《献茧图》《太液池冰嬉赋》及康熙十九年版《皇城宫殿衙署图》四件文物的复制件。复制件画面精美、内容翔实，再现了清代皇后在北海先蚕坛举行盛大的蚕神祭祀活动及太液池冰嬉活动。其中《皇城宫殿衙署图》为大陆地区首次复制，翔实记录了康熙年间皇城内各宫殿衙署位置。四件藏品弥补了公园同类藏品的空缺，同时对公园开展历史文化、祭祀庆典、冰嬉活动、古建修缮等方面的研究工作具有重要意义。

（汪　汐）

【天坛公园、中山公园进一步加强可移动文物及藏品保护工作】 6月8日，天坛收存圜丘坛香炉石座4个；收回南门外坛城砖1066块、板瓦48块、筒瓦9块。中山完成南坛门明代八仙石桌复制品替换工作，原件移入文物库房妥善保存；加大公园可移动文物及藏品研究，挖掘其历史价值及艺术价值。

（天坛公园、中山公园）

【香山公园对东门外铜狮进行数据测量】 6月17日，国家博物馆文物科技保护科研究员、文物修复专家马燕如一行3人到香山公园，就公园东门外铜狮材质进行X荧光光谱数据测量，采集数据点位共计100余处，并对采集数据进行分类汇总。通过测量，对铜狮修复材质配比提供了翔实的数据。

（王　宇）

【景山公园配合市文物局完成可移动文物普查数据核查工作】 6月20日，景山公园配合文物局完成可移动文物普查数据核查工作。经核查，可移动文物信息登录藏品数与实际藏品总数一致，未出现数据与藏品数不符现象。

（郭　倩）

【香山寺整体建筑修复工程进展顺利】 7月5日，完成天王殿、山门殿、钟楼、鼓楼4个标段主体建筑修复工作；完成香山寺内各殿堂水电设施的安装工作；完成永安寺、圆灵应现殿、水月空明殿、青霞寄逸楼等建筑油饰及彩画贴金工作。现香山寺整体建筑修复工程已完成总工程量的90%。

（香　山）

【北京动物园召开四烈士墓遗址保护方案专家论证会】 四烈士墓遗址位于北京动物园历史

风貌区南区山体内,3月,南区山体工程施工中挖掘出四烈士墓纪念塔基础,北京动物园确定了以原址保护为原则,整理有关实物遗存,结合历史植物景观风貌恢复工作,形成四烈士墓遗址保护方案。7月5日,动物园邀请市公园管理中心服务处处长王鹏训、市文物局古建研究所所长候兆年和市委党史研究室宣教处处长刘岳等专家、领导,出席动物园四烈士墓遗址保护方案专家论证会。与会专家从政治、文保、公园文化、服务等方面对四烈士墓遗址保护工作给予肯定,强调北京动物园要以南区山体景观提升工程为依托,强化四烈士墓遗址区域的保护力度,真实展现并延续四烈士墓遗址历史信息及价值。

(张珊珊)

【香山公园对碧云寺普贤像进行修复】 7月8日,香山公园接报碧云寺菩萨殿内普贤像右肩后侧飘带脱落,公园文物部门前往现场进行修复,对脱落部位进行现场清理,并使用文物修补专用胶对脱落部位粘接。

(王 宇)

【颐和园开展乐寿堂广绣百鸟朝凤插屏保护工作】 7月8日,勘察、采集屏风绣片现状和资料信息;邀请故宫博物院专家对保护工作进行指导,初步形成屏风除尘和保护方案目标和方向;加强绣片原件保护,计划对屏风绣片原件进行仿制替换,将原件收归库房科学保护。已完成画稿绘制及校对,为具体仿制工作提供精确数据,保证殿堂陈设的原真性和观赏性。

(颐和园)

【北海公园对琼华岛永安寺龙光紫照牌楼进行抢救性加固】 7月11日,针对牌楼明间西侧柱出现15厘米下沉,存在较严重安全隐患,公园迅速启动工作预案,邀请专家评估受损情况,对牌楼采取支撑保护措施。下阶段深入勘查西侧柱根部糟朽情况,制订加固方案并上报市文物局。

(北海公园)

【中山公园三维数据采集讨论会召开】 7月11日,召开可移动文物三维数据采集工作讨论会,园领导班子、管理经营科、北京春明社文化传播有限公司负责人参会。管理经营科汇报可移动文物3D数据采集的背景、目的、意义、成果。"春明社"负责人介绍项目采集加工所使用的硬件设备、项目数据成果以及最终呈现的三维模型和数据应用前景等。确定三维扫描已定级的5件投壶和未定级的4件陶瓶等藏品并建档。

(李 翱)

【北海公园配合文物部门对玉瓮进行科学技术检测】 7月12日,北海公园配合协助北京市文物局、首都博物馆对渎山大玉海进行科学技术检测。公园团城摆放的元代渎山大玉海是我国现存最早的特大型玉雕,具有较高的文物学术研究价值,长久以来因缺乏科技检测数据支撑,使研究、保护工作受到一定制约。近日,公园配合北京市文物局、首都博物馆开展《基于无损检测技术的中国古玉鉴定研究课题》研究,在保证文物安全的基础上,利用激光拉曼、便携式X荧光等设备对渎山大玉海的玉料种类、成分进行科学、无损的技术检测,同时核实内堂御制诗详尽内容并绘制平抛面线图。这次检测工作详细、系统地完善了公园关于渎山大玉海的相关资料、数据，为日后研究工作提供了坚实的基础。

（于宁 陈茜 汪汐）

【中山公园石碑石刻库房升级改造】 7月15日，邀请北京市文物局鉴定委员会委员刘卫东对石碑石刻库房升级项目提出改造建议，细化改造方案。12月中旬，完成石碑石刻库房内部简单装饰，并投入使用。投资8万元。

（刘倩竹）

【北京市规划委员会到颐和园征询北宫门区域规划意见】 7月18日，北京市规划委员会公共空间领导小组和其委托的设计公司"多相工作室"到颐和园会议室与颐和园副园长丛一蓬及研究室负责人征询北宫门区域规划意见，双方在北宫门区域宫墙及影壁如何保护，东、西、北砂山恢复方式及功能规划，游客服务设施的合理安置，门区空间序列的重构等方面进行了交流。北宫门区域规划仍在修改中。

（孙震）

【天坛公园开展库房环境整治及安全防汛工作】 7月21日，对文物库、南神厨、南宰牲亭、机械厂等处库房进行人工巡查，22日在绿化二队协助下对文物库院内杂草进行清除，保证院内排水通畅，文物、建筑安全。7月26日上午，北京市公园管理中心服务管理处贺然副处长带队检查文物库防汛工作，中心领导对文物库安全防汛工作给予充分肯定，文研室按中心领导要求继续加强文物库的安全防汛工作。

（王恩铭）

【"北京天坛回音建筑声学问题综合研究"课题组进行声学研究】 "北京天坛回音建筑声学问题综合研究"课题为国家自然科学基金支持项目。同时"中国回音古建筑回声机理挖掘与保护研究——以北京天坛回音建筑为例"这一课题，也是国家文物局"文化遗产保护领域科学和技术研究课题"支持项目。7月21~23日，"北京天坛回音建筑声学问题综合研究"项目组进入回音壁、圜丘，进行夏季潮热环境下的声学研究测试。本次测试组由文研室和黑龙江大学吕厚均、刘盛春、张金涛、周启朋教授等共7人组成。使用DIRAC 6.0建筑声学分析测试系统（丹麦BK公司）等进口声学仪器，以击掌声和气球爆破声为声源，在皇穹宇殿前甬道、圜丘天心石进行声学现象实验测试，旨在通过对测得的声脉冲响应图的分析，进一步研究并调整实验验证方案，最终通过实验测试结果给出科学的结论。测试同时使用全站仪对天坛回声建筑平面结构进行测量，建立天坛回音壁建筑模型，为后续声学现象理论模拟计算提供精确的平面及3D模型。

（袁兆晖）

【紫竹院公园推进双林寺塔塔基遗址保护工程】 7月28日，加强工程监督，召开设计交底会，解决施工中的技术、安全等问题；在保证工程质量的同时，做好基础资料收集工作；建立施工倒排期，完成施工围挡搭建及周边绿化移植工作；做好汛期安全防护工作，建立联系对接机制，确保工程按时完工。

（紫竹院公园）

【中山公园强化可移动文物保护管理工作】 7月29日，加强电子档案管理，启动部分可移动文物三维数据立体扫描项目，建立永久性、高精度的数字化档案；维护文物存放设备，及时通风除湿，提升文物存放环境；更换馆藏文物库房防盗门，提升安全系数，加强库房安全管理；坚持每日文物巡查，认真排查安全隐患。

（中山公园）

【北海公园静心斋内檐装饰施工现场发现清代装修装饰遗迹】 8月2日，分别在镜清斋明间及西梢间发现古银花纸、清代高丽纸及多处清代电路遗迹。公园迅速启动工作预案，将银花纸和清代高丽纸残迹予以妥善保存，对清代电路予以隔离保护。

（北海公园）

【中心打造"一轴一线"文化魅力走廊】 8月4日，完成景山寿皇殿修缮工程神厨屋面瓦瓦施工量80%、神库地面铺墁量40%；完成东配殿斗拱搭建、大木整修归安等；完成北海西天梵境大慈真如宝殿楠木殿灰被施工；完成东西配殿、天王殿、钟鼓楼屋面瓦瓦，下一步开始油饰彩画；开展天坛公园双环亭、万寿亭修缮前期准备工作，将古建修缮和防雷方案报市文物局，彩画修缮方案待补充完善后再上报审核；积极配合推进天坛外坛被占区域拆迁工作，逐步整体恢复天坛风貌。

（综合处办公室）

【颐和园外檐匾额楹联仿制替换工作完成】 8月8日，自今年3月起按照历史规制对万寿山区域破损严重的匾额楹联及附件进行仿制，对原外檐匾额楹联进行除尘处理并入库存放。此次仿制悬挂匾额17块、匾联3对，现已完成替换工作。

（颐和园）

【颐和园有序推进练桥修缮工程】 8月24日，完成桥体柱子墩接、大木打牮拨正制作安装。完成桥身石砌体勾缝，启动屋面瓦瓦工作，现已完成工程总量70%，10月24日竣工。

（颐和园）

【北海公园对五龙亭添加保护性设施】 8月，北海公园对五龙亭坐凳面加装保护罩。五龙亭是北岸景区游人密集场所，多年来传统的一麻五灰地仗加油饰坐凳表面因使用频繁磨损极大。对此，公园在不伤害古建本体的前提下，对5个亭子内160延米的坐凳面安装了金属衬外饰聚碳酸酯板外罩，加强了对文物古建的保护，收到良好效果。

（汪 汐）

【天坛斋宫无梁殿明间陈设的珐琅展品维修工作】 8~9月，天坛公园委托北京市珐琅厂完成了斋宫无梁殿明间陈设的甪端、太平有象、香筒、香炉等8件珐琅展品的专业维修、保养及展品的复位摆放工作。本次维修和保养工作是在景泰蓝制作技艺国家级传承人钟连盛大师指导下进行的，突出了珐琅展品立体感、年代感的品相和精致雅趣、斑斓夺目的特点，点缀了斋宫无梁殿明间原状陈设的效果。

（程光昕）

【北海公园完成全园古建安全勘察与鉴定评估工作】 该工作于9月初开始，10月中旬完成，此次共完成北海公园全园296座古建筑的安全勘察和鉴定评估工作，古建筑面积25594平方米，围墙约7000米。

（邢 靳）

规划建设

【市公园管理中心推进文物保护利用工作】
9月6日,依规划不断完善颐和园、天坛等11家历史名园古建文物保护规划,制定《加强可移动文物及藏品保护利用工作的意见》,促进文物保护工作科学化管理。开展文物普查,各公园和园博馆基本完成全国第一次可移动文物普查工作,已核查可移动文物6万余件(套)、藏品3.3万余件(套),历史古建6000余间、17.4万平方米。各市管公园制订古建文物"十三五"期间修缮保护计划,加大日常维护保养力度,并开展世界文化遗产监测工作。全力推进景山公园寿皇殿建筑群等重点古建筑修缮项目,面积约5900平方米。不断提升文物展示利用水平,已举办各类文物、文化专题展览30个,研究开发文创产品,扩大皇家园林文化影响力。

(孙海洋)

【北海公园有序推进西天梵境建筑群修缮工程】 9月7日,完成钟楼、鼓楼、天王殿及东西配殿旧地仗基层处理;完成大慈真如宝殿木构架旧蜡清洗及外部木架烫蜡工作;启动西天梵境院落地面整修。已完成工程总量的68%。

(北海公园)

【北海公园与故宫博物院完成复仿制件交接运输工作】 9月27日,北海公园与故宫博物院完成了北海漪澜堂样式雷烫样复仿制件交接工作。受北海公园委托,故宫博物院修缮技艺部工作人员经过为期两个半月的制作,将此烫样复仿制件如期完成。此件漪澜堂烫样复仿制件采用传统制作工艺,并按照原版烫样1:1的比例,尺寸精确到毫米进行制作,做工比原版更加精细、符合规制。故宫工作人员多次到漪澜堂进行实地考察,结合实际情况对建筑及后山山石都进行了精确地调整与完善。烫样的每个屋面都可以打开,屋内结构可以清晰展现。在制作的同时也采取了防潮措施,并根据尺寸定制了专用底座与玻璃罩,便于长久保存。这件烫样是研究漪澜堂景区及周边环境的一项重要历史依据,烫样的复仿制件将会作为一大亮点在漪澜堂历史文化展中面向游人展出。

(陈 思)

【中山公园文物库硬件升级】 9月底,升级改造馆藏文物库房防盗门,馆藏文物库房加装樟木板、除湿机、加湿器、烟感、监控报警等设备,提升文物库房储藏环境及安全系数。投资4.06万元。

(孙 芸)

【颐和园加强文物古建管理保护】 10月19日,组织对文物库房及排云殿、乐寿堂等展厅开展虫害清消工作;排查古建内电器设备、供电线缆等安全隐患;维护文物地库安全监控设施及恒温恒湿系统,确保文物环境适宜性。

(颐和园)

【景山公园检查寿皇殿内可移动文物】 10月20日,景山公园对寿皇殿建筑群内的可移动文物进行巡查。巡查过程中发现寿皇门东侧石狮无纺布保护层破损、东侧碑亭竹胶板存在安全隐患、寿皇殿西侧铜鹿周围堆放旧瓦,以上问题逐一反馈到施工部门,并责令现场整改。

(郭 倩)

【景山公园正式启动公园北区规划项目】 10月28日，景山公园正式启动公园北区规划项目。该项目持续开展5年，中标单位是天津大学建筑设计研究院。该项目重点对原北京市少年宫占用的景山公园北区进行规划，并纳入景山公园总体规划和文物保护规划，其中包含文物建筑、展览展陈、基础设施、房屋改造、服务设施、园林绿化、安防、消防、避雷、室内监控等多类专项规划，并报送相关委、办、局审批，为后续的各类建设工程和服务管理进行统筹规划，对公园发展具有重要的指导性意义。

（邹雯）

【颐和园三项举措做好遗产地监测保护工作】 11月2日，持续推进古建筑病害巡查与诊断评估（一期）项目，完成乐寿堂、宜芸馆、玉澜堂等景区3200余平方米古建的病害监测；持续开展常规类检测，采集大戏楼、清可轩摩崖石刻等古建文物指标数据，形成监测报告；强化生态环境监测，实施湿地水质、底泥、植物、鸟类、大气质量、植物多样性与群落等方面监测47次，准确掌握生态资源变化情况，提高遗产地生态保护水平。

（颐和园）

【香山公园召开香山寺展陈方案专家论证会】 11月2日，明确了依据清代《香山寺陈设档案》记载细化展陈方案，确保方案具有可操作性；进一步明确"复原皇家寺院建筑组群，继承园林历史文化"的展陈定位；匾额、楹联、佛像等展陈复原工作要符合皇家园林制式，突出佛教文化艺术特点。

（香山公园）

【北海公园加大文物古建保护力度】 11月3日，完成全园古建文物摸底，对296座建筑进行核档并登记风险点；调配人员，组建文物研究管理部门；计划2017年年底前完成九龙壁、永安寺、白塔等重点遗产的扫描测绘，建立古建监测系统。

（北海公园）

【香山公园保护露陈文物、古建、古树】 11月5日，针对红叶观赏季游客量增多，香山公园采取多项措施，对露陈文物、古建及古树进行保护：一是对民国建筑梯云山馆加装栏杆和护网，同时对墙体涂鸦进行处理；二是发挥网格化管理作用，加强对文物的自查自检，加强巡视，在重要地点、建筑物周边设专人值守，劝阻游客攀爬山石、涂写刻画等行为；三是在古树周边制作花境，营造"红叶黄花自一川"景观的同时保护古树，防止游客踩踏，设置提示牌，引导游客文明游览。

（齐悦汝）

【中心推进文物保护工作】 11月9日，完成香山二十八景修复一期工程、香山寺修复工程；完成颐和园园墙抢险修缮工程（四期）施工招标，组织进场施工；完成颐和园须弥灵境建筑群遗址保护与修复工程以及香山昭庙复建工程方案，报北京市发展和改革委员会审批工作，积极争取项目资金。

（综合处办公室）

【颐和园加强古建修缮保护管理】 11月11日，完成园墙抢险修缮工程（四期）施工招标，组织进场施工；组织国家文物局专家论证涵虚牌楼修缮工程施工方案，着手开展系统踏勘和鉴定工作；施工现场配备专人巡视管理，组织施工、监理单位人员培训，确保工程质量。

（颐和园）

【北海公园推进西天梵境修缮工程】 11月14日，完成钟楼、鼓楼、天王殿和东、西配殿彩画施工，大慈真如宝殿室内木架烫蜡施工以及西天梵境院落地面整修等工程，完成工程总量的96%，计划于12月初完成验收工作。

（北海公园）

【北海公园完成地下库房改善提升项目】 11月16日，北海公园在现有条件下，充分利用管理处原有地下用房，通过基建改造、添置设备、设施等方法，新增地下藏品库房一座。经过改善提升的库房面积为31平方米，公园新置多用集中型文物储藏柜20节、重型文物储藏专用架4节、文物库专用梯、文物减震车、文物库温湿度记录仪、除湿机、冷暖空调等专用设备。

（张　冕）

【景山公园推进寿皇殿修缮工程】 11月22日，修复东、西山殿室内地面，安装西山殿木基层并涂抹防腐、保护层；完成东碑亭屋面瓦瓦和调脊，西碑亭二层木基层涂抹防腐和保护层；拆卸寿皇殿木基层，清理一、二层斗拱内尘土；完成东、西燎炉屋面瓦瓦和调脊，安装东、西配殿室内天花板支条和东、西房木窗。

（景山公园）

【北海公园完成西天梵境景区修缮工程】 工程主要内容包括：对华藏界牌楼、山门、钟楼、鼓楼、天王殿、东西配殿、大慈真如宝殿的西天梵境院落的建筑本体、院落地面、院墙、石栏板等修缮，大慈真如宝殿木构件熏蒸、搭设风雨大棚等，修缮面积为2125.93平方米。该工程为跨年工程，工程于2015年10月16日开工，11月29日竣工，于12月8日取得了文物工程质量监督站的竣工验收备案表。工程共投资2661.8万元。

（邢　靳）

【北京植物园文物库房改造工程完工】 11月，植物园文物库房改造工程顺利完工。改造工程包括粉刷墙面，安装烟感报警系统、监控系统、红外报警系统、防爆灯等设备，制作文物柜8组、樟木防虫盒350个，改造工程已通过验收，工程质量合格，符合使用要求，11月，研究室组织人员将大藏经搬入。

（古　爽）

【颐和园完成遗产保护常态化项目监测】 12月15日，与天津大学合作，全年定期采集分析大戏楼、长廊彩画、清可轩摩崖石刻、万寿山等6处遗产要素的20项数据指标，形成遗产要素的后续保护措施建议14条，指导日常管理保护工作。下一步，颐和园将加强监测数据的研究和成果展示，使监测结论更有针对性。

（颐和园）

【颐和园完成可移动文物普查】 文物藏品是颐和园历史文化遗产的重要见证，为科学有效地保护文物藏品。2014～2016年，颐和园完成对园藏文物的清点建账工作，对园藏瓷器、玉器、青铜、书画、钟表、珐琅等十余项的文物进行清点核查,按照相关规定,完成了每件文物14个项目的登记,完成了每件文物的图像采集,为文物总登记账和藏品档案的建立奠定了基础,清点核查园藏文物共计37952件(组)。

(王晓笛)

【颐和园完成世界文化遗产监测工作】 年内,颐和园管理处为更好地保护文化遗产,完成世界文化遗产的评估、监测预警体系评估及汇编年度监测报告等相关工作。古建筑病害巡查与诊断评估项目与北京市建筑工程研究院有限公司合作并结合颐和园古建筑人工巡查的方法,对颐和园乐寿堂、宜芸馆、玉澜堂、永寿斋、五圣祠、迎旭楼、澄怀阁景区、夕佳楼西侧驳岸、五圣祠东至澄怀阁驳岸的总建筑面积5286.6平方米共计65个遗产要素进行系统的病害巡查和诊断评估。分别记录病害情况,从病害勘查结果中找出有结构性安全隐患的病害,对古建筑进行安全评估,给出评估意见和处理建议,编写监测报告。常态化监测项目与天津市华昊测绘有限公司合作完成万寿山水土流失监测、大戏楼振动监测、大戏楼变形监测、石舫变形监测、清可轩摩崖石刻微变形监测、赅春园山门柱脚下沉监测、长廊彩画监测、全园微环境监测共8个子项目的4个季度的监测工作,完成监测设备检修,相关数据采集分析评估及监测报告撰写等工作。

(闫晓雨)

【天坛公园完成历史遗留物的回收管理工作】 年内,文研室完成天坛坛域范围内派出所院内、斋宫东门、料场东侧、圜丘、绿化二队机械班、花甲门、北宰牲亭、丹陛桥东侧等处243件散落石构件的统计登记工作,对这些历史遗留物建立账册,拍照,登录备案,统一管理。总计用时25天、184人工量,完成云龙纹方形石插座、垂云纹圆形石插座、素纹方形石插座、素纹圆插座、挡门石、圆坠石、香炉石座等117件散落石构件的回收、保存工作。

(王恩铭)

【《清宫天坛档案》(嘉庆—宣统朝)档案整理工作】 年内,天坛公园对一史馆移交的1100余件清代天坛相关数字档案进行逐件整理,该数字档案包含清嘉庆朝至宣统朝皇帝实录、起居等电子档案若干。截至年底完成清实录部分822件档案的标题撰拟、图片调整工作。

(袁兆晖 张德凯)

环境美化

【北海公园制定"增彩延绿"项目】 2月,北海公园制定"增彩延绿"项目——北海公园北岸及东岸绿化调整工程方案。拟对北岸和东岸景区主干道两侧绿地进行绿化调整。初稿经耿刘同、张济和两位园林专家论证并建议后,计划在项目区域种植各类乔木和花灌木

4442株、移植苗木64株、更新草坪26800平方米、修建园路30平方米、调整山石110吨。工程将提高公园北岸和东岸景区的景观效果。

（汪汐）

【紫竹院公园筠石苑竹林更新改造工程】 3月17日至11月30日，紫竹院公园完成增彩延绿工程项目——公园筠石苑竹林更新改造工程，除去全部开花早园竹，翻整土地彻底清除地下竹鞭，整理地形，并结合施肥、消毒等措施进行土壤改良，引进栽植一些适应北方环境且具有一定观赏性的特色竹种，配置观赏乔灌木、耐阴花草等，进一步丰富植物种类及色彩。新植竹子1423平方米，8544株丛，梅花46株，白三叶230平方米，树木移植12棵，复壮竹林2865平方米。工程总投资78.6万元。建设单位北京市紫竹院公园管理处，施工单位北京金龙宏达绿化工程有限公司。

（范蕊　冯小虎）

【陶然亭公园植物景观提升改造工程】 3月21日，陶然亭公园春工绿化工作全面展开，以增加春季观花灌木及彩叶树种为主，进行植物新植、调整与更新。其中密枝红叶李、郁李、早花丁香、珊瑚礁海棠为公园首次引进的新优植物品种。春工栽植以东门绿地、倚新亭绿地及名亭园东门绿地三处为重点，营造以海棠为主景的植物景观节点，同时完成大庙西侧湖岸柳调整工作，从玉渊潭公园引进"染井吉野"樱花4株，解决了原有柳树遮挡建筑的问题，打通公园标志性建筑陶然亭的透景线。春工绿化共新植乔灌木207株，大叶黄杨500株，补植苔草500平方米。

（马媛媛）

【陶然亭公园完成海棠春花文化节花卉环境布置】 3月30日，陶然亭公园完成第二届海棠春花文化节花卉环境布置工作。全园以地栽海棠为主景观，推出"棠溪花海""甜蜜岁月""香气满园""国色迎晖""水上花园"五大赏花片区及"红色梦·海棠情"沂州海棠盆景展，展示了45个品种，3200余株各色海棠。同时，在公园东门影壁内外、东门绿地、科普小屋广场、陶然牌楼、南线花街等处进行重点花卉布置，共展出海棠盆景110组，摆放树状月季93盆、绿植91盆，地栽花卉15个品种，42000株，保证了良好的景观效果。

（马媛媛　薄宁）

【植物园进行清明节后园容恢复工作】 清明节后，植物园进行节后园容恢复工作，协调海淀区环境卫生服务中心清运垃圾12车。月季园拆除树状月季防寒棚360平方米，修剪月季32000棵。修剪乔灌木50余棵。杨树林区域及温室周边浇水12000平方米，杨树林区域整地1500余平方米，铺草皮1100平方米，栽花6500棵，插风信子牌示50余个，温室周边草坪打孔、施肥5000平方米。

（古爽）

【颐和园完成绣漪桥绿地景观恢复工程】 颐和园绣漪桥绿地景观恢复工程是为更好地保护文物古建，该工程于4月20日开工，6月30日竣工。工程总量：路牙铺装575米，铺装约1480平方米，点缀风景石70.5吨，渣土外运307立方米，种植土壤回填230立方米，种植灌木321株，种植地被1172平方米。此工程项目资金为北京市公园管理中心拨款，工程总投资81.66万元。监理单位为北京华林源工程咨询有限公司。施工单位为北京运运通园林绿化有限公司。设计单位为北京市诚美绿化设计工程公司。

（李 森）

【颐和园完成景观树木防灾修剪工程】 为更好保持颐和园环境景观，颐和园完成景观树木防灾修剪工程，该工程于4月23日开工，9月30日竣工。工程按照保证建筑安全，解决树木隐患为原则，进行景观树木防灾修剪，修剪750余株大乔木，清理2200平方米杂树。此工程项目资金为北京市公园管理中心拨款，工程总投资38.5万元。施工单位为北京国正园林绿化工程有限公司。

（李 森）

【玉渊潭公园拓展樱花季后赏花景观】 5月4日，首次尝试在公园西湖南岸大面积种植郁金香13个品种共49450头、洋水仙3000头、观赏葱200球，总面积千余平方米。其中百合类的"飞离"、饰边类的"饰边优雅"等6个品种为首次在园内栽植，吸引众多游客驻足欣赏、合影留念。

（玉渊潭公园）

【陶然亭公园布置主要游览区绿地围栏工程】 5月6日，陶然亭公园启动了全园主要游览区绿地围栏工程，工程于8月13日完工。工程由北京五福林园林绿化有限公司施工，总投资84.86万元。根据不同景区以及绿地的功能，设置风格统一、形式多样的围栏，总计2700延长米。

（马媛媛）

【天坛公园获得世界月季洲际大会11项荣誉奖项】 世界月季洲际大会、第14届世界月季古老大会、第七届中国月季展于5月19日评比结束。天坛公园获得最佳贡献奖。参加精品月季盆栽（盆景）展及中国自育月季品种展的天坛月季共获得10项大奖。其中精品月季盆栽获得金奖2个（白佳人、朝云）；铜奖1个（摩纳哥公主）。中国自育月季品种展金奖1个（霞辉）；银奖3个（文凯2号、喜上眉梢、玫香）；铜奖3个（天坛荣光、北京小妞、和平之神）。

（李连红）

【陶然亭公园完成海棠春晓景点建设工程】 5月20日，陶然亭公园"增彩延绿"项目——海棠春晓景点建设工程进场施工，9月29日正式对游人开放。工程由北京日出枫林园林工程有限公司施工，总投资83.01万元。工程结合公园总体规划内容对海棠山周边进行绿化调整改造，主要包括改造现有铺装及道路、修缮景亭、植物调整及树木复壮等，改造面积约8000平方米。配合"增彩延绿"示范项目，此次改造中以增加春季观花灌木及彩叶树种为重点，栽植了"密枝红叶李""紫叶风箱果""金叶接骨木"等彩叶植物。景区内片植"西府海棠""垂丝海棠"等，突出了公园重点植物"海棠"的景观文化特色。

（马媛媛）

【第35届"春迎月季花开天坛"月季展开展】 5月20～27日，天坛公园举办第35届"春迎月季花开天坛"月季展，在北门广场、祈年殿西砖门、祈年殿院内及月季园4个区域展出100余品种，共300余盆。在祈年殿院内摆放树状月季42桶，大型精品盆栽月季34桶。月季园今年地栽的200余个品种，1万余株月季，迎来游客驻足观赏。展览期间与

规划建设

月季科普相结合,举办系列活动,特别是召开天坛月季栽培历史回顾座谈会。

(李连红)

【中山公园竹林改造】 6月2日开工,8月底竣工。完成西坛门内南侧、兰室北侧、西展厅北侧等五处原有竹林改造任务。工程清理原有竹根360平方米,新植竹子5500余株,砌筑隔根挡土墙100延长米,设置栏杆立柱50根,栏杆188延长米。

(孟令旸)

【天坛公园完成百花园双环亭景观提升工程】 此项目于2015年10月29日立项申报,由北京清润国际建筑设计研究有限公司完成设计方案及图纸,北京华建联造价工程师事务所完成预算审核,最终审定金额1724129.40元,资金来源为上级财政拨款。6月6日完成公开招投标,投标单位4家,最终中标单位为北京宜然园林工程管理有限公司中标,中标价为1609800.98元。监理单位为北京德轩工程管理有限公司。6月15日召开设计交底及施工协调会,6月18日施工单位入场开始施工,9月26日完成竣工验收。完成工程量:栽种麦冬草19873平方米,移植芍药1363平方米,乔木种植14株,花灌木种植116株,回填种植土1268立方米,移植牡丹1267平方米,园路2300平方米,路牙铺设3386米,座椅安制46个,铁艺栏杆1129米。

(王 安)

【玉渊潭公园完成水闸东侧绿地改造工程】 6月10日至9月15日,玉渊潭公园完成水闸东侧绿地改造工程。该工程建设面积3000平方米,由北京市园林古建工程有限公司中标承建,委托北京德轩工程管理有限公司实施监理,工程内容包括:整理绿地1828平方米、种植苔草1396平方米、种植宿根花卉30平方米、沙地柏180株、迎春150株、早园竹950株、大叶黄杨篱4850株、金叶女贞篱2900株、喷灌450余米、路灯6套,透水铺装680平方米。

(范友梅)

【天坛公园推进百花园、双环亭景观提升工程项目】 6月16日,公园细化设计方案,依托现有格局与道路分布,以花灌木和牡丹芍药为基础,构成具有多种观花植物的宿根花园。计划改造及拓宽道路约1000平方米、砌筑花池约3000平方米、草坪及花卉栏杆1000米、草坪微喷约2万平方米、改良地形及土壤约100立方米、改造地被约2万平方米、移栽树木约100株、新植观赏树约100株,9月底完工。

(天坛公园)

【北海公园做好增彩延绿工作】 6月23日,公园调整东岸牡丹芍药种植区,共修剪树木枝杈69株;移植、分栽北岸景区部分影响游园安全和景观效果的树木及小灌木72株,新植苗木641株;在快雪堂东侧、蚕坛餐厅南侧、东岸小船码头东侧增设3条汀步石园路,满足游客游园需求。

(北海公园)

【玉渊潭公园完成远香园绿化改造一期工程】 6月25日至11月9日,玉渊潭公园完成远香园绿化改造一期工程。该工程总建设面积约18000平方米,由北京创新景观园林设计有限责任公司进行设计,北京宜然园林工程有限公司中标承建，委托北京德轩工程管理有限公司实施监理。工程内容包括：湖池工程开挖基槽工作共计2200立方米，卵石铺码1900平方米，铺设防水毯2080平方米，湖岸毛石墙砌筑180余立方米，山石安装520吨。改移管线1200米，溢水管线140米，给水管线安装650米，完成微地形整理2200立方米，拆除原有路面基层700平方米，移植乔灌木47株，新植乔木190株，新植灌木689株，丹麦草移栽3200平方米，廊架改造120平方米。

（范友梅）

【玉渊潭公园新增水生植物】 6月，玉渊潭公园尝试增加王莲、芡实两种大型浮叶热带水生植物，种在樱花小湖卵石滩处，并均种在直径120厘米、高70厘米的木桶里，共计王莲7盆，芡实2盆，丰富公园水体景观。

（范友梅）

【天坛公园提升景观环境品质】 7月11日，公园制订绿化养护计划，按内外坛分区域规划，逐年分步实施，合理调整园区部分树木、绿地，提升核心区绿化养护标准；打造园林景观精品，改造提升百花园、双环亭等区域景观环境效果；加大传统花卉科学养护力度，丰富天坛月季展、菊花展展示内容；提升科技养护含量，加大病虫害防治力度，做好弱树复壮工作；加强园林养护专业技能培训，提升园林技能人员素质。

（天坛公园）

【北京动物园布置夏令营主题花坛】 7月14日，北京动物园在正门布置夏令营主题花坛。花坛布置以保护教育活动使用的宿营帐篷作为主景，四周配以绿植，营造自然野外的营地场景，使用凤仙、万寿菊、向日葵、鸡冠花等草花共计6种2160株。同时配合科普牌示展示动物园开展保护教育活动10周年的相关信息，引导游客参与活动。

（牛 蕾）

【市管公园景观水体水质监测工作有序开展】 7月28日，采集市管公园水样39个，测试水样pH值、色度、生化需氧量、溶解氧、氨氮等类数据。2016年年底，样品分析测试正在进行中，测试结果将上报中心综合处并反馈各取样公园，为各公园下阶段水质治理提供可靠数据支持。

（园科院）

【景山公园补种园内竹子】 7月，为提升公园环境景观，景山公园对部分区域竹林进行更换、补种。将前山东西两侧开花竹林进行更换，共更换早园竹3000余棵；公园西大墙柿子地和科普园补种金镶玉竹子，共1350棵。

（黄 存）

【市管公园推进水体环境治理工作】 8月3日，各公园根据实际情况，与水质治理企业签订施工合同，出台相应的治理方案，陆续开展实施。截至目前，玉渊潭公园、紫竹院公园、北京动物园、北海公园按计划完成区域水体水质治理施工，通过清淤、种植水生植物等工作措施，有效改善了玉渊潭樱花湖、南北小湖、紫竹院荷花渡、动物园牡丹亭东湖、直筒河及北海画舫斋区域的水体景观效果。

（绩效办综合处）

规划建设

【陶然亭公园推进华夏名亭园沧浪亭、浸月亭及百坡亭景区景观提升改造工程】 8月16日，通过对浸月亭和百坡亭的油饰及沧浪亭的落架重修，提升改造22265平方米景观环境，梳理乔灌木、增加水生植物，调整活动场地。

（综合处办公室）

【中心推进城市绿地生态系统监测站植物群落建设】 8月17日，完成庭院道路路床铺设工作；完成80%落叶乔木、常绿乔木种植及30%灌木栽植，按既定施工进度稳步推进。下一步将加快剩余落叶乔木、常绿及灌木栽植进度，启动庭院景观建设施工。

（科技处办公室）

【香山公园栽种地被植物】 8月24日，香山公园为营造秋季"红叶黄花自一川"的景观效果，完成种植菊花脑、杭子梢等地被植物，主要种植于昭庙、椴树路、佳日园等重点景区周边，共种植菊花脑10000株、杭子梢1800余株、干野菊3000株。

（张　军）

【市管公园构建节水型园林】 8月30日，实施颐和园东堤智能化绿地喷灌工程、动物园长河北喷灌系统等6项节水节能改造项目，提高灌溉效率，节能灌溉面积超过80%；在园路、广场采用渗水铺装、嵌草砖等透水性材料及设计低洼式绿地，提高雨水渗透能力和土层保水能力。透水铺装面积为62.4公顷，绿地覆盖面积1020公顷，水域368.3公顷；举办节水节能科普宣传活动，统筹各市管公园节水节能工作，引导市民、游客树立节约集约循环利用的资源观。

（孙海洋）

【香山公园完成迎中秋、国庆节花卉布展工作】 8月31日至9月5日，香山公园完成迎中秋、国庆节花卉布展工作，共计栽植百日草等花卉12000余株。前期进行景观设计、修整土地，完成佳日园、枫林村、知松园3个主题景区共计480余平方米的景观造景工作，整体景观突出香山特色，美化游览环境。

（张　军）

【中心杨柳飞絮治理工作进展顺利】 截至8月底，各公园全部完成杨柳飞絮治理规划方案的专家论证工作，规划方案得到专家高度认可。各市管公园规划方案遵循中心"生态优先、保护第一；科学治理、长短结合；标本兼治、综合治理"的工作原则，在前期详细摸底调查基础上，按"一树一策"的工作要求，制订针对性工作方案，确保到"十三五"末期市管公园内杨柳飞絮情况得到根本性解决。9月1日，综合管理处相关负责人带领各市管公园专业技术人员赴东城区柳荫公园交流学习柳树高位嫁接技术，为实施杨柳飞絮治理工作奠定良好基础。

（综合处）

【玉渊潭公园完成樱花园西北部景区提升工程】 9月2日至12月1日，玉渊潭公园完成樱花园西北部景区提升工程。该工程位于公园西北部区域，设计改造面积14300平方米，由创新景观设计公司设计改造方案，北京园林古建工程有限公司中标承建，北京华林源工程咨询有限公司进行工程质量监督。工程涉及绿化工程、绿化给水、庭院工程、电气工程等内容。工程量包括：完成栽植乔木66株，花灌木357株，早园竹2380株，草坪地被8000余平方米，路灯15套，喷灌管线293米，新增小广场606平方米，园路1021平方米，山石132立方米。该工程有效改善了公园边界景观缺少层次的现状，丰富植物色彩，为游客营造更好的游园环境。

（范友梅）

【香山公园完成迎国庆东门立体花坛布展】 9月19~24日，香山公园为迎接国庆67周年，烘托节日气氛，在东门广场布置主题为"欢庆"的立体花坛。花坛采用中国传统庆典形式布置，以庆祝新中国成立67周年为核心，营造出欢庆、热闹的节日氛围。其中，可爱顽皮的猴子吹打着乐器，烘托喜庆的节日气氛。抽象而壮观的红山背景，融入了香山文化，体现了香山特色。花坛应用四季海棠、百日草、美兰菊、兰花鼠尾草等20多种花材，共计8万余株。

（周肖红 刘莹）

【北京植物园第二十四届市花展】 9月24日，植物园第二十四届市花展开幕。北京植物园主办，以"春华秋实"为主题，在主要门区及园内布置花坛6处、杨树林展区布置菊海5000平方米、盆景园布置造型菊展区2000平方米、中轴路布置精品菊长廊150米、温室周边及园区布置花境示区1500平方米，共展出菊花品种300余个，用花50万株。展览于11月6日结束。

（古爽）

【市管公园国庆花卉环境布置工作全部完成】 9月24日，在市管11家公园及园博馆主要门区、景区及沿线公共空间，布置26组节日主题花坛、20处特色花境，打造"喜庆热烈、生态文化"的假日游园氛围。本次环境布置以北京市花菊花为主，辅以各公园特色花卉、彩叶植物及新优品种花卉，蕴含秋实、秋景等时令元素，集中体现"春华秋实 共庆华诞"的古都风韵及美好祝福，增添喜庆的节日游园氛围。花卉布置面积5万余平方米，用花量160万盆／株，盆景及特色花钵容器近4000个，与往年基本持平。花坛展出时间视天气情况而定，预计持续至10月中旬。中心综合处于26~27日组织专家对市管公园及园博馆的国庆花卉环境布置及绿化养护工作进行检查评比。

（综合处）

【唐山国际精品菊花展景观布置】 9月25日，天坛公园代表公园管理中心参加唐山世园会国际精品菊花展颁奖仪式，由天坛公园参与设计与组织实施，北京市花木公司负责施工，菊花花坛"花漫京城"获得景观布置大奖。花坛由北京皇城城墙、镂空的祈年殿造型、菊花浮雕、推铁环的小女孩组成，面积300余平方米，立体扦插苗13万株，平面用花3000多盆。花坛受到竞赛评委会相关领导和专家一致好评。

（李连红）

【天坛公园百花园、双环亭景区景观提升工程完工】 9月28日，工程占地3.5万平方米，在保留原有主干道的基础上，重新规划设计各支线道路，形成整体规整、局部活泼、尺度多样的内聚型空间，打造以牡丹、芍药为主体，庭荫树、花灌木、黄杨绿篱及鼠尾草、孔雀草、千日红等多种花灌木及观花植物为辅的景观效果，并于26日通过竣工验收。

（天坛公园）

【景山公园"十一"前更换草坪】 9月,为了迎接中秋、国庆两节,确保公园良好的景观效果,景山公园对园内草坪进行补植,共补植冷季型草坪共1200余平方米,确保整体景观效果,为游客创造优美舒适的游览环境。

(黄 存)

【北海公园制订公园绿化环境管理方案】 北海公园于各个重大节日期间制订了公园的绿化环境管理方案,完成了春节、清明、"五一"、端午、国庆节日公园的花卉环境布置工作,全园的花卉环境布置以主题花坛、花境、花钵等多种形式,融入大环境园林绿地景观,与乔灌木、地被植物,形成常态的植物景观,结合北海皇家园林景观特点,美化园林环境,烘托热烈的节日气氛。

(刘 霞)

【颐和园完成文昌院及东堤绿地喷灌工程】 颐和园文昌院及东堤绿地喷灌工程是为更好地保持颐和园环境景观,该工程10月5日开工,11月30日竣工。工程总量:在文昌院及东堤约4700平方米绿地内增设喷灌设施,包括管线1220米,喷头159个,闸阀及阀门井12座;荷花池泵房进行改造,建设设备间30平方米,增加潜水泵及过滤系统各2套。此工程项目资金为北京市公园管理中心拨款,工程总投资90.2万元,施工单位为北京市花木有限公司。设计单位为华诚博远(北京)建筑规划设计有限公司。监理单位为北京华林源工程咨询有限公司。

(李 淼)

【中山公园牡丹芍药补植调整】 10月11~12日,完成26个品种64株牡丹补植工作,及时更新栽植图;重新分栽和整理水榭南侧两块绿地芍药,新植芍药10种300墩,重新翻栽芍药150余墩。

(张黎霞)

【景山公园引进菏泽牡丹品种】 10月12日,景山公园引进山东省菏泽牡丹30余个品种约400余株牡丹,其中,株龄在10年以上的传统优良牡丹品种40株10个品种,本次引进的牡丹主要栽植于公园后山东侧和科普园艺中心内。新引进的品种丰富了公园稀少牡丹品种数量,提升了景观效果。

(黄 存)

【园科院完成城市绿地生态系统监测站植物群落建设】 11月3日,完成土建、绿化在内的3.03万平方米施工任务。内部设置9个科研观测点,种植针阔混交林、针叶片林,建设围合型绿地、路测条带型绿地等一系列北方园林绿地植物群落。

(科技处办公室)

【中心推进水环境治理提升生态水环境品质】 11月8日,启动市管公园水质监测,安排专人巡视,园科院每两周对公园水质进行取样检测,为水质治理提供依据;根据气候变化、水体水质变化等情况,适时启动水质治理预案,入夏以来市管公园已投放生物制剂约1000千克,有效控制区域水体的水质状况;水体水质治理工作基本完成,并密切关注水体水质变化,确保遇突发情况妥善处理。

(综合处办公室)

【中山公园栽植郁金香】 11月11日,投资46.8万元栽植郁金香及其他球根花卉105个品种，28.6万球，其中地栽郁金香25.6万球，栽植面积7000平方米；盆栽郁金香3万球，1万余盆，栽植12天。

（张黎霞）

【中心推进6个节水节能改造项目】 11月11日，完成陶然亭公园东北山高喷工程、紫竹院公园长河北岸新建喷灌工程建设；完成香山公园喷灌系统更新维修改造工程（二期）、动物园大熊猫馆周边绿地及动物兽舍喷灌系统改造总进度80%；完成颐和园文昌院及东堤绿地喷灌工程总进度50%；完成动物园长河北喷灌系统改造工程总进度85%。

（综合处办公室）

【玉渊潭公园栽植球根花卉】 11月11日，玉渊潭公园完成球根花卉栽植工作，郁金香集中栽植在西湖南岸山坡上，以单色品种组成大色块效果，硕大粉红、蓝钻石为新应用品种，观赏葱栽植于樱花园内。共栽植郁金香7个品种40200头，观赏葱150头。

（范友梅）

【香山公园完成地被清理及景观撤展工作】 11月21日，公园完成入冬前地被植物及景观撤展工作，完成勤政殿、碧云寺等地4000余平方米的布展区花卉撤除工作；割除地被植物、野菊花近30万株并完成后续清理工作，为冬季消防安全奠定基础；完成入冬前水草打捞工作。对园内两处湖面进行入冬前最后一次打捞作业，对湖面枯枝落叶、干枯的荷花、睡莲等水生植物及湖底水草进行清理收集，确保静翠湖与眼镜湖的湖面景观与水体清洁，保持冬季良好的景观环境。

（张 军）

【市管公园深化河湖治理】 12月15日，公园开展水质监测，深化河湖治理，精心打造涵养城区水生态，启动市管公园水质监测，根据气候变化、水体水质变化等情况，适时启动水质治理预案；保护水生态系统。开展北海公园静心斋、香山静翠湖等水体改善工程，打造紫竹院荷花渡等观赏景区、玉渊潭湿地公园，为市民游客营造水域休闲观赏环境，雨水循环利用。香山、景山等公园积极开展"海绵式"公园建设，年均雨水利用总量达360万立方米。

（孙海洋）

【玉渊潭公园樱花引种种植工作】 年内，园内共种植樱花3批次215株，共计外引新品种9个，并有"苔清水""越之彼岸""八重红彼岸"等8个自主培育品种。春季种植以丰富现有樱花景观为目的，两批次共计199株；2月29日自江苏引种迎春樱椿寒樱等早开半成品苗，6个品种105株；3月14日第二批基地大苗木在樱花园、东湖湿地园集中种植，共10个品种94株，丰富樱花园"早樱报春""在水一方"等景观，为湿地景区内构建樱花堤岸及垂樱景致。秋季种植以引种为主，自樱花基地新引进樱花7个品种16株，少部分栽植在景区，并通过绿化工程在公园东门闸口和樱花园西北部新增吉野樱71株。

（胡 娜）

【颐和园新增认养树木7棵】 年内，为推广游客的颐和园古树保护意识，颐和园管理处新增认养树木7棵，认养树木集中分布在畅观堂、西堤、荚蒾路等地。树木认养工作为颐和园筹集园林养护专项资金4.3万元。

（李 淼）

【天坛公园垃圾楼设施维修保养工作】 年内,公园对东、西垃圾楼进行维修保养,修理东门垃圾楼2次,西门垃圾楼3次,更换老化的钢丝绳、主电机动力控制线、失效的限位器,安装防拽操作手柄,张贴警示标识,消除安全隐患,保证东、西垃圾楼正常运行。

(王 安)

【病虫害的防控工作】 本年度病虫害的防控工作采取生物防治、物理防治、园林养护措施、化学防治相结合的综合防治措施,环境保护和防控效果全面考虑,将药剂污染降至最低。年内,释放天敌昆虫肿腿蜂15万头、蒲螨4000管,受益古树400株。施放饵木1000根诱集古柏蛀干害虫千余头。释放周氏啮小蜂2000万头,防治美国白蛾。悬挂美国白蛾、梨小食心虫、国槐小卷蛾等性诱捕器400个,人工清理病枝虫枝,刮除腐烂病、蚧虫,打药防治蚜虫、红蜘蛛、国槐尺蠖,有效地控制了全园主要病虫害的发生。

(刘育俭)

安全保障

【综述】 年内,市公园管理中心安全游览管控取得突破。结合新形势、新情况科学核定市属11家公园承载力;在颐和园、天坛、香山、动物园4家公园试点,运行游客量统计发布系统,28个门区实现进出园和在园游客量的实时统计、更新、发布,准确率达95%以上;实施游客量分级预警,制订疏导措施,为游客安全舒适游览提供保障。平安公园建设进一步深化。全面启动安全生产标准化建设,11家公园逐步完成安全生产标准化二级达标;加大交通消防、反恐防暴、文明执法等安全管理工作力度,加强隐患排查治理和风险防控,全年未发生安全责任事故;持续做好重大节日及重要时段公园安检工作,市属11家公园43个门区实行入园安检,抽检入园游客161万人次。

(综合处)

【北京植物园举办实验室安全讲座】 1月7日,公园邀请德国慕尼黑工业大学园艺学硕士昝雁介绍实验室常见安全隐患、常规安防设备应用、实验室空气环境控制以及危险化学品存放原则。技术人员50余人参加。

(古 爽)

【北京植物园与标准化第三方工作人员进行协商】 1月11日,北京植物园贯彻落实中心开展安全生产标准化建设工作精神,与标准化第三方工作人员进行协商,参加此次协商会的有赵世伟园长、杨晓方副园长及保卫科人员。此次会议分为以下几部分内容:①贯彻落实中心安全生产标准化的精神及要求;②介绍安全生产标准化的意义;③签订安全生产标准化合同。通过此次协商会,使北京植物园更加深入明确了安全生产标准化建设工作的核心内容,为2016年能更好地开展并推进安全生产标准化建设工作奠定了良好的基础。

(北京植物园)

【紫竹院公园接待"安全生产标准化"评审单位】 1月12日,由中心安全应急处外联,北京阳光企安注册安全工程师事务所有限公司刘经理一行5人到紫竹院公园,进行"安全生产标准化"评审工作。5位专家详细讲解推行"安全生产标准化"工作阶段、评审工作所需材料和所要做的工作内容等。

(紫竹院公园)

安全保障

【市旅游委对天坛公园进行节前安全检查】1月14日，市旅游委专家组成员刘宁和雷凯来园进行春节前安全检查。首先到园内现场检查了护园队中控室、北门配电室、商店餐厅、祈年殿等重点区域部位烟感报警系统、消火栓、燃气自动切断装置、自动灭火装置等安全设备运行维护情况及相关记录，现场询问了商店餐厅工作人员如何扑救油锅初起火灾；随后到管理处听取了公园近期安全工作汇报，查阅了安全规章制度、应急预案、消防档案等相关资料。专家组对公园安全工作给予好评并提出建议。公园党委副书记董亚力、保卫科、管理科、办公室、工程科和后勤服务队等相关人员陪同检查。

（冀婷丽）

【天坛完成突发事件处置流程及联系电话上墙工作】1月20~21日，为提高节假日、正常工作时间以外管理处值班人员和园内夜间值班人员突发事件处置效率，保卫科组织安装公司将《节假日、正常工作时间以外管理处值班人员处置突发事件流程图》《紧急处置方法及联系电话》KT板为园内97个夜班值班点安装上墙，以增强值班人员对突发事件的快速反应和处置能力。

（卢月萍）

【市旅游安全委员会到景山公园进行安全综合检查】1月25日，市旅游安全委员会专家周泽明、赵秋生带队到景山公园进行安全综合检查。重点检查了公园的安全应急方案、预案，值勤巡逻记录，重点文物部位的消防设施情况，防恐、防爆等突发事件的处理情况。专家建议：公园主要出入口增加安检门；园区内增设监控设备，覆盖率要达到100%；重点文物部位加装消防报警系统。

（李旗）

【中山公园开展微型消防站培训】1月27日，中山公园邀请天安门地区消防处、故宫消防中队来园开展微型消防站培训。重点讲解了微型消防站器材配置、干粉灭火器、泡沫灭火器的使用方法和灭火步骤，实地演示墙壁消防栓的操作规程，并分组进行灭火器、墙壁消防栓扑灭初期火灾模拟演练。公园保卫科、护园队、保安队员20余人参加培训。

（中山公园）

【北海公园启动应急机制】1月27日，公园保卫科接报琼岛交翠庭厕所有一老人倒在地上，保卫科立即启动应急机制，协调相关部门赶赴现场，并派护园队人员维持现场秩序。经120急救人员确认，老人已无生命体征。派出所联系刑警到场，将遗体拉走。

（北海公园）

【北京市文物局执法大队来景山公园检查安全工作】1月27日，北京市文物局执法大队马洪宝两位同志到景山公园检查安全工作，园长杨华及保卫科长张毅华陪同他们到寿皇殿建筑群进行了检查，文物执法大队的同志对景山公园的安全工作给予了肯定，并提出要做好春节期间的安全管理工作，加强文物单位内部用火、用电的管理，及时清理易燃物，加强消防设施的检测，加强应急演练，同时对做好预案以及管理好附近的烟花爆竹燃放等提出了建议。

（景山公园）

【天坛召开安全生产标准化建设动员部署会】 1月29日，天坛公园召开安全生产标准化建设动员部署会，对做好安全生产标准化建设工作进行动员部署。会上，党委副书记董亚力传达了中心领导要求，解读了安全生产标准化实施方案。最后李高园长提出要求。

（冀婷丽）

【玉渊潭公园对顺义北务育苗基地进行节前安全检查】 1月，主管安全工作刘军副园长与保卫科及基地负责人对北务育苗基地的消防、用电、用气安全逐一进行了检查，对查出的可燃物堆积、线盒、插座面板脱落、园林机械内留有存油等问题逐一进行登记，要求基地负责人及时整改，并上报整改情况；同时，保卫科对基地工作人员灭火器使用方法及紧急情况下预案启动进行考核，要求在春节期间加强基地巡视，确保冬季安全。

（玉渊潭公园）

【颐和园完成《安保服务作业指导书》撰写工作】 1~5月，为保障颐和园安全工作有序开展，进一步提升各项安保服务及管理水平，颐和园管理处在广泛征求多方意见，充分调研、探讨、总结经验的基础上，形成了目前的保安管理模式，并结合工作实际，将之系统化、理论化，完成了《颐和园安保服务作业指导书》的撰写工作。此套管理模式的提出，在颐和园安保服务及管理的历史上创造了多个首次：首次提出了如何管理好保安公司及员工，并且制度化；首次制定了可操作的管理细则，并且标准化；首次建立了系统的管理机制，并且书面化；首次建立了考评及奖惩机制，并且具体化。现颐和园安保服务作业指导书已发放至相关单位和保安公司。

（李珮瑄）

【天坛公园召开安全生产标准化建设工作会议】 2月1日，天坛公园召开安全生产标准化建设工作首次会议。会议由党委副书记董亚力主持。会上，阳光企安公司老师就安全生产标准化的意义、作用、标准及基本知识进行了培训。公园管理中心安全应急处史建平处长就安全标准化建设工作提出要求。公园领导、园属各科队安标工作负责人和联络人共计80人参加会议。

（冀婷丽）

【中心国家安全小组被授予荣誉称号】 2月2日，北京市公园管理中心国家安全小组被北京市国家安全局授予"2015年度国家安全人民防线建设工作先进集体"荣誉称号，并对北京市公园管理中心、颐和园、北海公园、陶然亭公园、中山公园、景山公园6个单位国家安全小组的相关负责同志授予"年度国家安全人民防线建设工作先进个人"荣誉称号。中心党委书记郑西平、主任张勇就此作出批示："祝贺获荣誉称号的同志们，要向先进集体和个人学习，全力做好本职工作。"

（孙海洋）

【中心所属各公园冰场停止对外开放，拆除冰上临建设施】 2月4日，为确保安全，各公园统一关闭冰场，并采取多种措施加强冰场关闭后的冰面安全管理，一是增加巡湖力量，加大巡逻密度，及时劝阻游客上冰；二是利用园内广播系统加大宣传力度；三是增加劝阻牌示，提醒游客上冰危险；四是利用监控系统加强对冰面的监控，及时劝阻游客上冰

安全保障

等不安全情况；五是对雪场临建设施进行复查、复验。

（卢月萍）

【景山公园组织全园性应对极端天气和大人流疏散演习】 2月4日，景山公园组织全园性应对极端天气和大人流疏散演习。为做好疏散演习，公园提前制订应急演练方案，并通过广播室提前告知游客。演习当日15时，公园领导及保卫科在监控室下达了公园出现大人流指挥命令，各科队按照疏散预案指挥本部门准时到达指定责任岗位，根据实际情况操演疏散流程，16时完成全部疏散演习。

（李 旗）

【陶然亭公园开展消防应急演练劳动竞赛】 2月4日，陶然亭公园机关分会、护园队分会、后勤队分会联合开展了消防应急演练劳动竞赛。在夜间组织职工进行消防高压细水雾操作竞赛及消防井水龙带操作竞赛。陶然亭公园副园长孙颖参加了此次活动。

（韩春雪）

【景山公园组织安保人员进行应急突发事件演练】 2月5日，景山公园组织安保人员进行应急突发事件演练。此次演练包括反恐处突、防爆、消防等项目。参与演练的安保人员携带各种处突器材按照从实战出发的要求认真操演，消防演习过程中，公园职工参与互动，实操灭火器。演练结束后，公园园长杨华、书记吕文军分别对演练进行总结，并对节日期间在园执勤保安队员表示慰问与感谢。公园园长杨华、书记吕文军、副园长温蕊、副书记李怀力等参加本次演练。

（李 旗）

【景山公园在门区摆放春节禁放烟花牌示】 2月5日，为消除节日期间烟花爆竹造成的火灾隐患，景山公园在春节前夕制作了4块节日禁放烟花爆竹规定的提示牌，摆放在公园4个门区，为周边社区、游客遵守北京市烟花爆竹禁放规定起到警示作用。

（李 旗）

【陶然亭公园进行反恐防暴工作培训】 2月6日，公园派出所、保卫科进行了相关科队关于如何做好反恐防暴工作培训，会上公园派出所所长郑忠生介绍了恐怖主义的危害及实施恐怖袭击的方式等情况。结合公园实际情况针对相关部门职责讲解了如何识别和预防恐怖袭击的方法，为公园提高反恐防暴意识打下了坚实的基础。

（陶然亭公园）

【紫竹院公园园长书记带队夜查，确保除夕夜防火安全】 2月7日夜，曹振起园长与甘长青书记带队检查公园防火安全，同时对除夕夜仍然坚守工作岗位的同志们，带去新春的祝福与慰问。按照公园春节工作方案部署，园艺队、工程队、管理队、行宫队、安全保卫科在除夕夜加强了人员值守，充分做好了消防应急准备，各值守部门遵照方案要求，在各自责任区内认真巡视检查。曹振起园长、甘长青与大家一同对公园各门区、消防通道、行宫、公园西侧靠近人济山庄等重点区域进行了巡查。

（紫竹院公园）

【费宝岐检查中山公园除夕安全工作】 2月7日，天安门地区管理委员会党组书记、主任费宝岐一行实地查看园内安防设施、方案预案执行以及在岗人员应急值守情况。听取公园关于春节假日安全管理、服务接待等方面工作汇报。天安门地区管理委员会、地区公安及消防部门负责人陪同检查。

（孙 芸）

【玉渊潭公园邀请具有资质的机构进行樱花活动安全风险评估】 2月19日，为确保公园樱花节活动安全举办，按照中心要求，公园邀请具有资质的专业机构来园进行樱花文化活动的安全风险评估。了解公园安保、管理、设施、商业、布展、后勤等活动准备情况，到园内实地检查整体环境、道路广场、门区、基础设施和商业经营等重点部位和重要活动内容，之后结合安全风险等级出具相应评估报告。

（玉渊潭公园）

【景山公园对安全生产标准化不合格项目进行检查】 2月22日，景山公园召开安全生产标准化评审工作进度会议。会上，各科队汇报了安全生产标准化工作开展以来园内不合格项目的整改情况。副园长温蕊要求各科队要抓紧整改，对问题进行梳理，逐步落实，并对整改问题进行资料留存，做好记录。园长杨华强调了安全生产标准化评审工作的重要性，要求各部门要高度重视，相互联系，合作解决问题。会后，园长杨华带队到现场检查了安全生产标准化不合格项目的整改情况。

（王朝咏）

【玉渊潭公园开展安全生产标准化二级达标工作】 2月23日，玉渊潭公园召开安全生产标准化工作启动大会，宣读《玉渊潭公园安全生产标准化工作方案》，邀请北京阳光企安注册安全工程师事务所有限公司评审组老师讲解安全生产标准化概念、作用及意义，介绍本次评审范围、流程和安排，中心安全应急处处长史建平参加启动会并提出要求，公园领导班子、各科室领导及安全工作负责人等共50人参加会议。4月25日，公园按照安全生产标准化要求展开自查，排查安全生产隐患50项，其中基础管理14项，现场管理36项，全部于5月20日前完成整改；10月21～25日，阳光公司按照《北京市园林绿化局公园风景名胜区安全生产标准化评审标准》，对公园进行安全生产标准化二级达标评审，得分为862分，被推荐为北京市安全生产标准化二级达标企业。

（徐建华）

【王忠海到香山公园检查安全保障工作】 2月25日，市公园管理中心副主任王忠海听取香山露陈文物、建筑物安全管理工作汇报，强调：要高度重视，重点岗位要实行专人24小时值守，确保信息上报渠道畅通；加大露陈文物、建筑物的综合检查力度，重点针对文物集中区域、可疑人员进行重点监控；加强施工驻地、联营单位及施工围挡的检查力度及频次；强化"两会"期间值班值守工作，领导干部要带头做好值守工作，确保平安度"两会"。

（香山公园）

【天坛公园完成春节期间安保工作】 2月，天坛公园聘请有资质的专业公司对春节期间的风险进行了评估，保卫科根据评估报告精心制订春节期间安全保卫方案和安全应急预案，并举行安全应急演练。督促园属各单位严格执行，处、队、班三级单位积极开展安全自查，会同相关部门对安保设施、公园燃气设备、锅炉、机动车等特种设备进行了节前安全检查，及时消除了隐患。为保证公园和游客安全，春节期间，共出动安全保卫人员2592人次；在公园大门区5个入口处和祈年殿3个入口处利用手持安检仪对游客实施安检，禁止携带打火机、水果刀、易燃易爆等危险物品，2月8~12日对游客实施安检299696人次，检查箱包156682个，暂存打火机103295个，暂存刀具32把，大部分被查出物品已被游客领走，无人认领的由安检公司进行处理，春节期间共出动专业安检人员185人次；公园出动消防车1辆、巡逻车1辆进行24小时巡逻。由于公园领导重视、责任落实到人，春节期间未发生任何安全问题。

（天坛公园）

【北京动物园启动"安全生产二级达标"】 3月1日，北京动物园"安全生产二级达标"工作启动。专家评审组分为3个小组（第一小组：评审管理基础；第二、第三小组评审现场规范）对公园进行3天的评审；对十三陵繁育基地进行了1天的评审。其中管理基础共检查10项，查阅近60份材料，发现36个问题。现场规范共检查8项、80个点位，发现457项问题（含第二现场），覆盖率达到85%。其中44%是以往检查发现（提示）过的问题，56%是以往未发现的问题。3~5日，评审公司协助公园开展"安全标准化"自评工作，评审过程发现不合格问题83项（其中基础管理13项，现场70项）。4~5月，按照《北京市公园风景名胜区安全生产标准化评审标准》及中心要求，公园首先确定安全生产标准化工作目标，成立安全生产领导小组，对全员进行安全生产教育培训，对基础资料管理文件、档案进行多次修补完善。修订安全生产管理制度52种、部门岗位安全生产责任制40种、安全操作规程39种、应急预案13种等多类别管理性文件，补充完善各类安全管理档案。同时，针对新修订的安全生产标准化文件汇编半年以来的实施运行情况进行分析，找出不适应的制度问题等，及时予以修改完善。6月，开展自查对标，并修补完善文字资料（19万字）。7~10月，公园开展对标自查工作，进行基础资料和现场安全自评；进行危险源查找，隐患整改，形成隐患项目汇总表，对管理缺陷和事故隐患治理共计83项。各部门将评审标准内化为工作标准，使人员、设备、设施、岗位和场所，实现自查全面覆盖、危险源有分级，风险点有管理的良好工作效果。按照安全生产"五落实"原则，逐项进行落实，隐患控制率达到100%。11~12月，对基础管理进行补偿完善，对现场隐患进行复查，落实整改达95%以上。

（柳浩博）

【景山公园组织开展"两会"安全保卫和服务接待专项培训】 3月2日，景山公园组织护园队、绿化队、服务队、保安队、驻园单位和商户就如何做好"两会"期间的安全保卫和服务接待工作进行专项培训。此次培训由公园副园长温蕊主持，邀请北海派出所副所长和管片民警参会。会上派出所民警对如何做好"两会"的安全管理进行了提示；公园传达学习了《景山公园服务接待工作方案》《景山公园安全保卫工作方案》和《"两会"期间安全工作注意事项》《公园管理中心关于做好"两会"工作的要求》等文件，园长杨华结合当前形势，要求参会单位做好景山公园"两会"期间的安全管理，确保在此期间不发生任何问题。

（李旗）

【安全应急处召开行政执法工作会】 3月4日，总结2015年行政执法工作，对2016年执法工作提出要求。市园林绿化局法规处、公园处、园林绿化执法大队负责人分别就委托执法形势、文明执法知识以及规范执法程序等方面进行了讲解，提出要求。至此，公园执法工作完成由配合执法到委托执法的转变。各公园保卫科长、执法队长及执法队员60余人参加。

（安全应急处）

【陶然亭公园开展消防安全知识培训讲座】 3月7日，陶然亭公园保卫科邀请北京市安全宣传处刘文涛开展了消防安全知识培训讲座，公园各科队长、书记、班组长及各驻园单位负责人共80余人参加了此次培训。培训后，公园副园长孙颖对公园安全工作做了具体部署。此次培训使职工的消防安全意识和安全防护、逃生技能水平得到了进一步的提升，为公园的安全稳定奠定了基础。

（盖磊）

【陶然亭公园召开安全生产标准化建设工作启动大会】 3月21日，陶然亭公园召开安全生产标准化建设工作启动大会，公园全体领导班子、科队长、班组长、骨干参加。园长缪祥流做"安标"工作动员，要求："要高度重视此次安全生产标准化建设的相关工作，并做到全员参与、全员贯标"。会后，处级领导班子召开党委会，部署相关工作，成立安全生产标准化领导小组。同时制订《2016年陶然亭公园安全生产标准化建设工作实施方案》。

（盖磊）

【颐和园完成安保服务项目招标工作】 颐和园为加强安全保护工作，自2015年12月起正式启动安保服务项目招标工作，3月22日在中国政府采购网发布中标公告，并面向社会进行公示，截至3月29日公示结束。中标公司为北京安泰保安服务有限公司和戎威远保安服务（北京）有限公司，金额1213.92万元。4月1日，全部安保岗位交接完毕，新保安员已全部上岗执勤。保安服务公司顺利交接后，颐和园安保工作真正实现了项目管理模式和标准下的统一配置和统一管理，不仅安防水平明显提高，而且实现了安保资源的合理配置，提升人力资源使用效率，每年为公园节省劳务费近200万元。

（杨娜）

【天坛公园避雷设施年度检测完毕】 3月23～24日，公园保卫科聘请北京市避雷检测中心对园内古建、配电室和监控室等部位避雷设施进行了安全测试。至此，公园避雷设施237个点全部检测完毕，测试结果待出。

（冀婷丽）

【中心到景山公园检查安全生产标准化建设进度】 3月28日，市公园管理中心保卫处处长史建平带队，与阳光企安注册安全工程师事务所有限公司相关工作人员到景山公园检查安全生产标准化工作进度。阳光企安注册安全工程师事务所有限公司询问了公园关于安全生产标准化工作制度制定及安全隐患整改落实的进展情况，查看公园上报的安全生

安全保障

产标准化工作的文件，并指出存在的问题和需要注意的事项。

（李 旗）

【香山公园开展"公园是我安全的家"主题防火宣传活动】 4月2日，香山公园在东门游客服务中心前开展"公园是我安全的家"主题防火宣传活动。公园园长钱进朝、党委书记马文香到现场参与防火宣传，向游客讲解安全知识并发放急救手册50本、年历50本、宣传卡片200余册，并为10余名儿童粘贴宣传帖纪念臂章。保卫科科长王利明接受央广传媒记者的采访，并向记者介绍了公园举办清明防火宣传的目的、意义及起到的效果等，展示了公园自制的防火宣传卡片。

（马 林）

【中心召开翻船抢险现场会】 4月5日，中心召开"4·3"突发极端天气翻船抢险事件现场会。中心安全应急处召集各单位保卫科负责人来北海公园召开"4·3"突发极端天气翻船抢险事件现场会，北海公园主管领导、保卫科负责人、游船队负责人和事发现场参与抢险的工作人员分别向参会人员汇报了事发经过和处置情况，并播放了事件相关视频资料。安全应急处领导对突发事件的反应速度、处置程序、工作方法、媒体应对能力均给予了肯定，并提出要求。

（北海公园）

【中山公园完成安全生产标准化管理二级标准自评阶段工作】 4月5~6日，在北京阳光企安注册安全工程师事务所有限公司的帮助指导下，公园顺利开展安全生产标准化达标第二阶段工作。自评工作分基础管理和现场管理两个组，通过认真检查，基础管理组共检查出11项问题；现场管理组共检查出42项问题。按满分1000分换算后，公园实际得分899分，已经达到二级标准分值。下一步公园将认真落实整改查出的问题，确保按时完成二级达标任务。

（中山公园）

【中心在天坛公园拍摄安全歌曲MV视频】 4月8日，中心安全应急处处长史建平带队，组织中心系统各公园职工共计30人到天坛祈年殿院内拍摄安全歌曲MV视频。天坛公园多名职工参与了此次拍摄工作。党委书记夏君波、党委副书记董亚力和保卫科人员陪同拍摄并做好安全和后勤保障工作。

（冀婷丽）

【景山公园邀请安全生产标准化专家指导公园自评工作】 4月11~12日，景山公园邀请安全生产标准化专家来园指导公园自评工作。专家组通过现场踏勘检查，根据实际情况指导公园自评，最终确定自评分数为892分。踏勘过程中发现的问题，公园进行汇总分类，要求存在问题的科队月底前完成整改工作。

（李 旗）

【天坛公园做好消防器材年度检修换粉工作】 4月12~27日，公园保卫科组织有关单位对园内消防器材进行年度检修换粉，全园共检修消防器材1180具，为相关单位新配发了二氧化碳灭火器160具，灭火器材箱112个，报废326具灭火器。

（冀婷丽）

【海淀分局到玉渊潭公园检查安保工作】 4月13日，海淀分局治安支队对玉渊潭公园门区防恐措施、全员监控、财务科安全技防情况进行检查，提出如下要求：①规范监控录像保存期限；②统一监控记录时间；③加快基建改造进度；④细化突发事件处置流程；⑤进一步协调各部门共同参与防控突发事件安保工作。刘军园长参加会议，保卫科、护园队全程陪同参加检查。

（玉渊潭公园）

【香山公园、北京植物园加强无碑坟安全管理】 4月13日，经实地勘察，香山有23处、北植有4处无碑坟，均为历史遗存。为确保森林防火安全，公园安排专人24小时不间断巡逻并设置防火值班点，严查人员上坟烧纸行为。同时，积极调研、学习相关法律法规，提出进一步加强管理的意见。

（安全应急处）

【中山公园开展水面救生演习】 4月14日，根据市公园管理中心保卫处关于加强水面突发事件应急处置工作的有关精神，在公园后河开展水面救生演习，模拟游客落水后的应急处置，保卫科科长楚道军任演习总指挥。演习结束后，公园主管安全工作副园长董鹏对演习过程进行总结，并提出要求。公园副园长任春燕、工会主席白旭等园领导，科队长、护园队、服务二队职工共20余人现场观摩演习。

（中山公园）

【景山公园关帝庙加装监控器保障陈列物品安全】 4月15日，景山公园牡丹展开展期间，公园在关帝庙展厅区域加装监控器及红外线探头，确保关帝庙书画展的展品安全。此次共安装监控器4台，红外报警器4个。此外还在展览期间为关帝庙配备了巡逻人员和夜间值勤保安，防止火灾和治安事件的发生。

（李　旗）

【北京动物园最大承载量核定发布】 根据旅游法规定及国家旅游局发布的《景区最大承载量核定导则》相关标准，北京动物园测算、核定本景区最大承载量，主要包括瞬时承载量和日承载量两个指标。4月16日，公园组织保卫科、基建绿化科、服务管理科、管理队人员采集相关数据，将空间承载指标代入适合的公式进行测算，确定基本值，再根据生态承载量、心理承载量、社会承载量等方面的指标或经验值进行校核。在保障景区内每个景点旅游者人身安全和旅游资源环境安全的前提下，建议北京动物园瞬时承载量：108000人；北京动物园日承载量核定：302000人。

（柳浩博）

【市船舶检验所对颐和园游船进行年度检验】 4月18~19日，北京市船舶检验所有关领导一行4人来园，对颐和园86艘自航船舶进行了年度检验，保卫部、游船队相关人员陪同检查。检查人员重点对石丈亭、排云殿、铜牛等各游船码头，以及游船队、护园队、园艺队、联营单位在册自航船舶的安全运营情况进行了检查。公园船舶机械性能良好，各类消防设备设施和救生器材配备齐全，均符合各项管理要求，市船检所领导对游船安全管理工作给予了高度肯定，并希望公园在今后的工作中继续以高标准严格要求自己，确保颐和园水域游船的安全运营。

（颐和园）

【紫竹院公园开展安全生产标准化自评工作】
4月21~22日，安全生产标准化专家组，对公园安全生产标准化第二阶段自评工作进行指导。此次自评工作按照安全标准化评审细则，严格对标检查，共查出60项需整改项（其中46项现场项，14项基础项）。

（紫竹院公园）

【紫竹院公园开展大型活动风险预测评估工作】
4月22日，公园开展"纪念抗战胜利70周年"等大型活动风险预测评估工作，公园安全保卫科按照节日工作要求，外联社会第三方专业机构，为公园进行安全风险评估。继续深化安全文化建设工作，通过不断消除隐患来提升"雷池行动"工作效果。此项工作主要对游船游艺、高大树木、山石桥梁、古建文物、应急通道等方面进行风险预估预判，早发现早治理，有效管控安全风险，确保"五一"游园安全，不断提升公园安全管理水平。

（富征征）

【天坛公园机械设备通过质监局年检】
4月25日，东城区质量技术监督局特种设备检测所在保卫科和工程科人员的陪同下，对公园电瓶车、厂内牌照机动车、拖拉机和垃圾楼起重设备进行了年度检测。被检测设备全部合格，达到质监局检测标准。

（冀婷丽）

【北京市园林学校禁毒教育信息】
4月25日，市园林学校组织开展"远离毒品、美好人生"主题教育。此次教育邀请北京市禁毒教育基地高级讲师高飞讲课，通过观看视频、PPT课件、吸毒工具的展示等让学生认识什么是毒品，了解毒品的种类和危害，认识到吸毒对身心摧残，对家庭、社会产生严重影响的不良后果，明确参与贩毒吸毒的违法行为及禁毒的重要性与必要性。同时发放了200余份预防毒品知识宣传手册。利用宣传橱窗张贴24副远离毒品、美好人生宣传图片。

（园林学校）

【中山公园联合行政执法】
4月26日，公园园林绿化行政执法队会同驻园派出所重点治理园内"黑导游""游商"等违法行为。公园5名护园队执法队员与2名派出所民警巡查东门门区、后河沿线等重点区域，发现违法行为1起，"黑导游"3名，交驻园派出所民警查处。

（孙　芸）

【陶然亭公园聘请专家进行安全检查】
4月26日，为确保公园五一节假日的安全稳定，区旅游委行管科韩贺民主任带领安全专家对陶然亭公园进行节前安全检查。保卫科陪同检查了陶然亭史迹展、游船东码头、配电室、北门游乐场等安全重点场所，并对节日期间需要重点关注问题进行针对性讨论，同时提出的隐患问题公园立即落实并整改。

（陶然亭公园）

【紫竹院公园开展水上安全应急演练】
4月26日，根据公园管理中心及海事部门工作要求，认真总结吸取北海公园极端天气翻船事件的经验教训，依据安全生产标准化工作流程，安全保卫科与游船队联合开展水上安全应急演练。此次演练分为水上消防演练,救援落水游客,处置水面可疑物,拖拽故障船只四部分。通过以上演练,不断提高游船队职工安全意识,及处置水面突发事件的能力,为公园水域游船安全奠定坚实基础。

(紫竹院公园)

【市属公园全面开展委托执法】 截至5月4日,各公园按相关程序完成了配合执法向委托执法的转变,采用新证件、新方法、新程序,对违反《北京市公园条例》行为严格执法、文明执法。4月份执行现场处罚69起,处罚金额1625元。

(安全应急处)

【公园安全主题歌曲《伤不起》创作完成】 5月11日,歌曲由职工改编,采用音乐电视形式,集中展示了市属公园的优美景观和职工的安全意识,充分表达"公园是我安全的家"的主题,成为对职工和游客进行安全教育的新载体。

(安全应急处)

【陶然亭公园开展消防安全演练活动】 5月11日,陶然亭公园工会、保卫科在公园游船队东码头联合开展消防安全演练活动,活动请到专业消防安全技能培训教官为职工讲解消防水龙带的连接技能,并进行实地演练。

(韩春雪)

【市属公园开展防灾减灾日宣传工作】 5月12日,各公园在主要门区设置"减少灾害风险,建设安全城市"主题宣传站,向广大游客和职工普及灾害识别、自救互救及各项安全游园知识,切实提高防灾减灾能力。市属公园悬挂宣传横幅12条、摆放展板47块,发放宣传材料2700余份,利用LED大屏幕循环播放宣传片和主题标语,营造良好宣传氛围。

(卢月萍)

【天坛公园完成库房结构安全性鉴定工作】 5月13日,利用全站仪、自动扫平仪等检测设备对祭器库等三个库房的主要受力构件、建筑结构、承重木构件、墙体等进行检测,下一步将根据检测结果汇总检测信息,得出较全面的检测数据和安全评估结论。

(天坛公园)

【北海公园发布公园瞬时最大承载量】 根据国家旅游局《景区最大承载量核定导则》和公园实际,5月30日,最终核定北海公园瞬时最大承载量4.5万人,日最大承载量为12万人。其中园中园团城景区瞬时最大承载量0.12万人,日最大承载量2万人;永安寺景区瞬时最大承载量0.3万人,日最大承载量2万人;静心斋景区瞬时最大承载量0.03万人,日最大承载量0.3万人;阐福寺景区瞬时最大承载量0.08万人,日最大承载量1万人。

(宋 明)

【紫竹院公园开展噪声治理宣传活动】 6月5日,为贯彻公园管理中心和管理处关于噪声治理的指示精神,根据国家噪声治理的相关法律法规的规定,安全保卫科联合管理科、管理队、保安队共19人,在公园南门进行噪声治理的宣传活动。悬挂宣传横幅两幅,发放宣传材料80余份,对全园17处正在活动的团体进行了噪声治理的宣传。此次宣传活动为下一步的噪声治理行动打好基础工作，为在6月安全生产月期间，开展持续不断的噪声治理行动，达到净化公园优美游园环境的最终目标。

（卢月萍）

【陶然亭公园开展水上安全应急演练】 6月7日，北京市交通委、交通执法大队联合在陶然亭公园南湖开展交通安全宣传活动，并进行水面安全应急演练。北京市交通委委员、北京市交通执法总队总队长黄建军、副总队长于洪、协调处副处长齐震及西城区交通委、西城海事局领导等40余人参加了此次活动。演练结束后，北京市交通委委员肯定了陶然亭公园水面救援工作，给予了高度评价，并对游船今后的工作提出了指导性意见。公园党委书记牛建忠、副园长孙颖、王鑫、杨艳参加了上述活动。

（陈 澄）

【北京动物园安全文化首次进校园】 6月12日，北京动物园围绕2016年安全生产月"强化安全发展观念，提升全民安全素质"主题，应北京市安全生产监督局邀请，在北京市光明小学开展"安全进校园，平安在公园"安全拓展培训活动。通过反例体验、互动游戏、逃生演练、体验灭火、模拟火场等项活动，提高小学生的安全意识。光明小学240名学生参加活动。

（柳浩博）

【景山公园组织"安康杯"安全生产知识答题】 6月14日，按照《北京市公园管理中心2016年"安全生产月"活动方案》的通知精神，景山公园进行了"安康杯"安全生产知识答题日，保卫科共发放安全生产知识答题300多份，园长和书记等公园领导参与了集中答题日活动，园属各科队干部、职工、各驻园单位、临时工，以及园内的商业经营人员也参加了此次安全月的安全知识答题。

（卢月萍）

【市属公园统一开展安全生产月主题宣传日活动】 6月16日，市属各公园联合消防局、街道、交通运输局等单位在主要门区设置宣传咨询站，开展以"强化安全发展观念，提升全民安全素质"为主题的安全宣传活动。活动期间共悬挂22条横幅，展出42块展板，填写"公园是我安全的家"游客安全游园满意度调查问卷1100张，发放宣传材料2600余份，利用LED大屏幕向游人循环播放《伤不起》（公园安全版）MV及禁毒公益广告。3000多游客参与了各项活动。

（卢月萍）

【中山公园安全游园满意度调查】 6月16日，保卫科组织游客安全游园满意度调查，发出调查问卷100份。通过数据收集与整理，针对游客反映的问题，今后将从改善安全标识及布局，机动车入园安全管理，微笑执法等方面入手，提升安全管理水平。

（孙 芸）

【中山公园启动蕙芳园安防监控报警系统工程】 6月20日，设立蕙芳园监控室，增设监控摄像机、红外线技术复合探测器及值守操作台。工程完工后将进一步提高蕙芳园展室安防等级，工程6月23日完工。

（中山公园）

【香山公园组织开展消防技能培训】 6月21日,香山公园组织全园各部门职工及社会化人员开展灭火器使用培训。通过示范讲解、实操演练,提高职工对消防器材的认识,提升火情应急处置能力,强化了队伍实战能力。

(马 林)

【什刹海街道安监办到景山公园寿皇殿古建筑群施工现场进行安全检查】 6月22日,西城区街道安监办对景山公园寿皇殿施工区域进行安全专项检查。此次检查发现的安全隐患是:钢管竖搭在架子上、搅拌机用电无操作规程贴示、消防过道上空电线过低、施工人员有未戴安全帽现象、库房油漆没有分开存放、施工区域内警示标识少等。检查组要求施工单位要重视安全生产工作,严格按照施工组织设计中的安全生产技术措施及专项方案实施,对检查人员检查出的问题和隐患,要逐项逐条及时进行整改。

(李 旗)

【陶然亭公园开展游客安全满意度调查问卷志愿活动】 6月23日,为了解游客在公园游园过程中的安全状况,查找工作中的不足,进一步促进公园安全工作的开展,陶然亭公园保卫科联合党委办公室组织5名公园青年志愿者针对晨练游客和外地游客采取面对面问卷调查的方式进行游客安全游园满意度调查问卷活动。活动中,共计发放调查问卷100份,发放小纪念品100份。公园将调查表进行了汇总整理,游客对陶然亭公园的治安情况比较满意,同时也对野钓、游商等违法行为提出了意见或建议。

(盖磊 周远)

【中心"安全生产月"活动结束】 6月28日,在全国第十五个"安全生产月"活动中,市公园管理中心所属各单位以"强化安全发展观念,提升全民安全素质"为主题开展宣传活动,先后举办了第四届"安康杯"安全技能竞赛、安全生产月主题宣传日活动、禁毒宣传、游客安全满意度调查等。同时各单位结合实际,开展安全应急演练、安全隐患排查整治、安全培训等,进一步提高了职工、游客的安全意识和安全防范能力。

(安全应急处)

【玉渊潭公园开展海淀区旅游行业景区水上演练】 6月28日,在海淀区旅游委的指导下,公园开展海淀区旅游行业景区水上演练。演练科目包括突发恶劣天气、游客不慎落水、水上船只起火、防汛处突,依次拉动应急队伍进行现场施救,全面提升应急队伍的处突能力,保障公园水面安全。区旅游委、区安监局、甘家口街道办事处、公园副园长刘军参加此次演练。

(范 磊)

【颐和园举行多科目水上交通安全应急演练】 6月28日,为进一步验证公园处置水上突发事件各项应急预案的科学性和实用性,公园在八方亭水域举行水上防爆及弃船、水上救生、水上消防多科目综合演练。此次演练共出动消防战士、民警、职工等100余人,动用大型游船4艘,海事执法船1艘,消防艇、救生艇等专业船只11艘。演习过程中宣教中心、管理经营部、游船队、园艺队、护园队、园务队、基建队、苏州街队、文昌院队、社区管理队、综合管理督查队及导游服务中心等单位通力配合,使演练达到预期效果。演练结束后北京市交通委员会运输管理局副局长陶文宪发言。北京市交通委运输管理局处长戚学涛、董路加,市公园管理中心安全应急处副处长米山坡,颐和园消防中队队长陆宇,颐和园派出所所长尹东升,园长刘耀忠,园党委书记李国定,园领导杨宝利、周子牛及市属各水域负责人观摩演练。北京电视台、北京交通台、《中国日报》等12家媒体到场对此次演习进行了采访和报道。

(卢月萍)

【中心完成第四次游客安全游园满意度调查】
6月安全生产月期间,11家市属公园采取分时段随机抽样的方法,发放调查问卷1100份,收回1100份。调查结果显示,总体安全满意度为96%,同比2015年降低2个百分点。游客对游船、游艺设备,安保服务,违法行为现场处罚,安全标识的设置满意度较高,均达到90%以上,相对最不满意的是20%的游客发现在公园里有机动车。各单位根据调查结果,认真分析,查找不足,采取措施,提高游客安全满意度。

(卢月萍)

【景山公园对避雷装置进行安全检测】 7月4日,景山公园委托市气象局避雷检测中心对园内的避雷装置进行安全检测。此次避雷检测严格按照《北京市防雷装置安全检测细则》执行,对园内观德殿、绮望楼、寿皇殿等古建筑及园区配电设施进行避雷测量,以确保避雷装置的载体安全无损,在雷雨季节期间安全运行。检查整体情况良好。

(李 旗)

【玉渊潭公园配合北京市公安交通管理局开展防汛演练】 7月5日,为吸取北京市大雨事件处置经验,市公安局公安交通管理局来园进行冲锋舟和橡皮艇培训演练工作。动用冲锋舟3条,橡皮艇1条,50余名警务人员参与相关科目演练。主管安全的园长刘军到现场参与活动,保卫科、后勤队车管干部参与此次活动。

(卢月萍)

【北京植物园对植物研究所专项安全检查】
7月6日,为全面贯彻落实安全生产标准化要求,进一步提高公园游览安全。保卫科对公园植物研究所进行专项安全检查。检查内容如下:对植物研究所存放高毒物化学品的库房进行检查,要求负责人加强安全管理制度的落实力度,定期检查安全防护防盗设备设施,确保安全零隐患。要求相关负责人对高毒物化学品的用途、明细、用量做好详细的使用记录。对植物研究所消防、用电进行安全检查,要求相关负责人结合安全生产标准化检查出来的问题继续落实整改。通过此次检查,在消除公园安全隐患的同时,进一步加强安全生产标准化的全面落实,为提高公园各项安全建设奠定了良好的基础。

(卢月萍)

【紫竹院公园对联营单位进行安全验收】 7月6日,紫竹院公园联营单位北京福鑫宝医疗科技有限公司建筑装修施工完毕,准备营业。公园园长助理郝素良组织经营科、安全保卫科、工程科对该项目进行安全验收。验收内容为建筑装修、消防设施、电器设备、用电安全是否符合安全规定。验收中发现两个安全隐患已经现场整改完毕,验收合格,准予使用。

(卢月萍)

【市公园管理中心与市水务局会商研究治理野泳问题】 7月7日，就联合治理昆玉河颐和园段野泳、野钓工作进行商讨，达成初步工作意向。河湖管理处在水闸、观测桥等区域加装栏杆等隔离设施，颐和园协助做好巡视工作；市水务局加大执法和宣传力度，于7月8日组织集中执法活动；市水务局河湖管理处、京密引水渠、水政监察大队与颐和园管理处联合印发告市民公开信；由市水务局牵头会商相关部门共同研究长效机制，依法治理、疏堵结合，从根本上解决市民游泳问题。中心副巡视员李爱兵、市水务局副巡视员任杰及中心办公室、安全应急处、颐和园、市水务局河湖管理处相关负责人参加。

（安全应急处）

【北京植物园对绿化垃处理圾场进行防火和电控检查】 7月14日，为全面落实安全生产标准化要求，提高植物园各部门安全生产要求，公园保卫科对绿化垃圾处理场的防火设施和电控设备进行专项检查。具体问题如下：①消防喷头连接的电缆出现故障，如遇火险无法喷水，提出迅速抢修措施，强调控电设备的安全保护和专人管控。②消防井盖被杂物覆盖，影响井盖打开，指出井盖周围无杂物堆放，定期检查确保遇险情时抢险顺畅。③开消防栓的闸阀丢失，消防器材保护不够，并发现部分职工对消防器材使用不够熟练。保卫科已对上述问题进行记录，并要求绿化垃圾处理场对问题进行整改，加强职工对消防器材的使用和培训。

（卢月萍）

【中心各单位做好暴雨天气各项防汛应急准备】 7月20日，全面启动应急预案，中心和各单位领导24小时带班值守，59支防汛抢险应急队伍不间断巡查防范，各项应急抢险物资、应急人员、设施设备全部到位，准备麻袋编织袋1.97万条、抢险车辆33辆、水泵67台；经查各历史名园古建文物本体均安全；香山永安寺、景山寿皇殿等重点在施工程进行结构加固、加盖围挡等措施，一切正常；颐和园、香山、景山山体砌筑有护坡墙，植物园在易发生山体滑坡的樱桃沟自然保护区地段设置围挡，调整植被截流降水，无山体滑坡现象；个别公园少量树木有折损，已清理完毕，13971棵古树名木安全无损；实时监测水域20余处，植物园、北海调控蓄水量、开闸放水，自然分流，颐和园昆明湖水位正常并持续关注；积极做好游人安全游览防护工作，通过广播、显示屏循环播放雨天安全提示信息，在重点景区、门区铺设防滑垫300余块、摆放提示牌280块，为游客提供雨具、开水、急救药品等，做好暴雨天气非紧急救助服务。

（孙海洋）

【景山公园与北戴河园林局细水雾消防装置交流信息】 7月21日，中直机关绿化办公室乔世英主任及北戴河园林局一行6人来园对细水雾消防装置进行考察，宋愷园长及保卫科同志进行了接待。首先听取保卫科对细水雾消防装置的特点、使用范围进行PPT汇报，张毅华科长介绍了细水雾消防装置在古建筑物发生火灾时的使用优势及景山公园消防设施配备情况。北戴河园林局同志重点询问了公园古建筑、古树防火办法及消防器材配置情况，宋愷园长介绍了景山公园对消防安防设施的投入建设情况，并对提出的问题逐一进行了解答。会后共同查看了细水雾消防装

安全保障

置的实地应用情况,并由北戴河的同志进行操作,体验了细水雾装置的方便操作性。随后一行人员登上景山对山体安装的高喷系统,及消防水炮进行考察,大家互相交流了对古建筑防火,森林消防的经验,最后乔世英主任对景山公园提供的帮助表示感谢。

(卢月萍)

【中心开展汛期检查】 7月22～25日,市公园管理中心综合管理处对市管11家公园及中国园林博物馆的古建文物、古树名木、房屋路面、山石坡道、河道洪沟、围墙牌示及施工现场进行检查,并提出要求。

(综合处)

【中心召开防汛工作专题部署会】 7月25日,会上传达习近平总书记关于做好当前防汛抗洪抢险救灾工作的讲话精神、北京市防汛办关于做好暴雨后续工作要求和郑西平书记关于做好防汛工作批示;综合处负责人通报近期中心防汛工作总体情况;各单位分别汇报防汛抢险工作情况。副主任王忠海、总工程师李炜民、副巡视员李爱兵分别提出工作要求。主任张勇对中心及各单位防汛工作给予肯定并提出要求。中心机关各处室及各单位负责人参加。

(办公室)

【颐和园"平安颐和"随手拍工作全面启动】 7月26日,为进一步提升颐和园安全管理水平,建立查找消除隐患的安全管控新机制,公园召开"平安颐和"随手拍工作启动会。会议指出,"平安颐和"随手拍工作以"查细微、防隐患、筑安全"为主题,充分调动广大职工参与安全隐患排查治理工作的积极性、主动

性,形成人人关注安全的氛围,为推进颐和园平安和谐景区建设提供有力保障。园领导周子牛对此项工作的实施给予充分肯定,并就园内安全管理工作提出指导性意见。

(卢月萍)

【中心领导班子成员深入各单位检查指导防汛工作】 7月26～28日,中心领导带领相关处室分组督导防汛抢险工作,听取工作汇报,查看防汛预案等文档,实地检查门区、景区、水面、古建区、林区、施工现场、库房、配电室等重点要害部位的防汛应对工作,对各单位防汛工作予以肯定并提出要求。

(办公室)

【国家文物局、北京市文物局调研天坛公园祭器库库房改造项目】 7月27日,国家文物局刘昊、市文物局执法大队副处级调研员马洪宝等3人,到天坛公园调研祭器库安防、消防改造情况。听取了祭器库等三库房升级改造的情况介绍,询问祭器库现有安全设备的使用情况。查阅了祭器库等库房安全防范系统、消防系统设计方案和检测报告,并到现场查看了祭器库的建筑结构和监控、安防报警设备。保卫科、办公室、工程科相关人员陪同。

(冀婷丽)

【中心各单位妥善应对大风雷雨天气】 7月27日晚间,各单位坚持处级领导带班值守,应急抢险人员在岗到位。经统计,颐和园、香山、植物园、动物园、玉渊潭倒伏树木18株,已连夜设置警戒线、摆放警示牌示,组织人员清运;天坛、中山、北海、陶然亭公园树木有少量折枝,现已清理完毕;景山公

园、紫竹院公园、园科院、园林学校、园博馆正常。各单位均未出现古建受损情况,并加强雨后安全巡查及景观恢复工作,保证公园的正常游览。

(综合处)

【北京动物园保卫科长荣登北京榜样周榜】 7月,北京动物园保卫科长李金生在2015年以第一名的成绩荣获"北京市十佳安全宣传员"荣誉称号。2016年6月北京市安全生产监督管理局为树立典型、表彰优秀,通过行业渠道推选李金生参加由中共北京市委宣传部、首都精神文明建设委员会办公室主办,北京广播电视台、北京人民广播电台承办的"北京榜样"大型主题评选活动,经组委会逐层评选于7月第二周荣登周榜。

(卢月萍)

【颐和园加大野泳治理工作力度】 7月,针对市水务局对昆玉河南如意段野泳的治理,颐和园主动采取措施严防野泳人员向园内转移,对半壁桥至玉带桥一线岸线进行重点管控。保卫部、护园队和保安队每日集中50人进行劝阻和宣传。对强行下水野泳的人员调派巡逻艇进行劝阻和安全警示。一周来,野泳人数显著减少,并赢得广大游客的理解和支持,部分游客还主动协助管理人员进行劝阻。

(卢月萍)

【北京动物园实时人流预警形成长效机制】 7~8月,市公园管理中心为北京动物园安装了游人实时数据检测系统,该系统提供可靠数据支撑和管理预判依据,将"瞬时统计数据与经验"相结合、"节点数据与联动管理"相结合、"大数据与实际应用"相结合。此外,将新技术与老手段相结合,在东售票广场设置红、黄、绿三条彩线以调配窗口售票及门区检票人力配置。当游客购票排队至绿线时,为正常售票;当游客持续增加购票排队超过黄线时,增加东售票窗口开放数量,直至全部开启;当游客持续增加购票排队超过红线时,开启西售票窗口,有效疏导传统东票房售票压力,同时打开东检票门洞。当正门广场出现人员聚集时,将所有可用门一律改为进口,缓解门区压力。

(柳浩博)

【景山公园"褐色袖标"安全志愿者上岗】 8月1日,景山公园"褐色袖标"志愿者在公园的各个岗位值岗。"褐色袖标"志愿者由公园的保安人员、商业经营人员、保洁人员、驻园单位工作人员等组成,志愿者除了完成自己本职工作外,还要负责监督巡查本单位的安全隐患,发现安全隐患负责及时上报,"褐色袖标"志愿者是公园发现隐患报告险情的一线巡查员和信息员的重要组成部分,为公园安全平稳打下良好基础。

(李 旗)

【景山公园在3个门区设置监控摄像头提示牌】 8月2日,根据《北京市公共安全图像信息系统管理办法》要求,景山公园在东、西、南3个门区的显著位置设置"图像采集区域"提示牌,提示游客此区域为监控区域,同时,门区的摄像头提示也对犯罪分子起到威慑作用,从而达到预防犯罪的目的。

(李 旗)

【颐和园组织召开门区游览秩序治理联席会议】 8月2日,颐和园召开周边游览秩序管

安全保障

理联席会议,青龙桥街道办事处书记、副主任,海淀治安支队副队长,颐和园派出所政委,中关村交通队政委,青龙桥综治办主任,以及海淀区旅游委等相关单位的领导参会。会议由周子牛园长主持。会上,保卫部代表公园详细介绍了颐和园周边游览秩序的现状。各参会单位领导针对当前颐和园及其周边黑导游、游商、乞讨、黑车、黑三轮等突出问题,进行了深入探讨和交流,并就充分发挥联防联治机制,加强秩序治理问题达成一致意见。颐和园党委书记李国定出席会议。

(卢月萍)

【陶然亭公园组织开展避雷设施年检工作】 8月2日,为切实做好防雷工作,确保雨期公园无雷电事故发生,按照中心指示,根据安全生产标准化要求,保卫科联合基建科开展公园避雷设施年检工作。根据《北京市防御雷电灾害若干规定》本次年检工作邀请了北京市避雷装置安全检测中心对公园的40处避雷设施进行了检测,检测结果全部合格。通过对避雷设施检测,消除了防雷安全隐患,有效地预防雷电事故,切实保障公园及游人的生命财产安全。

(卢月萍)

【景山公园与北海公园召开降噪联席会议】 8月3日,景山公园与北海公园召开降噪联席会议。会上,分别介绍了各自降噪工作开展情况,并对降噪工作中遇到的难点进行了讨论。经讨论双方达成共识,开展降噪宣传,前期通过园内广播、大屏幕播放、发放文明游园倡议书,摆放降噪管理规定牌示等形式让广大游客了解降噪工作的必要性,为游客留出适应期;开展噪声治理阶段,调派专门降噪小组人员统一服装标识,佩戴执法记录仪盯守门区,对携带大音响设备入院游客进行劝阻,禁止违规设备入园扰民;协助民警对不服从管理、寻事滋事人员进行处罚。景山公园园长孙召良、副园长宋恺、北海公园园长祝玮参会。

(李 旗)

【市安全生产监督管理局到天坛公园检查安全工作】 8月9日,市安全生产监督管理局监管处副处长赵应然带领处室和聘请专家人员检查安全工作,上午在北海听取了公园上半年安全工作和安全生产标准化二级达标工作汇报,下午现场查看了天坛公园配电室、祈年殿古建配电设施情况,分别从值班记录、供电牌示和应急流程等方面提出建议,充分肯定了公园安全基础工作扎实,提供数字清楚,责任明确,有行业的推广性。党委副书记董亚力就提出的建议和问题,要求进行立即整改。中心安全应急处副处长米山坡,办公室、保卫科人员陪同检查。

(冀婷丽)

【市安监局检查景山公园寿皇殿建筑群修缮工程安全工作】 8月9日,市公园管理中心、市安监局一行6人检查景山公园寿皇殿建筑群修缮工程安全工作。公园副园长宋恺汇报了寿皇殿施工进展情况和施工中采取的安全保障措施,市安监局检查人员审核了寿皇殿施工单位资质,并实地察看了施工现场,并提出要求。公园园长孙召良、书记吕文军、副园长宋恺陪同检查。

(李 旗)

【陶然亭公园召开安全生产例会】 8月10日,为把安全生产工作做实,按照安全生产标准化要求，陶然亭公园组织各科、队长召开了8月安全生产例会。保卫科总结了7月的安全工作情况，将安全生产标准化第二次自评情况进行了汇报，还将日常检查出的隐患问题通过照片进行讲解，从制度和现场方面进行安全管理提升。通过"三类签订、四个交底、三个到位"完善驻园、施工活动等相关管理工作。缪祥流园长对会议进行总结，并对安全工作提出了具体要求。

（卢月萍）

【紫竹院公园开展"文明游园，一米阳光"宣传活动】 8月16日，按照公园关于开展"最美一米风景"暑期文明游园主题宣传活动实施方案安排，安保科联合管理队在公园东门内广场开展以"文明游园，一米阳光"为主题的宣传活动，发放文明游园、消防安全知识等宣传材料，并向游客推广公园管理规定，对游客介绍消防器材的使用方法。呼吁游客在文明游园同时学会安全方面的知识，共同打造文明和谐的游园氛围。

（卢月萍）

【紫竹院公园迎接海事局验收夜航情况】 8月22日，市海事局船检所熊工一行两人到公园检查验收"中秋节"期间夜航准备情况，公园提前向海事部门递交夜航申请材料，并在游船和码头配备了必要的照明设施和救生衣、救生圈、强光手电、喊话器等救援装备；夜航期间4艘救生艇将全程负责巡视和救援。熊工检查后准许"紫筠"号自航船在海事管理部门批准的航线和时段夜航，并对游船工作人员提出要求，要规范服务，加强人员安全培训，确保夜航安全无事故。

（卢月萍）

【中心召开第五次安全文化建设培训会议】 8月，中心副巡视员李爱兵参加会议并讲话，阐述了安全标准化建设的重要意义并提出了具体要求。要求各个部门、岗位安全管理、规章制度和设施设备、工作环境符合法律法规、标准规程要求，做到用法规抓安全，用制度保安全，实现安全生产规范化、科学化。会上各单位汇报交流了安全生产标准化建设情况，专业公司对下一步安全生产标准化评审工作进行培训指导。中心各单位主管领导、保卫科长、安全文化建设工作人员50人参加会议。

（卢月萍）

【北京市植物园进行电瓶车安全知识技能竞赛】 8月，在北京植物园建园60周年来临之际，为了进一步提高职工的安全意识和安全技能，北京植物园保卫科与管理队组织开展电瓶车安全知识技能竞赛。此次竞赛分为实操和笔试两个部分。13名电瓶车驾驶员全部参赛，合格率达到100%。

（卢月萍）

【紫竹院公园加强公园电力改造施工现场安全检查】 8月，公园保卫科开始进行电力施工改造工程，为确保安全，保卫科前期与相关施工方签订安全施工保证书，同时收缴安全保证金。保卫科到施工现场对安全工作进行检查，检查内容主要包括现场围挡是否到位，安全监督员是否落实到人，施工是否按照操作规程进行，如进行电气焊切割操作时是否持有科里签发的动火证，以及特种作业人员必须随身携带上岗证等，同时对施工人员及现场负责人进行安全教育，提示现场负责人要在确保安全的前提下进行施工，不得违规抢进度，不得影响游客正常游园活动等。

（卢月萍）

【陶然亭技术人员考取设备证书】 8月，陶然亭公园组织17名职工考取了由北京市质量技术监督局颁发的特种设备作业人员证(蓄电池观光车司机N5)。

（卢月萍）

【天安门地区迎G20峰会消防演习在中山公园举办】 9月1日，公园接天安门地区消防监督处通知，模拟中山音乐堂正门发生火情，要求立即组织力量赶赴现场扑救。公园迅速启动安全应急预案，调动细水雾消防车，组织安保人员携带消防器材赶赴现场处置。天安门地区消防监督处对公园消防应急处置能力、反应速度等情况给予肯定，要求公园全力做好应急值守与火情隐患巡查，确保峰会期间天安门地区安全。

（中山公园）

【市反恐防暴督查组到北京动物园检查安全工作】 9月1日，督查组由市安监局、市反恐办、市旅游委、市交通委相关人员组成。重点检查公园G20峰会期间安全管理工作落实情况，听取公园网格化管理、应急预案演练、反恐防暴和27种凶猛动物安全管控工作汇报。希望动物园持续巩固现有成果，总结成功经验，不断提升安全管理工作水平和应急处突能力。

（动物园）

【北京市旅游委专家组检查天坛公园安全工作】 9月5日，市旅游委专家组雷凯、宋炳明、王锦川三位专家，到天坛公园检查安全工作。现场查看了东门售票处的安全防范措施、祈年殿等景区的避雷、配电等安全设备设施情况，查阅了安全管理制度和公园额定最大承载量情况，检查后专家组肯定了公园安全基础工作扎实，制度健全。

（冀婷丽）

【玉渊潭公园召开晨练团体座谈会】 9月6日，公园管理处邀请园内各活动团体负责人参加座谈会，介绍第八届秋实展文化活动和噪音管控工作情况。各晨练团体负责人表示积极配合公园安全、服务和管理等项工作，现场签订13份《晨练安全管理协议书》。副园长高捷主持会议。

（玉渊潭公园）

【第三方安全检查组国庆节前对各公园进行安全检查】 9月6～13日，第三方安全检查组节前对各公园进行安全检查。中心聘请专家组成第三方安全检查组对各公园进行了安全检查，检查的重点是库房、驻园单位及对之前检查整改情况进行复查。此次检查共发现用电、防火等安全隐患98处，填写了《第三方安全检查整改通知书》，各公园积极安排整改。

（卢月萍）

【颐和园创建微型消防站】 6～8月，为提升颐和园初期火灾抵御能力，经过3个月的筹备，颐和园为寄澜堂微型消防站内配备足量的消防战斗服、消防员呼救器、消防水带水枪、正压式呼吸器等设施器材，可以第一时间解决火灾初期的救援工作，达到"救早、灭小"的目标，有效发挥"微型消防站"在文物保护单位消防工作中的作用。9月7日，经过海淀区消防支队的认真评审，颐和园微型消防站在建设规模、人员配备、器材装备以及队员教育培训等方面均达到挂牌标准，被正式授予"颐和园微型消防站"牌示。自此，颐和园微型消防站正式挂牌成立。

（李珮瑄）

【颐和园完成高喷设施紧急抢修工作】 9月8日，受连续降雨的影响，万寿山多宝塔西侧出现水土流失，导致24号高喷塔倾斜塌陷，造成供水管路折断、控制设备受损，无法正常使用。为确保消防设施的正常运转，保卫部迅速组织设备厂商及维护单位组织抢修。利用一天时间将供水管道焊接完成，更换控制设备后开通阀门，24号高喷设施恢复正常，为"两节"的森林防火提供有力保障。

（颐和园）

【市旅游委专家检查景山公园"十一"前安全情况】 9月8日，市旅游委专家周泽民一行6人检查景山公园"十一"前安全情况。本次主要检查了公园监控室及施工现场，检查组提出要求。本次检查共发现3处安全隐患，公园副园长宋恺要求相关部门立即整改。

（李　旗）

【颐和园智能人数统计项目正式启动】 9月9日，为进一步掌控游客流量变化，提升颐和园安全管理水平，根据公园管理中心的工作部署，公园计划于"十一"节前完成智能人数统计系统的升级改造项目。经过保卫部前期筹备与协调，公园游客量统计升级改造项目正式进场施工。此项工作将在7处门区、3处园中园安装客流量计数系统，并于主要门区安装LED显示屏，实时统计和显示入园、出园及留园客流量，准确反映公园客流量变化趋势，为游客安全疏导统计工作提供预警分析信息。此次改造项目得到相关单位的大力支持与配合。

（颐和园）

【玉渊潭公园迎接北京市旅游委安全生产检查组】 9月13日，北京市旅游委安全生产专家组在听取了公园工作汇报并查看了公园节日安保方案及各项预案、安全检查记录、人员培训记录、游乐设施与特种设备运营情况后，到园区重点对远香园绿化施工现场和万柳堂工地的消防、用电、施工人员安全管理等部位进行检查，提出公园须继续加强施工单位的管理。公园主管副园长高捷与有关部门陪同检查。

（玉渊潭公园）

【紫竹院公园联合消防培训中心进行消防安全培训】 9月14日，公园安全保卫科邀请消防培训中心老师，为全园各部门安全事务代表、新入园职工、驻园单位代表、社会化用工代表、各部门主管安全领导，进行了一次消防安全培训。老师结合当前全国安全形势、火灾高发、频发的特点，通过典型火灾案例分析和图片展示，为培训人员敲响安全警钟。此次培训共有36人参加。

（紫竹院公园）

【北京市消防局到天坛公园检查消防安全工作】 9月17日，北京市消防局局长亓延军，东城区消防支队政委马国明、防火处副处长袁春等人员到天坛公园检查消防安全工作。公园党委书记夏军波简要汇报了消防安全的基本情况，保卫科石华对园内配置的消防设备、人员及消防栓的分布进行了介绍。实地察看了祈年殿景区的消防安全情况，询问了讲解员灭火器使用方法和具体位置。随后亓局长一行到消防班驻地进行了检查，现场观看了消防员使用消防水灌车进行出水演练，询问了消防员园内消防栓分布情况。亓延年局长肯定了公园的消防安全工作基础扎实，园领导对消防工作非常重视，职工熟悉消防知识能够掌握器材的使用方法，专职消防人员业务技能熟练，同时指出天坛公园作为北京的标志名片，要高度重视消防安全工作，进一步完善园内消防基础设施，做好消防安全工作。副园长王颖、办公室相关人员陪同检查。

（冀婷丽）

【市旅游委到陶然亭公园进行安全检查】 9月18日，市旅游委专家组到陶然亭公园进行旅游景区安全大检查。党委书记牛建忠、副园长王鑫、杨艳陪同检查。此次主要是针对公园监控室、游船码头、配电室、保安宿舍等重点部位的《北京市安全生产事故隐患排查治理办法》(北京市政府令第266号)落实情况；特种设备安全隐患排查情况；大型游客设施、游船等设备隐患排查情况；景区消防和防汛安全隐患排查情况；应急演练及应急预案等情况进行检查。检查结束后，旅游委专家组对公园提出景区要充分利用通信手段，加强通信设施的配置；加强消防设施的配置；加大对相关方单位的监督管理；加强人员培训并做到常态化。针对以上问题，公园领导表示将尽快落实整改。

（陶然亭公园）

【紫竹院公园接受市旅游委专家组检查】 9月18日，副园长勇伟、园长助理郝素良带队迎检。通过检查，专家组做出总结：领导高度重视，严格按照市安全标准化二级达标要求，建立健全各项规章制度，工作记录清晰、完整。能针对开放公园游客多、难度大的实际，建立处级总指挥部，下设9个分指挥部的管理体系。坚持每周四处级领导检查制度。坚持了安全例会制度和安全工作微信群，真正把安全工作落到实处。专家组建议，要加大对联营单位和施工单位的监管密度。安保科、管理科针对专家组提出的问题和建议，进行严格细致的梳理，抓紧整改落实，确保公园"十一"长假期间安全无事故，服务无投诉。

（紫竹院公园）

【市管公园加强安全游览管控显成效】 9月19日，为倡导文明游园，增加游园提示牌，开展"最美一米风景线"文明游园主题活动60余次，引导游客安全游园，自觉维护秩序、保护文物、降低噪声；加强行政执法。2016年以来开展公园行政执法警告劝阻强行兜售物品、攀折花枝、野泳野钓等园内不文明及扰乱游览秩序行为万余次。实施联合治理。与公园派出所等属地执法部门联合开展节假日公园违法行为打击行动，对违法行为进行现场处罚212次，累计罚款5085元，提高安全游园水平。

（孙海洋）

【景山公园对新入园保安进行降噪岗前培训】 为巩固景山公园降噪工作，9月20日，公园对9名新保安人员进行了上岗前培训，培训内容包括岗位职责及上岗要求、安全管理、岗下备勤要求等。为更好地开展公园降噪工作，方便联系，公园为新保安建立降噪工作微信群，使降噪工作的开展更加高效。

（李　旗）

【园林学校组织全体安保人员开展反恐防暴培训演练】 9月30日，园林学校为确保国庆节校园安全稳定，进一步增强安保人员反恐防暴意识，提高应急处置突发事件能力，学校保卫科联系房山区公安分局特警队反恐防暴的民警，在保安公司的配合下，组织全体安保人员开展了一次反恐防暴培训演练。

（园林学校）

【北京市旅游委专家组到北京植物园进行安全工作检查】 9月，国庆节前夕，市旅游委专家组到植物园检查安全工作。植物园向市旅游委专家组介绍安全生产制度建设和落实情况，重点区域、部位安全设备运行维护情况，安全培训工作及应急演练开展情况。专家组对公园安全工作给予肯定，同时建议对临时施工现场加装围栏和相关提示牌；加大对园内联营单位的监管密度。通过此次检查，使公园的安全工作得到提升，同时为公园能更好地开展安全生产标准化建设工作奠定了基础。

（植物园）

【颐和园保卫部制作并发放各类安全警示标识】 9月，保卫部根据工作实际，制作并发放了壁挂式消防栓和干粉灭火器使用提示牌600余个、安全警示标识800余个，以及安全用电等各类牌示共计550个，帮助职工在遇到突发情况时能够及时进行处理。

（卢月萍）

【中心完成"国庆黄金周"期间安检工作】 10月1~7日，市公园管理中心完成"国庆黄金周"期间安检工作。中心所属各公园在43个主要门区对入园游客实行安全检查，共抽检入园游客1052283人次，抽检率为33%，检查箱包294166个，暂存打火机132631个，各种刀具129把，其他易燃易爆物品17个。确保了国庆黄金周期间的安全游览秩序。

（卢月萍）

【香山公园多项安全保障措施迎接红叶观赏季】 10月11日，加强与香山消防中队、香山派出所联动，开展"严打"行动，重点治理黑车、黑导游、游商，净化游园环境；实行分区管理，全园共划分为6个责任区，开展网格化模式，加强各分区岗力，增加巡逻频次；积极应对大人流，在东门、北门实时监控游客流量，及时掌握园内游人情况；梳理9个易拥堵节点，高峰时段在每个节点设专人对游客进行疏导，实施全园单向大循环；针对致远斋景区制订游客高峰期疏导方案。

（香山公园）

【颐和园被推荐为北京市安全标准化二级达标企业】 10月12~15日，颐和园通过9个月的安全生产标准化建设自主评定，中心聘请专家组一行五人，对公园进行了评审工作。按照《评审标准》，分成两个评审组。基础管理评审组查阅了管理资料各类安全管理台账、应急预案综合预案、专项预案、安全管理制度、操作规程、动火审批、安全生产职责、安全生产责任书、特种设备管理人员证书、特种作业人员证书、设备检测报告等内容；现场规范评审组检查了公园锅炉房、配电室、农药库、设施设备等情况。通过两个组的检查，公园在基础管理部分共查出问题13项，现场规范部分查出事故隐患29项，合计42

项。按照《评审标准》,公园应考评总项目18项,实际考评17项,应得满分880分,实际得870分,且无否决项,同意公园被推荐为北京市安全标准化二级达标企业,等待北京市园林绿化局的最终验收。

(颐和园)

【市治安总队到香山公园进行节前安全检查】 10月13日,北京市治安总队副总队长许森一行检查公园红叶观赏季的安全工作准备情况,由香山公园马文香书记、王利明科长和海淀治安支队马副支队长分别介绍了红叶观赏季期间公园安防工作落实情况和警力执勤情况。许森副总队长对公园安防工作表示认可,并要求公安和武警上勤人员与公园执勤人员相互配合,认真做好五防工作,特别是协助公园做好大人流的疏导工作和防恐防暴工作,保证红叶观赏季期间公园的安全。

(香山公园)

【市文物局执法队检查景山公园寿皇殿建筑群施工区域】 10月28日,市文物局执法队到景山公园寿皇殿施工区进行突击检查。检查组重点对施工安全、消防设施及值班室等进行了现场检查,检查未发现安全问题。检查组要求公园严格遵守国家《文物法》对文物进行管理、使用和修复,加强对施工现场特别是对木材等易燃品加强管理,严禁施工人员在施工区内吸烟。加强园内巡视,防止外部人员破坏园内文物。

(李旗)

【市属公园行政执法人员在卧佛山庄参加执法培训】 11月1~2日,市属公园行政执法人员在卧佛山庄参加执法培训。培训内容包括《行政处罚法》相关内容及程序规定、行政处罚案卷文书制作、处罚票据使用和执法实践。会上,执法人员对现场处罚中存在的问题和建议进行了交流和反馈。市园林绿化局执法监察大队、中心应急处相关领导、各公园执法骨干人员共50人参加培训。

(卢月萍)

【陶然亭公园召开安全生产例会】 11月4日,公园组织园属各科队召开了陶然亭公园安全生产例会。首先,保卫科展示了近期检查出的隐患问题和整改前后的对比照片,介绍了《陶然亭公园2016年火灾防控工作方案》和陶然亭公园消防器材点位划分,并与各科队负责人签订了《陶然亭公园2016年度冬春季火灾防控安全责任书》,希望加大各部门防火力度。之后,保卫科科长杨文博对10月份的安全工作进行了总结并对安全生产标准化工作提出了要求。杨明进副园长进一步提出要求。

(卢月萍)

【北海公园推进安防平台项目建设】 11月4日,完成静心斋、快雪堂、琼华岛等重点古建景区消防联网设备及重点游览区域应急广播系统的安装工作,调试安防平台系统。

(北海公园)

【北京市园林学校举办消防宣传日活动】 11月8日下午,为进一步提高全体师生的自我保护意识,增强对突发事件的应变能力,提高师生熟悉掌握火灾、地震疏散逃生路线和安全疏散区,在第26届119消防宣传日到来之际,学校围绕"消除火灾隐患、共建平安校园"消防宣传主题,制订疏散逃生方案和路线图，学校保卫科在学生管理科及全体班主任组织配合下，在教学楼内播放警铃，正在上课的近300多名师生井然有序地从教室快速地跑出，不到三分钟在操场疏散完毕，效果良好。

（卢月萍）

【紫竹院公园召开安全生产评审会议】 11月8日，紫竹院公园召开安全生产标准化二级评审末次会，参会领导有阳光企安专家组组长杜剑馨等5人，公园园长张青、园长助理郝素良，各科队长及安全事务代表，共计30余人参加会议。

（卢月萍）

【中心各单位全面开展消防宣传咨询日活动】 11月9日，中心各单位以全国第26届消防宣传日为契机，全面开展"公园是我安全的家"主题宣传咨询日活动。活动共设置消防安全宣传咨询站11个，悬挂宣传横幅18条，摆放展板45块、布置黑板报53块、向游人发放宣传材料15000余份，利用LED大屏幕向游人循环播放消防主题宣传片，与属地部门联合进行了消防灭火、人员逃生、高层建筑人员救援、灭火器的使用等丰富多彩的演习活动。各单位领导、中心安全应急处人员参加了宣传日活动。玉渊潭公园园长毕颐和带队在西大门广场开展"119"消防宣传活动，现场悬挂"公园是我安全的家"主题横幅，摆放自制展板7块，为游客发放消防知识手册、《欢迎游览北京公园》宣传手册以及倡导文明游园环保手袋300余套。

（卢月萍）

【天坛公园与东城消防支队联合开展消防日宣传活动】 11月9日，在公园北门举行"消除火灾隐患、共建平安社区"为主题的"119"消防宣传活动。活动现场分为消防宣传展板、车辆器材展示和消防演习3个展示区。党委书记夏军波、党委副书记董亚力、东城消防支队防火处王硕警官参加此次活动，并在宣传展板区向职工、游客发放消防宣传资料和宣传品6000余份，摆放展板18块。在车辆器材展示区域，展示了消防水罐车和消防巡逻车，消防员身着防护服，向职工、游客讲解灭火器材、消防装备的使用方法，近距离地接触"火灾"与"扑救"。以身临其境的教育方式，达到消防宣传学习效果。消防演练用时15分钟，出动37人。东城消防支队王硕警官对公园的消防安全工作给予了充分肯定。

（冀婷丽）

【香山公园协同香山街道开展冬季消防安全检查】 11月9日，香山公园邀请香山街道办事处副主任李荣敬、安全生产办公室主任王伟协同香山地区消防武警到香山公园，为公园做好今冬明春消防安全工作提出意见建议。同时一行对公园监控室进行实地踏勘，了解公园网格化巡检工作及监控、消防栓、高喷水炮、灭火器材的配备及使用情况。检查结束后，李荣敬对公园消防安全工作表示肯定，建议进一步加强地区联动，开展经常性的安全工作经验交流，共同做好香山地区消防安全、火灾防控工作。

（马　林）

【玉渊潭公园组织消防安全培训】 11月10~11日，公园管理处邀请北京市消防宣教中心和鑫安防火中心对全园职工分两次培训火灾逃生与自救、应急处置等课程。全园116人参加此次消防安全培训。

（卢月萍）

安全保障

【陶然亭公园申请报废老旧电瓶车】 11月16日，为严格落实安全生产标准化评审标准的要求，消除安全隐患，保卫科对园区内4辆老旧场内机动车（电瓶车）申请报废，已申请报废完成。

（卢月萍）

【天坛对特种设备进行冬季安全检查】 11月17日，天坛保卫科会同工程科对公园东西垃圾楼起重设备、东门热力站、西门锅炉房和24辆电瓶车进行安全检查。从检查的结果看，人员在位有操作证，设备运行正常，运行记录齐全，车况良好，车容整洁，灭火器材完整好用。同时对操作人员进行安全知识培训和安全告知。

（卢月萍）

【紫竹院公园安全保卫科聘请有资质消防公司保养全园消火栓】 11月22日，根据冬防工作计划，安全保卫科聘请有资质第三方专业消防公司对公园33个室外消火栓全部进行维护保养，操作内容包括试水、上油、保温，达到冬天保养维护目的。维保发现，有3个消火栓有不同程度的损坏，计划明年初春进行维修。

（卢月萍）

【陶然亭公园落实公园消防设施冬季维护保养工作】 11月23～24日，为确保冬季消火栓能够正常出水，保卫科逐一对园区内地下消火栓及慈悲庵、云绘楼重点部位消防箱进行了安全检查、除污、保温工作，排除了冬季消火栓结冰管裂无法正常出水的隐患。

（卢月萍）

【市管公园全力做好今冬明春安全管理工作】 11月29日，重点做好天安门地区安全工作，严格中山、北海、景山公园入园安检，并与天安门地区各单位协调联动，加大对园内非法揽客黑导、游商以及园外黑车载客等打击力度，维护天安门及外延区域的安全有序。11家市管公园和园博馆每天投入近2000名安防人员实施不间断巡查，联合派出所加强活动聚集场所管控，运用视频监控系统严密监察全园安全动态，遇有突发事件立即采取联动措施，确保安全万无一失。组织防拥挤踩踏、应急事件突发处置、初期火灾扑救、大人流疏散、反恐防暴等科目演练30余次，提升应对突发事件的能力。开展门区、古建区、文物库房、配电室、绿化车辆、油库、农药库房及缆车、游船等服务游艺设施安全隐患大排查，检查殿堂内红外报警、烟感报警终端以及消防栓、灭火器等消防设施，更换老旧设备，确保可靠好用、安全万无一失。

（孙海洋）

【北京植物园冬防期间检查顺义基地安全工作】 11月30日，由主管安全副园长杨晓方带队，保卫科、后勤队到顺义基地进行冬防工作安全检查。保卫科科长、后勤队专业电工针对消防、用电、用气安全等内容逐一进行了检查。保卫科对问题逐一进行登记，要求基地及时整改，并上报整改情况。通过此次检查，消除安全隐患，确保顺义基地平安度过冬季。

（卢月萍）

【香山公园安装防火预警旗帜信息】 11月，为了做好山林防火工作，贯彻落实"预防为主、安全第一、防消结合"的冬季消防安全方针，香山公园制作出具有香山特色的防火预警旗，分成蓝色、橙色、红色3个级别，此旗帜主要安装在公园四处防火瞭望哨（上站、中站、和顺门、驯鹿坡），根据当日森林火险级别，悬挂对应颜色的旗帜，并在东、北门两个门区明显位置设立防火提示牌，有效起到了提醒、预警的作用。香山公园在"红叶观赏季"期间，特在东门、北门、碧云寺三处门区设立安检，对游客进行抽检，并对打火机、火柴等火源进行收存，在此期间共抽检游客52222人次，检查箱包3928个，收存打火机6382个，安检过程中未发现违禁品。

（卢月萍）

【紫竹院公园为各门区配备防暴器材】 11月，为强化门区安全工作，保证在紧急情况下能最快拿到防暴器材。安全保卫科通过协调园内保安队，为各门区配备全新防暴柜及防暴器材，确保各门区防暴安全。

（卢月萍）

【玉渊潭公园组织消防培训演练】 12月9日，公园集中各部门安全负责人、安全员50人，开展消防培训演练。保卫科现场讲解灭火器构造、使用方法、注意事项等，所有职工分组进行30米干粉灭火器灭盆火项目，提升了处置初期火灾的能力。

（卢月萍）

【中心开展委托执法工作】 12月30日，联合市园林绿化局制定《关于委托市属公园执法管理的暂行规定》，明确委托权限、委托范围、执法事项等内容；分别与11家市管公园签订行政处罚委托书，并组织执法人员开展行政处罚培训，完成配合执法向委托执法的

转变；采取新证件、新方法、新程序，对违反《北京市公园条例》的行为予以处罚。2016年共执行现场处罚367起，同比2015年提升272%，维护了公园良好的游览秩序。

（卢月萍）

【天坛公园长假游园活动实时人流预警形成长效机制】 年内，公园在法定节假日期间利用公园门区、景区LED电子显示屏将景区最大承载量、可接待游客量、园区（含景区）游览舒适度、容量预警信息、停车场饱和度、公园周边道路拥堵情况等进行发布，每隔两小时更新一次。通过官方微博在10时、12时、14时、16时4个时段发布游园舒适度情况，公布每个时段的在园人数、景区最大承载量、可以接待游客量、容量预警信息、应急措施等。从10月1日开始，由北京市公园管理中心统一安装的游客流量统计系统开始试运行，四大门区显示屏实时显示公园进入客流量、出园客流量、滞留客流量、容量预警度等信息。为积极应对节日期间客流高峰，法定节假日前通过CCTV、BTV、《北京青年报》等媒体发布景区单行线、热门景点游园错峰提示，公布安检措施及相关规定；节日期间通过主流媒体推荐介绍公园冷门景点，及时引导疏解热门景点客流；公园人数达到瞬间客流容量80%时，天坛公园开始启动相关应急预案，门区、景区降低售验票速度，调整闸机出口数量；达到90%时，暂停景区门区的售票，把景区的入口变成出口。同时将限流措施通过公园广播系统进行及时发布。

（冀婷丽）

【北海公园在重大节假日期间实行入园安检】 重大节假日期间，北海公园在主要门区实

行安检入园，按照"逢包必检、逢疑必查"的原则，严禁游客将火种等危险物品带入公园，消除火灾、爆炸、暴力恐怖等隐患，每天安排15名专业安检人员和12名专职保安担负此项工作。据统计，春节、两会、"五一"、国庆期间共检查入园游客183490人，检查包裹119000个，暂存打火机78556个，暂扣管制刀具16把，暂扣白酒7瓶，未发生游人携带易燃易爆品入园的情况。安检率达到50.2%，提升公园安全防控等级和安全游园系数。

（宋　明）

【北海公园于节假日实时人流预警形成长效机制】　北海公园开展相关工作，确保国庆、春节等节假日游园活动时实时人流预警，形成长效机制：在公园各门区及团城景区安装了游客入园人数采集分析电子屏，当游客入园人数及小庭院景区人数达到最大瞬时承载量(4.5万人次)时、园内人流量超过日最大极限容量(12万人次)时，各门区视情况停止售票，并设单行线，只出不进，同时增派专人增强疏导，小庭院景区视情况暂时实行封闭。公园各分指工作人员及重要景区巡视员密切关注游客动态，遇到景区、重点路段出现饱和或拥堵现象时，设专人采取拉警戒线、立牌示、截留、暂缓等措施进行有力疏导。

（宋　明）

【北海公园全面启动安全生产标准化建设】年内，公园以安全生产标准化二级达标为中心工作开展安全文化建设工作。公园根据《北京市公园风景名胜区经营管理单位安全生产标准化评审标准》，于1月26~27日正式启动了安全生产标准化的达标工作。初次评审成绩为663分，随后北海公园根据查出问题，积极落实整改，在4月7~8日安全生产标准化自评工作中，取得了902分的自评成绩。经过北海公园持续不断的完善此项工作后，最终在12月8日顺利通过了安全生产标准化评审复核达标工作。

（宋　明）

【中山公园最大承载量核定发布】　年内，根据国家旅游局《景区最大承载量核定导则》和公园实际，经测算核定：公园全园瞬时安全承载量1.8万人，瞬时最大承载量3.7万人；唐花坞安全承载量50人，最大承载量80人；蕙芳园安全承载量360人(室内80人/室外280人)，最大承载量450人(室内150人/室外300人)；水榭展厅安全承载量80人，最大承载量120人；水榭小岛安全承载量120人，最大承载量200人。

（孙　芸）

【中山公园安全生产标准化二级达标】　年内，成立安全生产机构，建章立制，形成完整的安全生产管理网络体系。排查隐患，不留死角，确保公园安全。建设应急救援队伍，加强应急救援培训、演练，提高职工安全意识。加大安全专项资金投入，在人防、技防、物防上形成三道保护层。细化相关方管理，实施管理协议，严格进行动态监管。

（孙　芸）

【中山公园褐色袖标志愿活动】　年内，公园各门区、经营网点、施工工地，指定职工和社会化用工人员佩戴由中心统一制作的公园安全志愿者袖标，组建褐色袖标公园安全志愿者队伍。安全志愿者意在倡导市民、游客安全游园，主动查找安全隐患。

（孙 芸）

【天坛公园重点时段加大安检力度】 春节、"两会""五一"和国庆期间，天坛公园在四大门口和东门停车场游客入口处利用手持安检仪实施安检，在此基础上，春节期间还增加了祈年殿3个入口的安检，共计出动专业安检人员和协助保安742人次，安检游客510692人次，检查箱包252800个，暂存打火机178790个，暂存刀具53把，暂存白酒10瓶，确保公园安全无事故。

（冀婷丽）

【北京植物园学习故宫门票预约管理机制】 年内，落实公园景区门票优惠减免政策以来，植物园展览温室日均接待游人量7000余人次。针对展览温室、曹雪芹纪念馆等室内场馆最大承载量及安全疏导问题，植物园多次召开专题会议，采取了设置单行线、加强巡视等一系列安全防护措施。同时为给游客提供更高的游览舒适度，植物园组织相关人员到故宫学习预约参观相关规定、流程，以及现场管理等先进工作经验，积极做好门票预约管理前期准备工作。

（古 爽）

【陶然亭公园重新核定公园承载力】 年内，根据国家旅游局《景区最大承载量核定导则》标准，经科学测算，确定陶然亭公园瞬时最大承载量为5.5万人，日最大承载量为16.5万人。

（盖 磊）

【紫竹院公园配合行政执法情况】 年内，公园行政执法情况基本是围绕公园内偷钓、吸烟、采挖植物、攀折花木开展的。其中偷钓9起，共处罚金180元；吸烟2起，共处罚金40元；采挖植物3起，共处罚金150元；攀折花木2起，共处罚金40元。公园全年行政执法罚金共410元。

（富征征）

【玉渊潭公园完成景区承载量测算】 年内，按照市公园管理中心要求，玉渊潭公园根据测算公式完成景区瞬时游客承载量、景区日最大游客承载量测算。经测算，公园瞬时最大承载量为8.05万人；景区日最大承载量为19.47万人。

（范 磊）

【颐和园建设夜间犬防安全护卫体系】 年内，颐和园管理处按照《颐和园安全5.0的总体规划》和《十三五时期安全管理发展规划》要求，在全园范围内建设夜间犬防安全护卫体系。结合20世纪90年代犬防建设的经验及现阶段犬防的实际情况，对护卫犬的重要性及犬防建设的必要性进行了分析和论证，采取走出去、请进来和现地演练的方式对犬防工作进行了学习和考查；形成颐和园夜间犬防安全护卫体系的成熟建设思路和规划，并制定成册；依托安泰保安公司和戎威远保安公司成立了两个犬巡分队，制定了完善的管理组织体系、创新了安全保障模式，对体系的可持续发展进行了规划。颐和园夜间犬防安全护卫体系的建设，为最终打造一套可靠、灵敏、高效的颐和园夜间犬防安全护卫体系奠定了基础，颐和园共计31条护卫犬，品种以罗威娜、马犬为主，其中13条放置在清华轩后院，其余放置在西区、耕织图、文昌院等封闭院落中。

（刘　军）

【颐和园协调公安部门多次开展联合执法行动】 年内，颐和园管理处积极协调海淀治安支队、曙光派出所、中关村派出所、颐和园派出所等公安部门及综治、城管等部门，多次联合开展执法行动。重点治理长期盘踞在颐和园东宫门、北宫门、新建宫门等地区的各类不法扰序人员，通过监控取证、锁定目标及现场便衣警察的默契配合，抓捕行动顺利进行。全年共抓获黑导游、游商等违法扰序人员560人次，其中治安及刑事拘留180人次。

（李珮瑄）

文化活动

【综述】 年内,市公园管理中心文化建设领域创新突破,坚持顶层设计,以颐和园、天坛、香山、动物园4家公园为试点开展文化创意产品研发,实现产品一体化运营规划,新增文创商店13个,面积由原来的780平方米增加到1538平方米,新研发各类文创商品304种,销售收入约359万元,同比增长122%。以3家公园为试点,打破时间、空间限制,首次推出晚间文化活动。颐和园夜景照明首次点亮后湖、西堤,形成"日赏景,夜观灯"效果;天坛提供晚间团队定制游;北海推出荷花湖夜航活动,受到市民、游客欢迎。历史文化保护与传承取得新进展,完成中心可移动文物核查建账工作,共有可移动文物56426件(套);完成天坛、北海、中山、植物园文物藏品库房提升改造工程,不断优化文物保藏环境;园博馆实现对6大类3000余件(套)藏品的数字化管理。文化交流进一步深化,颐和园、动物园、园博馆等单位分别与法国、韩国、俄罗斯建立了深厚的文化合作关系;颐和园赴香港、沈阳等地举办文物展7项;天坛神乐署在苏州、上海举办礼乐文化展示。

(综合处)

展览展陈

【景山公园举办"行走·发现"摄影作品展】
1月7~25日,景山公园西侧宣传橱窗展出"《行走·发现》北京电影学院摄影学院2015社会实践师生摄影作品展",内容以2015年摄影学院社会实践为主体,展示了学生利用暑假分别到贵阳、福建霞浦、阿尔山以及新疆等地创作的44幅作品。展览由北京电影学院摄影学院主办,中国国家公园网承办。

(景山公园)

【"香山静宜园历史文化展"走进南植社区】
1月8日至2月15日,"香山静宜园历史文化展"走进南植社区。以乾隆皇帝御题"我到香山如读书"诗句为主题,以解读静宜园二十八景御制诗为主要内容,着重对续建的致远斋、欢喜园、带水屏山、见心斋、昭庙等景点以及部分与香山静宜园有关的乾隆御制书画进行介绍,展出展板60块。

(王 宇)

【中山公园筹备纪念孙中山先生诞辰150周年展览】 1月14日,公园与北京市政协中山堂服务管理办公室合作,将于3月和11月举办"孙中山、宋庆龄箴言书法展""纪念孙中山先生诞辰150周年画展""孙中山与宋庆龄图片展"和"孙中山生平展"纪念展览,免费向游客开放。之后进行展陈方案的策划研究、展览排期等工作,纪念展览书法类、照片类、绘画类素材搜集工作有序开展。

(中山公园)

【香山公园"笃爱有缘共死生——孙中山与宋庆龄图片展"筹备有序进行】 1月22日,为纪念孙中山先生诞辰150周年,公园于4~12月举办主题展览,并与北京中山堂管理服务办公室、宋庆龄故居纪念馆、中国人民大学民国研究所进行研讨,现场调研展览场所,就布展方案等达成共识。

(香山公园)

【中山公园举办百猴迎春画展】 1月23日,由中山公园、北京皇家园林书画研究会联合举办的"百猴迎春·曹俊义画展",在蕙芳园举行开幕式。公园管理中心副主任王忠海、宣传处处长陈志强、公园园长李林杰、皇家园林书画研究会会长刘伯郎等领导及新闻媒体记者、书画界同仁共计60余人莅临参加。公园相关部门积极做好现场布置、车辆入园、设备调试、礼仪接待等服务工作。开幕式结束后,画家曹俊义先生当场作画一幅,赠予中山公园。此次展览时间为1月23日至2月22日,共展出"猴"画作品40余幅,开幕当天200余名游客参观游览。

(刘倩竹)

【"年吉祥画福祉——年画中的快乐新年"展览在园博馆临三展厅开幕】 2月2日,展览由园博馆主办,北京收藏家协会、北京百年世界老电话博物馆共同协办,分"年画中的过大年""年画中的孙行者""年画中的民与俗"及"年画中的园之趣"4个部分,展出年画150余幅,展期一个月。

(园博馆筹备办)

【北海公园举办书画名家展】 2月4日,"福瑞北海"书画名家迎春展开幕。活动由北海公园与中国民族艺术研究院主办,在阐福寺景区举办"十二名家迎春展""许英辉水浒重彩迎春展""王林水墨禅意罗汉迎春展"等名家书画展览,共展出书画作品近260幅。开幕式当天,公园党委书记吕新杰、园长李国定、党委副书记曲禄政、工会主席夏国栋出席,吾如仪、范舟等多位书画名家到场并向公园赠送墨宝。春节期间,入园游客可凭当日门票在指定地点抽奖并免费领取名家书法"福"字。活动旨在丰富市民、游客假期生活,营造喜庆祥和的节日气氛。活动持续至3月10日。

(汪 汐)

【景山公园举办"十大你不得不知的中国文化事实"展览】 2月4日,公园举办"十大你不得不知的中国文化事实"展览。本展览位于公园南门广场内,以中英文双语为游客介绍传统儒学、中国语言、中国美食、中国传统节日，使游客更好地了解中国文化。

（黄 存）

【中山公园举办迎春精品花卉展】 2月4日至3月10日，"金猴献瑞"迎春精品花卉展在唐花坞举办。以"春暖花开""花果山"为主题，布置展出迎春、碧桃、梅花、西府海棠、杜鹃等精品花卉100余种2000盆，同时配合展出朱砂橘子、水培澳洲杉、北美冬青等珍贵新优花卉。展览期间接待游客4万余人次。

（唐 硕）

【中山公园举办名人名兰展】 2月4日至3月10日，"四季飘香"名人名兰展在蕙芳园举办。陆续展出朱德、张学良、松村谦三等名人赠送的精品兰花，以及公园自主养殖的宋梅、翠一品、宜春仙、大富贵等名品春兰60余种200余盆。展览接待游客4万余人次。

（唐 硕）

【园林博物馆完成展览精品推介活动申报】 2月19日，中国园林博物馆完成第十三届（2015年度）全国博物馆十大陈列展览精品推介活动申报工作。此次评选由中国博物馆协会、中国文物报社组织开展，园博馆申报展览为《藏地瑰宝——西藏园林文物展》，申报工作有效梳理了展览从筹备到完成各工作环节，为相关工作的程序化、规范化提供了借鉴和指导作用。

（园博馆）

【"传奇·见证——颐和园南迁文物展"闭幕】 2月23日，展览历时两个月，展出文物及档案73件/套，共接待游客1.8万人次，展览赢得社会广泛关注与高度评价，现已完成撤展工作。

（颐和园）

【颐和园举办两朝帝师翁同龢及翁氏家族文物特展】 3月1日，颐和园与常熟市文化广电新闻出版局主办，常熟博物馆承办，国家文物局和中国文物交流中心支持举办的"两朝帝师翁同龢及翁氏家族文物特展"在颐和园内德和园开幕。国家文物局博物馆司副司长张建新，中国文物交流中心副主任周明，北京市公园管理中心副主任王忠海，常熟市委常委、宣传部长潘志嘉，常熟市副市长陶理，北京市公园管理中心主任助理兼服务管理处处长王鹏训，北京市公园管理中心宣传处处长陈志强，北京市颐和园管理处园长刘耀忠，常熟市文化广电新闻出版局局长吴伟，常熟市文物局局长助理陈建林，常熟博物馆馆长朱晞等嘉宾出席了展览新闻发布会。本次展览共展出66件/组，展览内容分为"书艺三绝 一代文宗""两代帝师 执掌枢衡""退隐桑梓 书礼传家"3个部分，从不同角度和侧面，以不同形式挖掘翁同龢及其家族的政治理念、文人气质和书法造诣。此次展览是晚清文化重臣与晚清政治活动场所的聚合，也是常熟博物馆北京文化巡展的第一站，颐和园希望通过文物展示的平台，挖掘传播优秀的历史文化内涵，为中外游客提供更好的文化活动。4月13日，展览结束并完成撤展点交工作。展览期间共接待中外游客22150人次，得到社会广泛关注与高度评价。

（卢 侃）

【中山公园孙中山箴言书法作品展开幕】 3月2日，公园"孙中山箴言书法作品展"在七

文化活动

间房展厅开幕,展览由中山公园、市政协中山堂服务管理办公室和北京书香继文文化有限公司联合举办,面向中外游客集中展出20位书法家书法作品40幅,主办方及书画界40余人参加开幕仪式,展览免费开放,展期持续到3月14日。

(中山公园)

【北京动物园举办"走进动物园的人类"设计作品展】 3月3~20日,由北京动物园主办,中央美术学院勤学社承办的"走进动物园的人类"设计作品展在动物园科普馆机动展厅举办。展览展示了中央美院勤学社与北京动物园合办的"动物园设计营"的成果,其中11件设计作品是由中央美院4个不同专业的17名爱好动物的同学们设计并完成的。展出的作品内容包括兽舍设计、说明牌示设计及保护教育绘本设计。作品展由动物园主办,中央美术学院勤学社承办,集中展示双方"动物园设计营"11件设计作品,提升社会公众关爱、保护动物的意识。

(周桂杰)

【香山公园召开"纪念孙中山先生诞辰150周年——爱·怀念"主题展览专家论证会】 3月3日,香山公园召开"纪念孙中山先生诞辰150周年——爱·怀念"主题展览专家论证会。公园园长钱进朝陪同参会领导、专家进行实地勘察。经过讨论,确定展览主题为"爱·怀念",旨在弘扬孙中山先生革命理想和博爱精神,专家建议适当调整方案、丰富展品,并按照有关程序联合上报。市公园管理中心主任助理、服务管理处处长王鹏训,宣传处处长陈志强,服务管理处副处长贺然,北京市政协中山堂管理服务办公室主任孙书

文,海淀区委宣传部宣教组组长陈里宁,中国人民大学民国研究所牛贯杰,台湾中山楼许弘森等人参会。

(王 奕)

【颐和园举办"轮行刻转——颐和园藏清宫钟表展"】 3月8日,颐和园与中国园林博物馆联合举办的"轮行刻转——颐和园藏清宫钟表展"在中国园林博物馆开幕。5月8日,展览结束并完成撤展点交工作。展览期间共接待中外游客20000人次,得到社会广泛关注与高度评价。

(卢 侃)

【北海公园举办"福瑞北海——王林、李玉江禅意水墨精品展"】 3月8日,"福瑞北海——王林、李玉江禅意水墨精品展"在北海公园阐福寺开幕。展览由北海公园主办,中国民族艺术研究院、中国民族博览杂志社、北京章草文化艺术院、梵谷艺术中心协办,展出精品水墨画作50余幅。艺术家王林、李玉江等多位书画家出席开幕式,同时为庆祝北海御苑建园850周年,现场共同创作"百福"长卷并捐赠给北海公园。画展持续至3月16日。

(汪 汐)

【颐和园中国香文化掠览展在园博馆开幕】 3月8日,文化部中国艺术研究院原常务副院长王能宪,中央党史研究室原副主任张启华,全国马克思主义理论研究与建设工程专家、园林香境展展品提供者黄宏少将,市公园管理中心服务处负责人及园博馆、颐和园相关人员出席开幕式。"园林香境——中国香文化掠览"在临一展厅展出香器实物114件,

展览持续到4月8日。北京电视台等媒体对展览进行跟踪报道。

（颐和园 园博馆）

【颐和园举办皇家沉香文化展】 3月10日，《古韵沉香——皇室沉香文化展》在颐和园南湖岛云香阁开展，展览展出125件珍贵沉香雕刻艺术作品，雕刻师融合木雕、玉雕、核雕等雕刻工艺，随物就形，作品体现其精心构思与圆融技艺。展览内容从沉香的形成、产地、功能以及皇室沉香文化等方面展开，带观众走进沉香的世界。展览期间，游客在观赏沉香的同时还能参与体验香道文化表演等活动。此展览为固定展览，年内共接待中外游客20余万人次，得到社会广泛关注与高度评价。

（刘琳）

【园博馆"一个博物馆人的逐梦旅程展"闭幕】 3月10日，园博馆"道在瓦砾——一个博物馆人的逐梦旅程展"闭幕，展览由园博馆与古陶文明博物馆共同主办，共展出古陶文明博物馆藏瓦当、画像砖、封泥、陶器等类500件文物，展览历时10个月，接待中外游人51706人次。此展览作为园博馆2015年重点临时展览，参加了第十三届（2015年度）全国博物馆十大陈列展览精品推介活动申报工作。

（园博馆）

【景山公园召开护国忠义庙展陈设计方案专家评审会】 3月17日，3家展陈设计单位分别就展陈方案进行汇报，经专家讨论，初步选定展陈设计。与会专家建议：要有展陈规划，按规划分步实施；展览内容要与建筑规制、功能、色彩相吻合；展陈设计要紧扣主题；根据史料记载内容可局部原状复展，复原内容需严谨。

（景山公园）

【北京动物园举办自然视界网生态摄影展】 由北京动物园、自然视界网主办，环宇经典（北京）文化传媒有限责任公司协办的《生态摄影展》3月27日在科普馆机动展厅举办。北京动物园、国家林业局野生动植物保护与自然保护区管理司、《自然视界网》有关领导致辞。近300人参加开幕式并参观了展览。此次影展秉承尊重自然、顺应自然、保护自然进而助推生态文明持续发展的理念，遴选出自然视界网站成立两周年以来近百位摄影师的135幅优秀作品。影展期间，还举办座谈交流、名师品评等活动，展览于4月26日结束。共接待参观游客5000余人次。

（周桂杰）

【北京植物园"桃花记忆——桃花民族文化艺术展"开展】 3月28日至4月15日，北京植物园"桃花记忆——桃花民族文化艺术展"在科普馆正式面向游人开放，涵盖"荒古岁月中的桃果飘香、古代文学中的桃花之美、民族艺术中的桃花之美、民间习俗中的美好信仰、古人生活中的桃花风尚"五部分内容。展出历代桃花艺术珍品图片60余幅。

（植物园）

【北京植物园举办高山杜鹃花展】 3月30日，植物园首次举办高山杜鹃花展。展览位于盆景园内，共展出8个品种约200余株，并设置了科普牌示10余处，进行介绍。由于高山杜鹃花在中国北方无法露地生长，这些品种均引种于国外，为高山杜鹃的园艺品种，经人工调控花期进行展出。

（古 爽）

【中山公园举办第五届梅兰观赏文化节】 3月31日至4月10日，举办"古坛清韵"第五届梅兰观赏文化节。设立两大展区："古坛梅香"室外梅花展区即梅园，在蕙芳园南侧展示地栽梅花30余种110余株，设立科普展板14块，品种介绍牌示17块；在蕙芳园设立"四季飘香"室内蕙兰和盆梅展区，展出精品兰花30余种70余盆，庭院区展出盆梅28盆。接待游客19.89万人次。

（张黎霞）

【李可染画院精品巡回展在玉渊潭公园玉和集樱展厅开幕】 4月9日至5月8日，《东方既白——李可染画院精品巡回展（北京·玉渊潭·2016）》在公园玉和集樱展厅开幕。本次展览由玉渊潭公园与李可染画院联合主办，北京皇家园林书画研究会承办，共展出当代中国美术界老中青三代杰出代表近期创作的精品作品50余幅。

（王智源）

【故宫博物院藏牡丹题材文物特展开幕】 4月12日，由中心、景山公园协办的故宫博物院藏牡丹题材文物特展开幕，中心总工程师李炜民出席。此次展览由故宫博物院、洛阳市人民政府主办，得到市公园管理中心与景山公园的大力支持，景山公园为展览精心培育盆栽牡丹，选派优秀技师多次到故宫传授牡丹栽培技艺，并组织技术人员进行技术交流。中心办公室、综合处、景山公园相关负责人参加开幕仪式。

（景山公园）

【"悠远无尽"楼阁山水画展开幕】 4月16日至5月15日，由中山公园、北京皇家园林书画研究会主办，北京水墨画境园林文化中心协办的"悠远无尽"楼阁山水画展开展。画展在蕙芳园开幕，主办方及书画界共60余人参加开幕式，当天吸引1000余名游客参观花展。画展展出何镜涵、孙佩杰创作的楼阁山水画作41幅，生动展现了北京皇家古典园林的独特魅力。同期，蕙芳园将展出精品兰花，营造浓厚的文化氛围。

（中山公园）

【北海公园举行园藏书画展】 4月24日至5月2日，北海御苑建园850周年"盛世园林、文化北海"系列主题活动启动仪式暨北海公园园藏书画展在北海公园阐福寺景区举办，故宫博物院院长单霁翔，全国政协常委、中国书协主席苏士澍，市公园管理中心主任张勇、副主任王忠海，恭王府管理中心主任孙旭光、故宫博物院院长助理刘文涛、著名园林专家张树林、耿刘同等出席。开幕式上，苏士澍主席向公园捐赠"盛世园林、文化北海"书法作品，单霁翔院长及祝玮园长分别致辞，张勇主任宣布系列活动暨北海园藏书画展开幕，王忠海副主任为北海850周年特色纪念票揭幕。相关领导及专家学者共同参观了书画展览及快雪堂书法石刻博物馆。故宫博物院办公室、文化部恭王府管理中心办公室、中心办公室、服务处及中心所属13家单位、北京皇家书画协会、北京市公园绿地协会负责人参加。

（陈 茜 张 冕 汪 汐）

【颐和园举办上海豫园馆藏海派书画名家精品展】 4月26日，颐和园与上海豫园管理处联合举办的"海上翰墨——上海豫园馆藏海派书画名家精品展"在德和园扮戏楼开展。此次展览共展出53件(套),其中二级文物8件(套),三级文物27件(套),藏品级文物3件(套),一般文物6件(套)。主要展现了清末民初以来的海上画派书画艺术精品,这批作品是海上画派的发祥地——豫园的重要收藏,其中包括海派书画大家任伯年、吴昌硕、蒲华等名家代表作。此次展览是继2015年颐和园在上海豫园举办"颐和园藏慈禧珍宝展"后的再次合作,也是首次在颐和园展出的海派书画作品,反映出南北方两座城市、两座名园共同推广历史文化所做的积极努力,通过展览文化的交流,将古典园林文化展示与现代博物馆展陈接轨,实现对公众传播、教育和学术研究等多重职能作用。6月20日,展览结束并完成撤展点交工作。展览期间共接待中外游客22000人次,得到社会广泛关注与高度评价。

(王晓笛)

【国际野生生物摄影年赛获奖作品巡展在北京动物园举办】 由英国自然历史博物馆、英国BBC《野生动物》杂志主办,北京动物园、野性中国工作室承办的"第51届国际野生生物摄影年赛获奖作品巡展·中国站"于5月9日在动物园科普馆举办,这是动物园第八年引入此项展览。本次展览汇集了82幅世界顶级野生生物影像图片。作品从地球多样性、地球的环境、地球的设计、纪实、组图五个板块讲述城市环境中野生生物的故事。此项摄影年赛是全球规模最大、最具影响力的野生生物摄影比赛,展览于5月19日结束。接待游客8000余人次。

(周桂杰)

【北海公园举办全国摄影大展第三届影展开幕式】 5月10日至6月10日,"中国好风光"全国摄影大展第三届影展在蚕坛广场举行。中国摄影家协会副主席张桐胜出席。本次活动由中国摄影家协会艺术摄影专业委员会、《大众摄影》杂志社联合主办,在北海公园东岸展窗展出我国各地风光摄影作品40余幅。

(汪汐)

【颐和园举行中国历史名园摄影作品巡展活动启动仪式】 5月12日,"魅力名园、风采中国"2016中国历史名园摄影作品巡展活动启动仪式在颐和园举行,活动由中国公园协会、市公园管理中心、市旅游行业协会共同主办,颐和园承办。以"园林四季"为主题,展出摄影作品200幅,涵盖全国40余个历史名园景观,旨在弘扬中国优秀传统文化,展示宣传中国历史名园的魅力与风采。中心主任张勇、副主任王忠海,中国公园协会秘书长李存东、北京摄影家协会主席叶用才、历史名园代表苏州留园主任罗渊、北京旅游行业协会秘书长徐薇及颐和园、天坛、北海、八达岭、承德避暑山庄等20余个单位的负责人参加仪式,并参观中国历史名园摄影作品展板。《北京日报》《北京晚报》等媒体现场报道。

(颐和园)

【"皇室遗珍——颐和园清宫铜器展"在海淀博物馆开幕】 5月13日,展览由颐和园与海淀博物馆联合举办,为颐和园"5·18国际博物馆日"宣传活动拉开序幕。市文物局副局长于平、海淀区副区长王卫明及中心服务处、海淀区文化委员会、颐和园等单位相关负责人出席。此次展览是颐和园以海淀区打造"三山五园历史文化区"为契机,与区属文化单位

文化活动

实现合作共赢的一次积极尝试，更是颐和园56件园藏青铜器第一次作为单独展览主题赴外展出，展览持续到8月31日。共接待中外游客21000人次。《中国文化报》《北京日报》《北京晚报》等多家媒体现场报道。

（颐和园）

【北海公园协办邢少臣师生作品展】 5月15日，邢少臣师生作品展在阐福寺景区开展。展览由中国国家画院教学培训中心、北京皇家园林书画研究会主办，北海公园协办，共展出邢少臣、盛鸣、朴文光等12位画家的书画作品50余幅。展览持续至5月22日。

（汪 汐）

【天坛公园举办两朝帝师翁同龢及翁氏家族文物特展】 5月15日至8月1日，"两朝帝师翁同龢及翁氏家族文物特展"在北神厨东殿展出，本次展览由中国文物交流中心支持，北京市天坛公园管理处、常熟文化广电新闻出版局主办，常熟博物馆承办，是天坛首次引进的外展。展览共展出常熟博物馆藏66套100余件展品，以翁同龢书法作品为主，亦有展现其情怀的文人绘画小品、体现其为国效力的朱批奏折等，还有十分珍贵的《翁同龢殿试日记》手稿等；同时展出清光绪官窑仿古瓷礼器一组。

（程光昕）

【曹雪芹西山故里名家书画邀请展在北京植物园曹雪芹文化中心开幕】 5月16日，由北京曹雪芹学会主办，旨在挖掘、宣传红学文化，提升植物园文化影响力。国务院参事谢伯阳主持开幕式，全国政协常委、中国书协主席苏士澍、北京曹雪芹学会会长胡德平、中国书协理事王学龄、中心主任张勇及赵学敏、卢中南、何永泽等书画界名家出席。开幕式上胡德平会长致辞，苏士澍常委、张勇主任为曹雪芹书画院揭牌。与会领导、专家参观曹雪芹书画院，就红学文化进行交流，并举行芹溪雅集书画交流活动。

（北京植物园）

【北京植物园举办第八届北京月季文化节】 5月18日，植物园第八届北京月季文化节开幕。以"赏美丽月季，享幸福人生"为主题，展出月季1500余个品种，10万余株。为丰富公众游览内容，还举办了3场学术报告及专题讲座、科普活动、月季文化与历史展（科普画廊）和"市花进社区"等活动。同时，作为分会场之一，植物园还接待了世界月季联合会主席团和中外来宾、学者考察参观。活动持续至6月30日。

（古 爽）

【中国园林博物馆两项临展正式对外开放】 5月18日，举办"永乐宫元代壁画临摹作品展"，临展由《朝元图》《钟吕问道图》及《八仙过海图》组成，展览将持续到6月19日；举办"布上青花——南通蓝印花布艺术展"，临展由"钟毓南通 蓝印花开""根植乡土 花繁叶盛""蓝草育蓝 艺传千载""留住遗产 守住文化"四部分组成，展览将持续到6月18日。

（园博馆）

【颐和园举办"风华清漪——颐和园藏文物精品展"】 5月18日，在第40个国际博物馆日到来之际，"风华清漪——颐和园藏文物精品展"在湖州博物馆顺利开幕，开启了颐和园藏文物精品展巡展的第一站，也是颐和园为

2016 年博物馆日推出的系列活动之一，此次展览是由颐和园与北京华协文化发展有限公司以及湖州市文广新局共同主办，湖州市博物馆承办。展览以"风华清漪"为主题，下设"仁山智水、勤民深意、式扬风教、绝世风雅"四部分展览内容，主要以乾隆时期为主的 93 件（套）文物珍品和 6 件（套）辅助展品在湖州博物馆展出。北京市公园管理中心副主任王忠海、颐和园园长刘耀忠和湖州市文广新局党委书记、局长宋捷等参加了开幕式。湖州电视台、《湖州日报》《湖州晚报》、湖州在线等多家媒体对此次展览开幕进行了采访和报道。7 月 6 日，展览结束并完成撤展点交工作。展览期间共接待中外游客 12500 人次，得到社会广泛关注与高度评价。7 月 15 日，颐和园与常熟市文化广电新闻出版局主办，常熟博物馆承办的"风华清漪——颐和园藏文物精品展"在常熟博物馆圆满开幕，这是颐和园藏文物精品展巡展的第二站，对颐和园珍贵文物及辅助展品 93 件（套）进行展示。9 月 15 日，展览结束并完成撤展点交工作。展览期间共接待中外游客 13500 人次，得到社会广泛关注与高度评价。

（许馨心）

【紫竹院公园"禅艺人生——佛文化生活展"结束】 5 月 19 日，展览历时 150 天，接待游客 1.8 万人次，开展传统文化、艺术鉴赏、非遗展示等免费课程 23 次，受到市民、游客的喜爱。于 5 月 16～31 日进行换展，换展期间紫竹禅院对游客免票开放。

（紫竹院）

【北京动物园举办生物多样性保护与利用摄影作品展】 5 月 22 日，由中国生物多样性保护与利用数码摄影赛组委会主办，动物园承办的第九届"中国生物多样性保护与利用数码摄影赛优秀摄影作品展暨海峡两岸第二届生物多样性保护摄影作品展"在动物园科普馆机动展厅展出，共展出 92 幅获奖作品和部分参赛作品，从不同视角诠释了自然界的精彩瞬间。展览于 6 月 13 日结束。接待参观游客近 5000 人次。

（周桂杰）

【香山公园承办"纪念孙中山先生诞辰 150 周年——爱·怀念"主题展】 5 月 26 日至 12 月 31 日，由北京市公园管理中心、海淀区委宣传部主办，香山公园承办，宋庆龄故居管理中心、海淀区文化发展促进中心、中国民族文化艺术基金会、中国人民大学民国研究所协办的"纪念孙中山先生诞辰 150 周年——爱·怀念"主题展在碧云寺含青斋举办。展览分为：前言、革命理想、志同道合、博爱情怀、结束语 5 个部分，共展出图片 60 余张，实物展品 10 余件。本次展览是公园首次展出关于孙中山革命理想和博爱情怀主题展，首次在三山五园历史文化景区举办展览及首次展出封存 90 年的宋庆龄守灵期间的文物。

（王奕）

【北海公园举办"徐悲鸿杯少年儿童艺术大赛"作品展】 5 月 28 日，首届"徐悲鸿杯少年儿童艺术大赛"开幕式在北海公园阐福寺举办，中国人民大学徐悲鸿艺术研究院院长徐庆平先生、中国书法家协会理事白彬华女士、北京教育科学研究院艺术教研室主任杨广馨出席，并分别向北海公园捐赠《春日》《琼岛春阴》《云蒸霞蔚》三幅书法作品。此次大赛征集了来自西城区 43 所小学的 1600 余件作

文化活动

品，包括绘画类的国画、油画、儿童画等；书法类的楷书、隶书、篆书等。经过专家组评选，选出一等奖65名，二等奖132名，三等奖207名，并评选出6名表现突出的"小艺术家"。本次活动是为了庆祝"六一"儿童节举办的公益性书画展，活动以徐悲鸿大师的艺术教育理念为根本，旨在传承、弘扬中国传统文化，提高广大中小学生书法、绘画水平，提高艺术素养。

（汪 汐）

【中山公园完成唐花坞夏季精品花卉更换】唐花坞夏季精品花卉展自5月31日展出，7月14~15日公园调整花卉，局部更换凤梨2种、火鹤6种共600盆，新增蝴蝶兰、文心兰组合盆栽12组。同期蕙芳园展出墨兰、兜兰、黄金小神童等兰花80余盆。

（中山公园）

【"长河·紫竹院——历史文化展"开展】 6月1日，"长河·紫竹院历史文化展"在紫竹院公园福荫紫竹院正式向游客开放。此次展览共开辟6个展厅，展示面积600余平方米。以公园免票开放10周年为契机，首次系统梳理、全面展示长河与紫竹院的历史渊源，地域发展脉络。展览分为两条主线，一条是长河发展变化，另一条是紫竹院历史文化及发展。通过展板、电视墙、实物、模型等形式，展出双林寺塔模型、仿明清玉片、仿旧奏折、崇庆太后万寿图局部、记载与紫竹院有关的光绪起居注及申报等展品。另外5个展厅，围绕福荫紫竹院历史，展出由中国国家博物馆首席法律顾问、中国书法协会会员、中国收藏家协会法律顾问钱卫清，资深媒体人、古文字学家、收藏家曾力，中国工艺美术家协会会员、中华当代书画研究会副主席、国家一级美术师丁连义鼎力支持，提供的佛像艺术收藏品等136件（组），书写的禅诗、书法、竹画艺术作品90余幅。

（紫竹院公园）

【北京动物园举办珍稀野生动植物摄影展】6月15日，由中国野生物保护协会、中国野植物保护协会主办，北京动物园及中国绿化基金会、中国绿色碳汇基金会、国家动物博物馆协办的"自然精灵"——珍稀野生动植物摄影作品暨打击野生动植物非法贸易查没图片巡回展在科普馆举办。展出的60余幅作品从不同视角展示了自然环境下的金丝猴、黔金丝猴、白颊猕猴等中国重点保护的野生动物。展览于7月8日结束。

（周桂杰）

【陶然亭公园举办《高君宇、石评梅生平事迹》展览】 6月18日，为纪念中国共产党建党95周年，回顾党的光辉历程，讴歌党的丰功伟绩，同时为了更好地服务游客，发挥陶然亭公园爱国主义教育基地的作用，满足游客对于高石墓的参观需求，陶然亭公园根据高石墓周边景观配置，设计、制作完成《高君宇、石评梅生平事迹》展览，共计7块展板。

（刘 斌）

【香山公园举办"中国梦正圆"专题展览】 6月22日至12月31日，为迎接建党95周年，发挥爱国主义教育示范基地作用，香山公园在双清别墅推出"中国梦正圆——十八大以来党中央治国理政新思想新实践"专题展览。展览以图文并茂的展出形式，形成3个临时展区。第一展区以"谋篇布局引领新航程"为题，展示党的十八大以及一中至六中全会精神；第二展区以"治国理政开创新局面"为题，展出"中国梦""两个一百年""四个全面"及"五位一体"等23个党中央治国理政关键词；第三展区以"'两学一做'适应新要求"为题，宣传展示"两学一做"学习教育的指导性内容等。展览由香山公园、人民日报社新媒体中心主办，市公园管理中心主任张勇、人民日报新媒体中心副主任刘晓鹏等领导出席。开幕式上，张勇主任宣布展览开幕；香山公园与周恩来邓颖超纪念馆、西柏坡纪念馆三家红色教育基地互换宣传折页；现场合唱《没有共产党就没有新中国》；张勇主任和刘晓鹏副主任共同邮寄双清明信片。中心办公室、宣传处、西柏坡纪念馆、石家庄市委党校、周恩来邓颖超纪念馆相关负责人及中心所属各单位宣传干部参加，北京电视台、《北京日报》等15家媒体现场报道。

(武立佳)

【"海上翰墨——上海豫园馆藏海派书画名家精品展"闭幕】 6月24日，展览由颐和园与上海豫园共同主办，历时57天。展出豫园园藏海派书画名家作品53件，接待游客28700人次，现已完成撤展及文物点交押运工作。

(颐和园)

【颐和园举办"莲红坠雨"荷花文化展】 7月10日至8月31日，颐和园管理处在主要游览区内举办"莲红坠雨"荷花文化展。根据全园荷花的分布区域，将其分为"稻畦荷影""碧莲霏香""澹宁净友""趣园风荷""新荷奄秀""湖烟清莲""水映菡萏"7个展区，重点在耕织图景区水操学堂院内布置50余个品种盆栽荷花共计300余盆，同时展出颐和园特色盆景50盆并在水操学堂门外摆放荷花文化展板，以丰富展览内容和观赏效果。此次展览共接待游客80万人次，受到游客广泛好评。

(李淼)

【颐和园举办"美人如花隔云端——中国明清女性生活展"】 7月12日，颐和园与北京艺术博物馆联合主办的"美人如花隔云端——中国明清女性生活展"在德和园开幕。展览以女性生活用品为主题，通过北京艺术博物馆95套112件凝结着明清女性生活印迹与丰富情感的历史文物藏品，来解读中国古代女子生活画卷，展现当年婉约佳人们的生活样貌。颐和园和北京艺术博物馆共处文物资源丰富的海淀区，又有着长达数百年的历史文化渊源。同为国家级重点文物保护单位，共同肩负着展示和弘扬中华传统文化，保护各类历史文物的重要责任，进一步加强学术、业务交流，不断深化馆际合作，共同为广大观众提供更多和富有内涵的文化产品。9月12日，展览结束并完成撤展点交工作。展览期间共接待中外游客35000人次，得到社会广泛关注与高度评价。北京电视台、《北京日报》《北京晚报》等11家媒体现场报道。

(王晓笛)

【北京动物园举办"北京动物园保护教育10周年回顾展"】 展览7月13日开始至8月31日结束，由首都绿化委员会办公室、市公园管理中心、北京青少年科技中心主办，北京动物园承办的"北京动物园保护教育10周年回顾展"在科普馆机动展厅举办。展览通过动物园保护教育10年历程、保护教育经验交流、获得荣誉、夏令营10年历程、展望未来、保护教育活动类型、保护教育根据地以及创建宣传教育基地首都生态文明等10个大板块300余幅图片较详实地介绍并展示了动物园开展保护教育活动10年来的成功案例和经验。接待游客近4000人次。

(周桂杰)

【北海公园做好静心斋展览展陈项目开放准备工作】 7月15日，整修古建内部环境，启动新制仿古棚壁装饰及书画贴落装饰施工，预计10月初完工；确定展陈用仿制家具的制作工艺、材质及样式，预计9月下旬完成家具制作；完成安防系统建设方案设计，拟安装监控探头25处，设置红外防入侵报警防区15处。

(北海公园)

【"江山如画"李可染弟子作品邀请展在中山公园蕙芳园举办】 7月15日，展览由中山公园与李可染画院主办，北京皇家园林书画研究院承办，以免费开放的形式向游客展出李可染弟子书画作品60余幅。展览持续到7月31日。

(中　山)

【"荷幽清韵——徐金泊画展"在北海公园阐福寺举办】 7月23日，展览由北京市皇家园林书画研究会、李苦禅纪念馆等单位主办，北京泉林艺苑文化艺术有限公司协办，北海公园承办。集中展出画家徐金泊的荷花、锦鲤等题材绘画作品50余幅。展览持续至7月29日。累计接待游客3200余人次。

(北海公园)

【颐和园举办"寻光觅影 聚焦颐和"摄影展】 8月5日至9月5日，颐和园在东堤沿线举办"寻光觅影 聚焦颐和"微摄影展，展览共设116块展板，展出时间为期一个月。此项活动由颐和园微摄影团队和中国网图片中心提交参选图片，并由中国摄影家协会专业评委对1000余张参选图片进行综合评审与筛选，最终以入围的二十佳优秀摄影作品（含组照）及100余幅（组）优秀作品进行展出。展览期间共接待中外游客12000人次。

(黄　鑫)

【黑山古村落与乡土建筑展在园博馆开幕】 8月15日，"文化原乡·精神家园"中国—黑山古村落与乡土建筑展在园博馆开幕，展览由中、黑两国文化部主办，中外文化交流中心、市公园管理中心、黑山国家博物馆承办，园博馆、中国艺术研究院建筑艺术研究所协办。文化部中外文化交流中心副主任刘红革，文化部外联局副局长陈发奋，中心总工程师、园博馆筹备办主任李炜民，丰台区区委常委狄涛等出席开幕式。文化部、黑山驻华使馆相关负责人分别作为中、黑两方代表为展览揭幕并致辞。展览展出百余幅反映两国古村落与乡土建筑的图片展板，旨在庆祝中国与黑山建交10周年。展览于8月21日结束。

(园博馆)

【颐和园举办首届旅游文创产品展】 8月16日，首届"颐和园旅游文创产品展"在颐和园廊如亭、松堂两处广场顺利开幕。北京市公园管理中心副主任王忠海、主任助理兼服务管理处处长王鹏训、宣传处处长陈志强、北京市旅游委消费促进处副处长解文玉、海淀区旅游委主任曹宇明、北京皇家园林文化创意产业有限责任公司董事长李晓光及部分参与文创产品研发合作企业负责人出席开幕式。

王忠海副主任致辞。曹宇明主任讲话。本届展示活动共分为文化讲堂、研讨交流、营销宣传、评选互动和新品征集五项环节。展期自8月16日至10月8日，共展售文创产品28748件，实现销售收入830891元。其中，吉祥兽回形针书签、特色文化衫、颐和园百年景点明信片、颐和园特色书签、颐和园特色冰箱贴，位居现场销售前五名。11月8日，在中国公园协会、北京市公园绿地协会共同主办的"第十一届北京公园季闭幕式"上，颐和园申报的首届旅游文创产品展活动获得服务民生创新品牌奖。11月29日，"颐和园皇家买卖街官方淘宝店发布会暨颐和园文创产品展评选颁奖研讨会"在颐和园隆重举办。活动分为颐和园皇家买卖街官方淘宝店新闻发布会、北京颐和园旅游文创产品展售评选颁奖典礼、"颐和园文创发展之路"专家研讨3个环节进行。此次活动的举办标志着颐和园首届旅游文创产品展售活动圆满收官。

（赵　霏）

【中山公园举办工笔重彩花鸟画展】　8月20日，由北京市中山公园管理处、北京皇家园林书画研究会联合举办的"宫苑撷英——中国工笔重彩花鸟画家马晋先生师生展"，在蕙芳园举行开幕式。中心副主任王忠海、宣传处、公园及皇家园林书画研究会领导及新闻媒体记者、书画界同仁70余人莅临参加。开幕式结束后，赵又弘先生将《八骏图》赠予中山公园。展出马晋先生绘画真迹《八骏图》和《柳下双骏图》等60余幅。开幕当天，接待800余名游客参观。

（刘倩竹）

【北海公园举办北海建园850周年纪念展】　8月22日，"苍烟如照——北海建园850周年纪念展"在北海公园阐福寺景区举办。展览由北海公园、李可染画院联合主办，北京皇家园林书画研究会承办。展览分为3个展室，展览面积391平方米，展出李庚、周玉兰、王海昆、闫玻等66位画家的60余幅作品。展览将持续至8月30日。

（北海公园）

【景山公园举办"夏日光影"摄影展】　8月30日，景山公园在东大墙橱窗举办"夏日光影"摄影展。本展览由新浪爱拍网、中国国家公园网主办，展出的30幅摄影作品是以夏季为主题，面向大众评选出的优秀摄影作品。

（韩佳月）

【北京动物园举办"布拉格动物园图片展"】
8月30日，"布拉格动物园图片展"在北京动物园开幕。市公园管理中心主任张勇主持开幕式，北京市副市长林克庆、布拉格市市长科尔娜乔娃分别致辞。捷克驻华使馆副馆长尤乐娜、布拉格市市政委员沃尔夫、布拉格动物园园长博贝克等布拉格市代表团成员、北京市外办副主任向萍、中心副主任王忠海、北京动物园园长吴兆铮以及相关媒体参加开幕式。与会嘉宾参观了"布拉格动物园图片展"，到熊猫馆观看大熊猫行为训练并参与互动，对北京动物园的动物饲养水平给予高度评价。"布拉格动物园图片展"在动物园正门北楼一层展厅展出。此次展览通过31幅宣传展板、书籍、光盘及布拉格特产等实物向公众展现布拉格城市历史与文化、布拉格动物园与北京动物园合作及布拉格动物园动物保护方面取得的成果，助推两市间友好城市合作形成实质性成果。展览持续到 10 月 31 日。《新京报》《北京晨报》《北京娱乐信报》《法制晚报》《首都建设报》等多家媒体对此次活动进行了采访报道。

（徐　敏）

【香山公园完成建园60周年老照片展布展工作】　9月2日，展览分前言、御苑旧影、香慈印象、峥嵘岁月、后记五部分，展出珍贵图片百余张，图文并茂展现香山历史沿革及旧景风貌、慈幼院及民国期间香山景致、20世纪80年代至今公园修复的各处景观等。展览于9月3日至12月31日展出。

（香山公园）

【景山公园举办"从前的记忆"——景山老照片展】　9月3日，景山公园在公园西侧宣传橱窗推出"从前的记忆"——景山老照片展，共展出景山历史照片46幅，照片内容包括绮望楼、五亭、寿皇殿等古建筑、景山全景及历史人物。

（韩佳月）

【"云南怒江生物多样性摄影展暨《怒江高黎贡山自然观察手册》首发式"】　9月4日，由云南省怒江傈僳族自治州人民政府主办，北京动物园、云南省怒江傈僳族自治州林业局、云南高黎贡山国家级自然保护区怒江管护局、《中国国家地理》图书、影像生物调查所（IBE）共同协办的此图片展在动物园科普馆开展。展览旨在通过展出的60幅精美的图片来领略怒江州的自然之美，本次影展的照片全部来自于云南高黎贡山国家级自然保护区怒江管护局联合影像生物调查所（IBE）开展的3次野外调查和拍摄，包括怒江金丝猴、滇金丝猴、戴帽叶猴等10种灵长类，还有鸟类、两栖爬行类和昆虫等珍稀野生动物的清晰影像。国家林业局保护司、怒江州人民政府州长和动物园相关领导出席了开幕式。园长吴兆铮致欢迎词，怒江州人民政府州长讲话，并向动物园赠书。开幕式后，在科普馆报告厅邀请了影像生物调查所（IBE）所长徐健和云南高黎贡山国家级自然保护区王新文分别作了"怒江生物多样性调查"和"怒江金丝猴"科普讲座，吸引了150余名游客的积极参与。展览于11月1日结束。新华社、中央电视台、《中国日报》等13家媒体现场报道。

（周桂杰）

【香山公园完成致远斋展览展陈二期提升项目】　9月5日，香山公园完成致远斋展览展陈二期提升项目，包括在韵琴斋举办"香山印记——纪念香山公园建园60周年老照片展"，在听雪轩西侧庭院添加《诫子书》拓片体验互动项目，提升游客参与性与体验性，完成韵琴斋殿内"空籁琅璈"匾额的制作安装工作。匾额设计以《道光十六年致远斋内务府陈设档》记载为依据，参照"智仁山水德"匾的样式并加以创新，使致远斋展陈内容得到丰富和提升。

（王　奕）

【中山公园举办俄罗斯油画展】　9月7～18日，"翱翔的鹰隼——俄罗斯精品油画展"在皇园艺术馆举办，展出俄罗斯功勋画家卡拉霍夫、俄罗斯美术家协会会员利特维诺夫等画家油画作品40余幅。

（刘倩竹）

【北海公园进行"菊香晚艳"故宫博物院菊花展布置工作】 9月9日，展览由故宫博物院、市公园管理中心、开封市人民政府共同主办，北海公园、开封清明上河图股份有限公司协办，于9月27日至10月16日举办。公园将配合故宫博物院永寿宫及延禧宫内菊花主题文物书画展，在院内分别摆放"菊扬仁风""菊益照心"主题花坛及多个博古架，展示公园自主培育的各式品种菊、菊花盆景，总计使用各式花卉近万盆。

（北海公园）

【景山公园举办中秋御园盆景展】 9月9~16日，景山公园举办主题为"中秋御园盆景展"的展览活动，为期8天。展览分为两个盆景展示区及一个盆景科普知识展，展示区所展出的盆景主要以盆景协会现有盆景为主，作品形态各异，品种繁多，包括石榴、紫薇、松柏类等盆景共计10余个品种，60余盆，分别放置于绮望楼平台和科普园艺中心内。

（黄 存）

【《花语植觉——原创艺术画展》在北京植物园开幕】 9月10日，《花语植觉——原创艺术画展》在植物园开幕。展览由植物园与奥伦达花友汇联合举办，展出花鸟、田园风光等内容的创意押花作品共65幅，展览活动期间还将开展押花画制作、中秋团圆押花花盘制作、中式插花体验、押花书签制作等丰富的互动体验课程，以此增加公众对押花艺术的认知和对自然的热爱。

（古 爽）

【颐和园举办"太后园居：颐和园珍藏慈禧文物特展"】 9月10日，颐和园与常州博物馆、北京华协文化发展有限公司共同主办的"太后园居：颐和园珍藏慈禧文物特展"在常州博物馆开幕。北京市公园管理中心副巡视员李爱兵，颐和园管理处党委书记李国定、颐和园副园长周子牛，北京华协文化发展有限公司董事长汤毅嵩，常州市政协副主席朱剑伟，常州市人大教科文卫工委主任曹建荣，常州市政协文史委员会副主任朱晔，常州市文广新局副局长周晓东，常州博物馆馆长林健等及常州地方媒体参加此次开幕式。展览以慈禧在颐和园的居园生活为主题，下设"起居服用、文娱雅好、寿礼供奉、舶来奇珍"4个章节，通过各类文物展品105件(组)，从不同侧面多角度反映颐和园的文化价值和晚清宫廷的文化品位、工艺水平和历史特点。展览持续到11月17日，全部展品文物于11月19日安全运抵回园。展览期间共接待中外游客18000人次。

（卢 侃）

【"东城区非物质文化遗产展"在天坛公园举办】 9月12日，展览由东城区委、天坛公园管理处、东城区非物质文化遗产保护中心联合举办。在北天门至皇乾殿道路两侧摆放包括"中和韶乐"在内的59项东城区"市级非物质文化遗产"项目展板60块，面向广大游客宣传中华民族优秀传统文化，弘扬非遗技艺及"工匠精神"。

（天 坛）

【北京植物园举办第二届苦苣苔植物展】 9月18日，北京植物园举办第二届苦苣苔植物展。展出堇兰、非洲堇、石蝴蝶等150种(含品种)近200盆苦苣苔科植物，此次展览最大亮点是首次展出垂筒苣苔，这也是垂筒苣苔

文化活动

首次在国内展出。此次展览除展示植物园收集和培育的苦苣苔外,还展示国内各地30余名苦苣苔爱好者培育的苦苣苔精品。展览至9月25日结束。

(北京植物园)

【中山公园举办第12届金鱼文化展暨中国渔业协会金鱼分会第一届品鉴会】 中山公园于9月22~26日在社稷坛东侧"愉园"举办第12届金鱼文化展暨中国渔业协会金鱼分会第一届品鉴会。此次金鱼展在原有金鱼长廊的32个展缸的基础上,增加了150个鱼盆,展示了龙晴蝶尾、虎头、狮头、国寿等10个组别的150尾精品中国传统金鱼。金鱼协会聘请的专家评委将评出各组优秀品种金鱼,作为金鱼品种养殖标准在行业内进行推广。在展区内,游客不仅可以垂钓小金鱼享受童趣,还可与专家评委一起品鉴、欣赏名贵传统金鱼。展览免费向游客开放,22日开展当日,共接待游客400余人。

(中山公园)

【中山公园举办画堂秋作品展】 9月24日,由北京市中山公园管理处、北京皇家园林书画研究会联合举办的"画堂秋"徐庆平、徐骥父子作品展,在蕙芳园举行开幕式。中心副主任王忠海、公园园长李林杰、皇家园林书画研究会会长刘博朗等领导及新闻媒体记者、书画界同仁50余人莅临参加。开幕式结束后,画家徐庆平先生将精心创作的《大林寺桃花》书法作品赠予中山公园。展出书画作品30余幅。开幕当天接待游客500余名。

(刘倩竹)

【北海公园举办"海纳百川——北海园藏书画展"】 9月24日,"海纳百川——北海园藏书画展"在阐福寺开幕。本次画展共展出的41幅作品,时间跨度为清代至1980年,题材包括宫室画作、民国书画、毛主席诗词及历年笔会佳作,均具有较高的艺术价值。展览持续至9月28日,累计接待游客15000余人次。

(汪汐)

【颐和园举办"来自草原丝绸之路的文明——鄂尔多斯青铜器特展"】 9月28日,由颐和园与鄂尔多斯青铜器博物馆共同主办的"来自草原丝绸之路的文明——鄂尔多斯青铜器特展"在德和园开幕,并举办新闻发布会。此次展览共展出中国北方早期游牧民族文化具有代表性的各类器物227件,其中一级文物10件,二级文物26件。鄂尔多斯青铜器博物馆馆长王志浩,北京市公园管理中心主任助理兼服务管理处处长王鹏训、颐和园园长刘耀忠、副园长秦雷出席新闻发布会,北京电视台、《中国日报》《北京日报》《北京晚报》《北京青年报》《新京报》《信报》《法制晚报》等媒体对展览进行了深入报道。11月16日,展览结束并完成撤展点交工作。展览期间共接待中外游客22000人次。

(卢侃)

【颐和园举办"盛世菁华——乾隆文物精品展"】 9月28日,颐和园在沈阳故宫博物院举办"盛世菁华——乾隆文物精品展",颐和园党委书记李国定,沈阳故宫博物院院长兼党委书记白文昱参加发布会并致词。该展览是颐和园与沈阳故宫博物院第四次合作联合举办的专题展览,更是沈阳故宫博物院90周

325

年院庆所推出的特色展陈项目,体现了颐和园与国内重要文化遗产单位和博物馆之间业务交流的扩大。此次展览共展出颐和园藏文物37件(套),同时沈阳故宫博物院配合此次展览提供了包括瓷器、绘画类文物共计90件(套)。12月21日,展览结束并完成撤展点交工作。展览期间共接待中外游客24000人次。

(王晓笛)

【北海公园协同举办北京市第十九届根石艺术优秀作品展】 9月30日,北京市第十九届根石艺术优秀作品展在北海公园开幕。本次展览由公园与北京市根艺研究会共同主办。主景区设在阐福寺,共展出根艺研究会全市各区会员创作的260余件精品新作并将在展出后进行评选。展览持续至10月7日。

(汪 汐)

【颐和园举办"广州民俗风情展"】 10月1日,"广州民俗风情展"活动在八方亭广场举办开幕式,中国公园协会副会长、公园管理专业委员会主任、颐和园园长刘耀忠,中国公园协会副会长、公园文化与园林艺术专业委员会代表、中国园林博物馆书记阚跃,中国公园协会公园管理专业委员会副主任、天坛公园园长李高,广州市林业和园林局副局长陈迅、北京市公园管理中心宣传处处长陈志强,以及广州市迎春花市节庆活动组委会办公室副主任谢海涛、广州市林业和园林局公园景区管理处处长张永建、广州市越秀公园主任王昱、广府庙会组委会执行导演、广州市越秀区文化馆馆长何愿飞共同参加开幕式。颐和园举办"广州民俗风情展"由中国公园协会公园管理专业委员会、中国公园协会公园文化与园林艺术专业委员会、广州市迎春花市节庆活动组委会、广州市林业和园林局以及中共广州市越秀区委宣传部联合主办,颐和园与广州庙会组委会办公室、广州市越秀区文化广电新闻出版局、广州市越秀公园组织承办。仪式上,李高、阚跃、陈迅、陈志强、王昱、刘耀忠分别代表单位进行发言。随后,"广州民俗风情展"活动正式在颐和园拉开帷幕。"广州民俗风情展"活动,一方面,立足公园平台,推广广州民俗文化,让北方游客领略到南方特有的过节风俗;另一方面,进一步加强颐和园与越秀公园的深度合作交流,为今后开展更多形式的合作交流奠定基础。"广州民俗风情展"在东堤沿线向游客展示240余幅宣传、推介展板,10月31日展览结束,累计接待游人60万人次。

(杨 华)

【北京植物园举办"重温光辉岁月 再展红色经典"之游走长征路活动】 10月18日,"重温光辉岁月 再展红色经典"之游走长征路——800米长征画卷展暨红色旅游资源推介活动在植物园举办。活动由市旅游委主办,北京植物园承办,在中轴路铺设800米长征画卷,向游客推介红色旅游资源。国家旅游局副司长、红色旅游协会室常务副主任胡呈军、市旅游委副主任于德斌、中心党委副书记杨月及北京市委党史研究室、江西省瑞金市旅游委相关领导出席。活动现场,胡呈军副主任、杨月副书记向北京16个红色景区代表授牌,启动长征沿线旅游专列。期间还向北京理工大学代表捐赠书籍,为3列红色旅游专列授旗。中心办公室、植物园相关负责人及北京理工大学学生300余人参加。

(古 爽)

文化活动

【"北京市文学艺术界联合会书画创展基地"揭牌仪式在颐和园举行】 10月25日,此活动由市文联、颐和园管理处联合主办,旨在弘扬中国传统文化,展示宣传中国历史名园魅力。市文联、颐和园、北京书法家协会、北京美术家协会相关负责人出席并为基地揭牌。基地成立后将依托市文联艺术人才和颐和园古建文物资源,每年策划历代皇家园林书画展,不定期邀请书画名家、艺术院校师生进行创作、展示。仪式后,书画名家作品颐和园邀请展在谐趣园开幕,展出北京美协、北京书协会员60余幅作品,展览持续到11月下旬。

(颐和园)

【北海公园做好第12届中国(荆门)菊花展览会参展工作】 菊展于10月28日至11月28日在湖北省荆门市植物园举办。公园精心筹备参展花卉,准备标本菊、案头菊、盆景菊等展台布展用花800余盆;培育参赛专项菊花品种40余盆,斗菊用花50余盆。

(北海公园)

【中心离退休干部书画展在玉渊潭公园开展】 10月28日至11月11日,北京市公园管理中心离退休干部"颂党恩·话发展·纪念中国共产党建党95周年"书画展在公园玉和集樱展室开展。共展览离退休干部书画作品52幅,其中绘画作品22幅,书法作品30幅。

(王智源)

【中山公园菊韵盈香菊花精品展】 10月29日至12月4日,历时37天。在唐花坞展出传统品种菊、屏风菊、多头菊等百余种千余盆。展览期间接待游客9000余人次。

(唐 硕)

【中山公园举办国庆花卉精品展】 11月9日,中山公园举办纪念孙中山先生诞辰150周年系列展览。中山公园为广大市民及游客精心准备了室内外两项展览,一是在公园七间房展厅举办"纪念孙中山先生诞辰150周年——孙中山·宋庆龄特展"。2016年是孙中山与宋庆龄结婚101周年,展览以"苦乐童年""光明探索""精诚无间""同忧乐""笃爱有缘""共生死"及"精神永存"七大主题铺陈叙述,展出了两位伟人在革命道路上携手相伴的真挚情感,共展出珍贵图片资料150余幅。二是在五色土南侧银杏大道举办"纪念孙中山先生诞辰150周年——孙中山先生生平事迹展览",展览通过22块展板、70余幅珍贵历史照片再现了孙中山先生在不同历史时期心系祖国、为国奉献的爱国精神。本次展览于11月9~30日免费向公众开放。

(中山公园)

【西城区展览路街道夕阳红摄影展在北京动物园科普馆举办】 11月14日,西城区展览路街道老年协会会员在北京动物园科普馆举办夕阳红摄影展,用100余幅精美的摄影作品,表达对祖国最美好的祝福。此次展出的摄影作品涉及了风光、花卉、人文、生态等方面。

(周桂杰)

【陶然亭公园设计安装"纪念红军长征胜利80周年"主题展板】 11月17日,陶然亭公园落实中心党委《关于组织开展红军长征胜利80周年主题教育活动的通知》精神,公园党委设计安装"纪念红军长征胜利80周年"主题展板8块。为纪念红军长征胜利80周年,充分发挥公园爱国主义教育基地作用,结合主题教育系列活动,公园自行设计、制作、安装主题展板。公园将展板设置在慈悲庵下，与公园慈悲庵、共产党人主题公园等"红色游"旅游线路融为一体，便于游客参观游览。

（王 帆）

【中心"弘扬伟大长征精神 走好今天的长征路"公园主题展在玉渊潭公园少年英雄纪念碑广场举办】 11月23日，展览以习近平总书记在纪念红军长征胜利80周年大会上的重要讲话为根本，按长征史实和关键结点编辑制作主题展。市公园管理中心宣传处负责人主持仪式，介绍主题展内容及意义，中心党委副书记杨月给少年英雄纪念碑颁发"爱国主义教育基地"牌示，授予中心系统15家单位弘扬长征精神的主题旗帜。宣传处面向各单位发放弘扬长征精神测试答题，集体观看主题展览，号召将参观学习主题展当成一次"两学一做"党日教育活动，发挥公园红色教育基地的价值。各单位职工代表宣读个人感言，全体人员分三路举旗开展环湖长征徒步走。中心组织人事处、服务处、办公室负责人及各单位主管领导、宣传干部、党团员代表110人参加，《北京日报》等部分主流媒体现场报道。

（宣传处）

【北海公园举办庆祝建党95周年书画艺术展】 11月26~27日，"一路花开、健康相伴"庆祝中国共产党成立95周年书画艺术展在北海公园阐福寺景区举办。展览由北海公园、内蒙古蒙牛乳业（集团）股份有限公司主办，北京天舒容达文化传媒有限公司承办，北京皇家园林书画研究会协办。国务院参事忽培元、民政部基层政权和社区建设司副司长汤晋苏、中央党史研究室宣传教育局副局长薛庆超、北京市公园管理中心副主任王忠海、中国一级画家贾平西、中央民族大学教授傅以新以及公园党委书记吕新杰、园长祝玮出席开幕式。开幕式上，中国书法家协会理事刘俊京、中国书画艺术家协会执行会长刘兆平分别向公园捐赠书画作品。本次展览分为3个展室，展览面积391平方米，共展出张书范、孟凡禧、刘玉楼、邢少臣、崔子范等48位书画家的书画作品70余幅，展览期间共接待游客8000余人。

（汪 汐）

【景山公园关帝庙展览展陈竣工验收】 11月29日至12月2日，景山公园关帝庙展览展陈项目完成公园、四方、中心三重竣工验收工作。11月29日，景山公园组织各科队对关帝庙展陈项目进行现场竣工验收，各部门按照职能分工，对施工材料、施工技术、展示效果、安全、文创等逐项进行查验，一致通过验收。12月2日上午，公园组织召开竣工四方验收会议，设计单位、施工单位作简要项目汇报，监理单位、建设单位审查项目材料后，完成竣工验收。12月2日下午，中心服务处、保卫处对关帝庙展览展陈项目进行现场检查，对展览效果、安全设施、文创产品等进行逐项检查，同意验收并提出相关要求。

（刘翌星）

【紫竹院公园丰富行宫文化展内容】 12月8日，在保留原有"长河·紫竹院"历史文化展基础上，增加精品白瓷、青瓷作品展。展出白瓷作品188件（组）、青瓷75件（组）及书画作品53幅。展览将持续至2017年3月12日。

（紫竹院公园）

文化活动

【景山公园举办《"美丽中国·山地之旅"中国·贵州黔西南州摄影作品展》】 12月23日,景山公园在东大墙橱窗举办《"美丽中国·山地之旅"中国·贵州黔西南州摄影作品展》。本次展览与中国国家公园网合作,共展出19幅摄影作品,展示了贵州黔西南州的山川景色、历史文化和风土人情。

(刘翌星)

【玉渊潭公园举办多项摄影展】 年内,玉渊潭公园"玉和光影"摄影展廊举办多项摄影展。3月24日,"助力冬奥、畅游西山、驰名海驾摄影联赛暨庆祝海淀驾校成立30周年摄影作品展"在"玉和光影"摄影展廊正式开展,本次展览由海淀区汽车驾驶学校主办,北京国艺光影文化传播有限公司承办,玉渊潭公园管理处协办,共展出作品72幅,呈现了北京大西山地区丰富的人文景观和优美的自然风景。同日,黄柏山风光摄影作品展在"玉和光影"摄影展廊正式开展,此次展览由中国风景名胜区协会、黄檗山旅游综合开发有限公司主办,中国风景名胜区协会摄影专业委员会承办,共展出作品83幅,展现了黄柏山四季分明的自然风光。5月6日,"大美桓仁"摄影展在"玉和光影"摄影展廊正式开展,本次展览由中共桓仁满族自治州、桓仁满族自治县人民政府主办,本溪市摄影家协会、桓仁满族自治县摄影家协会、中国国家公园网承办,北京国艺光影文化传播有限公司、北京市玉渊潭公园管理处协办,共展出摄影作品76幅,展现了桓仁满族自治县优美的自然风光和绝佳的生态环境。"六一"儿童节之际,公园在"玉和光影"影廊举办了主题为"茁壮成长 传递幸福"的第五届职工子女摄影展。展出了百余张孩子们的幸福照片以及父母育儿心得,记录了孩子们茁壮成长的美好瞬间。8月1日,公园第十三届"春到玉渊潭"摄影比赛获奖作品展在公园"玉和光影"百米影廊开展,展出摄影作品共111幅,其中包括本届获奖作品42幅以及部分历届获奖作品69幅,记录展示玉渊潭公园的绚烂樱花景观以及游客游览精彩瞬间,吸引更多游客关注玉渊潭公园的发展建设,了解玉渊潭的历史文化。9月25日,首届"光影乐晚年——北京老人拍身边老人"摄影作品展在公园玉和影廊开展,此次展览由北京市民政局、北京社区报主办,玉渊潭公园协办,共展出78幅获奖作品,体现了老年人良好的精神风貌和积极向上的生活态度,彰显出首都和谐、宜居的美好环境。

(薛 莲 秦 雯 杨春莹)

文化研究

【颐和园印制《颐和园》杂志第12期】 2月,颐和园启动《颐和园》杂志第12期组稿工作,5月12日印制完成。杂志内设园史钩沉、聚焦名园、文物鉴赏、园林建筑、争鸣园地、遗产经营等十余个版块,刊登稿件15篇,发放400余册。

(付一鸣)

【颐和园出版发行《传奇见证——颐和园南迁文物》】 抗日战争时期，由故宫博物院组织实施的国宝南迁是中国近代文物保护史上的不朽传奇，其中有2000余件颐和园文物曾参与南迁。2015年12月至2016年2月，颐和园举办"传奇·见证——颐和园南迁文物展"，作为纪念中国人民抗日战争暨世界反法西斯战争胜利70周年的献礼。在此次展览的基础上，颐和园精选140件（组）文物及相关学术论文编著《传奇·见证——颐和园南迁文物》一书，8月，该书由五洲传播出版社出版发行。

（卢侃）

【《中国古建筑测绘大系·园林建筑北海》出版发行】 3月29日，全书88.2万字，精选580幅测绘研究图纸，展现了北海团城、琼华岛、太液池东岸、北海北岸等四大景区中各古代建筑的结构、布局，由中国建筑工业出版社出版发行。

（北海公园）

【《中国园林博物馆学刊》正式创刊】 5月25日，该《学刊》由中国园林博物馆主办，中国建筑工业出版社出版发行，旨在为风景园林、文博等行业搭建学术交流平台。市公园管理中心总工程师、园博馆筹备办主任李炜民，中心主任助理、园博馆筹备办党委书记阚跃担任主编，中国工程院院士孟兆祯任名誉主编，并题写刊名及序言。《学刊》主要刊登园林与博物馆理论研究、园林历史、园林技艺、园林文化、藏品研究、展览陈列和科普教育等方面的学术论文、研究报告、简报、专题综述等内容。

（园博馆）

【《清宫颐和园档案·陈设收藏卷》编撰工作取得阶段性成果】 6月3日，此部收藏卷是继政务礼仪卷、园囿管理卷、营造制作卷后的又一部颐和园清代档案资料汇编，主要记载各殿堂庙宇内物品陈设等内容：与中国第一历史档案馆合作，查找乾隆至民国（宣统）年间关于颐和园陈设档案文件1012件、图片16672张；筛选并精简档案资料279件、图片4824张。

（颐和园）

【景山公园录入数据库资料】 6月16日，景山公园进行《中国名胜典故》《清代起居注册光绪朝》《北海景山公园志》文字资料；景山专家口述历史音频资料；《北京古城宫苑丛谈》《清代各部院则例》以及"市文物组、市文化局关于景山公园纪念碑保留问题的函"复印纸质史料的整理，并进行数据库录入。

（韩佳月）

【中国园林博物馆召开风景园林学名词第二次审定会】 7月12日，会议由风景园林学名词审定委员会秘书长、北京林业大学教授刘晓明主持，中心总工程师兼园博馆筹备办主任李炜民出席。园博馆和天坛公园分别汇报名词条目修订进展情况，与会人员对交叉重复名词等问题提出具体修改意见。下一步园博馆将按名词委的要求，与天坛公园共同完成园林艺术名词的撰写工作。名词委相关负责人及特邀委员10余人参加。

（园博馆　天坛公园）

【景山公园完成冬奥会相关材料报送工作】 7月14日，景山公园完成北京2022年冬奥会和冬残奥会举办城市对外参观单位手册所需

文化活动

材料报送工作。报送材料按照通知要求，语言通俗易懂，文字简练，突出公园特色亮点，材料内容包括景山公园总体介绍、园内著名景观、建筑介绍以及公园特色花卉介绍等。

（刘翌星）

【《景观》杂志北海特刊出版】 《景观》杂志北海特刊于7月27日完成印刷出版工作，本期特刊共100页，登刊文章24篇约8万字，选用照片100余张，印刷5000册。本刊从2016年1月开始进行纲目设置、文章选定、照片收集工作，并向社会及全园各科队进行征稿，得到了全园各科队的大力支持。特刊于6月初完成定稿，于7月底顺利出版发行。为筹备本期纪念专刊，文化研究室初选名家文章21篇并向全园征集文章照片，得到了全园各科队的大力支持。共收到园内投稿21篇，照片166张，绘画两张。此外，还收到社会投稿3篇。特刊最终精选19篇文章作为本期期刊的主要内容，其中包括专家稿件10篇，本园职工投稿9篇。

（于 宁）

【陶然亭公园完成《中华书画家》投稿工作】 7月，陶然亭公园文研室完成国务院参事室主管、中央文史研究馆主办的学术月刊《中华书画家》杂志"纪念建党95周年书画专辑"的稿件"红色梦 革命魂：陶然亭公园慈悲庵史事"，并提供图片十余幅。文章详细回溯了陶然亭慈悲庵的革命史，带领读者回顾了此地深厚的红色文化，向中国共产党建党95周年纪念献礼。文章刊登在《中华书画家》杂志2016年第7期（总81期）。

（田 婧）

【《北京志·园林绿化志》编委会召开志书复审评议会】 8月3日，市园林绿化局局长邓乃平主持会议，回顾前期工作和取得成果。主编甘敬指出，由市园林绿化局承编，市公园管理中心参编完成的《北京志·园林绿化志》，真实地展现了北京市园林绿化事业发展进程中出现的新情况、新事物、新政策、新成果，勾勒出20年北京市园林绿化事业的巨大成就。王忠海副主任对下一阶段工作提出建议。志书副主编李永芳、谭天鹰及编辑部人员参会。

（李 妍）

【中山公园收集清代社稷祭坛五色土电子档案】 8月4日，在中国第一历史档案馆查阅、复制清代《五朝会典》中涉及社稷坛坛土资料，摘录康熙至嘉庆朝《大清会典》等6卷3500余字，为五色土土源地调研工作提供翔实的史料依据。

（中山公园）

【景山公园完成课题论文初稿撰写】 8月16日，景山公园完成《景山历史文献资料数据库》课题论文初稿撰写。论文共分为绪论、历史文献资料数据库的建设、景山历史文献资料收集与评价、景山历史文献资料数据库4个篇章，并附有2000余条历史文献。

（韩佳月）

【陶然亭公园完成《陶然文化》书籍供稿工作】 8月，在陶然亭公园配合下，历时两年的《陶然文化》一书经五次修订，由人民日报出版社出版。两年间，陶然亭公园收集、整理、编辑相关资料，提供文字材料5万余字，照片数十张，先后校稿40余万字，为西城区陶然亭街道陶然文化研究会提供了大量重要信息。此书从历史文化和现代文化入手，梳理陶然文化资源，挖掘陶然文化精髓。

(田婧)

【景山公园完成数据库信息化管理体系建立】 9月20日，景山公园完成"景山历史文献资料数据库"信息化管理系统的建立。数据库主程序为 Vs. net2012，开发环境为 MS SQL2012，运用了 c++、Asp. net2.0 等开发语言。数据库设置了密码保护，确保了安全使用。另外，数据库在文字描述的基础上增加了图片信息、视频信息。采用多种检索方法，包括分类检索、标签检索、关键词检索等。

(韩佳月)

【北海公园《韩墨北海书画集》出版发行】 9月，北海公园《翰墨北海书画集》正式出版发行。为纪念北海御苑建园850周年，公园选取园藏的明朝至现代的书画作品，经光明日报出版社出版发行了《翰墨北海书画集》一书，全书11.7万字，展示了梁启超、聂荣臻、李苦禅、启功等社会名流、国家领导人及书画艺术家的137幅作品并附作品简介。

(张冕)

【颐和园参加第12届清代宫廷史研讨会】 10月16~19日，颐和园参加由中国清代宫廷史研究会主办、沈阳故宫博物院承办的"纪念沈阳故宫博物院建院90周年暨第12届清代宫廷史研讨会"，国家清史编纂委员会副主任朱诚如、故宫博物院副院长任万平、中国第一历史档案馆副馆长李国荣等知名专家和学者参会，来自中国社会科学院、北京大学、故宫博物院以及各地方博物馆、高校等近百名专家学者参与学术交流。会议主要研讨清宫文物档案、皇家宫殿园苑陵寝、清朝历史人物、清宫历史与文化、满族文化等学术内容。

(肖锐)

【景山公园召开景山五方佛专家研讨会】 10月26日，景山公园召开五方佛专家研讨会，讨论佛像形式及工作进展。经专家研究讨论，形成一致意见：一是景山位置重要，恢复五方佛工作要慎重。二是形制上，景山五方佛能否确定为藏式佛像，需再做进一步工作，要有依据和解释，在宗教问题上必须谨慎。三是通过网站、报纸等媒介继续搜寻景山五方佛资料、照片。四是工作流程上继续推进，并积极与文物局、佛教协会联系。

(刘翌星)

【颐和园完成《皇家园林古建筑防火对策探究与应用》课题研究】 北京市公园管理中心安全应急处与颐和园共同承担的《皇家园林古建筑防火对策探究与应用》课题，于2014年10月开题，历时3年。颐和园作为该课题的主责编写单位，通过调查研究颐和园古建筑防火措施与国内著名景区建筑防火措施的应用和特点，完成了对颐和园古建筑基本情况、主要历史时期防火对策以及古建筑消防安全管理现状的调研。11月16日，本课题经过专家评议，完成了规定的任务和考核指标，达到了预期目标，顺利通过验收。

(杨娜)

【景山公园完成《景山历史文献资料数据库》课题结题验收工作】 11月22日，景山公园完成《景山历史文献资料数据库》课题结题验收工作。《景山历史文献资料数据库》课题于2014年开题，经过3年调研，课题组收集整理景山历史文献4157条，构建资料数据框架，完成景山历史文献资料数据库的建立。验收会上，课题组汇报了课题开展情况，演示了数据库操作运行。与会专家经过讨论，一致同意通过验收，并建议继续开展景山历史文献的收集和整理工作，更新与完善数据库系统，继续细分资料分类，增设关键词关联等功能。副园长温蕊、中心科技处工作人员、课题组成员参加本次会议。

（刘婴星）

【颐和园完成《清宫颐和园档案陈设收藏卷》编辑工作】 12月31日，颐和园管理处与中国第一历史档案馆合作编辑的《清宫颐和园档案》系列丛书，完成第四卷"陈设收藏"卷的资料编辑工作，计划由中华书局出版发行。工作人员共审核档案报1012件，图片16672张，内容为清漪园颐和园时期，乾隆朝至宣统园内各殿堂庙宇内各物品陈设的档册、清册、皇册等。档案经拣选、整理后，共保留文件包278件，图片4791张，共计出版图书18册。"陈设收藏"卷为《清宫颐和园档案》的收官之作，前三卷"政务礼仪"（10册）"园囿管理"（4册）"营造制作"（8册）已出版完成。

（孙 萌）

【颐和园完成《颐和园（清漪园）管理机构沿革研究》课题研究】 颐和园承担的北京市公园管理中心科研课题《颐和园（清漪园）管理机构沿革研究》于2015年开始，12月结题。课题通过大量档案史料的收集整理，全面梳理颐和园（清漪园）各历史时期管理机构的构成、职能和管理模式的发展演变；对比故宫、避暑山庄等历史名园的管理机构建制与管理模式；分析颐和园现行管理体制的优劣势，为管理模式的改进提供科学依据，并提出今后的发展思路。

（曹 慧）

【北京植物园出版建园60周年纪念画册】 为庆祝北京植物园建园60周年，北京植物园特编辑出版《桃园秀色——漫步北京植物园》画册，画册自6月开始筹备，共收录46位作者约200幅图片，画册以春、夏、秋、冬植物园景观为主，辅以植物特写，展示建园成果。

（古 爽）

【玉渊潭公园万柳堂文化研究】 年内，玉渊潭公园推进万柳堂文化研究工作。8月，按照中心科技工作要求，结合玉渊潭公园实际情况，公园向中心申请《万柳堂园林格局与建筑风格研究》课题立项。立项后，公园邀请天津大学张龙教授来园实地调研公园新建的万柳堂前院景区建设工程，深入沟通合作事项，就玉渊潭万柳堂的园林格局与建筑风格进行专题研究，促进玉渊潭万柳堂项目落地，为后续的项目选址、方案设计奠定基础。

（胡 玥）

【玉渊潭公园完成首部玉渊潭诗选编纂工作】
年内，玉渊潭公园持续挖掘公园历史文化，完成首部《玉渊潭诗选》编纂工作，诗文内容甄选自《玉渊潭公园（钓鱼台）文史资料集》，共收录了金代至民国百余首诗歌，为今后深入研究、传承公园800余年历史与文化提供翔实的历史文献资料。现书籍已正式出版，印制精装版、简装版共4900余册。

（王智源）

【天坛公园参与《风景园林学名词·风景园林艺术名词》编写工作】 年内,天坛公园与中国园林博物馆合作,参与中国风景园林学会承担的《风景园林学名词》风景园林艺术名词一章的编写工作,根据专家意见及编审委员会要求对名词构架等进行多次调整,初步完成了以品题艺术、陈设艺术、装饰纹样等类别为主体的风景园林艺术名词定义的编写工作。

(袁兆晖 段 超)

【《天坛公园志》(续)编纂工作】 年内,完成二轮志书《园林》篇目资料收集整理工作,园林篇共设四章十一节,整理资料近11万字。开展二轮志书《文化篇》和《服务篇》篇目资料收集整理工作,两篇共计九章二十七节。通过查找档案充实资料内容,已完成近10万字的资料收集整理工作。

(邓 华)

特色活动

【颐和园举办第二届冰上健身活动】 1月1日,第二届"圆梦冬奥,相约颐和"冰雪活动在颐和园昆明湖开幕。颐和园冰上活动场地(以下简称"冰场")共设有5个出入口分别位于玉兰堂、排云殿、玉带桥、南湖岛、铜牛,总面积达70万平方米。开设单人冰车、双人冰车、冰上自行车、电动碰碰车、电动冰船、电动冰狗、电动逍遥车等冰上游乐项目。冰场开放35天共接待游客35000余人次,日均最高接待游客量达3000余人。在安全管理方面,颐和园制订了《冰上活动安保方案》《冰上活动安全预案》,对每项活动都进行了具体、详细、可操作性强的安排和部署,确保活动能够安全顺利开展。为进一步提高冰上安全管理系数,颐和园在每个出入口设两名保安随时提醒游客并搀扶游客上下冰面,避免可能出现的游客安全隐患;在服务管理方面,冰场工作人员对游客遗失的物品进行妥善保管及时归还、上缴,未对游客造成损失,受到广大游客的好评;在新闻宣传方面,通过悬挂横幅及展板,分发宣传手册,增加游客对冰场的兴趣和了解,营造了"百年颐和冰上健身活动"良好的质量氛围。2月4日冰场关闭。

(马元晨)

【北京植物园举办冰上乐园活动】 1月1日,北京植物园冰上乐园正式对游客开放,为加强自媒体宣传,还策划开展《答题抢票》的线上活动。结合冬奥相关知识,设置问题,官方微信用户通过参与答题活动有机会获得免费参加冰上乐园活动的资格。每天都有数百名用户参与到活动中来,对宣传活动起到了积极作用。结合场地特点还设置了单人冰车、双人冰车、冰上自行车、单人冰圈、冰上滚筒等项目,丰富了娱乐内容。

(北京植物园)

文化活动

【颐和园开展"新年伊始贺新春 情满颐和送祝福"主题实践活动】 元旦佳节之际,颐和园殿堂队结合岗位实际,组织开展了"新年伊始贺新春 情满颐和送祝福"主题实践活动。活动分两部分进行:一是文化宣传,位于德和园扮戏楼内展出的"传奇·见证——颐和园南迁文物展"见证了颐和园经历的战争年代,青年讲解员以颐和园文物南迁历程为序,从"奉命南迁""辗转西南""北返分配""归园精粹"4个展出部分向游客宣传介绍中国文化遗产保护史上"古物南迁"的壮举,世界文物保护史上的一场旷世传奇;二是开展便民服务活动,在德和园景区搭设便民服务台,党团员们身穿志愿者马甲,佩戴党、团徽,为游客提供义务指路咨询50余次、开水3壶;向游客发放自制中英文游览路线图40余张、搭台轮椅婴儿车百余次。

(颐和园)

【紫竹院公园举办冬季冰上健身活动】 1月1日至2月4日,紫竹院公园举办了"助力冬奥、动感紫竹"为主题的冰上健身活动,公园主要门区搭设大型户外宣传活动背板2处,全园范围内悬挂灯杆旗100对、灯笼1000个,在冰场周边插立彩旗500面。活动期间共接待游客5万人次。公园以"助力冬奥、动感紫竹"为主题的冰上健身活动,共制作普及冬奥会知识的宣传展板8块,放置于公园南小湖广场东侧,内容包括冬奥会起源、发展历程、竞技项目、曾举办的城市以及冬奥会趣闻等板块。

(鲁志远)

【紫竹院公园举办"禅艺人生"佛文化艺术生活展】 1月5日,展览分为佛艺馆、六识养生馆和慈心禅馆三部分,展出238件展品、29组展板,同时不定期开设琴棋书画、佛理国学等课程,免费对游客开放。

(紫竹院)

【中国园林博物馆举办迎春书画交流会】 1月9日,活动由园博馆筹备办主任、市公园管理中心总工程师、专委会主任李炜民主持,围绕如何在中国公园协会的范畴内组织开展全方位、各领域、各层次的文化艺术活动进行讨论。中国公园协会会长陈蓁蓁,中心党委副书记杨月,中心主任助理、园博馆筹备办党委书记阚跃,市园林绿化局、玉渊潭公园、内蒙古住建厅、通辽市园林局相关领导以及专家学者参加活动,现场创作书画作品赠与中国园林博物馆。

(园博馆)

【香山公园筹备冬季登高祈福会】 1月18日,活动以"灵猴献瑞·香山西游"为主题,结合山林特色、历史文化、皇家冰雪文化等进行策划,开展登高迎春、新春猜灯谜等五项文化活动,结合2022年冬奥会在北京举办,以西山晴雪为切入点筹备"香山冰雪文化图片展",围绕公园面向公众开放60周年开展购票赠纪念明信片活动。

(香山公园)

【北京菊花协会年会在北海公园召开】 1月19日,北京菊花协会年会在北海公园召开。北京花协常务副会长王苏梅、中心综合处副处长朱英姿、北海公园党委副书记曲禄政等领导及菊协理事会、监事会成员和会员45人参会。会上总结了北京菊花协会2015年工作情况,简述了工作计划。通报北京市第35届菊花（市花）展获奖情况并表彰颁奖。与会领导在听取了汇报后讲话，肯定了菊协全年工作，并提出希望和建议。

（汪　汐）

【"西城区全民健身冰雪季"在北海公园开幕】 1月20日，"西城区全民健身冰雪季"在北海公园开幕。活动由西城区体育局主办，在北海公园南岸荷花湖冰场区域开展冰龙舟等传统赛事及北海皇家冰嬉、民间冰上抖空竹、专业花样滑冰等表演，营造全民健身、喜迎冬奥的浓厚氛围。开幕式后，进行了第二届京、津、冀冰蹴球邀请赛，共有来自京、津、冀三地的媒体记者队、中直机关代表队、民族工作者代表队、体育工作者代表队及残疾人代表队等8支队伍参赛。本次活动同时组织冰雪运动公益宣传、冰上龙舟体验和展示活动，向广大游客普及冰雪运动及冬奥会知识。西城区委常委、副区长郭怀刚，西城区政府副区长陈宁，西城区政协副主席沈桂芬，西城区体育局局长包川、副局长王程，西城区残联理事长孙晓临、副理事长白云良，西城区什刹海街道办事处主任陈新，公园园长李国定、党委副书记曲䘵政，市体育基金会副理事长兼秘书长张焕芝，西城区教委副主任童薇等领导出席开幕式。中央电视台、北京电视台、新华社、中新社、《北京日报》等20余家新闻媒体现场报道。

（汪　汐）

【香山公园举行"西方三圣"佛像安奉仪式】 1月22日，公园在碧云寺金刚宝座塔内举行"西方三圣"（阿弥陀佛、大势至菩萨、观音菩萨）佛像安奉仪式。公园园长钱进朝及福建三德陶瓷有限公司总经理曾宪炎共同为佛像揭幕，公园向福建三德陶瓷有限公司颁发捐赠证书。三尊佛像通体为德化白瓷烧制而成，由福建三德陶瓷有限公司无偿捐赠。据史料记载，清乾隆皇帝曾在金刚宝座塔内供奉"西方三圣"，意在为天下黎民百姓祈福、增福。

（王　宇　纪　洁）

【北京植物园第12届兰花展开幕】 2月1日，展出兰花300余种，布展特色花卉近万株。首次展出新加坡国礼胡姬花。开辟最具年味展区"猴年植物展"，展出"猴腿蹄盖蕨""猕猴桃"等植物，制作猴年植物标本，介绍猴年生肖植物文化。同时全新展区2号生产温室首次对游客开放，面积2200平方米，以"花漾家居"为主题，主要展示球根花卉、年宵花、组合盆栽等，精品国兰展、梅花蜡梅展也将陆续开展。展览为期一个月。当日召开新闻发布会，北京电视台、《北京日报》及《法制晚报》等10余家媒体记者出席并报道。

（北京植物园）

【颐和园举办第五届"傲骨幽香"梅花、蜡梅迎春文化展】 2月5～21日，颐和园管理处在耕织图水操学堂举办第五届"傲骨幽香"梅花、蜡梅迎春文化展，本次展览共有5个展厅，分为2个主展区和3个精品展区，共计720平方米。共展出梅花、蜡梅树桩盆景200盆10余个品种，特增加颐和园花卉园艺研究所进行花期控制，反季节开花的玉兰、牡丹、桂花等传统花卉展览。本届展览共接待游人7万余人次，收到游客留言37条，游客满意率达95%以上；新浪、搜狐多家媒体报道共计33篇。

（李　森）

文化活动

【北京动物园举办猴生肖文化展】 2月7日,北京动物园"灵之长"猴生肖文化展在动物园科普馆机动展厅正式开展,29日结束。围绕"猴年说猴",结合丰厚的动物资源,以介绍灵长类动物为主,展览以展板、图片、标本、视频、动物课堂、走进动物后台、有奖问答、互动游戏等多种形式介绍了灵长动物的相关知识及文化,同时展出灵长类动物标本、骨骼和取食器等,供游客参观、互动。生肖展期间,开展了以宣传动物知识,倡导动物保护、弘扬生态文明为核心的系列科普活动。在活动前期,通过电视、广播、报纸等媒体宣传此项活动,接受报名的家庭达130个,收到报名邮件451封。整体活动效果较好。市公园管理中心领导、动物园领导参观了猴生肖文化展并给予肯定。此展览共接待万余人次参观。北京动物园分别与太原动物园、广州动物园合作,将北京动物园'灵知长'生肖文化展全部展板内容在太原动物园和广州动物园进行巡展活动。

(周桂杰)

【香山公园举办第11届登高祈福会】 2月7~22日,公园举办"灵猴献瑞·香山西游"主题登高祈福会,活动突出文化性、趣味性、互动性。活动期间共赠送通关文牒3000余张,福袋1500余个,猜谜奖品400个。以"猴年重温西游经典,碧云细数各路神仙"为主题,在"最爱香山好"微信号发布系列微文,共9期,新增粉丝数763名,阅读转载1193次。2月7~12日推出1元秒杀抢电子优惠票活动,共销售60余张;销售碧云寺祈福迎新钟优惠票27张,索道票赠新春福袋销售27张。本次活动共接待购票游客5.58万人次,实现收入30.92万元。

(杨 玥)

【景山公园举办"春·纳福"春节文化活动】 2月8日(正月初一)至13日(正月初六),公园举办第二届"春·纳福"春节文化活动。此次春节文化活动共设有"万春纳福""猴年印象""文化飨餮"3个游客互动区,正月初一北京新闻对景山公园春节文化活动进行了报道,春节期间参与到文化活动的游客日均近万人。"万春纳福"是此次春节文化活动的主题展区。游客可以登上万春亭,在北京城中轴线至高点上的纳福架系福条、挂福牌,为自己及家人猴年祈求身体健康、万福平安。公园还为购票游客准备了3000个免费福条在纳福架进行纳福,此举深受广大游客好评。"猴年印象"是以2016年的生肖为设计主题,印章上刻有"景山欢迎您"字样。春节期间专程来景山公园印福印的游客近千名,春节福印将成为公园今后春节期间的常态活动,形成景山春节福印文化。"文化飨餮"是今年春节公园科普宣传中的一个亮点。公园首次在春节期间采用中英文双语进行文化宣传,中国的春节文化已经是全世界共享的喜庆节日文化之一,春节期间有大量外国游客来到中国感受这一文化氛围。

(景山公园)

【天坛公园举办《神乐之旅》新春音乐会】 春节期间,天坛公园举办《神乐之旅》新春音乐会,结合新春的主题,详细制订了展演方案,并加以精心设计、编排和丰富,整体舞台风格接近历史原貌,呈现出欢乐祥和的气氛。大年初一的祭祀专场,形式上根据史料典籍记载加入了唱诵和读祝,在乐歌舞的形式下融入了礼仪,进一步完善了礼乐歌舞的表现形式。

(天坛公园)

【北京植物园举办金婚老人游花海活动】 2月14日，该活动已连续举办13年，今年以"感受爱情真谛，传递幸福人生"为主题，开放2200平方米生产温室，邀请15对金婚老人与家人一起观赏万余株花卉景观并拍照留念。北京电视台《北京新闻》及《特别关注》栏目、《北京晚报》《光明日报》等媒体对本次活动进行了宣传报道。

（北京植物园）

【陶然亭公园第六届冰雪嘉年华活动结束】 2月22日，陶然亭公园第六届冰雪嘉年华活动结束。活动历时两个月，共接待游客4.5万余人次。活动期间，雪上飞碟、雪地挖掘机、极地科普长廊等活动和极地企鹅深受游客喜爱，北京电视台、首都经济报、《北京日报》《新京报》《北京青年报》《北京晚报》等20余家媒体对活动进行报道71篇（次）。

（刘 斌）

【玉渊潭公园举办第七届冰雪季文化活动】 2015年12月25日至2016年2月21日，玉渊潭公园举办第七届冰雪季文化活动。本次活动主题为"玉渊冰雪季·健康迎冬奥"，历时59天，接待游人5万余人次。本届冰雪季活动区域占地约2万平方米，共设高台雪圈滑道、儿童雪道、雪地摩托车、雪地悠波球、儿童雪上城堡乐园等8个活动区域，铺设高台雪圈滑道13条、儿童雪道7条，准备雪地悠波球7个、雪地小坦克5辆、雪地儿童挖掘机8辆、雪地摩托车3辆、观赏羊驼3只，适合各年龄段的游乐项目受到了游客的欢迎。为给游客购票提供便利，本届冰雪季公园继续推出网上团购门票业务，共售出团购门票5000余张，有效缓解了现场售票窗口的压力。在全园各部门通力配合下，本届冰雪季活动实现安全、服务无事故。截止到2月21日，共刊发相关新闻196篇（条）。

（缪 英）

【孙中山逝世91周年纪念仪式在中山公园中山堂举办】 3月12日，民革中央主席万鄂湘、全国政协副主席王正伟、中共中央统战部副部长林智敏、北京市副市长王宁、民革北京市委会主委傅惠民分别向孙中山先生像敬献花篮。全国人大常委会、全国政协、中共中央统战部、北京市市委领导及各界人士180余人出席纪念活动。公园积极协助中山堂进行场地花卉布置，提供6株大型龙柏、46株杜鹃和80株粉掌，部署安保力量12人，圆满完成服务保障任务。

（中山公园）

【香山公园开展纪念孙中山先生逝世91周年纪念活动】 3月12日，香山公园开展纪念孙中山先生逝世91周年纪念活动。上午10点，公园职工、大学生志愿者在孙中山纪念堂前肃立默哀，敬献花篮。同时，在碧云寺开展"学雷锋树新风"主题志愿服务活动，为游客提供特色讲解服务、免费热水、小药箱以及指路服务等，受到游客好评。

（纪 洁）

【景山公园筹办春季花卉暨第20届牡丹文化艺术节】 3月16日，由春季花卉展、牡丹九大景区展、系列科普文化活动三大板块构成。春季花卉展主要展示迎春、连翘等花灌木，在环山主路沿线及山体设置多个景观节点，增加山体春花观赏层次；展出中国和日本牡丹544种、2万余株，涵盖了十大色系、九大花型；展出芍药249种、2万余墩；围绕活动主题筹办系列互动活动，组织大、中、小学生和社会志愿者20人，开展牡丹认养活动。展览于4月中下旬开展。

（景山公园）

【中山公园举办"郁金香的前世今生"主题花展】 3月17日至4月10日，展出郁金香盆栽和花艺作品20组，盆栽郁金香、风信子、洋水仙等球根花卉30余种3000余株，以及由荷兰设计师设计的大型花艺作品。

（中山公园）

【中山公园举办"郁金香花艺与景德镇陶瓷"主题花展】 3月18~27日，中山公园集中展出15件盆栽艺术作品及20件景德镇陶瓷艺术品，展出期间还定时举行茶艺表演，推广茶文化。

（中山公园）

【中山公园举办孙志江国画精品展】 3月18~31日，孙志江国画精品展在七间房展厅举行开幕仪式。展览由中山公园管理处与北京走进崇高研究院主办，北京书香继文文化有限公司、世界孙氏联谊总会文化工作委员会承办。公园领导及书画界同仁60余人莅临参加。展览当天，接待500余名游客参观游览。此次展览先后展出书画作品60余幅。

（孙　芸）

【北京植物园举办首期科技沙龙活动】 3月21日，此次沙龙主题为"植物收集历史与植物猎人"，旨在为广大职工提供宽松、自由、平等的交流平台，营造良好的学术氛围。活动涉及植物引种历史、中国丰富的植物资源等内容，并向大家推荐植物猎人的植物收集故事。交流过程中，针对如何做好科研引种、打造职业化团队以及如何更好地建设植物园等问题展开讨论。百余名干部、专业技术人员参加。

（北京植物园）

【玉渊潭公园举办第28届樱花文化活动】 3月23日至4月13日，玉渊潭公园举办第28届樱花文化活动。活动以"樱红杨柳岸·春暖玉渊潭"为主题，历时22天，共接待游客200余万人次，较去年同期基本持平，非紧急救助服务诉求比去年同期减少。活动期间陆续开展水岸樱花景观科普展、茶文化展、第13届"春到玉渊潭"摄影比赛、春鼓祈福活动、"火树瓷花"德化白瓷雕塑艺术精品展等活动，并首次尝试推出"专家导赏"服务，服务游客2000余人次。经过公园多年精心引种繁育，园内可供观赏樱花品种已突破30个，总数达到2300余株，为历年之最。在各个门区及重要节点，栽植花色丰富艳丽的花毛茛、紫罗兰，花型新奇的耧斗菜等4万盆，栽植面积800余平方米；球根花卉栽植5万株，其中百合类的"飞离"，饰边类的"饰边优雅"，复瓣类的"狐舞步"等6个品种以及观赏葱首次在公园亮相。围绕樱花节主题，公园设计了26组中小型樱花立体艺术造型及环境小品，布置在公园主要景区，并安放灯杆旗250组、灯笼300个、彩绣球80个、彩旗90面，放置票价牌、游览指示牌、温馨提示牌等各类牌示共计170余块。为解决活动期间游客如厕难的问题，公园临时增加四处厕所，共35个厕位，并为游客免费提供卫生纸300箱、洗手液100箱。活动开幕前，公园提前制订樱花节保卫方案，并先后开展风险评估、商户安全培训、资料收集等工作，活动期间，公园与海淀区城管、公安、消防、交通等部门联动，全面做好公园内外围秩序管理。依托樱花文化活动，公园通过志愿北京网上平台招募770余名志愿者，深入到公园门区、游船码头、沿途引导、护花保洁等7个岗位，通过开展志愿帮扶、指路引导、文明赏花、爱心救助、游客调查等多项服务，倡导游人文明游园，齐心营造良好的游园环境，樱花节期间累计服务万余次，6100余小时。活动期间，共刊发相关新闻526篇（条），发布微博223条，微信48篇。

（缪英　范友梅　侯翠卓　范磊　秦雯）

【北京植物园第28届北京桃花节暨第13届世界名花展正式开幕】　3月24日，本届花展主题为"桃源春色"，展览总面积2万余平方米，共用各色花材150万株（盆）。重点从南门和东南门两个主要入口区开始布置，全力打造杨树林球根景观区和展览温室周边精品区；加强东南门和南门至精品区沿线景观细节处理，栽植草花60个品种近10万株；在球根景观区集中展示郁金香、风信子、番红花等180个球根花卉品种，形成花团锦簇的景观效果。活动期间，还推出野生花卉品种、自育花卉品种、国外新优花卉品种以及插花展示，并围绕桃花文化，举办红楼雅集书画展、品红课、自然探索科普等文化活动。5月12日闭幕。

（北京植物园）

【香山公园开展纪念中共中央进驻香山67周年宣传活动】　3月25日，公园邀请原海淀区委党史研究室主任，围绕中国共产党党史、双清别墅历史等内容，面向党员及青年骨干开展专题党课，提高觉悟，增强凝聚力；在双清别墅现场举办纪念活动，与游客开展互动，使游客了解双清别墅红色历史；开展志愿者服务活动，为游客提供免费讲解。中心宣传处、海淀区委宣传部人员参加活动，《北京日报》《北京晚报》等15家新闻媒体记者现场报道。

（香山公园）

【陶然亭公园举办世界水日宣传活动】　3月25日，公园以"切实加强水资源节约保护，大力推进水生态文明建设"为主题，进行节水动员，开展了节水设备设施展示，并邀请白纸坊小学师生进行节水宣传。此次活动呼吁市民游客珍爱水资源，从我做起传达节水理念，强化水忧患意识，普及水法制观念。

（陶然亭公园）

【北京动物园启动年度首次"一日志愿服务体验活动"】　北京动物园联合北京市实验二小启动年度首次"一日志愿服务体验活动"。3月27日，6名志愿者接待了北京实验二小25名一年级学生来园参加"一日志愿服务体验"活动。志愿者带领小学生们参观了熊猫馆、猴山、熊山等动物场馆，为小学生们提供动物科普知识讲解服务，以提问的形式进行互动；讲述了投喂及拍打玻璃等不文明游园行为对动物的伤害。

（北京动物园）

【香山公园完成第11届北京公园季群众登山活动】　3月27日至9月3日，公园共举办群众登山活动7期，参与比赛达2000余人次。活动采取社会公开报名及分站月赛的形式进行，减少对正常游览秩序的影响。通过此项活动，达到全民健身、传播体育文化、奥运精神的初衷，同时打造了一条适合初级越野跑的10公里赛道，培养了一批年轻的登山游客群体。

（杨玥）

【中山公园"古坛清韵"第五届梅兰观赏文化节开幕】 3月30日至4月10日，公园在蕙芳园南侧、社稷坛西南侧，展示地栽梅花30余种110余株，设立科普展板和品种说明牌17个，使游客了解栽培应用历史、习性特点等知识；在蕙芳园设立"四季飘香"室内蕙兰和盆梅展区，展出精品兰花30余种70余盆，庭院区展出盆梅28盆。

（中山公园）

【第11届北京公园季暨第28届玉渊潭樱花节正式启动】 3月30日，活动由中国公园协会、北京市公园管理中心、北京市公园绿地协会主办，玉渊潭公园管理处承办，北京市公园绿地协会会员单位协办。本届公园季以"创新理念 提升服务 绿色共享 文化建园"为主题，并以此为载体推出一系列文化活动。市公园绿地协会会长刘英、玉渊潭公园领导分别致辞；市园林绿化局副局长高大伟为"2015年优秀会员单位代表"颁奖；中国公园协会会长陈蓁蓁、北京市公园绿地协会名誉会长郑秉军、北京市公园绿地协会会长刘英、天津市公园绿地行业协会会长张群芳、河北省风景园林与自然遗产管理中心总工程师王文龙共同按动启动球，标志着活动正式拉开帷幕。来自玉渊潭樱花舞蹈队、立新校友艺术团等4支表演队伍进行舞蹈表演，进一步烘托活动气氛。北京电视台、《北京日报》等多家媒体记者现场报道。中心服务处、安应急、宣传处负责人及海淀区旅游委员会、甘家口街道办事处、各理事单位代表参加。

（玉渊潭公园）

【中山公园春花暨郁金香花展开幕】 3月31日，公园以"蝶舞花香"为主题，设置"缤纷花语""花坞春晓""童话乐园""繁花似锦""金鱼戏水""荷兰风情"和"喜迎嘉宾"七大展区。展出郁金香及其他球根花卉品种109种30余万株；在3个门区和社稷坛附近设置4处春季花卉观赏导览图；摆放郁金香科普知识展板23块。

（中山公园）

【香山公园开展"清明踏青赏花·防火安全记心间·文明游园我最美"主题宣传活动】 4月2~4日，公园组织开展"清明踏青赏花·防火安全记心间·文明游园我最美"主题宣传活动。4月2日清明小长假第一天，同时也是北京植树节。针对近期天气干燥、香山公园为山林公园的特点，在东门游客服务中心前举办"防火安全记心间"文明游园宣传活动，向游客宣传文明游览、爱绿护绿，倡导游客自觉爱护公园花草树木。公园园长钱进朝、党委书记马文香参与活动，向广大游客宣传消防安全知识，引导游客在园内游览不要吸烟。向游客发放宣传资料，倡导游客保护生态环境，爱护古树花草，共建和谐游览环境。活动共发放宣传资料300册，为100余名游客粘贴文明游园纪念贴。4月4日清明节当天，公园组织开展"文明游园我最美——清明缅怀红色游"主题学雷锋志愿服务活动。在东门游客服务中心前广场向游客免费发放全国爱国主义教育示范基地双清别墅宣传折页、香山公园畅游卡及《重读抗战家书》，缅怀英烈、传承精神；在双清别墅开展义务讲解，传播红色革命历史。活动共发放宣传资料300余份。

（武立佳）

【陶然亭公园承办寒食节清明文化活动】 4月3日，由西城区非物质文化遗产保护中心、西城区委宣传部、西城区文化委员会、西城区文明办、北京华天饮食集团主办，陶然亭公园管理处承办的寒食节清明文化活动在公园中央岛佳境广场举办。区文化委员会、非物质文化遗产保护中心等单位领导出席了此次活动。此次活动以"同品寒食　踏青寻春"为主题，设立非遗展示区和老北京特色小吃区。

（刘　斌）

【陶然亭公园承办《清明·陶然诗会》活动】 4月4日，由西城区委宣传部、西城区文化委员会、西城区文明办主办，陶然亭街道办事处、西城区第一文化馆、北京朗诵艺术团、陶然亭公园管理处承办的《清明·陶然诗会》活动在陶然亭公园中央岛佳境广场举办。区宣传部、文明办等单位领导出席了此次活动。诗会以"文明西城　诗韵京华"为主题，通过诗词吟、诵、唱等表现形式，追忆先贤、缅怀先烈、赏春踏青、赞美生活、歌颂祖国。著名朗诵家殷之光参加了演出。

（刘　斌）

【中心在北京植物园开展植树活动】 4月4日北京市植树日，为弘扬"植绿、护绿、爱绿"生态文明新风尚和"尊重自然、顺应自然、保护自然"生态文明理念，推进全民参与首都绿化美化建设，根据首都绿化委通知精神，在首都全民义务植树运动开展35周年之际，市公园管理中心机关、后勤服务中心党员干部职工近40人和北京植物园管理处20人及网上征集的亲子家庭20组，共同在植物园南湖东岸樱花大道义务种植樱花70株，发放生态文明宣传手册500余份。植物园专家细致讲解樱花知识和种植方法，积极提供现场技术指导，并介绍了植物花卉知识。通过此次活动，营造了全社会关心、支持、参与首都绿化美化的社会氛围。

（办公室　综合处　机关党总支　植物园）

【香山公园完成"四月的足迹——海淀爱国主义教育基地寻踪"活动启动仪式】 4月5日，香山公园完成"四月的足迹——海淀爱国主义教育基地寻踪"活动启动仪式，该活动由海淀区委宣传部、香山街道办事处主办。活动内容包括：海淀区委常委、宣传部部长陈名杰致辞，香山街道办事处主任张建水发言，海淀区党员代表发言，向颐和园、圆明园等8家爱国主义示范基地赠送纪念品，推介海淀·故事微信二维码等内容。香山公园双清班进行了预备役军装讲解展示。

（武立佳　张寅子）

【香山公园举办第14届香山山花观赏季】 本届山花观赏季以"山花烂漫　悦动香山"为主题，活动自4月8日至5月8日，以踏青赏花、文化体验、运动健康为三大核心，营造山花烂漫、春意盎然的游园氛围。五大主题景区：梦幻花海、浪漫满屋、低碳花园展、归田园居及花艺体验，共使用50余种盆花和地载花卉品种，近20万余株各类花卉布展，面积达到5000多平方米，花坛设计首次实现功能转变，在观赏性的基础上，突出体验、互动，提高游客参与度。在东门广场摆放大型立体节标,北门城关悬挂彩旗及山花网,在丁香路摆放"醉美香山"摄影展览,在致远斋橱窗放置山花观赏季宣传板。形成三条达人游主线活动:文化香山达人游、自然科普达人游及登山训练营达人游,游客可通过官网、官微平台了解活动详情并进行报名。开展三项特色活动:"讲述我与香山的故事"征文、"红色诗句我来背"及"秋景春看,观赏多彩香山"活动。本次活动共接待购票游客15.13万人次,实现收入166.62万元。

(杨 玥 张 军)

【北京动物园参加北京市"第34届爱鸟周活动"】 4月9日,北京动物园一行8人参与了在西山森林公园举办的爱鸟周活动,此次活动由北京市园林绿化局和北京野生动物保护协会共同主办。为配合此次活动,动物园科普馆全新设计了参与性、互动性较强的"羽毛的秘密""鸟类折纸""鸟类大富翁"3个活动项目,并设计制作了以鸟为图案的冰箱贴和胸章,发放给活动参与者。此次活动共发放宣传折页和纪念品等2000余份。接待参观游客万余人次。

(周桂杰)

【景山公园牡丹文化艺术节拉开帷幕】 4月13日,第20届景山牡丹文化艺术节开幕。此次展览展出国内外九大色系、十大花型牡丹共计553种、2万余株,其中新增9个牡丹品种。此次展览活动在关帝庙内举办《春色如许——王雪涛徐建师生书画展》,展出20幅王雪涛先生的牡丹作品真迹,及其关门弟子徐建先生的30余幅绘画作品;在公园东门展区大棚内举办插花艺术展示活动,由公园园艺技师现场插花并展示,共10余盆插花作品;树立珍品牡丹标识,增加科普内容,公园精选出园内历史悠久、长势最佳、花型最大、花色最艳的20株进行品种标注,便于游客观赏;摆放景观小品,为提升园区景观环境,方便游客拍照留念,公园于后山主路设计景观小品3处;在红墙宣传廊推出牡丹文化展,介绍景山牡丹历史,展示牡丹摄影作品等内容。同时为方便广大游览选择性进园观赏,公园在3个门区购票处放置花期公告,明示各种花卉预计盛花期。开展首日,入园游客达21547人次,园区游园秩序良好。

(景山公园)

【天坛公园开展"治理噪音、文明游园"行动】 4月14日,公园成立领导小组制订行动方案。全园划分核心文保区、观光游览区、休闲娱乐区,禁止使用外接扩音设备。其中,核心文保区以中轴线及景区为主,禁止一切与参观游览无关的活动;观光游览区以内坛墙为主,禁止使用大型音响设备;休闲娱乐区以东北外坛、西北外坛区域为主,可以使用音响器材。现已启动前期摸底核查,确定活动团体的数量、位置以及活动的时间、规模、形式和负责人等,并做好登记工作。同时明确各相关部门责任分工,向各活动团体发放降噪倡议书,整治行动持续到7月。

(天坛公园)

【北京植物园举办傣家泼水节活动】 4月16~17日,北京植物园在热带展览温室举办了傣家泼水节活动。在这里不仅可以观看到傣家歌舞表演,还可以参与到泼水节的活动中来。与此同时,展览温室中的傣家植物文化展也在热闹进行中。

(北京植物园)

【北海公园静心斋景区正式开放】 4月19日，北海公园文化研究室组织相关专家就《静心斋展陈大纲》设计方案召开专家论证会。聘请的专家有：原故宫博物院副院长晋宏逵、原孔庙与国子监博物馆馆长马法柱、故宫博物院宫廷史专家苑珙琪、颐和园家具专家陈文生、颐和园内檐装饰专家王敏英。经讨论，专家原则同意通过该项目方案大纲。项目按方案基本恢复了清代静心斋内檐装修和陈设的历史风格，再现清代静心斋的历史概貌，使静心斋作为完整保存下来的园中之园，更好地发挥其杰出的园林艺术价值、历史价值和研究价值。项目方案参考内务府陈设档案的记载及故宫、颐和园等原状陈列的实例，材料均为复仿制故宫颐和园藏的同时期传统内檐装饰材料，使用清宫传统工艺进行施工、制作。完成棚壁糊饰施工1000余平方米，仿制内檐匾7面，春条23件，横批、贴落、隔扇芯200余件，装饰芝麻纱近50平方米，并按清代内檐形式修复和新制作大小棂子心80余面，隔扇40扇、门刻花48套、栏杆罩雕花4套、六角宫灯58个等。仿制家具45件（套），借展家具29件（套），摆放陈设物品90余件套。7月13日，北海公园静心斋原状式陈列项目二包工程开工，12月工程通过项目验收，并于12月30日采取预约参观的方式正式对外开放。4月21日，《静心斋展陈大纲》通过专家论证；确定漪澜堂景区开放项目布展文案；完成御苑建园850周年回顾展招标，启动团城东、西配殿和古籁堂施工，5月1日正式开展。

（于 宁）

【国际竹藤组织植竹活动在紫竹院举办】 活动于4月22日"地球日"举办，旨在宣传"竹"作为重要可再生资源的特性，及其在文化景观营建、保护生态环境、缓解气候变化、提高农村生计水平和促进国际产品贸易方面不可替代的多重效益。北京市副市长林克庆、国际竹藤组织总干事费翰思、国家森林防火指挥部专职副总指挥杜永胜、市公园管理中心主任张勇、副主任王忠海等领导出席。来自国际竹藤组织36个成员国及潜在成员国的大使、参赞70余人参加。杜永胜、费翰思、部分驻华大使及公园负责人分别致辞。副市长林克庆及参加活动的各级领导、各国大使、参赞等，共同在南小湖广场栽植金镶玉竹300余株。

（紫竹院公园）

【克洛纳德德中文化教育促进会新闻发布会在陶然亭公园召开】 4月23日，市公园管理中心主任张勇，全国政协委员、中国作家协会副会长廖奔，中国书画家联谊会主席徐庆平等领导出席，50余位书画名家参加。启动仪式现场进行了钢琴、作画、表演和赠予活动，宣布第一批赴德参展作品名单。中央广播电台、央视网络等媒体现场报道。

（陶然亭公园）

【北海公园举办建园850周年系列主题活动启动仪式】 4月24日，北海御苑建园850周年"盛世园林、文化北海"系列主题活动启动仪式暨北海公园园藏书画展开幕式在北海公园阐福寺景区举行。全国政协常委、中国书协主席苏士澍向公园捐赠了"盛世园林、文化北海"书法作品，故宫博物院院长单霁翔及公园主要领导致辞。中心副主任王忠海为北海850周年特色纪念票样票揭幕，中心主任张勇宣布系列活动暨北海园藏书画展开幕。开幕式后与会领导及专家学者共同参观了书画

文化活动

展览及快学堂书法石刻博物馆。文化部恭王府管理中心主任孙旭光、故宫博物院院长助理刘文涛、著名园林专家张树林、耿刘同及故宫博物院办公室、中国国家图书馆古籍馆、文化部恭王府管理中心办公室、中心办公室、服务管理处、中心13家单位、北京皇家书画协会、北京市公园绿地协会等单位30余名相关领导出席。北海御苑建园850周年"盛世园林、文化北海"系列主题活动主要包括：举办"北海公园园藏书画作品系列展览""群英集萃——当代书画名家作品邀请展""北海御苑建园850周年回顾展""漪澜堂景区开放展览展示"等展览活动；举办专题讲座和座谈会，主要包括邀请天津大学王其亨教授、北京林业大学孟兆祯院士、故宫博物院单霁翔院长开展园林、历史、文化等方面的专题讲座，以及邀请公园老领导、老职工开展"御园北海"系列座谈；开放静心斋景区，修缮后的静心斋各展室将按照清代乾隆时期的基本格局和陈设进行原状陈列；开展北海公园老照片、老物件征集活动等特色活动。

（陈 茜）

【北海公园皇家邮驿摄影展开幕】 4月25日，"劳动者最美——首都劳模聚焦北海公园—北海皇家邮驿"摄影展开幕。本次活动由北京市总工会劳动模范协会主办，北海公园、《劳动午报》和地安门邮政局协办。摄影展在东岸橱窗展出劳模摄影俱乐部会员拍摄的关于北海公园的优秀摄影作品50余幅，展览持续至5月上旬。

（汪 汐）

【北京植物园举办世园会花卉园艺技术集成与展示应用示范活动】 4月25日至5月10日，"走近世园花卉"世园会花卉园艺技术集成与展示应用示范活动在北京植物园举办。活动由3个核心展区、5个精品展区组成，展出2016年"世园花卉"800余种近20万株，游客可提前领略世园会风采。

（北京植物园）

【北海公园举办第一次建园850周年名家系列讲座】 4月26日，北海御苑建园850周年名家系列讲座第一讲在国家图书馆古籍馆临琼楼举办。本次讲座主题为"堆云积翠·清享太宁"，由中国工程院院士、北京林业大学教授孟兆祯主讲，中心总工程师李炜民出席并致辞。孟院士详细讲述了北海御苑的由来、造园主旨及各景区中的文化内涵等。

（汪 汐）

【北海公园老照片、老物件征集活动结束】本次活动自2015年11月26日开始，通过北海公园官网、官方微博、《北京日报》等途径发布征集启事，面向社会征集所有与北海历史文化有关的、能够反映出北海历史变迁过程的老照片、老物件，共征集各时期老照片、油画、导游图、公园票证、信函、报纸、书籍、回忆文章等87件（套）。部分捐赠品在"北海御苑建园850周年回顾展"展出，深受中外游客喜爱。

（汪 汐）

【陶然亭公园第二届海棠春花文化节闭幕】4月27日，活动历时26天，接待游客72.91万人次。活动呈现四大亮点：①"一园一品"定位明确。以创新、协调、绿色、开放、共享五大发展理念为指导，持续打造"海棠"植物品牌，展示公园优美的自然环境与浓厚的人文气息。②活动内容精彩。通过开展五大赏花片区、一处海棠展、七项文化活动和五项科普活动,增强游客互动性,满足市民、游客踏青赏花需求。③多角度宣传。结合游船下水、赏花攻略、植物导赏、摄影比赛等内容,分步骤、有计划地进行多角度宣传,并加大广告投放力度。文化节期间,新闻媒体报道30篇、自媒体发布微博25条、微信11篇,粉丝量破万。④融入法制观念。首次开展普法宣传,邀请专业律师现场为游客提供法律咨询服务,普及噪声污染危害及游园突发事件应急处理方法,倡导游客文明游园。

(陶然亭公园)

【《首都经济报道——为爱传递》大型系列城市公益活动在玉渊潭公园举办】 4月28日,活动由北京电视台财经节目中心主办,玉渊潭公园协办。市公园管理中心、市司法局、市环境保护局、玉渊潭公园管理处等12家单位新闻发言人现场被聘为《首都经济报道》栏目首经帮帮团"帮忙大使",中心宣传处负责人参加。

(玉渊潭公园)

【中心工会大讲堂"赏春之秀美·品花之文化"专题讲座在北京植物园举行】 4月28日,邀请中国科学院老科学家科普演讲团专家、中国科协植物分类学专家及植物园专家,以《关于植物园的那些事儿》为题,介绍世界范围内的植物园概况及植物园面对的机遇与挑战,并组织参观植物博物馆、郁金香展区以及樱桃沟水杉林。市公园管理中心工会常务副主席牛建国、植物园相关领导及中心系统11家单位的44名全国及省部级劳模、先进集体代表参加活动,同时中心工会对劳模及先进集体代表进行慰问。

(中心工会、植物园)

【北海御苑建园850周年回顾展开展】 5月1日,北海公园举办北海御苑建园850周年回顾展。本次展览以时间发展脉络为主线,分为"皇家御苑""禁苑开放""盛世北海"3个部分,介绍了北海御苑自金代建园至今850年的历史变迁与传承发展。展览将在团城东配殿、西配殿、古籁堂举办,展览面积266.2平方米。为筹备本次展览,公园特与乙方单位合作共同录制完成《琼华瑶光》《北海今昔》两部展览视频。印刷展览宣传折页3000余份,同时挑选10余件实物展品,使展示与情景重现相互结合,营造出浓厚的历史氛围。

(汪 汐)

【天坛公园开展晚间游览项目】 5月2日,按照公园关于开展"天坛公园晚间游览项目课题研究"的工作计划,成立"晚间游览项目研究"课题组,确定由公园副园长王颖牵头,管理科和殿堂部、旅游服务部、商店相关人员负责编写工作的组织机构。5月2日和5日,课题组召开两次碰头会,确定了课题项目的整体编写大纲,并就相关内容进行分工。6月22日,市公园管理中心主任张勇带队到天坛公园就开展"历史名园创新举办晚间文化活动"项目进行调研。公园园长李高向中心领导汇报《历史名园创新举办晚间文化活动的对策与研究》课题相关情况,涉及课题调研目的、背景、方向、方法、公园开展晚间文化活动相关服务接待以及问题建议等方面内容。张勇主任首先肯定了天坛公园在落实开展"历史名园创新举办晚间文化活动"项目的前期工作,要求公园在活动前期要积极筹备,活动

文化活动

开展要稳步推进，运营阶段要多摸索、多尝试。自开展晚间游览项目以来，天坛公园分别与北京新世界国际旅行社、HIS 新日国际旅行社、龙润国际旅行社、神州国际旅行社等单位合作，接待来自法国、比利时、日本、中国香港等国家和地区的团队共计 8 批次，180 余人。

（安晓晨）

【园林学校举办校园开放日】 5月14日，园林学校举办校园开放日。邀请考生、家长和市民畅游校园，参与专业课程互动和职业体验，感受职教成果。当天共接待市民 100 余位，40 名有报考意向的考生现场登记。开放日活动主要安排特色作品展示和专业课程体验。包括艺术插花、盆景、水陆两栖缸造景、书画摄影等学生技艺作品展示和插花制作、叶画制作、工程测量、伴侣犬正向训练、古建模型认知等专业课程互动体验。《北京晨报》《劳动午报》《现代教育报》记者对活动现场进行报道。

（赵乐乐）

【中国园林博物馆举办系列活动庆祝开馆三周年】 5月16日，中国工程院院士孟兆祯、市公园管理中心总工程师李炜民、丰台区副区长钟百利、市园林绿化局副巡视员廉国钊及中心服务处、园博馆负责人出席活动并致辞。市建筑设计研究院、园博馆相关负责人介绍《中国园林博物馆学刊》等新刊物；园博馆与内蒙古农业大学、燕京理工学院正式达成合作意向，成为两家院校的"教学实训基地"，并签订战略合作框架协议。画家傅以新、袁叔庆等向园博馆捐赠《千峰如簇》和《九月秋凉图》等珍贵藏品 139 件(套)。5月18日，活动由中国园林博物馆、市学习科学学会联合举办，市公园管理中心主任张勇、市学习科学学会副理事长兼秘书长李荐及园博馆相关领导出席。活动由青少年素质教育展演及战略合作签约授牌两个环节组成。在展演环节，来自全市各区县 20 余所学校的学生开展琴棋书画、手工制作、国学吟咏等数十种形式的才艺展示活动；徐敏生、袁家方两位专家分别以《摄影作品赏析》和《京味儿文化》为主题开展专题讲座。在签约授牌环节，中国园林博物馆与市学习科学学会签署战略合作协议，中心主任张勇与合作双方领导一同为市学习科学学会在馆建立的"校长学习基地""首都市民学习品牌——友善用脑实践基地"揭牌，将活动推向高潮。北京电视台、《光明日报》等媒体现场报道。

（园博馆）

【北海公园举办第二次建园 850 周年名家系列讲座】 5月18日，"盛世园林，文化北海"北海建园 850 周年名家系列讲座第二讲在国家图书馆古籍馆临琼楼举办。本次讲座的主题为"平地起蓬瀛，城市而林壑"，由天津大学建筑学院教授王其亨主讲。王教授详细讲述了北海的建造过程和历史价值以及天津大学对北海园内古建筑的测绘成果等。

（汪 汐）

【北京植物园第八届北京月季文化节开幕】 5月18日至6月30日，北京植物园举办以"赏美丽月季，享幸福人生"为主题的月季文化节活动，此次展出月季1500余个品种，10万余株。为丰富公众游览内容，还将举办 3 场学术报告及专题讲座、科普活动、月季文化与历史展(科普画廊)和"市花进社区"等活

347

动。同时，作为分会场之一，北京植物园将接待世界月季联合会主席团和中外来宾、学者的考察参观。

（北京植物园）

【中心参展世界月季大会】 5月19日，此次大会是世界月季洲际大会、北京月季文化节、第十四届世界古老月季大会、第七届中国月季展共同组成的"四会合一"国际性月季盛会，主会场设在大兴区魏善庄镇，市管公园积极参与主会场月季室内外布展、月季博物馆及大会论坛等相关工作。天坛公园、北京植物园、陶然亭公园为北京月季文化节分会场，其中天坛公园分会场以"春迎月季·花开天坛"为主题，设置北门广场、祈年殿西砖门、祈年殿、月季园四大展出区域，展出月季200个品种2000余盆、地栽月季1.5万株，布置20余个品种的月季花带，并举办月季花栽培专项咨询、"最美月季花"游客评选等活动，在月季园悬挂月季品种牌示及月季栽培科普展板，展览持续到5月27日。北京植物园分会场以"赏美丽月季·享幸福人生"为主题，展出月季1500余个品种10万余株，将举办3场学术报告及专题讲座，推出月季文化与历史展等活动，同时月季园将承担世界月季联合会主席团和中外来宾、学者考察任务，展览持续至6月30日。陶然亭公园分会场依托胜春山房景区，以"北京红"为重点展出月季30个品种2万余株，并推出"赏美丽月季·享幸福人生"主题科普活动，现场设置缤纷花艺秀、趣味园艺体验区等多项互动项目，传播月季文化知识，倡导绿色生活理念，突出公益性功能定位。

（孙海洋）

【中国旅游日旅游咨询活动在玉渊潭公园举办】 5月19日，活动由市旅游委、市公园管理中心联合主办，市旅游咨询服务中心、海淀区旅游委、玉渊潭公园共同承办，北京市旅游委副主任安金明、中心服务处领导出席。活动由"旅游促进发展·旅游促进扶贫·旅游促进和平"为主题，由北京旅游宣传展示、公益惠民旅游咨询服务、智慧旅游现场体验、户外旅游产品展示四大板块组成，面向广大市民和游客开展旅游宣传咨询，展示并推介北京市及对口支援城市的旅游资源和旅游产品。17个北京援建城市旅游部门、16家区旅游资源景区和旅行社参加咨询日活动。

（玉渊潭公园）

【北海公园举办邢少臣师生笔会】 5月20日，邢少臣师生笔会在北海公园举办。中国国家画院研究员、国家一级美术师、中国画学会理事、中国艺术研究院特聘研究员邢少臣携9位弟子在师生作品展期间举办师生笔会，并向公园捐赠《渔歌唱晚》画作一幅，公园园长祝玮出席活动。

（汪 汐）

【陶然亭公园开展"全民营养周"进公园活动】 5月20日，陶然亭公园联合陶然亭街道办事处、陶然亭社区卫生服务中心开展"全民营养周"进公园活动。活动中，社区卫生服务中心的医生围绕全民营养周"健康中国，营养先行"的主题，以发放宣传折页、"一对一"咨询等方式，贴近游客实际的营养进行科普知识宣传，增强广大游客健康意识和能力。

（刘 斌）

文化活动

【"休闲延庆·多彩端午"主题旅游文化宣传活动在北海公园举办】 5月21日,活动由延庆区文化委、旅游委主办,延庆区文化馆承办,北海公园协办,延庆区旅游委及公园相关负责人出席活动。活动分展演区、互动区、展板区、展示区4个区域,现场通过开展非物质文化遗产展示、播放旅游宣传片、摆放宣传展板等,面向游客推介延庆区特色旅游景区、旅游文化及旅游服务,发放各类宣传品千余份。北京电视台、延庆电视台等媒体现场报道。

(北海公园)

【北京动物园举办海峡两岸第二届生物多样性保护摄影作品展】 5月23日,北京动物园举办第九届"中国生物多样性保护与利用数码摄影赛优秀摄影作品展暨海峡两岸第二届生物多样性保护摄影作品展",由中国生物多样性保护与利用数码摄影赛组委会主办,动物园承办,旨在吸引更多公众了解生物多样性保护事业,提高公众自觉保护生物多样性的意识。共展出92幅获奖作品和部分参赛作品,展览于6月中旬结束。

(北京动物园)

【市公园管理中心"121"健步活动在北京植物园正式启动】 5月25日,活动由市公园管理中心主办,市政法卫文工会主席原在会、中心副书记杨月、纪委书记程海军等领导出席,来自中心系统的16支代表队共200余名职工使用"健步121"手机程序记载运动量和里程。

(中心工会)

【纪念孙中山诞辰150周年《爱·怀念》主题展在香山公园正式开展】 5月26日,本次展览在碧云寺举办,由革命理想、志同道合、博爱情怀三部分组成,采取特色展墙、场景还原、实物展品及复古幻灯相结合的展览形式,突出展览的"三个首次",即首次举办关于孙中山、宋庆龄革命理想和博爱情怀主题展,首次在"三山五园"历史文化景区举办孙中山、宋庆龄展览,首次展出宋庆龄守灵期间的文物。展览持续到12月底。中心宣传处、服务处及海淀区旅游委、市政协中山堂相关负责人出席。香山公园负责人现场向新闻媒体介绍了孙中山纪念地文化展陈内容、宣传活动情况及碧云寺古建文物保护等内容,北京电视台、《北京日报》《北京晚报》等多家媒体现场报道。

(香山公园)

【景山公园举办公园之友文化汇演活动】 5月26日,景山公园联合西城区文委在公园南门绮望楼前共同举办"志愿景山——2016年景山公园之友文艺汇演"。园领导班子及西城区第一文化馆郑欣馆长出席了此次活动。由景山公园志愿者组成的10支团队以舞蹈、合唱、管乐器演奏等形式集中展现了中老年人乐观向上、健康积极的生活态度,表演吸引了近200位游客驻足观看。活动旨在弘扬正能量,传播时代文明。

(景山公园)

【首届"徐悲鸿杯"少年儿童艺术大赛在北海公园开幕】 5月28日,活动由中国人民大学徐悲鸿艺术研究院、北京市教育学会美术专业委员会、徐骥艺术工作室、北京皇家园林书画研究会共同主办,北海公园管理处承办。中国人民大学徐悲鸿艺术研究院院长徐庆平、中国书法家协会理事白彬华、北京教育科学研究院艺术教研室主任杨广馨出席，并分别向北海公园捐赠《春日》《琼岛春阴》《云蒸霞蔚》三幅书法作品。大赛共征集到来自西城区43所小学的1600余件书法、绘画类作品，其中百余幅获奖作品在阐福寺景区与游客见面，活动持续至6月3日。《北京晚报》《法制晚报》《北京青年报》等十余家媒体现场报道。

（北海公园）

【中心"园林科普津冀行"活动在天津动物园举办】 5月28~29日，活动由市公园管理中心主办，天津市市容和园林管理委员会协办，北京动物园、北京植物园、中国园林博物馆、园林学校、天津动物园、天津水上公园共同承办，旨在展示中心系统科普成果，扩大科普工作影响力和推动三地公园行业间的交流。中心总工程师李炜民、天津市市容和园林管理委员会科技教育处处长张力出席，中心科技处、宣传处、北京动物园、天津动物园、北京植物园、园博馆、园林学校相关负责人及科普人员参加，并在天津动物园、天津水上公园，围绕市属公园的动、植物科普知识及中国园林文化体验等内容推出20项科普活动。其中，北京动物园"动物密码"、北京植物园"共同的市花"、园博馆"走近榫卯——感悟匠心营造"、园林学校"趣味永生花，点缀艺术生活"等互动活动吸引天津市民和小朋友的积极参与。《法制晚报》等媒体记者现场报道。

（中心科技处）

【"行走母亲河"亲子公益赛在玉渊潭公园举行】 5月30日，比赛由《北京晨报》、阿里巴巴"天天正能量"公益项目共同发起，150组公益家庭通过网上报名参与5千米徒步闯关活动。通过活动让孩子们在游戏中学会掌握节约用水、识别污染水源内垃圾的方法，培养并激发保护水资源的兴趣，提高公众保护江河水体的意识。《北京晨报》对活动进行头版报道。

（玉渊潭公园）

【"中山杏梅"落户宋庆龄故居】 5月31日，由中国宋庆龄基金会主办的"传承文明我先行——2016年在宋奶奶生活过的地方过六一"活动在宋庆龄故居举行。中国宋庆龄基金会主席胡启立、市政协主席吉林与各界嘉宾、少年儿童共同在宋庆龄故居会客厅前栽植"中山杏梅"两株，以表达永恒纪念，寄托美好希望，让中山堂畔的特色梅花在故居盛开。中国宋庆龄基金会、市政协及社会各界领导、嘉宾共260人参加活动。

（中山公园）

【北海御苑建园850周年老照片、老物件征集活动结束】 6月2日，活动自2015年11月26日开始，通过公园官网、官方微博、北京日报等途径发布征集启事，面向社会征集所有与北海历史文化有关的、能够反映北海发展变迁过程的老照片、老物件，共征集各时期老照片、油画、导游图、公园票证、信函、报纸、书籍、回忆文章等87件（套）。部分捐赠品已在"北海御苑建园850周年回顾展"中展出，深受中外游客喜爱。

（北海公园）

【景山公园筹备"巨型昆虫·科普展"暑期文化活动】 6月2日，公园实地调研生产厂家，评估仿真昆虫的质量及安全系数，展出

文化活动

巨型仿真昆虫50余只、昆虫标本百余只；制作科普宣传牌示及展板60余块。

（景山公园）

【北京动物园联合中国邮政集团举办《猴年马月·心想事成》生肖集邮主题活动】 6月6日，活动启动仪式在动物园邮局门前举办，西城区邮政局、北京动物园等相关领导出席。启动仪式上，主持人介绍了"猴年马月"的由来，并与游客进行互动。双方领导在猴山为"马上封侯"塑像揭幕，并为游客购买的邮品签名，加盖猴山邮资机戳、动物园邮局日戳等纪念戳记。15家新闻媒体对活动进行报道。

（北京动物园）

【北海公园举办第三次建园850周年名家系列讲座】 6月7日，"盛世园林 文化北海"北海建园850周年名家系列讲座第三讲在国家图书馆古籍馆临琼楼举办。本次讲座特邀请故宫博物院院长单霁翔，以"故宫的世界·世界的故宫"为题，讲授皇家园林文物保护及文创产品开发等内容。中心总工程师李炜民、国家图书馆常务副馆长陈力、公园园长祝玮、党委书记吕新杰、副园长於哲生、园长助理许卫明，景山公园、中山公园和北海公园职工代表及中心青年干部班学员共210人参加。

（汪 汐）

【第11届陶然端午系列文化节活动开幕】 6月9日，陶然亭公园以"诗情端午，吉满陶然"为活动主题的端午文化活动拉开序幕。北京市公园管理中心主任张勇、服务管理处处长王鹏训、西城区文化委员会党组书记张云裳、街道办事处工委书记张丁、北京市公园管理中心办公室主任杨华、宣传处处长陈志强、西城区体育局副局长王程，以及相关部门领导、嘉宾参加了活动启动仪式。仪式中，公园邀请了著名朗诵艺术家殷之光老师以及国家一级演员、艺术家杜宁林，为大家现场朗诵获奖诗歌作品，并请在场领导为获奖作者颁奖。

（刘 斌）

【全国节能宣传周暨北京市节能宣传周启动仪式在玉渊潭公园举办】 6月13日，活动由国家发改委、北京市人民政府主办，国家发改委资源节约和环境保护司、市发改委、国家节能中心、市公园管理中心联合承办。国家发改委副主任张勇、副市长隋振江以及教育部、工业和信息化部、住房城乡建设部、交通运输部、农业部、商务部、国资委等国家相关部委领导出席，中心主任张勇、总工程师李炜民及市相关委、办、局负责人参加。启动仪式上，与会领导分别为招贴画设计大赛优秀作品获奖代表以及荣获"北京市节能环保低碳教育示范基地"称号单位代表颁奖和授牌，国美、苏宁、京东等企业代表共同签署了"推广节能产品·倡导绿色消费"宣言，正式启动全国绿色出行系列宣传活动。启动仪式后，与会领导一行参观节能环保低碳大篷车互动展区，北京电视台、《北京日报》《北京晚报》等多家媒体现场报道。

（玉渊潭公园）

【北海公园筹备第20届荷花文化节】 6月14日，确定"荷香四溢·太液廉波"为文化节主题，弘扬社会廉政之风；制订文化节活动方案及施工方案；在南门、琼华岛东区摆放"太液荷风""一品青莲"两大廉政主题花坛，在西岸布置"让我们荡起双桨"花境1处,在重点景点周边、门区及西岸沿线摆放特色花钵40个;开展科普及文艺表演活动,文化节于6月24日至8月10日举办。

(北海公园)

【紫竹院公园筹备第23届竹荷文化展】 6月14日,积极与紫竹院街道沟通协调,完善活动方案及内容,拟定于7月20日开幕;成立组织机构,明确要求,细化责任;制作以历史文化、竹科普知识、民族文化知识等内容宣传展板,弘扬民族文化;开展竹荷主题照片征集活动、非遗文化讲堂、插花艺术讲座等互动活动,邀请市民游客共同参与。

(紫竹院公园)

【《中国古典文学名著——〈红楼梦〉(二)》特种邮票发行活动在北京植物园曹雪芹纪念馆举办】 6月18日,发行活动由北京植物园、中国邮政集团公司联合举办。市公园管理中心副主任王忠海、1987版《红楼梦》电视剧总导演王扶林、作曲家王立平及北京市邮票公司、海淀区宣传部、曹雪芹学会等相关部门领导出席。《芹圃一梦》邮册设计者郭紫轩进行现场签售。

(北京植物园)

【世界遗产监测管理培训班开班仪式在颐和园举行】 6月21日,培训班由国家文物局、国际文化财产保护与修复研究中心主办,中国文化遗产研究院、颐和园管理处承办。国家文物局副局长顾玉才、国际文化财产保护与修复研究中心保护与项目部主管加米尼·维杰苏里亚、中心总工程师李炜民及中心综合处、中国文化遗产研究院、世界文化遗产中心、颐和园相关负责人出席。开班仪式上,李炜民总工致辞,顾玉才副局长回顾与国际文化财产保护与修复研究中心的合作经历与培训成果,加米尼·维杰苏里亚主管介绍培训的背景和主要内容。本次培训班于6月20日至7月1日举办,首次针对中国不可移动文物监测管理工作进行培训,邀请中国遗产保护监测管理方面的专家,以颐和园遗产监测工作为样板,采用教学和案例研究的方式面向国内外20名学员进行授课。

(颐和园)

【市人大常委会两个党支部到陶然亭公园开展主题党日活动】 6月24日,参观"红色梦——慈悲庵革命史迹展"、光耀京华社会主义核心价值观主题公园展,在高石墓前为革命烈士敬献鲜花。市人大常委会副主任孙康林在公园会议室为市人大常委会教科文卫体办、民宗侨办两个党支部开展"两学一做"学习教育专题党课。市人大常委会委员孙世超、黄强等领导参加,中心主任张勇、副主任王忠海及中心办公室、宣传处负责人陪同。市人大常委会对市公园管理中心及陶然亭公园各项服务工作给予高度评价。

(陶然亭公园)

【"颂祖国 心向党 赞名园"中心纪念中国共产党成立95周年职工文艺汇演在中国儿童中心剧院举办】 6月27日,演出以"推动公园文化传承与创新,打造公园文化引领新形象,展示中心职工风采"为宗旨,汇集了市管公园10余部自编、自导、自演的作品,共200余名职工参与演出。中国海员建设工会主席丁小岗、中心主任张勇、市总工会政法卫文工会主席原在会、团市委副书记黄克瀛、中心

文化活动

党委副书记杨月、总工程师李炜民、纪委书记程海军、副巡视员李爱兵等领导出席,市总工会、共青团市直机关、劳动午报、中心各处室及各市管公园负责人与基层职工代表500余人观看演出。

（孙海洋）

【"一带一路·北海遇见北海"系列文化活动在北海阐福寺开幕】 7月8日,活动由北海市人民政府主办,国务院新闻办公室对外推广局、广西壮族自治区人民政府新闻办公室指导,北海公园、广西北海旅游集团等单位协办。北京市西城区委常委王都伟,北海市副市长蔡晶,市公园管理中心主任助理王鹏训及国务院新闻办对外推广局、中心宣传处、中国作家协会相关负责人出席。启动仪式上,与会领导致开幕词,双方互赠纪念品并展演文艺节目。该活动分"印象北海""夏至北海""味道北海""结缘北海"4个部分,面向游客推出包括文艺演出、书画摄影展、特色美食及纪念品展示在内的多项体验项目,活动将持续至7月10日。俄罗斯等国家驻华使领馆、部分出版社、留学生代表参加,中央电视台、《人民日报》、中国国际广播电台等媒体现场报道。

（北海公园）

【颐和园"红莲坠雨"荷花文化展开幕】 7月10日,划分"稻畔荷影""碧莲霏香""澹宁净友""趣园风荷""新荷奄秀""湖烟清莲""水映菡萏"7个荷花展区,展出水生白洋淀红莲百余亩,在耕织图景区水操学堂院内布置50余个品种盆栽荷花300余盆,摆放荷花文化展板充实展览内容,提高观赏效果。展览持续到8月31日。

（颐和园）

【"北京市全民健身科学指导大讲堂"活动在陶然亭公园中央岛佳境广场举办】 7月10日,活动由市体育局、市公园管理中心主办,市社会体育管理中心承办。邀请国家级社会体育指导员、北京西苑医院主治医师,向游客普及夏季保健常识及正确开展体育锻炼的方法,通过趣味问答方式与游客进行现场互动,调动游客积极性,有300名游客参与。

（陶然亭公园）

【"夜宿动物园"夏令营首期活动顺利完成】 7月11~12日,37名小营员在教师的带领下体验2016年首期36小时升级版营日活动。活动在保留原有体验项目的同时,首次增加了"步步惊心""动物大富翁"等多项互动项目,并近距离接触了球蟒、獴等动物,赢得了营员们的喜爱。

（北京动物园）

【陶然亭公园举办暑期动漫嘉年华活动】 7月22日至8月23日,陶然亭公园举办暑期动漫嘉年华活动,共摆设人物板造型134个,分为美漫区、日漫区、国漫区、公主区四大人物板块区,东门和北门沿线是主要布展区域,其中大型人物雕塑6个,DP点场景氛围营造7处,3D立体画2处,动漫科普知识展板60块。活动期间配套娱乐服务项目6个:金刚机器人大战、坦克大战、VR虚拟体验、泡沫天地、移动花房、森林大篷车。活动期间累计接待游客72.11万人、门票收入103.86万元、游船收入123.9万元,经营收入38.6万元,做到了安全无事故,服务无投诉。活动期间公园共召开新闻发布会2次,邀请北京电视台北京新闻、北京电视台首都经济报道栏目、《北京日报》《北京青年报》、北京人民广播电台等21家媒体，报道篇次20余次。发布原创微博6条，累计阅读量15682人次，原创微信10篇，累计阅读量8459人次，微博平台关注度净增长100人，微信平台关注度净增长300人。通过活动开展进一步提升了公园的关注度和知名度。

（唐　宁）

【景山公园举办昆虫科普文化展暑期活动】7月22日至8月17日，景山公园举办昆虫科普文化展暑期活动。展览共计27天，本次活动分仿真昆虫展示区、昆虫标本展示区、荷花盆景展示区、特色商品区等展区。此次展览突出以下特点：一是首次开放园内科普园，科普植物30余种，展览昆虫标本134块，开展科普活动3次，吸引游客50余名；二是增设儿童互动项目，设置昆虫骑乘模型、急速赛车等互动区域2处；三是为保证游览秩序和游览安全，公园增加巡更系统，对主要展区和景点实行定岗定时值守制度，做到看护无断点、安全无遗漏，定期通报各部门看护巡更情况；四是打破常规的展前一次新闻宣传模式，此次展览主抓仿真昆虫模型、科普小屋和活体昆虫科普小课堂等亮点，邀请北京电视台、《北京日报》《北京晚报》等15家新闻媒体，发布2次新闻宣传会；同时通过自媒体平台发布信息29条。

（连英杰）

【北海公园举办第20届荷花文化节】7月24日至8月10日，本次荷花节的主题为"荷香四溢 太液廉波"，以体现弘扬社会廉政之风，此次展览分为荷花池湖莲展区、濠濮间水生植物展区、小西天品种荷展区、阐福寺精品荷花展区。此外，还在南门及琼华岛东侧区摆放"太液荷风""一品青莲"两大廉政主题花坛，并在西岸布置"让我们荡起双桨"花境1处，在全园重点景点周边、门区及西岸沿线摆放特色花钵40个。荷花展期间，北海公园还将举办荷花摄影展，并在琼华岛西侧区结合荷花展览开展科普活动、设置文艺表演等。园艺队第三次对养护的1000盆荷花定量施肥，选取优质适宜品种去雄、套袋、人工授粉，并留存品种荷养护记录，确保荷展期间荷花质量。

（刘　霞）

【中国园林博物馆"园林小讲师"暑期系列活动陆续开展】7月25日，"园林小讲师"培训作为园博馆主创品牌教育活动率先启动，本月已有20余名8～12岁的青少年顺利通过初级考核，走上志愿讲解服务岗位。活动赢得学员、家长及媒体的好评。下阶段，园博馆将陆续推出"园林夜宿""自然夏令营""公益小讲堂"等主题活动，旨在通过体验、互动、知识讲座等形式，让青少年和广大观众感悟精彩园林文化，体验实践自然科学。

（园博馆）

【荷花精神讨论会在北海公园举办】7月27日，讨论会由中华文化促进会主办，中央数字电视书画频道、北海公园承办。原全国政协常委、中华文化促进会名誉主席高占祥，中华文化促进会主席王石，中心副主任王忠海等领导出席。高占祥向公园赠送《荷花四部曲》和《咏荷诗五百首》等作品，澳门、杭州等荷花栽培专家介绍了各自荷花栽培情况，与会人员研讨了北海荷花种植与栽培工作。中华文化促进会、北海公园及中央数字电视书画频道相关负责人参加。

（北海公园）

文化活动

【陶然亭公园举办肢残人无障碍活动】 8月8日,活动由西城区肢残人协会主办,陶然亭公园承办。西城区残联、肢残协会及公园相关负责人出席。与会人员体验公园无障碍设施,了解残障轮椅及辅助器具的选配、使用方法和技巧。新生命中途之家、通州区人工耳蜗学校等扶助团体30余名残障人士参加。

(陶然亭公园)

【中心召开国庆花坛方案布置会】 8月9日,邀请园林专家张树林、耿刘同、张济和对各公园国庆花卉环境布置方案及参加湖北荆门、河北唐山、广东小榄的行业花展方案进行点评,与会专家肯定了公园花卉环境布置方案的设计工作,并对部分方案提出修改意见。会议要求各单位结合专家意见尽快深化完善方案内容,做好国庆期间花卉环境布置工作。各公园主管领导、主要技术人员参加会议。

(综合处)

【香山公园开展"最美一米风景"文明游园活动】 8月9日七夕节当天,香山公园开展"最美一米风景"文明游园活动。线上线下互相配合,提前在官方微博、微信平台征集参与活动的游客,特意选取传统七夕情人节当天,组织游客参观"纪念孙中山先生诞辰150周年——爱·怀念"主题展览,在祈福条上写下文明寄语,在香炉峰顶做出爱的承诺等内容,开展"香炉峰爱恋""同心祈福""文明游览"主题活动。讲解员为游客全程讲解,传播公园历史文化,引导游客爱护环境。

(武立佳)

【北海公园第20届荷花文化节闭幕】 8月10日,北海公园第20届荷花文化节闭幕。文化节时间为6月24日至8月10日,为期48天,共布置各类花卉20000余盆,特色荷花1000余盆,以及各类水生植物100余盆,累计接待游客118万人次。期间开展了荷花摄影评比、文艺演出、科普夏令营等多项活动,取得良好社会效果。北京电视台、《北京日报》《北京晚报》等20余家新闻媒体进行了报道。

(北海公园)

【颐和园筹备首届文创产品展示活动】 8月11日,旨在全面整合现有文创产品资源,提升颐和园文创产品品牌效应,扩大旅游市场综合影响力。成立活动筹备小组,制订活动执行方案,完成活动选址,确定展示区域;面向园内具备研发销售资质的单位征集文创产品,确定20个系列200余种参展产品;统一设计展示区展棚、展架,着手搭设、安装配套设施;制订安全预案,做好大人流应对准备;策划宣传方案,通过网络发布、邀请媒体等方式,分阶段、立体宣传。活动于8月15日至10月8日举办。

(颐和园)

【"无障碍·乐畅行"无障碍环境体验活动在颐和园举办】 8月11日,活动由市残联无障碍环境建设促进中心主办,颐和园承办。在3名讲解员的带领下,80名残障人员乘坐轮椅从东宫门绿色通道入园,参观仁寿殿、乐寿堂、长廊、石舫等主要景区,在感受世界文化遗产地魅力的同时,体验景区无障碍设施的便利。活动结束后,市残联领导对颐和园长期以来对社会残障人士的关爱及残联工作的支持表示感谢。

(颐和园)

【香山公园开展"碧云禅香文化之禅意插花"活动】 8月13日,香山公园在碧云禅舍举办"碧云禅香文化之禅意插花"活动。邀请专业插花老师梁勤章为大家讲授插花技巧并进行现场演示,近20位文化爱好者参加了此次活动。

（纪 洁）

【第11届北京公园季民族舞蹈大赛在八一剧场举办】 8月15日,由市公园管理中心、市绿地协会主办,紫竹院公园管理处、紫竹院街道办事处承办。中心服务处、市公园绿地协会、紫竹院街道办事处相关负责人出席。大赛现场,10支来自公园晨练团体及社区业余舞蹈队,分别展示舞蹈节目,赢得评委及观众的好评。

（紫竹院公园）

【中心"关爱职工子女、培养技能人才"暑期主题实践活动在紫竹院公园举办】 8月18日,活动由市公园管理中心工会、计生办主办,紫竹院公园管理处承办,中心副主任王忠海出席。紫竹院劳动模范、篆刻爱好者现场为孩子们展示篆刻、中国传统插花等技艺。

（孙海洋）

【香山公园启动山林养生系列体验活动】 8月19日,香山公园山林养生系列体验活动在见心斋正式启动。活动由香山公园及香山书院主办,海淀区旅游委支持。包括养生知识展、太极拳表演、香品制作、品茗及古琴交流与养生咨询等。活动吸引50余位养生爱好者参加,海淀区旅游委主任曹宇明、公园园长钱进朝参加活动。北青传媒、《参考消息》等10余家媒体现场报道。

（杨 玥）

【北海公园举办纪念建园850周年画展】 8月22~29日,"苍烟如照——北海建园850周年纪念展"在北海公园阐福寺举办。本次展览由北海公园与李可染画院联合主办,北京皇家园林书画研究会承办,将展出李庚、李宝林、刘大为、邹佩珠、杨晓阳等多位画家70余幅作品。公园园长祝玮及李可染画院院长李庚,中央美术学院国画院副院长、李可染画院副院长姚鸣京,中国驻日本公使衔参赞白刚等书画界人士出席了开幕式。

（汪 汐）

【北海公园、景山公园开展"文明游园 降低音量"活动首周成果显著】 截至8月29日,两园共拦截大型音箱、管弦乐器176起,劝阻园内音量超标活动81起,园内大音量活动团体数量由治理前的148家降至目前的82家。治理首周,两园在各门区、活动团体集中地区等重点部位增派人员开展检查劝阻、音量监测工作,确保游览秩序井然。

（北海公园）

【园科院举办首期"创新沙龙",聚焦科研工作主攻方向】 8月30日,"创新沙龙"以院领导名义邀请相关职工围绕主题展开自由讨论,碰撞思想火花,为园科院未来发展出谋划策,是园科院创新发展的又一重要举措。首期活动紧密结合国家形势、社会热点、行业需求以及单位现状,就城市有害生物防治、海绵城市建设、园林树木健康状况评价等方面提出工作设想,展开自由讨论。

（园科院）

【陶然亭公园举办第11届北京公园季"地书"大赛活动】 8月30日,第11届北京公园季

"地书"大赛在陶然亭公园北门广场正式启动。活动由北京市公园管理中心、北京市公园绿地协会主办,陶然亭公园管理处承办,陶然亭街道办事处协办。著名书法家米南阳先生、西城区体育局、陶然亭街道办事处等单位领导出席了此次活动。此届公园季以"创新理念 提升服务 绿色共享 文化建园"为主题,并以此为载体推出一系列文化活动。参加此次比赛的选手是常年关心、关注陶然亭公园,经常在公园活动的地书爱好者。20名选手分为楷书组、行书组进行比赛,分别书写了公园名称由来的唐诗及此次北京公园季的16字主题,通过专业地书评委的打分评比,最后每个组别评选出优胜奖各2名。活动中还穿插了特色地书表演:84岁老先生表演美术字地书,5岁小朋友书写小诗,以及可以用双手同时进行书画表演的地书爱好者,他们的表演将活动再一次推向高潮,展现了中国传统书法的艺术底蕴。

（刘　斌）

【中山公园第11届太极柔力球赛举办】 8月31日,北京市公园管理中心主办,北京市中山公园管理处承办的"第11届北京公园节——太极柔力球决赛"在社稷祭坛南侧银杏林举办。活动内容由太极柔力球比赛和太极柔力球个人自选创编表演两部分组成,全市7支太极柔力球队56人参加。安家楼开心柔力球队获得比赛第一名。

（刘倩竹）

【北海公园举办北海建园850周年邮资机宣传戳启动活动】 8月,北海公园举办首个中国集邮文化纪念周暨北海建园850周年邮资机宣传戳启动活动。本次活动由公园和北京市地安门邮局在皇家邮驿联合举办。现场启用了"北海"邮资机宣传戳,开展游客亲手制作邮资机宣传戳的活动。

（汪　汐）

【园博馆举办"科普大篷车"系列主题活动】 9月2日,以园博馆品牌课程"园林探索之旅"为基础,带领青少年参观室内外实景园林,结合园林美学、艺术学、表演学等领域,开展以家庭园艺、动植物辨识、园林建筑、生态环境为主题的趣味体验活动,旨在充分发挥博物馆科普教育优势、良好的园林文化传播窗口和纽带作用,丰富中小学生园林教育内容。活动共举办6场次,吸引400余人参与。

（园博馆）

【香山公园持续开展皇家山林养生瑜伽】 9月3日,公园在洪光寺拓展教育基地举办山林养生瑜伽活动。公园在海淀区旅游委的支持下,香山公园以"皇家山林养生"为主题,结合香山自然环境和文化底蕴,持续开展系列养生体验课程。本次活动与洁瑜伽合作,通过社会招募共有20人参加。

（杨　玥）

【市管公园及园博馆全面开展暑期"最美一米风景"文明游园主题宣传活动】 9月6日,各单位积极开展暑期"最美一米风景"文明游园宣传活动,此次活动具有以下特点:一是社会广泛参与。组织放假学生、特约监督员、公益团体及游客代表共同参与,多家新闻媒体专题报道,及时编辑微博微信,统一制作并配发特色宣传品,扩大影响力。二是注重齐抓共管。首都文明办、市旅游委和中心有关处室广泛参加各公园宣传活动，各单位党、政、工、团及各科队、班组积极落实，形成广泛的文明创建局面，累计2000余名职工参加宣传。三是加强整体推进。中心精神文明建设领导小组专门印发实施方案，召开"文明游园我最亮"现场推进会，各单位以"文明游园、安全游园、低碳游园"为主线，举办宣传引导活动60余项，吸引5万名游客参与其中。四是力争取得实效。按文明创建"一园一亮点"的原则，各单位结合历年暑期游园存在的问题，在降低噪音、保护文物、绿色出行、礼让有序、安全游园五个方面开展宣传引导。五是加强组织管理。通过会议部署、交流评议、编辑简讯及十佳优秀项目展示等手段，推动活动广泛、有效开展。

（宣传处）

【景山公园开展第19届全国推广普通话宣传周活动】 9月8日，景山公园开展第19届全国推广普通话宣传周活动。排查园区内的牌示、展览文字，检查出牌示破损一处，已进行更换处理；在公园3个门区电子屏幕上滚动播放"景山公园开展第19届全国推广普通话宣传周活动""大力推行和规范使用国家通用语言文字，助力全面建成小康社会"和"说普通话，写规范字，做文明人，筑中国梦"宣传标语；以答卷的形式，组织机关职工进行语言文字测试，普及、检验语言文字知识；活动期间公园网站、微博、微信联动，发布"成语典故中的人生智慧"主题知识小故事。

（刘翌星）

【香山公园举行毛泽东逝世40周年纪念活动】 9月9日是毛泽东主席逝世40周年，为弘扬革命精神，缅怀革命先辈，香山公园在双清别墅开展毛泽东逝世40周年纪念活动，向毛泽东像敬献花篮，以致哀思。同时为游客提供义务讲解服务，讲述毛泽东在双清别墅的革命故事，传播红色历史文化。全天共讲解8场次、服务游客300余人次。

（武立佳　张寅子）

【第八届北京菊花文化节在顺义北京国际鲜花港和延庆世界葡萄博览园同时开幕】 9月10日，本届文化节深入发掘菊花深厚文化底蕴，展示首都菊花产业发展的新品种、新技术、新成果与新应用，带动市场消费，促进花卉产业的稳步发展。持续至11月20日。包括北京国际鲜花港、世界葡萄博览园、北海公园、世界花卉大观园、北京植物园、天坛公园、北京市花木公司园艺体验中心等展区。其中，世界葡萄博览园为2016年新增展区，以"为世园增色，为冬奥添彩"为主题，突出2019年世园会，2022年冬奥会元素，精心设计并打造上万平方米的花田景观，共用花材80余万盆(株)；北海公园菊展已有37年历史，2016年是第五年与菊花名城开封合作；世界花卉大观园以艺菊为展览重点，囊括折纸艺术、中国结、中国茶等十几个中国传统文化要素；本届文化节展示1500个传统品种菊花。

（孙海洋）

【玉渊潭公园第八届农情绿意秋实展活动开幕】 9月12日，公园以"金秋玉渊潭"为主题，面向社会推出玉渊潭历史回顾与文化传承展、精品花卉展、德化白瓷雕塑艺术精品展等7项精品文化活动；与健康保护协会合作，为广大游客提供各地高科技农副产品、

文化活动

有机无公害果蔬等商品,感受秋日丰收和民俗风情;在公园西门布置"玉壶冰心"主题花坛,并在樱花园、纪念碑广场等重点区域布置花卉景观、沿线花带;召开新闻发布会,邀请中心宣传处负责人参加,新华社、中新社、《人民日报》、北京电视台、北京新闻广播电台等20家媒体现场报道。10月7日闭幕。

(玉渊潭公园)

【北海公园"第六届让我们荡起双桨文化周"开幕】 9月12~19日,开幕式在北海公园西岸举行,前世界蛙王冠军穆祥雄、羽毛球冠军许慧玲等嘉宾出席并致辞,原唱者刘惠芳在现场演唱歌曲《让我们荡起双桨》。本次文化周将围绕"迎冬奥——全民荡起双桨绿色健身"主题,面向社会推出"我心中的世界冠军手划船之旅""迎冬奥手划船比赛"等系列活动,营造和谐向上的迎冬奥氛围。

(北海公园)

【颐和园举办第15届"颐和秋韵"桂花文化展】 9月12日至10月10日,颐和园管理处举办第15届"颐和秋韵"桂花文化展。包括桂花迎宾,在颐和园东宫门、新建宫门、北宫门、北如意门、西门5个主要门区,让游客到颐和园的第一印象就是桂花香。精品汇集,在宫殿区、耕织图,两个桂花精品集中展示区域。在耕织图景区还有颐和园精品盆景50盆,其中包括部分桂花盆景、主题花坛。东宫门外对称布置"花开富贵(桂)"和北如意景区"云外天香"桂花节主题花坛。特色盆栽,东宫门——长廊——北如意门主要游览线布置特色组合花缸及大型盆栽花木,营造喜庆节日气氛。桂花科普,在东堤沿线,布置了

桂花文化宣传展板56块,弘扬传统文化。此外,分两批共展摆金桂、银桂、丹桂、四季桂四大品系的大型盆栽桂花240盆,其中古桂60盆。活动共展摆古桂以及各类桂花180盆,展示特色盆景、花缸110盆,累计用花16.31万株,本届展览共接待游客约100万人次。

(李 森)

【中心合唱团参加市直机关艺术节展演】 9月19日,市公园管理中心职工合唱团参加市直机关第四届文化艺术节"唱响中国梦"——优秀合唱展演活动,受到一致好评。市委常委、秘书长、市直机关工委书记张工出席。

(工 会)

【天坛公园举办第五届北京市"天坛杯"社区武术太极拳(剑)比赛】 9月20日,活动由市体育局、市公园管理中心主办,天坛公园管理处、北京武术院、市武术运动管理中心、市武术运动协会承办。市公园管理中心副主任王忠海致开幕词。来自全市10个区县的32支社区代表队进行24式太极拳、32式太极拳和自编自选项目3个单项和团体比赛。市体育局、北京武术院、中心服务管理处及天坛公园相关领导出席活动。北京电视台、《北京日报》《法制晚报》等7家媒体进行现场报道,北京电视台特别关注栏目已于当日播出。

(天坛公园)

【《梦里仙葩 尘世芳华:〈红楼梦〉植物大观》图书首发仪式在北京植物园举行】 9月21日,该书对《红楼梦》中的植物进行分类介绍,并配以彩色图片及植物形态描述,展现

直观的《红楼梦》植物世界。图书首发仪式由北京植物园主办，北京曹雪芹文化发展基金会、中国林业出版社协办。中国林业出版社、北京曹雪芹文化发展基金会领导及《北京日报》《北京晚报》等十余家媒体出席。

（北京植物园）

【"礼乐天坛——北京天坛公园礼乐文化展"在上海豫园开幕】 9月22日，活动分"天坛文化图片展""天坛祭天乐器展"和"祭天礼仪音乐展示"3个内容，以静态图片展览与动态礼乐文化表演相结合的方式，展现天坛建筑、园林等领域的历史文化。中心服务处、办公室、天坛公园、上海市黄浦区文化局、上海豫园相关负责人出席。

（天坛公园）

【北海公园参加"菊香晚艳"故宫博物院菊花展】 "菊香晚艳"故宫博物院菊花展于9月27日至10月20日举办，主办单位是故宫博物院、开封市人民政府、北京市公园管理中心。协办单位是开封清明上河园股份有限公司、北京市北海公园管理处。在北京市公园管理中心的指导下，北海公园作为此次菊展的协办单位，进行了永寿宫和延禧宫的布展，布展主题为"御苑天香 北海菊艺"。

（刘 霞）

【"文明旅游·'袋'动中国"大型媒体公益行动在北海公园启动】 9月28日，活动由首都文明办、市旅游委、北京电视台联合发起，北京、江苏、湖北等9个省、市电视台共同主办。北京电视台主持人通过网络直播的方式，介绍北海白塔、团城、仿膳饭庄等著名地点的人文历史和文化传统，邀请嘉宾回顾了《让我们荡起双桨》电影的拍摄经历，并发出"一点改变 创造无限可能"的倡议，号召游客在国庆假日出行期间自觉自律、文明出游。北京电视台及凤凰旅游、腾讯旅游、荔枝网等媒体进行电视和网络同步直播。

（北海公园）

【玉渊潭公园举办第11届北京公园季健身操比赛】 9月28日，玉渊潭公园举办第11届北京公园季健身操比赛。活动以"创新理念 提升服务 绿色共享 文化建园"为主题，招募展览路、长辛店、三里河等6个社区及公园锻炼团体的健身操队伍参加比赛。参赛队员们通过自编自导的健身操、舞蹈等节目，展示了北京中老年群体积极向上的生活态度及热爱运动、追求健康的生活理念，传播老年人健康向上的正能量。北京市公园绿地协会秘书长孟庆红参加活动并致开幕词，北京市公园管理中心服务处副处长贺然参加活动。

（缪英 侯翠卓）

【陶然亭公园配合西城区举行烈士公祭活动】 9月30日，西城区委书记卢映川，区长王少峰带领西城区委、区政府、区人大、区政协领导和相关部门负责人一行400余人到陶然亭公园高石墓缅怀先烈，开展公祭活动。公祭前，先行参观陶然亭公园60周年园史展，回顾公园发展历程。西城区相关领导对公园服务保障工作给予充分肯定。

（陶然亭公园）

【陶然亭公园设立"无噪音日"推进降噪工作】 9月30日，成立由西城民政局、陶然亭公园、陶然亭街道负责人为组长的"无噪音日"工作领导小组，联合西城区民政局、陶然亭街道办、派出所、城管、公安等部门，分两阶段实施"无噪音日"，内外联动共同开展无噪音治理。30日早6时人员全部到岗，园领导靠前指挥，各门区三层布防；园内4个巡视组相互联动，把好大型音响入园关口。截至上午12：00，共劝阻、管控音响、乐器入园行为13次。

（陶然亭公园）

【第七届曹雪芹文化艺术节在北京植物园开幕】 10月1~7日，第七届曹雪芹文化艺术节——"红迷嘉年华"在北京植物园举办，活动由北京曹雪芹学会、北京市海淀区委宣传部主办，北京曹雪芹文化发展基金会等单位支持，北京植物园等单位承办。以"品红之道——生活中的《红楼梦》"为主题，由"品红·说""品红·赏""品红·艺""品红·游"四大板块组成，举办专场讲座12场，文创展示16家，文化演出27场，以及"寻找10000个红迷"众筹活动、曹雪芹诞辰300周年文化成果展，曹雪芹小道无限畅游等活动。曹雪芹学会会长胡德平出席开幕式并致辞，国务院参事谢伯阳、海淀区政协主席彭兴业、北京市公园管理中心副主任王忠海、海淀区委宣传部部长陈明杰等领导及全国各地红迷会代表和企业联盟代表近200人出席开幕仪式。

（北京植物园）

【香山公园举办重阳音乐会】 为弘扬尊老敬老传统，10月9日，重阳节当天香山公园在致远斋举办"清音雅乐皇家风范——2016年香山静宜园皇家音乐会"，邀请数10位老年朋友到香山共度重阳节。音乐会以景观庭院为舞台，自然山景为背景，烘托皇家文化和艺术氛围。演出曲目以传统民乐、国粹京剧为内容，相辅相成，传承经典。海淀区旅游委副主任冯军参加活动。北京电视台、《北京晚报》《法制晚报》等10余家媒体对活动进行采访报道。

（杨　玥）

【香山公园举办第28届红叶观赏季活动】 自10月14日至11月13日，公园举办第28届红叶观赏季活动，本届红叶观赏季主题为"香山梦·红叶情"，东门外放置主题背板1块，门区内布置红叶迎宾景观，悬挂宫灯4个；北门城关布置红叶景观网，彩旗7面；索道下站插放彩旗50面；配合活动，放置宣传牌4块；更换致远斋橱窗宣传内容。期间，双清别墅、碧云寺、致远斋推出特色讲解服务，共义务讲解200余次；客服中心和各部门共接听咨询电话1300余次；职工解答、咨询、指路等7600余次；通过广播和利用个人手机帮助寻人寻物400余次，收到锦旗1面，表扬信16封，游客当面或来电感谢100余次。本次活动共接待购票游客97.35万人次，实现总收入1102.29万元。

（杨　玥）

【文化公益系列讲座在中国园林博物馆闭幕】 10月15日，讲座由园博馆、社科联颐和园学会联合举办，先后邀请北京史研究会理事长袁长平、北京大学教授岳升阳、市园林绿化局高大伟等专家，通过图片和实例解读中国古典园林建筑、文化、景观、造像、历史等知识特点及文化内涵，赢得观众一致好评。

（园博馆）

【景山公园开展"敬老月"活动】 10月18日，景山公园与北京社会生活心理卫生咨询服务中心根据《全国老龄办关于2016年开展"敬老月"活动的通知》精神，在景山公园开展以"关爱老年人身心健康，提升老年人幸福生活指数"为核心的为老服务活动。组织老年学、心理学现场宣传、普及老年心理健康知识。讲解老年人心理健康标准，日常生活中怎样才能保持心理健康；讲解老年心理疾病的早期预防，心理疾病的自我诊断；讲解老年人由于身体或家庭环境的变化，引起心理不适的自我心理调适和疏导方法；对已有初期心理问题的老年人，专家进行现场干预和心理疏导等。活动共吸引200余名老年游客参与其中。

（张 悦）

【景山公园举办公园节空竹表演赛】 10月19日，景山公园举办2016年公园节空竹表演赛。本次空竹表演赛有十余名空竹爱好者参与其中，大家以表演赛的形式进行空竹文化的交流和研讨。市公园管理中心服务处副处长贺然、公园全体领导参与活动，并与空竹爱好者深入交流。

（张 悦）

【全国青少年"绿色长征"公益健走总冲关赛在玉渊潭公园举办】 10月22日，全国青少年"绿色长征"公益健走总冲关赛暨第七届"母亲河奖"表彰大会在玉渊潭公园举办。活动由团中央、全国绿化委员会、全国人大环资委、全国政协人资环委等单位主办，团市委、首都文明办、市公园管理中心、玉渊潭管理处等单位承办。团中央书记处书记徐晓、首都精神文明建设委员会办公室副主任卜秀君、中心党委副书记杨月出席活动。现场观看第七届"母亲河奖"获奖者事迹短片；获奖者代表发出"投身绿色发展新长征"的倡议；与会领导为获奖单位和个人颁奖，并击鼓宣布"绿色长征"启程。在全长6千米的健走冲关赛中，特别设置了瑞金启程、血战湘江、遵义会议、四渡赤水、巧渡金沙江等12个红军长征中重要的历史事件作为站点，感悟长征历程中的瞬间。"母亲河奖"获奖代表、"绿色长征"公益健走团队代表、环保志愿者等各界青年近500人参加，中央电视台、中国人民广播电台、《人民日报》等11家媒体现场报道。

（玉渊潭公园）

【"三山五园杯"国际友人环昆明湖长走活动在颐和园举办】 10月22日，活动由市对外友好协会主办、海淀区对外友协及颐和园管理处共同承办，以"赏一带秋水·享一路健康"为主题，活动途经谐趣园、耕织图等景区，全程8千米。市对外友协名誉会长张福森、中国人民外交学会党组书记卢树民、北京市外国专家局副局长李淑萍、海淀区副区长陈双、中心党委副书记杨月以及市外办、市外商投资企业协会、市体育总会及颐和园等单位相关负责人出席活动。来自69个国家和地区的在京驻华使节、在京外国专家、外资企业代表、外籍教师、留学生以及北京各界代表700余人参加。

（颐和园）

【中国植物园学术年会在北京植物园开幕】 10月26日，中国植物园学术年会在北京植物园开幕，会议由中国植物学会植物园分会、中国植物园联盟等单位联合主办，北京植物

文化活动

园承办。中国科学院院士许智宏、洪德元、中国工程院院士肖培根,中心总工程师李炜民及住房与城乡建设部城市建设司、国家林业局野生动植物保护与自然保护区管理司相关负责同志出席,中国科学院、高校及全国各省、市植物园、树木园代表360余人参加。开幕式现场宣布并颁发2016年度中国植物园终身成就奖、2016年度中国最佳植物园"封怀奖"等奖项。围绕"植物园建设与管理""活植物管理""园艺技术与民族植物学"等5个专题展开讨论,期间举办专题报告会102个,集中讨论和分享近年来植物园事业在科学研究、科普教育、园林园艺方面取得的成绩与经验,会议持续到28日。

(植物园)

【北海公园举办北京市第37届菊花展】 北京市第37届菊花(市花)展于10月29日至11月20日在北海公园阐福寺举办。主题为:"菊香悠然——传承经典"。展览内容包括独本菊、案头菊、小菊盆景、插花、展台布置等项目。展览期间在阐福寺山门和天王殿内进行小菊盆景作品的展示和评比,在阐福寺和天王殿内进行插花作品的展示和评比,在阐福寺中院搭建展棚展架、在东配殿、西配殿内布置展台,进行品种菊展示,并设立专项品种参赛区,利于集中展示及进行评比。同时还将设立社区业余展区,邀请3个社区的百姓参与展览,展示自己养植的菊花品种,并进行(业余)评比。同时,北海公园于11月8日在阐福寺内进行北京市第37届菊花(市花)展的各项参展项目的评比工作。公园成立了由12位专家组成的评比组,林业大学戴思兰教授担任组长,中心综合处朱英姿副处长、北京市花卉协会郑奎茂主任、北京菊花协会张秀山理事、北海公园於哲生副园长4人担任副组长,共分为3个小组对此次各参展单位展台布置、10个专项品种、小菊盆景、插花艺术4个项目进行了现场评比,每个项目评比出一、二、三等奖共129个。

(刘 霞)

【天坛公园举办第35届"古坛京韵菊花香"菊展】 11月1~20日,公园举办第35届"古坛京韵菊花香"菊展,在祈年殿院内进行展览,设置展棚6个,摆放菊花科普展板18块,展出独本菊、多头菊、大立菊、悬崖菊、小菊盆景等1400余盆。

(天坛公园)

【纪念孙中山先生诞辰150周年系列活动在香山公园、中山公园分别举办】 11月11日,晋谒衣冠冢活动在香山碧云寺举行,全国人大常委会副委员长、民革中央主席万鄂湘,民革中央常务副主席齐续春、中共中央统战部副部长林智敏、北京市副市长程红等领导出席并向孙中山先生像敬献花篮。全国政协、中共中央统战部、国务院台办、民革中央相关负责人及市公园管理中心副主任张亚红、香山公园负责人随同,孙中山先生亲属代表、海外来宾、中国台湾人士等一行共150人参加。10日,中山公园协助民革中央、黄埔军校同学会举办第七届"中山·黄埔·两岸情"论坛;配合市政协举办孙中山精神座谈会、"新中山装"主题展演活动,市政协主席吉林等领导出席;11日,协助举办孙中山先生诞辰150周年海外嘉宾团纪念活动。

(香山公园 中山公园)

【北京动物园完成市教委"利用社会资源·丰富中小学校外实践活动"项目年度组织实施工作】 11月23日,作为第一批市级资源单位,以全市中小学生、教师为服务对象,组织研发、实施校外实践活动。成立工作组,建立经费预算制管理、绩效管理、课程运行评估等工作机制;细化动物资源,依靠专家团队,以保护动物、植物、生态环境为切入点研发课程,打造"动物、植物、生境"三位一体的生态教育环境。通过课程进校园和园内实践两种方式,面向北京市11所中小学4200名师生,推出14个保护教育课程、1个科普剧目、多个科普项目及观摩活动,达到资源互补、优势互补、教育环境互补的多重效应。

(北京动物园)

【北海公园举办北海御苑建园850周年专家论坛会】 12月15日,北海御苑建园850周年专家论坛会在管理处礼堂举办。公园园长祝玮首先简要回顾公园850年历史并致词,中国工程院院士孟兆祯、天津大学建筑系教授王其亨、著名园林专家耿刘同、北京史学会会长李建平等专家分别就北海的文物古迹价值、造园艺术地位、文化保护传承与申遗等方面作主旨发言,中心总工程师李炜民同时发表讲话。会议结束时,与会专家、领导共同在《倡议书》上签字并留念。故宫博物院图片资料部、中国国家图书馆古籍馆、中心服务管理处及中心13家单位的30余名领导、专家出席,公园党委书记吕新杰主持会议。

(汪 汐)

【颐和园研发特色旅游文创产品】 颐和园通过"众创 众包 众扶 众筹"等方式,探索、打造文创研发销售工作新模式,有效发挥社会资源效应。年内,颐和园管理处先后与北京高起点广告有限公司、西安昭泰文化发展有限公司、北京中土大观文化传播有限公司、北京华尚园创文化发展有限公司、北京百创文化传播有限公司、北京康香茗源商贸有限公司6家优质的文创公司开展合作,开发出第一批国礼系列、旅游纪念、文化用品、文物摆件、居家用品五大类、近300种符合颐和园历史文化和品牌形象的旅游文创产品。力争使颐和园旅游文化创意产品实现系列化、品牌化、区域化、多样化特色。2015年颐和园文创产品销售额为103.5万元,由于文创产业布局调整、新店及网点开业,2016年年销售额为343.9万元。

(赵 霏)

【玉渊潭公园文创工作全面展开】 9月9日,公园召开首次文创工作领导小组会议,组织学习"北京市公园管理中心2016年文创工作方案""玉渊潭公园2016年文化创意产品研发工作方案",确立公园文创产品研发工作机制;制订公园文创工作计划,开展公园文创产品研发工作调研,寻求商业合作,明确2016~2017年度文创产品研发方向;定期举办各层面文创产品研发沙龙,举办公园青年创新创意设计大赛等五项未来工作重点,并确定商品、活动两类文创商品研发方向;12月,公园樱花商店更名"樱苑",扩大店内规模,转变传统展售模式,大幅度增加文创商品所占比重,开发引进樱花丝巾、樱花餐具、樱花瓷器等诸多具有樱花特色的文创商品,商店以全新的面貌接待游人,顺应游客的需求。

(缪 英)

人才管理　教育培训

【综述】 年内，市公园管理中心加强领导班子和干部人才队伍建设。按照市委统一安排，中心系统高级专业技术岗位由 189 个增加到 383 个，为中心吸引、留住、用好人才奠定良好基础。弘扬"工匠精神"，建设工匠队伍，出台实施《中心优秀技能人才奖励与激励办法（试行）》，奖励中心成立 10 年以来的 162 名优秀技能人才；开展拜师学艺活动，组织 288 人参加北京市第四届职业技能大赛花卉园艺师比赛，中心 7 名选手进入前 10 名，展现了中心职工的技艺和风采。结合人员招聘，适度减少工勤岗位比例，向文博、审计等岗位倾斜，不断优化人员结构。结合巡视整改，开展了基层人员"慵、懒、散"专项治理，强化了纪律约束和管理监督。颐和园、动物园获市科普工作先进集体，园博馆吴狄获先进个人；园博馆王汝碧获全国科普大赛一等奖、"全国十佳科普使者"称号。园林学校获市级中等职业教育一、二、三等奖共 13 项。进一步加大干部选拔任用和管理监督工作。下发《处级干部选拔工作流程和纪实办法》，切实落实动议、民主推荐、组织考察、讨论决定、任职等程序。全年新提正处级 7 人、副处级 6 人，交流正处级 10 人、交流副处级 19 人。制定下发《关于对处级领导干部进行提醒、函询和诫勉的实施细则》，对开展党建工作不力、不如实填报个人事项、综合测评成绩靠后的 10 名干部进行了提醒、函询。中心党委自查自改，辞退返聘人员，出台加强借调人员管理办法。

（综合处）

教育培训

【陶然亭公园组织海棠冬季修剪培训】 1 月 12 日，陶然亭公园园艺队邀请北京胖龙丽景苗圃王总经理到公园，针对园内不同品种的海棠修剪及养护管理进行现场教学。授课过程中，老师给大家讲解了海棠修剪的原则和注意事项，还为不同海棠品种的修剪进行现场操作，最后由园艺队的职工进行修剪，老师在旁指点，并在现场对职工在养护中遇到的问题进行现场答疑。园艺队养护班的全体职工参加了此次培训，大家表示此次海棠修剪的学习，对今后提高海棠的养护管理工作非常实用，并制订了今后三年的海棠修剪计划，为公园举办海棠春花节打下基础。

（薄 宁）

【颐和园受邀参加"旅游行业从业人员素质提升工程——故宫讲解培训项目"启动仪式】 1月13日，讲解培训项目是新形势下搞好北京市导游员队伍建设、提升旅游行业从业人员素质的重要举措，旨在培养打造一支与首都旅游业发展需要相匹配的导游员队伍，未来将逐步覆盖到北京市其他6处世界文化遗产地单位，并逐步向全国推广。故宫博物院、国家旅游局、市旅游委、世界文化遗产地、部分旅行社负责人及优秀导游员代表出席仪式。

（颐和园）

【北海公园开展喷灌技术培训】 1月18日，北海公园组织喷灌技术培训，邀请托罗喷灌设备有限公司的总经理、高级工程师张建平为树艺班和机修班职工讲授喷灌的使用和维护方法。

（汪 汐）

【香山公园组织开展消防知识培训】 1月26日，香山公园组织开展消防知识培训。邀请消防培训机构老师，从消防设备用途、火灾逃生知识、火灾故事案例3个方面开展培训。为加强职工安全意识，以图文并茂的形式观看火灾事故案例，使职工了解火灾的危险性和危害性。此次培训共有职工、社会化人员50余人参加。

（马 林）

【中山公园插花技能培训】 1月29日，邀请北京市花木公司五棵松社区园艺体验中心花艺师培训公园24名职工插花。老师边操作边讲解，制作东方式插花和西方式插花作品各一件，随后带领大家完成一个自由式插花作品，并进行讲评。培训人员作品全部布置在唐花坞展出。

（张黎霞）

【北海公园开展绿化技能专业培训】 1月，北海公园开展园艺绿化技能专业培训，培训由技术骨干分别从园艺修剪、植物病虫防治、土壤施肥研究、菊花科普宣传等方面对30余名职工开展专业培训。

（汪 汐）

【颐和园举办高阶导游讲解员培训班】 为提高颐和园讲解水平，1~2月，颐和园利用25天分两阶段对全园30位高阶导游讲解员进行脱产培训，先后集中学习了颐和园园林知识、中国古典园林文化、导游员基础知识等，结合所学知识每人撰写两篇讲解词，并参加实战演练，通过比赛评出优秀奖5人，三等奖6人，二等奖3人，一等奖1人。

（王冠炜）

【颐和园举办系列文化讲座培训】 1~10月，颐和园在游客中心多功能厅先后举办四次文化讲座培训，分别是第31讲"老照片里北京的三山五园"、第32讲"清代建筑师——样式雷世家"、第33讲"慈禧照片管窥"和第34

讲"古代诗词在颐和园中的应用"。其中"老照片里北京的三山五园"以被毁前的文昌阁、昙花阁、智慧海、万寿山后山琉璃塔等珍贵照片为脉络，从三山五园建筑、圆明园流散文物寻找和古建筑的维修和复建等进行研讨；"清代建筑师——样式雷世家"围绕乾隆至光绪年间样式雷图档案资料进行详细解读，再现了清代建筑世家——样式雷家族的兴衰史；"慈禧照片管窥"以慈禧照相故事为主线，再现了皇家宫苑的过往云烟；"古代诗词在颐和园中的应用"从颐和园内楹联诗词进行深挖，再现了清末、民国文人雅士的家国情怀。全园220名职工参加培训。

（王冠炜）

【景山公园举办"拜师学艺，岗位成才"结业活动】 2月3日，景山公园举办"拜师学艺，岗位成才"结业活动。活动首先总结了一年的工作情况，其次向各位徒弟颁发结业证书，并向最优秀的学员给予表扬，通过"师带徒"活动，充分发挥老师傅的综合优势，正确引导青年员工在岗位上敬业奉献，提高青年职工的整体素质，培养职工良好的职业道德和娴熟的职业技术，为公园提供强有力的技术人才。

（黄　存）

【紫竹院公园开展园林技师讲堂系列活动】 2月26日，公园工会本次讲座为该系列活动第一课，邀请建设部劳模、高级花卉园艺技师梁勤璋主讲。讲座以"它山之石，可以攻玉"为题，结合丰富的实践经验和亲身考察经历，从国外免票公园的管理方式方法、景观效果提升、室内外花卉环境布置以及空间利用等方面进行了讲解。本次讲座共计50余名职工参加。

（芦新元）

【北海公园做好平原造林养护技术服务工作】 北海公园积极做好平原造林养护技术服务相关工作，公园与顺义区园林局开展3次工作对接，实地查看林区并商讨确定合作协议及树木修剪培训方案；公园选派4名优秀技工及高级工程师前往林区，通过讲座和现场实操相结合的方式开展树木修剪培训；确定2017年帮扶计划，于2017年2月底前开展两次树木修剪培训，同时自2017年春季起陆续开展肥水一体化养护、林业有害生物识别防治等方面的培训工作。

（汪　汐）

【北海公园开展园林绿化技能培训】 2月，开展了水仙雕刻造型比赛，28名职工参赛，经过前期选苗、培植、雕刻塑形、捆扎、专业投票等多个环节，并最终评出技艺水平突出的作品。

（朱　扬）

【园林学校加强新专业建设】 2月，市教委下发《关于公布中等职业学校2016年新增专业备案的通知》，园林学校申报的古建筑修缮与仿建专业获批，并于秋季开始招生。该校根据行业对古建技能型人才的需求，构建"学校主导、企业参与"的专业建设模式。

（赵乐乐）

【北京植物园举办内控规范知识竞赛活动】 3月1日，以竞赛为契机，在全园范围内普及内控知识，提高内控意识，推动内控规范的全面实施。中心计财处负责人及中心各园主管园长现场观摩、指导。

（北京植物园）

【中心机关邀请法律顾问开展法律培训，进一步提高依法办事能力】 3月3日，市公园管理中心机关邀请所聘请的常年法律顾问与机关各处室、部门负责同志见面，开展法律培训，提供法律服务。培训会上，北京正海律师事务所杨磊律师分类总结了公园经常遇到的六类法律问题，挑选具有代表性的案例进行了深入浅出的剖析，现场解答了有关法律问题。中心机关将持续提高法制化建设水平，进一步促进依法行政、依法管理的能力。

（办公室）

【北京植物园养护队组织开展植物冬态识别培训】 3月4日，活动选择在中国科学院植物研究所开展，邀请植物分类专家丁学欣就60余种植物进行冬季形态的讲解，并在此基础上进行了属间形态比较和科级特征介绍。公园60余名专业技术人员参加此次培训，副园长杨晓方莅临指导。

（芦新元）

【香山公园举办导游讲解及服务培训】 为备战市公园管理中心劳动竞赛，香山公园特邀请专家对导讲服务人员进行为期一个月的系统培训。3月7日开讲第一课，由中国人民抗日战争纪念馆原副馆长于延俊以"讲解词的撰写"为主题，采用互动形式从讲解稿的结构、语言、修辞方式等多方面进行讲授。课后，结合培训情况要求每名讲解员提交两篇自行撰写的讲解稿，待下次课上进行点评、指导。此次培训共有30余人参加。

（王晓明）

【北京植物园开展摄影基础知识培训】 3月10日，培训邀请中国摄影家协会刘德祥老师为大家讲解摄影基础知识，并通过摄影构图、花卉摄影、手机摄影等内容进行深入讲解。全园宣传通讯员及摄影爱好者50余人参加培训。

（芦新元）

【中心第二期公园安全管理师培训班】 3月18日，中心第二期公园安全管理师培训班结束。培训班于8~17日在园林学校举办，市公园管理中心副主任王忠海两次赴培训班进行动员和指导。邀请中国公安大学教授就公园安全管理形势分析、消防安全管理、突发事件应急管理、大型活动风险评估与应急处置、安全标准化建设等内容进行培训。来自各公园34名学员经过10天的封闭学习，全部通过考核，取得结业证书。

（安全应急处）

【天坛公园启动"知园 爱园"职工大讲堂系列活动】 3月23日，本活动从3月起将每月举办一期天坛相关知识的讲座，首讲活动邀请了天坛原总工程师徐志长就"天坛文化内涵"进行讲授，旨在通过本次活动，达到百人课堂，千人受益，帮助职工更了解天坛，更热爱天坛。公园15家工会分会的100名职工参与活动。

（芦新元）

【陶然亭公园开展海棠盆景造型技能比赛】 3月25日，公园园艺分会开展海棠盆景造型技能比赛，为了更好地提高海棠盆景造型技术水平，陶然亭公园园艺分会在公园海棠春花节筹备期间，组织职工开展了海棠盆景造

人才管理 教育培训

型技能比赛。职工们从植株选择、整体造型、小品点缀等方面进行合理搭配，将花卉栽培技术与艺术造型相结合，在比赛时间内完成了10组盆景作品。比赛邀请陶然亭公园副园长张青、工会主席王金立及山东临沂海棠盆景基地负责人作为评委，对职工的参赛作品进行点评。

（芦新元）

【北海公园对园容保洁工作人员进行培训】3月30日，北海公园对新中标园容保洁公司工作人员进行了安全、服务等方面培训，并结合公园情况以及保洁重点区域提出了具体要求。

（芦新元）

【北海公园开展导游讲解技能培训】 从3月开始，北海公园开展导游讲解技能培训。本年度导游培训以强化基础为目标，以内部培训为主要形式，分中文、英文讲解技巧及综合技能系列培训。为提高基础素质，提升服务水平，以琼华岛队、文化队为主，劳资科负责协调开展知识讲座，琼华岛队负责中文导游技能培训，文化队负责英文导游技能培训。

（朱 扬）

【颐和园举办系列公文讲座培训】 3~8月，颐和园管理处先后举办5期公文写作培训班。培训邀请中共中央党校文史部教授廖小鸿、北京市公园管理中心研究室负责人刘明星、中国公文写作研究会理事郭鲁江、陶然亭园长缪祥流4位公文写作专家进行专题讲座，培训内容涉及公文的种类、格式、写作方法等，总计320名职工参加培训。

（王冠炜）

【园林学校组织召开2013级顶岗实习动员会】4月4日，向学生明确顶岗实习的目的、意义，讲解实习过程和安排，并签订安全责任书。顶岗实习周期将从4月持续到11月底，安排65名学生到颐和园、中山公园、钓鱼台国宾馆、西城区滨河公园、花木公司五棵松园艺中心等7个单位开展实习。学校相关科室负责人，2013级1班、3班全体学生和家长参会。

（园林学校）

【中心党校举办第九期青年干部培训班】 4月5日至6月30日，中心党委在党校举办第九期青年干部培训班，由组织人事处和中心党校组织实施。培训班学员由中心所属各单位选派的优秀科级干部，共28人参加。重点学习党的十八大、十八届五中全精神和习近平总书记系列重要讲话精神，围绕提升中青年干部党性修养和素质能力，开展"理论教育""党性教育""能力培训"等教学单元学习。培训期间，中心领导、各处室负责人等结合各自分管工作分别为学员授课。同时邀请了市委党校、部分区县党校及高校的专家、教授为学员授课。

（陈凌燕）

【北京植物园与中国林业科学研究院共建学位研究生实践教学基地】 4月6日，签订《联合共建专业学位研究生实践教学基地协议书》，北京植物园发挥自身资源优势，联合林业科学研究院加速推进风景园林、农业专业学位研究生培养实践教学基地建设，积极探索开展产、学、研一体化的实践教学方式，共同培养专业学位研究生。植物园还将通过培训、考核推荐研究生指导教师，负责实践教学活动和学位论文的具体指导工作，同时负责实践教学期间研究生的日常管理、业务指导和学习考核等工作。

（北京植物园）

【景山公园举办摄影基础知识讲座】 4月7日，景山公园摄影小组举办摄影基础知识讲座。摄影小组负责人以PPT的形式从"什么是摄影、如何摄影、摄影构图"三方面讲解了基本知识、相机的使用、照片的抓拍等内容，并展示了自己的摄影作品，以图例对照的形式阐述了摄影的基本知识及创作技巧。

（黄 存）

【景山公园举办牡丹知识讲座】 4月7日，景山公园举办牡丹知识讲座。主讲人是公园牡丹养护技术骨干，授课主要内容包括：园区内九大景区牡丹的品种名称、花型、花期以及国内外牡丹品种的区别、栽培养护和管理知识等。

（黄 存）

【园林学校迎接北京市中等职业学校课堂教学现状调研组调研听课】 4月18日，北京市中等职业学校课堂教学现状调研组对学校开展为期一天的听课活动。调研组由市教委领导、各中职学校领导和市级骨干教师组成。此次调研以随堂听课为主，课程选择覆盖学校4个重点专业，兼顾专业课和公共基础课。5位专家共计听课24节，其中专业课18节，基础课6节，分布在11个班级。调研组专家对授课教师进行课堂教学综合考察。课后，专家还随机抽取10名学生填写评教表，评价内容包括教师亲和力、教学内容贴近生活实际、学习课程能够获得成就感等八个方面。听课结束后，调研组专家与教师进行了交流。

（赵乐乐）

【景山公园接待市公园管理中心第九期青年干部培训班学员】 4月19日，市公园管理中心党校常务副校长季树安带队第九期青年干部培训班学员到景山公园开展调研活动，景山公园领导陪同。公园领导向学员们介绍了景山公园的整体情况，观看了公园之友及降噪工作的宣传短片，参观了春季花卉展暨第20届景山牡丹文化艺术节、绮望楼的"景山历史文化展"，实地了解寿皇殿建筑群的历史文化及修缮工程进展情况。

（史英杰）

【颐和园举办匠人拜师仪式】 4月20日，为传承古建知识，传承"匠人"精神，提高青年职工古建修缮管理水平，颐和园园长刘耀忠、副园长丛一蓬、工会副主席赵军健、建设部主任荣华到基建队参加古建修缮和遗产保护拜师仪式。在刘耀忠等领导的见证下，4名师傅共收徒弟18名。仪式结束后，师傅对徒弟每周进行两次理论知识学习并结合每日检查进行现场实地教学，将理论知识形象化，将工作与学习相结合，不断提高青年职工古建修缮技能，做颐和园遗产保护的传承者。

（张 稳）

【景山公园邀请北京农学院开展植物保护培训】 4月22日，景山公园邀请北京农学院开展植物保护培训。培训主要讲解了昆虫的种类、纲目、身体器官、繁殖方式、生活环境以及标本制作等。通过此次培训，职工了解了昆虫的相关知识，为日后植物保护工作打下了良好的基础。

（黄 存）

【景山公园举办"拜师学艺，岗位成才"主题拜师仪式】 4月25日，景山公园举办"拜师学艺，岗位成才"主题拜师仪式，聘请公园绿化技师王庆起招收5位徒弟，强化公园青年人才培养，推进绿化人才队伍建设。本次拜师采取"1+N"新模式，即1位技术全面的技师，授课时间自主，带领5位徒弟系统地学习绿化方面的知识，"N"是专业师父授课时间不固定，能够长期在公园授课。

（黄 存）

【中心工会大讲堂"赏春之秀美 品花之文化"专题讲座在北京植物园举行】 4月26日，活动邀请北京植物园科普中心主任王康以"关于植物园的那些事儿"为题，介绍了外国植物园和中国植物园的概况，北京植物园面对的机遇与挑战，随后，参观了植物博物馆、郁金香展区以及樱桃沟水杉林。中心工会常务副主席牛建国出席活动，并对劳模及先进集体代表进行了慰问。北京植物园党委书记齐志坚、工会主席刘海英及中心系统11家单位的44名全国及省部级劳模、先进集体代表参加活动。

（芦新元）

【中心系统三名选手成功晋级全国科普讲解大赛】 4月26日，由北京市科委主办的"2016年全国科普讲解大赛北京地区选拔赛"在汽车博物馆举行。此次大赛分预赛和决赛两部分，共有17位来自北京各行业的选手参加比赛。市公园管理中心所属颐和园、天坛公园、北海公园、植物园、园博馆共7名选手参赛。

经过预赛和决赛激烈角逐，最终6名选手进入决赛。其中，颐和园、天坛公园、园博馆3名选手顺利晋级。5月24~29日晋级选手将赴广州市参加全国科普讲解大赛决赛。

（孙海洋）

【北京动物园举办"品牌学习季"活动】 4月27日，旨在搭建职工展示平台，激发职工读书兴趣，引导职工养成良好的读书习惯，提高阅读能力，丰富文化底蕴。来自公园不同岗位的5名一线职工，分别从文学艺术、自然科普、动物专业等方面，带领职工共同学习知识、回顾经典、品味书香。党委副书记带领职工学习习近平总书记关于读书的部分论述，鼓励大家将读书成为一种生活方式，通过读书净化灵魂、成长进步，增加学习的广度，将理论与实践相结合，更好地服务广大职工。各支部书记、青年团员70余人参加。

（北京动物园）

【陶然亭公园参加北京市第四届职业技能大赛】 陶然亭公园园艺队共有22名职工报名参加北京市第四届花卉园艺师工种竞赛。4月27日，完成网上报名工作并通过审核，公园领导高度重视，为参赛职工购买学习辅导用书，并于6月6日召开参加市第四届职业技能大赛动员会，成立参赛领导小组，设立办公室，明确参赛办公室职责。经过竞赛陶然亭公园1名职工进入复赛获得花卉园艺师中级工证书。

（李 霞）

【颐和园举办招投标代理规范及相关法律培训】 4月，颐和园管理处邀请中招采培（北京）技术交流中心首席培训讲师张伟，围绕《招标采购代理规范》通则、招标采购活动中的法律风险控制、与招投标有关的四部法律知识、发包模式和招标采购方式等开展专题讲座，并对颐和园工作中的问题进行现场答疑，全园各部室及基层队有关人员74人参加了培训。

（王冠炜）

【中心党委副书记杨月到第九期青年干部培训班授课】 5月9日，中心党委副书记杨月到第九期中心青年干部培训班授课。围绕"做好一名合格的基层干部应注意的问题"进行详细讲授。

（陈凌燕）

【北海建园850周年名家系列讲座第二讲在国家图书馆举办】 5月18日，邀请天津大学建筑学院教授、中国紫禁城学会副会长王其亨，以"平地起蓬瀛·城市而林壑"为题，讲述北海敕建过程、历史价值以及古建测绘成果等内容。北海、景山、中山职工代表及中心青干班学员共210人参加。

（北海公园）

【园林学校发挥行业教育平台作用】 5月5~27日，学校面向中央直属机关在京下属单位20名在职人员，围绕绿化施工与养护、树木识别、病虫害防治等内容，分等级开展为期两周的培训，学校组织培训人员进行绿化工资格证书鉴定考试及技师、高级技师现场答辩。培训和鉴定工作赢得中直机关领导的好评。

（园林学校）

【中心主任张勇到第九期青年干部培训班授课】 6月2日，中心主任张勇到第九期青年干部培训班授课。指出：认真学习市委十一届十次全会精神，将思想和行动统一到中央、市委的决策部署上来，结合中心实际，抓好贯彻落实；清醒认识中心面临的机遇与优势，发挥好资源优势、体制机制优势、承担重大任务的经验优势及统筹公园管理的优势，抓住发展机遇；积极面对中心发展中存在的问题与挑战。解决如何适应新形势、新要求、新常态；如何破解日益扩大的刚性支出需求和收入机制的相对矛盾；如何实现游客量的合理管控；如何铸就专业高效的公园管理团队等方面的挑战。在工作中克服不转变、不规矩、不严格、不扎实、不务实、不担当的问题；正确处理好继承与发展的关系；社会效益、经济效益与生态效益的关系；全部、全局、局部的关系；眼前利益与长远利益的关系；数量与质量的关系；想干事、能干事、干成事、不出事的关系；改革、发展、稳定的关系。作为青年干部要爱岗敬业，提高责任意识；要强化战略思维，树立大局观念；要加强学习研究，提高本领能力；要勇于实践探索，不断开拓创新。中心组织人事处负责人、第九期青年干部培训班学员32人参加。

（陈凌燕）

【园林学校宠物养护与经营专业学生走进企业学习】 6月2日，园林学校宠物养护与经营专业2014级、2015级20余名学生到本专业培养企业——美联众合动物医院联盟总部参观学习。人力资源部经理介绍企业发展历史、企业文化，重点讲解企业的岗位设置及工作要求，并结合专业特点为学生进行职业规划培训。该校自2011年举办宠物养护与经营专业以来,与美联众合动物医院合作开展订单培养,60名毕业生中的30名成功应聘该企业,其中多数已成为手术室、处置室、住院部等部门主管。

(赵乐乐)

【园林学校首次支教河北留守儿童】 6月3日,园林学校一行7人前往河北省涞水县洛平小学开展支教活动。该校通过前期考察和沟通,了解到洛平小学是一所以农村留守儿童为主要生源的学校。支教团队针对留守儿童心理特点设计教学方案,分别以"生活点滴中培养好习惯"和"团队建设与交流"为主题开展德育实践课。授课结束后,该校向洛平小学捐赠书籍和文具。

(赵乐乐)

【北海建园850周年名家系列讲座第三讲在国家图书馆举办】 6月7日,邀请故宫博物院院长单霁翔,以"故宫的世界·世界的故宫"为题,就皇家园林文物保护及文创产品开发等内容进行讲授。市公园管理中心总工程师李炜民、国家图书馆常务副馆长陈力及中心所属部分单位代表、中心青年干部培训班学员共210人参加。

(北海公园)

【景山公园举办票务、讲解、园务劳动技能竞赛活动】 6月8日,景山公园举办票务、讲解、园务劳动技能竞赛。竞赛主要分为票务服务、导游讲解和园容保洁三大项。比赛题型为问答、陈述、判断、抢答和实操五种题型,本次竞赛扩大了比赛范围,将导游和园务职工纳入比赛,未参加比赛职工将笔试参加劳动技能考核,确保全体职工都参与技能考核。赛后组织职工进行总结,互相交流,分享经验,查找薄弱环节,切实加强公园服务管理工作。

(刘水镜)

【颐和园举办世界遗产监测管理培训班】 6月21日至7月1日,颐和园管理处受国家文物局委托,由中国文化遗产研究院与北京市颐和园管理处共同承办的"国际文物保护与修复研究中心世界遗产监测管理培训班"在颐和园举办。本次培训班是国家文物局和国际文物保护与修复研究中心签署《关于在中国合作开展文化遗产保护国际培训的框架协议》之后首次针对我国不可移动文物风险监测的培训班。来自阿尔巴尼亚、比利时、希腊、以色列、马达加斯加、波兰、南非、津巴布韦、意大利及中国大陆10个遗产地的共19名学员参加了此次培训。培训班历时12天,国际文物保护与修复研究中心及国内外专家加米尼、露卡、吕舟、郑军、侯卫东、陆琼、赵云、戴仕炳8名世界遗产保护管理领域知名专家为学员们进行了授课,颐和园副园长丛一蓬向学员们讲授了颐和园遗产监测工作。学员们通过理论学习,分享各自的遗产监测经验,并在颐和园开展了遗产监测实践与研讨。此次培训班得到了各级人士的高度重视。国家文物局副局长顾玉才到颐和园出席开班仪式,并通过回顾与国际文物保护与修复研究中心的合作经历及培训成果。加米尼先生代表国际文物保护与修复研究中心向大家介绍了此次培训的背景和主要内容,对颐和园出色的培训组织工作表示赞赏。颐和园党委书记李国定在开幕式发言中表示欢迎各位专家、学者来到颐和园就遗产地保护管理与监测工作进行交流学习,并简要介绍了颐和园已经取得的工作成效。颐和园园长刘耀忠在闭幕式上对给予颐和园承办工作信任与支持的各方表示感谢,对以颐和园为案例进行监测、提出保护建议的各国老师、学员表示感谢。北京市公园管理中心总工李炜民在开幕式发言中阐述了世界遗产与北京历史名城相得益彰的保护理念,并在闭幕式后的参观中为老师和学员们介绍了园博馆的创建历史和中国园林文化悠久的历史。国家文物局副局长、中国文化遗产研究院长刘曙光出席结业典礼,期望大家在将来加强交流学习,为世界遗产保护与监测贡献力量。中国文化遗产研究院副院长詹长法、中国世界文化遗产中心副主任赵云、教育与培训处副教务长张晓彤、颐和园书记李国定、颐和园副园长丛一蓬在中国园林博物馆参加闭幕仪式并为学员颁发了培训班结业证书。

(闫晓雨)

【颐和园完成北京市"职工技协杯"职业技能竞赛公园讲解比赛】 6~8月,颐和园管理处选派10位参赛选手集中开展脱产培训,理论学习涵盖园林基础知识、北京地理与历史及导游讲解基础等,实操培训专程邀请全国讲解界专家教授对讲解员发音、语言、仪态进行潜心辅导。10位参赛选手历经颐和园赛区初赛、公园管理中心赛区复赛,黄璐琪、王丹、舒乃光、葛嘉4位选手晋级最终决赛。在全市27位参赛选手中,黄璐琪荣获第一名,王丹荣获第三名,舒乃光荣获第四名。

(王冠炜)

【景山公园做好北京市第四届职业技能大赛赛前准备工作】 7月11日,景山公园做好北京市第四届职业技能大赛赛前准备工作。一是组织参赛职工开展技能竞赛自测考试;二是自测考试后,公园召开赛前动员大会,由党总支办公室介绍赛制规则及考试时间,公园园长孙召良、书记吕文军、副园长宋懿、副书记李怀力分别对参赛职工进行动员鼓励,并提出要求。

(黄 存)

【园林学校与联想集团培训部联合举办教学培训】 7月13日,此培训是依托联想集团企业用人理念和先进技术手段,针对职业学校特点专门开发的培训项目。培训围绕如何做学生喜欢的老师、如何打造快乐高效的课堂等内容进行授课。园林学校40余名专兼职教师参加培训。

(园林学校)

【景山公园开展"职工技协杯"职业技能讲解员竞赛初赛】 7月27日,景山公园开展"职工技协杯"职业技能讲解员竞赛初赛。公园本着"注重讲解质量、提升接待水平、讲求工作实效"的原则,制订了初赛方案。中心服务处副处长魏红、首都博物馆馆长助理杨丹丹、副园长温蕊、主管领导和全体导游员共10人参加活动。导游员结合公园主要景点和历史文化进行不超过6分钟的讲解,评委从语音语调、讲解内容、讲解技巧、仪表礼仪和讲解时间五个方面进行打分,讲解结束后,评委进行了点评和指导。

(刘水镜)

【玉渊潭公园机关事业单位养老保险制度改革完成养老保险并轨】 8月3日,公园相关工作人员参加北京市事业单位养老保险制度改革培训会，为公园养老保险改革工作的具体实施拉开序幕。会后，公园在中心指导下启动养老保险并轨工作，于8月底前将全部退休职工纳入机关事业单位养老保险系统，完成退休职工养老金发放渠道的转移。9月底，完成在职职工养老保险接续工作，全体在职职工纳入机关事业单位养老保险系统。

（刘 营）

【景山公园绿化技师王庆起传授碧桃嫁接技巧】 8月8日，景山公园绿化技师王庆起向班里年轻职工传授如何进行碧桃嫁接的技巧。王庆起讲解了碧桃嫁接中的枝接和芽接两种方法，并让每位青年职工进行实操，完成后逐一进行讲解，就嫁接中存在问题进行解答。

（黄 存）

【北京植物园工会举办"我爱北植 再创辉煌"庆祝建园60周年组合盆栽展示评比活动】 8月11日，全园共计87个作品参展，园党政领导从作品的整体效果、构图造型、色彩和寓意等方面进行了点评。最后，评出一等奖3名、二等奖10名、三等奖20名。

（芦新元）

【北京动物园开展"最美园艺师"劳动竞赛】 8月17日，此次劳动竞赛以一对一作答形式进行，内容包括养护基本知识、病虫害防治、花卉养护等。活动共计54名职工参加。

（芦新元）

【景山公园举办了厨师技能创新竞赛】 8月26日，此次竞赛由公园党委书记吕文军、副书记李怀力等相关领导担任考核评委。根据厨艺竞赛考核的相关评分标准，分别对菜品的刀工、色泽、香味、口感和造型5个方面进行打分。

（芦新元）

【颐和园不断深化"拜师学艺"传承工匠精神】 8月26日，自4月正式恢复拜师学艺传统后，4名古建修缮师傅带领14名学徒持续开展古建修缮和遗产保护教育培训工作：每周组织两次授课，按不同工种、不同建筑形式，讲解建造工程理论知识；结合颐和园练桥和涵虚牌楼修缮工程，师傅带领学徒深入工程现场学习木工、瓦工、油饰彩绘技艺；围绕立体测绘等现代化工程技术，安排学徒学习测量、拓制技术，不断提升业务技能。古建修缮和遗产保护学习教育形成常态化，并在教学实践中不断摸索技艺教育和传授体系，推动人才队伍建设。

（颐和园）

【景山公园晋级北京市第四届职业技能大赛复赛】 8月30日，景山公园15位职工参加了北京市第四届职业技能大赛。本次竞赛共分为两部分：理论知识和实际操作。参赛职工发挥日常工作中积累的经验，在赛场展现个人实力。经评比，公园8名职工成功晋级复赛。

（黄 存）

【紫竹院公园开展学艺活动】 8月30日，紫竹院公园职工31人参与了北京市第四届职业技能大赛花卉园艺师比赛，其中7人进入复赛；9月29日，公园4位职工进入绿化比赛复赛。10月24日进行的绿化比赛决赛中公园职工取得了较好的成绩。

（刘 兵）

【北京动物园举办新职工保护教育营日活动】 8月30~31日，12名北京动物园新入职职工在科普馆开展了保护教育营日活动。公园党委副书记杜刚参加了开营仪式并讲话。活动项目设有：粉红色礼物、恭王府管家的清单、昆虫世界、动物园园史展参观、熊猫的外衣、情景剧、金丝猴馆后台参观、貘馆参观、搭帐篷、夜晚精灵等十余项。最后，进行了活动评估，营员对项目内容、营餐的满意度均达到了100%。

（郭京燕）

【紫竹院公园开展导游讲解培训】 8~9月，紫竹院公园开展导游讲解培训6次，累计50余人参加。经过培训后选拔进入复赛共计5人，8月31日在园林学校进行的复赛中，公园1人进入了决赛并于9月13日"职工技协杯"职业技能竞赛中获得年度第十名的成绩。

（刘 兵）

【天坛公园职工参加北京市第四届职业技能大赛花卉园艺师比赛】 8~11月，天坛公园职工参加北京市职业技能大赛花卉园艺工比赛，中心直属11个事业单位的26名选手通过理论考试、现场植物识别、树木移植打包、组合盆栽综合评比后，天坛公园的毛毅获得决赛第六名，李喆获得决赛第十九名。

（戚伯扬）

【北京动物园高研班赴湖北神农架考察】 9月6~12日，北京动物园组织高级技术人员开展每年的科考工作，此次赴湖北神农架川金丝猴自然保护区进行考察，通过动物生境考察、社区走访调查、科普宣传、动物粪便采集检验等工作，了解湖北神农架国家级自然保护区内野生动物和植物的生存环境，进而了解野生动物在栖息地的生存习性和野外环境下的成长过程。此次科考由北京动物园高级技术职称人员中心科研课题获奖课题组人员、科普馆工作人员、园艺队工作人员与考察动物有关的饲养技术骨干共15名。

（郭京燕）

【园博馆与北京林业大学园林学院、北京农学院园林学院开展本科新生入学教育】 9月8~9日，新生入学教育活动为园博馆与高校"教学实验基地"战略合作项目之一，旨在进一步发挥园博馆校外教育优势，普及弘扬园林文化，培育园林人才，带动行业发展。市公园管理中心总工程师、园博馆筹备办主任李炜民以"中国园林的本质"为题，从中国风景园林学科发展历程、中国古典园林发展基本特征、当代风景园林学科职责任务3个部分，为学生作专题报告。学生先后参观了馆内重点展品、基本陈列及特色室内展园。来自城乡规划、风景园林、旅游管理、园林植物与观赏园艺等8个专业的650余名学生参加。

（园博馆）

【北京市"职工技协杯"职工技能竞赛公园讲解员决赛在北京市园林学校举行】 9月13日，市公园管理中心主任张勇、党委副书记杨月、副主任王忠海及市政法卫生文化工会相关领导指导观摩。来自市公园管理中心及区属公园共15家单位的27名讲解员进入决赛。决赛包括理论知识比赛、技能操作比赛，理论知识内容涵盖园林古建知识、园林植物知识等几个环节。颐和园、天坛公园、北海公园、园博馆、紫竹院的选手获得优异成绩。

（园林学校）

人才管理 教育培训

【陶然亭公园组织保洁公司开展消防培训演练工作】 9月19日,陶然亭公园服务二队在外包公司驻地对业务骨干开展安全培训。培训内容包括灭火器的检查、使用,消防栓的开启,消防水带的连接操作等。

(李丽晖)

【香山公园召开内控体系运行培训会】 9月20日,香山公园召开内控体系运行启动培训会。培训内容重点对《香山公园内部控制手册》中的预算内控要求、收入内控要求、重点经费支出管理内控要求等内容进行讲解分析。公园园长钱进朝参加此次培训。为检验培训效果,9月23日对参会人员开展闭卷考试。

(安丽文)

【"京津冀古树研发保育"高级研修班在北京举办】 9月20～23日,2016年"京津冀古树研发保育"高级研修班在北京市园林科学研究院举办。此次高研班是经北京市人力资源和社会保障局批准,北京市公园管理中心主办,由北京市园林科学研究院承办,旨在进一步提高京、津、冀三地园林绿化科研人员和绿化施工管理人员对古树研发保育的理解和认识,探讨古树研发保育的新方法、新技术和新理念。来自北京、天津、河北、沈阳等地31家单位的105名科研和管理人员参加了学习研讨,其中教授级高工、高级工程师和工程师的比例近70%。通过4天的理论学习,以撰写论文的形式进行考核,考核通过的学员将领取由北京市人力资源和社会保障局颁发的"北京市高级研修班结业证书"。

(李鸿毅)

【"自然趣玩"科普研修班在北京动物园举办】 由中国动物园协会主办,北京动物园承办的"自然趣玩(Nature Play)"科普研修班于9月20～22日在北京动物园举办。此次研修班邀请了美国自然之道机构的Jeanetter Pletcher为学员们进行授课。课程以文字演示、交流讨论、室外场馆互动教学的方式完成了自然趣玩的价值、自然趣玩的障碍、家庭自然俱乐部、自然趣玩背包徒步旅行、促进自由的自然趣玩不断发展、探索北京动物园等内容共24学时的授课。来自北京动物园、上海动物园等20家动物园从事保护教育工作的31名学员参加了研修班。中国动物园协会副秘书长于泽英、北京动物园园长吴兆铮参加20日举行的研修班开幕仪式并讲话。

(龚 静)

【园林学校举办北京市中等职业学校农林专业类技能比赛】 10月14日,比赛由市教委、市教育科学研究院、市职业技术教育学会主办,园林学校承办。本次比赛采取理论知识考试和实操技能考核相结合的方式,聘请北京市园林绿化行业、农业行业的专家担任裁判,并设立了仲裁委员会。来自园林学校等5所中职学校的40名选手,参加种子质量检测、艺术插花、园林植物修剪、动物外科手术四项决赛。最终园林学校参赛选手获得种子质量检测比赛1个一等奖、1个二等奖、2个三等奖;艺术插花比赛1个一等奖、1个三等奖;动物外科手术比赛1个一等奖、1个二等奖、1个三等奖。

(园林学校)

【中心工会在北京动物园举办"比技能 强素质 当先锋"售票岗位练兵决赛】 10月25日,

赛事由市公园管理中心工会、首都素质工程办公室主办，动物园承办。中心工会结合2015年度职工思想调查课题成果所推出的此项赛事。经过初赛、复赛，11家单位的33名选手入围决赛，在科普馆决赛现场比拼"售票、找零、点钞"三项技能，并取得较好成绩。首都素质工程办公室、中心工会负责人及基层各分会主席、各单位代表百余人参加。

（工会　动物园）

【园科院等四家单位7名选手在北京市第四届职业技能大赛花卉园艺师决赛中获得前十名】11月3日，北京市第四届职业技能大赛花卉园艺师决赛在北京市园林科学研究院举办，来自全市7个复赛组委会的30余家单位的103名选手参赛。市公园管理中心直属11个事业单位的26名选手通过初赛、复赛的选拔，代表中心参赛。经过理论考试、现场植物识别等科目的综合评比，最终园科院、北植、天坛、北海4家单位的7名选手获北京市第四届职业技能大赛花卉园艺师职业竞赛前十名。

（组织人事处　园科院）

【京津冀古树保护研究中心举办古树保护技术观摩培训】11月8～10日，市公园管理中心直属天坛、颐和园等8个公园、天津及河北省9个城市的20余名古树保护一线技术人员，对北京及天津的古树复壮和保护工作进行观摩和现场培训。学员分别对天坛古柏、戒台寺5大名松、潭柘寺帝王树、密云"九搂十八杈"、盘山古香柏等著名古树进行实地踏勘和综合评估，园科院技术人员运用专业设备对戒台寺古槐和盘山古香柏进行树洞探测，应用综合复壮技术现场指导，提出具体复壮措施和建议。中心总工程师李炜民参加，并提出要求。

（科技处　园科院）

【首都职工素质建设工程"技术工人职业培训"项目在园科院举办】11月14日，首都职工素质建设工程"技术工人职业培训"项目——花卉园艺技能培训班在园科院举办，培训班由北京市总工会、北京市教育委员会等联合主办，园科院承办。本次培训班邀请园科院专家围绕基层技术职工在实际工作中遇到的问题等进行授课，预计11月25日结束。市园林绿化局工会、中心综合处、园科院相关负责人及中心各单位百余名职工参加。

（园科院）

【北京动物园开展技工升考资格选拔考试】11月21日，北京动物园人事科组织开展2016年技工升考资格选拔考试，符合条件参与考试人员共99人。共选拔出83名职工，公示选拔结果无疑议后，按岗位需求报送鉴定机构培训。

（郭京燕）

【中心开展京津冀古树名木复壮技术第二期观摩培训】11月22～25日，培训工作在园科院进行，内容为古树复壮技术、施工档案管理、树洞检测等，推进三地古树保护技术交流和技术技能人才培养，为京津冀古树保护研究中心技术研发与推广、古树基因库建设等工作起到促进作用。

（科技处　综合处　园科院）

【中心党委举办党支部书记培训班】11月28～30日，中心党委在北京植物园卧佛山庄举办党支部书记培训班。中心各单位党支部书记约90名学员参加。培训以学习贯彻十八届六中全会精神为主要内容，从党的十八届六中全会精神解读、如何做好基层党支部的思想政治工作、党员的发展程序、中心组织建设情况、党风廉政与党规党纪教育、疏解非首都功能推进"城市病"治理等方面进行了学习、交流研讨和测试。

（陈凌燕）

【园科院举办"昆明市城市园林绿化管理业务培训班"】 11月30日，培训班为期6天，邀请市公园管理中心总工程师李炜民及北京市园林绿化局、北京北林地锦园林规划设计院、北京市花木有限公司等专家，围绕中国园林的本质、园林植物保护、城市绿化规划与思考、城市花卉布置与养护等内容进行授课。昆明市园林绿化部门、昆明市园林绿化局所属基层单位60名学员参加。

（园科院）

【颐和园举办合同签订履行管理与合同签订法律风险管控专题培训】 11月，颐和园管理处举办合同签订履行管理与合同签订法律风险管控专题培训讲座，委托中招采培（北京）技术交流中心首席培训讲师张伟，从《合同法》概述、合同订立的相关程序、过程效力、履行原则等方面进行了细致的讲解，结合案例对合同签订过程中常见的法律风险、防范事项、建设工程合同谈判技巧及风险规避等问题进行了解析，对学员提出的问题进行答疑，并以现场问答的形式对培训整体概况进行了检测。机关部室主任、园属各单位行政正职、主管培训副队长以及从事招标采购、纪检监察、财务、审计、法律等工作的73位同志参加培训。

（王冠炜）

【园林学校开展防范校园欺凌主题教育活动】 12月1日，园林学校开展"防范校园欺凌，构建和谐校园"主题教育活动。一是成立领导小组，制定完善校园欺凌预防和处理制度、措施。二是邀请中国公安大学讲师走进学校开展公益讲座，进行法制教育。三是组织各班级召开主题班会，从规范学生日常学习、生活入手，加强学生的思想品德教育。四是充分利用心理咨询室开展学生心理健康咨询和疏导。

（赵乐乐）

【中心党委举办处级领导干部培训班】 12月5~9日，中心党委在北京植物园卧佛山庄举办中心处级领导干部培训班，由组织人事处、宣传处和中心党校组织实施。中心副处级以上领导干部110余人参加。培训班以学习贯彻党的十八届六中全会精神为主线，围绕从严治党、国际形势、党风廉政建设、领导艺术等方面的内容开展授课。

（陈凌燕）

【园林学校进行新任教师培训】 12月16日~29日，园林学校举行新任教师系列培训。培训围绕职业素质、教育法律法规、师德师风养成及教师专业技能等方面展开，对2014~2016年新招聘的10名教师进行系统培养。期间将穿插"老带新"结对活动，由指导教师对新教师在授课计划、教案编写、课堂教学把控、课后辅导等教学常规内容上进行跟踪指导。

（赵乐乐）

【陶然亭公园组织水仙雕刻技术培训】 12月19日,陶然亭公园园艺队邀请北京莲花池公园高级工程师为大家进行水仙雕刻讲座。从水仙花头的选择、水仙花的生长条件、雕刻的准备工作、雕刻方法步骤,以及后期养殖注意事项等,进行了讲解并现场操作。

(薄 宁)

【颐和园与延庆园林绿化局开展冬季林木养护培训】 12月20日,颐和园与延庆园林绿化局在延庆园林绿化局会议厅举办冬季林木养护培训。颐和园高级工程师王爽担任此次培训讲师,在培训中王爽重点讲授林业有害生物生态调控,针对平原造林常见林木有害生物种类、测报方法与生态调控措施进行讲解,同时以冬季修剪为重点,兼顾有害生物防治、肥水管理等养护内容进行培训,共计50名园林养护工作者参加培训。

(李 淼)

【中心直属单位在北京科普讲解大赛中取得优异成绩】 12月29日,市公园管理中心组织北海、中山、植物园、玉渊潭、园博馆参加2016年北京科普讲解大赛。经预赛选拔,园博馆、北海、植物园3名讲解员晋级,最终园博馆讲解员杜怡"三维技术玩转铜狮克隆"获一等奖,北海公园讲解员赵杰"隐藏的水库"获三等奖,植物园讲解员李林曈"沙漠中消失的绿洲"获优秀奖。

(科技处)

【园林学校为行业开展培训鉴定】 年底,园林学校深化校企合作,开展园林职业系列培训。包括北京市事业单位职工展览讲解员中、高级和花卉园艺师初、中、高级培训班,北京市公园管理中心安全管理人员培训班,北京市中直机关绿化工培训班,北京市公园管理中心园林绿化、讲解服务骨干培训班等项目,共计培训2622人。此外,组织展览讲解员、花卉园艺师、插花员等工种职业技能鉴定9批次、469人。

(赵乐乐)

【园林学校承接多项行业技能竞赛培训】 年底,园林学校承接多项技能竞赛,提升公共服务水平。该校发挥教育资源优势,承接"中直机关职工花卉园艺工技能大赛""北京市第四届职业技能大赛房山赛区初赛和复赛""北京市第四届职业技能竞赛公园管理中心赛区初赛和复赛""北京市'职工技协杯'职业技能竞赛公园讲解复赛和决赛""2016年北京市中等职业技术学校农林技能大赛"等竞赛的培训与赛务工作,共计培训学员4113人。

(赵乐乐)

【玉渊潭公园开展第四届青年岗位能手技能竞赛】 年内,玉渊潭公园开展"聚青年力量,携园林梦想,助中心发展"主题青年岗位能手技能竞赛。8月19日,公园开展绿化岗位职工技能竞赛,结合"两学一做"学习教育活动,围绕月季修剪、油锯切片、理论答题3个内容开展。邀请天坛公园高级技师杨辉进行现场点评和指导,对月季修剪过程中的有关知识和技巧进行解读,并现场解答职工提问。8月29日,公园开展票务岗位职工技能竞赛,组织票务队的14名年轻职工以2项理论、2项实操完成活动,内容以票务岗位应知应会为基础,涵盖公园党委"两学一做"工作、周边公交路线、服务安全规范、日常结账结算、点钞与假币识别、安全应急预案等。

9月13日，公园开展游船岗位职工技能竞赛，对清扫船只、救生圈投掷、计时点钞、"两学一做"答题等环节进行竞赛，通过竞赛锻炼了游船职工的业务技能，增强了团队凝聚力，激发了青年职工的工作热情。11月18日，以"创意微景观，礼献革命先辈，纪念建党95周年与红军长征胜利80周年"为主题，开展"中国梦 公园梦"青年岗位技能竞赛活动，重温长征历程，讲红军故事，并进行创意微景观组合盆栽制作及展示。邀请北京市花木公司园艺中心老师进行专家点评，并解答植物栽培养护方面的问题。

（侯翠卓　刘营）

人才管理

【景山公园做好青年人才储备工作】 3月15日，公园全力推进"四个平台"建设，做好青年人才储备工作。搭建学习平台，通过每季度中心组集中学习、微博微信自媒体转发及团员自学等不同渠道，营造浓厚学习氛围；搭建实践平台，建立健全项目负责制，使青年在公园之友管理、年度工作汇报、微视频拍摄等项目中得到锻炼；搭建竞技平台，组织青年职工参加技能竞赛、达标创优、先进典型评选等活动，在比、学、赶、帮、超中强化业务技能；搭建服务平台，开展两节与暑期慰问、走访调研等工作，倾听青年职工心声，解决工作、生活中的实际问题。

（景山公园）

【陶然亭公园完成公开招聘工作】 4月底，按照北京市公园管理中心组织人事处公开招聘工作会精神，陶然亭公园进行公开招聘岗位设置，5月中下旬，完成了网上报名资格审核、网上资格初审，有280余人通过了网上资格审核；5月25日，进行现场资格审核，有230余人通过了现场资格审核的筛选；6月3日，共计216名报名考生参加第三方笔试；7月7日，公园组织80余人进行了招聘面试；公园新招聘入职职工20人，工勤岗位16人。

（李　霞）

【北海公园完成干部核增薪级工作】 北海公园根据京工改办〔2006〕12号文件中年度考核结果为合格及以上等次人员每年增加一级薪级工资的规定，党委办公室在4月完成了215名干部的核增薪级工作，另有1名干部因未参加年度考核不能增加薪级工资。

（王　钰）

【紫竹院公园优秀技能人才情况】 5月12日，紫竹院公园上报公园管理中心4名优秀技能人才名单，于7月27日召开表彰大会公布结果。最终获得表彰人员为耿兆鑫、朱燕斌。

（刘　兵）

【北京动物园公开招聘工作】 北京动物园于

5月25日在正门旅游咨询服务中心进行了2016年度公开招聘资格审核工作。此次审核工勤岗应到场人员55人,实到42人,有13人放弃。经核查应聘人员材料,共41人通过审核。在中心统一组织笔试并将应聘人员成绩下发后,北京动物园于7月陆续完成了面试、阅档和入职体检等工作,并于8月1日安排13名新职工正式入职。

(郭京燕)

【中心在全国科普讲解大赛中取得优异成绩】 5月30日,此次大赛由全国科技活动周组委会主办,是2016年全国科技活动周重大示范活动,以"创新引领 共享发展"为主题,分预赛和决赛两个阶段。4月26日,颐和园、天坛公园及中国园林博物馆等6个单位的6名选手,通过北京市科委主办的北京地区预赛,成功晋级广州全国科普讲解大赛决赛。5月26~28日,来自全国54个代表队共计160名选手参加决赛比赛。中心所属中国园林博物馆的王汝碧、颐和园的黄璐琪、天坛公园的姚倩分别以"古建筑彩画的前世与新生""蜡的语言铜的艺术""蚕茧中的秘密"为题进行讲解,分别获得大赛一等奖、二等奖、三等奖,其中王汝碧被授予"全国十佳科普使者"称号;中关村科技展示中心、汽车博物馆、北京安贞医院选手分别获得二等奖、三等奖和优秀奖。

(科技处 办公室 颐和园 天坛 园博馆)

【北京动物园首次对重点岗位开展职业病危害因素检测】 5月,北京动物园首次被纳入西城职业卫生管理范畴,并聘请检测公司对重点岗位开展职业病危害因素检测。检测内容涉及公园各个重点、专业岗位:对饲料室上料、出料、加工点等地进行了谷物粉尘和噪声检测;对鸟片、草片、杂食片、检疫场、雕厂、犀牛河马馆、长颈鹿馆等场所进行了皮毛粉尘的检测;对湖水处理泵站进行了臭氧、氯气、噪声的检测;对园艺队花房进行了二氧化碳以及人员接触溶剂汽油时的检测。此次检测共计44个采样点、72个样品数。检测结果除饲料室接触噪声的强度略超出职业接触限值外,其他因素的检测结果均符合国家要求。截止到2016年年底,公园已针对相关岗位的职工配备了职业卫生防护用品,为饲料室职工配备3M耳塞和口罩等,同时完成了相关劳动者的职业卫生培训和体检工作。

(郭京燕)

【中山公园公开招聘】 6月,面向社会公开招聘专业技术和工勤两类7个岗位人员。经过公布招聘信息、报名与资格审查,初步确定符合条件的应聘人员参加笔试、面试、考核和体检。与13人确立人事关系,另1人为香山公园对调工勤岗位人员,签订聘用合同或劳动合同。

(白 莹)

【市公园管理中心召开优秀技能人才表彰大会】 7月27日,市公园管理中心领导班子全体成员出席,李炜民总工程师主持。大会对中心成立10年期间61名优秀技能人才进行表彰,张勇主任宣读表彰决定并讲话,中心领导为22名优秀技能人才代表颁发了奖杯和证书;颐和园舒乃光、天坛公园退休高级技师李文凯代表优秀技能人才发言,北海公园园长祝玮代表各单位发言。张勇主任对获奖的优秀技能人才代表表示祝贺和感谢,对中心技能人才队伍现状及存在的问题进行深度剖析，提出了"精炼高效人员队伍、科学管理人员结构、稳定长效管理机制"的高技能人才队伍建设发展战略目标，要求各单位要明确技能人才的定位，加强对技能人才的培养、宣传，强调重点要加强对技能人才的激励，将《优秀技能人才奖励和激励办法》落到实处，年底进行检查并不断完善《办法》。郑西平书记代表中心党委向优秀技能人才表示感谢和敬意，对技能人才的重要性给予高度肯定，着重解读了什么是"工匠精神"和如何大力弘扬"工匠精神"；结合中心特点从五方面对弘扬"工匠精神"、培养技能人才提出明确要求。中心机关处室负责人、各单位党政一把手、劳资部门主管领导和优秀技能人才代表120余人参加。

（组织人事处）

【付连起、关富生获市级优秀技能人才称号】 7月，按照《中心优秀技能人才奖励与激励办法》，推荐付连起、关富生参与中心优秀技能人才评审。通过综合评议，两人获得市级优秀技能人才称号。

（白莹）

【陶然亭公园举办文化讲解比赛】 8月2日，此次讲解比赛旨在发扬"两学一做"学习教育新形式。比赛邀请公园园长缪祥流、副园长杨艳、孙颖、工会主席王金立等相关科室领导担任评委。比赛首次使用手机客户端现场打分的方式进行考核。赛后，园长缪祥流对本次比赛进行了总结。

（芦新元）

【天坛公园奖励优秀技能人才】 8月2日，天坛公园召开优秀技能人才表彰座谈会，对获得中心及公园表彰的优秀技能人才进行表彰奖励，同时园领导与优秀技能人才及相关队主要领导进行座谈，听取大家对优秀技能人才的培养、使用、激励等方面的意见和建议，园长李高宣读了公园的表彰决定。各位优秀技能人才及相关基层队主要领导在座谈会上发言，大家对公园在优秀技能人才的发现、培养、激励等方面提出了建议。

（咸伯扬）

【北海公园对优秀技能人才进行表彰】 8月17日，北海公园对获得优秀技能人才的职工进行了表彰，共表彰获得优秀技能人才荣誉称号7人（其中省部级3人，局级4人），获得园级优秀技能人才荣誉称号2人。

（朱扬）

【中心团委举办第二届"十杰青年"评选终审会】 8月18日，邀请北京团市委机关工作部部长郑雄、市公园管理中心党委副书记杨月及市民政局、文化局等单位团委书记、中心机关各处室负责人及直属单位共青团工作主管领导组成评审团。根据选票结果，来自颐和园的舒乃光等10名青年职工最终获得中心第二届"十杰青年"称号。中心党委副书记杨月对此项活动给予充分肯定，指出"十杰青年"具有较强的先进性、代表性和群众性，体现出中心青年职工崇尚实干、善于攻坚、开拓创新、追求卓越的敬业精神。就"十杰青年"评选和共青团工作提出意见。"十杰青年"候选人所在单位党支部书记、各单位团组织负责人、团员青年代表150人参加。

（中心团委）

【颐和园完成招聘工作】 8月，颐和园管理处通过北京市公园管理中心发布招聘信息，随后经过网上报名、现场资格审核、笔试、面试、体检、考察、公示等环节，颐和园共招聘40人，其中工勤岗位工作人员32人、管理岗位招聘工作人员2人、专业技术岗位招聘工作人员6人。其中，研究生学历4人，本科学历29人，专科学历6人，高中学历1人。

（王冠炜　张爽）

【颐和园制订《优秀技术（技能）人才奖励激励暂行办法》】 8月，颐和园依照《北京市公园管理中心优秀技能人才奖励与激励办法（试行）》，研究制订《颐和园优秀技术（技能）人才奖励激励暂行办法》（以下简称《办法》）。《办法》在延续优秀技能人才表彰规定的同时，增加对优秀技术人才奖励内容，奖励对象既有从事一线技能人才，又兼顾从事基础科研工作的技术骨干和对工作作出创新改进的技术干部。奖励标准注重工作业绩和各类专业性竞赛成绩，按成绩高低、贡献大小从精神物质两个层面同时进行。年内，颐和园分别对公园管理中心成立10年涌现的35名优秀技能人才、2015年2项获奖科研课题、11篇学术论文进行了表彰奖励，奖励金额共计11.4万元。

（王冠炜）

【北京植物园召开优秀技能人才表彰宣讲会】 9月2日，植物园召开优秀技能人才表彰宣讲会。以"学典型、强技能、创佳绩、促发展"为主题，对获得荣誉称号的职工予以奖励，会上优秀技能人才和参会代表进行发言交流。宣讲会在全园营造见贤思齐争一流的良好氛围，共60余人参加会议。

（古　爽）

【陶然亭公园召开优秀技能人才表彰会议】 10月20日，陶然亭公园召开优秀技能人才表彰大会，公园领导班子、各科队领导、办事员及班长共计90人参加了此次表彰大会，对公园5名优秀技能人才进行表彰，其中高占玲、单明鸣2人被公园管理中心评为市级优秀技能人才，马金昌、韩旭、张焱3人被评为园级优秀技能人才。

（李　霞）

【中山公园进行年度技工升考工作】 10月，刘旭等15人取得技术工五级证书，樊欣楠等6人取得技术工四级证书，袁辉等11人取得技术工三级证书。

（白　莹）

【张媛媛获香山公园首席讲解员称号】 11月8日，由中国公园协会、北京市公园绿地协会主办的第11届北京公园季闭幕式在北京世界花卉大观园举办。香山公园讲解员张媛媛受主办单位邀请参加闭幕式，并获得由北京市公园绿地协会授予的2016年北京市"职工技协杯"职业技能竞赛公园讲解员比赛香山公园首席讲解员称号。

（王晓明）

【陶然亭公园完成技术工人升考工作】 12月下旬，陶然亭公园按照北京市公园管理中心技工升考工作会议部署，制定了《陶然亭公园2016年技术工人升考高级工规定》，在全园范围内开展了技工升考工作。由各队推荐高级工名单，经领导班子及劳资科审核符合推荐晋升高级工条件，并通过在全园进行公示。此次技工升考共57人，其中初级工29人，中级工12人，高级工15人，技师1人。

（李　霞）

【北海公园园长祝玮当选西城区人民代表大会代表】　12月，北海公园园长祝玮当选为西城区第十六届人民代表大会代表。

（王　钰）

【景山公园选派技术骨干赴日本考察学习】年内，为了培养年轻职工业务技术，景山公园选派芮乃思、邓硕两名技术骨干赴日学习考察。学习考察为期40天，两名同志通过实际操作，与日方技术人员进行牡丹选苗、起苗、炼棵、分装、修剪、配土上盆等工作，从而掌握牡丹种养技术。

（黄　存）

【景山公园完成优秀技能人才评选表彰工作】

年内，景山公园完成优秀技能人才评选表彰工作。通过在全园范围内，对从事工勤技能岗位工作的在职人员进行推荐表彰工作，本年度公园推荐优秀技能人才4名，最终经过市公园管理中心审批确认为优秀技能人才人员两名：刘宝恩、王庆起，均为市级优秀技能人才。

（吕璟瑶）

【香山公园完成年度技术等级升考工作】　年内，根据中心《关于做好2016年技术等级升考有关工作的通知》要求，对已完成考核鉴定工作的工种，进行材料整理、核实、归档。并结合岗位聘用结果，填报2016年计划拟升考各等级人员名单，完成升考49人，其中初级工19人，中级工5人，高级工20人，技师5人。

（王晓芳）

【中山公园事业单位人员年度考核】　年内，中山公园有308名职工参加年度考核，其中，优秀等次62人，合格等次245人，未定等次1人。

（白　莹）

【中山公园审计专干选拔】　年内，园党委于2016年党委（扩大）会第7次会议，确定启动审计专干（副科级）干部选拔程序，2016年党委（扩大）会第9次会议确定刘秀琴作为审计专干（副科级）推荐对象，经过民主推荐、组织考察、任前公示等程序，2016年党委（扩大）会第14次会议正式通过刘秀琴担任审计专干（副科级）职务。

（刘　智）

【中山公园参加北京市第六届职工技能大赛】

年内，中山公园园艺队一线职工参加北京市第四届职工技能大赛。4名职工（赵海红、王跃、曹玥、彭跃）进入复赛，其中赵海红进入决赛，取得北京市第28名，北京市公园管理中心第16名。

（白　莹）

党群工作

党的建设

【中心组织开展党风廉政建设责任制专项检查】 1月5日,为检查评估"两个责任"落实情况,中心党委、纪委于2015年12月对中心系统直属15家单位及机关党总支落实党风廉政建设责任制情况进行了检查考核。中心分别召开党委常委会、责任制检查工作动员会和专项检查培训会,研究部署检查工作方案、工作流程。成立由中心领导班子成员任组长的5个检查小组,抽调机关相关处室及基层财务人员共同参与检查工作。制定责任制检查考核指标体系,将党委主体责任和纪委监督责任18项细化成40个条目的考核标准,坚持问题导向,突出当前反腐倡廉工作的重点内容。对检查考核结果进行了量化、打分、排名,在全中心进行了通报,并将检查考核分数纳入对基层单位的绩效考核当中。中心党委、纪委将分别对检查中问题较多、打分排名靠后的单位主要负责人实施约谈,并由各检查组组长带队向被检查单位反馈检查情况。要求各单位根据反馈意见认真分析原因,及时研究制定整改措施,明确整改方向与任务,限期进行整改,推进"两个责任"有效落实及向基层延伸,努力建立中心上下贯通、层层负责的"责任链条"和一级抓一级、层层抓落实的工作格局。

(纪检监察处)

【中心召开"三严三实"专题民主生活会】 1月7日,会上通报中心"三严三实"专题教育进展情况,明确召开"三严三实"专题民主生活会的重要意义,强调《中共北京市公园管理中心委员会关于开好处级领导"三严三实"专题民主生活会的通知》中的工作重点,制订时间表、流程单,确保直属各单位专题民主生活会开出高质量、取得好效果。各单位专题民主生活会联络员、中心"三严三实"专题民主生活会指导组成员参加会议。

(中心"三严三实"专题教育活动办公室)

【王忠海参加玉渊潭公园处级领导"三严三实"专题民主生活会】 1月27日,玉渊潭公园召开处级领导"三严三实"专题民主生活会,中心党委常委王忠海参加活动,进行点评并提出要求。公园党委书记赵康主持会议,并代表班子围绕"三严三实"进行了领导班子的对照检查,随后班子成员逐一发言,剖析自身问题，查找原因，提出改进措施，并开展相互批评。中心副主任王忠海对民主生活会进行点评，同时对下一步工作提出要求。中心宣传处处长陈志强陪同参加。

（王智源）

【中心召开党风廉政建设工作会议】 2月4日，中心召开党风廉政建设工作会议，开好党风廉政建设第一课。会议由市公园管理中心党委副书记、主任张勇主持。中心纪委书记程海军传达市委书记郭金龙在市纪委十一届五次全会上的讲话及市纪委书记李书磊所作工作报告。总结2015年党风廉政建设情况，部署2016年党风廉政建设工作任务。中心党委书记郑西平、主任张勇提出要求。天坛公园、北海公园、陶然亭公园分别围绕贯彻落实党委主体责任、纪委监督责任及民主集中制等各项党风廉政建设规章制度进行典型发言。依据重新修订的领导与机关处室和各单位党风廉政建设责任清单，中心党委主要负责人，分别签订了《党风廉政建设责任书》。中心总工程师李炜民、副处级以上干部以及各直属单位纪检干部、计财、基建、经营管理部门科长170余人参加。

（纪检监察处）

【程海军指导中山公园"三严三实"民主生活会】 2月4日，市公园管理中心纪委书记程海军到中山公园指导处级领导"三严三实"专题民主生活会。听取园党委工作汇报，班子成员逐一进行个人对照检查，并互相提出批评意见。

（赵 冉）

【香山公园召开党风廉政建设工作大会】 2月4日，公园党委、纪委组织召开党风廉政建设工作大会，会议由公园园长钱进朝主持。会上，党委副书记、纪委书记孙齐炜首先传达学习了习近平总书记在中央政治局"三严三实"民主生活会上的讲话精神、郭金龙书记在市纪委十一届五次全会上的讲话精神和郑西平书记在市公园管理中心党风廉政建设大会上的讲话精神，随后就2015年党风廉政建设责任制落实情况进行总结，就2016年工作任务进行部署。之后，逐级签订了党风廉政建设责任书。党委书记马文香提出要求。全园中层以上干部和党风廉政监督员70人参加了会议。

（绪银平）

【天坛公园召开党风廉政建设会议】 2月16日，天坛公园传达市公园管理中心相关会议精神，对公园党风廉政工作进行部署，层层签订党风廉政责任书，提出保持清醒头脑，全面从严治党，深刻认识当前党风廉政建设工作的新形势；狠抓作风建设，深化教育成果，落实党风廉政建设的各项工作举措；加强组织领导，落实两个责任，推动党风廉政建设和反腐败工作不断取得新成绩。

（天坛公园）

【天坛公园党委召开处级领导干部述职述廉会议】 2月17日，党政一把手在会议上进行了述职述廉，党委书记夏君波作《关于2015年度干部选拔任用工作的报告》。按照中心要求，其他处级领导干部述职述廉报告已提前从办公网进行公示。中心组织人事处对公园处级领导班子成员、干部选拔任用及新任正科级干部满意度等情况进行民主测评。

（王 彬）

【天坛公园召开党风廉政建设会议】 2月17日，会议由园长李高主持。会上，副园长于辉传达十八届中纪委六次全会和十一届北京市纪委五次全会精神。党委副书记、纪委书记董亚力作了工作报告，总结了2015年工作成绩，部署了工作任务。公园各级领导层层签订了"个性化"的党风廉政责任书。党委书记夏君波提出要求。公园领导班子成员、中层以上干部、党风廉政建设监督员等重要岗位人员90余人参加了会议。

（王 彬）

【陶然亭公园召开党风廉政建设工作会】 3月11日，市公园管理中心纪委书记程海军出席。会上传达中心党风廉政建设工作会议精神，总结公园2015年党风廉政建设工作，部署公园工作任务，逐级签订公园党风廉政建设责任书。程海军书记提出要求。公园领导班子、中层干部、党风廉政监督员及重点岗位人员共113人参加会议。

（陶然亭公园）

【香山公园召开党建大会】 3月24日，香山公园党委组织召开党建大会，会议由园长钱进朝主持，会上党委副书记、纪委书记孙齐炜首先就2015年党建工作进行总结并部署了工作任务，随后，组织人事、宣传、纪检、工会和共青团主要工作人员分别就重点工作进行解读。之后，基层支部书记代表和党员代表分别发言表态，会上还向各支部发放了《党章》，并开展重温入党誓词活动。包括离退休党支部在内的11个党支部70余名党员参加会议。

（绪银平）

【中心领导到天坛公园宣布干部任免决定】 3月24日，会议宣布中心党委关于天坛公园纪委书记调整的决定。党委书记夏君波、园长李高表示坚决拥护中心党委的决定，新任纪委书记杨明进行表态。中心党委副书记杨月提出要求。中心组织人事处调研员刘国栋、纪检监察处调研员郭立萍，园领导王颖、于辉、董亚力、段连和参加。

（张 轩）

【陶然亭公园党委召开党建工作会议】 3月30日，陶然亭公园召开党建工作会议。会上，园长缪祥流、工会主席王金立及相关部门负责人分别对2015年工作进行回顾，并提出工作计划。随后，公园党支部书记代表及党员代表进行发言。党委书记牛建忠对2015党建工作给予了充分的肯定。最后，牛建忠书记提出要求。公园副科级以上领导干部、团支部书记、党风廉政建设监督员、纪检委员、党员代表共计97人参加会议。

（付 颖）

【香山公园首次召开党风廉政监督员聘任大会】 3月30日，公园党委、纪委组织召开党风廉政监督员聘任大会，这是公园首次专题召开监督员聘任会。会议由园长钱进朝主持，会上，公园处级领导向新一任党风廉政监督员颁发了聘书，上一任监督员代表和新任监督员代表分别进行了发言，纪委委员、副园长孙召良宣读了新修订的《香山公园党风廉政监督员工作实施细则》。提出了具体要求。党委副书记、纪委书记孙齐炜结合落实《实施细则》，提出了具体要求。党委书记马文香从从严治党、爱护干部、职工群众期待的不同角度，阐释了首次独立召开监督员聘任会的重要性以及主动接受监督员监督的必要性,强调要切实落实《实施细则》,通过强化内部监督,切实推动纪委、支部纪检委员、党风廉政监督员共同构建监督体系。全园中层以上干部、新老党风廉政监督员60余人参加会议。

(绪银平)

【李国定任职颐和园党委书记】 3月,北京市公园管理中心党委书记郑西平、主任张勇、副书记杨月、组织人事处处长苏爱军代表中心党委到颐和园,宣布北京市公园管理中心党委关于李国定任颐和园党委书记的决定,杨月副书记主持会议。颐和园园长刘耀忠代表园党委和领导班子成员表态,主任张勇、书记郑西平提出具体工作要求。

(张 婉)

【北京动物园团委举办"缅怀先烈"主题教育活动】 4月1日,在清明节前夕,为纪念建党95周年,结合北京动物园历史,公园团委举办"缅怀先烈"主题教育活动,公园党委书记张颐春带领处级领导班子成员参加活动。首先举办"缅怀先烈"仪式。青年邓宇航讲解四烈士墓历史;基层团支部书记李素从牢记历史,志存高远;坚定信念,行动在先;知园爱园,勇挑重担三方面发出倡议。老、中、青代表分别向四烈士墓和宋教仁纪念塔敬献鲜花。仪式后,参加活动人员共同参观公园畅观楼园史展。参加此次活动的还有各党支部书记、团干部、青年党团员代表以及老干部共46人参加活动。

(王 毅)

【中心纪委书记程海军到颐和园宣布干部任职】 4月10日,北京市公园管理中心纪委书记程海军、组织人事处调研员刘国栋代表北京市公园管理中心党委到颐和园宣布了北京市公园管理中心党委关于付德印任颐和园工会主席、杨静任颐和园纪委书记的通知。颐和园党委书记李国定、园长刘耀忠代表园党委和领导班子成员表态,坚决拥护中心党委的决定,感谢中心党委对颐和园各项工作的重视,颐和园党委会继续加强班子团结,讲学习、讲政治、讲廉洁,全力做好各方面的工作。付德印和杨静均表态发言,要加强学习,与班子成员一同,为公园事业发展贡献力量。最后,程海军书记提出要求。

(王 馨)

【杨月到香山公园进行授课】 4月19日,市公园管理中心党委副书记杨月到香山公园进行授课,围绕基层工作应注意的十个方面的问题,包括为官要为,敢于担当;全面依法治园,从严治党;遵守党的政治及组织纪律;自信自强,百折不挠;执法守法用法,不越界不越位等,深入浅出地进行授课,对开展基层工作具有很强的指导性。公园组织全体中层以上干部和部分青年骨干参加培训。

(绪银平)

【中心开展"两学一做"学习教育,推进全面从严治党向基层延伸】 4月28日,市公园管理中心党委常会研究通过了《中共北京市公园管理中心委员会关于在党员中开展"学党章党规、学系列讲话,做合格党员"学习教育的实施方案》;4月29日,中心召开党委书记例会,部署了中心"两学一做"学习教育工作,学习了毛泽东同志《党委会的工作方法》;中心直属各单位也已陆续完成"两学一做"学习教育部署工作,中心系统"两学一做"学习教育全面启动；中心直属160个党支部通过核查党员名册、查找组织关系介绍信存根等方法，认真核实本支部所属党员情况，为"两学一做"学习教育提供组织保障；中心党委成立3个"两学一做"学习教育协调指导组，在中心党委领导下督促各单位"两学一做"学习教育工作；全面推行党委（总支、支部）党建问题清单制管理，坚持问题导向，环环相扣、狠抓落实、确保实效；下发《关于结合"两学一做"学习教育切实做好党支部换届改选工作的通知》，要求各党支部严格按党章要求，切实做好换届改选工作；落实党建相关制度，中心党委领导将到党建联系单位、联系党支部开展调查研究、指导工作。中心直属各单位处级领导也将结合分管领域、工作联系点，到基层单位党支部讲党课，严格执行双重组织生活制度。中心团委结合"两学一做"学习教育，部署近期共青团工作，将"两学一做"学习内容纳入中心组理论学习范围，带领团干部先学一步；开展"聚青年力量，携园林梦想，助中心发展"主题教育活动，注重成果转化。各单位团组织要紧密围绕党组织，带领青年党团员及骨干加强学习、积极实践，争做合格党团员。

（中心团委）

【中心深入开展专项治理工作】 4~12月，市公园管理中心制订专项治理工作方案，成立由中心党政一把手任组长的专项治理工作领导小组。紧密围绕中心当前党员领导干部在工作作风、工作方法等方面的实际、重点工作任务以及广大职工群众关注的热点、难点问题，坚持问题导向，明确了"7+6"项整治重点。中心机关各处室、直属各单位结合实际，共查找出监督执纪、队伍建设、房屋出租、经营管理、票务管理、文物保护、物品采购、服务管理、推进折子任务、保障职工权益等方面的问题清单，建立相关制度72项，修改完善制度46项。

（刘彩丽）

【陶然亭公园党委召开"两学一做"专题工作会】 5月10日，公园党委召开"两学一做"专题工作会。首先，各党支部开展"两学一做"活动进行了汇报交流，特别是对支部特色及亮点活动和在活动中发现的问题进行了重点汇报。其次，党委书记牛建忠对深入开展"两学一做"学习教育活动提出要求。

（王 帆）

【天坛公园党委理论中心组开展"两学一做"集中学习】 5月11日，天坛公园党委学习《人民日报》关于"两学一做"的社论，以及中组部部长赵乐际的讲话精神。党委书记夏君波提出要求。

（王 彬）

【玉渊潭公园完成两个专项治理工作问题自查】 5月12~17日，根据公园党委、纪委关于深化"为官不为""为官乱为"问题专项治理及开展"整治和查处侵害群众利益不正之风和腐败问题"专项工作的总体部署，全园19个部门全部完成"两个专项"治理存在问题的自查，并经主管部门领导审核，共查找出个性和共性问题39条，纪检部门并就各部门自查情况跟进整改督查工作。

（秦 雯）

【王忠海指导紫竹院公园"两学一做"学习教育工作】 5月23日，市公园管理中心副主任王忠海听取学习教育推进情况汇报,并提出要求。协调指导三组组长周彬随同。

(紫竹院)

【天坛公园开展"两学一做"专题党课教育】5月23日,党委书记夏君波围绕解决"为什么、学什么、怎么学、怎样做、改什么、如何抓"等方面,深入阐述了开展"两学一做"的目的意义、目标要求、方式方法等,结合中央、市委、中心党委领导的指示要求,结合前期梳理出的公园党委班子、党支部班子、党员干部队伍"两学一做"问题清单,以及公园管理中存在的问题等,从思想认识层面进行了深入剖析和解读,提出了具体的工作要求,并在讲课过程中与大家互动探讨理论和实际问题,切实达到"武装头脑、指导实践、推动工作"和"基础在学,关键在做"的目的。领导班子全体成员、中层干部、党团员代表共130人参加。

(张 轩)

【王忠海到香山公园检查指导"两学一做"学习教育进展情况】5月24日,市公园管理中心副主任王忠海和协调指导第三组宣传处周彬到公园检查指导"两学一做"学习教育进展情况。公园党委副书记、纪委书记孙齐炜首先汇报了"两学一做"学习教育的进展情况以及公园开展宣传教育、特色活动等情况,随后,园长钱进朝结合"两学一做"简要汇报了近期的重点工作,服务一队党支部和园艺队党支部代表基层支部汇报了支部学习教育的进展情况。王忠海对公园开展学习活动的做法和效果表示肯定并提出要求。会后,王忠海查看了公园开展"两学一做"的学习笔记等各类学习和活动材料,并到联系支部红叶古树队实地查看,听取了红叶古树队开展"两学一做"学习教育进展情况的汇报。

(绪银平)

【陶然亭公园党委组织全体党员开展"两学一做"党课学习】5月30日,公园党委组织全体党员集中观看了由中共中央党校党建教研部教授高新民主讲的党课《学习党章党规 学习系列讲话 做合格共产党员》,党课主要从全面从严治党向基层延伸、"两学一做"基础在学、"两学一做"关键在做3个方面讲述了"两学一做"的重要意义。在党课学习之前还为各党支部发放了专项讲课稿和一本读懂"两学一做"学习教育等文字资料。

(付 颖)

【天坛公园开展"两学一做——学党章"专题党课教育】6月15日,公园党委开展"两学一做——学党章"专题党课教育。邀请中心党校老师陈凌燕就"学习十八大党章,增强党性修养"为主题,从新党章修改的形势背景、修改的主要内容以及如何在"两学一做"中学习贯彻好党章进行讲授。党委书记夏君波代表公园党委对陈老师的授课表示感谢,并要求党员干部结合岗位工作对课程内容进行吸收与转化,切实做到学习好、理解好、践行好党章党规,充分发挥党员先锋模范作用。各党支部书记、一线党员、入党积极分子代表110人到会听课。

(王小铮)

【张勇到园博馆检查指导"两学一做"学习教育】6月17日,市公园管理中心主任张勇听取园博馆领导"两学一做"阶段性工作进展等汇报,对中心党委提出的意见和建议以及园博馆工作中存在的实际困难进行了深入交流和探讨。张勇对园博馆党委近两年工作表示肯定,并提出要求。宣传处负责人随同。

(园博馆)

【程海军到景山公园检查指导"两学一做"学习教育】 6月17日,市公园管理中心纪委书记程海军听取"两学一做"学习教育开展情况的汇报,查阅公园"两学一做"学习教育档案资料,实地查看寿皇殿修缮工程,走访基层联系点。程海军对景山公园"两学一做"学习教育给予充分肯定,并提出具体要求。

(景山公园)

【程海军到中山公园检查指导"两学一做"学习教育】 6月23日,市公园管理中心纪委书记程海军听取中山公园党委的工作汇报,查阅公园"两学一做"学习教育档案资料,走访基层联系点护园队党支部,程海军提出要求。中心第二协调指导组组长、中心纪检监察处负责人随同。

(纪检处、中山)

【中心各级党组织积极开展"共产党员献爱心"捐款活动】 6月28日至7月14日,市公园管理中心系统陆续开展了"共产党员献爱心"捐款活动。各级党组织高度重视,把捐款活动与纪念中国共产党成立95周年活动相结合,与深入开展"两学一做"学习教育相结合。截止到7月14日,中心系统共捐款132056.8元,其中党员捐款111134.3元,积极分子捐款10501元,群众捐款10421.5元,上述捐款已全部上交到市慈善基金会。

(组织人事处)

【景山公园完成科级干部档案审核整理工作】 6月,景山公园四措并举,完成科级干部档案审核整理工作。一是加强学习,认真钻研干部档案审核有关文件精神及要求,不断提高工作人员的思想认识、业务能力;二是有思路、有分工、有条理的制订总体计划,按步骤推进实施;三是实行工作倒排期,细化设计档案审核时间规划表,每日更新工作进度,随时查看工作进程;四是将档案中缺失的内容详细记录,列出待查清单,实行销账制,依据进度安排逐项核实,完成一项销一项,确保全覆盖不漏项。

(张 兴)

【景山公园开展"忆党史、感党恩、铸党魂"纪念建党95周年系列活动】 6月,公园开展"忆党史、感党恩、铸党魂"纪念建党95周年系列活动:召开庆祝中国共产党成立95周年大会;评选出一批先进典型,为受表彰的先进集体、先进个人颁发荣誉证书;召开先进事迹报告会,由先进基层党组织、党员先锋岗、优秀共产党员、优秀党务工作者代表宣讲先进事迹;开展一次"党史大讲堂"活动,公园领导以《共产党的执政地位是历史和人民的选择》为题讲了一堂生动的党课;开展一次主题党日活动,分两批组织党员、发展对象、积极分子共74人参观北平抗日战争纪念馆,重温入党誓词;开展党课观摩学习活动,公园党政主要领导带头,在纪念碑广场讲党课;组织党员开展"唱好五首歌"活动,即《国歌》《国际歌》《共产党员之歌》《党支部书记之歌》《两学一做歌》等;组织共产党员、积极分子和群众,积极开展"共产党员献爱心"捐献活动;以党支部为单位组织党员群众收看建党95周年大会习近平总书记系列重要讲话。

（孙文双）

【香山公园举办纪念建党95周年大会暨"颂歌献给亲爱的党"文艺汇演】 7月1日，公园纪念建党95周年大会暨"颂歌献给亲爱的党"文艺汇演在香山饭店举办。大会首先对优秀共产党员、先进基层党支部进行表彰；先进基层党支部代表及优秀共产党员代表发言表态；公园党委副书记、纪委书记孙齐炜就"两学一做"学习教育阶段性工作进行小结；公园党委书记马文香以"不忘初心，方得始终，做合格党员"为题，为全体党员上党课，回顾党的光辉历程。随后开展"颂歌献给亲爱的党"文艺汇演，演出以"展香山职工风采，为建党95周年献礼"为宗旨，共汇集6部自编、自导、自演的作品，共100余名职工参与演出。公园党委书记马文香、园长钱进朝及公园全体党员共180人观看演出。

（齐悦汝）

【市委第四巡回指导组督查指导中心党委"两学一做"学习教育】 7月5日，市委第四巡回指导组组长、市委市直机关工委委员、纪工委书记金涛到中心督促指导"两学一做"学习教育。市公园管理中心党委副书记杨月从加强组织领导、开展督导、讲党课、压实党建责任等方面，汇报了中心系统"两学一做"学习教育开展情况。北京动物园、香山公园作为基层单位代表进行汇报。市委第四巡回指导组组长金涛对中心系统"两学一做"学习教育整体开展情况给予了充分肯定，并提出要求。市委第四巡视组有关人员、中心有关处室人员参加调研。

（中心"两学一做"学习教育协调指导组）

【玉渊潭公园联合中心党校举办党员积极分子培训班】 7月7~8日，在中心党校的大力支持下，玉渊潭公园为期两天的入党积极分子培训班在中心党校成功举办。中心党校结合"两学一做"学习教育，安排了"中国共产党的历程与启示""中国共产党的纪律""学习党章，遵守党章""学习习近平总书记系列讲话精神"等课程，市委党校、中心党校老师将"两学一做"融入培训内容，为大家详细解读党的理论知识，并结合真实案例与翔实数据，阐述党章、党纪、党史内容，提出了通过"讲党性、重品行、做表率"加强党性修养的具体做法。公园党委书记赵康、党委副书记鲁勇分别在培训班上做了开班动员和结业总结，全园27名入党积极分子参加培训。

（秦 雯）

【天坛公园处级理论中心组开展专题学习研讨】 7月11日，天坛公园处级理论中心组开展"用好激浊扬清两只手，严肃党内政治生活与政治生态"活动。集中学习了习近平总书记在庆祝中国共产党成立95周年大会上的讲话与"中共中央政治局第三十三次集体学习新闻报道"两篇文章，理论组成员结合自学情况、思想实际从不同角度分别作了研讨发言。在讨论过程中，中心组在"加强思想政治教育，坚持激浊和扬清两手抓"方面达成共识。

（张 轩）

【中心学习讨论习近平总书记在庆祝中国共产党成立95周年大会上的重要讲话精神】 7月13日，市公园管理中心党委常委会专题学习了习近平总书记"七一"讲话、郭金龙书记在北京市庆祝建党95周年大会上的讲话，并开展学习讨论。中心党委常委会提出要求。

（组织人事处　办公室）

【中心党委召开"两学一做"学习教育专题调研会】　7月14日，市公园管理中心党委书记郑西平、党委副书记杨月出席。会上，颐和园、陶然亭公园、园林学校党组织负责人分别对本单位"两学一做"学习教育开展情况进行汇报。郑西平书记提出要求。

（中心党委"两学一做"学习教育协调指导组）

【景山公园召开党风廉政工作研讨会】　7月15日，景山公园召开党风廉政工作研讨会。公园传达学习了中央党风廉政建设和反腐败工作会议精神、"中心党委关于对景山公园贯彻落实党风廉政建设责任制检查考核的反馈意见"，公园班子成员围绕重点工作及分管工作实际情况进行了研讨；围绕反馈意见中主体责任发挥不充分、监督责任发挥不到位两个方面8个问题，从规范议事规则和决策程序、定期督促检查处科两级班子落实"一岗双责"、发挥监督员作用等方面逐一提出整改措施；明确了工作思路。会议由公园党总支书记吕文军主持，领导班子成员参加。

（孙文双）

【天坛公园进行"扎实推进学习教育、有效推动工作开展"专题研讨】　7月25日，公园党委处级理论中心组开展"扎实推进学习教育、有效推动工作开展"专题研讨。在参加中心党委组织的"两学一做"专题集中学习后，处级理论中心组就如何贯彻落实习近平总书记"七一"重要讲话精神、扎实推进学习教育开展了专题研讨，形成了"三个务必持续"的思想共识。

（王小铮）

【王忠海到香山公园检查指导"两学一做"学习教育】　7月25日，市公园管理中心副主任王忠海到香山公园检查指导"两学一做"学习教育工作，听取公园党委对深入推进学习教育情况的简要汇报，查看公园制定的合格党员考评体系初稿等学习教育相关材料。王忠海对公园党委在学习教育推进阶段中细化工作方案、明确工作任务等表示肯定，同时提出要求。

（绪银平）

【天坛公园开展"红色记忆"主题党日活动】　8月3日，天坛公园党委组织开展"红色记忆"主题党日活动。党委书记夏君波带队，组织各党支部书记到国家图书馆参观"红色记忆"——纪念中国共产党成立95周年馆藏文献展。党委副书记董亚力、纪委书记杨明进参加活动。

（邢启新）

【中心召开党委书记例会】　8月8日，市公园管理中心党委书记郑西平、纪委书记程海军出席，党委副书记杨月主持。专题学习《中国共产党问责条例》及"王岐山：用担当的行动诠释对党和人民的忠诚"和"中纪委：从严治党不能搞突击"文章，就《条例》逐条进行解读，天坛、动物园、园科院3个单位分别作典型发言。郑西平书记提出要求。中心所属各单位党委（总支、支部）书记、机关政工处室负责人参会。

（办公室　组织人事处）

【中心举办"两学一做"学习教育党务骨干培训班】　8月22～24日，市公园管理中心党委副书记杨月做开班动员，要求各支部书记在学习中要抓住统一思想、基层党务工作领导方式再造、促进"两学一做"学习教育及各项法规落实等培训主线，充分认识作为基层党组织带头人的重要性。培训从如何发挥好党支部的战斗堡垒作用、如何做好基层党支部的思想政治工作、"两学一做"学习教育中需要注意的几个问题、党风廉政与党规党纪教育、如何建设好学习型党组织、建设服务型党组织的探索与实践等方面进行了学习、交流研讨和测试。中心各单位党支部书记、组织部门、宣传部门负责人90余名学员参加。

（组织人事处）

【景山公园成立党员突击队】 8月31日，公园成立"景山公园党员突击队"。授旗、授牌仪式在寿皇殿前广场举行，公园领导班子全体成员参加，公园党委书记吕文军致辞并提出要求。

（孙文双）

【景山公园开展"共产党员冲在前"系列实践活动】 8月，公园开展"共产党员冲在前"系列实践活动。在学习宣传贯彻《习近平总书记在庆祝中国共产党成立95周年大会上的讲话》（以下简称《讲话》）精神期间，景山公园党总支通过四个结合将《讲话》精神落到实处。将落实《讲话》精神与防汛工作相结合，在市政府连发暴雨预警后，公园党政领导带头值守一线，巡视、指挥防汛排险工作，公园相关科室、队的党员干部坚守岗位，主动加班、连夜值守，确保景山公园的安全；落实《讲话》精神与有序推进寿皇殿古建筑修缮工程相结合，保障高质高效完成市公园管理中心重要折子工程。成立寿皇殿工程党员突击队，成员涵盖了此次工程主责的处级领导、部分科队党员、入党积极分子、骨干，专门突击解决工作中的急难险重问题；落实《讲话》精神与推进降噪综合治理工作相结合，成立降噪集中治理小组分派到门区，公园党政领导深入一线，靠前指挥，组长分别由中层干部和党员骨干担任，在维护门区秩序和检测音箱入园的工作中，冲锋在前，坚守岗位，保障降噪规定得以顺利推行；落实《讲话》精神与举办好暑期昆虫科普文化展相结合，党员充分发挥先锋模范带头作用，在环境布置、展品入园安装、调试、撤展、特色商品售卖、游艺互动等工作中加班加点，主动坚守，在门区等服务窗口，主动、热情、周到、快捷地服务好来自四面八方的中外游客。

（安然）

【中心党委召开"两学一做"学习教育协调指导组工作推进会】 9月5日，市公园管理中心传达中央、市委、市直机关工委"两学一做"学习教育相关精神，通报了市公园管理中心系统"两学一做"学习教育推进情况及存在问题，中心党委副书记杨月主持会议，提出下阶段学习教育要求。中心党委"两学一做"学习教育协调指导组组长及组员参加。

（中心党委"两学一做"学习教育协调指导组）

【香山公园党委与黄山风景区党工委政治处交流党建工作】 9月12日，公园参加第二届山岳联盟大会，公园党务工作人员一行3人与黄山风景区党工委政治处党务工作人员交流党建工作，双方就如何发挥党员干部"一岗双责"作用、强化党员志愿服务品牌建设、落实党建责任制、"两学一做"学习教育特色做法等方面进行交流，达到相互借鉴的目的。

（绪银平）

【中心党委召开"两学一做"学习教育推进会】 9月20日,会上传达了中央、市委、市直机关工委"两学一做"学习教育相关精神,各党委(总支、支部)围绕"两学一做"学习教育整体推进情况、存在问题、取得的阶段性成果、如何更加有效地推进学习教育等进行了汇报,中心党委"两学一做"学习教育协调指导组对直属16个党组织进行了逐一点评。中心党委副书记杨月对前阶段各级党组织"两学一做"学习教育开展情况给予充分肯定,并提出要求。中心党委"两学一做"学习教育协调指导组组长,各级党组织副书记50余人参会。

(中心党委"两学一做"学习教育协调指导组)

【景山公园组织开展学习《中国共产党问责条例》活动】 9月,公园组织开展学习《中国共产党问责条例》活动。公园购买了《中国共产党问责条例》并发放到全体党员手中;召开专题学习会,组织中层以上党员干部学习《问责条例》全文,并由党总支书记进行了解读;要求各党支部组织好本支部的《问责条例》专题学习。公园党总支提出要求。

(孙文双)

【中心召开巡视整改工作动员大会】 10月9日,市公园管理中心党委副书记杨月通报集中巡视情况,部署巡视整改落实方案,明确下一步巡视整改工作安排。中心党委副书记、主任张勇、中心党委书记郑西平讲话并提出要求。中心系统副处级以上领导参加会议。

(中心巡视整改领导小组办公室)

【香山公园召开落实巡视整改工作部署动员会】 10月12日,公园召开落实巡视整改工作部署动员会,会议由党委副书记、纪委书记孙齐炜主持。会上,通报了整改工作方案、保障措施、职责任务等,对巡视整改工作进行全面部署。全园中层以上干部和各支部党风廉政监督员参加会议。

(绪银平)

【陶然亭公园参观"纪念红军长征胜利80周年主题展览"】 10月17日、19日,陶然亭公园党委组织公园党员、干部、职工到军事博物馆参观"纪念红军长征胜利80周年主题展览"。公园党员、干部、职工共计100人参观了展览。

(王 帆)

【市委第四巡回指导组对中心党委"两学一做"学习教育进行第二次巡回督导】 10月21日,市委第四巡回指导组组长、市直机关工委委员、纪工委书记金涛,市直机关纪工委副书记杨俊峰对市公园管理中心党委"两学一做"学习教育进行第二次巡回督导。中心党委书记郑西平汇报了中心党委"两学一做"学习教育推进情况。督导组根据《关于第二次集中督导的工作要求》的九个方面对学习教育期间形成的有关材料进行详细检查,并听取颐和园导游服务中心党支部、香山工程队党支部的汇报。金涛对中心党委"两学一做"学习教育给予肯定,并提出要求。

(中心"两学一做"学习教育协调指导组)

【天坛公园处级理论中心组开展专题学习】 10月24日,公园处级理论中心组开展"重温长征历史,弘扬长征精神"专题学习。学习领会习近平总书记在参观"纪念中国工农红军长征胜利80周年主题展览"时的重要讲话精神。

党群工作

党委书记夏君波在全面回顾长征历程的同时,对长征精神进行了详细解读,并提出要求。

(王 彬)

【天坛公园党委理论中心组召开专题学习讨论会】 10月24日,公园党委理论中心组召开专题学习讨论会。会上,集中学习《中共北京市组织部关于认真吸取辽宁拉票贿选案教训警示的通知》精神,并进行专题讨论交流。党委书记夏君波提出要求。

(王 彬)

【《香山公园落实党风廉政建设责任制报告制度》出台】 10月26日,公园纪委制定《香山公园落实党风廉政建设责任制报告制度》。《制度》对适用范围、报告的内容时间、听取报告的主体、报告方法、工作要求等进行了明确的规定。纪委要求落实《香山公园落实党风廉政建设责任制报告制度》,各级领导干部要高度重视,带头落实,率先垂范,结合分管工作和岗位实际,主动自觉、切实高效的落实责任制和"一岗双责"的要求。要实事求是、准确全面。各部门和各级领导干部要按期按时、实事求是、准确全面地报告落实党风廉政建设责任和履行"一岗双责"的情况,对不认真、不按期、不如实进行报告的领导干部,公园党委、纪委将采取相应的措施实施责任追究。

(靳俊杰)

【景山公园完成全园职工养老金申报入库工作】 10月,公园完成全园职工养老金申报入库工作。此项工作自8月启动,按照要求克服时间紧、任务重等困难,与劳资、人事、工会、财务等部门积极配合,于8月15日之前完成了全部退休人员共计88人的资料入库、申报、养老金核算工作,9月开始全园在职职工养老金申报入库工作。根据文件要求,对每名职工的基本信息进行重新核定、补充。对同系统调入调出人员及时与其他单位沟通,完成数据核定。

(景山公园 党办)

【香山公园召开落实巡视整改工作专题会】 11月9日,香山公园组织各整改小组召开会议,公园园长钱进朝传达市公园管理中心巡视整改工作专题会精神,听取了各整改小组汇报近期落实情况及整改措施,钱进朝提出工作要求。

(齐悦汝)

【陶然亭公园开展中心优秀共产党员、第二届"十杰青年"道德讲堂宣讲活动】 11月9日,公园组织召开"做合格党员、合格团员、合格职工"暨中心优秀党员、第二届"十杰青年"道德讲堂宣讲活动。活动邀请到中心团委负责人李静、"优秀党员"宣讲团成员及"十杰青年"代表。道德讲堂通过合唱歌曲《歌唱祖国》、观看事迹视频展示、宣讲员宣讲等方式向大家展示了优秀党员、优秀团员青年的风貌、"不忘初心、继续前进"的承诺、"两学一做"学习教育新成果。中心团委负责人李静阐释了"十杰青年"活动的评选过程和意义,并勉励公园团员青年做敢于筑梦、勇于追梦、勤于圆梦的园林公园人。公园党委书记牛建忠对此次道德讲堂活动进行总结,同时提出希望。公园党委书记牛建忠、园长缪祥流、党委副书记、纪委书记王金立、副园长杨明进及公园党员干部职工共计105人参加了此次道德讲堂。

(周远 王帆)

【天坛公园完成北京市东城区第十六届人民代表大会代表换届选举投票工作】 11月15日是北京市区、乡镇两级人大代表换届选举投票日，天坛公园973名干部职工来到北门游客中心的投票站，投下自己的一票。为保证本次区人大换届选举投票工作顺利进行，确保选民行使民主权利，天坛公园由领导班子挂帅，成立会务组、接待组、安保组、后勤环境保障组、宣传组组成的工作组，明确各组职责分工，同时各队在投票现场安排专人负责选票发放和本部门投票情况的统计。公园领导班子成员到现场投票。截至下午2点20分，天坛公园完成投票工作，投票率达到99.99%。投票工作结束后，党委书记夏君波、党委副书记董亚力在投票现场作总结。

（邢启新）

【北海公园纪委落实市委巡视反馈意见】 11月，北海公园纪委落实市委巡视反馈意见"全身体检"立行立改：结合"两学一做"学习教育，用各种形式不断跟进学习内容，如重点解读习近平总书记"七一"讲话、六中全会公报等，全面营造从严治党的宣传氛围；针对"履行监督失之于软"开展警示教育，以廉洁文化公开课的形式，组织全体处科级干部45人集中观看正风肃纪教育片《小官巨腐》，敲响警钟防范风险；及时制作《领导干部主体责任纪实手册》，强化履行"两个责任"意识，对问题清单一一跟进，督促整改落实，完成好全年各项任务。

（汪汐）

【市党风廉政建设责任制检查组专项检查中心落实党风廉政建设责任制工作】 12月1日，市纪委党风政风监督室主任赵玉岐及市党风廉政建设责任制检查组人员听取市公园管理中心党委书记郑西平关于领导班子、个人落实党风廉政建设主体责任情况及创新性工作开展情况汇报；检查组与局级班子成员进行个人谈话，与3名机关处长、3名二级单位党委书记进行座谈。同时，按《全市党风廉政建设责任制检查考核评估指标体系》检查中心党风廉政建设日常工作档案，重点查看了党委主要负责人及班子成员落实党风廉政建设主体责任情况。

（组织人事处）

【中心领导检查北京动物园会所整改情况】 12月13日，市公园管理中心副主任王忠海、工会常务主席牛建国一行5人，通过实地检查公园畅观楼、豳风堂茶社等重点防控点，并听取了会所治理的工作汇报，王忠海副主任一行对动物园会所整治工作采取的措施和效果给予肯定。

（王毅）

【中心系统全面开展党风廉政建设责任制专项检查】 为深入贯彻落实党的十八届六中全会精神，推进从严治党各项要求层层落实，市公园管理中心党委、纪委于12月13～20日对中心系统直属15家单位及机关党总支落实党风廉政建设责任制情况进行检查考核。强化主体责任，制订检查方案。中心党政主要领导、班子成员牢固树立"四个意识"，从自身做起，自觉肩负从严治党主体责任，专题召开党委常委会，研究制订中心党风廉政建设责任制检查工作方案。成立由中心领导班子成员任组长的8个检查小组，分别按班子成员的联系点单位进行分组检查，通过实地检查、与二级班子成员个别谈话、查阅党风

党群工作

廉政建设工作台账等方式,切实履行领导干部"一岗双责",加强对基层党风廉政建设检查和指导;坚持问题导向,完善并细化考核指标。中心结合学习贯彻十八届六中全会精神、巡视整改工作落实、会所治理、2015年责任制检查整改及中心系统较突出的廉政风险等,反复研究、修改考评要点,将党委主体责任和纪委监督责任等18项内容细化成43个考核条目。召开责任制检查工作培训会,解读考评细则,使检查更有针对性、指导性和操作性;突出工作实效,强化考核结果运用。检查组根据检查情况,进行汇总评分,并针对每一个被检单位形成反馈意见,直指问题和廉政风险,提出有针对性的具体工作意见及建议。同时,将责任制检查与年底领导干部述职述廉、绩效考评相结合,约谈党风廉政建设推进不力、问题突出的单位和个人,推进党风廉政建设各项工作任务的落实,打牢从严治党基础。

(纪检处)

【张亚红到香山公园检查党风廉政工作】 12月15日,市公园管理中心副主任张亚红,工会调研员赵康,服务管理处调研员魏红,景山公园党总支副书记、纪委书记李怀力一行到香山公园检查党风廉政建设责任制工作。一行实地检查公园出租房屋管理使用情况;听取公园党委书记马文香落实"两个责任"工作情况汇报,同领导班子部分成员进行谈话,了解本人及单位落实"两个责任"、履行"一岗双责"的情况;与机关科室、基层党支部书记代表进行了座谈;对照《考核评估指标体系》查阅了各项工作落实情况记录及相关文字资料。

(靳俊杰)

【景山公园完成司勤人员安置工作】 年内,公园依据《关于做好北京市事业单位公务用车制度改革中妥善安置司勤人员工作的通知》和相关会议精神,结合公园公务用车改革具体工作实施情况,稳妥地落实相关司勤人员的安置工作。经过此次公车改革,公园保留司勤人员2人,均为编制内人员。同时,采取本单位内部转岗形式,安置司勤人员1人,并按要求进行了转岗培训工作。

(吕璟瑶)

【颐和园开展"三重一大"和党务公开专项检查】 年内,为切实推进"两个责任"落实到位,确保"两学一做"学习教育见实效,颐和园对园属各单位落实"三重一大"、党务队务公开、党风廉政建设责任制、财务制度等情况进行专项检查。成立领导小组和专项检查组、制订工作方案、明确五个方面的检查内容,即检查贯彻落实"三重一大"、民主集中制、党支部建设、党风廉政建设责任制、履行"一岗双责"情况;检查贯彻落实党务、队务公开制度情况;检查"两学一做"学习教育推进落实情况;检查贯彻落实上级党委、纪委关于党风廉政建设工作的要求情况;检查各单位财经纪律落实情况、预算收支执行情况、资金管理情况、内控执行情况和财务管理制度落实情况等。专项检查采取听汇报、查阅档案等形式进行。园属各单位高度重视,本着实事求是,预防为主,有错必纠的原则,注重平时工作积累,使各项工作沿着科学化、制度化的轨道顺利推进。

(李伟红)

【中心纪委实行"一人一书"组织局处科级干部签订个性化从严治党"军令状"】 年内,

中心纪委深化党风廉政建设责任书"签字背书"制度，抓住关键少数，制定个性化责任清单，实行"一人一书"制，真正将从严治党责任与岗位相对应、与职责相对应。细化责任内容，突出责任书针对性。责任书在普遍规定中心系统每一名领导干部要严格贯彻落实六大纪律、八项规定、强化作风建设、贯彻民主集中制、抓早抓小加强廉政教育基础上，结合2015年廉政风险点排查、专项巡查、信访举报、执纪审查等反映出的问题，依权定责、对症定责、因人定责，实现"一人一书"，立下军令状，倒逼责任落实。组织中心系统6名局级干部、110名处级干部、556名科级干部全部签订了党风廉政建设责任书。特别是对3名非共产党员的处级干部，专门制定了《廉洁从业责任书》，明确提出了"一岗双责"要求，推进从严治党各项要求向基层延伸。

（刘彩丽）

【中心纪委面向基层深入宣讲中央纪委六次全会和市纪委五次全会精神】　年内，结合市公园管理中心各直属二级单位部署全年工作，中心纪委书记程海军深入一线，先后到中国园林博物馆北京筹备办、颐和园、北京动物园、北京植物园、陶然亭公园面向重点岗位人员、基层党风廉政监督员开展廉政专题党课教育，深入宣讲中央纪委六次全会和市纪委五次全会精神及中心党风廉政建设工作任务，对中心直属各单位广大党员、干部、职工提出要求。

（刘彩丽）

【中山公园处级理论中心组学习】　年内，重点学习十八届六中全会精神、党章党规、习近平总书记系列讲话、"十三五"规划和中心2016年工作会精神及《工作报告》等内容。全年组织处级理论中心组学习23次，学习组成员均在规定时间内完成50学时在线学习，参加处级领导干部培训班1期，完成1篇学习体会。

（宋海燕）

群团工作

【陶然亭公园工会开展职工健步走活动】　1月10日，为促进广大职工积极参加户外运动，增进身心健康，陶然亭公园工会组织职工开展了职工环湖健步走活动。活动当天，各分会职工踊跃报名参与。此次活动共有173位职工参与。

（韩春雪）

【香山公园开展"青春永恒薪火不灭"2015年度退团仪式】　1月13日，公园团总支在双清别墅开展2015年度团员退团仪式。活动主题为"青春永恒薪火不灭"。通过退团团员代表发言、青年党员发言以及新入职团员代表发出倡议等形式，激励新职工发挥青春热血，在公园的大舞台上建立人生目标，为建设美丽香山贡献青春力量。公园党委副书记孙齐

党群工作

炜参加活动,对青年团员们送上祝福,并提出希望。共30人参加活动。

(杨 鹤)

【中心领导慰问张沪云和刘英】 1月18~29日,市公园管理中心党委书记郑西平、中心主任张勇分别慰问入党时间最早、年龄最大的香山公园离休干部张沪云和中心退休干部刘英(正局级)。送去慰问品及新春祝福。中心党委副书记杨月、副主任王忠海、总工李炜民、纪委书记程海军、党委常委阚跃以及中心离退休干部工作领导小组成员分别慰问了中心原党委副书记张玉法、总会计师刘岱、园林学校退休干部李文章(局级待遇)、天坛公园离休干部杨蔓芝(局级待遇)、紫竹院公园离休干部崔占平(局级待遇)、中山公园离休干部林伯衡(局级待遇)、动物园离休干部陆肇元(局级待遇)、动物园退休干部彭尚友(局级待遇),老干部所在单位党政领导一同前往慰问。

(果丽霞)

【陶然亭公园召开第八届职工代表大会第三次会议】 1月29日,公园工会在职工培训中心召开陶然亭公园第八届职工代表大会第三次会议。会上,陶然亭公园园长缪祥流对公园2015年工作总结及工作思路作了重点说明,并向职代会报告了2015年公园招待费使用情况。陶然亭公园党委副书记白永强宣布了园党委2015年度先进集体、先进个人的表彰决定、2015年陶然亭公园金牌职工评选结果及陶然亭公园团委主题实践活动评比结果。陶然亭公园党委书记牛建忠代表公园党委发表讲话。陶然亭公园职工代表、廉政监督员、团干部代表、正科级以上人员117人出席会议。

(韩春雪)

【中心团委召开2015年度十佳志愿服务项目评选汇报会】 1月,来自中心15家直属单位的19个志愿服务项目进行了现场多媒体演示汇报。经评选,最终动物园的"'动物卫士你我同行'保护动物志愿活动"等10个志愿服务项目被评选为中心十佳志愿服务项目。中心团委就如何更好地设计和运行符合各单位特点的志愿服务项目,使其更加专业化、规范化和常态化提出了具体要求。

(李 静)

【玉渊潭公园团总支围绕"中国梦"开展导游讲解技能竞赛】 1月,公园以中国人民抗日战争暨世界反法西斯胜利70周年及公园东北部景区即将保护性开放为契机,导游班青年将公园红色历史、文化内涵、科普宣传等撰写到导游词中,开展技能竞赛活动,进一步挖掘公园历史沿革,锻炼讲解队伍,丰富知识储备。公园党委书记赵康提出期望。公园副园长高捷参加活动。

(李 静)

【玉渊潭公园加强青年人才培养】 1月,公园组织机关内勤岗位人员以笔试的形式,进行公文写作比赛;重点撰写请示、信息两方面内容,模拟考察公文写作格式,扎实基础;组织选手就比赛题目和写作问题进行分析点评,讲解正规行文注意事项,并进行现场展示。公园园长祝玮提出建议。公党委书记赵康、园长祝玮、党委副书记吕文军参加活动。

(李 静)

【"全国青年文明号"天坛神乐署雅乐中心开展宫廷音乐培训】 1月,由课题研究组成员担任"小教员"进行宫廷音乐培训,指导老师全程观摩指导;通过PPT、实践演练等形式,了解宫廷乐的乐队编制、掌握乐器形制及使用方法,学习古谱和女生满文唱法;将理论与实践相结合,持续提升演出水平。

(李 静)

【天坛公园开展"微笑暖心我最美,温暖衣冬在行动"系列志愿服务活动】 1月,公园团委设立衣物收集站,将百余件冬衣送往天坛街道社区青年汇;依托"爱心咨询站",组织团员青年发放《冬季游园注意事项》宣传材料、文明手环等纪念品500余份。公园党委书记夏君波、党委副书记董亚力慰问现场志愿者,与志愿者们一同为游客提供志愿服务。

(李 静)

【中国园林博物馆与北京林业大学联合志愿服务队正式成立】 1月,中国园林博物馆与北京林业大学园林学院联合志愿服务队正式成立。北京林业大学园林学院党委副书记刘尧,园博馆筹备办党委书记阚跃等相关领导出席会议。成立当天,联合志愿服务队开展志愿服务活动,共计导览咨询338次,服务397人,文明引导98次,发放宣传资料132份。

(李 静)

【北京动物园完成"激情跨越,共筑辉煌"联欢会】 1月,该活动由团委承办。公园15个科队提前准备、编排策划,自编自演了语言类、歌舞类、武术类、乐器类等16个节目,烘托了节日气氛,展现出公园职工爱园、爱岗的坚定信念。公园领导班子成员向全体职工送上新春祝福并提出期望。公园处级班子成员、70余名演职人员、150余名职工代表参加。

(李 静)

【紫竹院公园举办"羊随新风辞旧岁,猴节正气报新春"团拜会】 1月,以歌舞、朗诵、拜年等形式展现公园青年的朝气蓬勃;增加《绚丽青春》照片集锦放映及游戏环节,将团拜会的喜庆氛围推向高潮;公园党政领导为团员青年送上新春祝福。公园党委书记甘长青、副园长王丽辉、李美玲,及各党支部书记、团员青年共计60余人参加活动。

(李 静)

【陶然亭公园为青年文明号发牌】 2月3日,公园党委副书记、纪委书记白永强与团委员一同到公园游船队东码头班、服务一队北门班和经营队雪山商店班青年文明号,为他们颁发青年文明号牌示,并提出希望。

(周 远)

【天坛公园慰问先进工作者代表】 2月3日,公园党委书记夏君波、园长李高、工会主席段连和与先进工作者代表进行座谈,了解他们的工作生活情况,夏君波书记提出希望。北京市先进工作者王玲、张红媚,首都劳动奖章获得者吴颖、吕玉欣、杨辉、张玺和相关队领导参加。

(张 旭)

【天坛公园慰问退休全国先进工作者】 2月3日,公园党委书记夏君波、工会主席段连和以及绿化一队领导前往已退休的全国先进工作者李文凯家中慰问,了解李师傅身体情况,并送去祝福。

（梁丹妹）

【北京植物园启动第28届桃花节"绿色守护"志愿服务项目】 2月，植物园启动第28届桃花节"绿色守护"志愿服务项目。进一步完善工作机制，与基层服务科队联合制定志愿项目务需表，统筹安排桃花节期间各个服务岗位具体职责与分工。根据基层实际需求，在"志愿北京"官方网站建立项目并进行志愿者招募。

（古 爽）

【颐和园举办"纸币的收藏与鉴赏"知识讲座】 2月，"全国青年文明号"颐和园殿堂队德和园班举办"纸币的收藏与鉴赏"知识讲座，以幻灯演示的方式，从第一张纸币的发展起源到明清"宝钞、宫票"等罕见纸币图片进行讲述，并展示了以颐和园景观为背景的纸币图案。

（李 静）

【颐和园开展"金猴迎春送祝福，文明游园我最美"主题实践活动】 2月，"全国青年文明号"颐和园导游服务中心开展"金猴迎春送祝福，文明游园我最美"主题实践活动。公园设立学雷锋岗亭，为游客设计游览路线，提供游园导览、非紧急救助、语言翻译和小药箱等便民服务；为大年初一的第一批游客赠送"惊喜服务"，送上全程义务讲解；发挥固定岗和流动服务岗优势，向游客宣传公园条例、控烟条例、冰雪场地安全及燃放烟花爆竹知识，引导游客文明有礼逛公园。此次活动共计提供信息咨询1458次，服务3017人，义务讲解和导览介绍598次，便民服务21次，发放各类宣传资料300余份。

（李 静）

【中山公园开展"金猴迎春送祝福，文明游园我最美"志愿服务活动】 2月，中山公园团总支春节期间开展"金猴迎春送祝福，文明游园我最美"志愿服务活动。在学雷锋志愿服务站和公园主要门区开展志愿服务活动，笑迎游客，送上拜年吉祥话；设立志愿者服务宣传台，向游客发放福字窗花、平安福包、中国结等节日礼物和文明旅游宣传折页等宣传材料500余份，为游客提供景点介绍、咨询等服务1100余次；在公园主要门区、景区人流相对集中区域设立学雷锋志愿者流动服务岗，进行秩序维护和咨询引导等志愿服务。春节期间共有55名志愿者参与服务，服务游客共计3000余人次。

（李 静）

【香山公园开展"寒冬送暖"主题志愿服务活动】 2月，香山公园团总支组织开展"寒冬送暖"主题志愿服务活动，在索道下站设立"送暖"服务站，免费为游客提供自制姜糖热饮，送去寒冬的温暖；设立学雷锋志愿服务岗亭，为游客提供信息咨询、出站引导等服务，发放游园安全指南、春节文化活动折页等。

（李 静）

【园博馆开展"弘扬社会主义核心价值观"主题志愿服务活动】 2月，园博馆团委开展"弘扬社会主义核心价值观"主题志愿服务活动，结合馆内多项展览及文化活动，为游客提供导览咨询、义务讲解和非紧急救助等便民服务，送去新春的问候与祝福。此次活动共计提供咨询服务297次，服务665人；公益讲解服务12次，服务79人；发放宣传资料572份，提供便民服务300余次。

（李　静）

【颐和园团委开展"传承雷锋精神，凝聚青春正能量"主题志愿服务活动】　2月，颐和园团委开展"传承雷锋精神，凝聚青春正能量"主题志愿服务活动，立足岗位宣传雷锋精神。公园青年党、团员身披绶带为游客提供指路咨询、疑问解答、困难帮扶等服务，发放"雷锋精神"宣传折页和便民服务卡，倡导践行雷锋精神；积极构建和谐游园环境。结合"两会"召开，公园青年职工积极开展"岗下奉献一小时"活动，清扫辖区卫生，为游客提供科普讲解，发放保护野生动植物宣传折页等，倡导共建绿色、文明游园；真情奉献体现贴心服务。设立便民服务台，为游客提供针线、药箱、开水等服务。此次活动共计提供义务讲解70余次，信息咨询900余次，发放宣传材料400余份，提供热水等便民服务200余次。

（李　静）

【天坛公园开展"传承雷锋精神，凝聚青春正能量"系列志愿服务活动】　2月，天坛团委开展"传承雷锋精神，凝聚青春正能量"系列志愿服务活动，依托道德讲堂，向公园团员青年发出学雷锋倡议，号召发扬雷锋精神，积极参与到志愿服务活动中；南门导游服务中心"首都学雷锋志愿服务站"的公园志愿者向游客提供秩序疏导、指路答疑、扶老助残等服务，发放自制的"爱心服务卡"、文明游园宣传册和纪念品等共计500余份；与东城区税务局志愿者开展"园区义务劳动"活动，捡拾垃圾、擦拭牌示，营造优美整洁的游园环境；各团支部、各级青年文明号结合岗位特点，利用岗下时间开展形式多样的志愿服务活动。

（李　静）

【北京动物园启动"爱岗敬业学雷锋，同心圆梦树新风"主题志愿服务活动】　2月，北京动物园团委全面启动"爱岗敬业学雷锋，同心圆梦树新风"主题志愿服务活动，现场发放志愿者服装，表明身份，承接这份神圣的责任；青年志愿者代表发出承诺，奉献青春、智慧与力量，为游客提供优质的志愿服务；公园团委书记发出号召，号召全体志愿者积极主动参与志愿服务活动，以宣传科普知识、开展五项文明行动为服务内容，争做核心价值观的捍卫者、学习雷锋的引领者、温暖爱心的传递者。动物园党委书记张颐春、党委副书记杜刚、主管园长冯小苹及青年志愿者代表共计20人参加活动。

（李　静）

【园博馆团委开展"传承雷锋精神，弘扬园林文化"主题志愿服务活动】　2月，园博馆团委开展"传承雷锋精神，弘扬园林文化"主题志愿服务活动，设立学雷锋志愿服务岗，为游客提供咨询导览、义务讲解、非紧急救助等服务；增设"春山序厅"便民服务台及志愿服务流动岗，通过互动问答的宣传形式，向游客普及中国园林知识；在馆内重点展厅设立义务讲解服务岗，大学生志愿者积极参与其中，为游客提供志愿讲解服务；以"流动园博馆进校园"的活动形式，针对长辛店中心小学贫困生，开展压花制作体验活动，将园林科普知识带进校园学堂。此次活动共计咨询

党群工作

导览 284 余次，服务 587 余人；提供公益讲解 32 场，服务 457 余人；发放宣传资料 123 份，提供饮用水、药箱等便民服务 152 次。

（李 静）

【天坛公园开展"志愿服务我先行，文明服务我最美"志愿服务活动】 2月，天坛公园游客中心团支部开展"志愿服务我先行，文明服务我最美"志愿服务活动，一是为游客提供义务咨询、讲解、扶老助残等服务，发放宣传资料 500 余份。二是组织青年走进学校课堂，讲述天坛的历史沿革，增强学生对中国历史文化的认知。三是将学雷锋志愿服务活动纳入日常工作，形成常态化发展的志愿品牌项目。

（李 静）

【紫竹院公园开展"学雷锋，争做岗位能手"授旗仪式】 2月，公园党委书记甘长青为公园第一、第二批申报"首都学雷锋志愿服务岗"的青年班组代表授予"学雷锋"志愿服务旗帜、绶带及《公园学雷锋志愿服务活动记录本》，并鼓励青年。

（李 静）

【中心完成元旦、春节走访慰问离退休干部工作】 3月1日"两节"期间，市公园管理中心及所属各单位党政领导及工作人员 297 次慰问离退休干部及遗属 456 人次。其中，慰问离休干部 110 人次，退休干部 266 人次，慰问离退休干部遗属 80 人次；组织召开老干部新春茶话会、团拜会、座谈会 15 次，有 766 人参加。

（果丽霞）

【北海公园召开 2015 年度职工自学奖励表彰会】 3月2日，北海公园召开 2015 年度在职职工自学奖励表彰会。大会对 2015 年度北海公园利用业余时间学习，晋升学历的 12 名职工进行了表彰，并发放自学奖励款。此次获表彰的人员中，获大专学历的 2 人、专升本学历的 9 人、获研究生学历的 1 人，所学涉及土木工程、农业推广、财务管理等 8 个专业，其中 7 人为二次获奖。至今北海公园实施自学奖励办法已 10 年，期间已有 255 人次获得奖励。会议还就工会近期工作进行了布置。

（汪 汐）

【陶然亭公园开展小志愿者讲解活动】 陶然亭公园团委与属地中学北京十五中学团委共同开展"红色梦·慈悲庵革命史迹展"志愿服务小导游活动。3月5日，在慈悲庵前召开了"红色梦·慈悲庵革命史迹展"志愿讲解小导游活动启动仪式。3月11日上午，北京十五中第一批小志愿者前往慈悲庵开展志愿讲解服务。5 名小志愿者为近 50 名游客讲解了"红色梦·慈悲庵革命史迹展"的 5 个部分，服务时长 10 小时。6月25日，活动结束。此次志愿活动历时 3 个月，共开展志愿服务 12 次，志愿者 47 人次，累计服务时长 1128 小时，服务近千人次。

（周 远）

【园林学校开展家风展示活动】 3月7日，园林学校工会开展以"讲家风故事，亮家风格言，秀家庭梦想"为主题的女职工家风展示活动。学校书记、校长和学校女职工共 40 余人参加。活动邀请女职工讲述家风故事，交流培育好家风、平衡事业和家庭关系等方面的经验，引导广大女职工在生活中注重家庭、注重家教、注重家风，以饱满的热情投入到工作及家庭中去，发挥女职工能顶"半边天"的作用。

（赵乐乐）

【中心模特队在陶然亭公园职工之家正式组建成立】 3月22日，由各公园推选的中心模特队在陶然亭公园职工之家正式组建成立。中心工会常务副主席牛建国、天坛公园工会主席段连和、陶然亭公园工会主席王金立一同参观了中心模特队的第一堂训练课，并在开课前向每位队员提出了要求。

（韩春雪）

【中心离退休干部"低碳环保 让生活更美好"主题实践活动拉开帷幕】 3月29日，市公园管理中心离退休干部处在中心多功能厅举办"低碳环保 让生活更美好"主题实践活动启动仪式。中心所属各单位离退休干部党支部书记、老干部代表、中心机关全体退休干部、老干部专职工作人员百余人参加活动仪式。仪式由中心离退休干部处负责人果丽霞主持。首先请北京市劳动与社会保障局培训中心原高级工程师、"低碳环保第一人"、传递正能量的退休干部葛惠英作交流发言。天坛公园离退休干部党支部书记赵志刚代表全中心1147名离退休干部宣读《带头做文明有礼的北京人倡议书》。中心离退休干部处负责人向老同志通报了中办、国办印发的《关于进一步加强和改进离退休干部工作的意见》的通知；中心"低碳环保 让生活更美好"主题实践活动安排等具体事项。大会号召中心广大离退休干部向葛惠英老人学习，学习她积极发挥老党员的带头作用，热心社区和环保公益工作，带动身边的群众为社区建设做出贡献；要以葛惠英老人为榜样，从我做起，从一点一滴做起，多做好事。启动仪式的结束，标志着中心"低碳环保 让生活更美好"主题实践活动正式拉开帷幕。

（果丽霞）

【中心职工艺术团队员选拔活动】 3月30日，中心职工艺术团队员选拔活动在天坛神乐署举行。面试主要以中心职工艺术团实际工作需要为主要依托，分别对职工艺术团舞蹈队、器乐队、主持人参选人员进行系统考察，考核由中心领导、艺术团主要负责人及专业音乐制作人担任评委，采取分类评分标准，从面试人员的语言表达能力、发音标准、舞蹈协调性、演奏专业性、舞台表现力等方面进行打分。中心工会常务副主席牛建国提出希望。中心安全应急处处长史建平、天坛公园党委书记夏君波、党委副书记董亚力、工会主席段连和参加。

（张 旭）

【北京植物园团委开展摄影知识培训】 3月，活动邀请摄影家协会高级摄影师刘德祥老师为青年授课。分别就相机、手机照相的基本功能、光圈运用、布局设计等方面进行讲解，对青年提出的相关问题进行解答。

（李 静）

【园博馆举办摄影知识培训】 3月，园博馆团委举办摄影知识培训，邀请园博馆副馆长黄亦工授课，分别讲授摄影基础知识及摄影作品后期制作，从摄影构图、摄影用光、照相技巧及如何投稿、参赛等方面，进行专业辅导。

（李 静）

党群工作

【园博馆举办社会志愿者面试交流会】 3月,园博馆举办社会志愿者面试交流会。志愿者由教师、自由职业者、园林从业者、全职妈妈等不同群体组成。交流会通过心理游戏、动手实践、语言表达、思想交流等环节,对志愿者在科普观察和团队协作等综合能力进行考察,丰富了园博馆志愿服务力量,做好日常服务工作。

(李 静)

【陶然亭公园团委与北钞公司团委联合开展"弘扬雷锋精神"志愿服务】 3月,来自40名北钞公司团员志愿者到公园东、西两个码头进行义务擦船。北钞公司团委副书记做动员,鼓励志愿者充分发扬"奉献、友爱、互助、进步"的志愿精神。公园团委与北钞公司志愿者已持续3年开展义务擦船活动。

(李 静)

【颐和园完成第十四批大学生志愿者中文讲解考核】 3月,"全国青年文明号"颐和园导游服务中心完成第十四批大学生志愿者中文讲解考核。来自国际关系学院的47名大学生志愿者,现场抽取考核景点内容和次序,进行全园景区景点实地讲解。评委分别从讲解内容、服务技巧、礼仪规范、应变能力等方面对考核中出现的问题进行点评。最终44名大学生志愿者通过考核。

(李 静)

【团市委到陶然亭公园开展清明节祭扫活动】 4月1日,团市委机关到陶然亭公园开展"思先烈,承遗志,转作风"清明节祭扫团日活动。团市委副书记郭文杰、机关党委副书记张华、权益部部长、机关团委书记蒋华茂以及公园管理中心团委书记原蕾参加此次活动。团市委机关党支部50余名团员青年一同开展了高石墓祭扫活动,为烈士墓敬献鲜花,并在烈士墓前重温入团誓词。公园园长缪祥流、工会主席王金立陪同参与祭扫活动。

(周 远)

【颐和园举办第36届职工环湖长跑比赛】 4月6日,颐和园工会举办了第36届全园职工环湖长跑比赛。园长刘耀忠、党委书记李国定,分别为参加长跑的男子组和女子组打响发令枪,园领导付德印、丛一蓬、周子牛一同到比赛现场为职工们加油。全园干部职工参加比赛。

(芦新元)

【北海公园举办春季环湖徒步走活动】 4月19日,公园工会举办了"北海公园春季太液环湖徒步走"运动会,全园共计170余名职工参加。

(芦新元)

【香山公园开展"百人登山"比赛活动】 4月19日,香山公园组织开展"百人登山"比赛活动。"百人登山"比赛活动为香山公园传统活动项目,以山林防火为重点,不断提升职工的体能素质,注重全园广泛参与,激发广大职工的爱园奉献热情。工会主席苗连军、副园长宗波为比赛计时和鸣枪。红叶古树队、公园机关、管理队分获前三名。

(刘 清 马 林)

【陶然亭公园开展"春风送暖"社会捐助活动】 4月20~25日,为积极响应西城区"春风送暖"联合募捐活动号召,帮助受灾地区和西城区困难群众度过生活难关。陶然亭公园491名干部职工发扬扶贫济困、奉献爱心的精神，积极参与了"春风送暖"主题社会捐助活动，全园共计筹集捐款7170元。筹集款项已送交西城区街道办事处。

（韩春雪）

【中心在北京植物园举办"赏春之秀美 品花之文化"专题讲座】 4月26日，中心工会大讲堂"赏春之秀美 品花之文化"专题讲座在植物园举行。活动邀请植物园科普中心主任王康介绍了世界范围内的植物园概况及植物园面对的机遇与挑战。随后，参观了植物博物馆、郁金香展区以及樱桃沟水杉林。中心工会常务副主席牛建国出席，植物园党委书记齐志坚、工会主席刘海英及中心系统11家单位的44名全国及省部级劳模、先进集体代表参加了活动。

（古 爽）

【天坛公园领导慰问先进劳模】 4月28日，天坛公园园长李高、党委书记夏君波、工会主席段连和、副主席林冬生在管理处接待室同北京市先进工作者王玲、张红媚，首都劳动奖章获得者吴颖、吕玉欣、杨辉座谈，了解他们的工作生活情况，祝他们节日快乐，感谢他们的辛勤工作，并送去慰问品。

（张 旭）

【香山公园"红领巾"小导游双清别墅志愿服务劳动节】 5月1日，西苑小学的"红领巾"小导游志愿者们在老师的带领下，准时在全国爱国主义示范教育基地香山双清别墅开展特色讲解志愿服务。节日当天共有13名小学生志愿者参加志愿服务，提供义务讲解7次，服务游客200余人。

（李 静）

【玉渊潭公园开展主题教育实践活动】 5月4日，玉渊潭公园开展"弘扬五四精神，汇聚青春力量"主题教育实践活动，组织基层团支部书记、团员骨干等30人到国家博物馆参观。带领团员青年在团旗下宣誓，增强团性教育，明确青年责任；走进国博观看"复兴之路"展览，带领年轻人认清形势，回顾历史，用历史唤醒青年的使命感，激发爱国情怀；组织团员青年做"五四"答卷，学习团章、"五四"精神等，同时撰写体会，用行动号召大家争做优秀共青团员，为公园发展奉献青春正能量。

（侯翠卓）

【玉渊潭公园创办爱心跳蚤市场】 5月7日，公园开展"爱心后备箱，团聚正能量"主题爱心义卖活动，共筹集电子产品、文具书籍、生活用品等数百件；组织青年现场义卖，筹集善款，并向市民宣传活动意义，弘扬善举，运用微信朋友圈，积极发布活动信息。活动共80余名志愿者参加，募集善款7240元，全部捐入海淀区红十字会，定向用于救助贫困母亲。公园官方微信、《北京晨报》等媒体进行了报道。

（侯翠卓）

【陶然亭公园开展"相约陶然，与爱同行"冰雪冬奥公益志愿活动】 为配合世界月季洲际大会，陶然亭公园作为分会场之一，于5月13日在胜春山房举办了"赏美丽月季，享幸福人生"陶然亭公园月季主题科普活动，以"月季"为特色设置了"缤纷花艺秀""趣味园

党群工作

艺体验区""花卉展卖""爱绿敬老"等多项互动宣传活动,公园团委积极承担多项任务。公园邀请了陶然亭街道社区老人来园赏花,由公园科普志愿者讲解月季花卉知识;进行"花卉展卖",向市民传播园艺文化知识,倡导绿色生活理念;发放自制"月季"常识宣传折页近1000份。

(李 静)

【香山公园开展泥塑"中华龙"主题计生活动】 5月14日,公园以碧云寺龙王庙龙王像泥塑为依托,组织开展泥塑"中华龙"主题计生活动。邀请雕塑艺术家金曾贺老师进行讲座,介绍了中华龙文化知识,将龙文化与雕塑艺术相结合,亲手教孩子们泥塑中华龙,鼓励孩子们发挥创造力,一同体验泥塑的乐趣。此次计生活动共13个职工家庭参与。

(纪 洁)

【陶然亭公园举办"低碳环保 让生活更美好"工艺制品讲座】 5月17日,公园在南门离退休人员活动站举办了"低碳环保 让生活更美好"工艺制品讲座,邀请园林学校退休干部叶秀媛、天坛公园退休干部王林秀为公园退休干部进行环保手工艺品制作的授课。课上,两位老师先后介绍了衍纸画、布艺贴画的发展史、基本制作工艺及技法,为大家讲解和逐一示范制作的各个步骤,老师们还带了自己的作品供大家欣赏。公园退休干部张万代将自己用扑克牌制作的收纳篮带到活动现场,与大家一起交流制作方法。

(苏 蕊)

【天坛公园发挥爱国主义教育基地宣传阵地作用】 5月,公园团委强化神乐署雅乐中心爱国主义教育基地文化引领作用,接待精忠街小学200余名师生及家长在此举行了入队仪式,并由青年职工志愿者为其讲解基地由来和历史沿革,展示文化传承成果,对学生们进行爱国主义和中华优秀传统文化教育。

(李 静)

【北海公园"清史小屋"书屋正式成立并召开首次座谈会】 5月,公园召开"清史小屋"成立座谈会,党委书记吕新杰为"清史小屋"授匾,鼓励青年人要多读书、读好书,在阅读的过程中学习知识、拓宽眼界、增强记忆、明晰事理,并提出树立阅读的理念。座谈会上,班组成员还分享了读书体会,对读书活动提出了建议。园团委和琼华岛队班组职工20人参加活动。

(李 静)

【景山公园在牡丹展期间开展区域化团建交流】 5月,公园团总支邀请了所属辖区内的恭王府、宋庆龄故居、人大会议中心、社会科学出版社、西藏驻京办事处等7家单位的团员青年在牡丹展期间来园参观交流,由市级青年文明号导游班提供全程细致的讲解,并带领大家参观了位于绮望楼内的《景山历史文化展》。

(李 静)

【景山公园高岚获得中心"十杰青年"称号】 5~8月,景山公园做好市公园管理中心团委第二届"十杰青年"推荐上报工作,在全园团员青年中开展考评后,推荐绿化队课题组高岚为景山公园候选人参加评选,经过初选、复评、决赛,高岚入选中心第二届十杰青年。

(律琳琳)

【北京动物园开展"敢为的青春有信念"五四主题教育活动】 5月,北京动物园团委开展"敢为的青春有信念""五四"主题教育活动,带领团员青年分两批参观了市级爱国主义教育基地冀热察挺进军司令部旧址陈列馆和首批中国历史文化名村、区级革命传统教育基地霉底下,共同学习中国革命艰苦卓绝的奋斗历程,感受中国共产党领导下的抗日军民英勇不屈的斗争精神以及历史的沧桑和沉淀,从历史解说和直观感受中唤起团员青年对党和国家的炙热之心,鼓励青年在新的历史机遇面前,胸怀理想,脚踏实地,不畏艰难,用信念、方向和奉献书写无愧于时代的青春篇章。公园党委书记张颐春、党委副书记杜刚分别带队参加,70余名团员青年参加活动。

(李 静)

【香山公园组织青年骨干开展创新理念培训】 5月,公园邀请北京大学张海霞博士以"我的创新我做主"为主题进行授课。张海霞博士结合青年人创新创业的经典案例、自身开创"ICAN"大赛的经历以及多年带领学生开展创新研究的实例,为青年人上了一堂极富激情和感染力的创新课,倡导青年人要在本职工作中增强创新意识,在平凡的岗位上做出不平凡的业绩。公园首次邀请社会知名博士生导师为青年骨干上课。香山公园青年骨干70人参加培训。

(李 静)

【北京植物园开展"最美风光"和"最美职工"摄影比赛】 5月,本次比赛在北京植物园第28届桃花节期间举办。植物园工会联合宣传策划部开展了"最美风光"和"最美职工"摄影比赛。此次活动共收集了24名职工的70幅作品,并将部分优秀作品刊登到《劳动午报》、北植宣传栏,在职工中掀起了一股知园爱园、爱岗敬业的热忱。

(芦新元)

【北京动物园开展"六一"儿童节志愿服务】 6月1日,志愿者在游客密集区域耐心提醒游园家长看护好孩子,以免走失、发生危险。活动期间,30名志愿者参加志愿服务,服务120人次,服务时长205.5小时。

(李 静)

【陶然亭公园开展"浓情端午·与爱同行"主题活动】 6月10日,依托中华民族传统节日端午节,陶然亭公园工会与公园计生办在公园职工之家开展了"浓情端午·与爱同行"端午主题活动。组织7组公园职工家庭共同参与,围绕端午节民俗开展忆屈原、制香囊、做龙舟、系五彩绳、尝五毒饼等文化体验活动。

(韩春雪)

【北海公园试行"工会主席接待日"】 6月20日,公园首个"工会主席接待日"试运行。工会主席夏国栋及工作人员在琼岛南门接待室听取职工对公园重大决策的意见和建议。

(王宇然)

【北海公园举办"太液泛舟"划船比赛】 6月21日,北海公园工会与中央军委政治工作部开展军民同乐"太液泛舟"划船比赛。由公园职工和军委官兵两组,划手划船往返于公园西岸码头及琳光殿码头,共70余人参赛。

(王宇然)

党群工作

【北京植物园在卧佛山庄举行第三届挑战赛】 6月22日,本次活动共设15项挑战项目,以原有记录为依据,员工在挑战项目成员的同时需挑战记录,通过穿针引线、袋鼠跑跳、跳绳、吃西瓜等一系列趣味项目,共有15人创造了新的纪录。

(芦新元)

【中心纪念中国共产党建党95周年职工文艺演出活动】 6月27日,"颂祖国,心向党,赞名园"——市公园管理中心纪念中国共产党建党95周年职工文艺演出举办成功。中华全国总工会海员建设工会主席丁小岗,北京市总工会政法卫文工会主席原在会,北京市总工会宣教部部长张宇晶,共青团北京市委副书记黄克瀛,北京劳动午报社长张文涛,北京工会传媒协会秘书长王宝辉,北京市公园管理中心主任张勇、副书记杨月、总工李炜民等领导出席并观看了演出。来自中心职工艺术团、乐队、舞蹈队、合唱队、模特队以及北京颐和园、北京天坛公园、北京动物园、北京植物园、中国园林博物馆、香山公园、中山公园、玉渊潭公园、园林学校等200多名职工参加了演出。

(霍燚)

【陶然亭公园开展"争做环保小卫士,一米风景同保护"主题宣传活动】 7月23日,公园团委联合绿化科、党委办公室以及园艺队党支部共同在科普小屋开展了"争做环保小卫士,一米风景同保护"主题宣传活动。学雷锋志愿者统一穿着志愿者服装,佩戴主题绶带、胸贴,为游客提供志愿服务。活动中,志愿者带领13名"环保小卫士"进行植物知识讲解、户外自然观察、手工制作等小游戏,体验植物带来的乐趣,培养青少年的自然观察力、好奇心以及动手能力,从而增加小游客文明游园、绿色环保的意识。充分发挥"最美一米风景"宣传活动的社会影响力,向市民、游客积极宣传低碳环保、文明游园的理念,劝阻不文明行为十余次,倡导游客礼让排队、带走垃圾。

(周远)

【天坛公园工会举办职工大讲堂活动】 7月27日,天坛公园在南神厨会议室举办了"知园 爱园"主题职工大讲堂系列活动的第五讲,邀请研究室蒋世斌主任,为来自15家分会的100名职工讲授《天坛遗产保护在行动》,天坛公园党委副书记董亚力、纪委书记杨明进、工会主席段连和共同聆听、学习。

(芦新元)

【天坛公园篮球队在天坛街道"三对三"篮球友谊赛中获第一名】 7月28日,天坛公园篮球队应天坛街道办事处的邀请参加了在天坛体育场篮球馆举办的"2016年天坛街道庆八一军地篮球友谊赛"三对三比赛,经过4场激烈的比赛,天坛公园篮球队最终获得第一名,在交流球技的同时增进了各单位间的友情。天坛公园工会主席段连和与参赛单位领导一同观看了比赛。

(芦新元)

【陶然亭公园做好退休干部信息库的采集录入工作】 7月,按照中心老干部处的工作部署,陶然亭公园做好退休干部信息库的数据采集、录入以及上报工作,查阅每名退休干部的档案,确保数据准确无误。

(苏蕊)

【中心开展"信仰的坚守 精神的传承"纪念建党 95 周年主题教育活动】 7月,市公园管理中心团委开展"信仰的坚守 精神的传承"纪念建党 95 周年主题教育活动,活动于"七一"当天下午在香山公园双清别墅前举办,中心党委副书记杨月、中心宣传处、组织人事处负责人、香山公园党委领导及北京市东城区精忠街小学大队辅导员出席活动。一是奏唱国歌;二是聆听"学党史、知党情、跟党走,坚定不移做党的助手和后备军"主题宣讲;三是分别邀请中心优秀青年党员代表和入党积极分子代表作典型发言;四是在团旗下重温入团誓词;五是集体合唱《没有共产党就没有新中国》;六是参观专题展览《中国梦正圆——十八大以来党中央治国理政新思想新实践》。中心系统各单位团员青年、入党积极分子代表以及精忠街小学少先队员代表共计100 余人参加活动。

(李 静)

【颐和园团委召开"青春跟党走 岗位建新功"达标创优表彰会】 7月,颐和园团委对 2015 年度达标创优先进集体和个人进行表彰,团员青年代表进行主题宣讲,并观看了公园团委制作的"我的青春,我的团"视频短片。公园党委书记李国定出席活动并对青年提出要求。公园园长刘耀忠、党委副书记付德印、副园长丛一蓬、纪委书记杨静及各科队领导、团员青年代表共计 80 余人参加。

(李 静)

【紫竹院公园开展"学党史·感党恩·跟党走"青年大讲堂】 7月,公园通过《信仰的坚守·精神的传承》党史宣讲、《难忘戎妈妈》人物事迹回顾等,引导青年铭记历史,缅怀先烈;通过《紫竹院公园党员风采集》展示公园党员干部工作身影,鼓励青年学习先进典型;中心系统"十杰青年"候选人陈景亮讲述"我的党员梦",分享工作学习心得;青年职工集体合唱《没有共产党就没有新中国》。

(李 静)

【天坛公园举办"讲前辈经验 传天坛文化 助青年成长"思想交流座谈会】 7月,公园团委邀请退休干部和团员青年从天坛发展与历史传承两方面进行思想交流,老干部畅谈自身从事园林行业的奋斗经历和经验教训,勉励青年要牢固树立远大理想,在岗位中勤学苦练,用青春的朝气与智慧为公园的发展建设尽责尽力。公园党委书记夏君波、园长李高、党委副书记董亚力等领导及青年代表共 35 人参加。

(李 静)

【紫竹院公园"创先争优促发展 青春励志建新功"青年素质拓展】 7月,紫竹院公园团总支与工会联合开展"创先争优促发展 青春励志建新功"青年素质拓展暨共青团"达标创优"表彰活动,旨在落实公园管理中心 2016 年工作会精神,增强团员青年的凝聚力、执行力和团队协作能力。活动通过启动仪式对获得中心团委、公园团总支 2015 年度"达标创优"先进集体和个人进行表彰;以团队建设、素质拓展等富有挑战性和趣味性的户外培训,磨炼青年的耐性和意志,增强团队协作意识,提升青年队伍素质。此次活动共计 44 人参加。

(李 静)

党群工作

【香山公园第二届青年趣味体育竞技嘉年华落幕】 7月，公园第二届青年趣味体育竞技嘉年华落幕。由公园团总支联合工会、计生办、市场营销办公室共同开展。活动以"增强体质助力公园建设 青春似火绽放精彩人生"为主题，分3个环节：一是"香山，你知道?"互动问答。围绕"香山公园建设发展"与游客答题互动，加深游客对香山的认知。二是"手舞足蹈猜猜猜"团队猜词。锻炼班组长与组员之间的沟通能力，考验团队协作力。三是划船答题趣味党课。以党章党规为主要内容，编发复习题库，将"两学一做"学习教育知识问答与体育运动相结合，增强党课的趣味性。公园党委书记马文香、工会主席苗连军、相关科室负责人及团员青年40余人参加活动。

(李 静)

【紫竹院公园开展"花之语"中国传统插花青年技能竞赛】 7月，紫竹院公园团总支组织开展"筑基础 提素质 增才干"系列教育活动之"花之语"中国传统插花青年技能竞赛。邀请公园花卉园艺技师、首都五一劳动奖章获得者梁勤璋讲授中国传统插花艺术、现场演示插花技巧；组织青年职工通过小组配合的方式完成插花作品，选派代表阐述作品设计理念；开展技能评比，由授课老师从13个优秀作品中评选出3个"最佳创意奖"进行奖励。40余名青年职工参加活动。

(李 静)

【中心团委面向基层团组织负责人和部分团干部开展共青团工作培训】 7月，中心团委负责人讲授共青团简史、解读团的章程、梳理团组织架构，就共青团基础知识进行详解，强化团干部对共青团地位、职能和主要任务的认知。针对新任团干部较多的问题，将中心团委全年工作进行总结和梳理，分别说明各项工作的重点、难点以及具体工作要求；各单位团组织负责人结合学习内容与工作中遇到的实际问题进行交流研讨，分享经验方法，进行资源共享。

(李 静)

【颐和园开展"喜迎天下小游客 欢欢喜喜乐童年"主题志愿服务活动】 7月，"全国青年文明号"颐和园导游服务中心开展"喜迎天下小游客 欢欢喜喜乐童年"主题志愿服务活动。公园讲解员身披学雷锋绶带，为游客提供义务讲解、信息咨询、语言翻译、非紧急救助等服务；向游客免费发放主题便民服务卡，介绍游园资讯和周边公交路线等服务信息，为小游客提供随行向导；为第一批入园小游客提供义务讲解，以趣味性、知识性较强的讲解方式，介绍公园历史文化；将儿童节志愿服务专刊下发班组，组织青年职工学习交流。此次活动共为游客提供义务讲解和导览介绍185次，服务549人；信息咨询381次，服务854人；发放便民服务卡50份。

(李 静)

【天坛神乐署雅乐中心完成建党95周年职工文艺演出任务】 7月，"全国青年文明号"天坛神乐署雅乐中心满完成建党95周年职工文艺演出任务，神乐署承担演出筹划、舞台灯光设计、视频背景设计和中心艺术团舞蹈队、乐队、主持人培训等工作。中心工会常务副主席牛建国全程给予指导，确保演出现场灯光、音响、舞台保障等工作有序进行，圆满完成演出任务。

(李 静)

【颐和园开展"同庆建军节 服务子弟兵"志愿服务活动】 8月1日,"全国青年文明号"颐和园导游服务中心开展"同庆建军节 服务子弟兵"志愿服务活动,全体党、团员佩戴徽章,讲解员身披绶带,在东宫门、北宫门、新建宫门和西门游客中心服务岗,为中外游客提供导游讲解、信息咨询、指路答疑、语言翻译、非紧急帮助和便民服务。东宫门讲解亭外摆放两块立体便民服务展板,向游客发放自制主题"便民服务卡"。倾情服务军人和军属,为他们提供全程义务讲解。活动共为游客提供信息咨询290次,服务680人;义务讲解和导览介绍150次,服务320人;发放"便民服务卡"40张。

(李 静)

【陶然亭公园举办社会主义核心价值观文化讲解比赛】 8月2日,结合"两学一做"学习教育,公园党委提出做"三合格一担当"陶然人,举办以"践行社会主义核心价值观"为主题的文化讲解比赛。比赛分演讲和竞赛知识两个环节,比赛内容包括介绍公园社会主义核心价值观主题展中31位优秀共产党员的先进事迹,并就公园景点历史文化、"两学一做"学习内容、党规党纪等相关知识进行了问答。11位参赛者讲述了社会主义核心价值观主题展览中宣传的李大钊、王荷波、叶如陵、焦裕禄、李素丽等优秀共产党员的感人故事,并结合公园实际表达了立足岗位争做合格党员的心声。知识问答内容涵盖习近平总书记系列重要讲话、《中国共产党章程》《中国共产党廉洁自律准则》《中国共产党纪律处分条例》等内容。园长缪祥流、副园长杨艳、孙颖、工会主席王金立以及相关科室领导参加,并担任此次比赛的评委。最终评比出比赛的前三名。赛后,园长缪祥流对比赛进行了总结。

(周 远 闫 红 韩春雪)

【陶然亭公园开展小小跳蚤市场活动】 8月3日,公园工会、计生办联合开展小小跳蚤市场活动。以"我环保、我节约"为主题,面向3~12岁的职工子女,首次推出专为孩子设立的跳蚤市场。将他们家中闲置的玩具、书籍及手工作品等物品集中,通过以物换物的方式,由他们自己做主进行交易,寻找喜欢的物品。活动中还让孩子们体验了广告牌制作、商品推销、自助交易等多项互动环节,亲身体验商品销售过程,使孩子们加深对价值的理解,锻炼沟通能力,同时还将"变废为宝"手工制作融入到活动中,进一步传递绿色环保、低碳节能的生活理念,促进职工与子女养成节约资源的好习惯,活动共邀请到了8组职工家庭参与。

(韩春雪)

【陶然亭公园女工荣获优秀征文奖】 8月5日,北京市总工会委员会举办了"我最喜爱的母婴关爱室评比颁奖暨母乳喂养倡议活动",陶然亭公园女职工韩春雪作为"背"你感动征文比赛优秀获奖者应邀参加了此次活动,并接受颁奖。

(韩春雪)

【中山公园开展"和谐中山,快乐暑假"活动】 8月7日,公园20名职工子女通过"做游戏、展才艺、观看音乐剧"展示孩子们多彩的暑假生活,培养青少年做事认真负责的态度。

(王 薇)

党群工作

【陶然亭公园开展儿童摄影大赛活动】 8月9日，公园工会联合公园计生办，以公园暑期动漫嘉年华活动为契机，邀请天坛公园共同参与，共同举办"陶然动漫嘉年华秀"主题职工儿女摄影大赛。以孩子们的独特视角和细腻镜头，捕捉动漫嘉年华的点点滴滴，展现陶然亭公园风采，分享孩子们的快乐假期，在14名参赛选手中评选出一、二、三等奖。

（韩春雪）

【中心老干部处召开老干部工作阶段会暨下半年工作布置会】 8月24日，市公园管理中心老干部处召开中心老干部工作阶段会暨下半年工作布置会。中心所属各单位老干部专职工作人员参加会议。会上，中心所属各单位分别以PPT文件或动态小片的形式对上半年本单位老干部工作、"低碳环保 让生活更美好"主题活动开展情况进行了汇报。中心老干部处也就上半年老干部工作情况和上级有关老干部工作进行了通报；各单位上报了主题活动展示项目。对下一步主题活动展示、书画展等事宜工作进行了具体安排。

（果丽霞）

【天坛公园手机摄影比赛圆满闭幕】 8月30日，为期3个月的天坛公园首届"美丽天坛 我们的家"手机随手拍活动圆满闭幕，来自8个分会24名职工的100余幅作品参赛，通过职工手中小小的手机拍摄出了每个人心中、眼中的天坛，拍摄题材以天坛景观和天坛人文、职工风采为主，激发了职工的爱园情怀，丰富了职工的业余生活。

（芦新元）

【中心老干部处完成退休干部数据库上报工作】 截至8月底，市公园管理中心老干部处完成退休干部数据库上报工作。中心共有退休干部1058人，其中，男性559人，女性499人；党员819人，群众236人，民主党派3人；局级6人，处级43人，副处69人，正科237人，副科61人；正高13人，副高98人，中级职称170，初级职称100人。

（果丽霞）

【中心团委举办文创专题青年大讲堂】 8月，市公园管理中心团委联合服务处邀请了故宫文化服务中心专家陈非围绕当前文创工作形势、故宫文创产品研发、文创产品经营、文创品牌推广及影响四个方面内容进行授课，提升青年职工对中心重点工作关注度，鼓励青年职工积极为中心文创工作贡献才智。

（李 静）

【颐和园园艺队突击完成全园杨柳树调查工作】 8月，按照《颐和园杨柳飞絮治理规划方案》相关要求，颐和园园艺队发挥青年党团员先锋带头作用，突击完成全园杨柳树调查工作。园艺队青年党团员对分布在全园的3640余株柳树和500余株杨树的主干周长和胸径逐一测量、编号和汇总，并对其中的濒危树和衰弱树进行标注，高标准、高质量地完成了调查工作。

（李 静）

【香山公园首次面向新入职青年开展专题培训】 8月，按照公园党委对新职工入职培训工作安排，以"让青春在园林中闪光"为主题进行团务知识、组织机构情况、2016年团青工作开展情况等培训，以互动问答的创新形式引入培训知识点，普及基础知识，并强化记忆和熟练掌握。

（李　静）

【陶然亭公园举办售票岗位技能竞赛】 9月7日，为进一步提高公园服务岗位的技能水平，为中心售票岗位竞赛选拔人才。陶然亭公园举办售票岗位技能竞赛初赛。陶然亭公园党委书记牛建忠、副园长杨艳、孙颖、工会主席王金立出席了此次比赛。最终通过售票能力、结账能力、点钞能力3个环节的比拼，产生了此次比赛的优胜选手6名。10月25日，选送3名优胜者参加中心"比技能 强素质 当先锋"售票劳动竞赛，其中两人获得三等奖。

（韩春雪）

【天坛公园工会举办职工汉字听写大会】 9月29日，公园工会在南神厨会议室举办了职工汉字听写大会。活动以"感悟汉字深厚底蕴 传播天坛历史文化"为主题，将天坛历史知识与汉字规范书写相结合，旨在引导职工深挖天坛历史文化知识，提升职工文化素质底蕴，同时推动2016年重点绩效工作。天坛公园党委书记夏君波、副园长王颖、工会主席段连和等领导出席活动。

（芦新元）

【中心召开团员青年为文创工作献计献策座谈交流会】 9月，市公园管理中心举办的首场文创工作交流会在陶然亭公园召开。来自中心各单位的团员青年从对中心开展文创工作的理解认识、文创产业的发展方向、推进渠道以及文创产品的设计与开发等方面交流研讨，并结合陶然亭公园实际提出多项合理化建议。陶然亭公园园长对青年职工带来的创新想法和建议给予高度评价。中心服务处负责人在肯定座谈会成效的同时，对中心文创工作的推进情况进行介绍，提出具体工作要求。中心文创工作领导小组成员、中心团委负责人、陶然亭公园领导班子及各单位团员青年骨干30余人参加。

（李　静）

【北海公园举办"坚持梦想 继续前进"道德讲堂】 9月，公园举办"十杰青年"事迹宣讲会暨"坚持梦想 继续前进"道德讲堂，邀请了王宗瑛、贾婷、高岚、安志文、陈景亮、刘宁6名"十杰青年"宣讲优秀事迹，观看事迹宣传片。部分青年代表结合岗位工作，就如何发扬和实践"十杰精神"畅谈学习体会和感受。公园党委书记吕新杰、副书记曲禄政、副园长刘军、工会主席夏国栋及青年职工共60余人参加。

（李　静）

【颐和园团委完成团市委"英雄父母首都行"参观接待任务】 9月，公园选派第二届"十杰青年"舒乃光为"十佳天涯哨兵"及其父母30余人进行讲解。先后参观了仁寿殿、玉澜堂、乐寿堂、长廊、排云殿等主要景点，详细介绍了颐和园的历史概况、造园艺术和文物古建的布局与用途，受到团市委、海军及家属们的感谢。

（李　静）

【紫竹院公园与多所院校联合开展"寻鸟体验"科普志愿活动】 9月，紫竹院公园与北京邮电大学、首都师范大学、外国语大学附属小学师生联合开展活动，旨在进一步引导

党群工作

青少年关注野生动物生存现状，增强保护自然的意识与责任感。公园邀请首都师范大学生命科学院老师开展鸟类知识专题讲座；在公园内部开展移动观鸟，组织学生分组观察、记录鸟类特征、习性及生活环境；现场绘制观鸟地图。此次活动共计40余人参加。

（李　静）

【中山公园服务讲解班完成"青春之梦"联合参观讲解接待任务】　9月，"市级青年文明号"中山公园服务讲解班完成"青春之梦"联合参观讲解接待任务，该活动由团中央机关党委和中央国家机关团工委主办，来自中央国家机关和北京市各企事业单位的优秀青年代表60余人来园参观游览，公园党委副书记鲍发志全程陪同。公园选派市级青年文明号服务讲解班职工为来园贵宾详细介绍公园概况、园林布局、历史文化以及社会主义核心价值观主题公园建设情况，圆满完成讲解接待任务。

（李　静）

【北京动物园饲养队团支部开展"情系牧羊地，手牵儿童村"主题团日活动】　9月，北京动物园饲养队团支部开展"情系牧羊地，手牵儿童村"主题团日活动，组织12名团员青年到牧羊地儿童村，探望因先天性疾病、生理缺陷遭受遗弃的孤儿们。团支部为孩子们带去了食品、生活和学习用品，并利用自身岗位知识，为孩子们带来了一堂生动有趣的动物知识课。现场活动结束后，团员青年将爱传递，通过微信互动表达对孩子们的牵挂。

（李　静）

【北海公园接待河北省平乡县孟杰盲人学校23名盲童师生来园参观】　9月，北海公园文化队"暖心"学雷锋志愿服务岗接待河北省平乡县孟杰盲人学校23名盲童师生来园参观。此次活动是红丹丹盲人教育中心和国际关系学院志愿团队邀请贫困地区盲童"体验北京、快乐成长"盲童夏令营主题公益活动的重要组成部分，也是北海公园文化队"暖心"志愿服务岗助残志愿服务的延展。公园选派优秀讲解员为盲校师生及志愿者提供全程讲解，并乘坐龙舟画舫，让盲童们体验北海的文化，共享园林之美。

（李　静）

【紫竹院公园开展"盛世华诞庆国庆最美风景话文明"志愿服务活动】　9月，紫竹园公园团总支开展"盛世华诞庆国庆最美风景话文明"志愿服务活动。组织来自北京邮电大学的学生志愿者共同开展志愿环保宣传及义务讲解服务活动。通过展板宣传、信息咨询等形式着重宣传公园景观特点，营造节日氛围，与游客进行互动，发放文明游园宣传彩页及纪念品，为游客提供答疑咨询、秩序维护等服务。节日期间，共计60余名志愿者参与服务，累计上岗380人次，服务时长3212小时，服务游客4万余人次。

（李　静）

【中心工会组织开展售票岗位练兵活动】　10月25日，市公园管理中心工会主办，北京动物园工会承办的2016年"比技能 强素质 当先锋"售票劳动竞赛在科普馆举行。此次竞赛设6个参赛组，每个小组分别完成"售票、结账、点钞"3个环节竞赛，并当场公布比赛成绩。在7~10月的4个月的时间里，各单位党政领导高度重视，积极组织单位职工比赛训练。经过初赛、复赛的激烈比拼，筛选出了11家单位的33名选手进行决赛。一等奖获得者是颐和园李辰；二等奖香山公园的路萌、北海公园的刘娜、颐和园纪嫣然；三等奖陶然亭公园的王霞、刘羽婧、颐和园耿岩、天坛公园的张惟、动物园的庞新颖。首都素质工程办公室主任杨秀艳莅临活动现场。北京市公园管理中心工会调研员赵康、北京动物园园长李晓光、中心所属各单位领导、各公园职工代表共计130人参加。

(芦新元)

【中心举办"低碳环保 让生活更美好"主题实践展示活动】 10月25日，市公园管理中心老干部处在中心多功能厅举办"低碳环保 让生活更美好"主题实践展示活动。市老干部局副局长刘冰、市直机关工委老干部处处长魏建合、中心党委副书记杨月，"低碳环保第一人"葛慧英老师、部分市属老干部处处长、中心老干部领导小组成员、中心所属各单位主管领导、离退休干部党支部书记、老干部先进个人、机关退休干部、老干部专职工作人员、老干部演职人员百余人参加了展示活动。市直机关工委老干部处魏建合处长、中心党委副书记杨月分别讲话，对主题活动给予高度评价。

(果丽霞)

【北京市公园管理中心工会大讲堂在园林学校举办】 10月28日，由中心工会主办、园林学校承办的中心职工素质工程公益大讲堂在园林学校举办。大讲堂邀请到木堇舍心理咨询集团的国家二级心理咨询师游雅如老师讲授关于家庭幸福生活的课程。中心各单位职工近200人参加活动。

(芦新元)

【中心举办"颂党恩·话发展·纪念建党95周年"书画作品展】 10月28日至11月13日，市公园管理中心离退休干部"颂党恩·话发展·纪念建党95周年"书画作品展在玉渊潭公园玉和集樱展室举办。展览共展出书画作品52幅。其中绘画作品22幅，书法作品30幅。展览共接待参观者2162人。

(果丽霞)

【陶然亭公园完成离休人员增资补发工作】 10月，根据京人社公发【2016】188号《关于增加机关事业单位离休人员离休费的实施方案》，公园完成了9位离休干部和1名新中国成立前参加工作老工人的增资补发工作，并将增长标准及时向每位老同志进行了传达。

(苏 蕊)

【北京动物园开展"让青春在园林事业中熠熠闪光"宣讲会】 10月，北京动物园团委开展"让青春在园林事业中熠熠闪光"暨中心第二届"十杰青年"事迹宣讲会。邀请部分"十杰青年"称号获得者进行事迹分享。动物园党委副书记杜刚致辞；观看"公园管理中心第二届十杰青年评选回顾短片"；"十杰青年"分享事迹，并进行互动访谈；公园第一届"十杰青年"获得者饲养队杜洋分享感受；团干部代表向青年职工发出倡议。中心团委负责人李静在肯定本次活动的基础上，深入解读了第二届"十杰青年"的评选过程和深刻含义。动物园党委书记张颐春提出希望。

(李 静)

党群工作

【北京植物园举办"弘扬青春正能量"专场活动】 10月,北京植物园举办中心第二届"十杰青年"宣讲会之北京植物园"弘扬青春正能量"专场活动,通过视频短片回顾了"十杰青年"评选过程和先进事迹;邀请2015年梁希科普人物奖获得者王康浅谈"青春与事业";"十杰青年"代表分别进行事迹宣讲;党办副主任祖彧介绍青年典型培养选树工作体会。中心团委负责人李静深入解读了十杰评选及巡讲活动对中心青年人才队伍建设的重要意义,阐述了弘扬十杰精神的重要性。公园党委书记齐志坚结合此次活动向青年职工提出:"要筑梦,埋下希望的种子;更要圆梦,成就精彩人生",并鼓励青年向"十杰青年"学习,爱岗敬业、追求卓越。

(李 静)

【园林学校举办"爱岗敬业、无悔青春、感恩母校、传递梦想"宣讲会】 10月,园林学校团委举办"爱岗敬业、无悔青春、感恩母校、传递梦想"——中心第二届"十杰青年"事迹宣讲会,活动分为:"唱歌曲""看短片""学模范""谈感悟""送祝福""诵经典"6个环节。邀请三位"十杰青年"代表作为学校优秀毕业生与大家分享自身经历和先进事迹。学校党总支书记马宪红、中心团委负责人李静、学校师生共计260余人参加。

(李 静)

【园林学校团委举办"纪念中国工农红军长征胜利80周年文艺汇演"】 10月,师生用朗诵、合唱、快板等多种形式,表达了对革命先烈的崇高敬意,为长征胜利80周年献礼。全体师生用精彩的表演,生动形象地再现了革命先烈艰苦奋斗的不朽精神和豪迈之情,弘扬革命先烈不怕牺牲、前赴后继的爱国情怀。

(李 静)

【香山公园开展"香山蓝"志愿服务保障活动】 10月,香山公园团总支红叶观赏季期间开展"香山蓝"志愿服务保障活动。来自中央财经大学、对外经济贸易大学、北京交通大学、西苑小学的学生志愿者在公园东门、北门区、碧云寺、双清别墅开展文明引导、信息咨询、门区检票、秩序维护、景观讲解、双清特色导游等志愿服务活动。同时,选派部分志愿者到食堂进行支援。截止到11月1日,共有学生志愿者270余人次参与志愿服务工作,服务游客10万余人,解答问询2万余次,提供讲解服务70余次,服务时长1890余小时,协助盛装盒饭2000余份。

(李 静)

【香山公园开展"我是双清小导游"活动】 10月,香山公园开展"我是双清小导游"主题志愿服务活动。"红领巾"小导游们在双清别墅的六角红亭、故居陈列室、展览展陈室着红军装、军帽,佩戴红领巾为游客讲述双清别墅历史、中国革命发展史、红色进京路及革命伟人故事,激发游客的爱国爱党情怀。活动当天共有15名"红领巾"小导游参与服务,提供义务讲解10余次,服务游客300余人。

(李 静)

【颐和园导游服务中心开展英文讲解比赛】 10月,公园邀请队领导担任评委,采取实地讲解园内所有景点赛制,从讲解内容、语言表达、讲解技巧、外事礼仪等方面对讲解员进行全面考核。9名英文讲解员顺利通过考核，完成了公园全程英文讲解年度资质认证。

（李　静）

【颐和园导游服务中心举办专题文化讲座】
10月，"全国青年文明号"颐和园导游服务中心举办专题文化讲座。为持续推进专家型讲解员打造工作，特邀北京联合大学旅游学院国际旅游系副教授洪华老师以"故宫与颐和园的区别"为题开展文化讲座。洪老师结合主体功能和价值地位的不同，从设计理念、布局、建筑等级等方面，从故宫与颐和园的相同点和差异两个方面展开详细介绍，全面阐述分析故宫与颐和园的区别。

（李　静）

【中心工会大讲堂在天坛公园举办】　11月8日，中心工会大讲堂——"天坛神乐署的前世今生"专题讲座在天坛公园举办。邀请天坛公园神乐署雅乐中心主任王玲为职工们讲述神乐署的历史文化与中和韶乐的传承。

（芦新元）

【景山公园"感受青春的力量"十杰青年事迹宣讲会召开】　11月8日，公园在服务队会议室召开"感受青春的力量"——第二届北京市公园管理中心"十杰青年"事迹宣讲会。公园邀请到颐和园舒乃光、北海公园刘宁、香山公园安志文、玉渊潭公园魏硕、北京植物园付佳楠五位第二届"公园十杰"代表来园，展示个人视频短片并进行宣讲。景山公园十杰青年高岚畅谈了自己评选十杰前后的成长变化；景山青年创意工作室成员李梦岚讲述高岚宣传片制作中的点点滴滴；高岚所在绿化队牡丹班班长芮乃思作为青年代表讲述了和高岚共事中的更多感人细节。市公园管理中心团委负责人李静解读了十杰青年评选的过程与意义，并勉励景山公园青年要敢于筑梦，勇于追梦，勤于圆梦。

（律琳琳）

【中心工会大讲堂在陶然亭公园举办】　11月11日，公园工会在公园职工之家承办了中心工会大讲堂活动。中心工会常务副主席牛建国、陶然亭公园党委副书记、纪委书记王金立参加了此次活动。活动请到陶然亭公园文化研究室主任以"宜亭斯亭"为题，为大家讲解了中国园亭的建筑形式与文化意蕴。

（韩春雪）

【中心工会大讲堂在动物园举办】　11月16日，中心工会大讲堂在动物园举办。本次活动主题为"北京动物园保护教育成果分享"。旨在充分运用"工会大讲堂"教育载体，进一步强化职工素质教育与公园岗位工作和公园文化的紧密衔接。动物园科普馆副馆长周娜向大家介绍了自2007年起，北京动物园陆续开展了一系列动物保护教育活动。主要讲述了生肖文化展、科普夏令营、动物课堂、动物讲解站、保护野生动物主题展览、"爱鸟周"等项目的工作经验与体会。此次活动共有110人参加。

（芦新元）

【中心"十佳志愿服务项目"汇报评审会召开】
11月，中心团委召开"十佳志愿服务项目"汇报评审会。来自中心14家单位的17个志愿服务项目配合多媒体演示进行了现场汇报，由评审员进行推荐排序。最终，香山公园"鲜艳的红领巾在双清别墅飘扬"、动物园"动物卫士　你我同行"等10个志愿服务项目获评

"十佳志愿服务项目"称号。北海公园"白衣天使进公园"科普知识咨询志愿服务项目被评为2016年中心"十佳"志愿服务项目。

（李 静）

【颐和园"学十杰 聚力量 展风采"青年大讲堂举办】 11月，颐和园团委举办"学十杰 聚力量 展风采"青年大讲堂。公园邀请第二届"十杰青年"代表进行宣讲；团员青年分享学习感想与收获；青年职工展示自编自演的插花诗朗诵《园冶》和相声《我要当十杰》。中心团委负责人李静深入解读了"十杰青年"评选过程和教育意义，并激励青年要脚踏实地，坚定信仰，筑梦圆梦。颐和园领导班子成员、各党支部书记、团支部书记和青年代表100余人参加活动。

（李 静）

【中山公园举办"青春榜样"专场活动】 11月，中山公园团总支举办中心第二届"十杰青年"宣讲会暨"青春榜样"专场活动。活动在中山音乐堂举办。首先通过视频短片回顾了"十杰青年"评选过程，邀请"十杰青年"代表进行了事迹宣讲，公园青年代表发表学习感言，发出学习倡议。中心团委负责人李静向公园青年阐述了把握青春、实现理想的重要性和弘扬"十杰"精神的重要意义。公园党委副书记、纪委书记鲍发志提出要求。中心团委负责人、"十杰青年"代表、公园党委书记、副书记及各党支部书记、青年职工代表60余人参加活动。

（李 静）

【玉渊潭公园"不忘初心 继续前进 学习十杰 岗位建功"道德讲堂活动举办】 11月，玉渊潭公园团总支开展中心第二届"十杰青年"宣讲会暨"不忘初心 继续前进 学习十杰 岗位建功"道德讲堂活动。通过视频短片回顾"十杰青年"评选教育活动；"十杰青年"代表进行事迹宣讲；青年职工与"十杰青年"互动，提问交流，解决工作上的实际问题和疑惑；青年职工代表畅谈学习体会和感悟，表达向十杰青年学习的决心和信心。中心团委负责人李静为公园"十杰青年"魏硕颁发荣誉证书。党委副书记鲁勇结合活动与团员青年分享了感受。

（李 静）

【园博馆"学习先进典型争做时代先锋"专题道德讲堂举办】 11月，园博馆举办中心第二届"十杰青年"事迹宣讲会暨"学习先进典型争做时代先锋"专题道德讲堂。活动围绕"唱道德歌曲、看事迹短片、颂中华经典、谈心灵感悟、'我把鲜花献给党'花艺制作活动"5个环节，结合中心系"十杰青年"及"两学一做"学习教育优秀共产党员的事迹宣讲，为园博馆全体党员、干部、职工传播道德正能量。党委书记阚跃对此次道德讲堂给予高度评价，并提出要求。中心团委负责人李静参加了此次道德讲堂。

（李 静）

【园科院"激扬青春·筑梦前行"专场活动举办】 11月，园科院团总支开展中心第二届"十杰青年"事迹宣讲会暨园科院"激扬青春·筑梦前行"专场活动。活动邀请到5位第二届"十杰青年"代表进行视频短片展示和事迹宣讲，园科院"十杰青年"孙宏彦博士与大家分享了自身体会。党委副书记任桂芳提出希望。

（李 静）

【香山公园组织开展"缅怀伟人 激发能量"纪念孙中山先生诞辰150周年主题纪念活动】 11月,香山公园组织开展"缅怀伟人 激发能量"纪念孙中山先生诞辰150周年主题纪念活动。纪念日当天在碧云寺孙中山纪念堂举行,主要有四项议程:主持人李慧讲述孙中山先生早期经历、推翻帝制、创建共和、捍卫共和、与时俱进、壮志未酬和伟人辞世的生平。团员青年代表就缅怀世纪伟人,抒发爱国情怀,争当爱国、爱园、爱岗好青年进行发言表态。与会领导、团员青年代表及志愿者们向孙中山先生遗像敬献花环和鲜花。参观展览,聆听孙中山先生民主革命故事。公园党委副书记孙齐炜、党支部书记王延、服务二队队长汪兵参加纪念活动,公园青年党员、团员青年代表、志愿者代表、游客代表共100余人参加。

(李 静)

【颐和园面试第十五批导游讲解大学生志愿者】 11月,"全国青年文明号"颐和园导游服务中心招募面试第十五批导游讲解大学生志愿者。前期与国际关系学院团委联合开展宣传动员,完成登记报名工作,由行政办公室、管理部、园团委、导游服务中心等组成5个面试考评组,对来自国际关系学院法律、国经、英语、法语等9个系别的170名大学生志愿者进行招募面试,对岗位认知、语言表达、沟通应变能力、形象礼仪等方面综合考评,99名大学生成绩合格,通过面试。

(李 静)

【果丽霞荣获"全国先进老干部工作者"荣誉称号】 12月,市公园管理中心老干部处果丽霞同志荣获"全国先进老干部工作者"荣誉称号,并出席了12月23日在人民大会堂召开的全国老干部工作先进集体和先进工作者表彰大会。

(果丽霞)

【年度老干部工作先进集体综合评定工作结束】 12月,在各单位全年老干部工作总结的基础上,分别由老干部工作人员、各单位主管领导、老干部代表根据老干部工作部门整体工作情况进行综合评定推荐打分(分值为5:3:2)。根据三份表的分值高低汇总评出前9名。经评比,颐和园、北京动物园、陶然亭公园、北海公园、玉渊潭公园、紫竹院公园、天坛公园、香山公园、中山公园被评为年度老干部工作先进集体。

(果丽霞)

【颐和园举办"自控力提升"心理教育兴趣团课】 12月,颐和园团委举办"自控力提升"心理教育兴趣团课,邀请园科院青年职工、高级心理咨询师衣泽阳进行授课,围绕"我想要、我不能要、我要更好"思维模式、鱼缸法、情绪合理发泄等方面,为青年讲授提升自控能力的方法。

(李 静)

【颐和园团委举办系列主题活动】 年内,颐和园团委举办系列主题活动。4月,颐和园园团委组织团员青年16人,在职工之家多功能室开展了兴趣团课主题活动之"快乐瑜伽"形体训练活动;5月,召开"青春跟党走 岗位建新功"达标创优表彰会,对2015年度颐和园五四红旗团支部、优秀团干部和优秀共青团员进行表彰;6月,颐和园团委组织40余名团员青年赴北京国际青年营顺鑫基地,开展素质拓展活动；7月，为庆祝中国共产党建党95周年，颐和园团委开展"红色七月 党在我心"主题团日系列活动，针对团干部、团青骨干和团员青年分层次开展教育实践活动；11月，颐和园团委举办"学十杰 聚力量 展风采"青年大讲堂，邀请北京市公园管理中心第二届"十杰青年"代表进行宣讲，学习先进事迹；12月，颐和园团委举办了兴趣团课之"自控力提升"心理教育，教授青年提升自控能力的方法。

（王　茜）

科研科普

【综述】 年内,市公园管理中心发挥优势,科研成果服务副中心建设。"北京地区扬尘抑制技术研发及示范应用"为园科院主持的国家科技支撑课题,基于其研究成果,园科院制定了"消减 PM2.5 型道路绿带种植设计技术导则",并应用于通州区台湖大街和京台路两侧道路绿地景观设计;参与撰写完成《北京行政副中心园林绿化建设技术指南》,完成通燕高速绿化带、市政综合配套服务中心绿化工程土壤检测,提供改良建议。园林科教平台进一步拓展。全年开展科研课题研究 111 项,其中启动省部级课题研究 13 项,创近年新高;获 2 项国家发明专利和 3 项实用新型专利,5 项成果获中国风景园林学会科技进步奖。全年开展特色科普活动 142 项;开展"公园科普进社区、进学校活动",走进 48 个社区,18 所学校;中心系统 5 门开放实验课程纳入市教委"初中开放性科学实践活动"项目。园科院取得院所评级重大突破,首次被评为北京市高水平科研院所。

(综合处)

科研科技

【中心技术委员会召开 2015 年科技成果评审会】 1 月 14 日,北京市公园管理中心技术委员会召开 2015 年度中心科技成果评审会。会议由中心技术委员会主任张树林主持。全体委员认真听取了各单位 23 项参评课题成果的汇报,评选出获奖课题一等奖 4 项,二等奖 11 项,三等奖 6 项。最后,中心总工李炜民做出总结性发言。

(孟雪松)

【颐和园三项措施推进生态监测工作】 3 月 10 日,颐和园召开遗产地生态监测工作启动会,分项制订年度监测计划,监测范围涵盖湿地植物、鸟类、大气环境质量、植物多样性等方面;动员基层力量参与监测工作,将监测任务精细落实到末端;与高等院校开展深度合作,推进文化遗产保护体系建设。

(颐和园)

科研科普

【北京动物园召开"利用社会资源丰富中小学校外实践活动"项目专家评审会】 3月18日，北京动物园总工办组织召开"利用社会资源丰富中小学校外实践活动"项目专家评审会，北京西城科协、清华附中、中央美院等6位专家及总工办、动业科、科普馆等相关部门人员参加了评审会。评审会对"利用社会资源丰富中小学校外实践活动"项目中使用的"北京动物园保护教育经典案例"的教案分类、编写模板与内容进行了评审。专家组听取了项目组的汇报，通过审阅相关资料和集体讨论，提出了修改意见及建议，并形成最终评审意见。

（臧丽华）

【消减PM2.5绿地种植设计技术应用于通州区道路景观设计】 3月31日，由园科院主持的国家科技支撑计划课题"北京地区扬尘抑制技术研发及示范应用"顺利通过了北京市科学技术委员会组织的专家验收。课题组围绕合理选择城市绿化植物种类，对植被滞留不同粒径颗粒物尤其是细颗粒物进行定量分析及植物滞留PM2.5的机理进行研究；对不同公园绿地及道路绿地进行PM2.5的连续监测，评价不同典型植物配置模式消减PM2.5的能力。该课题在国际上率先提出了计算园林植物滞留细颗粒物PM2.5质量的方法，并获得国家发明专利，通过该方法可以方便、准确地计算出园林滞留细颗粒物的质量。课题组从67种常用园林植物中筛选出北京市滞尘能力强的11种乔木及3种灌木；针对北京地区，提出了有效控制PM2.5等颗粒污染物的不同绿地6种建植模式，并编制了《消减PM2.5型道路绿地种植设计技术指南》。该指南已应用到通州区台湖大街和京台路两侧道路绿化带的设计中。在考虑景观效果前提下，为提升示范项目实施点绿地滞尘及滞留细颗粒物能力，选择降低空气中PM2.5等颗粒污染物的优选树种，如元宝枫、国槐、臭椿、圆柏、垂柳、紫叶矮樱、丁香、榆叶梅、海棠等。同时选择应对PM2.5污染的城市绿地植物群落空间模式，形成"行道树——乔灌草——乔木林"的搭配模式。

（李新宇）

【中心组织召开第一期科技论坛】 3月31日，市公园管理中心科技处组织召开2016年第一期科技论坛，论坛以"市属公园杨柳飞絮治理"为主题。中心科技处、综合处、宣传处及中心所属单位的主管科技、绿化的科长参加了论坛。主讲人园科院植物保护研究所所长车少臣从北京市杨柳飞絮治理形势、杨柳飞絮综合治理技术与措施以及相关科研成果的研究应用情况进行了详细介绍，各单位结合各自治理情况和改进工作的措施进行了经验交流，并针对近期控制和远期治理方案进行深入的探讨。综合处传达了《北京市园林绿化局关于进一步做好杨柳飞絮治理工作的通知》精神，并提出综合治理要求。

（孟雪松）

【园科院为北京行政副中心绿化建设提供土壤改良建议】 3月，《北京行政副中心园林绿化建设技术指南》发布，北京市园林科学研究院参与撰写了其中的"土壤经营技术"章节。园科院科研人员对通州区几个重点绿化区进行了实地调研、考察，并对土壤样本进行了检测，根据分析结果提出了相应的改良建议；为北京行政副中心园林绿化建设土壤改良提供了技术支持。土壤测试内容包括速效养分

（水解性氮、有效磷、速效钾）、有机质、含盐量（即水溶性盐总量）、酸碱性（pH值）共6项指标。从检测结果来看，总体上测试土壤肥力水平偏低，养分缺乏，土壤质地为沙壤土，沙性较强，这种质地的土壤保肥能力比较弱。水溶性盐总量检测合格。pH值检测结果表明，土壤总体属于碱性和强碱性，可能与建筑垃圾残留有关。根据检测结果对土壤的改良提出建议。建议绿化施工时，适当加入充分腐熟的有机肥等成分，改良土壤质地；通过大量施用有机肥（充分发酵腐熟的有机肥、草炭等）和复混肥料（氮磷钾复合肥）等增加速效养分和有机质；鉴于土壤现状中碱性较高的问题，建议一定要清除干净建筑垃圾残留，并适当加入酸性材料（有机肥、草炭土等），适当降低土壤pH值，使其分布在中性或碱性范围内（7.5~8.5）。

（王艳春）

【京津冀联合开展低耗型绿地模式研究】 3月，北京市园林科学研究院，北京市花木有限公司，天津市园林绿化研究所，石家庄市植物园联合开展了科研课题"京津冀低耗型绿地模式建设关键技术研究与示范"。截止到2016年，课题组已重点开展了耐旱园林植物筛选以及低耗型绿地群落示范区建设工作。在北京市朝阳区望和公园，结合公园生态型改造，增加耐旱花灌木，以及耐旱地被等逐步替代原有草坪，种植耐旱低耗地被植物30000余株，建成低耗型绿地示范区15000平方米，并完成微根管等数据采集设备的安装。结合天津市空港经济区中环东路西七道至西九道绿地改造，进行了低耗型绿地模式示范区建设，面积约5700平方米（一期）；在天津市水上公园水上东路结合绿地改造，建设低耗型绿地模式示范区建设20000平方米。在石家庄植物园内，结合专类园改造，基本建成低耗型绿地示范区15000平方米。

（王茂良）

【园林科研院赴山东安丘进行生物防治技术推广示范】 4月6日，园林科研院提出以生物防治、树干注药等为主要内容的综合治理体系，并计划建立天敌昆虫防治蛀干害虫示范区，该技术方案得到使用方的肯定。通过此次调研，近一步将科研成果与园林养护实践相结合，扩大了园科院与地方园林局的合作交流。

（园科院）

【北京植物园'品虹''品霞'两个桃花品种在第二届中国国际园林植物品种权交易与新品种新技术拍卖会上成功拍卖】 4月8日，'品虹''品霞'分别以9.5万元和60万元被燕郊园林有限公司拍得河北独家繁殖权。这是植物园继2015年'金园'丁香以每枝250元的价格成功拍出100枝接穗之后，又一次成功转化自主知识产权，对推动京、津、冀园林协同发展具有重要意义。

（植物园）

【京津冀古树名木保护研究中心成立】 4月19日，北京市公园管理中心协领北京市园林科学研究院联合河北省风景园林与自然遗产管理中心、天津市园林绿化研究所在北京签署了"京津冀加强古树名木保护研究合作框架协议"，并发起成立了"京津冀古树名木保护研究中心"，以科技创新助推京、津、冀古树名木保护协同发展。"京津冀古树名木保护研究中心"是国内第一家以古树名木保护和研究为目的的跨省协同合作中心。中心自成立以来，先后组织了"京津冀古树研发保育高级研修班""三地古树名木保护技术人员现场技术交流""三地重点古树名木基因库建设"等多项活动，深入促进了京津冀三地古树名木保护工作的技术交流与合作。三地为落实京、津、冀基因库建设事宜，多次组织专业技术人员赴河北、北京采集枝条，进行古树的嫁接、扦插和组培繁殖，拟通过无性繁殖方式，保存三地重点古树名木的基因资源。

（王永格）

【景山公园开展杨柳飞絮防治工作】 4月29日，由市科研所委托的杨柳飞絮防治公司一行5人到景山公园进行飞絮防治工作。公园植保人员带领防治人员对公园山体、环园道路、寿皇殿建筑群及少年宫足球场区域内的124棵杨树和1棵柳树进行打孔、注射药剂，用以防治明年的杨柳飞絮。

（黄 存）

【北海公园开展杨柳飞絮治理工作】 5月，为应对春季园内杨柳飞絮问题，北海公园进行杨柳飞絮治理，完成全园300余株柳树、250余株杨树的打药防治工作；迅速落实中心专项会议精神，对园内杨树、柳树开展普查，进一步明确雌雄株数量、生长情况、树龄及园内分布等情况；根据普查结果制订杨柳树五年更新计划，逐步完成园内杨树、柳树替换工作。

（汪 汐）

【中心杨柳树修剪及飞絮控制技术培训会在北京市园林科学研究院举办】 6月7日，采取讲座与实操相结合的形式，讲解了杨柳树修剪技术、雌雄株分辨方法以及"抑花一号"花芽抑制剂注射技术等内容，取得了较好效果。此次培训是市公园管理中心杨柳飞絮治理工作的重要环节，中心将结合杨柳飞絮治理工作的需要开展系列培训，为市属公园杨柳飞絮治理工作提供有力的技术保障。11家市管公园和园博馆共70余名绿化技术人员参加。

（综合处 园科院）

【中山公园推进社稷祭坛土源调研工作】 6月16日，公园委托国家重点研究室，化验分析砾石切片和社稷祭坛土壤样本；勘察社稷祭坛石质构件材质，为进一步做好社稷坛石质文物保护工作提供有益尝试。

（中山公园）

【中心充分发挥园林科技优势服务城市副中心生态环境建设】 7月11日，市公园管理中心科技成果成功转化"北京地区扬尘抑制技术研发及示范应用"等项目研究成果，制定《消减PM2.5型道路绿带种植设计技术导则》，为城市副中心道路绿地的设计营建提供专项技术支撑，该项技术已应用于通州区台湖大街和京台路两侧道路绿地景观设计中。完成城市副中心园林绿化建设技术指南中养护管理技术、病虫害生物防治技术、节水灌溉技术等章节的撰写工作，为通燕高速绿化带等绿化工程提供土壤检测，编写土壤改良建议；推进良种输出。加强"增彩延绿"项目基地建设，强化植物引、选、育研究，向通州推出自育新种。针对校园飞絮影响学生户外体育活动问题，在通州"潞河中学"开展飞絮治理公益活动，治理杨柳飞絮雌株100余株。

（科技处）

【北海公园配合市文物局、首都博物馆对团城元代渎山大玉海进行科学技术检测】 7月12日，渎山大玉海是中国现存最早的特大型玉雕，具有较高的文物学术研究价值，长久以来因缺乏科技检测数据支撑，使研究、保护工作受到一定制约。公园配合市文物局、首都博物馆开展《基于无损检测技术的中国古玉鉴定研究课题》研究，在保证文物安全的基础上，利用检测设备对渎山大玉海的玉料种类、成分进行科学、无损的技术检测。检测当天，市文物局副局长于平及文物研究所相关领导现场指导检测工作，数据已由首都博物馆进行分析。

（北海公园）

【市园林绿化局、市公园管理中心联合开展本市平原林木养护技术服务工作】 7月13日，为提高各区平原林木养护的技术水平，实现平原林木养护技术措施标准化、养护队伍专业化、设施设备现代化、农民就业常态化、管理信息数字化，开展如下工作：一是集成平原林木养护技术。建立平原林木养护技术集成示范区，修订完善本市平原林木养护技术规范。二是建立专家技术团队。由两部门共同选取20名副高以上技术人员组成市级专家团队，负责参与全市性集中培训，涉及城市风景林业、森林培育、土壤改良、有害生物防治等方面。三是结对服务。根据各区平原造林面积、实际需求、各公园技术优势等因素，确定结对关系。四是加强培训指导。培养造就1000名养护技术骨干，基本实现养护队伍的专业化，农忙季节在平原林地或市属公园内开展培训实操，农闲季节集中开展理论知识学习。

（孙海洋）

【园科院、植物园中标"北京园林绿化增彩延绿科技创新工程——品种研发及栽培技术推广项目"】 7月15日，园科院和植物园分别中标"北京园林绿化增彩延绿彩色植物中试基地建设"任务和"北京园林绿化增彩延绿常绿植物中试基地建设"任务，中标总金额419万元。承担蒙椴、密花连翘等17种增彩延绿植物繁育任务和9种植物的标准化栽培技术、标准化繁殖技术和标准化应用技术规程的编制任务。

（科技处）

【香山公园、北京植物园雨水收集技术项目成果显著】 香山公园于7月20～21日累计收集雨水2500余立方米，静翠湖集水池和4处集雨模块区域全部储满。此次降雨对于改善山林土壤地表涵水结构将起到一定效果，把雨水在静翠湖形成景观后，将应用到绿化生产用水和卫生间用水。北京植物园合理调控樱桃沟水系、南湖、北湖及中心水库需水量，节能收集雨水4万余立方米，在做好雨洪利用的同时，景观效果突出，使樱桃沟再现飞瀑流泉，《北京日报》、新华社、中新社等多家媒体报道。

（香山公园　植物园）

【中国园林博物馆启动馆藏底片类藏品数字化优选工作】 7月27日，优选工作旨在满足园博馆出版、展示和学术研究的需求，共有3家专业技术公司参与馆藏底片类藏品图像采集工作的竞争，园博馆财务与纪检部门全程参与。最终选定北斗科工（北京）科技有限公司为项目实施方。

（园博馆）

【中心领导到园科院、植物园圃地检查增彩延绿苗木繁育情况】 7月28日,市公园管理中心总工李炜民到顺义的植物园高丽营、西水泉圃地和园科院正在建设的虫王庙圃地进行实地调研,在详细了解了两个良种中试基地的良种繁育、圃地管理等相关情况后,对植物园、园科院开展的增彩延绿工作给予了充分肯定,并对下一步工作提出要求。科技处、园科院、植物园负责人和相关人员参加调研。

(园科院)

【北京植物园筹备国际海棠登录中心建设工作】 8月9日,植物园品种登录工作取得新进展,完成国际海棠品种名录内783个世界现有海棠品种名称的核对工作;考察中国科学院植物研究所标本馆,就标本处理流程、保存条件和设备等问题进行咨询;整理植物园观赏海棠引种定植数据,对海棠园现有品种进行摸底确认;整理植物园苹果属植物名录及55个海棠品种的特征描述,采集10余个海棠品种花、叶等部位的图像数据,为海棠品种数据库的建立创造条件。

(植物园)

【北京植物园大力推进市花卉园艺工程技术研究中心常态化运行】 截至8月10日,新增实验设备38套,改建1100平方米预备温室;收集种质资源。引种国内外花卉种质资源335种,组织进行抗性与观赏性评价;建立10种花卉的离体培养体系,确保花卉基因的多样性;解决观赏花卉在生产和应用过程中的技术瓶颈,繁殖各类特色花卉30万株;提升展示水平。设置花卉应用布展施工新技术和示范展示区5个,计划举办大型专题花展6次,吸引游客关注;做好与农业大学、林业大学等高校的合作研究,提高科研实力,促进科技成果转化;加大科研投入,建立绿色废弃物的高效处理技术体系,年产5000立方米有机质,以替代草炭土用于土壤改良等领域,实现绿化垃圾的资源化再利用。

(植物园)

【中心全力推进"增彩延绿"项目】 8月12日,市管公园按规定程序开展项目招投标工作,确定施工、监理单位,于7月陆续进入施工阶段。植物园开展植物资源调研、引种工作,引种甘青铁线莲、刚毛忍冬、金头韭等20种植物。园科院组织植物规模化繁殖与试验研究,开展涝峪苔草、瞿麦、菁草等植物播种,'丽红'元宝枫、栾树的芽接繁殖和'京黄'洋白蜡、'雷舞'窄叶白蜡等良种嫩枝扦插工作。

(本刊综合)

【北海公园召开杨柳飞絮规划专家论证会】 8月17日,北海公园召开杨柳飞絮治理五年规划方案专家论证会。专家听取审议规划方案并赴树木现场踏勘,对公园前期准备工作及规划方案内容给予肯定,同时提出建议。

(汪 汐)

【景山公园开展昆虫多样性调查工作】 8月17日,景山公园生态课题小组进行公园昆虫多样性的本底调查工作,课题组成员依照扫网法,将采集到的标本进行初步处理,随后送往农学院进行鉴定,按照课题任务逐步开展。8月25日,景山公园生态课题小组成员按照课题任务书内容,为掌握公园昆虫发生情况,开展夜间昆虫多样性调查工作。小组成员认真做好调查前的准备工作,天黑后在公园东门安放好诱虫灯和幕布进行捕虫工作,至夜间11点完成诱捕工作,达到预期效果。

(黄 存)

【市公园管理中心以科技助力2019年世园会建设】 9月12日,中心积极参与世园会观赏园艺技术集成应用与科技示范工程课题研究收集与遴选植物新品种,研究优选品种的调控技术,建立50个优选品种的工厂化规模生产繁殖体系及栽培养护技术体系;承担野生花卉筛选、栽培、繁殖和展示的工作;开展观赏植物品种测试评价工作,在北京植物园建立世园会新品种、新技术、新材料示范展示区,展示800余种花卉2万余平方米;为更好地完成世园会自育花卉新优品种储备工作,在全国范围内征集品种,已征集北京植物园等本市及各省市花卉品种70余种。

(园科院 植物园)

【园科院、北京植物园科研成果获中国风景园林学会科技进步奖】 9月27日,园科院"重要草本绿化植物自主创新研究与应用"获一等奖;园科院、植物园"健康绿道植物景观多样性与生态功能提升关键技术研究与示范""华北地区蕨类资源收集及园林应用研究"获二等奖;植物园"生态景观地被的可持续性应用研究""利用园林废弃物开发有机覆盖材料和研究与示范"获三等奖。

(园科院 植物园)

【中心科技处组织召开市科委绿色通道项目研讨会】 9月28日,科技处组织召开申报市科委绿色通道项目研讨会。会议邀请市科委社会发展处郑俊调研员对申报课题进行指导。科技处、园科院、植物园、动物园负责人和课题负责人参加了会议。研讨会上,各课题负责人就课题研究的目的意义、研究思路、研究方案、实施步骤和研究内容等作了汇报。郑俊调研员对每项课题进行点评,从市科委绿色通道项目支持范围和课题类型等方面与课题负责人进行了交流,并提出了研究意见和合理建议。

(园科院 植物园)

【园科院被评为北京市高水平公益科研院所】 10月20日,北京市科委会同北京市财政局组织专家对市属公益院所2015年改革与发展情况进行综合评价,北京市园林科学研究院首次被评为一档,即高水平科研院所。园科院在改院前的几年中均被评为四档,改院后,站在新的平台,通过高质量人才引进及培养、高层次科研平台建设、高水平科研成果产出、高标准制度建设及实施等一系列举措,综合实力和行业地位显著提升,2015年园科院被评为二档,2016年首次被评为一档。

(陈 晓)

【中心组织召开第二次科技论坛】 10月24日,市公园管理中心科技处组织中心所属各单位主管科普工作的科长召开科技论坛,服务管理处处长王鹏训参加论坛。论坛围绕"如何开展科普夏令营"为主题,动物园、植物园、园博馆、景山、香山公园有关领导分别对2016年中心科普夏令营进行研讨,包括完成情况、组织模式、活动特色、经验作法、取得成效等内容。各单位主管科普工作人员20人参会。

(科技处)

科研科普

【北京动物园举办科研沙龙】 11月4日,动物园邀请国家纳米科学中心、中国生态学会动物生态专业委员会、市野生动物保护协会等专家,以动物CT、动物核磁共振、林麝生物学特性的饲养繁殖等为主题开展科研沙龙7次,有效推进大熊猫胚胎三维立体成像构建、抗菌肽对圈养珍禽禽流感疫苗免疫效果影响等课题实验设计、实验方案等,为今后珍稀动物的保护及繁育奠定科研基础,搭建合作平台。动物园分层次开展动物训练、动物行为观察等培训,检验训练成果,分享学习收获;开展动物繁殖、动物营养等岗位竞聘,推动技术人员竞聘上岗;组织"提高动物福利,提升展示效果"汇报会,交流斑马、浣熊、金钱豹、北极熊等动物丰容成果;加强项目促科研,启动丹顶鹤的野化放飞、圈养小熊猫的空间利用与活动节律研究等饲养技术课题研究;增加国内外高水平进修及学术交流,分享第三届国际动物训练大会等学习成果。

(动物园)

【香山公园编写的《一种花毛茛无纺布袋苗栽培方法》获得发明专利授权】 此项专利于2015年2月3日申请,11月8日获得发明专利授权,专利号:201510057295.0。该专利公开了一种花毛茛无纺布袋苗栽培方法。香山公园从2001年开始引进应用花毛茛,用于春季环境美化,花毛茛花多,观赏效果好,受到广泛欢迎,香山已是北京地区花毛茛面积最大的栽培地。近年来,香山公园通过不断实验提高栽培技术,总结编写了此项发明成果。本方法起苗操作容易,不易散陀,码放简便,可适应较长距离运输和颠簸;栽植容易,操作简便;无纺布直接分解,不产生垃圾;施工后不用缓苗,快速成景效果好,可带花移植,马上成景。此发明为花毛茛在北京地区规范化生产、推广应用奠定基础。

(周肖红 葛雨萱)

【北京动物园举办教师培训观摩活动】 11月22日,由北京教育科学研究院基础教育教学研究中心和北京动物园共同主办的"利用社会资源,丰富中小学校外实践活动"项目教师培训观摩活动在科普馆报告厅举行。活动以动物园课程"动物与人 镜像世界"——默剧表演艺术与自然科学观察为主要内容,邀请了动物园课程研发合作方法国默剧大师菲利普·比佐围绕如何观察动物及进行艺术模仿与表现、人与自然相处的自然哲学、艺术表演与科学研究的交融,以及开展学生教育方式等内容进行了授课。北京教育科学研究院基础教育教学研究中心副主任王建平、北京市公园管理中心科技处副处长宋利培、北京动物园园长李晓光出席活动并致辞,北京动物园总工办主任卢雁平围绕动物园项目组织、运行情况及工作成果进行了大会汇报。北京教育科学研究院基础教育教学研究中心项目负责人、全市各区科学教研员、科学教师代表、25家市级资源单位代表130余人参加培训观摩活动。

(龚 静)

【京津冀古树保护研究中心开展第二期"京津冀古树名木复壮技术观摩培训"】 11月22~25日,中心组织所属10个单位的14名相关技术人员参加了由河北省风景园林与自然遗产管理中心开展的第二期"京津冀古树名木复壮技术观摩培训"。根据邯郸市、邢台市、保定市等地的古树名木实际情况,本次培训内容主要包括古树复壮技术指导、现场施工档案管理、树洞检测和树龄鉴定等内容,学员们对邯郸涉县"天下第一槐"、邢台县前南峪"板栗王"、内丘扁鹊庙"九龙柏"和保定市易县西陵古油松群等古树进行了实地踏勘和经验交流,并对各地古树复壮保护提出专业建议。北京市园林科学研究院科研人员使用树洞探测仪,现场演示了树干空洞测试方法,并详细说明了检测过程中的注意事项,参加培训的人员围绕检测结果进行了保护与复壮技术讨论。

(科技处)

【中心举办冬季系列科技讲座】 11月25日,市公园管理中心总工程师李炜民出席并以"融合与创新——风景园林学科发展"为题从风景园林学科起源与发展概况、学科功能与体系内涵、风景园林与城乡规划、学术活动与未来发展等方面进行讲授。此次冬季系列科技讲座将从11月中旬持续到12月中旬,邀请市科委、市园林绿化局及大专院校等相关行业专家,围绕北京市"十三五"科技科普规划、园林行业发展动态、课题研究策略等内容展开多层次的讲授,促使中心科技人员及时了解行业动态,拓宽工作思路及科技视野,提高科技工作水平。中心所属14家单位主管领导、科技人员百余人参加。

(科技处)

【北京动物园举办科技大会暨圈养野生动物技术北京市重点实验室工作研讨会】 12月23日,北京动物园召开科技大会暨圈养野生动物技术北京市重点实验室工作研讨会。大会评选、表彰了29位"北京动物园优秀科技奖""北京动物园优秀技术奖"获奖人员;进行了"北京动物园技术工作回顾""北京动物园科研工作总体报告""重点实验室年度工作报告"3个大会报告和东北林业大学、北京师范大学2个专题报告;进行了动物训练、动物生态、动物繁殖、疾病防控等8个专项报告。北京市公园管理中心总工程师李炜民与参会嘉宾一同为圈养野生动物技术北京市重点实验室与中国农业大学、东北林业大学、北京师范大学三所高校的科研、教学、实践基地挂牌进行了揭幕仪式。中国动物园协会、中国野生动物保护协会、北京市公园管理中心、中国农业大学、东北林业大学、北京师范大学、西北大学、陕西省动物研究所、天津动物园、石家庄动物园、保定动物园、北京植物园、北京市园林科研院、北京动物园领导班子及科技人员、新闻媒体共计150余人参加了活动。

(龚 静)

【北京动物园开展"开放性科学实践活动"】 "初中开放性科学实践活动"是北京市教育委员会构建的更具开放性的教与学的模式,为学生们提供生动的体验、合作、探究类学习活动,提升学生们的创新精神和实践能力。北京动物园针对初中生的特点,设计研发了"认识水禽和水禽的家"和"蜥蜴别墅""动物的居住环境评价"3个活动项目,并于2015年10月下旬开始在市教委网上平台通过学校集中选课和学生自主选课两种方式接受预约。科普馆26名教师全程参与了课程设计、教学、照相和后期任务单上传等工作。授课结束后,通过向学校带队老师发放了授课评价表和学生在网上平台进行评价两种方式进行项目评价。2015年10月至2016年12月,累计接待9个区县共计1100名初中生参加项目授课。按照市教委要求，8月31日参加了2016～2017年"北京市初中开放性科学实践活动资源单位和活动项目资格入围"招标工作，完成了资源单位和蜥蜴别墅等3个活动项目资格入围的投标工作。9月13日招标结果公布，北京动物园投标的3个活动项目均中标，蜥蜴别墅、认识水禽和水禽的家2个活动项目被评定为A级，动物的居住环境评价1个活动项目被评定为B级。

（龚　静）

【国内首个北京地区黄栌景观林的养护标准出台】　12月，由香山公园起草的北京市地方标准《黄栌景观林养护技术规程》（DB11/T1358—2016）开始实施，本标准适用于北京地区黄栌景观林的养护管理。本标准规定了黄栌景观林的林地整理、养护管理、苗木补植、病虫害防治、叶色调控等技术要求。

（周肖红　葛雨萱）

【香山公园完成科研工作】　12月，依据公园2016年度科研课题计划继续开展《香山（静宜园）二十八景导览讲解词研究》《碧云寺历史文化价值挖掘与应用研究》及《香山公园节能减排技术应用示范》课题，新开《公园中自然观察径的设置和科普教育的探索研究》课题，依据计划顺利完成各项课题内容。其中，《碧云寺历史文化价值挖掘与应用研究》课题获中心科技进步一等奖，《香山（静宜园）二十八景导览讲解词研究》课题获中心科技进步二等奖，2015年结题课题《公园体验型科普项目发掘实践和效果评价研究》获中心科技进步三等奖。

（周肖红　刘　莹）

【颐和园研发员工证件管理系统】　年内，为解决传统员工证件管理使用纸质文档上报和电子表格存储数据申报时间周期长、数据存储困难，查询历史信息极不方便的问题，颐和园研发正式员工证件管理系统。员工证件管理系统通过对现有证件管理方式的分析与数理将原有的纸质申请、文件管理提升为运用网络、程序和数据库的信息技术管理，有效实现了证件申报、审核的网络化、自动化。证件的申报、审核及记录可在一个系统中实现，根据安全管理需求，设置各单位证件管理员、保卫部证件审核员及系统管理员三级权限，不同权限人员具有不同的功能。4月26日，颐和园正式应用员工证件管理系统。

（王　晔）

【颐和园研发手机微信安全巡检系统】　年内，颐和园为解决传统安全巡检系统依托电脑终端，查询、监测受到时间、地点、软件要求限制且存在不易实时查询、数据不便于统计等一系列问题，研发手机微信安全巡检系统。颐和园微信企业号在颐和园普及率达到83%，应用效果较好，具备良好的应用基础。手机微信安全巡检系统在颐和园微信企业号的基础上，结合图形界面组件，将巡检数据形成柱形图表，提供日、周、月、年不同时段，准时、错序、未到等不同巡检数据，形成柱形图表便于统计分析。系统根据安全管理需求，设置处、科、队、班、人五级权限指标，既保证了监测检查的覆盖面，又保证了安全涉密的管理。5月1日，颐和园正式应用手机微信安全巡检系统。

（黄欣娟）

【颐和园初步掌握青铜器、玻璃器修复技术】
颐和园园藏文物中现存大量青铜器、玻璃器文物，由于此两类文物的修复技术一直存在难点，多年来，颐和园的文物修复主要集中在家具和纸卷类文物两个领域，其他门类的文物修复工作主要靠外请，颐和园没有专业技术人员能独立完成青铜器、玻璃器文物的修复工作。经过长时间的研究摸索，颐和园古器物修复人员攻克难点，学习并引用故宫修复技术。在修复青铜器文物方面，1月，初步掌握了青铜器修复所需助焊剂的制备方法及焊接要领，有效解决了青铜器因焊接而无法长期受力的问题。1~10月，成功修复了4件铜器类文物，并获得了故宫专家的肯定。12月，对两件青铜器进行修复。2月，文昌院成功运用新的修复技术，使用环氧树脂粘接剂进行玻璃器的粘接及补配。在此基础上，又进一步掌握了对玻璃器缺失处的补配及随色技术，完成了4件玻璃器文物的修复，青铜器及玻璃器修复技术的初步掌握，表明颐和园文物修复人员已初步具备独立完成此类文物修复的能力，扩展了颐和园文物修复事业的范围，同时可节约大量外聘专家修复此类文物的相关经费，培养了颐和园的修复人才。

（曹可盈）

【颐和园提升公众信息化建设】 年内，为方便游人使用无线网络，颐和园扩大无线覆盖范围，实现东宫门广场至玉澜堂的无线网络接入，安装无线路由器设备10台，按照公安部有关规定，对颐和园现有无线网络进行了微信认证接入，通过实名登记的微信号连接颐和园"微信 颐和园"无线网络，职工和游客均可通过微信连接无线互联网。

（姚晨曦）

【颐和园提升内部信息化建设】 年内，为方便职工使用办公信息平台系统，颐和园对平台功能扩展，新增园林古树系统、档案系统和办公平台批量录入数据的功能，完善园林古树系统四个缺陷，提高办公平台的操作便捷性与工作效率；自主开发颐和园微信企业号巡更检查、新闻宣传、党务公开、今日信息、最新消息五个模块；完成《颐和园》杂志电子期刊十二期并于7月份上线；转换并上传颐和园系统平台视频资料栏目视频资料13部、网上课堂栏目课件1个；在办公平台和微信企业号中录入新入职员工数据84条。完成全园商业网点营改增、老干部活动站、基建队队部等8个区域的网络改造，共计铺设线缆2公里，安装交换机7台、网络点位100余个；共计现场解决计算机及网络故障357次。针对部分核心网络设备出现老化故障情况，为保证办公网络安全正常运行，更换核心存储设备1台、上网行为管理设备1台、公网路由器1台。

（姚晨曦）

【香山公园古树名木信息管理系统试运行情况良好】 年内，香山公园古树名木信息管理系统试运行情况良好，一是完成公园5861株古树的基础信息采集，包括树高、胸径、地理位置、养护历史的数据及照片等内容；二是完成网页端47项功能模块、手持终端27项功能模块、游客端1项功能模块的设计开发工作。具有古树档案上传、古树档案信息管理、养护任务上传等功能；三是实现对香山古树养护信息即时上传、辅助定位巡检等，古树档案的电子数据化管理，有效减少手工录入工作量，提高古树管护水平和工作效率，增强工作的计划性和科学性。

（吴晓辰）

【北京动物园完成"利用社会资源,丰富中小学社会实践活动"项目】 "利用社会资源,丰富中小学社会实践活动"是北京市教育委员会开展的2015~2016年政府实事工程。此项目由市教委牵头,由北京教育科学研究院基础教育教学研究中心具体负责。北京动物园是北京市教育委员会从全市400家资源单位中筛选出的第一批30家资源单位之一,与北京教育科学研究院签订项目任务协议书,以全市中小学生、教师为主要服务对象,组织研发、实施开展校外实践活动,完成4000余名中小学生校外实践接待和10~15次中小学教师和志愿者培训的工作任务。年内,召开专家评审会4次,讨论项目6次,形成14个保护教育课程、1个科普剧目以及多个科普项目,创造了生动活泼、教具新颖、形式多样、课程互动、室内外结合、感知动物信息、特色鲜明的校外实践活动。分28批次接待全市11所中小学4200余名师生及志愿者,完成培训、授课工作。在实施项目中,固化成果,集合编纂经典教案,印制《北京动物园教师用书》和《北京动物园学生手册》。

(龚 静)

【玉渊潭公园进行水体治理】 年内,公园对西湖和樱花小湖总计24公顷水域进行水体治理。针对樱花小湖荇菜生长过盛、荷花逐渐减少现象采取综合措施,加大樱花小湖水生植物的养护力度,及时去除枯死水生植物和水上垃圾;委托公园游船队每日对西湖进行物理增流,协助水文总站对西湖水质进行生态监测,并委托科研院进行水质检测3次,确定夏季公园水质为4~5类。

(范友梅)

科普活动

【中山公园举办水仙雕刻活动】 1月10日,中山公园科普小屋面向游客举办水仙花球雕刻科普活动,工作人员讲解雕刻技法及养护知识,5名游客完成水仙球雕刻,并带回家养护。

(张黎霞)

【北京植物园顺利完成实践活动第一学期课程】 2月3日,北京植物园顺利完成市教委"初中开放性科学实践活动"2015~2016学年第一学期课程。课程以叶子的秘密为主题,将叶绿素提取实验、叶子的故事讲座和热带植物探索三部分内容与任务单设置题目相呼应。该课程项目通过自主选课和团体预约两种形式面向北京市初一年级学生开课,自10月初课程上线后,开设的3次团体预约和11次自主选课全部约满,为6个区县312名学生开展了课程项目,在帮助学生完成社会实践课程的同时,加深对自然科学的认知。

(植物园)

【颐和园举办"妙手梅香"科普互动活动】 2月5日,颐和园管理处在两梅展期间,组织开展"颐和园皇家文化体验之妙手梅香"主题科普活动。活动内容包括梅花剪纸、梅花图样环保袋印制、非遗项目内画鼻烟壶展示及制作、红梅图三维立体绘画四个项目。共20组家庭参加活动。

（姚晨曦）

【园博馆青少年寒假科普教育活动结束】 2月25日，活动历时一个月，面向青少年推出国学故事、绘画艺术、植物探秘及微型景观制作等课程27场次，1050名青少年积极参与。

（园博馆）

【北京植物园推出"自然享乐"科普系列探索活动】 3月12日，系列活动旨在通过观察、探索活动环节，提高公众对自然的感知和关爱。第一期活动主题为"萌动的小草"，20组亲子家庭通过植物园微信公众号报名参与，并将通过3期课程完成活动内容。

（植物园）

【北海公园利用优势资源开展多项科普活动】 3月28日，北海公园举办"放飞心愿、重现蔚蓝"科普宣传活动，园艺专家向游客介绍家庭菜园中的花卉与蔬菜、普及花卉病虫害管理防治知识；选派优秀插花技工为西城区社区幼儿园50余位教师讲解传授插花技法，指导教师独立制作插花作品；公园联合北大医院开展健康知识科普咨询活动，为游客提供血压测量及健康咨询等服务。

（北海公园）

【北京植物园联合环保部宣教中心开展生物多样性保护宣传活动】 4月8日，活动以"早春开花植物识别"为主题，在科普老师的引导下，和平街第一中学230名师生进行实地观察，并就植物形态识别、科学分类方法以及植物带给人类的启示等方面进行生动讲解。

（植物园）

【中国园林博物馆被纳入环首都游学路线】 4月13日，园博馆受邀参加北京市2016年"博物馆之春"活动启动仪式，该项活动以"叩响京津冀，共筑成长梦"为主题，旨在发挥京、津、冀丰富的博物馆教育资源，倡导学生走进博物馆参观学习。仪式后，园博馆科普讲师走进房山区窦店中心校第二小学，以"匠心营造——凸凹中的启示"为主题开展中国传统建筑知识讲座。

（园博馆）

【香山公园开展"自然科普达人——做一日小园丁"科普活动】 4月16日，香山公园开展"自然科普达人——做一日小园丁"科普活动。公园邀请博物达人郑洋带队，与园艺队讲师共同为职工子女讲解科普知识。活动共分三项内容：园艺花卉识别、环保课堂神奇的堆肥箱、多肉植物移栽。共有25个家庭参加此次活动。

（蔡忆 杨玥）

【中心"生物多样性保护科普宣传月"系列活动在天坛公园拉开帷幕】 4月23日，由市公园管理中心、市园林绿化局主办，天坛公园、市野生动物救护中心及中心所属各单位承办。活动以"保护生物多样性、共享美好家园"为主题，在天坛公园生态科普园举行，中心总工程师李炜民出席并宣布活动正式启动。从4月23日起至5月下旬，中心所属各单位将集中开展20余项丰富多彩的生物多样性保护宣传活动，内容涵盖动植物知识、生物防治、观鸟活动、花卉种植等互动体验科普宣传活动。同时，启动"公园科普进社区"活动，结合各单位科普资源，采取讲座、咨询、互动体验等多种形式，为社区居民、青少年传播园林动植物、园林生态、节能环保、家庭园艺等科普知识，全年开展23项公园科普宣传活动。市科委、市野生动物救护中心、中国疾控中心、天坛街道西园子社区的相关负责人，陶然亭公园、中山公园等单位科普工作人员及黑芝麻胡同小学的师生共计60余人参加。

（科技处）

【颐和园举办"关爱身边会飞的精灵"鸟类保护知识科普展】 4月23日，"关爱身边会飞的精灵鸟类保护知识科普展"在颐和园东堤展出，本次展览作为颐和园生物多样性科普宣传月的主题活动，由颐和园与中国观鸟会、北京野生动物救助中心联合举办。展览以宣传展板的形式面向市民、游客宣传鸟类科普知识，内容包括鸟类的生态类群、北京地区鸟类介绍、北京十佳观鸟地介绍、给鸟儿一个家、鸟类保护学术论文、鸟类保护知识六个板块，共计64块展板。突出介绍北京地区，特别是颐和园内常见的野生鸟类，为游客、市民普及鸟类知识，介绍野生鸟类救助方法，呼吁人们保护生态环境，爱护鸟类。展期为半个月，受众人数近4万人。

（姚晨曦）

【中山公园举办爱鸟周活动】 4月23日，中山公园与首都师范大学生命科学学院联合在长青园举办第34届"爱鸟周"活动，以"草长莺飞季 片羽总关情——关注城市鸟类"为主题，倡导保护生动物多样性、共享美好家园。活动现场通过科普海报宣传、鸟类标本讲解、爱鸟知识问答、爱鸟游戏连连看、巨大画布涂鸦、写寄语、横幅签名多种互动形式向游客普及城市鸟类知识，有200余名游客参与。

（唐 硕）

【北京市五十中分校到天坛公园开展文化教学活动】 4月26日，北京市五十中分校115名师生到天坛开展文化教学活动。神乐署委派多名讲解员为广大师生进行全程讲解。同学们到神乐署观看礼乐文化展示，舞台上通过讲解、互动、展示、体验等多种形式，使同学们在欣赏视听享受的同时，接受一次文化的洗礼，提高了对中华民族礼乐文化的认知度。

（霍 燚）

【中山公园物种多样性保护科普宣传】 5月10~15日，"行动起来，保护城市物种多样性"科普活动在中山公园科普小屋举办。展出生物多样性保护知识展板6块，播放视频《失落的蚂蚁谷》，绘制昆虫外部结构图，展示昆虫、植物标本，扫描城市物种日历二维码，开展花卉咨询服务。100余名游客参与。

（张黎霞）

【北海公园举办菊花非遗进社区活动启动仪式】 5月12日，公园管理处在大会议室举行了北海公园菊花非遗进社区活动启动仪式，此项活动是菊花养护技艺非遗项目进社区普及宣传5年方案的第二年。本次活动以宣传短片和演示的形式，介绍北海公园菊花的栽培历史、菊花展览展示历史、非物质文化遗产项目、菊花进社区活动方案；菊艺大师刘展以授课的形式，介绍标本菊养护季重点环节；课后前往北岸菊花班参观并领取菊苗、菊科花籽及土肥盆等栽培材料，共发放菊花苗和种子共100套。参加此次活动的人员有府右街南社区站长王秀枝、光明社区主任靳站群、西什库社区副书记黄萍，以及《西城报》《北青社区报》记者，北海公园副园长於哲生及相关人员、社会居民等50余人参加。於哲生副园长讲话。

（刘　霞）

【精忠街小学二年级学生入队仪式活动】　5月20日，天坛公园团委与神乐署雅乐中心共同完成精忠街小学二年级学生入队仪式活动。200余名师生及家长在凝禧殿前举行入队仪式，并邀请神乐署雅乐中心主任王玲作为校外辅导员讲话。组织6名青年讲解员作为志愿者，采用互动讲解模式引导孩子们参观神乐署展室，使学生们通过亲手弹奏、亲自倾听，亲身体验的方式了解了八音乐器，感受到天坛灿烂文化的魅力。

（李凌霄）

【颐和园举办北京市公园管理中心科普游园会】　5月21～22日，北京市公园管理中心2016年科普游园会在颐和园西门内畅观堂沿线举行，来自北京市公园管理中心所属公园14家单位、海淀科协10余家单位以及中关村会展联盟20余家单位和其他相关单位，共计使用50余个展位，集体亮相游园会。本届科普游园会的主题是"保护传承发展　共享生态园林"，整个游园会分为畅观堂内的"北京市公园管理中心优秀科普项目展"，以及自然生态科普体验区、展览展示区和科普活动互动区。启动仪式在畅观堂广场举办。北京市公园管理中心总工程师李炜民、颐和园园长刘耀忠、首都绿化委员会办公室副主任廉国钊、北京市科学技术委员会副主任伍建民分别致词。来自西苑小学的同学们表演了科普诗歌朗诵《太阳公公的故事》。颐和园党委书记李国定向西苑小学的教师代表和同学们颁发了"颐和园科普小使者"证书和手牌。来自中国园林园博馆的"园林小讲师"为大家讲解了《植物绘就的立体画卷》。游园会上，北京市公园管理中心所属各单位结合自身的文化特色，为游客提供了更多的关于传统园林文化、建筑技法等科普互动体验项目，吸引广大青少年的参与。例如，颐和园的"御舟拼插模型"、天坛公园的"月季展示"、北海公园的"碑刻拓印"、园博馆的"榫卯展示"等。海淀科协和中关村会展联盟等相关科普单位，为本次游园会带来的高温超导材料展示、莫尔斯电码法宝体验、智能机器人互动体验、趣味科学自己动手做项目、手机检测血糖展示、自己动手做香皂、家庭农场等新鲜有趣、富含高新科技的展示项目。主场活动为期两天，共接待游客近8万人。活动现场同时进行了家庭小菜园的成品展示和技术要点咨询。家庭菜园这一内容的展示是顺应现在的趋势和游客需求有针对性地进行的。

（颜　素）

【北海公园开展碑刻文化科普宣传活动】　5月27日，北海公园以"御苑书法，墨香传承"为主题开展科普宣传活动。活动通过北海书法碑刻文化介绍、石刻展示等形式全方位介绍说明，并以拓印技术展示为主要互动特色开展宣传，现场教授游客简单的拓印技术及要点，通过让游客亲自参与的环节，直观地了解书法石刻拓印艺术。此次拓印的石刻中包括王羲之的《快雪时晴帖》、王献之的《中秋贴》以及乾隆皇帝的福字。活动当日邀请了北京部分媒体现场采访报道，公园官方微博、微信公众号进行了活动预告和专业的图文阐述，将弘扬中国书法艺术和公园阅古楼、快雪堂书法石刻博物馆以及北海建园850周年联系起来。

（汪汐　刘霞）

【中心组织召开2015年度科普工作交流会】 5月28日，北京市公园管理中心"园林科普津冀行"在天津动物园拉开帷幕。中心总工程师李炜民、天津市市容和园林管理委员会科技教育处处长张力参加启动仪式。5月28～29日，中心所属北京动物园、北京植物园、中国园林博物馆和北京市园林学校的专业科普人员在天津动物园、天津水上公园开展了现场科普互动活动，北京植物园王康博士在天津自然博物馆开展了"神秘的植物世界"科普讲座。现场活动围绕市属公园的动、植物科普知识以及中国园林文化体验等内容开展20项科普活动。北京动物园的"动物密码"、北京植物园的"共同的市花"、园林博物馆的"走近榫卯——感悟匠心营造"、园林学校的"趣味永生花，点缀艺术生活"等互动活动，知识性强，参与度高，活动现场还布置科普展览，共接待游客近万人，发放宣传折页、科普书籍、科普宣传品3万余份。中心科技处、宣传处领导，北京动物园园长吴兆铮、天津动物园园长佟宝军、北京植物园、中国园林博物馆主管领导，科普工作人员，天津市少年宫的学生，以及天津、北京媒体记者等近百人参加启动仪式。

（科技处）

【园林学校参加市公园管理中心"园林科普津冀行"尝试服务京津冀一体化建设】 5月28～29日、6月18～19日，园林学校6名师生先后两次与北京植物园、北京动物园和中国园林博物馆的专业科普人员赴天津市、河北石家庄市开展"园林科普津冀行"活动。该校在天津动物园、天津水上公园、天津自然博物馆、河北省博物院、石家庄植物园等活动现场推出古建模型展示、趣味永生花制作等品牌科普项目和拼拼图识动物互动体验，吸引津、冀两地众多市民参与。

（赵乐乐）

【天坛公园开展"体验生态之美、共享快乐童年"六一科普活动】 5月31日，天坛公园生态科普园与北京汇文中学开展"体验生态之美、共享快乐童年"科普活动。活动内容包括有毒植物科普介绍、天坛生物多样性科普讲座、自然野趣探索及摄影绘画4个环节。

（金　衡）

【中国园林博物馆开展区域及行业馆校交流和青少年校外教育活动】 6月2日，园博馆邀请丰台一小长辛店分校师生及家长代表走进园博馆自然课堂，体验秘密花园自然教学课程。以"螺旋花园微景观营建"为主题，采取讲座与实践相结合的方式，使参与者了解植物配置、花园设计、生态系统等园林知识与技能。将园博馆品牌科普课程送课进校园，为北京林业大学附属小学40余位学生开设"苔藓植物迷你景观制作"开放型教学实践课程；与丰台区长辛店中心小学就校外教育课程共建座谈交流，并参与学校青少年素质教育成果展演活动。

（园博馆）

【天坛公园开展鸟类系列科普活动】 6月18

日，科普园开展鸟类系列科普活动之"城市公园中的飞翔精灵"，邀请北京八中生物社社长崔雅琪向参加活动的30名中小学生实地讲解如何正确使用望远镜观鸟，通过"观鸟，在北京城市公园"主题讲座，向大家介绍北京适合开展观鸟活动的城市公园以及常见的鸟的种类。7月10日，开展鸟类系列科普活动之"鸟语唐诗"。活动内容包括：望远镜指导使用、室外观鸟、主题科普讲座《鸟语唐诗》3个环节。活动主讲人为北京麋鹿苑博物馆副馆长郭耕老师，共40名学生和家长通过关注天坛微信公众号报名参加。

（金 衡）

【中山公园科普小屋开展月季花制作亲子活动】 6月18日，中山公园科普小屋开展月季花制作亲子科普活动，3个亲子家庭共8人参加了活动。首先由公园工程师讲解了月季花辨别、品种色系、花语等相关小知识，随后工作人员指导大家用皱纹纸、铁丝做出自己喜爱的月季花造型。除了亲手制作的月季花，每个孩子还获得了一个"六一"儿童节科普活动的月季风筝和几枚落地生根的小叶芽，体会植物和童年的乐趣。

（中山公园）

【中心"园林科普津冀行"第二站活动走进石家庄】 6月18～19日，活动在石家庄植物园举办，市公园管理中心科技处、宣传处、北京植物园、石家庄市园林局、石家庄植物园相关负责人出席。在仪式现场，北京动物园、北京植物园、中国园林博物馆、北京市园林学校和石家庄植物园的科普人员联合开展科普讲解、科普互动等20项活动，北京植物园王康博士进行"神秘的植物世界"科普讲座。本次活动共接待游客5000余人，发放动植物科普宣传册、科普书籍、科普宣传品1万余份。

（科技处）

【中国园林博物馆推出主题自然科普教育活动】 6月20日，该活动是园博馆"青少年自然教育实践地基"系列教学计划之一，旨在寓教于乐，传播园林文化，普及科普知识。活动中，参与者动手搭配并种植了多种北方常见水生植物，10组家庭通过微信公众号报名参与，北京电视台、《北京日报》等媒体进行现场报道。

（园博馆）

【北海公园举办主题科普互动活动】 6月23日，北海公园举办"荷香四溢·太液廉波"主题科普互动活动。为了让游客更好地了解北海公园第20届荷花展览活动，公园进行了新闻发布和网站、微信推送，并结合荷花栽培历史、荷展历史、荷花品种知识、荷花摄影展等内容进行荷文化科普展，在西岸科普画廊、北岸阐福寺科普展区及琼岛西厅科普展示区进行科普宣传展示，共计制作展板68块；专业技师现场插制水生插花，专业讲解人员结合现场插花情况做花卉及插花技巧讲解，邀请3名游客在技师的协助下现场插制花卉作品，并现场进行点评；制作北海特色景观长卷，邀请游客和工作人员一起用莲子等各类植物材料进行粘贴；现场进行碑刻的拓印展示和介绍，并邀请游客共同参与；展示区展示荷花的各种形态，如莲子、藕、莲蓬、荷叶及完整的脱泥荷花植株。同时展示家庭水生花卉小景观，打造家庭小花园；游客互动环节会赠送用莲子养出的小荷叶水生盆栽。

（刘 霞）

科研科普

【天津盘山旅游区来天坛公园进行友好景区共建工作】 6月30日，盘山景区工作人员于30日凌晨在斋宫东门东侧至丹陛桥支路安装友好景区共建展示牌66块。管理科将安装时间调整到凌晨2：00，安排专人全程负责，全部安装工作当日早7点完成，在顺利安装的同时保证游客游览顺畅。

（李腾飞）

【颐和园举办"古典文化与科技创新之旅"夏令营】 7月12～13日，颐和园管理处组织开展"古典文化与科技创新之旅"夏令营活动。此次活动以文昌院、耕织图景区作为活动地点，提升孩子们对古典文化和园林植物的兴趣。7月13日，孩子们到北京汽车博物馆，学习汽车相关知识，亲手制作赛车并体验赛车竞技。此次活动共有25名职工子女参加。

（颜 素）

【北海公园举办第二次"菊花非遗进社区"活动】 7月13日，北海公园举办"菊花非遗进社区"第二次活动。菊艺大师介绍了本季度标本菊重点养护知识，随后现场点评分析社区居民带来的养殖菊花，并开展答疑交流。授课结束后，社区居民前往北岸菊花班现场参观交流学习。

（汪 汐）

【香山公园暑期开展"香山奇妙夜博物之旅"活动】 7月13日至9月4日，"香山奇妙夜博物之旅"暑期夏令营举办，历时54天，共开办17期，接待700人次。参加人员以亲子家庭为单位，活动分为营地拓展和夜间动植物观察：一是亲子家庭到达营地，在老师的带领下配合搭建帐篷，布置灯诱，课堂讲座。二是开展奇妙夜探秘活动，由老师和助教带领，按照规定路线在园内进行自然动植物观察。三是途经园内景区，讲解香山历史文化和园林文化，并进行总结讲评。北京卫视首都经济报道、《北京日报》、首都之窗、北京文艺广播等20余家媒体进行报道。

（杨 玥）

【天坛公园启动暑期系列科普活动】 7月14日，活动发挥天坛科普生态资源优势，共分7期推出鸟类系列科普活动、自然探索之旅、生态手工制作、科普大讲堂等内容，帮助儿童和青少年学习自然生态知识、提高动手能力。公众可通过天坛微信公众号获取活动信息参与报名，每期活动约30人。

（天坛公园）

【中心科普夏令营在北京动物园科普馆正式启动】 7月21日，夏令营由市公园管理中心主办，北京动物园承办。市公园管理中心主任张勇、总工程师李炜民、动物园形象大使英达及首都绿化委办公室、北京青少年科技中心、展览路青少年宫相关领导出席。启动仪式上，李炜民总工程师、吴兆铮园长等致辞；张勇主任宣布科普夏令营正式启动。与会领导向60余名夏令营营员赠送动物园优秀科普书籍。活动期间，颐和园、天坛公园、北京植物园等11个公园及园博馆将陆续开展"夜宿动物园""青草间，星空下""妙手荷香""园林小讲师"等18项主题科普夏令营活动。同时动物园还与北京青少年科技中心和展览路少年宫合作推出针对郊区县青少年和困难家庭儿童的爱心夏令营——"探秘北京动物园科普夏令营"。中心科普夏令营活动持续到8

月底，计划举办60余期，接收营员近2000人。北京电视台、《北京日报》《参考消息》《法制晚报》等10余家媒体现场报道。中心办公室、科技处、宣传处负责人，各单位主管领导、科管干部，首都生态文明宣传教育基地的代表以及夏令营小营员、老师等百余人参加。

（科技处 动物园）

【中心举办京津冀科普游园会等"4+1"系列科普活动】 7月21日，市公园管理中心"4+1"系列科普活动之科普夏令营启动仪式在动物园科普馆举办。期间，市管公园及园博馆面对青少年推出18项特色科普夏令营项目及暑期科普活动。7月22日景山公园科普园艺中心对外开放，室内主要展出多肉植物、迷你玫瑰等花卉及来自全世界40多个国家的昆虫标本。截止到7月底，已开展科普活动90余项。"市属公园科普夏令营"是中心"4+1"品牌科普活动中的重点项目之一（"4+1"，即中心科普游园会、生物多样性保护科普宣传月、科普夏令营、全国科普日活动及中心所属各单位每年开展的100余项科普活动），每年7～8月暑假期间如期举办。2016年中心科普夏令营期间，中心所属颐和园、天坛公园、北海公园等11家市属公园及中国园林博物馆，集中开展了主题突出、内容丰富、形式多样的科普夏令营活动。如主打夜宿的"青草间·星空下夜游植物园""夜宿北京动物园夏令营""香山奇妙之旅""夜宿园博馆"科普夏令营活动，带领营员们近距离接触神秘的动植物世界和体验中国园林之美；颐和园、紫竹院以荷花为主题，开展"妙手荷香——荷花知识科普夏令营""荷风雅韵 竹影清新"主题科普活动，将小游客们引入荷花的海洋，学习荷花文化、认识荷花植物学知识；北海公园开展"古法技艺，从我传承"活动，带领学生学习拓碑技法、小菊盆景等古法技艺；天坛公园、陶然亭公园、玉渊潭公园将在科普小屋及科普园开展"花园探秘系列活动""小小自然观察员"科普体验日活动、"缤纷荷塘"等观鸟体验、自然探索、手工制作等活动，锻炼孩子们的独立思考、观察能力和动手能力；景山公园在暑期举办了"昆虫科普文化展"，展出了"十大国蝶""昆虫之最"等系列珍贵标本，展览期间共接待60万人参观，同期，科普园艺中心正式对外开放，以展示园艺精品、园艺生活体验为内容，并开展"驻足——夏季"花瓣秀、昆虫科普小课堂等公益科普活动。2016年中心科普夏令营活动充分利用科普馆、科普小屋（园）、科普画廊等科普资源，遵循"四化五性"的科普工作思路，突出了各公园的特色，提高营员们的兴趣度和参与度。通过科普活动的开展，不仅展示了市属公园科普工作成果，锻炼了科普工作队伍，还构建起与市科协、市绿化局、博物馆、大学、街道以及社会科普机构的联系，促进了同行业之间的交流合作；通过公园官方网站、微信、微信公众号的推送等方式，加大对公众宣传和招募的力度。据统计，市公园管理中心共开展暑期科普夏令营活动24项、108期、受众人数达3500余人，首都经济报道、BTV新闻等电视台，《北京日报》《北京青年报》，广播电台、首都之窗、新浪微博等进行了相关报道。截至9月23日，11家市管公园及园博馆开展"创新放飞梦想、科技引领未来""绿色发展·全民参与"等17项科普互动活动。

（科技处 办公室）

科研科普

【"气象防灾减灾宣传志愿者中国行"在玉渊潭公园举行】 7月21日，活动由中国气象局、教育部、共青团中央、中国科学技术学会、中国气象学会联合举办，玉渊潭管理处协办。大学生志愿者向游人宣传、讲解气象知识、发放调查问卷和相关宣传材料，增强全民气象防灾减灾和应对气候变化的意识。

（玉渊潭）

【景山公园暑期昆虫科普文化展拉开帷幕】 7月22日，以"珍爱地球 保护环境"为主题的景山公园暑期昆虫科普文化展正式开幕。活动分仿真昆虫展示区、昆虫标本展示区、昆虫科普知识展示区、荷花盆景展示区、特色商品区五大展区。仿真昆虫展示区共设有20余个品种，54具巨型仿真昆虫，突出天敌食物链、益害虫对比、昆虫进化、有关昆虫的典故等知识性与趣味性；昆虫标本展示区是公园首次与亚洲最大的昆虫博物馆——西北农林科技大学昆虫博物馆合作的标本科普展示项目，共展示320个品种的昆虫标本；3000平方米的科普园艺中心首次对外开放，成为游客亲身体验园林艺术的好去处，也是公园为游客新增设的服务项目之一；公园共制作"昆虫之最""昆虫家族史""昆虫王国"3组科普展板45块，引导地标6组，门区导视图3组；门区宣传展板、仿真互动区科普介绍牌设置二维码，运用科技手段，做好延伸科普宣传教育。开展首日，公园共迎来1.8万人次游客。

（景山公园）

【北海公园举办亲子夏令营活动】 7月23日，北海公园在阅古楼举办"我和北海有个约会"亲子夏令营活动，此次活动以非遗传承、体味传统文化为主要内容。进行了游园赏荷花，认识身边的荷花，了解他们背后的知识；了解了琼岛阅古楼书法文化及拓碑文化，并现场拓制三希堂法帖及中秋帖石碑。菊艺大师讲解了小菊裱札技法，并让同学们现场进行实践。动手做风筝，画出梦想等活动丰富了学生的课余生活，加深了对传统技艺的认识，让生态文明建设扩展到生活中的方方面面，活动取得了极好的社会效益。

（刘 霞）

【中心工会借助市总工会平台推广教育活动】 7月29日，活动以"持京卡来园博馆玩转诗意园林"为主题，结合园博馆暑期系列活动，借助市总工会12351职工服务网和手机APP平台，向全市持京卡的广大会员推出暑期科普讲座、亲子活动、图书阅览等活动，宣扬中国传统园林文化，普及园林科普知识，形成寓教于乐的学习氛围。

（中心工会）

【北海公园开展暑期夏令营活动】 8月2日，北海公园开展暑期职工子女夏令营活动。组织13名职工子女开展植物微景观制作、法帖石碑拓制、风筝制作等实践活动，并带领学生参观皇家邮驿、景山公园昆虫科普文化展、游览太液湖。

（汪 汐）

【北海公园启动文明旅游主题宣传活动】 8月4日，公园启动暑期"最美一米风景，安全游园从我做起"文明旅游主题宣传活动。本次活动首先由公园首都学雷锋岗位和护园执法岗位代表发起安全游园倡议书，随后游客代表签订并宣读了安全游园承诺书。活动当天共布置"安全游园 从我做起"主题的宣传展板4块,发放安全游园纪念品210余件,吸引众多游客关注,取得良好社会效果。

(汪 汐)

【颐和园举办"慧心巧手——颐和园里过七夕"科普体验】 8月9日,颐和园在德和园举办"慧心巧手——颐和园里过七夕"科普体验活动,七夕节是被列入国家级非物质文化遗产名录的中国传统节日。为更好地传承、宣传非遗和传统文化,特组织此次活动。颐和园通过微信公众号活动发布、面向社会公开招募、积极报名的13组亲子家庭共26人参与活动,活动主要由三部分组成:视听讲解——聆听七夕溯源。在德和园视听室大家视听七夕节的起源、内涵、各地习俗等知识,感悟中国传统文化。展览呈现——赏析古代生活。参观德和园扮戏楼举办的《美人如花隔云端——中国明清女性生活展》,从服饰仪容、家居用品、女红巧技、休闲娱乐和书画才艺等方面感悟中国古代女子的心灵手巧和生活细节。和穿珠乞巧——制作七夕礼物。本次活动邀请《法制晚报》和《新京报》记者现场采访报道。

(颜 素)

【中山公园举办观鸟科普活动】 8月13日,中山公园开展第二次中小学生暑期观鸟科普活动,5个亲子家庭13人参加此次活动。首都师范大学生命科学学院的两名大学生带队指导,观察奥林匹克森林公园湿地周围的夜鹭、黑水鸡、小䴙䴘、翠鸟等8种水鸟,穿插讲述鹤与鹭的区别、东方大尾莺哺育大杜鹃幼鸟的原因、羽毛的化学色与结构色等知识。

(张黎霞)

【中国园林博物馆首届夜宿活动结束】 8月15日,活动旨在进一步传承和发扬园林中的优秀传统文化,挖掘少年儿童的潜能,提高审美素养,唤起青少年对生态和地球环境的关注与保护。已举办活动两期,100名青少年通过微信报名的方式参与园林探索之旅、插花品茗、品赏诗词等特色体验式教学活动。在第二期夜宿活动中邀请中心总工程师、园博馆筹备办主任李炜民讲解科普知识,使小营员感受园文化的博大精深,体验闭馆后的园博馆美景。

(园博馆)

【景山公园昆虫科普文化展】 8月17日,景山公园昆虫科普文化展圆满结束,本次展览为期27天,接待游客66.8万人次,同比上涨6%。此次展览首次开放园内科普园,展出科普植物30余种,展览昆虫标本134块。围绕此次展览主题,开展科普活动3次,吸引游客50余名。增设儿童互动项目,设置昆虫骑乘模型、急速赛车等互动区域2处。严格管理看护制度。为保证游览秩序和游览安全,公园增加巡更系统,对主要展区和景点实行定岗定时值守制度,做到看护无断点、安全无遗漏,定期通报各部门看护巡更情况。开创宣传新模式,打破常规的展前一次新闻宣传模式。此次展览主抓仿真昆虫模型、科普小屋和活体昆虫科普小课堂等亮点。

(景山公园)

【"植物微景观的制作"活动在中山公园举办】 8月20日,暑期科普活动"植物微景观的制作"在中山公园科普小屋进行,有17名中小学生参加。老师讲解、分享微景观作品,带领大家用狼尾蕨、网纹草、苔藓等造景小植物制作微景观。

（张黎霞）

【"魅力科技"家庭亲子科普活动周在北京植物园举办】 8月22日，活动由北京市科委、市公园管理中心主办，北京科普基地联盟、北京市可持续发展科技促进中心、北京植物园承办。以"创新引领·共享发展"为主题，展览面积约400平方米，展示科技资源科普化、创客教育＋机器人、航天军事和科普乐动等内容。活动持续至8月28日。

（植物园）

【园博馆植物探索之旅夏令营顺利开展】 8月24日，开展城市自然观察和湿地中的动植物等主题互动性科普讲座，带领营员了解禽鸟栖息、湿地保护、生态环保等知识；开展非遗传统插花、园林艺术压花、树叶化石制作等艺术类课程，引导营员全方位感知园林自然之美。40名青少年营员通过官方微信报名参与。

（园博馆）

【园博馆举办"最美一米风景——文明有我 共创理想家园"宣传活动】 8月27日，12名丰台区小学生代表通过科普解说和文明引导的形式，向观众介绍园博馆科普基地内植物观察成果，并作出文明游园承诺，发出保护环境、爱护自然倡议。市公园管理中心宣传处负责人代表中心为小学生代表颁发"园博馆最美风景监督员"证书。

（园博馆）

【香山公园举办"放飞希望"香山猛禽放归教师节公益活动】 9月10日，香山公园联合北京市猛禽救助中心共同举办"放飞希望"主题猛禽放归公益活动暨香山科教资源推介会。讲授猛禽救助相关知识；在香炉峰观摩6只被救助猛禽（两只红隼、一只灰背隼、三只燕隼）放归自然；对香山自然科普资源、洪光寺拓展教育基地、双清别墅全国爱国主义教育示范基地进行实地考察。东城、西城、朝阳、海淀4个区的教师及学生代表共32人参与活动。市公园管理中心科技处、宣传处及海淀区旅游委相关人员参加了此次活动，北京电视台、《北京日报》《北京晚报》等30余家媒体现场报道。

（杨玥 刘莹）

【中山公园举办大丽花科普活动】 9月11日，"秋之瑰宝大丽花"科普活动，在中山公园科普小屋举办。公园工程师介绍大丽花品种、栽培历史、中山公园大丽花的栽培养护方法，解答大丽花家庭养护问题，带领大家创作花瓣画。10个亲子家庭和部分花卉爱好者参加了活动。

（张黎霞）

【中山公园举办全国科普日活动】 9月17日，"多彩大自然"全国科普日活动在中山公园科普小屋举办，展示昆虫标本、各种植物标本10余份，讲解生物形态多样性，摆放《种子时钟》等科普图书10余本供观众阅读，用小菊花、月季、紫薇等植物材料制作花瓣画，发放科普宣传材料50余份。

（张黎霞）

【全国科普日主题活动在天坛公园举办】 9月17日，天坛公园联合北京市野生动物救护中心及北京市第十一中学在生态科普园共同举办2016年全国科普日主题活动。活动主题为"关注自然·理性保护"，活动分为"关爱野生动物·营造绿色家园"主题科普讲座、《野生动物救护》科普短剧、"小动物回家"科普小游戏及科学放归红隼4个环节，向学生广泛普及野生动物救护知识和科学放归常识，寓教于乐。共40名学生和家长参加。此次活动由《新京报》（电子报）专题报导。

（金　衡）

【园博馆开展"畅游园博馆·放飞园林梦"主题科普日系列活动】　9月19日，园博馆推出"凹凸中的启示"——古建模型拼插体验、"秘密花园"生物多样性探索观察体验活动，普及园林建筑、植物知识；邀请中国科学艺术研究院专家开展园林文化讲座，解读园林中的宗教文化；依托馆内无土栽培植物生态墙等资源，面向游客展示造园技艺。科普日吸引200余名观众到馆参与。

（园博馆）

【园林学校开展全国科普日宣传活动】　9月21日，园林学校开展全国科普日宣传活动，邀请中国科学院植物研究所王文采院士学术秘书、科普大讲堂堂主、北京大学出版社特聘科学绘画家孙英宝老师到校进行"大自然的艺术——中国植物科学绘画的故事"专场讲座，园林学校全体师生参加。另外，举办科普进社区——"小黄人"创意花艺制作活动，园林学校周边9个社区的16组家庭参加。

（赵乐乐）

【香山公园开展"红叶探秘"科学探索实验室系列课程】　9月23日，公园组织香山小学六年级学生共24人在公园内开展"叶色千变万化"主题课程，正式拉开"红叶探秘"科学探索实验室系列课程的序幕。课程包括认识与收集植物叶片、"彩叶飞舞"互动、自然拼图、叶色测量等环节，课程后技术人员还向同学们发放了科学素养小册子和自然纪念品。10月19日，香山公园组织香山小学四年级学生共22人在红叶科学探索实验室开展"红叶探秘——叶儿为什么这样红"科普课程。课程内容包括认识与收集植物叶片、叶色数字化、叶片色素提取、花青素含量测定等环节。11月1日，香山公园组织香山小学六年级学生共24人在红叶科学探索实验室开展"红叶探秘——环境对叶色的影响"实验课程。主要内容为带领学生在红叶资源圃、实验室人工气候箱内观察不同光照和温度条件下黄栌叶色的变化，在自然观察的基础上，向学生们介绍环境对植物叶色影响的原理，同时开展叶色数字化测量、叶片花青素含量测定等实验，探索不同叶子颜色背后的奥秘。

（周肖红　刘　莹）

【北海公园举办书法文化科普活动】　9月25日，北海公园与北京四中初中部联合举办《北海历史文化——以书法艺术为例》的文化讲座，讲座从北海地域特点及在北京历史上的重要作用为切入点，介绍了北海历史文化的内涵，并结合北海阅古楼、快雪堂的书法文化讲述了皇家园林的书法艺术内涵及特点。讲座后组织学生参观，感受了阅古楼书法文化的独特魅力。近70人参加。

（刘　霞）

【中心召开第二次科技论坛】　10月24日，论坛以"如何开展科普夏令营"为主题，动物园、植物园、园博馆、景山、香山公园领导分别就夏令营组织模式、活动特色、经验做法、取得成效等进行汇报。中心科技处、服务处负责人及各单位科普工作人员参加。

（科技处）

【中山公园举办彩叶植物科普宣传】 11月5~6日，中山公园联合首都师范大学的三个学生社团共同组织"秋天的馈赠"彩叶植物科普宣传日活动，开展不同内容两场活动，30个亲子家庭参与活动。活动摆放彩叶知识展板10块，进行"赏秋叶·认植物"科普讲解、收集落叶，表演汉舞《礼仪之邦》，介绍汉服文化，讲述绘本故事《风中的树叶》等，创作彩叶画、风干陶土杯垫、彩叶书签等手工制作。中山公园科普工作者8人、科普志愿者20人提供服务。

（张黎霞）

【颐和园组织"皇家园林文化体验活动之倾心国粹"科普活动】 11月12日，颐和园组织20个家庭进行皇家文化之倾心国粹京剧体验活动。活动共设置6个环节：①倾听皇家园林历史。由"全国科普使者"颐和园讲解员舒乃光介绍皇家园林历史，带领学生和家长感受颐和园历史文化和园林艺术。②讲解戏楼声学秘密。该讲解词曾在北京市科普讲解比赛中获奖。③聆听京剧唱腔。专业的京剧演员在德和园戏台上进行京剧表演，专业京剧老师结合演出讲解京剧历史知识。④学习国粹精髓。由专业京剧演员为学生和家长讲解京剧知识，包括京剧的行当：生、旦、净、丑等。⑤感受京剧魅力。结合演出，老师给孩子们讲述演员从头到脚的服装，京剧的四功五法，唱念做打，手眼身法步。京剧演唱的喊嗓子及台步、圆场、身段等，老师逐一

表演示范。⑥体验民族艺术。由学生和家长一同绘制创意脸谱文化衫。本次活动邀请电视台、报纸媒体5家，形成报道10余条。

（姚晨曦）

【中山公园举办菊花栽培科普活动】 11月13日，中山公园在科普小屋介绍菊花历史文化、北京及中山公园菊展概况，菊花栽培方法，观察菊花结构，并制作一枝菊花。参观唐花坞"菊韵盈香"菊展，16个小学生参加。

（张黎霞）

【中山公园开展科普进社区活动】 11月17日、24日，中山公园3名科普人员分别到王府井社区、什刹海街道孔子学堂开展科普服务，为社区居民解答家庭养花知识，教授郁金香栽植方法，开展有奖答题、填写调查问卷，并赠送花种、花肥、花卉养护折页等宣传品，社区居民40余人参加活动。

（张黎霞）

【中心冬季科技培训第二期专题科普讲座在动物园举办】 11月30日，市公园管理中心邀请市科委专家龙华解读"十二五"时期北京科普工作基本情况、"十三五"科普规划制定的背景和意义，重点介绍"十三五"时期实施科普惠及民生重点工程情况。中心所属各单位相关负责人和科技从业人员70余人参加。

（科技处）

【中心举办专题科普讲座会】 11月30日，市公园管理中心举办冬季科技培训第二期，邀请北京市科委科宣处副处长龙华东，以"北京市'十三五'时期科学技术普及发展规划解读"为题，为中心科普工作人员开展专题科普

讲座。龙华东副处长对中心系统围绕园林生态开展的科普游园会等品牌活动给予了充分肯定，针对"十二五"时期北京科普工作基本情况、"十三五"科普规划制定的背景和意义、制定的过程和"十三五"科普规划主要内容等进行了解读，详细介绍了"十三五"期间，实施科普惠及民生工程、科普设施优化工程等重点工程。中心所属14家单位的主管领导和科技人员70余人参加了本次讲座会。

（科技处）

【北海公园举办第三次"菊花非遗进社区"活动】 11月，北海公园举办"菊花非遗进社区"系列活动第三次团体活动。公园代表就公园全年的非遗活动进行总结，感谢社区的居民对菊花非遗进社区活动的大力支持，并为积极参与和选送自养菊花参加市菊展的居民们颁发奖品。随后由菊艺大师介绍菊花越冬保存的相关知识。

（汪 汐）

【中山公园举办郁金香科普活动】 12月10日，"种盆美丽的郁金香"科普活动在中山公园科普小屋举办，20位儿童和家长参加。活动讲解"美丽多彩的球根花卉"知识，介绍盆栽郁金香的种植和养护方法。活动结束后，在科普活动微信群进行答疑和技术指导。

（张黎霞）

【中山公园举办种子趣事科普活动】 12月25日，"种子趣事"科普活动在中山公园科普小屋举办，有12名小学生参加活动。活动分为知识讲解和动手播种两部分，讲述植物种子的生存过程，播下植物种子，进行养护并观察生长情况。

（张黎霞）

【颐和园编写《园林科技简讯2016年第二期——科普游园会专刊》】 年内，颐和园根据科普游园会活动现场内容，编辑制作《专刊》。内容包括启动仪式现场活动介绍、畅观堂中展出的"北京市公园管理中心优秀科普项目展"现场照片、互动展示区各参展单位带来的科普项目、游客现场互动参与照片、展板汇编及游客满意度调查分析。

（何 蕾）

【中山公园多举措做好科普宣传工作】 年内，邀请近20名游客开展"在最美的春天去公园认植物"科普宣传活动；在科普小屋举办科普知识讲座，普及郁金香相关知识；设置郁金香历史文化知识展板14块，郁金香分类知识和原生郁金香品种介绍展板10块。

（张黎霞）

【陶然亭公园科研、科普工作获奖情况】 年内，陶然亭公园科研课题《木瓜属观赏海棠种质资源调查及引种试验》荣获"北京市公园管理中心科技进步奖"三等奖；"春里品海棠"系列科普活动被评为北京市公园管理中心"优秀科普专项活动"。

（马媛媛）

【陶然亭公园科普工作完成情况】 年内，陶然亭公园结合北京市第18届生物多样性保护科普宣传月及中心科普游园会、全国科普日、陶然亭公园第二届海棠春花文化节等活动，立足公园，以陶然亭特色植物、生物多样性保护为展示内容，组织一系列贴近公众、形式新颖的科普活动。先后与北京林学会、首都师范大学等单位合作，开展森林大篷车、"海棠之约"植物导赏活动，增强公众参与体验性。同时拓展科普宣传载体，借助公园官方微博、微信平台，定期发布科普活动信息。以科普小屋为依托，年内共举办科普活动11次，累计折页制作、发放5000份，展板制作68块。设计、制作海棠展科普说明牌250块，受众人数10000余人。

（马媛媛）

【玉渊潭公园开展系列科普活动】 年内，公园开展系列科普活动。樱花活动期间，玉渊潭公园首次推出"樱花导赏"科普活动。围绕樱花的引种与识别、促培与养护、历史与文化、品种与景观、家庭种植与植保等专题，为游客进行讲解，让更多游客知樱、爱樱、懂樱。第28届樱花活动期间共开展樱花导赏17期，受众游客2000余人、外单位团体4次，受到众多游客好评。5月31日，30名美德少年学生代表及家长一行60余人到玉渊潭公园开展"我用我心热爱自然，我用我行保护湿地"科普实践活动，在鸟类专家、植物专家带领下，参观体验公园湿地文化科普教育，在园中发现、认识乌鸫、翠鸟、鸳鸯等24种鸟类及水杉、红瑞木、平枝荀子、芦苇、菖蒲、花叶芦竹等植物20余种。5月，玉渊潭公园与自然教育机构联合开展亲子家庭自然教育科普活动，分别以"草木初识""生生不栖""神奇百宝箱""自然部落""美丽玉渊潭"为主题，并引进与园林绿化局合作的蒙草大篷车，面向青少年推广环境教育理念和技能，引导孩子们了解公园自然环境，在细微中感知、亲近大自然。活动连续开展5个周末，累计受众200余个家庭，500余人次。5~12月，"我与玉渊潭有个约会"主题系列亲子自然教育活动在玉渊潭公园举办，活动由玉渊潭公园主办，脚丫儿自然教育协办，分别以"花的智慧""叶的语言""自然手工""缤纷荷塘""秋的种子""多彩秋叶""自然印记""冬日手工"为主题，结合不同季节特点，带领孩子们认识园内各类植物，学习自然知识，并围绕主题开展游戏互动，在增强动手能力、开拓思维的同时引导孩子们尊重自然、保护自然，活动累计受众人数达300余人。5月21~22日，玉渊潭公园参加中心在颐和园举办的"保护传承发展、共享生态园林"科普游园会活动。公园主题为"樱花·湿地"，活动内容包括展板展示"专家导赏"特色科普活动，展示樱花标本6件，湿地过滤系统模拟教具展示，樱花折纸手工制作、画出我心中的樱花、花卉种子和花肥的售卖等游客互动环节，活动共发放赏樱指南、湿地知识宣传资料累计1300份，发放纪念品300余件，该次活动受众人数2000人次。8月4日，玉渊潭公园组织专业技术人员5人到甘家口街道举办"家庭园艺"科普进社区活动。活动邀请中国仙人掌及多浆植物协会理事、中国科学院植物所"科普大讲堂讲师"赵振纲开展"美妙的园艺——植物的栽培"讲座，为大家讲解观叶植物、观花植物、观果植物、多肉植物以及食虫植物的生长习性、种植常识以及养护方法，并在讲解中穿插有趣的问题；公园高级工程师现场为大家解惑答疑，解决养花中遇到的问题，引导大家积极参与互动。活动共60余人参加，发放家庭养植的花卉和蔬菜种子200余份。8月27日，玉渊潭公园举办"低碳出行，绿色环保"活动。活动与北方工业大学、甘家口街道联合举办，内容包括绘画、藤球、希望树寄语、绿色活动日宣讲、碳足迹计算、掷沙包、低碳生活大讲堂、平衡迷宫等，以新颖的游园会形式宣传倡导"绿色出行，低碳生活"理念。8月28日，"创新放飞梦想 科技引领未来"全国科普日海淀主场活动在玉渊潭公园科普广场举行。活动由海淀区科学技术协会、甘家口街道、玉渊潭公园共同举办，内容包括海淀科技中心"空间实验室——天宫一号""轨道上的飞行列车——高温超导"，智能家居监控展示互动；Make-Block教育机器人创客互动，进化者机器人，北京植物园纸花工艺师带领小朋友们动手制作纸花；公园科普木屋播放家庭园艺课程宣传片，指导游客在家中进行园艺实践，专业讲师从多肉植物的特点、种类的识别以及不同种类多肉种植方法进行说明讲解。活动受众人数达600余人次。中秋节期间，公园在科普小屋广场开展猜灯谜、"DIY兔爷"现场彩绘等活动，并现场进行植物图片描绘涂色，引导游客了解园林植物果实的相关知识，活动制作玉渊秋意植物展板6块，通过互动参与感受传统文化，受众游客300余人。

（范友梅）

学习交流

【市园林科学研究院与河北农业大学园林与旅游学院合作签约】 1月18日，市园林科学研究院与河北农业大学园林与旅游学院合作签约，举行实践教育基地揭牌仪式。本次签约本着优势互补、互利互惠的原则，旨在加强技术和人才培养领域的交流，在促进科研院所与高等院校科研工作共同发展的同时，创新人才培养模式，为京、津、冀园林领域输送优秀的专业人才。签约仪式由市公园管理中心科技处处长李铁成主持，园科院院长李延明与河北农业大学园林与旅游学院院长黄大庄代表双方发言并签署战略合作协议，中心总工程师李炜民、河北农业大学副校长王益民为基地揭牌并致辞。李炜民总工、王益民副校长提出要求。中心科技处、河北农业大学以及园科院相关人员参加。

（园科院）

【景山公园与故宫博物院就深化战略合作进行研讨】 2月2日，故宫博物院院长单霁翔、副院长宋纪蓉及景山公园领导班子参加研讨。与会人员就深化战略合作达成共识：故宫在景山公园寿皇殿建筑群修缮工程技术、展览展陈等方面给予景山支持；加强双方古建筑监测、遗产保护性研究等方面的交流；利用故宫现有机构与景山实现资源共享；景山与故宫在古树保护、牡丹种植养护、园林管理等方面加强交流。

（景山公园）

【张勇与军委机关有关部门领导开展座谈交流】 2月18日，双方回顾了近些年在文化交流、基础建设、服务保障等方面取得的重要进展与成效，军委机关对中心及北海多年来的服务工作给予高度评价，希望双方继续保持高频沟通协调，推动军民融合向更宽领域、更高层次、更深程度拓展。市公园管理中心主任张勇简要介绍中心2016年的工作安排及主要活动。北海公园也就2016年北海建园850周年纪念活动的规划及筹备情况作了简要介绍。军委政治工作部群工局、直工局、军委国防动员部政治工作局及军委装备发展部政治工作局、北京卫戍区警卫一师有关部门领导和中心办公室负责人、公园领导班子参加座谈。

（北海公园）

【中心联合市园林绿化局召开增彩延绿项目工作交流会】 4月7日，市园林绿化局副巡视员廉国钊、科技处处长王小平等到北京植物园实地调研新优植物品种的应用情况，就2016年增彩延绿项目进行工作交流。市公园管理中心总工程师李炜民介绍2015年度中心增彩延绿工作进展情况，园科院、植物园相关人员对两个良种中试基地增彩延绿项目完成情况以及2016年度工作计划进行汇报。廉国钊副巡视员充分肯定基地的建设成果和相关研究进展，并提出要求。中心科技处、植物园、园科院负责人及相关人员参加。

（科技处）

【北京植物园赴扬州参加首届国家重点花文化基地建设研讨会】 4月15日，研讨会由中国花卉协会花文化专业委员会主办，会上北京植物园、上海植物园等8家单位结成"首批国家重点花文化基地联盟"。联盟的组建将更好地发挥典范带动作用，推动中国花文化体系建设，促进花卉产业可持续健康发展。

（植物园）

【北海公园邀请市外办副主任张海舟一行指导景区牌示外语翻译工作】 5月9日，实地走访了北海公园的永安寺、九龙壁、五龙亭等景区，组织外交部外语专家陈明明、北京外国语大学日语专家于日平、北京外国语大学韩语专家金京善等专家召开论证会。与会专家认为，公园牌示中的外语标识存在的一些中外文对照不准确、语法不当、表述异义等问题，需逐句逐字修改。公园将根据专家意见统一更正园区牌示。中心主任助理、服务管理处处长王鹏训及中心办公室、市外办语言环境处、市旅游委行业管理处相关负责人和公园主要领导陪同。

（北海公园）

【全国政协组织台湾艺术家代表团到颐和园、北海公园交流座谈】 5月13日，在全国政协常委、中国书协主席苏士澍、全国政协教科文卫体委员会办公室副巡视员徐红旗的陪同下，国际兰亭笔会总会会长、台湾中华书学会会长、台湾淡江大学中文系教授张炳煌及台湾中华书学会常务理事沈祯等一行8人组成的台湾艺术家代表团先后赴颐和园、北海公园交流座谈。在颐和园参观了仁寿殿文物原状展陈、德和园海派书画名家作品展，对颐和园深厚的文化底蕴及丰富的藏品类别表示赞叹。苏士澍提出建议。艺术家们对北海公园挖掘与保护历史文化方面所做出的努力以及在文化传承与发展等方面所取得的成果给予高度评价，对法帖石刻的保护提出了许多宝贵意见。中心主任张勇及中心办公室、公园负责人陪同参观。

（颐和园　北海公园）

【中国四大名园管理经验与对外交流研讨会在

颐和园召开】 5月17日，研讨会由中国公园协会、市公园管理中心、北京旅游行业协会主办，颐和园管理处、颐和园学会等单位承办。颐和园、承德避暑山庄、苏州拙政园、苏州留园与故宫博物院、中国园林博物馆、天坛公园、北海公园、北京植物园、香山公园等景区负责人深入交流，研讨历史名园在管理和对外交流方面的经验，实地考察天坛公园夜间管理、凤凰岭风景区管理工作及中国园林博物馆、北海公园展览展陈，并在现场进行探讨交流。颐和园与广州越秀公园就相关展览推介活动达成初步合作意向。

（颐和园）

【香山公园加强京津两地联系交流】 5月18~19日，香山公园一行7人应邀到天津周恩来邓颖超纪念馆开展学习交流。双方就红色历史、展陈现状、宣传教育活动开展情况进行了交流，特别就周、邓纪念馆在宣传教育活动组织、红色历史宣讲、廉政教育探索等方面工作情况进行了询问了解，双方就今后加强合作交流达成初步意向，并现场互赠了宣传片和宣传折页。周、邓纪念馆党总支书记、馆长王起宝，副馆长邱文利，陈保部和信息部负责人参加座谈交流。随后，公园一行到盘山景区，学习交流了遗址、摩崖石刻保护及烈士陵园宣传教育等情况，并进行座谈交流、互赠宣传折页及光盘，盘山景区管理局党委书记、局长白光明，副局长荣祖成、张小龙，以及市场宣传部相关人员参加。

（武立佳）

【北京高校社团文化交流活动在玉渊潭公园举办】 5月21~22日，北京高校社团文化交流活动在玉渊潭公园举办。活动以"社彩华章 青春领航"为主题，由北京团市委指导，团市委大学中专工作部、北京高校社团工作委员会主办。团市委副书记熊卓、杨海滨，海淀团区委副书记韩鹭，中心团委负责人出席了21日的活动开幕式。开幕式上对优秀社团进行了表彰，并举行了北京高校社团工作委员会秘书长和社团发展导师聘任仪式。活动期间，在京高校各大学生社团1400余名师生分别在主舞台区、社团展区和互动展区进行了200余个活动项目展示，内容包括科研、环保、艺术、运动等多项社团文化交流。

（王智源）

【天津市市容和园林管理委员会到中心学习交流】 6月2日，天津市市容和园林管理委员会副主任魏侠带队一行8人到中心学习交流，在市公园管理中心总工程师李炜民的陪同下，先后到天坛公园、北京动物园、北京植物园和中国园林博物馆进行考察。双方就公园管理、园林文化、园林科技等方面工作进行了交流，并就共同推进京、津、冀古树保护研究等项目以及进一步扩大交流与合作达成共识。中心科技处、天坛公园、北京动物园、北京植物园和中国园林博物馆相关领导参加交流。

（孙海洋）

【中国索道协会学员到香山公园参观交流】 6月20日，中国索道协会机械培训班学员一行140余人到香山公园索道参观交流。公园索道工作人员就索道设备检修保养、日常运行情况等相关方面与学员们进行了介绍交流，一行对香山索道的抱索器、自动移位器及吊椅自动拆装车表示肯定，表示值得在业内推广。

（陈伟华）

【北京世界园艺博览会事务协调局就世园会工作座谈交流】 6月27日，北京世界园艺博览会事务协调局副局长王春城一行4人到中心就世园会相关工作进行座谈交流。介绍世园会展览展示整体策划方案及工作进展情况，希望中心通过主题展览、合作展示等，参与重点项目建设、室内室外展示、主题活动等工作，发挥中心在技术、科普、历史文化等方面优势，助力世园会的筹备建设。中心总工程师李炜民表态发言。北京世界园艺博览会事务协调局园林部主任单宏臣及中心综合管理处、办公室相关人员参加座谈。

（办公室）

【中心团委组织召开首届"十杰青年"座谈交流会】 7月11日，关注首届"十杰青年"近年来思想和工作发展动态，了解掌握他们在工作和生活中的诉求与困惑，注重总结典型作用发挥的先进经验，鼓励"十杰青年"在立足本职岗位努力建功成才的同时，充分发挥先进青年典型的示范带动作用，带领广大青年职工积极为中心建设发展贡献力量。中心首届"十杰青年"及各单位团组织负责人、部分青年职工代表30人参加座谈交流。

（中心团委）

【市公园管理中心到世园局交流北京世园会园区建设及运维管理工作】 7月14日，北京世界园艺博览会事务协调局常务副局长周剑平详细介绍了2019年北京世园会总体规划、组织建设、综合运营等各方面工作，对中心前期通过园林科研院、北京植物园给予世园局人力、物力、场地、科研技术等方面的大力支持表示感谢，并提出希望。中心主任张勇表态发言。中心总工程师李炜民和中心办公室、综合处负责人与世园局办公室、综合计划部、总体规划部、园艺部负责人参加交流座谈。

（中心办公室）

【中心文创领导小组组织各单位到恭王府学习文创工作经验】 8月18日，听取恭王府管理中心副主任陈晓文介绍文创工作经验做法，恭王府商社负责人介绍"福"字系列商品研发营销情况，实地参观传统文创产品展销店、阿狸系列文创产品线下实体店和非物质文化遗产展示等。中心文创领导小组结合观摩学习提出要求。服务管理处、宣传处、计财处及11家市管公园、园博馆人员40余人参加。

（服务处）

【深圳市教委考察团到香山公园进行现场考察】 深圳市教委考察团到北京进行特色教育考察，海淀区教委社会大课堂办公室主任吕文清向考察团推荐了香山公园举办的"香山奇妙夜自然博物之旅"活动。8月27日，深圳市教委考察团一行在吕文清的陪同下，到香山公园进行实地考察及课程体验。期间，工作人员介绍了基地的建设情况及课程开展情况。考察团对香山公园结合自身特点，在大自然中开展探索自然奥秘、保护生态环境、学习历史文化的课程给予肯定。

（杨玥）

【"棕地再生与生态修复"国际会议专家到园博馆参观交流】 9月12日，市公园管理中心总工程师、园博馆筹备办主任李炜民介绍了古代园林厅、近现代园林厅、公共区域的重点藏品和室外展出的北方园林景观，并与国际风景师联合会主席凯瑟琳就信息交流、网站建设等方面进行会谈。双方希望通过此次交流学习，使中国园林文化和此次会议倡导的"健康城市"理念得到更广泛的宣传，在今后与中国园林博物馆的各项合作中发挥更大作用。

（园博馆）

【中国公园协会公园文化与园林艺术专业委员会研讨会在园博馆召开】 10月20~21日，会议由中国公园协会主办，公园文化与园林艺术专委会、公园管理专委会、园博馆共同承办。中国公园协会会长陈蓁蓁，市公园管理中心总工程师、园博馆筹备办主任李炜民，中心副主任张亚红及园博馆筹备办、颐和园负责人出席研讨会并发言。与会领导、专家以"大数据时代的园林文化传播""园林与美术与艺术家"等为题开展交流研讨。北京、上海、广州等城市的20余名代表参加。

（园博馆）

【张勇率团到黄山风景区考察】 10月20日，市公园管理中心主任张勇率有关部门及香山公园管理处等相关负责人到黄山风景区考察。在实地考察、参观指挥调度中心后，市公园管理中心、黄山风景区管委会、香山公园管理处三家单位就各自基本情况和管理工作进行了座谈交流，黄山市委常委、黄山风景区党工委书记、管委会副主任黄林沐，黄山风景区管委会副主任宋生钰介绍了黄山近年来建设发展情况。香山公园党委书记马文香和黄山风景区党工委副书记、纪工委书记徐金武分别代表两家景区签订了合作意向书，双方在景区安全、服务、管理、绿化、文创等方面，结成战略合作伙伴关系。张勇代表考察团对黄山风景区管委会的接待表示感谢，并提出希望。市公园管理中心副巡视员李爱兵，主任助理、服务管理处处长王鹏训，办公室、宣传处负责人以及中国山岳旅游联盟秘书长俞士军参加签约仪式和座谈交流。

（齐悦汝）

【中国汽车博物馆到中国园林博物馆进行座谈交流】 11月16日，实地察看各固定展览、临时展览及室内展园，并进行座谈交流。市公园管理中心总工程师、园博馆筹备办主任李炜民介绍资源整合优势及未来发展目标。汽车博物馆馆长杨蕊提出希望。

（园博馆）

【中心赴延庆区考察调研平原林木养护工作】 11月16日，市公园管理中心综合处、颐和园赴延庆区考察调研平原林木养护工作，延庆区园林局、园林管理中心介绍平原造林开展情况、林木养护运作模式及目前林木养护面临的问题等情况，并希望就病虫害防治、林下作物种植、林下废弃物处理、湿地公园的开发利用等方面得到中心的技术指导。颐和园与延庆区园林局签订平原林木养护技术服务协议书。

（综合处　颐和园）

【香山公园深化京湘两地"双红"品牌交流和联动工作】 11月19~20日，公园受邀参加中国旅游景区（麓山）红叶论坛，以服务品质、网格化管理等内容进行交流；参加中国（长沙）麓山红枫节暨文明旅游志愿服务活动启动仪式；与韶山毛主席故居等景区开展红色文化座谈研讨，交流红色阵地推广工作。

（香山公园）

【中心持续加强京皖两地公园景区沟通合作】12月13日,黄山市人大常委会主任程迎峰,黄山市委常委、黄山风景区党工委书记黄林沐,中国旅游景区协会秘书长汪长发及黄山风景区管委会相关负责同志一行8人赴市公园管理中心及其直属颐和园、天坛公园、香山公园、北京动物园,就景区管理、服务接待、安全管控、植保养护等工作进行考察交流。期间,黄山景区管委会分别与颐和园管理处、天坛公园管理处签订合作意向书,结成战略合作伙伴关系,在安全、服务、管理、绿化、文创等领域加强协作,共同促进景区可持续发展。中心副主任张亚红主持签约仪式。黄山市委常委、黄山风景区党工委书记黄林沐、中心主任张勇讲话。中心副主任王忠海、张亚红,副巡视员李爱兵及中心办公室、服务处、宣传处、颐和园、天坛公园、香山公园、北京动物园负责人参加。

(孙海洋)

动植物保护

【北京动物园繁殖三种金丝猴】3月14日,滇金丝猴"花花"产下1仔。4月2日,川金丝猴"祥云"产下1仔。4月24日,黔金丝猴"阿静"产下1仔,其中"花花"生产不顺利,进行了胎盘人工剥离,在兽医和饲养员的精心护理下母子平安。北京动物园饲养展出了国内特有3种金丝猴,饲养员精心饲养使这3种金丝猴均有繁殖。

(李 莹)

【北京动物园年度鸳鸯繁殖工作结束】3月中旬,北京动物园将17个鸳鸯巢箱安装在园内水域周边,观察鸳鸯产卵情况。5月,人为捡卵34枚,进行人工孵化,到7月初为止,共繁殖成活13只,繁殖期过后,巢箱全部摘除,清洗消毒待来年繁殖期再使用。此项工作是动物园科研课题"鸳鸯野化放飞与跟踪监测"(2016~2018)的基础工作。

(李 莹)

【香山公园完成黄栌跳甲虫口密度调查工作】4月2~7日,香山公园完成2016年度黄栌跳甲虫口密度调查工作,多举措确保红叶观赏效果。经调查,跳甲虫口密度为9.4卵块/百枝,有卵块株率为26%。针对调查结果,采取以下措施确保红叶观赏效果:一是人工通过敲打枝条,去除跳甲幼虫;二是运用物理手段,用水流冲刷枝叶,降低幼虫危害;三是加强监控力度,密切关注虫口密度,物理防治结合最低程度化学防治,减少跳甲虫危害。

(吴晓辰)

【陶然亭公园开展牡丹品种调查及移栽复壮工作】4月19日,为进一步提高陶然亭公园植物的观赏效果,加强特色植物花卉精细化养护,完善特色植物档案化管理。公园邀请景山园艺队技术人员对公园牡丹品种进行识别、标记、定位,识别牡丹700余株30多个品种。10月底，完成牡丹品种移栽及复壮工作，对800余株牡丹进行挂牌标记，调整栽植密度、加设透气管线、增施底肥，改善牡丹生长环境。同时引进新优品种牡丹30株，进一步加强公园特色植物培植工作。

（马媛媛）

【陶然亭公园开展杨柳树飞絮治理工作】 陶然亭公园完成全园杨柳树信息采集工作。经统计，园内栽植杨柳树共计609株，柳树444株，其中雌株237株，杨树165株，其中雌株1株。4月中旬，完成对全园238株杨柳树雌株注射抑花一号，制定了《陶然亭公园杨柳树更新改造规划》，并于8月18日召开专家论证会，制定了"十三五"期间杨柳树飞絮治理工作实施方案及资金使用计划。方案立足区整体规划发展，以总体规划及文物保护规划为指导，充分掌握杨柳树景观功能、历史意义、分布位置、树龄长势、雌雄株比例等情况，进行科学规划治理。在满足景观性、合理性、安全性的总体原则下，对杨柳树飞絮以综合治理为主，采取整形修剪、保护复壮、药剂注射等方式，同时加强嫁接手段的使用；对存在安全隐患的杨柳树适当更新，切实做到一树一策，多措并举，达到杨柳飞絮治理的目的。

（马媛媛）

【北京植物园"植物活化石"鸽子树（珙桐）盛放】 4月20日，鸽子树为国家一级重点保护野生植物，在北京地区极为稀少。其花型奇美，且对自身生长环境要求较高，植物园通过筛选适宜环境选址栽植，加强灌溉、施肥和防寒等养护管理，确保其在正常花期盛放，吸引游客拍照留念。

（北京植物园）

【景山公园释放肿腿蜂】 4月25日，为有效预防双条杉天牛，景山公园植保小组通过生物防治手段释放肿腿蜂。生物防治手段以"以虫治虫"的方式，具有无污染、易操作、可持续防治等特点。此次主要释放树种有桧树、侧柏等，共释放400管肿腿蜂，有效地控制了双条杉天牛对树种的危害。

（黄 存）

【第34届"爱鸟周"活动在中山公园科普小屋南广场举办】 4月27日，活动由中山公园与首都师范大学生命科学学院联合举办，以"草长莺飞季·片羽总关情"为主题，旨在面向社会倡导保护生物多样性、共享美好家园。通过开展科普海报宣传、鸟类标本讲解、爱鸟知识问答、巨大画布涂鸦等多种互动形式，面向游客普及城市鸟类知识，有200余名游客积极参与。

（中山公园）

【紫竹院公园推进"增彩延绿"项目】 5月4日，公园加大新栽竹的养护管理，加强浇水、培土、施肥等养护力度；增加林下景观，治理绿地裸露斑秃；在新植竹林播撒白三叶草种2500余平方米，提升竹林生态效果。

（紫竹院）

【北京动物园河马产下第12胎幼仔】 5月29日，北京动物园1993年从天津市动物园引进的河马"津津"顺利产下第12胎幼仔，母仔情况正常，游客可在河马馆观看。从1999年至今，河马"津津"与1997年由日本引进的雄河马配对后，共生产12只幼仔，全部成活，其中11只幼仔输送到全国多个省市动物园。

（李 莹）

科研科普

【香山公园组织召开古树名木保护信息管理系统项目验收会】 6月17日,公园对系统进行介绍演示并做质量评估报告。与会专家实地查看系统使用情况,认为系统运行稳定,达到建设目的,同意通过验收。

(香山公园)

【北京动物园繁殖长颈鹿】 7月2日,动物园长颈鹿馆的长颈鹿"Y10-2号"产下一只幼仔,7月12日"Y06-4号"产下一只幼仔,自从2006年以来,先后引进了4只长颈鹿对园内种群进行血缘调整,2009~2016年共繁殖了9只幼鹿,其中4只先后输送到4家国内动物园。

(李 莹)

【景山公园释放周氏啮小蜂】 7月5日,公园组织植保小组通过生物防治手段进行预防,释放周氏啮小蜂虫卵,分别投放在公园阔叶树上,其中包括核桃、金银木、桑树、杜仲等树种,共释放虫茧3000余头,有效控制美国白蛾。

(黄 存)

【北京植物园"血皮槭保护合作项目"登上《华盛顿邮报》】 血皮槭是重要的园林观赏植物,现已经列入国家重点保护植物名录。7月18日,北京植物园联合美国莫顿树木园、莫瑞斯树木园和阿诺德树木园自2013年开始合作保护这一濒危物种。在2015年9月先后考察了陕西、甘肃等5省市的野生种群后,采集近百个DNA样本材料和种子,开展保护性研究,取得阶段性成果,并被《华盛顿邮报》报道。

(植物园)

【北京动物园繁殖二趾树懒】 7月18日,北京动物园美洲动物馆饲养的二趾树懒"Yy10-4"顺产1只幼仔,其父为"Yy10-1",这对二趾树懒夫妇2010年引进北京动物园,2013年产下第一胎,2014年产第二胎,这是它的第三胎幼仔。

(李 莹)

【北京动物园首次完成大熊猫亲子鉴定】 7月,动物园完成大熊猫"瑛华"2010年幼仔"大白兔"的生父鉴定工作。以分子生物学技术为手段,以STR位点作为分子标记,选取10对引物对大熊猫"大白兔"的生父进行了鉴定。成都大熊猫繁育研究基地为协作单位。此次鉴定结果:大熊猫"大白兔"的生父为大熊猫"大地",这是北京动物园首次完成大熊猫亲子鉴定,成为除成都基地以外的第二家掌握该项技术的饲养繁育单位。

(王忠鹏)

【景山公园释放蒲螨】 8月12日,为防治古白皮松蛀干害虫,公园组织植保小组释放天敌蒲螨,利用生物防治的手段进行预防。此次共计释放蒲螨100管,释放于10余株古白皮松上。小组成员将蒲螨装入玻璃瓶中,随着温度上升,蒲螨从瓶内爬出,捕食害虫,从而保护虫害严重、生长弱势的古白皮松。

(黄 存)

【香山公园启动危险生物入侵应急预案治理美国白蛾危害】 9月上旬,公园在香山寺附近桑树上发现美国白蛾,立即启动应急预案,组织植保员到现场确认,对周围地区开展检查,确认虫情范围,防止遗漏,同时组织人员进行人工摘除、打药,消灭可能遗漏的幼虫，并对周边200米范围进行普防，防止扩散，后期进行两次化学防治，彻底消除美国白蛾危害。

（张　军）

【景山公园召开古树专家论证会】　10月17日，公园组织古树专家对公园2016年度古树复壮工程进行验收并对本年度古树复壮方案进行论证。会上，公园向专家组汇报了2016年度古树工作及下一步工作方案，并进行了现场勘查。专家组对公园古树保护工作给予肯定，提出要求复壮工作一树一方案，根据每棵树的立地条件，制订有针对性的详细的复壮保护方案；结合寿皇殿建筑群修缮工程，适当增加古树营养面积，增设保护围栏，加强对施工区域的巡查巡护；对自缢树树洞开裂处及时修补，可考虑在适当位置增加艺术支撑；唐槐可适当增加抱箍的接触面积，对东侧栾树进行修剪；加强园内古白皮松养护管理，加强对小蠹甲和松大蚜等有害生物的防治。

（黄　存）

【景山公园启动平原林木养护技术项目】　10月28日，景山公园与对口服务单位大兴区园林绿化局联系，调研林木养护工作；实地走访北臧村、魏善庄镇等乡镇平原造林项目，了解植保、修剪等养护服务需求。初步确定观摩学习、技术工实操培训以及冬闲季节养护理论授课等三项学习交流工作。

（景山公园）

【中山公园古树复壮保护】　年内，陶然亭支撑拉纤加固碰碰车西侧、三幼后门、牡丹地、格言亭等地9株古树；树体修复11株古柏、1株古槐，修复树体破损总面积1.5平方米，防腐固化树干68平方米；对长势较弱的15株古柏和5株油松的透气复壮坑进行施工；后河铺装地建造复壮井18个，填充混配复壮基质，使用透气管36根，受益古树48株。

（唐　硕）

【北京植物园树木认养情况】　年内，北京植物园继续开展树木认养工作，共有48人，认养树木42棵，认养树木收入15900元。认养树木可以让游人亲近绿色，更加懂得保护植物的重要性。近些年来已成为人们义务植树、改善环境的新方式。

（古　爽）

【北京动物园鸳鸯野化放归】　北京市圈养野生动物重点实验室工作人员赴北京市怀柔区怀九河流域西水峪野化放归鸳鸯12只，其中9只佩戴GPS追踪器。此次放飞是北京动物园科研课题"鸳鸯野化放飞与跟踪监测"的核心内容与关键环节，放飞后的监测显示鸳鸯适应野外状况良好，具备较好的采食和躲避天敌的能力。鸳鸯是国家二级野生保护动物，北京动物园"野生鸳鸯保护项目"已连续多年在北京地区放飞鸳鸯200余只，为壮大北京地区的野生鸳鸯种群奠定基础。

（王忠鹏）

【北京动物园加强野生动物健康体检】　年内，由于野生动物种类多、差别大、进行健康检查的难度大等特点。北京动物园兽医院将巡检、群检、专项体检等体检方式相结合，制订了《北京动物园动物健康检查方案》及《动物健康检查管理规定》。借鉴人的体检和宠物体检经验，建立野生动物体检程序，使体检工作系统化、规范化。全年对34种90只动物进行了健康体检，其中包括东北虎、亚洲象、南非长角羚、大熊猫、戴安娜长尾猴、大天鹅等。

（李　莹）

【北京动物园邀请动物医院专家为黑猩猩做产前检查】　年内，北京动物园繁殖的17岁的雌性黑猩猩"丫丫"与来自日本札幌圆山动物园的16岁雄性黑猩猩"查波"经过近三年的合笼饲养，年初发现多次交配，7月对"丫丫"进行了两次HCG试纸测试，均为阳性，推测其已经怀孕。9月1日，邀请我爱我爱动物医院的专家来对"丫丫"进行B超检查并确定为怀孕。之后又先后进行了3次孕期B超检查，10月28日，"丫丫"顺利产下一只幼仔。对黑猩猩进行孕期B超检查是北京动物园首次尝试，并且配合检查对黑猩猩进行定项行为训练也是一次成功的范例。

（李　莹）

【动物饲养工作】　年内，按照北京动物园"管理细化年"的工作思路，动物饲养工作以项目化、制度化、绩效化为手段，以"五率"管理为目标，以技术项目管理为依托，不断提高动物的福利和展示效果，将动物行为训练、动物丰容、动物行为观察三项工作纳入饲养员日常工作之中，在坚持传统项目的基础上还涌现出一些创新项目，例如，首次完成黑猩猩B超怀孕期检查，为动物的繁殖工作积累了第一手科学数据，为生产工作提供了技术支持，并获得2016年度园优秀技术三等奖。丰容工作为犀牛运动场改造提供了技术支持，获得2016年度园优秀技术二等奖。将行为观察与丰容、训练工作相结合，开展滇金丝猴、川金丝猴幼仔、小熊猫、鸳鸯繁殖行为、野化鹤放飞项目、大象、长颈鹿育幼、肥胖动物8个创新项目。动物繁殖工作重点完成了3种金丝猴成功繁殖，特别是黔金丝猴产下"二胎"，实现了在动物园环境下全球第二例成功繁育。大型食草动物非洲象繁殖成活1只。动物饲料营养方面，尝试马祖瑞商品饲料的推广，加强了年老动物和繁殖期动物的饲料精细化调整。科研工作参与完成了国家标准和行业标准的撰写，申报国家林业局项目《圈养大熊猫刻板行为与认知能力研究》、北京市科委绿色通道项目《圈养灵长类丰容的认知评估体系》以及2017年公园管理中心级课题《野生动物营养与饲料分析系统的研发与应用》。安全服务管理工作通过了安全标准化二级达标，坚持每月一次综合检查，对重大节日、汛期加强重点班组与动物的防汛工作。通过三级会议规范落实《公园服务管理规范》。排查处理安全隐患100余处。

（李　莹）

【动物繁殖】　动物园全年共繁殖动物71种712只，存活64种690只，繁殖种数存活率为90.14%，繁殖只数存活率为96.91%。其中哺乳动物繁殖39种107只，存活33种92只，鸟类繁殖23种252只，存活22种245只。爬行动物繁殖存活1种14只。昆虫繁殖存活8种339只。被列入国际动植物贸易保护公约附录Ⅰ，国内Ⅰ级保护动物的有：山魈、领狐猴、环尾狐猴、黑猩猩、滇金丝猴、川金丝猴、黔金丝猴、棕熊、非洲象、秦岭羚牛、四川羚牛、黑鹿、梅花鹿、麋鹿、北山羊、朱鹮、丹顶鹤、白枕鹤、加拿大雁。首次繁殖的动物是领狐猴。

（李　莹）

【动物福利】 年内，丰容工作继续贯彻科学化、规范化的总体思路，覆盖到全队班组。每个人有自己的丰容库和运行表。总丰容资金使用为45万元，丰容总体工作覆盖全队所有班组。在展示环境、社群丰容、感官刺激、食物丰容方面都有所涉及。班组日常丰容项目161项。完成《动物园环境丰容手册》的编写。在饲养队所有班组推行训练工作项目化管理，把动物规范化训练和动物行为展示作为工作重点。年内，共有动物训练项目157项，特别是新增加了动物行为展示，动物无麻醉转运和大型动物体重测量方面的训练。年内，黑猩猩B超怀孕期检查，3只大熊猫幼子抽血和日常健康检查，患病大熊猫的体检和配合治疗，长颈鹿、斑马无麻醉串笼输出，金丝猴繁殖期检查和产前产后护理，红鹳进出笼舍训练和行为展示，大象、犀牛、象龟体重测量等训练项目取得了好成绩，为生产实际工作提供了方便和技术支持。行为观察与丰容训练工作相结合，将行为观察工作纳入饲养员日常工作内容。根据班组工作计划整理个人行为观察记录大纲，提供班组行为观察所需文章、方法、相关物品。重点开展了滇金丝猴和川金丝猴幼仔行为观察，小熊猫行为观察项目的观察工作，鸳鸯的繁殖行为观察、野化鹤放飞项目的行为观察，大象、长颈鹿育幼行为观察、肥胖动物行为观察、大熊猫兽舍选择利用观察设计。

（李 莹）

【陶然亭公园进行古树大树保护复壮工作】 年内，陶然亭公园古树大树复壮保护工作以标本园大树复壮保护为重点，对标本园皂荚、山桃；名亭园杜仲、栾树；窑台山国槐；北门雪松等28株大树进行了杀菌、除虫、防腐、支撑、修剪等复壮保护工作，消除了安全隐患，促进大树健康生长。

（马媛媛）

【陶然亭公园开展树木认养工作】 年内，陶然亭公园进一步推进树木认养工作。通过公园网站及现场咨询等方式加大面向游人及社会各界的宣传力度。增强公众对公园绿地认建认养的认知，全年共有3个家庭参与树木认养，共认养乔灌木3株。

（马媛媛）

【紫竹院公园古树大树保护】 紫竹院公园现有古树25株，其中一级古树2株，二级古树23株。公园注重古树大树的日常养护、保护和古树档案的完善和整理等工作，年内完成公园古（大）树养护复壮方案的制订及专家论证会，并对13株大树进行了复壮，包括修剪整枝、梳果、树洞修补等，对公园东区银杏树周边的硬质铺装进行改造，改造面积300平方米。

（范 蕊 冯小虎）

【玉渊潭公园做好樱花养护和认养工作】 年内，玉渊潭公园认养樱花共计11株，其中新认养樱花7株，续养樱花4株。玉渊潭公园认真做好樱花养护工作。花期前后对新植樱花喷防蒸腾剂2次。及时浇灌木醋液、复合水溶肥，进行樱花土壤翻松1848株，扩大树堰，施用重茬剂180千克，并购买多种树屑实施分区覆盖，对山坡17株樱花施用保水剂，单独对水榭东侧原种大山樱围栏进行保护作业。特大降水后对重点区域进行墒情抽样调查，落实樱花药剂灌根150余株，对重点保护大山樱在雨季进行树干打孔排水及遮挡处理，对早落叶樱花进行叶面喷洒药剂控制。9~10月，分两次对全园樱花进行追肥，针对不同区域主要使用土壤重茬剂和水溶肥，对西门出现蛀干害虫樱树进行吊瓶杀虫防护；秋、冬季对冻水进行督促检查，完成6株垂樱的土壤改良，对明显衰弱的垂樱施用有机肥，对所有樱树采取1.5米高进行树干缠草绳，重点树木加缠无纺布、搭风障，并结合冻水对山地等局部地区樱花施用水溶性肥。

（胡 娜）

【玉渊潭公园樱花基地苗木更新养护】 年内，公园樱花基地共出圃苗木145株，累计移栽半大樱苗920株，新植杭州早樱、八重红枝垂半成品苗135株。集中落实花期观测记录，对杭州早樱、大山樱、山樱等花期较早、花色粉红的植株进行重点标记，悬挂金属号牌，并多次重点检查，做好花后追肥、病虫防控、墒情控制、越冬防寒等项工作。

（胡 娜）

【玉渊潭公园古树复壮工作】 年内，玉渊潭公园完成本年度古树复壮实施方案，6月3日组织召开专家论证会，并开始按计划实施。全年重点完成清理腐烂樱树体花15株，对古松林16株古树进行病虫害枝修剪，对公园桥下西门深埋白皮松进行去土处理，并根据专家论证意见对留春园内白皮松盖板下进行清理，为白皮松生长创造更好的空间环境。

（范友梅）

【中山公园传统花卉引种】 年内，中山公园引进北京、福建、浙江贴梗海棠、山碧桃、菊花桃等新品种花卉80余盆，春兰、墨兰、四季兰等传统兰花70余种400余盆。

（袁承江）

【天坛公园进行古树保护】 年内，施放诱虫饵木1000根，园内投放20处，外单位2处。查虫30次，将对危害古树的蛀干害虫起到良好的防治效果。药物防治方面，古柏封干2次，防治蚜虫、红蜘蛛3次。防治国槐小卷蛾2次。悬挂诱捕器600套，防治其他害虫。修钉树牌400余个。为改善古树立地条件，为古树创造良好生长环境，为4株古树更换冷季型草坪为玉簪等耐旱耐阴种类，降低土壤含水量，增强透气性。每月巡视东城区体育局天坛体育活动中心35株古树，多次会同东城园林绿化局共同巡视。解决115中、幼儿园、网球馆周围，古树与建筑间关系协调问题。为30株古树(或准古树)实施清理树洞、药物消毒及防腐固化。对古树破损树皮采取仿真修复保护、修饰措施。采用专利技术进行防腐、固化、防水、加固处理，以达到减缓或终止局部自然朽蚀，保持原有外观等目的，确保保护古树的同时增强景观效果。

（王 卉）

宣传教育

【综述】 年内,公园事业发展舆论环境不断优化。围绕市属公园核心功能和园林科教社会职能,加强专题策划、新闻媒体宣传、新闻应对等工作,按照一盘棋、一体化开展好整体策划和宣传工作,中心及各单位召开新闻发布会179场次,传统媒体和新媒体累计直接宣传及转载报道突破2万篇。做好统筹策划,在古建修缮开放、疏解非首都功能、生态文明建设、核心景区管控、科普宣教活动等方面,开展系列性、板块式宣传;强化新闻应对,针对文物管理、会所转型、公园执法等自身问题报道及相关社会舆情的连带报道,发出新闻预警37次,主动反馈回应23次,妥善应对问题炒作8次,完善新闻风险点应对口径110条,敏感时期做到"新闻宣传无负面";注重自媒体宣传,中心政务微博累计粉丝数166万,发博数近万条,微信公众号发文1500余篇,中心9月份首次开通"今日头条"客户端并发文宣传,推荐量已达20万次。多措并举,强化效果,精神文明建设取得新成效,树立宣传和践行社会主义核心价值观主题公园建设,开展纪念建党95周年和长征胜利80周年宣传教育活动,学习教育覆盖率达100%;持续发挥党的十八大代表紫竹院公园朱利君的先进典型作用;结合公园职业道德、游客社会公德,开展道德讲堂60次,植物园郭翎、动物园李金生当选"北京榜样";重要节假日和游园高峰期,组织开展"文明游园我最美"主题志愿服务,吸引组织"公园之友"等团体参与活动200余次,巩固陶然亭、中山、北海公园社会主义核心价值观主题公园建设成果,进一步强化群众性精神文明建设成果。

(综合处)

宣　传

【《颐和园石座艺术》专辑电子年历上线官方网络平台】 1月7日,电子年历以《颐和园石座艺术》为题材,在官方网站对公众免费下载,公园微信同步推出图文资讯进行宣传报道。

(颐和园)

宣传教育

【紫竹院公园开展"冰雪文化进公园"活动】
1月9日，紫竹院公园与BTV《首都经济报道》栏目合作拍摄三九天周末冰场"热"翻天报道。记者拍摄了公园内冰上活动最受欢迎的冰滑梯、冰车和速滑项目，管理科科长接受了记者采访，介绍了冰场的活动项目，提示游客安全注意事项。速滑区内高手云集，市民、游客对冰上运动热情高涨，并接受了记者采访，坐冰车滑冰梯，乐趣无穷。该节目于当日BTV《首都经济报道》栏目播出。

（边　娜）

【北海公园《探秘皇家禁苑》系列节目在央视《国宝档案》节目播出】　1月12日，为纪念北海建园850周年，展示北海深厚文化底蕴，公园与中央电视台《国宝档案》栏目合作，挖掘记录公园的国宝级古树、古建，并讲述背后的故事和文化，量身定制《树将军团城护宝》《"捡来"的太湖石》《孝贤皇后的悲喜人生》等六期《探秘皇家禁苑》系列节目。

（北海公园）

【中心组织召开第二届"市属公园冰雪游园会"新闻发布会】　1月17日，根据全市市民快乐冰雪季的安排，市公园管理中心系统以学生寒假为时间节点，组织市属媒体围绕"冰雪运动进公园，快乐健身迎冬奥"主题冰雪游园会在紫竹院进行现场发布：一是策划统计项目。共6家公园开辟11处冰雪场地，开放面积近100万平方米，设立近100项冰雪活动，提供冰雪活动器具达万件，预告百万游客总量。二是加强新闻策划。在发布冰雪活动的基础上，增加了科普冬奥、运动竞赛、线上互动等多项公益游园项目，并发布"冰雪人气指数"推荐表格。三是个体重点说明。颐和园、北海、玉渊潭、陶然亭、紫竹院、北京植物园6家市属公园分别介绍了各自冰雪活动的环境布置、接待情况、活动特色、保障举措及发布安排等。四是加强服务保障。中心设计并制作了万张《冰雪游园贺卡》，在各公园门区及游客服务中心免费提供，供游客了解冰雪游园会活动详情。

（紫竹院公园）

【玉渊潭公园召开各种活动新闻发布会】　1月18日，玉渊潭公园紧贴冬奥会主题，抓住寒假契机，召开"京张迎冬奥 心系冰雪情"雪地趣味运动会新闻发布会，邀请中心宣传处相关人员及新华社、《北京日报》《北京晚报》、北京电视台、北京电台新闻台等17家新闻媒体来园对雪地拔河、雪地人体"冰壶"、雪地青春竞速、雪地足球等比赛项目及小选手参赛感受进行拍摄和现场采访。3月17日，以中堤桥建成面向游客开放为切入点，结合游船下水、促培樱花提前亮相满足游客早春赏樱需求等内容，从园林景观提升、加强民生服务、提前疏解赏樱人流3个方面邀请《北京日报》《北京晚报》《京华时报》、北京电视台等15家新闻媒体记者进行现场拍摄采访。中心宣传处处长陈志强出席发布会，并就春季活动媒体可能关注的热点问题和敏感话题应对给出了指导性意见。公园党委书记赵康、副园长高捷参加发布会。3月22日，玉渊潭公园召开第28届樱花文化活动新闻发布会，邀请新华社、中新社、《人民日报》《中国青年报》《北京日报》《新京报》《法制晚报》、北京电视台、北京电台交通台等22家媒体记者来园，围绕早樱盛开、"专家导赏"服务、疏解节假日客流量及游客游园感受等内容进行了拍摄和现场采访，新闻发布会由公园副园长高捷主持,中心宣传处相关人员参加会议。9月12日,玉渊潭公园召开"金秋玉渊潭"第八届农情绿意秋实展新闻发布会,邀请新华社、中新社、《人民日报》《中国青年报》《北京日报》《北京晚报》《法制晚报》、北京电视台、北京新闻广播电台等20家媒体记者,围绕京、津、冀特色农产、花坛及花卉环境布置、果蔬创意绘最美秋景等互动活动进行现场的拍摄和采访。12月15日,玉渊潭公园积极配合中心做好2017年公园游览年票首日发售的新闻发布会,邀请北京电视台、北京新闻广播电台、《北京日报》《北京晚报》《法制晚报》《北京青年报》《新京报》等13家媒体记者,围绕年票销售的十项便民服务措施进行了现场采访和拍摄。中心服务处副处长贺然、公园党委副书记鲁勇、副园长高捷、中心服务处和宣传处相关人员参加发布会。

(秦雯)

【中心召开第二届北京市属公园冰雪游园会新闻宣传工作总结会】 1月19日,副市长林克庆对各大媒体相继报道中心大力开展"冬季冰雪游园项目",积极组织宣传冰雪游园活动表示赞扬,认为这是弘扬正能量的体现。同时,中心年度《工作报告》中指出,2016年要"广泛开展迎冬奥冰雪活动进公园,弘扬北京冰雪文化,营造浓郁的迎冬奥冰雪文化氛围"。会后,张勇主任要求中心宣传处按照市领导的指示精神,持续开展好冰雪活动和冰雪文化宣传工作。

(中心宣传处)

【紫竹院公园分别召开大型新闻发布会】 1月17日,"冰雪运动进公园,快乐健身迎冬奥",中心宣传处第二届"北京市属公园冰雪游园会"新闻发布会在紫竹院公园召开。颐和园、北海、玉渊潭、陶然亭、紫竹院、北京植物园市属6家公园,北京电视台,新闻广播电台、《北京日报》《北京晚报》《法制晚报》《京华时报》等十余家媒体记者出席发布会。2月1日(农历腊月二十三)小年,福荫紫竹院行宫举办"品非遗·庆小年,纳五福·迎正月"新春发布会。特邀北京电视台、BTV首都经济报道、中国气象局、《北京日报》《北京晨报》《北京青年报》《法制晚报》、新闻广播电台等14家媒体对新春活动进行了拍摄采访。7月22日,公园举办以"竹影清新 情归荷处 民族文化 汇聚紫竹"为主题的紫竹院公园第23届竹荷文化展暨紫竹院地区第七届民族文化节开幕新闻发布会。特邀北京电视台、BTV首都经济报道、《北京日报》《北京青年报》《法制晚报》《新京报》《京华时报》、北京新闻广播、海淀新闻中心等15家媒体对竹荷文化展活动进行了拍摄采访。

(边娜)

【《探秘皇家禁苑之景山》系列节目于《国宝档案》中播出】 1月19~21日,景山公园与CCTV-4联合拍摄录制的《国宝档案》"探秘皇家禁苑之景山"系列节目播出。该节目共分为《探秘皇家禁苑之景山——末路崇祯》《探秘皇家禁苑之景山——机缘巧合》《探秘皇家禁苑之景山——寿皇殿故人往事》3集。在前期拍摄中,景山公园与中央电视台节目组积极沟通,并组织相关业务部门接受采访,讲述景山公园历史渊源,捕捉最佳拍摄角度,使节目得以最全面、权威、深度地拍摄景山公园的部分。

(律琳琳)

宣传教育

【北海公园开展冰雪文化及冬奥文化知识相关宣传活动】 1月20日,北海公园于南门广场举办2016年西城区全民健身冰雪季开幕仪式,活动由西城区体育局主办,于公园南岸荷花湖冰场区域开展冰龙舟等传统赛事及北海皇家冰嬉、民间冰上抖空竹、专业花样滑冰等表演,营造全民健身、喜迎冬奥的浓厚氛围。开幕式后,进行了第二届京、津、冀冰蹴球邀请赛,共有来自京、津、冀三地的8支队伍参赛。

(刘 屾)

【北京植物园召开第12届兰花展筹备会】 1月26日,公园组织相关部门工作人员在现场召开筹备会,会上对布展进度控制、新闻报道亮点以及媒体接待等情况进行了确认,要求展览宣传要突出3个亮点,即首次展出、首次开放及年味浓郁,要深度挖掘,提前分析媒体对哪些内容感兴趣,做好答复预案,严格确保宣传内容准确;要保证整体布展进度,重点景观、亮点景观务必按计划完工;做好媒体记者接待与应对准备工作,配合媒体记者进行现场拍摄,自媒体要发挥先锋作用。

(古 爽)

【陶然亭公园召开冬奥公益活动新闻发布会】 1月27日,陶然亭公园开展"相约陶然 与爱同行 冰雪冬奥"公益活动新闻发布会。此次发布会紧扣"冰雪""冬奥""公益""亲子"为主题,就冰雪亲子运动会进行报道。发布当日,邀请北京电视台新闻频道、北京电视台财经频道《首都经济报道》栏目、北京人民广播电台(新闻台)、《北京晨报》《法制晚报》等20家媒体,就活动中"雪地悠波球比赛""亲子绑腿跑""雪地挖掘机寻宝"等内容进行拍摄、采访。新闻发布会当日,BTV1《特别关注》、BTV5《首都经济报道》栏目、中新社都以第一时间进行信息发布。BTV1《特别关注》《北京您早》、BTV9《直播北京》《都市晚高峰》,BTV5《首都经济报道》《北京晨报》《北京日报》《首都建设报》《京华时报》《北京娱乐信报》《西城报》均已报道,各大网媒纷纷转载,宣传效果良好。

(唐 宁)

【中心服务京津冀协同发展新闻发布会召开】 1月28日,中心宣传处在陶然亭公园召开"北京市公园管理中心服务京津冀协同发展"新闻发布会。会上,陶然亭公园宣传策划科结合PPT展示,向到场的各位媒体老师就江亭公司市场撤市工作作了翔实、直观的介绍,同时做好媒体到现场采访、拍摄的组织、引导工作。中心宣传处处长陈志强主持,颐和园、天坛、景山外宣负责人一同出席此次新闻发布会,陶然亭公园园长缪祥流接受媒体采访。北京电视台《北京新闻》《北京您早》《直播北京》《特别关注》,《北京日报》《北京晚报》《北京青年报》《法制晚报》《京华时报》均进行报道,各大网媒积极转发。

(唐 宁)

【香山公园开展"文明游园我最美"宣传活动】 2月7~8日(除夕、初一),香山公园组织青年骨干在东门门区开展文明游园宣传活动。通过LED大屏幕、广播系统播放文明游园宣传活动标语,营造氛围,倡导绿色出行、文明排队、垃圾分类等,为游客普及消防知识、开展控烟宣传,为游客粘贴"文明游园我最美"宣传帖、发放宣传册,引导游客文明游园，此次活动共发放宣传册 2000 册。

（武立佳）

【景山公园完成 BTV 新闻频道春节采访接待任务】 2 月 8 日，BTV 新闻频道到景山公园就春节文化活动进行报道。公园从春节祈福活动、展览情况、万春亭历史、春节接待游客情况等方面编写了新闻稿件，公园各部门通力配合，全程陪同完成记者入园拍摄工作。节目于当日《北京新闻联播》及次日《特别关注》栏目播出。

（律琳琳）

【北京电视台到香山公园拍摄蜡梅】 2 月 24 日，北京电视台《首都经济报道》栏目记者到香山公园，分别到梅谷、碧云寺实地勘踏拍摄，以梅谷景观位置、蜡梅开放时间、花开状态及蜡梅品种为选材进行拍摄，为蜡梅盛开进行预热，节目于 2 月 25 日播出。

（武立佳）

【园博馆开展"增彩延绿"系列主题宣传活动】 3 月 14 日，在室外展区染霞山房种植元宝枫、栾树、金枝国槐等 60 余棵树苗；增设志愿服务岗，面向游人宣传爱林、护林知识，倡导低碳环保等生态环保理念；开展公益讲解服务，宣传首都公园城市绿肺功能，倡导生态环境建设及共建美丽宜居北京。活动提供咨询服务 283 次，服务 421 人；公益讲解服务 12 次，服务 152 人；发放宣传资料 410 份。

（园博馆）

【陶然亭公园宣传游船起航工作】 3 月 15 日，陶然亭公园游船经海事部门验收合格，具备载客资格，公园邀请北京电视台新闻频道、北京电视台《首都经济报道》栏目、《北京青年报》《法制晚报》等媒体入园采访，并向《人民日报》《北京日报》《北京晨报》、北京人民广播电台等媒体投稿。采访现场，游船队职工陈澄向媒体记者介绍了公园游船种类、开放时间、安全服务保障措施、泛舟赏花等内容，引导记者着重拍摄报道公园最新引入的"汽车船"。当晚，北京电视台《北京新闻》给予报道，并于《北京您早》进行二次播报。《北京晨报》《北京娱乐信报》、交通台等媒体对陶然亭公园游船下水试运行进行报道。

（唐 宁）

【中山公园宣传"国泰"郁金香命名两周年】 3 月 18 日，邀请北京电视台、《北京日报》《北京晚报》等 15 家媒体记者，参加 2016 "国泰"郁金香命名两周年纪念花展新闻发布会。据不完全统计，各报刊、网络媒体刊登活动报道 32 篇（次），电视台、电台报道播出 4 次。

（憨松卉）

【北京植物园召开第 28 届北京桃花节新闻发布会】 3 月 23 日，植物园召开第 28 届北京桃花节新闻发布会。园长赵世伟向媒体记者介绍了桃花节整体情况，表示：植物园始终坚持有效地挖掘、保护和利用文化资源，着力打造花文化品牌。此次围绕"桃源春色"主题布展，"自然享乐"等科普文化活动也将陆续展开。东南门至碧桃园沿线景观效果良好。中心宣传处处长陈志强提出要求。中央电视台、北京电视台等 20 余家媒体采访报道。

（古 爽）

【香山公园录制"解读香山文化"专题节目】

香山公园应北京电视台《记忆》栏目邀请，录制"解读香山文化"专题节目。3月24日，公园副园长袁长平和研究室副主任贾政进入录播间，围绕"香山由来、人文历史、静宜园建设历程、公园发展、名人轶事、春季花讯、文创产品"等话题，与主持人和嘉宾开展互动，详细宣传和推广香山文化。录制50分钟的访谈节目，4月上旬在北京电视台科教频道播出。

（武立佳）

【天坛公园邀请媒体开展春季花讯宣传报道】
3月29日，天坛公园邀请北京电视台采访杏林景观，公园绿化队负责人向媒体介绍了天坛杏林景观特色和历史文化。节目在当日BTV《北京新闻》栏目播出，为展示天坛良好生态，树立园林花卉品牌产生良好影响。天坛公园做好游园旺季新闻应对工作。

（邢启新）

【北海公园开通官方微信公众号】 3月，北海公园官方微信公众平台正式开通。全年发布公众号16期，粉丝量1300人。

（刘　屾）

【首都文明办与中心联合在玉渊潭公园开展文明赏花引导活动】 4月2日，首都文明办与中心在玉渊潭公园联合开展"指尖上的文明——做安静的赏花人"文明赏花引导活动。设立文明引导宣传站，在主题宣传牌示前由中学生志愿者佩戴社会主义核心价值观绶带向游人发出"五不"文明承诺倡议书；由志愿者引导游客开展互动，通过扫描关注"文明北京"、拍照上传、进行金钩钩手势接力等活动，广泛传播文明观赏理念；大学生志愿者为游客讲解樱花知识，推荐赏花景点，为承诺文明出行、文明赏花游客发放赏樱指南和文明宣传纪念品共计千余份。中心宣传处处长陈志强现场指导活动开展，公园党委书记赵康，首都文明办相关工作人员及志愿者等近50人参加活动。中央电视台、北京电视台、中新社、《北京青年报》等多家媒体对活动现场进行了拍摄与采访，并给予报道。

（秦　雯）

【《首都经济报道》节目组到景山公园拍摄清明花卉情况】 4月5日，《首都经济报道》节目组对公园清明节期间推荐的三处赏花点、三条游览线路、早花品种的郁金香进行了拍摄，并对公园党总支书记吕文军进行采访，节目于4月5日播出。

（律琳琳）

【香山公园举办"关爱鼻部健康　呼吸绿色香山"计生宣传活动】 4月9日是全国爱鼻日，香山公园举办"关爱鼻部健康　呼吸绿色香山"计生宣传活动。计生宣传员在索道下站向游客传播鼻部健康知识，发放鼻部护理宣传册及小礼品共计50份，活动获得游客好评。

（蔡　忆　陈伟华）

【北京植物园召开郁金香盛放新闻发布会】
4月11日，植物园召开郁金香盛放新闻发布会。以"凤舞春色"为主题。主景区杨树林南侧用红色郁金香为主勾勒出凤凰轮廓的造型，以草坪做底衬，线条简洁流畅，品种搭配合理，郁金香设计过程中结合碧桃等花灌木的景观类型，在碧桃等花期与郁金香一致的花灌木旁边运用撞色与渐进色的郁金香进行搭配。新栽植郁金香120种，约45万头，另有近20余万头郁金香旧球，栽植在杨树林西侧的树林下，形成具有野趣的坠花草地。北京电视台、《北京日报》、交通广播等十余家媒体进行采访报道。

（古 爽）

【北京交通广播一路畅通《我爱北京》栏目到香山公园采访】 4月12日，北京交通广播一路畅通《我爱北京》栏目记者到香山公园采访园艺队队长赵阳。围绕如何科学养护花木、对园艺事业的感情、花木养护中的创新举措、在日常工作中的趣事等方面接受了录音采访。该节目于4月15日一路畅通《我爱北京》节目中播出。

（武立佳）

【北京电视台来天坛直播赏花游园】 4月13日，北京电视台来园对正值盛花期的丁香、二月兰景观进行4G直播报道。在采访中，公园绿化一队技术负责人向记者介绍了丁香、二月兰养护历史和观赏特性，突出时令花卉与坛庙园林建筑相互融合、相得益彰的景观效果。BTV《北京新闻》《北京您早》《特别关注》栏目相继播出。

（邢启新）

【北京动物园妥善应对处理梅花鹿鹿角流血的新闻报道】 4月17日，新浪微博以图文形式刊登了关于北京动物园梅花鹿鹿角流血的文章。北京动物园接到《北京青年报》《法制晚报》《京华时报》《北京晨报》等热线媒体记者对此事的询问，及时上报主管园领导，做出应对处理。4月18日，北京青年报刊登"北京动物园梅花鹿断角流血 园方：自然脱落"的文章，其他媒体没有进行相关报道。由于动物园应对该事件及时妥当，澄清了事实，消除了公众疑虑。

（龚 静）

【陶然亭公园邀请媒体宣传石碑研究工作情况】 4月22日，陶然亭公园邀请《法制晚报》记者耿学清、杨益入园了解石碑研究进展情况，并进行正面宣传。采访当日，经营管理科负责人为记者详细介绍了石碑拓片进展情况、公园文物保护措施，以及公园在文物保护方面的工作计划，陪同媒体记者到西门库房，实地查看拓片工作的开展情况，协助媒体记者采访、拍摄正在拓碑的师傅。随后，媒体记者到慈悲庵实地拍摄辽代经幢、魁星图碑等石刻文物。4月24日，《法制晚报》刊登《陶然亭拓片研究"神秘石碑"全园有22件石刻文物 将推动其尽快申请定级 本市有近万件石刻文物散落民间》一文，文中详细介绍了公园在拓碑过程中所克服的困难、专家对石碑的解读，以及公园其余古碑的管理情况。

（唐 宁）

【市属公园全面深化文物古建保护利用新闻发布会召开】 4月25日，北京市属公园全面深化文物古建的保护和利用新闻发布会在北海公园召开。会议借助仿膳饭庄搬迁一事，围绕中心全面落实"保护为主、抢救第一、合理利用、加强管理"的工作方针，就加快推进历史名园文物古建的保护修缮、搬迁腾退及可移动文物的保护管理等工作向媒体进行了新闻发布。北京电视台、新华社、《北京日报》《北京晚报》《法制晚报》等20余家媒体参会并进行相关采访报道。

（汪 汐）

宣传教育

【颐和园举办"海上翰墨——上海豫园馆藏海派书画名家精品展"新闻发布会】 4月26日，市公园管理中心主任张勇、副主任王忠海、上海黄浦区文化局党委书记曹跟林、园博馆党委书记阚跃、颐和园园长刘耀忠、上海豫园管理处主任臧岭等领导出席。此次展览由颐和园与上海豫园联合举办，展出豫园收藏的任伯年、吴昌硕等海派书画大家代表作品53件（套）。北京电视台、《北京日报》《北京青年报》等10家媒体现场报道。

（颐和园）

【北京动物园新生非洲小象首次与游客见面】 4月26日，北京动物园非洲象顺产1只雄性小象，再创国内人工饲养非洲象繁育记录。北京动物园是目前国内唯一成功繁殖非洲象的动物园。5月26日小象满月，首次与母象走出兽舍，外放到室外运动场与游客见面。《北京晚报》《北京日报》《参考消息报》《新京报》《首都经济报道》等8家主流媒体13名记者应邀进行现场采访。动物园此项繁育工作的新闻发言人张耀华就小象孕育期间、临产情况、产后护理以及母象营养保障等方面回答了记者提问，同时呼吁游客树立保护动物意识，倡导文明游园。截至5月26日，此消息已在《北京晨报》《北京日报》《法制晚报》《京华时报》等8家报纸刊登，北京人民广播电台、北京电视台进行了相关新闻报道，动物园官方微博发布原创微博4条营造网络关注度，点赞量42次，转发量40次，累计阅读量22382次。为配合媒体宣传、微博等新闻媒体宣传，动物园还增设新生小象宣传牌示，宣传动物繁育工作成果。

（龚　静）

【首都经济报道大型系列城市公益活动举办】 4月28日，《首都经济报道——为爱传递》大型系列城市公益活动在玉渊潭公园举办。该活动由北京电视台财经节目中心主办，玉渊潭公园协办，北京市公园管理中心、北京市司法局、北京市环境保护局、北京市玉渊潭公园管理处等12家单位新闻发言人现场被聘为《首都经济报道》栏目首经帮帮团"帮忙大使"。中心宣传处处长陈志强、公园党委书记赵康出席活动。

（秦　雯）

【香山公园召开双清别墅红色展览策划会】 4月29日，香山公园邀请市公园管理中心宣传处处长陈志强，《人民日报》新媒体余荣华、张意轩到香山公园，实地踏勘双清别墅院内以及两个展室。初步确定将在"七一"前，以《人民日报》新媒体中心与公园联合办展的形式，通过临时展览、视频、新媒体产品等多种展出模式在双清举办一次展览，并通过微博微信等载体加大网络宣传，举办好红色展览迎接建党95周年。陈志强提出要求。

（武立佳）

【北京电视台《解放》栏目组到香山公园拍摄】 5月9日，北京电视台大型纪录片《解放》栏目组到香山双清别墅拍摄，该片以双清别墅曾是毛主席居住过的地方，在这里发生过扭转中国命运、决定中国前途的大事件为主题进行全实景拍摄。该片于6月27日播出，共五集，双清别墅为第四集内容。

（武立佳）

【景山公园开展芍药新闻宣传】 5月12日，

景山公园邀请北京电视台新闻频道、《北京晚报》《北京晨报》《北京青年报》等记者，对公园内芍药进行拍摄宣传。宣传重点突出花期提前、新引进的特色欧美芍药品种，以及新开辟3处芍药种植观赏区，公园组织专业技术人员接受采访，节目于当晚《北京新闻联播》中播出。

（律琳琳）

【中心召开市属公园生态文明——春花系列盘点新闻发布会】 5月12日，以"市属公园各色春花扮靓美丽北京，为游客市民提供优质生态产品"为主题，总结各公园春季赏花活动，并开展专题宣传，于5月10日结合北京植物园现有花展的形式进行集中发布。突出花展新功能，从供给侧及满足游人多样需求的角度进行亮点策划，推出"皇家古花、品牌花卉、新品花展"三大类33处花展和景区；体现发展新成绩，从提供优质生态产品的角度进行深入挖掘和系统包装，阐明中心成立十周年来持续打造"一园一品"生态示范工程和主题赏花活动的发展脉络，延伸解读"一园多品、四季花开"的生态文明建设成就；挖掘花展新内涵，从各公园花展的栽植历史、科技促培、科研创新、专业人才等角度进行代表性说明，展示了市属公园历史文化与生态文明相融合、主题花展与科研人才相结合的最新成果。首次发布了市属11家公园赏花面积近千公顷、品种数量达3000余种的新内容，全面系统地展示市属公园生态文明建设的新动态和新趋势。新闻媒体结合初夏及全年公园花展的预告发布陆续开展专题报道，形成中心系统历史古建和生态文明两大系列的良好社会舆情。

（宣传处 综合处）

【北京动物园参加全国科技活动周暨北京科技周主场活动】 5月14日，以"创新引领，共享发展"为主题的北京科技周主场活动在北京民族文化宫举办。北京动物园作为市公园管理中心唯一一家受邀参展单位参与活动。在科普乐园展厅，以"动物密码"为主题的动物园展位，向游客展示了望远镜、夜视仪等科普夏令营活动物品、猴生肖图册以及小朋友可参与互动体验的4D动物拼插模型、3D指触魔卡等，免费发放动物园保护教育宣传手册200余册。活动于5月20日结束。北京动物园展位共接待游客万余人次。

（周桂杰）

【市花月季绽放历史名园新闻发布会在天坛举办】 5月24日，中心宣传处邀请《人民日报》、北京电视台、《北京日报》等15家媒体在天坛公园北门游客中心召开新闻发布会，会上围绕市花月季与历史名园的渊源及发展现状进行发布。天坛公园、北京植物园、陶然亭公园结合各自月季培育特点进行了重点介绍。天坛公园绿化一队负责人向媒体介绍本次月季展特色、品种和展出规模，全国劳模、天坛公园退休月季技师李文凯和天坛公园原总工程师徐志长分别介绍了天坛月季的发展历史和月季品种自主培育情况。之后，记者一行参观了月季园和祈年殿月季主展区。中心宣传处处长陈志强出席并主持发布会，天坛公园绿化科、文研室负责人及市属公园、园科院、园博馆等单位外宣干部共40余人参加发布会。

（邢启新）

【北京动物园接待"外国摄影师拍北京"活动团队】 根据市政府新闻办公室"关于请北京

动物园对'外国摄影师拍北京'活动提供支持的函",5月26日,北京动物园接待10名外国摄影师对大熊猫馆进行拍摄,记录了动物园饲养展示大熊猫的情况,向世界传播对中国大熊猫的喜爱。

(龚 静)

【北京动物园完成"中国青年国际形象宣传片"采访拍摄】 共青团中央、全国青联和中央电视台联合推出以展示当代青年风貌、中国梦、奋斗精神的人物形象宣传片。6月4日,摄制组一行12人,对动物园大熊猫饲养员马涛的日常工作进行了一天的跟拍及采访。此片时长为12分钟。北京动物园大熊猫饲养员马涛作为行业的代表参加了此次拍摄。北京动物园新闻办与导演组对接,掌握了拍摄主旨、内容及安排。配合做好前期采访和后期拍摄等相关内容。

(龚 静)

【北京动物园官方微信公众平台正式上线】 6月6日,域名为"北京动物园"的官方微信公众平台正式上线,并以"北京动物园携手中国邮政举办《猴年马月 心想事成》生肖集邮主题活动"为题,在微信公众平台发布了第一条信息。

(龚 静)

【陶然亭公园召开端午文化活动新闻发布会】 6月9日,公园召开"'诗情端午 吉满陶然'端午文化活动"新闻发布会,邀请中心宣传处及北京电视台(新闻)栏目、《人民日报》《北京青年报》《法制晚报》、北京人民广播电台等21家媒体,对公园开展的"第十一届陶然端午活动启动仪式暨获奖诗歌颁奖典礼""南湖赛龙舟""华夏名亭园内祭祀屈原"三项活动进行重点拍摄,中心宣传处处长陈志强接受记者采访。随后,北京电视台(新闻)栏目记者李莲、吴迪,北京广播电台(新闻频道)记者晋旭,对端午活动体验区、民俗小吃售卖区进行了拍摄、采访。北京电视台《首都经济报》栏目、《人民日报》APP-北京发布、《北京日报》《北京晚报》《劳动午报》《北京娱乐信报》、中新社均对活动进行报道。

(唐 宁)

【香山公园开展"国际档案日——档案与民生"主题宣传活动】 6月9~17日,香山公园开展国际档案日宣传活动。6月15日上午,香山公园在东门游客服务中心前开展2016年"国际档案日"暨北京市第八届"档案馆日"宣传活动,此次活动主题为"档案与民生",在宣传档案知识的同时,注重与游客的互动,共发放档案知识问卷20份,发放宣传册100册,礼品20余份。

(蔡 忆 郑 蕊)

【香山公园强化双清别墅红色阵地作用】 6月16日,公园以迎接建党95周年为契机,强化双清别墅红色阵地作用,联合人民日报社,推出《十八大以来党中央治国理政新思想新实践》专题宣传展览,展示党的丰硕成果;加强京、津、冀三地红色景区联动,邀请周恩来邓颖超纪念馆、西柏坡纪念馆人员来园交流研讨,研究合作项目;加强宣传引路,更新纪念建党95周年宣传横幅,亮明双清别墅红色品牌;制作纪念建党95周年特色宣传品,邀请游客共同绘制彩色双清别墅;以毛泽东主席在双清别墅史实为主体,编写3~5

个红色故事，在自媒体平台进行发布。

（香山公园）

【北海公园召开荷花节专题新闻发布会】 6月，公园就荷花节宣传召开专题新闻发布会，邀请中央电视台、北京电视台、新华社、中新社、《参考消息》《中国旅游报》《北京日报》《北京晚报》《北京青年报》《北京晨报》《京华时报》、北京人民广播电台等20多家媒体的40人来园采访报道。

（汪 汐）

【《都市之声》采访报道天坛公园优秀共产党员】 "七一"前夕，中央人民广播电台对天坛公园优秀共产党员王玲、刘绍晨进行专访，并于7月5日、7月13日在中央人民广播电台《都市之声》（FM101.8）"七一"特别报道《我身边的党员》栏目播出。节目中，两位优秀党员分别结合各自的岗位，回顾了自身成长经历，表达了对党无限忠诚和对天坛事业的满腔热忱，体现出全心全意为人民服务的高尚情操。节目中，还通过对两位优秀党员身边的领导、同事以及游客的采访，进一步突出党员在工作中勇挑重担、率先垂范的榜样力量，树立起他们作为工作中的"带头人"、职工和游客的"贴心人"的先进典型形象。宣传科提示大家收听节目，并结合自身实际，将收听广播作为学习习近平总书记"七一"重要讲话精神和当前"两学一做"学习教育的一项重要内容。

（邢启新）

【景山公园配合完成"一米风景线"活动拍摄工作】 7月4日，景山公园按照市公园管理中心宣传处要求，作为分会场之一，配合完成首都文明委和北京电视台联合主办的"一米风景线"揭幕活动的拍摄。一是确定拍摄时间、拍摄场地，联系入园车辆的停放，找好拍摄角度和机器位置；二是提前与华云璐舞团联系，确定受访人和展示节目，修改受访志愿者稿件；三是联系景山公园之友志愿者20人，在活动现场进行志愿服务，协助拍摄；四是全程陪同拍摄，及时处理拍摄中的突发情况，确保拍摄顺利进行。

（律琳琳）

【"北京动物园保护教育"微信订阅号正式推出】 7月13日，北京动物园保护教育微信订阅号正式推出。微信平台集合了保护教育理念、主题营日、项目动物、动物课堂和互动体验等内容，主要宣传、推广北京动物园保护教育工作，不定期发送保护教育信息。从"好玩""好看""约我呀"3大板块12个小专栏，让公众了解最新、最前沿的动物园活动资讯，其目的是让更多的人关注动物园，引导公众需求和行为，使更多的人投入到野生动物保护和环境保护的行列中来。

（周桂杰）

【陶然亭公园开展食品安全宣传活动】 7月22日，陶然亭公园经营队联合北京市西城区陶然亭街道食品药品监督管理所在公园开展食品安全宣传活动，向广大市民、游客宣传食品卫生知识。

（方 媛）

【景山公园召开暑期昆虫科普展新闻发布会】 7月23日，景山公园于科普园艺中心召开暑期昆虫科普展新闻发布会。展览新闻宣传突出五大亮点：仿真展区身临其境、昆虫标本齐聚一堂、园艺中心崭新登场、科普展区增长知识、盆栽荷花亲密接触。公园相关负责人对展览情况进行了介绍,并带领媒体实地走访科普园艺中心的昆虫标本展、仿真昆虫展区和互动区,市公园管理中心宣传处、北京电视台、《北京日报》《北京晚报》《北京青年报》等15家媒体参加了此次发布会。

(律琳琳)

【中心召开生态节水主题新闻发布会】 8月29日,围绕暑期市属公园雨水收集、微喷灌溉、中水利用等节水型园林建设措施,市公园管理中心进行集水节水成果现场发布,中心宣传处负责人主持。此次发布会围绕中心2016年节水节能改造重点工作任务,结合夏季防汛的关注热点和各公园集水节水措施策划选题、整理数据、专业把控、适时发布,着重宣传陶然亭、天坛、香山、植物园等公园的节水措施。在陶然亭发布会现场,组织主流媒体集中开展《海绵式公园涵养生态城市》宣传,将陶然亭东门沿线绿地、东北山高喷施工现场、窑台山高喷示范及湖面生物净化过滤等项目作为媒体实拍素材。各公园相关业务科室负责人参与,《北京日报》《北京晚报》等媒体现场报道,中心综合处及园科院、陶然亭公园负责人陪同并分别接受媒体采访。

(陶然亭公园)

【中心召开国庆假期新闻宣传工作部署会】 9月27日,市公园管理中心召开国庆假日工作视频会,布置"营造获得感,宣传无负面"主题活动安排。强化新闻策划和统筹宣传,坚持每日新闻报送,做到节前集中预告、期间分别宣传、盘点总结报道,召开新闻发布会;强化媒体融合和自媒体宣传,做好游园实时动态播报、预告咨询和舆情监测等工作;强化舆情预判和新闻应对,做好应对策划、联系媒体等工作;强化组织要求和保障落实,细化新闻应对方案,组建假日宣传工作组,设立新闻发言人,梳理宣传风险点,严肃新闻工作纪律。市管公园、园博馆主管领导及宣传科长、干部参加会议。

(宣传处)

【景山公园接待《首都经济报道》节目组拍摄国庆特别节目】 9月27日,《首都经济报道》节目组到景山公园录制国庆特别节目景山篇。拍摄包括古树轶事、最美景观和秋天故事3个板块,选取了万春亭、绮望楼、戗柱石、槐中槐、二将军柏、反季节牡丹、主题花坛的内容进行拍摄,公园组织专人接受采访,并全程陪同。节目于"十一"期间在北京电视台财经频道《首都经济报道》节目中播出。

(律琳琳)

【景山公园邀请《北京晚报》记者来园采访国庆人物特辑】 9月29日,公园邀请《北京晚报》记者来园采访绿化队副队长周明洁,以绿化技术人员为迎接国庆培育出反季节牡丹为切入点,以人物侧写的手法,突出景山公园绿化科研工作的艰苦和成效,以树立青年党员榜样为引领,进一步扩大"两学一做"成果,报道于10月1日的《北京晚报》中刊登。

(律琳琳)

【颐和园组织媒体集中采访"颐和秋韵"文化活动】 9月,颐和园管理处策划推出赏桂线路与中秋接待两个主题文化活动,并邀请北京电视台、《北京日报》、北京电台等12家新闻媒体采访颐和秋韵桂花文化活动，活动期间组织《北京晚报》《北京青年报》对活动接待情况进行现场采访。同时针对《北京市旅游条例（草案修改稿）》提出的故宫、天坛、颐和园等景区，应逐步实行讲解员管理制度的修稿意见，颐和园积极引导《北京青年报》记者以阐述公园正规讲解队伍为切入点，有效维护颐和园的舆论形象。活动期间，共计报道18条，其中电视5条，报纸11条，广播2条。

（李 昆）

【香山公园服务大局应对红叶季新闻宣传】
10月13日，本着"低调不主动，应对不回避"的宣传原则，取消3个专题新闻发布会，并通过自媒体适时发布服务咨询和远端疏导；婉拒媒体采访，针对有关部门报道的连带反应，对主流媒体、都市媒体、网络媒体进行客观正面说明，婉拒23次现场采访，对特殊媒体的报道突出"错峰游园、文明游览"的主题；妥善做好应对，设置新闻风险点4类20项，完善应对口径。

（香山公园）

【香山公园参加市旅游委举办的红色旅游推介活动】10月18日，香山公园参加由市旅游委主办的"重温光辉岁月，再展红色经典"纪念红军长征胜利80周年800米画卷展暨红色旅游推介活动，并作为海淀区代表上台领取奖牌。活动以800米红色画卷的形式将长征沿途重要的红色旅游资源以及北京部分红色景区一一展现，香山公园双清别墅作为全国爱国主义教育示范基地列入其中；推介会发布了共130条精品红色旅游线路；公园向游客免费发放双清别墅及公园宣传折页，解答游客咨询。

（杨 玥）

【北海公园配合有关部门拍摄电视纪录片】
10月19日，北海公园配合北京市委宣传部对外推广局拍摄电视纪录片《建造古代皇城》。该纪录片是由市委宣传部对外推广局委托五洲传播中心与美国公共电视网联合制作，摄制组先后走访拍摄了公园团城、白塔、五龙亭、铁影壁、九龙壁等景区及景点。通过对园内代表性建筑的走访、拍摄，并结合美国科尔盖特大学亚洲历史研究教授David Robinson的现场讲述，对外展现了公园及我国的悠久历史和独特魅力，体现了中华文化的传承和发扬。该片制作完成后将在美国公共电视网NOVA栏目播出。

（汪 汐）

【中心系统自媒体推出"市属公园每周秋讯"】
11月22日，中心系统自媒体推出"市属公园每周秋讯"，累计推荐秋景150处，连续五周每周一期进行推荐，话题阅读量65万。①统筹安排。通过专项通知布置相关工作，细化、分类公园秋季景观，并整合发布。②疏解热点。每周末推荐市属公园彩叶、秋菊、秋实等景观，疏解香山红叶观赏季大客流。③细化服务。重视描述观赏感受、标注景区位置、推荐游览路线及分享实景图片，方便网友直观了解公园秋季景观。④多层宣传。秋讯内容被北京市外宣办"北京发布"平台全部予以采用，同时在新闻广播专栏同期播报，传统媒体跟进报道。

（宣传处）

宣传教育

【中心举办2017年公园年票发售新闻发布会】
12月16日,从为民办实事、共享获得感的高度,做好年票预售咨询和现场新闻宣传等工作。以玉渊潭公园提供良好的老年人购票环境为平台,提供热水、增配老花镜、现场咨询等服务,首次发布年票办理的十项便民措施,细化购票温馨提示,在中心政务微博上提前两天公布2017年公园年票须知,发布29处年票发售地点。各大主流媒体、网站和微博、微信等多种自媒体刊登转发,同时针对媒体误读和报道疑点进行引导和更正。中心宣传处、服务处负责人参加。

(宣传处)

【景山公园做好雾霾后记者采访接待工作】
12月22日,北京持续的雾霾天气终于放晴,中央电视台北京站、天津电视台、《北京日报》等多家媒体到景山公园拍摄,公园提前做好视频、影像记录留存,便于媒体对比使用,并在记者采访过程中,介绍了公园雾霾前后能见度、游客量变化。

(律琳琳)

【北海公园召开文创堂开业新闻发布会】
12月22日,北海公园召开"文创堂北海梵谷文化礼品旗舰店"开业新闻发布会。活动邀请北京电视台新闻频道、《首都经济报道》栏目、北京人民广播电台新闻频道、《北京日报》《北京青年报》《北京晚报》等15家新闻媒体的20余名记者参观、体验公园特色文化创意产品,并进行现场报道。公园新闻发言人工会主席夏国栋接受采访。

(汪 汐)

【天坛公园举办"新年礼物"新闻发布会】
12月26日,天坛公园就打造历史文化品牌、研发文化创意产品召开新闻发布会。管理科负责人向记者介绍文创产品研发成果,对天坛文创产品设计理念、研发特色及销售情况进行介绍。神乐署雅乐中心负责人向记者介绍了雅乐团致力于天坛礼乐文化普及传播,推动雅乐进社区、进学校、进博物馆等情况,并对即将在国图艺术中心举办的"坛乐清音"音乐会情况进行了介绍。北京电视台、《北京日报》、北京人民广播电台、《北京青年报》等8家媒体记者到园进行采访报道。

(邢启新)

【中心举办"文创产品·新年礼物"新闻发布会】
12月28日,中心宣传处和服务处联合举办市属公园"文创产品·新年礼物"新闻发布会。中心宣传处处长陈志强主持发布会并协调媒体采编;颐和园、香山、动物园、北海和天坛公园分别介绍文创产品研发工作思路和代表产品,通过图像演示和部分实物的方式进行展示;中心服务处副处长贺然就市属公园文创工作基本特点、推进过程、良好效果和未来设想进行了介绍,并接受媒体提问和采访。颐和园、天坛公园、香山公园、北京动物园、北海公园等市属公园共设立文创体验店23个,其中2016年新增13个,面积由原来的780平方米增加到1538平方米。2016年研发新增的文创产品304种。市属公园通过文创产品开发、文创体验店建立,为市民和游客增添多元化、个性化的旅游体验,同时也通过文创产品将丰富独特的公园文化传递给游人。这次新闻发布会首次以文创产品送出"新年礼物"主题编辑新闻通稿,推出十大爆款文创产品。各大主流媒体参加发布会并到动物园熊猫旗舰店现场采访，形成了良好的宣传态势。

（宣传处　服务处）

【陶然亭公园召开第七届陶然亭冰雪嘉年华新闻发布会】　12月30日，第七届陶然亭冰雪嘉年华新闻发布会在陶然亭公园南湖举办。发布会当日，公园邀请北京电视台《新闻》栏目、北京电视台《首都经济报道》栏目、《北京日报》、北京广播电台等20余家媒体，就陶然亭冰雪嘉年华初级滑雪体验区、南极小企鹅、冬奥知识走廊、冰雪娱乐项目等内容进行现场报道。北京市公园管理中心宣传处处长陈志强、公园经营管理科科长接受媒体采访，公园副园长杨明进、工会主席杨艳参加了新闻发布会。冰雪嘉年华活动期间，传统媒体和新媒体累计直接宣传529次，转载近万次。

（唐　宁）

【陶然亭公园自媒体平台工作】　年内，公园通过官方微博平台发布原创微博169条，累积阅读量32.62万次，主要针对公园冰雪活动、游船下水、海棠春花文化节、清明节游园、市属公园花信风向标、"五一"游园、端午文化活动、暑期动漫嘉年华、"十一"国庆节进行实时报道，为广大游客提供及时、准确的游园信息。利用微信平台，发布文章51条，累积阅读量5.5万次，全方位展示公园园容园貌、文化活动、职工风采、安保服务。同时，设计并制作公园微信平台二维码标识，贴于门区、展厅、景区旁，增加"双微"平台关注度。不断完善微信自动回复及语音导览功能，游客可在回复栏目下输入对应景点序号或景点名称，在线查询景点信息，了解公园动态。

（唐　宁）

【中山公园自媒体发布】　年内，中山公园政务微博现有粉丝7411人，发布微博消息237条。涉及花卉展览、历史文化、景观介绍、赏花推荐等内容，每天4个时段发布"在园游人数"和"舒适度预告"实时播报。根据游客实时数据与周边环境监测分析，引导游客错峰游览，合理选择游览线路。

（憨松卉）

【北海公园对园内特色花卉进行宣传报道】　年内，北海公园邀请北京电视台新闻、财经、生活频道对北海公园内春花、夏荷、秋菊进行新闻宣传报道，相关信息于《北京您早》《直播北京》《特别关注》《都市晚高峰》等节目中播出。

（刘　汕）

【北海公园官方自媒体进行生态文明建设相关宣传】　年内，北海公园官方自媒体积极进行生态文明建设相关宣传，全年累计报道春花秋景15期。年内，北海公园官方微博共发布微博405篇，其中原创博文164篇。微博粉丝总量8700人，其中新增1503人。

（刘　汕）

【紫竹院公园微博公众号情况】　本年度公园政务微博粉丝数约2200人，共计发布微博254条，其中原创83条，转发171条。为进一步打造全国公益性示范公园，创建免票公园行业典范，3月18日公园申请了公众微信订阅号，并通过了官方认证，截止到12月31日，公园微信公众号共发布微信31条，回复咨询30条。

（姜　翰）

【玉渊潭公园全方位开展多媒体融合式新闻宣传】 年内，玉渊潭公园集中力量做好大项任务新闻宣传，围绕雪地趣味运动会、中堤桥开放、樱花文化活动、秋实展、年票销售、冰雪节等中心工作召开不同规模的新闻发布会15次，主动配合中央电视台、旅游卫视等媒体来园拍摄；提前研判媒体关注的热点新闻，紧抓清明假期重点节点与保卫、护园等部门联合策划"不文明游园"管理的宣传，得到了媒体的广泛关注；拓宽工作思路，与天津每日新报、北京晨报合作，通过摄影采风、举办公益活动等方式，加大对公园的宣传力度；重视与新华社、中新社、《人民日报》等中央媒体、主流媒体的沟通联系，扩大面向全国的影响力，通过北京电视台、《北京日报》《北京晚报》《北京晨报》《北京青年报》《法制晚报》等主流媒体覆盖面广的优势，以及针对自媒体微博、微信等网络传播速度快的特点，加强互动宣传，全年累计发布微博645条，微信120条，创新了多媒体融合宣传新模式；注重做好重大节日、重大活动期间的新闻预警、舆情监测等工作，为公园发展营造良好舆论环境。全年撰写新闻稿件37篇，接待新闻媒体360余人次，刊发新闻1144篇（条），其中电视363条，报刊716篇，广播65条。

（秦　雯）

精神文明建设

【香山公园召开2015年精神文明建设工作总结会】 1月14日，公园组织开展道德讲堂——2015年度精神文明建设总结专场活动，包括总结回顾、主题发言、有奖问答、互动展示4个环节，着重对2015年度精神文明建设成果进行展示，对年度五件最佳好人好事进行表彰，观看视频对红叶观赏季进行回顾，对全年主题宣传活动进行提炼开展有奖问答，对年度好人好事用小品演绎展示、歌曲合唱等。公园党委书记马文香总结发言。各党支部书记、机关部分科长、职工代表近60人参加会议。

（武立佳）

【陶然亭公园开展冰雪冬奥公益志愿活动】 1月27日，公园开展"相约陶然，与爱同行"冰雪冬奥公益志愿活动。公园组织近10组困难家庭到公园体验冰雪乐，感受冬奥情。活动中，学雷锋志愿者为小朋友讲解冬奥知识，协助参加活动的家庭做游戏，并为获奖家庭颁发文明游园小礼品，鼓励小游客争当文明游园和迎冬奥小使者，为公园营造出浓厚的迎冬奥氛围。活动最后，公园志愿者引导参加活动的小朋友在主题条幅上签名，为迎接冬奥会的到来加油助威。

（周　远）

【北京动物园开展"新春纳福 文明游园"志愿服务活动】 2月7~12日,公园青年志愿者在重点场馆提供咨询、引导、讲解等便民服务,并号召游客爱护动物、文明游园。60名青年志愿者共计服务532小时,服务游客8000余人次,帮助游客解决困难120余起,纠正影响公园景观等不文明行为247次,提供咨询服务1800余次。

(孟 庆)

【景山公园开展"金猴迎春送祝福,文明游园我最美"主题系列活动】 2月7~13日,景山公园开展"金猴迎春送祝福,文明游园我最美"主题系列活动。一是营造节日文明游园氛围,制作文明游园、社会主义核心价值观内容的文明游园宣传短片,在景山公园南门LED大屏幕循环播放,编辑节日游园广播稿,在游园高峰时段进行广播,在公园门区电子显示屏滚动播放文明游园宣传口号。二是开展岗位学雷锋优质服务活动,全体一线岗位职工佩戴践行社会主义核心价值观绶带,以高质量的服务水平为节日游园保驾护航。三是正月初三,公园党总支开展了"我是最美文明游园人"主题活动,游客通过宣读《文明游园倡议书》,关注景山公园官方微信以及"文明总动员"微信公众号的形式参与文明游园倡议活动,参与活动的游客近500人,发放宣传折页、纪念品600余份。

(安 然)

【香山公园组织开展"寒冬送暖"主题志愿服务活动】 香山公园团总支根据香山小气候特点和春节索道运营实际,组织索道站青年团员开展"寒冬送暖"主题志愿服务活动。团总支提前购买姜味红糖和一次性杯子,安排布置主题活动。2月7~13日,索道站共有6名团员青年参与活动,索道下站设置的"送暖"服务站共为300余名游客提供免费的红糖姜水,为近千名游客提供信息咨询和出站引导服务。

(杨 鹤)

【"新春送祝福,文明逛公园"主题宣传活动】 2月8日(大年初一),中心党委书记郑西平、中心服务管理处处长王鹏训、中心宣传处处长陈志强到天坛公园慰问新风奖获得者刘绍晨、公园好职工获得者姚倩、绿化能手杨辉以及一线岗位的干部职工,并送上新春祝福。在北门内广场的"新春送祝福,文明逛公园"主题宣传活动现场,摆放了"文明游园三字经"、绿色出行逛公园宣传展板和易拉宝,中心领导向公园先进典型发放了"猴娃"吉祥物,为游客贴上"文明游园我最美"主题胸贴,并发放市属公园春节游园活动宣传折页。此外,门区售验票、护园巡查、游客服务中心等一线岗位职工身贴文明游园胸贴,主动向游客问候过年好,立足岗位文明服务、优质服务,很多游客也为奋斗在公园一线岗位的职工送上新春祝福。此次活动共发放主题宣传折页200余份、文明旅游主题扑克20余副。天坛公园全体领导一同参加。

(张 轩)

【陶然亭公园团委组织开展庙会志愿服务】 2月8~12日,公园团委组织志愿者开展志愿服务,为公园春节庙会贡献力量。一是在东门广场设置学雷锋志愿服务宣传台,为游客提供活动介绍、指路咨询等服务,并送上新春的祝福。二是在慈悲庵邀请文明游园小志愿者与公园志愿者一同倡导文明看展览、文明逛庙会。三是公园志愿者利用岗下时间在门区进行疏导，保证了游客游览秩序。活动期间，共发放宣传折页2000份，提供指路咨询10万余次。

（周　远）

【北京植物园开展"金猴迎春送祝福"主题宣传活动】　活动于2月举办，通过门区电子显示屏循环播放"文明游园我最美"宣传口号，同时利用宣传栏、展板等，营造宣传社会主义核心价值观的浓厚氛围。以温室学雷锋志愿服务岗和游客服务中心学雷锋志愿服务站为依托，开展主题宣传咨询活动，发放贺卡、文明旅游出行指南等宣传材料，引导游客、市民关注"文明总动员"微信公众号。通过文明承诺、诵读文明口号等多种形式，在游客互动参与中大力宣传社会主义核心价值观和雷锋精神，倡导爱花护绿文明游园。一线职工佩戴社会主义核心价值观主题绶带上岗，主动向游客问候"新年好"，引导游客有序排队购票，并提供义务讲解、指路答疑等服务。对"公园新风奖"获得者、先进职工进行慰问，发放"善满京城"春节文明吉祥包。

（古　爽）

【紫竹院公园开展学雷锋志愿服务活动】　3月2日，紫竹院公园党委与海淀区文明办联合开展学雷锋志愿服务宣传活动，活动面向广大市民发出"学雷锋在行动"倡议；搭建文明游园、旧衣改造、免费义诊等咨询展台。公园青年志愿者身着志愿者服装，佩戴"学雷锋　树新风"宣传绶带，借助文明游园主题宣传展板，大力倡导文明游园和绿色出行的理念，面向广大游客发放首都公民文明旅游出行指南宣传页、绿色出行公交线路图、紫竹院公园导览图、消防安全、禁烟条例等内容的宣传彩页共计600余份，完成现场咨询400余次。

（刘　颖）

【天坛公园开展学雷锋志愿服务活动】　3月4日，公园党委举办"文明诚信服务，绿色低碳游园"学雷锋志愿服务活动。以公园南门导游服务中心荣获全市第二批"首都学雷锋志愿服务站"为契机，一是在南门外设立非紧急救助服务站，为游客提供轮椅、小药箱、针线包等便民服务。二是在南门内广场设立宣传咨询台，"天坛之星"获得者代表为游客提供志愿讲解、游园咨询、健康诊断及咨询、家庭花卉养护知识咨询等服务，向游客发放自制的"爱心服务卡"、文明游园宣传册和纪念品等共计500余份。三是现场张贴"首都学雷锋志愿服务"宣传海报，引导游客通过微信关注全市学雷锋志愿服务活动。中心宣传处处长陈志强参加活动。BTV《北京新闻》给予现场采访和宣传报道。

（张　轩）

【天坛公园召开"天坛之星"表彰大会】　3月4日，天坛公园党委召开2015年度"天坛之星"表彰大会，暨2016年第一场道德讲堂。表彰会将学习贯彻中心2016年工作会精神、弘扬雷锋精神、加强选树先进典型和道德讲堂工作相融合。会上，与会人员合唱歌曲《学习雷锋好榜样》，园长李高宣读《关于向2015年度"天坛之星"学习的决定》，参会领导为12名"天坛之星"获得者颁发奖状和绶带，为各党支部代表颁发《2016年工作"口袋书"》。青年职工代表、神乐署雅乐中心郭萌发出岗位学雷锋倡议，"天坛之星"获得者代表吕玉欣、张綦、张殿春结合幻灯片演示，宣讲他们岗位学雷锋的事迹和感悟。党委副书记董亚力从贯彻中央"两学一做"教育活动的角度，宣读《2016年道德讲堂教育活动实施方案》。组织12名"天坛之星"在各自的宣传展板上开展了签字仪式。党委书记夏君波讲话。中心宣传处处长陈志强对天坛公园精神文明建设等党建工作给予充分肯定，并提出要求。公园领导班子成员、全体中层干部、各党支部党团员及班组长骨干代表等共计100余人参加活动。北京广播电台、《劳动午报》《北京青年报》《晨报》等媒体给予宣传报道。

（张　轩）

【景山公园开展"爱满公园"学雷锋志愿服务】　3月4~5日，景山公园在东门广场开展"爱满公园"学雷锋志愿服务。灯市口小学东官房校区小学生、"公园之友"志愿者、公园领导和工作人员40余人参加活动。公园在广场设立了"文明游园我最美"倡议书和"向雷锋同志学习"等宣传牌示，志愿者开展捡拾垃圾、义务讲解、旅游咨询和游园指路等志愿服务，邀请游客在"弘扬雷锋精神，文明游园我行动"承诺牌上签名，并为游客发放《绿色出行我带头　文明游园我最美》、降噪宣传折页及纪念品。活动共发放宣传材料600余份，700余名游客参与活动。

（刘水镜）

【中山公园开展学雷锋志愿活动】　3月5日，中山公园党委组织开展"践行雷锋精神　弘扬文明风尚"活动。组织志愿者擦拭园内社会主义核心价值观牌示；在科普小屋开展"盆栽梅花养护技术咨询"活动，邀请公园有着37年盆栽梅花养护经验的花卉技师关富生，讲解盆栽梅花的修剪与养护，播放梅花相关视频及图片，邀请游客免费品尝梅花茶；志愿者统一佩戴"公园学雷锋"胸牌，义务为游客普及花卉养护知识，解答游客家养花卉问题，为游客发放公园便民服务游览路线图50余份，解答游客提问20余人次。

（宋海燕）

【香山公园学雷锋日慰问公园"小雷锋"】　3月5日，香山公园党委书记马文香、副书记孙齐炜、副园长宗波、工会主席苗连军到公园东门、双清别墅慰问大学生志愿者和小学生志愿者，送上公园的问候。马文香与志愿者们交谈，希望志愿者们为公园志愿服务工作出谋划策，在服务形式创新上建言献策。慰问期间，几位领导分别与大学生志愿者和小学生志愿者合影留念，并送上新年祝福。

（杨　鹤）

【中心系统集中开展"爱满公园"学雷锋志愿服务】　3月5日学雷锋纪念日当天，市公园管理中心各单位45处首都学雷锋站、岗分别开展"保护文物、爱绿护绿、降低噪音、公园讲解、养花咨询"等志愿服务活动百余项，500名职工与万名游客共同参与，共同营造公园"向上向善、诚信互助"的社会风尚。在公园窗口张贴学雷锋主题宣传海报120张，借助公园35处电子屏、宣传栏等载体进行集中宣传，北京电视台《北京新闻》等及时报道。中心直接组织申报的颐和园导游服务中心东宫门、景山公园之友、香山双清别墅等6处站、岗，被首都文明委评为"首都学雷锋示范站、岗"。

（宣传处）

【香山公园召开年度志愿服务工作总结表彰

会】3月20日,香山公园团总支根据全年工作计划,组织召开香山公园2015年度志愿服务工作总结表彰会。会议先由香山公园志愿服务队队长杨鹤做《香山公园2015年志愿服务工作报告》;香山公园团总支委员郑蕊宣读《北京市香山公园志愿服务队关于表彰2015年公园志愿服务先进领队、先进个人及优秀项目的决定》,颁发荣誉证书;签署《2016年香山公园志愿者服务协议》;志愿者代表感悟分享;观看《凝心聚力共筑梦想》《继承创新探索发展》视频短片,回顾公园2015年全面工作及共青团全面工作。市公园管理中心团委李静、公园党委副书记孙齐炜、香山街道团工委负责人朱茂楠等共计45人参加。

(杨 鹤)

【陶然亭公园开展降噪宣传志愿活动】 3月26日,陶然亭公园开展了降噪志愿宣传活动。为更好地配合公园开展降噪工作,公园团委邀请北京十五中志愿者和公园志愿者一同到公园东门广场进行文明游园宣传活动。志愿者为游客发放了降噪宣传折页,告知游客噪音危害,并倡议游客安静游园、减少噪音,许多游客表示赞同。活动共设置降噪游园展板6块,为游客发放折页300余份,服务游客500余人。

(周 远)

【景山公园组织开展"传承雷锋精神,服务保障两会"系列志愿活动】 3月,景山公园组织开展"传承雷锋精神,服务保障两会"系列志愿活动。一是公园绿化队、护园队团总支组织团员青年到金秋园敬老院,帮助打扫卫生,陪老人唱歌、聊天;二是景山公园之友开展了"爱满公园学雷锋,我们为您义务服务"学雷锋活动,推出学雷锋志愿服务清单,由景山公园之友志愿者、灯市口小学学生志愿者、景山公园青年志愿者在公园之友学雷锋服务站前开展义务讲解、养花常识解答、园容卫生提升、降噪宣传、文明游园倡议、文明游园签名承诺、义务指路等活动,受到游客欢迎;三是机关团支部组织团员青年利用午休时间到寿皇殿建筑群,集中打扫古建院落卫生,维护文物洁净,消除安全隐患。

(律琳琳)

【景山公园开展"文明游园我承诺"主题宣传系列活动】 4月2~4日,景山公园开展"文明游园我承诺"主题宣传系列活动。在LED大屏幕持续播放文明游园宣传片,在游园高峰时段播放文明游园宣传广播,公园一线岗位职工佩戴学雷锋绶带,积极倡导文明游园;公园组织非一线岗位职工进行文明引导,为游客提供义务讲解、咨询解答、指路等服务;制作4块"我承诺不攀折花木""我承诺不乱扔垃圾""我承诺不践踏草坪"的中英文牌示,由"公园之友"志愿者邀请中外游客与文明游园承诺牌示合影,并鼓励游客自拍发到朋友圈,传递文明游园正能量;制作公园清明小长假赏花风向标及游园路线展板1块,为游客推荐3处赏花点和3条游览路线。

(安 然)

【天坛公园开展宣传实践活动】 4月5日,天坛公园党委开展"指尖上的文明,做安静的天坛赏花人"宣传实践活动。将3月底至5月中旬天坛公园开放的8种主要花卉的花期、观赏位置、规模、观赏特点等内容,制作成《天坛公园最佳赏花季》宣传折页,附带文明赏花"五不要"等宣传口号向游客进行发放。

向游客发放天坛菊花和月季的宣传折页,以及《首都公民文明旅游出行指南》《文明赏花倡议书》《文明游园三字经》《绿色低碳游园交通线路图》等,引导游客在赏花的同时文明低碳游园。学雷锋志愿者共为游客提供咨询、讲解等服务,向游客讲解并推荐目前处于盛花期的花卉品种及地点,并向游客宣传文明赏花理念,共发放宣传材料近千份。

(王小铮)

【天坛公园举行"低碳环保 让生活更美好"主题实践活动启动仪式】 4月8日,天坛公园举行"低碳环保 让生活更美好"主题实践活动启动仪式。仪式由党委书记夏君波作动员,观看环保视频、传授生活小妙招、主题活动安排部署、退休党支部书记做倡议和发放环保纪念品。其中,原工会副主席王林秀传授的生活小妙招利用废弃布头、毛线制作的布贴,得到全体同志的高度赞扬,退休干部党支部书记赵志刚倡议广大离退休干部"带头做文明有礼的北京人"并下发倡议书。党委书记夏君波提出要求。启动仪式为公园全面开展"低碳环保 让生活更美好"主题活动拉开了序幕。70余名离退休老干部参加。

(王雪)

【"为中国加分"文明旅游公益行动"绿色旅游"主题活动在天坛举行】 4月15日,"为中国加分"文明旅游公益行动"绿色旅游"主题活动在天坛举行,该活动由国家旅游局主办,北京市旅游委、首都文明办承办,启动仪式分会场设在祈年殿举行。中心第九届青年干部培训班26名学员以及60余名职工参加活动。活动现场大家一同背上环保袋、竖起大拇指,共同唱响"做文明游客,为中国加

分"和"文明旅游,绿色出行"的文明旅游口号。党委书记夏君波、园长李高、中心党校常务校长季树安,副园长王颖出席活动。

(于戈)

【景山公园启动道德讲堂活动】 4月25日,景山公园绿化队党支部开展了以岗位成才为主题的道德讲堂活动。活动内容分别是重温一首爱国歌曲《公民道德歌》,团员青年代表诵读《论语》,观看道德模范视频短片《中国梦365个故事》之在水边,青年职工代表讲述身边的老班长王庆起的先进事迹,而后开展的拜师学艺仪式将此次道德讲堂活动推向高潮,同时新、老徒弟代表进行了典型发言,景山公园领导班子成员为师父和徒弟发放了专业工具作为纪念品。最后,全体参会成员欣赏了绿化队职工的快板表演。公园党总支书记吕文军、园长孙召良、副园长宋恺等参加此次活动。

(安然)

【玉渊潭公园举办道德讲堂活动】 4月26日,玉渊潭公园以"展望十三五 共筑公园梦"为主题举办道德讲堂活动,内容结合落实中心2016年工作报告精神和公园"十三五"规划,参与宣讲和交流发言的有科级干部、专业技术人员、党员骨干、一线职工等12名。公园党委书记赵康总结点评并分享体会。公园领导班子,科级干部、党团员及职工代表共计50余人参加道德讲堂活动。11月4日,玉渊潭公园开展中心第二届"十杰青年"宣讲会暨"不忘初心 继续前进 学习十杰 岗位建功"道德讲堂活动,通过视频短片回顾"十杰青年"评选教育活动过程;"十杰青年"代表分别进行事迹宣讲;青年职工与"十杰青

年"互动交流,解决工作上的实际问题或疑惑;青年职工代表畅谈学习体会和感悟,表达了向十杰青年学习的决心和信心;表彰"十杰青年"魏硕。中心团委负责人李静出席活动并为其颁发荣誉证书。公园党委副书记鲁勇参加活动,景山公园团总支书记、动物园团委副书记,公园青年团员40人参加。

(秦 雯 侯翠卓)

【园林学校完成重要行业志愿服务任务】 4月29日,园林学校20名师生志愿者受北京花卉协会邀请参与为迎接2016年世界月季洲际大会开展的"月季红五月,市花进万家"主题公益活动启动仪式。志愿者利用所学专业技能完成月季花材摘叶、整枝、去刺的任务,协助来自全国的10位花艺师共同设计制作月季花束,并将花束献给北京1000位全国劳动模范。

(赵乐乐)

【陶然亭公园开展"做文明游客为中国加分"主题活动】 4月30日至5月2日,"五一"劳动节期间,陶然亭公园在全园各岗位开展"做文明游客,为中国加分"主题宣传活动,引导游客文明游园,制止不文明行为。公园各门区工作人员严把入园第一道关,3天期间共劝阻不合格车辆(残疾电动车)入园30余次;高石墓、慈悲庵革命史迹展、社会主义核心价值观主题公园、4个展览共接待游客11万人次,提供义务讲解10次,其中水榭园史展全天启动自动导览服务;护园队加强安全巡视,共清理游商45次,劝阻野钓70余人次,制止其他不文明行为103次;游客服务中心及门区为游客提供轮椅、小药箱等便民服务60余次,提供服务咨询千余次;园艺队及公园志愿者加强绿地巡视,禁止践踏草坪、花径及攀折花木等不文明行为百余次;公园门区、游船队及游客服务中心电子显示屏全体滚动播放宣传口号,公园北门LED大屏幕全天播放降噪工程,提高游客的降噪意识。

(王 帆)

【景山公园开展"传递文明正能量"主题文明游园系列活动】 4月30日至5月2日,公园开展"传递文明正能量"主题文明游园系列活动。一是在公园门区LED屏和南门大屏幕持续播放文明游园宣传口号和宣传片,在游园高峰时段播放文明游园宣传广播,积极倡导文明游园;二是组织非一线岗位职工开展文明引导活动;三是在公园范围形成由"公园之友"学雷锋志愿者、灯市口小学东官房校区小学生志愿者和市园林学校学生志愿者组成的"文明游园我承诺"流动风景线,劝阻不文明游园行为。

(安 然)

【香山公园开展"情满香山奉献五一"主题志愿服务活动】 5月1～3日,香山公园团总支组织开展"情满香山奉献五一"主题志愿服务活动。公园志愿者分别在东门检票处协助门区职工进行检票及门区秩序维护工作;在公园东、北门门区、主干道开展义务指路、信息咨询、文明引导等工作;在双清别墅开展维持游览秩序、劝阻不文明行为、保障游客安全等工作;在园中园碧云寺协助职工看管殿堂文物等志愿服务工作。本次志愿服务活动共有60名志愿者参加,服务游客千余人。

(杨 鹤)

【香山公园发挥爱国主义教育基地宣传阵地作用】 5月20日，香山公园推动京、津、冀红色教育基地的联动发展，应邀赴天津周恩来邓颖超纪念馆开展交流座谈，初步达成合作意向；双清别墅接待河北省党校、石景山法院、长沙市委党校处级干部实习班等280人，发挥红色宣传阵地作用。

（香山公园 天坛公园）

【陶然亭公园张贴"北京榜样大型主题活动"宣传海报】 5月26日，为响应首都文明办号召，在全市选树一批"崇德向上，奋发向上"的榜样人物，充分发挥榜样的引领和示范作用，打造培育和践行社会主义核心价值观的品牌活动，陶然亭公园在公园门区、经营队、服务二队、游船队等适当位置张贴"北京榜样2016大型主题活动"宣传海报共计14张，切实发挥了公园的宣传阵地作用。

（王 帆）

【行走母亲河5公里亲子公益赛在玉渊潭公园举行】 5月29日，由《北京晨报》与阿里公益天天正能量共同发起"行走母亲河"5公里亲子公益赛活动在玉渊潭公园举行，通过网络招募的150组公益家庭完成5公里徒步闯关活动，通过参与亲子游戏了解水知识，让孩子们在游戏中学会节约用水，识别污染水源的垃圾，培养激发孩子们保护水资源的兴趣，引起社会对江河保护的关注。在亲近自然的同时，生动形象地向孩子们宣传环保理念。公园党委书记赵康、副园长原蕾、《北京晨报》副总编光炜参加活动。《北京晨报》对活动进行了头版报道。

（秦 雯 杨春莹）

【首都百名最美少年事迹展活动在玉渊潭公园举办】 5月31日，首都百名"最美少年"事迹展活动在玉渊潭公园成功举办。活动由首都文明办联合市教委、团市委、市妇联、市关心下一代工作委员会主办，由《北京少年报》、玉渊潭公园承办。中央文明办三局李卫强处长、首都文明办滕盛萍主任、团市委黄克瀛副书记、市妇联周志军副主席、市关工委滕毅秘书长、市教委徐志芳处长、市公园管理中心宣传处陈志强处长等领导出席。活动现场，海淀实验小学金帆合唱团合唱《社会主义核心价值观歌谣》，首都精神文明办滕盛萍主任致辞，与会领导为"最美少年"代表颁发证书，"最美少年"代表东城区新鲜胡同小学孙云歌同学宣读倡议书，北京市少年宫学生配乐表演了诗朗诵《中华少年》等。仪式结束后，与会领导一同参观在公园玉和光影影廊展出的百位"最美少年"事迹展，荣获"最美少年"代表到公园湿地园区体验湿地科普课程。公园各部门积极配合做好活动的相关服务保障工作。

（秦 雯）

【首都少先队员"六一"集体入队仪式在玉渊潭公园举行】 6月1日，"牢记嘱托 快乐成长"首都少先队员"六一"集体入队仪式在玉渊潭公园举行。此次活动由共青团北京市委员会、少先队北京市工作委员会主办，海淀区教工委、海淀区少工委和玉渊潭公园承办。在公园的中国少年英雄纪念碑广场，来自全市的1000名优秀少先队员和新少先队员代表参与现场活动，其中500名新队员光荣入队。整个入队仪式分为全体唱《国歌》；出少先队队旗；少先队员代表诗朗诵《奋飞吧 雏鹰》；北京市少先队总辅导员宣传入队决定；新队员入队；新队员宣誓、老队员重温入队誓词；领导为新中队授旗；观看《牢记嘱托 快乐成长》宣传教育片；全体唱《队歌》；呼号等环节。首都文明办主任滕盛萍、市委宣传部副部长余俊生、团市委副书记（主持工作）熊卓、中心党委副书记杨月、海淀区副区长徐永全、团市委副书记、市少工委主任黄克瀛、团市委副书记杨海滨、郭文杰、王洪涛和市志愿服务指导中心主任郭新保、公园园长毕颐和、党委书记赵康、副园长高捷、原蕾等领导参加活动。公园全力做好仪式筹备前期服务和活动的服务接待、安全保障等工作。《中国青年报》、中新社、北京电视台、《北京日报》、首都之窗、《北京青年报》等媒体做了现场报道。

（秦 雯）

【陶然亭公园开展"寄情端午，志愿陶然"学雷锋志愿活动】 6月9～11日端午小长假期间，陶然亭公园开展了端午文化活动，游客量较平日有很大提升。公园团委动员广大志愿者开展"寄情端午，志愿陶然"学雷锋志愿活动。公园联合社会志愿团体广泛招募来自北京工商大学、北京联合大学等高校的大学生志愿者16人，经岗前培训，为门区、四项展览等接待游客量较大的岗位提供文明引导、调查问卷、门区疏导等志愿服务，工作时长112小时。公园服务一队团支部、游船队团支部、服务二队团支部、经营队团支部按要求，分别通过"岗下奉献半小时""延长营业时间"的方式，开展志愿服务，奉献岗位，累计服务时长230余小时。倡议文明游园。各团支部团员加强全园巡视工作，对不文明游客及时劝阻，为营造良好游园环境提供保障。

（王 帆）

【景山公园开展"寻找最美文明游客"主题文明游园系列活动】 6月9～11日，公园开展"寻找最美文明游客，文明旅游送祝福"主题文明游园系列活动。公园在门区LED屏持续播放文明游园宣传口号，倡导文明游园；一线岗位职工佩戴学雷锋绶带为游客提供咨询解答、文明游园引导、指路等服务；组织"公园之友"首都学雷锋志愿者开展文明游园巡视，邀请文明游园的游客代表手持"我在景山公园文明过端午"宣传牌示在景山公园主要景点拍照留影，并鼓励游客将参与景山公园文明活动照片转到朋友圈，为参与活动的游客送五彩绳、香囊等端午传统纪念品。

（安 然）

【天坛公园开展"礼乐传文化，端午文明游"宣传实践活动】 6月12日，天坛公园开展"礼乐传文化，端午文明游"宣传实践活动。"公园好职工"获得者王玲为北京市爱国主义教育基地——神乐署悬挂"首都学雷锋志愿服务岗"牌示。神乐署职工身着汉服，向游客展示古代乐器的演奏方式，邀请小游客现场体验为古代乐器描金，并在凝禧殿开展"雅乐文化开放日"活动，让游客聆听"中和韶乐"的同时，"零距离"触摸古代乐器。开展文明游园宣传实践活动，分别在首都学雷锋志愿服务站（岗）神乐署和南门导游班设立宣传咨询台，为游客发放《天坛公园端午游园活动》宣传折页，在宣传公园端午三大类、5项主题活动的同时，传递"保护世界文化遗产，弘扬中华优秀文化"、降低噪音、爱护绿地和树木、不在公园吸烟等文明游园理念，并提供义务讲解200余人次，发放宣传材料近千份。工会主席段连和参加活动。

（王小铮 霍燚）

【陶然亭公园开展道德讲堂宣传活动】 6月14日，为纪念建党95周年，陶然亭公园结合党员队伍建设和先进典型选树工作，开展了"我身边的共产党员"主题道德讲堂宣讲活动。公园9个党支部分别派出代表，以身边的共产党员为素材，通过PPT展示与演讲相结合的方式，对公园优秀共产党员的事迹进行展示和宣讲。此次道德讲堂宣讲活动以小见大、微中见远，引导公园全体干部"讲奉献、有作为"，从小事做起，从自身做起，做一名合格职工、合格党员、担当干部。公园班子成员、中层干部及职工代表共计90人参加了此次活动。

（王 帆）

【北京动物园参加中心纪念建党95周年演出】 6月27日，在中国儿童中心影剧厅，北京市公园管理中心为纪念建党95周年举办"颂祖国 心向党 赞名园"职工文艺演出，北京动物园工会演绎《春暖花开》手语表演。共组织公园12名职工及6名职工子女参加演出。

（师慧伶）

【中心四项举措为"七一"建党95周年献礼】 6月30日，市公园管理中心四项举措深化拓展红色游，为"七一"建党95周年献礼，共推出"建党爱国游""红色纪念游""社会主义核心价值观主题游"三大公园暑期红色游线路，包括香山公园双清别墅《中国梦正圆——十八大以来党中央治国理政新思想新实践》专题展览；陶然亭公园高石墓《高君宇／石评梅生平事迹展》；颐和园益寿堂《古都春晓——寻访中国共产党"进京赶考"之路》主题展览等12项展览。近一阶段，双清别墅等市管11家单位红色教育基地累计接待社会团体近600余个、3.6万余人次。整合红色教育资源。深入挖掘11家市管公园红色历史文化资源，结合建党95周年、"两学一做"学习教育，为市民游客、机关团体定制红色展览党员教育活动；联动京、津、冀红色基地，将天坛、北海、陶然亭、中山等北京历史名园中10余处"红色基地"相串联，并联合天津市周恩来邓颖超纪念馆、河北省石家庄市西柏坡纪念馆，推出红色主题展览；强化环境维护与设施服务。细化服务接待，扩充展览的内容和表现形式，布置党旗及入党誓词，配置应季花卉和绿植；积极营造红色游氛围。发挥市属公园宣教阵地作用，利用官方网站、微博、微信等平台，并与《人民日报》等媒体合作，吸引市民游客重温红色纪念，铭记光辉历史，邀请北京电视台、《北京日报》《法制晚报》《北京青年报》等媒体对红色游进行专题报道。

（孙海洋）

【中心工会、团委联合举办"铸造卓越团队 点亮精彩人生"青年职工素质拓展训练】 7月7~8日，活动在北京国际青年营顺鑫营地举办，组织中心系统80余名青年职工参观焦庄户地道战遗址纪念馆，接受爱国主义教育；聆听团队建设知识讲座并进行实操演练；分组进行素质拓展训练项目，组织青年职工开展座谈交流。

（工 会 团 委）

【香山公园开展"红领巾"小导游暑期志愿服务实践活动】 7月14日，公园团总支联合西苑小学开展"红领巾"小导游暑期双清志愿服务实践活动。12名"红领巾"小导游身着军装、头戴军帽，在双清别墅开展义务讲解。

为来园游客讲述双清别墅历史、中国革命发展史、红色进京路及革命伟人故事，激发游客的爱国情怀，共服务游客100余人。

（杨 鹤）

【香山公园开展暑期文明游园宣传活动】 7月21日，香山公园开展"未成年人绿色文明游园"活动。参与活动人员主要为公园职工子女共20余人，通过一同设计制作文明游园使者帽子、讲解文明游园知识等，引导小朋友们不乱扔垃圾、不踩踏草坪等，从小树立环保意识，并在主题横幅上写下承诺，做文明游园小使者。与小朋友互动，准备纪念建党95周年特色宣传品漫画版"手绘双清"，共同画出心中的"彩色双清"，加强未成年人对红色教育的认知。

（武立佳 蔡 忆）

【景山公园开展"最美一米风景，文明达人先行"主题文明游园活动】 7月23日，景山"公园之友"学雷锋志愿者配合景山公园举办的暑期昆虫科普展活动，为公园营造文明和谐的游园氛围。6名"公园之友"志愿者佩戴学雷锋绶带，充分发挥示范带头作用，在展览重点区域开展文明游园引导、劝阻不文明游园行为、维护游园秩序、解答游客咨询等志愿服务活动。

（安 然）

【紫竹院公园开展文明游园活动情况】 7月26日，公园在东门内广场开展"文明健身展身姿，自觉降噪见行动"文明宣传引导活动，"最美一米风景"暑期文明游园主题利用胸贴、易拉宝、宣传海报、扫二维码、门区LED显示屏等宣传媒介，引导市民、游客了解"最美一米风景"主旨，在暑期出游时自觉自律、文明出行，营造文明身影画中游，风景尽收我眼中的优美景致；突出"自觉降噪见行动"主题，通过制作降噪和"噪音的危害"系列宣传展板、制订《紫竹院公园噪音治理管理办法》、约谈各活动群体负责人、发放倡议书、致游客的一封信等形式，向游客推广噪音超标对人体造成伤害的常识，呼吁游客在园内健身时自觉降低音箱等设备音量，文明健身，引导市民游客主动参与公园公共空间管理，树立并强化"公园也是我们的家"理念，共同打造文明和谐的游园氛围；做好暑期文明游园的安全提示工作，以发放宣传页等方式引导市民、游客加强安全意识，平安入园，文明游园。

（郭昕怡）

【陶然亭公园开展保护文物宣传志愿活动】 7月26日，公园在中央岛慈悲庵开展了以"保护文物，传承历史，文明观展"为主题的宣传活动。志愿者统一佩戴主题绶带、胸贴，向游客们重点宣传在参观展览、文物保护及红色文化等相关知识，以提升游客们的文物保护意识，号召游客弘扬红色革命传统，文明游园、绿色出行。活动中，青年党团员志愿者解答游客的各类咨询问题共计60余个，为游客发放文明游园、景点介绍及宣传材料300余份。

（周 远）

【景山公园开展"纸上最美一米风景"活动】 7月30日，公园在科普园艺中心首次举办"纸上最美一米风景"活动。由公园绿化专业技术人员邀请小游客制作精美的花瓣画，并讲解植物知识，用亲自动手制作纸上最美一米的风景，培养孩子爱绿、护绿、植绿和文明游园的正确理念，小朋友们带上文明游园宣传帽，手拿文明游园小扇子和自己的作品合影留念，并通过微博、微信平台宣传、转发此次活动，传递文明游园正能量。

（安 然）

【中心召开"一米风景我最美，文明游园我最亮"主题宣传推进会】 8月2日，根据首都文明委的专项工作部署，首都文明办、市旅游委和市公园管理中心联合举办主题宣传推进会。由天坛公园承办。市公园管理中心党委副书记杨月出席活动。在天坛公园祈年殿院内的现场推进会上，中心宣传处处长陈志强介绍了中心系统"一米风景我最美"暑期文明游园主题宣传活动方案，天坛公园党委副书记董亚力、公园之友代表、天坛公园游客代表分别发出了岗位文明优质服务、践行文明游园理念、弘扬公园文明风尚的倡议。市属11家公园及园博馆的12个工作岗位的先进职工代表，分别结合岗位特点，向游客发出了文明服务的岗位承诺和文明游园的温馨提示。与会领导为公园职工代表颁发了主题宣传活动海报。推进会结束后，与会领导参加了天坛公园首都学雷锋志愿服务站的文明游园现场宣传活动，为作出文明游园承诺的游客发放包含扇子、帽子和背包的"文明大礼包"。与会人员还参观了祈年殿景区和北神厨《天坛公园文物展》。中心党委副书记杨月、中心党委常委、中国园林博物馆党委书记阚跃，首都文明办公共秩序处处长吕俊超，市旅游委行业管理处处长张靖、副处长李化，以及中心精神文明建设领导小组成员处室负责人、天坛公园党委书记夏君波、市属各公园及园博馆宣传思想工作主管领导和职工代表共计100余人参加了现场推进会。BTV《北京新闻》《北京日报》、北京人民广播电台等6家媒体对活动进行了现场宣传报道，北京电视台就公园近期噪音治理工作采访了天坛公园党委副书记董亚力。

（张 轩）

【景山公园与熊儿寨村召开城乡共建阶段工作会】 8月5日，公园与熊儿寨村领导召开城乡共建阶段工作会。会上，双方就前一阶段开展的共建工作进行了交流和总结。公园党总支书记吕文军对下一阶段开展城乡共建工作提出希望。同时为熊儿寨村赠送了防治病虫害农药以及相关书籍。

（安 然）

【北京动物园开展"文明游园我最美"主题宣传引导活动】 端午节期间，北京动物园党委开展"端阳思贤 文明游园"主题宣传活动。公园一线工作人员及保洁人员统一佩戴绶带，通过公园LED大屏幕和微博两处宣传途径，播放文明游园宣传短片和"端阳思贤，文明游园""宁静创造和谐美"宣传口号，向社会大众进行广泛宣传。同时，发挥公园3个学雷锋志愿服务站、岗的作用，配合游园牌示提示，发布游园信息，引导游客有序排队入园、文明礼让游园、和谐共享赏园。节日期间，共计98名志愿者参与，累计奉献605小时，提供咨询服务2300余次，劝阻不文明投喂的行为530余人次。8月6~7日，北京动物园党委落实中心通知精神，开展系列文明游园宣传活动之"文明一米游园"。8月25日，动物园党委举办"最美一米风景——关爱动物，文明共享"主题宣传活动。活动设主会场和分会场。主会场设在狮虎山前广场，现场摆放四块宣传展板和"文明游园我最美"横幅,营造整体氛围。中心宣传处处长陈志强、动物园党委书记张颐春、党委副书记杜刚以及20名公园职工、35名小朋友参与活动。

(李 素)

【景山公园开展"一米风景我最美,降噪游园我先行"主题宣传活动】 8月17日,公园开展了"一米风景我最美,降噪游园我先行"主题宣传活动。活动启动仪式上首都文明办公共秩序处处长吕俊超为"公园之友"学雷锋志愿服务示范站授牌,景山公园降噪宣传小队职工代表向广大游客发起降低音量,文明游园的倡议,"公园之友"代表向广大游客发起了降低活动音量的承诺。最后,市公园管理中心宣传处处长陈志强讲话,对景山公园暑期以来开展的"最美一米风景"主题文明游园活动以及长期以来开展的降低音量活动取得的良好效果表示肯定,并提出要求。活动仪式结束后,参与活动领导与景山公园学雷锋志愿者开展了"降低音量"主题游客调查问卷和降低音量签名承诺活动,并为参与活动的游客发放了本次文明游园活动特制的"景山公园安静游园"胸贴以及景山公园明信片等纪念品。

(安 然)

【陶然亭公园开展"拒绝野钓野泳,安全文明游园"系列宣传活动】 8月26日,陶然亭公园进一步推进游客文明游园的意识,由公园保卫科联合护园队党支部在公园东门广场开展了"一米风景我最美,文明游园我践行"主题宣传活动。活动中,悬挂"一米风景我最美"主题条幅和展架,公园学雷锋志愿者统一佩戴主题绶带、胸贴,热情向游客宣传"拒绝野泳野钓,安全文明游园"的理念,向游客发放自制宣传折页"拒绝野泳野钓,安全文明游园",环保背包、扇子和遮阳帽等纪念品共计400份。

(周 远)

【天坛公园开展"天坛景美百岁青,文明花开四时春"宣传实践活动】 8月30日,天坛公园开展"天坛景美百岁青,文明花开四时春"宣传实践活动,公园邀请王玲、张红媚、杨辉、刘绍晨、王宗瑛等公园各级先进典型代表身披主题绶带,在宣传咨询台向游客发放"文明游园须知"等宣传折页,邀请游客填写《天坛公园游客满意度调查问卷》,202份,收回有效问卷202份,总体满意率达到97.52%,并赠送太阳帽、凉扇等纪念品。制作"最美风景、最亮瞬间——天坛公园暑期文明游园活动回顾"展板,积极宣传"你脚下的一平米,就是世界的每平米"文明理念,通过图文并茂的方式引领游客积极践行文明游园"五大行动"。公园领导向"最美游客"代表颁发"文明游览大礼包",在公园优秀导游讲解员的引领下参观了主要景点,学习了天坛历史文化知识,为天坛暑期文明游园宣传活动画上圆满句号。天坛公园党委书记夏君波、副园长王颖、工会主席段连和及相关科室负责人参加活动。

(王小铮)

【北京植物园开展"最美一米风景——自然享乐 文明游园"主题宣传活动】 活动于8月举行,把主题宣传与科普教育有机结合,由科普专家担任志愿者,教孩子们用纸花花艺学做风信子,引导孩子们亲自动手折制文明游园主题宣传帽,教育孩子们从小热爱自然,爱护花草，保护环境。共同倡导"自然享乐 文明游园"，践行社会主义核心价值观。

（古　爽）

【陶然亭公园开展"保护水源，文明游船"志愿活动】　9月12日，青年文明号游船队东码头班开展了"保护水源，文明游船"志愿活动。活动中，由团员青年代表宣读倡议书和文明承诺书。随后，由荣获市级先进志愿者赵亦奇分享8年来参与志愿活动的心得感受，大家受益匪浅。公园团委对东码头班组开展志愿活动的情况给予了很高的评价。最后青年志愿者统一穿着志愿者服装，为游客送上文明游船倡议书，对支持活动的游客送上了扇子，鼓励游客带走垃圾，保护水源，文明游船，从我做起。

（周　远）

【景山公园开展"静赏公园 乐享中秋"主题文明游园活动】　9月15～17日，景山公园开展"静赏公园 乐享中秋"主题文明游园活动。活动期间共为游客提供咨询解答202次、义务指路103次、文明游园引导近200次，并持续开展降低噪音宣传引导活动，中秋节期间共劝阻违反景山公园降噪规定的游客32起，开展"月满中秋 巧心制作"活动，科普小屋工作人员组织参与活动的游客制作DIY卡通灯笼、缝制团圆香包，让游客体验了中国传统节日的魅力。

（安　然）

【陶然亭公园开展"欢度'十一'小长假，共同营造最美一米风景"主题宣传活动】　9月30日至10月7日，"9·30"公祭日暨公园无噪音日及国庆节期间，公园开展"欢度十一，共同营造最美一米风景"文明游园宣传活动。公园利用LED显示屏、宣传横幅等载体，大力宣传"安全文明，降低噪音，有序游园"等内容，营造浓厚的宣传氛围。9月30日，西城区在陶然亭公园开展公祭活动，为配合公祭活动，公园学雷锋志愿者佩戴绶带上岗，为游客发放公祭日宣传报刊300余份，向游客提供指路咨询服务200余次，并向游客进行"最美一米"宣传。国庆节期间，在门区、游船码头、慈悲庵等游客集中的地方开展"最美一米"文明游园宣传活动，为游客提供指路咨询、不文明劝阻、游园提示、便民服务、义务讲解等服务，同时发放宣传折页300余张，倡导游客绿色出行、文明游园、安全游船、排队观展，呼吁游客爱护公园环境、保护文物古建、保护湖水生态，以温馨、优质、周到的服务向社会展示市属公园文明有序、欢乐祥和、绿色生态的游园环境。

（王　帆）

【景山公园开展"传递最美文明一米风景线"主题文明游园活动】　10月1～7日，景山公园开展"弘扬雷锋精神 传递最美文明一米风景线"主题文明游园活动。公园在门区用LED屏持续滚动播放文明游园宣传口号，游客服务中心向游客发放"安全文明游园"宣传折页，同时围绕降低噪声宣传，在3个门区分别设置两块降低噪音主题宣传展板；组织职工开展文明游园引导、咨询解答、游览指路等非紧急救助志愿服务活动，营造文明游园风景线，国庆节期间共为游客提供咨询解答845次、义务指路303次、文明游园引导近700次，劝阻违反公园降噪规定的游客55起；组织"公园之友"学雷锋志愿者在公园主要游园路线开展文明游园巡视志愿服务活动，以实际行动弘扬雷锋精神，为游客营造文明、和谐的节日游园氛围。

（安然）

【景山公园开展"文明游园我最美"志愿服务活动】 10月1~7日，景山公园组织开展了"文明游园我最美"主题志愿活动活动。活动首次与中央财经大学合作，组织学生志愿者在各门区开展各时段清点人数工作，完成国庆期间出园、入园、在园人数统计工作，七天共计服务70人次，500小时；开展寻找最美游客活动，鼓励游客带垃圾下山，主动将垃圾丢进垃圾桶的游客，将有志愿者送上精美的礼品一份；组织部分"景山公园之友"志愿者团队在园巡视，并进行园容维护的卫生清理活动。

（律琳琳）

【天坛公园开展"传文明礼仪之风，筑中华伟业之梦"宣传实践活动】 10月10日，公园党委持续加大"最美一米风景"主题宣传活动力度，将安全、文明游园温馨提示制作成具有天坛特色的书签作为礼物向游客发放，积极倡导文明旅游、文明出行的健康理念，营造良好的国庆游园氛围。在游客中开展"我为祖国67岁华诞送祝福"活动，邀请游客在社会主义核心价值观主题展板上签名留念并赠送小国旗、国旗脸贴等纪念品，在增强活动互动性的同时，激发市民、游客的爱国情怀，增强民族自豪感。首都学雷锋志愿服务站——游客服务中心导游班的优秀导游讲解员，为游客提供义务咨询、免费讲解等服务，使游客在体验优质服务、了解天坛文化的过程中进一步增强了游园获得感。党委书记夏君波、副书记董亚力、副园长王颖、工会主席段连和参加活动。

（李凌霄）

【北京动物园开展"公园好故事 身边好职工"宣传评选活动】 10月15日，根据中心宣传处《关于持续开展"公园好故事 身边好职工"的通知》要求，经过公园党委研究决定推选饲养队熊猫馆班长马涛，园艺队项目组技术主管康毅丹为北京市公园管理中心"公园好故事 身边好职工"人选。2017年2月13日饲养队熊猫馆班长马涛被评为"公园好故事 身边好职工"。

（李素）

【天坛公园举办纪念建党95周年和长征胜利80周年宣传教育活动】 10月19日，公园党委组织党员职工参观《英雄史诗 不朽丰碑——纪念中国工农红军长征胜利80周年主题展》。按照中心统一安排，公园党委分两批次组织党员、职工110人到军事博物馆参观纪念中国工农红军长征胜利80周年主题展。宣传科特别制作了"心得体会卡"，每一名观展人员都认真撰写、抒发自己的真情实感。

（邢启新）

【园林学校举办道德讲堂活动】 10月19日，园林学校举办以"爱岗敬业、无悔青春、感恩母校、传递梦想"为主题的道德讲堂活动，邀请市公园管理中心第二届"十杰青年"获得者、学校优秀毕业生王宗瑛、魏硕、陈景亮到学校进行宣讲。学校党总支书记、市公园管理中心团委书记、紫竹院公园和玉渊潭公园团总支书记出席活动，全校师生300余人参加。活动结合"工匠精神"共分为："唱歌曲""看短片""学模范""谈感悟""送祝福"

"诵经典"6个环节。3位"十杰青年"与学校师生分享他们在平凡工作岗位中那些不平凡的事迹,用朴实的语言传递着一丝不苟、精益求精的"工匠精神"。

(赵乐乐)

【北京植物园举办中心第二届十杰青年宣讲会】 10月20日,植物园举办市公园管理中心第二届十杰市宣讲会暨北京植物园"弘扬青春正能量"专场活动。通过视频短片介绍了十杰青年评选过程,以及十杰青年代表的个人先进事迹;邀请了2015年梁希科普人物奖获得者王康浅谈"青春与事业",薪火相承。天坛公园王宗瑛、动物园贾婷、景山高岚、紫竹院陈景亮、植物园付佳楠分别就个人事迹进行了宣讲。党办副主任祖彧就青年培养典型选树工作发言,号召青年学习身边榜样,热爱公园事业。中心团委负责人李静深入解读了十杰评选及巡讲活动对中心青年人才队伍建设的重要意义,并阐述了弘扬十杰精神的重要性。植物园党委书记齐志坚结合此次活动向青年朋友提出倡议。领导嘉宾、各党支部书记及青年代表共50余人出席此次活动。

(古 爽)

【北京动物园举办纪念红军长征胜利80周年主题活动】 10月20日,北京动物园工会在科普馆举办"忆长征·筑信仰"纪念中国工农红军长征胜利80周年主题教育活动。活动中,公园12个分会结合活动主题,分别以诗朗诵和合唱的形式筹划节目内容,献礼中国工农红军长征胜利80周年。全体动物园处级领导班子、公园职工共计132人参加活动。

(师慧伶)

【颐和园举办"唱响正气歌"廉政道德讲堂】 10月21日,颐和园"唱响正气歌"廉政道德讲堂在多功能厅开讲。颐和园党委书记李国定、园长刘耀忠等,全园科级干部,廉政监督员及重要岗位工作人员共计132人到现场听课。来自基层及机关的6名宣讲人分别从身边好党员、先进班组、先进科队、先进党支部的角度,对身边好党员及先进集体刻苦钻研、甘于奉献、奋勇争先的精神及长期无私奉献的典型事例进行了宣讲。综合管理督察队职工献上《诵经典 送寄语》,现场书写《诫子书》并对内容进行解读。苏州街党支部成员表演了廉政短剧。最后,李国定代表园党委对宣讲者的宣讲及参演职工的表演表示祝贺。

(李伟红)

【颐和园举办"弘扬长征精神,做合格党员"道德讲堂】 11月8日,为扎实推进"两学一做"学习教育,弘扬长征精神,不断加强党员、干部、职工思想道德建设,颐和园党委举办"弘扬长征精神,做合格党员"主题道德讲堂暨优秀共产党员宣讲报告会。颐和园党委副书记兼工会主席付德印、纪委书记杨静及全园各党支部书记、党员代表、入党积极分子代表、职工代表共计140人参加此次道德讲堂。会上,首先观看了长征宣传片《长征:曙光在前》。之后,来自天坛公园、北京动物园、北京植物园、紫竹院公园的4位优秀共产党员宣讲员作了精彩的宣讲报告。送吉祥环节,园党委为每位参会人员精心准备了一本长征书籍。最后,全体合唱《国际歌》结束此次道德讲堂。

(陈 浇)

宣传教育

【景山公园开展"感受青春的力量"主题道德讲堂活动】 11月8日，景山公园开展"感受青春的力量"主题道德讲堂活动。先是播放了"最青春·正前行"——市公园管理中心第二届十杰评选教育活动视频短片；公园邀请了五位北京市公园管理中心第二届"十杰青年"代表进行先进事迹宣讲；景山公园十杰青年高岚以及两位青年代表畅谈了参会感悟；公园党总支副书记李怀力提出希望。

（安 然）

【紫竹院公园开展道德大讲堂活动】 11月18日，公园党委开展"赞竹之品行高洁秀雅 赏园之文化深远瑰丽"紫竹院公园道德讲堂——公园文化专场。道德讲堂围绕两项主题展开，公园邀请编写组负责人徐新讲述长河·紫竹院历史文化；邀请公园优秀讲解员宣讲公园瑰丽文化：由公园首席讲解员、行宫队展厅服务班班长王艺澎宣讲《紫竹院的"竹"》、公园行宫队展厅服务班职工王寂璠宣讲《藏在紫竹院行宫中的苏式彩画》、公园服务队服务二班职工苏寅彪宣讲《跨海征东》、公园行宫队展厅服务班职工赵欣宣讲《福荫紫竹院与太后的故事》，荣获"北京市第四届职业技能大赛"导游讲解比赛第十名、公园服务队服务五班职工黄代东宣讲《福荫紫竹古银杏》。公园党委书记甘长青、党委副书记李美玲、园长助理郝素良及80余名公园职工参加。

（刘 颖）

【玉渊潭公园举办中心纪念红军长征胜利80周年大会主题展开幕式】 11月22日，中心"纪念红军长征胜利80周年大会"公园主题展开幕式在玉渊潭公园举办。宣传处处长陈志强主持仪式，介绍主题展内容及意义，中心党委副书记杨月为公园少年英雄纪念碑颁发"爱国主义教育基地"牌示，授予中心系统15家单位弘扬长征精神的主题旗帜。集体观看主题展览，号召将参观学习主题展当成一次"两学一做"党日教育活动，各单位职工代表宣读个人感言，全体人员分三路举旗开展环湖长征徒步走。中心组织人事处、服务处、办公室负责人及各单位主管领导、宣传干部、党团员代表110人参加，《北京日报》《北京晚报》等主流媒体现场报道。

（王智源）

【玉渊潭公园开展纪念建党95周年和长征胜利80周年宣传教育活动】 年内，玉渊潭公园围绕庆祝中国共产党成立95周年、樱花节服务保障，组织开展"党员志愿服务月"活动；结合"两学一做"学习教育以党支部为单位，深入开展党章、党纪、党规学习教育，组织了"对党忠诚、做合格党员""严守纪律、做合格党员""务实担当、做合格党员"的3个专题研讨和纪念红军长征胜利80周年主题教育活动，引导党员干部坚守理想信念、牢记党员身份，加强党性修养，严格自警自律。在庆祝建党95周年活动中，玉渊潭公园4个先进党支部、4个党员先锋岗、4名党务工作者、21名党员受到市公园管理中心的表彰。

（秦 雯）

【中心党校开展红军长征胜利80周年主题教育活动】 年内，中心党校组织党员职工开展红军长征胜利80周年主题教育活动。集体收看人民大会堂纪念红军长征胜利80周年大会实况。理论中心组围绕习近平总书记在纪念大会上的讲话精神进行专题学习。组织参观军事博物馆举办的《英雄史诗 不朽丰碑——纪念中国工农红军长征胜利 80 周年主题展览》。党员围绕参观及学习心得，结合工作岗位撰写学习感悟。

(陈凌燕)

【陶然亭公园开展系列学雷锋活动】 年内，陶然亭公园开展系列学雷锋活动，进一步推进公园学雷锋志愿服务岗（站）建设。陶然亭公园与北京十五中学一同开展"红色梦·慈悲庵革命史迹展"志愿服务小导游活动，于 3 月 5 日在学雷锋志愿服务站慈悲庵召开"红色梦·慈悲庵革命史迹展"志愿讲解小导游活动启动仪式，为小导游进行集中岗前和实地培训，由学生代表发出学雷锋志愿活动倡议，并在学雷锋活动主题海报上签名；在慈悲庵开展"传播红色经典，服务爱满陶然"志愿服务讲解季活动，公园志愿者与小导游在每周六开展为期一季度的义务讲解和指路咨询服务。游客服务中心开展"帮扶温情你我，服务爱满陶然"志愿活动，为游客提供热水服务、指路咨询等服务，发放宣传折页百余份。服务一队东门班开展"传承雷锋精神，弘扬志愿风尚"学雷锋志愿服务，佩戴绶带开展微笑服务迎接游客，同时将轮椅擦拭一新。陶然亭公园党委副书记、纪委书记白永强一同参与活动。35 名小志愿者和 40 名公园志愿者为游客提供服务。

(周 远)

【中山公园开展身边好职工评选活动】 年内，公园在职工中宣传好职工评选条件，经各党支部民主推荐，园党委研究推荐王艳、王敬滨、付军 3 名同志参加中心"公园好故事 身边好职工"评选活动，并于 9 月 12～14 日在全园范围内进行公示。

(宋海燕)

【景山公园建立好人好事好景微信群】 年内，为加强宣传思想工作，充分利用自媒体宣传迅速广泛的特点，景山公园建立好人、好事、好景微信群。群组成员包含公园领导班子及全体班组长以上人员，微信群旨在营造积极、上进、和谐的舆论氛围，为公园工作的开展凝心聚力。自微信群建立以来，全年共发布园内拾金不昧、助人为乐、爱岗敬业等好人好事、职工风采 90 余次。

(安 然)

【北京植物园开展"公园学雷锋 爱满植物园"宣传实践活动】 年内，植物园以"公园学雷锋 爱满植物园"为主题开展宣传实践活动。以学雷锋志愿服务站（岗）为依托，设立宣传咨询站，发放宣传材料，开展文明承诺，引导游客关注"文明总动员"微信，争做文明游园的示范者。全园联动，凸显"爱满植物园"的主题，用实际行动践行雷锋精神。青年团员走进敬老院，开展爱老敬老活动；老干部心系植物园，开展志愿服务咨询；全园职工立足本职，优质服务广大游客。开展第五届"北植新风奖"评比表彰，弘扬精神文明先进典型，营造见贤思齐的良好氛围。

(古 爽)

【北京植物园开展"最美一米风景之——弘扬长征精神 重走抗战之路"主题道德讲堂和宣传实践活动】 活动以最美一米风景、长征精神为主要内容，设计制作主题宣传展板 2 块，营造活动氛围。团员青年徒步前往"一二·九"爱国主义教育基地，开展主题道德讲堂。

现场朗诵《七律·长征》诗词，分享长征故事，畅谈长征精神感悟。设立学雷锋志愿服务站，开展宣传咨询，通过有奖知识问答等互动方式，向游客宣传长征精神，发放书籍、宣传折页、文明游园系列宣传品100余件。

（古　爽）

【中山公园纪念长征胜利80周年主题教育活动】　年内，公园组织党员干部职工收看纪念红军长征胜利80周年大会实况；处、科两级理论中心组分别组织学习习近平总书记在纪念红军长征胜利80周年大会上的讲话，并开展专题讨论；组织部分党员干部职工参观《英雄史诗 不朽丰碑——纪念中国工农红军长征胜利80周年主题展览》；举办《弘扬长征精神 在新的长征路上创造新的辉煌》专题道德讲堂，通过聆听长征歌曲、讲述长征故事、学习先进事迹、谈谈学习感悟、发放班组书籍5个环节，弘扬长征精神。

（宋海燕）

【中山公园社会主义核心价值观主题公园建设】　年内，中山公园向东城区文明办报送主题公园简介及核心价值观牌示照片，被推荐给中国文明网发布；定期检查并及时维修宣传牌示，维修开裂、变形的牌示底座25处并油饰一新，更换南门主景区牌示、古树围挡及灯杆旗的画面62幅。

（宋海燕）

【北海公园开展"公园好故事，身边好职工"宣传评选活动】　年内，为充分发挥"身边事教育身边人"的作用，引导广大职工爱岗敬业、凝心聚力，从先进典型中汲取正能量，北海公园积极参与中心2015年度"公园好故事，身边好职工"评选活动，深入挖掘一线岗位职工的先进事迹和感人故事。全园共计上报2015年度"身边好职工"候选人11名，经公园党委讨论研究，择优推荐6名园级"身边好职工"参加中心级评选。

（尹　畅）

课题研究

课题

【颐和园完成《对依法管园的实践探索——以安全秩序管理为例》课题研究】 北京市公园管理中心调研课题《新常态下对依法管园的实践探索——以安全秩序管理为例》于2015年5月开始,2016年11月23日结题。课题重点研究颐和园安全秩序的治理难点和管控措施,以基层调研、法律法规、管理手段为入手点,对颐和园安全秩序管理现状进行全方位、多角度分析,对各种违法行为及扰序行为进行划分和总结,提出解决的措施和建议。通过梳理相关法律法规文本,结合公园实际情况,整理出规范公园安全秩序管理的依据,用于指导公园管理者日常的工作及行为。在研究过程中,走访国内多处5A景区,吸收借鉴在安全秩序管理方面的情况及治理经验,定期召开一线职能部门与多部门联合执法座谈研讨会,不断对课题研究内容进行补充和完善。总结出"颐和园安全秩序法规制度体系""颐和园安全秩序管理体系""颐和园安全秩序责任体系",达到了思想上的突破和管理上的创新,为谋求新的管理模式和依法管园长效机制的建立提供理论依据。

(杨 娜)

【颐和园完成《可移动文物保管对策研究》课题研究】 2015年,颐和园完成《历史名园中的可移动文物的保护与利用研究——以颐和园为例》,在此基础上,颐和园对此课题进行深化研究。北京市公园管理中心调研课题《可移动文物保管对策研究》于2016年3月开始,11月16日结题。课题结合新时期以来国家领导人、相关政府职能管理部门、社会发展大势的新要求,以及国内外文物保管单位的经验,对颐和园可移动文物保护管理工作实际进入深入调研分析,探索符合颐和园文物管理实践的改革发展举措,在保管机制、保管制度、保管措施、人才建设、学术研究等方面,探索和总结出适合颐和园的保管利用对策。

(秦容哥)

【颐和园完成《颐和园创新举办晚间文化活动的对策研究》课题研究】 北京市公园管理中心调研课题《颐和园创新举办晚间文化活动的对策研究》于2016年3月开始,11月23日结题。课题通过查阅相关文献、颐和园自身实际情况、活动内容策划安排和具体保障工作的管理逻辑分析，得出晚间活动运营保障机制，总结出一套符合颐和园具体情况的晚间活动管理办法，为其他公园日后开展同类晚间文化活动提供参考，实现北京公园事业的健康发展。

（马元晨）

【颐和园完成《颐和园在"三山五园"整体保护中的实践与探索》课题研究】 颐和园承担的北京市公园管理中心调研课题《颐和园在"三山五园"整体保护中的实践与探索》于2016年3月开始，12月结题。课题主要针对周边区域规划及现状进行调研分析，归纳颐和园文物保护及文化研究实践取得的成果及遇到的困境，并对"三山五园"在整体保护中的规划、发展路径提出具体建议。

（张鹏飞）

【应用植物化感作用防治黄栌枯萎病的研究课题正式启动】 3月16日，该中心课题由园科院与香山公园共同承担，针对枯萎病造成香山红叶景观主体植物黄栌大量死亡，缺乏有效控制措施的情况。利用非寄主植物的化感作用防治植物病害，能够避免大量使用化学农药，可减轻对土壤、水体和大气造成的污染，是一项环境友好型可持续病害控制技术，具有广阔的应用前景。3月课题正式启动，现已根据实施方案准备试验材料，为4月初开展群落改造试验和土壤中大丽轮枝菌含量检测试验做好准备。

（园科院）

【颐和园稳步推进《新常态下依法管园的实践探索》课题研究】 4月21日，成立课题组织机构，制订实施方案，明确工作时限；组织内外部调研，与公安、城管等执法部门开展研讨交流，实地走访故宫及相关公园了解掌握情况；通过座谈、问卷调查等方式，分析公园当前秩序管理现状，完成课题大纲撰写工作，已完成整体课题研究工作进度30%。下阶段将继续收集整理国家级、地方级及行业法律法规文献资料，着手分类课题撰写内容，推进课题研究进度。

（颐和园）

【《天坛古树》由中国农业出版社出版发行】6月14日，全书379页共45万字，由古树资源、古树历史、古树文化、古树管理、古树养护、古树研究、古树景观7章组成。该书全面展示出天坛的古树资源、景观以及现阶段研究成果。

（天　坛）

【中国园林博物馆召开"中国古典皇家园林艺术特征可视化系统研发"进展汇报会】 7月7日，园博馆、北京工业大学、伟景行科技股份有限公司3家承担单位各自汇报了课题进展情况，展示了VR虚拟游览设备DMS触控设备在北海静心斋三维扫描数据上的应用，演示谐趣园建筑拼插构件的开发应用。市公园管理中心总工程师李炜民对课题进展情况予以肯定，并提出要求。园博馆及北海公园、颐和园等课题协作单位人员参加。

（园博馆）

【天坛公园和黑龙江大学课题组对回音壁、圜丘进行声学测试】 7月26日，"北京天坛回音建筑声学问题综合研究"项目组分6个时间段进入回音壁、圜丘，测试夏季潮热环境下的声学数据。使用建筑声学分析测试系统，以击掌声和气球爆破声为声源，在皇穹宇殿前甬道、圜丘天心石进行声学数据测试，通过分析声脉冲响应图，进一步研究并调整实验验证方案，最终得出科学的结论。测试同时使用全站仪和测距反射器，绘制精确的回音建筑平面图，建立回音建筑模型，为后续声学现象理论模拟计算提供精确的平面及3D建模数据。

（天坛公园）

【北海公园多举措实践"四个服务"课题研究成果转化】 7月29日，与军委政治工作部直工局开展走访座谈，将公园与军委机关的军民共建服务引向深入；与中央军委政治部群工局、景山社区共同开展"军民共建鱼水情"手划船比赛；启动小西天景区周边环境整治工程，完成道路清理及路面铺装等工作，优化入园环境，做好服务工作。

（北海）

【中山公园社稷祭坛坛土土样勘测】 8月6日，邀请北京市地质调查研究院高级工程师吕金波现场指导，测量社稷祭坛土壤边界角度、社主石各斜面坡度及经纬度，采集祭坛五色土土样送国家地质实验测试中心检测微量元素。《中山公园社稷祭坛（五色土）土样61项主微量元素检测报告》显示：祭坛坛土化学成分基本保留天然土壤所含的成分，未经人为染色、加工等破坏；各土壤所含微量元素比例，同地质文献记载我国各颜色土壤微量元素含量基本一致。

（李 羽）

【北京社稷坛整体保护策略申请立项】 8月，《北京社稷坛（中山公园）整体保护策略的研究》报中心科技处申请立项。该课题力求通过考察、分析、评估社稷坛及其周边物质遗存、环境现状，研究探讨社稷坛整体保护工作的策略，初步尝试为保护社稷坛提供建设性意见。经中心专家委员会评审同意立项。

（李 羽）

【园博馆"中国古典皇家园林艺术特征可视化系统研发"课题结题验收】 9月30日，该课题为北京市科技课题，由园博馆、北京工业大学、伟景行科技股份有限公司共同承担，围绕传统园林的保护和展示等内容，将三维激光扫描等测绘和数字化新技术，应用于古典皇家园林实体的原真性数字信息采集中，成功实现了古典皇家园林的数字化保存，为园林展示和古建修缮等提供有效的数据支持。课题完成预定的10余项考核指标，初步建立了古典皇家园林数据库，申请了2项国家专利、发表了4篇学术论文，以课题三维扫描技术成果为基础开发了2类皇家园林主题文化创意类产品，并开发了1项皇家园林科普互动游戏。该课题相应的研究成果已应用到园博馆展览展示中。

（园博馆）

【香山公园"红叶探秘"科学探索实验室顺利通过中期检查】 10月13日，香山公园参加了市科委组织的建设"红叶探秘"科学探索实验室课题中期检查会。专家组听取了课题的中期汇报，认为课题以香山丰富的红叶资源和研究技术为基础，进行了丰富的红叶课程设计，并已开展了"叶色千变万化"和"叶儿为什么这样红"两项课程。专家组一致认为课题进展良好，同意通过中期检查，建议进一步完善相关科普课程，面向更多的青少年开展活动。

（周肖红　刘莹）

【《静心斋建筑艺术数据化研究及应用》课题验收】　10月20日，课题由市公园管理中心于2014年立项，北海公园承担，利用信息化技术全面获取静心斋建筑三维数据信息，建立建筑三维虚拟模型并开展力学结构研究，同时搭建数据信息管理平台，实现建筑信息可视化。20日，邀请专家进行课题验收，一致同意通过验收。

（北海公园）

【天坛公园加强非物质文化遗产"中和韶乐"研究传承工作】　10月27日，开展《先秦雅乐与清代宫廷音乐的研究与实践》课题研究，丰富了宫廷宴飨乐、蒙古筘吹乐等多种演奏形式；依据古籍和文献记载，对宫廷乐曲文舞部分进行研究，尝试恢复了口弦、蒙古筝、胡琴等古代失传乐器，新编演出曲目15首；以服务首都文化功能为依托，推出祭祀、宫廷、诗经等专场演出39场，开展特色讲解与展示活动百余场，接待游客3万余人；拓展多元对外交流空间，参加建设部城乡建设系统新春联谊、中国海员建设工会文化交流等活动，并赴苏州、上海展示礼乐文化；坚持文化进校园，面向中小学生开设礼乐文化体验实践课程，开展学生专场互动教学演出12场次，接待第十一中学、定安里小学等学校师生共2000余人，弘扬中华传统文化。

（天坛公园）

【北京动物园课题"中国特有种麋鹿MHC基因变异及对魏氏梭菌感染疾病的预判研究"通过结题验收】　本项目来源国家自然科学基金，由重点实验室由玉岩负责，研究期限是2013年1月至2015年12月，项目资金24万元，于4月6日通过国家自然科学基金项目结题审查，于11月11日通过北京动物园组织的专家评审会会议验收。本项目针对麋鹿MHC基因变异及其表观修饰特点，建立与疾病易感性的关系，探讨麋鹿魏氏梭菌感染发病的遗传学原因，并通过相应成果对其发病进行合理性判断。研究结果表明，麋鹿MHC I类和II类基因遗传多样性变异较低，但却有着丰富的表观遗传变异。通过对患病和未患病个体的肝脏、肌肉和脾脏进行全基因组及MHC基因位点特异性甲基化水平的检测，二者存在显著差异。上述结果验证了通过基因表观遗传修饰检测的方法开展麋鹿魏氏梭菌感染疾病前期诊断的可行性。通过上述研究，获得了初步判断魏氏梭菌感染疾病易感性的方法，可有效判断麋鹿种群的生存力和抗病性，为制定麋鹿的种群管理策略提供科学依据。同时，该项技术的研发，可有效推动基因诊断方法在野生动物疾病诊断中的应用，具有直接、显著的生态效益和重要的野生动物保护价值。课题采用的技术手段和研究方法处于国内领先地位。本项目获得2016年北京市公园管理中心科技进步一等奖。

（龚　静）

【北京动物园课题"鸳鸯繁殖、巢址选择及栖息地忠实性研究"通过结题验收】　本项目来源北京市公园管理中心，由重点实验室由玉岩负责，研究期限是2014年1月至2016年12月，项目资金10万元，于11月11日通过北京市公园管理中心组织的专家评审会会议验收。本项目于2014～2016年，在北京动物园悬挂人工巢箱以开展鸳鸯繁殖、巢址选择及栖息地忠实性研究。基于巢址因子分析，明确了野生鸳鸯巢址选择特点，构建了鸳鸯巢址因子的乔、灌、草空间格局；明确了外界干扰因素对鸳鸯巢址选择具有一定影响。通过标识追踪发现鸳鸯具有栖息地忠实性，且性比偏离一夫一妻制。通过人工孵化及饲养管理方法摸索与完善，育幼及圈养条件等方面的研究，制定了一整套《鸳鸯饲养管理技术规程》；明确了湿度控制在卵孵化过程中的重要作用；获得短时卵的低温运输不会影响孵化率，并获得雏鸟发育最佳饲料配比。累计向野外释放鸳鸯232只，有效补充了野外鸳鸯数量。上述研究，为鸳鸯繁育、福利提高以及野外放归地点选择提供了重要的参考依据。本项目获得2016年北京市公园管理中心科技进步三等奖。

（龚　静）

【《皇家园林古建筑防火对策探究与应用》课题通过验收】　11月16日，课题由中心安全应急处与颐和园共同承担，历时3年对颐和园古建筑群落防火对策、实验及应用等项目进行研究，依托预警技术及灭火设备，形成一套适合颐和园古建筑特点的火灾防御体系，为中心系统重点文保单位古建筑防火工作提供具体的措施和方法。市消防局有关专家参加评审。

（安全应急处　颐和园）

【明清社稷坛研究与保护调研课题完成】　11月16日，《明清社稷坛研究与保护——祭坛坛土土源探究》为中心研究室年度自选调研课题。该课题通过对历史资料的梳理，搜集学术论文、书籍专刊、研究成果等资料，初步探究明清时期社稷坛进铺坛土土源地、土量变化过程，及其背后的历史背景和社会意义，并试图通过科学分析对比，为未来更新五色土土壤提供依据。撰写报告一篇，6700余字。

（李　羽）

【中山公园年度必选调研课题完成】　11月中旬，《中山公园在推动中轴线申遗和打造一轴一线魅力走廊中的实践与思考》为中心研究室年度必选课题。报告分为北京中轴线概况、中山公园（社稷坛）在中轴线的地位与价值、中山公园（社稷坛）推动中轴线申遗的实践、中山公园（社稷坛）推动中轴线申遗存在的问题及解决对策，四部分21页，1.1万余字。

（贾　明）

【《北京天坛建筑基址规模研究》通过专家结题验收】　11月23日，天坛公园园容绿化科技科受公园管理中心科技处的委托，组织专家对中心课题《北京天坛建筑基址规模研究》进行验收。共有5名专家参加验收，课题主持人刘勇介绍了课题的完成过程和课题指标完成情况。专家认真听取汇报，给予较高评价，最终形成验收意见。专家们认为该课题完成了课题任务书的要求，达到了预期指标，同意通过验收。课题组成员参加了课题验收。

（园容绿化科技科）

【紫竹院公园四季动植物欣赏图鉴课题通过验收】　11月，紫竹院公园四季动植物欣赏图鉴课题通过专家验收。课题按照立项要求完成了合同指标，编辑出版《紫竹院公园常见植物》和《紫竹院公园常见鸟类及昆虫》两本书籍。该套图书主要以图鉴的形式展示了紫竹院公园的自然生态和生物多样性，是对紫竹院公园生物资源的利用和开发的原创性科普读物。《紫竹院公园常见植物》收录植物183种，其中包括北方园林可应用的竹类植物31种，含散生竹类、混生竹类、丛生竹类的代表竹种，展示了紫竹院公园作为北方重要竹种展示园的独特景观，对扩大北方地区竹子的园林应用有着显著的推动作用和实用价值。《紫竹院公园常见鸟类及昆虫》收录鸟类56种、昆虫48种，是紫竹院公园首次以图鉴的形式记录园林中生存的各种鸟类和昆虫的形态特征，成为具有实用价值的观鸟手册和昆虫识别手册。

（范 蕊 郭亚清）

【北京动物园课题"北京动物园'百木园'建设及科普功能探讨"通过结题验收】 本项目来源北京市公园管理中心，由基建绿化科赵靖负责，研究期限是2014年1月至2016年12月，项目资金15万元，于11月14日通过北京市公园管理中心组织的专家评审会会议验收。本项目通过"百木园"科普教育环境建设、特色植物科普活动的组织策划、科普牌示设施的设计、特色科普产品的开发等系列研究工作，逐步打造出"百木园"品牌植物科普教育的运行模式。力图于把简单的资源展示转化成为立体化的互动体验型科普教育产品，使得游客在参观中获得更多的生态保护知识，也是我们为提高社会生态文明做出的积极贡献。本项目获得2016年北京市公园管理中心科技进步三等奖。

（龚 静）

【中心两项课题通过市科委立项评审】 12月2日，依托园科院、北京植物园及市工程技术研究中心等平台优势，推荐"北京城市副中心热岛改善关键技术研究与示范""北京城市园林植物智能水肥一体化技术研发"两项课题为市科委储备项目。该课题旨在提升园林生态服务北京城市副中心建设及节约型园林建设的水平，通过打造科技资源平台及建设创新型人才队伍，支撑行业的创新工作，为首都生态文明和国际一流的和谐宜居之都建设贡献力量。两项课题均完成"绿通专项"立项评审，启动任务书签订工作。

（科技处）

【中山公园柏长足大蚜生态防治技术课题验收】 12月20日，北京市公园管理中心组织专家对中山公园承担的"北京市中山公园柏长足大蚜生态防治技术研究"课题验收。根据观测结果，确定北京市中山公园生境中柏长足大蚜年发生规律为双峰型曲线，树下蜜露污染覆盖度与虫口密度呈正相关趋势。通过生物测定柏长足大蚜与主要天敌昆虫进行，筛选出啶虫脒、吡虫啉、阿维菌素对柏长足大蚜能有效杀灭，同时对天敌相对安全。形成课题报告，8000字。

（张黎霞）

【北京植物园完成三篇课题】 年内，北京植物园按照中心研究室的要求，在充分调查研究的基础上完成了《北京植物园发展定位与战略研究》《北京植物园可移动文物保护》和《北京植物园在建设历史名园过程中的实践与探索》3篇课题成果。

（古 爽）

【玉渊潭公园人工湿地生态效益研究课题】 年内，玉渊潭公园人工湿地生态效益研究课题有序推进。前期完成实施计划方案，并在人工湿地内外采用人工设点的方法各选点5处，进行人工湿地内外生态效益指标基础数据获取和人工湿地的水质监测。依据湿地的功能及特点，依据植物群落类型和功能典型性的原则设置14个样点，对湿地水体的处理情况进行监测。已完成12次空气质量及温湿度等指标的监测，并对相关数据进行分析。

（范友梅）

【玉渊潭公园樱属观赏植物引种研究课题】年内，《玉渊潭公园樱属观赏植物引种研究》课题有序开展。1～2月，公园研究人员两赴江浙沪宁地区完成对相关苗圃及樱花特色园调研及引种工作，引入来自于云南、江苏、山东、北京4个省份的5家苗圃的品种，其中我国原生种4个、樱花品种10个、樱桃品种2个，并于秋季引入樱花品种6个，丰富公园品种苗木储备；做好引种苗木种植，通过移植树木、平整地形、改良土壤、增加围栏等方法，开辟公园西北角约1500平方米区域为试验区，种植苗木共计201株，其中规格在3～5厘米的44株，2年生苗20株，1年生苗137株；对引入品种进行持续观测，夏季、冬季分别完成品种苗木的耐热性及耐寒性测试工作，从叶片电导率、根系抗寒能力等四个方面进行引种苗木抗性研究，留存相关文字及图片资料。

（胡娜）

【玉渊潭公园水体生态自净的应用研究课题】年内，《玉渊潭公园水体生态自净的应用研究》有序开展。继续对示范小湖的水华控制效果进行监测评价；监测实验小湖的水质，比较分析各样本小湖间的水质变化与改善；对示范小湖的水生植物生长进行监测，比较分析示范小湖间的水生植物生长状况。根据初步研究分析，制订了2016年湖体控藻与生态环境修复实施方案，并以该方案为指导，实施景区改造的水生植物配置。开展研究调研，组织课题研究人员赴山东微山湖地区进行课题考察研究。

（范友梅）

【《天坛公园古建筑瓦件遗存调研》进行课题研究】年内，为了完善天坛可移动文物保护利用体系，持续提升可移动文物规范管理和科学保藏水平，2016年文研室开展了天坛古建筑瓦件的调查研究，以加强此类文物的科学保护与管理。《天坛公园古建筑瓦件遗存调研》课题采用调查法和文献法进行论证研究。以调查法为主，以普查和访谈的方式得到天坛公园现有瓦件遗存情况，再以文献法获取瓦件历史沿革及维修情况，以现有遗存验证史料记载，从而得到瓦件断代，明确遗存价值，为后续保护利用决策做好基础工作。课题调查范围广，未局限于天坛公园201公顷管辖范围内，而是基于天坛历史最大基址范围273公顷进行普查，还借天坛周边简易楼腾退契机，对该区域展开特别调查。调查历史深入，做了从明朝建坛到现代维修记录等全部瓦件有关的历史沿革情况研究。瓦件调查工作与其他文物回收、修复等相关工作共同开展，节约资源、高效推进，如瓦件随查随收、随拆（迁）随收、随收随（再利）用、随查随（修）补，用有限的人力资源广泛开展可移动文物保护工作，是课题调研工作开展的亮点。

（袁兆晖）

调查研究成果

【公园管理中心新闻宣传对策研究成果转化】

2015年已取得的调研成果

近几年来，各单位在热点、敏感事件的监控及应对方面取得一定成绩及存在的问题。

（1）建立了自主发声渠道，用事实说话。主动适时组织召开媒体发布会、现场会、通气会，并通过自媒体向社会说明情况、发布事件真相、扭转不良态势。

（2）掌握了发声主动权，增强透明度。第一时间赶赴事件现场，第一时间查明原因，第一时间做出决策，第一时间向媒体通报，举一反三。

（3）高端主流媒体发声，提高了权威性。

（4）对外发布职责不明。即使设立了新闻发言人制度，在敏感问题、突发报道的新闻应对上，缺少处理危机事件的预案及联动机制。

（5）应对反应有慢有快。以侥幸心理回避采访或者仓促应对就可能形成新的炒点，太快反映和过于敏感也会"引火烧身"，陷入更加被动的境地。

（6）转化能力仍有欠缺。负面新闻或者敏感话题往往受制于具体问题，需要将问题报道转化为主动宣传，从更广、更高的角度进行"应对策划"。

2016年成果转化的具体做法

主动策划，加强核心功能宣传

（1）做好历史名园保护宣传。开展市属公园全面深化文物古建的保护和利用工作的专题宣传。结合北京名城保护成果惠及民生的要求，围绕市属公园历史建筑搬迁腾退和保护修缮工作，以北海仿膳腾退为切入点，联合市委宣传部组织主流媒体，重点对近年来公园文物古建依法管理、保护修缮、合理利用的科学保护工作进行系统发布。通过及时应对、引导媒体、主动发布等步骤，拓展宣传内容及报道途径，连带颐和园、天坛、香山、景山等7家公园修缮项目被罗列报道，先后形成两轮舆论攻势，取得很好的舆情态势。之后，天坛公园双环亭、景山公园寿皇殿建筑群、中山公园神厨神库等均被重点报道。

（2）做好"一园一品"生态文明建设宣传。按照中心年度工作报告精神及媒体的报道需求，组织丰富优质的"公园花品"，延伸解读"一园多品、四季花开"的生态文明建设成就。与综合处策划开展市属公园生态文明建设——赏花主题宣传，从供给侧及满足游人多样需求的角度进行亮点策划，从提供优质生态产品的角度进行深入挖掘和系统包装，阐明中心成立10周年来持续打造"一园一品"生态示范工程和主题赏花活动的发展脉络，并从各公园花展的栽植历史、科研创新、专业人才等角度进行代表性说明，展示了市属公园历史文化与生态文明相融合、主题花展与科研人才相结合的最新成果。首次发布市属11家公园赏花面积近千公顷、品种数量达3000余种的新内容，全面、系统展示市属公园生态文明建设的新动态和新趋势。

呼应北京世界月季洲际大会的社会宣传，顺势发布市属公园月季专类园成果及园艺技术支撑。

伴随春季各大公园赏花游园活动开幕，以"市属公园花信风向标"为载体，统筹推出《每周花信》，整合周末最佳花卉观赏景点，每周五发布赏花游园推荐，累计9期。每周日盘点周末游园情况向各媒体发布，共8期。

（3）做好安全游览管控宣传。按照有序疏解和提高游园舒适度的新定位、新目标，将往常的节假日游园从"重点宣传"转变为"一般性发布"。持续整合中心系统节假日文化活动资源，网发新闻通稿素材降调转型宣传，重点开展公园有序疏解、服务保障、文明游园等方面的引导性宣传。

在"五一"假期服务保障重点宣传中，首次公布重点"核心景区"最大承载量，以及"临时限流"的新说法，从新的角度和切入点，变换方式、转化视角，开展扩容疏解宣传。持续推荐冷门区公交站、冷景点位置点，并宣传热门区的扩容举措、热景点的限流举措，引起社会关注。

媒体融合，体现公园特色作为

（1）做好自身疏解的主动宣传。一是按照中心领导指示要求，以陶然亭关停花、鸟、鱼、虫市场将建"胜春山房"为带动，从规划上组织重点市属媒体专题调研发布，宣传好中心系统在疏解非首都核心功能方面做出的成绩和贡献。同时，涉及部分公园占地回收、恢复原有功能的宣传：天坛外坛坛域回收、景山寿皇殿修缮、颐和园西门2公顷绿地等，对市属公园参与疏解及核心功能建设进行专门宣传。二是2016年北京和全国两会期间，动物园搬迁引发舆论广泛关注，宣传处保持与公园密切沟通，并向相关媒体做好解释工作，及时收集舆情信息，编发两期舆情动态。三是市属公园噪音治理宣传面扩大，天坛公园禁止大音箱入园、分区域"降噪"举措成为新热点，引发广泛关注，连带引导媒体对北海、景山等市属公园设立"无噪音日"进行了再宣传；近期，陶然亭公园禁止"大音响"入园被各主流媒体报道。

（2）做好科技科普教育宣传。以中心科普宣传月、科普游园会、科普津冀行等项目为宣传载体，邀请媒体参与并同程报道活动情况，中心政务微博群进行现场直播发布。将公园科普进社区、津冀巡展、科普项目展等丰富的活动形式进行大力弘扬，通过"进公园、近感受、尽参与"的互动宣传形式，传播绿色生态中的科学知识。

（3）做好游园服务接待宣传。开展第二届市属公园冰雪游园会主题宣传，3个阶段持续推进公园冰雪场地、活动项目的进展及游客接待情况，助推公园体育健身人气指数。组织五家公园持续开展科普冬奥、运动竞赛、冰场养护等多项公益及线上活动现场宣传，并印制1万张《冰雪游园贺卡》，供游客、市民了解冰雪游园会活动详情。

在"向雷锋同志学习"题词53周年之际，发布市属各公园45处"首都学雷锋服务站/岗"，开展百项游园志愿服务行动，积极为游客献爱心，传播社会正能量；针对年初极寒天气，组织公园一线职工坚守服务岗位特稿，借助媒体呈现游园状况和公园保障举措，及时发布游园安全须知。

自媒联动，时时跟进公园舆情

中心系统政务微博群累计发布5300余条微博，主要在游园资讯、活动预告、温馨提示、答疑咨询等方面发布公园最新消息，密切监测重点敏感微博动态及重要报刊网络门户，建立网络舆情联动机制。围绕服务市民、游客，重点开展"游园活动预告""市属公园花信风向标""假期游园四个时点播报"等工作，宣传效果突出。

春季赏花游园高峰阶段侧重微博、微信等自媒体宣传，花信风向标多次被市政府新闻办官微@北京发布转载。各门户网站、新媒体及新闻客户端，也多次头条推送中心系统相关消息。

（宣传处）

【香山公园在"三山五园"整体保护中的实践与探索研究提纲】 就景观资源、历史文化、古建园林、旅游产业等各项进行了认真细致的调研，重新梳理了香山公园在"三山五园"中的总体定位为"拥有自然、文化双遗产潜质的世界名山和具有浓郁山林特色的皇家园林"，并确定了公园为具有"皇家山地御苑、自然林泉生态、历史文化名山、红色革命圣地"四大资源禀赋的历史名园，同时通过总结分析现状，提出应以"坚持公益性为主导、纳入具有更广阔资源整合能力的平台、管理与经营分离、以保持山地特色及生态为本"的香山公园在"三山五园"中的发展路径。

（香山公园）

统计资料

2016年北京市公园管理中心事业单位职工基本情况

单位：人

单位	年末人数	正式职工													
		合计	干部	处级领导干部			专业技术职称				工勤技能人才					
				合计	正处级	副处级	合计	高级职称	中级职称	初级职称	合计	高级技师	技师	高级工	中级工	初级工
合计	11894	6519	2797	108	41	67	1600	103	318	1179	3722	5	70	1177	1245	1225	5375
中心机关	59	42	42	20	11	9	0				0						17
颐和园	2212	1213	492	8	2	6	250	6	50	194	721		17	228	274	202	999
天坛公园	1573	862	403	7	2	5	271	8	35	228	459	2	12	133	151	161	711
北海公园	1027	524	230	6	2	4	133		16	117	294		4	141	59	90	503
动物园	1447	719	228	7	2	5	126	17	36	73	491	1	8	136	198	148	728
中山公园	599	316	122	6	2	4	49	1	8	40	194		1	72	44	77	283
香山公园	907	490	188	6	2	4	80	3	13	64	302		12	83	86	121	417
北京植物园	781	470	226	7	3	4	153	21	61	71	244	2	3	78	125	36	311
玉渊潭公园	805	432	175	5	2	3	103	3	11	89	257		1	67	68	121	373
陶然亭公园	1003	531	168	6	2	4	83	1	12	70	363		1	111	104	147	472
紫竹院公园	700	382	156	6	2	4	94		3	91	226		8	71	76	71	318
景山公园	301	211	96	5	2	3	55		3	52	115		1	28	43	43	90
科研所	245	142	119	4	2	2	100	29	36	35	23		2	12	7	2	103
园林学校	125	97	83	5	1	4	70	8	29	33	14			8	5	1	28
园林党校	20	10	8	1	1		5	1	2	2	2			2			10
后勤中心	36	24	13	1		1	5		1	4	11			5	5	1	12
园博馆	54	54	48	8	3	5	23	5	2	16	6		2			4	0

复核人： 制表人：张艺桓 制表日期：2018年9月6日。

统计资料

事业单位基本概况

表　　号：京园年统 1 表
制定机关：北京市公园管理中心
批准文号：京统函〔2015〕358 号

填报单位：北京市公园管理中心　　　　2016 年　　　　有效期至：2017 年 6 月

指标名称	计量单位	代码	数量
甲	乙	丙	1
一、收入和支出情况	—	—	—
1. 上年结转	万元	01	11942.32
2. 收入合计	万元	02	237215.26
其中，门票收入	万元	03	55116.06
月、季、年票收入	万元	04	13383.35
文化活动门票收入	万元	05	5082.64
3. 支出合计	万元	06	231044.60
其中，基本支出	万元	07	173130.02
项目支出	万元	08	57930.91
4. 结转下年	万元	09	18112.98
二、绿化情况	—	—	—
1. 新植树木株数	株	10	10574
2. 新植草坪面积	平方米	11	44894
3. 新植宿根花卉株数	株	12	218766
4. 公园绿地面积	公顷	13	1310.18
5. 绿地率	%	14	100.00
6. 绿化覆盖面积	公顷	15	880.62
7. 绿化覆盖率	%	16	58.10

（续表）

指标名称	计量单位	代码	数量
甲	乙	丙	1
三、公园情况	—	—	—
1. 公园数量	处	17	11
其中，免费公园数量	处	18	1
2. 公园面积	公顷	19	1515.81
其中，水面积	公顷	20	368.92
3. 持月、季、年票游人量	人次	21	24194967
4. 节日游人量	人次	22	12366296
5. 文化活动期间游人量	人次	23	12592018
6. 实有动物	—	—	—
种数	种	24	452
只数	只	25	6060

说明：1. 统计范围：北京市公园管理中心所属事业单位。
　　　2. 报送时间及方式：1月20日前用电子邮件报送，并报送纸质报表。
　　　3. 本表万元、公顷、%指标保留两位小数，其余指标一律取整数。

公园绿化基本情况

表　　号：京园年统2表
制定机关：北京市公园管理中心
批准文号：京统函〔2015〕358号

填报单位：北京市公园管理中心　　　　2016年　　　　有效期至：2017年6月

指标名称	计量单位	代码	上年实有	本年增加	本年减少	本年实有
甲	乙	丙	1	2	3	4
一、树木株数	株	01	2679804	15099	4525	2690378
1. 乔木	株	02	1618678	2048	640	1620086
常绿乔木	株	03	793001	349	56	793294
落叶乔木	株	04	825677	1699	584	826792

统计资料

(续表)

指标名称	计量单位	代码	上年实有	本年增加	本年减少	本年实有
甲	乙	丙	1	2	3	4
2. 灌木	株	05	681273	11569	3532	689310
常绿灌木	株	06	164187	5613	69	169731
落叶灌木	株	07	517086	5956	3463	519579
3. 其他小计	株	08	379853	1482	353	380982
月季	株	09	167945	1482	253	169174
攀缘	株	10	211908		100	211808
攀缘延长米	米	11	44042			44042
攀缘面积	平方米	12	75575		240	75335
二、竹子株数	株	13	1541260	18830	14510	1545580
竹子面积	平方米	14	167860	940	740	168060
三、绿篱株数	株	15	311555	10970	600	321925
绿篱面积	平方米	16	30946	969	350	31565
四、色块株数	株	17	148779	1020		149799
色块面积	平方米	18	15565	118	800	14883
五、宿根花卉株数	株	19	1945706	89134	307900	1726940
宿根花卉面积	平方米	20	163002	5455	1380	167077
六、草坪面积	平方米	21	2914285	69264	24370	2959179
七、古树株数	株	22	13832		3	13829
八、濒危植物株数	株	23	7582		50	7532

说明：1. 统计范围：北京市公园管理中心所属各公园管理处。
2. 报送时间及方式：1月20日前用电子邮件报送，并报送纸质报表。
3. 本表指标一律取整数。
4. 主要审核关系：本年实有＝上年实有＋本年增加－本年减少。

公园游人情况

表　　号：京园年统 3 表
制定机关：北京市公园管理中心
批准文号：京统函〔2015〕358 号

填报单位：北京市公园管理中心　　　　2016 年　　　　有效期至：2017 年 6 月

指标名称	计量单位	代码	本年	上年同期	本年比上年同期 增减（±）	增减（%）
甲	乙	丙	1	2	3	4
公园游人量	人次	01	97151202	95732381	1418821	1.48
1. 购票游人	人次	02	41782768	41036561	746207	1.82
其中，外宾	人次	03	2255367	2280477	-25110	-1.10
2. 免票游人	人次	04	31173467	30103111	1070356	3.56
其中，65 岁以上免票游人	人次	05	14740925	14240061	500864	3.52
外宾	人次	06	2701	1931	770	39.88
3. 持月、季、年票游人	人次	07	24194967	24592709	-397742	-1.62
其中，持年票游人	人次	08	21089752	21201779	-112027	-0.53
售月、季、年票	张	09	1828867	1758174	70693	4.02
1. 月票	张	10	151538	68529	83009	121.13
2. 季票	张	11	34498	38930	-4432	-11.38
3. 年票	张	12	1642831	1650715	-7884	-0.48

说明：1. 统计范围：北京市公园管理中心所属各公园管理处。

2. 报送时间及方式：1 月 20 日前用电子邮件报送，并报送纸质报表。

3. 本表%指标保留两位小数，其余指标一律取整数。

统计资料

公园节日情况

表　　号：京园年统 4 表
制定机关：北京市公园管理中心
批准文号：京统函〔2015〕358 号

填报单位：北京市公园管理中心　　　　2016 年　　　　有效期至：2017 年 6 月

项　目	代码	节日游人量（人次）	节日总收入（元）	门票收入（元）
甲	乙	1	2	3
合　计	01	12366296	125661899	78005527
元　旦	02	749762	3726410	2283680
春　节	03	2230010	17222619	10377086
除　夕	04	90964	415300	237761
正月初一	05	262622	1337035	734482
正月初二	06	382523	2261989	1353348
正月初三	07	429600	3454911	2086781
正月初四	08	403139	3681096	2239330
正月初五	09	412589	3776801	2264796
正月初六	10	248573	2295487	1460588
清　明	11	2110652	21051830	14082279
"五一"	12	1648179	18915646	12237446
端　午	13	1227052	11402791	6998736
中　秋	14	1199998	13115377	7685412
"十一"	15	3200643	40227226	24340888
10 月 1 日	16	454040	4861997	2785436
10 月 2 日	17	548489	6769343	3950324
10 月 3 日	18	581612	8438054	4850539
10 月 4 日	19	504905	6482357	4479879
10 月 5 日	20	541225	6993044	3957839
10 月 6 日	21	379963	4463966	2773921
10 月 7 日	22	190409	2218465	1542950

说明：1. 统计范围：北京市公园管理中心所属各公园管理处。
　　　2. 报送时间及方式：1 月 20 日前用电子邮件报送，并报送纸质报表。
　　　3. 本表指标一律取整数。
　　　4. 主要审核关系：(1) 01 = 02 + 03 + 11 + 12 + 13 + 14 + 15；(2) 03 = 04 + 05 + 06 + 07 + 08 + 09 + 10；
　　　　　(3) 15 = 16 + 17 + 18 + 19 + 20 + 21 + 22。

公园文化活动情况

表　　号：京园年统 5 表
制定机关：北京市公园管理中心
批准文号：京统函〔2015〕358 号

填报单位：北京市公园管理中心　　　　2016 年　　　　有效期至：2017 年 6 月

主办单位	文化活动名称	活动的主要内容	起止日期	代码	活动面积（平方米）	文化活动期间游人量（人次）	门票收入（元）	备注
甲	乙	丙	丁	戊	1	2	3	己
合计	—	—	—	100	—	12580423	50826358	
北京市香山公园管理处	红叶观赏季	红叶观赏	10月14日~11月13日	01	1600000	1230000	10877260	
北京市北海公园管理处	二十届荷花展览	荷花展览	6月24日~8月10日	02	全园	1765100	5831600	
北京市北海公园管理处	开封菊花展览	荷花展览	10月1日~10月10日	03	全园	486000	2372700	
北京市北海公园管理处	市花菊展	荷花展览	10月9日~11月20日	04	阐福寺小西天	210000		不单独售票
北京市景山公园管理处	春季花卉展暨第二十届景山牡丹文化艺术节	应时花卉展览	4月13日~5月13日	05	176000	379714	3529060	
北京市景山公园管理处	暑期昆虫科普文化展	昆虫展览	7月22日~8月15日	06	176000	270413	2340285	
北京市中山公园管理处	中山公园春花暨郁金香花卉展览	郁金香花卉展览	3月31日~5月8日	07	228400	548013	3116555	
天桥盛世	厂甸庙会民俗区	嘉年华游艺、百姓大舞台、小吃	2月8日~2月12日	08	565605	354039	712113	
北京市陶然亭公园管理处	海棠春花节	海棠植物的展览	3月31日~4月25日	09	565605	729013	1744440	
北京市陶然亭公园管理处	动漫展	动漫人物展板、动漫科普展、游艺项目	7月22日~8月23日	10	565605	721106	1040100	
北京市紫竹院公园管理处	冰上活动	冰滑梯、小冰车、冰上自行车、溜冰场、冰上碰碰车	1月1日~2月4日	11	100000	60000		

统计资料

(续表)

主办单位	文化活动名称	活动的主要内容	起止日期	代码	活动面积（平方米）	文化活动期间游人量（人次）	门票收入（元）	备注
甲	乙	丙	丁	戊	1	2	3	己
北京市紫竹院公园管理处 紫竹院街道	竹荷文化展	三个展区 四大讲堂 三次绿色宣传活动	7月22日~8月21日	12	457300	830000		
北京市玉渊潭公园管理处	第28届樱花文化节	"玉和集樱"玉渊潭公园历史回顾与文化传承展、群众文化展演、第十三届"春到玉渊潭"摄影比赛、春鼓祈福活动、"火树瓷花"德化白瓷雕塑艺术精品展、全国风景名胜区摄影精品展、"春茶飘香"茶文化推广、食品健康宣传展、绿色科普展览	3月23日~4月13日	13	1366900	2430978	11871275	
北京市玉渊潭公园管理处	第八届浓情绿意秋实展	精品花卉展、公园季健身操比赛、万平方米荷香赏荷区、摄影精品系列展、"玉和集樱"玉渊潭公园历史回顾与文化传承展、"火树瓷花"德化白瓷雕塑艺术精品展、观赏科普、非物质文化遗产展示	9月10日~10月7日	14	1366900	453374	476976	
北京市植物园	第28届桃花节暨第13届世界名花展	花展主题为"桃源春色"	3月26日~5月8日	15	1566000	1451846	6010501	桃源春色
北京市植物园	第8届月季节	开展月季展示、学术报告及专题讲座、月季的故事科普活动、月季文化与历史展、"市花进社区活动"等多项活动	5月18日—6月30日	16	1566000	112388	434837	赏美丽月季，享幸福人生
北京市植物园	第24届市花展	花展主题为"春华秋实"，举办"双子"游园活动、压花展、红迷嘉年华活动等	9月24日—11月6日	17	1566000	175003	468655	春华秋实
中国园林博物馆	展览和活动	主办各项展览和实践活动	全年	18	馆内	373436		具体活动参见续表

（续表）

主办单位	文化活动名称	活动的主要内容	起止日期	代码	活动面积（平方米）	文化活动期间游人量（人次）	门票收入（元）	备注
甲	乙	丙	丁	戊	1	2	3	己
合计	—	—	—	100		28877		
中国园林博物馆	园林雅集辞旧岁 赏心乐事迎新年	1. 民乐演奏会。2. 茶花琴香园林雅集	1月1~3日	18	馆内	650		
中国园林博物馆	寒假冬令营	"笔墨绘画·翰墨艺韵""国学学堂 德毓清馨""植物探秘之旅 科苑撷艺""微景观设计 掌上乾坤"四项课程	1月26日~2月20日	19	馆内	1140		
中国园林博物馆	新春共赏园博馆 非遗同乐耀猴年	1. 非遗文化传承人带来六项非遗传统项目文化制作工艺，每天四场"非遗展览与互动体验"活动。2. 举办"迎春送福字"活动。3. 看皮影演绎园林故事	2月7~13日	20	馆内	3468		
中国园林博物馆	花香园博馆 花语女人节	北京农学院园林学院副教授侯芳梅老师教女性观众学习中国传统插花技艺。著名香文化学者潘亦辰老师进行《香与养生》讲座，并亲手教女性观众制作香丸，学习品香之法	3月8日	21	馆内	120		
中国园林博物馆	明前品翠·传统文化雅集	1. 坐石临流——曲水流觞文化空间体验活动。2. 茶文化雅集活动，邀请非遗恩施玉露传统技艺第十一代传承人以品翠茶会形式，沿袭宋代传统的点茶法。3. 非遗传承人白大成带来"老北京纸鸢"制作技艺	4月3~5日	22	馆内	5732		
中国园林博物馆	青少年自然教育实践基地——"秘密花园"系列主题活动	观众共同为秘密花园揭牌。"园博馆的秘密花园"暨青少年自然教育实践基地正式启动	5月~11月	23	馆内	5384		
中国园林博物馆	春色如许——中国园林博物馆三周年馆庆暨北京市青少年素质教育成果展演	"春色如许——中国园林博物馆三周年馆庆暨北京市青少年素质教育成果展演"活动拉开序幕，上演书画、茶艺、国学吟诵、园林戏曲等数十种形式的艺术活动	5月16~18日	24	馆内	3500		

统计资料

(续表)

主办单位	文化活动名称	活动的主要内容	起止日期	代码	活动面积（平方米）	文化活动期间游人量（人次）	门票收入（元）	备注
甲	乙	丙	丁	戊	1	2	3	己
中国园林博物馆	京西御稻插秧·收割	京西御稻文化是中国皇家农耕文化以及清代皇家园林体系的重要组成部分，招募亲子家庭，在园博馆中亲自动手体验插秧和水稻收割	5月22日~10月15日	25	馆内	100		
中国园林博物馆	秘密花园内螺旋花园搭建	活动以讲座形式为开篇，学习微景观生态设计，了解园林建设的重要性	5月29日	26	馆内	50		
中国园林博物馆	非遗传承话端午·古乐雅集赏园林	1.山居雅集传统文化活动，以中国古乐展演为主要形式。2.园博馆邀请非遗技艺传承人百大成先生在公众教育中心进行讲座。3.非遗项目传承人指导，观众亲自动手体验端午五色虎、毛猴、水晶花等6项传统老物件。4."国家级非物质文化遗产 布上青花——南通蓝印花布艺术展"	6月9~11日	27	馆内	3200		
中国园林博物馆	暑期夏令营	1.中级园林小讲师课程。2.园博馆举办首届"仲夏夜之梦"夜宿活动。3.植物探索之旅夏令营活动	7月19日~8月19日	28	馆内	190		
中国园林博物馆	福满华夏，国粹飘香	1."福满华夏 国粹飘香"第三届中秋音乐会。2.邀请民间艺术大师、非物质文化遗产传人讲述以"老北京的中秋节"为主题的专题讲座，体验彩绘"兔爷"，制作"功夫兔爷"	9月14日~9月17日	29	馆内	1601		
中国园林博物馆	山居雅集之七碗茶歌	以唐代煎茶为主题，体验唐代茶仙陆羽在《茶经》中所记载的"陆氏煎茶法"，赏读"七碗茶歌"，行茶仪轨品茶，体会唐代品茶的独特风味	10月1~7日	30	馆内	3675		
中国园林博物馆	献爱重阳·浓情敬老	带领广大老年观众一起体验花艺，亲手制作胸花，共度重阳佳节；科普工作人员走出博物馆，到丰台区长辛店街道的老年之家，与爷爷奶奶们共度重阳佳节	10月8~9日	31	馆内	67		
中国园林博物馆	共贺传统冬至节 重拾香事千年品韵	两场香文化雅集，主香人结合传统香文化，带领观众品鉴香之韵味，话香之礼仪。体验古法隔火熏香方式，动手依古法制作香丸	12月21~24日	32	馆内	40		

(续表)

主办单位	文化活动名称	活动的主要内容	起止日期	代码	活动面积（平方米）	文化活动期间游人量（人次）	门票收入（元）	备注
甲	乙	丙	丁	戊	1	2	3	己
合计	—	—	—	100	—	202590		
中国园林博物馆	园林主题讲座	开展"中国园林的诗性品题"和"中国园林美学"主题讲座	全年74场	33	馆内	4906		
中国园林博物馆 古陶文明博物馆	凝固的时光——古陶文明博物馆精品砖展	展出的105件（套）古砖和题拓，内容涉及自然、生态、神话、风俗	7月12日~10月16日	34	馆内	32427		
中国园林博物馆 普洱市文化体育局	古道茗香——普洱茶马文化风情展	通过"茶之源""马之情""道之始"三部分，以500余件历经茶马古道风雨飘摇的文物展品为载体，展示独特的普洱茶历史和神秘的茶马古道文化	4月14日~6月19日	35	馆内	22506		
中国园林博物馆 北京市颐和园管理处 玉韵春秋玉雕工作室	"青铜化玉 汲古融今"特展	通过"青铜化玉""古意新琢"两部分，以青铜、玉器交错的视觉展现，还原和具象仿古玉雕的历史脉络，揭示古代仪礼文化的物质载体	7月1日~8月28日	36	馆内	23704		
中国园林博物馆 北京市颐和园管理处	轮行刻转——颐和园藏西洋钟表展	展出颐和园藏珍贵钟表39件，以19世纪末至20世纪晚清钟表为主，是清宫旧藏钟表难得的一次集中展示	3月10日~5月12日	37	馆内	35633		
中国园林博物馆 北京收藏家协会	壶中天地——中国古代锡器文化展	展出134件（套）锡壶，以中国汉民族锡壶为主，将汉民族所特有的茶文化、酒文化、园林文化、文房文化等传统文化与锡壶有机地融为一体	3月20日~7月3日	38	馆内	35678		
中国园林博物馆	园林遗珠 时代印记——四大名园门票联展	以特色门票作为展示主体，时间线索贯穿整个展览，通过50余张展板，四大名园不同历史时期的800余张门票、30余件园林档案、书籍进行展示	9月28日~12月18日	39	馆内	26391		
中国园林博物馆 北京仁在文化传播有限公司	园林香境——中国香文化掠览	展出"香器"144件，展览通过"香之脉""香之源""香之器""香之道""香之蕴"五个主题	3月8日~4月8日	40	馆内	13871		
中国园林博物馆 成都杜甫草堂博物馆	瓷上园林——从外销瓷看中国园林的欧洲影响	展览精选了园博馆外销瓷文物120件（套），系统而全面地展示中国明清外销瓷的输出及17世纪中叶至19世纪欧洲的仿制瓷器	2月5日~4月4日	41	馆内			

统计资料

(续表)

主办单位	文化活动名称	活动的主要内容	起止日期	代码	活动面积（平方米）	文化活动期间游人量（人次）	门票收入（元）	备注
甲	乙	丙	丁	戊	1	2	3	己
中国园林博物馆 上海豫园管理处	瓷上园林——从外销瓷看中国园林的欧洲影响	展览精选了园博馆外销瓷文物120件(套)，系统而全面地展示中国明清外销瓷的输出及17世纪中叶至19世纪欧洲的仿制瓷器	9月30日~12月30日	42	馆内			
中国园林博物馆 伪满皇宫博物院	瓷上园林——从外销瓷看中国园林的欧洲影响	展览精选了园博馆外销瓷文物120件(套)，系统而全面地展示中国明清外销瓷的输出及17世纪中叶至19世纪欧洲的仿制瓷器	10月26日~12月31日	43	馆内	10143		
中、黑两国文化部主办	"文化原乡 精神家园"中国——黑山古村落与乡土建筑展	展览以图片为主，包括中国和黑山两部分，概览各自古村落与乡土建筑之美，展现东西方传承千年的生活智慧与哲学	8月15日~21日	44	馆内	2237		
合计	—	—	—	100	—	141969		
中国园林博物馆 北京皇家园林书画研究会	清香溢远——第二届中国园林书画展	展览通过80余位书画家的85件花鸟画作品，让观众从中领略中国园林与中国书画的关系，欣赏勃勃生机的万物之美	7月9日~7月31日	45	馆内	6649		
中国园林博物馆 徐悲鸿纪念馆	和谐自然 妙墨丹青——徐悲鸿纪念馆藏齐白石精品画展	展出齐白石老人46件、套(49幅)艺术真品，展现了一代艺术巨匠独特的大写意国画风格	9月28日~10月30日	46	馆内	20740		
中国园林博物馆 中央文书馆书画院	高山流水——傅以新山水画展	展出园林胜地，名山大川，野坡荒谷、森林雪原、瀚海长云、日月奇观等傅以新山水书画作品60余幅	4月3日~5月12日	47	馆内	19494		
中国园林博物馆 上海豫园管理处	翰墨雅韵——上海豫园馆藏海派书画名家精品展	展出山水、花鸟、人物等海派书画作品60余件(套)，是豫园馆藏海派书画中的佳品，从此展中可以领略到海派书画绚丽多彩的艺术特色和精彩纷呈的笔墨情趣	10月12日~12月4日	48	馆内	17178		
中国园林博物馆	皇家·私家——杜璞先生百幅园林作品展	展览通过杜璞先生百幅园林山水画作，从不同角度展现世界丰富多彩的艺术杰作和表现形式。从画作的角度出发，描绘了中国园林优美的风光，解读了中国园林浓厚的历史文化	9月10日~24日	49	馆内	5118		

（续表）

主办单位	文化活动名称	活动的主要内容	起止日期	代码	活动面积（平方米）	文化活动期间游人量（人次）	门票收入（元）	备注
甲	乙	丙	丁	戊	1	2	3	己
中国园林博物馆 北京收藏家协会 北京百年世界老电话博物馆	年吉祥 画福祉——年画中的快乐新年展	展览共分"年画中的过大年""年画中的孙行者""年画中的民与俗"及"年画中的园之趣"四个部分，展现了民间特有的张贴文化和艺术特色	2月2日~3月27日	50	馆内	13229		
中国园林博物馆	"风起中华，爱翔九天"曹氏风筝展	展出90余件曹氏风筝，均为国家级非物质文化遗产传承人孔令民、孔炳彰父子亲手扎糊的珍贵作品	3月8日~5月12日	51	馆内	26618		
中国民间文艺家协会、中国非物质文化遗产保护协会、江苏省文联、中国园林博物馆、北京博物馆学会	国家级非物质文化遗产 布上青花——南通蓝印花布艺术展	非物质文化遗产保护展览，各种南通蓝印花布展品	5月18日~6月18日	52	馆内	18097		
北京市公园管理中心 山西省运城市外侨事务和文物旅游局	永乐宫元代壁画临摹作品展	展出作品由《朝元图》《钟吕问道图》以及《八仙过海图》组成，共计37幅，是除故宫博物院作为国宝永久收藏的20世纪50年代临摹品外，现存唯一一套可以展出的1:1原摹本等大壁画作品	5月18日~6月19日	53	馆内	17702		
中国园林博物馆 《大众摄影》杂志社	第三届中国园林摄影大展	展示中国和世界园林悠久的历史、灿烂的文化、多元的功能、辉煌的成就、深远的影响，弘扬中国传统园林文化和世界园林之美	12月23日~1月29日	54	馆内			
中国园林博物馆 中国风景园林学会	2016年全国大学生风景园林规划设计竞赛获奖作品展	展示优秀规划设计作品，让公众更好地了解风景园林师的工作，展示更多富有创意的、专业性强、富有前瞻性的规划设计方案	12月10日~25日	55	馆内	3793		
中国园林博物馆 北京林业大学	心怀中国梦，同寄园林情中国园林博物馆系类捐赠品展	展览分为建馆篇、个人捐赠篇及单位捐赠篇，展品数量达500余件(套)，涉及捐赠单位和个人221个，通过三个篇章内容，展现每件展品背后的故事	11月18日~12月8日	56	馆内			

说明：1. 统计范围：北京市公园管理中心所属各公园管理处。
2. 报送时间及方式：1月20日前用电子邮件报送，并报送纸质报表。
3. 本表指标一律取整数。

公园文娱活动情况

表　　号：京园年统 6 表
制定机关：北京市公园管理中心
批准文号：京统函〔2015〕358 号

填报单位：北京市公园管理中心　　　　2016 年　　　　有效期至：2017 年 6 月

项　目	代码	文娱活动游人量（人次）	文娱活动收入（元）	备注
甲	乙	1	2	丙
游艺活动合计	100	767751	38779379	
北京市香山公园管理处	01	391138	32855080	
北京市北海公园管理处	02	36900	351264	
北京市中山公园管理处	03	56657	538895	
北京市紫竹院公园管理处	04	211800	4160610	
北京市玉渊潭公园管理处	05	50280	748860	
北京市植物园	06	20976	124670	
游船合计	200	2574258	68786453	
北京市颐和园管理处	01	1147382	29093192	
北京市北海公园管理处	02	866821	23192384	
北京市中山公园管理处	03	92530	2010347	
北京市陶然亭公园管理处	04	215066	8104425	
北京市紫竹院公园管理处	05	49961	2680350	
北京市玉渊潭公园管理处	06	202498	3705755	
园中园活动合计	300	6803882	67546389	
北京市颐和园管理处	01	1196006	10386315	
北京市天坛公园管理处	02	1365683	23797720	
北京市香山公园管理处	03	67538	648580	
北京市北海公园管理处	04	1695165	14116547	
北京市动物园	05	1449378	6349343	
北京市中山公园管理处	06	178035	546482	
北京市陶然亭公园管理处	07	135100		
北京市植物园	08	716977	11701403	

说明：1. 统计范围：北京市公园管理中心所属各公园管理处。
2. 报送时间及方式：1 月 20 日前用电子邮件报送，并报送纸质报表。
3. 本表指标一律取整数。

2016年北京市公园管理中心科技成果获奖项目

序号	获奖课题名称	完成单位	评奖结果
1	中国特有种麋鹿MHC基因变异及对魏氏梭菌感染疾病的预判研究	动物园	一等
2	健康绿道植物景观多样性与生态功能提升关键技术研究与示范	园科院	一等
3	中国古典皇家园林艺术特征可视化系统研发	园博馆	一等
4	'奥运圣火'一串红系列多花色新品种选育研究	园科院	一等
5	月季倍性育种研究	园科院	一等
6	碧云寺历史文化价值挖掘与应用研究	香山	一等
列1	列2	列3	列5
7	颐和园寿文化体系之初步研究	颐和园	二等
8	不同园林植物对臭氧响应的研究	植物园	二等
9	2种天敌昆虫规模化繁育关键技术研究及示范	园科院	二等
10	北京天坛建筑基址规模研究	天坛	二等
11	公园中异色瓢虫、中华通草蛉、黑带食蚜蝇发生规律的研究	园科院	二等
12	北京地区木兰属植物的收集及抗寒品种的筛选	植物园	二等
13	景天科园林植物收集和应用的研究	植物园	二等
14	藤本植物紫藤等引种、繁殖及在城市绿化中的应用	植物园	二等
15	早花型桃花的育种与繁殖推广研究	植物园	二等
16	香山静宜园二十八景导览讲解技法研究	香山	二等
17	几种宿根花卉新品种选育研究	园科院	二等
18	北京城区典型绿地土壤健康状况监测及培肥关键技术研究	园科院	二等
19	品穴星坑小蠹生物学特性及综合防治研究	景山	三等
20	几种特色观果植物的应用研究	植物园	三等
21	几种苔草规模化生产技术研究	园科院	三等
22	公园体验型科普项目发掘实践和效果评价研究	香山	三等
23	北京地区康复花园的植物筛选与应用研究	植物园	三等
24	鸳鸯繁殖、巢址选择及栖息地忠实性研究	动物园	三等
25	根吸性新型药剂应用技术研究	园科院	三等
26	北京地区松科植物引种、筛选与应用研究	植物园	三等
27	木瓜属观赏海棠种质资源调查及引种试验	陶然亭	三等
28	北京动物园"百木园"建设及科普功能探讨	动物园	三等
29	紫竹院公园四季动植物欣赏图鉴(科普读物)	紫竹院	三等
30	中国园林博物馆"微应用"平台建设	园博馆	三等
31	桃花文化的民族植物学研究	植物园	三等

2016年北京市公园管理中心科技成果获奖项目

序号	获奖课题名称	完成单位	参加人员	评奖结果
1	中国特有种麋鹿MHC基因变异及对魏氏梭菌感染疾病的预判研究	动物园	由玉岩、刘学锋、郑常明、贾婷、王伟	一等
2	健康绿道植物景观多样性与生态功能提升关键技术研究与示范	园科院	任斌斌、王建红、李薇、王永格、仇兰芬	一等
3	中国古典皇家园林艺术特征可视化系统研发	园博馆	李炜民、程炜、张满、吕洁、邢兰	一等
4	'奥运圣火'一串红系列多花色新品种选育研究	园科院	董爱香、赵正楠、辛海波、崔荣峰、李子敬	一等
5	月季倍性育种研究	园科院	周燕、冯慧、王茂良、巢阳、吉乃喆	一等
6	碧云寺历史文化价值挖掘与应用研究	香山	高云昆、李博、刘莹、贾政、马玉坤	一等
列1	列2	列3	列4	列5
1	颐和园寿文化体系之初步研究	颐和园	邹颖、谷媛、孙萌	二等
2	不同园林植物对臭氧响应的研究	植物园	刘东焕、赵世伟、施文彬	二等
3	2种天敌昆虫规模化繁育关键技术研究及示范	园科院	仇兰芬、仲丽、邵金丽	二等
4	北京天坛建筑基址规模研究	天坛	刘勇、袁兆晖、刘碧莉	二等
5	公园中异色瓢虫、中华通草蛉、黑带食蚜蝇发生规律的研究	园科院	王建红、李广、周达康	二等
6	北京地区木兰属植物的收集及抗寒品种的筛选	植物园	曹颖、孙宜、刘淳洋	二等
7	景天科园林植物收集和应用的研究	植物园	成雅京、孙皓明、揣福文	二等
8	藤本植物紫藤等引种、繁殖及在城市绿化中的应用	植物园	孙宜、孙猛、石青松	二等
9	早花型桃花的育种与繁殖推广研究	植物园	付俊秋、吴超然、樊金龙	二等
10	香山静宜园二十八景导览讲解技法研究	香山	高云昆、李博、贾政	二等

（续表）

序号	获奖课题名称	完成单位	参加人员	评奖结果
11	几种宿根花卉新品种选育研究	园科院	李俊、宋利娜、蔺艳	二等
12	北京城区典型绿地土壤健康状况监测及培肥关键技术研究	园科院	王艳春、吴建芝、张娟	二等
19	品穴星坑小蠹生物学特性及综合防治研究	景山	周明洁、刘仲赫、王久龙	三等
20	几种特色观果植物的应用研究	植物园	陈燕、赵世伟、吴超然	三等
21	几种苔草规模化生产技术研究	园科院	梁芳、董爱香、李子敬	三等
22	公园体验型科普项目发掘实践和效果评价研究	香山	刘莹、周肖红、葛雨萱	三等
23	北京地区康复花园的植物筛选与应用研究	植物园	李燕、赵世伟、刘东燕	三等
24	鸳鸯繁殖、巢址选择及栖息地忠实性研究	动物园	由玉岩、刘学锋、卢雁平	三等
25	根吸性新型药剂应用技术研究	园科院	邵金丽、张国锋、夏菲	三等
26	北京地区松科植物引种、筛选与应用研究	植物园	许兴、王广勇、周达康	三等
27	木瓜属观赏海棠种质资源调查及引种试验	陶然亭	张青、张兰春、马媛媛	三等
28	北京动物园"百木园"建设及科普功能探讨	动物园	赵靖、张珊珊、佟頔	三等
29	紫竹院公园四季动植物欣赏图鉴（科普读物）	紫竹院	范卓敏、郭亚清、姜媛	三等
30	中国园林博物馆"微应用"平台建设	园博馆	程炜、王歆音、常福银	三等
31	桃花文化的民族植物学研究	植物园	卢鸿燕、付俊秋、陈红岩	三等

附　录

文件选编

北京市公园管理中心关于加强公园文物保护工作的通知

京园办发〔2016〕25号

中心所属各单位：

近日有媒体对公园文物失踪事件的报道引起了社会对公园文物保护的广泛关注。通过此次报道反映出公园文物保护工作还存在不足和问题，同时对公园的文物保护工作提出了新的要求。希望各单位通过此次事件举一反三，不断提高文物保护意识，确实加强公园文物建筑及露陈文物的保护管理工作，使公园内的文物得到妥善保护。现就相关工作提出以下几点要求：

一、加强公园职工文物保护教育工作。提高全体职工对文物保护工作的认识，强化园内工作人员的文物保护意识。

二、制定完善巡查制度。各公园要结合各自情况尽早制定完善适合本单位的文物建筑、露陈文物的巡视检查制度，并制订相关的实施方案，明确责任主体。对文物残损、缺失情况应制订应急处置预案。

三、确实落实文物巡视检查制度。要安排专人定期对园内文物建筑及无法收藏的露陈文物进行巡视检查，对巡查情况要及时进行记录，巡查中如发现残损、缺失等情况应及时如实上报相关部门，文物巡视检查制度应实行交接班制度。

四、加强园内安全防控措施。对园内现有安全技术防范设备进行全面检修，确保设备的正常运行。对于缺少安全技术防范设备的区域应制订方案，尽早完善安全防控措施，同时应注意新材料、新技术的应用。

五、各公园应对园内露陈的可移动文物进行全面清点，并登记造册。对具备条件的露陈文物应采取统一收藏管理，如需展览展示的可考虑制作复制品进行展出。

六、各公园应对园内文物建筑进行一次普查，对于构件缺失及损坏的情况应如实记录，并制订补配计划和工作方案。请于2月

22日(周一)下班前将检查记录及方案上报综合管理处。

北京市公园管理中心

2016年2月19日

北京市公园管理中心关于2015年优秀工程评比结果的通知

京园综发〔2016〕48号

中心所属各单位：

为总结经验、表彰先进，进一步调动中心各单位广大园林建设工作者的积极性，决定对各单位2015年度综合建设工作进行表彰。

根据2015年10月底至11月初现场考察及专家评议，颐和园园墙抢险修缮工程（三期）、天坛公园北宰牲亭、北神厨院落修缮工程等29项工程被评为中心优秀工程。

北海静心斋景区水生态修复工程、香山公园平台厕所维修工程等五项工程被评为优秀单项工程。

希望各单位珍惜荣誉，再接再厉，以饱满的热情积极投身到公园的建设工作中，为首都公园的建设和发展做出更大贡献。

附件：2015年优秀工程评比结果

北京市公园管理中心

2016年3月14日

附件

2015年优秀工程评比结果

优秀工程		
序号	单位	获奖项目名称
1	颐和园	园墙抢险修缮工程（三期）
2		镜桥修缮工程
3		南湖岛景观提升工程
4	天坛公园	北宰牲亭、北神厨院落修缮工程
5	北海公园	北海公园静心斋及周边景区环境改造工程
6		琼华岛消防及上水管线改造工程
7	景山公园	景山景观提升工程
8		山体消防系统改造工程

附 录

(续表)

\multicolumn{3}{c}{优秀工程}		
序号	单位	获奖项目名称
9	动物园	鬯春堂东侧绿地环境改造项目
10	动物园	金丝猴馆周边景观环境及猴笼网改造项目
11		熊山南侧文化广场
12	北京市植物园	月季园专项改造工程
13		卧佛寺及周边区域植物调整
14		预备温室改造工程
15	园林科研院	门区改造工程
16	玉渊潭公园	玉渊潭道路及码头恢复工程
17		西湖南岸码头改造工程
18		东湖湖岸景观恢复工程
19		玉渊潭公园增彩延绿工程
20	中国园林博物馆	儿童生态互动体验园
21		室内外展园环境提升
22	陶然亭公园	慈悲庵修缮工程
23		慈悲庵周边绿化环境改造工程
24		华夏名亭园李杜景区景观改造工程
25	紫竹院公园	青莲岛及明月岛竹林景观恢复工程
26		喷灌系统首部设备更新工程
27		紫竹院公园广播系统改造
28	香山公园	静宜园(香山)二十八景修复工程(一期)
29		香山公园雨水及地表水收集利用技术示范景观展示及恢复
\multicolumn{3}{c}{优秀单项工程}		
1	北海公园	北海静心斋景区水生态修复工程
2	香山公园	香山公园平台厕所维修工程
3		香山公园眼镜湖厕所改造工程
4	紫竹院公园	紫竹院公园筠石苑水生态修复工程
5	玉渊潭公园	玉渊潭公园留春园厕所改造工程

北京市公园管理中心关于印发《北京市公园管理中心成立十周年工作方案》的通知

京园办发〔2016〕117号

中心所属各单位，机关各处室：

为切实做好中心成立十周年相关工作，达到展示风采、振奋精神、激励干劲、推动发展目的。经研究，现印发《北京市公园管理中心成立十周年工作方案》，请各单位、各处室认真抓好工作落实。

特此通知。

北京市公园管理中心
2016年5月6日

北京市公园管理中心成立十周年工作方案

北京市公园管理中心自2006年3月1日正式挂牌成立，至今已满十年。为进一步总结固化经验做法、宣传展示品牌形象、鼓舞激励干部职工、开拓创新发展局面，拟本着节俭务实的原则开展中心成立十周年宣传激励工作。

具体方案如下：

一、指导思想和目的

紧密围绕中心年度重点任务、"十三五"规划推进、园林事业发展和首都国际一流和谐宜居之都建设，系统回顾中心成立十周年工作历程，总结经验，修正不足，并以此为契机，展示中心风采、振奋职工精神、扩大社会影响、增进各方共识，不断强化园林行业自豪感和自信心，进一步激发广大干部职工开拓进取、爱岗敬业的工作热情，凝心聚力，开拓创新，为继续推动中心系统的科学发展持续注入新的活力。

二、组织领导和分工

为切实加强组织领导，成立工作小组，人员组成如下：

组　长：郑西平、张　勇

副组长：杨　月、王忠海、李炜民、程海军

组　员：各处室负责人、各单位党政主要领导。

中心办公室、组织人事处、宣传处、工会、团委、离退休干部处为工作小组成员单位。工作小组设立办公室，办公室主任由中心副主任王忠海担任，工作地点设在中心办公室，负责相关事宜的组织协调和督促落实。

三、总体框架及阶段安排

（一）制作《中心成立十周年大事记》

落实单位：办公室。

主要内容：出版发行中心成立十周年大事记。

通过收集整理中心发展过程中的大事、要事，理清中心成立以来的发展脉络，图文并茂反映重要历史人物事件，集中展示所取得的成绩和进步，激发广大干部职工的工作热情。

阶段划分：一季度校对大事记文字稿，完成任务30%；二季度收集照片，联系出版社，完成任务60%；三季度完成出版事宜；全部工作于10月31日前完成。

（二）制作两部中心工作宣传片

落实单位：宣传处。

主要内容：

一是制作时长为8分钟的高清双语宣传片。以回顾展示中心成立十周年成就为宣传主题，以公园文化活动、历史名园建设、公园安全保障、社会管理、环境建设、科普教育、精神文明建设等方面为主要素材内容，拍摄宣传片。主要以展示工作成就为主，顺序展现中心成立以来各方面工作和取得的典型成绩，展示对象为中心系统工作人员、社会相关行业。

二是制作时长为10分钟的高清中文宣传片。以"历史名园——北京古都金色名片"为宣传主题，以四季景观、文化活动、环境建设及中心特色等为主要素材内容，拍摄宣传片。主要以展示中心所属单位的特色景观、人文活动、服务接待及文物建筑、代表植物等为主，展示对象为社会层面、游客市民。

阶段划分：一季度收集汇总视频素材，完成任务20%；二季度按照《宣传脚本》内容进行视频编辑，形成视频小样，完成任务50%；三季度进行内容审核，完成视频制作，完成任务80%；四季度推广宣传，广泛教育。全部工作于12月31日前完成。

（三）开展离退休干部"低碳环保 让生活更美好"主题实践活动

落实单位：离退休干部处。

主要内容：

一是举行"低碳环保 让生活更美好"主题活动启动仪式，邀请低碳环保达人传经送宝，发出活动倡议。二是分享低碳环保妙招，围绕日常生活中如何高效节能、低碳烹调、节约用水、爱惜衣物、垃圾分类、变废为宝、低碳出行等，说、写经验做法。三是开展"创意无限变废为宝"活动，利用废旧材料制作有用物品。四是开展照相摄影活动，照美景，画美景。五是在老人节举办低碳环保展览。

阶段划分：一季度制订活动计划安排，举办启动仪式，完成任务30%；二季度各单位按照活动安排具体实施，完成任务60%；三季度至7月底，各单位按照活动安排具体实施，8月份上报成果，完成任务80%；10月中旬举办"低碳环保 让生活更美好"主题展览，进行评选工作。全部工作于10月31日前完成。

（四）举办"颂祖国 心向党 赞名园"职工文艺演出

落实单位：中心工会。

主要内容：拟于"七一"前举办庆祝中国共产党建党95周年、中心成立十周年暨中心业余职工艺术团成立一周年汇报演出。节目来源以中心职工业余艺术团节目为主，部分节目由各单位自愿报名参加，经审核后参演。节目板块如下：开场视频"风采"，版块一《景观》，版块二《人文》，版块三《优质服务》，版块四《职工风采》，尾声。

阶段划分：3月份，完成项目前期组织建立、方案策划及节目筹备工作；4月上旬完成第一次节目审查，确定节目；5月中旬前各单位安排排练；6月演出前安排节目合成、彩排；"七一"前正式演出。

（五）中心青年职工风采展示活动

落实单位：中心团委。

主要内容：组织各单位青年职工以歌舞戏曲、诗歌朗诵、话剧小品、视频展演等多种形式展示中心系统青年职工岗位风采。同时结合中心第二届"十大杰出青年"评选表彰活动，对青年职工在各类岗位上做出的突出贡献进行宣传表彰。

阶段划分：4~7月，完成第二届中心"十杰青年"评选工作；5~8月，中心所属各单位团组织按照整体方案部署，编排风采展示节目；9~10月，完成活动前期准备工作，进行彩排演练；10月底前，正式开展中心青年职工风采展示活动。

（六）对中心优秀技能人才进行表彰奖励

落实单位：组织人事处。

主要内容：宣传中心《北京市公园管理中心优秀技能人才奖励激励办法》；组织各单位上报拟推荐人员；根据《办法》，中心组织人事处汇总审核各单位推荐材料，确保表彰人员符合条件；报审核领导小组审定；中心确定受表彰人员；对中心优秀技能人才进行表彰奖励。

阶段划分：一季度学习、宣传《北京市公园管理中心优秀技能人才奖励激励办法》；完成任务25%；二季度各单位上报拟推荐人员；中心组织人事处汇总审核推荐材料；报审核领导小组初步确定表彰人选，完成任务50%；三季度确定受表彰人员，对中心优秀技能人才进行表彰奖励。全部工作于7月31日前完成。

四、工作措施

（一）注重计划统筹

此活动方案为框架性方案，各相关部门、各单位要进一步加强工作的计划统筹，按照时间节点明确阶段工作重点、完成时限及责任人，切实将任务分解到末端细处，确保质量和水平。

（二）做好工作协调

中心成立十周年与中心各部门、各单位密切相关，要牢固树立"一盘棋"思想，集智聚力抓好筹备、组织等各项工作。相关负责同志要进一步强化协同意识，主动做好工作对接，积极推动末端落实。

（三）加强绩效考核

绩效督查部门要加强对责任单位工作进展情况的收集、整理、汇总，每季度形成工作情况报告，及时抓好督查与反馈工作。各单位、各处室要从中心成立十周年工作中找到着力点，主动抓好工作的督促落实。

（四）重视宣传教育

要在总结回顾中心成立十年历程的基础上，重视文化积淀和启发性成果的总结提炼，对内教育干部职工，强化文化熏陶，对外扩大媒体影响，凝集社会共识。

附件：1. 中心成立十周年工作推进预案表

2. 中心成立十周年大事记编纂方案

3. 中心成立十周年宣传片制作方案

4. 中心成立十周年开展"低碳环保 让生活更美好"主题实践活动的安排

5. 中心成立十周年"颂祖国心向党赞名园"职工文艺演出方案

6. 中心成立十周年青年职工风采展示活动方案

（以上附件略）

附 录

北京市公园管理中心关于杨柳飞絮治理情况阶段工作的报告

京园办文〔2016〕132号

市委、市政府：

杨柳树是我国城乡绿化的主要树种，对改善生态环境和形成鲜明特色的城市园林景观发挥着重要作用，但存在雌株春季产生大量飞絮情况，带来城市生态环境、市民健康、消防及交通安全等方面的负面影响。北京市春季杨柳雌株飞絮情况也比较严重，社会各界较为关注，市领导专门提出治理工作要求。对此，市公园管理中心高度重视，专门研究推进杨柳飞絮治理工作，加大根治力度。现将市公园管理中心治理杨柳飞絮相关工作推进情况报告如下：

一、杨柳飞絮治理科技攻关情况

从"十五"期间开始，北京市科委和原北京市园林局开始进行立项研究，北京市园林科学研究所（现北京市园林科学研究院）作为课题承担单位，先后进行了"杨树雌花序疏除剂研究与开发"和"化学控制杨柳飞絮示范研究"等课题研究，总结出了淘汰杨柳雌株、高位嫁接、喷施抑制剂等办法。在相关科研项目积累的基础上，2007～2009年，北京市园林科学研究所又承担了北京市科委城市管理中的关键技术研究——"杨柳飞絮控制技术的研究与示范"科技攻关，形成科研中试产品杨柳飞絮抑制剂"抑花一号"，防治效果达90%以上，有效解决了城市杨柳飞絮污染治理中缺乏有效防治药剂的困境；同时研发出"抑花一号"实际应用指标、实施方法和配套机械，有效提高了工作效率，满足了城市规模化推广应用需要。课题研究成果荣获2012年中国风景园林学会科技进步一等奖，获得国家技术发明专利2项。结合科研成果与十年来在飞絮治理方面积累的丰厚经验，园林科研院建立起一套完整的"杨柳飞絮控制技术体系"，本着"长短结合、标本兼治、多措并举、综合治理"的原则，将更新树种、高位嫁接、疏枝修剪、注射杨柳飞絮花芽抑制剂、高压冲洗等多项杨柳飞絮控制技术手段进行了有机融合。

二、杨柳飞絮防控技术的具体应用及阶段推广工作成果

市公园管理中心所属11家市管公园总面积1539.29公顷，其中陆地面积1170.37公顷，绿地面积1001.31公顷，绿地率达到65.05%。杨柳树在各市管公园皆有种植，比较集中的公园主要有颐和园、玉渊潭公园、北京动物园、北京植物园、紫竹院公园、天坛公园。杨柳树的种植主要集中在公园边界沿线、水域沿岸、园路两侧等区域，已成为公园绿化景观主体框架的重要组成部分。经普查，市管公园内各种杨柳树共计12048株，占公园内乔木总量的0.75%，产生飞絮的杨柳树雌株总数6306株，占杨柳树总量的52.3%，这些杨柳树树龄普遍集中在30～50年。

自2007年以来，11家市管公园在北京市园林科学研究院"杨柳飞絮控制技术"支持下，率先陆续开展杨柳飞絮防控治理的推广和示范应用工作。10年来市公园管理中心始终坚持开展杨柳飞絮防控治理工作，每年投入专项资金40余万元，"抑花一号"注射量近5.5万株次，公园内的杨柳树雌株防治率超过90%。自2013年以来，市管公园每年对园内全部杨柳树雌株进行"抑花一号"注射治理工作，同时还从绿化养护方面着手，定期对园内杨柳树进行疏枝修剪，以减少飞絮产生量。

在持续推动杨柳飞絮治理过程中，市公园管理中心进一步强化飞絮治理力度，市管11家公园的杨柳飞絮综合治理目前已取得显著成效；同时市公园管理中心注重"立足公园、服务北京、面向全国"，积极与园林绿化局协作配合，持续推进科技示范、成果推广、科普宣传、新闻发布等一系列工作，有效辐射、带动和引领了北京市乃至全国的杨柳飞絮治理工作。目前，树干注射杨柳飞絮抑制剂在北京累计推广应用规模已达10万余株，市公园管理中心还为中南海等中央机关、驻京部队、清华大学、北京大学等高等院校开展了科技服务工作。2016年北京进一步扩大推广树干注射杨柳飞絮抑制剂应用范围，重点治理区域包括东城区、西城区、石景山区、顺义区及市管公园，预期推广应用规模达20万株，占全市现有200万飞絮杨柳雌株的10%。同时"抑花一号"现已在国内20多个省市100多个城市中得到推广应用，范围呈逐年递增趋势。全国10年累计推广应用规模已达到100万株，新疆克拉玛依、青海格尔木市等还将此项工作列为政府购买公共服务及为民办实事折子工程内容。国内先后有几十家媒体对"抑花一号"的推广应用进行报道，社会影响较大，辐射和带动了全国各地的杨柳飞絮治理工作，产生了良好的生态效益和社会效益。此外，在国际交流与合作方面，杨柳飞絮治理科技成果已通过外国驻华使馆先后引入到朝鲜、蒙古、乌克兰等国，为国际间科技交流发挥了积极作用。

三、杨柳飞絮综合防控治理计划及分年度解决实施步骤

（一）杨柳飞絮综合防控治理计划

按照市领导"'市属公园应率先'解决杨柳飞絮问题，提出分年度解决计划"的批示精神，市公园管理中心本着"生态优先、保护第一、科学治理、长短结合，标本兼治、综合治理"的工作原则，提出如下防控根治计划：

1. 科学分析，完善方案。对市管公园杨柳树基础情况深入系统调查分析，在已明确数量、规格、种类（品种）、树龄、健康状况、雌雄株比例、种植分布、飞絮严重程度等情况的基础上，对其在园林中的结构属性综合分析，充分掌握其园林设置意义、历史渊源、景观功能、树龄树势等方面的基础数据，进而详细分类、科学评估、区别对待，召开专家论证会研究，拿出科学、符合实际、操作易行的解决方案，报行政部门审批，推进有效实施。

2. 因地制宜，因树施策。对颐和园西堤古柳、北海古柳等古树及动物园黑杨等珍稀树种加强养护复壮；对作为园林景观主题内容和框架结构的杨柳树雌株，甄别其树势状况及在景观中的位置构成，有针对性地选择注射药剂、疏枝修剪或高位嫁接雄株、更新同种雄株等措施，避免因飞絮问题砍伐更新大量壮年期杨柳树而导致生态景观环境退化；对不是历史园林景观构成、不形成现有景区园林框架、不在景区重要位置、树龄较短的杨柳树，结合园林意境更换树种。

3. 长短结合，标本兼治。既立足当前，

附 录

又着眼长远，采取治本与治标相结合的综合治理措施：在遵从历史园林意境的前提下，综合调整树种结构与比例，结合北京市增彩延绿科技创新工程，将符合条件的杨柳树替换成抗逆性强、色彩丰富、绿期较长的乡土长寿树种，同时选择与种植灌木和草本相结合，形成乔、灌、草立体复合结构，不断提升历史园林的生态环境承载力。为避免大量砍伐更新杨柳树种所带来的生态景观影响，充分发挥植物生态效益，短期采取疏枝修剪、注射杨柳飞絮花芽抑制剂、高压冲洗等治标方法，为"治本"争取全面有效治理的时间和空间。

4. 多措并举，综合治理。对人絮矛盾突出、重点防火等区域，采取综合体系化防治措施的同时，在飞絮集中时段，采用高压枪冲洗、及时清理收集飞絮等管护措施，避免飞絮再次随风扩散。

（二）分年度解决实施步骤

根据上述综合防控治理计划，确定如下分年度解决实施步骤：

1. 将解决杨柳飞絮问题列入市公园管理中心"十三五"规划当中，8月底前制订综合解决方案，召开专家论证会，形成总体解决实施方案，报行政部门审批，年内推进有效实施。

2. 年内巩固完善药剂防治成果，按照市公园管理中心杨柳飞絮总体解决实施方案推进综合治理速度。基于市管公园多年来治理杨柳飞絮的工作成果，继续做好"抑花一号"的研发推广工作，持续提高药剂的防治效果，增强市管公园6306株杨柳树雌株的药剂注射成效，同时不断提升各公园绿化养护和园容景观管理水平，多措并举，全力治理公园内杨柳飞絮情况。

3. 在市公园管理中心杨柳飞絮总体解决实施方案的指导下，结合公园总体规划和文物保护规划，在公园具体开展景观提升、环境整治等工作中充分结合杨柳飞絮治理需要，邀请专家对公园内杨柳树现状树龄、树体健康程度等情况进行论证，从规划设计、植物配置、苗木选择等方面着手，对现有杨柳树雌株进行逐年有计划的更新改造，结合各项中短期飞絮治理举措，力争到"十三五"末期市属公园内杨柳飞絮情况得到根本性改善。

4. 与园林绿化局密切配合，不断发挥市管公园科技平台的展示、辐射和带动作用，积极引领北京及全国的杨柳飞絮科学治理工作，为推进国家生态文明建设和首都建设国际一流和谐宜居之都做好服务。

以上是市公园管理中心关于杨柳飞絮治理的阶段工作情况。目前市管公园杨柳飞絮治理相关工作正在加紧推进，待下一步取得阶段性成果，再行向市委、市政府汇报。

特此报告。

北京市公园管理中心
2016年5月20日

北京市公园管理中心关于印发《北京市公园管理中心自有资金管理办法》的通知

京园计发〔2016〕186号

中心所属各单位、机关各处室：

《北京市公园管理中心自有资金管理办法》经第108次主任办公会、中心党委一届九十四次常委会讨论通过，现印发给你们，请各单位认真学习、遵照执行，并结合各单位实际情况制定本单位的《自有资金管理办法》。

北京市公园管理中心
2016年7月15日

北京市公园管理中心自有资金管理办法

第一章 总则

第一条 为加强对北京市公园管理中心及其所属单位自有资金的管理，提高自有资金使用效益，规范自有资金的申请、审批及使用的程序，明确自有资金的管理责任和审批权限，依据《事业单位财务规则》和《事业单位会计制度》等相关法律法规和"三重一大"的要求及市财政局有关规定，特制定本办法。

第二条 本办法适用于北京市公园管理中心（以下简称中心）及中心所属事业单位（以下简称所属单位）。

第三条 本办法中的自有资金是指中心及其所属单位管理使用和拨付的自有资金，包括按照相关财务制度提取的修购基金、文物保护基金、年度超预算自创收入资金等；中心各直属单位上缴的超预算收入、文保基金以及其他由中心及所属单位管理和使用的资金。单位自有资金统属财政性资金。

第四条 自有资金收入、支出的管理必须按照《中华人民共和国预算法》及《北京市预算监督条例》《事业单位会计准则》《事业单位会计制度》规定执行。

第五条 自有资金管理的原则

（一）公开透明

各项自有资金使用支出要依法公开透明，要按照权限额度规定进行审批，超过权限额度须通过专题会、办公会等相关会议研究审批决定，重大决策和事项及涉及"三重一大"内容，须经党委常委会集体讨论审批决定。

（二）统筹兼顾，保障重点

单位自有资金，在单位事业的发展和提高自创收入方面有着积极的促进作用，单位的自有资金的使用要做到有利于事业单位的持续发展，发挥最大效益，自有资金应遵循"先提后用、收支平衡、保障重点、专款专用"的原则。

（三）权限和责任

自有资金使用与审批在行政法人的领导和授权下，实行各级相关负责人及工作人员岗位分工责任制，在一定权限与额度内行使资金业务审批权，并承担相应责任。

（四）监督和考评

纪检、监察、审计等业务主管处室及财务部门要对各项自有资金的使用进行监督。自有资金大额专项工程在项目竣工后，建设单位要组织相关部门进行验收，并写出绩效考评的专题报告。

第二章　自有资金收入的管理

第六条　自有资金收入中的专用基金包括修购基金、文物保护基金等，其提取应按照事业单位会计制度规定执行，即按照事业收入的一定比例提取，在相关科目中列支，用于单位的固定资产维修和购置项目及文物古建的维修和恢复项目。

第七条　自有资金中的年度超预算收入，是单位超过年度部门预算收入指标的自创收入，年度超收要科学预测并及时向单位领导报告，提出相关弥补经费不足计划，召开相关会议审定。年度超收资金要全部按照部门预算资金进行管理，年末按照事业单位会计制度向财政备案，并与其他部门预算资金共同编制部门决算，安排基本支出、项目支出时按相应的审批程序进行。

第三章　自有资金中修购、文保基金支出管理

第八条　自有资金收入中的专用基金包括修购基金、文物保护基金等，主要用于单位的固定资产维修和购置项目及文物古建的维修和恢复项目，其项目资金管理原则上与预算项目资金管理相同。

（一）建立专用基金项目库

为了使修购基金、文物保护基金使用更加科学、规范、合理，有效地推动基金项目库建设，中心及各单位应分别建立本单位修购基金和文物保护基金项目库，项目库实行动态管理。

前期费类项目及货物采购类、服务类项目在50万元以上的；工程建设维修项目投资在100万元以上的，须进入项目库管理。

（二）立项审批

修购基金和文物保护基金应根据资金存量和下年度预计收入及累计留存情况编制年度使用预算，在编制部门预算时，单独编制修购基金和文物保护基金项目预算，报送中心项目预算时一同上报，中心专业处室、财务部门审核预算项目同时一并审核，下达项目部门预算时同时下达。编制预算资金额度为：前期费类项目及货物采购类、服务类项目在50万元以上；工程建设维修项目投资在100万元以上。

年内，由于单位工作急需，利用累计留存基金安排的新增项目支出，也要按照流程进行立项审批，资金额度为：前期费类项目及货物采购类、服务类项目在50万元以上；工程建设维修项目投资在100万元以上。审批权限为50万~100万元的由中心专业处室和主管业务副主任及财务部门和主管财务副主任审批；超过100万元，不足200万元的，由主管业务副主任、主管财务副主任审核，中心主任审批；资金额度200万元以上不足1000万元的，须经中心主任办公会讨论审

批；1000万元以上的大额资金的使用及涉及"三重一大"相关内容的，须经中心党委常委会讨论审批决定。

（三）项目执行管理

修购基金和文物保护基金资金的使用应按照中心项目管理办法执行，项目根据资金量，分级别管理，分别应进行科学分析研究、可行性论证、项目申报、审批、评审、招投标、政府采购、决算、审计、绩效评价等。

第四章 年度超收资金的管理

第九条 中心所属单位年度超收资金主要用于本单位的基本经费支出，各单位应根据年度超收预测数，首先弥补人员经费不足，然后按照安全保卫、服务、环境卫生、绿化养护等资金情况顺序，统筹安排，合理使用，支出时按本单位预算基本支出经费相同的审批程序进行。年度超收资金支出要全部纳入部门预算管理，年末按照事业单位会计制度向财政备案，并与其他部门预算资金共同编制部门决算。

第十条 中心本级年度超收资金管理

中心本级年度超收资金，是指年内自创收入超过预算上交中心的资金，包括中心所属事业单位超收上交资金、年票超预算收入上交资金等。中心超收资金主要用于中心及所属单位年内新增的工作任务和经费不足。

第十一条 中心超收资金的使用要统筹安排，保障重点。中心超收资金使用的审批程序是：中心所属单位或中心业务处室根据新增的任务提出申请，经由业务处室进行评估、论证及核实，计划财务处提出资金安排意见，报中心主管业务副主任、主管财务副主任审核，并经中心主任审批后方可拨出与支付，超过一定额度的资金应召开相关会议审定。审批额度为：资金额度10万元内，由主管处室和主管业务副主任审批；超过10万元，不足100万元的，由主管业务副主任及主管财务副主任审批；超过100万元，不足200万元的，由主管业务副主任、主管财务副主任审核，中心主任审批；资金额度200万元以上不足1000万元的，须经中心主任办公会讨论审批；1000万元以上的大额资金的使用及涉及"三重一大"相关内容的，由中心主任办公会审核后，报经中心党委常委会讨论审批决定。

中心超收资金收入与使用的整体情况，中心财务部门应定期向中心主管财务副主任、中心主任报告，并根据收入使用情况，及时做出调整。

第十二条 超收资金的拨付与支出，按照部门预算资金的申报审批程序执行。年末按照相关规定，超收资金收入与支出全部编入部门决算并报市财政局备案。

第五章 附 则

第十三条 本办法的解释权归北京市公园管理中心。

第十四条 本办法自颁布之日起试行。

附 录

中共北京市公园管理中心委员会
北京市公园管理中心关于表彰优秀技能人才的决定

京园党发〔2016〕58号

2016年是中国共产党成立95周年，是"十三五"开局之年，是市公园管理中心成立10周年，做好全年工作意义重大。近年来，在中心党委的领导下，中心高度重视技能人才队伍建设和优秀技能人才的培养，涌现出了一大批政治坚定、技艺高超、技能精湛的优秀技能人才，为深入贯彻落实好《北京市公园管理中心优秀技能人才奖励与激励办法（试行）》（京园人发〔2015〕331号）精神，表彰先进、树立典型、弘扬正气，进一步鼓励和引导广大工勤技能岗位职工为中心事业多做贡献，更有效地激发技能人才立足本职、学习技能、钻研技术、提高技艺的热情，更好地鼓励各单位加大对技能人才培养的力度，努力构建发现、选拔、使用和培养技能人才的长效机制，经中心党委研究决定，在中心成立10周年之际，对中心系统表现突出的61名技能人员，授予"北京市公园管理中心优秀技能人才"的荣誉称号并予以表彰。

这次受表彰的优秀技能人才是中心从事技能岗位工作的优秀代表，他们在各自的工作岗位上，付出了辛勤劳动，做出了突出贡献，尤其是在技能钻研、提高技艺、技能竞赛中取得了优异的成绩与成果，为广大职工树立了榜样，体现了中心技术工人兢兢业业、甘于奉献、爱岗敬业、争创一流、勇于创新、自强不息的优秀品格和奉献精神。希望受表彰的技能人才珍惜荣誉、戒骄戒躁、再接再厉，在新的起点上确立新的目标，创造新的业绩，实现新的突破，并能充分发扬"传、帮、带"的精神，带动更多职工提高技能、共创佳绩。

中心党委号召，中心广大职工要向受表彰的优秀技能人才学习，学习他们解放思想、开拓进取的创新精神，学习他们踏实肯干、任劳任怨的实干精神，学习他们爱岗敬业、刻苦钻研的工作态度，学习他们积极向上、严谨谦逊的学习态度。

全中心各级组织要以此次表彰为契机，牢固树立人才资源是第一资源、战略资源的理念，坚持尊重劳动、尊重知识、尊重人才、尊重创造，把技能人才培养摆在更加突出的位置，大力弘扬"工匠精神"，做好优秀人才的培养、宣传、使用和服务工作，激发人才的创新活力和创造智慧，努力营造重才、爱才、聚才、用才的良好环境，为实现全中心"十三五"发展目标提供强有力的人才保障。

附件：北京市公园管理中心优秀技能人才表彰名单

北京市公园管理中心
2016年7月18日

北京市公园管理中心优秀技能人才表彰名单

一、获得国家级荣誉的优秀技能人才（1名）

李文凯　北京市天坛公园管理处

二、获得市（省、部）级荣誉的优秀技能人才（38名）

舒乃光　北京市颐和园管理处
车延京（女）　北京市颐和园管理处
袁爱闽　北京市颐和园管理处
袁　媛（女）　北京市颐和园管理处
冯　怡（女）　北京市颐和园管理处
刘　琳（女）　北京市颐和园管理处
张红媚（女）　北京市天坛公园管理处
杨　辉　北京市天坛公园管理处
尹家鹏　北京市天坛公园管理处
申　博　北京市天坛公园管理处
陈志平　北京市天坛公园管理处
张　倩（女）　北京市天坛公园管理处
高丽娜（女）　北京市天坛公园管理处
吕玉欣（女）　北京市天坛公园管理处
刘　展　北京市北海公园管理处
马　凌　北京市北海公园管理处
王洪涛　北京市北海公园管理处
郭金辉　北京动物园
王万民　北京动物园
赵锡森　北京动物园
王　昕　北京动物园
关富生　北京市中山公园管理处
付连起　北京市中山公园管理处
贾　莉（女）　北京市香山公园管理处
安　晖　北京市植物园
邓军育（女）　北京市植物园
杜建波　北京市植物园
樊金龙　北京市植物园
冯朋贝（女）　北京市植物园
闻　鹏　北京市植物园
刘国良　北京市玉渊潭公园管理处
高占玲（女）　北京市陶然亭公园管理处
单明鸣（女）　北京市陶然亭公园管理处
梁勤璋　北京市紫竹院公园管理处
刘宝恩　北京市景山公园管理处
王庆起　北京市景山公园管理处
任春生　北京市园林科学研究院
李　瑶（女）　中国园林博物馆北京筹备办公室

三、获得局级荣誉的优秀技能人才（22名）

赵陶陶（女）　北京市颐和园管理处
赵振华　北京市颐和园管理处
张　莹（女）　北京市颐和园管理处
于世平　北京市天坛公园管理处
富迎辉　北京市天坛公园管理处
毛　毅　北京市天坛公园管理处
张芙蓉（女）　北京市天坛公园管理处
李永剑　北京市天坛公园管理处
高红铸　北京市北海公园管理处
王　维　北京市北海公园管理处
潘洋洋　北京市北海公园管理处
张　斌　北京市北海公园管理处
李　辉　北京动物园
刘雅琨（女）　北京市香山公园管理处
宫　萍（女）　北京市植物园
李　静（女）　北京市植物园

附　录

刘　娜（女）　北京市植物园
吴继东　北京市植物园
邢纪宝　北京市玉渊潭公园管理处
李　娜（女）　北京市玉渊潭公园管理处
朱燕斌　北京市紫竹院公园管理处
耿兆鑫（女）　北京市紫竹院公园管理处

北京市公园管理中心关于进一步巩固市管公园噪音治理成果持续优化公园环境的指导意见

京园办发〔2016〕266号

中心所属各公园、机关各处室：

公园噪音影响文物古建保护和园林生态环境，降低游客游园体验和游览舒适度，危害周边居民身心健康，是游客投诉的热点。近年来，市公园管理中心始终关注噪音治理，景山、北海、天坛等公园陆续进行了研究与实践，取得了一定成效。为进一步固化成果、推广经验，努力营造文明和谐的游园氛围，依据《中华人民共和国环境噪声污染防治法》《北京市环境噪音污染防治办法》和《北京市旅游条例》等相关法律法规，结合广大市民、游客的意见和要求，现对市管公园巩固噪音治理成果、持续优化公园环境提出如下意见：

一、目的意义

市公园管理中心所辖11家公园均是历史名园，大多是旅游重点，开展噪音治理工作是贯彻落实国家生态文明战略的客观需要，是贯彻落实北京市"十三五"规划纲要、推进首都生态文明建设的具体举措，是保护世界文化遗产和历史名园的迫切需要，是提高游园舒适度、维护市民游客切身权利的客观需求。要充分认清噪音问题对文物古建、园林生态、市民游客带来的危害影响，牢固树立"不辱使命，守土尽责"思想，主动作为、勇于担当，抓紧抓实历史名园降噪工作，为更好地传播优秀中华文化，打造北京历史文化名城金名片，创建首都和谐宜居城市做出积极贡献。

二、工作目标

总体目标：保护世界文化遗产安全，维护历史名园生态环境和园林意境，培育文明游园良好习惯，营造文明和谐游园氛围，有效控制直至杜绝公园噪声污染，不断提升市民、游客的游园幸福指数和游览舒适度，向社会提供更优的公益服务。

具体目标：执行国家规定的环境噪声限值，公园中各项活动音量原则控制在60分贝以下，不得高于70分贝。

三、实施范围

对11个市管公园中音量超过界定分贝值、对游客游览产生干扰的游客活动（包括唱歌、跳舞、甩鞭子、喊山等）、导游团队扩音讲解行为进行劝阻和制止。

四、工作原则

（一）尊重民意，依法依规。坚持以人民为中心，坚持群众路线，广泛听取市民、游客和社会各界的意见建议，坚持依法治噪，严格执行相关法律法规，最大限度满足市民、游客和活动团体期盼诉求。

（二）因地制宜，疏堵结合。紧密结合实际，根据各公园功能性质和时空特点，在公园内部分级、分时段划定治理区域，拟订切实可行的治理目标和实施方案，既坚决执行噪音治理规定要求，保证游客安全舒适游览，又为市民提供适当的休闲娱乐场所。

（三）宣传在先，引领文明。倡导文明游园、有序游览，充分调动群众力量，培育"活动团队"降噪自觉，争取广大市民游客理解协助，形成治理共识，创建良好噪音治理的浓厚氛围。

（四）联动发力，多元共治。加强协调沟通和部门联动，联合所在地区、街道办事处等有关部门，充分争取公安执法部门、新闻媒体和社会各界力量的广泛支持，创造多元参与、多元共治、良性互动的公园治理新格局。

五、方法措施

（一）调查研究，摸清底数。梳理统计近年来市民、游客关于噪音扰民的投诉纠纷以及问题反映，采取走访、座谈、问卷调查等多种方式，征求市民、游客以及社会各界有关公园噪音治理的对策措施以及意见建议，收集舆情动态，掌握第一手资料。

（二）严密筹划，分区治理。结合公园地理位置、功能分区、周边特点、季节时空特性等实际情况，明确降噪工作阶段重点、目标方向以及对策办法，制订符合实际、行之有效的具体降噪工作方案。

（三）充分发动，宣传引导。充分利用网络、微博、微信公众号、公园广播、电子显示屏等媒介进行宣传引导，争取社会支持。发布公告，宣传公园治噪、降噪的意图决心、阶段目标、区域划分和具体要求，在门区及重要景点设立展板、发放宣传折页等普及噪声危害常识，掀起降噪声势。对个别有意见的团体、个人要耐心解释说明，可采取约谈、商讨等方式征询意见，赢得理解和支持。

（四）严谨实施，讲究方法。坚决落实降噪工作部署要求，强调市管公园联动配合、协同管理。各公园要明确职责分工，举全园之力抓好噪音监管治理和疏导。组织干部职工认真学习相关政策法规，明确治噪标准和依据，统一治理口径。治理以引导劝阻为主，配合管理手段和公安部门处罚，可参照天坛、北海、景山公园的做法，确定音响设备和外接扩音设备（包括麦克风、功放、音箱等）的限制值。

（五）创新手段，科技支撑。引入先进治理设备，通过科学仪器设备及检测、监督手段，确保治理过程规范有效。可适量配备分贝仪和执法记录仪，有条件的可适当设立噪音监测仪，实时监测，防止反弹，并做好各项数据及影音资料留存。

（六）发动群众，齐抓共管。鼓励和支持群众监督，动员特约监督员、公园之友、游客、团体代表等协助开展工作。积极联系所在街道、驻地派出所、城管等相关部门，形成治理合力，共同做好降噪工作。

六、工作要求

（一）要高度重视。强调党政齐抓共管、部门协调联动，真正把噪音治理作为保护历史文化遗产、安全游览管控、提高服务水平的一项重要任务，领导率先垂范，全体干部职工身体力行，确保降噪取得实质性成效。

（二）要积极稳妥。要主动出击、积极作为，充分利用说服教育、引导疏导、劝阻禁止等多种管理措施，同时也要讲究方法策略，防止言语过激、行为失当造成不良后果和影响,确保降噪工作稳步推进。在治理过程中,公园要带头执行相关要求,确保游艺、活动、施工等符合规定,不得出现噪音污染。

(三)要突出重点。要从文物保护的高度分类做好国家级、市级和区级文保单位的降噪工作,针对不同区域分级、分层次开展有效治理,界定好治理力度及管控强度,明确各公园的噪音治理等级和重点区域。世界文化遗产、国家级文保单位和重点文保区域的降噪力度要加强,文物古建、游览要道、重点景区、游客密集区域及重点节假日和重点敏感时段要做好重点防控。

(四)要探索创新。积极学习借鉴有效做法,引入科技手段,及时总结回顾,不断改进工作方法,总结固化经验,形成长效机制,努力实现由管理向治理的转变,让降噪成为自觉。各公园要持续探索,之间要加强交流研讨,中心各相关处室要关注支持,主动协助公园做好工作。

(五)要综合治理。噪音治理工作要常抓不懈、久久为功,坚定不移地推动降噪目标、实施计划的终端落实,防止出现反弹,并以此为契机,指导推动其他治理工作齐头并进,加大对践踏草坪、攀折花木、违规吸烟、乱涂乱刻、野钓、野泳等不文明游园行为的综合治理,加强对违法游商、黑导游的打击力度,持续净化公园及周边环境,有效维护游园秩序和游客权益,巩固文明游园综合治理成果,努力在公园行业管理、城市综合治理工作中发挥引领作用。

北京市公园管理中心
2016年9月21日

北京市公园管理中心关于印发《北京市公园管理中心借调人员管理办法(试行)》的通知

京园人发[2016]304号

中心所属各单位、机关各处室:

《北京市公园管理中心借调人员管理办法(试行)》经第113次主任办公会讨论通过,现印发给你们,请各单位认真学习、遵照执行,各单位根据实际情况可制定本单位的借调人员管理办法。

各单位按本办法的程序为已借调到有关单位(部门)工作的人员补办借调手续,同时将借调材料于2016年12月31日前报组织人事处备案。

北京市公园管理中心
2016年11月7日

北京市公园管理中心借调人员管理办法(试行)

第一条 为进一步规范北京市公园管理中心借调人员行为,维护正常的工作秩序,防止人员借调的随意性,本着控制数量、严格审批、规范管理的原则,根据干部人事管理有关规定,结合中心实际,制定本办法。

第二条 中心直属事业单位借调人员适用本办法。

第三条 借调人员,是指因工作需要,暂时从原单位脱产借用到其他单位工作的人员。

第四条 借调期限一般为1年。借调期满后回原单位工作。确实因工作需要延长借调时间的,原则上不超过3年。若需要延长的,借调单位应在借调期满前一个月按管理权限向原单位提出书面函,办理延长借调手续。解除借调或延长借调时间需书面向中心组织人事处进行备案。

第五条 中心直属事业单位借调工作人员时,必须具备以下条件:

(一)在一段时间内必须完成阶段性工作任务或上级部门所交办的临时性工作任务,本单位人员不足的。

(二)工作任务较重,本单位工作人员不足,近段时间内又不能及时充实的。

(三)因专项工作成立的临时性机构,相关单位人员调剂不出的。

(四)其他工作需要的。

第六条 拟借调人员应当符合下列条件:

(一)正式在编在职人员。

(二)政治思想素质好、遵纪守法、作风正派。

(三)具有借调单位所需要的工作能力和相应条件。

(四)身体健康。

第七条 借调人员审批程序。

(一)中心及所属各单位借调工作人员:①借调单位向拟借调人员所在单位出具书面函。②借调人员单位按一定程序进行审批。③拟借出人员所在单位将书面函、审批材料等报中心组织人事处备案。

(二)向中心系统外借调工作人员:①向中心系统外借调人员,从严审批。确需借调的,由借调单位向中心出具书面函。②中心组织人事处根据实际情况提出初步意见后报中心党委审批。③借调副处级以下工作人员的报中心主管干部人事领导审批,借调副处级(含副处级)以上工作人员的报中心党委主要领导审批。

第八条 借调人员的日常管理。

(一)借调人员在借调期内由借调部门(单位)负责管理,借调人员必须严格遵守借调单位各项规章制度,自觉服从借调单位的管理和领导,认真完成工作任务。同时,享受借调单位工作人员同等的政治教育、业务培训等待遇。借调人员在借调期间与原单位人事关系保持不变。

(二)借调人员在借调期间不再承担原单位的工作任务。关键岗位、涉密岗位不宜使用借调人员。

(三)借调人员在借调期间,按照国家规定享受节假日和产、休假等待遇。原单位应按规定做好借调人员的工资调整、职称晋升、医疗保险、公积金缴交等管理工作。

（四）借调期间，如遇原单位竞争上岗、岗位调整等情况，原单位应将借调人员与在岗在职人员同等对待，做好借调人员定岗、定级工作，保证公开、公平对待借调人员。

（五）根据《北京市事业单位工作人员考核办法》，每年年底由借调单位提供借调人员工作现实表现，原单位应依据借调单位提供的情况，确定考核等次。

（六）借调期满后，由借调单位对借调人员借调期间的思想、工作表现做出书面鉴定，并向原单位反馈。

第九条 出现下列情况之一的，借调单位应及时解除借调关系。

（一）借调期未满，工作任务有变动或提前完成，不再需要继续借调的。

（二）因原单位工作需要，借调人员无法继续从事借调单位工作，经借调单位同意解除借调关系的。

（三）借调人员因个人原因申请结束借调关系，并得到借调单位同意的。

（四）借调人员违反借调单位工作纪律，玩忽职守、贻误工作、不服从安排等造成不良影响的，予以退回，如情节严重须追究责任的，视情节给予相应处理。

（五）借调人员因其他原因不适合继续借调的。

需提前解除借调关系的，借调单位应及时按管理权限报同级人事部门备案。

第十条 借调工作纪律。

（一）各单位(部门)要严格按照本试行办法，切实加强对借调人员的管理。对因随意滥借，造成工作人员人浮于事，或者因疏忽管理造成不良影响和后果的，应立即清退借调人员，并根据情节追究单位主要领导的责任。

（二）有关单位(部门)接到借调通知后，应及时通知借调人员按规定时间报到。

（三）借调期满后，借调人员应在三个工作日内回原单位工作。未按规定返回原单位上班的，按无故旷工处理。

（四）对不按本试行办法办理手续借调人员的，要追究借调单位主要领导责任。

第十一条 本办法出台前已借调到有关单位(部门)工作的人员，按本办法的程序补办借调手续，借调时间可重新起算。

第十二条 本办法自发布之日起实行，各单位可依据本办法制定详细的实施细则。如遇上级部门出台相关政策，按上级政策执行。

北京市公园管理中心关于印发《杨柳飞絮治理整体实施方案》的通知

京园综发〔2016〕307号

中心所属各单位：

为贯彻落实市委、市政府关于杨柳飞絮治理工作的指示精神，切实做好"十三五"期间市属公园杨柳飞絮治理工作，现将《北京市公园管理中心杨柳飞絮治理整体实施方案》予以印发。请各单位根据方案严格执行。

北京市公园管理中心
2016年11月7日

北京市公园管理中心杨柳飞絮治理整体实施方案

一、指导思想

全面落实市政府关于防治杨柳飞絮工作的指示，按照市园林绿化局关于进一步做好杨柳飞絮治理工作的要求。遵循"生态优先、保护第一；科学治理、长短结合；标本兼治、综合治理"的工作原则，站在构建国际一流和谐宜居城市、提高市民幸福指数的高度上，要求各市属公园提高认识，积极行动，确保到"十三五"末期市属公园内杨柳飞絮情况得到根本性治理。

二、基本原则

（一）统一规划，分期实施。市公园管理中心负责统筹市属公园杨柳飞絮治理工作，制订总体工作方案，指导各公园制定飞絮治理规划，督促各公园按年度工作任务分期实施。市属各公园要对杨柳树进行深入调查，全面掌握杨柳树基础情况，并以此为基础，以公园总体规划和文物保护规划为依据，科学分析公园内每一株杨柳树的现状，逐一确定飞絮治理措施，编制公园"十三五"期间杨柳飞絮防治规划，明确近、中、远期工作计划。同时各公园要将杨柳飞絮防治工作与公园景观环境建设紧密结合，明确"十三五"期间年度工作任务，细化年度治理工作方案，严格按计划逐年实施，保证杨柳飞絮治理工作稳步推进。

（二）因园施策，精准治理。各市属公园应充分考虑自身特色、景观需求、历史渊源等因素开展飞絮治理工作，明确"一树一策"精准治理的工作要求，对不同公园不同区域的杨柳树进行飞絮治理。各公园需综合分析现有杨柳树景观的历史成因、景观效果、生态功能、树木生长状况等因素，针对园内不同区域的杨柳树制订切实可行的治理方案，采取注射抑制剂、高位嫁接、伐除补植、疏枝修剪以及花期喷水降絮等手段，达到根本治理杨柳飞絮的目的。各公园要将杨柳树统一编号并悬挂牌示，建立杨柳树基础数据档案，将飞絮治理方案与档案数据对接，做好基础数据的完善和档案管理工作，为后续的治理工作和对治理效果的监测提供依据。

（三）科研攻坚，技术创新。充分发挥北京市园林科学研究院和北京植物园的科研优势，结合杨柳飞絮防治工作的需求，从防治技术、防治药剂、防治实施、树种选育等方面集中力量攻坚克难，力争在"十三五"期间取得2~3项技术突破。市园林科研院在现有"抑花一号"的基础上要加快防治药剂科研攻关工作，争取到2017年推出更新换代产品，延长针剂控絮年限，同时针对不同树种研发多种规格注射设备，提高施药效率，降低药剂防治成本。北京植物园要以现有杨柳树为基础，加快开展杨柳树新优品种的引种和培育工作，选育具有无絮优良性状的杨柳树进行园内定植和展示，丰富首都园林植物资源。

附 录

还要大力开展飞絮治理技术的专项研究，从改善立地条件、高位嫁接、植株修剪和施药技术等方面研究简单易行、效果显著的飞絮治理技术和方法。

（四）辐射周边，带动全市。以市属公园为依托，广泛宣传杨柳飞絮治理的重要性，做好飞絮防治技术的科普工作，不断总结公园飞絮治理的成功经验，发挥公园人员和技术优势，辐射带动公园周边区域的杨柳飞絮治理工作，进而推动全市杨柳飞絮治理工作的开展。各公园要主动寻求与周边单位、河湖管理部门、街道社区进行合作，积极协助、指导周边单位开展杨柳树飞絮治理工作。既可减少由于外部飞絮侵入对公园环境造成的污染以及对公园治理成效造成的负面影响，又可提高社会单位对治理杨柳飞絮重要性的认识。各公园还要利用平原林木养护技术帮扶工作的机会，向各对口区县提供飞絮治理技术支持，带动全市各区县开展杨柳飞絮防治工作。

三、工作任务

经初步统计市属公园目前共有杨柳树12048株，其中杨柳树雌株6306株，市属各公园应以"十三五"前三年为重点，针对6306株杨柳树雌株按照"一树一策"精准化治理的工作要求（一树一号对应治理措施），严格按照规划制订年度工作计划，明确每年采取注射抑制剂、高位嫁接、伐除、修剪疏枝等主要防治措施的工作目标，核定预算资金，保证项目实施。中心绩效部门将公园年度任务列入中心重点折子任务，作为专项工作进行定期督导，年终作为考评重点进行绩效考评。确保治理工作做到精准监测，记录详细，挂账销账，扎实治理，同时做好资料留存对比。

（一）2016年完成基础资料统计汇总，编制飞絮治理规划，制订工作计划。

2016年各公园必须完成杨柳树情况统计表、种植分布图、管理档案等基础资料的统计汇总工作，完成杨柳飞絮治理规划方案的编制和专家论证工作，组织开展相关的技术培训和交流学习等工作。

（二）2017～2020年全面实施飞絮集中治理工作，严格按年度计划推进工作任务。

各单位按年度工作计划，提前落实预算资金，稳步推进飞絮治理工作。至2020年完成柳树高位嫁接249株；伐除杨柳树2223株，其中伐除雌株2070株，约占现有杨柳树雌株总量的32.8%；杨柳树雌株总量从2016年的6306株减少到2020年的3987株。通过严格落实规划方案，市属公园杨柳飞絮情况将在"十三五"前三年内得到较大改观，至"十三五"末期得到根本性治理。

附件：1. 2016～2020年中心杨柳飞絮治理年度总体实施计划

2. 各公园杨柳雌株根本性治理年度工作任务

3. 各公园杨柳雌株年度剩余数量

附件1

2016～2020年中心杨柳飞絮治理年度总体实施计划

	单位	2016年度	2017年度	2018年度	2019年度	2020年度	合计
伐除	株	146	749	594	485	249	2223（雌株2070）
高位嫁接	株	0	0	129	75	45	249
注射抑制剂	株次	6306	5322	4718	4211	3987	24544

附件2

各公园杨柳雌株根本性治理年度工作任务（雌株减少量）

单位：株

单位	2017年度	2018年度	2019年度	2020年度	合计
北海公园	58	30	10	0	98
陶然亭公园	22	31	45	30	128
中山公园	6	12	0	0	18
北京植物园	65	70	50	50	235
玉渊潭公园	40	53	50	45	188
景山公园	0	13	0	0	13
颐和园	283	280	240	100	903
紫竹院公园	35	68	71	31	205
北京动物园	150	32	25	13	220
香山公园	0	1	0	0	1
天坛公园	72	46	46	0	164
总计	731	636	537	269	2173

附件3

各公园杨柳雌株年度剩余数量

单位：株

单位	2016年度		2017年度		2018年度		2019年度		2020年度	
	杨树雌株	柳树雌株	杨树雌株	柳树雌株	杨树雌株	柳树雌株	杨树雌株	柳树雌株	杨树雌株	柳树雌株
北海公园	140	345	130	297	120	277	120	267	120	267
陶然亭公园	1	237	1	215	0	185	0	140	0	110
中山公园	1	17	0	12	0	0	0	0	0	0
北京植物园	156	224	125	190	95	150	75	120	55	90
玉渊潭公园	55	459	50	424	45	376	40	331	35	291

(续表)

单位	2016 年度		2017 年度		2018 年度		2019 年度		2020 年度	
	杨树雌株	柳树雌株	杨树雌株	柳树雌株	杨树雌株	柳树雌株	杨树雌株	柳树雌株	杨树雌株	柳树雌株
景山公园	12	1	12	1	0	0	0	0	0	0
颐和园	268	2927	185	2727	125	2507	85	2307	85	2207
紫竹院公园	95	429	83	406	69	352	58	292	56	263
北京动物园	182	446	106	372	96	350	91	330	88	320
香山公园	0	1	0	1	0	0	0	0	0	0
天坛公园	138	26	92	0	46	0	0	0	0	0
合计	1048	5112	784	4666	596	4197	469	3787	439	3548
	6160		5450		4793		4256		3987	

北京市公园管理中心关于印发《北京市公园管理中心国内公务接待管理办法》的通知

京园办发〔2016〕308 号

中心所属各单位、机关各处室：

为进一步落实巡视整改意见，规范和加强中心及所属各单位国内公务接待管理工作，特修订《北京市公园管理中心国内公务接待管理办法（试行）》，经中心第 113 次主任办公会和中心党委第 101 次常委会议审议通过。现将修订后的办法予以印发，请认真学习并遵照执行。

北京市公园管理中心
2016 年 11 月 10 日

北京市公园管理中心国内公务接待管理办法

为规范市公园管理中心及所属各单位国内公务接待管理工作，进一步厉行勤俭节约，反对铺张浪费，加强党风廉政建设，根据《党政机关厉行节约反对浪费条例》和《党政机关国内公务接待管理规定》及《北京市党政机关国内公务接待管理办法》《北京市市级党政机关事业单位会议费管理办法》《北京市财政局关于调整行政事业单位工作餐等开支标准的通知》等规定，并参考 2011 年制订的《北京市公园管理中心餐饮服务接待工作内部管理规定》，现对2014年制订的《北京市公园管理中心国内公务接待管理规定（试行）》修订如下：

第一章 总 则

第一条 本办法适用于市公园管理中心机关，市管11家公园、北京市园林科学研究院、北京市园林学校、中国园林博物馆北京筹备办公室、中共北京市公园管理中心党校及后勤服务中心参照本办法执行。

第二条 本办法所称国内公务，是指出席会议、考察调研、执行任务、学习交流、检查指导、请示汇报工作等公务活动。

第三条 国内公务接待应当坚持有利公务、务实节俭、严格标准、简化礼仪、高效透明、尊重少数民族风俗习惯等原则，谁接待，谁负责。

第二章 接待管理和接待范围

第四条 市公园管理中心办公室、计财处负责中心机关国内公务接待管理工作，指导下属单位国内公务接待工作。各下属单位接待管理部门负责本单位国内公务接待工作。各单位要加强国内公务接待管理，严格执行有关管理规定和开支标准。

第五条 各级单位应当加强公务外出计划管理，科学安排和严格控制外出的时间、内容、路线、频率、人员数量，禁止异地部门间没有特别需要的一般性学习交流、考察调研，禁止重复性考察，禁止以各种名义和方式变相旅游。

异地公务确需接待的，派出单位应当向接待单位发出公函，告知时间、内容、行程和人员。

第六条 外地公务来访，接待单位应当根据规定的接待范围，严格接待审批控制，由主管领导在派出单位公函上批示同意后方可接待。对能够合并的公务接待统筹安排。无公函的外地来访公务活动和来访人员一律不予接待。

不得用公款报销或者支付应由个人负担的费用。严禁将休假、探亲、旅游等非公务活动纳入国内公务接待范围。

第七条 接待本市有关部门和单位公务活动，由接待部门填写工作餐申请表，由中心办公室负责同志审批同意后方可接待，用餐费用纳入公务接待费管理。

第八条 公务活动结束后，接待单位应当如实填写国内公务接待清单，由相关负责人审签并备案。接待清单包括接待对象的单位、姓名、职务和公务活动项目、时间、接待场所、费用以及接待陪同人员情况等内容。

第九条 国内公务接待不得组织迎送等相关内容与项目，不得铺设迎宾地毯。严格控制陪同人数，不得层层多人陪同。

接待单位安排的活动场所、交流项目和组织方式，应当有利于公务活动开展。安排外出考察调研的，应当深入基层、深入群众，不得走过场、搞形式主义。

第三章 接待标准

第十条 接待住宿、用餐应当严格执行差旅、会议管理的有关规定。具体标准参照《中央国家机关国内差旅住宿标准费标准》《北京市市级党政机关事业单位会议费管理办法》《北京市财政局关于调整行政事业单位工作餐等开支标准的通知》有关规定执行。

第十一条 外地公务来访，所接待外地公务对象应自行安排住宿、用餐，确需协助安排的，接待单位应当严格按标准在定点单位或者机关内部接待场所。出差人员住宿费应当回本单位凭据报销。

第十二条 接待外地公务对象应当按照规定标准自行用餐。协助安排用餐的按标准收取餐费。确因工作需要,可接待用餐,陪餐人员不得超过规定人数(工作餐接待对象在10人以内的,陪餐人数不得超过3人;超过10人的,不得超过接待对象人数的三分之一)。接待用餐标准参照《北京市市级党政机关事业单位会议费管理办法》中三类会议伙食费标准执行:每人每天三餐伙食费总共不超过130元,其中重要一餐的伙食费标准不得超过80元/人。

第十三条 本市各单位间的工作人员公务往来,原则上回本单位就餐,确需接待单位安排就餐的,要本着勤俭节约的原则,在职工食堂就餐或由接待单位供应工作餐。接待单位应严格控制陪餐人数(参照第十二条执行)。工作餐的标准为午、晚餐每人每餐最高不超过30元。严禁用公款搞任何形式的宴请。

第十四条 公务活动用餐要按照快捷、健康、节约的要求,积极推行简餐和标准化饮食,主要提供家常菜和不同地域通用的食品,科学合理安排饭菜数量,原则上实行自助餐,不得提供鱼翅、燕窝等高档菜肴和用野生保护动物制作的菜肴,不得提供香烟和高档酒水。严禁以会议、培训等名义组织宴请或大吃大喝。

第十五条 接待单位不得超标准接待,不得组织旅游和与公务活动无关的参观,不得组织到营业性娱乐、健身场所活动,不得安排专场文艺演出,不得以任何名义赠送礼金、有价证券、纪念品和土特产品等。

第十六条 公务接待的出行活动应当安排集中乘车,合理使用车型,严格控制随行车辆。

第十七条 各单位应当制定相应的国内公务接待标准,报市公园管理中心备案。

第四章 接待场所

第十八条 公务接待应在单位内部接待场所或者定点场所按规定安排。单位内部接待场所或者定点场所是指:各单位会议室及食堂、颐和园听鹂馆(有会议功能)、天坛公园旻园御膳饭庄、北京植物园卧佛山庄(有会议功能)、北京动物园豳风堂、香山公园松林餐厅。不得使用私人会所、高消费餐饮场所。

单位内部接待场所应当建立健全服务经营机制,推行企业化管理,推进劳动、用工和分配制度与市场接轨,建立市场化的接待费结算机制,降低服务经营成本,提高资产使用效率,逐步实现自负盈亏、自我发展。

各级单位不得以任何名义新建、改建、扩建内部接待场所,不得对机关内部接待场所进行超标准装修或者装饰、超标准配置家具和电器。

第十九条 建立接待资源共享机制,推进各单位所属接待、培训场所的集中统一利用。

第五章 经费预算管理与结算

第二十条 各级单位应当加强对国内公务接待经费的预算管理,实行接待费总额控制制度。按照市级部门预算定额标准,公务接待费按照办公费、水费、电费、邮电费、取暖费、物业管理费、差旅费、维修(护)费、培训费、福利费、燃气费预算之和的1.5%安排。公务接待费用全部纳入部门预算管理,并单独列示。

禁止在公务接待费中列支应当由接待对

象承担的差旅、会议、培训等费用，禁止以举办会议、培训为名列支、转移、隐匿接待费开支；禁止向下级单位及其他单位、企业、个人转嫁接待费用，禁止在非税收入中坐支公务接待费用；禁止借公务接待名义列支其他支出。

国内公务接待费报销凭证应当包括派出单位公函、公务接待审批单、财务票据和公务接待清单。国内公务接待费资金支付应当严格按有关规定执行。

第二十一条 机关内部接待场所应单独核算公务接待活动的明细费用情况，以便接受党政机关公务接待管理部门和纪检监察、财政、审计等部门的监督。

第六章 监督检查和责任追究

第二十二条 中心办公室、计财处应当会同所属各单位接待管理部门加强对本级各部门和下级国内公务接待工作的监督检查。监督检查的主要内容包括：

（一）国内公务接待规章制度制定情况；

（二）国内公务接待标准执行情况；

（三）国内公务接待经费管理使用情况；

（四）国内公务接待信息公开情况；

（五）内部接待场所管理使用情况。

第二十三条 计财处应当对国内公务接待经费开支和使用情况进行监督检查。审计处应当对国内公务接待经费进行审计，并加强对内部接待场所的审计监督。

第二十四条 做好国内公务接待制度规定、标准、经费支出、接待场所、接待项目等有关情况公开工作，接受社会监督。

第二十五条 各单位应当将国内公务接待工作纳入问责范围。加强对国内公务接待违规违纪行为的查处，涉及违规违纪的，严肃追究接待单位相关负责人、直接责任人的党纪、政纪责任，典型案件公开通报，涉嫌犯罪的移送司法机关依法追究刑事责任。

第七章 附 则

第二十六条 本办法由市公园管理中心办公室负责解释。

第二十七条 本办法自发布之日起施行。

北京市公园管理中心关于印发《北京市公园管理中心会议费管理办法（试行）》的通知

京园办发〔2016〕309号

中心所属各单位、机关各处室：

为进一步落实巡视整改意见，规范和加强中心及所属各单位会议管理工作，特制订《北京市公园管理中心会议费管理办法（试行）》，经中心第113次主任办公会和中心党委第101次常委会议审议通过。现将该办法予以印发，请认真学习并遵照执行。

北京市公园管理中心

2016年11月10日

附录

北京市公园管理中心会议费管理办法
（试行）

第一章 总则

第一条 为贯彻落实中央和市委、市政府关于厉行节约、反对浪费的有关规定，进一步加强和规范会议费管理，精简会议、改进会风，提高会议效率和质量，降低行政成本，依据《党政机关厉行节约反对浪费条例》和《北京市市级党政机关事业单位会议费管理办法》，制定本办法。

第二条 凡市公园管理中心及所属单位使用财政性资金召开的会议，均适用于本办法。其他性质资金参照本办法执行。

第三条 各单位应当本着厉行节约、务实高效、规范管理、充分挖掘本单位资源的原则合理安排会议费，严格控制会议数量、规模，规范会议费管理，控制会议费规模。

第四条 各单位召开的会议实行分类管理、分级审批。会议费纳入部门预算，并单独列示，执行中不得突破。

第二章 会议分类和审批

第五条 会议的分类

依据《北京市市级党政机关事业单位会议费管理办法》，北京市召开的会议有三类，市公园管理中心及所属单位组织召开的会议属于二类和三类。

其中属于二类会议的为：按照有关要求承办的全国性工作会议，以及面向全市公众或提供公共服务的其他专业性会议。属于三类会议的为：单位内部会议以及为完成本单位工作任务召开的各类小规模会议，包括小型研讨会、座谈会、评审会等。

第六条 各单位应当建立会议计划编报和审批制度。年度会议计划应包括会议名称、召开理由、主要内容、时间地点、代表人数、工作人员数、所需经费及列支渠道等。各单位会议计划经过办公会审核列入年度预算。各类会议按以下程序和要求进行审批：

二类会议：年度计划报市公园管理中心办公会审核。

三类会议：年度计划报单位领导办公会或党委会审批。

确因工作需要召开的临时重要会议，报单位主要领导审批。

第七条 会议报到和离开时间，二类会议合计不超过2天，三类会议合计不得超过1天。

第八条 各单位应尽量采用电视电话、网络视频等现代技术手段，或使用本单位内部会议场所等内部资源召开会议，降低会议成本，提高会议效率。传达、布置类会议优先采取电视电话、网络视频会议方式召开，主会场和分会场应当控制规模，节约费用支出。

第九条 各单位应优先选择单位内部会议场所等具备会议承接能力的会议场所召开会议。市公园管理中心所属单位内部接待场所或者定点场所是指各单位会议室、北京植物园卧佛山庄等。

建立接待资源共享机制，推进各单位所

属会议场所的集中统一利用。

不具备前款所述条件而确需召开的会议，须到政府采购会议定点场所召开。各单位可通过"北京市政府采购会议定点综合查询系统"，查询政府采购会议定点场所的名称、价格等明细信息，选定会议定点供应商。

参会人员在50人以内且无外单位代表的会议，原则上在单位内部会议场所召开，不安排住宿。

第十条 严禁到北京以外地区召开会议。

第三章 会议费预算管理与结算

第十一条 会议活动开支范围包括与会议相关的住宿费、伙食费、文件资料印刷费、会议场地租用费、专用设备租赁费、劳务费、交通费等。

前款所称交通费是指用于会议代表接送站，以及会议统一组织的代表考察、调研等发生的交通支出。

会议代表参加会议发生的城市间交通费，按照差旅费管理办法相关规定回单位报销。

第十二条 会议费支出标准包括住宿费、伙食费、其他费用。其中，其他费用包括文件资料印刷费、会议场地租用费和专用设备租赁费。会议费实行总额控制，各单位应在支出标准总额内据实报销。会议费支出标准如下：

单位：元/（人天）

会议类别	住宿费	伙食费	其他费用	合计
二类会议	300	150	100	550
三类会议	240	130	80	450

各项明细费用之间可调剂使用，但伙食费不得超过上述明细标准。对于不发生的事项，报销额度上限应按明细标准进行相应扣减。特别是不安排住宿的会议不能列支住宿费，额度上也不能超过无住宿费的支出标准。

各级科技项目内的会议支出按相关科技经费管理办法执行。

第十三条 二类会议由上报单位按照《北京市市级项目支出预算管理办法》的有关规定和本办法规定的会议费开支标准编报项目预算。项目预算中可以包括与会议相关的其他经费，但要在申报理由中分别列明，作为审核依据。市财政局依据项目支出预算管理相关规定审核后，列入相关单位年度项目预算。

三类会议的会议费纳入公用经费实行定额管理，由各单位在公用经费内调剂使用，超支不补。

会议费由会议召开单位承担，不得向参会人员收取，不得以任何方式向下属机构转嫁或者摊派。

第十四条 会议结束后，及时办理会议费结算手续，填报会议服务明细信息，并须由会议场所盖章和会议主办人签字确认。

会议费报销时应提供会议审批文件、会议通知及实际参会人员签到表、正式发票、定点饭店等会议服务单位提供的费用原始明细单据等凭证作为报销依据。无上述凭证财务部门原则上不予报销。

各单位财务部门要严格按规定审核报销会议费开支，完善会议费报销制度，对未列入年度会议计划,以及超范围、超标准开支的经费不予报销,切实控制和降低会议费开支。

第十五条 会议费纳入国库集中支付范围,采取财政授权支付方式。各单位要严格按照国库集中支付制度和公务卡管理制度的有关规定执行,以银行转账或公务卡方式结算,禁止以现金方式结算。

第十六条 会议费结余资金按照《北京市市级行政事业单位财政性结余资金管理办法》执行。

第四章 公示和年度报告制度

第十七条 各单位应当将非涉密会议的名称、主要内容、参会人数、经费开支等情况在单位内部公示,具备条件的应向社会公开。

第十八条 一级预算单位应当于每年2月底前,将本级和下属预算单位上年度会议计划和执行情况(包括会议名称、主要内容、时间地点、代表人数、工作人员数、经费开支及列支渠道等)汇总后报市财政局。

第五章 管理职责

第十九条 本着"谁办会、谁组织、谁负责"的原则召开会议,各承办单位负责所承办会议的管理职责。

第二十条 市公园管理中心负责二类会议计划的审核上报。市公园管理中心办公室的主要职责:牵头拟定会议分类、审批、管理流程;按规定对中心机关三类会议计划进行审核;对中心机关会议费工作进行管理。

第二十一条 市公园管理中心计财处的主要职责:会同中心办公室制定或修订会议费管理办法;确定年度中心系统各单位会议费总额度;对会议费执行情况实施动态监控;会同中心审计处,对会议费预算编制、执行和决算进行监督检查;对各单位报送的年度会议报告进行汇总分析;配合市财政局对中心系统各单位会议费执行情况进行监督检查。

第二十二条 市公园管理中心审计处的主要职责:对中心系统各单位会议费按计划执行情况和决算进行监督检查。

第二十三条 市公园管理中心所属各单位是预算支出的责任主体,要切实担负起控制和管理会议费的责任。各预算单位的主要职责是:

(一)建立健全内部会议审批和会议费管理程序,制定本单位会议费管理的实施细则。

(二)负责年度会议计划编制和三类会议审批管理。

(三)负责安排会议预算并按规定管理、使用会议费,做好相应的财务管理和会计核算工作,对内部会议费报销进行审核把关,确保票据来源合法,内容真实、完整、合规。

(四)按规定报送会议年度报告,加强对本单位会议费使用的内控管理,严格控制会议费支出。

第六章 监督检查和责任追究

第二十四条 市公园管理中心办公室、计财处、审计处会同有关部门对各单位会议费管理和使用情况进行监督检查。主要内容包括:

(一)会议计划的编报、审批是否符合规定;

(二)会议费开支范围和开支标准是否符合规定;

(三)会议费报销和支付是否符合规定;

(四)会议会期、规模是否符合规定、按

照批准的计划执行，会议是否在规定的地点和场所召开；

（五）是否向下属部门、机构转嫁、摊派会议费；

（六）会议费管理和使用的其他情况。

第二十五条　严禁各单位借会议名义组织会餐或安排宴请；严禁以"预存"等方式套取会议费，设立"小金库"；严禁超范围、超标准开支会议费，严禁在会议费中列支公务接待费等与会议无关的任何费用。

各单位应严格执行会议用房标准，不得安排高档套房；会议用餐严格控制菜品种类、数量和分量，安排自助餐，严禁提供高档菜肴，不安排宴请，不提供烟酒；会场一律不摆花草、不制作背景板、不提供水果。

不得使用会议费购置计算机、复印机、打印机、传真机等固定资产以及开支与本次会议无关的其他费用；不得组织会议代表旅游和与会议无关的参观；严禁组织高消费娱乐、健身活动；严禁以任何名义发放纪念品；不得额外配发洗漱用品。

第二十六条　违反本办法规定，有下列行为之一的，依法依规追究会议举办单位和相关人员的责任：

（一）计划外召开会议的；

（二）以虚报、冒领手段骗取会议费的；

（三）虚报会议人数、天数等进行报销的；

（四）违规扩大会议费开支范围，擅自提高会议费开支标准的；

（五）违规报销与会议无关费用的；

（六）其他违反本办法行为的。

有前款所列行为之一的，由市公园管理中心计财处会同有关部门责令改正，追回资金，并经报批后予以通报。对直接负责的主管人员和相关负责人，按规定给予党纪政纪处分。如行为涉嫌违法的，移交司法机关处理。

第七章　附　则

第二十七条　各单位应当按照本办法规定，结合本单位业务特点和工作需要，制定会议费管理具体细则。

第二十八条　本办法由市公园管理中心办公室、计财处负责解释，自发布之日起施行。

北京市公园管理中心关于印发《北京市公园管理中心关于可移动文物及藏品出园（馆）外展的管理规定（试行）》的通知

京园服发〔2016〕334号

中心所属各单位：

《北京市公园管理中心关于可移动文物及藏品出园（馆）外展的管理规定（试行）》经中心主任办公会研究通过，现予以印发。请各

附　录

单位认真贯彻执行，确保中心可移动文物及藏品安全及展出效果。在执行过程中发现的问题，可及时向中心有关处室反映。

特此通知。

北京市公园管理中心
2016年11月30日

北京市公园管理中心关于可移动文物及藏品出园(馆)外展的管理规定(试行)

为进一步规范中心各单位可移动文物及藏品出园(馆)、出境展览的管理，根据《中华人民共和国文物保护法》《中华人民共和国文物保护法实施条例》、国家文物局《文物出国(境)展览管理规定》等法律法规的相关规定，特制定本管理规定，具体如下：

一、计划申报与审批报备

（一）项目计划

1. 各单位计划举办文物出园(馆)、出境展览的需提前向中心申报文物展览计划。原则上出展计划应在上一年度提出。展览项目计划包括：展览时间、展览地点、展览主题、展览内容、展览规模、合作机构等内容。

2. 拟展出的展品须按国家相关规定报请文物出境审核部门进行审核。计划展览前需对展览进行风险评估。

（二）申报请示

各项境内文物展览应于开展前2个月报中心进行审批。请示内容包括：

1. 目的意义。说明展览的重要性和必要性。

2. 基本情况。申请单位的名称、时间、地点、合作机构、展览名称、展品数量及等级、保险估价、展览费用负担、借展费用、人员派出等有关展览项目的情况介绍。

3. 合作各方的有关背景资料、资信证明等。境外展览还需出具邀请函。

4. 展陈方案或展陈大纲。

5. 展览协议草案或意向书草案。

6. 展品目录。包含全部展品，内容包括编号、名称、等级、数量、时代、尺寸、出土时间与地点（如为传世品需注明，不可空缺）、收藏单位等。

7. 展品单项保险估价。展品的保险估价需按国家有关规定执行。

8. 展览安全预案、展览场所的消防条件报告等。

（三）审批报备

各单位拟开展的文物展览项目需经中心主管处室及相关部门同意，报中心领导批准后，中心出具正式批复。各单位应按照国家及北京市相关规定，及时到国家、北京市文物行政主管部门进行审批报备。

（四）出境展览

拟举办出境展览的，应提前一年报中心审批同意后，按照国家文物局《文物出国(境)展览管理规定》和《北京市文物局关于规范文物出、入境展览项目申报流程的通知》及外事相关规定到相关行政主管部门进行办理手续。

（五）延期处理

展览如需延期，须合作双方协商一致后

的次日向中心正式请示。

二、运输与展出

1. 出展单位要与运输、展览单位签订责任书，明确双方责任、义务，加强协调配合，共同保证文物安全和展览效果。

2. 每次出展都要组成临时团队，明确带队领导以及各个环节的负责人，做到分工明确、落实责任到人。

3. 展出期间，展陈与保管应分工明确，相互监督，形成制约合作关系，确保文物安全。

三、加强基础工作

1. 各单位要重点加强可移动文物及藏品的国内及出境展览管理。举办之前要充分论证方案，提升展览质量，规范展览流程，加强资金管理，保证展品安全等。

2. 各单位要对所藏文物加强管理，在制定外展计划时做到选材得当，充分发挥文物作用。以更好地保护文物为前提，避免多次展览的损伤，对展览主题相同的展览或同一展品展出次数一年内不得超过两次，以达到最佳展出效果。

3. 进一步加强制度建设，制定符合本单位特点的管理规定，学习国内外文物管理、展出的先进经验，提升整体水平。

4. 引进和培养文物保护、管理、设计、布展方面的人才，形成有规模的专业队伍。

5. 每次展览结束后都要形成总结材料，发扬成绩，查找不足，为以后的出展奠定基础。

四、外展要求

文物展出工作要安排细致、安全有序。对于违反规定、安排失当、造成损失或不良影响的，予以批评直至依据相关规定给予行政处罚。

本规定自下发之日起执行。

附 录

荣誉记载

荣誉记载（2016年）

国家级奖项

3月，中国花卉协会月季分会、第七届中国月季展组委会、大兴区世界月季洲际大会执委会办公室分别授予景山公园"2016年月季洲际大会、第14届世界古老月季大会、第七届中国月季展"最佳贡献奖、精品月季盆栽（盆景）展银奖。

3月，中国科学院动物研究所、中国动物学会授予北京动物园李辉、赵岩第三届中国动物标本大赛一等奖（雪豹）、二等奖（盘羊）、优秀奖（红腹锦鸡）。

4月，首都绿化美化办公室授予中山公园刘浩首都绿化美化先进个人。

4月，国家旅游局授予赵陶陶、贾萌2015中国好导游。

4月，上海国际兰花展授予北京植物园第三届上海国际兰花展银奖、铜奖、佳作奖。

5月，全国科技活动周组委会授予颐和园黄璐琪全国科普讲解大赛二等奖。

5月，2016年世界月季洲际大会授予北海公园精品月季盆栽（盆景）展银奖、铜奖。

5月，2016年世界月季洲际大会授予北海公园最佳贡献奖。

5月，2016世界月季洲际大会授予北京植物园2016世界月季洲际大会金奖、铜奖、最佳贡献奖。

7月，首都绿化委员会授予陶然亭公园为首都生态文明宣传教育基地。

8月，扬州第三十届全国荷花展览组委会授予北海公园碗莲栽培技术评比一等奖、三等奖。

8月，中国花卉协会月季分会、第七届中国月季展组委会分别授予陶然亭公园2016世界月季洲际大会、第十四届世界古老月季大会、第七届中国月季展"最佳贡献奖"、"精品月季盆栽"银奖及铜奖。

9月，中国风景园林学会授予北京市园林科学研究院中国风景园林学会科技进步一等奖。（科研成果"重要草本绿化植物自主创新研究与应用"）

9月，中国风景园林学会授予北京市园林科学研究院中国风景园林学会科技进步二等奖。（科研成果"健康绿道植物景观多样性与生态功能提升关键技术研究与示范"）

10月，国家旅游局授予颐和园管理处"十一"旅游"红榜"名单旅游服务最佳景区。

11月，中国建设职工思想政治工作研究会风景园林行业分会授予颐和园管理处2015～2016年中国建设职工思想政治工作先进会员单位。

11月，世界花卉大观园第七届菊花擂台赛组委会授予北海公园"太液祥光"品种菊一等奖。

年内，首都文明办授予景山公园为公园之友首都学雷锋志愿服务示范站。

年内，首都文明办授予景山公园游客服务中心为学雷锋志愿服务站。

住房和城乡建设部授予天坛公园殿堂部祈年殿大殿班为全国级"青年文明号"。

北京市市级奖项

1月，北京菊花协会授予颐和园管理处第七届北京菊花文化节最佳组织奖。

1月，北京市海淀区交通安全委员会授予香山公园2016年度海淀区交通安全先进单位。

2月，北京科普基地联盟授予北京植物园"青草间·星空下"露营活动优秀活动二等奖。

5月，北京市旅游委授予颐和园管理处2012~2015年度《北京旅游年鉴》编纂工作先进集体。

5月，北京市职工会、北京市安全生产监督管理局授予香山公园2015年北京市"安康杯"竞赛优胜单位。

7月，北京市人民政府首都绿化委员会授予北海公园首都绿化美化先进单位。

8月，北京市旅游委授予颐和园管理处第十五届"首都旅游紫禁杯"最佳集体奖。

8月，北京市人民政府授予北海公园市级湿地名录。

9月，北京市职工技术协会授予颐和园黄璐琦、王丹、舒乃光北京市职工技协杯职工技能竞赛公园讲解员决赛一、二等奖。

9月，中共北京市委教育工作委员会、北京市教育委员会、中国教育工会北京市委员会授予园林学校乔程为北京市师德先锋。

10月，中共北京市委教育工作委员会、北京市教育委员会授予园林学校乔程为北京市紫金杯优秀班主任。

10月，北京市公园管理中心、北京市科委授予"华北地区蕨类资源收集及园林应用研究"、"生态景观地被的可持续性应用研究""利用园林废弃物开发有机覆盖材料和研究与示范"2016中国风景园林学会科技进步奖。

10月，北京市职业技术教育学会授予园林学校王丽萍、史佳卿北京市中等职业学校技术技能比赛《职业英语》优秀指导教师奖。

10月，北京市职业技术教育学会授予园林学校史文悦北京市中等职业学校技术技能比赛《艺术插花》优秀指导教师奖。

10月，北京市职业技术教育学会授予园林学校金燕北京市中等职业学校技术技能比赛《种子质量检测》优秀指导教师奖。

10月，北京市职业技术教育学会授予园林学校杨艳北京市中等职业学校技术技能比赛《动物外科手术》优秀指导教师奖。

11月，北京菊花协会授予景山公园展台布置二等奖。

11月，北京菊花协会授予陶然亭公园北京市第三十七届菊花展览会展台布置奖。

附 录

12月，北京市献血办公室授予中山公园管理处北京市献血先进集体。

12月，北京市献血办公室授予中山公园闫桦北京市无偿献血宣传组织先进个人。

12月，北京市科学技术委员会、中共北京市委宣传部、北京市人力资源和社会保障局、北京市科学技术协会授予颐和园管理处2016年北京市科学技术普及工作先进集体。

12月，北京市科学技术委员会授予北海公园赵杰、魏佳"创新引领 共享发展"主题科普讲解大赛个人项目三等奖。

12月，北京市旅游委授予北京植物园文创产品第十三届"北京礼物"旅游商品大赛景区主题类优秀奖。

12月，北京市爱国卫生运动委员会 北京市卫生和计划生育委员会授予紫竹院公园为北京市健康示范单位。

年内，北京市科学技术委员会和北京市科学技术协会授予北京动物园为北京市科普教育基地(2016~2018年)。

年内，北京市科学技术委员会、中共北京市委宣传部、北京市人力资源和社会保障局、北京市科学技术协会授予北京动物园为2016年北京市科学技术普及工作先进集体。

年内，北京市青少年学生校外教育工作联席会议办公室、北京校外教育协会授予北京动物园"第十届北京阳光少年活动"优秀组织奖。

北京市旅游发展委员会授予香山公园2016年北京市爱国主义教育基地红色旅游景区。

中共北京市委市直属机关工作委员会授予天坛公园为市直机关先进基层党组织。

中国共产主义青年团北京市委员会授予票务部东门票务班为北京市"青年文明号"。

北京市旅游发展委员会、北京市人力资源和社会保障局授予天坛公园第十五届"首都旅游紫金杯"集体奖。

北京市人民政府、首都绿化委员会授予于辉为首都绿化美化先进个人。

北京市旅游发展委员会、北京市人力资源和社会保障局授予天坛公园李高第十五届"首都旅游紫金杯"个人奖。

中国共产主义青年团北京市委员会授予天坛公园神乐署雅乐中心王宗瑛为北京市青年岗位能手。

北京市公园管理中心2016年度先进单位、突出贡献单位、先进集体、先进个人名单

(2017年1月表彰)

先进单位(5个)

天坛公园　北海公园　中山公园　香山公园　园博馆筹备办

突出贡献单位(3个)

颐和园　动物园　陶然亭公园

先进集体(45个)

颐和园园艺队	北海公园琼华岛队
颐和园苏州街	北海公园游船队
颐和园文昌院	北海公园文化队静心斋北门票务班
颐和园党委工作部	中山公园园艺队
颐和园保卫部	中山公园后勤队
颐和园殿堂队德和园班	香山公园管理队
颐和园园务队管理班	香山公园服务二队
颐和园护园队消防班	香山公园工程队零修班
颐和园导游服务中心讲解班	香山公园索道站机修班
天坛公园绿化一队	景山公园服务队
天坛公园票务部	景山公园绿化队
天坛公园护园队	植物园财务科
天坛公园神乐署雅乐团	植物园科普中心展厅班
天坛公园后勤服务队电工班	植物园管理队售票班

植物园园艺中心景观班
动物园园艺队
动物园管理队
动物园经营队
动物园服务一班
动物园临床兽医组
陶然亭公园服务一队
陶然亭公园游船队
陶然亭公园服务二队讲解一班
紫竹院公园行宫队
紫竹院公园园艺队
紫竹院公园管理队青年班
玉渊潭公园票务队
玉渊潭公园园艺队
园林学校专业科
园科院植物保护研究所
园博馆筹备办宣传教育部

先进个人（121 人）

李国定	男	颐和园党委书记
丛一蓬	男	颐和园副园长
梁　军	男	颐和园管理经营部主任
单　希	男	颐和园苏州街队长
刘　然	男	颐和园西区管理队副队长
苏晓波	女	颐和园殿堂队干事
孟雪花	女	颐和园殿堂队德和园班班长
于建国	男	颐和园基建队工程管理班工人
庞建伟	男	颐和园游船队摆渡班工人
佟　岩	女	颐和园园艺队绿化四班班长
刘永胜	男	颐和园后勤队职工食堂班长
胡　洁	女	颐和园旅游服务队干事
刘永利	男	颐和园商店食品部库房班长
赵峥嵘	男	颐和园苏州街北宫门班副班长
王晓宇	女	颐和园文护园队干事
董　娜	女	颐和园文昌院干事
秦　涛	男	颐和园文昌院文物器物维修班班长
韩银超	男	颐和园听鹂馆总店厨师长
陈　喆	男	颐和园耕织图景区管理队后勤班职工
赵陶陶	女	颐和园导游服务中心讲解一班副班长
李　高	男	天坛公园园长
童家骥	男	天坛公园绿化一队队长
李战友	男	天坛公园护园队队长
王晓霞	女	天坛公园游客服务中心主任
米　嘉	女	天坛公园票务部副主任
纪　宇	男	天坛公园护园队班长
霍　燚	女	天坛公园神乐署雅乐中心技术主管
周珍玉	女	天坛公园后勤服务队文书
邓　巍	女	天坛公园殿堂部文书
田　甜	女	天坛公园殿堂部班长
李　征	男	天坛公园护园队文书班长
毛　毅	男	天坛公园绿化二队职工
刘亚南	男	天坛公园绿化中心班长

刘连才	男	天坛公园商店厨师长
李　岩	女	天坛公园办公室科员
吕新杰	男	北海公园党委书记
祝　玮	男	北海公园园长
张　冕	男	北海公园文化研究室副主任
刘　娜	女	北海公园琼华岛队东门班班长
佟　霞	女	北海公园文化队北门班班长
赵　霞	女	北海公园文化队小西天班班长
王　旭	男	北海公园游船队南岸码头班长
刘　宁	女	北海公园园艺队菊花班工人
耿宗权	男	北海公园工程队木油工班班长
张　磊	男	北海公园护园执法队队部工人
袁运涛	男	北海公园东门北食品部组长
郭　江	女	北海公园北岸树艺班工人
郭立萍	女	中山公园党委书记
李林杰	男	中山公园园长
董　鹏	男	中山公园副园长
王　倩	女	中山公园党委办公室科员
樊欣楠	男	中山公园后勤队职工食堂班职工
王晓旭	女	中山公园服务一队东门票务班班长
袁　杰	男	中山公园护园队巡查班副班长
马文香	女	香山公园党委书记
钱进朝	男	香山公园园长
苗连军	男	香山公园工会主席
李　颖	女	香山公园经营队队长
殷忠良	男	香山公园职工食堂班班长
马　丹	女	香山公园红叶队技术员
刘　颖	女	香山公园服务一队双清班副班长
张媛媛	女	香山公园服务二队讲解员职工
安志文	男	香山公园管理队职工
韩　伟	男	香山公园园艺队花卉班班长
郭　睿	女	景山公园党总支办公室主任
高　岚	女	景山公园绿化队牡丹班技术员
刘国利	男	景山护园队工人
吴兆铮	男	植物园园长
郭晓波	男	植物园文物管理队队长
司春艳	女	植物园管理队票务班班长
王苗苗	女	植物园温室中心生产温室班工程师
田小凤	女	植物园植物研究所内勤
孙　瑶	女	植物园经营管理科办事员
胡　洁	女	植物园财务科统计科员
王　超	男	植物园后勤队维修班班长
张颐春	女	动物园党委书记
刘　斌	男	动物园饲养队园党支部书记
唐顺利	男	动物园管理队副队长
周桂杰	女	动物园科普馆办公室内勤
陈立红	女	动物园经营队财务总监
崇　盛	男	动物园服务队服务二班验票员
李伯涵	男	动物园机关党委工作部科员

附　录

胥　哲　男　动物园兽医院兽医
赵　建　男　动物园饲养队检疫场班长
郭　雪　女　动物园后勤队队部技术员
王　伟　女　动物园重点实验室实验员
牛　蕾　女　动物园园艺队队部技术员
薛　岩　男　动物园十三陵繁育基地驾驶员
段晓巍　男　动物园管理队巡检一班班长
牛建忠　男　陶然亭公园党委书记
缪祥流　男　陶然亭公园园长
王　鑫　男　陶然亭公园副园长
李　旭　男　陶然亭公园游船队副班长
陆　晨　女　陶然亭公园服务一队办事员
申京玲　男　陶然亭公园护园队班长
苏　毅　男　陶然亭公园园艺队副班长
王宇罡　男　陶然亭公园游客服务中心班长
尹　绎　男　陶然亭公园经营队副班长
杜　昆　男　陶然亭公园办公室科员
张　辰　男　紫竹院公园工程科副科长
杨国明　男　紫竹院公园园艺队三班班长
朱利君　男　紫竹院公园园艺队三班职工
黄燕平　男　紫竹院公园工程队电工班南配电室班长
刘文胜　男　紫竹院公园后勤队食堂班班长
黄代东　女　紫竹院公园服务服务队五班职工
邹建玲　女　玉渊潭公园劳资科科长
马京生　男　玉渊潭公园护园队职工
马国兴　男　玉渊潭公园经营队班长
计　宇　男　玉渊潭公园后勤队职工
陈洪淼　女　玉渊潭公园办公室科员
殷　旋　女　玉渊潭公园票务队内勤
刘永仁　男　玉渊潭公园园务管理队班长
鲍中杰　男　园林学校学生科科长
刘连国　男　园林学校后勤服务中心副科长
丛日晨　男　园科院副院长
弓清秀　男　园科院园林科技培训中心科长
丁　慧　女　中心党校培训科教师
阚　跃　男　园博馆筹备办党委书记
赵丹苹　女　园博馆筹备办藏品保管部副部长
高景生　男　中心后勤服务中心食堂班长
王鹏训　男　中心主任助理、服务管理处处长

名 录

北京市公园管理中心领导名录
（2016 年）

姓　名	职　务	任职时间（年　月）
郑西平	党委书记	2012.12—
张勇	主任、党委副书记	2013.1—
杨月	党委副书记、纪委书记	2014.12—
	中心机关工会主席	2015.2—
	中心党校校长	2015.2—
王忠海	副主任	2009.11—
李炜民	总工程师	2006.2—
	中国园林博物馆北京筹备办主任（兼）	2013.3—
程海军	纪委书记	2014.12—
张亚红	副主任	2016.9—
赖和慧	总会计师	2016.9—
李爱兵	副巡视员	2016.5—

附 录

北京市公园管理中心机关处室领导名录
（2016 年）

姓　　名	职　　务	任现职时间
齐志坚	办公室主任	2008.1～2016.3
	市公园管理中心机关党总支书记	2015～2016.3
杨华	市公园管理中心机关党总支书记	2016.3—
王鹏训	服务管理处处长	2006.3—
	市公园管理中心主任助理	2008.1—
孟庆红	服务管理处调研员	2015.3—
李文海	综合管理处处长	2015.3—
王明力	计财处处长	2009.11～2016.9
	审计处处长	2016.9—
祖谦	计财处处长	2016.9—
史建平	安全保卫处处长	2011.8—
李铁成	市公园管理中心副总工程师	2010.3—
	科技处处长	2011.4～2016.3
苏爱军	组织人事处处长	2008.3～2016.8
刘国栋	组织人事处调研员	2013.10—
李书民	纪检监察处处长	2013.4—
郭立萍	纪检监察处调研员	2015.7～2016.9
陈志强	宣传处处长	2007.5—
牛建国	工会常务副主席（正处）	2009.3—
果丽霞	离退休干部处副调研员	2011.4～2016.9
	组织人事处副处长	2016.9—
原蕾	团委书记（正科）	2011.11～2016.4
李静	团委负责人	2016.4—

北京市公园管理中心直属单位领导名录
（2016 年）

单 位	姓 名	职 务	任现职时间（年 月）
颐和园	刘耀忠	园长	2013.4—
	毕颐和	党委书记	2008.12~2016.3
	李国定	党委书记	2016.3—
天坛公园	李高	园长	2014.7—
	夏君波	党委书记	2015.5—
中山公园	李林杰	园长	2015.3—
	刘凤华	党委书记	2011.8~2016.9
	郭立萍	党委书记	2016.9—
香山公园	钱进朝	园长	2014.8—
	马文香	党委书记	2015.6—
景山公园	杨华	园长	2012.1~2016.3
	孙召良	园长	2016.4—
	吕文军	党总支书记	2015.12—
北京动物园	吴兆铮	园长	2002.8~2016.9
	李晓光	园长	2016.9—
	张颐春	党委书记	2015.9—
北京植物园	齐志坚	党委书记	2016.3—
	赵世伟	园长	2010.5~2016.8
陶然亭公园	缪祥流	园长	2015.3—
	牛建忠	党委书记	2015.10—
紫竹院公园	曹振起	园长	2008.12~2016.4
	张青	园长	2016.4—
	甘长青	党委书记	2015.5
玉渊潭公园	祝玮	园长	2010.6~2016.3
	毕颐和	园长	2016.3—
	赵康	党委书记	2015.5~2016.8
	曹振和	党委书记	2016.9—

附 录

（续表）

单 位	姓 名	职 务	任现职时间（年 月）
市园林科研所2014.6更名为市园林科研院	李延明	院长	2014.6—
		市公园管理中心副总工程师	2011.4—
	张贺军	党委书记	2014.6—
北京市园林学校	赖娜娜	校长	2012.3—
	马宪红	党总支书记	2014.8—
市公园管理中心党校	季树安	副校长（正处）	2013.10—
市公园管理中心后勤服务中心	曹振和	主任（副处）	2008.11~2016.8
	孙颖	主任（副处）	2016.8—
中国园林博物馆筹备办2014.3月更名为中国园林博物馆北京筹备办	阚跃	党委书记	2013.4—
		副主任（正处）	2013.10—
		市公园管理中心主任助理	2013.4—
	黄亦工	副主任（正处）	2013.3—
	程炜	副主任（正处）	2014.8—

索 引

A

爱鸟周　343，437，456
安哥拉　178

B

巴布亚新几内亚　190
北海公园　85，138，139，142，149，150，151，152，157，158，159，161，167，179，181，182，183，187，188，190，191，192，198，200，207，212，215，217，242，247，248，249，251，255，256，259，261，262，263，264，266，268，269，270，273，277，281，290，297，303，306，307，311，313，315，316，317，318，321，322，324，325，326，327，328，332，335，336，344，345，348，349，351，354，355，356，359，360，363，364，366，367，369，381，383，385，398，405，407，409，410，416，417，427，429，436，437，438，440，441，443，446，448，451，463，465，467，472，474，475，476，495，498
北京电视台　128，466，468，469
北京动物园　88，98，140，144，146，149，159，174，177，178，179，180，181，184，185，186，187，188，189，191，200，202，203，206，212，221，224，232，238，239，246，247，248，250，252，255，259，262，274，285，288，291，296，299，313，314，316，318，319，320，322，327，337，340，343，349，351，364，371，375，376，377，378，381，382，389，402，404，410，417，418，425，431，432，435，441，455，456，457，458，468，469，470，472，478，486，488，491，492，499，501
北京林业大学　376，402
北京农学院　370，376
北京市公园管理中心　1，14，33，40，82，92，93，99，105，119，120，132，206，219，418，438，506，520，521，523，524，526，529，532，535，537，539，541，545，548，552，558，562，563，564
北京市公园管理中心后勤服务中心　93

索 引

北京市园林科学研究院 91

北京植物园 88，138，153，154，157，158，159，160，161，169，179，180，183，186，187，189，190，191，194，195，197，221，225，232，233，237，250，251，256，257，269，276，280，288，293，294，302，305，308，314，317，324，326，333，334，336，338，339，340，342，343，345，346，347，349，352，359，361，362，367，368，369，371，375，384，403，406，408，410，411，419，426，428，429，430，435，436，445，451，456，457，458，465，466，467，479，489，492，494，501

冰雪活动 227，230

病虫害 279

波兰 190

C

程海军 18，148，150，164，176，195，387，389，392

D

大熊猫 255，457

党风廉政 18，28，133，176，386，387，388，394，397，398

道德讲堂 132，397，416，421，482，486，491，492，494

德国 178，184，188，189

东城区 131，153，238，324，398

E

俄罗斯 182，183，190，323

F

范长龙 161

防汛 161，164，265，293，294，295

防灾减灾 290，443

非洲 190，469

芬兰 178

丰台区 155

风景园林 99，112，125，128，330，334，430

妇女节 115

G

G20 299

干部任免 101，155，197，198，200，221

工程建设 213，239，242，244，257

公众号 467，476

古树名木 162，207，378，426，431，434，457

故宫 104，136，216，263，267，308，315，324，360，366，450

国庆节 100，144，168，275，299

H

海淀区 183，199，292

海棠 138，271，272，345，365，368，429

韩国 103，187，191

华盛顿邮报 457

J

景山公园 88，136，141，148，155，156，

157, 158, 159, 164, 167, 176, 181, 188, 201, 202, 205, 207, 208, 212, 213, 215, 217, 223, 239, 245, 246, 248, 250, 253, 255, 257, 258, 259, 260, 263, 267, 268, 269, 274, 277, 281, 283, 284, 285, 286, 287, 288, 291, 292, 293, 294, 296, 297, 300, 301, 303, 310, 311, 314, 322, 323, 324, 328, 329, 330, 331, 332, 337, 338, 343, 349, 350, 354, 356, 358, 362, 367, 370, 373, 374, 385, 392, 397, 409, 420, 443, 450, 456, 458, 466, 472, 481, 483, 487, 490, 494

K

科普　113, 114, 115, 116, 117, 119, 120, 121, 257, 327, 350, 354, 357, 371, 377, 382, 416, 424, 435, 436, 440, 447

科普活动　116, 435, 439, 442, 444, 447

科研课题　125

L

老挝　187

雷锋　114, 404, 479, 485, 494

李爱兵　163, 174, 177

李克强　184

李伟　162

李炜民　148, 150, 156, 158, 161, 165, 174, 215

立陶宛　190

两会　138, 139, 196, 285, 481

林克庆　14, 151, 152, 168, 228

刘淇　167

刘英　158, 401

龙新民　161

路甬祥　158

旅游委　149, 281, 299, 300, 301, 474

M

马来西亚　187

毛泽东　358

美国　103, 177, 184, 186, 189, 457

N

内蒙古　192

尼泊尔　190

Q

清华大学　103

清明节　116, 271, 407

R

日本　102, 180, 185, 385

瑞典　180

S

塞舌尔　186

三山五园　186, 210, 362, 497, 505

三严三实　130, 148, 149, 193, 194, 386

社会主义核心价值观　403, 414, 495

生物多样性　117, 318, 323, 349, 436

十杰青年　132, 383, 397, 409, 420, 453,

索 引

492
世界读书日 117
孙新军 165
孙中山 192，311，312，313，318，338，349，363，422

T

台湾 182，191，451
陶然亭公园 89，138，141，143，146，148，150，151，153，156，160，163，164，166，170，173，193，199，201，206，208，211，223，238，242，243，249，253，257，271，272，283，286，289，290，291，297，301，303，305，308，319，327，331，338，340，342，344，348，352，353，355，360，365，371，377，380，381，383，388，390，396，400，402，405，408，411，414，448，456，460，468，471，476，481，485，489，494
天坛公园 85，137，142，150，165，175，177，180，181，201，208，209，211，229，231，235，238，241，248，250，261，263，265，272，276，279，281，282，284，286，287，289，290，295，297，299，300，304，306，308，317，324，334，337，343，346，359，360，363，368，376，383，387，388，391，393，394，396，398，402，404，405，409，411，412，415，416，420，436，439，441，461，467，472，475，479，481，485，489，491，497，499，502
土耳其 185

W

汪洋 184
王忠海 148，149，150，152，153，156，158，160，164，167，169，173，174，175，195，197，204，209，212，216，217，284，386，390，394
乌克兰 181
乌拉圭 184
无障碍 173，175，226，229，355

X

西藏 98，188
西城区 150，151，178，186，189，245，327，336，360，385
习近平 132，393
香山公园 87，136，139，141，144，148，149，152，153，157，158，161，162，167，170，171，173，174，177，180，181，183，185，187，191，192，196，202，204，207，210，213，214，215，216，223，226，238，242，244，245，252，255，258，262，264，268，275，278，284，287，288，292，302，303，305，311，313，318，323，335，338，340，342，349，355，356，361，366，368，384，387，391，393，397，399，400，403，407，413，415，419，428，431，433，436，441，445，446，452，454，455，457，465，466，468，471，474，477，480，483，484，486，498，505
信息化 126，332，434

徐悲鸿　111，112，318，349

Y

杨月　133，152，153，156，157，372，389

一轴一线　210，266

颐和园　84，96，105，131，136，139，147，148，152，158，160，163，165，166，167，168，169，176，177，178，179，180，182，183，184，185，186，187，188，189，190，192，197，201，203，207，211，214，217，219，222，225，231，244，253，260，267，271，278，282，292，302，309，312，321，324，325，330，334，352，366，424，434，437，444，462，492，496

樱花　138，154，199，272，275，278，284，339，341，460，461

玉渊潭公园　90，137，147，195，198，205，221，232，238，272，282，315，333，338

郁金香　107，277，339，341，448，466，467

豫园　99，102，111，181，218，315，320，360，469

鸳鸯　455，458，499

元旦　135，230，405

园林史　96，125

园林学校　91，153，157，167，194，289，302，303，347，367，369，370，372，373，374，379，405，418，439，483，491

月季　160，183，244，272，317，347，348，440，470

阅兵　143

Z

曾培炎　159

增彩延绿　128，165，270，273，428，429，451，456，466

张勇　105，149，150，151，152，153，157，158，159，161，163，165，166，168，169，175，210，228，372，391，450，454

赵根武　155，169，171

赵卫东　162

郑西平　28，33，133，147，152，208

植树节　128

志愿者　115，296，405，407，422，443

中国大百科全书　99

中国科学院　102，154

中国园林博物馆　83，122，213，317，330，335，347，354，361，402，428，436，439，440，444，454，497

中山公园　87，136，138，142，151，164，167，169，189，199，206，221，224，226，233，241，247，256，259，263，273，281，287，307，311，315，319，339，341，366，382，387，400，403，417，435，440，458，466，476，494，498

紫竹院公园　89，148，180，204，241，258，271，283，318，335，367，381，405，460，463，500

自然教育　117